한국산업인력공단 새 출제 기준에 따른 최신판!!

산업안전
산업기사 필기

▶ 적중출제예상문제
동영상강의 제공

대한민국
국가대표
브랜드

국가자격
시험문제
전문출판

에듀크라운
국가자격시험문제 전문출판

크라운출판사
최고의 적중률!! 최고의 합격률!!
국가자격시험문제 전문출판
http://www.crownbook.co.kr

※ 산업안전산업기사 필기 적중 출제
예상문제 동영상강의 제공

　우리나라가 산업화의 진전에도 불구하고 선진국의 문턱에서 주춤거리고 있는 오늘날, 산업안전은 우리의 현 상황에서 그 한계를 뛰어넘게 할 수 있는 전제가 될 수 있기에 의의가 크다고 하겠다. 그러나 작금의 산업현장에서는 산업재해로 인한 인명과 재산의 손실이 점점 증가하고 있다. 산업재해는 이제 우리가 해결해야 하는 중요한 문제이며 이는 국가에서도 산업안전분야 자격시험을 통한 인재를 양성하고 있는 중요한 안건이라 하겠다.

　산업재해는 우리가 실생활에서도 쉽게 접할 수 있는 시대가 되었다. 특히 산업재해 중 다양한 직업병은 우리가 알고 있는 단순한 안전사고 못지않게 대두되고 있다. 직업병을 포함한 산업재해의 이 같은 심각성은 산업화의 진전에 따라서 어느 정도는 불가피한 것이지만 우리나라의 경우 60년대 이후에 경제성장의 그늘에서 근로자의 작업환경이나 건강 등 산업안전 문제가 사업주의 무성의와 정부의 무관심으로 그동안 방치되었기 때문이다. 그러므로 사업주들이 심각한 지경에 이른 산업안전 문제를 단순한 수정 차원이 아닌 사업주와 근로자가 합심하여 신중하게 인식하고 민관이 더 나은 미래를 위해 이를 극복 해결해야 한다.

　그동안 강단에서 오랜 강의 경험을 토대로 준비하였던 자료를 바탕으로 새로운 출제기준에 맞추어 이 책을 출간함에 있어, 산업안전산업기사 필기시험을 준비하는 수험생과 산업현장에서 실무에 종사하시는 산업역군들에게 적재 적시에 도움이 되었으면 하는 바람이다. 해당 도서는 최근 한국산업인력공단 출제기준에 맞추어서 매 단원마다 이론과 예상 문제를 수록하였고 부록으로 최근에 출제된 문제를 수록하여 스스로 출제경향을 파악할 수 있도록 하였다.

　끝으로 이 책의 출간을 위해 온갖 정성을 기울여 주신 크라운출판사 이상원 회장님과 임직원 여러분들에게 감사의 뜻을 전한다.

저자 김재호

1. 산업안전 산업기사 · 기사 · 기술사 응시자격

자격명	응시자격
산업안전 산업기사	① 기능사 등급 이상의 자격을 취득한 후 1년 이상 실무 종사 ② 응시하려는 종목이 속하는 동일 및 유사 직무분야의 다른 종목의 산업기사 등급 이상의 자격을 취득한 사람 ③ 관련 학과의 2년제 또는 3년제 전문대학 졸업자 등 또는 그 졸업 예정자 ④ 관련 학과의 대학 졸업자 등 또는 그 졸업 예정자 ⑤ 동일 및 유사 직무분야의 산업기사 수준 기술훈련과정 이수자 또는 그 이수 예정자 ⑥ 2년 이상 실무 종사 ⑦ 고용노동부령으로 정하는 기능경기대회 입상자 ⑧ 외국에서 동일한 종목에 해당하는 자격을 취득한 사람
산업안전 기사	① 산업기사 등급 이상의 자격을 취득 후 1년 이상 실무에 종사 ② 기능사 자격 취득 후 3년 이상 실무에 종사 ③ 응시하려는 종목이 속하는 동일 및 유사 직무분야의 다른 종목의 기사 등급 이상의 자격을 취득한 사람 ④ 관련 학과의 대학 졸업자 등 또는 그 졸업 예정자 ⑤ 3년제 전문대학 관련 학과 졸업자 등으로서 졸업 후 1년 이상 실무 종사 ⑥ 2년제 전문대학 관련 학과 졸업자 등으로서 졸업 후 2년 이상 실무 종사 ⑦ 동일 및 유사 직무분야의 기사 수준 기술훈련과정 이수자 또는 그 이수 예정자 ⑧ 동일 및 유사 직무분야의 산업기사 수준 기술훈련과정 이수자로서 이수 후 2년 이상 실무 종사 ⑨ 4년 이상 실무에 종사한 사람 ⑩ 외국에서 동일한 종목에 해당하는 자격을 취득한 사람
산업안전 기술사	① 기사 자격 취득 후 4년 이상 실무에 종사 ② 산업기사 자격 취득 후 5년 이상 실무에 종사 ③ 기능사 자격 취득 후 7년 이상 실무에 종사 ④ 관련 학과의 졸업자 등으로서 졸업 후 6년 이상 실무에 종사 ⑤ 동일 및 유사 직무분야의 다른 종목의 기술사 등급의 자격 취득 ⑥ 3년제 전문대학 관련 학과 졸업자 등으로서 졸업 후 7년 이상 실무 종사 ⑦ 2년제 전문대학 관련 학과 졸업자 등으로서 졸업 후 8년 이상 실무 종사 ⑧ 기사의 수준에 해당하는 교육훈련을 실시하는 기관 중 고용노동부령으로 정하는 교육훈련기관의 기술훈련과정 이수자로서 이수 후 6년 이상 실무 종사 ⑨ 산업기사의 수준에 해당하는 교육훈련을 실시하는 기관 중 고용노동부령으로 정하는 교육훈련기관의 기술훈련과정 이수자로서 이수 후 8년 이상 실무 종사 ⑩ 9년 이상 실무에 종사한 사람 ⑪ 외국에서 동일한 종목에 해당하는 자격을 취득한 사람

※ 알아두기
- **졸업자 등** : 학교를 졸업한 사람 및 이와 같은 수준 이상의 학력이 있다고 인정되는 사람. 다만, 대학 및 대학원을 "수료"한 사람으로서 관련 학위를 취득하지 못한 사람은 "대학 졸업자 등"으로 보고, 대학 등의 전 과정의 1/2 이상을 마친 사람은 "2년제 전문대학 졸업자 등"으로 본다.
- **졸업 예정자** : 필기시험일 현재 학년 중 최종 학년에 재학 중인 사람. 다만, 평생교육시설, 직업교육훈련기관 및 군(軍)의 교육·훈련 시설, 외국이나 군사분계선 이북 지역에서 대학교육에 상응하는 교육과정 등을 마쳐 교육부장관으로부터 학점을 인정받은 사람으로서, 106학점 이상을 인정 받은 사람(대학, 산업대학, 교육대학, 전문대학, 방송대학·통신대학·방송통신대학 및 사이버대학, 기술대학 중 취득한 학점을 전환하여 인정받은 학점 외의 학점이 18학점 이상 포함되어야 한다)은 대학 졸업 예정자로 보며, 41학점 이상을 인정받은 사람은 2년제 대학 졸업 예정자로 본다.

2. 원서 접수방법

① 한국산업인력공단 홈페이지(http://www.q-net.or.kr)에 접속하여, 먼저 회원가입을 합니다.
　　※ 회원가입에 관한 자세한 사항은 "큐넷 길라잡이"를 참고하세요.
② 회원가입 시 입력한 본인의 아이디와 비밀번호를 입력하여 로그인합니다.
③ 큐넷 홈페이지에서 "원서접수"를 클릭합니다.
④ "자격선택" 화면에서 본인이 응시하고자 하는 과목을 클릭합니다.
⑤ "종목선택" 화면의 "응시종목명"에서 본인이 응시하고자 하는 종목을 기입한 후 돋보기 모양을 클릭합니다. 그리고 "종목을 선택하세요" 옆 "V" 버튼을 클릭 후, 본인이 응시하고자 하는 종목이 나타나면, 종목을 클릭합니다. 마지막으로 "수수료 관련 안내사항을 확인하였습니다" 옆 박스를 클릭하여 체크 표시가 뜨게 합니다.
⑥ "응시유형" 화면에서 면제 과목 및 장애 여부를 확인 및 클릭합니다. "추가입력" 화면에서 다시 한 번 확인합니다.
⑦ "장소선택" 화면에서 "지역"을 클릭하면, 특별시, 광역시, 각 도(道)가 나타납니다. 가까운 특별 시 및 도(道)를 클릭하면, 자동으로 시험장이 설치될 시/군/구 구역이 나타납니다. 마지막으로 "조회" 옆 돋보기 버튼을 클릭하면, 시험장에 관한 자세한 정보가 나타납니다.
　　※ 파란색의 "선택" 버튼은 응시가 가능한 장소이고, 회색의 "마감" 버튼은 시험 접수가 마감되어 더 이상 응시할 수 없는 장소입니다.
⑧ "결제하기" 화면에서 결제 관련 프로그램을 다운로드 한 후 결제를 진행합니다. 결제는 신용카드, 체크카드, 계좌이체, 가상계좌 모두 가능합니다.
⑨ "접수완료" 화면에서 응시 사항을 다시 한 번 확인합니다.

☆ 시험에 관한 자세한 내용은 Q-net 홈페이지(www.q-net.or.kr)를 참고해 주시기 바랍니다. ☆

3. 궁금합니다! – 수험생이 궁금한 질문들

Q1. 국가기술 자격을 취득할 예정인데요, 이 자격을 취득한 이후 어떤 시험에서 무슨 과목을 면제 받을 수 있는지 어디서 확인할 수 있을까요?

A1. 기 자격증과 동일 등급, 동일 분야의 다른 자격증을 응시할 경우에 중복 과목이 있을 시 과목 면제를 받을 수 있으며, 큐넷에 로그인 후 마이페이지 → 면제정보 보기 → 과목 면제 메뉴에서 확인할 수 있습니다.

Q2. 응시자격(자격취득 + 경력) 조건 충족 여부 확인은 어떻게 합니까?

A2. 예를 들어, 기사의 응시자격 중 "기능사 자격 취득 후 응시하고자 하는 종목이 속하는 동일 직무분야에서 3년 이상 실무에 종한 자"란, 취득한 기능사의 종목에는 관계가 없으며, 기능사 자격 취득 후 수험자가 응시하고자 하는 종목이 속하는 동일 직무분야에서 3년 이상 실무에 종사한 경력을 증명하면 기사 시험에 응시할 수 있습니다.

※ "자격취득+경력"으로 응시자격을 충족하고자 하는 경우 자격취득 이후의 경력만 인정되며, 경력 심사에서는 응시자의 담당 업무 내용을 구체적으로 기재하셔야 하고 실재 응시자격 심사는 해당 지부 및 지사에서만 이루어집니다.

Q3. 당회 필기시험에 합격 후 실기시험을 접수하지 않으면 필기 합격이 취소됩니까?

A3. 당회 실기시험에 접수하지 않아도 필기시험 합격일로부터 2년간 필기시험이 면제됩니다. 단, 응시자격 제한이 있는 기술사, 기능상, 기사, 산업기사의 경우 응시자격 서류를 제출하여야 됩니다. 응시자격 서류를 제출하지 않으면 필기시험 불합격자로 처리됩니다.

– 실기시험에 응시할 경우 : 실기시험 접수기간 내(필기시험 합격 예정자 발표일로부터 4일간)에 응시자격 서류를 제출 후 실기시험을 접수해야 합니다.

– 실기시험에 응시하지 않을 경우 : 필기시험 합격 예정자 발표일로부터 8일 이내에 응시자격 서류를 제출하여야 필기 합격자로 처리됩니다.

Q4. 경력증명서 발급기관은 어디입니까?

A4. 경력증명서는 고용보험이나 건강보험 등에 가입되어 있는 회사에서 발급받아야 하며, 준비해야 할 서류는 다음과 같습니다.

① 경력증명서(국가기술자격법 시행규칙 제26조 제2항의 별지 제17회 서식)/ 담당업무 기재

② 아래 4가지 중 본인이 준비하기 쉬운 서류 1가지 선택

– 고용보험 자격 이력 확인서

– 국민연금 가입(상실) 확인서

– 건강보험 피보험 자격 취득(상실) 확인서

– 산재보험 가입 확인서(단, 4대 보험 중 산재보험 가입 확인서는 개인별 가입 기간이 필히 기재된 것에 한함)

4. 한국산업인력공단 지역 본부 및 지사

지 사	주 소	전화번호
서울 지역 본부	(02512) 서울 동대문구 장안벚꽃로 279	02-2137-0590
서울 서부 지사	(03302) 서울 은평구 진관3로 36	02-2024-1700
서울 남부 지사	(07225) 서울 영등포구 버드나루로 110	02-876-8322
서울 강남 지사	(06193) 서울 강남구 테헤란로 412 T412빌딩 15층	02-2161-9100
인천 지역 본부	(21634) 인천시 남동구 남동서로 209	032-820-8600
경기 지사	(16626) 경기도 수원시 권선구 호매실로 46-68	031-249-1201
경기 북부 지사	(11780) 경기도 의정부시 바대논길 21 해인프라자 3~5층	031-850-9100
경기 동부 지사	(13313) 경기도 성남시 수정구 성남대로 1217	031-750-6200
경기 서부 지사	(14488) 경기도 부천시 길주로 463번길 69	032-719-0800
경기 남부 지사	(17561) 경기도 안성시 공도읍 공도로 51-23	031-615-9000
강원 지사	(24408) 강원도 춘천시 동내면 원창 고개길 135	033-248-8500
강원 동부 지사	(25440) 강원도 강릉시 사천면 방동길 60	033-650-5700
부산 지역 본부	(46519) 부산시 북구 금곡대로 441번길 26	051-330-1910
부산 남부 지사	(48518) 부산시 남구 신선로 454-18	051-620-1910
경남 지사	(51519) 경남 창원시 성산구 두대로 239	055-212-7200
경남 서부 지사	(52733) 경남 진주시 남강로 1689	055-791-0700
울산 지사	(44538) 울산광역시 중구 종가로 347	055-220-3224
대구 지역 본부	(42704) 대구시 달서구 성서공단로 213	053-580-2300
경북 지사	(36616) 경북 안동시 서후면 학가산 온천길 42	054-840-3000
경북 동부 지사	(37580) 경북 포항시 북구 법원로 140번길 9	054-230-3200
경북 서부 지사	(39371) 경북 구미시 산호대로 253(구미첨단의료기술타워 2층)	054-713-3000
광주 지역 본부	(61008) 광주광역시 북구 첨단벤처로 82	062-970-1700
전북 지사	(54852) 전북 전주시 덕진구 유상로 69	063-210-9200
전남 지사	(57948) 전남 순천시 순광로 35-2	061-720-8500
전남 서부 지사	(58604) 전남 목포시 영산로 820	061-288-3300
대전 지역 본부	(35000) 대전광역시 중구 서문로 25번길 1	042-580-9100
충북 지사	(28456) 충북 청주시 흥덕구 1순환로 394번길 81	043-279-9000
충남 지사	(31081) 충남 천안시 서북구 천일고1길 27	041-620-7600
세종 지사	(30128) 세종특별자치시 한누리대로 296	044-410-8000
제주 지사	(63220) 제주 제주시 복지로 19	064-729-0701

※ 위 사항은 2022. 08. 기준이므로 추후 변동 될 수 있습니다.

〈NCS(국가직무능력표준) 기반 산업안전기사〉

1. 국가직무능력표준(NCS)이란?

국가직무능력표준(NCS, National Competency Standards)은 산업현장에서 직무를 행하기 위해 요구되는 지식·기술·태도 등의 내용을 국가가 산업 부문별, 수준별로 체계화한 것이다.

(1) 국가직무능력표준(NCS) 개념도

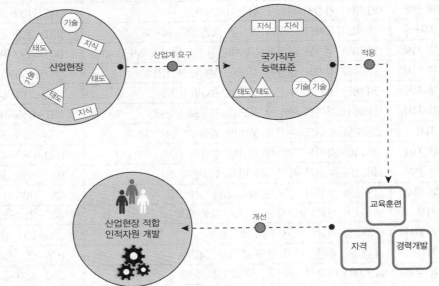

〈**직무능력 : 일을 할 수 있는 on-spec인 능력**〉
① 직업인으로서 기본적으로 갖추어야 할 공통 능력 → **직업기초능력**
② 해당 직무를 수행하는 데 필요한 역량(지식, 기술, 태도) → **직무수행능력**

〈**보다 효율적이고 현실적인 대안 마련**〉
① 실무중심의 교육·훈련 과정 개편
② 국가자격의 종목 신설 및 재설계
③ 산업현장 직무에 맞게 자격시험 전면 개편
④ NCS 채용을 통한 기업의 능력 중심 인사관리 및 근로자의 평생경력 개발 관리 지원

(2) 국가직무능력표준(NCS) 학습모듈

국가직무능력표준(NCS)이 현장의 '직무요구서'라고 한다면, NCS 학습모듈은 NCS 능력단위를 교육훈련에서 학습할 수 있도록 구성한 '교수·학습 자료'이다.

NCS 학습모듈은 구체적 직무를 학습할 수 있도록 이론 및 실습과 관련된 내용을 상세하게 제시하고 있다.

2. 국가직무능력표준(NCS)이 왜 필요한가?

능력 있는 인재를 개발해 핵심 인프라를 구축하고, 나아가 국가경쟁력을 향상시키기 위해 국가직무능력표준이 필요하다.

(1) 국가직무능력표준(NCS) 적용 전/후

지금은
- 직업 교육·훈련 및 자격제도가 산업현장과 불일치
- 인적자원의 비효율적 관리 운용

국가직무 능력표준

바뀝니다.
- 각각 따로 운영되었던 교육·훈련, 국가직무능력표준 중신 시스템으로 전환
  (일–교육·훈련–자격 연계)
- 산업현장 직무 중심의 인적자원 개발
- 능력중심사회 구현을 위한 핵심 인프라 구축
- 고용과 평생 직업능력개발 연계를 통한 국가경쟁력 향상

(2) 국가직무능력표준(NCS) 활용범위

기업체
Corporation

교육훈련기관
Education and training

자격시험기관
Qualification

- 현장 수요 기반의 인력채용 및 인사관리 기준
- 근로자 경력 개발
- 직무 기술서

- 직업교육 훈련과정 개발
- 교수계획 및 매체, 교재개발
- 훈련기준 개발

- 자격종목의 신설·통합·폐지
- 출제기준 개발 및 개정
- 시험문항 및 평가 방법

☆ 좀 더 자세한 내용은 대해서는 국가직무능력표준 홈페이지(www.ncs.go.kr)를 참고해 주시기 바랍니다. ☆

차 례

Part 2
인간공학 및 시스템 안전공학

Part 3
기계위험방지기술

▶CHAPTER 01. 기계의 안전 개념

▶CHAPTER 02. 공작기계의 안전

차 례

▶CHAPTER 03. 프레스 및 전단기의 안전

▶CHAPTER 04. 기타 산업용 기계·기구

차 례

차 례

차 례

▶ 2020년 제4회 필기시험부터
CBT로 시행되었습니다.

Part 1
산업안전관리론

제1절 안전과 생산

1 안전제일의 역사

20세기 초 U.S. 철강회사를 창설한 게리(E. H. Gary) 사장은 회사의 경영방침을 ① 생산제일, ② 품질제이, ③ 안전제삼으로 정하여 회사를 경영하였으나 산재도 줄지 않고 품질도 생산성도 향상되지 않았다. 그래서 경영방침을 ① 안전제일, ② 품질제이, ③ 생산제삼으로 변경하였더니 산재가 감소되고, 품질과 생산성이 향상되었다. 게리 사장의 안전 제일을 주장한 순수한 동기는 인도주의였다.

> **참고**
>
> ▶ 안전은 위험을 제어하는 기술이다.

2 산업안전관리의 중요성

(1) 사회적인 책임

능히 예방할 수 있는 재해사고를 미연에 방지하지 못한 결과로 귀중한 인명과 재산상의 손실을 입는다면 이는 곧 산업 경영인이 사회적 책임을 다하지 못한 것이다.

(2) 인도주의적 책임

인간의 존엄성은 누구에게나 같다. 그런데 피할 수 있는 사고를 야기시켜 인명의 사상과 질병을 초래한다는 것은 도덕적 죄악이다.

(3) 생산성 향상 측면

① 근로자의 사기 진작   ② 생산 능률의 향상

③ 대내외 여론의 신뢰성 유지 확보   ④ 비용 절감 등

3 용어의 정의

(1) 사고

① 원하지 않는 사상이다. ② 비효율적인 사상이다.

③ 변형된 사상이다.

(2) 무상해 무사고(near accident)

사고가 일어나더라도 손실을 전혀 수반하지 않는 재해이다.

(3) 안전사고

고의성이 없는 어떤 불안전한 행동과 불안전한 상태가 원인이 되어 일을 저해하거나 능률을 저하시키며, 직접 또는 간접적으로 인적 또는 물적 손실을 가져오는 것을 말한다.

> **💡 참고**
>
> ▶ **위 험**
> 잠재적인 손실이나 손상을 가져올 수 있는 상태나 조건

(4) 재해(loss, calamity)

재해란 사고의 결과로 일어난 인명과 재산의 손실이다.

(5) 중대재해

① 사망자가 1인 이상 발생한 재해

② 3개월 이상의 요양이 필요한 부상자가 동시에 2명 이상 발생한 재해

③ 부상자 또는 직업성 질병자가 동시에 10명 이상 발생한 재해

(6) 산업재해(industrial losses)

인간이 산업활동에 필요한 에너지를 사용함에 있어 목적에 맞게 적당한 통제를 가하면서 사용하던 중에 통제를 벗어난 에너지의 광란으로 인하여 입은 인명과 재산의 피해현상

(7) 산업안전보건법의 산업재해

근로자가 업무에 관계되는 건설물, 설비, 원재료, 가스, 증기, 분진 등에 의하거나 작업, 그 밖의 업무에 기인하여 사망 또는 부상당하거나 질병에 걸리는 것

4 부상의 종류

(1) 중상해

부상으로 2주 이상의 노동손실을 가져 온 상해 정도

(2) 경상해

부상으로 1일 이상, 14일 미만의 노동손실을 가져 온 상해

(3) 경미 상해

부상으로 8시간 이하의 휴무 또는 작업에 종사하면서 치료를 받는 상해

5 국제노동기구(ILO)의 산업재해 정도 구분

(1) 사망

안전사고로 사망하거나 혹은 사고 시 입은 부상의 결과로 생명을 잃는 것(노동손실일수 7,500일)

(2) 영구 전노동 불능 상해

부상의 결과로 노동 기능을 완전히 잃게 되는 부상(신체장해 등급 1~3급)

(3) 영구 일부노동 불능 상해

부상 결과 신체부분의 일부가 노동기능을 상실한 부상(신체장해 등급 4~14급)

(4) 일시 전노동 불능 상해

의사의 진단에 따라 일정기간 정규 노동에 종사할 수 없는 상해 정도(신체장해가 남지 않는 일반적인 휴업재해)

(5) 일시 일부노동 불능 상해

의사의 진단으로 일정기간 정규 노동에 종사할 수 없으나, 휴무상태가 아닌 상해, 일시 가벼운 노동에 종사하는 경우

(6) 응급(구급)처치 상해

부상을 입은 다음 치료(1일 미만)를 받고 다음부터 정상작업에 임할 수 있는 정도의 상해

6 산업재해 용어의 정의(KOSHA CODE)

종류	세부 내용
추락	사람이 인력(중력)에 의하여 건축물, 구조물, 가설물, 수목, 사다리 등의 높은 장소에서 떨어지는 것
전도(넘어짐)·전복	사람이 거의 평면 또는 경사면, 층계 등에서 구르거나 넘어짐 또는 미끌어진 경우와 물체가 전도·전복된 경우
붕괴·도괴	토사, 적재물, 구조물, 가설물 등이 전체적으로 허물어져 내리거나 또는 주요 부분이 꺽어져 무너지는 경우
충돌(부딪힘)·접촉	재해자 자신의 움직임·동작으로 인하여 기인물에 접촉 또는 부딪히거나, 물체가 고정부에서 이탈하지 않은 상태로 움직임(규칙, 불규칙) 등에 의하여 접촉·충돌한 경우
낙하(떨어짐)·비래	구조물, 기계 등에 고정되어 있던 물체가 중력, 원심력, 관성력 등에 의하여 고정부에서 이탈하거나 또는 설비 등으로부터 물질이 분출되어 사람을 가해하는 경우 **예** 재해형태별 분류 중 낙하·비례 : 물건이 주체가 되어 사람이 상해를 입는 경우
협착(끼임)·감김	두 물체 사이의 움직임에 의하여 일어난 것으로 직선 운동하는 물체 사이의 협착, 회전부와 고정체 사이의 끼임, 롤러 등 회전체 사이에 물리거나 또는 회전체·돌기부 등에 감긴 경우 **예** 끼임 : 재해자가 넘어짐으로 인하여 기계의 동력전달 부위 등에 끼이는 사고가 발생하여 신체부위가 절단된 경우
압박·진동	재해자가 물체의 취급과정에서 신체 특정부위에 과도한 힘이 편중·집중·눌러진 경우나 마찰 접촉 또는 진동 등으로 신체에 부담을 주는 경우
신체 반작용	물체의 취급과 관련 없이 일시적이고 급격한 행위·동작, 균형 상실에 따른 반사적 행위 또는 놀람, 정신적 충격, 스트레스 등
부자연스런 자세	물체의 취급과 관련없이 작업환경 또는 설비의 부적절한 설계 또는 배치로 작업자가 특정한 자세·동작을 장시간 취하여 신체의 일부에 부담을 주는 경우
과도한 힘·동작	물체의 취급과 관련하여 근육의 힘을 많이 사용하는 경우로서 밀기, 당기기, 지탱하기, 들어올리기, 돌리기, 잡기, 운반하기 등과 같은 행위·동작

반복적 동작	물체의 취급과 관련하여 근육의 힘을 많이 사용하지 않는 경우로서 지속적 또는 반복적인 업무 수행으로 신체의 일부에 부담을 주는 행위·동작
이상온도 노출·접촉	고·저온 환경 또는 물체에 노출·접촉된 경우
이상기압 노출	고·저기압 등의 환경에 노출된 경우
소음 노출	폭발음을 제외한 일시적·장기적인 소음에 노출된 경우
유해·위험물질 노출·접촉	유해·위험물질에 노출·접촉 또는 흡입하였거나 독성 동물에 쏘이거나 물린 경우
유해광선 노출	전리 또는 비전리 방사선에 노출된 경우
산소결핍·질식	유해물질과 관련 없이 산소가 부족한 상태·환경에 노출되었거나 이물질 등에 의하여 기도가 막혀 호흡기능이 불충분한 경우
화재	가연물질에 점화원이 가해져 의도적으로 불이 일어난 경우(방화 포함)
폭발	건축물, 용기 내 또는 대기 중에서 물질의 화학적, 물리적 변화가 급격히 진행되어 열, 폭음, 폭발압이 동반하여 발생하는 경우
전류 접촉	전기 설비의 충전부 등에 신체의 일부가 직접 접촉하거나 유도 전류의 통전으로 근육의 수축, 호흡곤란, 심실세동 등이 발생한 경우 또는 특별고압 등에 접근함에 따라 발생한 섬락 접촉, 합선·혼촉 등으로 인하여 발생한 아크에 접촉된 경우
폭력행위	의도적인 또는 의도가 불분명한 위험행위(마약, 정신질환 등)로 자신 또는 타인에게 상해를 입힌 폭력·폭행을 말하며, 협박·언어·성폭력 및 동물에 의한 상해 등도 포함

7 기인물과 가해물

(1) **기인물** : 재해의 근원이 되는 기계장치나 기타의 물(物) 또는 환경

(2) **가해물** : 직접 사람에게 접촉되어 피해를 가한 물체

> **예제**
>
> ▶ 근로자가 작업대 위에서 전기공사 작업 중 감전에 의하여 지면으로 떨어져 다리에 골절상해를 입은 경우의 기인물과 가해물은?
>
> **풀이** 기인물 : 전기, 가해물 : 지면

8 재해의 원인

(1) **직접 원인**

① 불안전한 행동(인적 원인)

㉮ 위험장소 접근　　　　　　　　㉯ 안전장치의 기능 제거

㉰ 복장, 보호구의 잘못 사용　　　㉱ 기계·기구 잘못 사용

㉲ 운전중인 기계장치의 손질　　　㉳ 불안전한 속도조작

㉴ 위험물 취급 부주의　　　　　　㉵ 불안전한 상태 방치

㉶ 불안전한 자세·동작　　　　　　㉷ 감독 및 연락 불충분

② 불안전한 상태(물적 원인)

- ㉮ 기계 자체의 결함
- ㉯ 안전방호장치의 결함
- ㉰ 복장, 보호구의 결함
- ㉱ 기계 배치 및 작업장소의 결함
- ㉲ 작업 환경의 결함
- ㉳ 생산공정의 결함
- ㉴ 경계표시 및 설비의 결함

(2) 간접(관리적) 원인

① 기술적 원인

- ㉮ 건물·기계장치 설계불량
- ㉯ 구조·재료의 부적합
- ㉰ 생상공정의 부적당
- ㉱ 점검 및 보존 불량

② 교육적 원인

- ㉮ 안전지식의 부족
- ㉯ 안전수칙의 오해
- ㉰ 경험훈련의 미숙
- ㉱ 작업방법의 교육 불충분
- ㉲ 유해위험작업의 교육 불충분

③ 작업관리상의 원인

- ㉮ 안전관리조직 결함
- ㉯ 안전수칙 미제정
- ㉰ 작업준비 불충분
- ㉱ 인원배치 부적당
- ㉲ 작업지시 부적당

> 💡 참고
>
> ▶ **제조물 책임** : 제조업자는 제조물의 결함으로 인하여 생명·신체 또는 재산에 손해를 입은 자에게 그 손해를 배상하여야 한다. (단, 당해 제조물에 대해서만 발생한 손해는 제외한다.)

제2절 안전보건관리 체제 및 운영

1 안전조직의 3가지 유형

(1) Line식(기계식) 조직(100명 이하의 소규모 사업장)

안전에 관한 명령, 지시 및 조치가 각 부문의 직계를 통하여 생산업무와 함께 시행되므로, 경영자의 지휘와 명령이 위에서 아래로 하나의 계통이 되어 신속히 전달된다.

① 장점

- ㉮ 안전에 관한 명령과 지시는 생산라인을 통해 신속·정확히 전달 실시된다.
- ㉯ 명령과 보고가 상하관계뿐이므로 간단 명료하다.

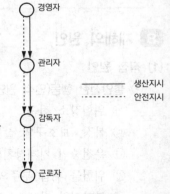

〈라인형〉

② 단점

㉮ 안진지식이나 기술의 결여가 된다.

㉯ 안전 전문 입안이 되어 있지 않아 내용이 빈약하다.

(2) Staff(참모식) 조직(100~1,000명 정도의 중규모 사업장)

기업체의 경영주가 안전활동을 전담하는 부서를 둠으로써 안전에 관한 계획, 조사, 검토, 독려, 보고 등의 업무를 관장하는 안전관리조직이다.

① 장점

㉮ 안전전문가가 안전계획을 세워 문제 해결방안을 모색하고 조치한다.

㉯ 경영자의 조언과 자문 역할을 한다.

㉰ 안전정보 수집이 용이하고 빠르다.

㉱ 중규모 사업장에 적합하다.

② 단점

㉮ 생산부분에 협력하여 안전명령을 전달 실시하므로 안전과 생산을 별개로 취급하기 쉽다.

㉯ 생산부분은 안전에 대한 책임과 권한이 없다.

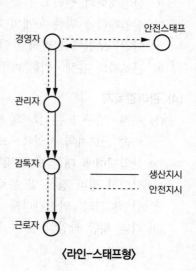
〈스태프형〉

> 💡 **참고**
>
> ▶ **스태프의 주된 역할**
> 1. 안전관리 계획안의 작성
> 2. 정보수집과 주지, 활용
> 3. 실시계획의 추진

(3) Line-Staff 혼형(직계-참모식) 조직(1,000명 이상의 대규모 사업장)

라인형과 스태프형을 병용한 방식으로 라인형과 스태프형의 장점만을 골라서 만든 조직이며, 조직원 전원을 자율적으로 안전활동에 참여시킬 수 있다.

① 장점

㉮ 라인의 관리, 감독자에게도 안전에 관한 책임과 권한이 부여된다.

㉯ 안전활동과 생산업무가 유리 될 우려가 없기 때문에 균형을 유지할 수 있어 이상적인 조직형태이다.

② 단점 : 명령계통과 조언 권고적 참여가 혼동되기 쉽다.

〈라인-스태프형〉

2 안전관리조직의 목적

① 조직적인 사고 예방활동
② 조직간 종적·횡적 신속한 정보처리와 유대강화
③ 위험제거 기술의 수준 향상

3 안전관계자의 업무

(1) 경영진

① 안전조직 편성 운영
② 안전예산의 책정 및 집행
③ 안전한 기계설비 및 작업환경의 유지, 개선
④ 기본방침 및 안전시책의 시달 및 지시

(2) 안전보건 총괄책임자

① 산업재해 발생의 급박한 위험이 있거나 중대재해가 발생한 경우 작업의 중지 및 재개
② 도급사업에 있어서의 안전 보건 조치
③ 수급인의 산업안전보건관리비의 집행감독 및 이의 사용에 관한 수입인 간의 협의 조정
④ 안전인증 대상 기계·기구 등과 자율안전확인 대상 기계·기구 등의 사용 여부 확인

(3) 안전보건관리책임자

① 산업재해 예방계획의 수립에 관한 사랑
② 안전보건관리규정의 작성 및 변경에 관한 사항
③ 근로자의 안전보건교육에 관한 사항
④ 작업환경 측정 등 작업환경의 점검 및 개선에 관한 사항
⑤ 근로자의 건강진단 등 건강관리에 관한 사항
⑥ 산업재해의 원인조사 및 재발방지대책 수립에 관한 사항
⑦ 산업재해에 관한 통계의 기록 및 유지에 관한 사항
⑧ 안전·보건에 관련되는 안전장치 및 보호구 구입 시의 적격품 여부 확인에 관한 사항
⑨ 근로자의 유해·위험 예방조치에 관한 사항으로서 고용노동부령으로 정하는 사항

(4) 관리감독자

① 기계·기구 또는 설비의 안전·보건점검 및 이상 유무의 확인
② 소속 근로자의 작업복·보호구 및 방호장치의 점검과 그 착용·사용에 관한 교육 지도
③ 산업재해에 대한 보고 및 이에 대한 응급조치
④ 작업장 정리 정돈 및 통로 확보의 확인·감독
⑤ 산업보건의·안전관리자·보건관리자의 지도·조언에 대한 협조
⑥ 기타 해당 작업의 안전·보건에 관한 사항으로서 고용노동부장관이 정하는 사항

(5) 안전관리자

① 산업안전보건위원회 또는 안전·보건에 관한 노사협의체에서 심의·의결한 업무와 해당 사업장의 안전보건관리규정 및 취업규칙에서 정한 업무

② 안전인증대상 기계·기구 등과 자율안전확인대상 기계·기구 등 구입 시 적격품의 선정에 관한 보좌 및 조언·지도

③ 위험성평가에 관한 보좌 및 조언·지도

④ 해당 사업장 안전교육계획의 수립 및 안전교육 실시에 관한 보좌 및 조언·지도

⑤ 사업장 순회점검·지도 및 조치의 건의

⑥ 산업재해 발생의 원인 조사·분석 및 재발 방지를 위한 기술적 보좌 및 조언·지도

⑦ 산업재해에 관한 통계의 유지·관리 분석을 위한 보좌 및 조언·지도

⑧ 법 또는 법에 따른 명령으로 정한 안전에 관한 사항의 이행에 관한 보좌 및 조언·지도

⑨ 업무수행 내용의 기록·유지

⑩ 그 밖에 안전에 관한 사항으로서 고용노동부장관이 정하는 사항

> 💡 **참고**
>
> ▶ **안전관리자의 증원·교체임명·명령**
> 1. 해당 사업장의 연간 재해율이 같은 업종 평균 재해율의 2배 이상일 때
> 2. 중대재해가 연간 3건 이상 발생할 때
> 3. 관리자가 질병, 그 밖의 사유로 3월 이상 직무를 수행할 수 없게 된 때

(6) 근로자

① 작업 전후 안전검검 실시

② 안전작업의 이행(안전작업의 생활화)

③ 보고, 신호, 안전수칙 준수

④ 개선 필요 시 적극적 의견 제안

4 산업안전보건위원회

(1) 설치·운영하여야 할 사업

① 상시 근로자 100명 이상을 사용하는 사업장. 다만, 건설업의 경우에는 공사금액이 120억 원(토목공사업은 150억 원) 이상인 사업장

② 상시 근로자 50인 이상 100명 미만을 사용하는 사업 중 고용노동부령이 다음에 정하는 유해·위험 사업장

㉮ 토사석 광업

㉯ 목재 및 나무제품 제조업(가구는 제외)

㉰ 화학물질 및 화학제품 제조업(의약품, 세제·화장품 및 광택제 제조업, 화학섬유 제조업은 제외)

㉱ 비금속광물제품 제조업

㉲ 제1차 금속산업

⑪ 금속가공제품 제조업(기계 및 기구는 제외)

⑭ 자동차 및 트레일러 제조업

⑮ 기계 및 장비 제조업(사무용 기기 및 장비 제조업은 제외), 가정용 기기 제조업, 그 외 기타 전기장비 제조업

⑯ 기타 운송장비 제조업(전투용 차량 제조업은 제외)

(2) 구성

① 근로자 위원

　⑦ 근로자 대표

　⑭ 해당 사업장의 명예산업안전감독관

　⑮ 근로자 대표가 지명하는 9명 이내의 해당 사업장의 근로자

② 사용자 위원

　⑦ 당해 사업의 대표자

　⑭ 안전관리자 1명

　⑮ 보건관리자 1명

　⑯ 산업보건의(해당 사업장에 선임되어 있는 경우에 한함)

　⑰ 해당 사업의 대표자가 지명하는 9명 이내의 해당 사업장 부서의 장

(3) 위원회의 운영

① 위원장은 위원 중에서 호선한다. 이 경우 근로자 위원과 사용자 위원 중 각 1명을 공동위원장으로 선출할 수 있다.

② 위원회는 3개월(분기)마다 정기적으로 개최하며 필요 시 임시회를 개최할 수도 있다.

(4) 심의·의결사항

① 안전보건관리 책임자의 업무에 관한 사항

② 중대재해의 원인조사 및 재발방지 대책의 수립에 관한 사항

③ 유해·위험 기계·기구와 그 밖의 설비를 도입한 경우 안전·보건조치에 관한 사항

5 안전보건관리규정

(1) 개요

① 안전보건관리규정이란 각 사업장에 있어서의 안전보건관리 활동과 업무에 관한 기본적 사항을 정한 것이다.

② 상시 근로자 100명 이상을 사용하는 사업으로 사업주는 산업안전보건법령에 의거 안전보건 관리규정을 작성하여야 할 사유가 발생한 날부터 30일 이내에 작성한다.

(2) 안전보건관리규정 제정 시 고려해야 할 사항

업종, 규모, 안전수준, 환경조건 등을 고려해서 규정의 깊이와 범위를 정함으로써 각기 다른 사업장의 특성을 살려 효율적인 안전관리를 할 수 있다.

(3) 안전보건관리규정의 세부내용
  ① 산업안전보건위원회의 설치·운영에 관한 사항
  ② 사업주 및 근로자의 재해예방 책임 및 의무 등에 관한 사항
  ③ 근로자의 건강진단, 작업환경 측정의 실시 및 조치 절차 등에 관한 사항

(4) 안전보건관리규정에 포함되어야 할 내용
  ① 안전·보건관리조직과 그 직무에 관한 사항
  ② 안전·보건교육에 관한 사항
  ③ 작업장 안전관리에 관한 사항
  ④ 작업장 보건관리에 관한 사항
  ⑤ 사고조사 및 대책수립에 관한 사항
  ⑥ 그 밖에 안전·보건에 관한 사항

6 안전보건관리계획

(1) 계획작성시 고려사항 3가지
  ① 사업장의 실태에 맞도록 독자적으로 수립하되 실현 가능성이 있도록 하여야 한다.
  ② 계획의 목표는 점진적으로 하여 높은 수준으로 한다.
  ③ 직장 단위로 구체적으로 작성한다.

(2) 계획의 기본방향
  ① 현재 기준의 범위 내에서의 안전유지적 방향에서 계획
  ② 기준의 재설정 방향에서 계획
  ③ 문제해결의 방향에서 계획

(3) 실시상의 유의사항
  ① 연차계획을 월별로 나누어 실시한다.
  ② 실시결과는 안전위원회에서 검토한다.
  ③ 실시사항 확인을 위해 Staff와 Line 관리자의 직장 순찰을 실시한다.

(4) 주요 평가척도
  ① 절대척도(재해건수 등 수치)
  ② 상대척도(도수율, 강도율 등)
  ③ 평정척도(양, 보통, 불가 등으로 표시)
  ④ 도수척도(중앙값, % 등)

(5) 안전관리의 4사이클
  ① 계획을 세운다(Plan ; P).
  ② 계획대로 실시한다(Do ; D).
  ③ 결과를 검토한다(Check ; C).
  ④ 검토 결과에 의해 조치를 취한다(Action ; A).

7 안전보건개선계획

(1) 안전보건개선계획 수립 사업장

① 산업재해율이 동종 업종의 규모별 평균 산업재해율보다 높은 사업장

② 작업환경이 현저히 불량한 사업장

③ 중대재해가 연간 2건 이상 발생한 사업장

④ ①~③에 준하는 사업장으로 고용노동부장관이 따로 정하는 사업장

> 💡 **참고**
>
> ▶ 안전보건개선계획의 수립·시정 명령을 받은 사업주는 고용노동부장관이 정하는 바에 따라 안전보건개선 계획서를 작성하여 그 명령을 받은 날부터 (60일) 이내에 지방고용노동관서의 장에게 제출한다.

(2) 고용노동부장관의 명령으로 안전보건진단을 받아 안전보건개선계획을 수립·제출해야 되는 사업장

① 산업재해율이 동종 업종의 평균 재해율보다 높은 사업장 중 중대재해가 발생한 사업장

② 재해율이 동종 업종의 평균 재해율의 2배 이상인 사업장

③ 직업병에 걸린 자가 연간 2명 이상 발생한 사업장

④ 작업환경 불량, 화재·폭발 또는 누출사고로 사회적 물의를 야기한 사업장

⑤ ① 내지 ④의 규정에 준하는 사업장으로 노동부장관이 따로 정하는 사업장

(3) 안전보건개선계획에 포함되어야 할 주요내용

시설, 안전보건관리체제, 안전보건교육, 산업재해 예방 및 작업환경 개선을 위하여 필요한 사항이 포함되어어야 하며 이를 공통 중점 개선계획 대상으로 나누면 다음과 같다.

① 공통 사항에 포함되는 항목

   ⑦ 안전보건관리체제

   ④ 안전보건표지 부착

   ⑤ 보호구 착용

   ④ 건강진단 실시

② 중점 개선계획에 포함되는 항목

   ⑦ 시설(비상통로, 출구, 계단, 소방시설, 작업설비, 배기시설 등의 시설물)

   ④ 기계장치(기계별 안전장치, 전기장치, 동력전도장치 등)

   ⑤ 원료, 재료(인화물, 발화물, 유해물, 생산원료 등의 취급 등)

   ④ 작업방법(안전기준, 작업표준, 보호구 관리상태)

   ⑩ 작업환경(정리정돈, 청소상태, 채광, 조명, 소음, 색채, 환기 등)

   ⑭ 기타(산업안전보건법상의 안전·보건기준상 조치사항)

Chapter 01 | 출제 예상 문제

01 안전관리를 "안전은 (   )을(를) 제어하는 기술"이라 정의할 때 다음 중 (   )에 들어갈 용어로 예방 관리적 차원과 가장 가까운 용어는?

① 위험   ② 사고
③ 재해   ④ 상해

> **해설** **안전관리** : 안전은 위험을 제어하는 기술

02 다음 중 잠재적인 손실이나 손상을 가져올 수 있는 상태나 조건을 무엇이라 하는가?

① 위험   ② 사고
③ 상해   ④ 재해

> **해설** **위험** : 잠재적인 손실이나 손상을 가져올 수 있는 상태나 조건

03 다음 중 "Near Accident"에 관한 내용으로 가장 적절한 것은?

① 사고가 일어난 인접지역
② 사망사고가 발생한 중대재해
③ 사고가 일어난 지점에 계속 사고가 발생하는 지역
④ 사고가 일어나더라도 손실을 전혀 수반하지 않는 재해

> **해설** **Near Accident** : 사고가 일어나더라도 손실을 전혀 수반하지 않는 재해

04 재해는 크게 4가지 방법으로 분류하고 있는데 다음 중 분류 방법에 해당되지 않는 것은?

① 통계적 분류
② 상해 종류에 의한 분류
③ 관리적 분류
④ 재해 형태별 분류

> **해설** ③ 상해 정도별 분류(I.L.O)

05 다음 중 칼날이나 뾰족한 물체 등 날카로운 물건에 찔린 상해를 무엇이라 하는가?

① 자상   ② 창상
③ 절상   ④ 찰과상

> **해설**
> ① **자상** : 칼날이나 뾰족한 물체 등 날카로운 물건에 찔린 상해
> ② **창상** : 창, 칼 등에 베인 상해
> ③ **절상** : 신체 부위가 절단된 상해
> ④ **찰과상** : 스치거나 문질러서 벗겨진 상해

06 다음 중 사람이 인력(중력)에 의하여 건축물, 구조물, 가설물, 수목, 사다리 등의 높은 장소에서 떨어지는 재해의 발생 형태를 무엇이라 하는가?

① 추락   ② 비래
③ 낙하   ④ 전도

> **해설**
> ② **비래**, ③ **낙하** : 물건이 주체가 되어 사람이 맞은 경우
> ④ **전도** : 사람이 평면상으로 넘어졌을 경우(과속, 미끄러짐 포함)

07 다음과 같은 경우 산업재해 기록·분류 기준에 따라 분류한 재해의 발생 형태로 옳은 것은?

> 재해자가 전도로 인하여 기계의 동력전달 부위 등에 협착되어 신체의 일부가 절단되었다.

① 전도   ② 협착
③ 충돌   ④ 절단

> **해설**
> ① **전도** : 사람이 평면상으로 넘어졌을 때를 말함(과속, 미끄러짐 포함)
> ③ **충돌** : 사람이 정지물에 부딪친 경우
> ④ **절단** : 신체 부위가 잘리게 된 상해

08 다음과 같은 재해 사례의 분석으로 옳은 것은?

> 어느 직장에서 메인 스위치를 끄지 않고 퓨즈를 교체하는 작업 중 단락사고로 인하여 스파크가 발생하여 작업자가 화상을 입었다.

① 화상 : 상해의 형태
② 스파크의 발생 : 재해
③ 메인 스위치를 끄지 않음 : 간접원인
④ 스위치를 끄지 않고 퓨즈 교체 : 불안전한 상태

해설
② 단락사고 : 재해
③ 스위치를 끄지 않고 퓨즈 교체 : 간접원인
④ 메인 스위치를 끄지 않음 : 불안전한 상태

09 다음 중 불안전한 행동에 속하지 않는 것은?

① 보호구 미착용
② 부적절한 도구 사용
③ 방호장치 미설치
④ 안전장치 기능 제거

해설
③ 방호장치 미설치 : 불안전한 상태

10 근로자의 작업수행 중 나타나는 불안전한 행동의 종류로 볼 수 없는 것은?

① 인간 과오로 인한 불안전한 행동
② 태도 불량으로 인한 불안전한 행동
③ 시스템 과오로 인한 불안전한 행동
④ 지식 부족으로 인한 불안전한 행동

해설
근로자의 작업수행 중 불안전한 행동의 종류
㉠ 인간 과오로 인한 불안전한 행동
㉡ 태도 불량으로 인한 불안전한 행동
㉢ 지식 부족으로 인한 불안전한 행동

11 다음의 사고발생 기초원인 중 심리적 요인에 해당하는 것은?

① 작업 중 졸려서 주의력이 떨어졌다.
② 조명이 어두워 정신집중이 안 되었다.
③ 작업공간이 협소하여 압박감을 느꼈다.
④ 적성에 안 맞는 작업이어서 재미가 없었다.

해설
① 간접원인 중 신체적 원인
② 직접원인 중 물적 원인
③ 직접원인 중 물적 원인

12 다음 중 산업재해의 발생원인에 있어 간접적 원인에 해당되지 않는 것은?

① 물적 원인
② 기술적 원인
③ 정신적 원인
④ 교육적 원인

해설
(1) 간접적 원인 : ②, ③, ④
(2) 직접적 원인
㉠ 인적 원인(불안전한 상태)
㉡ 물적 원인(불안전한 행동)

13 안전보건관리의 조직 형태 중 경영자의 지휘와 명령이 위에서 아래로 하나의 계통이 되어 신속히 전달되며 100명 이하의 소규모 기업에 적합한 유형은?

① Staff 조직
② Line 조직
③ Line-Staff 조직
④ Round 조직

해설
안전조직 형태
㉠ Line형 조직 : 100명 미만의 소규모 기업
㉡ Staff형 조직 : 100~1,000명의 중규모 기업
㉢ Line-Staff형 조직 : 1,000명 이상의 대규모 기업

14 다음 중 스태프형 안전조직에 있어 스태프의 주된 역할이 아닌 것은?

① 안전관리 계획안의 작성
② 정보수집과 주지, 활용
③ 실시계획의 추진
④ 기업의 제도적 기본방침 시달

해설
스태프의 주된 역할
㉠ 안전관리 계획안의 작성
㉡ 정보수집과 주지, 활용
㉢ 실시계획의 추진

15 다음 중 Line-Staff형 안전조직에 관한 설명으로 가장 옳은 것은?

정답 | 08. ① 09. ③ 10. ③ 11. ④ 12. ① 13. ② 14. ④ 15. ②

① 생산부분의 책임이 막중하다.

② 명령계통과 조언 권고적 참여가 혼동되기 쉽다.

③ 안전지시나 조치가 철저하고, 실시가 빠르다.

④ 생산부분에는 안전에 대한 책임과 권한이 없다.

해설 **Line–Staff형 안전조직**

(1) **장점**

　㉠ 스태프에 의해서 입안된 것이 경영자의 지침으로 명령 실시되므로 신속·정확하게 실시된다.

　㉡ 스태프는 안전입안 계획평가 조사, 라인은 생산 기술의 안전대책에서 실시되므로 안전활동과 생산업무가 균형을 유지한다.

(2) **단점**

　㉠ 명령계통과 조언 권고적 참여가 혼동되기 쉽다.

　㉡ 라인 스태프에만 의존하거나 또는 활용하지 않는 경우가 있다.

　㉢ 스태프의 월권행위의 우려가 있다.

16 다음 중 일반적인 안전관리 조직의 기본 유형으로 볼 수 없는 것은?

① Line system

② Staff system

③ Safety system

④ Line–Staff system

해설 **안전관리 조직의 기본 유형**

　㉠ Line–system

　㉡ Staff–system

　㉢ Line–Staff system

17 다음 중 안전관리 조직의 목적과 가장 거리가 먼 것은?

① 조직적인 사고예방 활동

② 위험제거 기술의 수준 향상

③ 재해손실의 산정 및 작업 통제

④ 조직 간 종적·횡적 신속한 정보처리와 유대강화

해설 **안전관리 조직의 목적**

　㉠ 조직의 사고예방 활동

　㉡ 위험제거 기술의 수준 향상

　㉢ 조직 간 종적·횡적 신속한 정보처리와 유대강화

18 다음 중 산업안전보건법령에서 정한 안전보건관리규정의 세부 내용으로 가장 적절하지 않은 것은?

① 산업안전보건위원회의 설치·운영에 관한 사항

② 사업주 및 근로자의 재해예방 책임 및 의무 등에 관한 사항

③ 근로자의 건강진단, 작업환경측정의 실시 및 조치절차 등에 관한 사항

④ 산업재해 및 중대산업사고의 발생 시 손실비용 산정 및 보상에 관한 사항

해설 **산업안전보건법령에서 정한 안전보건관리규정의 세부 내용**

　㉠ 산업안전보건위원회의 설치·운영에 관한 사항

　㉡ 사업주 및 근로자의 재해예방 책임 및 의무 등에 관한 사항

　㉢ 근로자 건강진단, 작업환경측정의 실시 및 조치절차 등에 관한 사항

19 다음 중 안전보건관리규정에 반드시 포함되어야 할 사항으로 볼 수 없는 것은?

① 작업장 보건관리

② 재해코스트 분석방법

③ 사고조사 및 대책수립

④ 안전보건관리조직과 그 직무

해설 **안전보건관리규정에 반드시 포함되어야 할 사항**

　㉠ 안전보건관리조직과 그 직무에 관한 사항

　㉡ 안전보건교육에 관한 사항

　㉢ 작업장 안전관리에 관한 사항

　㉣ 작업장 보건관리에 관한 사항

　㉤ 사고조사 및 대책수립에 관한 사항

　㉥ 기타 안전보건에 관한 사항

20 산업안전보건법상 안전관리자의 업무에 해당되지 않는 것은?

① 업무수행 내용의 기록 · 유지

② 산업재해에 관한 통계의 유지 · 관리 · 분석을 위한 보좌 및 조언 · 지도

③ 법 또는 법에 따른 명령으로 정한 안전에 관한 사항의 이행에 관한 보좌 및 조언 · 지도

④ 작업장 내에서 사용되는 전체환기장치 및 국소배기장치 등에 관한 설비의 점검과 작업방법의 공학적 개선에 관한 보좌 및 조언 · 지도

해설 **안전관리자의 업무**

㉠ ①, ②, ③

㉡ 산업안전보건위원회 또는 안전 · 보건에 관한 노사협의체에서 심의 · 의결한 업무와 해당 사업자의 안전보건관리규정 및 취업규칙에서 정한 업무

㉢ 안전인증대상 기계 · 기구 등과 자율안전확인대상 기계 · 기구 등 구입 시 적격품의 선정에 관한 보좌 및 조언 · 지도

㉣ 위험성 평가에 관한 보좌 및 조언 · 지도

㉤ 해당 사업장 안전교육계획의 수립 및 안전교육 실시에 관한 보좌 및 조언 · 지도

㉥ 사업장 순회점검 · 지도 및 조치의 건의

㉦ 산업재해 발생의 원인 조사 · 분석 및 재발 방지를 위한 기술적 보좌 및 조언 · 지도

㉧ 그 밖에 안전에 관한 사항으로서 고용노동부장관이 정하는 사람

21 산업안전보건법령상 산업안전보건위원회의 구성원 중 사용자 위원에 해당되지 않는 것은? (단, 해당 위원이 사업장에 선임이 되어 있는 경우에 한한다.)

① 안전관리자

② 보건관리자

③ 산업보건의

④ 명예산업안전감독관

해설 **산업안전보건위원회의 구성**

(1) **근로자 위원**

㉠ 근로자 대표

㉡ 명예산업안전감독관

㉢ 근로자 대표가 지명하는 9명 이내의 해당 사업장의 근로자

(2) **사용자 위원**

㉠ 해당 사업의 대표자

㉡ 안전관리자

㉢ 보건관리자

㉣ 산업보건의(해당 사업장에 선임되어 있는 경우에 한함)

㉤ 해당 사업의 대표자가 지명하는 9명 이내의 해당 사업장 부서의 장

22 다음 중 산업안전보건법상 사업주가 안전 · 보건 조치의무를 이행하지 아니하여 발생한 중대재해가 연간 2건이 발생하였을 경우 조치하여야 하는 사항에 해당하는 것은?

① 보건관리자 선임

② 안전보건개선계획의 수립

③ 안전관리자의 증원

④ 물질안전보건자료의 작성

해설 **안전보건개선계획의 수립**

사업주가 안전 · 보건조치 의무를 이행하지 아니하여 발생한 중대재해가 연간 2건의 발생 시 조치사항

23 산업안전보건법에 따라 안전보건개선계획의 수립 · 시정 명령을 받은 사업주는 고용노동부장관이 정하는 바에 따라 안전보건개선계획서를 작성하여 그 명령을 받은 날부터 며칠 이내에 관할 지방고용노동관서의 장에게 제출하여야 하는가?

① 15일   ② 30일

③ 45일   ④ 60일

해설 안전보건개선계획의 수립 · 시정 명령을 받은 사업주는 고용노동부장관이 정하는 바에 따라 안전보건개선계획서를 작성하여 그 명령을 받은 날부터 60일 이내에 지방고용노동관서의 장에게 제출한다.

Chapter 02 재해 및 안전점검

제1절 사고 및 재해 예방의 기초원리

1 사고방지 기본원리 5단계(하인리히)

(1) 제1단계(안전 조직)
안전관리 조직을 구성한다. 안전활동 방침 및 계획을 수립하고 전문적으로 기술을 가진 조직을 통한 안전활동을 전개하여 전 종업원이 자주적으로 참여하여 집단의 목표를 달성하도록 한다.

(2) 제2단계(사실의 발견)
사업장의 특성에 적합한 조직을 통해 사고 및 활동 기록의 검토, 작업분석, 안전점검, 사고 조사, 각종 안전회의 및 토의, 근로자의 제안 및 여론 조사, 관찰 및 보고서의 연구, 자료수집, 위험확인 등을 통하여 불안전 요소를 발견한다.

(3) 제3단계(평가 분석)
사실의 발견에서 나타난 불안적 요소를 통하여 사고 보고서 및 현장조사분석, 사고 기록 및 관계자료분석, 인적, 물적 환경조건분석, 작업공정분석, 교육 및 훈련 분석, 배치사항분석, 안전수칙 및 작업표준 분석, 보호장비의 적부 등의 분석을 통하여 사고의 직접원인과 간접원인을 찾아낸다.

(4) 제4단계(시정방법의 선정)
분석을 통하여 색출된 원인을 토대로 기술적 개선, 인사조정, 교육 및 훈련 개선, 안전행정의 개선, 규정 및 수칙·작업표준·제도개선·안전운동전개, 안전관리규정 제정 등의 효과적인 개선방법을 선정한다.

(5) 제5단계(시정책의 적용)
시정책에는 하베이가 주장한 3E 대책, 즉 교육, 기술, 독려, 규제대책이 있다.

〈 3E, 3S, 4S 〉

3E 적용(하베아 3E)	3S	4S
교육(Education) 기술(Engineering) 독려(Enforcement)	표준화(Standardization) 단순화(Simplication) 전문화(Specialization)	3S+총합화(Synthesization)

〈사고예방의 기본원리〉

제1단계	제2단계	제3단계	제4단계	제5단계
안전 조직	사실의 발견	평가 분석	시정방법의 선정	시정책의 적용
① 경영자의 안전 목표 설정 ② 안전관리자의 선임 ③ 안전의 라인 및 참모 조직 ④ 안전활동 방침 및 계획수립 ⑤ 조직을 통한 안전활동 전개	① 사고 및 활동 기록의 검토 ② 작업분석 ③ 점검 및 검사 ④ 사고조사 ⑤ 각종 안전회의 및 토의회 ⑥ 근로자의 제안 및 여론조사 ⑦ 자료수집 ⑧ 위험확인	① 사고원인 및 경향성 분석 ② 사고기록 및 관계자료 분석 ③ 인적·물적 환경 조건분석 ④ 작업공정 분석 ⑤ 교육훈련 및 적정배치 분석 ⑥ 안전수칙 및 보호장비의 적부	① 기술적 개선 ② 배치 조정 ③ 교육훈련의 개선 ④ 안전행정의 개선 ⑤ 규칙 및 수칙 등 제도의 개선 ⑥ 안전운동의 전개 ⑦ 안전관리규정 제정	① 교육적 대책 ② 기술적 대책 ③ 단속대책

2 재해예방의 4원칙

(1) 예방 가능의 원칙

재해는 원칙적으로 원이만 제거되면 예방이 가능하다.

(2) 손실우연의 원칙

재해의 발생과 손실의 발생은 우연적이다.

(3) 원인연계(계기)의 원칙

재해의 발생은 반드시 원인이 존재한다.

(4) 대책선정의 원칙

재해를 예방할 수 있는 안전대책은 반드시 존재한다.

① 기술적 대책 : 안전설계, 작업행정의 개선, 안전기준의 설정, 환경설비의 개선, 점검보존의 확립
  등
② 교육적 대책 : 안전교육 및 훈련
③ 관리적 대책 : 적합한 기준 설정, 전 종업원의 기준 이해, 동기부여와 사기향상, 각종 규정 및
  수칙의 준수, 경영자 및 관리자의 솔선수범

제2절 산업재해 통계 및 분석

1 재해율 계산과 안전성적 평가

(1) 연천인율

① 재직근로자 1,000명당 1년간 발생하는 재해자수를 나타낸 것이다.

② 연천인율 $= \dfrac{\text{연간 재해자 수}}{\text{연평균 근로자수}} \times 1,000$

③ 연천인율이 7이란 뜻은 그 작업장에서 연간 1,000명이 작업할 때 7건의 재해가 발생한다는 것이다.

> **예제**
>
> ▶ 어느 공장의 연평균 근로자가 180명이고, 1년간 발생한 사상자 수가 6명이 발생하였다면 연천인율은 약 얼마인가? (단, 근로자는 하루 8시간씩 연간 300일을 근무한다.)
>
> **풀이** 연천인율 $= \dfrac{\text{사상자 수}}{\text{연평균 근로자수}} \times 1,000 = \dfrac{6}{180} \times 1,000 = 33.33$

(2) 도수율(Frequency Rate of Injury ; FR)

① 1,000,000인시(man-hour)를 기준으로 한 재해발생건수의 비율로 빈도율이라고도 한다.

② 도수율(빈도율) $= \dfrac{\text{재해발생 건수}}{\text{근로 총 시간수}} \times 1,000,000$

③ 사업장의 종업원 1인당 연간노동시간

1일 = 8시간, 1개월 = 25일, 1년 = 300일

즉 8시간×25일×12월 = 2,400시간

④ 빈도율이 10이란 뜻은 1,000,000인시당 10건의 재해가 발생한다는 것이다.

> **예제**
>
> ▶ 어떤 사업장에서 510명 근로자가 1주일에 40시간, 연간 50주를 작업하는 중에 21건의 재해가 발생하였다. 이 근로기간 중에 근로자의 4%가 결근하였다면 도수율은 약 얼마인가?
>
> **풀이** 도수율 $= \dfrac{\text{재해발생건수}}{\text{연 근로시간수}} \times 10^6 = \dfrac{21}{0.96 \times (510 \times 40 \times 50)} \times 10^6 = 21.45$

⑤ 연천인율과 도수율과의 관계 : 연천인율 또는 도수율과는 계산의 기초가 각각 다르므로 이를 정확하게 환산하기는 어려우나 대략적으로 다음 관계식을 사용한다.

$$\text{연천인율} = \text{도수율} \times 2.4 \quad \text{또는} \quad \text{도수율} = \dfrac{\text{연천인율}}{2.4}$$

> **예제**
>
> ▶ 1일 8시간씩 연간 300일을 근무하는 사업장의 연천인율이 7이었다면 도수율은 약 얼마인가?
>
> **풀이** 재해빈도를 연천인율로 표시했을 때 이것을 도수율로 간단히 환산하면
>
> 도수율 $= \dfrac{\text{연천인율}}{2.4} = \dfrac{7}{2.4} = 2.92$

(3) 강도율(Severity Rate of Injury : SR)

① 산재로 인한 근로손실의 정도를 나타내는 통계로서 1,000인시당 근로손실일수를 나타낸다.

② 강도율 $= \dfrac{\text{근로손실일수}}{\text{근로 총 시간수}} \times 1,000$

> ┌ 예제 ┐
> ▶ 상시 근로자를 400명 채용하고 있는 사업장에서 주당 40시간씩 1년간 50주를 작업하는 동안 재해가 180건 발생하였고, 이에 따른 근로손실일수가 780일이었다. 이 사업장의 강도율은 약 얼마인가?
>
> **풀이** 강도율 $= \dfrac{근로손실일수}{연근로총시간수} \times 10^3 = \dfrac{780}{400 \times 40 \times 50} \times 10^3 = 0.98$

③ 강도율이 2.0이란 뜻은 근로시간 1,000시간당 2.0일의 근로손실일수가 발생하였다.

④ 근로손실일수 : 근로손실일수는 근로기준법에 의한 법정 근로손실일수에 비장애등급손실일수를 연 300일 기준으로 환산하여 가산한 일수로 한다. 즉 장해등급별 근로손실일수+비장해등급손실 $\times 300/365$로 계산한다.

〈장해등급별 근로손실일수〉

신체장해등급	1~3급	4	5	6	7	8	9	10	11	12	13	14	비고
근로손실일수	7,500	5,500	4,000	3,000	2,200	1,500	1,000	600	400	200	100	50	사망 7,500일

⑤ 사망에 의한 손실일수 7,500일 산출근거
  ㉮ 사망자의 평균연령 : 30세 기준
  ㉯ 근로 가능 연령 : 55세 기준
  ㉰ 근로손실년수 : 55−30 = 25년 기준
  ㉱ 연간근로일수 : 300일 기준
  ㉲ 사망으로 인한 근로손실일수 : $300 \times 25 = 7,500$일 발생

> ┌ 예제 ┐
> ▶ 도수율이 12.57, 강도율이 17.45인 사업장에서 한 근로자가 평생 근무한다면 며칠의 근로손실이 발생하겠는가? (단, 1인 근로자의 평생근로시간은 10^5 시간이다.)
>
> **풀이** 강도율 $= \dfrac{근로손실일수}{연근로총시간수} \times 1,000$
>
> 근로손실일수 $= \dfrac{강도율 \times 연근로시간수}{1,000} = \dfrac{17.45 \times 10^5}{1,000} = 1,745$일

(4) 환산강도율과 환산도수율

한 사람의 평생근로시간을 10만시간(40년×2,400시간/년+잔업시간 4,000시간)으로 봐서, 어느 작업장에서 한 사람이 평생을 근무한다면 산업재해로 인하여 어느 정도 근로손실일수가 발생하느냐, 또 몇 건의 재해를 당하느냐를 나타내는 통계로서 각각 다음과 같이 구한다.

① 환산강도율 = 강도율×100

> ┌ 예제 ┐
> ▶ 도수율이 24.5이고 강도율이 1.15인 사업장이 있다. 이 사업장에서 한 근로자가 입사하여 퇴사할 때까지 며칠 간의 근로손실일수가 발생하겠는가?
>
> **풀이** 환산강도율
> 입사하여 퇴직할 때까지 평생동안(40년)의 근로시간인 10만시간당 근로손실일수
> 환산강도율=강도율×100=1.15×100=115일

② 환산도수율 = 도수율 ÷ 10

📢예제

> ▶ 연평균 500명의 근로자가 근무하는 사업장에서 지난 한 해 동안 20명의 재해자가 발생하였다. 만약 이 사업장에서 한 작업자가 평생동안 작업을 한다면 약 몇 건의 재해를 당할 수 있겠는가?
>
> **풀이** ① 도수율 $= \dfrac{\text{연간재해건수}}{\text{연근로 총 시간수}} \times 1,000,000 = \dfrac{20}{500 \times 8 \times 300} \times 1,000,000 = 2$
>
> ② 환산도수율 = 도수율 ÷ 10 = 20 ÷ 10 = 2건

③ 평균강도율 : 재해 1건당 평균 근로손실일수

$$\text{평균강도율} = \frac{\text{강도율}}{\text{도수율}} \times 1,000$$

(5) 사망만인율

① 전 사업장에 종사하는 근로자 중 산재로 사망한 근로자가 어느정도 되는지 파악할 때 사용하는 지표

② 사망만인율 $= \dfrac{\text{산재로 사망한 근로자} \times 10,000}{\text{근로자수}}$

📢예제

> ▶ 산업재해보험적용근로자 1,000명인 플라스틱 제조 사업장에서 작업 중 재해 5건이 발생하였고, 1명이 사망하였을 때 이 사업장의 사망만인율은?
>
> **풀이** 사망만인율 $= \dfrac{\text{산재로 사망한 근로자} \times 10,000}{\text{근로자수}} = \dfrac{1 \times 10,000}{1,000} = 10$

(6) 안전성적 평가

① 종합재해지수(Frequency Severity Indicator) : 재해의 빈도와 상해의 강약도를 혼합하여 집계하는 지표

$$\text{종합재해지수(FSI)} = \sqrt{\text{도수율}(F.R) \times \text{강도율}(S.R)}$$

📢예제

> ▶ A 사업장의 강도율이 2.5이고, 연간 재해발생건수가 12건, 연간 총 근로자수가 120만시간일 때 이 사업장의 종합재해지수는 약 얼마인가?
>
> **풀이** 종합재해지수 $= \sqrt{\text{빈도율} \times \text{강도율}}$
>
> 여기서,
>
> 빈도율 $= \dfrac{\text{재해발생건수}}{\text{연근로시간수}} \times 1,000,000 = \dfrac{12}{1,200,000} \times 1,000,000 = 10$
>
> $\therefore \sqrt{10 \times 2.5} = 5$

▲예제

▶ 상시 근로자수가 100명인 사업장에서 1일 8시간씩 연간 280일 근무하였을 때, 1명의 사망사고와 4건의 재해로 인하여 180일의 휴업일수가 발생하였다. 이 사업장의 종합재해수는 약 얼마인가?

풀이 ① $도수율 = \dfrac{재해건수}{연근로시간수} \times 1,000,000 = \dfrac{5}{100 \times 8 \times 280} \times 1,000,000 = 22.32$

② $강도율 = \dfrac{총 근로손실일수}{연근로시간수} \times 1,000 = \dfrac{7,500 + 180 \times \dfrac{280}{365}}{100 \times 8 \times 280} \times 1,000$

$= 34.1$

∴종합재해지수 $= \sqrt{도수율 \times 강도율} = \sqrt{22.32 \times 34.1} = 27.588 = 27.59$

💡 참고

▶ 산업안전보건법령상 상시 근로자수의 산출내역에 따라, 연간 국내공사 실적액이 50억원이고 건설업 평균임금이 250만원이며, 노무비율은 0.06인 사업장의 상시 근로자수는?

풀이 $상시 근로자수 = \dfrac{전년도 국내공사 실적한계액 \times 노무비율}{건설업 월평균임금 \times 12} = \dfrac{5,000,000,000 \times 0.06}{2,500,000 \times 12개월} = 10인$

▲예제

▶ 어떤 사업장의 종합재해지수가 16.95이고, 도수율이 20.83이라면 강도율은 약 얼마인가?

풀이 $종합재해지수 = \sqrt{도수율 \times 강도율}$

$강도율 = \dfrac{(종합재해지수)^2}{도수율} = \dfrac{16.95^2}{20.83} = 13.79$

② 세이프 티 스코어(safe T. score) : 과거와 현재의 안전성적을 비교 평가하는 방법으로 단위가 없다.

$$세이프 티 스코어 = \dfrac{도수율(현재) - 도수율(과거)}{\sqrt{\dfrac{도수율(과거)}{근로총시간수(현재)} \times 10^6}}$$

㋐ 기록방법

㉠ 계산결과 + 이면 나쁜 기록이고, − 이면 과거에 비해 좋은 기록이다.

• 2.00 이상인 경우 : 과거보다 심각하게 나빠졌다.

• +2.00에서 −2.00의 사이 : 과거에 비해 심각한 차이가 없다.

• −2.00 이하인 경우 : 과거보다 좋아졌다.

㉡ 작업장의 A부서와 B부서의 안전관리 측면에서의 심각성 여부를 세이프−T−스코어로 측정하여 보면 다음과 같다.

연도별\부서별	A부서	B부서
2006년	① 사고 : 10건 ② 근로 총 시간수 : 10,000인시 ③ FR : 1,000	① 사고 : 1,000건 ② 근로 총 시간수 : 1,000,000인시 ③ FR : 1,000
2007년	① 사고 : 15건 ② 근로 총 시간수 : 10,000인시 ③ FR : 1,500	① 사고 : 1,100건 ② 근로 총 시간수 : 1,000,000인시 ③ FR : 1,100

- A부서의 세이프-T-스코어 $= \dfrac{1,500-1,000}{\sqrt{\dfrac{1,000}{10,000} \times 1,000,000}} = \dfrac{500}{316.23} = 1.58$

- B부서의 세이프-T-스코어 $= \dfrac{1,100-1,000}{\sqrt{\dfrac{1,000}{1,000,000} \times 1,000,000}} = \dfrac{100}{31.62} = 3.16$

A부서는 +1.58이므로 재해는 50% 증가했으나 심각하지 않고, B부서는 +3.16이므로 재해는 10%밖에 증가하지 않았으나 안전문제가 심각하므로 안전대책이 시급한 부서이다.

③ 안전활동율 : 안전관리 활동의 결과를 정량적으로 판단하는 기준으로 종래에는 안전활동 상황을 일반적으로 안전 데이터로부터 간접적으로 판단해 오던 것을 미국 노동기준국의 블레이크(R. P. Blake)가 제안한 것이며, 다음 식으로 구한다.

㉮ 안전활동률 $= \dfrac{\text{안전활동 건수}}{\text{근로시간수} \times \text{평균 근로자수}} \times 10^6$

㉯ 안전활동 건수에 포함되는 항목
    ㉠ 실시한 안전개선 권고 수   ㉡ 안전조치할 불안전 작업 수
    ㉢ 불안전 행동 적발수   ㉣ 불안전한 물리적 지적건수
    ㉤ 안전회의 건수   ㉥ 안전홍보(PR) 건수

예제

▶ 1,000명이 있는 사업장에 6개월간 안전 부서에서 불안전 작업수 10건, 안전 개선 권고수 30건, 불안전 행동 적발수 5건, 불안전 상태 지적수 25건, 안전회의 20건, 안전 홍보(PR)가 10건 있었을 경우에 안전활동률은 얼마인가? (단, 1일 8시간, 월 25일 근무하였다.)

풀이 안전활동건수 = 10+30+5+25+20+10 = 100건

안전활동률 $= \dfrac{\text{안전활동 건수}}{\text{근로시간수} \times \text{평균 근로자수}} \times 10^6 = \dfrac{100}{1,000 \times 8 \times 25 \times 6} \times 10^6 = 83.33$

예제

▶ 다음 [표]는 A 작업장을 하루 10회 순회하면서 적발된 불안전한 행동 건수이다. A 작업장의 1일 불안전한 행동률은 약 얼마인가?

순회 횟수	근로자수	불안전한 행동 적발 건수
1회	100	0
2회	100	1
3회	100	2
4회	100	0
5회	100	0
6회	100	1
7회	100	2
8회	100	0
9회	100	0
10회	100	1

풀이 불안전한 행동률 $= \dfrac{7}{100 \times 10} \times 100 = 0.7\%$

2 산업재해사례 연구방법

(1) 재해사례 연구의 목적
① 재해요인을 체계적으로 규명해서 대책을 세운다.
② 재해방지의 원칙을 습득해서 일상 안전보건 활동에 실천한다.
③ 참가자의 안전보건 활동에 관한 견해나 생각을 깊게 하기도 하고 또는 태도를 바꾸게 하기도 한다.

(2) 재해사례 연구의 진행단계
① 전제조건(재해상황의 파악) : 사례연구의 전제조건으로서 재해상황의 주된 항목에 관해서 파악한다.
② 제1단계(사실의 확인) : 사례의 해결에 필요한 정보를 정확히 파악한다.
③ 제2단계(문제점 발견) : 사실로 판단하고 기준에서 차이의 문제점을 발견한다.
④ 제3단계(근본적 문제점 결정) : 문제점 가운데 재해의 중심이 된 근본적 문제점을 결정하고 재해 원인을 결정한다.
⑤ 제4단계(대책수립) : 사례를 해결하기 위해 대책을 세운다.

(3) 재해통계, 산업재해 통계의 활용 용도
① 제도의 개선 및 시정   ② 재해의 경향 파악
③ 동종 업종과의 비교

(4) 산업재해 통계에 있어서 고려해야 될 사항
① 산업재해 통계는 활용의 목적을 이룩할 수 있도록 충분한 내용을 포함한다.
② 산업재해 통계를 기반으로 안전조건이나 상태를 추측해서는 안 된다.
③ 산업재해 그 자체보다는 재해통계에 나타난 경향과 성질의 활용을 중요시 해야 된다.
④ 이용 및 활용가치가 없는 산업재해 통계는 그 작성에 따른 시간과 경비의 낭비임을 인지하여야 한다.

(5) 재해 원인분석 기법
① 개별적 원인분석 : 재해 건수가 비교적 적은 사업장의 적용에 적합하고 특수재해나 중대재해의 분석에 사용하는 분석
② 통계적 원인분석
    ㉮ 파레토도(Pareto diagram) : 사고의 유형, 기인물 등 분류 항목을 큰 순서대로 도표화 하여 문제나 목표의 이해가 편리한 것

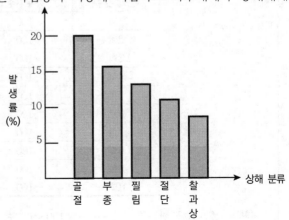

ⓐ 특성 요인도 : 재해의 원인과 결과를 연계하여 상호 관계를 파악하기 위해 도표화하는 분석방법

특성 요인도의 작성방법은 다음과 같다.

　　　㉠ 특성의 결정은 무엇에 대한 특성 요인도를 작성할 것인가를 결정하고 기입한다.

　　　㉡ 등뼈는 원칙적으로 좌측에서 우측으로 향하여 가는 화살표를 기입한다.

　　　㉢ 큰 뼈는 특성이 일어나는 요인이라고 생각되는 것을 크게 분류하여 기입한다.

　　　㉣ 중뼈는 특성이 일어나는 큰 뼈의 요인마다 다시 미세하게 원인을 결정하여 기입한다.

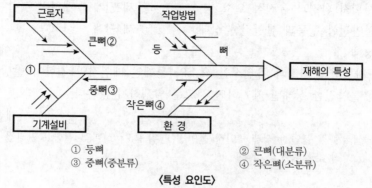

① 등뼈　　　　　　　　② 큰뼈(대분류)
③ 중뼈(중분류)　　　　④ 작은뼈(소분류)

〈특성 요인도〉

ⓑ 크로즈(close) 분석 : 2개 이상의 문제 관계를 분석하는데 사용하는 것으로, 데이터를 집계하고 표로 표시하여 요인별 결과 내역을 교차한 크로스 그림을 작성하여 분석한다.

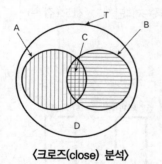

T : 전체재해건수
A : 인적원인으로 발생한 재해건수
B : 물적원인으로 발생한 재해건수
C : 두가지 원인이 함께 겹쳐
　　발생한 재해건수
D : 물적원인과 인적원인 어느
　　원인도 관계없이 일어난 재해

〈크로즈(close) 분석〉

ⓒ 관리도(Control Chart) : 산업재해의 분석 및 평가를 위하여 재해발생 건수 등의 추이에 대해 한계선을 설정하여 목표관리를 수행하는 재해통계 분석기법으로 필요한 월별 재해 발생 건수를 그래프화 하여 관리선을 설정관리하는 방법이다. 관리선은 상방관리한계(UCL : Upper Control Limit), 중심선(Pn), 하방관리한계(LCL : Low Control Limit)로 표시한다.

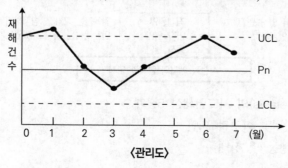

〈관리도〉

제3절 안전관리 제이론

1 사고와 재해의 발생원리

(1) 하인리히의 재해발생 5단계

① 제1단계 : 사회적 환경과 유전적 요소 ② 제2단계 : 개인적 결합

③ 제3단계 : 불안전한 행동과 불안전한 상태 ④ 제4단계 : 사고

⑤ 제5단계 : 상해

여기서 첫째인 사회적인 환경과 유전적인 요소와 둘째인 개인적인 결함이 발생하더라도 셋째인 불안전한 행동 및 불안전한 상태만 제거하면 사고는 발생하지 않는다.

> 🔎 참고
>
> ▶ **재해의 발생** = 물적 불안전 상태 + 인적 불안전 행위 + α = 설비적 결함 + 관리적 결함 + α
> 여기서, α : 잠재된 위험의 상태

(2) 버드(Frank Bird)의 신도미노 이론 5단계

사고는 운명적으로 일어나는 것이 아니며 사람이 일으키는 것이다.

① 제1단계 : 제어부족(관리) ② 제2단계 : 기본원인(기원)

③ 제3단계 : 직접원인(징후) ④ 제4단계 : 사고(접촉)

⑤ 제5단계 : 상해, 손해(손실)

(3) 웨버(D. A. Weaver)의 사고연쇄성 5단계

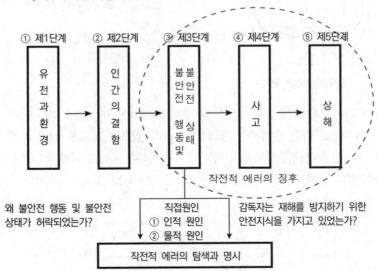

(4) 자베타키스(Michael Zabetakis)의 사고연쇄성 5단계

① 제1단계 : 개인적 요인 및 환경적 요인

② 제2단계 : 불안전한 행동 및 상태

③ 제3단계 : 에너지 및 위험물의 예기치 못한 폭주
④ 제4단계 : 사고
⑤ 제5단계 : 구호

(5) 아담스(Edward Adams)의 사고연쇄성 이론 5단계

① 제1단계(관리구조 결함)
② 제2단계(작전적 에러) : 관리자가 의사결정을 잘못하거나 감독자가 관리적 잘못을 하였을 때의 단계
③ 제3단계(전술적 에러)
④ 제4단계(사고)
⑤ 제5단계(상해, 손해)

2 재해발생 비율에 관한 이론

(1) 하인리히의 재해구성 비율(1:29:300의 법칙)

하인리히는 사고의 결과로서 야기되는 상해를 중상:경상:무상해 사고의 비율이 1:29:300이 된다고 하였다. 이 비율은 50,000여 건의 사고를 분석한 결과 얻은 통계이다.

사고분석 ┬ 중상(휴업 8일 이상~사망) : 0.3% → 1
        ├ 경상(휴업 1일 이상~휴업 7일 미만) : 8.8% → 29
        └ 무상해 사고 및 아차 사고(휴업 1일 미만) : 90.9% → 300

즉, 1:29:300의 법칙의 의미 속에는 만약 사고가 330번 발생된다면 그 중에 중상이 1건, 경상이 29건, 무상해 사고가 300건 포함될 것이라는 뜻이 내포되어 있다.

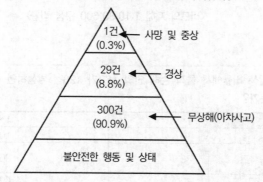

▲예제

▶ 어느 사업장에서 당해 연도에 총 660명의 재해자가 발생하였다. 하인리히의 재해구성 비율에 의하면 경상의 재해는 몇 명으로 추정되겠는가?

풀이 하인리히 재해발생 비율 1:29:300의 법칙

상해종류	비율	%
사망 또는 중상	1	0.3
경상해	29	8.8
무상해	300	90.9

∴ 660명×8.8%=58명

예제

▶ A 사업장에서 사망이 2건 발생하였다면 이 사업장에서 경상재해는 몇 건이 발생하겠는가? (단, 하인리히의 재해구성 비율을 따른다.)

풀이 하인리히 재해발생 비율 1:29:300의 법칙
① 1건 : 사망 또는 중상　　　　　　② 29건 : 경상해
③ 300건 : 무상해
즉 경상해(29건)×2=58건

---

(2) 버드(F. E. Bird's Jr)의 재해구성 비율(1:10:30:600의 법칙)

버드는 1,753,498건의 사고를 분석하고, 중상 또는 폐질 1, 경상(물적 또는 인적 상해) 10, 무상해 사고(물적 손실) 30, 무상해·무사고 고장(위험 순간) 600의 비율로 사고가 발생한다고 하였다.

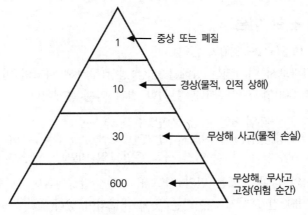

〈버드의 재해 1:10:30:600 구성 비율〉

예제

▶ 버드(Bird)의 재해발생 비율에서 물적 손해 만의 사고가 120건 발생하면 상해도, 손해도 없는 사고는 몇 건 정도 발생하겠는가?

풀이

중상 또는 폐질	1		$1 \times 4 = 4$
경상	10		$10 \times 4 = 40$
무상해 사고	30	$\dfrac{120}{30} = 4$	$30 \times 4 = 120$
무상해 무사고 고장	600		$600 \times 4 = 2,400$

---

(3) 콤페스(Compes) 이론

① 버드의 이론은 하인리히 이론과 수량적 차이(빈도율)은 있으나 근본적으로 하인리히 이론과는 그 맥을 같이하고 있다.

② 콤페스 이론은 상해사고의 비율은 하인리히 이론과 같으나 손해(물적)사고에 대해서는 다른점이 있다. 즉 1명의 상해사고가 없는데도 수십억 원의 경제적 손실의 발생 가능성을 예고하고 있다는 점이다.

재해사고의 크기와 빈도에 관한 이론으로 다음과 같다.

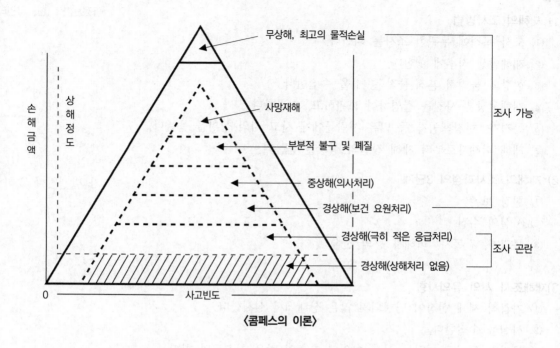

〈콤페스의 이론〉

제4절 사고 및 재해의 조사

1 사고의 조사

(1) 사고의 조사목적
① 산업재해를 조사하는 목적은 재해의 책임자를 처벌하자는데 있는 것이 아니라, 가장 적절한 재발방지 대책을 강구하는 데 있다.
② 종래의 재해조사에 있어서는 재해형식과 재해원인을 구별하지 않고, 단순히 재해형식의 분석에만 그친 경우도 있었으나, 일반적으로 산업재해를 조사함에 있어서는 먼저 재해의 형태와 원인을 명확히 구분하여 생각하지 않으면 안 된다.
③ 재해형태의 분석만으로 재해 통계에 필요한 자료를 얻을 수 없다.
④ 동종사고 및 유사사고의 재발 방지 및 원인의 규명과 예방 자료수집이 이루어져야 한다.

(2) 사고조사 방향의 설정
① 당해 사고에 대한 순수한 원인 규명
② 동종 사고의 재발방지
③ 생산성 저해 요인 색출을 위한 종합적 조사
④ 관리 · 조직상의 장애 요인 색출

2 재해의 조사

(1) 재해의 조사방법
① 조사 목적에 무관한 조사는 피한다.
② 재해발생 직후에 행한다.
③ 현장의 물리적 흔적(물적 증거)을 수집한다.
④ 재해현장은 사진을 촬영하여 보관하고, 기록한다.
⑤ 목격자, 현장책임자 등 많은 사람들에게 사고 시의 상황을 듣는다.
⑥ 재해 피해자로부터 재해 직전의 상황을 듣는다.

(2) 재해의 조사과정의 3단계
① 현장 보존
② 사실의 수집
③ 목격자, 감독자, 피해자 등의 진술

(3)재해조사 시의 유의사항
① 가급적 재해 현장이 변형되지 않은 상태에서 실시한다.
② 사실을 수집한다.
③ 목격자 등이 증언하는 사실 이외의 추측의 말은 참고로만 한다.
④ 과거사고 발생경향 등을 참고하여 조사한다.
⑤ 조사는 신속하게 행하고 긴급조치하여 2차 재해의 방지를 도모한다.
⑥ 사람, 기계설비 양면의 재해요인을 모두 도출한다.
⑦ 객관적인 입장에서 공종하게 조사하며, 조사는 2인 이상이 한다.
⑧ 책임추궁보다 재발방지를 우선하는 기본태도를 갖는다.
⑨ 피해자에 대한 구급조치를 우선한다.
⑩ 2차 재해의 예방과 위험성에 대한 보호구를 착용한다.

(4) 산업재해 발생시 사업주가 기록 · 보관해야 하는 사항
① 사업장의 개요 및 근로자의 인적사항
② 재해발생의 일시 및 장소
③ 재해발생의 원인 및 과정
④ 재해재발방지 계획

(5) 산업재해 발생 시 조치 순서

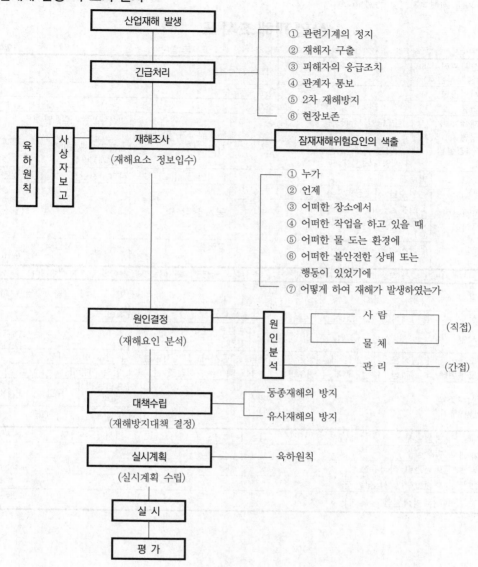

(6) 산업재해 조사표

사업주는 산업재해로 사망자가 발생한 경우 해당 산업재해가 발생한 날부터(1개월) 이내에 산업재해 조사표를 작성하여 관할 지방고용노동청장에게 제출한다.

■ 산업안전보건법 시행규칙 [별지 제30호서식]

산업재해조사표

※ 뒤쪽의 작성방법을 읽고 작성해 주시기 바라며, [ ]에는 해당하는 곳에 √ 표시를 합니다.　　(앞쪽)

I. 사업장 정보	①산재관리번호 (사업개시번호)			사업자등록번호		
	②사업장명			③근로자 수		
	④업종			소재지	(　 - 　)	
	⑤재해자가 사내 수급인 소속인 경우(건설업 제 외)	원도급인 사업장명		⑥재해자가 파견근로 자인 경우	파견사업주 사업장명	
		사업장 산재관리번호 (사업개시번호)			사업장 산재관리번호 (사업개시번호)	
	건설업만 작성	발주자		[ ]민간 [ ]국가·지방자치단체 [ ]공공기관		
		⑦원수급 사업장명		공사현장 명		
		⑧원수급 사업장 산재 관리번호(사업개시번 호)				
		⑨공사종류		공정률	%	공사금액 백만원

※ 아래 항목은 재해자별로 각각 작성하되, 같은 재해로 재해자가 여러 명이 발생한 경우에는 별도 서식에 추가로 적습니다.

II. 재해 정보	성명		주민등록번호 (외국인등록번호)		성별	[ ]남 [ ]여
	국적	[ ]내국인 [ ]외국인 [국적:	⑩체류자격:]	⑪직업		
	입사일	년 월 일	⑫같은 종류업무 근속 기간		년 월	
	⑬고용형태	[ ]상용 [ ]임시 [ ]일용 [ ]무급가족종사자 [ ]자영업자 [ ]그 밖의 사항 [ ]				
	⑭근무형태	[ ]정상 [ ]2교대 [ ]3교대 [ ]4교대 [ ]시간제 [ ]그 밖의 사항 [ ]				
	⑮상해종류 (질병명)		⑯상해부위 (질병부위)		⑰휴업예상 일수	휴업 [ ]일
					사망 여부	[ ] 사망

III. 재해 발생 개요 및 원인	⑱ 재해 발생 개요	발생일시	[ ]년 [ ]월 [ ]일 [ ]요일 [ ]시 [ ]분
		발생장소	
		재해관련 작업유형	
		재해발생 당시 상황	
	⑲재해발생원인		

| IV.
⑳재발
방지
계획 | |
| | |

※ 위 재발방지 계획 이행을 위한 안전보건교육 및 기술지도 등을 한국산업안전
보건공단에서 무료로 제공하고 있으니 즉시 기술지원 서비스를 받고자 하는 경
우 오른쪽에 √ 표시를 하시기 바랍니다. | 즉시 기술지원 서비스 요청[ ]

작성자 성명
작성자 전화번호　　　　　　　　　작성일　　　년　　월　　일

사업주　　　　　　　　　　　(서명 또는 인)

근로자대표(재해자)　　　　　　(서명 또는 인)

(　　　)지방고용노동청장(지청장) 귀하

| 재해 분류자 기입란
(사업장에서는 작성하지 않습니다) | 발생형태 | □□□ | 기인물 | □□□□□ |
| | 작업지역·공정 | □□□ | 작업내용 | □□□ |

210mm×297mm[백상지(80g/㎡) 또는 중질지(80g/㎡)]

❸ 산업재해의 발생 유형

(1) 단순자극형(집중형)

일어난 장소나 그 시점에 일시적으로 요인이 집중하여 재해가 발생하는 경우

(2) 연쇄형(사슬형)

하나의 사고 요인이 또 다른 요인을 발생시키면서 재해를 발생시키는 유형이다. 단순연쇄형과 복합연쇄형이 있다.

(3) 복합형(혼합형)

단순자극형과 연쇄형의 복합적인 유형이다.

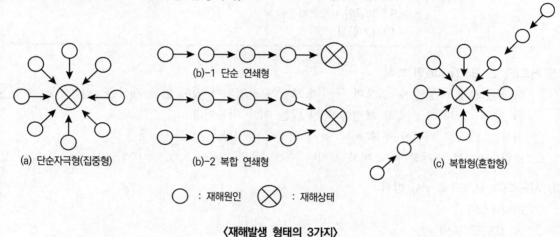

〈재해발생 형태의 3가지〉

제5절 재해에 따른 손실

❶ 손실의 종류

물적손실과 인전손실이 있으며, 물적손실은 재산상의 피해를 말하며, 인적손실은 인명피해, 사망, 상해 등으로 인한 근로손실을 말한다.

❷ 재해코스트 이론

(1) 하인리히의 1:4의 원칙

① 직접비 : 재해로 인해 받게 되는 산재보상금

    ㉮ 휴업 보상비 : 평균 임금의 100분의 70   ㉯ 장해 급여 : 1~14급(산재 장해등급)

    ㉰ 요양 급여 : 병원에 지급(요양비 전액)   ㉱ 유족 급여 : 평균 임금의 1,300일분

    ㉲ 장의비 : 평균 임금의 120일분   ㉳ 유족 특별 급여

    ㉴ 장해 특별 보상비   ㉵ 직업 재활 급여

    ㉶ 상병 보상 연금

② 간접비 : 직접비를 제외한 모든 비용

　㉮ 인적손실　　　　　　　　　　　㉯ 물적손실

　㉰ 생산손실　　　　　　　　　　　㉱ 특수손실

　㉲ 그 밖의 손실(병상 위문금)

▲예제

▶ 재해로 인해 직접비용으로 8,000만원이 산재보상비로 지급되었다면 하인리히 방식에 따를 때 총 손실
　비용은 얼마인가?

풀이 하인리히 방식

　　총 손실비용 = 직접비(1)+간접비(4)

　　　　　　　 = 8,000만원 + 8,000만원 × 4

　　　　　　　 = 40,000만원

---

(2) 버드(F. E. Bird's Jr)의 법칙

① 하나는 쉽게 측정할 수 있으며 동시에 보험에 가입되어 있지 않은 재산손실비용이고, 다른 하나
는 양을 측정하기 어렵고 보험에 들지 않는 기타 비용이다.

② 계산은 1 : 4로 계산한 것보다 더 높게 책정되어 있다.

③ 보험비 : 비보험 재산비용 : 비보험 기타 재산비용의 비율 = 1 : 5~50 : 1~3

(3) 시몬즈(R. H. Simonds) 방식

① 보험코스트

　㉮ 보험금 총액

　㉯ 보험회사의 보험에 관련된 제경비와 이익금

② 비보험코스트 = (A × 휴업상해 건수) + (B × 통원상해 건수)

　　　　　　　　 + (C × 응급처치 건수) + (D × 무상해 사고 건수)

여기서 A, B, C, D : 상수(각 재해에 대한 평균 비보험비용)

③ 재해, 사고 분류

　㉮ 휴업 상해 : 영구부분 노동 불능 상해, 일시 전노동 불능 상태

　㉯ 통원 상해 : 일시부분 노동 불능 상해

　㉰ 응급처치 : 8시간 미만의 휴업

　㉱ 무상해 사고 : 의료조치를 필요로 하지 않는 정도의 극미한 상해 상고나 무상해 사고, 20$
　　이상의 재산손실이나 8인시 이상의 시간손실을 가져온 사고. 단, 사망 및 영구 불능 상해는
　　재해 범주에서 제외. 자주 발생하는 것이 아니기 때문에 때에 따라 계산을 산정한다.

제6절 안전점검, 안전인증 및 안전검사

1 안전점검

(1) 안전점검의 정의
안전을 확보하기 위해 실태를 명확히 파악하는 것으로서, 불안전상태와 불안전행동을 발생시키는 결함을 사전에 발견하거나 안전상태를 확인하는 행동이다.

(2) 안전점검의 직접적 목적
① 기기 및 설비의 결함 제거로 사전 안전성 확보
② 기기 및 설비의 본래 성능 유지
③ 인적 측면에서의 안전한 행동 유지

(3) 안전점검의 의의
① 설비의 근원적 안전 확보
② 설비의 안전상태 유지
③ 인적인 안전행동의 유지 및 물적·인적 양면의 안전형태 유지

(4) 안전점검의 종류
① 정기(계획)점검 : 기계, 기구, 시설 등에 대하여 주, 월 또는 분기 등 지정된 날짜에 실시하는 점검
② 수시(일상)점검 : 작업담당자 또는 해당 관리감독자가 맡고있는 공정의 설비, 기계, 공구등을 매일 작업 전 또는 작업 중에 일상으로 실시하는 안전점검

> 💡 **참고**
>
> ▶ **일상점검 중 작업 전에 수행되는 내용**
> 1. 주변의 정리·정돈
> 2. 주변의 청소 상태
> 3. 설비의 방호장치 점검

③ 특별점검 : 태풍이나 폭우 등의 천재지변이 발생한 후에 실시하는 기계·기구 및 설비 등에 대한 점검
④ 임시점검 : 정기점검 실시 후 다음 점검기일 이전에 임시로 실시하는 점검의 형태를 말하며, 기계·기구 또는 설비의 이상 발견 시, 사고 발생 이후 곧바로 외부 전문가에 의하여 실시하는 점검

> 💡 **참고**
>
> ▶ **안전점검 대상**
> 1. 방호장치   2. 작업환경   3. 작업방법

(5) 안전의 5대 요소

① 인간   ② 도구   ③ 환경   ④ 원재료   ⑤ 작업방법

(6) 안전점검의 효과

① 현상파악 : 감각기관 측정 검사

② 결함의 발견 : 체크 리스트 이용

③ 시정대책의 선정 : 근본적 개선책과 응급적 대책이 있으며 비용가 시간보다 개선 효과에 따라 선정

④ 대책의 실시 : 대책이 선정되면 즉시 계획적으로 실시

(7) 체크 리스트(점검표)

① Check List의 작성 항목

    ㉮ 점검대상   ㉯ 점검부분

    ㉰ 점검항목   ㉱ 점검주기 또는 기간(점검시기)

    ㉲ 점검방법(육안점검, 기능점검, 기기점검, 정밀점검)

    ㉳ 판정기준   ㉴ 조치사항

② Check List의 항목 작성시 유의사항

    ㉮ 사업장에 적합한 독자적인 내용으로 작성한다.

    ㉯ 정기적으로 검토하여 설비나 작업방법이 타당성 있게 개조된 내용이어야 한다.

    ㉰ 위험성이 높고, 긴급을 요하는 순으로 작성한다.

    ㉱ 일정 양식을 정하여 점검대상을 정한다.

    ㉲ 점검항목을 이해하기 쉽게 구체적으로 표현할 것

③ Check List의 판정기준을 정할 때 유의하여야 할 사항

    ㉮ 판정기준의 종류가 2종류인 경우에는 적합 여부를 판정한다.

    ㉯ 한 개의 절대척도나 상대척도에 의할 때는 수치로 나타낸다.

    ㉰ 복수의 절대척도나 상대척도로 조합된 문항은 기준 점수 이하로 나타낸다.

        예 10점으로 평점할 경우 4점 이하가 몇 개일 때는 불합격 처리한다.

    ㉱ 대안과 비교하여 양부를 판정한다.

    ㉲ 미경험 문제나 복잡하게 예측되는 문제 등은 관계자와 협의하여 종합판정한다.

(8) 안전점검의 대상

① 안전관리 조직체계 및 운영상황

② 안전교육계획 및 실시상황

③ 작업환경 및 유해 · 위험관리에 관한 상황

④ 정리정돈 및 위험물 방화관리에 관한 상황

⑤ 운반설비 및 관련시설물의 상태

(9) 점검방법

① 육안점검 : 부식, 마모 점검

② 기기점검 : 온도계 점검

③ 기능점검 : 테스트 해머 점검

④ 정밀점검 : 가스검지기 점검

> **참고**
>
> ▶ **외관점검** : 기기의 적정한 배치, 변형, 균열, 손상, 부식 등의 유무를 육안, 촉수 등으로 조사 후 그 설비별로 정해진 점검기준에 따라 양부를 확인하는 점검
> ▶ **작동점검** : 안전장치를 정해진 순서에 따라 작동시키고 동작상황의 양부를 확인하는 점검
> **예** 누전차단장치 등

(10) 작업시작 전 점검을 실시하는 기계·기구 및 점검내용

작업의 종류	점검내용
1. 프레스 등을 사용여 작업을 할 때	① 클러치 및 브레이크의 기능 ② 크랭크 축·플라이 휠·슬라이드·연결봉 및 연결 나사의 풀림 여부 ③ 1행정 1정지기구·급정지장치 및 비상정지장치의 기능 ④ 슬라이드 또는 칼날에 의한 위험방지 기구의 기능 ⑤ 프레스의 금형 및 고정볼트 상태 ⑥ 방호장치의 기능 ⑦ 전단기의 칼날 및 테이블의 상태
2. 로봇의 작동 범위에서 그 로봇에 관하여 교시 등(로봇의 동원력을 차단하고 하는 것은 제외한다)의 작업을 할 때	① 외부 전선의 피복 또는 외장의 손상 유무 ② 매니퓰레이터(manipulator) 작동의 이상 우무 ③ 제동장치 및 비상정지장치의 기능
3. 공기압축기를 가동할 때	① 공기저항 압력용기의 외관 상태 ② 드레인밸브(drain valve)의 조작 및 배수 ③ 압력방출장치의 기능 ④ 언로드밸브(unloading valve)의 기능 ⑤ 윤활유의 상태 ⑥ 회전부의 덮개 또는 울 ⑦ 그 밖의 연결부위의 이상 유무
4. 크레인을 사용하는 작업을 하는 때	① 권과방지장치·브레이크·클러치 및 운전장치의 기능 ② 주행로의 상측 및 트롤리(trolley)가 횡행하는 레일의 상태 ③ 와이어로프가 통하고 있는 곳의 상태
5. 이동식 크레인을 사용하여 작업을 할 때	① 권과방지장치나 그 밖의 경보장치의 기능 ② 브레이크·클러치 및 조정장치의 기능 ③ 와이어로프가 통하고 있는 곳 및 작업장소의 지반상태
6. 리프트(간이리프트를 포함)를 사용하여 작업을 할 때	① 방호장치·브레이크 및 클러치의 기능 ② 와이어로프가 통하고 있는 곳의 상태
7. 곤돌라를 사용하여 작업을 할 때	① 방호장치·브레이크의 기능 ② 와이어로프·슬링와이어(sling wire) 등의 상태
8. 양중기의 와이어로프·달기체인·섬유로프·섬유벨트 또는 훅·섀클·링 등의 철구(이하 "와이어로프 등"이라 한다)를 사용하여 고리걸이 작업을 할 때	와이어로프 등의 이상 유무

작업의 종류	점검내용
9. 지게차를 사용하여 작업을 할 때	① 제동장치 및 조종장치 기능의 이상 유무 ② 하역장치 및 유압장치 기능의 이상 유무 ③ 바퀴의 이상 유무 ④ 전조등·후미등·방향지시기 및 경보장치 기능의 이상 유무
10. 구내운반차를 사용하여 작업을 할 때	① 제동장치 및 조종장치 기능의 이상 유무 ② 하역장치 및 유압장치 기능의 이상 유무 ③ 바퀴의 이상 유무 ④ 전조등·후미등·방향지시기 및 경음기 기능의 이상 유무 ⑤ 충전장치를 포함한 홀더 등의 결합상태의 이상 유무
11. 고소작업대를 사용하여 작업을 할 때	① 비상정지장치 및 비상하강 방지장치 기능의 이상 유무 ② 과부하방지장치의 작동 유무(와이어로프 또는 체인구동방식의 경우) ③ 아웃트리거 또는 바퀴의 이상 유무 ④ 작업면의 기울기 또는 요철 유무 ⑤ 활선작업용 장치의 경우 홈·균열·파손 등 그 밖의 손상 유무
12. 화물자동차를 사용하는 작업을 하게 할 때	① 제동장치 및 조종장치의 기능 ② 하역장치 및 유압장치의 기능 ③ 바퀴의 이상 유무
13. 컨베이어 등을 사용하여 작업을 할 때	① 원동기 및 풀리(pulley) 기능의 이상 유무 ② 이탈 등의 방지장치 기능의 이상 유무 ③ 비상정지장치 기능의 이상 유무 ④ 원동기·회전축·기어 및 풀리 등의 덮개 또는 울 등의 이상 유무
14. 차량계 건설기계를 사용하여 작업을 할 때	브레이크 및 클러치 등의 기능
15. 이동식 방폭구조 전기기계·기구를 사용할 때	전선 및 접속부 상태
16. 근로자가 반복하여 계속적으로 중량물을 취급하는 작업을 할 때	① 중량물 취급의 올바른 자세 및 복장 ② 위험물이 날아 흩어짐에 따른 보호구의 착용 ③ 카바이드·생석회(산화칼슘) 등과 같이 온도 상승이나 습기에 의하여 위험성이 존재하는 중량물의 취급방법 ④ 그 밖에 하역운반기계 등의 적절한 사용방법
17. 양화장치를 사용하여 화물을 싣고 내리는 작업을 할 때	① 양화장치의 작동상태 ② 양화장치에 제한 하중을 초과하는 하중을 실었는지 여부
18. 슬링 등을 사용하여 작업을 할 때	① 훅이 붙어 있는 슬링·와이어슬링 등이 매달린 상태 ② 슬링·와이어슬링 등의 상태(작업시작 전 및 작업 중 수시로 점검)

(11) 안전점검을 실시할 때 유의사항

① 안전점검을 형식, 내용에 변화를 부여하여 몇 가지 점검방법을 병용할 것이다.

② 점검자의 능력을 감안하고 거기에 따른 점검을 실시한다.

③ 과거의 재해 발생개소는 그 원인이 완전히 제거되어 있나 확인한다.

④ 불량개소가 발견되었을 경우는 다른 동종설비에 대해서도 점검한다.

⑤ 발견된 불량개소는 원인을 조사하고 즉시 필요한 대책을 강구한다. 대책에 대해서도 관리자측에서 하는 사항을 먼저 실시하도록 유도하고, 또 대책이 완료되었을 경우 신속하게 관계부서로 연락 및 보고한다.

⑥ 사소한 원인이라도 중대사고로 연결될 수 있기 때문에 빠뜨리지 않도록 유의한다.

⑦ 안전점검은 안전수준의 향상 목적으로 한다는 것을 염두에 두고 결점의 지적이나 문책적인 태도는 삼가도록 한다.

⑧ 안전점검이 끝나고 강평을 할 때는 잘된 부분은 칭찬을 하고, 결함이 있는 부분은 지적하여 시정조치토록 한다.

> 💡 **참고**
>
> ▶ 안전점검 보고서 작성 내용 중 주요사항
> 1. 작업현장의 현 배치상태와 문제점
> 2. 안전교육 실시현황 및 추진방향
> 3. 안전방침과 중점개선계획
> 4. 재해 다발 요인과 유형 분석 및 비교 데이터 제시
> 5. 보호구, 방호장치 작업환경 실태와 개선 제시

2 안전인증

(1) 안전인증의 정의

유해하거나 위험한 기계·기구·설비 및 방호장치·보호구(이하 '안전인증 대상 기계·기구 등'이라 한다)의 안전성을 평가하기 위하여 안전인증 대상 기계·기구 등의 안전에 관한 성능과 제조자의 기술능력·생산체계 등에 관한 안전인증을 함으로써 산업재해예방에 기여하기 위함이다.

(2) 안전인증 면제 대상

① 연구·개발을 목적으로 제조, 수입하거나 수출을 목적으로 제조하는 경우

② 고용노동부장관이 정하여 고시하는 외국의 안전인증기관에서 인증을 받은 경우

③ 다른 법령에서 안전성에 관한 검사나 인증을 받은 경우

(3) 안전인증 취소 및 사용금지 또는 개선 대상

① 거짓이나 그 밖의 부정한 방법으로 안전인증을 받은 경우

② 안전인증을 받은 안전인증 대상 기계·기구 등의 안전성능 등이 안전인증 기준에 맞지 아니하게 된 경우

③ 정당한 사유없이 안전인증 기준 준수 여부의 확인(확인 주기 : 3년 이하의 범위)을 거부, 기피 또는 방해하는 경우

(4) 안전인증 대상 기계·기구 등

① 기계·기구 및 설비

㉮ 프레스	㉯ 전단기	㉰ 크레인	㉱ 리프트
㉲ 압력용기	㉳ 롤러기	㉴ 사출성형기	㉵ 고소작업대
㉶ 곤돌라	㉷ 기계톱(이동식만 해당)		

② 방호장치

    ㉮ 프레스 및 전단기 방호장치   ㉯ 양중기용 과부하방지장치

    ㉰ 보일러 압력방출용 안전밸브   ㉱ 압력용기 압력방출용 안전밸브

    ㉲ 압력용기 압력방출용 파열판   ㉳ 절연용 방호구 및 활선작업용 기구

    ㉴ 방폭구조 전기기계·기구 및 부품

    ㉵ 추락·낙하 및 붕괴 등의 위험 방호에 필요한 가설기자재로서 고용노동부장관이 정하여 고시
        하는 것

(5) 안전인증 심사의 종류 및 방법

종 류	심사의 내용		심사기간
예비심사	기계·기구 및 방호장치·보호가 안전인증 대상 기계·기구 등인지를 확인하는 심사(안전인증을 신청한 경우만 해당)		7일
서면심사	안전인증 대상 기계·기구 등의 종류별 또는 형식별로 설계도면 등 안전인증 대상 기계·기구 등의 제품 기술과 관련된 문서가 안전인증 기준에 적합한지 여부에 대한 심사		15일 (외국에서 제조한 경우 30일)
기술능력 및 생산체계 심사	안전인증 대상 기계·기구 등의 안전성능을 지속적으로 유지·보증하기 위하여 사업장에서 갖추어야 할 기술능력과 생산체계가 안전인증 기준에 적합한지에 대한 심사. 다만 수입자가 안전인증을 받거나 제품심사에서의 개별 제품심사를 하는 경우에는 기술능력 및 생산체계 심사를 생략		30일 (외국에서 제조한 경우 45일)
제품심사	안전인증 대상 기계·기구 등의 안전에 관한 성능이 안전인증 기준에 적합한지에 대한 심사(두 가지 심사 중 어느 하나만을 받는다.)	개별 제품 심사	서면심사 결과가 안전인증 기준에 적합한 경우에 하는 안전인증 대상 기계·기구 등 모두에 대하여 하는 심사(서면 심사와 개별 제품심사를 동시에 할 것을 요청하는 경우 병행하여 할 수 있다.)	15일
		형식별 제품 심사	서면심사와 기술능력 및 생산체계 심사 결과가 안전인증 기준에 적합할 경우에 하는 안전인증 대상 기계·기구 등의 형식별로 표본을 추출하여 하는 심사(서면심사, 기술능력 및 생산체계 심사와 형식별 제품심사를 동시에 할 것을 요청하는 경우 병행하여 할 수 있다.)	30일 (방폭구조 전기기계·구조 및 부품과 일부 보호구는 60일)

(6) 자율안전확인 대상 기계·기구의 종류

① 기계·기구 및 설비의 종류

    ㉮ 연삭기 또는 연마기(휴대형은 제외)

    ㉯ 산업용 로봇

    ㉰ 혼합기

    ㉱ 파쇄기 또는 분쇄기

    ㉲ 식품가공용 기계(파쇄·절단·혼합·제면기만 해당)

    ㉳ 컨베이어

　㉘ 자동차 정비용 리프트

　㉙ 공작기계(선반, 드릴기, 평삭, 형학기, 밀링만 해당)

　㉚ 고정형 목재가공용 기계(둥근톱, 대패, 루타기, 띠톱, 모떼기 기계만 해당)

　㉛ 인쇄기

　㉗ 기압조절실(chamber)

② 방호장치의 종류

　㉮ 아세틸렌 용접장치용 또는 가스집합 용접장치용 안전기

　㉯ 교류아크 용접기용 자동전격방지기

　㉰ 롤러기 급정지장치

　㉱ 연삭기 덮개

　㉲ 목재가공용 둥근톱 반발예방장치와 날접촉예방장치

　㉳ 동력식 수동대패용 칼날 접촉방지장치

　㉴ 산업용 로봇안전매트

　㉵ 추락·낙하 및 붕괴 등의 위험방지 및 보호에 필요한 가설기자재(의무안전인증 대상 기계·기구에 해당되는 사항 제외)로서 고용노동부장관이 정하여 고시하는 것

③ 보호구

　㉮ 안전모(의무안전인증 대상 기계·기구에 해당되는 사항 제외)

　㉯ 보안경(의무안전인증 대상 기계·기구에 해당되는 사항 제외)

　㉰ 보안면(의무안전인증 대상 기계·기구에 해당되는 사항 제외)

　㉱ 잠수기(잠수헬멧 및 잠수마스크 포함)

④ 안전인증 표시방법

구 분	표 시	표시방법
의무안전인증 대상 기계·기구 등의 안전인증 및 자율안전 확인	KCs	① 표시의 크기는 대상 기계·기구 등의 크기에 따라 조정할 수 있으나 인증마크의 세로(높이)를 5mm 미만으로 사용할 수 없다. ② 표시의 표상을 명백히 하기 위하여 필요한 때에는 표시 주위에 표시사항을 국·영문 등의 글자로 덧붙여 적을 수 있다. ③ 표시는 대상 기계·기구 등이나 이를 담은 용기 또는 포장지의 적당한 곳에 붙이거나 인쇄 또는 새기는 등의 방법으로 표시하여야 한다. ④ 국가통합인증마크의 기본모형의 색상 명칭을 "KC Dark Blue"로 하고, 별색으로 인쇄할 경우에는 PANTONE 288C 색상을 사용하며, 4원색으로 인쇄할 경우에는 C : 100%, M : 80%, Y : 0%, K : 30%로 인쇄한다. ⑤ 특수한 효과를 위하여 금색과 은색을 사용할 수 있으며 색상을 사용할 수 없는 경우는 검정색을 사용할 수 있다. 별색으로 인쇄할 경우에는 주어진 색상별 PANTONE 색상 Gold(PANTONE 874C), Silver(PANTONE 877C), Black(PANTONE Black 6C)을 사용할 수 있다. ⑥ 표시를 하는 경우에 인체에 상해를 줄 우려가 있는 재질이나 표면이 거친 재질을 사용해서는 아니된다.

의무안전인증 대상 기계·기구 등이 아닌 안전인증		① 표시의 크기는 대상기계·기구등의 크기에 따라 조정할 수 있다. ② 표시의 표상을 명백히 하기 위하여 필요한 때에는 표시 주위에 표시사항을 국·영문 등의 글자로 덧붙여 적을 수 있다. ③ 표시는 대상 기계·기구등이나 이를 담은 용기 또는 포장지의 적당한 곳에 붙이거나 인쇄 또는 새기는 등의 방법으로 표시하여야 한다. ④ 표시의 색상은 문자를 청색, 그 밖의 부분을 백색으로 표현하는 것을 원칙으로 하되, 안전인증표시의 바탕색 등을 고려하여 문자를 흰색, 그 밖의 부분을 청색으로 할 수 있다. 이 경우 청색의 색도는 7.5PB 2.5/7.5로, 백색의 색도는 N9.5로 한다[색도기준은 한국산업규격 색의 3속성에 의한 표시방법(KSA 0062)에 따른다]. ⑤ 표시를 하는 경우에 인체에 상해를 줄 우려가 있는 재질이나 표면이 거친 재질을 사용해서는 안 된다.

(7) 안전인증 및 자율안전 확인제품의 표시내용

① 안전인증 제품 표시방법

   ㉮ 형식 또는 모델명   ㉯ 규격 또는 등급 등

   ㉰ 제조자명   ㉱ 제조번호 및 제조연월

   ㉲ 안전인증번호

② 자율안전확인 제품 표시방법

   ㉮ 형식 또는 모델명   ㉯ 규격 또는 등급 등

   ㉰ 제조자명   ㉱ 제조번호 및 제조연월

   ㉲ 자율안전확인번호

(8) 자율안전확인 표시의 사용금지

자율안전확인 대상 기계·기구 등의 안전에 관한 성능이 자율안전 기준에 맞지 아니하게 된 경우에는 관련 사항을 신고한 자에게 6개월 이내의 기간을 정하여 자율안전확인 표시의 사용을 금지하거나 자율안전 기준에 맞게 개선하도록 명할 수 있다.

(9) 안전인증기관의 확인사항 및 주기

① 안전인증기관은 안전인증을 받은 제조자에 대하여 다음의 사항을 확인해야 한다.

   ㉮ 안전인증서에 적힌 제조 사업장에서 해당 안전인증 대상 기계·기구 등을 생산하고 있는지 여부

   ㉯ 안전인증을 받은 안전인증 대상 기계·기구 등이 안전인증 기준에 적합한지 여부

   ㉰ 제조자가 안전인증을 받을 당시의 기술능력·생산체계를 지속적으로 유지하고 있는지 여부

   ㉱ 안전인증 대상 기계·기구 등이 서면심사 내용과 같은 수준 이상의 재료 및 부품을 사용하고 있는지 여부

② 안전인증 기관은 안전인증을 받은 제조자가 안전인증 기준을 지키고 있는지를 매년 확인해야 한다. 다만, 의무안전인증 대상 기계·기구가 아닌 것에 대한 안전인증을받은 제조자에 대해서는 2년마다 확인해야 한다.

3 안전보건진단 및 검사

(1) 자기(자율) 진단

외부 전문가를 위촉하여서 사업장 자체적으로 실시하는 진단

(2) 명령에 의한 진단

① 안전보건진단 대상 사업장

㉮ 중대재해(사업주가 안전·보건 조치의무를 이행하지 아니하여 발생한 중대재해) 발생 사업장. 다만, 사업장의 연간 산업재해율이 같은 업종의 규모별 평균 산업재해율을 2년간 초과하지 아니한 사업장을 제외한다.

㉯ 안전보건 개선계획 수립·시행 명령을 받은 사업장

㉰ 추락·폭발·붕괴 등 재해발생 위험이 현저히 높은 사업장으로서 지방노동관서의 장이 안전, 보건 진단이 필요하다고 인정하는 사업장

② 안전 보건 진단의 종류

㉮ 종합 진단   ㉯ 안전 기술 진단

㉰ 보건기술진단

4 안전검사

산업안전보건법에 따른 안전검사 대상 유해·위험 기계 등의 안전성이 안전검사 기준에 적합한지 여부를 현장검사를 통하여 확인하는 것

(1) 안전 검사 대상 유해·위험 기계의 종류

① 프레스   ② 전단기

③ 크레인(이동식 크레인과 정격 하중 2t 미만은 호스트는 제외)

④ 리프트   ⑤ 압력 용기

⑥ 곤돌라   ⑦ 국소배기장치(이동식은 제외)

⑧ 원심기(산업용에 한정)   ⑨ 화학설비 및 그 부속 설비

⑩ 건조설비 및 그 부속 설비   ⑪ 롤러기(밀폐형 구조는 제외)

⑫ 사출성형기(형체결력 294킬로뉴튼(kN) 미만 제외)

(2) 안전검사의 주기

구 분	검사주기
크레인, 리프트 및 곤돌라	사업장에 설치가 끝난 날부터 3년 이내에 최초 안전 검사를 실시하되, 그 이후부터 매 2년 (건설 현장에서 사용하는 것은 최초로 설치 한 날부터 매 6개월)
그 밖의 유해·위험 기계 등	사업장에 설치가 끝난 날부터 3년 이내에 최초 안전 검사를 실시하되, 그 이후부터 매 2년 (공정 안전 보고서를 제출하여 확인을받은 압력 용기는 4년)

(3) 안전검사원의 자격

안전 검사원이 될 수 있는 사람은 다음과 같다.

① 「국가기술자격법」에 따른 기계·전기·전자·화공 또는 산업안전 분야에서 기사 이상의 자격을 취득한 사람으로서 해당 분야의 실무 경력이 3년 이상인 사람

② 「국가기술자격법」에 따른 기계·전기·전자·화공 또는 산업안전 분야에서 산업기사 이상의 자격을 취득한 사람으로서 해당 분야의 실무 경력이 5년 이상인 사람

③ 「국가기술자격법」에 따른 기계·전기·전자·화공 또는 산업안전 분야에서 기능사 이상의 자격을 취득한 사람으로서 해당 분야의 실무 경력이 7년 이상인 사람

④ 「고등교육법」에 따른 학교 중 수업연한이 4년인 학교(같은 법 및 다른 법령에 따라 이와 같은 수준 이상의 학력이 인정되는 학교를 포함한다)에서 기계·전기·전자·화공 또는 산업안전 분야의 관련학과를 졸업한 사람으로서 해당 분야의 실무 경력이 3년 이상인 사람

⑤ 「고등교육법」에 따른 학교 중 '④'에 따른 학교 외의 학교(같은 법 및 다른 법령에 따라 이와 같은 수준 이상의 학력이 인정되는 학교를 포함한다)에서 기계·전기·전자·화공 또는 산업안전 분야의 관련학과를 졸업한 사람으로서 해당 분야의 실무 경력이 5년 이상인 사람

⑥ 「초·중등 교육법」에 따른 고등학교·고등 기술 학교에서 기계·전기 또는 전자·화공 관련학과를 졸업한 사람으로서 해당분야의 실무 경력이 7년 이상인 사람

⑦ 검사원 양성교육을 이수하고, 해당 분야의 실무 경력이 1년 이상인 사람

(4) 자율검사프로그램에 따른 안전 검사

① 사업주가 근로자 대표와 협의하여 검사기준 및 검사 방법, 검사주기 등을 충족하는 검사프로그램(이하 '자율검사프로그램'이라 한다)을 정하고 고용노동부장관의 인정을 받아 그에 따라 유해·위험기계 등의 안전에 관한 성능검사를 실시하면 안전검사를 받은 것으로 본다.

② 이 경우 자율검사프로그램의 유효기간은 2년으로 한다.

③ 사업주는 자율검사프로그램에 따라 검사를 실시하려면 산업안전보건법 시행규칙으로 정하는 자격·교육이수 및 경험을 가진 자에게 검사를 실시하게 하고, 그 결과를 기록·보존하여야 한다.

> 💡 참고
> ▶ 사업주 : 자율검사프로그램을 인정받기 위해 보류하여야 할 검사장비의 이력카드 작성, 교정주기와 방법 설정 및 관리 등의 관리주체

(5) 자율검사프로그램의 인정요건

사업주가 자율검사프로그램을 인정받기 위해서는 다음의 요건을 모두 충족해야 한다(다만, 지정검사기관에 위탁한 경우에는 ① 및 ②를 충족한 것으로 본다).

① 자격을 갖춘 검사원을 고용하고 있을 것

② 검사를 실시할 수 있는 장비를 갖추고 이를 유지·관리할 수 있을 것

③ 안전검사주기에 따른 검사주기의 2분의 1에 해당하는 주기(크레인 중 건설현장 외에서 사용하는 크레인의 경우에는 6개월)마다 검사를 실시할 것

④ 자율검사프로그램의 검사기준이 안전검사기준을 충족할 것

01 사고예방대책 기본원칙 5단계 중 2단계인 "사실의 발견"과 관계가 가정 먼 것은?

① 자료수집
② 위험확인
③ 점검 · 검사 및 조사 실시
④ 안전관리규정 제정

> **해설**
> (1) **제2단계(사실의 발견)**
> ㉠ 자료수집　　　　　㉡ 위험확인
> ㉢ 점검 · 검사 및 조사 실시
> ㉣ 사고 및 활동기록의 검토
> ㉤ 작업분석
> ㉥ 각종 안전회의 및 토의회
> ㉦ 종업원의 건의 및 여론조사
> (2) **제4단계(시정방법의 선정)** : 안전관리규정 제정

02 다음 중 사고예방대책의 기본원리 5단계에 있어 3단계에 해당하는 것은?

① 분석
② 안전조직
③ 사실의 발견
④ 시정방법의 선정

> **해설**
> **사고예방대책의 기본원리 5단계**
> ㉠ 제1단계 : 안전조직
> ㉡ 제2단계 : 사실의 발견
> ㉢ 제3단계 : 분석
> ㉣ 제4단계 : 시정방법의 선정
> ㉤ 제5단계 : 시정책의 적용

03 다음 중 재해예방의 4원칙에 해당되지 않는 것은?

① 대책선정의 원칙
② 손실우연의 원칙
③ 통계방법의 원칙
④ 예방가능의 원칙

> **해설**
> **재해예방의 4원칙**
> ㉠ 대책선정의 원칙　　㉡ 손실우연의 원칙
> ㉢ 원인연계의 원칙　　㉣ 예방가능의 원칙

04 재해예방의 4원칙 중 대책선정의 원칙에서 관리적 대책에 해당되지 않는 것은?

① 안전교육 및 훈련
② 동기부여와 사기 향상
③ 각족 규정 및 수칙의 준수
④ 경영자 및 관리자의 솔선수범

> **해설**
> **대책선정의 원칙**
> ㉠ **기술적 대책** : 안전설계, 작업행정의 개선, 안전기준의 설정, 환경설비의 개선, 점검보존의 확립 등
> ㉡ **교육적 대책** : 안전교육 및 훈련
> ㉢ **관리적 대책** : 적합한 기준 설정, 전 종업원의 기준 이해, 동기부여와 사기 향상, 각종 규정 및 수칙의 준수, 경영자 및 관리자의 솔선수범

05 다음 중 산소결핍이 예상되는 맨홀 내에서 작업을 실시할 때 사고방지 대책으로 적절하지 않은 것은?

① 작업 시작 전 및 작업 중 충분한 환기 실시
② 작업 장소의 입장 및 퇴장 시 인원점검
③ 방독마스크의 보급과 철저한 착용
④ 작업장과 외부와의 상시 연락을 위한 설비 설치

> **해설**
> **산소결핍이 예상되는 맨홀 내에서 작업을 실시할 때의 사고방지 대책**
> ㉠ 작업 시작 전 및 작업 중 충분한 환기 실시
> ㉡ 작업 장소의 입장 및 퇴장 시 인원점검
> ㉢ 작업장과 외부와의 상시 연락을 위한 설비 설치

06 연평균 1,000명의 근로자를 채용하고있는 사업장에서 연간 24명의 재해자가 발생하였다면이 사업장의 연천 인 율은 얼마인가?

① 10
② 12
③ 24
④ 48

> **해설**
> $$연천인율 = \frac{사상자수}{연평균 근로자수} \times 1,000$$
> $$= \frac{24}{1,000} \times 1,000 = 24$$

07 다음 중 연간 총 근로시간 합계 100만 시간당 재해발생건수를 나타내는 재해율은?

① 연천인율   ② 도수율

③ 강도율   ④ 종합재해지수

해설

㉠ 도수율 $= \dfrac{\text{재해건수}}{\text{연근로시간수}} \times 1,000,000$

∴ 100만시간

㉡ 강도율 $= \dfrac{\text{총 근로손실일수}}{\text{연근로시간수}} \times 1,000$

∴ 1,000시간

08 연간 상시 근로자수가 500명인 A 사업장에서 1일 8시간씩 연간 280일을 근무하는 동안 재해가 36건이 발생하였다면 이 사업장의 도수율은 약 얼마인가?

① 10   ② 10.14

③ 30   ④ 32.14

해설

도수율 $= \dfrac{\text{재해발생건수}}{\text{연근로시간수}} \times 10^6$

$= \dfrac{36}{8 \times 280 \times 500} \times 10^6 = 32.14$

09 1일 8시간씩 연간 300일을 근무하는 사업장의 연천인율이 7이었다면 도수율은 약 얼마인가?

① 2.41   ② 2.92

③ 3.42   ④ 4.53

해설

재해 빈도를 연천인율로 표시했을 때 이것을 도수율로 간단히 환산하면

도수율 $= \dfrac{\text{연천인율}}{2.4} = \dfrac{7}{2.4} = 2.92$

10 1일 근무시간이 9시간이고, 지난 한 해 동안의 근무일이 300일인 A 사업장의 재해건수는 24건, 의사진단에 의한 총 휴업일수는 3,650일이었다. 해당 사업장의 도수율과 강도율은 얼마인가? (단, 사업장의 평균 근로자수는 450명이다.)

① 도수율 : 0.02, 강도율 : 2.55

② 도수율 : 0.19, 강도율 : 0.25

③ 도수율 : 19.75, 강도율 : 2.47

④ 도수율 : 20.43, 강도율 : 2.55

해설

㉠ 도수율 $= \dfrac{\text{재해건수}}{\text{연근로시간수}} \times 1,000,000$

$= \dfrac{24}{450 \times 9 \times 300} \times 1,000,000$

$= 19.753 = 19.75$

㉡ 강도율 $= \dfrac{\text{총 근로손실일수}}{\text{연근로시간수}} \times 1,000$

$= \dfrac{3,650 \times \dfrac{300}{365}}{450 \times 9 \times 300} \times 1,000$

$= 2.469 = 2.47$

11 다음 중 재해통계에 있어 강도율이 2.0인 경우에 대한 설명으로 옳은 것은?

① 한건의 재해로 인해 전체 작업 비용의 2.0%에 해당하는 손실이 발생하였다.

② 근로자 1,000명당 2.0건의 재해가 발생하였다.

③ 근로시간 1,000시간당 2.0건의 재해가 발생하였다.

④ 근로시간 1,000 시간당 2.0일의 근로손실이 발생하였다.

해설

강도율 2.0인 경우 근로시간 1,000시간당 2.0의 근로손실이 발생하였다.

12 도수율이 24.50이고, 강도율이 1.15인 사업장이 있다. 이 사업장에 한 근로자가 입사하여 퇴직 할 때까지 며칠 간의 근로 손실일수가 발생하겠는가?

① 2.45일   ② 115일

③ 215일   ④ 245일

해설

환산강도율 : 입사하여 퇴직할 때까지 평생동안(40년)의 근로시간인 10만 시간당 근로손실일수

환산강도율 = 강도율 × 100 = 1.15 × 100 = 115 일

13 재해의 빈도와 상해의 강약도를 혼합하여 집계하는 지표를 무엇이라 하는가?

① 강도율   ② 안전활동률

③ safe-T-score   ④ 종합재해지수

해설

① **강도율** : 근로손실의 정도를 나타내는 통계로서 1,000인시간 근로손실일수

② **안전활동률** : 근로시간수 100만 시간당 안전활동
   건수
③ **safe-T-score** : 안전에 관한 중대성의 차이를 비
   교하고자 사용하는 통계 방식

14 어떤 사업장의 종합재해지수가 16.95이고, 도수
율이 20.83이라면 강도율은 약 얼마인가?

① 20.45   ② 15.92
③ 13.79   ④ 10.54

해설

종합재해지수 $= \sqrt{\text{도수율} \times \text{강도율}}$

$\therefore$ 강도율 $= \frac{(\text{종합재해지수})^2}{\text{도수율}} = \frac{16.95^2}{20.83} = 13.79$

15 A 사업장의 강도율이 2.50이고, 연간 재해발생 건
수가 12건, 연간 총 근로시간수가 120만 시간일
때 이 사업장의 종합재해지수는 약 얼마인가?

① 1.6   ② 5.0
③ 27.6   ④ 230

해설

종합재해지수 $= \sqrt{\text{빈도율} \times \text{강도율}}$
여기서,

빈도율 $= \frac{\text{재해발생건수}}{\text{연근로시간수}} \times 1,000,000$

$= \frac{12}{1,200,000} \times 1,000,000 = 10$

$\therefore \sqrt{10 \times 2.5} = 5$

16 다음 [표]는 A 작업장을 하루 10회 순회하면서
적발된 불안전한 행동 건수이다. A 작업장의 1
일 불안전한 행동률은 약 얼마인가?

순회 횟수	근로자수	불안전한 행동 적발 건수
1회	100	0
2회	100	1
3회	100	2
4회	100	0
5회	100	0
6회	100	1
7회	100	2
8회	100	0
9회	100	0
10회	100	1

① 0.07%   ② 0.7%
③ 7%   ④ 70%

해설

불안전한 행동률 $= \frac{7}{100 \times 10} \times 100 = 0.7\%$

17 다음 중 재해사례 연구의 순서를 올바르게 나열
한 것은?

① 직접 원인과 문제점의 확인 → 근본적 문제
   의 결정 → 대책수립 → 사실의 확인
② 근본적 문제의 결정 → 직접 원인과 문제점
   의 확인 → 대책수립 → 사실의 확인
③ 사실의 확인 → 직접 원인과 문제점의 확인
   → 근본적 문제의 결정 → 대책수립
④ 사실의 확인 → 근본적 문제의 결정 → 직
   접 원인과 문제점의 확인 → 대책 수립

해설 **재해 사례 연구의 순서**

사실의 확인 → 직접 원인과 문제점의 확인 →
근본적 문제의 결정 → 대책 수립

18 다음 중 산업재해 통계에 있어서 고려해야 될
사항으로 틀린 것은?

① 산업재해 통계는 안전활동을 추진하기 위
   한 정밀자료이며, 중요한 안전활동 수단
   이다.
② 산업재해 통계를 기반으로 안전조건이나
   상태를 추측해서는 안 된다.
③ 산업재해 통계 그 자체보다는 재해 통계
   에 나타난 경향과 성질의 활용을 중요시
   해야 한다.
④ 이용 및 활용 가치없는 산업재해 통계
   는 그 작성에 따른 시간과 경비의 낭비
   임을 인지하여야 한다.

해설 **산업재해 통계에있어서 고려해야 할 사항**

㉠ 산업재해 통계는 활용의 목적을 이룩할 수 있도록
   충분한 내용을 포함한다.
㉡ 산업재해 통계를 기반으로 안전조건이나 상태를
   추측해서는 안 된다.
㉢ 산업재해 통계 그 자체보다는 재해 통계에 나타난
   경향과 성질의 활용을 중요시 해야 한다.
㉣ 이용 및 활용 가치가 없는 산업재해 통계는 그 작성
   에 따른 시간과 경비의 낭비임을 인지하여야 한다.

정답 **|** 14. ③ 15. ② 16. ② 17. ③ 18. ①

19 다음 중 산업재해 통계의 활용 용도로 가장 적절하지 않은 것은?

① 제도의 개선 및 시정
② 재해의 경향 파악
③ 관리자 수준 향상
④ 동종 업종과의 비교

해설 **산업재해 통계의 활용 용도**
㉠ 제도의 개선 및 시정   ㉡ 재해의 경향 파악
㉢ 동종 업종과의 비교

20 다음 중 재해를 분석하는 방법에 있어 재해건수가 비교적 적은 사업장의 적용에 적합하고, 특수재해나 중대재해의 분석에 사용하는 방법은?

① 개별 분석   ② 통계 분석
③ 사전 분석   ④ 크로스(Cross) 분석

해설 **안전사고의 원인분석 방법**
① **개별적 원인분석** : 재해건수가 비교적 적은 사업장의 적용에 적합하고, 특수재해 나 중대재해의 분석에 사용하는 방법
② **통계적 원인분석** : 각 요인의 상호 관계와 분포 상태 등을 거시적으로 분석하는 방법

21 재해의 원인분석법 중 사고의 유형, 기인물 등 분류 항목을 큰 순서대로 도표화하여 문제 나 목표의 이해가 편리한 것은?

① 파레토도(Pareto Diagram)
② 특성 요인도(Cause-reason Diagram)
③ 클로즈 분석(Close Analysis)
④ 관리도 (Control Chart)

해설 **통계적 원인 분석**
㉠ **파레토도** : 사고의 유형, 기인물 등 분류 항목을 큰 순서대로 도표화한다.
㉡ **특성 요인도** : 특성과 요인 관계를 도표로 하여 어골상으로 세분화한다.
㉢ **클로즈 분석** : 2 개 이상의 문제관계를 분석하는 데 사용하는 것으로 Data를 집계하고 표로 표시하여 요인별 결과 내역을 교차한 클로즈 그림을 작성하여 분석한다.
㉣ **관리도** : 재해발생건수 등의 추이를 파악하여 목표관리를 행하는 데 필요한 월별 재해 발생 수를 Graph화 하여 관리선을 설정 관리하는 방법이다.

22 불안전한 행동을 예방하기 위하여 수정해야 할 조건 중 시간의 소요가 짧은 것부터 장시간 소요되는 순서대로 올바르게 연결된 것은?

① 집단행동-개인행위-지식-태도
② 지식-태도-개인행위-집단행위
③ 태도-지식-집단행위-개인행위
④ 개인행위-태도-지식-집단행위

해설 시간의 소요가 짧은 것부터 장시간 소요되는 순서 :
지식-태도-개인행위-집단행위

23 다음 중 하인리히가 제시한 1:29:300의 재해구성 비율에 관한 설명으로 틀린 것은?

① 총 사고 발생건수는 300건이다.
② 중상 또는 사망은 1회 발생된다.
③ 고장이 포함되는 무상해 사고는 300건 발생된다.
④ 인적, 물적 손실이 수반되는 경상이 29건 발생된다.

해설 ① 총 사고 발생 건수는 330건이다.

24 A 사업장에서 사망이 2건 발생하였다면 이 사업장에서 경상재해는 몇 건이 발생하겠는가? (단, 하인리히의 재해구성 비율을 따른다.)

① 30건   ② 58건
③ 60건   ④ 600건

해설 **하인리히 재해구성 비율 1:29:300의 법칙**
㉠ 1건 : 사망 또는 중상
㉡ 29 건 : 경상해
㉢ 300 건 : 무상해
즉 경상해(29 건) × 2 = 58건

25 다음 중 하인리히의 재해구성 비율 "1:29:300"에서 "29"에 해당되는 사고발생 비율로 옳은 것은?

① 8.8%   ② 9.8%
③ 10.8%   ④ 11.8 %

해설 하인리히가 5천건의 사고발생 요인을 분석한 결과 중상해 0.3%, 경미 상해 8.8%, 무상해 90.9 %, 즉 1:29:300의 비율임을 발견했다.

26 버드(Bird)는 사고가 5개의 연쇄반응에 의하여 발생되는 것으로 보았다. 다음 중 재해발생의 첫 단계에 해당하는 것은?

① 개인적 결함
② 사회적 환경
③ 전문적 관리의 부족
④ 불안전한 행동 및 불안전한 상태

해설 **버드(Bird)의 연쇄 반응**
㉠ **제1단계** : 제어의 부족(관리)
㉡ **제2단계** : 기본원인(기원)
㉢ **제3단계** : 직접원인 (징후)
㉣ **제4단계** : 사고(접촉)
㉤ **제5단계** : 상해(손해, 손실)

27 산업안전보건법상 사업주는 산업재해로 사망자가 발생한 경우 해당 산업재해가 발생한 날부터 얼마 이내에 산업재해 조사표를 작성하여 관할 지방고용노동청장에게 제출하여야 하는가?

① 1일
② 7일
③ 15일
④ 1개월

해설 **산업재해로 사망자가 발생한 경우 :**
산업재해가 발생한 날부터 1개월 이내에 산업재해 조사표를 작성하여 관할 지방고용노동청장에게 제출한다.

28 다음 중 산업재해의 발생 유형으로 볼 수 없는 것은?

① 지그재그 형
② 집중 형
③ 연쇄 형
④ 복합 형

해설 **산업재해의 발생 유형**
㉠ 집중 형   ㉡ 연쇄 형   ㉢ 복합 형

29 재해손실 비용 중 직접비에 해당되는 것은?

① 인적손실
② 생산손실
③ 산재보상비
④ 특수손실

해설 **재해손실 비용**
① **직접비** : 사고의 피해자에게 지급되는 산재보상비
② **간접비** : 인적손실, 생산손실, 특수손실 등

30 다음 중 재해손실 비용에있어 직접손실 비용에 해당되지 않는 것은?

① 채용급여
② 간병급여
③ 장해급여
④ 유족급여

해설 **재해손실 비용**
㉠ **직접비** : 사고의 피해자에게 지급되는 산재보상비 (간병급여, 장해급여, 유족급여)
㉡ **간접비** : 그 외의 것(채용급여)

31 다음 중 하인리히의 재해손실 비용 산정에 있어서 1:4의 비율은 각각 무엇을 의미하는가?

① 치료비와 보상비의 비율
② 급료와 손해보상의 비율
③ 직접손실비와 간접손실비의 비율
④ 보험지급비와 비보험손실비의 비용

해설 **하인리히 재해손실 비용 산정**
직접손실비(1), 간접손실비(4)

32 재해로 인한 직접비용으로 8,000만원이 산재보상비로 지급되었다면 하인리히 방식에 따를 때 총 손실 비용은 얼마인가?

① 16,000만원
② 24,000만원
③ 32,000만원
④ 40,000만원

해설 **하인리히 방식**
총 손실비용 = 직접비(1) + 간접비(4)
= 8,000만원 + 8,000만원 × 4
= 40,000 만원

33 재해코스트 산정에있어 시몬즈(R.H. Simonds) 방식에 의한 재해코스트 산정법을 올바르게 나타낸 것은?

① 직접비 + 간접비
② 간접비 + 비보험코스트
③ 보험코스트 + 비보험코스트
④ 보험코스트 + 사업부보상금 지급액

해설 **시몬즈 방식 재해 코스트**
= 보험코스트 + 비보험코스트

34 다음 중 시몬즈(Simonds)의 재해손실 비용 산정 방식에 있어 비보험코스트에 포함되지 않는 것은?

① 영구 전노동 불능 상해
② 영구 부분노동 불능 상해
③ 일시 전노동 불능 상해
④ 일시 부분노동 불능 상해

> 해설 **시몬즈의 비보험코스트**
> ㉠ ②, ③, ④
> ㉡ 응급조치(8시간 미만 휴업)
> ㉢ 무상해 사고(인명손실과는 무관함)

35 다음 중 안전점검의 목적과 가장 거리가 먼 것은?

① 기기 및 설비의 결함 제거로 사전 안전성 확보
② 인적 측면에서의 안전한 행동 유지
③ 기기 및 설비의 본래성능 유지
④ 생산제품의 품질관리

> 해설 **안전점검의 목적**
> ㉠ 기기 및 설비의 결함 제거로 사전 안전성 확보
> ㉡ 인적 측면에서의 안전한 행동 유지
> ㉢ 기기 및 설비의 본래 성능 유지

36 다음 중 안전점검 종류에 있어 점검주기에 의한 구분에 해당하는 것은?

① 육안점검
② 수시점검
③ 형식점검
④ 기능점검

> 해설 **안전 점검의 종류 중 점검주기에 의한 구분**
> ㉠ 정기(계획)점검
> ㉡ 임시점검
> ㉢ 수시(일상)점검
> ㉣ 특별점검

37 작업장에서 매일 작업자가 작업 전, 중, 후에 시설과 작업동작 등에 대하여 실시하는 안전 점검의 종류를 무엇이라 하는가?

① 정기점검
② 일상점검
③ 임시점검
④ 특별점검

> 해설 ① **정기점검** : 일정 기간마다 정기적으로 점검하는 것
> ② **일상점검** : 작업장에서 매일 작업자가 작업 전, 중, 후에 시설과 작업 동작 등에 대하여 실시하는 안전점검

③ **임시점검** : 정기점검 실시 후 다음 점검기일 이전에 임시로 실시하는 점검
④ **특별점검** : 기계·기구 또는 설비를 신설하거나 변경 또는 고장, 수리 등을 할 경우에 행하는 부정기 특별점검

38 일상점검 중 작업 전에 수행되는 내용과 가장 거리가 먼 것은?

① 주변의 정리·정돈
② 생산품질의 이상 유무
③ 주변의 청소상태
④ 설비의 방호장치 점검

> 해설 **일상점검 중 작업 전에 수행되는 내용**
> ㉠ 주변의 정리·정돈   ㉡ 주변의 청소상태
> ㉢ 설비의 방호장치 점검

39 안전점검 대상과 가장 거리가 먼 것은?

① 인원배치
② 방호장치
③ 작업환경
④ 작업방법

> 해설 **안전점검의 대상**
> ㉠ 방호장치   ㉡ 작업환경
> ㉢ 작업방법

40 다음 중 안전점검의 방법에서 육안점검과 가장 관련이 깊은 것은?

① 테스트 해머 점검
② 부식·마모 점검
③ 가스검지기 점검
④ 온도계 점검

> 해설 **안전점검의 방법**
> ㉠ 육안점검 : 부식·마모 점검
> ㉡ 기능점검 : 테스트 해머 점검
> ㉢ 기기점검 : 온도계 점검
> ㉣ 정밀점검 : 가스검지기 점검

41 다음 중 안전점검 보고서에 수록될 주요 내용으로 적절하지 않은 것은?

① 작업현장의 현 배치상태와 문제점
② 안전교육 실시현황 및 추진방향
③ 안전관리 스태프의 인적사항
④ 안전방침과 중점개선계획

해설 안전점검 보고서에 수록될 주요 내용
㉠ 작업현장의 현 배치상태와 문제점
㉡ 안전교육 실시현황 및 추진방향
㉢ 안전방침과 중점개선계획

42 다음 중 안전점검을 실시할 때 유의사항으로 옳지 않은 것은?

① 안전점검은 안전수준의 향상을 위한 본래의 취지에 어긋나지 않아야 한다.
② 점검자의 능력을 판단하고 그 능력에 상응하는 내용의 점검을 시키도록 한다.
③ 안전점검이 끝나고 강평을 할 때는 결함만을 지적하여 시정 조치토록 한다.
④ 과거에 재해가 발생한 곳은 그 요인이 없어졌는가를 확인한다.

해설 ③ 안전점검이 끝나고 강평을 할 때는 잘된 부분은 칭찬을 하고 결함이 있는 부분은 지적하여 시정 조치토록 한다.

43 다음 중 산업안전보건법령상 안전인증 대상 기계·기구 및 설비, 방호장치에 해당하지 않는 것은?

① 롤러기
② 압력용기
③ 동력식 수동대패용 칼날 접촉방지장치
④ 방폭구조(防爆構造) 전기 기계·기구 및 부품

해설 안전인증 대상 기계·기구

구분	안전인증 대상 기계·기구	
기계·기구 및 설비	① 프레스	② 전단기
	③ 크레인	④ 리프트
	⑤ 압력용기	⑥ 롤러기
	⑦ 사출성형기	⑧ 고소작업대
	⑨ 곤돌라	
	⑩ 기계톱(이동식만 해당)	

방호장치	① 프레스 및 전단기 방호장치 ② 양중기용 과부하방지장치 ③ 보일러 압력방출용 안전밸브 ④ 압력용기 압력방출용 안전밸브 ⑤ 압력용기 압력방출용 파열판 ⑥ 절연용 방호구 및 활선작업용 기구 ⑦ 방폭구조 전기 기계·기구 및 부품 ⑧ 추락·낙하 및 붕괴 등의 위험방호에 필요한 가설기자재로서 노동부장관이 정하여 고시하는 것

44 산업안전보건법에 따라 자율안전확인 대상 기계·기구 등의 안전에 관한 성능이 자율안전 기준에 맞지 아니하게 된 경우에는 관련 사항을 신고한 자에게 몇 개월 이내의 기간을 정하여 자율안전확인표시의 사용을 금지하거나 자율안전 기준에 맞게 개선하도록 명할 수 있는가?

① 1개월　② 3개월
③ 6개월　④ 12개월

해설 자율안전확인 대상 기계·기구 등 :
자율안전 기준에 맞지 아니할 때 6개월 이내의 기간을 정하여 자율안전확인표시의 사용을 금지하거나 자율안전 기준에 맞게 개선하도록 명할 수 있다.

Chapter 03 무재해 운동 및 보호구

제1절 무재해 운동 등 안전활동기법

1 무재해 운동

(1) 무재해 운동의 정의

인간존중의 이념에 바탕을 두어 직장의 안전과 건강을 다함께 선취하자는 운동

(2) 무재해의 정의

근로자가 업무로 인하여 사망 또는 4일 이상의 요양을 요하는 부상 또는 질병에 이환되지 않는 것

> 💡 **참고**
> ▶ 요양이란 부상 등의 치료를 말하며, 통원 및 입원의 경우를 모두 포함한다.

(3) 무재해 운동 적용 사업장(무재해 운동의 적용범위)

① 안전관리자를 선임해야 할 사업장(상시 근로자 50명 이상인 사업장)

② 건설공사의 경우 도급 금액 10억 이상 건설현장

③ 해외 건설공사의 경우 상시 근로자수 500명 이상이거나 도급 금액 1억불 이상인 건설공사

(4) 무재해 운동의 추진

무재해 운동을 개시한 날로부터 14일 이내에 무재해 운동 개시 신청서를 관련 기관에 제출한다.

> 💡 **참고**
> ▶ 무재해 운동의 추진기법에 있어 지적확인의 특성
> 오관의 감각기관을 총 동원하여 작업의 정확성과 안전을 확인한다.

(5) 무재해 운동 3기둥(요소)

① **최고 경영층의 엄격한 안전방침 및 자세** : 안전보건은 최고 경영자의 무재해 및 무질병에 대 한 확고한 경영자세로 시작된다.

② **라인화(관리감독자)의 철저** : 안전보건을 추진하는 데에는 관리감독자들의 생산활동 속에 안전보 건을 실천하는 것이 중요하다.

③ **직장(소집단) 자주활동의 활성화** : 안전보건은 각자 자신의 문제이며 동시에 동료의 문제로서 직 장의 팀 멤버와 협동노력하여 자주적으로 추진하는 것이 필요하다.

> 💡 **참고**
> ▶ 무재해 운동의 3요소 : 1. 이념　　　2. 기법　　　3. 실천

(6) 무재해 운동 기본 이념의 3원칙

① 무(Zero)의 원칙 : 직장 내의 모든 잠재 위험요인을 적극적으로 사전에 발견, 파악, 해결함으로써 뿌리에서부터 산업재해를 제거하는 것

② 선취의 원칙 : 위험요소를 사전에 발견, 파악하여 재해를 예방 또는 방지하는 것

③ 참가의 원칙 : 위험을 발견, 제거하기 위하여 전원이 참가, 협력하여 각자의 위치에서 의욕적으로 문제해결을 실천하는 것

(7) 무재해 운동의 시간 계산방식

① 총 시간 = 실근무자수 × 실근무시간수

② 사무직은 통산 8시간으로 계산한다(건설현장 근로자의 실근로 산정이 어려울 경우 1일 10시간으로 본다).

③ 무재해 개시 후 재해가 발생하면 0점으로 다시 시작한다.

④ 계산 제외 : 치료 기일이 4일 이내의 경미한 사항은 무재해로 계산한다.

2 안전활동기법

(1) 위험예지훈련(Danger Predication Training)

직장이나 작업의 상황 속에 잠재하는 위험요인을 직장 소집단에서 토의하고 생각하며, 위험예지능력을 키워 행동하기에 앞서 문제 해결을 습관화하는 일종의 도상 훈련이다.

① 위험예지훈련의 4Round

㉮ 제1라운드(현상파악) : 어떤 위험이 잠재해 있는가, 일러스트가 표현하고 있는 장면 속에 잠재해 있는 위험요인을 발견한다.

㉯ 제2라운드(본질추구) : 발견한 위험요인 중 중요하다고 생각되는 위험의 포인트를 파악한다.

㉰ 제3라운드(대책수립) : 중요 위험을 예방하기 위하여 구체적인 대책을 세운다.

㉱ 제4라운드(목표설정) : 수립된 대책 중 중점 실시항목을 위한 팀 행동목표를 설정한다.

② 위험예지훈련의 3종류

㉮ 감수성 훈련   ㉯ 문제 해결훈련   ㉰ 단시간 미팅훈련

> **참고**
>
> ▶ 1인 위험예지훈련 : 각자가 위험에 대한 감수성 향상을 도모하기 위하여 삼각 및 원포인트 위험예지훈련을 실시하는 것

③ 문제해결 8단계 4라운드

문제해결 8단계(10가지 요점)	문제해결 4라운드	시행방법
1. 문제 제기(해결해야 할 과제의 발견과 테마 설정) 2. 현상파악(테마에 관한 현상파악, 사실확인)	현상파악 (1R)	본다.
3. 문제점 발견(현상, 사실 중의 문제점 파악) 4. 중요문제 결정(가장 중요하고 본질적인 원인의 결정)	본질추구 (2R)	생각한다.

5. 해결책 구상(해결방침의 책정)) 6. 구체적인 대책수립(시행가능한 대책의 아이디어 수립)	대책수립 (3R)	계획한다.
7. 중점사항 결정(중점적으로 실시하는 대책의 결정) 8. 실시계획 책정(실시계획의 체크와 행동목표 설정)	목표설정 (4R)	결단한다.
9. 실천		실천한다.
10. 반성 및 평가		반성한다.

(2) TBM(Tool Box Meeting)

작업원 전원의 상호 대화로 스스로 생각하고 납득하는 작업장 안전회의

① 특징

㉮ 작업현장에서 그 때 그 장소의 상황에 즉응하여 실시한다.

㉯ 10명 이하의 소수가 적합하며, 시간은 10분 정도가 바람직하다.

㉰ 사전에 주제를 정하고 자료 등을 준비한다. 라 결론은 가급적 서두르지 않는다.

㉱ 결론은 가급적 서두르지 않는다.

② TMB 방법

㉮ 단시간 통상 작업시작 전, 후 10분 정도의 시간으로 미팅한다.

㉯ 토의는 5~6인 소집단으로 모여서 한다.

㉰ 작업 개시 전 작업장소에서 원을 만들어서 한다.

㉱ 근로자 모두가 말하고 스스로 생각하고 이렇게 하자고 합의한 내용이 되어야 한다.

③ TMB 진행 5단계

㉮ 제1단계 : 도입(직장체조, 무재해기 계양, 인사, 안전연설, 목표제창)

㉯ 제2단계 : 점검정비(건강, 복장, 공구, 보호구, 사용 기기, 재료 등)

㉰ 제3단계 : 작업지시

㉱ 제4단계 : 위험예지(설정해 놓은 도해로 one point 위험예지훈련 실시)

㉲ 제5단계 : 확인(one point 지적확인 연습, touch and call 실시)

(3) 위험예지훈련에서 활용하는 주요기법

① 브레인 스토밍(Brain Storming) ; BS) : 6~12명의 구성원으로 타인의 비판 없이 자유로운 토론을 통하여 다량의 독창적인 아이디어를 이끌어내고, 대안적 해결안을 찾기 위한 집단적 사고 기법 BS 4원칙

㉮ 비판금지(Criticism is Ruled Out) : 타인의 의견에 대하여 비판, 비평하지 않는다.

㉯ 자유분방(Free Wheeling) : 지정된 표현방식을 벗어나 자유롭게 의견을 제시한다.

㉰ 대량발언(Quantity is Wanted) : 한 사람이 많은 의견을 제시할 수 있다.

㉱ 수정발언(Combination and Improvement Are Sought) : 타인의 의견을 수정하여 발언할 수 있다.

② 지적확인 : 사람의 눈이나 귀 등 오감의 감각기관을 총동원하여 작업의 정확성과 안전을 확인한다.

지적확인	정확도(%)
지적확인한 경우	−
확인만 한 경우	1.25
지적만 하는 경우	−
아무 것도 하지 않은 경우	−

③ Touch and call : 서로 손을 얹고 팀의 행동구호를 외치는 무재해운동 추진기법의 하나로, 스킨십에 바탕을 두고 팀 전원의 일체감, 연대감을 느끼게 하며, 대뇌피질에 안전태도 형성에 좋은 이미지를 심어주는 기법

(4) 안전확인 5지 운동

작업에 들어갈 때, 손가락 하나하나 꺽으면서 안전을 확인하고 전부 끝나면 힘차게 쥐고 '무사고로 가자' 하면서 작업을 개시하는 방법이다. 다음에 한 예를 소개한다.

모지 (마음)	하나, 자기도 동료도 부상을 당하거나, 당하게 하지말라	정신차려 마음의 준비
시지 (복장)	둘, 복장을 단정하게 안전작업(부드러운 충고, 사람의 화(和)와 신뢰)	연락, 신호 그리고 복장의 정비
중지 (규정)	셋, 서로가 지키자 안전수칙(정리정돈은 안전의 중심)	통로를 넓게 규정과 기준
약지 (정비)	넷, 정비·올바른 운전(물에 닿지 않는 손라락, 재해를 일으키지 않는 행동)	기계차량의 점검과 정비
새끼손가락 (확인)	다섯, 언제나 점검 또 점검(새끼손가락도 도움이 된다. 보호구는 반드시)	표시는 뚜렷하게 안전확인

〈5지 운동〉

(5) 안전감독 실시방법(STOP ; Safety Training Observation Program)

관리감독자의 안전관찰훈련으로 현장에서 주로 실시한다.

(6) ECR(Error Cause Removal) 제안제도

① 각 작업의 내용은 누구보다 자신이 잘 아는 것이므로 작업자 자신이 자기의 부주의 이외에 제반오류의 원인을 생각하여 의견을 제출하는 것이다.

② 작업자의 자아실현의 욕구를 충족시키고자 하는 점에 있어 동기유발 프로그램이라 할 수 있다.

③ J.D.(Jero Defect) 운동에서는 ECE 제도라고도 한다.

(7) 5C 운동

① 복장단정 (Correctness)　　　② 정리정돈(Clearance)

③ 청소청결(Cleaning)　　　　　④ 전심전력(Concentration)

⑤ 점검확인(Checking)

제2절 보호구

1 보호구의 정의

외계의 유해한 자극물을 차단하거나 또는 그 영향을 감소시키는 목적을 가지고 근로자의 신체 일부 또는 전부에 장착하는 것으로 소극적이며, 2차적 안전대책이다.

2 보호구의 종류

(1) 의무안전인증 대상 보호구

① 추락 및 감전위험방지용 안전모
② 안전화
③ 안전장갑
④ 방진마스크
⑤ 방독마스크
⑥ 송기마스크
⑦ 전동식 호흡보호구
⑧ 보호복
⑨ 안전대
⑩ 차광 및 비산물 위험방지용 보안경
⑪ 용접용 보안대
⑫ 방음용 귀마개 또는 귀덮개

(2) 안전 보호구

① 안전모
② 안전대
③ 안전화
④ 안전장갑
⑤ 보안면

(3) 위생 보호구

① 마스크(방진, 방독, 송기)
② 보안경
③ 방음보호구(귀마개, 귀덮개)

> 💡 참고
> ▶ 방독마스크 사용이 가능한 공기 중 최소 산소농도 기준 : 18% 이상

(4) 보호구 선택 시 유의사항 4가지

① 사용목적에 적합한 보호구를 선택한다.
② 공업규격에 합격하고 보호성능이 보장되는 것을 선택한다.
③ 작업행동에 방해되지 않는 것을 선택한다.
④ 착용이 용이하고 크기 등이 사용자에게 편리한 것을 선택한다.

제3절 각종 보호구

1 안전모

(1) 안전모의 종류

안전모의 사용 구분, 모체의 재질 및 내전압성에 의하여 다음과 같이 분류하고 있다.

종류 기호	사용 구분	내전압성
AB	물체의 낙하, 비래, 추락에 의한 위험을 방지, 경감시키기 위한 것	–
AE	물체의 낙하, 비래에 의한 위험을 방지 또는 경감하고 머리부위 감전에 의한 위험을 방지하기 위한 것	내전압성
ABE	물체의 낙하 비래, 추락에 의한 위험을 방지 또는 경감하고, 머리부위 감전에 의한 위험을 방지하기 위한 것	내전압성

[주] 1. 내전압성 : 7,000V 이하의 전압에 견디는 것
2. FRP : Fiber Glass Reinforced Plastic(유리섬유 강화플라스틱)

(2) 안전모의 각 부품에 사용하는 재료의 구비조건

① 쉽게 부식하지 않는 것

② 피부에 해로운 영향을 주지 않는 것

③ 사용목적에 따라 내열성, 내한성 및 내수성을 가질 것

④ 충분한 강도를 가질 것

⑤ 모체의 표면 색은 밝고 선명할 것(빛의 반사율이 가장 큰 백색이 좋으나 청결유지 등의 문제점이 있어 황색이 많이 쓰임)

(3) 안전모의 구조 및 명칭

No.	명 칭		안전모의 구조
①		모체	
②	착장제	머리받침끈	
③		머리고정대	
④		머리받침고리	
⑤		충격흡수재	
⑥		턱끈	
⑦		챙(차양)	

> 🔖 참고
>
> ▶ **착장체** : 머리받침끈, 머리고정대 및 머리받침고리로 구성되어 추락 및 감전 위험방지용 안전모 머리부위에 고정시켜 주며, 안전모에 충격이 가해졌을 때 착용자의 머리부위에 전해지는 충격을 완화시켜 주는 기능을 갖는 부품

(4) 안전모의 구비조건

① 일반구조조건

㉮ 안전모는 모체, 착장체 및 턱끈을 가질 것

㉯ 착장체의 머리고정대는 착용자의 머리부위에 적합하도록 조절할 수 있을 것

㉰ 착장체의 구조는 착용자의 머리에 균등한 힘이 분배되도록 할 것

㉱ 모체, 착장체 등 안전모의 부품은 착용자에게 상해를 줄 수 있는 날카로운 모서리 등이 없을 것

㉲ 턱끈은 사용 중 탈락되지 않도록 확실히 고정되는 구조일 것

㉳ 안전모의 착용높이는 85mm 이상이고, 외부 수직거리는 80mm 미만일 것

㉴ 안전모를 머리 모형에 장착하였을 때 모체 내면의 최고점과 머리모형 최고점과의 수직거리는 25mm 이상 55mm 미만일 것

㉵ 안전모의 수평간격은 5mm 이상일 것

㉶ 머리받침 끈이 섬유인 경우에는 각각의 폭은 15mm 이상이어야 하며, 교차되는 끈의 폭의 합은 72mm 이상일 것

㉷ 턱끈의 최소 폭은 10mm 이상일 것

㉸ 안전모의 모체, 착장체를 포함한 질량은 440g을 초과하지 않을 것

② AB종 안전모는 일반 구조조건에 적합해야 하고 충격흡수재를 가져야 하며, 리벳(Rivet) 등 기타 돌출부가 모체의 표면에서 5mm 이상 돌출되지 않아야 한다.

③ AE종 안전모는 일반 구조조건에 적합해야 하고 금속제의 부품을 사용하지 않고, 착장체는 모체의 내외면을 관통하는 구멍을 뚫지 않고 붙일 수 있는 구조로서 모체의 내외면을 관통 하는 구멍 핀홀 등이 없어야 한다.

④ ABE종 안전모는 ②, ③의 조건에 적합해야 한다.

(5) 안전모의 성능 기준 및 부가성능 기준

① 시험성능 기준

항목	성능 기준
내관통성	AE, ABE종 안전모는 관통거리가 9.5mm 이하이고, AB종 안전모는 관통거리가 11.1mm 이하이어야 한다(자율안전확인에서는 관통거리가 11.1mm 이하).
충격흡수성	최고 전달충격력이 4,450N을 초과해서는 안 되며, 모체와 착장체의 기능이 상실되지 않아야 한다.
내전압성	AE, ABE종 안전모는 교류 20kW에서 1분간 절연 파괴 없이 견뎌야 하고, 이때 누설 되는 충전전류는 10mA 이하이어야 한다(자율안전확인에서는 제외).
턱끈풀림	150N 이상 250N 이하에서 턱끈이 풀려야 한다.
내수성	AE, ABE종 안전모는 질량 중가율이 1% 미만이어야 한다(자율안전확인에서는 제외).
난연성	모체가 불꽃을 내며 5초 이상 연소되지 않아야 한다.

② 부가성능 기준

항목	성능 기준
측면변형 방호	최대 측면변형은 40mm, 잔여변형은 15mm 이내이어야 한다.
금속 용융물 분사 방호	① 용융물에 의해 10mm 이상의 변형이 없고, 관통되지 않아야 한다. ② 금속 용융물의 방출을 정지한 후 5초 이상 불꽃을 내며 연소되지 않을 것(자율안전확인에서는 제외)

2 눈 및 안면 보호구

(1) 보안경

보안경의 종류는 다음과 같다.

① 방진보안경 : 절단을 하거나 절삭작업을 할 때에 Chip 가루 등이 눈에 들어갈 우려가 있을 때 눈을 보호하기 위해 사용한다.

② 차광보안경 : 자외선(아크용접), 가시광선, 적외선(가스용접, 용광로작업)으로부터 눈의 장해를 방지하기 위해 사용된다. 종류는 사용 구분에 따라 다음 표와 같다.

〈사용 구분에 따른 차광용 보안경의 종류〉

의무안전인증(차광용 보안경)	자율안전확인
자외선용 적외선용 복합용(자외선 및 적외선) 용접용(자외선, 적외선 및 강렬한 가시광선)	유리 보안경 플라스틱 보안경 도수렌즈 보안경

(2) 안면 보호구

안면 보호구는 유해광선으로부터 눈을 보호하고 파편에 의한 화상이나 안면부를 보호하기 위하여 착용한 보호구이다.

① 보안면의 종류

종 류	사용 구분	렌즈의 재질
용접용 보안면	아크용접, 가스용접, 절단작업 시 발생하는 유해한 자외선, 가시광선 및 적외선으로부터 눈을 보호하고 용접광 및 열에 의한 화상, 가열된 용재 등의 파편에 의해 화상의 위험에서 용접자의 안면, 머리부분, 목부분을 보호하기 위한 것이다.	발카나이즈 파이버 FRP
일반 보안면	일반작업 및 용접작업 시 발생하는 각종 비산물과 유해한 액체로부터 얼굴을 보호하기 위하여 착용한다.	플라스틱

3 방음용 보호구

(1) 방음용 보호구의 종류 및 등급

종 류	등 급	기 호	성 능
귀마개	1종	EP-1	저음부터 고음까지 차음하는 것
	2종	EP-2	주로 고음을 차음하고 저음을 차음하지 않는 것
귀덮개	–	EM	

(2) 방음용 보호구의 일반구조

① 귀마개의 일반구조

㉮ 귀마개는 사용수명 동안 피부자극, 피부질환, 알레르기 반응 혹은 그 밖의 다른 건강상의 부작용을 일으키지 않을 것

㉯ 귀마개 사용 중 재료에 변형이 생기지 않을 것

  ㉡ 귀마개를 착용할 때 귀마개의 모든 부분이 착용자에게 물리적인 손상을 유발시키지 않을 것

  ㉣ 귀마개를 착용할 때 밖으로 돌출되는 부분이 외부의 접촉에 의하여 귀에 손상이 발생하지 않을 것

  ㉤ 귀(외이도)에 잘 맞을 것

  ㉥ 사용 중 심한 불쾌감이 없을 것

  ㉦ 사용 중에 쉽게 빠지지 않을 것

② 귀덮개의 일반구조

  ㉮ 인체에 접촉되는 부분에 사용하는 재료는 해로운 영향을 주지 않을 것

  ㉯ 귀덮개 사용 중 재료에 변형이 생기지 않을 것

  ㉰ 제조자가 지정한 방법으로 세척 및 소독을 한 후 육안상 손상이 없을 것

  ㉱ 금속으로 된 재료는 부식방지 처리가 된 것으로 할 것

  ㉲ 귀덮개의 모든 부분은 날카로운 부분이 없도록 처리할 것

  ㉳ 제조자는 귀덮개의 쿠션 및 라이너를 전용 도구로 사용하지 않고 착용자가 교체할 수 있을 것

  ㉴ 귀덮개는 귀 전체를 덮을 수 있는 크기로 하고, 발포 플라스틱 등의 흡음재료로 감쌀 것

  ㉵ 귀 주위를 덮는 안쪽 부위는 발포 플라스틱 공기 혹은 액체를 봉입한 플라스틱 튜브 등에 의해 귀 주위에 완전하게 밀착되는 구조일 것

  ㉶ 길이조절을 할 수 있는 금속재질의 머리띠 또는 걸고리 등은 적당한 탄성을 가져 착용자에게 압박감 또는 불쾌감을 주지 않을 것

(3) 방음용 귀마개 및 귀덮개

① 성능시험 방법

  ㉮ 차음성능시험   ㉯ 충격시험

  ㉰ 저온충격시험

② 음압기준 : 음압을 데시벨(dB)로 나타낸 것을 말한다.

4 호흡용 보호구

(1) 방진마스크(Dust Mask)

분진, 미스트 및 흄이 호흡기를 통하여 체내에 유입되는 것을 방지하기 위하여 사용되는 마스크

① 방진마스크의 종류

종 류	분리식		안면부 여과식	사용 조건
	격리식	직결식		
형태	전면형 반면형	전면형 반면형	반면형	산소 농도 18% 이상인 장소에서 사용하여야 한다.

  ㉮ **전면형** : 안면부가 안면 전체를 덮는 것

  ㉯ **반면형** : 안면부가 코 · 입을 덮는 것

② 방진마스크의 일반구조

㉮ 착용 시 이상한 압박감이나 고통을 주지 않을 것

㉯ 전면형은 호흡 시에 투시부가 흐려지지 않을 것

㉰ 분리식 마스크에 있어서는 여과재, 흡기밸브, 배기밸브 및 머리끈을 쉽게 교환할 수 있고 착용자 자신이 안면과 분리식 마스크의 안면부와의 밀착성 여부를 수시로 확인할 수 있어야 할 것

㉱ 안면부 여과식 마스크는 여과재로 된 안면부가 사용기간 동안에 심하게 변형되지 않을 것

㉲ 안면부 여과식 마스크는 여과재를 안면에 밀착시킬 수 있어야 할 것

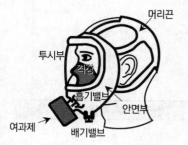

〈직결식 전면형 방진마스크〉

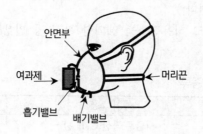

〈직결식 반면형 방진마스크〉

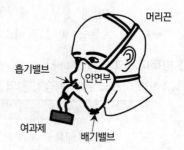

〈격리식 반면형 방진마스크〉

③ 방진마스크 선택 시 주의사항

㉮ 포집률(여과효율)이 좋아야 한다.　　㉯ 흡기·배기 저항이 낮아야 한다.

㉰ 시야가 넓을수록 좋다.　　㉱ 안면부에 밀착성이 좋아야 한다.

㉲ 사용면적이 적어야 한다.　　㉳ 중량이 가벼워야 한다.

㉴ 피부 접촉부위의 고무질이 좋아야 한다.

④ 방진마스크의 구비조건

㉮ 흡기밸브는 미약한 호흡에 대하여 확실하고 예민하게 작동하도록 할 것

㉯ 쉽게 착용되어야 하고 착용하였을 때 안면부가 안면에 밀착되어 공기가 새지 않을 것

㉰ 여과재는 여과성능이 우수하고 인체에 장해를 주지 않을 것

㉱ 흡·배기 밸브는 외부의 힘에 의하여 손상되지 않도록 흡·배기 저항이 낮을 것

⑤ 방진마스크 성능시험 기준

㉮ 안면부 흡기저항　　㉯ 여과재 분진 등 포집효율

㉰ 안면부 배기저항　　㉱ 안면부 누설률

㉲ 배기밸브 작동　　㉳ 시야

㉴ 강도, 신장률 및 영구변형률　　㉵ 불연성

㉶ 음성 전달판　　㉷ 투시부 내충격성

㉸ 여과재 질량　　㉹ 여과재 호흡저항

형 태		질량(g)
분리식	전면형	500 이하
	반면형	300 이하

⑥ 방진마스크의 등급

㉮ 특급

　　㉠ 베릴륨 등과 같이 독성이 강한 물질들을 함유한 분진 등 발생장소

　　㉡ 석면 취급장소

㉯ 1급

　　㉠ 특급마스크 착용장소를 제외한 분진 등 발생장소

　　㉡ 금속흄 등과 같이 열적으로 생기는 분진 등 발생장소

　　㉢ 기계적으로 생기는 분진 등 발생장소(규소 등과 같이 2급 방진마스크를 착용하여도 무방한 경우는 제외한다.)

㉰ 2급 : 특급 및 1급 마스크 착용장소를 제외한 분진 등 발생장소

(2) 방독마스크(Gas Mask)

① 방독마스크 흡수관(정화통)의 종류

종 류	시험 가스	정화통 외부측면 표시색
유기화합물용	시클로헥산(C_6H_{12}) 디메틸에테르, 이소부탄	갈색
할로겐용	염소(Cl_2)가스 또는 증기	회색
황화수소용	황화수소(H_2S)가스	회색
시안화수소용	시안화수소(HCN)가스	회색
아황산용	아황산(SO_2)가스	노란색
암모니아용	암모니아(NH_3)가스	녹색

② 방독마스크의 등급에 따른 사용장소

등 급	사용 장소
고농도	가스 또는 증기의 농도가 100분의 2(암모니아에 있어서는 100분의 3) 이하의 대기 중에서 사용하는 것
중농도	가스 또는 증기의 농도가 100분의 1(압모니아에 있어서는 100분의 1.5) 이하의 대기 중에서 사용하는 것
저농도 및 최저농도	가스 또는 증기의 농도가 100분의 0.1 이하의 대기 중에서 시용동 는 것으로서 긴급용이 아닌 것

[비고] 방독마스크는 산소 농도가 18% 이상인 장소에서 사용하여야 하고, 고농도와 중농도에서 사용하는 방독마스크는 전면형(격리식, 직결식)을 사용해야 한다.

③ 방독마스크에 관한 용어

㉮ 파과 : 대응하는 가스에 대하여 정화통 내부의 흡착제가 포화상태가 되어 흡착능력을 상실한 상태

㉯ 파과시간 : 어느 일정 농도의 유해물질 등을 포함한 공기가 일정 유량으로 정화통에 통과하기 시작한 때부터 파과가 보일 때까지의 시간

㉰ 파과곡선 : 파과시간과 유해물질 등에 대한 농도와의 관계를 나타낸 곡선

　⑭ 전면형 방독마스크 : 유해물질 등으로부터 안면부 전체(입, 코, 눈)를 덮을 수 있는 구조의 방독마스크

　⑮ 반면형 방독마스크 : 유해물질 등으로부터 안면부의 입과 코를 덮을 수 있는 구조의 방독마스크

　⑯ 복합용 방독마스크 : 2종류 이상의 유해물질 등에 대한 제독능력이 있는 방독마스크

　⑰ 겸용 방독마스크 : 방독마스크(복합용 포함)의 성능에 방진마스크의 성능이 포함된 방독마스크

(3) 송기마스크

산소 농도가 부족하고, 공기 중에 미립자상 물질이 부유하는 장소에서 사용한다.

① 종류

　㉮ 호스마스크

　㉯ 에어라인마스크

　㉰ 복합식 에어라인마스크

② 송기마스크의 성능시험 기준

　㉮ 안면부 누설률(%)

　㉯ 페이스 실드 또는 후드를 사용한 송기마스크의 방호율(%)

　㉰ 저압부의 기밀성

　㉱ 배기밸브의 작동기밀성

　　㉠ 공기를 흡입하였을 때 바로 내부가 감압되어야 한다.

　　㉡ 내외의 압력차가 10mmH$_2$O가 될 때까지의 시간이 15초 이상이어야 한다.

　㉲ 안면부 내의 압력(mmH$_2$O)

　㉳ 통기저항(mmH$_2$O)

　㉴ 호스 및 중압호스

　㉵ 호스 및 중압호스 연결부

　㉶ 송풍기

　㉷ 송풍기형 호스마스크의 분진포집효율(%)

　㉸ 일정유량형 에어라인마스크의 공기공급량(ℓ/min)

5 안전대(Safety Belt)

(1) 안전대의 종류 및 등급

종 류	등 급	사용구분
벨트식(B식) 안전그네식(H식)	1종	U자 걸이 전용
	2종	1개걸이 전용
	3종	1개걸이 U자걸이 공용
	4종	안전블록
	5종	추락 방지대

> **참고**
> 1. **안전그네** : 신체 지지의 목적으로 전시에 착용하는 띠 모양의 것으로 상체 등 신체 일부분만 지지하는 것을 제외한다.
> 2. **U자 걸이** : 안전대의 죔줄을 구조물 등에 U자 모양으로 돌린 뒤 훅 또는 카라비너를 D링에 신축조절기를 각링 등에 연결하는 걸이 방법
> 3. **1개 걸이** : 죔줄의 한쪽 끝을 D링에 고정시키고, 훅 또는 카라비너를 구조물 또는 구명줄에 고정시키는 걸이 방법

(2) 안전대의 구조 및 명칭

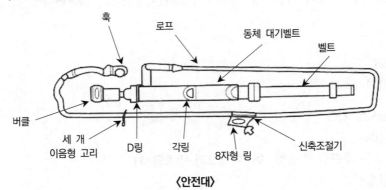

〈안전대〉

(3) 안전대용 죔줄 로프의 구비조건

① 충격, 인장강도에 강할 것
② 내마모성이 높을 것
③ 내열성이 높을 것
④ 습기, 약품류에 잘 손상되지 않을 것
⑤ 부드럽고 되도록 매끄럽지 않을 것
⑥ 완충성이 높을 것

(4) 추락방지대가 부착된 안전대 일반구조

① 죔줄을 합성섬유로프 · 웨빙 · 와이어로프 등을 사용한다.
② 고정된 추락방지대의 수직구명줄은 와이어로프 등으로 하며 최소 지름이 8mm 이상이어야 한다.
③ 수직구명줄에서 걸이설비와의 연결부위는 훅 또는 카라비너 등이 장착되어 걸이설비와 확실히 연결되어야 한다.
④ 추락방지대를 부착하여 사용하는 안전대는 신체지지의 방법으로 안전그네만을 사용하여야 하며 수직구명줄이 포함되어야 한다.

6 안전화

(1) 안전화의 종류

종 류	성능구분
가죽제안전화	물체의 낙하, 충격 또는 날카로운 물체의 의한 찔림 위험으로부터 발을 보호하기 위한 것
고무제안전화	물체의 낙하, 충격 또는 날카로운 물체에 의한 찔림 위험으로부터 발을 보호하고 내수성 또는 내화학성을 겸한 것
정전기안전화	물체의 낙하, 충격 또는 날카로운 물체에 의한 찔림 위협으로부터 받을 보호하고 정전기의 인체대전을 방지하기 위한 것

발등안전화	물체의 낙하, 충격 또는 날카로운 물체에 의한 찔림 위험으로부터 발 및 발등을 보호하기 위한 것
절연화	물체의 낙하, 충격 또는 날카로운 물체에 의한 찔림 위험으로부터 발을 보호하고 저압의 전기에 의한 감전을 방지하기 위한 것
절연장화	고압에 의한 감전을 방지 및 방수를 겸한 것

(2) 안전화의 등급

등 급	사용장소
중작업용	광업, 건설업 및 철광업 등에서 원료취급, 가공, 강재취급 및 강재운반, 건설업 등에서 중량물 운반작업, 가공대상물의 중량이 큰 물체를 취급하는 작업장으로서 날카로운 물체에 의해 찔릴 우려가 있는 장소
보통작업용	기계공업, 금속가공업, 운반, 건축업 등 공구가공품을 손으로 취급하는 작업 및 차량 사업장, 기계 등을 운전·조작하는 일반작업장으로서 날카로운 물체에 의해 찔릴 우려가 있는 장소
경작업용	금속 선별 전기제품 조립, 화학제품 선별, 반응장치 운전, 식품가공업 등 비교적 경량의 물체를 취급하는 작업장으로서 날카로운 물체에 의해 찔릴 우려가 있는 장소

> 💡 **참고**
>
> ▶ 보호구 안전인증 고시에 따른 안전화의 정의
> 1. **중작업용 안전화** : 1,000mm의 낙하높이에서 시험했을 때 충격과 15.0kN의 압축하중에서 시험했을 때 압박에 대하여 보호해 줄 수 있는 선심을 부착하여 착용자를 보호하기 위한 안전화
> 2. **경작업용 안전화** : 250mm의 낙하높이에서 시험했을 때 충격과 (4.4 ± 0.1)kN의 압축하중에서 시험했을 때 압박에 대하여 보호해 줄 수 있는 선심을 부착하여 착용자를 보호하기 위한 안전화

(3) 성능시험 방법

안전화의 종류에 따른 성능시험 방법은 다음과 같다.

구 분	성능구분
가죽제안전화	은면결렬시험, 인열강도시험, 6가 크롬 함량시험, 내부식성시험, 인장강도시험, 내유성시험, 내압박성시험, 내충격성시험, 박리저항시험, 내답발성시험
고무제안전화	인장강도 및 노후화 인장강도시험, 내유성시험, 내화학성시험 완성품의 내화학성시험, 파열강도시험, 선심 및 내답판의 내부식성시험, 누출방지시험
정전기안전화	대전방지시험
발등안전화	방호대의 충격시험
절연화	내전압시험
절연장화	내전압성시험, 내열성시험

(4) 안전화의 성능조건

① 내마모성 ② 내열성
③ 내유성 ④ 내약품성

7 기타 보호구

(1) 방열복

용광로, 유리 용해로 등 복사열이 많은 작업장에서 복사열을 차단하기 위하여 내부에는 모직, 외부에는 알루미늄 등으로 된 방열복을 입는다.

〈방열복의 종류〉

종 류	착용부위	질량(kg)
방열상의	상체	3.0 이하
방열하의	하체	2.0 이하
방열일체복	몸체(상·하체)	4.3 이하
방열장갑	손	0.5 이하
방열두건	머리	2.0 이하

> 💡 참고
>
> ▶ 방열두건의 차광도 번호
> 1. #2~#3 : 고로강판가열로, 조괴등의 작업
> 2. #3~#5 : 전로 또는 평로등의 작업
> 3. #6~#8 : 전기로의 작업

(2) 손의 보호구

① 절연장갑의 종류

구 분	종 류	용 도
전기용 고무장갑	A종	주로 300V를 초과 교류 600V, 직류 750V 이하의 작업에 사용하는 것
	B종	주로 교류 600V, 직류 750V 초과 3,500V 이하의 작업에 사용
	C종	주로 3,500V 초과 7,000V 이하 작업에 사용

② 절연장갑 등의 등급별 최대사용전압 및 색상

등 급	최대사용전압		색 상
	교류(V, 실효값)	직류(V)	
00	500	750	갈색
0	1,000	1,500	빨간색
1	7,500	11,250	흰색
2	17,000	25,500	노란색
3	26,500	39,750	녹색
4	36,000	54,000	등색

제4절 안전보건표지

1 산업안전보건표지의 종류

(1) **금지표지** : 흰색 바탕에 기본모형은 빨강, 관련부호 및 그림은 검은색

(2) **경고표지** : 바탕은 노란색, 기본모형, 관련부호 및 그림은 검은색

(3) **지시표지** : 바탕은 파란색, 관련그림은 흰색

(4) **안내표지** : 바탕은 흰색, 기본모형 및 관련부호는 녹색, 바탕은 녹색, 관련부호 및 그림은 흰색

> 💡 **참고**
>
> ▶ **임의적 부호**
> 안전·보건표지에서 경고표지는 삼각형, 안내표지는 사각형. 지시표지는 원형등으로 부호가 고
> 안되어 있다. 이처럼 부호가 이미 고안되어 이를 사용자가 배워야 하는 부호

2 안전보건표지의 색채·색도기준 및 용도

색 채	색도기준	용 도	사용 예
빨간색	7.5R 4/14	금지	정지신호, 소화설비 및 그 장소, 유해행위의 금지
		경고	화학물질 취급장소에서의 유해·위험 경고
노란색	5Y 8.5/12	경고	화학물질 취급장소에서의 유해·위험 경고, 이 외의 위험 경고, 주의표지 또는 기계방호물
파란색	2.5PB 4/10	지시	특정 행위의 지시 및 사실의 고지
녹색	2.5G 4/10	안내	비상구 및 피난소, 사람 또는 차량의 통행표지
흰색	N 9.5		파란색 또는 녹색에 대한 보조색
검은색	N 0.5		문자 및 빨간색 또는 노란색에 대한 보조색

> 💡 **참고**
>
> 1. **허용차** H=±2, V=±0.3, C=±1 (H는 색상, V는 명도, C는 채도를 말한다.)
> 2. 위의 색도 기준은 한국산업규격(KS) 색의 3속성에 의한 표시 방법
> 3. **경고표지의 종류 및 기본모형**
>   ① **삼각형(△)**
>   ㉠ 방사성 물질 경고   ㉡ 고압전기 경고   ㉢ 매달린 물체 경고   ㉣ 낙하물 경고
>   ㉤ 고온 경고   ㉥ 저온 경고   ㉦ 몸균형 상실 경고   ◎ 레이저 광선 경고
>   ㉧ 위험장소 경고
>   ② **마름모형(◇)**
>   ㉠ 인화성 물질 경고   ㉡ 산화성 물질 경고   ㉢ 폭발성 물질 경고
>   ㉣ 급성 독성 물질 경고   ㉤ 부식성 물질 경고
>   ㉥ 발암성·변이원성·생식독성·전신독성·호흡기 과민성 물질 경고

3 안전 · 보건표지의 종류와 형태

1 금지표지	101 출입금지	102 보행금지	103 차량통행금지	104 사용금지	105 탑승금지	106 금연
107 화기금지	108 물체이동금지	2 경고표지	201 인화성물질경고	202 산화성물질경고	203 폭발성물질경고	204 급성독성물질경고
205 부식성물질경고	206 방사성물질경고	207 고압전기경고	208 매달린물체경고	209 낙하물경고	210 고온경고	211 저온경고
212 몸균형상실경고	213 레이저광선경고	214 발암성 · 변이원성 · 생식독성 · 전신독성 · 호흡기과민성 물질경고	215 위험장소경고	3 지시표지	301 보안경착용	302 방독마스크착용
303 방진마스크착용	304 보안면착용	305 안전모착용	306 귀마개착용	307 안전화착용	308 안전장갑착용	309 안전복착용
4 안내표지	401 녹십자표시	402 응급구호표시	403 들 것	404 세안장치	405 비상용 기구	406 비상구
407 좌측 비상구	408 우측 비상구	5 관계자외 출입금지	501 허가대상물질작업장 **관계자 외 출입금지** (허가물질 명칭) 제조/사용/보관 중 **보호구/보호복 착용** **흡연 및 음식물 섭취금지**	502 석면 취급/해체 작업장 **관계자 외 출입금지** 석면 취급/해체 중 **보호구/보호복 착용** **흡연 및 음식물 섭취금지**		503 금지대상물질의 취급실험실 등 **관계자 외 출입금지** 발암물질 취급 중 **보호구/보호복 착용** **흡연 및 음식물 섭취금지**
6 문자 추가 시 범례		휘발유화기 엄금	• 내 자신의 건강과 복지를 위하여 안전을 늘 생각한다. • 내 가정의 행복과 화목을 위하여 안전을 늘 생각한다. • 내 자신의 실수로써 동료를 해치지 않도록 하기 위하여 안전을 늘 생각한다. • 내 자신이 일으킨 사고로 인한 회사의 재산과 손실을 방지하기 위하여 안전을 늘 생각한다. • 내 자신의 방심과 불안전한 행동이 조국의 번영에 장애가 되지 않도록 하기 위하여 안전을 늘 생각한다.			

4 안전보건표지의 기본모형

번 호	기본모형	규격비율	표시사항
1		$d \geq 0.025L$ $d_1 = 0.8d$ $0.7d < d_2 < 0.8d$ $d_3 = 0.1d$	금지
2		$a \geq 0.034L$ $a_1 = 0.8a$ $0.7a < a_2 < 0.8a$	경고
3		$d \geq 0.025L$ $d_2 = 0.8d$	지시
4		$d \geq 0.0224L$ $b_2 = 0.8b$	안내
5		$h < l$ $h_2 = 0.8h$ $l \times h \geq 0.0005l^2$ $h - h_2 = l - l_2 = 2e_2$ $l/h = 1, 2, 4, 8 (4종류)$	안내

> 💡 참고
>
> 1. L = 안전보건표지를 인식할 수 있거나 인식해야 할 안전거리를 말한다.
>   (L과 a, b, d, e, h, l은 동일 단위로 계산해야 한다.)
> 2. 점선 안에는 표시사항과 관련된 부호 또는 그림을 그린다.
> 3. 안전보건표지 외에 안전표찰, 안전완장이 있다.
>   ㉠ **안전표찰(녹십자 표시)를 부착하는 곳**
>   • 작업복 또는 보호 외의 우측 어깨
>   • 안전모의 좌우면
>   • 안전완장
>   ㉡ **안전완장(노란색 바탕에 검은 고딕체로 직책표시) 착용자**
>   • 안전책임자
>   • 안전관리자
>   • 안전유지 담당자

5 색채조절(Color Conditioning)

(1) 색채조절 의 목적

① 작업자에 대한 감정적 효과, 피로방지 등을 통하여 생산능률 향상에 있다.

② 재해사고방지를 위한 표식의 명확화 등에 목적이 있다.

(2) 색의 3속성

① 색상(Hue) : 유채색에만 있는 속성이며 색의 기본적 종별을 말한다.

② 명도(Value) : 눈이 느끼는 색의 명암의 정도, 즉 밝기를 나타낸다.

③ 채도(Chroma) : 색의 선명도의 정도, 즉 색깔의 강약을 의미한다.

(3) 색의 선택조건

① 차분하고 밝은 색을 선택한다.

② 안정감을 낼 수 있는 색을 선택한다.

③ 악센트를 준다.

④ 자극이 강한 색을 피한다.

⑤ 순백색을 피한다.

⑥ 차가운 색, 아늑한 색을 구분하여 사용한다.

01 무재해 운동에 관한 설명으로 틀린 것은?

① 제3자의 행위에 의한 업무상 재해는 무재해로 본다.

② "요양"이란 부상 등의 치료를 말하며 입원은 포함되나 재가, 통원은 제외한다.

③ "무재해"란 무재해 운동 시행 사업장에서 근로자가 업무에 기인하여 사망 또는 4일 이상의 요양을 요하는 부상 또는 질병에 이환되지 않는 것을 말한다.

④ 업무수행 중의 사고 중 천재지변 또는 돌발적인 사고로 인한 구조행위 또는 긴급피난 중 발생한 사고는 무재해로 본다.

> 해설 ② 요양이라 함은 부상 등의 치료를 말하며, 통원 및 입원의 경우를 모두 포함한다.

02 무재해 운동의 추진에 있어 무재해 운동을 개시한 날로부터 며칠 이내에 무재해 운동 개시 신청서를 관련 기관에 제출하여야 하는가?

① 4일   ② 7일

③ 14일   ④@ 30일

> 해설 **무재해 운동의 추진** : 무재해 운동을 개시한 날로부터 14일 이내에 무재해 운동 개시 신청서를 관련 기관에 제출한다.

03 다음 중 무재해 운동을 추진하기 위한 조직의 3기둥으로 볼 수 없는 것은?

① 최고 경영층의 엄격한 안전방침 및 자세

② 직장 자주활동의 활성화

③ 전 종업원의 안전 요원화

④ 라인화의 철저

> 해설 무재해 운동을 추진하기 위한 조직의 3기둥
> ㉠ 최고 경영층의 엄격한 안전방침 및 자세
> ㉡ 직장 자주활동의 활성화
> ㉢ 라인화의 철저

04 다음 중 무재해 운동의 기본이념 3원칙에 해당되지 않는 것은?

① 모든 재해에는 손실이 발생하므로 사업주는 근로자의 안전을 보장하여야 한다는 것을 전제로 한다.

② 위험을 발견, 제거하기 위하여 전원이 참가, 협력하여 각자의 위치에서 의욕적으로 문제해결을 실천하는 것을 뜻한다.

③ 직장 내의 모든 잠재위험 요인을 적극적으로 사전에 발견, 파악, 해결함으로써 뿌리에서부터 산업재해를 제거하는 것을 말한다.

④ 무재해, 무질병의 직장을 실현하기 위하여 직장의 위험요인을 행동하기 전에 예지하여 발견, 파악, 해결함으로써 재해발생을 예방하거나 방지하는 것을 말한다.

> 해설 무재해 운동의 기본이면 3원칙
> ㉠ 무의 원칙 : 무재해 무질병의 직장을 실현하기 위하여 직장의 위험요인을 행동하기 전에 예지하여 발견, 파악, 해결함으로써 재해발생을 예방하거나 방지하는 것을 말한다.
> ㉡ 참가의 원칙 : 위험을 발견, 제거하기 위하여 전원이 참가, 협력하여 각자의 위치에서 의욕적으로 문제해결을 실천하는 것을 뜻한다.
> ㉢ 선취의 원칙 : 직장 내의 모든 잠재위험 요인을 적극적으로 사전에 발견, 파악, 해결함으로써 뿌리에서부터 산업재해를 제거하는 것을 말한다.

05 다음 중 무재해 운동 추진에 있어 무재해로 보는 경우가 아닌 것은?

① 출·퇴근 도중에 발생한 재해

② 제3자의 행위에 의한 업무상 재해

③ 운동경기 등 각종 행사 중 발생한 재해

④ 사업주가 제공한 사업장 내의 시설물에서 작업개시 전의 작업준비 및 작업종료 후의 정리정돈과정에서 발생한 재해

> 해설 ④의 내용은 재해의 경우이다.

06 사업장 무재해 운동 추진 및 운영에 있어 무재해 목표설정의 기준이 되는 무재해 시간은 무재해 운동을 개시하거나 재개시한 날부터 실근무자수와 실근로시간을 곱하여 산정하는데 다음 중 실근로시간의 산정이 곤란한 사무직 근로자 등의 경우에는 1일 몇 시간 근무한 것으로 보는가?

① 6시간　　　　　② 8시간
③ 9시간　　　　　④ 10시간

해설 실근로시간의 산정이 곤란한 사무직 근로차 등의 경우에는 1일 8시간 근무한 것으로 본다.

07 다음 중 무재해 운동에서 실시하는 위험예지훈련에 관한 설명으로 틀린 것은?

① 근로자 자신이 모르는 작업에 대한 것도 파악하기 위하여 참가집단의 대상범위를 가능한 넓혀 많은 인원이 참가하도록 한다.
② 직장의 팀워크로 안전을 전원이 빨리 올바르게 선취하는 훈련이다.
③ 아무리 좋은 기법이라도 시간이 많이 소요되는 것은 현장에서 큰 효과가 없다.
④ 정해진 내용의 교육보다는 전원의 대화방식으로 진행한다.

해설 ① 직장이나 작업의 상황 속에서 위험요인을 발견하는 감수성을 개인의 수준에서 팀 수준으로 높이는 감수성 훈련이다.

08 위험예지훈련 4R(라운드)의 진행방법에서 3R(라운드)에 해당하는 것은?

①목표설정　　　　② 본질추구
③ 현상파악　　　　④ 대책수립

해설 위험예지훈련 4R(라운드)의 진행방법
　㉠ 1R : 현상파악　　　㉡ 2R : 본질추구
　㉢ 3R : 대책수립　　　㉣ 4R : 목표설정

09 다음 중 TBM(Tool Box Meeting) 방법에 관한 설명으로 옳지 않은 것은?

① 단시간 통상 작업시작 전, 후 10분 정도의 시간으로 미팅한다.

② 토의는 10인 이상에서 20인 단위의 중규모가 모여서 한다.
③ 작업개시 전 작업장소에서 원을 만들어서 한다.
④ 근로자 모두가 말하고 스스로 생각하고 "이렇게 하자"라고 합의한 내용이 되어야 한다.

해설 ②의 경우, 토의는 사고의 직접원인 중에서 주로 불안전한 행동을 근절시키기 위하여 5~6인의 소집단으로 나누어 편성하고, 작업장 내에서 적당한 장소를 정하여 실시하는 단시간 미팅이다.

10 다음 중 무재해 운동의 실천기법에 있어 브레인스토밍(Brain Storming)의 4원칙에 해당하지 않는 것은?

① 수정발언　　　　② 비판금지
③ 본질추구　　　　④ 대량발언

해설 브레인 스토밍의 4원칙
　㉠ 수정발언　　　　㉡ 비판금지
　㉢ 자유분방　　　　㉣ 대량발언

11 다음 중 브레인 스토밍(Brain Storming) 기법에 관한 설명으로 옳은 것은?

① 타인의 의견에 대하여 장·단점을 표현할 수 있다.
② 발언은 순서대로 하거나, 균등한 기회를 부여한다.
③ 주제와 관련이 없는 사항이라도 발언을 할 수 있다.
④ 이미 제시된 의견과 유사한 사항은 피하여 발언한다.

해설 브레인 스토밍 기법
　㉠ 비판금지 : 좋다. 나쁘다에 대한 비판을 하지 않는다.
　㉡ 자유분방 : 마음대로 편안히 발언한다.
　㉢ 대량발언 : 주제와 관련이 없는 사항이라도 발언을 할 수 있다.
　㉣ 수정발언 : 타인의 아이디어에 편승하거나 덧붙여 발언해도 좋다.

정답 | 06. ②　07. ①　08. ④　09. ②　10. ③　11. ③

12 다음 중 무재해 운동 추진기법에 있어 지적확인의 특성을 가장 적절하게 설명한 것은?

① 오감의 감각기관을 총 동원하여 작업의 정확성과 안전을 확인한다.
② 참여자 전원의 스킨십을 통하여 연대감, 일체감을 조성할 수 있고 느낌을 교류한다.
③ 비평을 금지하고, 자유로운 토론을 통하여 독창적인 아이디어를 끌어낼 수 있다.
④ 작업 전 5분간의 미팅을 통하여 시나리오상의 역할을 연기하여 체험하는 것을 목적으로 한다.

해설 지적확인 : 오감의 감각기관을 총 동원하여 작업의 정확성과 안전을 확인한다.

13 다음 설명에 해당하는 위험예지활동은?

> 작업을 오조작 없이 안전하게 하기 위하여 작업공정의 요소에서 자신의 행동을 하고 대상을 가리킨 후 큰 소리로 확인하는 것

① 지적확인
② Tool Box Meeting
③ 터치 앤 콜
④ 삼각위험예지훈련

해설 작업자가 낮은 의식수준으로 작업하는 경우에라도, 지적확인을 실시하면 신뢰성이 높은 PhaseⅢ까지 의식수준을 끌어올릴 수 있다.

14 다음 중 위험예지훈련에 있어 Touch and call에 관한 설명으로 가장 적절한 것은?

① 현장에서 팀 전원이 각자의 왼손을 잡아 원을 만들어 팀 행동목표를 지적·확인하는 것을 말한다.
② 현장에서 그 때 그 장소의 상황에서 적응하여 실시하는 위험예지활동으로 즉시 적응법이라고도 한다.
③ 작업자가 위험작업에 임하여 무재해를 지향하겠다는 뜻을 큰소리로 호칭하면서 안전의식수준을 제고하는 기법이다.
④ 한 사람 한 사람의 위험에 대한 감수성 향상을 도모하기 위한 삼각 및 원포인트 위험예지훈련을 통합한 활용기법이다.

해설 Touch and call : 현장에서 팀 전원이 각자의 왼손을 잡아 원을 만들어 팀 행동목표를 지적·확인하는 것

15 다음 중 근로자가 물체의 낙하 또는 비래 및 추락에 의한 위험을 방지 또는 경감하고, 머리부위 감전에 의한 위험을 방지하고자 할 때 사용하여야 하는 안전모의 종류로 가장 적합한 것은?

① A형
② AB형
③ ABE형
④ AE형

해설 안전모의 종류 및 용도

종류 기호	사용 구분
AB	물체낙하, 비래 및 추락에 의한 위험을 방지,경감
AE	물체낙하, 비래에 의한 위험을 방지 또는 경감 및 감전 방지용
ABE	물체낙하, 비래 및 추락에 의한 위험을 방지 또는 경감 및 감전 방지용

16 보호구의 의무안전인증 기준에 있어 다음 설명에 해당하는 부품의 명칭으로 옳은 것은?

> 머리받침끈, 머리고정대 및 머리받침고리로 구성되어 추락 및 감전 위험방지용 안전모 머리부위에 고정시켜 주며, 안전모에 충격이 가해졌을 때 착용자의 머리부위에 전해지는 충격을 완화시켜 주는 기능을 갖는 부품

① 챙
② 착장제
③ 모체
④ 충격흡수재

해설 의무안전인증 기준에 있어 안전모의 명칭
㉠ 착장제 : 머리받침끈 머리고정대 및 머리받침고리로 구성되어 추락 및 감전 위험방지용 안전모 머리부위에 고정시켜 주며, 안전모에 충격이 가해졌을 때 착용자의 머리부위에 전해지는 충격을 완화시켜 주는 기능을 갖는 부품
㉡ 모체 : 착용자의 머리부위를 덮는 주된 물체
㉢ 충격흡수재 : 안전모에 충격이 가해졌을 때 착용자의 머리부위에 전해지는 충격을 완화하기 위하여 모체의 내면에 붙이는 부품
㉣ 턱끈 : 모체가 착용자의 머리부위에서 탈락하는 것을 방지하기 위한 부품
㉤ 통기구멍 : 통풍의 목적으로 모체에 있는 구멍

17 안전모의 일반구조에 있어 안전모를 머리모형에 장착하였을 때 모체 내면의 최고점과 머리모형 최고점과의 수직거리의 기준으로 옳은 것은?

① 20mm 이상 40mm 이하
② 20mm 이상 50mm 미만
③ 25mm 이상 40mm 이하
④ 25mm 이상 55mm 미만

해설 안전모의 모체 내면의 최고점과 머리모형 최고점과의 수직거리 : 25mm 이상 55mm 미만

18 다음 중 의무안전인증 대상 안전모의 성능기준 항목이 아닌 것은?

① 내열성 ② 턱끈풀림
③ 내관통성 ④ 충격흡수성

해설 의무안전인증 대상 안전모의 성능기준 항목
내관통성, 충격흡수성, 내전압성, 내수성, 난연성, 턱끈풀림

19 의무안전인증 대상 보호구 중 차광보안경의 사용구분에 따른 종류가 아닌 것은?

① 보정용 ② 용접용
③ 복합용 ④ 적외선용

해설 의무안전인증(차광보안경)
㉠ 자외선용
㉡ 적외선용
㉢ 복합용(자외선 및 적외선)
㉣ 용접용(자외선, 적외선 및 강렬한 가시광선)

20 다음 중 보호구에 관하여 설명한 것으로 옳은 것은?

① 차광용 보안경의 사용 구분에 따른 종류에는 자외선용, 적외선용, 복합용, 용접용이 있다.
② 귀마개는 처음에는 저음만을 차단하는 제품부터 사용하며, 일정 기간이 지난 후 고음까지 모두 차단할 수 있는 제품을 사용한다.
③ 유해물질이 발생하는 산소결핍지역에서는 필히 방독마스크를 착용하여야 한다.

④ 선반작업과 같이 손에 재해가 많이 발생하는 작업장에서는 장갑 착용을 의무화한다.

해설
② 귀마개는 저음부터 고음까지를 차단하는 것, 고음만을 차음하는 것이 있으며 사업장의 특성에 따라 제품을 사용한다.
③ 유해물질이 발생하는 산소결핍지역에서는 필히 호스마스크를 착용한다
④ 선반작업과 같이 손에 재해가 많이 발생하는 작업장에서는 협착에 의한 위험이 있으므로 장갑 착용을 하지 않는다.

21 다음 중 그림에 나타난 보호구의 명칭으로 옳은 것은?

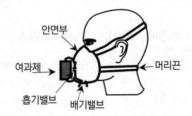

① 격리식 반면형 방독마스크
② 직결식 반면형 방진마스크
③ 격리식 전면형 방독마스크
④ 안면부 여과식 방진마스크

해설 방진마스크 : 분진, 미스트 및 흄이 호흡기를 통하여 체내에 유입되는 것을 방지하기 위하여 사용되는 마스크

22 다음 중 방진마스크 선택 시 주의사항으로 틀린 것은?

① 포집률이 좋아야 한다.
② 흡기 저항상승률이 높아야 한다.
③ 시야가 넓을수록 좋다.
④ 안면부에 밀착성이 좋아야 한다.

해설 ②의 경우, 흡·배기 저항이 낮아야 한다.

23 다음 중 보호구 의무안전인증 기준에 있어 방독마스크에 관한 용어의 설명으로 틀린 것은?

① "파과"란 대응하는 가스에 대하여 정화통 내부의 흡착제가 포화상태가 되어 흡착 능력을 상실한 상태를 말한다.

② "파과곡선"이란 파과시간과 유해물질의 종류에 대한 관계를 나타낸 곡선을 말한다.

③ "겸용 방독마스크"란 방독마스크(복합용 포함)의 성능에 방진마스크의 성능이 포함된 방독마스크를 말한다.

④ "전면형 방독마스크"란 유해물질 등으로부터 안면부 전체(입, 코, 눈)를 덮을 수 있는 구조의 방독마스크를 말한다.

해설 방독마스크에 관한 용어

㉠ **파과** : 대응하는 가스에 대하여 정화통 내부의 흡착제가 포화상태가 되어 흡착능력을 상실한 상태

㉡ **파과시간** : 어느 일정 농도의 유해물질 등을 포함한 공기가 일정 유량으로 정화통에 통과하기 시작한 때부터 파과가 보일 때까지의 시간

㉢ **파과곡선** : 파과시간과 유해물질 등에 대한 농도와의 관계를 나타낸 곡선

㉣ **전면형 방독마스크** : 유해물질 등으로부터 안면부 전체(입, 코, 눈)를 덮을 수 있는 구조의 방독마스크

㉤ **반면형 방독마스크** : 유해물질 등으로부터 안면부의 입과 코를 덮을 수 있는 구조의 방독마스크

㉥ **복합용 방독마스크** : 2종류 이상의 유해물질 등에 대한 제독능력이 있는 방독마스크

㉦ **겸용 방독마스크** : 방독마스크(복합용 포함)의 성능에 방진마스크의 성능이 포함된 방독마스크

24 공기 중 산소 농도가   부족하고, 공기 중에 미립자상 물질이 부유하는 장소에서 사용하기에 가장 적절한 보호구는?

① 면마스크   ② 방독마스크

② 송기마스크   ④ 방진마스크

해설 ① **면마스크** : 먼지 등의 침입을 막기 위하여 사용한다.

② **방독마스크** : 흡수관에 들어있는 흡착제에 따라 각종 유해물에 대응하여 각각 그 용도가 다르다.

④ **방진마스크** : 중독을 일으킬 위험이 높은 분진이나 흄을 발산하는 작업과 방사선 물질의 분진이 비산하는 장소에 사용한다.

25 다음 중 안전대의 각 부품(용어)에 관한 설명으로 틀린 것은?

① "안전그네"란 신체지지의 목적으로 전신에 착용하는 띠모양의 것으로, 상체 등 신체 일부분만 지지하는 것은 제외한다.

② "버클"이란 벨트 또는 안전그네와 신축조절기를 연결하기 위한 사각형의 금속고리를 말한다.

③ "U자 걸이"란 안전대의 죔줄을 구조물 등에 U자 모양으로 돌린뒤 훅 또는 카라비너를 D링에, 신축조절기를 각링 등에 연결하는 걸이 방법을 말한다.

④ "1개 걸이"란 죔줄의 한쪽 끝을 D링에 고정시키고, 훅 또는 카라비너를 구조물 또는 구명줄에 고정시키는 걸이 방법을 말한다.

해설 ② 버클이란 벨트를 착용하기 위해 그 끝 부착한 금속장치이다

26 다음 중 안전대의 죔줄(로프)의 구비조건이 아닌 것은?

① 내마모성이 낮을 것

② 내열성이 높을 것

③ 완충성이 높을 것

④ 습기나 약품류에 잘 손상되지 않을 것

해설 안전대 로프의 구비조건

㉠ ②, ③, ④

㉡ 내마모성이 높을 것

㉢ 충격, 인장강도에 강할 것

㉣ 부드럽고, 되도록 매끄럽지 않을 것

27 산업안전보건법령상 안전·보건표지의 색채 중 문자 및 빨간색 또는 노란색에 대한 보조색의 용도로 사용되는 색채는?

① 검정색   ② 흰색

③ 녹색   ④ 파란색

해설 ①의 검정색은 안전·보건표지의 색채 중 문자 및 빨간색 또는 노란색에 대한 보조색의 용도로 사용되는 색체이다.

28 다음은 안전화의 정의에 관한 설명이다. ㉠과 ㉡에 해당하는 값으로 옳은 것은?

> 중작업용 안전화란 (㉠)mm의 낙하높이에서 시험했을 때 충격과 (㉡)kN의 압축하중에서 시험했을 때 압박에 대하여 보호해 줄 수 있는 선심을 부착하여 착용자를 보호하기 위한 안전화를 말한다.

① ㉠ 250, ㉡ 4.5   ② ㉠ 500, ㉡ 5.0
③ ㉠ 750, ㉡ 7.5   ④ ㉠ 1,000, ㉡15.0

29 산업안전보건법령에 따라 작업장 내에 사용하는 안전 · 보건표지의 종류에 관한 설명으로 옳은 것은?

① "위험장소"는 경고표지로서 바탕은 노란색, 기본모형은 검은색, 그림은 흰색으로 한다.
② "출입금지"는 금지표지로서 바탕은 흰색, 기본모형은 빨간색, 그림은 검은색으로 한다.
③ "녹십자표지"는 안내표지로서 바탕은 흰색, 기본모형과 관련부호는 녹색, 그림은 검은색으로 한다.
④ "안전모착용"은 경고표지로서 바탕은 파란색, 관련그림은 검은색으로 한다.

> **해설**
> ① **"위험장소"**는 경고표지로서 바탕은 노란색, 기본모형 검은색, 그림은 검은색으로 한다.
> ② **"녹십자표지"**는 안내표지로서 바탕은 흰색, 기본모형과 관련부호는 녹색, 그림은 흰색으로 한다.
> ④ **"안전모착용"**은 지시표지로서 바탕은 파란색, 관련그림을 흰색으로 한다.

30 다음 중 산업안전보건법상 안전 · 보건표지에서 기본모형의 색상이 빨강이 아닌 것은?

① 산화성 물질 경고   ② 화기금지
③ 탑승금지   ④ 고온경고

> **해설** **고온 경고** : 바탕은 노란색, 기본모형, 관련부호 및 그림은 검은색

31 산업안전보건법상 안전 · 보건표지의 종류 중 바탕은 파란색, 관련그림은 흰색을 사용하는 표지는?

① 사용금지   ② 세안장치
③ 몸균형상실 경고   ④ 안전복 착용

> **해설**
> ① **사용금지** : 금지표지(바탕은 적색, 관련그림은 흑색)
> ② **세안장치** : 안내표지(바탕은 녹색, 관련그림은 흰색)
> ③ **몸균형상실 경고** : 경고표지(바탕은 황색, 관련그림은 흑색)
> ④ **안전복 착용** : 지시표지(바탕은 파란색, 관련그림은 흰색)

32 산업안전보건법에 따라 안전 · 보건표지에 사용된 색채의 색도 기준이 "7.5R 4/14"일 때 이 색채의 명도값으로 옳은 것은?

① 7.5   ② 4
③ 14   ④ 4.14

> **해설** **색도 기준** 7.5R 4/14
> ㉠ 색상 7.5R   ㉡ 명도 4   ㉢ 채도 14

33 다음 중 산업안전보건법령상 안전 · 보건표지의 용도 및 사용장소에 대한 표지의 분류가 가장 올바른 것은?

① 폭발성 물질이 있는 장소 : 안내표지
② 비상구가 좌측에 있음을 알려야 하는 장소 : 지시표지
③ 보안경을 착용해야만 작업 또는 출입을 할 수 있는 장소 : 안내표지
④ 정리 · 정돈 상태의 물체나 움직여서는 안될 물체를 보존하기 위하여 필요한 장소 : 금지표지

> **해설**
> ① **폭발성 물질이 있는 장소** : 경고표지
> ② **비상구가 좌측에 있음을 알려야 하는 장소** : 안내표지
> ③ **보안경을 착용해야만 작업 또는 출입을 할 수 있는 장소** : 지시표지

34 산업안전보건법령상 안전 · 보건표지에 있어 경고표지의 종류 중 기본모형이 다른 것은?

① 매달린 물체 경고
② 폭발성 물질 경고
③ 고압전기 경고
④ 방사성 물질 경고

해설 경고표지의 종류 및 기본모형
(1) 삼각형(△)
　㉠ 방사성 물질 경고
　㉡ 고압전기 경고
　㉢ 매달린 물체 경고
　㉣ 낙하물 경고
　㉤ 고온 경고
　㉥ 저온 경고
　㉦ 몸균형상실 경고
　㉧ 레이저광선 경고
　㉨ 위험장소 경고
(2) 마름모형(◇)
　㉠ 인화성 물질 경고
　㉡ 산화성 물질 경고
　㉢ 폭발성 물질 경고
　㉣ 급성독성 물질 경고

35 다음 중 산업안전보건법령상 안전·보건표지에 있어 금지표지의 종류가 아닌 것은?
① 금연　　② 접촉금지
③ 보행금지　　④ 차량통행금지

해설 금지표지의 종류
　㉠ 출입금지　㉡ 보행금지
　㉢ 차량통행금지　㉣ 사용금지
　㉤ 탑승금지　㉥ 금연
　㉦ 화기금지　㉧ 물체이동금지

36 다음에 해당하는 산업안전보건법상 안전·보건 표지의 명칭은?
① 화물적재금지
② 사용금지
③ 물체이동금지
④ 화물출입금지

해설 금지표지 : 물체이동금지

37 다음 중 산업안전보건법령상 안전·보건표지에 있어 경고표지의 종류에 해당하지 않는 것은?
① 방사성 물질 경고
② 급성독성 물질 경고

③ 차량통행 경고
④ 레이저광선 경고

해설 ③ 차량통행 금지 : 금지표지

38 다음에 해당하는 산업안전보건법령상 안전·보건표지의 명칭으로 옳은 것은?
① 물체이동 경고
② 양중기 운행 경고
③ 낙하위험 경고
④ 매달린 물체 경고

해설 보기의 [그림]은 매달린 물체 경고(경고표지) 표지이다.

39 산업안전보건법상 안전·보건표지의 종류 중 "방독마스크 착용"은 무슨 표지에 해당하는가?
① 경고표지　　② 지시표지
③ 금지표지　　④ 안내표지

해설 방독마스크 착용 : 지시표지

40 산업안전보건법령상 안전·보건표지의 종류에 있어 "안전모 착용"은 어떤 표지에 해당하는가?
① 경고표지
② 지시표지
③ 안내표지
④ 관계자 외 출입금지

해설 지시표지 : 안전모 착용

41 산업안전보건법령상 안전·보건표지 중 안내표지의 종류에 해당하지 않는 것은?
① 들것
② 세안장치
③ 비상용 기구
④ 허가대상물질 작업장

해설 ④는 출입금지표지이다.

제1절 산업심리학

1 산업심리학의 정의

산업심리학은 응용심리학으로 인간심리의 관찰, 실험, 조사 및 분석을 통하여 일정한 과학적 법칙을 얻어 생산을 증가하고 근로자의 복지를 증진하고자 하는 데 목적을 두고 사람을 적재적소에 배치할 수 있는 과학적 판단과, 배치된 사람을 어떻게 하면 만족하게 자기책무를 다할 수 있는 여건을 만들어 줄 것인가를 연구하는 학문이다.

2 산업심리학과 직접 관련이 있는 학문

① 인사관리학　　　　　② 인간공학　　　　　③ 사회심리학　　　　　④ 심리학
⑤ 응용심리학　　　　　⑥ 안전관리학　　　　　⑦ 노동과학　　　　　⑧ 행동과학
⑨ 신뢰성 공학

3 산업안전심리의 요소

(1) 안전심리의 5요소

① 동기(motive) : 능동적인 감각에 의한 자극에서 일어난 사고의 결과로서 사람의 마음을 움직이는 원동력이 되는 것
② 기질(temper)　　　③ 감정　　　　　④ 습성　　　　　⑤ 습관

(2) 습관의 4요소

① 동기　　　　　② 기질　　　　　③ 감정　　　　　④ 습성

(3) 사고 요인이 되는 정신적 요소

① 안전의식의 부족
② 주의력의 부족
③ 방심 및 공상
④ 판단력의 부족 또는 잘못된 판단
⑤ 개성적 결함 요소
　　㉮ 과도한 자존심 및 자만심　　　　㉯ 다혈질 및 인내력 부족
　　㉰ 약한 마음　　　　　　　　　　㉱ 도전적 성격
　　㉲ 감정의 장기 지속성　　　　　　㉳ 경솔성
　　㉴ 과도한 집착성 또는 고집　　　　㉵ 배타성
　　㉶ 태만(나태)　　　　　　　　　　㉷ 사치성과 허영심

⑥ 정신력에 영향을 주는 생리적 현상
 ㉮ 극도의 피로
 ㉰ 근육 운동의 부적합
 ㉲ 생리 및 신경 계통의 이상
 ㉯ 시력 및 청각 기능의 이상
 ㉱ 육체적 능력의 초과

제2절 집단관리와 리더십

1 적 응

(1) 욕구 저지와 적응

(2) 방어기제

① 적응기제의 기본유형
 ㉮ 공격적 기제(행동)
  ㉠ 치환(Displacement)
  ㉢ 자살(Sudcide)
  ㉡ 책임전가(Scapegoating)
 ㉯ 도피적 기제(행동)
  ㉠ 환상(Fantasy or Daydream)
  ㉡ 동일화(Idendification)
   예 아버지의 성공을 자신의 성공인 것처럼 자랑하며 거만한 태도를 보인다.
  ㉢ 유랑(Nomadism)
  ㉣ 퇴행(Regression)
  ㉤ 억압(Repression)
  ㉥ 반동형성(Reaction Formation)
  ㉦ 고립(Isolation)
 ㉰ 절충적 기제(행동)
  ㉠ 승화(Sublimation) : 억압당한 욕구가 사회적·문화적으로 가치 있는 목적으로 향하여 노력함으로써 욕구를 충족하는 적응기제
  ㉡ 대상(Substitution)
  ㉢ 보상(Compensation)
  ㉣ 합리화(Rationalization)
  ㉤ 투사(Projection)

② 대표적 적응기제(행동)
 ㉮ **억압(Repression)**
 ㉯ **반동형성(Reaction Formation)**
 ㉰ **공격(Aggression)**
 ㉱ **고립(Isolation)** : 현실도피 행위로서 자기의 실패를 자기의 내부로 돌리는 유형
  예 키가 작은 사람이 키 큰 친구들과 같이 사진을 찍으려 하지 않는다.

　　ⓜ 도피(Withdrawal)

　　ⓑ 퇴행(Regression) : 현실을 극복하지 못했을 때 과거로 돌아가는 현상

　　　예 여동생이나 남동생을 얻게 되면서 손가락을 빠는 것과 같이 어린시절의 버릇을 나타낸다,

　　ⓢ 합리화(Rationalization) : 인간이 자기의 실패나 약점을 그럴듯한 이유를 들어 남의 비난을 받지 않도록 하며 또한 자위하는 방어기제

　　　㉠ 신포도형　　　　　　　　　　㉡ 달콤한 레몬형

　　　㉢ 투사형　　　　　　　　　　　㉣ 망상형

　　ⓐ 투사(투출 ; Projection) : 자기속의 억압된 것을 다른 사람의 것으로 생각하는 것

　　ⓙ 동일화(Identification) : 인간관계의 메커니즘 중 다른 사람의 행동양식이나 태도를 투입 시키거나 다른 사람 가운데서 자기와 비슷한 것을 발견하는 것

　　ⓒ 백일몽(Day-dreaming)

　　ⓚ 보상(Compensation) : 자신의 약점이나 무능력, 열등감을 위장하여 유리하게 보호함으로써 안정감을 찾으려는 방어적 적응기제

　　ⓣ 승화(Sublimation)

③ 집단행동에서의 방어기제(행동)

　　㉮ 집단에서의 인간관계

　　　㉠ 경쟁(Competition)　　　　　　㉡ 공경(Aggression)

　　　㉢ 융합(Accomodation)　　　　　　㉣ 협력(Cooperation)

　　　㉤ 도피(Escape)와 고립(Isolation)

💡 참고

　▶ **사회행동의 기본형태**
　1. 협력(Cooperation) : 조력, 분업
　2. 대립(Opposition) : 공격, 경쟁
　3. 도피(Escape) : 고립, 정신병, 자살
　4. 융합(Accomodation) : 강제, 타협, 통합

　　㉯ 인간관계의 메커니즘

　　　㉠ 동일화(Identification)

　　　㉡ 투사(Projection)

　　　㉢ 커뮤니케이션(Communication)

　　　㉣ 모방(Imitation) : 남의 행동이나 판단을 표본으로 삼아 그와 비슷하거나 같게 판단을 취하려는 현상

　　　㉤ 암시(Suggestion) : 다른 사람으로 부터의 판단이나 행동을 무비판적으로 논리적, 사실적 근거없이 받아들이는 것

(3) 직장에서의 적응
① 역할이론
- ㉮ 역할연기(Role Playing) : 학습지도의 형태 중 참가자에게 일정한 역할을 주어 실제적으로 연기를 시켜봄으로써 자기의 역할을 보다 확실히 인식할 수 있도록 체험학습을 시키는 교육방법
- ㉯ 역할기대
- ㉰ 역할형성(Role Shaping)
- ㉱ 역할갈등(Role Conflict)

② 부적응 상태와 부적응 유형
- ㉮ 부적응 상태
- ㉯ 부적응 유형
  - ㉠ 망상인격
  - ㉢ 분열인격
  - ㉤ 강박인격
  - ㉡ 순환인격
  - ㉣ 폭발인격

③ 직업상담
- ㉮ 비지시적 카운슬링
- ㉰ 절충적 카운슬링
- ㉯ 지시적 카운슬링

2 인간관계와 집단관리

(1) 호손(Hawthorne) 실험
인간관계의 실증적인 기초를 마련하고 동시에 인간관계의 발전과 산업계의 공헌한 실험은 호손 공장에서 종사하고 있는 3만 명을 대상으로 레슬리스버거(F.J. Roethlisberger)에 의해 4차에 걸쳐 실험을 하였다.
① 생산성은 인적요인에 좌우된다.
② 인간은 인간적 환경 발견의 욕구를 가진다.
③ 인적환경 요인의 개선
④ 물적, 비인간적 요인의 합리화 및 과학화의 제고

(2) 조하리의 창(Joharis window)
① 열린 창(open area) : 나도 알고 너도 아는 창
② 숨겨진 창(hidden area) : 나는 알고 너는 모르는 창
③ 보이지 않는 창(blind area) : 나는 모르고 너는 아는 창
④ 미지의 창(unknown area) : 나도 모르고 너도 모르는 창

(3) 인간관계 관리
① 테크니컬 스킬스(technical skills) : 사물을 인간에게 유리하게 처리하는 능력
② 소시얼 스킬스(social skills) : 사람과 사람 사이의 커뮤니케이션을 양호하게 하고, 사람들의 요구를 충족케하고, 모랄을 양양시키는 능력

(4) 집단의 기능

① 응집력

② 행동의 (집단)규범

③ 집단목표

(5) 집단효과

① 동조효과 : 응집력

② Synergy 효과 : +α 상승 효과

③ 견물효과 : 자랑스럽게 생각

(6) 집단 역학에서의 행동

① 통제 있는 집단행동

㉮ 관습

㉯ 제도적 행동

㉰ 유행

② 비통제의 집단행동

㉮ 군중(Crowd)

㉯ 모브(Mob) : 폭동과 같은 것을 말하며, 군중보다 합의성이 없고, 감동에 의해서만 행동하는 특성

㉰ 패닉(Panic)

㉱ 심리적 전염(Mental Epidemic)

③ 사기조사(Morale Survey)

사기조사의 주요방법은 다음과 같다.

① 통계에 의한 방법

② 사례연구법

③ 관찰법

④ 실험연구법

⑤ 태도조사법

㉮ 면접법

㉯ 질문지법

㉰ 집단토의법

㉱ 투사법

㉲ 문답법 등

④ 리더십

(1) 리더십의 정의

$$L = f(l \cdot f \cdot s)$$

여기서, L : 리더십, l : 리더(Leader), f : 추종자(Follower), s : 상황(Situation)

(2) 리더십의 이론

① 특성 이론 : 성공적인 리더는 어떤 특성을 가지고 있는가를 연구하는 이론

② 행동 이론

③ 상황 이론

> 💡 **참고**
>
> ▶ **설득** : 부하의 행동에 영향을 주는 리더십 중 조언, 설명, 보상조건 등의 제시를 통한 적극적인 방법

(3) 리더십의 유형

① 업무 추진방식에 따른 분류

㉮ 민주형 : 집단의 토론, 회의 등에 의해서 정책을 결정하는 유형

㉯ 자유방임형 : 지도자가 집단 구성원에게 완전히 자유를 주며, 집단에 대하여 전혀 리더십을 발휘하지 않고 명목상의 리더자리만을 지키는 유형

㉰ 권위형 : 지도자가 집단의 모든 권한 행사를 단독적으로 처리하는 유형

② 지도형식에 따른 분류

㉮ 인간지향성   ㉯ 임무지향성

③ 선출방식에 따른 분류

㉮ Headship   ㉯ Leadership

> 💡 **참고**
>
> ▶ **지시 일원화의 원리**
> 언제나 직속 상사에게만 지시를 받고 특정 부하 직원들에게만 지시하는 것

(4) 리더십의 인간 변용 4단계

불안전한 행동을 예방하기 위하여 수정해야 할 조건 중 시간의 소요가 짧은 것부터 장시간 소요되는 순서

① 지식   ② 태도

③ 개인행위   ④ 집단행위

(5) 리더의 구비요건 3가지

① 화합성   ② 통찰력

③ 판단력

(6) 리더십의 특성조건

① 기술적 숙련   ② 대인적 숙련

③ 혁신적 능력   ④ 교육훈련 능력

⑤ 협상적 능력   ⑥ 표현 능력

(7) 성실한 지도자들이 공통적으로 소유한 속성

① 업무 수행능력   ② 강한 출세욕구

③ 상사에 대한 긍정적 태도   ④ 강력한 조직능력

⑤ 원만한 사교성   ⑥ 판단능력

⑦ 자신에 대한 긍정적인 태도
⑧ 매우 활동적이며 공격적인 도전
⑨ 실패에 대한 두려움
⑩ 부모로부터의 정신적 독립
⑪ 조직의 목표에 대한 충성심
⑫ 자신의 건강과 체력단련

> 💡 참고
>
> ▶ 관료주의
> 1. 의사결정에는 작업자의 참여가 없다.
> 2. 인간을 조직 내의 한 구성원으로만 취급한다.
> 3. 개인의 성장이나 자아실현의 기회가 주어지지 않는다.
> 4. 사회적 여건이나 기술의 변화에 신속하게 대응하기 어렵다.
> ▶ Max Weber의 관료주의 조직을 움직이는 4가지 기본원칙
> 1. **노동의 분업** : 작업의 단순화 및 전문화
> 2. **권한의 위임** : 관리자를 소단위로 분산
> 3. **통제의 범위** : 각 관리자가 책임질 수 있는 작업자의 수
> 4. **구조** : 조직의 높이와 폭

(8) Headship과 Leadership의 비교

① Leadership과 Headship

개인과 상황변수	리더십	헤드십
권한행사	선출된 리더	임명된 헤드
권한부여	밑으로부터 동의	위에서 위임
권한근거	개인능력	법적 또는 공식적
권한귀속	집단목표에 기여한 공로 인정	공식화된 규정에 의함
상관과 부하와의 관계	개인적인 영향	지배적
책임 귀속	상사와 부하	상사
구성원과의 사회적 간격	좁다	넓다
지휘형태	민주주의적	권위주의적

② 리더십에 있어서 권한의 역할

㉮ 조직이 리더에게 부여하는 권한

㉠ 강압적 권한

㉡ 보상적 권한

㉢ 합법적 권한

㉯ 리더 자신이 자신에게 부여하는 권한

㉠ 위임된 권한 : 지도자가 추구하는 계획과 목표를 부하직원이 자신의 것으로 받아들여 자발적으로 참여하게 하는 것

㉡ 전문성의 권한

③ 헤드십의 특성

㉮ 권한 근거는 공식적이다.
㉯ 상사와 부하와의 관계는 지배적이다.
㉰ 지휘형태는 권위주의적이다.
㉱ 상사와 부하와의 사회적 인격은 넓다.

(9) 관리 그리드(managerial grid) 이론

① (1.1) : 무관심형(impoverished) — 생산과 인간에 대한 관심이 모두 낮은 무관심 스타일로서, 리더 자신의 직분을 유지하는 데에 최소한의 노력만을 투입하는 리더의 유형

② (1.9) : 인기형(county club) – 인간에 대한 관심은 매우 높고 생산에 대한 관심은 매우 낮기 때문에 구성원의 만족 관계와 친밀한 분위기를 조성하는 데에 역점을 기울이는 리더십 유형

③ (9.1) : 과업형(authority) – 인간관계 유지에는 낮은 관심을 보이지만 과업에 대해서는 높은 관심을 가지는 리더십의 유형

④ (5.5) : 타협형(middle of the road) – 과업의 능률과 인간요소를 절충하며 적당한 수준의 성과를 지향하는 유형

⑤ (9.9) : 이상형(team) – 구성원들과 조직체의 공동목표와 상호의존 관계를 강조하고 상호신뢰적이고 상호존경적인 관계에서 구성원들의 합의를 통하여 과업을 달성하는 유형

제3절 인간의 행동성향 및 행동과학

1 인간의 행동

(1) 레빈(Kurt Lewin)의 법칙

인간의 행동은 그 사람이 가진 자질, 즉 개체와 심리학적 환경과의 상호 함수관계에 있다. 어떤 순간에 있어서 행동, 어떤 심리학적 장(Field)을 일으키느냐, 일으키지 않느냐는 심리학적 생활공간의 구조에 따라 결정된다.

$$B = f(P \cdot E), \quad B = f(L \cdot S \cdot P), \quad L = f(m \cdot s \cdot l)$$

여기서,　B : Behavior(행동)

　　　　P : Person(소질) – 연령, 경험, 심신상태, 성격, 지능 등에 의하여 결정

　　　　E : Environment(환경) – 심리적 영향을 미치는 인간관계, 작업환경, 작업조건, 설비적 결함, 감독, 직무의 안정

　　　　f : function(함수) – 적성, 기타 PE에 영향을 주는 조건

　　　　L : 생활공간, m : members, s : situation, l : leader

(2) 피츠의 법칙(Fitt's law)

사용성 분야에서 인간의 행동에 대한 속도와 정확성 간의 관계를 설명하는 기본 법칙으로 시작점에서 목표로 하는 지역에 얼마나 빠르게 닿을 수 있는 지를 예측하고자 하는 것으로 표적이 작고 이동거리가 길수록 이동시간이 증가한다.

$$MT = a + b \log_2 \left(\frac{D}{W} + 1 \right)$$

여기서,　MT : Movement Time(이동시간)　　a, b : 실험상수

　　　　W : 표적(목표물)의 폭　　　　　　D : 이동거리

2 동기부여 이론과 동기유발 방법

(1) 매슬로우(Maslow. AH)의 욕구 5단계 이론

① 제1단계 : 생리적 욕구(생명유지의 기본적 욕구 : 기아, 갈증, 호흡, 배설, 성욕 등)

> 💡 참고
>
> ▶ 의식적 통제가 힘든 순서
>
> 1. 호흡욕구 2. 안전욕구 3. 해갈욕구 4. 배설욕구 5. 수면욕구 6. 식욕

② 제2단계 : 안전의 욕구(인간에게 영향을 줄 수 있는 불안, 공포, 재해 등 각종 위험으로부터 해방되고자 하는 욕구)

③ 제3단계 : 사회적 욕구(소속감과 애정욕구 : 친화)

④ 제4단계 : 존경의 욕구(인정받으려는 욕구 : 자존심, 명예, 성취, 지위 등)

⑤ 제5단계 : 자아실현의 욕구(자기의 잠재력을 최대한 살리고 자기가 하고 싶었던 일을 실현하려는 인간의 욕구)

〈매슬로우, 알더퍼, 맥그리거 이론의 관계〉

이론 \ 욕구	저차원적 욕구 ←	→ 고차원적 욕구	
매슬로우	생리적 욕구, 물리적측면의 안전욕구	대인관계 측면의 안전욕구, 존경욕구	자아실현의 욕구
알더퍼(ERG 이론)	존재욕구(E)	관계욕구(R)	성장욕구(G)
X 이론 및 Y 이론 (McGreger)	X 이론	Y 이론	

(2) 데이비스(K. Davis)의 동기부여 이론 등식

① 인간의 성과 × 물질의 성과 = 경영의 성과

② 지식(Knowledge) × 기능(Skill) = 능력(Ability)

③ 상황(Situation) × 태도(Attitude) = 동기유발(Motivation)

④ 능력 × 동기유발 = 인간의 성과(Human Performance)

(3) 맥그리거(McGreger)의 X 이론과 Y 이론

① X이론과 Y이론 비교

X 이론	Y 이론
인간 불신감(성악설)	상호 신뢰감(성선설)
저차(물질적)의 욕구	고차(정신적)의 욕구 만족에 의한 동기부여
명령통제에 의한 관리(규제관리)	목표통합과 자기통제에 의한 관리
저개발국형	선진국형

② 인간해석에 있어 X 이론과 Y이론적 관리처방

X 이론	Y 이론
경제적 보상체제의 강화	직무확장
경영자의 간섭	분권화와 권한의 위임
권위주의적 리더십의 확보	민주적 리더십의 확립

(4) 알더퍼(Alderfer)의 ERG 이론

① 생존(Existence) 욕구

㉮ 유기체의 생존유지 관련욕구   ㉯ 의식주

㉰ 봉급, 부가급수, 안전한 작업조건   ㉱ 직무안전

② 관계(Relatedness) 욕구

㉮ 대인욕구   ㉯ 사람과 사람의 상호작용

③ 성장(Growth) 욕구

㉮ 개인적 발전능력   ㉯ 잠재력 충족

(5) 허즈버그(Frederick Herzberg)의 2요인 이론

위생요인(직무환경)	동기요인(직무내용)
정책 및 관리, 대인관계 관리, 감독, 임금, 보수, 작업조건, 지위, 안전	성취에 대한 인정, 책임감, 인정감, 성장과 발전, 도전감, 일 그 자체

(6) Korman의 일관성 이론

① 균형 개념 : 사람은 누구나 자기에 대한 인지적 균형감 및 일치감을 극대화하는 방향으로 행동하게 되며 그 행동에서 만족감을 갖는다.

② 자기존중 : 자기 이미지 개념으로 자기 가치에 대한 인식이다. 높은 자기존중의 사람들은 일관성을 유지하고 따라서 만족상태를 유지하기 위해 더 높은 성과를 올리려고 한다.

(7) 맥클랜드(McClelland)의 성취동기 이론

성취욕구가 높은 사람의 특징은 다음과 같다.

① 성공의 대가를 성취 그 자체에 만족한다.

② 목표를 달성할 때까지 노력한다.

③ 자신이 하는 일의 구체적인 진행상황을 알기 원한다.

④ 적절한 모험을 즐긴다.

(8) 안전을 위한 동기부여

① 안전의 근본이념(참가치)를 인식시킨다.

② 안전목표를 명확히 설정하여 주지시킨다.

③ 결과를 알려준다.

④ 상벌 제도를 합리적으로 시행한다.

⑤ 경쟁과 협동을 유도한다.

⑥ 동기유발의 최적수준을 유지한다.

제4절 인사심리와 직업적성

1 인사관리의 목표

종업원을 적재적소에 배치하여 능률을 극대화하고 종업원의 만족을 추구하는 것이 목표이다.
즉 생산과 만족을 동시에 얻고자 하는 것이다.

(1) 인사관리의 중요 기능

① 조직과 리더십　　　　　　　　　② 직무 및 작업분석
③ 시험 및 적성검사　　　　　　　　④ 업무평가
⑤ 적성배치　　　　　　　　　　　　⑥ 상담 및 노사관의 이해

> 💡 참고
>
> ▶ 인사관리의 목적
>   사람과 일과의 관계

(2) 인사심리 검사의 구비조건

① 타당성　　　　　　② 신뢰성　　　　　　③ 실용성

2 인간의 소질과 심리특성

(1) 지능과 사고

① 학습능력 추상력, 사고능력, 환경 적응력 등으로 표현되며 지능이란 새로운 과제나 문제를 효과
  적으로 처리해 가는 능력이라 할 수 있다.
② 지능과 사고의 관계는 비례적 관계에 있지 않으며 그보다 높거나 낮으면 부적응을 초래한다.
③ 지능이 낮은 사람은 단순한 직무에 적응률이 높고, 정밀한 작업에는 적응률이 저하된다.
④ 지능이 높은 사람은 단순한 직무에는 불만을 나타내며 높은 직무로 옮겨가는 경향이 있다.
⑤ Chiseli와 Brown은 지능 단계가 낮을수록 또는 높을수록 이직률 및 사고발생률이 높다.
⑥ 인간의 지능(Intelligence)과 평가치 : 지능의 척도는 지능지수로 표시한다.

$$\text{지능지수(IQ)} = \frac{\text{지능 연령}}{\text{생활 연령}} \times 100$$

(2) 재해 빈발성

① 재해 빈발설
  ㉮ 기회설　　　　　　㉯ 암시설　　　　　　㉰ 재해 빈발 경향자설
② 재해 누발자 유형
  ㉮ 미숙성 누발자
    ㉠기능 미숙
    ㉡ 환경에 익숙하지 못하기 때문

　　㉯ 상황성 누발자

　　　　㉠ 작업의 어려움　　　　　　　　㉡ 기계 설비의 결함

　　　　㉢ 환경상 주의력의 집중이 혼란되기 때문　㉣ 심신의 근심

　　㉰ 습관성 누발자

　　　　㉠ 재해의 경험에 의해 겁쟁이가 되거나 신경과민이 되기 때문

　　　　㉡ 슬럼프 상태에 빠져있기 때문

　　㉱ 소질성 누발자

　　　　㉠ 개인적 소질 가운데에 재해원인의 요소를 가지고 있는 자

　　　　㉡ 개인의 특수성격 소유자로서, 그가 가지고 있는 재해의 소질성 때문에 재해를 누발하는 자

3 적성의 요인과 적성의 발견

(1) 적성의 요인

　① 지능　　　　　　　　　　　② 직업적성

　③ 흥미　　　　　　　　　　　④ 인간성(성격)

> 💡 **참고**
>
> ▶ **인간의 적성과 안전과의 관계** : 사생활에 중대한 변화가 있는 사람이 사고를 유발한 가능성이 높으므로 그러한 사람들에게는 특별한 배려가 필요하다.

(2) 적성검사

　① 적성검사의 종류

　　㉮ 특수직업 적성검사 : 어느 특정의 직무에서 요구되는 능력을 가졌는가의 여부를 검사하는 것

　　㉯ 일반기업 적성검사 : 어느 직업 분야에서 발전할 수 있겠느냐 하는 가능성을 알기 위한 검사

　② 적성검사의 유형

　　㉮ 계산에 의한 검사

　　㉯ 시각적 판단력검사

　　　　㉠ 언어 판단검사　　　　　　　㉡ 형태 비교검사

　　　　㉢ 평면도 판단검사　　　　　　㉣ 입체도 판단검사

　　　　㉤ 공구 판단검사　　　　　　　㉥ 명칭 판단검사

　　㉰ 운동능력검사

　　㉱ 정밀성(정확도 및 기민성) 검사

　　　　㉠ 교환검사　　　　　　　　　㉡ 회전검사

　　　　㉢ 조립검사　　　　　　　　　㉣ 분해검사

　　㉲ 안전검사

　　㉳ 창조성 검사

(3) 성격검사

① Y-G(Yutaka-Guilford) 성격검사

㉮ A형(평균형) : 조화적, 적응적

㉯ B형(우편형) : 정서 불안정, 활동적, 외향적(불안전, 부적응, 적극형)

㉰ c형(좌편형) : 안전 소극형(온순, 소극적, 안정, 비활동 내향적)

㉱ D형(우하형) : 안전, 적응, 적극형(정서 안정, 사회 적응, 활동적, 대인관계 양호)

㉲ E형(좌하형) : 불안정, 부적응, 수동형(D형과 반대)

② Y-K(Yutaka-Kohata) 성격검사

작업성격 유형	작업성격 인자	적성 직종의 일반적 경향
CC′형 : 담즙질 (진공성형)	① 운동, 결단, 기민이 빠르다. ② 적응이 빠르다. ③ 세심하지 않다. ④ 내구, 집념 부족 ⑤ 진공 자신감 강함	① 대인적 직업 ② 창조적, 관리자적 직업 ③ 변화있는 기술적, 가공작업 ④ 변화있는 물품을 대상으로 하는 불연속 작업
MM′형 :흑담즙질 (신경질형)	① 운동성 느리고, 지속성 풍부 ② 적응 느리다. ③ 세심, 억제, 정확 ④ 내구성, 집념, 지속성 ⑤ 담력, 자신감 강하다.	① 연속적, 신중적, 인내적 작업 ② 연구개발적, 과학적 작업 ③ 정밀, 복잡성 작업
SS′ 형 : 다혈질 (운동성형)	①, ②, ③, ④ : CC′형과 동일 ⑤ 담력, 자신감 약하다.	① 변화하는 불연속적 작업 ② 사람상대 상업적 작업 ③ 기민한 동작을 요하는 작업
PP′형 : 점액질 (평범수동성형)	①, ②, ③, ④ : MM′형과 동일 ⑤ 약하다.	① 경리사무, 흐름작업 ② 계기관리, 연속작업 ③ 지속적 단순작업
Am형 : 이상질	① 극도로 나쁘다. ② 극도로 느리다. ③ 극도로 결핍되었다. ④ 극도로 강하거나 약하다.	① 위협을 수반하지 않는 단순한 기술적 작업 ② 직업상 부적응적 성격자는 정신위생적 치료요함

(4) 적성 발견방법

① 자기이해　　　② 개발적 경험　　　③ 적성검사

(5) 적성 배치방법

① 작업의 특성

㉮ 환경조건　　　㉯ 작업조건　　　㉰ 작업내용

㉱ 형태　　　㉲ 법적 자격제한

② 작업자의 특성

㉮ 지적 능력　　　㉯ 기능　　　㉰ 성격　　　㉱ 신체적 특성

㉲ 연령　　　㉳ 업무경력　　　㉴ 태도

(6) 직무 적성검사의 특징
① 표준화(Standardization)　　② 객관성(Objectivity)
③ 규준(Norms)　　④ 신뢰성
⑤ 타당성(Validity)

제5절 인간의 특성과 안전과의 관계

1 착오의 메커니즘 및 착오의 요인

(1) 착오의 메커니즘
① 위치의 착오　　② 순서의 착오　　③ 패턴의 착오
④ 형(形)의 착오　　⑤ 잘못 기억

(2) 대뇌의 human error로 인한 착오 요인
① 인지과정 착오
㉮ 생리, 심리적 능력의 한계
㉯ 정보량 저장능력의 한계
㉰ 감각 차단현상 : 단조로운 업무가 장시간 지속될 때 작업자의 감각기능 및 판단능력이 둔화 또는 마비되는 현상
㉱ 정서 불안정 : 공포, 불안, 불만

② 판단과정 착오
㉮ 능력부족(적성, 지식, 기술)
㉯ 정보부족
㉰ 자기합리화
㉱ 환경조건 불비(표준 불량, 규칙 불충분, 작업조건 불량)
㉲ 자신과잉

> 💡 참고
>
> 1. 억측판단
>   경보기가 울려도 기차가 오기까지 아직 시간이 있다고 판단하여 건널목을 건너다가 사고를 당했다.
> 2. 억측판단 배경
>   ㉠ 초조한 심정　　㉡ 희망적 관측
>   ㉢ 과거의 성공한 경험

③ 조치과정 착오
㉮ 작업자의 기능 미숙　　㉯ 작업경험의 부족

2 간결성의 원리

(1) 개 요

인간의 심리활동에 있어서도 최소에너지에 의해 어느 목적을 달성하도록 하려는 경향이 있는 것

(2) 군화의 법칙(물건의 정리)

① 근접의 요인 : 근접된 물건끼리 정리한다.

② 동류의 요인 : 매우 비슷한 물건끼리 정리한다.

③ 폐합의 요인 : 밀폐형을 가지런히 정리한다.

④ 연속의 요인 : 연속을 가지런히 정리한다.

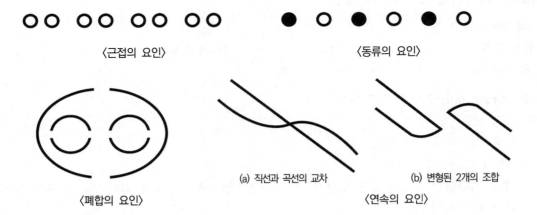

〈근접의 요인〉 〈동류의 요인〉

〈폐합의 요인〉

(a) 직선과 곡선의 교차 (b) 변형된 2개의 조합

〈연속의 요인〉

(3) 운동의 시지각(착각현상)

① 자동운동 : 암실에 정지된 소광점을 응시하며 광점이 움직이는 것같이 보이는 현상

㉮ 발생하기 쉬운 조건

㉠ 광점이 작은 것 ㉡ 대상이 단순한 것

㉢ 광의 강도가 작은 것 ㉣ 시야의 다른 부분이 어두운 것

② 유도운동 : 움직이지 않는 것이 움직이는 것처럼 느껴지는 현상

㉮ 버스나 전동차의 움직임으로 인하여 자신이 승차하고 있는 정지된 자가용이 움직이는 것 같은느낌

㉯ 구름 사이의 달 관찰 시 구름이 움직일 때 구름은 정지되고 있고, 달이 움직이는 것처럼 느껴지는 현상

③ 가현운동 : 객관적으로 저장하고 있는 대상물이 급속히 나타나던가 소멸하는 것으로 인하여 일어나는 운동으로 마치 대상물이 운동하는 것처럼 인식되는 현상을 말한다. 영화의 영상은 가현운동(β운동)을 활용한 것이다.

(4) 착시현상(시각의 착각현상)

① Müller-Lyer의 착시

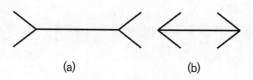

(a)   (b)

(a)가 (b)보다 길게 보인다. [실제 (a)=(b)]

② Helmholtz의 착시

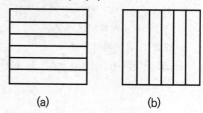

(a)   (b)

(a)는 가로로 길어 보이고,
(b)는 세로로 길어 보인다. [실제 (a)=(b)]

③ Hering의 착시

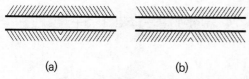

(a)   (b)

두 개의 평행선이 (a)는 양단이 벌어져 보이고,
(b)는 중앙이 벌어져 보인다.

④ Köhler의 착시

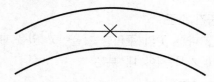

우선 평행의 호(弧)를 보고 이어 직선을
본 경우에는 직선은 호와의 반대 방향에 보인다.

⑤ Poggendorg의 착시

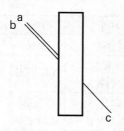

a와 c가 일직선으로 보인다.

⑥ Zöller의 착시

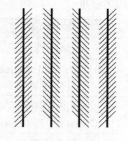

세로의 선이 굽어 보인다.

3 주의(attention)와 부주의

(1) 주의의 종류

① 선택성 : 여러 종류의 자극을 자각할 때 소수의 특정한 것에 한하여 주의가 집중되는 것
② 방향성 : 주시점(시선이 가는 쪽)만 인지하는 기능
③ 변동성 : 주의집중 시 주기적으로 부주의의 리듬이 존재

(2) 주의의 특성

① 주의력 단속성(고도의 주의는 장시간 지속하기 어렵다.)
② 주의력 중복집중의 곤란(주의는 동시에 두 개 이상의 방향을 잡지 못함)
③ 주의를 집중한다는 것은 좋은 태도라 할 수 있으나 반드시 최상이라 할 수 없다.
④ 한 지점에 주의를 집중하면 다른 곳의 주의는 약해진다.
⑤ 여러 자극을 지각할 때 소수의 현란한 자극에 선택적 주의를 기울이는 경향이 있다.

> 💡 **참고**
>
> 1. **주의(Attention)의 일정집중현상**
>   - ㉠ **정의** : 인간이 갑자기 사고 또는 재난을 당하면 주의력이 한 곳에 몰리게 되어 판단력이 상실되며 멍청해지는 현상
>   - ㉡ **대책** : 위험예지훈련
> 2. **리스크 테이킹 (risk taking)** : 객관적인 위험을 자기 나름대로 판정해서 의지결정을 하고 행동에 옮기는 것

(3) 주의의 수준

① 0(Zero) 수준

㉮ 수면중　　　　　　　　　　　　　㉯ 자극에 의한 반응시간 내

② 중간 수준

㉮ 다른 곳의 주의를 기울이고 있을 때　　㉯ 일상과 같은 조건일 경우

㉰ 가시 시야 내 부분

③ 고 수준

㉮ 주시부분　　　　　　　　　　　　㉯ 예기 레벨이 높을 때

(4) 인간의 의식 수준

① 의식 수준의 5단계

단 계	의식의 상태	주의작용	생리적 상태	신뢰성	뇌파 패턴
Phase 0	무의식상태, 실신	Zero	수면, 뇌발작	Zero	γ파
Phase I	의식 흐림(Subnormal), 의식 몽롱함	Inactive	피로, 단조로움 졸음, 술취함	0.9 이하	θ파
Phase II	의식의 이완상태 (Normal, Relaxed)	Passive, 마음이 안쪽으로 향한다.	안정기거, 휴식 시, 정례작업 시(정상작업 시)	0.99~ 0.99999	α파
Phase III	명료한 상태 (Normal, Clear)	Active, 앞으로 향하는 주위 시야도 넓다.	적극 활동 시	0.999999 이상	β파
Phase IV	과긴장 상태 (Hypernormal, Excited)	일점으로 응집, 판단 정지	긴급 방위반응, 당황해서 Panic(감정흥분 시 당황한 상태)	0.9 이하	β파 또는 전간파

② 24시간의 생리적 리듬의 계곡에서 Tension Level은 낮에는 높고 밤에는 낮다.

③ 피로 시의 Tension Level은 저하 정도가 크지 않다

④ 졸았을 때는 의식상실의 시기로 Tension Level이 0이다.

(5) 부주의

① 특 성

㉮ 부주의는 불안전한 행위 외에 불안전한 상태에서도 적용된다.

㉯ 부주의는 말의 결과를 표현한다.

㉰ 부주의에는 원인이 있다.

㉱ 부주의는 유사한 현상에 발생한다.

② 부주의의 발생원인

⑦ 의식의 단절 : 특수한 질병

⑭ 의식의 우회 : 걱정, 고뇌, 욕구불만 – 예방대책 : 상담

⑮ 의식수준의 저하 : 혼미한 정신상태에서 피로나 단조로운 반복작업 시 일어나는 현상

⑯ 의식의 혼란 : 외부의 자극이 애매모호, 너무 강하거나 또는 약할 때

⑰ 의식의 과잉 : 작업을 하고 있을 때 긴급이상 상태 또는 돌발사태가 되면 순간적으로 긴장하게 되어 판단능력이 둔화 또는 정지상태가 되는 것

③ 외적 원인과 대책방법

⑦ 작업 및 환경 조건의 불량 : 환경정비　　⑭ 작업순서의 부적합 : 인간공학적 접근

④ 내적 원인과 대책방법

⑦ 소질적 문제 : 적성배치　　⑭ 의식의 우회 : 카운슬링

⑮ 경험, 미경험 : 안전교육

제6절 피로와 생체리듬

1 에너지 소비량

(1) 에너지소비량(RMR ; Relative Metabolic Rate)

작업강도 단위로서 산소호흡량을 측정하여 에너지의 소모량을 결정하는 방식이다.

(2) 에너지대사율(RMR)에 따른 작업의 분류

① 초경작업 : 0~1　　　　② 경작업 : 1~2

③ 중(보통)작업 : 2~4　　　④ 중(무거운)작업 : 4~7

⑤ 초중작업 : 7 이상

2 피로와 휴식

(1) 피로(Fatigue)

신체의 변화, 스스로 느끼는 권태감 및 작업능률의 저하 등을 총칭하는 말이다.

(2) 피로의 직접적인 원인

① 작업시간과 작업강도

$$\log(\text{작업 계속의 한계 시 간}) = a\log(\text{RMR}) + d$$

> 💡 **참고**
>
> ▶ 7RMR의 작업은 약 10분, 3RMR의 경우 3시간 이상 작업을 계속할 수 있다.

② 작업환경 : 열악한 작업환경(기온, 습도, 복사열, 기류, 조명, 진동, 소음, 분진 등)이 작업강도에 직접 관여하여 육체적, 정신적으로 부하를 높인다.

> **참고**
>
> ▶ **육체적 부하도(TGE 계수)**
> TGE 계수 = 평균기온(T) × 평균복사열(G) × 평균에너지대사율(E)

③ **작업속도** : 전력적인 작업은 오래 계속할 수 없다. 100m를 11초에 달렸다고 해서 1km을 110초에 달릴 수 없듯이 인간은 거의 경제속도 부근에서 작업하고 있다. 정상상태의 유지한계가 능률적인 작업속도 결정의 기준이 되어 있으며 주작업의 에너지대사율(RMR) 4~5 부근이 한계이다. 8시간 작업을 지속한다고 하면 2~3RMR 정도가 된다.

> **참고**
>
> ▶ **정상상태** : 작업강도가 속도상 적절하여 신체의 제반 기능이 곧잘 작업에 적응하면서 산소의 소비와 섭취의 밸런스가 유지되어 지속적인 작업이 이루어지는 상태

④ **작업시각과 작업시간** : 야간 근무자는 주간 근무자에 비하여 작업 경과시간 약 80%에서 피로상태에 도달한다고 보며, 주간에만 또는 야간에만 작업하는 경우보다 주야 윤번(주야 교대) 상태에서는 수면시간의 단축과 생체 리듬에 역행함으로써 피로율은 더욱 커진다.

⑤ **작업태도**
  ㉮ 작업자의 작업태도는 작업자가 원래 일에 취미를 갖고 쾌적한 긴장감과 노력감을 유지하느냐의 여부가 중요하다. 의욕이 높을 때에는 주관적 피로감(생리, 심리적)이 적고 작업의 능률도 오른다.
  ㉯ 작업태도의 형성요인은 작업환경조건, 생활조건이 모두 포함되며, 이 외에도 임금, 경영방침, 조직 내의 자기 위치, 동료 상사와의 인간관계, 직업의식, 가정문제, 주거조건 등 사회적 환경조건이 해당된다. 또한 숙련도도 문제가 되는데, 각기 대상 작업에 따라 숙련도는 심적 구조면에서 보면 지배적 구조와 피지배적 구조를 가리키기 때문이다.

(3) 피로의 종류
① **주관적 피로** : 스스로 피곤함을 느끼며, 권태감이나 단조로움 등이 따른다.
② **객관적 피로** : 작업의 양과 질의 저하를 가져온다.
③ **생리적 피로** : 생리적 상태에 의해 피로를 알 수 있다.

(4) 급성피로와 만성피로
① **급성피로** : 보통의 휴식으로 회복이 되는 피로
② **만성피로** : 오랜 기간에 걸쳐 축적되어 일어나는 피로

(5) 인간측의 피로인자
① 정신상태 및 신체적 상태   ② 생리적 리듬
③ 작업시간 및 작업내용   ④ 사회환경 및 작업환경

(6) 기계측의 피로인자
① 기계의 종류   ② 기계의 색채
③ 조작부분의 배치   ④ 조작부분의 감축
⑤ 기계의 이해용이도

(7) 피로의 증상

① 신체적 증상(생리적 현상)
  ㉮ 작업효과나 작업량이 감퇴 및 저하된다.
  ㉯ 작업에 대한 몸 자체가 흐트러지고 지치게 된다.
  ㉰ 작업에 대한 무감각, 무표정, 경련 등이 일어난다.

② 정신적 증상(심리적 현상)
  ㉮ 긴장감이 해지 및 해소된다.   ㉯ 주의력이 감소 또는 경감된다.
  ㉰ 두통, 졸음, 싫증, 짜증이 일어난다.   ㉱ 권태, 태만, 관심 및 흥미감이 상실된다.
  ㉲ 불쾌감이 증가된다.

(8) 피로의 회복대책

① 휴식과 수면(가장 효과적인 방법)   ② 충분한 영양(음식)섭취
③ 산책 및 가벼운 운동   ④ 음악감상 및 오락 등에 의해 기분전환
⑤ 목욕, 마사지 등 물리적 요법

(9) 작업에 수반되는 피로의 예방대책

① 작업부하를 작게 한다.   ② 근로시간과 휴식을 적정하게 한다.
③ 작업속도 및 작업정도 등을 적절하게 한다. ④ 불필요한 마찰을 배제한다.
⑤ 정적 동작을 피한다.   ⑥ 직장 체조를 통한 혈액순환을 촉진한다.
⑦ 충분한 영양을 섭취한다.

(10) 피로 검사 방법

검사 방법	검사 항목	측정방법 및 기기
생리적 방법	① 근력, 근활동 ② 반사역치 ③ 대뇌피질 활동 ④ 호흡·순환 기능	① 근전계(EMG) ② 뇌파계(EEG) ③ 심전계(ECG) ④ 청력검사(Audiometer), Flicker Test
생화학적 방법	① 혈색소 농도 ② 혈액수분, 혈단백 ③ 응혈시간 ④ 혈액, 뇨전해질 ⑤ 뇨단백 ⑥ 부신피질 기능	① 광도계 ② 혈청 굴절률계 ③ Na, K, Cl의 상태변동 측정 ④ 뇨단백 침전
심리학적 방법	① 피부(전위)저항 ② 동작분석 ③ 행동기록 ④ 연속반응시간 ⑤ 정신작업 ⑥ 집중유지기능 ⑦ 전신자각증상	① 피부전기반사(GSR) ② 연속촬영법 ③ Holy graph(안구운동 측정 등)

💡 참고
▶ 프리커 검사(Flicker test)의 목적 : 피로의 정도 측정

(11) 허세이(Alfred Bay Hershey)의 피로회복법

피로의 종류	피로회복법
1. 신체의 활동에 의한 피로	① 활동을 국한하는 목적 이외의 동작을 배제 ② 기계력의 사용 ③ 작업의 교대 ④ 작업 중의 휴식
2. 정신적 노력에 의한 피로	① 휴식 ② 양성 훈련
3. 신체적 긴장에 의한 피로	① 운동 ② 휴식에 의한 긴장을 푸는 일
4. 정신적 긴장에 의한 피로	① 주도면밀하고 현명하며, 동정적인 작업계획을 세우는 것 ② 불필요한 마찰을 배제하는 일
5. 환경과의 관계에 의한 피로	① 작업장에서의 부적절한 제관계를 배제하는 일 ② 가정생활의 위생에 관한 교육을 하는 일
6. 영양 및 배설의 불충분	① 조식, 중식 및 종업 시 등의 관습의 감시 ② 건강식품의 준비 ③ 신체의 위생에 관한 교육 및 운동의 필요에 관한 계몽
7. 질병에 의한 피로	① 속히 유효적절한 의료를 받게 하는 일 ② 보건상 유해한 작업상의 조건을 개선하는 일 ③ 적당한 예방법을 가르치는 일
8. 기후에 의한 피로	온도, 습도, 통풍의 조절
9. 단조감·권태감에 의한 피로	① 일의 가치를 가르치는 일 ② 동작의 교대를 가르치는 일 ③ 휴식

3 생체리듬(Bio Rhythm)

(1) 생체리듬의 종류 및 특징

① 육체적 리듬(Physical Cycle) : 육체적으로 건전한 활동기(11.5)와 그렇지 못한 휴식기(11.5)가 23일을 주기로 하여 반복된다. 육체적 리듬(P)은 신체적 컨디션의 율동적인 발현, 즉 식욕, 소화력, 활동력, 스태미너 및 지구력과 밀접한 관계를 갖는다.

② 지성적 리듬(Intellectual Cycle) : 지성적 사고능력이 재빨리 발휘 된 날(16.5일)과 그렇지 못한 날(16.5일)이 33일을 주기로 반복된다. 지성적 리듬(I)은 상상력, 사고력, 기억력 또는 의지, 판단 및 비판력 등과 깊은 관련성을 갖는다.

③ 감성적 리듬(Sensitivity Cycle) : 감성적으로 예민한 기간(14일)과 그렇지 못한 둔한 기간(14일)이 28일을 주기로 반복한다. 감성적 리듬(S)은 신경조직의 모든 기능을 통하여 발현되는 감정, 즉 정서적 희로애락, 주의력, 창조력, 예감 및 통찰력 등을 좌우한다.

(2) 위험일(Critical Day)

① PSI 3개의 서로 다른 리듬은 안정기[Positive Phase (+)]와 불안정기[Negative Phase (─)]를 교대하면서 반복하여 사인(sine) 곡선을 그려나가는데 (+)리듬에서 (─)리듬으로, 또는 (─)리듬에서 (+)리듬으로 변화하는 점을 영(Zero) 또는 위험일이라 하며, 이런 위험일은 한 달에 6일 정도 일어난다.

② '바이오리듬'상 위험일(Critical Day)에는 평소보다 뇌졸중이 5.4배, 심장질환의 발작이 5.1배 그리고 자살은 무려 6.8배나 더 많이 발생된다고 한다.

③ 생체리듬의 변화

㉮ 혈액의 수분 염분량 : 주간 감소, 야간 상승

㉯ 체온, 혈압, 맥박수 : 주간 상승, 야간 감소

㉰ 야간 체중 감소, 소화분비액 불량

㉱ 야간 말초운동 기능 저하, 피로의 자각증상 증대

(3) 사고발생시간

① 24시간 중 사고발생률이 가장 심한 시간대 : 03~05시 사이

② 주간 일과중 : 오전 10~11시, 오후 15~16시 사이

> **참고**
>
> ▶ 자기효능감(self-efficacy)
> 어떤 과업을 성취할 수 있는 자신의 능력에 대한 스스로의 믿음

4 스트레스(Stress)

외부에서 오는 자극과 마음속에서 일어나는 갈등이 서로 조화를 이루지 못함으로써 정신적 질환만이 아니라 임상학적 질병마저 유발하고 있는 것으로, 직무몰입과 생산성 감소의 직접적인 원인이 된다.

(1) 외부적 자극요인

① 경제적 어려움

② 대인관계 갈등

③ 가정에서의 가족관계의 갈등

④ 가족의 죽음, 질병

⑤ 자신의 건강문제

(2) 마음 속에서 일어 나는 내적 자극요인

① 자존심의 손상

② 출세욕의 좌절감과 자만심의 상충

③ 지나친 과거에의 집착과 허탈

④ 업무상 죄책감

⑤ 지나친 경쟁심과 재물에 대한 욕심

⑥ 남에게 의지하고자 하는 심리

⑦ 가족 간의 대화단절, 의견의 불일치

⑧ 현실에서의 부적응

01 다음 중 안전심리의 5대 요소에 해당하는 것은?

① 기질(temper)
② 지능(intelligence)
③ 감각(sense)
④ 환경 (environment)

> **해설** **안전심리의 5대 요소**
> 기질(temper). 동기. 감정. 습성. 습관

02 사고요인이 되는 정신적 요소 중 개성적 결함 요인에 해당하지 않는 것은?

① 방심 및 공상
② 도전적인 마음
③ 과도한 집착력
④ 다혈질 및 인내심 부족

> **해설** **정신적 요소 중 개성적 결함요인**
> ㉠ 도전적인 마음
> ㉡ 과도한 집착력
> ㉢ 다혈질 및 인내심 부족

03 적응기제(適應機制, Adjustment Mechanism)의 종류 중 도피적 기제(행동)에 속하지 않는 것은?

① 고립
② 퇴행
③ 억압
④ 합리화

> **해설** **적응기제의 종류**
> ㉠ 공격적 기제(행동) : 치환, 책임전가, 자살 등
> ㉡ 도피적 기제(행동) : 환상, 동일화, 퇴행, 억압, 반동형성, 고립 등
> ㉢ 절충적 기제(행동) : 승화. 보상, 합리화, 투사 등

04 인간의 적응기제 중 방어기제로 볼 수 없는 것은?

① 승화
② 고립
③ 합리화
④ 보상

> **해설** 인간의 적응기제 증 방어기제
> ㉠ 승화   ㉡ 합리화   ㉢ 보상

05 다음 중 인간의 적응기제(適應機制)에 포함되지 않는 것은?

① 갈등(Conflict)
② 억압(Repression)
③ 공격(Aggression)
④ 합리화(Rationalization)

> **해설** **인간의 적응기제**
> ㉠ 억압(Repression)
> ㉡ 반동형성(Reaction Formation)
> ㉢ 공격(Aggression)   ㉣ 고립(Isolation)
> ㉤ 도피(Withdrawal)   ㉥ 퇴행(Regression)
> ㉦ 합리화(Rationalization)   ㉧ 투사(Projection)
> ㉨ 동일화(Identification)   ㉩ 백일몽(Day-dreaming)
> ㉪ 보상(Compensation)   ㉫ 승화(Sublimation)

06 다음 중 인간이 자기의 실패나 약점을 그럴듯한 이유를 들어 남의 비난을 받지 않도록 하며 또한 자위하는 방어기제를 무엇이라 하는가?

① 보상
② 투사
③ 합리화
④ 전이

> **해설** ① **보상Compensation** : 욕구가 저지되면 그것을 대신한 목표로서 만족을 얻고자 한다.
> ② **투사(Projection)** : 자신조차 승인할 수 없는 욕구나 특성을 타인이나 사물로 전환시켜 자신의 바람직하지 않은 욕구로부터 자신을 지키고 또한 투사한 대상에 대해서 공격을 가함으로써 한층 더 확고하게 안정을 얻으려고 한다.
> ③ **합리화(Rationalization)** : 인간이 자기의 실패나 약점을 그럴듯한 이유를 들어 남의 비난을 받지 않도록 하며 또한 자위하는 방어기제이다.
> ④ **전이(Transference)** : 어떤 내용이 다른 내용에 영향을 주는 현상이다.

07 다음 중 사회행동의 기본형태에 해당되지 않는 것은?

① 모방
② 대립
③ 도피
④ 협력

정답 | 01. ① 02. ① 03. ④ 04. ② 05. ① 06. ③ 07. ①

08 다음 중 테크니컬스킬즈(Technical Skills)에 관한 설명으로 옳은 것은?
① 모랄(Morale)을 앙양시키는 능력
② 인간을 사물에게 적응시키는 능력
③ 사물을 인간에게 유리하게 처리하는 능력
④ 인간과 인간의 의사소통을 원활히 처리하는능력

해설 테크니컬스킬즈
　사물을 인간에게 유리하게 처리하는 능력

09 집단에서의 인간관계 메커니즘(mechanism)과 가장 거리가 먼 것은?
① 동일화, 일체화
② 커뮤니케이션, 공감
③ 모방 암시
④ 분열 강박

해설 인간관계 메커니즘
　㉠ ①, ②, ③　　　　㉡ 투사
　㉢ 역할 학습

10 모랄 서베이(Morale Survey)의 주요방법 중 태도조사법에 해당하는 것은?
① 사례연구법　　② 관찰법
③ 실험연구법　　④ 문답법

해설 모랄 서베이(사기조사)방법
　㉠ **통계에 의한 방법** : 사고재해율, 결근, 지각, 조퇴, 이직 등
　㉡ **사례연구법** : Case Study로서 현상파악
　㉢ **관찰법** : 종업원의 근무실태 관찰
　㉣ **실험연구법** : 실험그룹과 통제그룹으로 나누어 정황, 자극을 주어 태도 변화여부 조사
　㉤ **태도조사법** : 문답법, 면접법, 투사법, 집단토의법 등

11 다음 중 리더십의 유효성(有效性)을 증대시키는 1차적 요소와 거리가 가장 먼 것은?
① 리더 자신　　② 조직의 규모
③ 상황적 변수　　④ 추종자 집단

해설 리더십의 유효성을 증대시키는 1차적 요소
　㉠ 리더 자신　　㉡ 상황적 변수　　㉢ 추종자 집단

12 다음 중 리더십 이론에서 성공적인 리더는 어떤 특성을 가지고 있는가를 연구하는 이론은?
① 특성 이론　　② 행동이론
③ 상황적합성 이론　　④ 수명주기 이론

해설 특성 이론의 설명이다.

13 다음 중 관료주의에 대한 설명으로 틀린 것은?
① 의사결정에는 작업자의 참여가 필수적이다.
② 인간을 조직 내의 한 구성원으로만 취급한다.
③ 개인의 성장이나 자아실현의 기회가 주어지지 않는다.
④ 사회적 여건이나 기술의 변화에 신속하게 대응하기 어렵다.

해설 ①의 경우, 의사결정에는 작업자의 참여가 없다.

14 다음 중 리더의 행동스타일 리더십을 연결시킨 것으로 잘못 연결된 것은?
① 부하중심적 리더십 – 치밀한 감독
② 직무중심적 리더십 – 생산과업 중시
③ 부하중심적 리더십 – 부하와의 관계중시
④ 직무중심적 리더십 – 공식권한과 권력에 의존

해설 ① **부하중심적 리더십** : 부하직원들이 지도자가 정한 목표를 자진해서 자신의 것으로 받아들여 지도자와 함께 일하도록 하는 것

15 리더십에 있어서 권한의 역할 중 조직이 지도자에게 부여한 권한이 아닌 것은?

① 보상적 권한   ② 강압적 권한
③ 합법적 권한   ④ 전문성의 권한

> **해설**
> (1) 조직이 리더에게 부여하는 권한
>   ㉠ 강압적 권한   ㉡ 보상적 권한
>   ㉢ 합법적 권한
> (2) 리더자신이 자신에게 부여하는 권한
>   ㉠ 위임된 권한   ㉡ 전문성의 권한

16 헤드십(headship)의 특성이 아닌 것은?

① 지휘형태는 권위주의적이다.
② 권한행사는 임명된 헤드이다.
③ 부하와의 사회적 간격은 넓다.
④ 상관과 부하와의 관계는 개인적인 영향이다.

> **해설**
> **헤드십과 리더십의 차이**
>
> | 개인과 상황변수 | 헤드십 | 리더십 |
> | --- | --- | --- |
> | 권한행사 | 임명된 헤드 | 선출된 리더 |
> | 권한부여 | 위에서 위임 | 밑으로부터 동의 |
> | 권한근거 | 법적 또는 공식적 | 개인능력 |
> | 권한귀속 | 공식화된 규정에 의함 | 집단목표에 기여한 공로 인정 |
> | 상관과 부하와의 관계 | 지배적 | 개인적인 영향 |
> | 책임귀속 | 상사 | 상사와 부하 |
> | 부하와의 사회적 관계 | 넓음 | 좁음 |
> | 지휘형태 | 권위주의적 | 민주주의적 |

17 다음 중 인간의 행동에 대한 레빈(K. Lewin)의 식 "$B = f(P \cdot E)$"에서 인간관계 요인을 나타내는 변수에 해당하는 것은?

① B(Behavior)   ② f(Function)
③ P(Person)   ④ E(Environment)

> **해설**
> **인간의 행동** $B = f(P \cdot E)$
> 여기서 B : Behavior(인간의 행동)
> f : Function(함수관계)
> P : Person(소질) - 연령. 경험, 성격. 지능
> E : Environment(작업 환경, 인간관계 요인을 나타내는 변수)

18 인간의 행동은 사람의 개성과 환경에 영향을 받는데, 다음 중 환경적 요인이 아닌 것은?

① 책임   ② 작업조건
③ 감독   ④ 직무의 안정

> **해설**
> **환경적 요인**
>   ㉠ 작업조건   ㉡ 감독
>   ㉢ 직무의 안정

19 다음 중 매슬로우의 욕구 5단계 이론에서 최종단계에 해당하는 것은?

① 존경의 욕구   ② 성장의 욕구
③ 자아실현의 욕구   ④ 생리적 욕구

> **해설**
> **매슬로우의 욕구 5단계**
>   ㉠ 제1단계 : 생리적 욕구
>   ㉡ 제2단계 : 안전욕구
>   ㉢ 제3단계 : 사회적 욕구
>   ㉣ 제4단계 : 존경욕구
>   ㉤ 제5단계 : 자아실현의 욕구

20 동기부여 이론 중 데이비스(K. Davis)의 이론은 동기유발을 식으로 표현하였다. 옳은 것은?

① 지식(Knowledge) × 기능(Skill)
② 능력(Ability) × 태도(Attitude)
③ 상황(Situation) 태도(Attitude)
④ 능력(Ability) × 동기 유발(Motivation)

> **해설**
> **데이비스의 이론**
>   ㉠ 경영의 성과 = 인간의 성과 + 물질의 성과
>   ㉡ 능력(Ability) = 지식(Knowledge) + 기능(Skill)
>   ㉢ 동기유발(Motivation) = 상황(Situation) + 태도(Attitude)
>   ㉣ 인간의 성과(Human Performance) = 능력 + 동기유발

21 다음 중 맥그리거(McGregor)의 인간해석에 있어 X 이론적 관리처방으로 가장 적합한 것은?

① 직무의 확장
② 분권화와 권한의 위임
③ 민주적 리더십의 확립
④ 경제적 보상체제의 강화

정답 ┃ 15. ④   16. ④   17. ④   18. ①   19. ③   20. ③   21. ④

해설

맥그리거의 X 이론과 Y 이론의 비교

X이론	Y이론
인간 불신감(성악설)	상호 신뢰감(성선설)
저차(물질적)의 욕구 (경제적 보상체제의 강화)	고차(정신적)의 욕구만족에 의한 동기부여
명령통제에 의한 관리 (규제관리)	목표통합과 자기통제에 의한 관리
저개발국형	선진국형

22 맥그리거(McGregor)의 X이론과 Y이론 중 Y이론에 해당되는 것은?

① 인간은 서로 믿을 수 없다.
② 인간은 태어나서부터 악하다.
③ 인간은 정신적 욕구를 우선시 한다.
④ 인간은 통제에 의한 관리를 받고자 한다.

해설 맥그리거
　㉠ **X이론**(인간을 부정적 측면으로 봄) : ①, ②, ④
　㉡ **Y이론**(인간을 긍정적 측면으로 봄) : ③

23 다음 중 알더퍼(Alderfer)의 ERG 아론에서 제시한 인간의 3가지 욕구에 해당하는 것은?

① Growth 욕구
② Rationalization 욕구
③ Economy 욕구
④ Environment 욕구

해설 알더퍼의 ERG 이론 중 인간의 3가지 욕구
　㉠ Existence(생존) 욕구
　㉡ Relatedness(관계) 욕구
　㉢ Growth(성장) 욕구

24 허즈버그(Herzberg)의 동기·위생 이론 중에서 위생요인에 해당하지 않는 것은?

① 보수
② 책임감
③ 작업조건
④ 관리감독

해설 허즈버그의 동기·위생요인
　㉠ **동기유발요인** : 책임감
　㉡ **위생요인** : 보수, 작업조건, 관리감독

25 다음 중 허즈버그의 2요인 이론에 있어 직무만족에 의한 생산능력의 증대를 가져올 수 있는 동기부여요인은?

① 작업조건
② 정책 및 관리
③ 대인관계
④ 성취에 대한 인정

해설 허즈버그의 2요인 이론
　㉠ **위생요인** : 인간의 동물적 욕구
　　예 작업조건, 정책 및 관리, 대인관계 등
　㉡ **동기부여요인** : 충족되지 않아도 불만을 느끼지 않으나 충족되면 만족을 느끼는 요인
　　예 성취에 대한 인정

26 다음 중 구체적인 동기유발요인에 속하지 않는 것은?

① 기회
② 자세
③ 인정
④ 참여

해설 구체적인 동기유발요인
　㉠ 기회　　㉡ 인정　　㉢ 참여

27 다음 중 인사관리의 목적을 가장 올바르게 나타낸 것은?

① 사람과 일과의 관계
② 사람과 기계와의 관계
③ 기계와 적성과의 관계
④ 사람과 시간과의 관계

해설 **인사관리의 목적** : 사람과 일과의 관계

28 다음 중 상황성 누발자의 재해유발원인에 해당하는 것은?

① 주의력 산만
② 저지능
③ 설비의 결함
④ 도덕성 결여

해설 **상황성 누발자의 재해유발원인**
　㉠ 작업이 어렵기 때문에
　㉡ 기계설비에 결함이 있기 때문에
　㉢ 환경상 주의력의 집중이 혼란되기 때문에

29 다음 중 적성배치 시 작업자의 특성과 가장 관계가 적은 것은?

① 연령　　　　　② 작업조건
③ 태도　　　　　④ 업무경력

> **해설**　**적성배치 방법**
> (1) **작업의 특성**
> 　　㉠ 환경조건　　　㉡ 작업조건
> 　　㉢ 작업내용　　　㉣ 형태
> 　　㉤ 법적 자격 및 제한
> (2) **작업자의 특성**
> 　　㉠ 지적능력　　　㉡ 기능
> 　　㉢ 성격　　　　　㉣ 신체적 특성
> 　　㉤ 연령　　　　　㉥ 업무경력
> 　　㉦ 태도

30 다음 중 직무적성검사의 특징과 가장 거리가 먼 것은?

① 타당성(validity)
② 객관성(objectivity)
③ 표준화(standardization)
④ 재현성(reproducibility)

> **해설**　**직무적성검사의 특징**
> 　　㉠ 타당성　　　　㉡ 객관성
> 　　㉢ 표준화　　　　㉣ 규준(norms)
> 　　㉤ 신뢰성

31 다음 중 인지과정 착오의 요인과 가장 거리가 먼 것은?

① 정서 불안정
② 감각차단 현상
③ 작업자의 기능 미숙
④ 생리·심리적 능력 의 한계

> **해설**　**인지과정 착오의 요인**
> 　　㉠ 정서 불안정
> 　　㉡ 감각차단 현상
> 　　㉢ 생리·심리적 능력의 한계

32 단조로운 업무가 장시간 지속될 때 작업자의 감각기능 및 판단능력이 둔화 또는 마비되는 현상을 무엇이라 하는가?

① 의식의 과잉　　　② 망각현상
③ 감각차단현상　　　④ 피로현상

> **해설**　감각차단현상의 설명이다

33 인간의 특성 중 판단과정의 착오요인에 해당되지 않는 것은?

① 합리화　　　　　② 정서 불안정
③ 작업조건 불량　　④ 정보부족

> **해설**　(1) **판단과정의 착오요인**
> 　　㉠ ①, ③, ④　　　㉡ 능력부족
> 　　㉢ 자신과잉
> (2) **인지과정의 착오요인** : 정서 불안정

34 경보기가 울려도 기차가 오기까지 아직 시간이있다고 판단하여 건널목을 건너다가 사고를 당했다. 다음 중 이 재해자의 행동성향으로 옳은 것은?

① 착오·착각　　　② 무의식 행동
③ 억측판단　　　　④ 지름길 반응

> **해설**　**억측판단** : 경보기가 울려도 기차가 오기까지 아직 시간이 있다고 판단하여 건널목을 건너다가 사고를 당했다.

35 인간의 착각현상 중 버스나 전동차의 움직임으로 인하여 자신이 승차하고 있는 정지된 자가용이 움직이는 것 같은 느낌을 받거나 구름 사이의 달 관찰 시 구름이 움직일 때 구름은 정지되어 있고, 달이 움직이는 것처럼 느껴지는 현상을 무엇이라 하는가?

① 자동운동　　　② 유도운동
③ 가현운동　　　④ 플리커현상

> **해설**　① **자동운동** : 암실 내에서 정지된 소광점을 응시하고 있으면 그 광점이 움직이는 것처럼 보이는 현상
> ② **유도운동** : 실제로는 움직이지 않는 것이 어느 기준의 이동에 유도되어 움직이는 것처럼 느껴지는 현상
> ③ **가현운동** : 객관적으로 정지하고 있는 대상물이 급속히 나타나든가 소멸하는 것으로 인하여 일어나는 운동으로 대상물이 운동하는 것처럼 인식되는 현상
> ④ **플리커(Flicker)현상** : 불안정한 전압이나 카메라 구동속도의 변화로 인해 발생하는 화면이 깜빡거리는 현상

정답 ┃ 29. ② 30. ④ 31. ③ 32. ③ 33. ② 34. ③ 35. ②

36 다음 중 주의(Attention)의 특징이 아닌 것은?

① 선택성   ② 양립성

③ 방향성   ④ 변동성

해설 주의의 특징

㉠ 변동성   ㉡ 선택성   ㉢ 방향성

37 인간의 행동특성 중 주의(Attention)의 일정집중 현상에 대한 대책으로 가장 적절한 것은?

① 적성배치   ② 카운슬링

③ 위험예지훈련   ④ 작업환경의 개선

해설 일정집중현상에 대한 대책 : 위험예지훈련

38 다음 중 인간의식의 레벨(Level)에 관한 설명으로 틀린 것은?

① 24시간의 생리적 리듬의 계곡에서 Tension Level은 낮에는 높고 밤에는 낮다.

② 24시간의 생리적 리듬의 계곡에서 Tension Level은 낮에는 낮고 밤에는 높다.

③ 피로시의 Tension Level은 저하정도가 크지 않다.

④ 졸았을 때는 의식상실의 시기로 Tension Level은 0이다.

해설 **의식수준**이란 긴장의 정도를 뜻하는 것이다. 긴장의 정도에 따라 인간의 뇌파에 변화가 일어나는데 이 변화의 정도에 따라 의식수준이 변동된다.

39 다음 중 사고의 위험이 불안전한 행위 외에 불안전한 상태에서도 적용된다는 것과 가장 관계가 있는 것은?

① 이념성   ② 개인차

③ 부주의   ④ 지능성

해설 부주의의 특성

㉠ 부주의는 불안전한 행위 외에 불안전한 상태에서도 적용된다.

㉡ 부주의는 말의 결과를 표현한다.

㉢ 부주의에는 원인이 있다.

㉣ 부주의에 유사한 현상이다.

40 다음 중 작업을 하고 있을 때 긴급이상상태 또는 돌발사태가 되면 순간적으로 긴장하게 되어 판단능력의 둔화 또는 정지상태가 되는 것을 무엇이라고 하는가?

① 의식의 우회   ② 의식의 과잉

③ 의식의 단절   ④ 의식의 수준 저하

해설

① **의식의 우회** : 의식의 흐름이 샛길로 빗나갈 경우의 것으로서 일을 하고 있을 때 우연히 걱정, 고뇌, 욕구불만 등에 의해 다른 것에 주의하는 것이다.

③ **의식의 단절(중단)** : 지속적인 의식의 흐름에 단절이 생기고, 공백의 상태가 나타난 경우의 것으로서, 특수한 질병의 경우에 나타나고, 심신이 건강한 경우에는 나타나지 않는다.

④ **의식의 수준 저하** : 뚜렷하지 않은 머리의 상태, 심신이 피로할 때나 단조로운 작업 등의 경우에 일어나기 쉽다.

41 다음 중 부주의의 발생원인별 대책방법이 올바르게 짝지어진 것은?

① 소질적 문제 – 안전교육

② 경험, 미경험 – 적성배치

③ 의식의 우회 – 작업환경 개선

④ 작업순서의 부적합 – 인간공학적 접근

해설

① 소질적 문제 – 적성배치

② 경험, 미경험 – 안전교육

③ 의식의 우회 – 카운슬링

42 다음 중 피로의 직접적인 원인과 가장 거리가 먼 것은?

① 작업환경   ② 작업속도

③ 작업태도   ④ 작업적성

해설 피로의 직접적인 원인

㉠ 작업환경   ㉡ 작업속도

㉢ 작업태도

43 다음 중 일반적으로 피로의 회복대책에 가장 효과적인 방법은?

① 휴식과 수면을 취한다.
② 충분한 영양(음식)을 섭취한다.
③ 땀을 낼 수 있는 근력운동을 한다.
④ 모임 참여, 동료와의 대화 등을 통하여 기분을 전환한다.

> **해설** 피로회복대책에 가장 효과적인 방법 :
> 휴식과 수면을 취한다.

44 다음 중 피로검사방법에 있어 심리적인 방법의 검사항목에 해당하는 것은?

① 호흡순환기능 　　② 연속반응시간
③ 대뇌피질활동 　　④ 혈색소 농도

> **해설** **심리적 방법의 검사항목**
> ㉠ 연속반응시간　　㉡ 변별역치
> ㉢ 정신작업　　　　㉣ 피부저항
> ㉤ 동작분석　　　　㉥ 행동기록
> ㉦ 집중유지기능　　㉧ 전신자각증상

45 다음 중 생체리듬(Biorhythm)의 종류에 속하지 않는 것은?

① 육체적 리듬　　② 지성적 리듬
③ 감성적 리듬　　④ 정서적 리듬

> **해설** **생체리듬(Biorhythm)의 종류**
> ㉠ 육체적 리듬 : 23일 주기
> ㉡ 지성적 리듬 : 33일 주기
> ㉢ 감성적 리듬 : 28일 주기

46 스트레스의 주요원인 중 마음 속에서 일어나는 내적 자극요인으로 볼 수 없는 것은?

① 자존심의 손상
② 업무상 죄책감
③ 현실에서의 부적응
④ 대인관계상의 갈등

> **해설** ④ 대인관계상의 갈등은 외부로부터의 자극요인이다.

Chapter 05 안전 · 보건교육

제1절 교육의 기초 개념

1 교육의 요소

교육활동을 다음의 3요소가 상호 실천적으로 교섭할 때 그 가치가 피교육자의 성장과 발달로 나타난다.

(1) 주체

① 형식적 : 강사　　　② 비형식적 : 부모, 형, 선배, 사회인사 등

(2) 객체

① 형식적 : 수강자　　　② 비형식적 : 자녀, 미성숙자 등

(3) 매개체

① 형식적 : 교재　　　② 비형식적 : 교육환경, 인간관계 등

2 교육 지도의 원칙

① 피교육자 입장에서 교육한다.

② 동기부여를 위주로 한 교육을 실시한다.

　㉮ 책임감을 느끼게 한다.　　　㉯ 자기 보존본능을 자극한다.

　㉰ 물질적 이해관계에 관심을 두도록 한다.

③ 반복한다.

④ 쉬운 것부터 어려운 것을 중심으로 실시하여 이해를 돕는다.

⑤ 한 번에 한 가지씩을 한다.

⑥ 인상의 강화

　㉮ 현장사진 제시 또는 교육 전 견학　　　㉯ 보조자료의 활용

　㉰ 사고사례의 실시　　　㉱ 중요점의 재강조

　㉲ 토의과제 제시 및 의견청취　　　㉳ 속담 · 격언과의 연결 암시

⑦ 오감을 통한 기능적인 이해를 돕도록 한다.

　㉮ 5관의 교육훈련 효과

　　㉠ 시각 : 60%　　　㉡ 청각 : 20%

　　㉢ 촉각 : 15%　　　㉣ 미각 : 3%

　　㉤ 후각 : 2 %

　　　ⓐ 교육의 이해도(교육효과)

　　　　㉠ 눈 : 40%　　　　　　　　　㉡ 입 : 80%

　　　　㉢ 귀 : 20%　　　　　　　　　㉣ 머리+손+발 : 90%

　　　　㉤ 귀+눈 : 80%

　　　ⓑ 감각 기능별 반응시간

　　　　㉠ 시각 : 0.20초　　　　　　　㉡ 청각 : 0.17초

　　　　㉢ 촉각 : 0.18초　　　　　　　㉣ 미각 : 0.29초

　　　　㉫ 통각 : 0.7초

　　⑧ 기능적인 이해

　　　㉮ 기억을 강하게 심어준다.

　　　㉯ 독자적이고 자기만족을 억제한다.

　　　㉰ 경솔하게 멋대로 하지 않는다.

　　　㉱ 이상 발견시 응급조치가 용이하도록 한다.

　　　㉲ 생략행위를 하지 않는다.

제2절 안전교육의 특성과 조건

1 안전교육의 특성

(1) 안전교육의 목적

　　① 인간정신의 안전화　　　　　　② 행동의 안전화

　　③ 설비의 안전화　　　　　　　　④ 환경의 안전화

(2) 안전교육의 기본방향

　　① 사고사례 중심의 안전교육　　　② 표준안전 작업을 위한 교육

　　③ 안전의식 향상을 위한 교육

(3) 안전·보건교육의 3단계

　　① 제1단계(지식교육) : 강의, 시청각 교육을 통한 지식의 전달과 이해단계이며 근로자가 지켜야 할 규정과 숙지를 위한 교육

　　　㉮ 교육목표

　　　　㉠ 안전의식 제고　　　　　　㉡ 기능지식의 주입

　　　　㉢ 안전의 감수성 향상

　　　㉯ 교육내용

　　　　㉠ 안전의식 향상　　　　　　㉡ 안전책임감 부여

　　　　㉢ 기능, 태도 교육에 필요한 기초지식 주입　㉣ 안전규정 숙지

② 제2단계(기능교육) : 같은 것을 반복하여 개인의 시행착오에 의해서만 점차 그 사람에게 형성되는 것

  ㉮ 교육목표

    ㉠ 안전작업 기능   ㉡ 표준작업 기능

    ㉢ 위험예측 및 응급처치 기능

  ㉯ 교육내용

    ㉠ 전문적 기술기능   ㉡ 안전기술 기능

    ㉢ 방호장치 관리기능   ㉣ 점검검사 장비기능

③ 제3단계(태도교육) : 생활지도, 작업동작지도, 안전한 마음가짐을 몸에 익히는 심리적인 교육방법 등을 통한 안전의 습관화 단계

  ㉮ 교육목표

    ㉠ 작업동작의 정확화   ㉡ 공구·보호구 취급태도의 안전화

    ㉢ 점검태도의 정확화   ㉣ 언어태도의 안전화

  ㉯ 태도교육의 내용

    ㉠ 작업동작 및 표준작업방법의 습관화

    ㉡ 공구·보호구 등의 관리 및 취급 태도의 확립

    ㉢ 작업 전후의 점검, 검사요령의 정확화 및 습관화

    ㉣ 안전작업 지시 전달확인 등 언어태도 습관화 및 정확화

  ㉰ 태도교육의 기본과정

    ㉠ 제1단계 : 청취한다.   ㉡ 제2단계 : 이해하고 납득시킨다.

    ㉢ 제3단계 : 항상 모범을 보여준다.   ㉣ 제4단계 : 권장(평가)한다.

    ㉤ 제5단계 : 장려한다.   ㉥ 제6단계 : 처벌한다.

> **참고**
>
> 1. 안전교육 지도안의 4단계
>   - ㉠ 제1단계 : 도입
>   - ㉡ 제2단계 : 제시
>   - ㉢ 제3단계 : 적용 – 피교육자로 하여금 작업습관의 확립과 토론을 통한 공감을 가지도록 하는 단계
>   - ㉣ 4단계 : 확인
> 2. 인간의 안전교육 형태에서 행위나 난이도가 점차적으로 높아지는 순서 :
>   지식 – 태도변형 – 개인행위 – 집단행위

(4) 안전 교육 평가방법

표에서 보는 바와 같이 테스트법은 지식교육과 기능교육의 평가방법으로 우수한 반면, 태도교육의 평가방법으로는 불량이다.

구 분	관찰법			테스트법		
	관 찰	면 접	노 트	질 문	평가시험	테스트
지 식	○	○	×	○	●	●
기 능	●	×	●	×	×	●
태 도	●	●	×	○	○	×

※ 범례 : ● 우수, ○ 보통, × 불량

(5) 교육훈련 평가의 4단계

① 제1단계 : 반응
② 제2단계 : 학습
③ 제3단계 : 행동
④ 제4단계 : 결과

2 안전·보건교육계획 수립

(1) 안전·보건교육계획에 포함하여야 할 사항

① 교육의 종류 및 대상
② 교육의 목표 및 목적
③ 교육장소 및 방법
④ 교육기간 및 시간
⑤ 교육담당자 및 강사
⑥ 교육과목 및 내용

(2) 안전·보건교육계획 수립 시 고려할 사항

① 교육담당자를 지정한다.
② 대상자의 필요한 정보를 수집한다.
③ 현장의 의견을 충분히 반영한다.
④ 안전교육 시행 체계와의 연관성을 고려한다.
⑤ 지도안은 교육대상을 고려하여 작성한다.
⑥ 법령에 의한 교육에만 그치지 않아야 한다.

> 🔖 **참고**
> ▶ 교육계획 수립 시 가장 먼저 실시하는 것 : 교육의 요구사항 파악

(3) 준비계획에 포함사항

① 교육목표 설정
② 교육대상자와 범위 설정
③ 교육과정의 결정
④ 교육방법 결정
⑤ 보조자료 및 강사, 조교의 편성
⑥ 교육진행 사항
⑦ 소요예산 산정

(4) 교육계획

① 강의계획의 4단계

㉮ 제1단계 : 학습목적과 학급성과의 설정
㉯ 제2단계 : 학습자료의 수집 및 체계화
㉰ 제3단계 : 교수방법의 선정
㉱ 제4단계 : 강의안 작성

② 강의계획 수립 시 학습목적의 3요소

㉮ 목표
㉯ 주제
㉰ 학습정도

③ 학습정도의 4단계

㉮ 제1단계 : 인지한다.
㉯ 제2단계 : 지각한다.
㉰ 제3단계 : 이해한다.
㉱ 제4단계 : 적용한다.

(5) 학습자료의 선정 및 체계화

① 도입
② 전개 : 주제를 논리적으로 체계화 함에 있어 적용하는 방법

㉮ 많이 사용하는 것에서 적게 사용하는 것으로
㉯ 미리 알려져 있는 것에서 미지의 것으로

ⓒ 전체적인 것에서 부분적인 것으로

ⓡ 간단한 것에서 복잡한 것으로

③ 종결

(6) 학습평가 도구의 기준

① 타당도 　　　　　　　　　　　② 신뢰도

③ 객관도 　　　　　　　　　　　④ 실용도

제3절 교육심리학

　교육에 관련된 여러 가지 문제를 심리학적으로 연구함에 있어서 교육적인 방향을 목표로 하는 경험과학이며 기술이다.

1 학습의 이론

(1) S-R 이론

① Pavlov의 조건반사(반응)설 : 개에게 음식을 줌과 동시에 종소리를 울려 주었는데 이러한 과정을 여러 번 계속한 후에 음식을 주지 않고 종소리만 들려주어도 침을 흘리게 되는 현상을 조건화로 보았다. 여기에서 음식은 무조건 자극, 종소리는 조건 자극, 음식을 보고 침을 흘리는 것은 무조건 반사이다.

　ⓐ 시간의 원리 : 조건화시키려는 자극은 무조건 자극보다는 시간적으로 동시 또는 조금 앞서서 주어야만 조건화, 즉 강화가 잘 된다.

　ⓑ 강도의 원리 : 자극이 강할수록 학습이 보다 더 잘 된다는 것이다.

　ⓒ 일관성의 원리 : 무조건 자극은 조건화가 성립될 때까지 일관하여 조건 자극에 결부시켜야 한다.

　ⓓ 계속성의 원리 : 시행착오설에서 연습의 법칙, 빈도의 법칙과 같은 것으로서 자극과 반응과의 관계를 반복하여 횟수를 더하면 할수록 조건과, 즉 강화가 잘 된다는 것이다.

② Thorndike의 시행착오설(Trial and Error Theory) : 동물학습을 통해 특정장면 또는 상황 속의 자극(Stimulus)과 동물이 실행한 반응(Response) 사이의 결합에 있어 발생하는 시행착오를 통해 학습이 발생한다고 본다.

　ⓐ 연습(반복)의 법칙 : 많은 연습과 반복을 하면 할수록 강화되어 망각을 막을 수 있다.

　ⓑ 효과의 법칙 : 쾌고의 법칙이라고 하며 학습의 결과가 학습자에게 쾌감을 주면 줄수록 반응은 강화되고 반면에 불쾌감이나 고통을 주면 약화된다는 법칙이다.

　ⓒ 준비성의 법칙 : 특정한 학습을 행하는데 필요한 기초적인 능력을 갖춘 뒤에 학습을 행함으로써 효과적인 학습을 이룩할 수 있다는 것이다.

(2) 인지이론

① 레윈(Lewin)의 장설 : 인간은 새로운 지식으로 세상을 이해하고, 새로운 요인들을 도입함으로써 원하는 것, 싫어하는 것에 변화를 가져봄으로써 자기의 인지를 재구성한다는 것이다.

② 톨만(Tolman)의 기호형태설 : 학습자의 머리 속에 인지적 지도 같은 인지구조를 바탕으로 학습하려는 것이다.

> 💡 참고
>
> ▶ 학습의 연속에 있어서 앞의 학습이 뒤의 학습을 방해하는 조건
> 1. 앞의 학습이 불완전한 경우
> 2. 앞과 뒤의 학습내용이 서로 반대인 경우
> 3. 앞의 학습내용을 재생하기 직전에 실시하는 경우

2 교육심리학의 기본이론

(1) 학습지도의 원리

① 자발성의 원리
② 개별화의 원리
③ 사회화의 원리
④ 통합의 원리
⑤ 직관의 원리

(2) 학습경험조직의 원리

① 계속성의 원리
② 계열성의 원리
③ 통합성의 원리

(3) 성인 학습의 원리

① 자발학습의 원리
② 상호 학습의 원리
③참여 교육의 원리

(4) 학습의 전이

한번 학습한 결과가 다른 학습이나 반응에 영향을 주는 것으로 특히 학습효과를 설명할 때 많이 쓰인다.

① 학습전이의 조건
  ㉠ 학습자의 태도
  ㉡ 학습자의 지능
  ㉢ 학습자료의 유사성
  ㉣ 학습정도
  ㉤ 시간적 간격

② 전이의 이론
  ㉠ 형식 도야설
  ㉡ 동일 요소설
  ㉢ 일반화설

(5) 타일러(Tyler)의 교육과정 중 학습경험선정의 원리

① 가능성의 원리
② 동기유발의 원리
③ 다목적 달성의 원리
④ 기회의 원리
⑤ 전이의 원리

(6) 기억 및 망각

① 기억의 과정 : 기명 → 파지 → 재생 → 재인의 단계를 걸쳐서 비로소 확실히 기억이 기록되는 것

 ㉮ 기명 : 새로운 사상이 중추신경계에 기록되는 것

 ㉯ 파지(Retention) : 과거의 학습경험을 통해서 학습된 행동이 현재와 미래에 지속되는 것

 ㉰ 재생 : 간직된 기록이 다시 의식속으로 떠오르는 것

 ㉱ 재인 : 재생을 실현할 수 있는 상태

② 망각 : 경험한 내용이나 학습된 행동을 다시 생각하여 작업에 적용하지 아니하고 방치함으로써 경험의 내용이나 인상이 약해지거나 소멸되는 현상

③ 기억과 망각의 내용

 ㉮ 학습된 내용은 학습 직후의 망각률이 가장 높다.

 ㉯ 의미없는 내용은 의미있는 내용보다 빨리 망각한다.

 ㉰ 사고력을 요하는 내용이 단순한 지식보다 기억파지의 효과가 높다.

 ㉱ 연습은 학습한 직후에 시키는 것이 효과가 있다.

(7) 에빙하우스(H. Ebbinghaus)의 망각곡선

기억에 관해서 최초로 실험·연구한 사람은 독일의 심리학자 에빙하우스이다.

① 1시간 경과 : 50% 이상 망각   ② 48시간 경과 : 70% 이상 망각

③ 31일 경과 : 80% 이상 망각

제4절 교육방법

1 교육훈련의 형태

(1) 현장교육 OJT(On the Job Training)

관리감독자 등 직속상사가 부하직원에 대해서 일상업무를 통하여 지식, 기능, 문제해결 능력 및 태도 등을 교육훈련하는 방법이며, 개별교육 및 추가지도에 적합하다.

① 장점

 ㉮ 직장의 실정에 맞는 구체적이고 실제적인 지도교육이 가능하다.

 ㉯ 실시가 OFF JT보다 용이하다.

 ㉰ 훈련에 의해서 진보의 정도를 알 수 있고, 종업원의 동기부여가 된다.

 ㉱ 상호신뢰 및 이해도가 높아진다.

 ㉲ 비용이 적게 든다.

 ㉳ 훈련을 하면서 일을 할 수 있다.

 ㉴ 개개인의 적절한 지도훈련이 가능하다.

 ㉵ 교육 효과가 업무에 신속히 반영되며 업무의 계속성이 유지된다.

② 단점

㉮ 훌륭한 상사가 꼭 훌륭한 교사는 아니다.

㉯ 일과 훈련의 양쪽이 반반이 될 가능성이 있다.

㉰ 다수의 종업원이 한 번에 훈련할 수 없다.

㉱ 통일된 내용과 동일 수준의 훈련이 될 수 없다.

㉲ 전문적인 고도의 지식 기능을 가르칠 수 없다.

(2) 집체교육 Off JT(Off the Job Training)

공통된 교육목적을 가진 근로자를 일정한 장소에 집합시켜 외부 강사를 초청하여 실시하는 방법으로 집합교육에 적합하다.

① 장점

㉮ 다수의 대상자에게 조직적 훈련이 가능하다.

㉯ 훈련에만 전념하게 된다.

㉰ 관련 분야의 외부 전문가를 강사로 활용할 수 있다.

㉱ 특별교재, 시설을 유효하게 사용할 수 있다.

㉲ 각 직장의 근로자가 많은 지식이나 경험을 교류할 수 있다.

㉳ 교육훈련 목표에 대하여 직접적 노력이 흐트러질 수도 있다.

② 단점 : 교육훈련 목표에 대하여 집단적 노력이 흐트러질 수도 있다.

> 🔖 참고
>
> ▶ 교육훈련의 학습을 극대화시키고 개인의 능력개발을 극대화시켜 주는 평가방법
>   1. 관찰법   2. 자료분석법   3. 상호평가법
> ▶ 교육훈련 평가의 4단계
>   1. 제1단계 : 반응   2. 제2단계 : 학습   3. 제3단계 : 행동   4. 제4단계 : 결과

2 교육훈련방법

(1) 하버드(Harvard) 학파의 교수법

① 제1단계 : 준비시킨다.   ② 제2단계 : 교시한다.

③ 제3단계 : 연합시킨다.   ④ 제4단계 : 총괄시킨다.

⑤ 제5단계 : 응용시킨다.

(2) 존 듀이(Jone Dewey)의 사고과정 5단계

① 제1단계 : 시사를 받는다.   ② 제2단계 : 지식화한다.

③ 제3단계 : 가설을 설정한다.   ④ 제4단계 : 추론한다.

⑤ 제5단계 : 행동에 의하여 가설을 검토한다.

(3) 강의 방식

① 강의식 : 기본적인 교육방법으로 초보적인 단계에 대하여는 극히 효과가 큰 교육방법이다.

〈시간을 소비하는 단계〉

단 계	시 간
제1단계 : 도입(준비)	5분
제2단계 : 제시(설명)	40분
제3단계 : 적용(응용)	10분
제4단계 : 확인(총괄)	5분

② 문답식

③ 문제 제시식

(4) 회의(토의) 방식

① **포럼(forum)** : 새로운 자료나 교재를 제시하고 문제점을 피교육자로 하여금 제기하도록 하거나 의견을 여러 가지 방법으로 발표하게 하여 청중과 토론자간 활발한 의견 개진과정을 통하여 합의를 도출해내는 방법

② **심포지엄(Symposium)** : 몇 사람의 전문가에 의해 과제에 관한 견해를 발표하고 참가자로 하여금 의견이나 질문을 하게 하는 토의 방식

③ **패널 디스커션(Panel Discussion)** : 교육과제에 정통한 전문가 4~5명이 피교육자 앞에서 자유로이 토의를 실시한 다음에 피교육자 전원이 참가하여 사회자의 사회에 따라 토의하는 방법

④ **버즈 세션(Buzz Session)** : 6.6회의라고도 하며, 참가자가 다수인 경우에 전원을 토의에 참가시키기 위하여 6명씩 소집단으로 구분하고, 집단별로 각각의 사회자를 선발하여 6분간씩 자유토의를 행하여 의견을 종합하는 방법. 즉 참가자가 다수인 경우에 전원을 토의에 참가 시키기 위하여 소집단으로 구분하고, 각각 자유토의를 행하여 의견을 종합하는 방식

⑤ **자유토의법(Free Discussion Method)** : 참가자 각자가 가지고 있는 지식, 의견, 경험 동을 교환하여 상호이해를 높임과 동시에 체험이나 배경 등의 차이에 의한 사물의 견해, 사고방식의 차이를 학습하여 이해하는 것

(5) 구안법

학생이 마음속에 생각하고 있는 것을 외부에 구체적으로 실현하고 형상화하기 위하여 자기 스스로가 계획을 세워 수행하는 학습활동으로 이루어지는 학습지도의 형태

① 제1단계 : 목적 결정 ② 제2단계 : 계획 수립

③ 제3단계 : 활동 ④ 제4단계 : 평가

(6) 회의 방식을 응용한 것

① **역할연기법(role playing)** : 학습지도의 형태 중 참가자에 일정한 역할을 주어 실제적으로 연기를 시켜봄으로써 자기의 역할을 보다 확실히 인식시키는 방법

② **사례연구법(case method)** : 어떤 상황이 판단능력과 사실의 분석 및 문제의 해결능력을 키우기 위하여 먼저 사례를 조사하고, 문제적 사실들과 그의 상호관계에 대하여 검토하고, 대책을 토의하도록 하는 교육기법

(7) 기업 내 정형교육

① TWI(Training Within Industry, 기업 내 교육방법)

  ㉮ 제일선의 관리 감독자를 교육대상자로 하고

    ㉠ 직무에 관한 지식   ㉡ 책임에 관한 지식

    ㉢ 작업을 지도하는 방법   ㉣ 작업개선 방법

    ㉤ 사람을 다루는 기량

  ㉯ 전체교육시간은 10시간으로, 1일 2시간씩 5일간 실시한다. 한 클라스는 10명 정도, 토의식과 실연법을 중심으로 한다.

  ㉰ TWI의 훈련내용

    ㉠ 작업방법훈련(Job Method Training)

    ㉡ 작업지도훈련(Job Instruction Training)

    ㉢ 인간관계훈련(Job Relation Training) : 부하 통솔법을 주로 다룬다.

    ㉣ 작업안전훈련 (Job Safety Training)

② MTP(Management Training Program)

  ㉮ FEAF(Far East Air Force)라고도 하며 대상은 TWI보다 약간 높은 관리자 계층을 목표로 하고, TWI와는 달리 관리 문제에 더 치중하고 있다.

  ㉯ 교육내용

    ㉠ 관리의 기능   ㉡ 조직의 원칙

    ㉢ 조직의 운영   ㉣ 시간관리

    ㉤ 학습의 원칙과 부하지도법

    ㉥ 신입자를 맞이하는 방법과 대행자를 육성하는 요령, 회의의 주관, 작업의 개선, 안전한 작업, 고충처리, 사기양양 등

  ㉰ 한 클라스는 10~15명, 2시간씩 20회에 걸쳐 40시간 훈련한다.

③ ATT(American Telephone and Telegram Co)

  ㉮ 미국의 전신전화 회사에서 고안한 것이지만 다른 회사에서도 활용할 수 있는 중요 특징은, 대상으로 하는 계층이 한정되어 있지 않고 또 한번 훈련을 받은 관리자는 그 부하인 감독자에 대해 지도원이 될 수 있다는 점이다.

  ㉯ 교육내용

    ㉠ 계획적 감독   ㉡ 작업계획 및 인원배치

    ㉢ 작업의 감독   ㉣ 공구 및 자료보고 및 기록

    ㉤ 개인작업의 개선   ㉥ 종업원 향상

    ㉦ 인사관계   ㉧ 훈련

    ㉨ 고객관계   ㉩ 안전부대 군인의 복무 조정

  ㉰ 코스는 1차, 2차 훈련으로 나누어져 있으며, 1차 과정은 1일 8시간씩 2주간, 2차 과정은 문제가 발생할 때마다 하도록 되어 있다. 진행방법은 통상 토의식에 의하여 지도자의 유도로 과제에 대한 의견을 제시하게 하여 결론을 내려가는 방식을 취한다.

④ ATP(Administration Training Program)

㉮ CCS(Civil Communication Section) 라고도 한다.

㉯ 교육내용

　　㉠ 정책의 수립　　　　　　　　　㉡ 조직

　　㉢ 통제 및 운영

㉰ 주로 강의법에 토의법이 가미된 학습법으로 매주 4일 · 4시간씩으로 8주간, 합계 128시간에 걸쳐 실시하도록 되어 있다.

(8) 모의법

실제의 장면이나 상태와 극히 유사한 상태를 인위적으로 만들어 그 속에서 학습하도록 하는 교육방법

3 집합교육방법의 운용

(1) 강의법

(2) 시범

어떤 기능이나 작업과정을 학습시키기 위해 필요로 하는 분명한 동작을 제시하는 교육방법

(3) 반복법

이미 학습한 내용이나 기능을 반복해서 이야기하거나 실연토록하는 교육방법

(4) 토의법

〈시간을 소비하는 단계〉

단 계	시 간
제1단계 : 도입(준비)	5분
제2단계 : 제시(설명)	10분
제3단계 : 적용(응용)	40분
제4단계 : 확인(총괄)	5분

(5) 실연법

학습자가 이미 설명을 듣거나 시범을 보고 알게된 지식이나 기능을, 강사의 감독아래 직접적으로 연습하여 적용할 수 있도록 하는 교육방법

(6) 프로그램학습법

학습자가 자신의 학습속도에 적합하도록 프로그램 자료를 가지고 단독으로 학습하도록 하는 안전교육방법

제5절 교육대상별 교육내용

1 사업 내 안전·보건교육

(1) 근로자 정기안전·보건교육 내용
① 산업안전 및 사고 예방에 관한 사항
② 산업보건 및 직업병 예방에 관한 사항
③ 건강증진 및 질병 예방에 관한 사항
④ 유해·위험 작업환경 관리에 관한 사항
⑤ 「산업안전보건법」 및 일반관리에 관한 사항

(2) 관리감독자 정기안전·보건교육 내용
① 작업공정의 유해·위험과 재해 예방대책에 관한 사항
② 표준안전작업방법 및 지도 요령에 관한 사항
③ 관리감독자의 역할과 임무에 관한 사항
④ 산업보건 및 직업병 예방에 관한 사항
⑤ 유해·위험 작업환경 관리에 관한 사항
⑥ 「산업안전보건법」 및 일반관리에 관한 사항

(3) 채용 시의 교육 및 작업내용 변경 시의 교육내용
① 기계·기구의 위험성과 작업의 순서 및 동선에 관한 사항
② 작업 개시 전 점검에 관한 사항
③ 정리정돈 및 청소에 관한 사항
④ 사고발생 시 긴급조치에 관한 사항
⑤ 산업보건 및 직업병 예방에 관한 사항
⑥ 물질안전보건자료에 관한 사항
⑦ 「산업안전보건법」 및 일반관리에 관한 사한

(4) 특별안전·보건교육 대상 작업별 교육내용

작업명	교육내용
1. 고압실 내 작업(잠함 공법이나 그 밖의 압기 공법으로 대기압을 넘는 기압인 작업실 또는 수갱 내부에서 하는 사업만 해당한다.)	① 고기압 장해의 인체에 미치는 영향에 관한 사항 ② 작업의 시간·작업방법 및 절차에 관한 사항 ③ 압기 공법에 관한 기초지식 및 보호구 착용에 관한 사항 ④ 이상 발생 시 응급조치에 관한 사항 ⑤ 그 밖에 안전·보건관리에 필요한 사항

작업명	교육내용
2. 아세틸렌 용접장치 또는 가스집합 용접장치를 사용하는 금속의 용접·용단 또는 가열작업(발생기·도단 등에 의하여 구성되는 용접장치만 해당한다.)	① 용접 흄, 분진 및 유해광선 등의 유해성에 관한 사항 ② 가스용접기, 압력조정기, 호스 및 취관부 등의 기기점검에 관한 사항 ③ 작업방법·순서 및 응급처지에 관한 사항 ④ 안전기 및 보호구 취급에 관한 사항 ⑤ 그 밖에 안전·보건관리에 필요한 사항
3. 밀폐된 장소(탱크 내 또는 환기가 극히 불량한 좁은 장소를 말한다.)에서 하는 용접작업 또는 습한 장소에서 하는 전기용접작업	① 작업순서, 안전작업방법 및 수칙에 관한 사항 ② 환기설비에 관한사항 ③ 전격방지 및 보호구 착용에 관한 사항 ④ 작업환경 점검에 관한 사항 ⑤ 그 밖에 안전·보건관리에 필요한 사항
4. 폭발성·물반응성·자기반응성·자기발열성 물질, 자연발화성 액체·고체 및 인화성 액체의 제조 또는 취급작업(시험연구를 위한 취급작업은 제외한다.)	① 폭발성·물반응성·자기반응성·자기발열성 물질, 자연발화성 액체·고체 및 인화성 액체의 성질이나 상태에 관한 사항 ② 폭발한계점, 발화점 및 인화점 등에 관한 사항 ③ 취급방법 및 안전수칙에 관한 사항 ④ 이상 발견 시의 응급처지 및 대피요령에 관한 사항 ⑤ 화기·정전기·충격 및 자연발화 등의 위험방지에 관한 사항 ⑥ 작업순서, 취급주의사항 및 방호거리 등에 관한 사항 ⑦ 그 밖에 안전·보건관리에 필요한 사항
5. 액화석유가스·수소가스 등 인화성 가스 또는 폭발성 물질 중 가스의 발생장치 취급작업	① 취급가스의 상태 및 성질에 관한 사항 ② 발생장치 등의 위험방지에 관한 사항 ③ 고압가스 저장설비 및 안전취급방법에 관한 사항 ④ 설비 및 기구의 점검요령 ⑤ 그 밖에 안전·보건관리에 필요한 사항
6. 화학설비 중 반응기, 교반기·추출기의 사용 및 세척작업	① 각 계측장치의 취급 및 주의에 관한 사항 ② 투시창·수위 및 유량계 등의 점검 및 밸브의 조작주의에 관한 사항 ③ 세척액의 유해성 및 인체에 미치는 영향에 관한 사항 ④ 작업 절차에 관한사항 ⑤ 그 밖에 안전·보건관리에 필요한 사항
7. 화학설비의 탱크 내 작업	① 차단장치·정지장치 및 밸브 개폐장치의 점검에 관한 사항 ② 탱크 내의 산소농도 측정 및 작업환경에 관한 사항 ③ 안전보호구 및 이상 발생 시 응급조치에 관한 사항 ④ 작업절차·방법 및 유해·위험에 관한 사항 ⑤ 그 밖에 안전·보건관리에 필요한 사항
8. 분말·원재료 등을 담은 호퍼·저장창고 등 저장탱크의 내부작업	① 분말·원재료의 인체에 미치는 영향에 관한 사항 ② 저장탱크 내부작업 및 복장보호구 착용에 관한 사항 ③ 작업의 지정·방법·순서 및 작업환경 점검에 관한 사항 ④ 팬·풍기(風旗) 조작 및 취급에 관한 사항 ⑤ 분진 폭발에 관한 사항 ⑥ 그 밖에 안전·보건관리에 필요한 사항

작업명	교육내용
9. 다음 각목에 정하는 설비에 의한 물건의 가열·건조 작업 　가. 건조설비 중 위험물 등에 관계되는 설비로 속부피가 1m³ 이상인 것 　나. 건조설비 중 가목의 위험물 등 외의 물질에 관계되는 설비로서, 연료를 열원으로 사용하는 것(그 최대 연소소비량이 매 시간당 10kg 이상인 것 만 해당한다) 또는 전력을 열원으로 사용하는 것(정격소비전력이 10kW 이상인 경우만 해당한다)	① 건조설비 내외면 및 기기 기능의 점검에 관한 사항 ② 복장보호구 착용에 관한 사항 ③ 건조 시 유해가스 및 고열 등이 인체에 미치는 영향에 관한 사항 ④ 건조설비에 의한 화재·폭발 예방에 관한 사항
10. 다음 각 목에 해당하는 집재장치(집재기·가선·운반기구·지주 및 이들에 부속하는 물건으로 구성되고, 동력을 사용하여 원목 또는 장작과 숯을 담아 올리거나 공중에서 운반 하는 설비를 말한다)의 조립, 해체, 변경 또는 수리 작업 및 이들 설비에 의한 집재 또는 운반 작업 　가. 원동기의 정격출력이 7.5kW를 넘는 것 　나. 지간의 경사거리 합계가 350m 이상인 것 　다. 최대사용하중이 200kg 이상인 것	① 기계의 브레이크 비상정지장치 및 운반경로 각종 기능점검에 관한 사항 ② 작업시작 전 준비사항 및 작업방법에 관한 사항 ③ 취급물의 유해·위험에 관한 사항 ④ 구조상의 이상 시 응급처치에 관한 사항 ⑤ 그 밖에 안전·보건관리에 필요한 사항
11. 동력에 의하여 작동되는 프레스기계를 5대 이상 보유한 사업장에서 해당 기계로 하는 작업	① 프레스의 특성과 위험성에 관한 사항 ② 방호장치 종류와 취급에 관한 사항 ③ 안전작업방법에 관한 사항 ④ 프레스 안전기준에 관한 사항 ⑤ 그 밖에 안전·보건관리에 필요한 사항
12. 목재가공용 기계(둥근톱기계, 띠톱기계, 대패기계, 모떼기기계 및 라우터만 해당하며, 휴대용은 제외한다)를 5대 이상 보유한 사업장에서 해당 기계로 하는 작업	① 목재가공용 기계의 특성과 위험성에 관한 사항 ② 방호장치의 종류와 구조 및 취급에 관한 사항 ③ 안전기준에 관한사항 ④ 안전작업방법 및 목재 취급에 관한 사항 ⑤ 그 밖에 안전·보건관리에 필요한 사항
13. 운반용 등 하역기계를 5대 이상 보유한 사업장에서의 해당 기계로 하는 작업	① 운반하역기계 및 부속설비의 점검에 관한 사항 ② 작업순서와 방법에 관한 사항 ③ 안전운전방법에 관한 사항 ④ 화물의 취급 및 작업신호에 관한 사항 ⑤ 그 밖에 안전·보건관리에 필요한 사항
14. 1톤 이상의 크레인을 사용하는 작업 또는 1톤 미만의 크레인 또는 호이스트를 5대 이상 보유한 사업장에서 해당 기계로 하는 작업	① 방호장치의 종류 기능 및 취급에 관한 사항 ② 걸고리·와이어로프 및 비상정지장치 등의 기계·기구 점검에 관한 사항 ③ 화물의 취급 및 작업방법에 관한 사항 ④ 신호방법 및 공동작업에 관한 사항 ⑤ 그 밖에 안전·보건관리에 필요한 사항
15. 건설용 리프트·곤돌라를 이용한 작업	① 방호장치의 기능 및 사용에 관한 사항 ② 기계·기구, 달기체인 및 와이어 등의 점검에 관한 사항 ③ 화물의 권상·권하 작업방법 및 안전작업 지도에 관한 사항 ④ 기계·기구의 특성 및 동작원리에 관한 사항 ⑤ 그 밖에 안전·보건관리에 필요한 사항

작업명	교육내용
16. 주물 및 단조 작업	① 고열물의 재료 및 작업환경에 관한 사항 ② 출탕·주조 및 고열물의 취급과 안전작업방법에 관한 사항 ③ 고열작업의 유해·위험 및 보호구 착용에 관한 사항 ④ 안전기준 및 중량물 취급에 관한 사항 ⑤ 그 밖에 안전·보건관리에 필요한 사항
17. 전압이 75V 이상인 정전 및 활선작업	① 전기의 위험성 및 전격방지에 관한 사항 ② 해당 설비의 보수 및 점검에 관한 사항 ③ 정전작업·활선작업 시의 안전작업방법 및 순서에 관한 사항 ④ 절연용 보호구, 절연용 보호구 및 활선작업용 기구 등의 사용에 관한 사항 ⑤ 그 밖에 안전·보건관리에 필요한 사항
18. 콘크리트 파쇄기를 사용하여 하는 파쇄작업(2미터 이상인 구축물의 파쇄작업만 해당한다)	① 콘크리트 해체요령과 방호거리에 관한 사항 ② 작업안전조치 및 안전기준에 관한 사항 ③ 파쇄기의 조작 및 공동작업 신호에 관한 사항 ④ 보호구 및 방호장비 등에 관한 사항 ⑤ 그 밖에 안전·보건관리에 필요한 사항
19. 굴착면의 높이가 2m 이상이 되는 지반굴착(터널 및 수직갱 외의 갱굴착은 제외한다) 작업	① 지반의 형태·구조 및 굴착요령에 관한 사항 ② 지반의 붕괴재해 예방에 관한 사항 ③ 붕괴방지용 구조물 설치 및 작업방법에 관한 사항 ④ 보호구의 종류 및 사용에 관한 사항 ⑤ 그 밖에 안전·보건관리에 필요한 사항
20. 흙막이 지보공의 보강 또는 동바리를 설치하거나 해체하는 작업	① 작업안전 점검요령과 방법에 관한 사항 ② 동바리의 운반·취급 및 설치 시 안전작업에 관한 사항 ③ 해체작업 순서와 안전기준에 관한 사항 ④ 보호구 취급 및 사용에 관한 사항 ⑤ 그 밖에 안전·보건관리에 필요한 사항
21. 터널 안에서의 굴착작업(굴착용 기계를 사용하여 하는 굴착작업 중 근로자가 칼날 밑에 접근하지 않고 하는 작업은 제외한다) 또는 같은 작업에서의 터널 거푸집 지보공의 조립 또는 콘크리트 작업	① 작업환경의 점검요령과 방법에 관한 사항 ② 붕괴 방지용 구조물 설치 및 안전작업방법에 관한 사항 ③ 재료의 운반 및 취급·설치의 안전기준에 관한 사항 ④ 보호구의 종류 및 사용예 관한 사항 ⑤ 소화설비의 설치장소 및 사용방법에 관한 사항 ⑥ 그 밖에 안전·보건관리에 필요한 사항
22. 굴착면의 높이가 2m 이상이 되는 암석의 굴착작업	① 폭발물 취급요령과 대피요령에 관한 사항 ② 안전거리 및 안전기준에 관한 사항 ③ 방호물의 설치 및 기준에 관한 사항 ④ 보호구 및 신호방법 등에 관한 사항 ⑤ 그 밖에 안전·보건관리에 필요한 사항
23. 높이가 2m 이상인 물건을 쌓거나 무너뜨리는 작업(하역기계로만 하는 작업은 제외한다)	① 원부재료의 취급방법 및 요령에 관한 사항 ② 물건의 위험성·낙하 및 붕괴재해 예방에 관한 사항 ③ 적재방법 및 전도방지에 관한 사항 ④ 보호구 착용에 관한 사항 ⑤ 그 밖에 안전·보건관리에 필요한 사항

작업명	교육내용
24. 선박에 짐을 쌓거나 부리거나 이동시키는 작업	① 하역 기계·기구의 운전방법에 관한 사항 ② 운반·이송경로의 안전작업방법 및 기준에 관한 사항 ③ 중량물 취급요령과 신호요령에 관한 사항 ④ 작업안전점검과 보호구 취급에 관한 사항 ⑤ 그 밖에 안전·보건관리에 필요한 사항
25. 거푸집 동바리의 조립 또는 해체 작업	① 동바리의 조립방법 및 작업 절차에 관한 사항 ② 조립재료의 취급방법 및 설치기준에 관한 사항 ③ 조립 해체 시의 사고예방에 관한 사항 ④ 보호구 착용 및 점검에 관한 사항 ⑤ 그 밖에 안전·보건관리에 필요한 사항
26. 비계의 조립·해체 또는 변경작업	① 비계의 조립순서 및 방법에 관한 사항 ② 비계작업의 재료 취급 및 설치에 관한 사항 ③ 추락재해방지에 관한 사항 ④ 보호구 착용에 관한 사항 ⑤ 비계상부 작업 시 최대적재하중에 관한 사항 ⑥ 그 밖에 안전·보건관리에 필요한 사항
27. 건축물의 골조, 다리의 상부구조 또는 탑의 금속제의 부재로 구성되는 것(5m 이상인 것만 해당한다)의 조립·해체 또는 변경 작업	① 건립 및 버팀대의 설치 순서에 관한 사항 ② 조립 해체 시의 추락재해 및 위험요인에 관한 사항 ③ 건립용 기계의 조작 및 작업신호방법에 관한 사항 ④ 안전장비 착용 및 해체 순서에 관한 사항 ⑤ 그 밖에 안전·보건관리에 필요한 사항
28. 처마 높이가 5m 이상인 목조건축물의 구조 부재의 조립이나 건축물의 지붕 또는 외벽 밑에서의 설치작업	① 붕괴·추락 및 재해방지에 관한 사항 ② 부재의 강도·재질 및 특성에 관한 사항 ③ 조립·설치 순서 및 안전작업방법에 관한 사항 ④ 보호구 착용 및 작업점검에 관한 사항 ⑤ 그 밖에 안전·보건관리에 필요한 사항
29. 콘크리트 인공구조물(그 높이가 2m 이상인 것만 해당한다)의 해체 또는 파괴작업	① 콘크리트 해체기계의 점검에 관한 사항 ② 파괴 시의 안전거리 및 대피요령에 관한 사항 ③ 작업방법·순서 및 신호 방법에 관한 사항 ④ 해체·파괴 시의 작업안전기준 및 보호구에 관한 사항 ⑤ 그 밖에 안전·보건관리에 필요한 사항
30. 타워크레인을 설치(상승작업을 포함한다)·해체하는 작업	① 붕괴·추락 및 재해방지에 관한 사항 ② 설치·해체 순서 및 안전작업방법에 관한 사항 ③ 부재의 구조·재질 및 특성에 관한 사항 ④ 신호방법 및 요령에 관한 사항 ⑤ 이상 발생 시 응급조치에 관한 사항 ⑥ 그 밖에 안전·보건관리에 필요한 사항
31. 보일러(소형 보일러 및 다음 각 목에서 정하는 보일러는 제외한다)의 설치 및 취급 작업 　가. 몸통 반지름이 750mm 이하이고 그 길이가 1,300mm 이하인 증기보일러	① 기계 및 기기 점화장치 계측기의 점검에 관한 사항 ② 열관리 및 방호장치에 관한 사항 ③ 작업 순서 및 방법에 관한 사항 ④ 그 밖에 안전·보건관리에 필요한 사항

작업명	교육내용
나. 전열면적이 3m² 이하인 증기보일러 다. 전열면적이 14m² 이하인 온수보일러 라. 전열면적이 30m² 이하인 관류보일러	
32. 게이지압력을 cm²당 1kg 이상으로 사용하는 압력용기의 설치 및 취급 작업	① 안전시설 및 안전기준에 관한 사항 ② 압력용기의 위험성에 관한 사항 ③ 용기 취급 및 설치기준에 관한 사항 ④ 작업안전 점검방법 및 요령에 관한 사항 ⑤ 그 밖에 안전·보건관리에 필요한 사항
33. 방사선 업무에 관계되는 작업(의료 및 실험용은 제외한다)	① 방사선의 유해·위험 및 인체에 미치는 영향 ② 방사선의 측정기기 기능의 점검에 관한 사항 ③ 방호거리·방호벽 및 방사선물질의 취급요령에 관한 사항 ④ 비상 시 응급처치 및 보호구 착용에 관한 사항 ⑤ 그 밖에 안전·보건관리에 필요한 사항
34. 맨홀작업	① 장비·설비 및 시설 등의 안전점검에 관한 사항 ② 산소농도 측정 및 작업환경에 관한 사항 ③ 작업내용·안전작업방법 및 절차에 관한 사항 ④ 보호구 착용 및 보호장비 사용에 관한 사항 ⑤ 그 밖에 안전·보건관리에 필요한 사항
35. 밀폐공간에서의 작업	① 산소농도 측정 및 작업환경에 관한 사항 ② 사고 시의 응급처치 및 비상시 구출에 관한 사항 ③ 보호구 착용 및 사용방법에 관한 사항 ④ 밀폐공간작업의 안전작업방법에 관한 사항 ⑤ 그 밖에 안전·보건관리에 필요한 사항
36. 허가 및 관리 대상 유해물질의 제조 또는 취급 작업	① 취급물질의 성질 및 상태에 관한 사항 ② 유해물질이 인체에 미치는 영향 ③ 국소배기장치 및 안전설비에 관한 사항 ④ 안전작업방법 및 보호구 사용에 관한 사항 ⑤ 그 밖에 안전·보건관리에 필요한 사항
37. 로봇작업	① 로봇의 기본원리·구조 및 작업방법에 관한 사항 ② 이상 발생 시 응급조치에 관한 사항 ③ 안전시설 및 안전기준에 관한 사항 ④ 조작방법 및 작업 순서에 관한 사항
38. 석면해체·제거 작업	① 석면의 특성과 위험성 ② 석면해체·제거의 작업방법에 관한 사항 ③ 장비 및 보호구 사용에 관한 사항 ④ 그 밖에 안전·보건관리에 필요한 사항

❷ 산업안전 · 보건 관련 교육과정별 교육시간

(1) 사업 내 안전 · 보건교육

교육과정	교육대상		교육시간
정기교육	사무직 종사 근로자		매 분기 3시간 이상
	사무직 종사 근로자 외의 근로자	판매업무에 직접 종사하는 근로자	매 분기 3시간 이상
		판매업무에 직접 종사하는 근로자 외의 근로자	매 분기 6시간 이상
	관리감독자의 지위에 있는 사람		연간 16시간 이상
채용시의 교육	일용근로자		1시간 이상
	일용근로자를 제외한 근로자		8시간 이상
작업 내용 변경시의 교육	일용근로자		1시간 이상
	일용근로자를 제외한 근로자		2시간 이상
특별교육	별표 8의2 제1호 라목 각 호의 어느 하나에 해당하는 작업에 종사하는 일용 근로자		2시간 이상
	별표 8의2 제1호 라목 각 호의 어느 하나에 해당하는 작업에 종사하는 일용 근로자를 제외한 근로자		① 16시간 이상 (최초 작업에 종사하기 전 4시간 이상 실시하고 12시간은 3개월 이내에서 분할하여 실시가능) ② 단기간 작업 또는 간헐적 작업인 경우에는 2시간 이상
건설업 기초 안전·보건교육	건설 일용근로자		4시간

(2) 안전보건관리책임자 등에 대한 교육

교육대상	교육시간	
	신규교육	보수교육
• 안전보건관리책임자	6시간 이상	6시간 이상
• 안전관리자, 안전관리전문기관의 종사자	34시간 이상	24시간 이상
• 보건관리자, 보건관리전문기관의 종사자	34시간 이상	24시간 이상
• 재해예방 전문지도기관 종사자	34시간 이상	24시간 이상
• 석면조사기관의 종사자	34시간 이상	24시간 이상
• 안전보건관리담당자	—	8시간 이상

(3) 검사원 양성교육

교육과정	교육대상	교육시간
양성교육	—	28시간 이상

> 💡 **참고**
>
> ▶ 사업장 내 안전 · 보건교육을 통하여 근로자가 함양 및 체득할 수 있는 사항
>   1. 잠재위험 발견 능력   2. 비상사태 대응능력   3. 직면한 문제의 사고발생 가능성 예지능력

01 다음 중 교육 형태의 분류에 있어 가장 적절하지 않은 것은?

① 교육의도에 따라 형식적 교육, 비형식적 교육

② 교육의도에 따라 일반교육, 교양교육, 특수교육

③ 교육의도에 따라 가정교육, 학교교육, 사회교육

④ 교육의도에 따라 실업교육, 직업교육, 고등교육

> **해설** ③ 교육방법에 따라 강의형 교육 개인교수형 교육, 실험형 교육, 토론형 교육, 자율학습형 교육

02 다음 중 교육의 3요소에 해당되지 않는 것은?

① 교육의 주체

② 교육의 객체

③ 교육결과의 평가

④ 교육의 매개체

> **해설** **교육의 3요소**
> ㉠ 교육의 주체　　　　㉡ 교육의 객체
> ㉢ 교육의 매개체

03 다음 중 안전교육의 원칙과 가장 거리가 먼 것은?

① 피교육자 입장에서 교육한다.

② 동기부여를 위주로 한 교육을 실시한다.

③ 오감을 통한 기능적인 이해를 돕도록 한다.

④ 어려운 것부터 쉬운 것을 중심으로 실시하여 이해를 돕는다.

> **해설** ④ 쉬운 것부터 어려운 것을 중심으로 실시하여 이해를 돕는다.

04 교육훈련의 효과는 5관을 최대한 활용하여야 하는데 다음 중 효과가 가장 큰 것은?

① 청각　　　　　② 시각

③ 촉각　　　　　④ 후각

> **해설** **교육훈련의 효과** : 시각(50%) 〉 청각(20%) 〉 촉각(15%) 〉 미각(30%) 〉 후각(2%)

05 다음 중 안전교육의 목적과 가장 거리가 먼 것은?

① 설비의 안전화

② 제도의 정착화

③ 환경의 안전화

④ 행동의 안전화

> **해설** **안전교육의 목적**
> ㉠ 설비의 안전화　　　㉡ 환경의 안전화
> ㉢ 행동의 안전화

06 다음 중 안전교육의 기본방향으로 가장 적합하지 않은 것은?

① 안전작업을 위한 교육

② 사고사례 중심의 안전교육

③ 생산활동 개선을 위한 교육

④ 안전의식 향상을 위한 교육

> **해설** **안전교육의 기본방향**
> ㉠ 안전작업을 위한 교육
> ㉡ 사고사례 중심의 안전교육
> ㉢ 안전의식 향상을 위한 교육

07 다음 중 안전·보건교육의 단계별 종류에 해당하지 않는 것은?

① 지식교육　　　　② 기초교육

③ 태도교육　　　　④ 기능교육

> **해설** **안전·보건교육의 단계별 종류**
> ㉠ 제1단계 : 지식교육
> ㉡ 제2단계 : 기능교육
> ㉢ 제3 단계 : 태도교육

정답 | 01. ③ 02. ③ 03. ④ 04. ② 05. ② 06. ③ 07. ②

08 안전·보건교육의 단계별 교육과정 중 근로자가 지켜야 할 규정의 숙지를 위한 교육에 해당하는 것은?

① 지식교육　　　　② 태도교육
③ 문제해결교육　　④ 기능교육

> **[해설] 안전·보건교육의 단계별 교육과정**
> ㉠ **지식교육** : 근로자가 지켜야 할 규정의 숙지를 위한 교육
> ㉡ **기능교육** : 작업방법, 취급 및 조작행위를 몸으로 숙달시키는 교육
> ㉢ **태도교육** : 표준작업방법대로 작업을 행하도록 하는 교육으로 안전수칙 및 규칙을 실행하도록 하고, 의욕을 갖게 하는 교육

09 안전교육의 내용에 있어 다음 설명과 가장 관계가 깊은 것은?

> • 교육대상자가 그것을 스스로 행함으로 얻어진다.
> • 개인의 반복적 시행착오에 의해서만 얻어진다.

① 안전지식의 교육　　② 안전기능의 교육
③ 문제해결의 교육　　④ 안전태도의 교육

> **[해설] 안전교육의 내용**
> ㉠ **안전지식의 교육** : 강의 및 시청각 교육을 통한 지식의 전달과 이해에서 얻어진다.
> ㉡ **안전기능의 교육** : 교육대상자가 그것을 스스로 행함으로 얻어진다. 개인의 반복적 시행착오에 의해서만 얻어진다.
> ㉢ **안전태도의 교육** : 작업동작지도 및 생활지도 등을 통한 안전의 습관화에서 얻어진다.

10 다음 중 안전교육의 단계에 있어 안전한 마음가짐을 몸에 익히는 심리적인 교육방법을 무엇이라 하는가?

① 지식교육　　　　② 실습교육
③ 태도교육　　　　④ 기능교육

> **[해설] 안전교육의 단계**
> ㉠ **제1단계(지식교육)** : 작업에 관련된 취약점과 거기에 대응되는 작업방법을 알도록 하는 교육
> ㉡ **제2단계(기능교육)** : 안전작업방법 시범을 보이고 실습시켜, 할 수 있도록 하는 교육

㉢ **제3단계(태도교육)** : 안전한 마음가짐을 몸에 익히는 심리적인 교육

11 다음 중 안전교육의 3단계에서 생활지도, 작업동작지도 등을 통한 안전의 습관화를 위한 교육을 무엇이라 하는가?

① 지식교육　　　　② 기능교육
③ 태도교육　　　　④ 인성교육

> **[해설] 안전교육의 3단계**
> ㉠ **제1단계(지식교육)** : 강의, 시청각 교육 등을 통한 지식의 전달과 이해
> ㉡ **제2단계(기능교육)** : 시범, 견학, 현장실습 교육 등을 통한 경험의 취득과 이해
> ㉢ **제3단계(태도교육)** : 생활지도, 작업동작지도 등을 통한 안전의 습관화를 위한 교육

12 다음 중 안전태도교육의 원칙으로 적절하지 않은 것은?

① 적성배치를 한다.
② 이해하고 납득한다.
③ 항상모범을 보인다.
④ 지적과 처벌 위주로 한다.

> **[해설] 안전태도교육의 원칙**
> ㉠ 청취한다.　　　　㉡ 이해하고 납득시킨다.
> ㉢ 항상 모범을 보여준다.　㉣ 평가한다.
> ㉤ 장려한다.　　　　㉥ 처벌한다.

13 다음 중 안전교육의 4단계를 올바르게 나열한 것은?

① 도입 → 확인 → 제시 → 적용
② 도입 → 제시 → 적용 → 확인
③ 확인 → 제시 → 도입 → 적용
④ 제시 → 확인 → 도입 → 적용

> **[해설] 안전교육의 4단계**
> 도입 → 제시 → 적용 → 확인

14 다음 중 강의안 구성 4단계 가운데 "제시(전개)"에 해당하는 설명으로 옳은 것은?

① 관심과 흥미를 가지고 심신의 여유를 주는 단계

② 과제를 주어 문제해결을 시키거나 습득시키는 단계

③ 교육내용을 정확하게 이해하였는가를 테스트하는 단계

④ 상대의 능력에 따라 교육하고 확실하게 이해시키고 납득시키는 설명 단계

> **해설** 강의안 구성 4단계
> ㉠ 제1단계-도입(준비) : 관심과 흥미를 가지고 심신의 여유를 주는 단계
> ㉡ 제2단계-제시(설명) : 상대의 능력에 따라 교육하고 내용을 확실하게 이해시키고 납득시키는 설명 단계
> ㉢ 제3단계-적용(응용) : 과제를 주어 문제해결을 시키거나 습득시키는 단계
> ㉣ 제4단계-확인(총괄) : 교육내용을 정확하게 이해하였는가를 테스트하는 단계

15 다음 중 안전·보건교육 계획수립에 포함하여야 할 사항이 아닌 것은?

① 교육의 지도안

② 교육의 목표 및 목적

③ 교육의 장소 및 방법

④ 교육의 종류 및 대상

> **해설** 안전·보건교육계획 수립에 반드시 포함하여야 할 사항
> ㉠ 교육의 목표 및 목적   ㉡ 교육의 장소 및 방법
> ㉢ 교육의 종류 및 대상

16 강의의 성과는 강의계획 및 준비 정도에 따라 일반적으로 결정되는데 다음 중 강의계획의 4단계를 올바르게 나열한 것은?

> ㉠ 교수방법의 선정
> ㉡ 학습자료의 수집 및 체계화
> ㉢ 학습목적과 학습성과의 선정
> ㉣ 강의안 작성

① ㉢ → ㉡ → ㉠ → ㉣

② ㉡ → ㉢ → ㉠ → ㉣

③ ㉡ → ㉠ → ㉢ → ㉣

④ ㉡ → ㉢ → ㉣ → ㉠

> **해설** 강의계획의 4단계
> ㉠ 제1단계 : 학습목적과 학습성과의 선정
> ㉡ 제2단계 : 학습자료의 수집 및 체계화
> ㉢ 제3단계 : 교수방법의 선정
> ㉣ 제4단계 : 강의안 작성

17 다음 중 강의계획 수립 시 학습목적 3요소가 아닌 것은?

① 목표

② 주제

③ 학습정도

④ 교재내용

> **해설** 강의계획 수립 시 학습목적 3요소
> ㉠ 목표   ㉡ 주제   ㉢ 학습정도

18 강의계획에서 주제를 학습시킬 범위와 내용의 정도를 무엇이라 하는가?

① 학습목적

② 학습목표

③ 학습정도

④ 학습성과

> **해설** 학습정도의 설명이다.

19 교육 심리학의 기본 이론 중 학습지도의 원리에 속하지 않는 것은?

① 직관의 원리

② 개별화의 원리

③ 사회화의 원리

④ 계속성의 원리

> **해설** 학습지도의 원리
> ㉠ ①, ②, ③   ㉡ 자발성의 원리
> ㉢ 통합의 원리

20 다음 중 시행착오설에 의한 학습 법칙에 해당하지 않는 것은?

① 효과의 법칙

② 준비성의 법칙

③ 연습의 법칙

④ 일관성의 법칙

> **해설** Thorndike가 제시한 3가지 학습 법칙
> ① **효과의 법칙(law of effect)** : 학습의 과정과 그 결과가 만족스러운 상태에 도달하게 되면 자극과 반응간의 결합이 한층 더 강화되어 학습이 견고하게 되며, 이와 반대로 불만족스러운 경우에는 결합이 약해진다는 법칙이다. 즉 조건이 동일한 경우 만족의 결과를 주는 반응은 고정되고, 그렇지 못한 반응은 폐기된다.

정답 | 15. ① 16. ① 17. ④ 18. ③ 19. ④ 20. ②

② **준비성의 법칙(law of readiness)** : 학습하는 태도나 준비와 관련되는 것으로, 새로운 사실과 지식을 습득하기 위해서는 준비가 잘 되어 있을수록 결합이 용이하게 된다는 것을 의미한다.

③ **연습(실행)의 법칙(law of exercise)** : 자극과 반응의 결합이 빈번히 되풀이 되는 경우 그 결합이 강화된다. 즉 연습하면 결합이 강화되고, 연습하지 않으면 결합이 약화된다는 것이다.

21 다음 중 학습의 연속에 있어 앞(前)의 학습이 뒤(後)의 학습을 방해하는 조건과 가장 관계가 적은 경우는?

① 앞의 학습이 불완전한 경우
② 앞과 뒤의 학습내용이 다른 경우
③ 앞과 뒤의 학습내용이 서로 반대인 경우
④ 앞의 학습내용을 재생하기 직전에 실시하는 경우

해설 학습의 연속에 있어서 앞의 학습이 뒤의 학습을 방해하는 조건
㉠ 앞의 학습이 불완전한 경우
㉡ 앞과 뒤의 학습내용이 서로 반대인 경우
㉢ 앞의 학습내용을 재생하기 직전에 실시하는 경우

22 학습지도의 원리에 있어 다음 설명에 해당하는 것은?

> 학습자가 지니고 있는 각자의 요구와 능력 등에 알맞은 학습활동의 기회를 마련해 주어야 한다는 원리

① 직관의 원리
② 자기활동의 원리
③ 개별화의 원리
④ 사회화의 원리

해설 **학습지도의 원리**는 학습의 효과를 최대로 높이기 위해서 강구되는 학습지도방법이다.
개별화의 원리란 학습자가 지니고 있는 각자의 요구와 능력 등에 알맞은 학습활동의 기회를 마련해 주어야 한다는 원리이다.

23 다음 중 한번 학습한 결과가 다른 학습이나 반응에 영향을 주는 것으로 특히 학습효과를 설명할 때 많이 쓰이는 용어는?

① 학습의 연습
② 학습곡선
③ 학습의 전이
④ 망각곡선

해설 학습의 전이에 대한 설명이다.

24 다음 중 학습전이의 조건과 가장 거리가 먼 것은?

① 학습자의 태도요인
② 학습자의 지능요인
③ 학습자료의 유사성 요인
④ 선행학습과 후행학습의 공간적 요인

해설 **학습전이의 조건**
㉠ 학습자의 태도요인　　㉡ 학습자의 지능요인
㉢ 학습자료의 유사성 요인　㉣ 학습 정도의 요인
㉤ 시간적 간격의 요인

25 경험한 내용이나 학습된 행동을 다시 생각하여 작업에 적용하지 아니하고 방치함으로써 경험의 내용이나 인상이 약해지거나 소멸되는 현상을 무엇이라 하는가?

① 착각
② 훼손
③ 망각
④ 단절

해설 ① **착각** : 어떤 상의 물리적인 구조와 인지한 구조가 객관적으로 볼 때 반드시 일치하지 않는 것이 현저한 경우
② **훼손** : 헐거나 깨뜨려 못쓰게 만듦
③ **단절** : 흐름이 연속되지 아니함

26 안전교육방법 중 OJT(On the Job Training) 특징과 거리가 먼 것은?

① 상호 신뢰 및 이해도가 높아진다.
② 개개인의 적절한 지도훈련이 가능하다.
③ 사업장의 실정에 맞게 실제적 훈련이 가능하다.
④ 관련 분야의 외부 전문가를 강사로 초빙하는 것이 가능하다.

해설 ④ 관련 분야의 외부 전문가를 강사로 초빙하는 것이 가능한 것은 Off JT의 특성이다.

27 다음 안전교육의 형태 중 OJT(On the Job of Training) 교육과 관련이 가장 먼 것은?

① 다수의 근로자에게 조직적 훈련이 가능하다.
② 직장의 실정에 맞게 실제적인 훈련이 가능하다.
③ 훈련에 필요한 업무의 지속성이 유지된다.
④ 직장의 직속상사에 의한 교육이 가능하다.

> **해설** ①은 Off JT의 장점이다.

28 다음 중 교육훈련의 학습을 극대화시키고, 개인의 능력개발을 극대화시켜 주는 평가방법이 아닌 것은?

① 관찰법 ② 배제법
③ 자료분석법 ④ 상호평가법

> **해설** 교육훈련의 학습을 극대화시키고, 개인의 능력개발을 극대화시켜 주는 평가방법
> ㉠ 관찰법 ㉡ 자료분석법
> ㉢ 상호평가법

29 다음 중 교육훈련평가의 4단계를 올바르게 나열한 것은?

① 학습 → 반응 → 행동 → 결과
② 학습 → 행동 → 반응 → 결과
③ 행동 → 반응 → 학습 → 결과
④ 반응 → 학습 → 행동 → 결과

> **해설** 교육훈련평가의 4단계
> ㉠ 제1단계 : 반응 ㉡ 제2단계 : 학습
> ㉢ 제3단계 : 행동 ㉣ 제4단계 : 결과

30 다음 중 준비, 교시, 연합 총괄 응용시키는 사고과정의 기술교육 진행방법에 해당하는 것은?

① 듀이의 사고과정
② 태도교육 단계이론
③ 하버드학파의 교수법
④ MTP(Management Training Program)

> **해설** (1) 듀이의 사고과정
> ㉠ 제1단계 : 시사를 받는다.
> ㉡ 제2단계 : 머리로 생각한다.

㉢ 제3단계 : 가설을 설정한다.
㉣ 제4단계 : 추론한다.
㉤ 제5단계 : 행동에 의하여 가설을 검토한다.
> (2) 하버드학파의 교수법
> ㉠ 제1단계 : 준비 ㉡ 제2단계 : 교시
> ㉢ 제3단계 : 연합 ㉣ 제4단계 : 총괄
> ㉤ 제5단계 : 응용

31 기술교육의 형태 중 존 듀이(J. Dewey)의 사고과정 5단계에 해당하지 않는 것은?

① 추론한다. ② 시사를 받는다.
③ 가설을 설정한다. ④ 가슴으로 생각한다.

> **해설** 듀이의 사고과정 5단계
> ㉠ 제1단계 : 시사를 받는다.
> ㉡ 제2단계 : 머리로 생각한다.
> ㉢ 제3단계 : 가설을 설정한다.
> ㉣ 제4단계 : 추론한다.
> ㉤ 제5단계 : 행동에 의하여 가설을 검토한다.

32 제일선의 감독자를 교육대상으로 하고 작업을 지도하는 방법, 작업개선방법 등의 주요 내용을 다루는 기업 내 교육방법은?

① TWI ② MTP
③ ATT ④ CCS

> **해설**
> ② MTP : TWI보다 약간 높은 관리자 계층을 목표로 하며 TWI와는 달리 관리문제에 보다 더 치중한다.
> ③ ATT : 대상 계층이 한정되어 있지 않고, 한 번 훈련을 받은 관리자는 그 부하인 감독자에 대해 지도원이 될 수 있다.
> ④ CCS : 일부 회사의 톱 매니지먼트에만 행하여진 것으로 정책의 수립. 조직. 통제. 운영 등의 교육을 한다

33 다음 중 관리감독자를 대상으로 교육하는 TWI의 교육내용이 아닌 것은?

① 문제해결훈련 ② 작업지도훈련
③ 인간관계훈련 ④ 작업방법훈련

> **해설** TWI(Training Within Industry) 교육내용
> ㉠ 작업지도훈련 ㉡ 인간관계훈련
> ㉢ 작업방밥훈련 ㉣ 작업안전기법훈련

34 다음 안전교육의 방법 중 TWI(Training Within Industry for supervisor)의 교육내용에 해당하지 않는 것은?

① 작업지도기법(JIT)
② 작업개선기법(JMT)
③ 작업환경 개선기법(JET)
④ 인간관계 관리기법(JRT)

> 해설 TWI의 교육내용
> ㉠ 작업지도기법(JIT)   ㉡ 작업개선기법(JMT)
> ㉢ 작업안전기법(JST)   ㉣ 인간관계 관리기법(JRT)

35 다음 기업 내 정형교육 중 TWI(Training Within Industry)의 교육내용에 있어 직장 내 부하직원에 대하여 가르치는 기술과 관련이 가장 깊은 기법은?

① JIT(Job Instruction Training)
② JMT(Job Method Training)
③ JRT(Job Relation Training)
④ JST(Job Safety Training)

> 해설 기업 내 정형교육
> ㉠ JIT(Job Instruction Training) : 작업지도훈련(직장 내 부하직원에 대하여 가르치는 기술과 관련이 가장 깊은 기법)
> ㉡ JMT(Job Method Training) : 작업방법훈련
> ㉢ JRT(Job Relation Training) : 인간관계훈련
> ㉣ JST(Job Safety Training) : 작업안전훈련

36 다음 중 강의법에 대한 설명으로 틀린 것은?

① 많은 내용을 체계적으로 전달할 수 있다.
② 다수를 대상으로 동시에 교육할 수 있다.
③ 전체적인 전망을 제시하는 데 유리하다.
④ 수강자 개개인의 학습진도를 조절할 수 있다.

> 해설 ④ 수강자 개개인의 학습진도를 조절할 수 없다.

37 새로운 자료나 교재를 제시하고, 문제점을 피교육자로 하여금 제기하도록 하거나 의견을 여러 가지 방법으로 발표하게 하여 청중과 토론자 간 활발한 의견 개진과 합의를 도출해가는 토의방법은?

① 포럼(forum)
② 심포지엄(symposium)
③ 자유토의(free discussion method)
④ 패널 디스커션(panel discussion)

> 해설
> ② 심포지엄 : 여러 명의 전문가가 과제에 대해서 견해를 발표한 뒤 참석자로부터의 질문이나 의견을 하게 하여서 토의하는 방법
> ③ 자유토의 : 참가자가 문제에 대해 자유로이 토의하는 데 따라서 참가자 각자가 가지고 있는 지식, 의견, 경험 등을 교환하여 상호이해를 높임과 동시에 체험이나 배경 등의 차이에 의한 사물의 견해, 사고방식의 차이를 학습하여 이해하는 것
> ④ 패널 디스커션 : 4~5인의 문제에 관한 전문가가 참석자 앞에서 논의하고, 그 뒤 사회자에 의해서 참가자 전원이 토의하는 방법

38 다음 중 참가자에 일정한 역할을 주어 실제적으로 연기를 시켜봄으로써 자기의 역할을 보다 확실히 인식할 수 있도록 체험학습을 시키는 교육방법은?

① Role Playing
② Brain Storming
③ Action Playing
④ Fish Bowl Playing

> 해설
> ① Role Playing : 참가자에 일정한 역할을 주어 실제적으로 연기를 시켜봄으로써 자기의 역할을 보다 확실히 인식할 수 있도록 체험학습을 시키는 교육방법
> ② Brain Storming : 잠재의식을 일깨워 자유로이 아이디어를 개발하자는 토의식 아이디어 개발기법

39 다음 중 어떤 기능이나 작업과정을 학습시키기 위해 필요로 하는 분명한 동작을 제시하는 교육방법은?

① 시범식 교육   ② 토의식 교육
③ 강의식 교육   ④ 반복식 교육

> 해설
> ① 시범식 교육(Demonstration Method) : 어떤 기능이나 작업과정을 학습시키기 위해 필요로 하는 분명한 동작을 제시하는 교육방법으로 고압가스 취급책임자에 대한 교육을 실시하기에 적당한 것이다.

② **토의식 교육(Discussion Method)** : 강연에 대한 안전교육은 대상이 많으면 좋다. 교육대상수는 10～20인 정도가 적당하며 교육대상은 초보자가 아니고 우선 안전지식과 안전관리에 대한 경험을 갖고 있는 자이어야 한다.

③ **강의식 교육(Lecture Method)** : 일반적으로 예부터 이용되고 있는 기본적인 교육방법으로 초보적인 단계에 대하여는 극히 효과가 큰 교육방법이다.

40 다음 중 학생이 자기 학습속도에 따른 학습이 허용되어 있는 상태에서 학습자가 프로그램자료를 가지고 단독으로 학습하도록 하는 교육방법은?

① 토의법
② 모의법
③ 실연법
④ 프로그램학습법

> 【해설】
> ① **토의법** : 쌍방적 의사전달에 의한 교육방법
> ② **모의법** : 실제의 장면이나 상태와 극히 유사한 사태를 인위적으로 만들어 그 속에서 학습토록 하는 교육방법
> ③ **프로그램학습법** : 학생이 자기 학습속도에 따른 학습이 허용되어 있는 상태에서 학습자가 프로그램자료를 가지고 단독으로 학습하도록 하는 교육방법

41 안전교육 중 프로그램학습법의 장점으로 볼 수 없는 것은?

① 학습자의 학습과정을 쉽게 알 수 있다.
② 지능, 학습속도 등 개인차를 충분히 고려할 수 있다.
③ 매 반응마다 피드백이 주어지기 때문에 학습자가 흥미를 가질 수 있다.
④ 여러 가지 수업매체를 동시에 다양하게 활용할 수 있다.

> 【해설】
> **프로그램학습법(Programmed Self-instructional Method)**
> 수업 프로그램이 프로그램학습의 원리에 의하여 만들어지고, 학생의 자가학습 속도에 따른 학습이 허용되어 있는 상태에서 학습자가 프로그램자료를 가지고 단독으로 학습하도록 하는 방법으로 다음과 같은 장점이 있다.
> ㉠ 학습자의 학습과정을 쉽게 알 수 있다.
> ㉡ 지능, 학습속도 등 개인차를 충분히 고려할 수 있다.
> ㉢ 매 반응마다 피드백이 주어지기 때문에 학습자가 흥미를 가질 수 있다.

㉣ 기본개념 학습, 논리적인 학습에 유익하다.
㉤ 대량의 학습자를 한 교사가 지도할 수 있다

42 다음 안전교육의 방법 중에서 프로그램학습법 (Programmed Self-instruction Method)에 관한 설명으로 틀린 것은?

① 개발비가 적게 들어 쉽게 적용할 수 있다.
② 수업의 모든 단계에서 적용이 가능하다.
③ 한 번 개발된 프로그램자료는 개조하기 어렵다.
④ 수강자들이 학습 가능한 시간대의 폭이 넓다.

> 【해설】
> **프로그램학습법(Programmed Self- instruction Method)**
>
> | | |
> |---|---|
> | 적용의 경우 | ㉠ 수업의 모든 단계
 ㉡ 학교수업, 방송수업, 직업훈련의 경우
 ㉢ 학생들의 개인차가 최대한으로 조절되어야 할 경우
 ㉣ 학생들이 자기에게 허용된 어느 시간에나 학습이 가능할 경우
 ㉤ 보충학습의 경우 |
> | 제약 조건 | ㉠ 한 번 개발한 프로그램자료를 개조하기가 어려움
 ㉡ 개발비가 높음
 ㉢ 학생들의 사회성이 결여되기 쉬움 |

43 다음 중 산업안전보건법상 사업 내 안전·보건교육에 있어 근로자 정기안전·보건교육의 내용이 아닌 것은? (단, 산업안전보건법 및 일반관리에 관한 사항은 제외한다.)

① 표준안전작업방법 및 지도요령에 관한 사항
② 산업보건 및 직업병 예방에 관한 사항
③ 유해·위험 작업환경관리에 관한 사항
④ 건강증진 및 질병 예방에 관한 사항

> 【해설】
> **근로자 정기안전·보건교육 내용**
> ㉠ ②, ③, ④
> ㉡ 산업안전 및 사고 예방에 관한 사항
> ㉢ 산업안전보건법 및 일반관리에 관한 사항

44 산업안전보건법령상 사업 내 안전·보건교육에 있어 채용 시의 교육 및 작업내용 변경 시 교육내용에 포함되지 않는 것은? (단, 산업안전보건법 및 일반관리에 관한 사항은 제외한다)

① 물질안전보건자료에 관한 사항
② 작업개시 전 점검에 관한 사항
③ 유해·위험 작업환경관리에 관한 사항
④ 기계·기구의 위험성과 작업의 순서 및 동선에 관한 사항

> **해설** **채용 시의 교육 및 작업내용 변경 시 교육내용**
> ㉠ 기계·기구의 위험성과 작업의 순서 및 동선에 관한 사항
> ㉡ 작업개시 전 점검에 관한 사항
> ㉢ 정리정돈 및 청소에 관한 사항
> ㉣ 사고발생 시 긴급조치에 관한 사항
> ㉤ 산업보건 및 직업병 예방에 관한 사항
> ㉥ 물질안전보건자료에 관한 사항
> ㉦ 산업안전보건법 및 일반관리에 관한 사항

45 다음 중 산업안전보건법령상 사업 내 안전·보건교육에 있어 관리감독자 정기안전·보건교육의 교육내용에 해당되지 않는 것은? (단, 산업안전보건법 및 일반관리에 관한 사항은 제외한다.)

① 작업개시 전 점검에 관한 사항
② 산업보건 및 직업병 예방에 관한 사항
③ 유해·위험 작업환경관리에 관한 사항
④ 작업공정의 유해·위험과 재해 예방대책에 관한 사항

> **해설** 관리감독자 정기안전·보건교육
> ㉠ 작업공정의 유해·위험과 재해 예방대책에 관한 사항
> ㉡ 표준안전작업방법 및 지도요령에 관한 사항
> ㉢ 관리감독자의 역할과 임무에 관한 사항
> ㉣ 산업보건 및 직업병 예방에 관한 사항
> ㉤ 유해·위험 작업환경관리에 관한 사항
> ㉥ 「산업안전보건법」 및 일반관리에 관한 사항

46 다음 중 산업안전보건법상 사업 내 안전·보건교육과정의 종류에 해당되지 않는 것은?

① 정기교육
② 안전관리자 신규교육
③ 건설업 기초안전·보건교육
④ 작업내용 변경 시 교육

> **해설** **산업안전보건법상 사업 내 안전·보건 교육과정의 종류**
> ㉠ 정기교육
> ㉡ 채용 시 교육
> ㉢ 작업내용 변경 시 교육
> ㉣ 특별교육(건설업 기초안전·보건교육)

47 다음 중 산업안전보건법령상 특별 안전·보건교육 대상의 작업에 해당하지 않는 것은?

① 방사선 업무에 관계되는 작업
② 전압이 50V인 정전 및 활선 작업
③ 굴착면의 높이가 3m되는 암석의 굴착작업
④ 게이지압력을 2kgf/cm² 이상으로 사용하는 압력용기 설치 및 취급작업

> **해설** ② 전압이 75V 이상인 정전 및 활선 작업

48 산업안전보건법상 아세틸렌 용접장치 또는 가스집합 용접장치를 사용하여 행하는 금속의 용접·용단 또는 가열작업자에게 특별안전·보건교육을 시키고자 할 때의 교육내용으로 거리가 먼 것은?

① 용접 흄·분진 및 유해광선 등의 유해성에 관한 사항
② 작업방법·작업순서 및 응급처치에 관한 사항
③ 안전밸브의 취급 및 주의에 관한 사항
④ 안전기 및 보호구 취급에 관한 사항

> **해설** **아세틸렌 용접장치 또는 가스집합 용접장치를 상용하는 금속의 용접·용단 또는 가열작업 특별안전·보건교육 내용**
> ㉠ ①, ②, ③
> ㉡ 가스용접기, 압력조정기, 호스 및 취관두 등의 기기 점검에 관한 사항
> ㉢ 그 밖에 안전·보건관리에 필요한 사항

49 산업안전보건법령상 특별안전·보건교육에 있어 대상 작업별 교육내용 중 밀폐공간에서의 작업에 대한 교육내용과 거리가 먼 것은? (단, 기타 안전·보건관리에 필요한 사항은 제외한다.)

① 산소농도 측정 및 작업환경에 관한 사항
② 유해물질의 인체에 미치는 영향
③ 보호구 착용 및 사용방법에 관한 사항
④ 사고 시의 응급처치 및 비상시 구출에 관한 사항

> **해설** 밀폐된 공간에서의 작업에 대한 특별안전·보건교육 대상 작업 및 교육내용
> ㉠ 산소농도 측정 및 작업환경에 관한 사항
> ㉡ 사고 시의 응급처치 및 비상시 구출에 관한 사항
> ㉢ 보호구 착용 및 사용방법에 관한 사항
> ㉣ 밀폐공간 작업의 안전작업방법에 관한 사항
> ㉤ 그 밖의 안전·보건관리에 필요한 사항

50 다음 중 산업안전보건법상 사업 내 안전·보건교육에 있어 탱크 내 또는 환기가 극히 불량한 좁은 밀폐된 장소에서 용접작업을 하는 근로자에게 실시하여야 하는 특별안전·보건교육의 내용에 해당하지 않는 것은? (단, 그 밖의 안전·보건관리에 필요한 사항은 제외한다.)

① 환기설비에 관한사항
② 작업환경점검에 관한 사항
③ 질식 시 응급조치에 관한 사항
④ 안전기 및 보호구 취급에 관한 사항

> **해설** 밀폐된 장소에서 용접작업 시 특별안전·보건교육 내용
> ㉠ ①, ②, ③
> ㉡ 작업순서, 안전작업방법 및 수칙에 관한 사항
> ㉢ 전격방지 및 보호구 착용에 관한 사항

51 산업안전보건법령상 사업 내 안전·보건교육과정 중 일용 근로자의 채용 시 교육시간으로 옳은 것은?

① 1시간 이상
② 2시간 이상
③ 3시간 이상
④ 4시간 이상

> **해설** 52번 해설 참조

52 산업안전보건법령상 사업 내 안전·보건교육의 교육시간에 관한 설명으로 옳은 것은?

① 사무직에 종사하는 근로자의 정기교육은 매 분기 3시간 이상이다.
② 관리감독자의 지위에 있는 사람의 정기교육은 연간 8시간 이상이다.
③ 일용 근로자의 작업내용 변경 시의 교육은 2시간 이상이다.
④ 일용 근로자를 제외한 근로자 채용 시의 교육은 4시간 이상이다.

> **해설** 사업 내 안전·보건교육

교육과정	교육대상		교육시간
정기교육	사무직 종사 근로자		매 분기 3시간 이상
	사무직 종사 근로자 외의 근로자	판매업무에 직접 종사하는 근로자	매 분기 3시간 이상
		판매업무에 직접 종사하는 근로자 외의 근로자	매 분기 6시간 이상
	관리감독자의 지위에 있는 사람		연간 16시간 이상
채용시의 교육	일용근로자		1시간 이상
	일용근로자를 제외한 근로자		8시간 이상
작업 내용 변경시의 교육	일용근로자		1시간 이상
	일용근로자를 제외한 근로자		2시간 이상
특별교육	별표 8의2 제1호 라목 각 호의 어느 하나에 해당하는 작업에 종사하는 일용 근로자		2시간 이상
	별표 8의2 제1호 라목 각 호의 어느 하나에 해당하는 작업에 종사하는 일용 근로자를 제외한 근로자		① 16시간 이상 (최초 작업에 종사하기 전 4시간 이상 실시하고 12시간은 3개월 이내에서 분할하여 실시가능) ② 단기간 작업 또는 간헐적 작업인 경우에는 2시간 이상
건설업 기초안전·보건교육	건설 일용근로자		4시간

53 다음 중 사업장 내 안전 · 보건교육을 통하여 근로자가 함양 및 체득할 수 있는 사항과 가장 거리가 먼 것은?

① 잠재위험 발견능력

② 비상사태 대응능력

③ 재해손실비용 분석능력

④ 직면한 문제의 사고발생 가능성 예지능력

해설 **사업장 내 안전 · 보건교육을 통하여 근로자가 함양 및 체득할 수 있는 사항**

㉠ 잠재위험 발견능력

㉡ 비상사태 대응능력

㉢ 직면한 문제의 사고발생 가능성 예지능력

54 산업안전보건법상 안전보건관리책임자 등에 대한 교육시간 기준으로 틀린 것은?

① 보건관리자, 보건관리전문기관의 종사자 보수교육 : 24시간 이상

② 안전관리자, 안전관리전문기관의 종사자 신규교육 : 34시간 이상

③ 안전보건관리책임자의 보수교육 : 6시간 이상

④ 재해예방 전문지도기관의 종사자 신규교육 : 24시간 이상

해설 **안전보건관리책임자 등에 대한 교육**

교육대상	교육시간	
	신규교육	보수교육
• 안전보건관리책임자	6시간 이상	6시간 이상
• 안전관리자, 안전관리 전문기관의 종사자	34시간 이상	24시간 이상
• 보건관리자, 보건관리 전문기관의 종사자	34시간 이상	24시간 이상
• 재해예방 전문지도 기관 종사자	34시간 이상	24시간 이상

산업안전관계법규

제1절 산업안전보건법

1 용어의 정의

① 산업재해 : 근로자가 업무에 관계되는 건설물·설비·원재료·가스·증기 등에 의하거나 작업 도는 그 밖의 업무로 인하여 사망 또는 부상하거나 질병에 걸리는 것을 말한다.

② 사업주 : 근로자를 사용하여 사업을 하는 자를 말한다.

③ 근로자대표 : 근로자의 과반수로 조직된 노동조합이 있는 경우에는 그 노동조합을, 근로자의 과 반수로 조직된 노동조합이 없는 경우에는 근로자의 과반수를 대표하는 자를 말한다.

④ 안전·보건진단 : 산업재해를 예방하기 위하여 잠재적 위험성을 발견하고 그 개선대책을 수립할 목적으로 고용노동부장관이 지정하는 자가 하는 조사·평가를 말한다.

> 💡 참고
> ▶ 도급인의 안전 및 보건에 관한 협의체 구성 및 운영
> 매월 1회 이상 정기적으로 회의를 개최하고 그 결과를 기록·보존해야 한다.

2 안전보건관리 규정의 작업내용

① 안전보건관리 조직과 그 직무에 관한 사항　　② 안전보건교육에 관한 사항

③ 작업장 안전관리에 관한 사항　　④ 작업장 보건관리에 관한 사항

⑤ 사고조사 및 대책수립에 관한 사항　　⑥ 그 밖에 안전보건에 관한 사항

3 근로시간 연장의 제한

① 사업주는 유해하거나 위험한 작업으로서 대통령령으로 정하는 작업에 종사하는 근로자에게는 1 일 6시간, 1주 34시간을 초과하여 근로하게 하여서는 아니된다.

② 유해작업에 대한 근로시간이 제한되는 작업은 잠함 또는 잠수작업 등 높은 기압에서 하는 작업 이다.

제2절 산업안전보건법 시행령

1 안전보건총괄책임자 지정 대상사업

대통령령으로 정하는 사업이란 수급인과 하수급인에게 고용된 근로자를 포함한 상시 근로자가 100명(선박 및 보트 건조업, 1차 금속 제조업 및 토사적 광업의 경우에는 50명) 이상인 사업 및 수급인과 하수급인의 공사금액을 포함한 해당 공사의 총 공시금액이 20억 이상인 건설업을 말한다.

2 안전검사 대상 유해·위험기계 등

① 프레스 ② 전단기 ③ 크레인 ④ 리프트 ⑤ 압력용기 ⑥ 곤돌라 ⑦ 국소배기장치
⑧ 원심기 ⑨ 화학설비 및 그 부속설비 ⑩ 건조설비 및 그 부속설비 ⑪ 롤러기
⑫ 사출성형기 ⑬ 고소작업대 ⑭ 컨베이어 ⑮ 산업용 로봇

제3절 산업안전보건법 시행규칙

1 건강진단

종 류	구 분	실시시기
일반 건강진단	상시 사용하는 근로자의 건강관리를 위하여 주기적으로 실시하는 진단	사무직에 종사하는 근로자에 대하여 2년에 1회 이상, 그 밖에 근로자에 대하여는 1년에 1회 이상
특수 건강진단	• 특수건강진단 대상 유해인자에 노출되는 업무에 종사하는 근로자 • 근로자건강진단 실시 결과 직업병 유소견자로 판정받은 후, 직업병 유해인자에 대한 진단이 필요하다는 의사의 소견이 있는 근로자	특수건강진단 대상 유해인자별로 정한 시기 및 주기에 따라 실시
배치 전 건강진단	특수건강진단 대상업무에 종사할 근로자에 대하여 배치 예정업무에 대한 적합성 평가를 위하여 실시하는 진단	특수건강진단 대상업무에 해당하는 작업에 배치하기 전
수시 건강진단	특수건강진단 대상업무로 인하여 해당 유해인자에 의한 직업성 천식·직업성 피부염 그 밖에 건강장해의 증상을 보이는 근로자에 대하여 실시하는 진단	특수건강진단 대상 유해인자에 의한 직업성 천식·직업성 피부염 그 밖에 건강장해를 의심하게 하는 증상을 보이거나 의학적 소견이 있는 경우

임시 건강진단	다음에 해당하는 경우 특수건강진단 대상 유해인자 등에 의한 중독의 여부, 질병의 이환여부 또는 질병의 발생원 인 등을 확인하기 위하여 실시하는 진단 • 동일 부서 또는 동일한 유해인자에 노출되는 근로자에 게 유사한 질병의 자각 및 타각 증상이 발생한 경우 • 직업병 유소견자가 발생하거나 다수 발생할 우려가 있 는경우 • 그 밖에 지방고용노동관서의 장이 필요하다고 판단하 는경우	필요한 경우 지방고용노동관서의 장 의 명령에 따라 실시

2 안전검사의 주기 및 합격표시 · 표시방법

(1) 크레인, 리프트 및 곤돌라

사업장에 설치가 끝난 날부터 3년 이내에 최초 안전검사를 실시하되, 그 이후로부터 2년(건설 현장에서 사용하는 것은 최초로 설치한 날로부터 6개월)

(2) 그 밖의 유해 · 위험기계 등

사업장에 설치가 끝난 날로부터 3년 이내에 최초 안전검사를 실시하되, 그 이후부터 2년(공정안전보고서를 제출하여 확인을 받은 압력용기는 4년)

01 다음 중 산업안전보건법상 용어의 정의가 잘못 설명된 것은?

① "사업주"란 근로자를 사용하여 사업을 하는 자를 말한다.

② "근로자대표"란 근로자의 과반수로 조직된 노동조합이 없는 경우에는 사업주가 지정하는 자를 말한다.

③ "산업재해"란 근로자가 업무에 관계되는 건설물·설비·원재료·가스·증기·분진등에 의하거나 작업 또는 그 밖의 업무로 인하여 사망 또는 부상하거나 질병에 걸리는 것을 말한다.

④ "안전·보건진단"이란 산업재해를 예방하기 위하여 잠재적 위험성을 발견하고 그 개선대책을 수립할 목적으로 고용노동부장관이 지정하는 자가 하는 조사·평가를 말한다.

> **해설** 산업안전보건법-제2조(정의)
> "근로자대표"란 근로자의 과반수로 조직된 노동조합이 있는 경우에는 그 노동조합을, 근로자의 과반수로 조직된 노동조합이 없는 경우에는 근로자의 과반수를 대표하는 자를 말한다.

02 산업안전보건법령상 잠함(潛函) 또는 잠수작업 등 높은 기압에서 하는 작업에 종사하는 근로자의 근로제한시간으로 옳은 것은?

① 1일 6시간, 1주 34시간 초과 금지

② 1일 6시간, 1주 36시간 초과 금지

③ 1일 8시간, 1주 40시간 초과 금지

④ 1일 8시간, 1주 44시간 초과 금지

> **해설** 잠함 또는 잠수작업 등 높은 기압에서 하는 작업에 종사하는 근로자의 근로제한시간
> 1일 6시간, 1주 34시간 초과 금지

03 다음 중 산업안전보건법령상 안전검사 대상 유해·위험기계의 종류가 아닌 것은?

① 곤돌라　　　　② 압력용기

③ 리프트　　　　④ 아크용접기

> **해설** 안전검사 대상 유해·위험기계의 종류
> ㉠ ①②③, ㉡ 프레스, ㉢ 크레인, ㉣ 압력용기, ㉤ 국소배기장치, ㉥ 원심기, ㉦ 화학설비 및 그 부속설비, ㉧ 건조설비 및 그 부속설비, ㉨ 롤러기, ㉩ 사출성형기, ㉪ 고소작업대, ㉫ 컨베이어, ㉬ 산업용 로봇

04 다음 중 산업안전보건법령상 근로자에 대한 일반건강진단의 실시 시기가 올바르게 연결된 것은?

① 사무직에 종사하는 근로자 : 1년에 1회 이상

② 사무직에 종사하는 근로자 : 2년에 1회 이상

③ 사무직 외의 업무에 종사하는 근로자 : 6월에 1회 이상

④ 사무직 외의 업무에 종사하는 근로자 : 2년에 1회 이상

> **해설** 근로자에 대한 일반건강진단의 실시 시기
> ㉠ **사무직에 종사하는 근로자** : 2년에 1회 이상
> ㉡ **사무직 외의 업무에 종사하는 근로자** : 1년에 1회 이상

05 산업안전보건법령에 따라 건설현장에서 사용하는 크레인. 리프트 및 곤돌라는 최초로 설치한 날부터 얼마마다 안전검사를 실시하여야 하는가?

① 6개월　　　　② 1년

③ 2년　　　　　④ 3년

> **해설** 안전점검
> ㉠ **크레인, 리프트 및 곤돌라** : 사업장에 설치가 끝난 날로부터 3년 이내에 최초 안전검사를 실시하되, 그 이후로부터 2년(건설 현장에서 사용하는 것은 최초로 설치한 날로부터 6개월)
> ㉡ **그 밖의 유해·위험기계 등** : 사업장에서 설치가 끝난 날로부터 3년 이내에 최초 안전검사를 실시하되 그 이후부터 2년(공정안전보고서를 제출하여 확인을 받은 압력용기는 4년)

정답 | 01. ②　02. ①　03. ④　04. ②　05. ①

Part 2

인간공학 및 시스템 안전공학

제1절 인간공학과 안전

1 인간공학의 개념

인간공학이란 작업의 적정화를 연구하는 학문이다. 인간행동의 합리화를 위한 과학적인 연구라고 할 수 있다.

Human Engineering이란 명칭 외에 Human Factors Engineering, Engineering, Engineering Psychology, Applied Experimental Psychology란 단어 등 다양하게 사용하고 있다.

유럽에서는 에르고노믹스(Ergonomics)라는 단어를 사용하고 있다. Ergonomics란 말은 최근에 사용하게 된 말로 그리스어의 (작업)+nomos(관리 또는 법의 두 가지의 의미)+ICS(학을 의미하는 접미어로 구성된 단어이다)

> 💡 **참고**
> 1. Chapanis의 위험분석에서 발생이 불가능한 경우의 위험발생률 : 10^{-8}/day
> 2. Chapanis의 위험수준에 의한 위험발생률 분석 : 전혀 발생하지 않는(impossible) 〉 10^{-8}/day

2 인간공학의 정의

미국의 차파니스(Chapanis, A.)에 의하면 인간공학이란 기계와 그 기계조작 및 환경조건을 인간의 특성, 능력과 한계에 잘 조화하도록 설계하기 위한 수단을 연구하는 것을 인간과 기계의 조화있는 체계를 갖추기 위한 학문이다. 즉, 인간공학이란 인간이 사용할 수 있도록 설계하는 과정이다.

3 인간공학의 목표(Chapanis, A.)

① 사고 감소   ② 생산성의 증대
③ 환경의 쾌적성   ④ 안정성 향상

> 💡 **참고**
> ▶ 인간공학의 공극적인 목적 : 안전성 및 효율성 향상

4 사업장에서의 인간공학 적용분야

① 작업관련성 유해·위험 작업분석   ② 제품 설계
③ 작업공간의 설계   ④ 인간-기계 인터페이스 디자인
⑤ 재해 및 질병 예방   ⑥ 장비·공구·설비의 배치

> 💡 **참고**
> ▶ 기능적 생산에서 유연 시스템 설비 : 유자(U)형 배치

5 인간공학의 필요성

① 산업재해 감소   ② 생산원가 절감
③ 직무만족도 향상   ④ 재해로 인한 손실 감소
⑤ 기업의 이미지와 상품 선호도 향상   ⑥ 노사간의 신뢰구축

6 인간공학의 연구방법

① 순간 조작분석   ② 지각 운동 정보분석
③ 연속 컨트롤 부담분석   ④ 전 작업 부담분석
⑤ 기계의 상호연관성 분석

> 💡 **참고**
>
> 1. **평가연구** : 인간공학 연구방법 중 실제의 제품이나 시스템이 추구하는 특성 및 수준이 달성되는지를 비교하고 분석하는 연구
> 2. **생리지표** : 인간공학의 연구를 위한 수집 자료 중 동공 확장 등과 같은 유형으로 분류되는 자료

7 산업안전분야에서의 인간공학에 의한 제반 언급 사항

① 안전관리자와의 의사 소통 원활화
② 인간 과오 방지를 위한 구체적 대책
③ 인간 행동 특성 자료의 정량화 및 축적

제2절 인간–기계계의 공학적 해석

1 인간–기계계의 정보처리

인간과 기계는 부분 또는 복합된 요소들의 작용으로 요망하는 목적을 달성하도록 동작하게 된다. 기능계에서 기능을 네 가지 형태로 분류한다. 즉, 감지, 정보 저장, 정보 처리 및 결심, 행동 기능의 4가지로 분류한다.

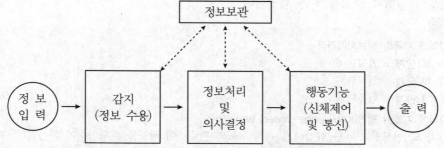

〈인간–기계 통합 시스템의 인간 또는 기계의 의해서 수행되는 기본기능의 유형〉

167

(1) 감 지

① 정보입수과정, 즉 시각, 청각, 취각, 촉각, 미각과 같은 종류의 감각 기관이 사용되며, 기계적 감지 장치는 전자, 사진, 기계적인 여러 종류가 있다.

② 자극 반응 시간(Reaction Time)

㉮ **시각** : 0.20초   ㉯ **청각** : 0.17초   ㉰ **촉각** : 0.18초   ㉱ **미각** : 0.70초

> 💡 **참고**
>
> ▶ **웨버(Weber)의 법칙** : 인간이 감지할 수 있는 외부의 물리적 자극 변화의 최소범위는 표준자극의 크기에 비례한다.
>
> $$웨버비 = \frac{\Delta I}{I} = \frac{변화감지역}{표준자극}$$

(2) 정보의 저장

① **인간** : 기억된 학습 내용

② **기계** : 펀치카드, 녹음테이프, 자기테이프, 형판(Template), 기록, 자료표 등

> 💡 **참고**
>
> ▶ **감각저장으로부터 정보를 작업기억으로 전달하기 위한 코드화 분류**
>
> ① 시각코드   ② 음성코드   ③ 의미코드

(3) 정보의 처리 및 결심

정보처리 과정은 기억 재생과정과 밀접히 연결되며, 정보의 평가는 분석과 판단기능을 수행함으로써 이루어진다. 분석과 판단기능을 거친 정보는 행동 직전의 결심을 내리는 자료가 된다.

① 인간의 심리적 정보처리 3단계

㉮ 회상(Recall)   ㉯ 인지, 인식(Recognition)

㉰ 정리(Retention)

② 인간의 정보처리 시간 : 0.5초

> 💡 **참고**
>
> ▶ **작업 기억** : 인간의 정보처리 기능 중 그 용량이 7개 내외로 작아, 순간적 망각 등 인적오류의 원인이 되는 것

(4) 행동기능

결정된 사항의 실행과 조정을 하는 과정이다.

> 💡 **참고**
>
> 1. **인식과 자극의 정보처리과정**
>   ㉠ 제1단계 : 인지단계
>   ㉡ 제2단계 : 인식단계
>   ㉢ 제3단계 : 행동단계
>
> 2. **지식에 기초한 행동(Knowledge-based Behavior)**
>   인지 및 인식의 오류를 예방하기 위해 목표와 관련하여 작동을 계획하여야 하는데 특수하고 친숙하지 않은 상황에서 발생하며 부적절한 분석이나 의사결정을 잘못하여 발생하는 오류

2 정보수용을 위한 작업자의 시각영역

(1) 판별(변별)시야 : 주시하고 있는 곳으로 대상을 정확하게 변별할 수 있는 범위

(2) 유효시야 : 변별시야를 약간 벗어나지만 안구를 움직여서 변별시야로 들어올 수 있는 범위로 정밀도가 높은 정보 불가

(3) 보조시야 : 거의 식별이 불가능하며, 고개를 움직여야 식별 가능한 범위안에 들어올 수가 있다.

(4) 유도시야 : 제시된 정보의 존재를 판별할 수 있는 정도의 식별능력 밖에 없지만 인간의 공간 좌표 감각이 영향을 미치는 범위

3 정보의 측정단위

(1) 정보의 측정단위

Bit란 실현 가능성이 같은 2개의 대안 중 하나가 명시되었을 때 얻을 수 있는 정보량이다.

① 실현 가능성이 같은 대안이 있을 때의 총 정보량(H)

$$H = \log_2 N$$

여기서, N : 대안의 수

예제

▶ 4지선다형 문제의 정보량은 얼마인가?

풀이 4가지 중 한 개를 선택할 확률

A 확률 $= \dfrac{1}{4} = 0.25$ B 확률 $= \dfrac{1}{4} = 0.25$ C 확률 $= \dfrac{1}{4} = 0.25$ D 확률 $= \dfrac{1}{4} = 0.25$

$A = \dfrac{\log\left(\dfrac{1}{0.25}\right)}{\log 2} = 2$ $B = \dfrac{\log\left(\dfrac{1}{0.25}\right)}{\log 2} = 2$ $C = \dfrac{\log\left(\dfrac{1}{0.25}\right)}{\log 2} = 2$ $D = \dfrac{\log\left(\dfrac{1}{0.25}\right)}{\log 2} = 2$

정보량 $= (0.25 \times A) + (0.25 \times B) + (0.25 \times C) + (0.25 \times D)$
$= (0.25 \times 2) + (0.25 \times 2) + (0.25 \times 2) + (0.25 \times 2)$
$= 2\text{bit}$

② 실현 가능성이 같지 않은 대안이 있을 때의 총 정보량(H)

$$H = \sum H_i P_i$$
$$H_i = \log_2\left(\frac{1}{P_i}\right)$$

여기서, Hi : 대안 I와 연관된 정보량
Pi : 대안 I가 일어날 확률

> ▶ 빨강, 노랑, 파랑의 3가지 색으로 구성된 교통신호등이 있다. 신호등은 항상 3가지 색 중 하나가 켜지
> 도록 되어있다. 1시간 동안 조사한 결과 파란등은 총 30분 동안 빨간등과 노란등을 각각 총 15분 동안
> 켜진 것으로 나타났다. 이 신호등의 총 정보량은 몇 Bit인가?
>
> **풀이** P_1(파란등일 확률)$= \dfrac{30분}{60분} = 0.5$
>
> P_2(빨간등일 확률)$= \dfrac{15분}{60분} = 0.25$
>
> P_3(노란등일 확률)$= \dfrac{15분}{60분} = 0.25$
>
> $\therefore$ 총 정보량$(H) = \sum H_i P_i = \left(\log_2 \dfrac{1}{0.5}\right) \times 0.5 + \left(\log_2 \dfrac{1}{0.25}\right) \times 0.25 + \left(\log_2 \dfrac{1}{0.5}\right) \times 0.25 = 1.5$

4 인간-기계의 대표적 유형

(1) 수동체계(Manual System)

기계는 동력원을 제공하고 인간의 통제하에서 제품을 생산한다.

(2) 기계화체계(Mechanical System)

동력기계화 체계와 고도로 통합된 부품으로 구성된다.

(3) 자동체계(Automatic System)

인간요소를 고려하여 인간은 감시, 정비유지, 프로그램 등의 정비를 담당한다.

5 인간과 기계의 기능 비교

인간이 기계보다 우수한 기능	기계가 인간보다 우수한 기능
① 저에너지의 자극을 감지	① 인간이 정상적인 감지 범위 밖에 있는 자극을 감지
② 복잡 다양한 자극의 형태를 식별	② 인간 및 기계에 대한 모니터 기능
③ 예기치 못한 사건들을 감지	③ 사전에 명시된 사상, 특히 드물게 발생하는 사상을 감지
④ 다량의 정보를 장시간 기억하고 필요시 내용을 회상	④ 암호화된 정보를 신속하게 대량 보관
⑤ 관찰을 통해서 일반화하여 귀납적으로 추리	⑤ 연역적으로 추정하는 기능
⑥ 원칙을 적용하여 다양한 문제를 해결	⑥ 명시된 프로그램에 따라 정량적인 정보처리
⑦ 어떤 운용 방법이 실패할 경우 다른 방법을 선택 (융통성)	⑦ 과부하 시에도 효율적으로 작동하는 기능
⑧ 다양한 경험을 토대로 의사결정, 상황적인 요구에 따라 적응적인 결정, 비상사태 시 임기응변	⑧ 장기간 중량 작업을 할 수 있는 기능
⑨ 주관적으로 추산하고 평가	⑨ 반복 작업 및 동시에 여러 가지 작업을 수행할 수 있는 기능
⑩ 문제 해결에 있어서 독창력을 발휘	⑩ 주위가 소란하여도 효율적으로 작동하는 기능
⑪ 과부하 상태 에너지는 중요한 일에만 전념	

> **참고**
> ▶ 인간-기계 시스템에 대한 평가에서 평가 척도나 기준으로서 관심의 대상이 되는 변수 : 종속변수

6 인간요소적 기능

① 작업 설계　　　② 직무 분석　　　③ 작업 명제　　　④ 요원 선발 기준

7 인간-기계 시스템의 설계 6단계

① 제1단계 : 시스템의 목표와 성능 명세 결정
② 제2단계 : 시스템(체계)의 정의
③ 제3단계 : 기본설계(인간 기계의 기능의 할당, 인간 성능 조건, 직무 분석, 작업 설계)
④ 제4단계 : 인터페이스(계면) 설계
⑤ 제5단계 : 촉진물(보조물) 설계
⑥ 제6단계 : 시험 및 평가

8 체계분석 및 설계에 있어서의 인간 공학적 가치

① 성능의 향상
② 훈련 비용의 절감
③ 인력이용률의 향상
④ 사고 및 오용으로부터의 손실 감소
⑤ 생산 및 보전의 경제성 증대
⑥ 사용자의 수용도 향상

9 인간공학적 연구에 사용되는 기준척도의 요건

① 적절성(타당성)
② 무오염성(순수성) : 기준척도는 측정하고자 하는 변수 외의 다른 변수들이 영향을 받아서는 안된다.
③ 신뢰성(반복성)
④ 민감도

제3절 인간의 동작과 기계의 통제

1 통제기능

(1) 개폐에 의한 통제
주로 On-Off 스위치로 동작 자체를 개시하거나 중단하도록 통제하는 장치
① 수동식 푸시버튼　　② 발 푸시버튼　　③ 토글 스위치　　④ 로터리 스위치

(2) 양의 조절에 의한 통제
투입되는 연료, 연료량 및 기타의 양을 통제하는 장치
① 노브(Knob) : 보통 노브, 동심 노브, 손잡이 노브, 문자반 회전 노브
② 크랭크(Crank)
③ 핸들(Hand Wheel)
④ 레버(Lever)
⑤ 페달(Pedal) : 회전식, 왕복식, 직동식

(3) 반응에 의한 통제
계기, 신호 또는 감각에 의하여 행하는 통제장치

2 통제기기의 선택 조건

(1) 통제장치를 조작하는 데 시간이 적게 드는 순서
수동 푸시버튼 〈 토글 스위치 〈 발 푸시버튼 〈 로터리 스위치

Chapter 01 | 출제 예상 문제

01 다음 중 인간공학(ergonomics)의 기준에 대한 설명으로 가장 적합한 것은?

① 차패니스(Chapanis, A.)에 의해서 처음 사용되었다.
② 민간기업에서 시작하여 군이나 군수회사로 전파되었다.
③ "ergon(작업)+nomos(법칙)+ics(학문)"의 조합된 단어이다.
④ 관련학회는 미국에서 처음 설립되었다.

> **해설** 인간공학(ergonomics)의 기원 :
> "ergon(작업) + nomos(법칙) + ics(학문)"의 조합된 단어

02 다음 중 인간공학을 나타내는 용어로 적절하지 않은 것은?

① Human factors
② Ergonomics
③ Human engineering
④ Customize engineering

> **해설** ④ Human factors engineering

03 Chapanis의 위험분석에서 발생이 불가능한 (Impossible) 경우의 위험 발생률은?

① 10^{-2}/day
② 10^{-4}/day
③ 10^{-6}/day
④ 10^{-8}/day

> **해설** Chapanis의 위험분석에서 발생이 불가능한 경우의 위험발생률 : 10^{-8}/day

04 다음 중 사업장에서 인간공학 적용분야와 가장 거리가 먼 것은?

① 작업환경 개선
② 장비 및 공구의 설계
③ 재해 및 질병 예방
④ 신뢰성 설계

> **해설** 사업장에서 인간공학 적용분야
> ㉠ 작업환경 개선   ㉡ 장비 및 공구의 설계
> ㉢ 재해 및 질병 예방

05 다음 중 인간공학의 목표와 가장 거리가 먼 것은?

① 에러 감소
② 생산성 증대
③ 안전성 향상
④ 신체 건강 증진

> **해설** 인간공학의 목표
> ㉠ 안전성 향상   ㉡ 생산성 증대   ㉢ 에러 감소

06 다음 중 인간공학의 직접적인 목적과 가장 거리가 먼 것은?

① 기계조작의 능률성
② 인간의 능력 개발
③ 사고의 미연 및 방지
④ 작업 환경의 쾌적성

> **해설** 인간공학의 직접적인 목적
> ㉠ 기계조작의 능률성   ㉡ 사고의 미연 및 방지
> ㉢ 작업 환경의 쾌적성

07 다음 중 인간공학에 관련된 설명으로 옳지 않은 것은?

① 인간의 특성과 한계점을 고려하여 제품을 변경한다.
② 생산성을 높이기 위해 인간의 특성을 작업에 맞추는 것이다.
③ 사고를 방지하고 안전성과 능률성을 높일 수 있다.
④ 편리성, 쾌적성, 효율성을 높일 수 있다.

> **해설** ② 생산성을 높이기 위해 인간의 특성을 고려하여 작업과 조화를 이루는 것이다.

정답 | 01. ③ 02. ④ 03. ④ 04. ④ 05. ④ 06. ② 07. ②

08 조사연구자가 특정한 연구를 수행하기 위해서는 어떤 상황에서 실시할 것인가를 선택하여야 한다. 즉, 실험실 환경에서도 가능하고, 실제 현장 연구도 가능한데 다음 중 현장 연구를 수행했을 경우 장점으로 가장 적절한 것은?

① 비용 절감
② 정확한 자료 수집 가능
③ 일반화 가능
④ 실험 조건의 조절 용이

> **해설** 현장 연구를 수행했을 경우 일반화가 가능하다.

09 다음 중 연구 기준의 요건에 대한 설명으로 옳은 것은?

① 적절성 : 반복 실험 시 재현성이 있어야 한다.
② 신뢰성 : 측정하고자 하는 변수 이외의 다른 변수의 영향을 받아서는 안 된다.
③ 무오염성 : 의도된 목적에 부합하여야 한다.
④ 민감도 : 피실험자 사이에서 볼 수 있는 예상 차이점에 비례하는 단위로 측정하여야 한다.

> **해설**
> ① **적절성** : 기준이 의도된 목적에 적당하다고 판단되는 정도이다.
> ② **신뢰성** : 인간이 신뢰도를 높이면 인간 행동의 잘못이 크게 줄어든다.
> ③ **무오염성** : 기준 척도는 측정하고자 하는 변수 외의 다른 변수들의 영향을 받아서는 안 된다.

10 인간공학의 연구를 위한 수집 자료 중 동공 확장 등과 같은 것은 어느 유형으로 분류되는 자료라 할 수 있는가?

① 생리 자료
② 주관적 자료
③ 감도 척도
④ 성능 자료

> **해설**
> ② **주관적 자료** : 개인 성능의 평점, 체계설계면에 대한 대안들의 평점, 체계에 사용되는 여러 가지 다른 유형의 정보에 판단된 중요도 평점, 의자의 안락도 평점 등이 있다.
> ③ **감도척도** : 어떤 목적을 위해서는 상해 발생빈도가 적절한 기준이 된다.

④ **성능자료** : 여러 가지 감각활동, 정신활동, 근육활동 등이 있다.

11 단순반응시간(simple reaction time)이란 하나의 특정한 자극만이 발생할 수 있을 때 반응에 걸리는 시간으로서 흔히 실험에서와 같이 자극을 예상하고 있을 때이다. 자극을 예상하지 못할 경우 일반적으로 반응시간은 얼마 정도 증가되는가?

① 0.1초
② 0.5초
③ 1.5초
④ 2.0초

> **해설** 단순반응시간에서 자극을 예상하지 못할 경우 반응시간의 증가 : 0.1초 정도 증가

12 다음 중 반응시간이 가장 느린 감각은?

① 청각
② 시각
③ 미각
④ 통각

> **해설** **감각의 반응시간** : 청각(0.17초) 〉촉각(0.18초) 〉시각(0.20초) 〉미각(0.29초) 〉통각(0.7초)

13 다음 중 인식과 자극의 정보 처리 과정에서 3단계에 해당하지 않는 것은?

① 인지단계
② 반응단계
③ 행동단계
④ 인식단계

> **해설** **인식과 자극의 정보 처리 과정**
> ㉠ 제1단계 : 인지단계
> ㉡ 제2단계 : 인식단계
> ㉢ 제3단계 : 행동단계

14 인간의 반응시간을 조사하는 실험에서 0.1, 0.2, 0.3, 0.4의 점등확률을 갖는 4개의 전등이 있다. 이 자극전등이 전달하는 정보량은 약 얼마인가?

① 2.42bit
② 2.16bit
③ 1.85bit
④ 1.53bit

해설 정보량

$$A = \left(\frac{\log \frac{1}{0.1}}{\log 2} \right) = 3.32, \quad B = \left(\frac{\log \frac{1}{0.2}}{\log 2} \right) = 2.32,$$

$$C = \left(\frac{\log \frac{1}{0.3}}{\log 2} \right) = 1.74, \quad D = \left(\frac{\log \frac{1}{0.4}}{\log 2} \right) = 1.32$$

$$= (0.1 \times A) + (0.2 \times B) + (0.3 \times C) + (0.4 \times D)$$
$$= (0.1 \times 3.32) + (0.2 \times 2.32) + (0.3 \times 1.74) + (0.4 \times 1.32)$$
$$= 1.85 \text{bit}$$

15 다음 중 사지선다형 문제의 정보량은 얼마인가?

① 1bit
② 2bit
③ 3bit
④ 4bit

해설 4가지 중 한 개를 선택할 확률

A 확률 $= \frac{1}{4} = 0.25$ B 확률 $= \frac{1}{4} = 0.25$

C 확률 $= \frac{1}{4} = 0.25$ D 확률 $= \frac{1}{4} = 0.25$

$$A = \frac{\log \left(\frac{1}{0.25} \right)}{\log 2} = 2 \qquad B = \frac{\log \left(\frac{1}{0.25} \right)}{\log 2} = 2$$

$$C = \frac{\log \left(\frac{1}{0.25} \right)}{\log 2} = 2 \qquad D = \frac{\log \left(\frac{1}{0.25} \right)}{\log 2} = 2$$

정보량
$$= (0.25 \times A) + (0.25 \times B) + (0.25 \times C) + (0.25 \times D)$$
$$= (0.25 \times 2) + (0.25 \times 2) + (0.25 \times 2) + (0.25 \times 2)$$
$$= 2 \text{bit}$$

16 빨강, 노랑, 파랑, 화살표 등 모두 4종류의 신호등이 있다. 신호등은 한 번에 하나의 등만 켜지도록 되어있고 1시간 동안 측정한 결과 4가지의 신호등이 모두 15분씩 켜져 있었다. 이 신호등의 총 정보량(bit)은 얼마인가?

① 1
② 2
③ 3
④ 4

해설 ㉠ A(빨강) 확률 $= \frac{15분}{60분} = 0.25$

B(노랑) 확률 $= \frac{15분}{60분} = 0.25$

C(파랑) 확률 $= \frac{15분}{60분} = 0.25$

D(화살표) 확률 $= \frac{15분}{60분} = 0.25$

㉡ $A = \frac{\log \left(\frac{1}{0.25} \right)}{\log 2} = 2 \qquad B = \frac{\log \left(\frac{1}{0.25} \right)}{\log 2} = 2$

$C = \frac{\log \left(\frac{1}{0.25} \right)}{\log 2} = 2 \qquad D = \frac{\log \left(\frac{1}{0.25} \right)}{\log 2} = 2$

㉢ 정보량
$= (0.25 \times A) + (0.25 \times B) + (0.25 \times C) + (0.25 \times D)$
$= (0.25 \times 2) + (0.25 \times 2) + (0.25 \times 2) + (0.25 \times 2)$
$= 2 \text{bit}$

17 다음 중 인간-기계 시스템을 3가지로 분류한 설명으로 틀린 것은?

① 자동 시스템에서는 인간 요소를 고려하여야 한다.
② 자동 시스템에서 인간은 감시, 정비유지, 프로그램 등의 작업을 담당한다.
③ 수동 시스템에서 기계는 동력원을 제공하고 인간의 통제 하에서 제품을 생산한다.
④ 기계 시스템에서는 동력기계화 체계와 고도로 통합된 부품으로 구성된다.

해설 ③ 수동 시스템에서 인간은 동력원을 제공하고 인간의 통제 하에서 제품을 생산한다.

18 다음 중 인간-기계 시스템을 설계하기 위해 고려해야 할 사항으로 가장 적합하지 않은 것은?

① 동작 경제의 원칙이 만족되도록 고려하여야 한다.
② 대상이 되는 시스템이 위치할 환경 조건이 인간에 대한 한계치를 만족하는가의 여부를 조사한다.
③ 인간과 기계가 모두 복수인 경우 종합적인 효과보다 기계를 우선적으로 고려한다.
④ 인간이 수행해야 할 조작이 연속적인가 불연속적인가를 알아보기 위해 특성 조사를 실시한다.

해설 ③ 인간과 기계가 모두 복수인 경우 기계보다 종합적인 효과를 우선적으로 고려한다.

19 인간–기계 시스템 설계의 주요 단계 중 기본 설계 단계에서 인간의 성능 특성(Human Performance Requirements)과 거리가 먼 것은?

① 속도
② 정확성
③ 보조물 설계
④ 사용자 만족

해설 **기본 설계 단계에서 인간의 성능 특성**

㉠ 속도
㉡ 정확성
㉢ 사용자 만족

20 다음 중 인간–기계 시스템의 설계 원칙으로 틀린 것은?

① 양립성이 적으면 적을수록 정보 처리에서 재코드화 과정은 적어진다.
② 사용빈도, 사용순서, 기능에 따라 배치가 이루어져야 한다.
③ 인간의 기계적 성능에 부합되도록 설계해야 한다.
④ 인체 특성에 적합해야 한다.

해설 ①의 경우, 양립성이 적으면 적을수록 정보 처리에서 재코드화 과정은 많아진다는 내용이 옳다.

21 다음 중 자동화 시스템에서 인간의 기능으로 적절하지 않은 것은?

① 설비 보전
② 작업 계획 수립
③ 조정장치로 기계를 통제
④ 모니터로 작업 상황 감시

해설 조정장치로 기계를 통제하는 것은 기계의 기능이다.

22 인간–기계 시스템에서 자동화 정도에 따라 분류할 때 감시 제어(Supervisory Control) 시스템에서 인간의 주요 기능과 가장 거리가 먼 것은?

① 간섭(Intervene)
② 계획(Plan)
③ 교시(Teach)
④ 추적(Pursuit)

해설 **감시 제어 시스템에서 인간의 주요 기능**

㉠ 간섭
㉡ 계획
㉢ 교시

23 다음 중 항공기나 우주선 비행 등에서 허위감각으로부터 생긴 방향감각의 혼란과 착각 등의 오판을 해결하는 방법으로 가장 적절하지 않은 것은?

① 주위의 다른 물체에 주의를 한다.
② 정상 비행 훈련을 반복하여 오판을 줄인다.
③ 여러 가지 착각의 성질과 발생 상황을 이해한다.
④ 정확한 방향 감각 암시 신호를 의존하는 것을 익힌다.

해설 ② 허위감각으로부터 훈련을 반복하여 오판을 줄인다.

24 다음 중 인간이 현존하는 기계보다 우월한 기능이 아닌 것은?

① 귀납적으로 추리한다.
② 원칙을 적용하여 다양한 문제를 해결한다.
③ 다양한 경험을 토대로 하여 의사결정을 한다.
④ 명시된 절차에 따라 신속하고, 정량적인 정보처리를 한다.

해설 ④ : 기계가 현존하는 인간보다 우월한 기능
①, ②, ③ : 인간이 현존하는 기계보다 우월한 기능

25 다음 중 인간–기계 시스템에서 기계에 비교한 인간의 장점과 가장 거리가 먼 것은?

① 완전히 새로운 해결책을 찾아낸다.
② 여러 개의 프로그램된 활동을 동시에 수행한다.
③ 다양한 경험을 토대로 하여 의사결정을 한다.
④ 상황에 따라 변화하는 복잡한 자극 형태를 식별한다.

해설 **인간과 비교한 기계의 장점** : 여러 개의 프로그램된 활동을 동시에 수행할 수 있다.

26 인간공학에 있어 시스템 설계과정의 주요 단계를 다음과 같이 6단계로 구분하였을 때 다음 중 올바른 순서로 나열한 것은?

> ⓐ 기본설계
> ⓑ 계면(Interface) 설계
> ⓒ 시험 및 평가
> ⓓ 목표 및 성능 명세 결정
> ⓔ 촉진물 설계
> ⓕ 체계의 정의

① ⓐ → ⓑ → ⓕ → ⓓ → ⓔ → ⓒ
② ⓑ → ⓐ → ⓕ → ⓓ → ⓔ → ⓒ
③ ⓓ → ⓕ → ⓐ → ⓑ → ⓔ → ⓒ
④ ⓕ → ⓐ → ⓑ → ⓓ → ⓔ → ⓒ

> **해설** **시스템 설계 과정의 6단계**
> ㉠ 제1단계 : 시스템의 목표와 성능 명세 결정
> ㉡ 제2단계 : 시스템(체계)의 정의
> ㉢ 제3단계 : 기본설계(기능의 할당, 인간 선능 조건, 직무 분석, 작업 설계)
> ㉣ 제4단계 : 인터페이스(계면) 설계
> ㉤ 제5단계 : 촉진물(보조물) 설계
> ㉥ 제6단계 : 시험 및 평가

27 다음 중 인간–기계 시스템의 설계 시 시스템의 기능을 정의하는 단계는?

① 제1단계 : 시스템의 목표와 성능 명세 결정
② 제2단계 : 시스템의 정의
③ 제3단계 : 기본 설계
④ 제4단계 : 인터페이스 설계

> **해설** 인간–기계 시스템의 설계 시 시스템의 기능을 정의하는 단계는 제2단계이다.

28 체계 설계 과정의 주요 단계가 다음과 같을 때 인간 · 하드웨어 · 소프트웨어의 기능 할당, 인간 성능 요건 명세, 직무 분석, 작업 설계 등의 활동을 하는 단계는?

> • 목표 및 성능 명세 결정
> • 체계의 정의
> • 기본 설계
> • 계면 설계
> • 촉진물 설계
> • 시험 및 평가

① 체계의 정의   ② 기본 설계
③ 계면 설계   ④ 촉진물 설계

> **해설** **체계 설계 과정의 주요 단계**
> ㉠ 제1단계 : 목표 및 성능 명세 결정
> ㉡ 제2단계 : 시스템 정의
> ㉢ 제3단계 : 기본설계
> ㉣ 제4단계 : 인터페이스 설계
> ㉤ 제5단계 : 촉진물 설계
> ㉥ 제6단계 : 시험 및 평가

29 다음 중 체계 분석 및 설계에 있어서 인간공학적 노력의 효능을 산정하는 척도의 기준에 포함하지 않는 것은?

① 성능의 향상
② 훈련 비용의 절감
③ 인력 이용률의 저하
④ 생산 및 보전의 경제성 향상

> **해설** ③ 인력 이용률의 향상

30 인간공학의 중요한 연구 과제인 계면(Interface) 설계에 있어서 다음 중 계면에 해당되지 않는 것은?

① 작업공간   ② 표시장치
③ 조종장치   ④ 조명시설

> **해설** **계면(Interface) 설계의 종류** : 작업공간, 표시장치, 전송장치, 제어장치, 컴퓨터와의 대화

31 시스템 설계 과정의 주요 단계 중 계면 설계에 있어 계면 설계를 위한 인간 요소 자료로 볼 수 없는 것은?

① 상식과 경험   ② 전문가의 판단
③ 실험 절차   ④ 정량적 자료집

해설 **계면 설계를 위한 인간 요소 자료**
ㄱ 상식과 경험 ㄴ 전문가의 판단 ㄷ 정량적 자료집

32 다음 중 인터페이스(계면)를 설계할 때 감성적인 부문을 고려하지 않으면 나타나는 결과는 무엇인가?
① 육체적 압박 ② 정신적 압박
③ 진부감(陳腐感) ④ 편리감

해설 진부감의 설명이다.

33 다음 중 기준의 유형 가운데 체계 기준(System Criteria)에 해당되지 않는 것은?
① 운용비 ② 신뢰도
③ 사고빈도 ④ 사용 상의 용이성

해설 **체계 기준**
ㄱ 운용비 ㄴ 신뢰도 ㄷ 사용 상의 용이성

34 인간-기계 시스템의 구성 요소에서 다음 중 일반적으로 신뢰도가 가장 낮은 요소는? (단, 관련 요건은 동일하다는 가정이다.)
① 수공구 ② 작업자
③ 조종장치 ④ 표시장치

해설 인간-기계 시스템의 구성 요소 중 신뢰도가 가장 낮은 요소는 작업자이다.

35 다음 중 기계 또는 설비에 이상이나 오동작이 발생하여도 안전 사고를 발생시키지 않도록 2중 또는 3중으로 통제를 가하도록 한 체계에 속하지 않는 것은?
① 다경로 하중구조 ② 하중 경감구조
③ 교대구조 ④ 격리구조

해설 **병렬체계**
ㄱ 다경로 하중구조 ㄴ 하중 경감구조 ㄷ 교대구조

36 다음 중 통제용 조정장치의 형태 중 그 성격이 다른 것은?
① 노브(Knob)
② 푸시버튼(Push Button)
③ 토글 스위치(Toggle Switch)
④ 로터리 선택스위치(Rotary Select Switch)

해설 **통제기기의 특성**
ㄱ **연속적인 조절이 필요한 형태** : 노브(Knob), 크랭크(Crank), 핸들(Handle), 레버(Lever), 페달(Pedal) 등
ㄴ **불연속조절의 형태** : 푸시버튼(Push Button), 토글 스위치(Toggle Switch), 로터리 선택 스위치(Rotary Select Switch)

37 다음 중 연속조절 조종 장치가 아닌 것은?
① 토글(Togle) 스위치 ② 노브(Knob)
③ 페달(Pedal)
④ 핸들(Handle)

해설 **불연속조절의 형태** : 한 번 작동하면 작업이 중지 또는 끝날 때까지 계속하여 조작이 필요없는 통제장치
예 토글 스위치, 수동 푸시버튼, 발 푸시버튼

38 다음 중 조종 장치의 종류에 있어 연속적인 조절에 가장 적합한 형태는?
① 토글 스위치(Toggle Switch)
② 푸시버튼(Push Button)
③ 로터리 스위치(Rotary Select Switch)
④ 레버(Lever)

해설 레버의 설명이다.

제1절 통제표시비와 자동제어

1 통제표시비(Control Display Ratio)

(1) 통제표시비의 개념

① 통제표시비(통제비) : C/D비라고도 하며, 통제 기기와 시각 표시의 관계를 나타내는 비율로서 통제기기의 이동거리 X를 표시판의 지침이 움직인 거리 Y로 나눈 값을 말한다.

$$\frac{C}{D}비 = \frac{X}{Y}$$

여기서, X : 통제기기의 이동거리(㎝)
Y : 표시판의 지침이 움직인 거리(㎝)

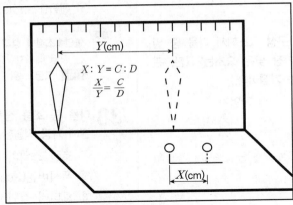

$$X : Y = C : D$$
$$\frac{X}{Y} = \frac{C}{D}$$

〈통제표시비의 예시〉

▶ 제어장치에서 조종장치의 위치를 1cm 움직였을 때 표시장치의 지침이 4cm 움직였다면 이 기기의 C/R비는 약 얼마인가?

풀이 통제비(통제표시비)

$$\frac{C}{R}비 = \frac{통제기기의 변위량}{표시계기 지침의 변위량}$$
$$= \frac{1cm}{4cm} = 0.25$$

② 통제표시비와 조작시간의 관계 : 젠킨슨(W. L. Jenkins)의 실험치로서 시각의 감지시간, 통제기기의 주행시간, 그리고 조정시간의 3요소가 조작시간에 표함되는 시간으로 최적 통제비는 1.18~2.42가 효과적이라는 실험결과를 나타내고 있다.

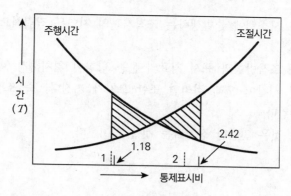

〈통제표시비와 조작시간〉

③ 조종구(Ball Control)에서의 C/D비

$$\frac{C}{D}비 = \frac{\dfrac{a}{360} \times 2\pi L}{표시계기의 \ 이동거리}$$

여기서, a : 조종장치가 움직인 각도

　　　　L : 반지름(지레의 길이)

예제

▶ 반경 7cm의 조종구를 30°움직일 때 계기판의 표시가 3cm 이동하였다면 이 조종장치의 C/R비는 약 얼마인가?

풀이
$$\frac{C}{D}비 = \frac{\dfrac{a}{360} \times 2\pi L}{표시계기의 \ 이동거리}$$
$$= \frac{\dfrac{30}{360} \times 2\pi \times 7cm}{3cm}$$
$$= 1.22$$

여기서, a : 조종구가 움직인 각도

　　　　L : 반경

참고

▶ 힉-하이만(Hick-Hyman) 법칙
자동 생산 시스템에서 3가지 고장 유형에 따라 각기 다른 색의 신호등에 불이 들어오고 운전원은 색에 따라 다른 조정 장치를 조작하도록 하려고 한다. 이때 운전원이 신호를 보고 어떤 장치를 조작해야 할지를 결정하기까지 걸리는 시간을 예측하기 위해서 사용할 수 있는 이론

(2) 통제표시비를 설계할 때 고려하는 요소

① 계기의 크기 : 계기의 크기(size)가 너무 적으면 오차가 많아지므로 상대적으로 생각해야 한다.

② 공차 : 계기에 인정할 수 있는 공차가 주행시간의 단축과의 관계를 고려하여 짧은 주행시간 내에 공차의 인정 범위를 초과하지 않는 계기를 마련한다.

③ 목시거리 : 작업자의 눈과 계기 표시판과의 거리는 주행과 조절에 크게 관련되고 있다. 눈의 가시거리가 길면 길수록 조절의 정확도는 떨어지며 시간이 많이 걸리게 된다.

④ 조작시간 : 통제기기 시스템에서 발생하는 조작시간의 지연은 직접적으로 통제표시비가 가장 크게 작용하고 있다.

⑤ 방향성 : 통제기기의 조작방향과 표시 지표의 운동 방향이 일치하지 않으면 작업자의 동작에 혼돈을 가져오고 조작 시간이 오래 걸리면 또한 오차가 커진다. 즉 조작의 정확성을 감소시키고 조작 시간을 지연시킨다.

⑥ 통제표시비 : 낮다는 것은 민감한 장치라는 것을 의미한다.

2 자동제어

(1) 자동제어의 장점

① 품질의 향상이 현저하고 균일한 제품이 나온다.

② 생산 속도가 상승한다.

③ 원료, 연료 및 동력이 절약된다.

④ 노동 조건의 향상과 위험한 환경의 안전화가 이루어진다.

⑤ 생산설비의 수명이 연장된다.

⑥ 생산설비의 감소화가 될 수 있다.

(2) 체계의 제어

① 시퀀스 제어(Sequential Control) : 순차제어라고도 하며 미리 정해진 순서에 따라 제어의 각 단계를 차례로 진행시키는 제어를 말한다.

② 서보 기구(Servo Mechanism) : 물체의 위치, 방향, 힘, 속도 등의 역학적인 물리량을 제어하는 기구이다.

> 예 레이더의 방향제어, 선박, 항공기 등의 속도 조절 기구, 공작기계의 제어 등

③ 공정 제어(Process Control) : 온도, 압력, 유량 등을 제어한다.

④ 되먹임 제어(Feedback Control) : 제어 결과를 측정하여 목표로 하는 동작이나 상태와 비교하여 잘못된 점을 수정하여 가는 제어이다.

제2절 표시장치

1 표시장치 구분

(1) 표시장치의 유형

① 정적 표시장치 : 일정한 시간이 흘러도 표시가 변화되지 않는 것

> 예 간판, 도표, 그래프, 인쇄물, 필기물 등

② 동적 표시장치 : 시간에 따라 끊임없이 변화하는 것

> 예 온도계, 기압계, 레이더, 음파탐지기, TV, 영화 등

> 🖋 참고
> ▶ HUD : 자동차나 항공기의 앞유리 혹은 차양판 등에 정보를 중첩 투사하는 표시장치

(2) 표시장치에 의한 정보의 유형

① 정량적(Quantitative) 정보 : 변수의 정량적인 값

② 정성적(Qualitative) 정보 : 가변변수의 대략적인 값, 정향, 변화율, 변화 방향 등

③ 상태(Status) 정보 : 체계의 상황이나 상태

④ 경계 및 신호 정보 : 비상 또는 위험 상황 또는 어떤 물체나 상황의 존재 유무

⑤ 묘사적(Representational) 정보 : 사물, 지역, 구성 등을 사진 및 그림 또는 그래프로 묘사

⑥ 식별(Identification) 정보 : 어떤 정적상태, 상황 또는 사물의 식별용

⑦ 문자나 숫자의 부호 정보 : 구두, 문자, 숫자 및 관련된 여러 형태의 암호화 정보

> 📍참고
>
> ▶ 암호로서 성능이 좋은 순서 : 숫자암호-영문자암호-구성암호
> ▶ 암호체계 사용 상의 일반적인 지침
> 1. 암호의 검출성   2. 부호의 양립성   3. 암호의 표준화

⑧ 시차적(Time Phased) 정보 : Pulse화 되었거나 혹은 시차적인 신호, 즉 신호의 지속시간, 간격 및 이들의 조합에 의해 결정되는 신호

2 제어설계 원칙

(1) 양립성의 종류

① 공간 양립성 : 제어장치와 표시장치에 있어 물리적 형태나 배열을 유사하게 설계하는 것

> 예 스위치

② 운동 양립성 : 표시 및 조종장치, 체계 반응에 대한 운동 방향의 양립성

> 예 레버, 우측으로 핸들을 돌린다.

③ 개념 양립성 : 사람들이 가지고 있는 개념적 연상의 양립성

> 예 위험신호는 빨간색, 주의신호는 노란색, 안전신호는 파란색

④ 양식 양립성 : 직무에 대하여 청각적 제시에 대한 음성응답을 하도록 할 때 가장 관련 있는 양립성

> 📍참고
>
> 1. 양립성 : 자극-반응 조합의 관계에서 인간의 기대와 모순되지 않은 성질
> 2. 양립적 이동 : 항공기의 경우 일반적으로 이동 부분의 영상은 고정된 눈금이나 좌표계에 나타내는 것이 바람직하다.

(2) 표식(Coding)

가능하면 모든 제어는 어떤 방법으로든 예를 들어 형태와 구조, 위치 또는 색 등의 구별같은 방법으로 표식화되어야 한다. 좋은 표식화 체계는 많은 실수를 줄이게 한다.

3 신호검출이론(SDT: Signal Detection Theory)

① 신호와 소음을 쉽게 식별할 수 없는 상황에 적용된다.

② 일반적인 상황에서 신호 검출을 간섭하는 소음이 있다.

③ 통제된 실험실에서 얻은 결과를 현장에 그대로 적용할 수 없다.

④ 긍정(Hit), 허위(False alarm), 누락(Miss), 부정(Correct rejection)의 네 가지 결과로 나눌 수 있다.

4 제어장치의 형태 코드법

(1) 부류 A(복수회전)

연속 조절에 사용하는 Knob로 빙글빙글 돌릴 수 있는 회전범위가 1회전 이상이며, Knob의 위치가 제어조작의 정보로는 중요하지 않다.

(2) 부류 B(분별회전)

형상 암호화된 조종장치에서 단회전용 조종장치

(3) 부류 C(이산 멈춤 위치용)

Knob의 위치가 제어조작의 중요 정보가 되는 것으로 분산 설정 제어장치로 사용한다.

5 시각적 표시장치

(1) 정성적 표시장치

정성적 정보를 제공하는 표시장치는 온도, 압력, 속도와 같이 연속적으로 변하는 변수의 대략적인 값이나, 변화 추세, 비율 등을 알고자 할 때 주로 사용한다.

(2) 정량적 표시장치

온도나 속도 같은 동적으로 변하는 변수나, 자로 재는 길이 같은 정적변수의 계량값에 관한 정보를 제공하는 데 사용된다.

① **동침형** : 눈금이 고정되어 있고 지침이 움직이는 형　예 자동차 속도계, 압력계 등

② **동목형** : 지침이 고정되어 있고 눈금이 움직이는 형으로 눈금과 손잡이가 같은 방향으로 회전되도록 설계한다.　예 체중계 등

참고

▶ 아날로그 표시장치는 표시장치의 면적을 최소화할 수 있는 장점이 있다.

③ 계수형 : 관측하고자 하는 측정값을 가장 정확하게 읽을 수 있는 표시장치

예 전력계, 택시 요금 미터, 가스계량기 등

(3) 상태 표시기(Status Indicator)

정량적 계기가 상태 점검 목적으로만 사용된다면 정량적 눈금 대신에 상태 표시기를 사용한다.

예 신호등

(4) 신호 및 경보등

점멸등이나 상점 등을 이용하여 빛의 검출성에 따라 신호, 경보 효과가 달라진다.

(4) 시각적 부호의 유형과 내용

① 임의적 부호 - 주의를 나타내는 삼각형
② 묘사적 부호 - 위험 표지판의 해골과 뼈, 보도 표지판의 걷는 사람
③ 추상적 부호 - 별자리를 나타내는 12궁도

6 청각적 표시장치

(1) 청각적 표시장치가 시각적인 것보다 효과가 있는 경우

① 신호원 자체가 음일 때
② 무선기의 신호, 항로 정보 등과 같이 연속적으로 변하는 정보를 제시할 때
③ 음성 통신 경로가 전부 사용되고 있을 때

(2) 청각적 신호를 받는 경우 신호의 성질에 따라 수반되는 3가지 기능

① 검출
② 상대식별
③ 절대식별

(3) 청각적 표시장치 설계시 적용하는 일반원리

① 양립성이란 긴급용 신호일때는 높은 주파수를 사용한다.
② 검약성이란 조작자에 대한 입력신호는 꼭 필요한 정보만을 제공하는 것이다.
③ 근사성이란 복잡한 정보를 나타내고자 할 때 2단계의 신호를 고려하는 것이다.
④ 분리성이란 두 가지 이상의 채널을 듣고 있다면 각 채널의 주파수가 분리되어 있어야 한다.
⑤ 불변성이란 동일한 신호는 항상 동일한 정보를 지정하도록 한다.

(4) 명료도 지수

통화 이해도를 추정하는 근거로 사용하며 각 옥타브대의 음성과 잡음을 데시벨치에 가중치를 곱하여 합계를 구한 값

▶ 다음 그림에서 명료도 지수는?

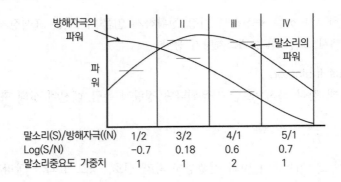

	I	II	III	IV
말소리(S)/방해자극((N)	1/2	3/2	4/1	5/1
Log(S/N)	-0.7	0.18	0.6	0.7
말소리중요도 가중치	1	1	2	1

풀이 **명료도 지수** = $(-0.7 \times 1) + (0.18 \times 1) + (0.6 \times 2) + (0.7 \times 1) = 1.38$

참고

1. **귀의 구조**
   사람의 귀는 외이(귓바퀴, 외이도), 중이(고막, 귓속뼈, 귀 인두관), 내이(달팽이관, 반고리관, 전정기관)으로 구성되어 있고 우리 몸에서 청각과 평형 감각을 담당하고 있다.
   ㉠ **외이** : 귓바퀴와 외이도로 구성된다.
   ㉡ **중이** : 인두와 교통하여 고실 내압을 조절하는 유스타키오관이 존재한다.
   ㉢ **고막** : 귓바퀴 속 외이도의 끝에 위치해 있으며 음파를 진동시키는 진동판 역할 및 증폭시키는 기능을 한다.
   ㉣ **내이** : 신체의 평형감각 수용기인 반규관과 청각을 담당하는 전정기관 및 와우로 구성되어 있다.
2. **중이소골(ossicle)** : 고막의 진동을 내이의 난원창(ovalwindow)에 전달하는 과정에서의 음파의 압력은 22배 증폭된다.

7 청각장치와 시각장치의 선택

청각장치 사용	시각장치 사용
① 전언이 간단하고 짧다.	① 전언이 복잡하고 길다.
② 전언이 후에 재참조되지 않는다.	② 전언이 이후에 재참조된다.
③ 전언이 즉각적인 사상(Event)을 이룬다.	③ 전언이 공간적인 사건을 다룬다.
④ 전언이 즉각적인 행동을 요구한다.	④ 전언이 즉각적인 행동을 요구하지 않는다.
⑤ 수신자의 시각 계통이 과부하 상태일 때	⑤ 수신자의 청각 계통이 과부하 상태일 때
⑥ 수신 장소가 너무 밝거나 암조응 유지가 필요할 때	⑥ 수신 장소가 너무 시끄러울 때
⑦ 직무상 수신자가 자주 움직이는 경우	⑦ 직무상 수신자가 한 곳에 머무르는 경우

8 음성통신

(1) 통화 이해도

① 통화 이해도 시험

② 명료도 지수

③ 이해도 점수

④ 통화 간섭 수준

⑤ 소음 기준 곡선

(2) 전언(메시지) 전달

① 잡음 등

② 사용 어휘

③ 전언의 문맥

④ 전언의 음성학적 국면

9 촉각적 표시장치

(1) 기계적 진동

(2) 전기적 임펄스

> **참고**
>
> 1. 2점 문턱값(Two-Point Threshold) : 손에 두 점을 눌렀을 때 느끼는 감각이 서로 다르게 느끼는 점 사이의 최소 거리
> 2. 2점 문턱값이 감소하는 순서 : 손바닥→손가락→손가락 끝

10 후각 표시장치

반복적 노출에 따라 민감성이 가장 쉽게 떨어지는 표시장치

11 수공구

(1) 수공구의 설계 원칙

① 손목을 곧게 유지한다.

② 반복적인 손가락 동작을 피한다.

③ 모든 손가락을 사용해야 한다.

④ 손잡이는 접촉면적을 가능하면 크게 한다.

(2) 수공구 설계의 기본 원리

① 손잡이의 단면이 원형을 이루어야 한다.

② 일반적으로 손잡이의 길이는 95% tile 남성의 손 폭을 기준으로 한다.

③ 동력 공구의 손잡이는 두 손가락 이상으로 작동하도록 한다.

제3절 인간 오류의 본질

1 인간 에러의 배후요인 4M

① Man : 동료나 상사, 본인 이외의 사람
② Machine : 기계설비의 고장, 결함
③ Media : 작업 정보, 작업환경, 작업방법, 작업순서
④ Management : 법규의 준수, 단속, 점검, 지휘 감독, 교육훈련

> **참고**
>
> ▶ 예방설계(Prevention Design)
> 인간 오류에 관한 설계 기법에 있어 전적으로 오류를 범하지 않게는 할 수 없으므로 오류를
> 범하기 어렵도록 사물을 설계하는 방법

2 인간 실수의 분류

(1) Swain : 행위 차원에서의 분류

① 생략적 과오(Omission Error) : 필요한 작업 또는 절차를 수행하지 않는데 기인한 과오
  예 ㉠ 가스밸브를 잠그는 것을 잊어 사고가 발생하였다.
    ㉡ 전자기기 수리공이 어떤 제품의 분해·조립 과정을 거쳐서 수리를 마친 후 부품 하나가 남았다.
② 시간적 과오(Time Error) : 필요한 작업 또는 절차의 수행 지연으로 인한 과오
③ 수행적 과오(Commission Error) : 필요한 작업 또는 절차의 잘못된 수행으로 발생한 과오
  예 작업 중 전극을 반대로 끼우려고 시도했으나 플러그의 모양이 반대로는 끼울 수 없도록 설계되어 있어서 사고를 예방할 수 있었다. (fool proof 설계 원칙)
④ 순서적 과오(Sequential Error) : 필요한 작업 또는 절차의 순서 착오로 인한 과오
⑤ 과잉적 과오(Extraneous Error) : 불필요한 작업 또는 절차를 수행함으로써 발생하는 오류
  예 자동차 운전 중 습관적으로 손을 창문 밖으로 내어 놓았다가 다쳤다.

(2) James Reason : 원인적 차원에서의 분류

① 숙련기반에러(Skill based error) : 무의식에 의한 행동
② 규칙기반에러(Rule based mistake) : 친숙한 상황에 적용
  예 자동차가 우측 운행하는 한국의 도로에 익숙해진 운전자가 좌측 운행을 해야 하는 일본에서 우측 운행을 하다가 교통사고를 냈다.
③ 지식기반에러(Knowledge based mistake) : 생소하고 특수한 상황에서 나타나는 행동

(3) 인간의 행동과정을 통한 분류

① Input error : 입력 과오
② Information Processing error : 정보처리 절차 과오
③ Output error : 출력 과오

④ Feedback error : 제어 과오

⑤ Decision Marking error : 의사결정 과오

> **참고**
> ▶ 위반(Violation) : 인간의 오류 모형에서 "알고 있음에도 의도적으로 따르지 않거나 무시한 경우"

(4) 대뇌의 정보 처리 오류

① 인지착오   ② 판단착오   ③ 조작착오

> **참고**
> ▶ 불안전한 행동을 유발하는 요인 중 인간의 생리적 요인
> 1. 근력   2. 반응시간   3. 감지능력

(5) 원인에 의한 분류

① Primary error : 작업자 자신으로부터 발생하는 착오

② Secondary error : 작업의 조건이나 작업의 형태 중에서 다른 문제가 생겨 그 때문에 필요한 사항을 실행할 수 없는 오류

③ Command error : 작업자가 기능을 움직이려 해도 필요한 물건, 정보, 에너지 등의 공급이 없는 것처럼 작업자가 움직이려 해도 움직일 수 없어 발생하는 오류

 예 안전교육을 받지 못한 신입 직원이 작업 중 전극을 반대로 끼우려고 시도했으나 플러그의 모양이 반대로는 끼울 수 없도록 설계되어 있어 사고를 예방할 수 있었다.

> **참고**
> ▶ Slip : 의도는 올바른 것이었지만 행동이 의도한 것과는 다르게 나타나는 오류

(6) 휴먼 에러의 심리적 요인

① 그 일의 지식이 부족할 때

② 일을 할 의욕이나 모럴이 결여되어 있을 때

③ 서두르거나 절박한 상황에 놓여 있을 때

④ 무엇인가의 체험으로 습관이 되어 있을 때

⑤ 선입관으로 괜찮다고 느끼고 있을 때

⑥ 주의를 끄는 것이 있어 그것에 치우쳐 주의를 빼앗기고 있을 때

⑦ 많은 자극이 있어 어떤 것에 반응해야 좋을지 알 수 없을 때

⑧ 매우 피로해 있을 때

(7) 휴먼 에러의 물리적 요인

① 일이 단조로울 때   ② 일이 너무 복잡할 때

③ 일의 생산성이 너무 강조될 때   ④ 자극이 너무 많을 때

⑤ 재촉을 느끼게 하는 조직이 있을 때 ⑥ 동일 형상의 것이 나란히 있을 때

> 💡 **참고**
> ▶ 휴먼 에러 예방 대책 중 인적 요인에 대한 대책
> 1. 소집단 활동의 활성화
> 2. 작업에 대한 교육 및 훈련
> 3. 전문 인력의 적재적소 배치

3 인간의 행동 수준

(1) System Performance와 Human Error의 관계

$$SP = f(H \cdot E) = k(H \cdot E)$$

여기서, HE(Human Error) : 인간 과오, SP(System Performance) : 시스템 성능
f : 함수, k : 상수

① $k \fallingdotseq 1$: HE가 SP에 중대한 영향을 끼친다. (HCE : Human Caused Error)
② $k < 1$: HE가 SP에 Risk를 준다.
③ $k \fallingdotseq 0$: HE가 SP에 아무런 영향을 주지 않는다. (SCE : Situation Caused Error)

(2) 인간의 행동

① **레빈의 행동 법칙** : 레빈(Kurt Lewin)은 인간의 행동은 개인의 자질과 심리학적 환경과의 상호 함수 관계에 있다.

$$B = f(P \cdot E)$$

여기서, B(Behavior) : 행동
P(Person) : 개성, 기질, 연령, 경험, 심신상태, 지능
E(Environment) : 환경 조건(인간 관계)
f(Function) : 함수

② **피츠의 법칙(Fitts Law)** : 인간의 행동에 대한 속도와 정확성간의 관계를 설명하는 것으로 시작점에서 표적에 얼마나 빠르게 닿을 수 있는지를 예측하고자 하는 것이다. 즉, 표적이 작고 이동거리가 길수록 이동 시간이 증가한다.

$$MT = a + b\log_2\left(\frac{D}{W} + 1\right)$$

여기서, MT(Movement Time) : 이동시간
a, b : 실험 상수
W : 표적(목표물)의 폭
D : 이동거리

제4절 설비의 신뢰성과 안전도

1 인간공학적으로 보는 안전(Lock System)

① 인간과 기계 사이에 두는 Lock System : Interlock System
② Interlock System과 Interlock System 사이에는 Translock System을 둔다.

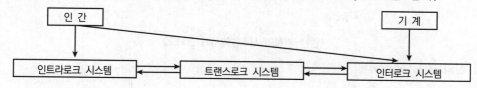

> 🔍 참고
>
> ▶ Temper proof : 산업 현장에서 사용하는 생산설비의 경우 안전장치가 부착되어 있으나 생산성을 위해 제거하고 사용하는 경우가 있다. 이러한 경우를 대비하여 설계 시 안전장치를 제거하면 작동이 안 되는 구조를 채택하고 있다.

2 설비의 신뢰성과 안정성

(1) 인간의 신뢰성 요인

① 주의력   ② 긴장수준
③ 의식수준

(2) 맨 · 머신 시스템의 신뢰성

신뢰성 R_S는 인간의 신뢰성 R_H와 기계의 신뢰성 R_E의 상승적 $R_S = R_E \cdot R_H$로 나타낸다.

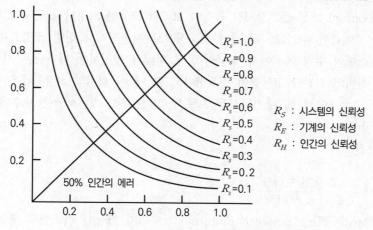

〈인간-기계의 신뢰성과 시스템의 신뢰성〉

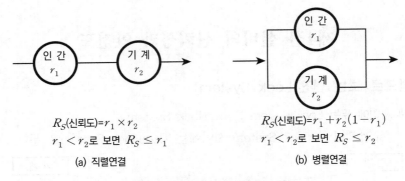

R_S(신뢰도)$=r_1 \times r_2$
$r_1 < r_2$로 보면 $R_S \leq r_1$
(a) 직렬연결

R_S(신뢰도)$=r_1 + r_2(1-r_1)$
$r_1 < r_2$로 보면 $R_S \leq r_2$
(b) 병렬연결

〈인간-기계의 시스템에서의 신뢰도〉

(3) 설비의 신뢰도(Reliability)

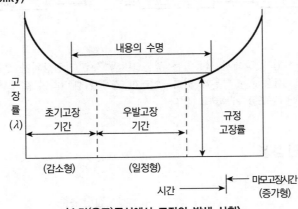

〈수명(욕조)곡선에서 고장의 발생 상황〉

① 고장 구분
   ㉮ 초기고장 : 점검 작업, 시운전 등에 의해 사전에 방지할 수 있는 고장
      ㉠ 디버깅(Debugging) : 초기 고장의 결함을 찾아 고장률을 안정시키는 과정
      ㉡ 번인(Burn In) : 실제로 장시간 움직여 보고서 그동안 고장난 것을 제거하는 공정 기간
   ㉯ 우발고장 : 예측할 수 없을 때 생기는 고장으로 시운전이나 점검 작업으로는 방지할 수 없는 고장, 시스템의 수명 곡선에서 고장의 발생 형태가 일정하게 나타나는 기간
      ㉠ 어떤 설비의 시간당 고장률이 일정하다고 할 때 이 설비의 고장간격은 지수분포를 따른다.
   ㉰ 마모고장 : 수명이 다해 생기는 고장으로서, 안전 진단 및 적당한 보수에 의해서 방지할 수 있는 고장
      • 예방보전(PM)

② 고장
   ㉮ 고장률(λ)$= \dfrac{\text{고장건수}(R)}{\text{총 가동시간}(t)}$
   ㉯ $MTBF$(Mean Time Between Failures) : 수리가 가능한 시스템의 평균 수명 설비의 보전과 가동에 있어 시스템의 고장과 고장 사이의 시간 간격

$$\frac{1}{\lambda(\text{평균고장률})}\left(\frac{t}{R}\right)$$

예제

▶ 한 대의 기계를 120시간 동안 연속 사용한 경우 9회의 고장이 발생하였고, 이때의 총 고장 수리 시간
이 18시간이었다. 이 기계의 MTBF(Mean Time Between Failures)는 약 몇 시간인가?

풀이 $고장률(\lambda) = \dfrac{고장건수(R)}{총 가동시간(t)}$

$MTBF = \dfrac{1}{\lambda} = \dfrac{총 가동시간(t)}{고장건수(R)} = \dfrac{120-18}{9} = 11.33$

참고

▶ MTBF 분석표
신뢰성과 보전성 개선을 목적으로 한 효과적인 보전 기록 자료

㉲ $MTTF$(Mean Time To Failure) : 평균 고장 시간

㉠ $MTTF(평균고장시간) = \dfrac{총 가동시간}{고장건수}$

㉡ 직렬계의 수명 $= \dfrac{MTTF}{n}$

㉢ 병렬계의 수명 $= MTTF\left(1 + \dfrac{1}{2} + \cdots + \dfrac{1}{n}\right)$

㉳ $MTTR$(Mean Time to Repair) : 평균 수리 시간

$MTTR(평균수리시간) = \dfrac{수리시간합계}{수리횟수}$

예제

▶ 한 대의 기계를 10 시간 가동하는 동안 4회의 고장이 발생하였고, 이때의 고장 수리 시간이 다음 표와
같을 때 MTTR(Mean Time to Repair)은 얼마인가?

가동시간(hour)	수리시간(hour)
$T_1 = 2.7$	$T_a = 0.1$
$T_2 = 1.8$	$T_b = 0.2$
$T_3 = 1.5$	$T_c = 0.3$
$T_4 = 2.3$	$T_d = 0.3$

풀이 $MTTR = \dfrac{고장수리시간(hr)}{고장횟수}$

$= \dfrac{T_a + T_b + T_c + T_d}{4회} = \dfrac{0.1+0.2+0.3+0.3}{4}$

$= 0.225시간/회$

㉵ $MTBR$(Mean Time Between Repair) : 작동 에러 평균 시간
장비 가동 시 총실작업 시간 내에서 작업자가 해결하기 어려운 작동 에러가 발생하는 데
걸리는 평균 시간

㉶ $MTTF$(Mean Time To Failure) : 평균 수명 또는 고장 발생까지의 동작 시간 평균이
라고도 하며, 하나의 고장에서부터 다음 고장까지의 평균 고장 시간

$$MTTF = \frac{1}{\lambda(\text{고장률})}$$

㉠ 직렬계 : $MTTF_S = \dfrac{MTTF}{n}$

예제

▶ 한 화학 공장에는 24개의 공정제어회로가 있으며, 4,000시간의 공정 가동 중 이 회로에는 14번의 고장이 발생하였고, 고장이 발생하였을 때마다 회로는 즉시 교체되었다. 이 회로의 평균 고장 시간(MTTF)은 약 얼마인가?

풀이 $MTTF = \dfrac{\text{총 가동시간}}{\text{고장건수}} = \dfrac{24 \times 4{,}000}{14} = 6857.142 = 6{,}857$ 시간

㉡ 병렬계 : $MTTF_S = \dfrac{MTTF}{n}\left(1 + \dfrac{1}{2} + \dfrac{1}{3} + \cdots + \dfrac{1}{n}\right)$

예제

▶ 각각 10,000시간의 수명을 가진 A, B 두 요소가 병렬계를 이루고 있을 때 이 시스템의 수명은 얼마인가? (단, 요소 A, B의 수명은 지수분포를 따른다.)

풀이 병렬체계의 수명 $= \left(1 + \dfrac{1}{2} + \cdots + \dfrac{1}{n}\right) \times \text{시간} = \left(1 + \dfrac{1}{2}\right) \times 10{,}000 = 15{,}000$ 시간

㉯ 신뢰도 $(R_t) = e^{-t/t_o} = e^{-\lambda t}$

여기서, R_t : 신뢰도, T_o : 평균 고장 시간, t : 시간

예제

▶ 프레스기의 안전 장치 수명은 지수분포를 따르며, 평균 수명은 100 시간이다. 새로 구입한 안전 장치가 향후 50 시간 동안 고장 없이 작동할 확률(A)과 이미 100 시간을 사용한 안전 장치가 향후 50시간 이상 견딜 확률(B)은 각각 얼마인가?

풀이 ① 작동할 확률(A) $= R(t) = e^{\lambda t} = e^{-0.01 \times 50} = 0.606$
② 견딜 확률(B) $= R(t) = e^{\lambda t} = e^{-0.01 \times 100} = 0.368$

참고

▶ **푸아송 분포(Poisson Distribution)** : 설비의 고장과 같이 특정 시간 또는 구간에 어떤 사건의 발생 확률이 적은 경우 그 사건의 발생 횟수를 측정하는 데 가장 적합한 확률 분포

(4) 신뢰도 연결

① 직렬(Series System) : 제어계가 R개의 요소로 만들어져 있고 각 요소의 고장이 독립적으로 발생한 것이라면 어떤 요소의 고장도 제어계의 기능을 잃은 상태로 있다고 할 때이다.

$$R_s = R_1 \cdot R_2 \cdot R_3 \cdot \cdots \cdot R_n = \prod_{i=1}^{n} R_i$$

예제

▶ 자동차는 타이어가 4개인 하나의 시스템으로 볼 수 있다. 타이어 1개가 파열될 확률이 0.01이라면, 이 자동차의 신뢰도는 약 얼마인가?

풀이 자동차의 신뢰도$(R_s) = (1-0.01)^4 = 0.9605 = 0.96$

② 병렬(Parallel System, Failsafety) : 항공기나 열차의 제어장치처럼 한 부분의 결함이 중대한 사고를 일으킬 우려가 있을 경우에는 페일세이프 시스템을 사용한다. 결함이 생긴 부품의 기능을 대체시킬 수 있는 장치를 중복 부착시켜 두는 시스템이다.

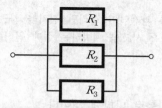

$$R_p = 1 - (1-R_1)(1-R_2)(1-R_3) \cdot \cdots \cdot (1-R_n) = 1 - \prod_{i=1}^{n}(1-R_i)$$

예제

▶ 인간-기계 시스템에서 인간과 기계가 병렬도 연결된 작업의 신뢰도는? (단, 인간은 0.8, 기계는 0.98의 신뢰도를 갖고 있다.)

풀이 $R_s = 1-(1-0.8)(1-0.98) = 0.996$

③ 요소의 병렬 : 요소의 병렬 작용으로 결합된 시스템의 신뢰도이다.

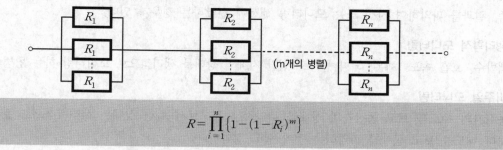

(m개의 병렬)

$$R = \prod_{i=1}^{n} \left\{ 1 - (1-R_i)^m \right\}$$

④ 시스템의 병렬 : 항공기의 조종장치는 엔진 가동 유압 펌프계와 교류전동기 가동 유압펌프계의 쌍방이 고장을 일으켰을 경우 응급용으로서의 수동 장치의 3단의 페일세이프 방법이 사용되고 있고 이 같은 시스템을 병렬로 한 방식이다.

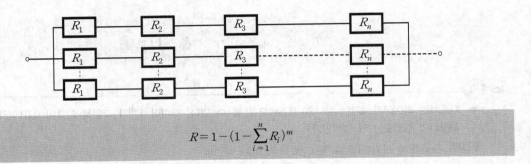

$$R = 1 - (1 - \sum_{i=1}^{n} R_i)^m$$

⑤ **대기방식(Fail-Safe System)** : 병렬 페일세이프티 방식의 요소가 동작 중에 고장을 일으켰을 경우 대기 중인 페일세이프 시스템으로 전환하는 방식이 있다. 대기 페일세이프티 시스템에는 고장 검출 장치와 고장을 일으켰을 때 페일세이프티 시스템으로 전환시켜 주는 장치가 필요하다.

> **💡참고**
> ▶ **페일-세이프(Fail-Safe) 설계** : 과전압이 걸리면 전기를 차단하는 차단기, 퓨즈 등을 설치하여 오류가 재해로 이어지지 않도록 사고를 예방하는 설계 원칙

(5) 시스템 신뢰도의 설명

① 시스템의 성공적 퍼포먼스를 확률로 나타낸 것이다.
② 각 부품이 동일한 신뢰도를 가질 경우 직렬구조의 신뢰도는 병렬구조에 비해 신뢰도가 낮다.
③ 시스템의 직렬구조는 시스템의 어느 한 부품이 고장나면 시스템이 고장나는 구조이다.
④ n중 k구조는 n개의 부품으로 구성된 시스템에서 k개 이상의 부품이 작동하면 시스템이 정상적으로 가동되는 구조이다.

3 인간에 대한 모니터링의 방법

(1) 셀프 모니터링(자기감지)
자극, 고통, 피로, 권태, 이상감각 등의 지각에 의해서 자신의 상태를 알고 행동하는 감시 방법. 즉, 결과를 파악하여 자신 또는 모니터링 센서에 전달하는 경우가 있다.

(2) 생리학적 모니터링
맥박수, 호흡 속도, 체온, 뇌파 등으로 인간 자체의 상태를 생리적으로 모니터링 하는 방법이다.

(3) 비주얼 모니터링
동작자의 태도를 보고 동작자의 상태를 파악하는 것으로서 졸린 상태는 생리학적으로 분석하는 것보다 태도를 보고 상태를 파악하는 것이 쉽고 정확하다.

(4) 반응에 대한 모니터링
자극(청각, 시각, 촉각)을 가하여 이에 대한 반응을 보고 정상 또는 비정상을 판단하는 방법이다.

(5) 환경의 모니터링
간접적인 감시 방법으로서 환경 조건의 개선으로 인체의 안락과 기분을 좋게 하여 정상 작업을 할 수 있도록 만드는 방법이다.

01 다음 중 통제기기의 변위를 20mm 움직였을 때 표시기기의 지침이 25mm 움직였다면 이 기기의 C/R비는 얼마인가?

① 0.3　　　　② 0.4

③ 0.8　　　　④ 0.9

해설 통제표시(C/R)비

$$= \frac{통제기기 \ 변위량}{표시기기 \ 지침 \ 변위량} = \frac{20}{25} = 0.8$$

02 제어장치에서 조종장치의 위치를 1cm 움직였을 때 표시장치의 지침이 4cm 움직였다면 이 기기의 C/R비는 약 얼마인가?

① 0.25　　　　② 0.6

③ 1.5　　　　④ 1.7

해설 통제비(통제표시비)

$$\left(\frac{C}{R}\right)비 = \frac{통제기기의 \ 변위량}{표시계기 \ 지침의 \ 변위량} = \frac{1cm}{4cm} = 0.25$$

03 그림에 있는 조종구(Ball Control)와 같이 상당한 회전 운동을 하는 조종장치가 선형 표시장치를 움직일 때는 L을 반경(지레의 길이), a를 조종장치가 움직인 각도라 할 때 조종 표시장치의 이동비율(Control Display Ratio)을 나타낸 것은?

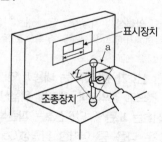

표시장치

조종장치

① $\dfrac{(a/360) \times 2\pi L}{표시장치 \ 이동거리}$

② $\dfrac{표시장치 \ 이동거리}{(a/360) \times 4\pi L}$

③ $\dfrac{(a/360) \times 4\pi L}{표시장치 \ 이동거리}$

④ $\dfrac{표시장치 \ 이동거리}{(a/360) \times 2\pi L}$

해설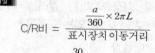
$$C/D비 = \frac{(a/360) \times 2\pi L}{표시장치 \ 이동거리}$$

회전손잡이(Knob)의 경우 C/D비는 손잡이 1회전에 상당하는 표시장치 이동거리의 역수이다.

04 반경 7cm의 조종구를 30° 움직일 때 계기판의 표시가 3cm 이동하였다면 이 조종장치의 C/R비는 약 얼마인가?

① 0.22　　　　② 0.38

③ 1.22　　　　④ 1.83

해설
$$C/R비 = \frac{\dfrac{a}{360} \times 2\pi L}{표시장치 \ 이동거리}$$

$$= \frac{\dfrac{30}{360} \times 2\pi \times 7cm}{3cm} = 1.22$$

여기서, a : 조종구가 움직인 각도, L : 반경

05 다음 중 조종-반응 비율(C/R비)에 따른 이용시간과 조정시간의 관계로 옳은 것은?

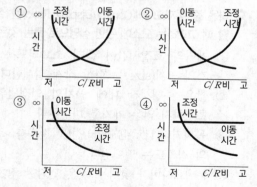

해설 C/R비가 감소함에 따라 이동 시간은 급격히 감소하다가 안정되며, 조정시간은 이와 반대의 형태를 갖는다.

06 다음 중 조종–반응 비율(C/R비)에 관한 설명으로 틀린 것은?

① C/R비가 클수록 민감한 제어장치이다.

② "X"가 조종장치의 변위량, "Y"가 표시장치의 변위량일 때 $\dfrac{X}{Y}$로 표현된다.

③ Knob C/R비는 손잡이 1회전 시 움직이는 표시장치 이동거리의 역수로 나타낸다.

④ 최적의 C/R비는 제어장치의 종류나 표시장치의 크기, 허용 오차 등에 의해 달라진다.

> **해설** ① C/R비가 작을수록 민감한 제어장치이다.

07 자동생산 시스템에서 3가지 고장유형에 따라 각기 다른 색의 신호등에 불이 들어오고 운전원은 색에 따라 다른 조종장치를 조작하도록 하려고 한다. 이때 운전원이 신호를 보고 어떤 장치를 조작해야 할지를 결정하기까지 걸리는 시간을 예측하기 위해서 사용할 수 있는 이론은?

① 웨버(Weber) 법칙

② 피츠(Fitts) 법칙

③ 힉–하이만(Hick–Hyman) 법칙

④ 학습효과(Learning Effect) 법칙

> **해설** 힉–하이만(Hick–Hyman) 법칙의 설명이다.

08 다음 중 통제표시비(Control/Display Ratio)를 설계할 때 고려하는 요소에 관한 설명으로 틀린 것은?

① 계기의 조절시간이 짧게 소요되도록 계기의 크기(size)는 항상 작게 설계한다.

② 짧은 주행시간 내에 공차의 인정범위를 초과하지 않는 계기를 마련한다.

③ 목시거리(目示距離)가 길면 길수록 조절의 정확도는 떨어진다.

④ 통제표시비가 낮다는 것은 민감한 장치라는 것을 의미한다.

> **해설** ① 계기의 조절시간이 짧게 소요되도록 계기의 크기(size)는 크기가 작으면 오차가 많이 발생하므로 상대적으로 생각해야 한다.

09 다음 중 일반적으로 대부분의 임무에서 시각적 암호의 효능에 대한 결과에서 가장 성능이 우수한 암호는?

① 구성 암호

② 영자와 형상 암호

③ 숫자 및 색 암호

④ 영자 및 구성 암호

> **해설** 시각적 암호의 효능에 대한 결과에서 가장 성능이 우수한 암호 : 숫자 및 색 암호

10 6개의 표시장치를 수평으로 배열할 경우 해당 제어장치를 각각의 그 아래에 배치하면 좋아지는 양립성의 종류는?

① 공간 양립성

② 운동 양립성

③ 개념 양립성

④ 양식 양립성

> **해설** 양립성의 종류
> ㉠ **공간 양립성** : 6개의 표시장치를 수평으로 배열할 경우 해당 제어장치를 각각의 그 아래에 배치하면 좋아지는 양립성
> ㉡ **운동 양립성** : 표시 및 조종장치, 체계 반응에 대한 운동 방향의 양립성
> ㉢ **개념 양립성** : 사람들이 가지고 있는 개념적 연상의 양립성

11 다음 내용에 해당하는 양립성의 종류는?

> 자동차를 운전하는 과정에서 우측으로 회전하기 위하여 핸들을 우측으로 돌린다.

① 개념의 양립성

② 운동의 양립성

③ 공간의 양립성

④ 감성의 양립성

> **해설** **운동의 양립성** : 자동차를 운전하는 과정에서 우측으로 회전하기 위하여 핸들을 우측으로 돌린다.

12 어떠한 신호가 전달하려는 내용과 연관성이 있어야 하는 것으로 정의되며, 예로써 위험신호는 빨간색, 주의신호는 노란색, 안전신호는 파란색으로 표시하는 것은 다음 중 어떠한 양립성(Compatibility)에 해당하는가?

① 공간 양립성

② 개념 양립성

③ 동작 양립성

④ 형식 양립성

정답 | 06. ① 07. ③ 08. ① 09. ③ 10. ① 11. ② 12. ②

양립성의 종류
  ㉠ **개념 양립성** : 어떠한 신호가 전달하려는 내용과 연관성이 있어야 하는 것
  ㉡ **공간 양립성** : 표시 및 조정장치에서 물리적 형태나 공간적인 배치
  ㉢ **운동 양립성** : 표시 및 조종장치에서 체계반응에 대한 운동방향

13 다음 중 형상 암호화된 조종장치에서 "이산 멈춤 위치용" 조종장치로 가장 적절한 것은?

①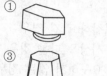
②
③
④

① 이산 멈춤 위치용 조종장치(멈춤용 장치)

14 다음 중 아날로그 표시장치를 선택하는 일반적인 요구사항으로 틀린 것은?
① 일반적으로 동침형보다 동목형을 선호한다.
② 일반적으로 동침과 동목은 혼용하여 사용하지 않는다.
③ 움직이는 요소에 대한 수동조절을 설계할 때는 바늘(Pointer)을 조정하는 것이 눈금을 조정하는 것보다 좋다.
④ 중요한 미세한 움직임이나 변화에 대한 정보를 표시할 때는 동침형을 사용한다.

① 일반적으로 동목형보다 동침형을 선호한다.

15 다음 중 일반적인 지침의 설계요령과 가장 거리가 먼 것은?
① 뾰족한 지침의 선각은 약 30° 정도를 사용한다.
② 지침의 끝은 눈금과 맞닿되 겹치지 않게 한다.
③ 원형 눈금의 경우 지침의 색은 선단에서 눈의 중심까지 칠한다.
④ 시차를 없애기 위해 지침을 눈금 면에 일치시킨다.

①의 경우 뾰족한 지침의 선각은 약 15° 정도를 사용한다.

16 다음 중 지침이 고정되어있고 눈금이 움직이는 형태의 정량적 표시장치는?
① 정목 동침형 표시장치
② 정침 동목형 표시장치
③ 계수형 표시장치
④ 점멸형 표시장치

정침 동목형 표시장치의 설명이다.

17 다음 중 표시장치에 나타나는 값들이 계속적으로 변하는 경우에는 부적합하며 인접한 눈금에 대한 지침의 위치를 파악할 필요가 없는 경우의 표시장치 형태로 가장 적합한 것은?
① 정목 동침형   ② 정침 동목형
③ 동목 동침형   ④ 계수형

계수형의 설명이다.

18 다음 중 정량적 표시장치의 눈금 수열로 가장 인식하기 쉬운 것은?
① 1, 2, 3, …   ② 2, 4, 6, …
③ 3, 6, 9, …   ④ 4, 8, 12, …

정량적 표시장치의 눈금 수열로 가장 인식하기 쉬운 것
  1, 2, 3, …

19 다음 중 정량적 자료를 정성적 판독의 근거로 사용하는 경우로 볼 수 없는 것은?
① 미리 정해 놓은 몇 개의 한계 범위에 기초하여 변수의 상태나 조건을 판정할 때
② 목표로 하는 어떤 범위의 값을 유지할 때
③ 변화 경향이나 변화율을 조사하고자 할 때
④ 세부 형태를 확대하여 동일한 시각을 유지해 주어야 할 때

④는 정성적 자료를 정량적 판독의 근거로 사용하는 경우
①, ②, ③은 정량적 자료를 정성적 판독의 근거로 사용하는 경우

20 정량적 표시장치에 관한 설명으로 옳은 것은?

① 연속적으로 변화하는 양을 나타내는 데에는 일반적으로 아날로그보다 디지털 표시장치가 유리하다.

② 정확한 값을 읽어야 하는 경우 일반적으로 디지털보다 아날로그 표시장치가 유리하다.

③ 동침(Moving Pointer)형 아날로그 표시장치는 바늘의 진행방향과 증감 속도에 대한 인식적인 암시 신호를 얻는 것이 불가능한 단점이 있다.

④ 동목(Moving Scale)형 아날로그 표시장치는 표시장치의 면적을 최소화할 수 있는 장점이 있다.

> **해설** ① 연속적으로 변화하는 양을 나타내는 데에는 일반적으로 디지털보다 아날로그 표시장치가 유리하다.
> ② 정확한 값을 읽어야 하는 경우 일반적으로 아날로그보다 디지털 표시장치가 유리하다.
> ③ 동침형 아날로그 표시장치는 바늘의 진행방향과 증감속도에 대한 인식적인 암시 신호를 얻는 것이 가능한 장점이 있다.

21 다음 중 정서적(아날로그) 표시장치를 사용하기에 가장 적절하지 않은 것은?

① 전력계와 같이 신속하고 정확한 값을 알고자 할 때

② 비행기 고도의 변화율을 알고자 할 때

③ 자동차 시속을 일정한 수준으로 유지하고자 할 때

④ 책이나 형상을 암호화하여 설계할 때

> **해설** **정량적 표시장치(계수형, Digital)** : 전력계나 택시 요금 계기와 같이 기계, 전자적으로 숫자가 표시되는 형

22 다음 중 역치(Threshold Value)의 설명으로 가장 적절한 것은?

① 표시장치의 설계와 역치는 아무런 관계가 없다.

② 에너지의 양이 증가할수록 차이 역치는 감소한다.

③ 역치는 감각에 필요한 최소량의 에너지를 말한다.

④ 표시장치를 설계할 때는 신호의 강도를 역치 이해로 설계하여야 한다.

> **해설** **역치(Threshold Value)** : 감각에 필요한 최소량의 에너지

23 다음 중 정보의 전달 방법으로 시각적 표시장치보다 청각적 표시방법을 이용하는 것이 적절한 경우는?

① 정보의 내용이 복잡하고 긴 경우

② 정보가 시간적인 사상을 다룰 경우

③ 즉각적인 행동을 요구하지 않는 경우

④ 정보가 공간적인 위치를 다루는 경우

> **해설** 청각적 표시방법을 이용하는 것이 적절한 경우는 정보가 시간적인 사상을 다룰 경우이다.

24 정보를 전송하기 위한 표시장치 중 시각장치보다 청각장치를 사용해야 더 좋은 경우는?

① 메시지가 나중에 재참조되는 경우

② 직무상 수신자가 자주 움직이는 경우

③ 메시지가 공간적인 위치를 다루는 경우

④ 수신자의 청각 계통이 과부하 상태인 경우

> **해설** 시각장치보다 청각장치를 사용해야 더 좋은 경우는 직무상 수신자가 자주 움직이는 경우이다.

25 정보 전달용 표시장치에서 청각적 표현이 좋은 경우가 아닌 것은?

① 메시지가 단순하다.

② 메시지가 복잡하다.

③ 메시지가 그때의 사건을 다룬다.

④ 시각장치가 지나치게 많다.

> **해설** **청각적 표현이 좋은 경우**
> ㉠ 메시지가 단순하다.
> ㉡ 메시지가 그때의 사건을 다룬다.
> ㉢ 시각장치가 지나치게 많다.

26 다음 중 청각적 표시장치에서 300m 이상의 장거리
용 경보기에 사용하는 진동수로 가장 적절한 것은?

① 800Hz 전후 ② 2,200Hz 전후

③ 3,500Hz 전후 ④ 4,000Hz 전후

> **해설** 장거리(300m 이상)용은 1,000Hz 이하의 진동수를 사용한다.

27 다음 중 정보를 전송하기 위해 청각적 표시장치
보다 시각적 표시장치를 사용하는 것이 더 효과
적인 경우는?

① 정보의 내용이 간단한 경우

② 정보가 후에 재참조되는 경우

③ 정보가 즉각적인 행동을 요구하는 경우

④ 정보의 내용이 시간적인 사건을 다루는
경우

> **해설**
> (1) **정보를 전송하기 위해 청각적 표시장치보다 시각
> 적 표시장치를 사용하는 것이 더 효과적인 경우** :
> 정보가 후에 재참조되는 경우
> (2) **시각적 표시장치보다 청각적 표시장치를 사용하는
> 것이 더 효과적인 경우**
> ㉠ 정보의 내용이 간단한 경우
> ㉡ 정보가 즉각적인 행동을 요구하는 경우
> ㉢ 정보의 내용이 시간적인 사건을 다루는 경우

28 다음 중 청각적 표시장치보다 시각적 표시장치
를 이용하는 경우가 더 유리한 경우는?

① 메시지가 간단한 경우

② 메시지가 추후에 재참조되는 경우

③ 직무상 수신자가 자주 움직이는 경우

④ 메시지가 즉각적인 행동을 요구하지 않는
경우

> **해설** 청각적 표시장치보다 시각적 표시장치를 이용하는 경
> 우가 더 유리한 경우는 메시지가 즉각적인 행동을 요
> 구하지 않는 경우이다.

29 잡음 등이 개입되는 통신 악조건 하에서 전달확
률이 높아지도록 전언을 구성할 때 다음 중 가
장 적절하지 않은 것은?

① 표준 문장의 구조를 사용한다.

② 문장보다 독립적인 음절을 사용한다.

③ 사용하는 어휘 수를 가능한 적게 한다.

④ 수신자가 사용하는 단어와 문장 구조에
친숙해지도록 한다.

> **해설** 잡음 등이 개입되는 통신 악조건 하에서 전달 확률이
> 높아지도록 전언을 구성할 때 적정한 것
> ㉠ 표준 문장의 구조를 사용한다.
> ㉡ 사용하는 어휘 수를 가능한 적게 한다.
> ㉢ 수신자가 사용하는 단어와 문장 구조에 친숙해지
> 도록 한다.

30 다음 중 인간의 귀에 대한 구조를 설명한 것으
로 틀린 것은?

① 외이(External Ear)는 귓바퀴가 외이도
로 구성된다.

② 중이(Middle Ear)에는 인두와 교통하여
고실내압을 조절하는 유스타키오관이 존
재한다.

③ 내이(Inner Ear)는 신체의 평형감각 수
용기인 반규관과 청각을 담당하는 전정
기관 및 와우로 구성되어있다.

④ 고막은 중이와 내이의 경계 부위에 위치
해 있으며 음파를 진동으로 바꾼다.

> **해설** **고막의 위치** : 고막은 외이와 중이의 경계 부위에 위
> 치해 있으며 음파를 진동으로 바꾼다.

31 중이소골(Ossicle)이 고막의 진동을 내이의 난원
창(Ovalwindow)에 전달하는 과정에서 음파의
압력은 어느 정도 증폭되는가?

① 2배 ② 12배

③ 22배 ④ 220배

> **해설** 중이소골(Ossicle)이 고막의 진동을 내이의 난원창
> (Ovalwindow)에 전달하는 과정에서 음파의 압력은 22
> 배 증폭된다.

32 다음 중 정보의 촉각적 암호와 방법으로만 구성된 것은?

① 점자, 진동, 온도
② 초인종, 점멸등, 점자
③ 신호등, 경보음, 점멸등
④ 연기, 속도, 모스(morse)부호

> 해설
> 정보의 촉각적 암호화 방법 : 점자, 진동, 온도

33 다음 중 촉감의 일반적인 척도의 하나인 2점 문턱값(two-point threshold)이 감소하는 순서대로 나열한 것은?

① 손바닥 → 손가락 → 손가락 끝
② 손가락 → 손바닥 → 손가락 끝
③ 손가락 끝 → 손가락 → 손바닥
④ 손가락 끝 → 손바닥 → 손가락

> 해설
> 2점 문턱값이 감소하는 순서
> 손바닥 → 손가락 → 손가락 끝

34 다음 중 일반적인 수공구의 설계 원칙으로 볼 수 없는 것은?

① 손목을 곧게 유지한다.
② 반복적인 손가락 동작을 피한다.
③ 사용이 용이한 검지만을 주로 사용한다.
④ 손잡이는 접촉면적을 가능하면 크게 한다.

> 해설
> **수공구의 설계원칙**
> ㉠ 손목을 곧게 유지한다.
> ㉡ 반복적인 손가락 동작을 피한다.
> ㉢ 모든 손가락을 사용해야 한다.
> ㉣ 손잡이는 접촉면적을 가능하면 크게 한다.

35 다음 중 수공구 설계의 기본원리로 가장 적절하지 않은 것은?

① 손잡이의 단면이 원형을 이루어야 한다.
② 정밀작업을 요하는 손잡이의 직경은 2.5~4cm로 한다.
③ 일반적으로 손잡이의 길이는 95% tile 남성의 손 폭을 기준으로 한다.
④ 동력공구의 손잡이는 두 손가락 이상으로 작동하도록 한다.

> 해설
> ② 손잡이를 꺾고, 손목을 꺾지 않는다.

36 다음 중 재해의 기본원인을 4M으로 분류할 때 작업의 정보, 작업 방법, 환경 등의 요인이 속하는 것은?

① Man
② Machine
③ Media
④ Method

> 해설
> **재해의 기본 원인(4M)**
> ㉠ Man : 본인 이외의 사람
> ㉡ Machine : 장치나 기기 등의 물적 요인
> ㉢ Media : 작업의 정보, 작업 방법, 환경 등의 요인
> ㉣ Management : 법규 준수, 단속, 점검 관리, 지휘 감독, 교육 훈련

37 다음 중 인간 오류에 관한 설계기법에 있어 전적으로 오류를 범하지 않게는 할 수 없으므로 오류를 범하기 어렵도록 사물을 설계하는 방법은?

① 베타설계(Exclusive Design)
② 예방설계(Prevention Design)
③ 최소설계(Minimum Design)
④ 감소설계(Reduction Design)

> 해설
> ② 예방설계의 설명이다.

38 다음 설명에서 ( ) 안에 들어갈 단어를 순서적으로 올바르게 나타낸 것은?

> • (㉠) : 필요한 직무 또는 절차를 수행하지 않는데 기인한 과오
> • (㉡) : 필요한 직무 또는 절차를 수행하였으나 잘못 수행한 과오

① ㉠ Sequential error
　㉡ Extraneous error
② ㉠ Extraneous error
　㉡ Omission error
③ ㉠ Omission error
　㉡ Commission error
④ ㉠ Commission error
　㉡ Omission error

해설 휴먼에러의 심리적 분류
- ㉠ **Omission error** : 필요한 직무 또는 절차를 수행하지 않는데 기인한 과오
- ㉡ **Commission error** : 필요한 직무 또는 절차를 수행하였으나 잘못 수행한 과오
- ㉢ **Time error** : 필요한 직무 또는 절차의 수행 지연으로 인한 과오
- ㉣ **Sequential error** : 필요한 직무 또는 절차의 순서 착오로 인한 과오
- ㉤ **Extraneous error** : 불필요한 직무 또는 절차를 수행함으로써 기인한 과오

39 안전교육을 받지 못한 신입직원이 작업 중 전극을 반대로 끼우려고 시도했으나, 플러그의 모양이 반대로는 끼울 수 없도록 설계되어 있어서 사고를 예방할 수 있었다. 다음 중 작업자가 범한 에러와 이와 같은 사고 예방을 위해 적용된 안전설계 원칙으로 가장 적합한 것은?

① 누락(omission) 오류, Fool proof 설계 원칙
② 누락(omission) 오류, Fail safe 설계 원칙
③ 작위(commission) 오류, Fool proof 설계 원칙
④ 작위(commission) 오류, Fail safe 설계 원칙

해설 **작위오류** : 불확실한 수행
Fool proof 설계 원칙 : 제어계 시스템이나 제어장치의 대하여 인간의 오동작을 방지하기 위한 설계

40 스웨인(Swain)의 인적오류(혹은 휴먼에러) 분류 방법에 의할 때, 자동차 운전 중 습관적으로 손을 창문 밖으로 내어놓았다가 다쳤다면 다음 중 이때 운전자가 행한 에러의 종류로 옳은 것은?

① 실수(Slip)
② 작위 오류(Commission Error)
③ 불필요한 수행 오류(Extraneous Error)
④ 누락 오류(Omission Error)

해설 불필요한 수행 오류의 설명이다.

41 인간 오류의 분류에 있어 원인에 의한 분류 중 작업의 조건이나 작업의 형태 중에서 다른 문제가 생겨 그 때문에 필요한 사항을 실행할 수 없는 오류(error)를 무엇이라고 하는가?

① Secondary errorr
② Primary error
③ Command error
④ Commission error

해설
- ② 작업자 자신으로부터 발생한 과오
- ③ 작업자가 움직이려 해도 움직일 수 없음으로 인해 발생하는 과오
- ④ 요구된 기능을 실행하고자 하여도 필요한 물건, 정보, 에너지 등의 공급이 없기 때문에 작업자가 움직이려고 해도 움직일 수 없음으로 발생하는 과오

42 인간 오류의 분류에 있어 원인에 의한 분류 중 작업자가 기능을 움직이려고 해도 필요한 물건, 정보, 에너지 등의 공급이 없는 것처럼 작업자가 움직이려고 해도 움직일 수 없음으로 발생하는 오류는?

① Primary error   ② Secondary error
③ Command error   ④ Omission error

해설
- ① **Primary error** : 작업자 자신으로부터의 오류
- ② **Secondary error** : 작업 형태나 작업 조건 중에서 다른 문제가 생겨 그 때문에 필요한 사항을 실행할 수 없는 오류
- ④ **Omission error** : 필요한 task 또는 절차를 수행하지 않는 데에 기인한 오류

43 다음 설명 중 해당하는 용어를 올바르게 나타낸 것은?

> ㉠ 요구된 기능을 실행하고자 하여도 필요한 물건, 정보, 에너지 등의 공급이 없기 때문에 작업자가 움직이려고 해도 움직일 수 없으므로 발생하는 과오
> ㉡ 작업자 자신으로부터 발생한 과오

① ㉠ Secondary error ㉡ Command error
② ㉠ Command error ㉡ Primary error
③ ㉠ Primary error ㉡ Secondary error
④ ㉠ Command error ㉡ Secondary error

해설 ㉠ Primary error, ㉡ Secondary error의 설명이다.

44 Swain에 의해 분류된 휴먼에러 중 독립행동에 관한 분류에 해당하지 않는 것은?

① Omission error
② Commission error
③ Extraneous error
④ Command error

해설
(1) Swain(심리적)에 의한 분류
　ㄱ Omission error　　　ㄴ Time error
　ㄷ Commission error　　ㄹ Sequential error
　ㅁ Extraneous error
(2) 원인의 Level적 분류
　ㄱ Primary error　　　ㄴ Secondary error
　ㄷ Command error

45 인지 및 인식의 오류를 예방하기 위해 목표와 관련하여 작동을 계획해야 하는데 특수하고 친숙하지 않은 상황에서 발생하며, 부적절한 분석이나 의사결정을 잘못하여 발생하는 오류는?

① 기능에 기초한 행동(Skill-based Behavior)
② 규칙에 기초한 행동(Rule-based Behavior)
③ 지식에 기초한 행동(Knowledge Behavior)
④ 사고에 기초한 행동(Accident-based Behavior)

해설　③ 지식에 기초한 행동의 설명이다

46 다음 중 휴먼에러(Human error)의 심리적 요인으로 옳은 것은?

① 일이 너무 복잡한 경우
② 일의 생산성이 너무 강조될 경우
③ 동일 형상의 것이 나란히 있을 경우
④ 서도르거나 절박한 상황에 놓여 있을 경우

해설
④ : 휴먼에러의 심리적 요인
①, ②, ③ : 휴먼에러의 물리적 요인

47 다음 중 인간의 실수(Human errors)를 감소시킬 수 있는 방법으로 가장 적절하지 않은 것은?

① 직무수행에 필요한 능력과 기량을 가진 사람을 선정함으로써 인간의 실수를 감소시킨다.
② 적절한 교육과 훈련을 통하여 인간의 실수를 감소시킨다.
③ 인간의 과오를 감소시킬 수 있도록 제품이나 시스템을 설계한다.
④ 실수를 발생한 사람에게 주의나 경고를 주어 재발생하지 않도록 한다.

해설　④ 표지, 착오에 대한 연구와 지식을 보급한다.

48 다음 중 인간 에러(Human error)를 예방하기 위한 기법과 가장 거리가 먼 것은?

① 작업상황의 개선
② 위급사건기법의 적용
③ 작업자의 변경
④ 시스템의 영향 감소

해설　인간 에러를 예방하기 위한 기법
　ㄱ 작업상황의 개선　　　ㄴ 작업자의 변경
　ㄷ 시스템의 영향 감소

49 다음 중 작동 중인 전자레인지의 문을 열면 작동이 자동으로 멈추는 기능과 가장 관련이 깊은 오류 방지 기능은?

① Lock-in　　　　② Lock-out
③ Inter-lock　　　④ Shift-lock

해설　③ Inter-lock의 설명이다.

50 인간의 신뢰성 요인 중 경험 연수, 지식수준, 기술수준에 의존하는 요인은?

① 주의력　　　　② 긴장 수준
③ 의식 수준　　　④ 감각 수준

해설　인간의 신뢰성 요인
　ㄱ 주의력　　　　　　ㄴ 긴장수준
　ㄷ 의식수준 : 경험연수, 지식수준, 기술수준

51 다음 중 사고나 위험, 오류 등의 정보를 근로자의 직접 면접, 조사 등을 사용하여 수집하고 인간-기계 시스템 요소들의 관계 규명 및 중대 작업 필요조건 확인을 통한 시스템 개선을 수행하는 기법은?

① 직무위급도 분석

② 인간실수율 예측 기법

③ 위급사건기법

④ 인간실수 자료은행

> 해설 ③ 위급사건기법의 설명이다.

52 인간 신뢰도 분석 기법 중 조작자 행동 나무(Operater Action Tree) 접근 방법이 환경적 사건에 대한 인간의 반응을 위해 인정하는 활동 3가지가 아닌 것은?

① 감지 ② 추정

③ 진단 ④ 반응

> 해설 인간의 반응을 위해 인정하는 활동 3가지
> ㉠ 감지 ㉡ 진단 ㉢ 반응

53 의사결정에 있어 결정자가 각 대안에 대해 어떤 결과가 발생할 것인가를 알고 있으나, 주어진 상태에 대한 확률을 모를 경우에 행하는 의사결정을 무엇이라 하는가?

① 대립상태 하에서 의사결정

② 위험한 상황 하에서 의사결정

③ 확실한 상황 하에서 의사결정

④ 불확실한 상황 하에서 의사결정

> 해설 ④ 불확실한 상황 하에서 의사결정의 설명이다.

54 다음 중 직무의 내용이 시간에 따라 전개되지 않고 명확한 시작과 끝을 가지고 미리 잘 정의되어 있는 경우 인간 신뢰도의 기본 단위를 나타내는 것은?

① bit ② HEP

③ $\lambda(t)$ ④ $\alpha(t)$

> 해설 인간 신뢰도의 기본 단위
> HEP(Human Error Probability) 인적 오류율

55 어뢰를 신속하게 탐지하는 경보 시스템은 영구적이며, 경계나 부주의로 광점을 탐지하지 못하는 조작자 실수율은 0.001t/시간이고, 균질(Homogeneous)하다. 또한, 조작자는 15분마다 스위치를 작동해야 하는데 인간 실수 확률(HEP)이 0.01인 경우에 2시간에서 3시간 사이 인간-기계 시스템의 신뢰도는 약 얼마인가?

① 94.96% ② 95.96%

③ 96.96% ④ 97.96%

> 해설 인간 신뢰도(R) = (1 - HEP) = (1 - P)

56 다음 중 인간-기계 시스템에서 인간과 기계가 병렬로 연결된 작업의 신뢰도는? (단, 인간은 0.8, 기계는 0.96의 신뢰도를 갖고 있다.)

① 0.996 ② 0.986

③ 0.976 ④ 0.966

> 해설 $R_S = 1 - (1 - 0.8)(1 - 0.98)$
> $= 0.996$

57 작업원 2인이 중복하여 작업하는 공정에서 작업자의 신뢰도는 0.85로 동일하며, 작업 중 50%는 작업자 1인이 수행하고 나머지 50%는 중복 작업하였다면 이 공정의 인간 신뢰도는 얼마인가?

① 0.6694 ② 0.7255

③ 0.9138 ④ 0.9888

> 해설 $R_S = 1 - (1 - 0.85)(1 - 0.85 \times 0.5) = 0.9138$

58 날개가 2개인 비행기의 양 날개에 엔진이 각각 2개씩 있다. 이 비행기는 양 날개에서 각각 최소한 1개의 엔진은 작동을 해야 추락하지 않고 비행할 수 있다. 각 엔진의 신뢰도가 각각 0.90이며, 각 엔진은 독립적으로 작동한다고 할 때, 이 비행기가 정상적으로 비행할 신뢰도는 약 얼마인가?

① 0.89 ② 0.91

③ 0.94 ④ 0.98

해설

ⓐ 한쪽 날개에서 엔진이 하나도 작동하지 않을 확률 :
$(1-0.9)^2$

ⓑ 한쪽 날개에서 적어도 하나씩의 엔진이 작동할 확률 :
$1-(1-0.9)^2$

ⓒ 양쪽 날개 각각에서 적어도 하나씩의 엔진이 작동
하여야 한다.

∴ 신뢰도 $R = \{1-(1-0.9)^2\} \times \{1-(1-0.9)^2\}$
$= 0.98$

59 다음 중 제조나 생산과정에서의 품질 관리 미비
로 생기는 고장으로, 점검작업이나 시운전으로
예방할 수 있는 고장은?

① 초기고장　　　　② 마모고장
③ 우발고장　　　　④ 평상고장

해설

설비의 신뢰도

ⓐ **초기고장** : 제조나 생산과정에서의 품질 관리 미
비로 생기는 고장으로, 점검 작업이나 시운전으로
예방할 수 있다.

ⓑ **마모고장** : 장치의 일부가 수명을 다해서 생기는
고장으로, 적당한 보수에 의해 이같은 부품을 미
리 바꾸어 끼워서 방지할 수 있는 고장이다.

ⓒ **우발고장** : 예측할 수 있을 때 생기는 고장이다.

60 다음 중 설계 강도 이상의 급격한 스트레스 축
적으로 발생하는 고장에 해당하는 것은?

① 우발고장　　　　② 초기고장
③ 마모고장　　　　④ 열화고장

해설

고장률의 유형

ⓐ **초기고장** : 점검 작업 또는 시운전 등에 의해 사
전에 방지할 수 있는 고장

ⓑ **우발고장** : 설계 강도 이상의 급격한 스트레스가
축적됨으로써 발생하는 고장

ⓒ **마모고장** : 안전 진단 또는 적당한 보수에 의해 방
지할 수 있는 고장으로, 수명이 다해 생기는 고장

61 어떤 설비의 시간 당 고장률이 일정하다고 할
때, 이 설비의 고장 간격은 다음 중 어떤 확률
을 따르는가?

① t 분포　　　　② 와이블 분포
③ 지수 분포　　　　④ 아이링(eyring) 분포

해설
어떤 설비의 시간 당 고장률이 일정하다고 할 때 이
설비의 고장 간격은 지수 분포를 따른다.

62 한 대의 기계를 120 시간 동안 연속 사용한 경우
9회의 고장이 발생하였고, 이때의 총 고장 수리
시간이 18시간이었다. 이 기계의 MTBF(Mean
Time Between Failure)는 약 몇 시간인가?

① 10.22　　　　② 11.33
③ 14.27　　　　④ 18.54

해설

$$고장률(\lambda) = \frac{고장건수(R)}{총 가동시간(t)}$$

$$\therefore MTBF = \frac{1}{\lambda} = \frac{총 가동시간(t)}{고장건수(R)}$$

$$= \frac{120-18}{9} = 11.33$$

63 한 화학공장에는 24개의 공정 제어 회로가 있
으며, 4,000시간의 공정 가동 중 이 회로에는
14번의 고장이 발생하였고 고장이 발생하였을
때마다 회로는 즉시 교체되었다. 이 회로의 평
균 고장 시간(MTTF)은 약 얼마인가?

① 6,857 시간　　　　② 7,571 시간
③ 8,240 시간　　　　④ 9,800 시간

해설

$$MTTF = \frac{총 가동시간}{고장건수}$$

$$= \frac{24 \times 4,000}{14} = 6857.142 = 6,857 시간$$

64 다음 중 어느 부품 1,000개를 100,000시간 동
안 가동 중에 5개의 불량품이 발생하였을 때의
평균 동작 시간(MTTF)은 얼마인가?

① 1×10^6 시간　　　　② 2×10^7 시간
③ 1×10^8 시간　　　　④ 2×10^9 시간

해설

$$고장률(\lambda) = \frac{5}{1,000 \times 100,000} = 5 \times 10^{-8}$$

$$\therefore 평균작동시간(MTTF) = \frac{1}{고장률(\lambda)}$$

$$= \frac{1}{5 \times 10^{-8}} = 2 \times 10^7 시간$$

정답 | 59. ①　60. ①　61. ③　62. ②　63. ①　64. ②

65 평균 고장 시간이 4×10^8 시간인 요소 4개가 직렬체계를 이루었을 때 이 체계의 수명은 몇 시간인가?

① 1×10^8 시간 ② 4×10^8 시간
③ 8×10^8 시간 ④ 16×10^8 시간

해설
직렬체계의 수명 $= \dfrac{1}{n} \times$ 시간
$= \dfrac{1}{4} \times 4 \times 10^8 = 1 \times 10^8$ 시간

66 각각 10,000 시간의 수명을 가진 A, B 두 요소가 병렬계를 이루고 있을 때 이 시스템의 수명은 얼마인가? (단, 요소 A, B의 수명은 지수 분포를 따른다.)

① 5,000 시간 ② 10,000 시간
③ 15,000 시간 ④ 20,000 시간

해설
병렬체계의 수명 $= (1 + \dfrac{1}{2} + \cdots + \dfrac{1}{n}) \times$ 시간
$= (1 + \dfrac{1}{2}) \times 10,000 = 15,000$ 시간

67 어떤 전자회로에 4개의 트랜지스터와 20개의 저항이 직렬로 연결되어 있다. 이러한 부품들이 정상 운용 상태에서 다음과 같은 고장률을 가질 때 이 회로의 신뢰는 얼마인가?

- 트랜지스터 : 0.00001/시간
- 저항 : 0.000001/시간

① $e^{-0.0006t}$ ② $e^{-0.00004t}$
③ $e^{-0.00006t}$ ④ $e^{-0.000001t}$

해설 신뢰도
$R(t) = e^{-\lambda t} = e^{-(0.00001 \times 4 + 0.000001 \times 20)t}$
$= e^{-0.00006t}$

68 프레스기의 안전 장치 수명은 지수 분포를 따르며, 평균 수명은 100시간이다. 새로 구입한 안전 장치가 향수 50시간 동안 고장 없이 작동할 확률(A)과 이미 100시간을 사용한 안전 장치가 향후 50시간 이상 견딜 확률(B)은 각각 얼마인가?

① $A : 0.606,\ B : 0.368$
② $A : 0.990,\ B : 0.606$
③ $A : 0.990,\ B : 0.951$
④ $A : 0.951,\ B : 0.606$

해설
㉠ 작동활 확률(A) $= R(t) = e^{\lambda t} = e^{-0.01 \times 50} = 0.606$
㉡ 견딜 확률(B) $= R(t) = e^{\lambda t} = e^{-0.01 \times 100} = 0.368$

69 다음 중 설비의 고장과 같이 특정 시간 또는 구간에 어떤 사건의 발생 확률이 적은 경우 그 사건의 발생횟수를 측정하는 데 가장 적합한 확률 분포는?

① 와이블 분포(Welbull Distribution)
② 푸아송 분포(Poisson Distribution)
③ 지수 분포(Exponential Distribution)
④ 이항 분포(Bunomial Distribution)

해설
푸아송 분포의 설명이다.

70 다음 중 시스템 신뢰도에 관한 설명으로 옳지 않은 것은?

① 시스템의 성공적 퍼포먼스를 확률로 나타낸 것이다.
② 각 부품이 동일한 신뢰도를 가질 경우 직렬구조의 신뢰도는 병렬구조에 비해 신뢰도가 낮다.
③ 시스템의 병렬구조는 시스템의 어느 한 부품이 고장나면 시스템이 고장나는 구조이다.
④ n 중 k구조는 n개의 부품으로 구성된 시스템에서 k개 이상의 부품이 작동하면 시스템이 정상적으로 가동되는 구조이다.

해설
③ 직렬구조의 설명이다.

71 세발자전거에서 각 바퀴의 신뢰도가 0.9일 때, 이 자전거의 신뢰도는 얼마인가?

① 0.729 ② 0.810
③ 0.891 ④ 0.999

해설
자전거의 신뢰도=0.9×0.9×0.9=0.729

72 각 부품의 신뢰도가 R인 다음과 같은 시스템의 전체 신뢰도는?

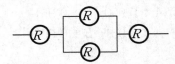

① R^4　　　　② $2R - R^2$

③ $2R^2 - R^3$　　④ $2R^3 - R^4$

> 해설
> $$R_S = R \times [1 - (1-R)(1-R)] \times R$$
> $$= 2R^3 - R^4$$

73 다음 그림과 같은 시스템의 신뢰도는 약 얼마인가? (단, p는 부품 i의 신뢰도이다.)

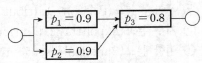

① 97.2%　　　② 94.4%

③ 86.4%　　　④ 79.2%

> 해설
> $$R_S = [1 - (1-0.9)(1-0.9)] \times 0.8$$
> $$= 0.792 \times 100 = 79.2\%$$

74 다음 [그림]과 같은 시스템의 신뢰도는 얼마인가? (단, 숫자는 해당 부품의 신뢰도이다.)

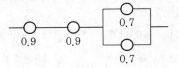

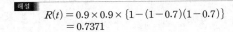

① 0.5670　　　② 0.6422

③ 0.7371　　　④ 0.8582

> 해설
> $$R(t) = 0.9 \times 0.9 \times \{1 - (1-0.7)(1-0.7)\}$$
> $$= 0.7371$$

제1절 신체 활동의 에너지 소비

1 휴식시간(Rest Time)

① 작업에 대한 평균 에너지 cost의 상환을 4kcal/분으로 잡을 때 어떤 활동이 이 한계를 넘으려면 휴식 시간을 삽입하여 초과분을 보상해 주어야 한다.

② 작업의 평균 에너지 cost가 E(kcal/분)이라 하면 60분간의 총 작업 시간 내에 포함되어야 하는 휴식 시간 R(분) = E × (노동시간) + 1.5 × (휴식시간) = 4 × (총 작업 시간)

즉 $E(60-R+1.5 \times R) = 40 \times 60$이어야 하므로

$$R(분) = \frac{60(E-4)}{E-1.5} \text{ 이상이 되어야 한다(Murrell 방법으로 명명).}$$

여기서 1.5는 휴식시간 중의 에너지 소비량의 추산치이다. 그러나 개인의 건강 상태에 따라서 많은 차이가 있다. 또한 E = 4kcal/분일 때에는 R = 0이지만, 이 공식은 단지 작업의 생리적인 부담만을 다루고 있는 것이므로 정신적인 권태감 등을 피하기 위하여는 어떤 종류의 작업에도 어느 정도의 휴식시간이 필요하다.

예제

▶ 어떤 작업의 평균 에너지 소비량이 5kcal/분일 때 1시간 작업 시 휴식시간은 약 몇 분이 필요한가? (단, 기초대사를 포함한 작업에 대한 평균 에너지 소비량 상한은 4kcal/min, 휴식시간에 대한 평균 에너지 소비량은 1.5kcal/min이다.)

풀이 휴식시간 $= \frac{60(E-4)}{E-1.5} = \frac{60(5-4)}{5-1.5} = 17.14$분

예제

▶ 건강한 남성이 8시간 동안 특정 작업을 실시하고, 산소 소비량이 1.2L/분으로 나타났다면 8시간 총 작업 시간에 포함되어야 할 최소 휴식시간은? (단, 남성의 권장 평균 에너지 소비량은 5kcal/분, 안정 시 에너지 소비량은 1.5kcal/분으로 가정한다.)

풀이 ㉠ 작업할 때 평균 에너지 소비량 = 5kal/min × 1.2L/min = 6kcal/min

ⓛ 휴식시간$(R) = \frac{60(E-5)}{E-1.5} \times 8 = \frac{60(6-1)}{6-1.5} \times 8 = 106.666 ≒ 107$분

참고

1. 에너지 대사율과 작업 강도

RMR	작업 강도
0~2	가벼운 작업
2~4	보통 작업
4~7	중작업
7 이상	초중작업

2 신체 부위의 운동

(1) 팔꿈치 운동
① 굴곡 : 부위간의 각도가 감소하는 신체의 움직임
② 신전 : 부위간의 각도가 증가하는 신체의 움직임

(2) 팔, 다리 운동
① 내전 : 신체의 외부에서 중심선으로 이동하는 신체의 움직임
② 외전 : 신체 중심선으로부터의 이동하는 신체의 움직임

(3) 발 운동
① 내선 : 신체 중심선으로의 회전하는 신체의 움직임
② 외선 : 신체의 중심선으로부터 회전하는 신체의 움직임

(4) 손 운동
① 하향(회내) : 손바닥을 아래로
② 상향 : 손바닥을 위로

참고

▶ 뼈의 주요 기능
  1. 신체의지지   2. 조혈작용   3. 장기의 보호

제2절 생리학적 측정법

1 작업의 종류에 따른 측정 방법

작업의 종류에 따른 측정 방법은 작업을 수행하는 데 있어서의 생리적 부하는 작업의 성질에 따라 다르다.

(1) 동적근력작업
에너지 대사량, 즉 에너지 대사율, 산소 섭취량, CO_2 배출량 등과 호흡량, 심박수, 근전도 등을 측정한다.

(2) 정적근력작업

에너지 대사량과 심박수와의 상관관계, 또는 그 시간적 경과, 근전도 등을 측정한다.

(3) 신경적작업

심박수, 매회 평균 호흡 진폭, 수장 피로 저항치, 즉 전신전류반사, 뇨 중 17-게도스데로이트, 노루아드레나린 배설량 등을 측정한다.

(4) 심적작업(후릿가값)

① 작업부하, 피로측정 : 호흡, 근전도(EMG), 후릿가값 등
② 긴장감 측정 : 심박수, GSR(전신전류반사) 등

> **참고**
>
> ▶ **근전도**
> 간헐적으로 페달을 조작할 때 다리에 걸리는 부하를 평가하기에 가장 적당한 측정 변수

2 정신작업 부하를 측정하는 척도

(1) 주관적(subjective) 척도

(2) 생리적(physiologycal) 척도

심박수의 변동, 뇌 전위, 동공반응, 뇌파도, 부정맥지수, 점멸융합주파수 등 정보처리에 중추신경계 활동이 관여하고 그 활동이나 징후를 측정하는 것

(3) 주임무(primary task) 척도

(4) 부임무(secondary task) 척도

3 주요 측정 방법

(1) 호흡

① 호흡이란 폐 세포를 통해서 혈액 중에 산소를 공급하고 혈액 중에 축적된 탄산가스를 배출하는 작용인 것이나 작업수행 시의 산소 소비량을 알아내는 것에 의해서, 생체로 소비된 에너지를 간접적으로 알 수 있게 된다.

② 1회의 호흡으로 폐를 통과하는 공기를 호흡기라고 부르며, 건강한 성인일 경우 300 ~ 1,500cm³, 즉 평균 500cm³고 하는 것이며, 호흡수가 매분 4~24회, 평균 16회인 것이므로 1분간의 호흡량 이것을 분시용량이라 한다.

> **예제**
>
> ▶ 중량물 들기작업을 수행하는데, 5분 간의 산소소비량을 측정한 결과, 90L의 배기량 중에 산소가 16%, 이산화탄소가 4%로 분석되었다. 해당 작업에 대한 분당 산소 소비량(L/min)은 얼마인가? (단, 공기 중 질소는 79vol%, 산소는 21vol%이다.)
>
> **풀이** ① 분당 배기량 : $V_2 = \dfrac{총 배기량}{시간} = \dfrac{90}{5} = 18 L/\min$
>
> ② 분당 흡기량 : $V_1 = \dfrac{100 - O_2 - CO_2}{79} \times V_2 = \dfrac{100 - 16 - 4}{79} \times 18 = 18.227 = 18.23 L/\min$
>
> ③ 분당 산소소비량 $= (V_1 \times 21\%) - (V_2 \times 16\%) = (18.23 \times 0.21) - (18 \times 0.16) = 0.948 L/\min$

(2) 동작과 에너지의 소비량

① **동작** : 어떠한 작업을 하는 데는 여러 개의 적은 작업 동작이 한 데 모여져서 이루어지는 사실을 알 수 있다. 이때 단위 작업을 이루는 것이다.

② 에너지의 소비량은 작업 동작과 신체 부위 활동 결과와 관계되는 것이다. 즉 큰 동작으로 전신이 움직이면 열량의 소모는 당연히 많은 것이다.

③ 작업 동작 시의 신체 부위를 구분하는 데도 여러 가지 방법이 있다. 대개 4가지로 대별한다.

    ㉮ 손   ㉯ 손과 팔의 협동

    ㉰ 발 및 다리   ㉱ 전신

(3) 에너지 소모량의 산출

$$RMR = \frac{작업대사량}{기초대사량} = \frac{작업 시 소비 에너지 - 안정 시 소비 에너지}{기초대사량}$$

> **참고**
>
> ▶ 기초대사량 : 생명 유지에 필요한 단위 시간 당 에너지량

① **작업 시의 소비에너지** : 작업 중에 소비한 산소의 소모량으로 측정한다.

② **안정 시의 소비에너지** : 의자에 앉아서 호흡하는 동안에 소비한 산소의 소모량으로 측정한다.

③ **기초대사율 BMR(Basal Metabolic Rate)** : 생명을 유지하기 위한 최소한의 대사량

    ㉮ 성인의 경우 보통 $1,500 \sim 1,800$ kcal/일

    ㉯ 기초대사와 여가에 필요한 대사량을 약 $2,300$ kcal/일

    ㉰ $A = H^{0.725} \times W^{0.425} \times 72.46$

        여기서, A : 몸의 표면적(cm²), H : 신장(cm), W : 체중(kg)

> **참고**
>
> ▶ **산소 빚** : 작업 종료 후에도 체내에 쌓인 젖산을 제거하기 위하여 추가로 요구되는 산소량
>
> ▶ **에너지 대사** : 체내에서 유기물을 합성하거나 분해하는 데는 반드시 에너지의 전환이 뒤따른다.

(4) 근력 및 지구력

① **근력(Strength)** : 한번의 수의적인 노력에 의해서 근육이 isometric으로 낼 수 있는 힘의 최대치이며 흔히 dynamometer나 힘을 재는 장치로 측정한다.

  근력에 영향을 주는 요인은 다음과 같다.

    ㉮ 동기   ㉯ 성별   ㉰ 훈련

② **지구력(Edurance)** : 사람이 근육을 사용하여 특정한 힘을 유지할 수 있는 시간으로 부하와 근력비의 함수이다. 사람은 자기의 최대 근력을 잠시 동안만 낼 수 있으며, 근력의 15% 이하의 힘은 상당히 오래 유지할 수 있다.

> **참고**
>
> ▶ **불안전한 행동을 유발하는 요인 중 인간의 생리적 요인**
>
>   1. 근력   2. 반응시간   3. 감지능력

제3절 인체측정(Anthropometry)

1 인체 계측

(1) 구조적 치수
표준 자세에서 움직이지 않는 피측정자를 인체 측정기 등으로 측정한 것이다.

(2) 기능적 치수
운전 또는 워드 작업과 같이 인체의 각 부분이 서로 조화를 이루며 움직이는 자세에서의 인체 치수를 측정한 것이다.

(3) 최대치수와 최소치수
특정한 설비를 설계할 때, 어떤 인체 특성의 한 극단에 속하는 사람을 대상으로 설계하면 거의 모든 사람을 수용할 수 있는 경우가 있다.

(4) 조절 범위
어떤 장비나 설비는 체격이 다른 여러 사람에 맞도록 조절식으로 만드는 것이 바람직하다. 자동차 좌석의 전후 조절, 사무실 의자의 상하 조절

(5) 평균치를 기준으로 한 설계
특정한 장비나 설비의 경우 최대치수나 최소치수를 기준으로 설계하기도 부적절하고 조절식으로 하기도 불가능할 때, 평균치를 기준으로 하여 설계해야 할 경우가 있다.

예 은행창구나 슈퍼마켓의 계산대, 공원의 벤치

> 💡 참고
> ▶ 인체 계측 자료에서 주로 사용하는 변수
>   1. 평균   2. 50%   3. 95%

2 인체 계측 방법

(1) 정적 인체 계측
체위를 일정으로 규제한 정지 상태에서의 기본자세에 관하는 신체 각부의 계측이며, 여러 가지의 설계의 표준이 되는 기초적 치수를 결정하는 데 의미가 있다.

(2) 동적 인체 계측
상지나 하지의 운동이나 체위의 움직임에 따른 상태에서 계측하는 것이다.

(3) 인체 계측치의 활용 상의 주의
인체 측정 자료는 장비나 설비의 설계에 널리 응용될 수 있다. 그러나 이런 자료를 사용할 때 설계자는 문제되는 설비를 실제로 사용할 사람들과 비슷한 집단으로부터 얻은 자료를 선택해야 한다.

(4) 치수의 상관관계를 이용한 계측치의 추정법

① 인체계측할 신체 부위는 200항목 이상의 측정 항목이 있고 더욱이 집단을 대상으로 하여 측정할 필요를 생각하면 비용이나 노력을 비롯하여 집단의 선택법 등의 문제가 나온다.

② 신체 각 부위 치수는 길이의 방향에서는 신장에, 폭과 부피에 대해서는 체중에 관계가 있고 비례 관계가 성립하는 항목이 상당히 많다.

> 💡 **참고**
>
> ▶ **사정효과(range effect)** : 인간의 위치 동작에 있어 눈으로 보지 않고 손을 수평면상에서 움직이는 경우 짧은 거리는 지나치고, 긴 거리는 못 미치는 경향

3 동작경제 원칙

① 신체 사용에 관한 원칙

㉮ 두 팔의 동작을 동시에 서로 반대 방향으로 대칭적으로 움직이도록 한다.

㉯ 가능하면 쉽고도 자연스러운 리듬이 작업 동작에 생기도록 작업을 배치한다.

② 작업장 배치에 관한 원칙

㉮ 공구나 재료는 작업 동작이 원활하게 수행되도록 그 위치를 정해준다.

③ 공구 및 설비 디자인에 관한 원칙

㉮ 공구의 기능을 통합하여 사용하도록 한다.

제4절 작업 공간(Work Space)과 작업대 (Work Surface)

1 앉은 사람의 작업 공간

(1) 작업 포락면

한 장소에 앉아서 수행하는 작업 활동에서 사람이 작업하는 데 사용하는 공간으로 작업의 성질에 따라 포락면의 경계가 달라진다.

(2) 파악한계(Grasping Reach)

앉은 작업자가 특정한 수작업 기능을 편히 수행할 수 있는 공간의 외각 한계

(3) 특수 작업역

특정 공간에서 작업하는 구역

2 수평 작업대

(1) 정상 작업

위 팔을 자연스럽게 수직으로 늘어뜨린 채, 아래 팔만을 편하게 뻗어 작업할 수 있는 범위 (34~45cm)

(2) 최대 작업

아래 팔과 위 팔을 곧게 펴서 작업할 수 있는 범위(55~65㎝)

(3) 어깨 중심선과 작업대 간격 : 19㎝

(4) 팔꿈치 높이 : 서서 하는 작업

① 정밀한 작업 : 0~10㎝ 정도 높게
② 경작업 : 0~10㎝ 정도 낮게
③ 중작업 : 15~20㎝ 정도 낮게

3 작업대 높이

(1) 착석식 작업대 높이

앉을 사람의 작업대 높이는 의자 높이, 작업대 두께, 작업의 성격, 대퇴 여유 등과 밀접한 관계가 있다. 작업의 성격에 따라서 직업의 최적 높이도 달라지며, 일반적으로 섬세한 작업(미세 부품 조립)일수록 높아야 하며, 거친 작업에는 약간 낮은 편이 낫다.

> 💡 **참고**
> ▶ 정밀조립 작업은 좌식 작업이 가장 적합하다.

(2) 입식 작업대 높이

서서 작업하는 사람에 맞는 작업대의 높이를 구해 보면 팔꿈치 높이보다 5~10㎝정도 낮은 것이 경조립 작업이나 이와 비슷한 조작 작업에 적당하다. 입식 작업대 높이의 경우에도 작업의 성격에 따라서 최적 높이가 달라지며, 일반적으로 섬세한 작업일수록 높아야 하고, 거친 작업에는 약간 낮은 편이 낫다.

4 의자 설계의 일반적인 원리

① 디스크 압력을 줄인다.
② 등근육의 정적 부하를 줄인다.
③ 자세 고정을 줄인다.
④ 요부 전만을 유지한다.

> 💡 **참고**
> ▶ 의자의 좌판 높이 설계 : 5% 오금 높이

(1) 의자의 등받이 설계

① 의자의 좌판과 등받이 사이의 각도는 90~150°를 유지한다(120°까지 가능).
② 등받이 폭은 최소 30.5cm가 되게 한다.
③ 등받이 높이
  ㉮ 최소 50cm가 되게 한다.
  ㉯ 요부 받침이 척추에 상대적으로 같은 위치에 있도록 한다.
  ㉰ 요부 받침의 높이는 15.2~22.9cm로 하고 폭은 30.5cm로 한다. 등받이로부터 5cm정도의 두께로 한다.
④ 등받이 각도가 90°일 때 4cm의 요부 받침을 사용하는 것이 좋다.
⑤ 등받이가 없는 의자를 사용하면 디스크는 상당한 압력을 받게 된다.

5 작업공간의 배치에 있어 구성요소 배치의 원칙

① 사용 순서의 원칙　　　　　　　② 사용 빈도의 원칙
③ 중요도의 원칙　　　　　　　　④ 기능성의 원칙

6 작업 관리

흐름공정도(Flow Process Chart)는 보통 단일 부품
에 대하여 제조 과정에서 발생되는 작업. 운반, 검사,
정체, 저장 등의 내용을 표시하는 데 사용한다.

기 호	의 미
◇	품질 검사
▽	저장
⇨	운반
○	가공 또는 작업
D	정체
□	검사

> 💡 참고
>
> ▶ 들기 작업 시 요통 재해 예방을 위하여 고려할 요소
> 　1. 들기 빈도　　　　2. 손잡이 형상　　　　3. 허리 비대칭 각도

제5절 근골격계 부담 작업 범위

① 하루에 4시간 이상 집중적으로 자료 입력 등을 위해 키보드 또는 마우스를 조작하는 작업
② 하루에 총 2시간 이상(목, 어깨, 팔꿈치, 손목 또는 손을) 사용하여 같은 동작을 반복하는 작업
③ 하루에 총 2시간 이상(머리 위에 손이 있거나, 팔꿈치가 어깨 위에 있거나, 팔꿈치를 몸통으로
　　부터 들거나, 팔꿈치를 몸통 뒤쪽에 위치하도록 하는 상태에서) 이루어지는 작업
④ 지지되지 않은 상태이거나 임의로 자세를 바꿀 수 없는 조건에서 하루에 총 2시간 이상(목이나
　　허리를) 구부리거나 트는 상태에서 이루어지는 작업
⑤ 하루에 총 2시간 이상 쭈그리고 앉거나 무릎을 굽힌 자세에서 이루어지는 작업
⑥ 하루에 총 2시간 이상 지지되지 않은 상태에서 1kg 이상의 물건을 한 손의 손가락으로 집어 옮
　　기거나 2kg 이상에 상응하는 힘을 가하여 손가락으로 물건을 쥐는 작업
⑦ 하루에 총 2시간 이상 지지되지 않은 상태에서 4.5kg 이상의 물건을 한 손으로 들거나 동일한
　　힘으로 쥐는 작업
⑧ 하루에 10회 이상 25kg 이상의 물체를 드는 작업
⑨ 하루에 25회 이상 10kg 이상의 물체를(무릎 아래에서 들거나, 어깨 위에서 들거나, 팔을 뻗은
　　상태에서) 드는 작업
⑩ 하루에 총 2시간 이상, 분당 2회 이상 4.5kg 이상 물체를 드는 작업
⑪ 하루에 총 2시간 이상, 시간당 10회 이상(손 또는 무릎을 사용하여) 반복적으로 충격을 가하는
　　작업

> 💡 참고
>
> 1. Types 근섬유 : 근섬유의 직경이 작아서 큰 힘을 발휘하지 못 하지만 장시간 지속시키고 피로
> 　가 쉽게 발생하지 않는 골격근의 근섬유
> 2. OWAS(Ovako Working Posture Analysis System)의 평가요소 : 상지, 무게(하중), 하지, 허리

Chapter 03 | 출제 예상 문제

01 다음 중 몸의 중심선으로부터 밖으로 이동하는 신체 부위의 동작을 무엇이라 하는가?

① 외전 ② 외선
③ 내전 ④ 내선

> **해설**
> ① **외전** : 몸의 중심선으로부터 밖으로 이동하는 신체 부위의 동작
> ② **외선** : 몸의 중심선으로부터의 회전
> ③ **내전** : 몸의 중심선으로부터의 이동
> ④ **내선** : 몸의 중심선으로의 회전

02 다음 중 신체 동작의 유형에 관한 설명으로 틀린 것은?

① 내선(medial rotation) : 몸의 중심선으로의 회전
② 외전(abduction) : 몸의 중심선으로부터의 이동
③ 굴곡(flexion) : 신체 부위간의 각도의 감소
④ 신전(extension) : 신체 부위간의 각도의 증가

> **해설**
> ② **외전(abduction)** : 몸의 중심선으로부터 밖으로 이동하는 신체부위의 동작

03 다음 중 간헐적으로 페달을 조작할 때 다리에 걸리는 부하를 평가하기에 가장 적당한 측정 변수는?

① 근전도 ② 산소 소비량
③ 심장 박동수 ④ 에너지 소비량

> **해설**
> **근전도** : 간헐적으로 페달을 조작할 때 다리에 걸리는 부하를 평가하기에 가장 적당한 측정 변수

04 다음 중 정신적 작업 부하에 대한 생리적 측정치에 해당하는 것은?

① 에너지 대사량 ② 최대 산소 소비 능력
③ 근전도 ④ 부정맥지수

> **해설**
> 정신적 작업 부하에 대한 생리적 측정치 : 부정맥지수

05 일반적으로 스트레스로 인한 신체 반응의 척도 가운데 정신적 작업의 스트레스인 척도와 가장 거리가 먼 것은?

① 뇌전도 ② 부정맥지수
③ 근전도 ④ 심박수의 변화

> **해설**
> 정신적 작업의 스트레스인 척도
> ㉠ 뇌전도 ㉡ 부정맥지수 ㉢ 심박수의 변화

06 심장의 박동 주기 동안 심근의 전기적 신호를 피부에 부착한 전극들로부터 측정하는 것으로 심장이 수축과 확장을 할 때 일어나는 전기적 변동을 기록한 것은?

① 뇌전도계 ② 심전도계
③ 근전도계 ④ 안전도계

> **해설**
> 심전도계의 설명이다.

07 다음 중 NIOSH lifting guideline에서 권장 무게 한계(RWL) 산출에 사용되는 평가 요소가 아닌 것은?

① 수평거리 ② 수직거리
③ 휴식시간 ④ 비대칭각도

> **해설**
> 권장 무게 한계 산출에 사용되는 평가 요소
> ㉠ 수평거리 ㉡ 수직거리 ㉢ 비대칭각도

08 중량물 들기 작업을 수행하는데 5분간의 산소 소비량을 측정한 결과, 90ℓ의 배기량 중에 산소가 16%, 이산화탄소가 4%로 분석되었다. 해당 작업에 대한 분당 산소 소비량(ℓ/분)은 얼마인가? (단, 공기 중 질소는 79vol%, 산소는 21vol%이다.)

① 0.948 ② 1.948
③ 4.74 ④ 5.74

[해설] ㉠ 분당 배기량

$$V_2 = \frac{총 배기량}{시간} = \frac{90}{5} = 18\ell/min$$

㉡ 분당 흡기량

$$V_1 = \frac{100 - O_2 - CO_2}{79} \times V_2 = \frac{100 - 16 - 4}{79} \times 18$$
$$= 18.227 = 18.23\ell/min$$

㉢ 분당 산소 소비량

$$= (V_1 \times 21\%) - (V_2 \times 16\%)$$
$$= (18.23 \times 0.21) - (18 \times 0.16)$$
$$= 0.948\ell/min$$

09 러닝벨트(Treadmill) 위를 일정한 속도로 걷는 사람의 배기 가스를 5분간 수집한 표본을 가스 성분 분석기로 조사한 결과, 산소 16%, 이산화 탄소 4%로 나타났다. 배기가스 전부를 가스미터에 통과시킨 결과 배기량이 90ℓ이었다면 분당 산소 소비량과 에너지가(價)는 약 얼마인가?

	산소 소비량	에너지가(價)
①	0.95 ℓ/분	4.75kcal/분
②	0.97 ℓ/분	4.80kcal/분
③	0.95 ℓ/분	4.85kcal/분
④	0.97 ℓ/분	4.90kcal/분

[해설] 산소소비량

$$= 흡기량 속의 산소량 - 배기량 속의 산소량$$
$$= \left(흡기량 \times \frac{21}{100}\%\right) - \left(배기량 \times \frac{O_2}{100}\%\right)$$
$$= \left(18.22 \times \frac{21}{100}\right) - \left(18 \times \frac{16}{100}\right) = 0.95\ell/분$$

여기서,

㉠ 흡기량 × 79% = 배기량 × N₂(%)

$N_2(\%) = 100 - CO_2(\%) - O_2(\%)$

$$흡기량 = 배기량 \times \frac{100 - CO_2(\%) - O_2(\%)}{79}$$
$$= 18 \times \frac{(100 - 16 - 4)}{79} = 18.22\ell/분$$

㉡ 분당 배기량 $= \frac{90}{5} = 18\ell/분$

㉢ 에너지가 = 산소소비량 × 평균에너지소비량
$$= 0.95 \times 5 = 4.75kcal/분$$
여기서, **평균에너지소비량**은 5kcal/분이다.

10 성인이 하루에 섭취하는 음식물의 열량 중 일부는 생명을 유지하기 위한 신체기능에 소비되고, 나머지는 일을 한다거나 여가를 즐기는 데 사용

될 수 있다. 이중 생명을 유지하기 위한 최소한의 대사량을 무엇이라 하는가?

① BMR
② RMR
③ GSR
④ EMG

[해설] ㉠ **기초대사율(BMR ; Basal Metabolic Rate)** : 생명 유지를 하는 데 필요한 최소한의 에너지 대사량
㉡ **에너지 대사율(RMR ; Relative Metabolic Rate)** : 작업 강도의 단위로서 산소 호흡량으로 측정한다.
㉢ **피부전기반응(GSR ; Galvanic Skin Reflex)** : 작업 부하의 정신적 부담도가 피로와 함께 증대하는 양상을 수장 내측 전기 저항의 변화에서 측정하는 것으로, 피부전기 저항 또는 전신 전류 현상이라 한다.
㉣ **근전도(EMG ; Electromyogram)** : 근육 활동의 전위차를 기록한 것으로 심장근의 근전도를 특히 심전도라 한다.

11 다음 중 근력에 영향을 주는 요인 중 가장 관계가 적은 것은?

① 식성
② 동기
③ 성별
④ 훈련

[해설] 근력에 영향을 주는 요인
㉠ 동기   ㉡ 성별   ㉢ 훈련

12 불안전한 행동을 유발하는 요인 중 인간의 생리적 요인이 아닌 것은?

① 근력
② 반응시간
③ 감지능력
④ 주의력

[해설] 인간의 생리적 요인
㉠ 근력   ㉡ 반응시간   ㉢ 감지능력

13 작업 종료 후에도 체내에 쌓인 젖산을 제거하기 위하여 추가로 요구되는 산소량을 무엇이라 하는가?

① ATP
② 에너지 대사율
③ 산소 빚
④ 산소 최대섭최능

[해설] **산소 빚** : 작업 종료 후에도 체내에 쌓인 젖산을 제거하기 위하여 추가로 요구되는 산소량

14 다음 중 인간 공학에 있어 인체 측정의 목적으로 가장 올바른 것은?

① 안전 관리를 위한 자료
② 인간 공학적 설계를 위한 자료
③ 생산성 향상을 위한 자료
④ 사고 예방을 위한 자료

> **해설** **인체측정의 목적** : 인간공학적 설계를 위한 자료

15 다음 중 인체 계측에 있어 구조적 인체 치수에 관한 설명으로 옳은 것은?

① 움직이는 신체의 자세로부터 측정한다.
② 실제의 작업 중 움직임을 계측, 자료를 취합하여 통계적으로 분류한다.
③ 정해진 동작에 있어 자세, 관절 등의 관계를 3차원 디지타이저(Digitizer), 모아레(Moire)법 등의 복합적인 장비를 활용하여 측정한다.
④ 고정된 자세에서 마틴(Martin)식 인체 측정기로 측정한다.

> **해설** ㉠ 표준 자세에서 움직이지 않는 피측정자를 인체 측정기 등으로 측정한 것이다.
> ㉡ 어떤 부위 특성의 측정치는 수화기(Earphone), 색안경 등을 설계할 때와 같이 특수 용도에 사용되는 것도 있다.
> ㉢ 수치들은 연령이 다른 여러 피측정자들에 대한 것이고, 특히 신장과 체중은 연령에 따라 상당한 차이가 있다는 것을 유념해야 한다.

16 다음 중 인체 계측 자료의 응용 원칙에 있어 조절 범위에서 수용하는 통상의 범위는 몇 %tile 정도인가?

① 5~95
② 20~80
③ 30~70
④ 40~60

> **해설** 인체계측자료의 응용원칙에 있어 조절 범위에서 수용하는 통상의 범위 : 5~95%tile

17 다음 중 인체 계측에 관한 설명으로 틀린 것은?

① 의자, 피복과 같이 신체 모양과 치수와 관련이 높은 설비의 설계에 중요하게 반영된다.

② 일반적으로 몸의 측정치수는 구조적 치수(Structural dimension)와 기능적 치수(Functional dimension)로 나눌 수 있다.
③ 인체계측치의 활용 시에는 문화적 차이를 고려하여야 한다.
④ 인체계측치를 활용한 설계는 인간의 신체적 안락에는 영향을 미치지만, 성능 수행과는 관련성이 없다.

> **해설** ④ 인체계측치를 활용한 설계는 인간의 신체적 안락에 영향을 미칠 뿐만 아니라 성능 수행과도 관련성이 있다.

18 다음 중 인체치수 측정 자료의 활용을 위한 적용 원리로 볼 수 없는 것은?

① 평균치의 활용
② 조절 범위의 설정
③ 임의 선택 자료의 활용
④ 최대치수와 최소치수의 설정

> **해설** 인체치수 측정 자료 활용을 위한 적용 원리
> ㉠ 평균치의 활용
> ㉡ 조절 범위의 설정
> ㉢ 최대치수와 최소치수의 설정

19 다음 중 은행 창구나 슈퍼마켓의 계산대에 적용하기에 가장 적합한 인체 측정 자료의 응용 원칙은?

① 평균치 설계
② 최대 집단치 설계
③ 극단치 설계
④ 최소 집단치 설계

> **해설** **평균치 설계** : 은행 창구나 슈퍼마켓의 계산대에 적용하기에 가장 적합한 인체 측정 자료의 응용 원칙

20 인간 계측 자료를 응용하여 제품을 설계하고자 할 때, 다음 중 제품과 적용 기준으로 가장 적절하지 않은 것은?

① 출입문 – 최대 집단치 설계 기준
② 안내 데스크 – 평균치 설계 기준
③ 선반 높이 – 최대 집단치 설계 기준
④ 공구 – 평균치 설계 기준

> **해설** 선반 높이는 최소 집단치 설계 기준이다.

21 다음 중 조작자와 제어 버튼 사이의 거리, 조작에 필요한 힘 등을 정할 때 가장 일반적으로 적용되는 인체 측정 자료 응용 원칙은?

① 평균치 설계 원칙 ② 최대치 설계 원칙
③ 최소치 설계 원칙 ④ 조절식 설계 원칙

> 해설 최소치 설계 원칙에 관한 설명이다.

22 다음 중 동작의 효율을 높이기 위한 동작 경제의 원칙으로 볼 수 없는 것은?

① 신체 사용에 관한 원칙
② 작업장의 배치에 관한 원칙
③ 복수 작업자 활용에 관한 원칙
④ 공구 및 설비 디자인에 관한 원칙

> 해설 **동작 경제의 원칙**
> ㉠ 신체 사용에 관한 원칙
> ㉡ 작업장의 배치에 관한 원칙
> ㉢ 공구 및 설비 디자인에 관한 원칙

23 동작 경제의 원칙 중 작업장 배치에 관한 원칙에 해당하는 것은?

① 공구의 기능을 결합하여 사용하도록 한다.
② 두 팔의 동작은 동시에 서로 반대 방향으로 대칭적으로 움직이도록 한다.
③ 가능하다면 쉽고도 자연스러운 리듬이 작업 동작에 생기도록 작업을 배치한다.
④ 공구나 재료는 작업 동작이 원활하게 수행되도록 그 위치를 정해 준다.

> 해설 ④ 작업장 배치에 관한 원칙이다.

24 다음 중 동작 경제의 원칙으로 틀린 것은?

① 가능한 한 관성을 이용하여 작업한다.
② 공구의 기능을 결합하여 사용하도록 한다.
③ 휴식시간을 제외하고 양손을 같이 쉬도록 한다.
④ 작업자가 작업 중 자세를 변경할 수 있도록 한다.

> 해설 ③의 경우, 양손은 휴식시간을 제외하고는 동시에 쉬어서는 안 된다.

25 다음 중 한 장소에 앉아 수행하는 작업 활동에서 작업에 사용하는 공간을 무엇이라 하는가?

① 작업 공간 포락면
② 정상 작업 포락면
③ 작업 공간 파악 한계
④ 정상 작업 파악 한계

> 해설 작업 공간 포락면의 설명이다.

26 다음 중 인체 측정과 작업 공간의 설계에 관한 설명으로 옳은 것은?

① 구조적 인체 치수는 움직이는 몸의 자세로부터 측정한 것이다.
② 선반의 높이, 조작에 필요한 힘 등을 정할 때에는 인체 측정치의 최대 집단치를 적용한다.
③ 수평 작업대에서의 정상 작업 영역은 상완을 자연스럽게 늘어뜨린 상태에서 전완을 뻗어 파악할 수 있는 영역을 말한다.
④ 수평 작업대에서의 최대 작업 영역은 다리를 고정시킨 후 최대한으로 파악할 수 있는 영역을 말한다.

> 해설 ① 구조적 인체 치수는 표준 자세에서 움직이지 않는 피측정자를 인체 측정기 등으로 측정한 것이다.
> ② 선반의 높이, 조작에 필요한 힘 등을 정할 때에는 최대 치수는 하위 백분위수를 기준으로 적용한다.
> ④ 수평 작업대에서 최대 작업 영역이란 전완과 상완을 곧게 펴서 파악할 수 있는 구역(55~65m)이다.

27 다음 중 작업 공간 설계에 있어 접근 제한 요건에 대한 설명으로 가장 적절한 것은?

① 조절식 의자와 같이 누구나 사용할 수 있도록 설계한다.
② 비상벨의 위치를 작업자의 신체 조건에 맞추어 설계한다.
③ 트럭 운전이나 수리 작업을 위한 공간을 확보하여 설계한다.
④ 박물관의 미술품 전시와 같이 장애물 뒤의 타겟과의 거리를 확보하여 설계한다.

> 해설 **접근 제한 요건** : 기록의 이용을 제한하는 조치
> **예** 박물관의 미술품 전시와 같이 장애물 뒤의 타겟과의 거리를 확보하여 설계한다.

정답 ┃ 21. ③ 22. ③ 23. ④ 24. ③ 25. ① 26. ③ 27. ④

28 다음 중 작업대에 관한 설명으로 틀린 것은?

① 경조립 작업은 팔꿈치 높이보다 0~10cm 정도 낮게 한다.

② 중조립 작업은 팔꿈치 높이보다 10~20cm 정도 낮게 한다.

③ 정밀 작업은 팔꿈치 높이보다 0~10cm 정도 높게 한다.

④ 정밀한 작업이나 장기간 수행하여야 하는 작업은 입식 작업대가 바람직하다.

해설 ④의 경우 정밀한 작업이나 장기간 수행하여야 하는 작업은 의자식 작업대가 바람직하다.

29 다음 중 서서 하는 작업에서 정밀한 작업, 경작업, 중작업 등을 위한 작업대의 높이에 기준이 되는 신체 부위는?

① 어깨　　② 팔꿈치

③ 손목　　④ 허리

해설 서서 하는 작업에서 작업대의 높이 기준 : 팔꿈치

30 다음 중 선 자세와 앉은 자세의 비교에서 틀린 것은?

① 서 있는 자세보다 앉은 자세에서 혈액 순환이 향상된다.

② 서 있는 자세보다 앉은 자세에서 균형 감각이 높다.

③ 서 있는 자세보다 앉은 자세에서 정확한 팔 움직임이 가능하다.

④ 앉은 자세보다 서 있는 자세에서 척추에 더 많은 해를 줄 수 있다.

해설 ① 앉은 자세보다 서 있는 자세에서 혈액 순환이 향상된다.

31 다음 중 완력 검사에서 당기는 힘을 측정할 때 가장 큰 힘을 낼 수 있는 팔꿈치의 각도는?

① 90°　　② 120°

③ 150°　　④ 180°

해설 큰 힘을 낼 수 있는 팔꿈치 각도는 150°

32 다음 중 이동전화의 설계에서 사용성 개선을 위해 사용자의 인지적 특성이 가장 많이 고려되어야 하는 사용자 인터페이스 요소는?

① 버튼의 크기　　② 전화기의 색깔

③ 버튼의 간격　　④ 한글 입력 방식

해설 이동전화 설계 시 사용자 인터페이스 요소 : 한글 입력 방식

33 다음 중 좌식 평면 작업대에서의 최대 작업 영역에 관한 설명으로 가장 적절한 것은?

① 위 팔과 손목을 중립 자세로 유지한 채 손으로 원을 그릴 때 부채꼴 원호의 내부 영역

② 어깨로부터 팔을 펴서 어깨를 축으로 하여 수평면상에 원을 그릴 때 부채꼴 원호의 내부 지역

③ 자연스러운 자세로 위 팔을 몸통에 붙인 채 손으로 수평 면상에 원을 그릴 때 부채꼴 원호의 내부 지역

④ 각 손의 정상 작업 영역 경계선이 작업자의 정면에서 교차되는 공통 영역

해설 좌식 평면 작업대의 최대 작업 영역 : 어깨로부터 팔을 펴서 어깨를 축으로 하여 수평 면상에 원을 그릴 때 부채꼴 원호의 내부 지역

34 다음 중 의자 설계의 일반 원리로 가장 적합하지 않은 것은?

① 디스크 압력을 줄인다.

② 등 근육의 정적 부하를 줄인다.

③ 자세 고정을 줄인다.

④ 요추 측만을 촉진한다.

해설 의자 설계의 일반 원리
㉠ 디스크 압력을 줄인다.
㉡ 등 근육의 정적 부하를 줄인다.
㉢ 자세 고정을 줄인다.

35 다음 중 의자 설계의 일반 원리로 옳지 않은 것은?
① 추간판의 압력을 줄인다.
② 등 근육의 정적 부하를 줄인다.
③ 쉽게 조절할 수 있도록 한다.
④ 고정된 자세로 장시간 유지되도록 한다.

해설 ④ 좋은 자세를 취할 수 있도록 하여야 한다.

36 다음 중 부품 배치의 원칙에 해당하지 않는 것은?
① 사용 순서의 원칙   ② 사용 빈도의 원칙
③ 중요성의 원칙   ④ 신뢰성의 원칙

해설 부품 배치의 원칙으로는 ①, ②, ③ 외에 기능 배치의 원칙이 있다.

37 부품 배치의 원칙 중 부품의 일반적인 위치를 결정하기 위한 기준으로 가장 적합한 것은?
① 중요성의 원칙, 사용 빈도의 원칙
② 기능별 배치의 원칙, 사용 순서의 원칙
③ 중요성의 원칙, 사용 순서의 원칙
④ 사용 빈도의 원칙, 사용 순서의 원칙

해설 **부품의 일반적인 위치를 결정하기 위한 기준**
㉠ 중요성의 원칙   ㉡ 사용 빈도의 원칙

38 공간 배치의 원칙에 해당되지 않는 것은?
① 중요성의 원칙   ② 다양성의 원칙
③ 기능별 배치의 원칙 ④ 사용 빈도의 원칙

해설 ② 사용 순서의 원칙

39 다음 중 기능식 생산에서 유연 생산 시스템 설비의 가장 적합한 배치는?
① 유자(U)형 배치   ② 일자(−)형 배치
③ 합류(Y)형 배치   ④ 복수라인(=)형 배치

해설 기능식 생산에서 유연 생산 시스템 설비의 가장 적합한 배치는 유자(U)형 배치이다.

40 다음 중 layout의 원칙으로 가장 올바른 것은?
① 운반 작업을 수작업화한다.
② 중간중간에 중복 부분을 만든다.

③ 인간이나 기계의 흐름을 라인화 한다.
④ 사람이나 물건의 이동거리를 단축하기 위해 기계 배치를 분산화한다.

해설 ① 반작업을 기계화한다.
② 중간중간에 중복 부분을 없앤다.
④ 사람이나 물건의 이동거리를 단축하기 위해 기계 배치를 집중화한다.

41 공정 분석에 있어 활용하는 공정도(Process Chart)의 도시 기호 중 가공 또는 작업을 나타내는 기호는?
① ○   ② ⇨
③ ▷   ④ □

해설 ① 가공 또는 작업   ② 운반
③ 정체   ④ 검사

42 다음 중 흐름 공정도(flow process chart)에서 기호와 의미가 잘못 연결된 것은?
① ◇ : 검사   ② ▽ : 저장
③ ⇨ : 운반   ④ ○ : 가공

해설 ◇: 품질 검사

43 다음 중 근골격계 부담 작업에 속하지 않는 것은?
① 하루에 10회 이상 25kg 이상의 물체를 드는 작업
② 하루에 총 2시간 이상 목, 어깨, 팔꿈치, 손목 또는 손을 사용하여 같은 동작을 반복하는 작업
③ 하루에 총 2시간 이상 쪼그리고 앉거나 무릎을 굽힌 자세에서 이루어지는 작업
④ 하루에 총 2시간 이상 시간당 5회 이상 손 또는 무릎을 사용하여 반복적으로 충격을 가하는 작업

해설 **근골격계 부담 작업**
㉠ 하루에 10회 이상 25kg 이상의 물체를 드는 작업
㉡ 하루에 총 2시간 이상 목, 어깨, 팔꿈치, 손목 또는 손을 사용하여 같은 동작을 반복하는 작업
㉢ 하루에 총 2시간 이상 쪼그리고 앉거나 무릎을 굽힌 자세에서 이루어지는 작업

정답 ┃ 35. ④ 36. ④ 37. ① 38. ② 39. ① 40. ③ 41. ① 42. ① 43. ④

제1절 조 명

1 조명의 정의

생산 안전·환경의 쾌적성에 크게 미치고 적절한 조명은 생산성을 향상시키고, 작업 및 제품에 불량이 감소되며 피로가 경감되어 재해가 감소된다.

2 조명 수준

① 초정밀 작업 : 750lux 이상
② 정밀 작업 : 300lux 이상
③ 일반 작업 : 150lux 이상
④ 그 밖의 작업 : 75lux 이상

> 💡 참고
> ▶ 국소조명 : 작업면상의 필요한 장소만 높은 조도를 취하는 조명

3 조도

물체의 표면에 도달하는 빛의 밀도
① foot-candle(fc) : 1촉광의 점광원으로부터 1foot 떨어진 곡면에 비추어진 빛의 밀도. 즉, 1 lumen/ft²이다.
② lux(meter-candle) : 1촉광의 점광원으로부터 1m 떨어진 곡면에 비추어진 빛의 밀도. 즉, 1lumen/m²이다.

4 조도의 역자승의 법칙

거리가 증가할 때에 조도는 다음과 같은
역자승의 법칙에 따라 감소한다.

$$조도 = \frac{광도}{(거리)^2}$$

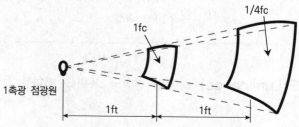

예제

▶ 반사형 없이 모든 방향으로 빛을 발하는 점광원에서 2m 떨어진 곳의 조도가 150lux라면 3m 떨어진 곳의 조도는 약 얼마인가?

풀이 $조도 = \dfrac{광도}{(거리)^2}$

2m 떨어진 지점의 광도를 구하면

$150 = \dfrac{x}{(2)^2} = \dfrac{x}{4}$ 이므로 $x = 150 \times 4 = 600$ 이다.

다시 3m 떨어진 지점의 조도(lux)를 구하면

$x = \dfrac{600}{(3)^2}$ $\quad \therefore x = 66.67\text{lux}$

5 광속발산도(Luminance Ratio)

주어진 장소와 주위의 광속발산도의 비이며, 사무실 및 산업 상황에서의 추천 광속발산비는 보통 3:1이다. 이 기준을 때로는 휘도라고도 한다.

① Lambert(L) : 완전 발산 및 반사하는 표면이 표준 촛불로 1cm 거리에서 조명될 때의 조도와 같은 발산도이다.

② millilambert(mL) : 1L의 $\dfrac{1}{1,000}$ 로서, 거의 1foot-Lambert에 가까운 것이다.(=0.929ft)

③ foot-Lambert(fL) : 완전 발산 및 반사하는 표면이 1fc로 조명될 때의 조도와 같은 발산도이다.

6 대비(Luminance Contrast)

보통 표적의 광속발산도(L_t)와 배경의 광속발산도(L_b)의 차를 나타내는 척도인데, 다음 공식에 의해 계산된다.

$$대비 = \frac{L_b - L_t}{L_b} \times 100$$

예제

▶ 조도가 400럭스인 위치에 놓인 흰색 종이 위에 짙은 회색의 글자가 쓰여 있다. 종이의 반사율은 80%이고, 글자의 반사율은 40%라고 할 때 종이와 글자의 대비는 얼마인가?

풀이 $대비 = \dfrac{L_b - L_t}{L_b} \times 100$

$= \dfrac{배경의 반사율(\%) - 표적의 반사율(\%)}{배경의 반사율(\%)} \times 100$

$= \dfrac{80 - 40}{80} \times 100 = 50\%$

7 휘도(Luminance) : 단위 면적당 표면을 떠나는 빛의 양

제2절 빛의 배분(빛의 이용률)

작업하는 곳 주위의 일반조명 수준도 적절하여야 시성능이 향상된다.

〈추천 반사율〉

면	반사율(%)
바닥	20~40
가구, 사무용기기, 책상(상면)	25~45
창문발(blind), 벽	40~60
천장	80~90

1 반사율(Reflectance)

표면에 도달하는 조명과 광산발산속도의 관계를 말한다. 빛을 흡수하지 못하고 완전히 발산 또는 반사시키는 표면의 반사율을 100%라 하고 만약 1fc로 조명한다면 어떤 각도에서 보아도 표면은 1fL의 광속발산도를 가질 것이다.

실제로 완전히 발산하는 표면에서 얻을 수 있는 최대반사율은 약 95% 정도이며, 다음과 같은 공식을 적용한다.

$$반사율(\%) = \frac{광속발산도(f_L)}{조명(f_e)} \times 100$$

예제

▶ 휘도(Luminance)가 10cd/m²이고, 조도(illuminance)가 100lux일 때 반사율(Reflectance)은 몇 %인가?

풀이 $반사율(\%) = \dfrac{광속발산도(f_L)}{조명(f_e)} \times 10^2 = \dfrac{cd/m^2 \times \pi}{lux} = \dfrac{10 \times \pi}{100} = 0.1\pi$

2 시성능 기준함수(VL8)의 일반적인 수준 설정

① 현실 상황에 적합한 조명 수준이다.
② 표적 탐지 확률을 50%에서 99%로 한다.
③ 표적(Target)은 정적인 과녁에서 동녁인 과녁으로 한다.

3 추천 조명 수준의 설정

① 시작업에서는 어떤 물건이나 시계에 나타나는 물체의 특정한 세부 모양을 발견해야 하는 경우가 많다. 주어진 작업에 대한 소요 조명을 결정하기 위하여 우선(VL8가 나타내는) 표준 작업으로 환산한 등가대비를 구하여 소요 광속발산도의 f_L값을 구하고, 소요조명의 f_e값은 다음 식에서 구한다.

$$소요조명(f_c) = \frac{소요 광속발산도(f_L)}{반사율(\%)}$$

예제

▶ 반사율이 60%인 작업 대상물에 대하여 근로자가 검사 작업을 수행할 때 휘도(luminance)가 90fL이라면 이 작업에서의 소요조명(f_c)은 얼마인가?

풀이 소요조명(f_c) $= \dfrac{휘도(f_L)}{반사율(\%)} \times 10^2 = \dfrac{90\text{fL}}{60\%} \times 10^2 = 150$

② 반사율은 소요조명에 직접적인 영향을 끼친다. 이런 절차가 여러 종류의 작업 환경에 적용되어 다음 표에 있는 것과 같은 추천 조명 수준이 유도되었다.

〈추천조명 수준〉

작업 조건	foot-candle	특정한 임무
높은 정확도를 요구하는 세밀한 작업	1,000 500 300	수술대, 아주 세밀한 조립 작업 아주 힘든 검사 작업 세밀한 조립 작업
오랜 시간 계속하는 세밀한 작업	200 150 100	힘든 끝손질 및 검사 작업, 세밀한 제도, 치과 작업, 세밀한 기계작업 초벌제도, 사무기기 조작 보통 기계작업, 편지 고르기
오랜 시간 계속하는 천천히 하는 작업	70 50	공부, 독서, 타자, 칠판에 쓴 글씨 읽기 스케치, 상품 포장
정상 작업	30 20 10	드릴, 리벳, 줄질 및 화장실 초벌 기계 작업, 계단, 복도 출하, 입하작업, 강당
자세히 보지 않아도 되는 작업	5	창고, 극장복도

4 휘광(Glare)

눈부심은 눈이 적용된 휘도보다 훨씬 밝은 광원 혹은 반사광이 시계 내에 있음으로서 생기며, 성가신 느낌과 불편감을 주고 가시도와 시성능을 저하시킨다.

(1) 휘광의 처리

① 광원으로부터의 직사 휘광을 줄이기 위한 방법

㉮ 광원의 휘도를 줄이고 광원의 수를 늘린다.

㉯ 광원의 시선에서 멀리 위치 시킨다.

㉰ 휘광원 주위를 밝게 하여 광속발산(휘도)비를 줄인다.

㉱ 가리개, 갓 혹은 차양 등을 사용한다.

② 창문으로부터의 직사 휘광 처리

㉮ 창문을 높이 단다.

㉯ 창위(옥외) 드리우개를 설치한다.

㉰ 창문(안쪽)에 수직 날개(Fin)를 달아 직시선을 제한한다.

㉱ 차양 혹은 발을 사용한다.

③ 반사 휘광의 처리

㉮ 발광체의 휘도를 줄인다.

㉯ 일반(간접)조명 수준을 높인다.

㉰ 산란광, 간접광, 조절판, 창문에 차양 등을 사용한다.

㉱ 반사광이 눈에 비치지 않게 광원을 위치 시킨다.

㉲ 무광택 도료, 빛을 산란시키는 표면색을 한 사무용 기기, 윤을 없앤 종이 등을 사용한다.

제3절 눈의 구조와 작용 및 시각

1 눈의 구조와 작용

(1) 눈의 구조

눈의 구조 가운데 기능 결함이 발생할 경우 색맹 또는 색약이 되는 세포는 원주세포이다.

(2) 눈의 작용

눈	카메라	역 할
눈커풀	렌즈 뚜껑	렌즈 표면 보호
각막	렌즈	빛을 굴절, 초점 만듦
수정체	렌즈	핀트 조절
홍채	조리개	빛의 강약에 따라 동공 크기 조절
각막	필름	흑백 필름 – 간상체, 컬러 필름 – 추상체

(3) 사물 인식 과정

빛 → 각막 → 동공 → 수정체 → 유리체 → 망막(시세포) → 시신경 → 대뇌

2 시력

물체의 형태를 분간하는 눈의 능력

(1) 배열시력(Vernier Acuity)

둘 혹은 그 이상의 물체들을 평면에 배열하여 놓고 그것이 일렬로 서 있는지 판별하는 능력

(2) 입체 시력(Stereoscopic Acuity)

거리가 있는 한 물체에 대한 약간 다른 상이 두 눈에 망막에 맺힐 때 이것을 구별하는 능력

3 시각

(1) 시각의 개요

① 정상적인 인간의 시계 범위 : 200°

② 색채를 식별할 수 있는 시계 범위 : 70°

③ 노화에 따라 제일 먼저 기능이 저하되는 감각 기관은 시각이다.

(2) 암조응

① 완전 암조응에서는 보통 30~40분이 걸리며, 어두운 곳에서 밝은 곳으로 역조응, 즉 명조응은 수초 밖에 걸리지 않으며 넉넉 잡아 1~2 초이다.

② 같은 밝기의 불빛이라도 진홍이나 보라색보다는 백색광 또는 황색광이 암조응을 더 빨리 파괴한다.

(3) 색각

물체로부터 반사돼 나오는 빛은 색채감을 유발하여 다음과 같은 3 가지 특성으로 나타낸다.

① 주파장

② 포화도

③ 광속발산도 : 빛의 이러한 특성이 다음과 같은 3 가지 기본적인 속성으로 인해서 우리가 색을 인식하게 되는 것이다. 이것을 색의 3 속성이라 부른다.

　㉮ 색상(Hue)　　　㉯ 채도(Saturation)　　　㉰ 명도(Lightness)

(4) 색의 체계(Color System)

두 종류의 색계가 표준으로 사용된다.

① Munsell의 색계

② CIE의 색계로서 3원색인 적(X), 녹(Y), 청(Z)을 상대적인 비율로 색을 지정한다.

제4절 소음(음향조절 : Sound Conditioning)

1 소음(Noise)

소음이란 원하지 않는 소리라고 정의된다.

2 음의 측정 단위

(1) dB수준과 음의 강도와의 관계식

$$\therefore \text{dB수준} = 10 \log\left(\frac{I_1}{I_0}\right)$$

여기서, I_1 : 측정음의 강도, I_0 : 기준음의 강도(10^{-12} watt/m² 최소 가정치)

(2) dB수준과 음압과의 관계식

음의 강도는 음압의 제곱에 비례하므로 dB 수준은 다음과 같다.

$$\therefore \text{dB수준} = 20 \log\left(\frac{P_1}{P_0}\right)$$

여기서, P_1 : 측정하려는 음압,

　　　　P_0 : 기준음의 음압(2×10^5 N/m² : 1,000Hz에서의 최소 가정치)

예제

▶ 경보 사이렌으로부터 10m 떨어진 곳에서 음압 수준이 140dB이면 100m 떨어진 곳에서 음의 강도는 얼마인가?

풀이 $SPL(\text{dB}) = 20\log\dfrac{\text{P}}{\text{P}_0}$

$SPL(\text{dB}) = 20\log\dfrac{100}{10} = 20$

음의 강도 = 음압 수준 $- SPL = 140 - 20 = 120\text{dB}$

(3) 전체소음

전체소음 $= 10\log(10^{\frac{dB1}{10}} + 10^{\frac{dB2}{10}} + 10^{\frac{dB3}{10}})$

예제

▶ 작업장의 설비 3대에서 각각 80dB, 86dB, 78dB의 소음이 발생되고 있을 때 작업장의 음압수준은?

풀이 전체소음 $= 10\log(10^{\frac{dB1}{10}} + 10^{\frac{dB2}{10}} + 10^{\frac{dB3}{10}}) = 10\log(10^8 + 10^{8.6} + 10^{7.8})$

$= 87.49 = 87.5\text{dB}$

3 음의 크기의 수준

① phon : 1,000Hz 순음의 음압수준(dB)을 나타낸다.
② sone : 1,000Hz, 40dB 음압수준을 가진 순음의 크기(40phon)
③ sone와 phon의 관계식

$$sone치 = 2^{\frac{phon-40}{10}}$$

④ dB

예제

▶ 40phon이 1sone일 때 60phon은 몇 sone인가?

풀이 $phon치 = 2^{\frac{phon-40}{10}} = 2^{\frac{60-40}{10}} = 2^2 = 4sone$

4 은폐현상과 복합소음

① 은폐(Masking) 현상: dB이 높은 음과 낮은 음이 공존할 때 낮은 음이 강한 음에 가로막혀 숨겨져 들리지 않게 되는 현상이다.

예 90dB + 80dB → 90dB

예 한 사무실에서 타자 소리 때문에 말소리가 묻히는 현상

② 복합소음 : 소음 수준이 같은 2대 기계의 음이 합쳐지면 3dB이 증가한다.

예 90dB + 90dB → 93dB

5 소음의 허용 한계

① 가청주파수 : 20~20,000Hz(CPS)

  ㉮ 저진동 범위 : 20~50Hz   ㉯ 회화 범위 : 500~2,000Hz

  ㉰ 가청 범위 : 2,000~20,000Hz   ㉱ 불가청 범위 : 20,000Hz 이상

② 가청 한계 : 2×10^{-4}dyne/cm² ~ 10^3dyne/cm²(134dB)

③ 심리적 불쾌감 : 40dB 이상

④ 생리적 영향 : 60dB

  ㉮ 안락한계 : 45~65dB   ㉯ 불쾌한계 : 65~120dB

⑤ 난청(C_5-dip) : 90dB 이상(8시간)

> 💡 참고
>
> 1. 물리적 인자의 분류 기준에 있어서 소음의 85dB 이상의 시끄러운 소리로 규정하고 있으며 소음성 난청을 유발할 수 있다.
> 2. 소음에 의한 청력 손실은 4,000Hz에서 가장 크게 나타난다.
> 3. 소음성 난청 유소견자로 판정하는 구분 : D_1

⑥ 유해주파수(공장소음) : 4,000Hz(난청 현상이 오는 주파수)

⑦ 음압과 허용 노출 관계(120dB 이상이면 인공 벽 설치)

dB	90	95	100	105	110	115	120
허용 노출 시간	8시간	4시간	2시간	1시간	30분	15분	5~8분

> 🔧 예제
>
> ▶ 자동차를 생산하는 어떤 근로자가 95dB(A)의 소음수준에서 하루 8시간 작업하며 매 시간 조용한 휴게실에서 20분씩 휴식을 취한다고 가정하였을 때, 8시간 시간가중평균(TWA)은? (단, 소음은 누적소음누출량 측정기로 측정하였으며 OSHA에서 정한 95dB(A)의 허용시간을 4시간이라 가정한다.)
>
> **풀이** $TWA = 16.61 \times \log\left(\dfrac{D(\%)}{100}\right) + 90dB(A)$
>
> $TWA = 16.61 \times \log\left(\dfrac{133.34(\%)}{100}\right) + 90dB(A) = 92.07dB(A)$
>
> $D(\%) = \left\{\dfrac{C_1}{T_1} + \dfrac{C_2}{T_2} + \dfrac{C_3}{T_3} + \cdots \dfrac{C_n}{T_n}\right\} \times 100$
>
> $D(\%) = \left\{\dfrac{0.6667(hr)}{4(hr)} \times 8\right\} \times 100 = 133.34(\%)$
>
> $\dfrac{0.667(hr)}{4(hr)} \times 8$의 의미는 8시간 근로하며 매 시간마다 20분씩 휴식을 하였기 때문에
>
>   40/60분 = 0.6667시간으로 8회 계산하였다.
>   여기서 D : 누적소음폭로량(%), C : 작업시간(hr)
>   T : 측정된 음압수준에 상응하는 허용 노출시간(여기서는 4시간으로 가정함)

> 💡 참고
>
> ▶ 국내 규정 상 최대음압수준
>   140dB(A)을 초과하는 충격 소음에 노출되어서는 안 된다.

6 소음을 방지하기 위한 대책

① 소음원 통제

    ㉮ 저소음 기계로 대체한다.   ㉯ 소음발생원을 밀폐한다.

    ㉰ 소음발생원을 제거한다.   ㉱ 차량에는 소음기 사용

② 소음원 격리 : 덮개를 씌우거나 창문을 닫을 것

③ 차폐 장치 및 흡음 재료 사용

④ 음향 처리재 사용

⑤ 소음원으로부터 적절한 배치

⑥ 방음 보호용구 착용 : 귀마개(이전)(200Hz에서 20dB, 4,000Hz에서 25dB 차음 효과)

⑦ BGM(Back Ground Music) : 배경 음악(60±3dB)

> **참고**
>
> ▶ 통화간섭수준
>
> 통화 이해도 척도로서 통화 이해도에 영향을 주는 잡음의 영향을 추정하는 지수

제5절 열교환과 온도

1 열 교환

(1) 신체의 열교환 과정

① 열교환 방법 : 인간과 주위와의 열교환 과정은 다음과 같이 열 균형 방정식으로 나타낼 수 있다.

$$S(열축적) = M(대사열) - E(증발) - W(한 일) \pm R(복사) \pm C(대류)$$

여기서, S : 열 이득 및 열 손실량이며, 열 평형 상태에서는 0

> **예제**
>
> ▶ A 작업장에서 1시간 동안 480Btu의 일을 하는 근로자의 대사량은 900Btu이고, 증발열 손실이 2,250Btu, 복사 및 대류로부터 열 이득이 각각 1,900Btu 및 80Btu라 할 때 열 축적은 얼마인가?
>
> **풀이** S(열축적) = M(대사열) − E(증발열) ± R(복사열) = $900 - 480 - 2,250 + 1,900 + 80 = 150$

② 열 교환 과정 공식

$$\triangle S = (M - W) \pm R \pm C - E$$

여기서, $\triangle S$: 신체열 함량 변화(+), M : 대사열 발생량, W : 수행 한 일,

      R : 복사열 교환량, C : 대류열 교환량, E : 증발열 발산량

㉮ 전도

㉯ 대류

㉰ 복사 : 한겨울에 햇볕을 쬐면 기온은 차지만 따스함을 느끼는 것

㉱ 증발(Evaporation) : 37℃의 물 1g을 증발시키는 데 필요한 증발열(에너지)은 2,410jolue/g (575.7cal/g)이며, 매 g의 물이 증발할 때마다 이만한 에너지가 제거된다.

$$열손실(R) = \frac{증발에너지(Q)}{증발시간(t)}$$

③ 보온율(clo) $= \dfrac{0.18℃}{kcal/m^2hr} = \dfrac{℉}{Btu/ft^2/hr}$

> **예제**
>
> ▶ 남성 작업자가 티셔츠(0.09clo), 속옷(0.05clo), 가벼운 바지(0.26clo), 양말(0.04clo), 신발(0.04clo)을 착용하고 있을 때 총 보온율(clo)값은 얼마인가?
>
> **풀이** 총 보온율(clo) = 0.09 + 0.05 + 0.26 + 0.04 + 0.04 = 0.48clo

(2) 환경 요소와 복합지수

① 실효온도(Effective Temperature) : 온도와 습도 및 공기 유동이 인체에 미치는 열 효과를 하나의 수치로 통합한 경험적 감각지수로 상대 습도 100%일 때의 건구 온도에서 느끼는 것과 동일한 온감을 의미하는 온열 조건

㉮ 영향을 주는 요인

㉠ 온도　　　　　㉡ 공기 유동　　　　　㉢ 습도

㉯ 허용 한계

㉠ 정신작업(60~64℉)　　　　　㉡ 경작업(55~60℉)

㉢ 중작업(50~55℉)

② Oxford 지수 : 건습(WD)지수로서 습구 온도와 건구 온도의 가중 평균치로서 다음과 같이 나타낸다.

$$WD = 0.85\,WB(습구온도) + 0.15DB(건구온도)$$

> **예제**
>
> ▶ 건습구온도에서 건구온도가 24℃이고, 습구온도가 20℃일 때 Oxford 지수는 얼마인가?
>
> **풀이** Oxford 지수$(WD) = 0.85\,WB(습구온도) + 0.15DB(건구온도)$
>
> $= 0.85 \times 20 + 0.15 \times 24 =$ **20.6℃**

③ 습구흑구온도 지수

㉮ 옥내의 습구흑구온도$(WBGT) = 0.7 \times$자연습구온도 $+\ 0.3 \times$흑구온도
㉯ 옥외의 습구흑구온도$(WBGT) = 0.7 \times$자연습구온도 $+\ 0.2 \times$흑구온도 $+$ 건구온도

여기서, NWB : 자연습구온도, GT : 흑구온도, DB : 건구온도

> ✎예제
>
> ▶ 태양광선이 내리쬐는 옥외장소의 자연습구온도 20℃, 흑구온도 18℃, 건구온도 30℃ 일 때 습구흑구온
>   도지수($WBGT$)는?
>
> **풀이** $0.7 \times$자연습구온도 $+ 0.2 \times$흑구온도 $+ 0.1 \times$건구온도
> $= (0.7 \times 20) + (0.2 \times 18) + (0.1 \times 30) = 26.6℃$

④ 열압박지수(HSI : Heat Stress Index) : 열평형을 유지하기 위해서 증발해야 하는 발한량으로 열
부하를 나타내는 지수이다.

$$HSI = \frac{E_{req}}{E_{max}}$$

여기서, E_{req} : 열평형을 유지하기 위해 필요한 증발량(Btu/h) = M(대사) + R(복사) + C(대류)

E_{max} : 특정한 환경조건의 조합하에서 증발에 의해서 잃을 수 있는 열량(Btu/h)

⑦ 열압박지수에서 고려하는 항목

㉠ 공기속도   ㉡ 습도   ㉢ 온도

> ✎예제
>
> ▶ 주물공장 A 작업자의 작업 지속 시간과 휴식시간을 열압박지수(HSI)를 활용하여 계산하니 각각 45분,
>   15분이었다. A 작업자의 1일 작업량은 얼마인가? (단, 휴식시간은 포함하지 않는다.)
>
> **풀이** 하루 8시간 작업하므로 1시간 작업 시 45분 작업 수행한 값에 8시간을 곱한다.
>   ∴ 45분 $\times$ 8 = 360 분 = 6 시간

(3) 불쾌지수

① 인체에 가해지는 온·습도 및 기류 등의 외적 변화를 종합적으로 평가한다.

② 불쾌지수(섭씨온도) = $0.72 \times$(건구온도 + 습구온도) + 40.6

③ 불쾌지수(화씨온도) = $0.4 \times$(건구온도 + 습구온도) + 15

⑦ 불쾌지수가 80 이상 : 모든 사람이 불쾌감을 가지기 시작한다.

㉯ 불쾌지수가 75의 경우 : 절반 정도가 불쾌감을 가진다.

㉰ 불쾌지수가 70~75 : 불쾌감을 느끼기 시작한다.

㉱ 불쾌지수가 70 이하 : 모두 쾌적하다.

2 온도 변화에 대한 인체의 적용

(1) 쾌적환경에서 추운 환경으로 바뀔 때

① 피부 온도가 내려간다.

② 피부를 경유하는 혈액 순환량이 감소하고 많은 양이 몸의 중심부를 순환한다.

③ 직장 온도가 약간 올라간다.

④ 몸이 떨리고 소름이 돋는다.

(2) 쾌적환경에서 더운 환경으로 바뀔 때

① 피부 온도가 올라간다.

② 많은 혈액의 양이 피부를 경유한다.

③ 직장 온도가 내려간다.

④ 발한이 시작된다.

(3) 열중독증의 강도

열사병 〉 열소모 〉 열경련 〉 열발진

💡 **참고**

▶ **열경련(Heat cramp)** : 고열작업환경에서 심한 근육 작업 후 근육의 수축이 격렬하게 일어나며, 탈수와 체내 염분 농도 부족에 의해 야기되는 장해

▶ **레이노 병(Raynaud's phenomenon)** : 국소 진동에 지속적으로 노출된 근로자에게 발생할 수 있으며, 말초혈관 장애로 손가락이 창백해지고 동통을 느끼는 질환

Chapter 04 | 출제 예상 문제

01 강한 음영 때문에 근로자의 눈 피로도가 큰 조명 방법은?

① 간접 조명   ② 반간접 조명
③ 직접 조명   ④ 전반 조명

해설   직접 조명의 설명이다.

02 영상표시단말기(VDT)를 취급하는 작업장에서 화면의 바탕 색상이 검정색 계통일 경우 추천되는 조명 수준으로 가장 적절한 것은?

① 100~200lux   ② 200~500lux
③ 750~800lux   ④ 850~950lux

해설   영상표시단말기(VDT)를 취급하는 작업장에서 화면의 바탕 색상이 검정색 계통일 경우 추천되는 조명 수준은 정밀 작업에 속하므로 300~500lux이다.

03 다음 중 조도의 단위에 해당하는 것은?

① fL   ② diopter
③ lumen/m²   ④ lumen

해설   **조도의 단위** : lumen/m²

04 광원으로부터 2m 떨어진 곳에서 측정한 조도가 400lux이고, 다른 곳에서 동일한 광원에 의한 밝기를 측정하였더니 100lux이었다면, 두 번째로 측정한 지점은 광원으로부터 몇 m 떨어진 곳인가?

① 4   ② 6
③ 8   ④ 10

해설
$$조도(lux) = \frac{광도(cd)}{거리^2}$$
광원의 광도[cd] $= 400 \times 2^2 = 1,600$
두 번째 측정한 지점의 광원의 거리를 x라고 하면
$\frac{1,600}{x^2} = 1,000$에서 $x = 4m$

05 1cd의 점광원에서 1m 떨어진 곳에서의 조도가 3lux이었다. 동일한 조건에서 5m 떨어진 곳에서의 조도는 약 몇 lux인가?

① 0.12   ② 0.22
③ 0.36   ④ 0.56

해설   조도는 (거리)²에 반비례한다. 5m 떨어진 곳에서의 조도를 x(lux)라고 하면,
$$3lux : \frac{1}{1^2 m} = x(lux) : \frac{1}{5^2 m}$$
$$\therefore x = 0.12lux$$

06 다음 중 조도에 관한 설명으로 틀린 것은?

① 거리에 비례하고, 광도에 반비례한다.
② 어떤 물체나 표면에 도달하는 광의 밀도를 말한다.
③ 1lux란 1촉광의 점광원으로부터 1m 떨어진 곡면에 비추는 광의 밀도를 말한다.
④ 1fc란 1촉광의 점광원으로부터 1feet 떨어진 곡면에 비추는 광의 밀도를 말한다.

해설   ①의 경우 조도는 광도에 비례하고, 거리의 자승에 반비례한다는 말이 옳다.
$$조도 = \frac{광도}{(거리)^2}$$

07 다음 중 바닥의 추천 반사율로 가장 적당한 것은?

① 0~20%   ② 20~40%
③ 40~60%   ④ 60~80%

해설   ㉠ **바닥** : 20~40%   ㉡ **천장** : 80~90%
㉢ **벽** : 40~60%   ㉣ **가구** : 25~45%

08 조도가 400lux인 위치에 놓인 흰색 종이 위에 짙은 회색의 글자가 쓰여 있다. 종이의 반사율은 80%이고, 글자의 반사율은 40%라고 할 때 종이와 글자의 대비는 얼마인가?

① −100% ② −50%
③ 50% ④ 100%

해설
$$대비 = \frac{L_b - L_t}{L_b} \times 100$$
$$= \frac{배경의\ 반사율(\%) - 표적의\ 반사율(\%)}{배경의\ 반사율(\%)} \times 100$$
$$= \frac{80-40}{80} \times 100 = 50\%$$

09 다음 중 주어진 작업에 대하여 필요한 소요 조명(f_c)을 구하는 식으로 옳은 것은?

① 소요조명$(f_c) = \dfrac{소요휘도(f_L)}{반사율(\%)}$

② 소요조명$(f_c) = \dfrac{반사율(\%)}{소요휘도(f_L)}$

③ 소요조명$(f_c) = \dfrac{소요휘도(f_L)}{(거리)^2}$

④ 소요조명$(f_c) = \dfrac{(거리)^2}{소요휘도(f_L)}$

해설
$$소요조명(f_c) = \frac{소요휘도(f_L)}{반사율(\%)}$$

10 다음 중 시성능기준함수(VL8)의 일반적인 수준 설정으로 틀린 것은?

① 현실 상황에 적합한 조명 수준이다.
② 표적 탐지 확률은 50%에서 99%로 한다.
③ 표적(Target)은 정적인 과녁에서 동적인 과녁으로 한다.
④ 언제, 시계 내의 어디에 과녁이 나타날지 아는 경우이다.

해설 시성능기준함수(VL8)의 일반적인 수준 설정
㉠ 현실 상황에 적합한 조명 수준이다.
㉡ 표적 탐지 확률은 50%에서 99%로 한다.
㉢ 표적(Target)은 정적인 과녁에서 동적인 과녁으로 한다.

11 다음 중 작업장의 조명 수준에 대한 설명으로 가장 적절한 것은?

① 작업 환경의 추천 광도비는 5:1 정도이다.
② 천장은 80~90% 정도의 반사율을 가지도록 한다.
③ 작업 영역에 따라 휘도의 차이를 크게 한다.
④ 실내 표면의 반사율은 천장에서 바닥의 순으로 증가시킨다.

해설
① 작업 환경의 추천 광도비는 3:1 정도이다.
③ 작업 영역에 따라 휘도의 차이를 작게 한다.
④ 실내 표면의 반사율은 바닥에서 천장의 순으로 증가시킨다.

12 다음 중 작업장에서 광원으로부터 직사휘광을 처리하는 방법으로 옳은 것은?

① 광원의 휘도를 늘린다.
② 광원을 시선에서 가까이 위치시킨다.
③ 휘광원 주위를 밝게 하여 광도비를 늘린다.
④ 가리개, 차양을 설치한다.

해설 광원으로부터 직사휘광을 처리하는 방법
㉠ 광원의 휘도를 줄이고, 광원의 수를 늘린다.
㉡ 광원을 시선에서 멀리 위치시킨다.
㉢ 휘광원 주위를 밝게 하여 광속발산비를 줄인다.
㉣ 가리개, 갓, 혹은 차양(Visor)을 사용한다.

13 다음 중 눈의 구조 가운데 기능 결함이 발생될 경우 색맹 또는 색약이 되는 세포는?

① 간상세포 ② 원추세포
③ 수평세포 ④ 양극세포

해설 원추세포의 설명이다.

14 다음 중 망막의 원추세포가 가장 낮은 민감성을 보이는 파장의 색은?

① 적색 ② 회색
③ 청색 ④ 녹색

해설 망막의 원추세포가 가장 낮은 민감성을 보이는 파장의 색은 회색이다.

15 다음 중 카메라의 필름에 해당하는 우리 눈의 부위는?

① 망막
② 수정체
③ 동공
④ 각막

> 해설 ①의 망막은 카메라의 필름에 해당하는 눈의 부위이다.

16 란돌트(Landolt) 고리에 있는 1.5mm의 틈을 5m의 거리에서 겨우 구분할 수 있는 사람의 최소 분간 시력은 약 얼마인가?

① 0.1
② 0.3
③ 0.7
④ 1.0

> 해설 란돌트(Landolt) 고리에 있는 1.5mm의 틈을 5m의 거리에서 겨우 구분할 수 있는 사람의 최소 분간 시력은 1.00이다.

17 다음 중 인간의 눈이 일반적으로 완전암조응에 걸리는 데 소요되는 시간은?

① 5~10분
② 10~20분
③ 30~40분
④ 50~60분

> 해설 인간의 눈이 일반적으로 완전암조응에 걸리는 데 소요되는 시간 : 30~40 분

18 다음 중 점멸융합주파수에 대한 설명으로 옳은 것은?

① 암조응 시에는 주파수가 증가한다.
② 정신적으로 피로하면 주파수 값이 내려간다.
③ 휘도가 동일한 색은 주파수 값에 영향을 준다.
④ 주파수는 조명 강도의 대수치에 선형 반비례한다.

> 해설 ① 암조응 시에는 주파수가 감소한다.
> ③ 휘도가 동일한 색은 주파수 값에 영향을 주지 않는다.
> ④ 주파수는 조명 강도의 대수치에 선형 비례한다.

19 다음 중 중추신경계 피로(정신 피로)의 척도로 사용할 수 있는 시각적 점멸융합주파수(VFF)를

측정할 때 영향을 주는 변수에 관한 설명으로 틀린 것은?

① 휘도만 같다면 색상은 영향을 주지 않는다.
② 표적과 주변의 휘도가 같을 때 최대가 된다.
③ 조명 강도의 대수치에 선형적으로 반비례한다.
④ 사람들 간에는 큰 차이가 있으나 개인의 경우 일관성이 있다.

> 해설 조명 강도의 대수치에 선형적으로 비례한다.

20 다음 중 시력 및 조명에 관한 설명으로 옳은 것은?

① 표적 물체가 움직이거나 관측자가 움직이면 시력의 역치는 증가한다.
② 필터를 부착한 VDT 화면에 표시된 글자의 밝기는 줄어들지만 대비는 증가한다.
③ 대비는 표적 물체 표면에 도달하는 조도와 결과하는 광도와의 차이를 나타낸다.
④ 관측자의 시야 내에 있는 주시 영역과 그 주변 영역의 조도의 비를 조도비라 한다.

> 해설 ① 표적 물체가 움직이거나 관측자가 움직이면 시력의 역치는 감소한다.
> ③ 대비는 표적의 광속발산도와 배경의 광속발산도의 차를 나타내는 척도이다.
> ④ 조도비는 조명으로 인해 생기는 밝은 곳과 어두운 곳의 비이다.

21 다음 중 시각에 관한 설명으로 옳은 것은?

① Vernier Acuity – 눈이 식별할 수 있는 표적의 최소 모양
② Minimum Separable Acuity – 배경과 구별하여 탐지할 수 있는 최소의 점
③ Stereoscopic Acuity – 거리가 있는 한 물체의 상이 두 눈의 망막에 맺힐 때 그 상의 차이를 구별하는 능력
④ Minimum Perceptible Acuity – 하나의 수직선이 중간에서 끊겨 아랫부분이 옆으로 옮겨진 경우에 미세한 치우침을 구별하는 능력

해설 ① Vernier Acuity : 배열시력이라 하며, 둘 혹은 그 이상의 물체들을 평면에 배열하여 놓고 그것이 일 렬로 서 있는지 판별하는 능력
② Minimum Separable Acuity : 최소 분리역시력이 라 하며, 떨어져 있는 두 점 또는 선을 두 개로 인식할 수 있는 능력
④ Minimum Perceptible Acuity : 최소 지각 시력이 라 하며, 배경으로부터 한 점을 분간하는 능력

22 다음 중 어떤 의미를 전달하기 위한 시각적 부호 가운데 성격이 다른 것은?
① 교통표지판의 삼각형
② 위험표지판의 해골과 뼈
③ 도로표지판의 걷는 사람
④ 소방안전표지판의 소화기

해설 시각적부호
㉠ 묘사적부호 : 사물의 행동을 단순하고 정확하게 한 것
예 위험표지판의 해골과 뼈, 도로표지판의 걷 는 사람, 소방안전표지판의 소화기
㉡ 임의적부호 : 부호가 이미 고안되어 있으므로 이를 배워야 하는 것
예 교통표지판의 삼각형

23 다음 중 특정한 목적을 위해 시각적 암호, 부호 및 기호를 의도적으로 사용할 때에 반드시 고려 하여야 할 사항과 가장 거리가 먼 것은?
① 검출성   ② 판별성
③ 심각성   ④ 양립성

해설 시각적 암호, 부호 및 기호를 의도적으로 사용할 때에 반드시 고려하여야 할 사항 : 검출성, 판별성, 양립성

24 다음 중 소음(Noise)에 대한 정의로 가장 적절 한 것은?
① 큰 소리(Loud Sound)
② 원치 않은 소리(Unwanted Sound)
③ 정신이나 신경을 자극하는 소리(Mental And Nervous Annoying Sound)
④ 청각을 자극하는 소리(Auditory Sense Annoying Sound)

해설 소음(Noise) : 원치 않은 소리

25 다음 중 음(흡)의 크기를 나타내는 단위로만 나 열된 것은?
① dB, nit   ② phon, 1b
③ dB, psi   ④ phon, dB

해설 음의 크기와 단위: phon, dB

26 40phon이 1sone일 때 60phon은 몇 sone인가?
① 2   ② 4
③ 6   ④ 100

해설
$$sone = 2^{\frac{phon-40}{10}} = 2^{\frac{60-40}{10}} = 2^2 = 4\,sone$$

27 경보사이렌으로부터 10m 떨어진 곳에서 음압 수준이 140dB이면 100m 떨어진 곳에서 음의 강도는 얼마인가?
① 100dB   ② 110dB
③ 120dB   ④ 140dB

해설
$$SPL(dB) = 20\log\frac{P}{P_o}$$
$$SPL(dB) = 20\log\frac{100}{10} = 20$$
음의 강도 = 음압수준 − SPL
= 140 − 20 = 120dB

28 2개 공정의 소음 수준 측정 결과 1공정은 100dB에서 2시간, 2공정은 90dB에서 1시간 소요될 때, 총 소음량(TND)과 소음 설계의 적합 성을 올바르게 나타낸 것은? (단, 우리나라는 90dB에 8시간 노출될 때를 허용 기준으로 하 며, 5dB 증가할 때 허용 시간은 1/2로 감소되 는 법칙을 적용한다.)
① TND = 약 0.83, 적합
② TND = 약 0.93, 적합
③ TND = 약 1.03, 부적합
④ TND = 약 1.13, 부적합

해설
총 소음량(TND) $= \dfrac{2}{2} + \dfrac{1}{8} = 1.125 \coloneqq 1.13$
총 소음량(TND)이 1을 초과하므로 부적합하다.

29 다음 3개 공정의 소음수준 측정 결과 1공정은 100dB에서 1시간, 2공정은 95dB에서 1시간, 3공정은 90dB에서 1시간이 소요될 때, 총 소음량(TND)과 소음설계의 적합성을 올바르게 나열한 것은? (단, 90dB에 8시간 노출될 때를 허용 기준으로 하며, 5dB 증가할 때 허용 시간은 1/2 감소되는 법칙을 적용한다.)

① TND = 약 0.78, 적합
② TND = 약 0.88, 적합
③ TND = 약 0.98, 적합
④ TND = 약 1.08, 부적합

해설
총 소음량(TND) $= \dfrac{2}{2} + \dfrac{1}{4} + \dfrac{1}{8} = 0.88$
총 소음량(TND)이 1을 이하이하므로 적합하다.

30 다음 중 인간이 감지할 수 있는 외부의 물리적 자극변화의 최소 범위는 기준이 되는 자극의 크기에 비례하는 현상을 설명한 이론은?

① 웨버(Weber) 법칙
② 피츠(Fitts) 법칙
③ 신호검출이론(SDT)
④ 힉-하이만(Hick-Hyman) 법칙

해설
① **웨버(Weber) 법칙** : 인간이 감지할 수 있는 외부의 물리적 자극 변화의 최소 범위는 기준이 되는 자극의 크기에 비례하는 현상이다.
② **피츠(Fitts) 법칙** : 사용성 분야에서 인간의 행동에 대해 속도와 정확성 간의 관계를 설명하는 기본적인 법칙으로서 시작점에서 목표로 하는 지역에 얼마나 빠르게 닿을 수 있는지를 예측하고자 하는 것이다. 이는 목표 영역의 크기와 목표까지의 거리에 따라 결정된다.
③ **신호검출이론(SDT)** : 잡음이 신호 검출에 미치는 영향이다.
④ **힉-하이만(Hick-Hyman) 법칙** : 힉(Hick)은 선택 반응 직무에서 발생 확률이 같은 자극의 수가 변화할 때 반응 시간은 정보(Bit)로 측정된 자극의 수에 선형적인 관계를 가짐을 발견했고, 하이만

(Hyman)은 자극의 수가 일정할 때 자극들의 발생 확률을 변화시켜서 반응 시간이 정보(Bit)에 선형 함수 관계를 가짐을 증명했다. 따라서 선택 반응 시간은 자극 정보와 선형 함수 관계에 있다.

31 다음 중 Weber의 법칙에 관한 설명으로 틀린 것은?

① Weber비는 분별의 질을 나타낸다.
② Weber비가 작을수록 분별력은 낮아진다.
③ 변화감지역(JND)이 작을수록 그 자극 차원의 변화를 쉽게 검출할 수 있다.
④ 변화감지역(JND)은 사람이 50%를 검출할 수 있는 자극 차원의 최소 변화이다.

해설
Weber비가 클수록 분별력은 낮아진다.

32 다음 중 변화감지역(JND ; Just Noticeable Difference)이 가장 작은 음은?

① 낮은 주파수와 작은 강도를 가진 음
② 낮은 주파수와 큰 강도를 가진 음
③ 높은 주파수와 작은 강도를 가진 음
④ 높은 주파수와 큰 강도를 가진 음

해설
변화감지역(Just Noticeable Difference)
㉠ 자극의 상대 식별에 있어 50%보다 더 높은 확률로 판단할 수 있는 자극 차이다. 예를 들면, 양손에 30g 무게와 31g 무게를 올려 놓고 어느 쪽이 무겁다는 것은 변화량이 적어 식별할 수 없으나 30g 무게와 35g 무게는 차이를 식별할 수 있다.
㉡ **변화감지역이 가장 작은 음** : 낮은 주파수와 큰 강도를 가진 음

33 다음 중 신호의 강도, 진동수에 의한 신호의 상대 식별 등 물리적 자극의 변화 여부를 감지할 수 있는 최소의 자극 범위를 의미하는 것은?

① Chunking
② Stimulus Range
③ SDT(Signal Detection Theory)
④ JND(Just Noticeable Difference)

해설
JND(Just Noticeable Difference) : 신호의 감도, 진동수에 의한 신호의 상대 식별 등 물리적 자극의 변화여부를 감지할 수 있는 최소의 자극 범위

34 통신에서 잡음 중 일부를 제거하기 위해 필터 (Filter)를 사용하였다면 다음 중 어느 것의 성능을 향상시키는 것인가?

① 신호의 검출성　② 신호의 양립성
③ 신호의 산란성　④ 신호의 표준성

> 해설 통신에서 잡음 중의 일부를 제거하기 위해 필터를 사용하였다면 신호의 검출성의 성능을 향상시키는 것이다.

35 1/100초 동안 발생한 3개의 음파를 나타낸 것이다. 음의 세기가 가장 큰 것과 가장 높은 음을 순서대로 짝지은 것은?

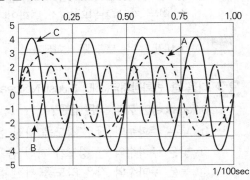

① A, B　　② C, B
③ C, A　　④ B, C

> 해설 음파(Sound Wave) : 다른 물질의 진동이나 소리에 의한 공기를 총칭하는 말이며 음파에 있어 진폭이 크면 클수록 강한 음으로 들리게 되며, 진동수가 많으면 많을수록 높은 음으로 들리게 된다.
> ㉠ 음의 세기란 평면 진행파에 있어서 음파의 진행 방향으로 수직인 단위면적을 단위 시간에 통과하는 에너지이다.
> ㉡ 음의 높이가 가장 높은 음 : 파형의 주기가 가장 짧다(진동수가 크다).

36 잡음 등이 개입되는 통신 악조건 하에서 전달 확률이 높아지도록 전언을 구성할 때 다음 중 가장 적절하지 않은 것은?

① 표준 문장의 구조를 사용한다.
② 문장보다 독립적인 음절을 사용한다.
③ 사용하는 어휘 수를 가능한 적게 한다.
④ 수신자가 사용하는 단어와 문장 구조에 친숙해지도록 한다.

> 해설 잡음 등이 개입되는 통신 악조건 하에서 전달 확률이 높아지도록 전언을 구성할 때 적절한 것
> ㉠ 표준 문장의 구조를 사용한다.
> ㉡ 사용하는 어휘 수를 가능한 적게 한다.
> ㉢ 수신자가 사용하는 단어와 문장 구조에 친숙해지도록 한다.

37 다음 중 절대적으로 식별 가능한 청각 차원의 수준의 수가 가장 적은 것은?

① 강도　　　　　② 진동수
③ 지속 시간　　　④ 음의 방향

> 해설 절대적으로 식별 가능한 청각차원의 수준의 수가 가장 적은 것 : 음의 방향

38 다음 중 소음의 크기에 대한 설명으로 옳은 것은?

① 저주파음은 고주파음만큼 크게 들리지 않는다.
② 사람의 귀는 모든 주파수의 음에 동일하게 반응한다.
③ 크기가 같아지려면 저주파음은 고주파음보다 강해야 한다.
④ 일반적으로 낮은 주파수(100Hz 이하)에 덜 민감하고, 높은 주파수에 더 민감하다.

> 해설 ②의 경우 사람의 귀는 모든 주파수의 음에 다르게 반응한다는 내용이 옳다.

39 다음 중 사람이 음원의 방향을 결정하는 주돈암 시신호(cue)로 가장 적절하게 조합된 것은?

① 소리의 강도차와 진동수차
② 소리의 진동수차와 위상차
③ 음원의 거리차와 시간차
④ 소리의 강도차와 위상차

> 해설 사람이 음원의 방향을 결정하는 주된 암시신호 : 소리의 강도차와 위상차

40 다음 중 한 자극차원에서의 절대 식별수에 있어 순음의 경우 평균 식별수는 어느 정도 되는가?

① 1　　　　② 5
③ 9　　　　④ 13

해설 한 자극차원에서의 절대 식별 수에 있어 순음의 경우 평균 식별 수는 5이다.

41 국내 규정상 최대 음압 수준이 몇 dB(A)을 초과하는 충격 소음에 노출되어서는 아니 되는가?
① 110　　　② 120
③ 130　　　④ 140

해설 국내 규정상 최대 음압 수준 : 140dB(A)을 초과하는 충격 소음에 노출되어서는 안 된다.

42 다음 중 초음파의 기준이 되는 주파수로 옳은 것은?
① 4,000Hz 이상　② 6,000Hz 이상
③ 10,000Hz 이상　④ 20,000Hz 이상

해설 초음파의 기준이 되는 주파수 : 20,000Hz 이상

43 다음 중 소음에 의한 청력 손실이 가장 크게 나타나는 주파수대는?
① 2,000Hz　　② 4,000Hz
③ 10,000Hz　　④ 20,000Hz

해설 소음에 대한 청력 손실은 4,000Hz에서 가장 크게 나타난다.

44 다음 중 음성 통신 시스템의 구성 요소가 아닌 것은?
① Noise　　② Blackboard
③ Message　　④ Speaker

해설 음성통신 시스템의 구성요소
㉠ Noise　　㉡ Message　　㉢ Speaker

45 다음 중 음성 통신에 있어 소음 환경과 관련하여 성격이 다른 지수는?
① AI(Articulation Index)
② MAMA(Minimum Audible Movement Angle)

③ PNC(Preferred Noise Criteria Curves)
④ PSIL(Preferred-octave Speech Interference Level)

해설 음성 통신에 있어 소음 환경
㉠ AI(Articulation Index) : 명료도 지수
㉡ PNC(Preferred Noise Criteria Curves) : PNC 곡선(개선된 소음 표준 곡선)
㉢ PSIL(Preferred-octave Speech Interference Level) 우선 회화 방해 레벨

46 다음 중 소음의 1일 노출 시간과 소음 강도의 기준이 잘못 연결된 것은?
① 8hr-90dB(A)　② 2hr-100dB(A)
③ 1/2hr-110dB(A)　④ 1/4hr-120dB(A)

해설 ④ 1/4hr-115dB(A)
음압과 허용 노출한계

dB	90	95	100	105	110	115	120
허용 노출 시간	8시간	4시간	2시간	1시간	30분	15분	5~8분

47 다음 중 제한된 실내 공간에서의 소음 문제에 대한 대책으로 가장 적절하지 않은 것은?
① 진동 부분의 표면을 줄인다.
② 소음에 적응된 인원으로 배치한다.
③ 소음의 전달 경로를 차단한다.
④ 벽, 천장, 바닥에 흡음재를 부착한다.

해설 ② 방음 보호용구(귀마개, 귀덮개)를 사용한다.

48 다음 중 소음 발생에 있어 음원에 대한 대책으로 볼 수 없는 것은?
① 설비의 격리
② 적절한 재배치
③ 저소음 설비 사용
④ 귀마개 및 귀덮개 사용

해설 소음 발생에 있어 음원에 대한 대책
㉠ 설비의 격리　㉡ 적절한 재배치
㉢ 저소음 설비 사용

49 다음 중 진동이 인간 성능에 끼치는 일반적인 영향이 아닌 것은?

① 진동은 진폭에 반비례하여 시력이 손상된다.

② 진동은 진폭에 비례하여 추적 능력이 손상된다.

③ 정확한 근육 조절을 요하는 작업은 진동에 의해 저하된다.

④ 주로 중앙신경처리에 관한 임무는 진동의 영향을 덜 받는다.

해설 ①의 경우 진동은 진폭에 비례하여 시력이 손상된다.

50 다음 중 신체와 환경간의 열교환 과정을 가장 올바르게 나타낸 것은? (단, W는 일, M은 대사, S는 열축적, R은 복사, C는 대류, E는 증발, Clo는 의복의 단열률이다.)

① $W = (M+S) \pm R \pm C - E$

② $S = (M-W) \pm R \pm C - E$

③ $W = \mathrm{Clo} + (M-S) \pm R \pm C - E$

④ $S = \mathrm{Clo} + (M-W) \pm R \pm C - E$

해설 신체와 환경간의 열교환 과정

$S = (M-W) \pm R \pm C - E$

여기서, W : 일, M : 대사, S : 열축적,
$\quad\quad\quad R$: 복사, C : 대류, E : 증발,
$\quad\quad\quad$ Clo : 의복의 단열률

51 A 작업장에서 1시간 동안 480Btu의 일을 하는 근로자의 대사량은 900Btu이고, 증발열손실이 2,250Btu, 복사 및 대류로부터 열이득이 각각 1,900Btu 및 80Btu라 할 때 열 축적은 얼마인가?

① 100

② 150

③ 200

④ 250

해설 $S($열축적$) = M($대사열$) - W($증발열$) \pm R($복사열$)$
$\quad\quad\quad = 900 - 480 - 2,250 + 1,900 + 80 = 150$

52 한겨울에 햇볕을 쬐면 기온은 차지만 따스함을 느끼는 것은 다음 중 어떤 열교환 방법에 대한 것인가?

① 대류

② 복사

③ 전도

④ 증발

해설

① **대류(Convection)** : 유체가 부력에 의한 상하운동으로 열을 전달하는 것으로 아랫부분이 가열되면 대류에 의해 유체 전체가 가열된다.

② **복사(Radiation)** : 원자 내부의 전자는 열을 받거나 빼앗길 때 원래의 에너지 준위에서 벗어나 다른 에너지 준위로 전이한다. 이때 전자기파를 방출 또는 흡수하는 데 이러한 전자기파에 의해 열이 매질을 통하지 않고 고온의 물체에서 저온의 물체로 직접 전달되는 현상이다.

예 한겨울에 햇볕을 쬐면 기온은 차지만 따스함을 느끼는 것

③ **전도(Conduction)** : 고체와 고체 사이 또는 고체와 액체 사이에서의 열의 이동

④ **증발(Vaporization)** : 액체의 표면에서 일어나는 기화현상

53 남성 작업자가 티셔츠(0.09clo), 속옷(0.05clo), 가벼운 바지(0.26clo), 양말(0.04clo), 신발(0.04clo)을 착용하고 있을 때 총 보온율(clo) 값은 얼마인가?

① 0.260

② 0.480

③ 1.184

④ 1.280

해설
$$\text{총 보온율(clo)} = \frac{0.18℃}{\mathrm{kcal/m^2/hr}}$$

54 일반적으로 인체에 가해지는 온·습도 및 기류 등의 외적 변수를 종합적으로 평가하는 데에는 "불쾌지수"라는 지표가 이용된다. 식이 다음과 같을 경우 건구온도와 습구온도의 단위로 옳은 것은?

> 불쾌지수 = $0.72 \times$ (건구온도+습구온도)+40.6

① 실효온도

② 화씨온도

③ 절대온도

④ 섭씨온도

해설
㉠ **불쾌지수(섭씨온도)**=$0.72 \times$(건구온도+습구온도)+40.6
㉡ **불쾌지수(화씨온도)**=$0.4 \times$(건구온도+습구온도)+15

55 다음 중 건구온도가 30℃, 습구온도가 27℃일 때 사람들이 느끼는 불쾌감의 정도를 설명한 것으로 가장 적절한 것은?

① 대부분의 사람이 불쾌감을 느낀다.

② 거의 모든 사람이 불쾌감을 느끼지 못한다.

③ 일부분의 사람이 불쾌감을 느끼기 시작한다.

④ 일부분의 사람이 쾌적함을 느끼기 시작한다.

> **[해설]** **불쾌지수와 불쾌감의 정도**
>
> 불쾌지수(섭씨온도)
>
>   =0.72×(건구온도+습구온도)+40.6
>
>   =0.72×(30+27)+40.6=81.64
>
> ㉠ **불쾌지수 70 이하** : 모든 사람이 불쾌를 느끼지 않음
>
> ㉡ **불쾌지수 70 이상 75이하** : 10명 중 2~3명이 불쾌 감지
>
> ㉢ **불쾌지수 76 이상 80 이하** : 10명 중 5명 이상이 불쾌 감지
>
> ㉣ **불쾌지수 80 이상** : 모든 사람이 불쾌를 느낌

56 다음 중 실효온도(effective temperature)에 대한 설명으로 틀린 것은?

① 체온계로 입안의 온도를 측정하여 기준으로 한다.

② 실제로 감각되는 온도로서 실감온도라 한다.

③ 온도, 습도 및 공기 유동이 인체에 미치는 열 효과를 나타낸 것이다.

④ 상대습도 100% 일 때의 건구온도에서 느끼는 것과 동일한 온감이다.

> **[해설]** **실효온도** : 감각온도라 하며 온도, 습도 및 공기 유동이 인체에 미치는 열효과를 하나의 수치로 통합한 경험적 감각 지수로 상대습도 100%일 때의 온도에서 느끼는 것과 동일한 온감이다.

57 다음 중 공기의 온열조건 4요소에 포함되지 않는 것은?

① 대류   ② 전도

③ 반사   ④ 복사

> **[해설]** **공기의 온열조건 4요소** : 대류, 전도, 복사, 온도

58 건습구온도에서 건구온도가 24℃이고, 습구온도가 20℃일 때 Oxford 지수는 얼마인가?

① 20.6℃   ② 21.0℃

③ 23.0℃   ④ 23.4℃

> **[해설]** Oxford지수(WD)
>
> $= 0.85\,WB(습구온도) + 0.15\,DB(건구온도)$
>
> $= 0.85 \times 20 + 0.15 \times 24$
>
> $= 20.6℃$

59 다음 중 열압박 지수(HSI ; Heat Stress Index)에서 고려하고 있지 않은 항목은 어느 것인가?

① 공기속도   ② 습도

③ 압력   ④ 온도

> **[해설]** **열압박 지수에서 고려하는 항목**
>
> ㉠ 공기속도   ㉡ 습도   ㉢ 온도

60 다음 중 인체의 피부 감각에 있어 민감한 순서대로 나열된 것은?

① 압각 – 온각 – 냉각 – 통각

② 냉각 – 통각 – 온각 – 압각

③ 온각 – 냉각 – 통각 – 압각

④ 통각 – 압각 – 냉각 – 온각

> **[해설]** **인체의 피부감각에 있어 민감한 순서**
>
> 통각 – 압각 – 냉각 – 온각

61 다음 중 가속도에 관한 설명으로 틀린 것은?

① 가속도란 물체의 운동변화율이다.

② 1G는 자유낙하하는 물체의 가속도인 9.8m/s²에 해당한다.

③ 선형 가속도는 운동속도가 일정한 물체의 방향변화율이다.

④ 운동방향이 전후방인 선형 가속의 영향은 수직방향보다 덜하다.

> **[해설]** ③ 선형 가속도의 방향은 물체의 운동방향이고, 각 가속도의 방향은 회전축의 방향이다.

62 A자동차에서 근무하는 K씨는 지게차로 철강판을 하역하는 업무를 한다. 지게차 운전으로 K씨에게 노출된 직업성 질환의 위험요인과 동일한 위험요인에 노출된 작업자는?

① 연마기 운전자
② 착암기 운전자
③ 대형 운송차량 운전자
④ 복제용 지퍼(Chippers) 운전자

> **해설** 지게차 운전과 대형 운송차량 운전자는 동일한 작업성 질환의 위험요인에 노출된 것으로 본다.

63 다음 중 적정온도에서 추운 환경으로 바뀔 때의 현상으로 틀린 것은?

① 직장의 온도가 내려간다.
② 피부의 온도가 내려간다.
③ 몸이 떨리고 소름이 돋는다.
④ 피부를 경유하는 혈액순환량이 감소한다.

> **해설** ① 직장의 온도가 올라간다.

64 적절한 온도의 작업환경에서 추운환경으로 변할 때, 우리의 신체가 수행하는 조절작용이 아닌 것은?

① 발한(發汗)이 시작된다.
② 피부의 온도가 내려간다.
③ 직장 온도가 약간 올라간다.
④ 혈액의 많은 양이 몸의 중심부를 순환한다.

> **해설** ① 몸이 떨리고 소름이 돋는다.

65 다음 중 얼음과 드라이아이스 등을 취급하는 작업에 대한 대책으로 적절하지 않은 것은?

① 더운 물과 더운 음식을 섭취한다.
② 가능한 한 식염을 많이 섭취한다.
③ 혈액 순환을 위해 틈틈이 운동을 한다.
④ 오랫동안 한 장소에 고정하여 작업하지 않는다.

> **해설** 얼음과 드라이아이스 등을 취급하는 작업에 대한 대책
> ㉠ 더운 물과 더운 음식을 섭취한다.
> ㉡ 혈액순환을 위해 틈틈이 운동을 한다.
> ㉢ 오랫동안 한 장소에 고정하여 작업하지 않는다.

66 다음 중 열중독증(Heat Illness)의 강도를 올바르게 나열한 것은?

> Ⓐ 열소모(Heat Exhausiton)
> Ⓑ 열발진(Heat Rash)
> Ⓒ 열경련(Heat Cramp)
> Ⓓ 열사병(Heat Stroke)

① Ⓒ < Ⓑ < Ⓐ < Ⓓ
② Ⓒ < Ⓑ < Ⓓ < Ⓐ
③ Ⓑ < Ⓒ < Ⓐ < Ⓓ
④ Ⓑ < Ⓓ < Ⓐ < Ⓒ

> **해설** **열중독의 강도**
> 열발진 < 열경련 < 열소모 < 열사병

Chapter 05 시스템 위험분석

제1절 시스템 안전공학의 개요

1 시스템 안전

(1) 시스템(System)의 정의
- ① 요소의 집합에 의해서 구성
- ② System 상호 간에 관계를 유지
- ③ 정해진 조건 아래서
- ④ 어떤 목적을 위하여 작용하는 집합체

(2) 시스템 안전공학
- ① 과학적, 공학적 원리를 적용해서 시스템 내의 위험성을 적시에 식별하고 그 예방 또는 제어에 필요한 조치를 도모하기 위한 시스템 공학의 한 분야이다.
- ② 시스템 안전성을 명시, 예측 또는 평가하기 위한 공학적 설계 및 안전 해석의 원리 및 수법을 기초로 한다.
- ③ 수학, 물리학 및 관련 과학 분야의 전문적 지식과 특수 기술을 기초로 하여 성립한다.

(3) 시스템 안전을 위한 업무 수행 요건
- ① 시스템 안전에 필요한 사람의 동일성 식별
- ② 안전 활동의 계획 및 관리
- ③ 다른 시스템 프로그램 영역과의 조정
- ④ 시스템 안전에 대한 프로그램의 해석 및 평가

(4) 시스템 안전기술관리를 정립하기 위한 절차
- ① 제1단계 : 안전분석
- ② 제2단계 : 안전사양
- ③ 제3단계 : 안전설계
- ④ 제4단계 : 안전확인

2 시스템 안전 프로그램

(1) 시스템 안전을 확보하기 위한 기본 지침

(2) 시스템 안전프로그램계획(SSPP)에 포함 사항
- ① 계획의 개요
- ② 안전 조직
- ③ 계약 조건
- ④ 관련 부문과의 조정
- ⑤ 시스템 안전의 기준 및 해석
- ⑥ 안전성 평가
- ⑦ 안전 자료의 수집과 갱신
- ⑧ 경과와 결과의 분석

> 💡 **참고**
> ▶ **운전단계** : 시스템 수명 주기 중 시스템 안전 프로그램에 대하여 안전 점검 기준에 따른 평가를 내리는 시점

(3) 시스템 안전프로그램계획(SSPP)에서 완성해야 할 시스템 안전 업무

① 정성 해석　　　　　　② 운용 해석　　　　　　③ 프로그램 심사의 참가

제2절 시스템 위험분석 기법

(1) 예비위험분석(PHA ; Preliminary Hazards Analysis)

초기(구상) 단계에서 시스템 내의 위험 요소가 어떠한 위험 상태에 있는가를 정성적으로 평가하는 것

① PHA의 목적 : 시스템의 구상 단계에서 시스템 고유의 위험 상태를 식별하여 예상되는 위험 수준을 결정하기 위한 것

② PHA의 기법 : 위험의 요소가 어느 서브 시스템에 존재하는가를 관찰하는 것으로 다음과 같은 방법이 있다.

　㉮ 체크리스트에 의한 방법　　　　　　㉯ 경험에 따른 방법

　㉰ 기술적 판단에 의한 방법

③ 식별된 사고의 범주

　㉮ 파국적(Catastrophic) : 직업의 부상 및 시스템의 중대한 손해를 초례

　㉯ 중대(Critical) : 즉시 수정 조치를 필요로 하는 상태

　㉰ 한계적(Marginal) : 작업자의 부상 및 시스템의 중대한 손해를 초래하지 않고 대처 또는 제어할 수 있는 상태

　㉱ 무시가능(Negligible) : 작업자의 생존 및 시스템의 유지를 위하여

(2) 시스템 안전성 위험분석(SSHA ; System Safety Hazard Analysis)

SSHA는 PHA를 계속하고 발전시킨 것이다. 시스템 또는 요소가 보다 한정적인 것이 팀에 따라서, 안정성 분석도 또한 보다 한정적인 것이 된다.

(3) 결함위험분석(FHA ; Fault Hazards Analysis)

복잡한 시스템에서는 한 계약자만으로 모든 시스템의 설계를 담당하지 않고, 몇 개의 공동 계약자가 각각의 서브 시스템을 분담하고 통합 계약 업자가 그것을 통합하는데, 이런 경우의 서브 시스템 해석 등에 사용한다.

① FHA에 의한 특정 위험을 분석하기 위한 차트를 이용하는 위험 분석 기법

프로그램:　　　　　　　　　　시스템:

#1 구성요소 명칭	
#2 구성요소 위험 방식	
#3 시스템 작동방식	
#4 서브시스템에서 위험 영향	
#5 서브시스템, 대표적 시스템 위험 영향	
#6 환경적 요인	
#7 위험영향을 받을 수 있는 2차 요인	
#8 위험수준	
#9 위험관리	

② FHA의 적용 단계

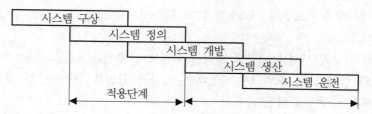

```
┌─────────────────┐
│    시스템 구상    │
└─────────────────┘
      ┌─────────────────┐
      │    시스템 정의    │
      └─────────────────┘
            ┌─────────────────┐
            │    시스템 개발    │
            └─────────────────┘
                  ┌─────────────────┐
                  │    시스템 생산    │
                  └─────────────────┘
                        ┌─────────────────┐
                        │    시스템 운전    │
                        └─────────────────┘

      │◄──── 적용단계 ────►│
```

💡 참고

▶ 시스템 수명주기 단계 : 구상단계 – 개발단계 – 생산단계 – 운전단계

(4) 고장형태 및 영향 분석(FMEA ; Failure Mode and Effect Analysis)

서브시스템, 구성요소, 기능 등의 잠재적 고장 형태에 따른 시스템의 위험을 파악하는 위험분석 기법

① 고장 발생을 최소로 하고자 하는 경우

② FMEA의 위험성 분류

⑦ Category Ⅰ : 생명 또는 가옥의 손실 　　⑷ Category Ⅱ : 작업 수행의 실패

⑮ Category Ⅲ : 활동의 지연 　　　　　　　⑪ Category Ⅳ : 영향 없음

③ FMEA 고장 영향의 고장발생확률

고장의 영향	발생확률(β의 값)
실제 손실	$\beta=1.00$
예상되는 손실	$0.1 < \beta < 1.00$
가능한 손실	$0 < \beta \leq 0.1$
영향 없음	$\beta=0$

④ 고장평점$(C_r)=C_1 \cdot C_2 \cdot C_3 \cdot C_4 \cdot C_5$

　여기서, C_1 : 기능적 고장 영향의 중요도, C_2 : 영향을 미치는 시스템의 범위,

　　　　　C_3 : 고장 발생의 빈도, C_4 : 고장 방지의 가능성, C_5 : 신규 설계의 정도

(5) 고장 형태의 영향 및 위험도 분석(FMECA; Failure Mode Effect and Criticality Analysis)

부분의 고장형태에서 시작하여 이것이 전체 시스템 또는 장치에 어떠한 영향을 미치나 하는 효과를 보려하는 분석 방법이다. 즉, 부분에서 전체를 평가하여 설계상의 문제점을 찾아내 대책을 강구할 수 있다. 즉, 치명도 해석을 포함시킨 분석 방법이다.

(6) 위험도 분석(CA; Criticality Analysis)

고장이 시스템의 손실과 인명의 사상에 연결되는 높은 위험도를 가진 요소나 고장의 형태에 따른 분석법

① 설비 고장에 따른 위험도

⑦ Category Ⅰ : 생명의 상실로 이어질 염려가 있는 고장

⑷ Category Ⅱ : 작업의 실패로 이어질 염려가 있는 고장

⑮ Category Ⅲ : 운용의 지연 또는 손실로 이어진 고장

⑪ Category Ⅳ : 극단적인 계획 외의 관리로 이어진 고장

(7) 디시전 트리(Decision Trees)

① 요소의 신뢰도를 이용하여 시스템의 신뢰도를 나타내는 시스템 모델의 하나로 귀납적이고 정량적인 분석 방법이다.

② 디시전 트리가 재해 사고의 분석에 이용될 때에는 이벤트 트리(Event Tree)라고 하며, 이 경우 트리는 재해 사고의 발단이 된 요인에서 출발하여, 2차적 원인과 안전수단의 성부 등에 의해 분기되고 최후의 재해 사상에 도달한다.

(8) ETA(Event Tree Analysis)

디시전 트리(Decision Tree)를 재해 사고 분석에 이용한 경우의 분석법이며 사고 시나리오에서 연속된 사건들의 발생 경로를 파악하고 평가하기 위한 귀납적이고 정량적 분석 방법인 시스템 안전 프로그램

> **예** '화재발생'이라는 시작(초기) 사상에 대하여, 화재감지기, 화재경보, 스프링클러 등의 성공 또는 실패 작동여부와 그 확률에 따른 피해 결과를 분석하는데 가장 적합한 위험분석기법

(9) MORT(Management Oversight and Risk Tree)

원자력 산업과 같이 상당한 안전이 확보되어 있는 장소에서 추가적인 고도의 안전 달성을 목적으로 하고 있으며, 관리, 설계, 생산, 보전 등 광범위한 안전을 도모하기 위하여 개발된 분석 기법

(10) THERP(Technique for Human Error Rate Prediction)

① 인간 – 기계 체계에서 인간의 과오에 기인된 원인 확률을 분석하여 위험성의 예측과 개선을 위한 위한 평가 기법

> **참고**
> ▶ 인간 실수 확률에 대한 추정 기법
> 1. CIT(Critical Incident Technique) : 위급 사건 기법
> 2. TCRAM(Task Criticality Rating Analysis Method) : 직무 위급도 분석법
> 3. THERP(Technique for Human Error Rate Prediction) : 인간 실수율 예측 기법

(11) 위험과 운전성 연구(HAZOP)

화학 공장에서의 위험성을 주로 평가하는 방법으로 처음에는 과거의 경험이 부족한 새로운 기술을 적용한 공정 설비에 대하여 실시할 목적으로 개발되었으며, 설비 전체보다 단위별 또는 부문별로 나누어 검토하고 위험요소가 예상되는 부문에 상세하게 실시하며 장치 자체는 설계 및 제작 사양에 맞게 제작된 것으로 간주하는 것이 전제 조건이다.

① 작업표 양식

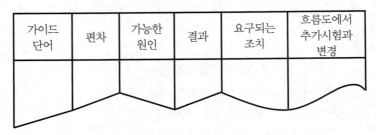

가이드 단어	편차	가능한 원인	결과	요구되는 조치	흐름도에서 추가시험과 변경

② 가이드 워드(Guide Words)
    ㉮ MORE/LESS : 정량적인 증가 또는 감소
    ㉯ OTHER THAN : 완전한 대체
    ㉰ AS WELL AS : 성질 상의 증가
    ㉱ PART OF : 성질 상의 감소
    ㉲ NO/NOT : 디자인 의도의 완전한 부정
    ㉳ REVERSE : 디자인 의도의 논리적 반대

③ 장, 단점
    ㉮ 장점
        ㉠ 학습 및 적용이 쉽다.
        ㉡ 기법 적용에 큰 전문성을 요구하지 않는다.
        ㉢ 다양한 관점을 가진 팀 단위 수행이 가능하다.
    ㉯ 단점 : 주관적 평가로 치우치기 쉽다.

(12) 운영 및 지원 위험 분석(O & SHA, Operation and Support〈O&S〉 Hazard Analysis)

생산, 보전, 시험, 운반, 저장, 비상 탈출 등에 사용되는 인원, 설비에 관하여 위험을 동정하고 제어하며 그들의 안전 요건을 결정하기 위하여 실시하는 분석 기법

(13) 운용위험분석(OHA ; Operation Hazard Analysis)

시스템이 저장되어 이동되고 실행됨에 따라 발생하는 작동 시스템의 기능이나 과업, 활동으로부터 발생되는 위험에 초점을 맞춘 위험분석차트

01 다음 중 시스템 안전(System safety)에 대한 설명으로 가장 적절하지 않은 것은?

① 주로 시행착오에 의해 위험을 파악한다.

② 위험을 파악, 분석, 통제하는 접근 방법이다.

③ 수명 주기 전반에 걸쳐 안전을 보장하는 것을 목표로 한다.

④ 처음에는 국방과 우주 항공 분야에서 필요성이 제기되었다.

> **해설** ① 시스템의 안전관리 및 안전공학을 정확히 적용시켜 위험을 파악한다.

02 다음 중 시스템 안전관리의 주요 업무와 가장 거리가 먼 것은?

① 시스템 안전에 필요한 사항의 식별

② 안전 활동의 계획, 조직 및 관리

③ 시스템 안전 활동 결과의 평가

④ 생산 시스템의 비용과 효과 분석

> **해설** ① 시스템의 안전에 필요한 사항의 동일성의 식별

03 다음 중 시스템 분석 및 설계에 있어서 인간공학의 가치와 가장 거리가 먼 것은?

① 훈련 비용의 절감

② 인력 이용률의 향상

③ 생산 및 보전의 경제성 감소

④ 사고 및 오용으로부터의 손실 감소

> **해설** ③ 생산 및 보존의 경제성 증가

04 다음 중 시스템 안전 프로그램의 개발 단계에서 이루어져야 할 사항의 내용과 가장 거리가 먼 것은?

① 교육 훈련을 시작한다.

② 위험 분석으로 FMEA가 적용된다.

③ 설계의 수용 가능성을 위해 보다 완벽한 검토를 한다.

④ 이 단계의 모형 분석과 검사 결과는 OHA의 입력 자료로 사용된다.

> **해설** **시스템 안전 프로그램의 개발 단계에서 이루어져야 할 사항의 내용**
> ㉠ 위험 분석으로 FMEA가 적용된다.
> ㉡ 설계의 수용 가능성을 위해 보다 완벽한 검토를 한다.
> ㉢ 이 단계의 모형 분석과 검사 결과는 OHA의 입력 자료로 사용된다.

05 다음 중 시스템 안전의 최종 분석 단계에서 위험을 고려하는 결정인자가 아닌 것은?

① 효율성   ② 피해 가능성

③ 비용 산정   ④ 시스템의 고장 모드

> **해설** **시스템 안전의 최종 분석 단계에서 위험을 고려하는 결정인자** : ㉠ 효율성, ㉡ 피해 가능성, ㉢ 비용 산정

06 다음 중 운용상의 시스템 안전에서 검토 및 분석해야 할 사항으로 틀린 것은?

① 훈련

② 사고 조사에의 참여

③ ECR(Error Cause Removal) 제안 제도

④ 고객에 의한 최종 성능 검사

> **해설** **운용상의 시스템 안전에서 검토 및 분석사항**
> ㉠ 훈련
> ㉡ 사고 조사에의 참여
> ㉢ 고객에 의한 최종 성능검사

07 시스템 안전 프로그램에 있어 시스템의 수명 주기를 일반적으로 5단계로 구분할 수 있는데 다음 중 시스템 수명 주기의 단계에 해당하지 않는 것은?

① 구상단계　　② 생산단계
③ 운전단계　　④ 분석단계

해설 시스템 수명 주기 단계
구상단계 – 생산단계 – 운전단계

08 시스템 안전 프로그램에 대하여 안전 점검 기준에 따른 평가를 내리는 시점은 시스템의 수명 주기 중 어느 단계인가?
① 구상단계　　② 설계단계
③ 생산단계　　④ 운전단계

해설 운전 단계는 안전점검기준에 따른 평가를 내리는 시점이다.

09 다음 중 수명주기(Life Cycle) 6단계에서 "운전단계"와 가장 거리가 먼 것은?
① 사고 조사 참여
② 기술 변경의 개발
③ 고객에 의한 최종 성능 검사
④ 최종 생산물의 수용 여부 결정

해설 운전 단계
㉠ 사고 조사 참여
㉡ 기술 변경의 개발
㉢ 고객에 의한 최종 성능 검사

10 다음 중 예비 위험 분석(PHA)에 대한 설명으로 가장 적합한 것은?
① 관련된 과거 안전 점검 결과의 조사에 적절하다.
② 안전 관련 법규 조항의 준수를 위한 조사 방법이다.
③ 시스템 고유의 위험성을 파악하고 예상되는 재해의 위험 수준을 결정한다.
④ 초기의 단계에서 시스템 내의 위험 요소가 어떠한 위험 상태에 있는가를 정성적으로 평가하는 것이다.

해설 예비 위험 분석(PHA) : 초기의 단계에서 시스템 내의 위험 요소가 어떠한 위험 상태에 있는가를 정성적으로 평가하는 것이다.

11 다음 중 복잡한 시스템을 설계, 가동하기 전의 구상 단계에서 시스템의 근본적인 위험성을 평가하는 가장 기초적인 위험도 분석 기법은?
① 예비위험분석(PHA)
② 결함수분석법(FTA)
③ 고장형태와 영향분석(FMEA)
④ 운용안전성분석(OSA)

해설 예비위험분석(PHA)의 설명이다.

12 다음 설명 중 ㉮와 ㉯에 해당하는 내용이 올바르게 연결된 것은?

"예비위험분석(PHA)의 식별된 4가지 사고 카테고리 중 작업자의 부상 및 시스템의 중대한 손해를 초래하거나 작업자의 생존 및 시스템의 유지를 위하여 즉시 수정 조치를 필요로 하는 상태를 (㉮), 작업자의 부상 및 시스템의 중대한 손해를 초래하지 않고, 대처 또는 제어할 수 있는 상태를 (㉯)(이)라 한다."

① ㉮ 파국적,　　㉯ 중대
② ㉮ 중대,　　㉯ 파국적
③ ㉮ 한계적,　　㉯ 중대
④ ㉮ 중대,　　㉯ 한계적

해설 예비위험분석(PHA)의 식별된 4가지 사고 카테고리
㉠ **파국적** : 부상 및 시스템의 중대한 손해를 초래
㉡ **무시 가능** : 작업자의 생존 및 시스템의 유지를 위하여
㉢ **중대** : 즉시 수정 조치를 필요로 하는 상태
㉣ **한계적** : 작업자의 부상 및 시스템의 중대한 손해를 초래하지 않고 대처 또는 제어할 수 있는 상태

13 다음 중 예비위험분석(PHA)에서 위험의 정도를 분류하는 4가지 범주에 해당하지 않는 것은?
① Catastrophic　　② Critical
③ Control　　④ Marginal

해설 예비위험분석(Preliminary Hazard Analysis, PHA)에서 위험의 정도를 분류하는 4가지 범주
㉠ 파국적(Catastrophic)　　㉡ 중대(Critical)
㉢ 한계적(Marginal)　　㉣ 무시 가능(Negligible)

14 시스템의 수명 주기 중 PHA 기법이 최초로 사용되는 단계는?

① 구상단계   ② 정의단계
③ 개발단계   ④ 생산단계

> **해설** 설비 도입 및 제품 개발 단계의 안전성 평가
> (1) 구상단계
>   ㉠ 시스템 안전계획(SSP ; System Safety Plan)의 작성
>   ㉡ 예비위험분석(PHA ; Preliminary Hazard Analysis)의 작성
>   ㉢ 안전성에 관한 정보 및 문서 파일의 작성
>   ㉣ 포함되는 사고가 방침 설정 과정에서 고려되기 위한 구상 정식화 회의에의 참가
> (2) 설계 및 발주서 작성 단계
> (3) 설치 또는 제조 및 시험 단계
> (4) 운용단계

15 시스템의 수명 주기를 구상, 정의, 개발, 생산, 운전의 5단계로 구분할 때 시스템 안전성 위험 분석(SSHA)은 다음 중 어느 단계에서 수행되는 것이 가장 적합한가?

① 구상(Concept)단계
② 운전(Deployment)단계
③ 생산(Production)단계
④ 정의(Definition)단계

> **해설** SSHA는 PHA를 계속하고 발전시킨 것으로서 시스템 또는 요소가 보다 한정적인 것이 됨에 따라서, 안전성 분석도 또한 보다 한정적인 것이 된다. 그러므로 정의 단계에서 수행하는 것이 가장 적합하다.

16 다음 중 결함위험분석(FHA : Fault Hazard Analysis)의 적용 단계로 가장 적절한 것은?

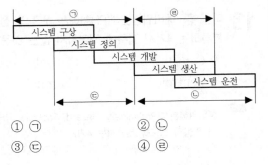

① ㉠   ② ㉡
③ ㉢   ④ ㉣

> **해설** FHA : 분업에 의하여 여럿이 분담 설계한 서브 시스템간의 Interface를 조정하여 각각의 서브 시스템 및 전시스템의 안전성에 악영향을 끼치지 않게 하기 위한 분석 기법이다.

17 다음 중 고장형태와 영향분석(FMEA)에 관한 설명으로 틀린 것은?

① 각 요소가 영향의 해석이 가능하기 때문에 동시에 2가지 이상의 요소가 고장나는 경우에 적합하다.
② 해석영역이 물체에 한정되기 때문에 인적 원인해석이 곤란하다.
③ 양식이 간단하여 특별한 훈련없이 해석이 가능하다.
④ 시스템 해석의 기법은 정성적, 귀납적 분석법 등에 사용된다.

> **해설** 각 요소가 영향의 해석이 어렵기 때문에 동시에 2가지 이상의 요소가 고장나는 경우에 곤란하다.

18 다음 중 시스템이나 기기의 개발 설계 단계에서 FMEA의 표준적인 실시 절차에 해당되지 않는 것은?

① 비용 효과 절충 분석
② 시스템 구성의 기본적 파악
③ 상위 체계의 고장 영향 분석
④ 신뢰도 블록 다이어그램 작성

> **해설** FMEA의 표준적인 실시 절차
> ㉠ 시스템 구성의 기본적 파악
> ㉡ 상위 체계의 고장 영향 분석
> ㉢ 신뢰도 블록 다이어그램 작성

19 다음 중 FMEA(Failure Mode and Effect Analysis)가 가장 유효한 경우는?

① 일정 고장률을 달성하고자 하는 경우
② 고장 발생을 최소로 하고자 하는 경우
③ 마멸 고장만 발생하도록 하고 싶은 경우
④ 시험시간을 단축하고자 하는 경우

> **해설** 고장형태와 영향분석(FMEA ; Failure Mode and Effect Analysis)은 고장 발생을 최소로 하고자 하는 경우에 가장 유효하다.

20 원자력산업과 같이 이미 상당한 안전이 확보되어 있는 장소에서 관리, 설계, 생산, 보전 등 광범위하고 고도의 안전 달성을 목적으로 하는 시스템 해석법은?

① ETA   ② FHA
③ MORT   ④ FMECA

해설   MORT의 설명이다.

21 다음 중 인간의 과오(Human Error)를 정량적으로 평가하고 분석하는 데 사용하는 기법으로 가장 적절한 것은?

① THERP   ② FMEA
③ CA   ④ FMECA

해설
② **FMEA** : 고장형태와 영향분석이라고도 하며, 각 요소의 고장유형과 그 고장이 미치는 영향을 분석하는 방법으로 귀납적이면서 정성적으로 분석하는 기법이다.
③ **CA** : 높은 고장 등급을 갖고 고장 모드가 기기 전체의 고장에 어느 정도 영향을 주는가를 정량적으로 평가하는 해석 기법이다.
④ **FMECA** : FMEA와 CA가 병용한 것으로, FMECA에 위험 평가를 위해 위험도(C_r)를 계산한다.

22 작업자가 계기판의 수치를 읽고 판단하여 밸브를 잠그는 작업을 수행한다고 할 때, 다음 중 이 작업자의 실수 확률을 예측하는 데 가장 적합한 기법은?

① THERP   ② FMEA
③ OSHA   ④ MORT

해설
② **FMEA** : 고장형태와 영향분석이라고도 하며 각 요소의 고장유형과 그 고장이 미치는 영향을 분석하는 방법으로 귀납적이면서 정성적으로 분석하는 기법이다.
③ **OSHA** : 운용 및 지원 위험분석이라 하며 시스템 요건의 지정된 시스템의 모든 사용 단계에서 생산, 보전, 시험, 운반, 저장, 운전, 비상 탈출, 구조, 훈련 및 폐기 등에 사용하는 인원, 설비에 관하여 위험을 동정하고 제어하며 그들의 안전 요건을 결정하기 위하여 실시하는 분석이다.
④ **MORT** : 경영 소홀과 위험수 분석이라 하며 Tree를 중심으로 FTA와 같은 논리 기법을 이용하여 관리, 설계, 생산, 보존 등으로 광범위하게 안전을

도모하는 것으로서 고도의 안전을 달성하는 것을 목적으로 한다.

23 다음 중 위험분석기법 중 어떠한 기법에 사용되는 양식인가?

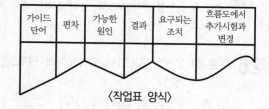

| 가이드
단어 | 편차 | 가능한
원인 | 결과 | 요구되는
조치 | 흐름도에서
추가시험과
변경 |
|---|---|---|---|---|---|
| | | | | | |

〈작업표 양식〉

① ETA   ② THERP
③ FMEA   ④ HAZOP

해설
① **ETA(Event Tree Analysis)** : 사상의 안전도를 사용하여 시스템의 안전도를 나타내는 시스템 모델의 하나로서 귀납적이기는 하나, 정량적인 분석 기법이다. 종래의 지나치게 쉬웠던 재해 확대 요인의 분석 등에 적합하다.
② **THERP(Technique for Human Error Rate Prediction, 인간의 과오율 예측법)** : 시스템이 있어서 인간의 과오를 정량적으로 평가하기 위하여 개발된 기법이다.
③ **FMEA(Failure Mode and Effects Analysis, 고장형태와 영향분석)** : 서브 시스템 위험 분석이나 시스템 위험분석을 위하여 일반적으로 사용되는 전형적인 정성적, 귀납적 분석 기법으로 시스템에 영향을 미치는 모든 요소의 고장을 형태별로 분석하여 그 영향을 검토하는 기법이다.
④ **HAZOP(Hazard and Operability, 위험과 운전분석 기법)** : 화학 공장에서의 위험성과 운전성을 정해진 규칙과 설계도면에 의해 체계적으로 분석 평가하는 방법이다. 인명과 재산 상의 손실을 수반하는 시행 착오를 방지하기 위하여 인위적으로 만들어진 합성 경험을 통하여 공정 전반에 걸쳐 설비의 오동작이나 운전 조작의 실수 가능성을 최소화하도록 합성 경험에 해당하는 운전 상의 이탈을 제시함에 있어서 사소한 원인이나 비현실적인 원인이라 해도 이것으로 인해 초래될 수 있는 결과를 체계적으로 누락없이 검토하고 나아가서 그것에 대한 수립까지 가능한 위험성 평가 기법이다.

24 다음 중 위험 및 운전성 분석(HAZOP) 수행에 가장 좋은 시점은 어느 단계인가?

① 구상단계　　　② 생산단계
③ 설치단계　　　④ 개발단계

> **해설** 위험 및 운전성 분석(HAZOP) 수행에 가장 좋은 시점
> 개발 단계

25 위험 및 운전성 검토(HAZOP)에서의 전제조건으로 틀린 것은?

① 두 개 이상의 기기고장이나 사고는 일어나지 않는다.
② 조작자는 위험 상황이 일어났을 때 그것을 인식할 수 있다.
③ 안전장치는 필요할 때 정상 동작하지 않는 것으로 간주한다.
④ 장치 자체는 설계 및 제작 사양에 맞게 제작된 것으로 간주한다.

> **해설** ③ 안전 장치는 필요할 때 정상 동작하는 것으로 간주한다.

26 다음 중 위험과 운전성 연구(HAZOP)에 대한 설명으로 틀린 것은?

① 전기 설비의 위험성을 주로 평가하는 방법이다.
② 처음에는 과거의 경험이 부족한 새로운 기술을 적용한 공정 설비에 대하여 실시할 목적으로 개발되었다.
③ 설비 전체보다 단위별 또는 부문별로 나누어 검토하고 위험 요소가 예상되는 부문에 상세하게 실시한다.
④ 장치 자체는 설계 및 제작 사양에 맞게 제작된 것으로 간주하는 것이 전제 조건이다.

> **해설** ①은 화학 공장에서의 위험성을 주로 평가하는 방법이다.

27 시스템이 저장되고, 이동되고, 실행됨에 따라 발생하는 작동 시스템의 기능이나 과업, 활동으로부터 발생되는 위험에 초점을 맞추어 진행하는 위험 분석 방법은 다음 중 어느 것인가?

① FHA　　　② OHA
③ PHA　　　④ SHA

> **해설**
> ① **결함위험분석(FHA; Fault Hazards Analysis)** : 분업에 의하여 여럿이 분담 설계한 서브 시스템간의 계면(Interface)을 조정하여 각각의 서브 시스템 및 안전시스템의 안전성에 악영향을 끼치지 않게 하기 위한 분석법
> ② **PHA** : 복잡한 시스템을 설계, 가동하기 전의 구상 단계에서 시스템의 근본적인 위험성을 평가하는 가장 기초적인 위험도 분석 기법
> ③ **위험성 분석(SHA ; System Hazard Analysis)** : 미국 국방부 표준(MIL-STD-882) 위험성 기법에 따른 위험도 분류 4단계 파국적-위기-한계적-무시

결함수 분석법(FTA)

제1절 결함수 분석법

1 FTA(Fault Tree Analysis)

복잡하고 대형화된 시스템의 신뢰성 분석 및 안정성 분석에 이용되는 기법으로 톱다운 (Top-Down) 접근방법으로 일반적 원리로부터 논리절차를 밟아서 각각의 사실이나 명제를 이끌어 내는 연역적 평가기법, 즉 "그것이 발생하기 위해서는 무엇이 필요한가?"라는 것은 연역적이다.

(1) 결함수 분석법의 특징

① Top Down 형식
② 특정사상에 대한 해석
③ 논리기호를 사용한 해석

(2) 용도

① 고장의 원인을 연역적으로 찾을 수 있다.
② 시스템의 전체적인 구조를 그림으로 나타낼 수 있다.
③ 시스템에서 고장이 발생할 수 있는 부분을 쉽게 찾을 수 있다.

(3) D. R. Cherition의 FTA에 의한 재해사례 연구 순서

① 제1단계 : 톱(Top) 사상의 선정
② 제2단계 : 사상마다 재해원인 및 요인 규명
③ 제3단계 : FT도 작성
④ 제4단계 : 개선계획 작성
⑤ 제5단계 : 개선안 실시계획

(4) FTA 분석의 기대효과

① 사고원인 규명의 간편화
② 사고원인 분석의 일반화
③ 사고원인 분석의 정량화
④ 노력, 시간의 절감
⑤ 시스템의 결함 진단
⑥ 안전점검표 작성

(5) 결함수분석(FTA) 절차

① 제1단계 : TOP 사상을 정의한다.
② 제2단계 : Cut Set을 구한다.
③ 제3단계 : Minimal Cut Set을 구한다.
④ 제4단계 : FT도를 작성한다.

2 결함수의 기호

결함수의 기호를 대별하면 결함수의 현상 기호와 같이 표현하는 기호, 게이트를 표현하는 기호 및 게이트의 수성 기호로 된다.

번호	논리 기호	명칭	설명
1		결함사상	두 가지 상태 중 하나가 고장 또는 결함으로 나타나는 비상적인 사건
2		기본사상	–
3		기본사상 (인간의 실수)	–
4		기본사상 (조작자의 간과)	–
5		통상사상	시스템의 정상적인 가동상태에서 일어날 것이 기대되는 사상, 즉 통상의 작업이나 기계의 상태에서 재해의 발생원인이 되는 요소가 있는 것
6		생략사상	더 이상의 세부적인 분류가 필요 없는 사상(불충분한 자료로 결론을 내릴 수 없어 더 이상 전개할 수 없는 사상)
7		생략사상 (인간의 실수)	생략사상으로서 인간의 실수
8		생략사상 (조작자의 간과)	
9		생략사상 (간소화)	생략사상으로서 간소화
10		전이기호	–
11		전이기호 (전출)	–
12		전이기호 (수량이 다르다)	–

> 💡 참고
> ▶ FTA를 수행함에 있어 기본사상들의 발생이 서로 독립인가 아닌가를 파악하기 위해서는 공분산의 값을 계산해 보는 것이 가장 적합하다.

(1) 현상 기호

번호	기호	명칭
1		장방형 기호
2		원형 기호
3		가형 기호
4		마름모꼴 기호(생략사상)
5		삼각형 기호

(2) 게이트 기호

번호	기호	명칭	설명
1	B_1 B_2 B_3 B_4	AND 게이트	입력사상 중 동시에 발생하게 되면 출력사상이 발생하는 것
2	B_1 B_2 B_3 B_4	OR 게이트	입력사상 중 어느 하나만이라도 발생하게 되면 출력사상이 발생하는 것
3	Output F P Input	억제 게이트	조건부 사건이 일어나는 상황 하에서 입력이 발생할 때 출력이 발생한다. 만약 조건이 만족되지 않으면 출력이 생길 수 없다. 이때 조건은 수정 기호 내에 쓴다.
4		부정 게이트	입력과 반대되는 현상으로 출력되는 것

(3) 수정 게이트

번 호	기 호	명 칭	설 명
1		수정 기호	–
2		우선적 AND 게이트	여러 개의 입력사상이 정해진 순서에 따라 순차적으로 발생해야만 결과가 출력되는 것
3	언젠가 2개	조합 AND 게이트	3개의 입력현상 중 2개가 발생한 경우에 출력이 생기는 것
4	위험지속 시간	위험지속 기호	입력 신호가 생긴 후 일정 시간이 지속된 후에 출력이 생기는 것
5	동시발생 안 한다	배타적 OR 게이트	OR 게이트 이지만 2개 또는 그 이상의 입력이 동시에 존재하는 경우에는 출력이 생기지 않는다.

(4) 컷(Cut)과 패스(Path)

① 컷 : 그 속에 포함되어 있는 모든 기본사상(여기서는 통상사상, 생략 결함사상 등을 포함한 기본사상)이 일어났을 때 정상사상을 일으키는 기본사상의 집합

② 패스 : 그 속에 포함되는 기본사상이 일어나지 않을 때 처음으로 정상사상이 일어나지 않는 기본사상의 집합

(5) 컷셋(Cut Set)과 패스셋(Path Set)

① 컷셋 : 그 속에 포함되어 있는 모든 기본사상이 일어났을 때 정상(top)사상을 일으키는 기본사상의 집합

② 패스셋 : 시스템이 고장나지 않도록 하는 사상의 조합, 즉 결함수 분석법에서 일정조합 안에 포함되어 있는 기본사상들이 모두 발생하지 않으면 틀림없이 정상사상(top event)이 발생되지 않는 조합

(6) 미니멀 컷(Minimal Cut)과 미니멀 패스(Minimal Path)

① 미니멀 컷

② 미니멀 패스 : 시스템의 기능을 살리는데 필요한 최소 요인의 집합

(7) 미니멀 컷셋(Minimal Cut Sets)과 미니멀(최소) 패스셋(Minimal Path Sets)

① 미니멀 컷셋 : 컷 중 그 부분집합만으로는 정상사상을 일으키는 일이 없는 것, 즉 정상사상을 일으키기 위한 필요 최소한의 컷셋. 그러므로 컷셋 중에 타 컷셋을 포함하고 있는 것을 배제하고 남은 컷셋들을 의미한다. 이는 중복되는 사상의 컷셋 중 다른 컷셋에 포함되는 셋을 제거한 컷셋과 중복되지 않는 사상의 커셋을 합한 것이 최소 컷셋이다.

㉮ 사고에 대한 시스템의 약점을 표현한다.

㉯ 정상사상(Top 사상)을 일으키는 최소한의 집합이다.

㉰ 일반적으로 Fussell Algorithm을 이용한다.

② 미니멀(최소) 패스셋: 어떤 결함수의 쌍대 결함수를 구하고, 컷셋을 찾아내어 결함(사고)을 예방할 수 있는 최소의 조합이며 시스템의 신뢰성을 표시한다.

제2절 F-T의 정량화

확률사상 계산식을 가지고 정상사상의 확률 계산식을 작성하여 여기에 기본사상에 발생확률의 수치를 대입해서 정상사상의 확률을 계산한다.

1 불 대수(G. Boole)의 기본 공식

① 전체 및 공집합

$A \cdot 1 = A$ $\qquad$ $A \cdot 0 = 0$

$A + 0 = A$ $\qquad$ $A + 1 = 1$

② 희귀 법칙

$\overline{\overline{A}} = A$

③ 상호 법칙

$A \cdot \overline{A} = 0$ $\qquad$ $A + \overline{A} = 1$

④ 동정 법칙

$A \cdot A = A$ $\qquad$ $A + A = A$

⑤ 교환 법칙

$A \cdot B = B \cdot A$ $\qquad$ $A + B = B + A$

⑥ 결합 법칙

$A(B \cdot C) = (A \cdot B)C$ $\qquad$ $A + (B + C) = (A + B) + C$

⑦ 분배 법칙

$A(B + C) = (A \cdot B) + (A \cdot C)$ $\qquad$ $A + (B \cdot C) = (A + B) \cdot (A + C)$

⑧ 흡수 법칙

$A(A + B) = A$ $\qquad$ $A + (A \cdot B)) = A$

⑨ 드 모르간 법칙

$$\overline{A \cdot B} = \overline{A} + \overline{B} \qquad\qquad \overline{A + B} = \overline{A} \cdot \overline{B}$$

⑩ 기타

$$A + A \cdot B = A + B$$
$$A \cdot (\overline{A} + B) = A + B$$
$$(A + B) \cdot (\overline{A} + C) \cdot (A + C) = A \cdot C + B \cdot C$$
$$A \cdot B + \overline{A} \cdot C + B \cdot C = A \cdot B + \overline{A} \cdot C$$

예제

▶ 다음 불(Bool) 대수의 정리를 관계식으로 나타내시오.

[보기] $A(A + B) = A$

풀이
$$A(A + B) = A \cdot A + A \cdot B = A + AB$$
$$= A(1 + B) = A \cdot 1$$
$$= A$$

예제

▶ 다음은 불(Bool) 대수의 관계식이다. 예로 설명하시오.

[보기] ① $A + AB \rightarrow A$ ② $A(A + B) = A$
③ $A + \overline{A}B \rightarrow A + B$ ④ $A + \overline{A} = 1$

풀이 ① $A + AB = A$ ② $A(A + B) = A$

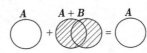

③ $A + \overline{A}B - A + B$ ④ $A + \overline{A} = 1$

---

2 확률사상의 적과 화

(1) N개의 독립사상에 관해서

① 논리적(곱)의 확률

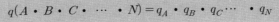

$$q(A \cdot B \cdot C \cdot \cdots \cdot N) = q_A \cdot q_B \cdot q_C \cdots \cdot q_N$$

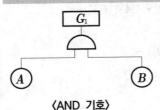

⟨AND 기호⟩

- A의 발생확률이 0.1, B의 발생확률이 0.2라고 하면
  $$G_1 = A \times B = 0.1 \times 0.2 = 0.02$$

예제

▶ 다음 [그림]과 같이 FT도에서 $F_1 = 0.015$, $F_2 = 0.02$, $F_3 = 0.05$이면, 정상사상 T가 발생할 확률은 약 얼마인가?

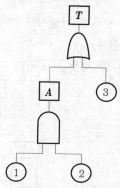

풀이 $T = 1 - (1 - 0.05) \times (1 - 0.015 \times 0.02) = 0.0503$

② 논리화(합)의 확률

$$q(A + B + C + \cdots N) = 1 - (1 - q_A)(1 - q_B)(1 - q_C) \cdots (1 - q_N)$$

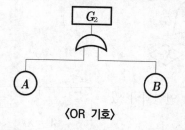

〈OR 기호〉

• A의 발생확률이 0.1, B의 발생확률이 0.2라고 하면
  G_2의 발생확률은 $G_2 = 1 - (1 - 0.1)(1 - 0.2) = 0.28$

(2) 배타적 사상에 관해서 논리합의 확률

$$q(A + B + C + \cdots N) = q_A + q_B + q_C + \cdots + q_N$$

(3) 독립이 아닌 2개 사상에 관해서 논리적인 확률

$$q(A \cdot B) = q_A \cdot (q_B / q_A) = q_B \cdot (q_A / q_B)$$

여기서, q_B / q_A : A가 일어났다는 조건 하에서 B가 일어나는 확률

q_A / q_B : B가 일어났다는 조건 하에서 A가 일어나는 확률(조건부 확률)

❸ 최소 컷셋 및 최소 패스셋을 구하는 방법

(1) 최소 컷셋을 구하는 법

① 정상사상에서부터 순차로 상단의 사상을 하단의 사상으로 치환하면서 AND 게이트에서는 가로로 나열시키고 OR 게이트에서는 세로로 나열시켜 기록해 내려가 모든 기본사상에 도달하였을 때 그들 각 행이 미니멀 컷셋이 된다.

다음 그림의 FT를 예로 해서 미니멀 컷셋을 구하면 다음과 같다.

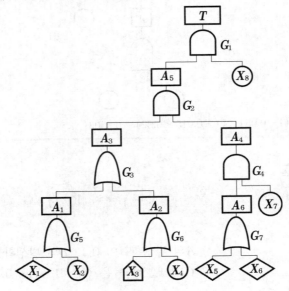

㉮ **1단계** : 그림에서는 T는 AND 게이트 G_1에서 A_5와 X_8에 연결되어 있으므로 T 밑에 나란히 A_5와 X_8을 횡으로 직렬로 기입한다.

$$T \\ \downarrow \\ A_5, \ X_8$$

㉯ **2단계** : A_5도 AND 게이트 G_2에서 A_3과 A_4에 연결되어 있으므로 A_5 및 X_8 밑에 나란히 A_3, A_4, X_8을 횡으로 직렬로 기입한다.

$$A_5, \ X_8 \\ \downarrow \\ A_3, \ A_4, \ X_8$$

㉰ **3단계** : A_3는 OR 게이트 G_3에서 A_1과 A_2에 연결되어 있으므로 종으로 A_3, A_5, X_8 밑에 A_1 및 A_2를 쓰고, A_4 및 X_8을 병렬로 기입한다.

$$A_3, \ A_4, \ X_8 \\ \downarrow \\ \begin{bmatrix} A_1, \ A_4, \ X_8 \\ A_2, \ A_4, \ X_8 \end{bmatrix}$$

㉱ **4단계** : A_1도 OR 게이트 X_1과 X_2에 연결되고 A_2도 OR 게이트 G_5에서 X_3과 X_4에 연결되어 있으므로 모두 종으로 병렬로 기입한다.

$$\begin{bmatrix} A_1, \ A_4, \ X_8 \\ A_2, \ A_4, \ X_8 \end{bmatrix} \\ \downarrow \\ \begin{bmatrix} X_1, \ A_4, \ X_8 \\ X_2, \ A_4, \ X_8 \\ X_3, \ A_4, \ X_8 \\ X_4, \ A_4, \ X_8 \end{bmatrix}$$

㉯ 5단계 : A_4는 AND 게이트 G_6에서 A_6과 X_7에 연결되어 있으므로 횡으로 직렬시키고 A_6는 OR 게이트 G_7에서 X_5및 X_6와 연결되어 있으므로 종으로 병렬로 기입한다.

이렇게 함으로써 모든 기본사상으로 치환되어 마침내 8조의 기본 사상의 집합을 얻게 되는데 그 각각이 그 FT의 미니멀 컷이다.

② 이와 같이 구한 컷은 BICS Ⅱ(Boolean Indicated Cut Sets)라 하는 것으로서 참 미니멀 컷이라 할 수 없다. 참 미니멀 컷은 이들 컷 속에 중복된 사상이나 컷을 제거하여야 한다. 앞의 그림에 대해 앞과 동일하게 미니멀 컷을 구하면 다음 그림과 같다.

이 경우 2조의 BICS를 얻는데 1행에 있는 컷은 X_1이 중복되어 있으므로, 단순히 X_1, X_2가 되고 다시 2행에 있는 컷에도 X_1, X_2가 포함되어 있으므로 미니멀 컷은 X_1, X_2만이 되는 것이다.

$$
\begin{array}{l}
X_1,\ A_4,\ X_8 \\
X_2,\ A_4,\ X_8 \\
X_3,\ A_4,\ X_8 \\
X_4,\ A_4,\ X_8
\end{array}
$$

$$
\begin{array}{l}
X_1,\ A_4,\ X_8 \\
X_2,\ A_4,\ X_8 \\
X_3,\ A_4,\ X_8 \\
X_4,\ A_4,\ X_8 \\
\downarrow \\
X_1,\ A_6,\ X_7,\ X_8 \\
X_2,\ A_6,\ X_7,\ X_8 \\
X_3,\ A_6,\ X_7,\ X_8 \\
X_4,\ A_6,\ X_7,\ X_8 \\
\downarrow \\
X_1,\ X_5,\ X_7,\ X_8 \\
X_1,\ X_6,\ X_7,\ X_8 \\
X_2,\ X_5,\ X_7,\ X_8 \\
X_2,\ X_6,\ X_7,\ X_8 \\
X_3,\ X_5,\ X_7,\ X_8 \\
X_3,\ X_6,\ X_7,\ X_8 \\
X_4,\ X_5,\ X_7,\ X_8 \\
X_4,\ X_6,\ X_7,\ X_8
\end{array}
$$

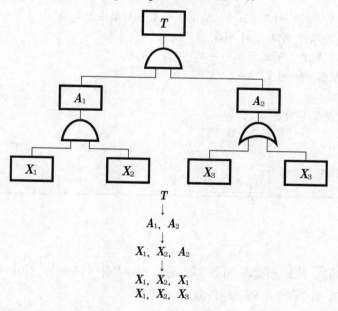

$$
\begin{array}{c}
T \\
\downarrow \\
A_1,\ A_2 \\
\downarrow \\
X_1,\ X_2,\ A_2 \\
\downarrow \\
X_1,\ X_2,\ X_1 \\
X_1,\ X_2,\ X_3
\end{array}
$$

참고

▶ 중복사상이 있는 FT에서 Cut Set을 구한 경우에 최소 컷셋(Minimal Cut Set)
중복되는 사상의 컷셋 중 다른 컷셋에 포함되는 셍을 제거한 컷셋과 중복되지 않는 사상의 컷셋을 합한 것

▶ Fussell의 알고리즘으로 최소 컷셋을 구하는 방법
1. OR 게이트는 항상 컷셋의 수를 증가시킨다.
2. AND 게이트는 항상 컷셋의 크기를 증가시킨다.
3. 톱(Top) 사상을 일으키기 위해 필요한 최소한의 컷셋이 최소 컷셋이다.

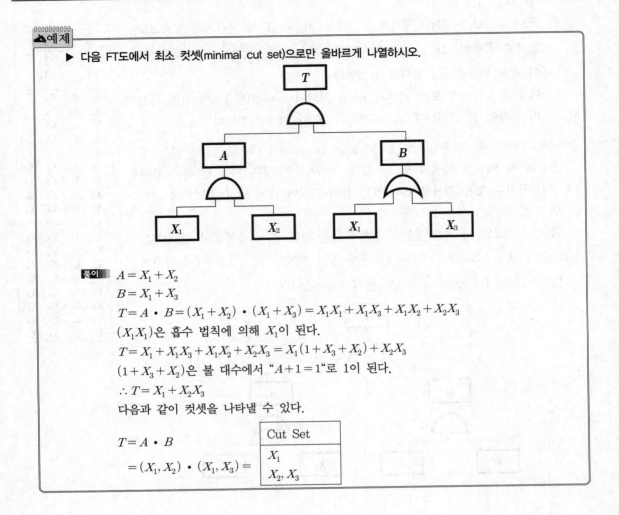

예제

▶ 다음 FT도에서 최소 컷셋(minimal cut set)으로만 올바르게 나열하시오.

풀이 $A = X_1 + X_2$

$B = X_1 + X_3$

$T = A \cdot B = (X_1 + X_2) \cdot (X_1 + X_3) = X_1X_1 + X_1X_3 + X_1X_2 + X_2X_3$

(X_1X_1)은 흡수 법칙에 의해 X_1이 된다.

$T = X_1 + X_1X_3 + X_1X_2 + X_2X_3 = X_1(1 + X_3 + X_2) + X_2X_3$

$(1 + X_3 + X_2)$은 불 대수에서 "$A + 1 = 1$"로 1이 된다.

$\therefore T = X_1 + X_2X_3$

다음과 같이 컷셋을 나타낼 수 있다.

$T = A \cdot B$

$\quad = (X_1, X_2) \cdot (X_1, X_3) =$

Cut Set
X_1
X_2, X_3

(4) 최소 패스셋을 구하는 법

① 최소 패스셋을 구하는 데는 최소 컷셋과 최소 패스셋의 상대성을 이용하는 것이 좋다. 즉 대상으로 하는 함수와 상대의 함수(Dual Fault Tree)를 구한다.

② 상대 함수는 원래의 함수의 논리적인 논리화로, 논리화는 논리적으로 바꾸고 모든 현상을 그것들이 일어나지 않는 경우로 생각한 FT이다.

③ 이 상대 FT에서 최소 컷셋을 구하면 그것은 원래의 최소 패스셋이 된다.

④ 결함수와 최소 패스셋을 구하기 위하려 상대인 결함수를 쓰면 다음과 같이 된다.

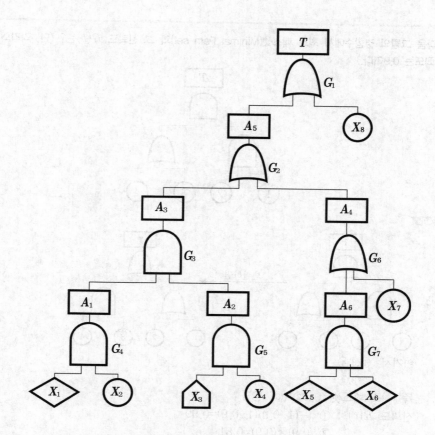

이 상대 결함수에서 최소 컷셋을 구하면

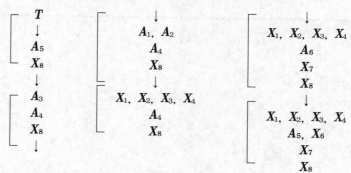

원래 결함수의 최소 패스셋으로 4조를 다음과 같이 얻을 수 있다.

$$\left[\begin{array}{l} X_1, \ X_2, \ X_3, \ X_4 \\ A_5, \ X_6 \\ X_7 \\ X_8 \end{array}\right.$$

263

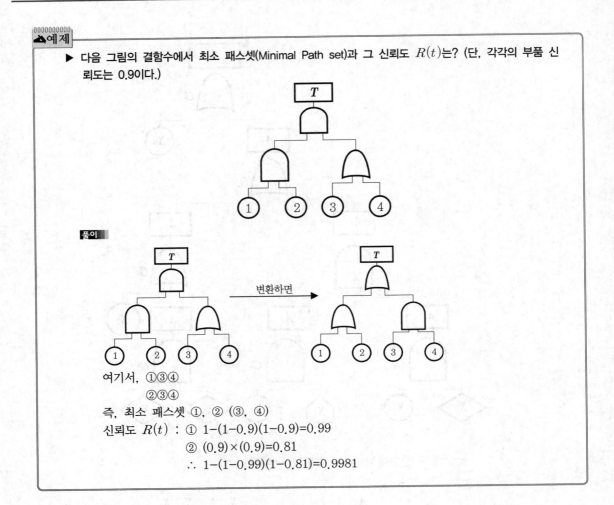

◢예제

▶ 다음 그림의 결함수에서 최소 패스셋(Minimal Path set)과 그 신뢰도 $R(t)$는? (단, 각각의 부품 신뢰도는 0.9이다.)

풀이

여기서, ①③④
②③④

즉, 최소 패스셋 ①, ② (③, ④)

신뢰도 $R(t)$: ① $1-(1-0.9)(1-0.9)=0.99$

② $(0.9)\times(0.9)=0.81$

∴ $1-(1-0.99)(1-0.81)=0.9981$

01 다음 중 결함수 분석법(FTA)에 관한 설명으로 틀린 것은?

① 최초 Watson이 군용으로 고안하였다.

② 미니멀 패스(Minimal path sets)를 구하기 위해서는 미니멀 컷(Minimal cut sets)의 상대성을 이용한다.

③ 정상 사상의 발생 확률을 구한 다음 FT를 작성한다.

④ AND 게이트의 확률 계산은 각 입력 사상의 곱으로 한다.

> **해설**
> ③ FT를 작성한 후 정상사상의 발생 확률을 구한다.

02 다음 중 톱다운(Top-down) 접근 방법으로 일반적 원리로부터 논리 절차를 밟아서 각각의 사실이나 명제를 이끌어내는 연역적 평가 기법은?

① FTA ② ETA
③ FMEA ④ HAZOP

> **해설**
> ② ETA : 사상의 안전도를 사용한 시스템의 안전도를 나타내는 시스템 모델의 하나로서 귀납적이기는 하나 정량적인 분석 기법이며 종래의 지나치기 쉬웠던 재해의 확대 요인 분석 등에 적합하다.
> ③ FMEA : 고장 형태와 영향분석이라고도 하며, 각 요소의 고장 유형과 그 고장이 미치는 영향을 분석하는 방법으로 귀납적이면서 정성적으로 분석하는 기법이다.
> ④ HAZOP : 위험 및 운전성 검토라 하며 각각의 장비에 대해 잠재된 위험이나 기능 저하, 운전 잘못 등과 전체로서의 시설에 결과적으로 미칠 수 있는 영향 등을 평가하기 위해서 공정이나 설계도 등에 비판적인 검토를 하는 방법이다.

03 다음 중 FT의 작성 방법에 관한 설명으로 틀린 것은?

① 정성·정량적으로 해석·평가하기 전에는 FT를 간소화해야 한다.

② 정상(Top) 사상과 기본 사상과의 관계는 논리 게이트를 이용해 도해한다.

③ FT를 작성하려면 먼저 분석 대상 시스템을 완전히 이해해야 한다.

④ FT 작성을 쉽게 하기 위해서는 정상(Top) 사상을 최대한 광범위하게 정의한다.

> **해설**
> ④ FT 작성을 쉽게 하기 위해서는 정상(Top) 사상을 선정해야 한다.

04 다음 중 결함수 분석법에 관한 설명으로 틀린 것은?

① 잠재 위험을 효율적으로 분석한다.

② 연역적 방법으로 원인을 규명한다.

③ 복잡하고 대형화된 시스템의 분석에 사용한다.

④ 정성적 평가보다 정량적 평가를 먼저 실시한다.

> **해설**
> ④ 정량적 평가보다 정성적 평가를 먼저 실시한다.

05 다음 중 FTA에 관한 재해 사례 연구의 순서를 올바르게 나열한 것은?

A : 목표사상 선정
B : FT도 작성
C : 사상마다 재해 원인 규명
D : 개선 계획 작성

① A → B → C → D
② A → C → B → D
③ B → C → A → D
④ B → A → C → D

> **해설**
> **FTA에 의한 재해 사례 연구 순서** : 목표사상 선정 → 사상마다 재해 원인 규명 → FT도 작성 → 개선 계획 작성

06 다음 중 FTA의 기대 효과로 볼 수 없는 것은?

① 사고원인 규명의 간편화

② 사고원인 분석의 정량화

③ 시스템의 결함 진단

④ 사고 결과의 분석

> **해설**
> **FTA의 기대 효과**
> ㉠ 사고원인 규명의 간편화
> ㉡ 사고원인 분석의 일반화
> ㉢ 사고원인 분석의 정량화
> ㉣ 노력, 시간의 절감
> ㉤ 시스템의 결함 진단
> ㉥ 안전 점검표 작성

07 다음의 결함수 분석(FTA) 절차에서 가장 먼저 수행해야 하는 것은?

① Cut set을 구한다.

② top 사상을 정의한다.

③ minimal cut set을 구한다.

④ FT(Fault Tree)도를 작성한다.

> **해설**
> **결함수 분석(FTA) 절차**
> ㉠ **제1단계** : top 사상을 정의한다.
> ㉡ **제2단계** : cut set을 구한다.
> ㉢ **제3단계** : minimal cut set을 구한다.
> ㉣ **제4단계** : FT도를 작성한다.

08 다음은 FT도의 논리 기호 중 어떤 기호인가?

① 결함사상   ② 최후사상

③ 기본사상   ④ 통상사상

> **해설**
> **결함사상** : 개별적인 결함사상

09 다음 중 결함수 분석법에서 사용하는 기호의 명칭으로 옳은 것은?

① 결함사상   ② 기본사상

③ 생략사상   ④ 통상사상

> **해설**
> ① 결함사상 :
> ③ 생략사상 :
> ④ 통상사상 :

10 FT도 작성에 사용되는 사상 중 시스템의 정상적인 가동 상태에서 일어날 것이 기대되는 사상은?

① 통상사상   ② 기본사상

③ 생략사상   ④ 결함사상

> **해설**
> ① **통상사상** : 시스템의 정상적인 가동상태에서 일어날 것이 기대되는 사상
> ② **기본사상** : 더 이상 전개되지 않는 기본적인 사상
> ③ **생략사상** : 정보 부족, 해설기술의 불충분으로 더 이상 전개할 수 없는 사상 작업으로, 진행에 따라 해석이 가능할 때는 다시 속행
> ④ **결함사상** : 개별적인 결함 사상

11 FT도에 사용되는 기호 중 "시스템의 정상적인 가동 상태에서 일어날 것이 기대되는 사상"을 나타내는 것은?

①   ②

③   ④

> **해설**
> ① **결함사상** : 개별적인 결함사상
> ② **기본사상** : 더 이상 전개되지 않는 기본적인 사상
> ③ **통상사상** : 시스템의 정상적인 가동 상태에서 일어날 것이 기대되는 사상
> ④ **전이기호**
> ㉠ FT도 상에서 다른 부분에의 이행 또는 연결을 나타낸다
> ㉡ 삼각형 정상의 선은 정보의 전입 루트를 뜻한다.

12 FT의 기호 중 더 이상 분석할 수 없거나 또는 분석할 필요가 없는 생략 사상을 나타내는 기호는?

①

②

③

④

> **해설** ① 기본사상 ② 통상사상 ③ 생략사상 ④ 전이기호

13 FTA에서 사용하는 다음 사상 기호에 대한 설명으로 옳은 것은?

① 시스템 분석에서 좀 더 발전시켜야 하는 사상
② 시스템의 정상적인 가동 상태에서 일어날 것이 기대되는 사상
③ 불충분한 자료로 결론을 내릴 수 없어 더 이상 전개할 수 없는 사상
④ 주어진 시스템의 기본 사상으로 고장 원인이 분석되었기 때문에 더 이상 분석할 필요가 없는 사상

> **해설** (생략사상) : 불충분한 자료로 결론을 내릴 수 없어 더 이상 전개할 수 없는 사상

14 FT도에 사용되는 다음의 기호가 의미하는 내용으로 옳은 것은?

① 생략사상으로서 간소화
② 생략사상으로서 인간의 실수
③ 생략사상으로서 조직자의 간과
④ 생략사상으로서 시스템의 고장

> **해설** 생략사상

명칭	기호
생략사상	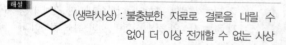
생략사상 (인간의 실수)	
생략사상 (조직자의 간과)	

15 FT도에 사용되는 다음 기호의 명칭으로 옳은 것은?

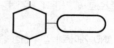

① 억제 게이트　　② 부정 게이트
③ 생략사상　　　④ 전이기호

> **해설** **억제 게이트(Inhibit gate)** : 압력 현상이 일어나 조건을 만족하면 출력 현상이 생기고 만약 조건이 만족되지 않으면 출력이 생길 수 없다. 이때 조건은 수정 기호 내에 쓴다.

16 FT도에서 사용되는 기호 중 입력 현상의 반대 현상이 출력되는 게이트는?

① AND 게이트　　② 부정 게이트
③ OR 게이트　　　④ 억제 게이트

> **해설** 부정 게이트의 설명이다.

17 다음 중 FTA에서 어떤 고장이나 실수를 일으키지 않으면 정상사상(top event)은 일어나지 않는다고 하는 것으로 시스템의 신뢰성을 표시하는 것은?

① cut set　　　　② minimal cut set
③ free event　　④ minimal pass set

> **해설**
> ㉠ **컷셋** : 정상사상을 일으키는 기본 사상의 집합
> ㉡ **미니멀 컷셋** : 정상사상을 일으키기 위해 필요한 최소한의 컷의 집합(시스템의 위험성을 나타냄)
> ㉢ **패스셋** : 정상사상을 일으키지 않는 기본사상의 집합
> ㉣ **미니멀 패스셋** : 어떤 고장이나 패스를 일으키지 않으면 재해가 일어나지 않는다는 것(시스템의 신뢰성을 나타냄)

18 FTA에서 사용하는 수정 게이트의 종류에서 3개의 입력 현상 중 2개가 발생할 경우 출력이 생기는 것은?

① 우선적 AND 게이트
② 조합 AND 게이트
③ 위험 지속 기호
④ 배타적 OR 게이트

> **해설** **수정게이트** : AND 게이트 또는 OR 게이트에 수정 기호를 병용함으로써 각종의 조건을 갖는 게이트를 구성한다.
> ① **우선적 AND 게이트** : 입력 현상 중에 어떤 현상이 다른 현상보다 먼저 일어날 때에 출력 현상이 생긴다.
> ② **조합 AND 게이트** : 3개 이상의 입력 현상 중에 언젠가 2개가 일어나면 출력이 생긴다.
> ③ **위험 지속 기호**(Hazard duration modifier) : 입력 현상이 생겨서 어떤 일정한 시간이 지속된 때에 출력이 생긴다. 만약 그 시간이 지속되지 않으면 출력은 생기지 않는다.
> ④ **배타적 OR 게이트** : OR 게이트이지만 2개 또는 그 이상의 입력이 동시에 존재하는 경우에는 출력이 생기지 않는다.

19 다음 중 결함수 분석법에서 Path Set에 관한 설명으로 옳은 것은?

① 시스템의 약점을 표현한 것이다.
② Top 사상을 발생시키지 않는 조합이다.
③ 시스템이 고장나지 않도록 하는 사상의 조합이다.
④ 일반적으로 Fussell Algorithm을 이용한다.

> **해설** **Path Set** : 시스템이 고장나지 않도록 하는 사상의 조합이다.

20 다음 [보기]의 ㉠과 ㉡에 해당하는 내용은?

> ㉠ 그 속에 포함되어 있는 모든 기본사상이 일어났을 때에 정상사상을 일으키는 기본사상의 집합
> ㉡ 그 속에 포함되는 기본사상이 일어나지 않았을 때에 처음으로 정상사상이 일어나지 않는 기본사상의 집합

① ㉠ Path set, ㉡ Cut set
② ㉠ Cut set, ㉡ Path set
③ ㉠ AND, ㉡ OR
④ ㉠ OR, ㉡ AND

> **해설** ㉠ Cut set : 그속에 포함되어 있는 모든 기본사상이 일어났을 때에 정상사상을 일으키는 기본사상의 집합
> ㉡ Path set : 그속에 포함되는 기본사상이 일어나지 않았을 때에 처음으로 정상사상이 일어나지 않는 기본사상의 집합

21 중복사상이 있는 FT(Fault Tree)에서 모든 컷셋(Cut set)을 구한 경우에 최소 컷셋(Minimal Cut set)으로 옳은 것은?

① 모든 컷셋이 바로 최소 컷셋이다.
② 모든 컷셋에서 중복되는 컷셋만이 최소 컷셋이다.
③ 최소 컷셋은 시스템의 고장을 방지하는 기본 고장들의 집합이다.
④ 중복되는 사상의 컷셋 중 다른 컷셋에 포함되는 셋을 제거한 컷셋과 중복되지 않는 사상의 컷셋을 합한 것이 최소 컷셋이다.

> **해설** **최소 컷셋**(Minimal Cut set) : 중복되는 사상의 컷셋 중 다른 컷셋에 포함되는 셋을 제거한 컷셋과 중복되지 않는 사상의 컷셋을 합한 것이 최소 컷셋이다.

22 다음 중 반복되는 사건이 많이 있는 경우에 FTA의 최소 컷셋을 구하는 알고리즘이 아닌 것은?

① Boolean Algorithm
② Monte Carlo Algorithm
③ MOCUS Algorithm
④ Limnios&Ziani Algorithm

> **해설** **FTA의 최소 컷셋을 구하는 알고리즘의 종류**
> ① Boolean Algorithm ② MOCUS Algorithm
> ③ Limnios&Ziani Algorithm ④ Fussel Algorithm

정답 ┃ 18. ② 19. ③ 20. ② 21. ④ 22. ②

23 다음 중 Fussell의 알고리즘을 이용하여 최소 컷셋을 구하는 방법에 대한 설명으로 적절하지 않은 것은?

① OR 게이트는 항상 컷셋의 수를 증가시킨다.
② AND 게이트는 항상 컷셋의 크기를 증가시킨다.
③ 중복되는 사건이 많은 경우 매우 간편하고 적용하기 적합하다.
④ 불 대수(Boolean Algebra) 이론을 적용하여 시스템 고장을 유발시키는 모든 기본사상들의 조합을 구한다.

해설 정상사상으로부터 차례로 상당의 사상을 하단의 사상에 바꾸면서, AND 게이트의 곳에서는 옆에 나란히 하고 OR 게이트의 곳에서는 세로로 나란히 서서 써 가는 것이고, 이렇게 해서 모든 기본사상에 도달하면 이것들의 각 행이 최소 컷셋이다.

24 다음 중 FTA에서 사용되는 Minimal Cut set에 관한 설명으로 틀린 것은?

① 사고에 대한 시스템의 약점을 표현한다.
② 정상사상(Top event)을 일으키는 최소한의 집합이다.
③ 시스템에 고장이 발생하지 않도록 하는 모든 사상의 집합이다.
④ 일반적으로 Fussell Algorithm을 이용한다.

해설 ③ Minimal Cut set은 어떤 고장이나 실수를 일으키는 재해가 일어날까를 나타내는 것으로 결국 시스템의 위험성을 표시하는 것이다.

25 다음 중 결함수 분석법(FTA)에서의 미니멀 컷셋과 미니멀 패스셋에 관한 설명으로 옳은 것은?

① 미니멀 컷셋은 정상사상(Top event)을 일으키기 위한 최소한의 컷셋이다.
② 미니멀 컷셋은 시스템의 신뢰성을 표시하는 것이다.

③ 미니멀 패스셋은 시스템의 위험성을 표시하는 것이다.
④ 미니멀 패스셋은 시스템의 고장을 발생시키는 최소의 패스셋이다.

해설 **최소 컷셋(Minimal Cut set)과 최소 패스셋(Minimal Path sets)** : 정상 사상과 깊은 관계를 갖고 있기 때문에 정상 사상의 확률 계산과 FT의 특성 해석 등에 이용한다.

26 다음 중 불(Bool) 대수의 정리를 나타낸 관계식으로 틀린 것은?

① $A \cdot 0 = 0$
② $A + 1 = 1$
③ $A \cdot \overline{A} = 1$
④ $A(A+B) = A$

해설
① $A \cdot 0 = 0$
② $A + 1 = 1$
③ $A \cdot \overline{A} = 0$
④ $A(A+B) = A \cdot A + A \cdot B = A + AB$
$= A(1+B) = A \cdot 1 = A$

27 다음 중 불 대수(Boolean algebra)의 관계식으로 옳은 것은?

① $A(A \cdot B) = B$
② $A + B = A \cdot B$
③ $A + A \cdot B = A \cdot B$
④ $(A+B)(A+C) = A + B \cdot C$

해설
① $A(A \cdot B) = (A \cdot A)B = A \cdot B$
② $A + B \neq A \cdot B$
③ $A + A \cdot B = A(1+B) = A \cdot 1 = A$
④ $(A+B)(A+C) = A \cdot A + A \cdot C + A \cdot B + B \cdot C$
$= A + A \cdot C + A \cdot B + B \cdot C$
$= A(1+C+B) + B \cdot C$
$= A \cdot 1 + B \cdot C$
$= A + B \cdot C$

28 다음 중 불 대수의 관계식으로 틀린 것은?

① $A + AB = A$

② $A(A+B) = A + B$

③ $A + \overline{A}B = A + B$

④ $A + \overline{A} = 1$

해설

① $A + AB = A$

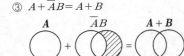

② $A(A+B) = A$

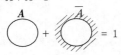

③ $A + \overline{A}B = A + B$

A $\overline{A}B$ $A+B$

④ $A + \overline{A} = 1$

A $\overline{A}$ = 1

29 발생 확률이 각각 0.05, 0.08인 두 결함사상이 AND 조합으로 연결된 시스템을 FTA로 분석하였을 때, 이 시스템의 신뢰도는 약 얼마인가?

① 0.004

② 0.126

③ 0.874

④ 0.996

해설

㉠ 불신뢰도$(R_S) = 0.05 \times 0.08 = 0.004$

㉡ 신뢰도 = 1 − 불신뢰도 = $1 - 0.004 = 0.996$

30 다음 FT도에서 정상사상(Top event)이 발생하는 최소 컷셋의 $P(T)$는 약 얼마인가? (단, 원안의 수치는 각 사상의 발생확률이다.)

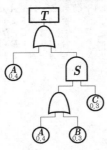

① 0.311

② 0.454

③ 0.204

④ 0.928

해설

$AB = 1 - (1-0.4) \times (1-0.3) = 0.58$
$S = AB \times C = 0.58 \times 0.3 = 0.174$
$P(T) = 1 - (1-0.58)(1-0.174) = 0.454$

31 FT도에서 ①~⑤ 사상의 발생확률이 모두 0.06일 경우 T 사상의 발생 확률은 얼마인가?

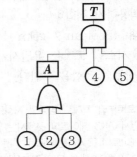

① 0.00036

② 0.00061

③ 0.142625

④ 0.2262

해설

A 사상의 발생확률 $= 1 - (1-0.06)^3$

T 사상의 발생확률 $= [1-(1-0.06)^3] \times 0.06^2$
$= 0.00061$

32 다음 [그림]과 같이 FT도에서 $F_1 = 0.015$, $F_2 = 0.02$, $F_3 = 0.05$이면, 정상사상 T가 발생할 확률은 약 얼마인가?

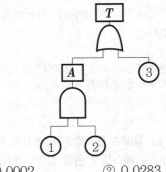

① 0.0002

② 0.0283

③ 0.0503

④ 0.950

해설

$T = 1 - (1-0.05) \times (1-0.015 \times 0.02)$
$= 0.0503$

정답 ▎ 28. ②   29. ④   30. ②   31. ②   32. ③

33 [그림]과 같이 FTA로 분석된 시스템에서 현재 모든 기본사상에 대한 부품이 고장난 상태이다. 부품 X_1부터 부품 X_5까지 순서대로 복구한다면 어느 부품을 수리 완료하는 순간부터 시스템은 정상가동되겠는가?

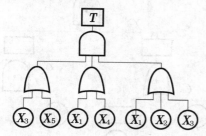

① X_1

② X_2

③ X_3

④ X_4

> **해설**
> X_3는 처음과 끝에 공통으로 X_3가 있기 때문에 AND GATE 조건에 맞는다.

34 어떤 결함수를 분석하여 Minimal Cut set을 구한 결과 다음과 같았다. 각 기본사상의 발생확률을 q_i, $i=1$, 2, 3이라 할 때, 정상사상의 발생확률함수로 옳은 것은?

$$K_1 = [1, 2], \ K_2 = [1, 3], \ K_3 = [2, 3]$$

① $q_1 q_2 + q_1 q_2 - q_2 q_3$

② $q_1 q_2 + q_1 q_3 - q_2 q_3$

③ $q_1 q_2 + q_1 q_3 + q_2 q_3 - q_1 q_2 q_3$

④ $q_1 q_2 + q_1 q_3 + q_2 q_3 - 2 q_1 q_2 q_3$

> **해설**
> 1, 2, 3 중에 2개가 동시에 발생하면, 정상사상이 발생하는 것이며, 이 중에 3개가 동시에 발생하는 $q_1 q_2 q_3$는 교집합 개념으로 제외된다. 그러나 $q_1 q_2 q_3$는 교집합이 2개 적용된다는 것에 유의한다.

35 각 기본사상의 발생확률이 증감하는 경우 정상사상의 발생확률에 어느 정도 영향을 미치는가를 반영하는 지표로서 수리적으로는 편미분계수와 같은 의미를 갖는 FTA의 중요도 지수는?

① 구조 중요도

② 확률 중요도

③ 치명 중요도

④ 비구조 중요도

> **해설**
> **중요도**
> ㉠ **구조 중요도** : 기본사상의 발생확률을 문제로 하지 않고 결함수의 구조상, 각 기본사상이 갖는 지명성을 나타낸다.
> ㉡ **확률 중요도** : 각 기본사상의 발생확률이 증감하는 경우 정상사상의 발생확률에 어느 정도 영향을 미치는가를 반영하는 지표로서 수리적으로는 편미분계수와 같은 의미를 갖는다.
> ㉢ **치명 중요도** : 기본사상 발생확률의 변화율에 대한 정상사상 발생확률의 변화의 비로서 시스템 설계라고 하는 면에서 이해하기에 편리하다.

36 FT도에 의한 컷셋(Cut set)이 다음과 같이 구해졌을 때, 최소 컷셋(Minimal Cut set)으로 옳은 것은?

$$- (X_1, X_3)$$
$$- (X_1, X_2, X_3)$$
$$- (X_1, X_3, X_4)$$

① (X_1, X_3)

② (X_1, X_2, X_3)

③ (X_1, X_3, X_4)

④ (X_1, X_2, X_3, X_4)

> **해설**
> ㉠ 조건을 식으로 만들면
> $$T = (X_1 + X_3) \cdot (X_1 + X_2 + X_3) \cdot (X_1 + X_3 + X_4)$$
> ㉡ FT도를 보면 (X_1, X_3)를 대입했을 때 T가 발생되었다.
>
>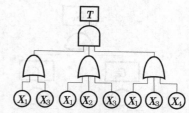
>
> ㉢ 미니멀 컷셋은 컷셋 중에 공통이 되는 (X_1, X_3)가 된다.
>
>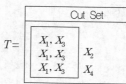

37 다음 FT도에서 최소 컷셋(Minimal Cut set)으로만 올바르게 나열된 것은?

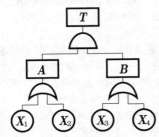

① $[X_1]$, $[X_2]$

② $[X_1, X_2]$, $[X_1, X_3]$

③ $[X_1]$, $[X_2, X_3]$

④ $[X_1, X_2, X_3]$

> 해설
> $A = X_1 + X_2$
> $B = X_1 + X_3$
> $T = A \cdot B = (X_1 + X_2) \cdot (X_1 + X_3)$
> $\quad = X_1 X_1 + X_1 X_3 + X_1 X_2 + X_2 X_3$
> $(X_1 X_1)$은 흡수 법칙에 의해 X_1이 된다.
> $T = X_1 + X_1 X_3 + X_1 X_2 + X_2 X_3$
> $\quad = X_1(1 + X_3 + X_2) + X_2 X_3$
> $(1 + X_3 + X_2)$는 불 대수에서 "$A + 1 = 1$"로 된다.
> $\therefore T = X_1 + X_2 X_3$

38 다음 과 같이 ①~④의 기본사상을 가진 FT도에서 Minimal Cut set으로 옳은 것은?

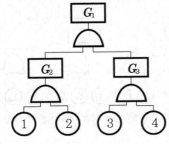

① [①, ②, ③, ④]

② [①, ③, ④]

③ [①, ②]

④ [③, ④]

> 해설
> $G_1 \to G_2 G_3 \to$ ①, ②, ③, ④

39 다음과 같은 FT도에서 Minimal Cut set으로 옳은 것은?

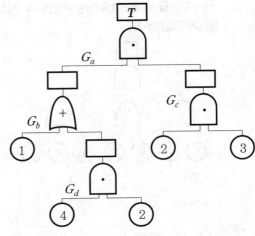

① (2, 3)

② (1, 2, 3)

③ (1, 2, 3)
(2, 3, 4)

④ (1, 2, 3)
(1, 3, 4)

> 해설
> $G_a \to G_b G_c \to$ ① $G_c \to$ ①, ②, ③
> $G_d G_c \to$ ②, ③, ④

40 다음 [그림]의 결함수에서 최소 컷셋(Minimal Cut set)과 신뢰도를 올바르게 나타낸 것은 어느 것인가? (단, 각각의 부품 고장률은 0.01이다.)

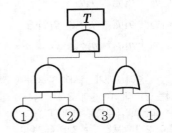

① (1, 3)
(1, 2), $R(t) = 96.99\%$

② (1, 3)
(1, 2, 3), $R(t) = 97.99\%$

③ (1, 2, 3), $R(t) = 98.99\%$

④ (1, 2), $R(t) = 99.99\%$

> 해설
> 최소 컷셋은 (1, 2)로부터 가져온다.
> 그러므로 $R(t) = 0.01 - 100\% = 99.99\%$

정답 **|** 37. ③ 38. ① 39. ③ 40. ②

41 다음 [그림]과 같은 FT도에 대한 미니멀 컷셋 (Minimal Cut sets)으로 옳은 것은? (단, Fussell 의 알고리즘을 따른다.)

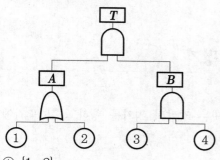

① {1, 2}
② {1, 3}
③ {2, 3}
④ {1, 2, 3}

<hr>

해설
$T = A \cdot B = 1 \cdot 3$
$\qquad = 1 \cdot 2 \cdot 3$
컷셋은 {1,3} {1,2,3}
미니멀 컷셋은 {1,3}

제1절 안정성 평가

설비나 공법 등에서 나타날 위험에 대하여 정성적 또는 정량적 평가를 행하고 그 평가에 따른 대책을 강구하는 것

1 공장설비의 안전성 평가

(1) 어세스먼트(Assessment)의 정의

제품의 설비, 제조, 사용에 있어서 기술적, 관리적 측면에 대하여 종합적인 안전성을 사전에 평가하여 개선책을 제시하는 것을 말한다.

(2) 안전성 평가의 종류

① 테크놀로지 어세스먼트(Technology Assessment) : 기술개발과정에서 효율성과 위험성을 종합적으로 분석, 판단함과 아울러 대체 수단의 이해득실을 평가하여 의사 결정에 필요한 포괄적인 자료를 체계화한 조직적인 계측과 예측의 프로세스라고 말한다. 일명 '기술 개발의 종합 평가'라고도 말할 수 있다.

② 세이프티 어세스먼트(Safety Assessment) : 설비의 전 공정에 걸친 안전성 사전 평가 행위

③ 리스크 어세스먼트(Risk Assessment, Risk Management) : 위험성 평가

④ 휴먼 어세스먼트(Human Assessment) : 인간, 사고상의 평가

(3) 안전성 평가의 목적

① 화학 설비의 안전성 평가의 목적을 화학 물질의 제조, 저장, 취급하는 화학 설비(건조설비 포함)를 신설, 변경, 이전하는 경우, 설계 단계에서 화학 설비의 안전성을 확보하기 위하여 안전성 평가를 실시함으로써 화학 설비의 사용 시 발생할 위험을 근원적으로 예방하고자 한다.

② 사업장의 근본적 안전을 확보하기 위해서 기계 · 설비의 설계 단계에서 안전성을 충분히 검토하여 위험의 발견 시 필요한 조치를 강구함으로써 재해를 사전에 방지할 수 있다.

③ 산업안전보건법에 따라 유해 · 위험 방지 계획서에 관련 서류를 첨부하여 해당 작업시작 15일 전까지 고용노동부 장관에게 제출한다.

④ 유해 · 위험 방지 계획서 제출 서류
  ㉮ 건축물 각 층의 평면도
  ㉯ 기계 · 설비의 개요를 나타내는 서류
  ㉰ 원재료 및 제품의 취급 · 제조 등의 작업 방법의 개요
  ㉱ 그 밖에 고용노동부 장관이 정하는 도면 및 서류

(4) 안전성 평가의 기본 원칙

안전성 평가는 6단계에 의하여 실시되며, 5단계와 6단계는 경우에 따라 동시에 이루어질 수도 있으며, 이때의 6단계는 종합적 평가에 대한 점검이 필요하다.

① 제1단계 : 관계 자료의 작성 준비   ② 제2단계 : 정성적 평가
③ 제3단계 : 정량적 평가   ④ 제4단계 : 안전 대책
⑤ 제5단계 : 재해 정보에 의한 재평가   ⑥ 제6단계 : FTA에 의한 재평가

2 화학 플랜트에 대한 안전성 평가

(1) 제1단계 : 관계 자료의 작성 준비

① 입지 조건(지질도, 풍행도 등 입지에 관계있는 도표를 포함)
② 화학 설비 배치도
③ 건조물의 평면도와 단면도 및 입면도
④ 계기실 및 전기실의 평면도의 단면도 및 입면도
⑤ 원재료, 중간체, 제품 등의 물리적, 화학적 성질 및 인체에 미치는 영향
⑥ 제조공정상 일어나는 화학 반응
⑦ 제조공정 개요
⑧ 공정계통도
⑨ 프로세스 기기 리스트
⑩ 배관 · 계장 계통도(P.I.D)
⑪ 안전 설비의 종류와 설치 장소
⑫ 운전 요령
⑬ 요원 배치 계획
⑭ 안전 교육 훈련 계획
⑮ 기타 관련 자료

(2) 제2단계 : 정성적 평가

① 설계 관계 항목
    ㉮ 입지 조건   ㉯ 공장 내 배치
    ㉰ 건조물   ㉱ 소방 설비

② 운전 관계 항목
    ㉮ 원재료, 중간 제품   ㉯ 공정
    ㉰ 수송, 저장 등   ㉱ 공정 기기

(3) 제3단계 : 정량적 평가

① 당해 화학 설비의 취급 물질, 용량, 용도, 압력 및 조작의 5항목에 대해 A, B, C 및 D 급으로 분류하여 A급은 10점, B급은 5점, C급은 2점, D급은 0점으로 점수를 부여한 후 5항목에 관한 점수들의 합을 구한다.

② 합산 결과에 의하여 위험 등급을 나눈다.

위험등급	점수	내용
I	16점 이상	위험도가 높다.
II	11점 이상 15점 이하	주위 상황, 다른 설비와 관련해서 평가
III	10점 이하	위험도가 낮다.

(4) 제4단계 : 안전 대책

① 설비 등에 관한 대책

② 관리적 대책

㉮ 적정한 인원 배치   ㉯ 교육 훈련

㉰ 보전

(5) 제5단계 : 재해 정보로부터의 재평가

(6) 제6단계 : FTA에 의한 재평가

제2절 위험분석

(1) 위험관리 단계

① 제1단계 : 위험의 파악   ② 제2단계 : 위험의 분석

③ 제3단계 : 위험의 평가   ④ 제4단계 : 위험의 처리

(2) 위험 조정 기술

① 회피   ② 감축

③ 보류   ④ 전가 : 보험으로 위험 조정을 하는 방법

(3) 작업 방법 개선 원칙

① 제거(Eliminate)   ② 결합(Combine)

③ 재배치(Rearrange)   ④ 단순화(Simplify)

(4) 안전성 평가의 4가지 기법

① 체크 리스트에 의한 평가

② 위험의 예측 평가(Lay Out의 검토)

③ 고장형 영향분석(FMEA법)

④ 결함수 분석법(FTA법)

01 다음 중 안전성 평가에서 위험관리의 사명으로 가장 적절한 것은?

① 잠재 위험의 인식
② 손해에 대한 자금 융통
③ 안전과 건강 관리
④ 안전 공학

> **해설** 위험관리의 사명 : 손해에 대한 자금 융통

02 다음 중 활동의 내용마다 "우·양·가·불가"로 평가하고 이 평가 내용을 합하여 다시 종합적으로 정규화하여 평가하는 안전성 평가 기법은?

① 계측적 기법
② 일관성 검정법
③ 쌍대 비교법
④ 평점 척도법

> **해설** 문제의 내용은 평점 척도법에 관한 설명이다.

03 위험 관리의 안전성 평가에서 발생 빈도보다는 손실에 중점을 두며, 기업 간 의존도, 한 가지 사고가 여러 가지 손실을 수반하는가 하는 안전에 미치는 영향의 강도를 평가하는 단계는?

① 위험의 처리 단계
② 위험의 분석 및 평가 단계
③ 위험의 파악 단계
④ 위험의 발견, 확인, 측정 방법 단계

> **해설** 위험의 분석 및 평가 단계 : 발생빈도보다는 손실에 중점을 두며, 기업 간 의존도 한 가지 사고가 여러 가지 손실을 수반하는가 하는 안전에 미치는 영향의 강도를 평가하는 단계

04 다음 중 시스템 안전 평가 기법에 관한 설명으로 틀린 것은?

① 가능성을 정량적으로 다룰 수 있다.
② 시각적 표현에 의해 정보 전달이 용이하다.
③ 원인, 결과 및 모든 사상들의 관계가 명확해진다.

④ 연역적 추리를 통해 결함 사상을 빠짐없이 도출하나, 귀납적 추리로는 불가능하다.

> **해설** ④ 연역적 추리를 통해 결함 사상을 빠짐없이 도출하고 귀납적 추리로 가능하다.

05 다음 중 안전성 평가의 기본 원칙 6단계에 해당하지 않는 것은?

① 정성적 평가
② 관계자료의 정비검토
③ 안전대책
④ 작업조건의 평가

> **해설** 안전성 평가의 기본 원칙 6단계
> ① 제1단계 : 관계자료의 작성 준비
> ② 제2단계 : 정성적 평가
> ③ 제3단계 : 정량적 평가
> ④ 제4단계 : 안전대책
> ⑤ 제5단계 : 재해정보로부터의 재평가
> ⑥ 제6단계 : FTA에 의한 재평가

06 다음은 화학 설비의 안전성 평가 단계를 간략히 나열한 것이다. 다음 중 평가 단계 순서를 올바르게 나타낸 것은?

> ㉮ 관계자료의 작성 준비
> ㉯ 정량적 평가
> ㉰ 정성적 평가
> ㉱ 안전대책

① ㉮ → ㉰ → ㉯ → ㉱
② ㉮ → ㉯ → ㉱ → ㉰
③ ㉮ → ㉱ → ㉰ → ㉯
④ ㉮ → ㉯ → ㉰ → ㉱

> **해설** 화학설비의 안전성 평가단계
> ㉠ 제1단계 : 관계자료의 작성준비
> ㉡ 제2단계 : 정성적 평가
> ㉢ 제3단계 : 정량적 평가
> ㉣ 제4단계 : 안전 대책

07 금속 세정 작업장에서 실시하는 안전성 평가단계를 다음과 같이 5가지로 구분할 때 다음 중 4단계에 해당하는 것은?

> • 재평가
> • 안전대책
> • 정량적 평가
> • 정성적 평가
> • 관계자료의 작성 준비

① 안전대책　　　　② 정성적 평가
③ 정량적 평가　　　④ 재평가

해설 안전성 평가
ㄱ **제1단계** : 관계자료의 작성준비
ㄴ **제2단계** : 정성적 평가
ㄷ **제3단계** : 정량적 평가
ㄹ **제4단계** : 안전 대책
ㅁ **제5단계** : 재해정보로부터의 재평가

08 화학설비의 안전성 평가단계 중 "관계자료의 작성준비"에 있어 관계자료의 조사항목과 가장 거리가 먼 것은?

① 입지에 관한 도표　② 온도, 압력
③ 공정기기 목록　　④ 화학설비 배치도

해설 제1단계 : 관계 자료의 정비검토
ㄱ 입지조건
ㄴ 화학설비 배치도
ㄷ 건조물의 평면도, 단면도 및 입면도
ㄹ 제조공정의 개요
ㅁ 기계실 및 전기실의 평면도, 단면도 및 입면도

09 다음 중 안전성 평가 5가지 단계 중 준비된 기초 자료를 항목별로 구분하여 관계 법규와 비교, 위반 사항을 검토하고 세부적으로 여러 항목의 가부를 살피는 단계는?

① 정보의 확보 및 검토
② 재해 자료를 통한 재평가
③ 정량적 평가
④ 정성적 평가

해설 안전성 평가 5단계
ㄱ **제1단계** : 관계자료의 작성준비
ㄴ **제2단계** : 정성적 평가(준비된 기초 자료를 항목별로 구분하여 관계 법규와 비교, 위반 사항을 검토하고 세부적으로 여러 항목의 가부를 살피는 단계)

ㄷ **제3단계** : 정량적 평가
ㄹ **제4단계** : 안전대책
ㅁ **제5단계** : 재해정보에 의한 재평가

10 화학 설비에 대한 안전성 평가방법 중 공장의 입지조건이나 공장 내 배치에 관한 사항은 어느 단계에서 하는가?

① 제1단계 : 관계자료의 작성 준비
② 제2단계 : 정성적 평가
③ 제3단계 : 정량적 평가
④ 제4단계 : 안전대책

해설 화학 설비에 대한 안전성 평가 방법
ㄱ **제1단계** : 관계 자료의 작성 준비(화학설비 배치도, 제조 공정 상 일어나는 화학 반응)
ㄴ **제2단계** : 정성적인 평가(공장의 입지 조건, 공장 내 배치에 관한 사항)
ㄷ **제3단계** : 정량적인 평가(물질, 화학 설비의 용량, 온도, 압력, 조작)
ㄹ **제4단계** : 안전 대책(설비 등에 관한 대책, 관리적 대책)
ㅁ **제5단계** : FTA에 의한 재평가(위험도의 등급이 Ⅰ에 해당하는 플랜트에 대해서는 다시 FTA에 의한 재평가)

11 A 사의 안전관리자는 자사 화학설비의 안전성 평가를 위해 제2단계인 정성적 평가를 진행하기 위하여 평가항목 대상을 분류하였다. 다음 주요 평가항목 중에서 성격이 다른 것은?

① 건조물　　　　② 공장 내 배치
③ 입지 조건　　　④ 원재료, 중간 제품

해설 화학 설비의 안전성 평가
(1) **제1단계** : 관계 자료의 정비 검토
(2) **제2단계** : 정성적 평가
　ㄱ 입지 조건　　　ㄴ 공장 내 배치
　ㄷ 건조물　　　　ㄹ 소방 설비 등
　ㅁ 원재료, 중간체, 제품 등
　ㅂ 공정
(3) **제3단계** : 정량적 평가
(4) **제4단계** : 안전 대책
(5) **제5단계** : 재해 정보로부터의 재평가
(6) **제6단계** : FTA방법에 의한 재평가

12 다음 [표]는 불꽃놀이용 화학물질 취급설비에 대한 정량적 평가이다. 해당 항목에 대한 위험 등급이 올바르게 연결된 것은?

항목	A (10점)	B (5점)	C (2점)	D (0점)
취급 물질	○	○	○	
조작		○		○
화학설비의 용량	○		○	
온도	○	○		
압력		○	○	○

① 취급물질-Ⅰ등급, 화학설비의 용량-Ⅰ등급
② 온도-Ⅰ등급, 화학설비의 용량-Ⅱ등급
③ 취급물질-Ⅰ등급, 조작-Ⅳ등급
④ 온도-Ⅱ등급, 압력-Ⅲ등급

> **해설**
> 당해 화학설비의 취급 물질, 용량, 온도, 압력 및 조작의 5항목에 대해 A, B, C 및 D급으로 분류하여 A급은 10점, B급은 5점, C급은 2점, D급은 0점으로 점수를 부여한 후 5항목에 관한 점수들의 합을 구하고 점수 합산 결과 16점 이상을 위험 등급Ⅰ, 11점 이상 15점 이하를 위험 등급Ⅱ, 10점 이하는 위험 등급Ⅲ으로 표시하여 각 위험등급에 따라 안전 대책을 달리 강구하는 것이다.

13 다음 중 화학 설비의 안전성 평가에서 정량적 평가의 항목에 해당되지 않는 것은?

① 조작 　　　　② 취급 물질
③ 훈련 　　　　④ 설비 용량

> **해설**
> **화학 설비의 안전성 평가에서 정량적 평가의 항목**
> ㉠ 취급 물질　　㉡ 설비 용량
> ㉢ 온도　　　　㉣ 압력
> ㉤ 조작

14 [보기]와 같은 위험 관리의 단계를 순서대로 나열한 것으로 옳은 것은?

> ㉮ 위험의 분석　　㉯ 위험의 파악
> ㉰ 위험의 처리　　㉱ 위험의 평가

① ㉮ → ㉯ → ㉱ → ㉰
② ㉯ → ㉰ → ㉮ → ㉱
③ ㉮ → ㉰ → ㉯ → ㉱
④ ㉯ → ㉮ → ㉱ → ㉰

> **해설**
> **위험관리의 단계**
> 위험의 파악 → 위험의 분석 → 위험의 평가 → 위험의 처리

15 다음 중 위험 관리의 내용으로 틀린 것은?

① 위험의 파악
② 위험의 처리
③ 사고의 발생확률 예측
④ 작업 분석

> **해설**
> **위험 관리의 내용**
> ㉠ 위험의 파악
> ㉡ 위험의 처리
> ㉢ 사고의 발생확률 예측

16 다음 중 위험 조정을 위해 필요한 방법(위험조정기술)과 가장 거리가 먼 것은?

① 위험 회피(Avoidance)
② 위험 감축(Reduction)
③ 보류(Retention)
④ 위험 확인(Confirmation)

> **해설**
> **위험 조정을 위해 필요한 방법**
> ㉠ 위험 회피
> ㉡ 위험 감축
> ㉢ 보류

17 다음 중 위험 처리 방법에 관한 설명으로 적절하지 않은 것은?

① 위험 처리 대책 수립 시 비용 문제는 제외된다.
② 재정적으로 처리하는 방법에는 보유와 전가 방법이 있다.
③ 위험의 제어 방법에는 회피, 손실 제어, 위험 분리, 책임 전가 등이 있다.
④ 위험 처리 방법에는 위험을 제어하는 방법과 재정적으로 처리하는 방법이 있다.

> **해설**
> ①의 경우 위험 처리 대책 수립 시 비용 문제는 포함된다는 내용이 옳다.

18 다음 중 보험으로 위험조정을 하는 방법을 무엇이라 하는가?

① 전가　　　　　② 보류
③ 위험 감축　　　④ 위험 회피

해설 전가의 설명이다.

19 다음 중 작업 방법의 개선 원칙(ECRS)에 해당되지 않는 것은?

① 교육(Education)
② 결합(Combine)
③ 재배치(Rearrange)
④ 단순화(Simplify)

해설 **작업 방법의 개선 원칙**
　㉠ 제거(Eliminate)　　㉡ 결합(Combine)
　㉢ 재배치(Rearrange)　㉣ 단순화(Simplify)

20 다음 중 위험을 통제하는 데 있어 취해야 할 첫 단계 조치는?

① 작업원을 선발하여 훈련한다.
② 덮개나 격리 등으로 위험을 방호한다.
③ 설계 및 공정 계획 시 위험을 제거하도록 한다.
④ 점검과 필요한 안전 보호구를 사용하도록 한다.

해설 **위험을 통제하는 순서**
　㉠ **제1단계** : 설계 및 공정 계획 시에 위험물을 제거하도록 한다.
　㉡ **제2단계** : 피해의 최소화 및 억제한다.
　㉢ **제3단계** : 작업원을 선발하여 훈련한다.
　㉣ **제4단계** : 덮개나 격리 등으로 위험을 방호한다.
　㉤ **제5단계** : 점검과 필요한 안전 보호구를 사용하도록 한다.

위험성 평가 : 유해·위험 요인을 파악하고 해당 유해·위험요인에 의한 부상 또는 질병의 발생 가능성(빈도)과 중대성(강도)을 추정·결정하고 감소대책을 수립하여 실행하는 일련의 과정

제1절 안전성 검토(유해·위험 방지 계획서)

(1) 유해·위험방지 계획서의 제출 대상 사업(전기 계약용량이 300㎾ 이상인 사업)

① 금속가공제품(기계 및 기구는 제외한다) 제조업 ② 비금속 광물 제품 제조업
③ 기타 기계 및 장비 제조업 ④ 자동차 및 트레일러 제조업
⑤ 식료품 제조업 ⑥ 고무 제품 및 플라스틱 제품 제조업
⑦ 목재 및 나무 제품 제조업 ⑧ 기타 제품 제조업
⑨ 1차 금속 제조업 ⑩ 가구 제조업

(2) 유해·위험 방지 계획서의 작성, 제출 대상 기계·설비

① 금속이나 그밖의 광물의 용해로 ② 화학설비
③ 건조설비 ④ 가스 집합 용접 장치
⑤ 허가대상, 관리대상 유해물질 및 분진 작업 관련 설비

(3) 유해·위험 방지 계획서의 제출 대상 건설 공사

① 지상 높이가 31m 이상인 건축물 또는 인공 구조물, 연면적 3만㎡ 이상인 건축물 또는 연면적 5천㎡ 이상의 문화 및 집회 시설(전시장 및 동물원·식물원을 제외한다.) 판매 및 영업 시설, 의료 시설 중 종합 병원, 숙박 시설 중 관광 숙박 시설 또는 지하로 상가의 냉동·냉장 시설의 건설·개조 또는 해체
② 연면적 5천㎡ 이상의 냉동·냉장 시설의 설비 공사 및 단열 공사
③ 최대 지간 길이가 50m 이상인 교량 건설 등 공사
④ 터널 건설 등의 공사
⑤ 다목적 댐·발전용 댐 및 저수용량 2천만t 이상의 용수 전용 댐·지방상수로 전용 댐 건설 등의 공사
⑥ 깊이 10m 이상인 굴착 공사

> 💡 참고
> ▶ 유해·위험 방지 계획서를 제출한 사업주는 건설 공사 중 6개월 이내마다 관련 법에 따라 유해·위험 방지 계획서의 내용과 실제 내용이 부합하는지의 여부 등을 확인받아야 한다.

(4) 제조업의 유해·위험방지 계획서 제출 대상 사업장에서 제출하여야 하는 유해·위험방지 계획서의 첨부 서류

① 산업안전보건법 시행규칙 제121조 제1항

㉮ 건축물 각 층의 평면도

㉯ 기계 설비의 개요를 나타내는 서류

㉰ 기계 설비의 배치도면

㉱ 원재료 및 제품의 취급, 제조 등의 작업 방법의 개요

㉲ 그밖에 고용노동부 장관이 정하는 도면 및 서류

② 산업안전보건법 시행규칙 제121조 제2항

㉮ 설치 장소의 개요를 나타내는 서류

㉯ 설비의 도면

㉰ 그밖에 고용노동부 장관이 정하는 도면 및 서류

> 🔎 참고
> ▶ 사업주가 유해위험방지계획서를 작성하여 제출해야 하는 대상
> 고용노동부장관

제2절 보전성 공학

(1) 보전 예방

설비 보존 정비와 신기술을 기초로 신뢰성, 조작성, 보전성, 안전성, 경제성 등이 우수한 설비의 선정, 조달 또는 설계를 통하여 궁극적으로 설비의 설계, 제작 단계에서 보존 활동이 불필요한 체계를 목표로 한 설비 보존 방법

(2) 생산 보전

미국의 GE사가 처음으로 사용한 보전으로, 설계에서 폐기에 이르기까지 기계 설비의 전 과정에서 소요되는 설비의 열화 손실과 보전 비용을 최소화하여 향상시키는 보전 방법

(3) 예방 보존을 수행함으로써 기대되는 이점

① 정지 시간의 감소로 유휴 손실 감소

② 신뢰도 향상으로 인한 제조 원가의 감소

③ 납기 엄수에 따른 신용 및 판매 기회 증대

(4) 보전용 자재

① 휴지손실이 적은 자재는 원자재나 부품의 형태로 재고를 유지한다.

② 열화상태는 경향 검사로 예측이 가능한 품목은 적시발주법을 적용한다.

③ 보존의 기술기준, 관리기준이 재고량을 좌우한다.

(5) 설비 보전을 평가하기 위한 식

① 성능가동률 = 속도가동률×정미가동률

② 시간가동률 = (부하시간 − 정미시간)/부하시간

③ 설비종합효율 = 시간가동률×성능가동률×양품률

④ 정미가동률 = (생산량×기준주기시간)/(부하시간 − 정지시간)

⑤ 설비고장가동율 = 설비고장 정지시간÷설비가동시간

(6) 설비보전 방법

① 개량보전 : 쌀을 페트병으로 보전할 경우에 활약하는 깔대기

② 사후보전 : 컴퓨터를 사용할 때 고장이 발생할 경우에 행해지는 장애 장치 분리 및 재구성, 원래 상태로 복구하는 절차

③ 예방보전 : 궁극적으로는 설비의 설계, 제작단계에서 보전 활동이 불필요한 체계를 목표로 하는 것

⑦ 시간계획보전   ⑭ 상태기준보전   ③ 적응보전

④ 생산보전 : 설계에서 폐기에 이르기까지 기계설비의 전과정에서 소요되는 설비의 열화손실과 보전비용을 최소화하여 생산성을 향상시키는 보전방법

⑤ 일상보전 : 설비의 열화를 방지하고 그 진행을 지연시켜 수명을 연장하기 위한 점검, 청소, 주요 및 교체등의 활동

> 💡 참고
>
> ▶ 신뢰성과 보전성을 효과적으로 개선하기 위해 작성하는 보전기록 자료
>   1. MTBF 분석표   2. 설비이력카드   3. 고장원인 대책표

01 산업안전보건법에 따라 유해·위험 방지 계획서의 제출 대상 사업은 해당 사업으로서 전기 계약 용량이 얼마 이상인 사업을 말하는가?

① 150kW   ② 200kW
③ 300kW   ④ 500kW

> **해설** 유해·위험방지 계획서의 제출대상 사업
> 전기 계약용량이 300kW 이상인 사업

02 다음 중 산업안전보건법령에 따라 기계·기구 및 설비의 설치·이전 등으로 인해 유해·위험 방지 계획서를 제출하여야 하는 대상에 해당하지 않는 것은?

① 공기압축기   ② 건조설비
③ 화학설비   ④ 가스집합용접장치

> **해설** 유해·위험방지 계획서를 제출하여야 하는 대상
> ㉠ 금속 및 기타 광물의 용해로
> ㉡ 화학설비
> ㉢ 건조설비
> ㉣ 가스집합용접장치
> ㉤ 허가대상·관리대상 유해물질 및 분진작업 관련설비

03 다음 중 제조업의 유해·위험방지 계획서 제출 대상 사업장에서 제출하여야 하는 유해·위험방지 계획서의 첨부 서류와 가장 거리가 먼 것은?

① 공사 개요서
② 건축물 각 층의 평면도
③ 기계·설비의 배치 도면
④ 원재료 및 제품의 취급, 제조 등 작업 방법의 개요

> **해설** 유해·위험방지 계획서의 첨부서류
> ㉠ 건축물 각 층의 평면도
> ㉡ 기계·설비의 개요를 나타내는 서류
> ㉢ 기계·설비의 배치도면
> ㉣ 원재료 및 제품의 취급, 제조 등의 작업방법의 개요
> ㉤ 그밖의 고용노동부 장관이 정하는 도면 및 서류

04 다음 중 산업안전보건법령상 유해·위험방지 계획서의 심사결과에 따른 구분·판정의 종류에 해당하지 않는 것은?

① 보류   ② 부적정
③ 적정   ④ 조건부 적정

> **해설** 유해·위험방지 계획서의 심사 결과에 따른 구분·판정의 종류
> ㉠ 적정   ㉡ 조건부 적정
> ㉢ 부적정

05 산업안전보건법에 따라 유해·위험방지 계획서에 관련 서류를 첨부하여 해당 작업 시작 며칠 전까지 제출하여야 하는가?

① 7일   ② 15일
③ 30일   ④ 60일

> **해설** 유해·위험방지 계획서에 관련서류를 첨부하여 해당 작업 시작 15일 전까지 고용노동부 장관에게 제출한다.

06 다음 중 산업안전보건법에 따라 제조업의 유해·위험방지 계획서를 작성하고자 할 때 관련 규정에 따라 1명 이상 포함시켜야 하는 사람의 자격으로 적합하지 않은 것은?

① 안전 관리 분야 기술사 자격을 취득한 사람
② 기계 안전·전기 안전·화공 안전 분야의 산업안전지도사 자격을 취득한 사람
③ 기사 자격을 취득한 사람으로서 해당 분야에서 5년 근무한 경력이 있는 사람
④ 한국산업안전보건공단이 실시하는 관련 교육을 8시간 이수한 사람

> **해설** 제조업의 유해·위험방지 계획서를 작성하고자 할 때 관련 규정에 따라 1명 이상 포함시켜야 하는 사람의 자격은 다음과 같다.
> ㉠ 안전 관리 분야 기술사 자격을 취득한 사람, 지도사 자격을 취득한 사람

ⓛ 기계 안전·전기 안전·화공 안전 분야의 산업안전지도사 자격을 취득한 사람

ⓒ 기사 자격을 취득한 사람으로서 해당 분야에서 5년 근무한 경력이 있는 사람

07 다음 설명에 해당하는 설비 보전 방식의 유형은?

> 설비보전 정보와 신기술을 기초로 신뢰성, 조작성, 보전성, 안전성, 경제성 등이 우수한 설비의 선정, 조달 또는 설계를 통하여 궁극적으로 설비의 설계, 제작 단계에서 보전활동이 불필요한 체계를 목표로 한 설비보전방법을 말한다.

① 개량보전   ② 사후보전
③ 일상보전   ④ 보전예방

> **해설**
> 보전예방의 설명이다.

08 다음 [보기]가 설명하는 것은?

> [보기]
> 미국의 GE사가 처음으로 사용한 보전으로, 설계에서 폐기에 이르기까지 기계설비의 전 과정에서 소요되는 설비의 열화손실과 보전비용을 최소화하여 생산성을 향상시키는 보전방법

① 생산보전   ② 계량보전
③ 사후보전   ④ 예방보전

> **해설**
> ② **계량보전** : 쌀을 페트병으로 보전할 경우에 활약하는 깔때기
> ③ **사후보전(Corrective Maintenance)** : 컴퓨터를 사용할 때 고장이 발생할 경우에 행해지는 장애장치 분리 및 재구성, 원래 상태로 복구하는 절차
> ④ **예방보전(Preventive Conservation)** : 손상된 유물의 종합적인 관리 및 연구, 치료는 물론 오랫동안 유물의 건강 상태를 유지하기 위한 것

09 다음 중 예방보전을 수행함으로써 기대되는 이점이 아닌 것은?

① 정지 시간의 감소로 유휴 손실 감소
② 신뢰도 향상으로 인한 제조 원가의 감소
③ 납기 엄수에 따른 신용 및 판매 기회 증대
④ 돌발 고장 및 보전비의 감소

> **해설**
> **예방 보전의 이점**
> ⓐ 정지 시간의 감소로 유휴 손실 감소
> ⓑ 신뢰도 향상으로 인한 제조 원가의 감소
> ⓒ 납기 엄수에 따른 신용 및 판매 기회 증대

10 설비 관리 책임자 A는 동종 업종의 TPM 추진 사례를 벤치마킹하여 설비관리 효율화를 꾀하고자 한다. 그 중 작업자 본인이 직접 운전하는 설비의 마모율 저하를 위하여 설비의 윤활관리를 일상에서 직접 행하는 활동과 가장 관계가 깊은 TPM 추진 단계는?

① 개별개선 활동단계
② 자주보전 활동단계
③ 계획보전 활동단계
④ 개량보전 활동단계

> **해설**
> **TPM(Total Productive Maintenance)의 5가지 기본 활동**
> ⓐ 프로젝트 팀에 의한 설비 효율화 개별 개선 활동
> ⓑ 설비 운전 사용 부문의 자주 보전 활동
> ⓒ 설비 보전 부문의 계획 보전 활동
> ⓓ 운전자·보전자의 기능·기술 향상 교육 훈련 활동
> ⓔ 설비 계획 부문의 설비 초기 관리 체재 확립 활동

11 다음 중 설비 보전의 조직 형태에서 집중보전(Central Maintenance)의 장점이 아닌 것은?

① 보전 요원은 각 현장에 배치되어 있어 재빠르게 작업할 수 있다.
② 전 공장에 대한 판단으로 중점 보전이 수행될 수 있다.
③ 분업/전문화가 진행되어 전문직으로서 고도의 기술을 갖게 된다.
④ 직종간의 연락이 좋고, 공사 관리가 쉽다.

> **해설**
> **집중 보전**
> (1) **장점**
> ⓐ 전 공장에 대한 판단으로 중점 보전이 수행될 수 있다.
> ⓑ 분업/전문화가 진행되어 전문직으로서 고도의 기술을 갖게 된다.
> ⓒ 직종간의 연락이 좋고, 공사 관리가 쉽다.
> (2) **단점**
> ⓐ 현장 감독이 곤란하다.
> ⓑ 작업 일정 조정이 곤란하다.

정답 | 07. ④   08. ①   09. ④   10. ②   11. ①

12 다음 중 보전용 자재에 관한 설명으로 가장 적절하지 않은 것은?

① 소비 속도가 느려 순환 사용이 불가능하므로 폐기시켜야 한다.
② 휴지 손실이 적은 자재는 원자재나 부품의 형태로 재고를 유지한다.
③ 열화 상태를 경향 검사로 예측이 가능한 품목은 적시발주법을 적용한다.
④ 보전의 기술 수준, 관리 수준이 재고량을 좌우한다.

> **해설** ① 소비 속도가 느려 순환사용이 가능하므로 유지시켜야 한다.

13 다음 중 설비 보전을 평가하기 위한 식으로 틀린 것은?

① 성능가동률 = 속도가동률×정미가동률
② 시간가동률 = (부하시간 − 정지시간) / 부하시간
③ 설비종합효율 = 시간가동률 × 성능가동률 × 양품률
④ 정미가동률 = (생산량×기준주기시간) / 가동시간

> **해설** ④ 정미가동률 = (생산량×기준주기시간) / (부하시간 − 정지시간)

14 다음 중 공장 설비의 고장 원인 분석 방법으로 적당하지 않은 것은?

① 고장 원인 분석은 언제, 누가, 어떻게 행하는가를 그때의 상황에 따라 결정한다.
② P−Q 분석도에 의한 고장 대책으로 빈도가 높은 고장에 의하여 근본적인 대책을 수립한다.
③ 동일 기종이 다수 설치되었을 때는 공통된 고장 개소, 원인 등을 규명하여 개선하고 자료를 작성한다.
④ 발생한 고장에 대하여 그 개소, 원인, 수리 상의 문제점, 생산에 미치는 영향 등을 조사하고 재발 방지 계획을 수립한다.

> **해설** ② P−Q 분석도에 의한 고장 대책으로 빈도가 높은 고장에 대하여 근본적인 대책을 수립하지 않는다.

15 품질 검사 작업자가 한 로트에서 검사 오류를 범할 확률이 0.1이고, 이 작업자가 하루에 5개의 로트를 검사한다면 5개의 로트에서 에러를 범하지 않을 확률은?

① 90%　　② 75%
③ 59%　　④ 40%

> **해설** $P = (1-0.1)^5 \times 100 = 59\%$

16 지게차 인장 벨트의 수명은 평균이 100,000시간, 표준편차 500시간인 정규 분포를 따른다. 이 인장 벨트의 수명이 101,000시간 이상일 확률은 약 얼마인가? (단, 표준 정규 분포표에서 $Z_1 = 0.8413$, $Z_2 = 0.9772$, $Z_3 = 0.9987$ 이다.)

① 1.60%　　② 2.28%
③ 3.28%　　④ 4.28%

> **해설**
> $$P_r(x \geq 101,000) = P_r(z \geq \frac{101,000 - 100,000}{500})$$
> $$= P_r(z \geq 2) = 1 - 0.9772 = 0.0228$$
> $$= 2.28\%$$

Part 3
기계위험방지기술

Chapter 01 기계의 안전 개념

제1절 기계설비에 의해 형성되는 위험점

(1) 협착점(Squeeze Point)

기계의 왕복운동 하는 부분과 고정 부분 사이에서 형성되는 위험점

① 전단기 누름판 및 칼날 부위　　　② 선반 및 평삭기 베드 끝 부위

③ 프레스 작업 시

(2) 끼임점(Shear Point)

고정부분과 회전하는 동작 부분 사이에서 형성되는 위험점

① 반복 동작되는 링크기구　　　　　② 회전풀리와 베드 사이

③ 교반기의 교반날개와 모체 사이　　④ 연삭숫돌과 작업받침대

⑤ 탈수기 회전체와 몸체 사이

(3) 물림점(Nip Point)

기계설비에서 반대로 회전하는 두 개의 회전체가 맞닿는 사이에 발생하는 위험점

① 기어 회전　　　　　　　　　　　② 롤러기의 롤러 사이에서 형성

(4) 접선물림점(Tangential Nip Point)

회전하는 부분이 접선 방향으로 물려 들어갈 위험이 존재하는 점

① 체인과 스프라켓　　　　　　　　② 롤러와 평벨트

③ 벨트와 풀리　　　　　　　　　　④ 기어와 랙

(5) 회전말림점(Trapping Point)

회전축, 커플링에 사용하는 덮개는 회전말림점의 위험점을 방호하기 위한 것이다.

① 드릴 회전부　　　　　　　　　　② 나사 회전부

(6) 절단점(Cutting Point)

운동하는 기계 자체와 회전하는 운동부분 자체와의 위험이 형성되는 점

① 밀링커터　　　　　　　　　　　② 둥근톱날

③ 컨베이어의 호퍼 부분　　　　　　④ 평벨트레싱 이음 부분

⑤ 목공용 띠톱 부분

제2절 기계의 일반적인 안전사항

1 기계설비의 점검

(1) 기계설비의 운전상태에서 점검할 사항
① 클러치의 동작상태 ② 접동부상태
③ 기어의 교합상태 ④ 설비의 이상음과 진동상태
⑤ 베어링, 슬라이드면의 온도상승 여부

(2) 기계설비의 정지상태에서 점검할 사항
① 급유상태
② 동력전달부의 볼트, 너트 등의 풀림상태
③ 슬라이드 부분의 이상 유무
④ 동력전도장치, 방호장치 및 전동기 개폐기의 이상 유무
⑤ 스위치 위치, 구조상태 및 접지상태
⑥ 힘이 걸린 부분의 흠집, 손상 여부

2 기계시설의 배치 및 작업장 통로

(1) 기계설비의 작업능률과 안전을 위한 배치(Layout) 3단계
① 제1단계 : 지역배치 ② 제2단계 : 건물배치
③ 제3단계 : 기계배치

(2) 작업장 통로의 안전 수칙
① 작업장으로 통하는 장소에는 작업장 내에는 근로자가 사용하기 위한 안전한 통로를 설치하고 항상 사용 가능한 상태로 유지하여야 한다.
② 통로의 주요한 부분에는 통로표시를 하고 안전하게 통행할 수 있도록 하여야 한다.
③ 안전하게 통행할 수 있도록 통로에 75Lux 이상의 채광 또는 조명시설을 하여야 한다.
④ 옥내의 통로를 설치하는 때에는 걸려 넘어지거나 미끄러지는 등의 위험이 없도록 하여야 한다.
⑤ 비상구의 너비는 1.0m으로 하고 높이는 2.0m로 한다.
⑥ 통로에 대하여는 통로면으로부터 높이 2m 이내에 장애물이 없도록 한다.
⑦ 연면적이 400m² 이상이거나 상시 50인 이상의 근로자가 작업하는 옥내 작업장에는 비상시에 근로자에게 신속하게 알리기 위한 경보용 설비 또는 기구를 설치하여야 한다.
⑧ 기계와 기계 사이는 80cm 이상의 간격을 유지하여야 한다.

> **💡 참고**
>
> ▶ **공장설비의 배치계획에서 고려할 사항**
> 1. 작업의 흐름에 따라 기계 배치
> 2. 기계설비의 주변공간 최대화
> 3. 공장 내 안전통로 설정
> 4. 기계설비의 보수·점검 용이성을 고려한 배치

3 기계설비의 안전조건

(1) 외형의 안전화

기계설비 안전의 첫 걸음은 기계의 외부로 나타나는 회전체 돌출부의 위험 부분을 제거하는 것이다.

① 덮개 : 기계 외형 부분 및 회전체 돌출 부분
② 가드(Guard)의 설치 : 원동기 및 동력전도장치(벨트, 기어, 샤프트, 체인 등)
③ 안전색채 조절 : 기계, 장비 및 부수되는 배관

(2) 작업의 안전화

기계설비의 작업환경과 작업방법을 검토하고 작업위험분석을 하여 표준작업을 할 수 있도록 운전기법의 향상 발전에 중점을 두어야 한다.

① 작업에 필요한 적당한 공구의 사용
② 불필요한 동작을 피하도록 작업의 표준화
③ 안전한 기동장치의 배치(동력차단장치, 시건장치)
④ 급정지장치, 급정지버튼 등의 배치
⑤ 인칭 기능의 활용
⑥ 조작장치의 적당한 위치 고려

(3) 작업점의 안전화

기계설비에 의하여 제품이 직접 가공되는 부분은 특히 위험성이 크므로 자동제어 및 원격제어장치 또는 방호장치를 설치해야 된다.

(4) 기능적 안전화

기계설비의 이상시에 기계를 급정지시키거나 안전장치가 작동되도록 하는 소극적인 대책과 전기회로를 개선하여 오동작을 방지하거나 별도의 완전한 회로에 의해 정상기능을 찾을 수 있도록 하는 것이다.

> **참고**
>
> 1. **페일 세이프(Fail Safe)의 개념**
>   기계 등에 고장이 발생했을 경우에도 그대로 사고나 재해로 연결되지 아니하고 안전을 확보하는 기능을 말한다. 즉, 인간이나 기계 등에 과오나 동작상의 실수가 있더라도 사고·재해를 발생시키지 않도록 철저하게 2중, 3중으로 통제를 가하는 것이다.
>
> 2. **페일 세이프 구조의 기능면에서의 분류**
>   ㉠ Fail Passive : 일반적인 산업 기계 방식의 구조이며, 부품의 고상 시 기계장치는 정지상태로 옮겨간다.
>   ㉡ Fail Active : 부품의 고장 시 기계는 경보를 나타내며 단시간에 역전이 된다.
>   ㉢ Fail Operational : 설비 및 기계 장치의 일부가 고장이 난 경우 기능의 저하를 가져오더라도 전체 기능은 정지하지 않고 다음 정기점검 시까지 운전이 가능한 방법이다.

예 부품에 고장이 있더라도 플레이너 공작기계를 가장 안전하게 운전할 수 있는 방법

(5) 구조적 안전화

① **설계상의 결함** : 기계장치 설계상 가장 큰 과오의 요인은 강도 산정상의 오산이다. 최대하중 추정의 부정확성과 사용 도중 일부 재료의 강도가 열화될 것을 감안해서 안전율을 충분히 고려하여 설계를 해야 된다.

$$안전율(계수) = \frac{극한강도}{최대설계응력} = \frac{판단하중}{안전하중} = \frac{인장강도}{허용응력} = \frac{파괴하중}{정격하중}$$

예제

▶ 단면적이 1,800mm²인 알루미늄 봉의 파괴강도는 70MPa이다. 안전율을 2.0으로 하였을 때 봉에 가해질 수 있는 최대하중은 얼마인가?

풀이 안전율 $= \dfrac{파괴하중}{최대하중}$

파괴하중=파괴강도×단면적=70×1,800=126,000N

$2 = \dfrac{126kN}{x}$

$\therefore \ x = 63kN$

예제

▶ 연강의 인장강도가 420MPa이고, 허용응력이 140MPa이라면 안전율은?

풀이 안전율 $= \dfrac{인장강도(MPa)}{허용응력(MPa)} = \dfrac{420MPa}{140MPa} = 3$

예제

▶ 인장강도가 35kg/mm²인 강판의 안전율이 4라면 허용응력은 몇 kg/mm²인가?

풀이 안전율 $= \dfrac{인장강도}{허용응력}$ $\qquad 4 = \dfrac{35}{x}$

$\therefore \ x = \dfrac{35}{4} = 8.75$

예제

▶ 어떤 부재의 사용하중은 200kgf 이고, 이의 파괴하중은 400kgf이다. 정격하중을 100kgf로 가정하고 설계한다면 안전율은 얼마인가?

풀이 안전율 $= \dfrac{파괴하중}{정격하중}$ $\qquad \therefore \ \dfrac{400}{100} = 4$

② **재료 결함** : 기계재료 자체에 균열, 부식, 강도저하 등 결함이 있으므로 적절한 재료로 대체하는 것이 안전상 필요한 일이다.

③ **가공 결함** : 재료가공 도중에 가공경화와 같은 결함이 생길 수 있으므로 열처리 등을 통하여 사전에 결함을 방지하는 것이 중요하다.

💡 참고

1. cardullo의 안전율 산정방법

$$F = a \times b \times c \times d$$

여기서, $a : \dfrac{극한강도}{사용재료의 탄성강도}$, b : 하중의 종류, c : 하중속도, d : 재료의 조건

2. 안전여유 산정식

안전여유 = 극한강도 − 허용응력(정격하중)

3. 안전율
   ㉠ 재료 자체의 필연성 중에 잠재되어 있는 우연성을 감안하여 계산한 산정식이다.
   ㉡ 정하중이 작용할 때 기계의 안전을 위해 일반적으로 안전율이 가장 크게 요구되는 재료 : 벽돌

4. 안전율(허용응력) 결정 시 고려해야 할 사항
   ㉠ 재료의 품질　　　　　　　　　　㉡ 하중과 응력의 정확성
   ㉢ 공작방법 및 정밀도　　　　　　　㉣ 하중의 종류
   ㉤ 부품의 모양　　　　　　　　　　㉥ 사용장소

5. 기계의 안전을 확보하기 위해서는 안전을 고려하여야 하는 사항
   ㉠ 기초강도와 허용응력과의 비를 안전율이라 한다.
   ㉡ 안전율 계산에 사용하는 여유율은 연성재료에 비하여 취성재료를 크게 잡는다.
   ㉢ 안전율이 높은 기계가 반드시 우수한 기계라고 할 수는 없다.
   ㉣ 재료의 균질성, 응력계산의 정확성, 응력의 분포 등 각종 인자를 고려한 경험적 안전율도 사용된다.

📐 예제

▶ 체인의 극한강도가 200kg이고, 정격하중이 20kg일 때 안전 여유는 얼마인가?

풀이 안전여유 = 극한강도 − 정격하중 = 200 − 20 = 180kg

(6) 보전작업의 안전화

기계설비 등의 보전작업 시 분해를 하거나 방호장치를 해체했을 경우 위험성이 돌연히 나타날 수가 있는데 이러한 것을 배제하는 것이 안전상 중요한 일이다.

① 정기점검 실시　　　　　　　　　　② 급유방법의 개선
③ 구성부품의 신뢰도 향상　　　　　　④ 분해 · 교환의 철저화
⑤ 보전용 통로나 작업장 확보

4 기계설비의 본질적 안전

본질적 안전화란 근로자가 동작상 과오나 실수를 하여도 사고나 재해가 일어나지 않도록 하는 것이다. 또한 기계설비에 이상이 생겨도 안전성이 확보되어 사고나 재해가 발생하지 않도록 설계되는 기계설비 안전화의 기본이념인 것이다. 기계설비의 본질적 안전화를 추구하기 위한 사항으로는 다음과 같은 것이 있다.

① 가능한 조작상 위험이 없도록 설계할 것   ② 안전기능이 기계설비에 내장되어 있을 것
③ 페일 세이프(Fail Safe)의 기능을 가질 것   ④ 풀 프루프(Fool Proof)의 기능을 가질 것
⑤ 인터록(Interlock)의 기능을 가질 것

참고

1. 풀 프루프(Fool Proof)
   ㉠ 사람이 작업하는 기계장치에서 작업자가 실수를 하거나 오조작을 하여도 안전하게 유지되게 하는 안전 설계 방법
   ㉡ 기계나 그 부품에 고장이나 기능 불량이 생겨도 항상 안전하게 작동하는 안전화 대책
   예 금형의 가드, 사출기의 인터록 장치, 카메라의 이중촬영방지기구 등

2. 인터록 장치(Inter lock System)
   일종의 연동(連動)기구로 걸림장치라고도 하며, 어떤 목적을 달성하기 위하여 한 동작 또는 수개 동작을 행하는 경우도 있으며, 동작 종료 시에는 자동적으로 안전상태를 확보하는 기구로 기계적, 전기적 구조 등으로 되어 있다. 인터록장치의 종류는 다음과 같다.
   ㉠ 기계적인 인터록(Mechanical Interlock) : 가드로부터 동력이나 동력전달 조절까지 직접적으로 연결되는 것으로 동력프레스는 가장 일반적인 적용 예라고 할 수 있다.
   ㉡ 직접수동스위치 인터록(Direct Manual Switch Interlock) : 가드가 닫혀질 때까지 동력원인 밸브나 스위치가 작동될 수 없고, 스위치가 '실행' 위치에 있을 때는 가드가 열려지지 않는 방식이다.
   ㉢ 캠구동제한스위치 인터록(Cam Poerated Limit Switch Interlock) : 안전위치로부터 가드가 움직이게 되면 스위치 플런저가 눌려지면서 제어기능을 작동시켜 기계를 멈추게 하는 방식이다. 매우 효과적이며 잘 파손되지 않아 다양하게 활용되고 있다.
   ㉣ 캡티브 키 인터록(Captive key Interlock) : 처음 열쇠를 돌리면 기계적으로 가드를 닫게 하고, 계속 돌리면 전기스위치를 작동시켜 안전회로를 구성하는 방식이다. 기계적인 잠금장치와 전기스위치가 조합된 형태로 보통 이동형 가드에 많이 부착된다.
   ㉤ 열쇠교환시스템(Key Exchange System) : 마스터상자에서 개개의 열쇠들이 잠겨져야 마스터스위치가 비로소 작동이 되는 방식이다. 개개의 열쇠는 각자 해당되는 방호문을 열 수 있으며, 작업자가 기계 안에 들어갈 때 개개의 열쇠로 해당 방호문을 연다.
   ㉥ 시간지연장치(Time Delay Arrangement) : 볼트의 첫 번째 움직임이 기계의 회로를 차단시키며, 계속하여 상당한 시간동안 풀려져야 비로소 가드가 열리는 방식이다. 방호되어야 할 기계가 큰 관성을 가지고 있어 정지하는 데 있어서 장시간이 소요될 때 사용된다.

3. 인터록 기구
   기계의 각 작동 부분 상호 간을 전기적, 기구적 공유압 장치 등으로 연결해서 기계의 각 작동부분이 정상적으로 작동하기 위한 조건이 만족되지 않을 경우 자동적으로 그 기계를 작동할 수 없도록 하는 것

4. 인터록 방호장치
   안전한 상태를 확보할 수 있도록 기계의 작동 부분 상호 간을 기계적, 전기적인 방법으로 연결하여 기계가 정상 작동을 하기 위한 모든 조건이 충족되어야만 작동하며, 그중 하나라도 충족되지 않으면 자동적으로 정지시키는 방호장치형식

제3절 기계의 방호

1 방호 장치의 기본 목적

작업자가 기어, 풀리, 축, 플라이휠, 벨트, 체인 및 스핀들과 같은 회전부, 전단부 즉, 작업 점으로부터 접촉되는 것을 막아주어야 안전 작업을 할 수 있다.

방호 장치의 설치 목적은 다음과 같다.

① 기계 위험 부위의 접촉 방지　　　　　　　② 작업자의 보호

③ 인적 · 물적 손실의 방지

> **참고**
>
> 1. **기계 설비에 있어서 방호의 기본 원리**
>   ① 위험의 제거　　　② 위험의 차단　　　③ 위험의 보강　　　④ 덮어씌움
>   ⑤ 위험에의 적응
> 2. **안전인증 대상 방호장치**
>   ① 압력용기 압력방출용 파열판　　　　　　② 압력용기 압력방출용 안전밸브
>   ③ 방폭기계 전기기계 · 기구 및 부품　　　④ 프레스 및 전단기 방호장치
>   ⑤ 양중기용 과부하 방지장치　　　　　　　⑥ 보일러 압력방출용 안전밸브
>   ⑦ 절연용 방호구 및 활선작업용 기구
>   ⑧ 추락 · 낙하 및 붕괴등의 위험방지 및 보호에 필요한 가설기자재로서 고용노동부장관이 정하여 고시하는 것
>   ⑨ 충돌 · 협착 등의 위험방지에 필요한 산업용 로봇장치로서 고용노동부장관이 정하여 고시하는 것

2 작업점의 방호

프레스기, 롤러기, 전단기, 목공기계 등과 같은 동력 기계는 실제 가공물이 직접 가공되는 부분 즉, 작업점을 가지고 있으며, 특히 이 부분에서 가공 도중 사고가 많이 발생하므로 방호 대책을 세워야 한다.

일반적으로 작업점의 방호 방법은 다음과 같다.

① 작업점에는 작업자가 절대로 가까이 가지 않도록 할 것

② 손을 작업점에 넣지 않도록 하게 할 것

③ 기계를 조작할 때는 작업점에서 떨어지게 할 것

④ 작업자가 작업점에서 떨어지지 않는 한 기계를 작동하지 못하게 할 것

3 기계의 표준 방호덮개

(1) 방호덮개의 설치 목적

① 가공물, 공구 등의 낙하 비래에 의한 위험 방지

② 방음, 집진

③ 위험 부위에 인체의 접촉 또는 접근 방지

(2) 방호덮개의 구비 조건(ILO 기준)

① 확실한 방호기능을 가져야 한다.

② 사용이 간편하고 작동에 노력을 적게 들일 수 있어야 한다.

③ 작업자의 작업 행동과 기계의 특성에 맞아야 한다.

④ 운전 중(작동 중)에는 위험한 부분에 인체의 접촉을 막을 수 있어야 한다.

⑤ 작업자에게 불편 또는 불쾌감을 주어서는 안 된다.

⑥ 생산에 방해를 주어서는 안 된다.

⑦ 최소한의 손질로 장기간 사용할 수 있고 가능한 한 자동화되어 있어야 한다.

⑧ 통상적인 마모 또는 충격에 견딜 수 있어야 한다.

⑨ 기계장치와 조화를 이루도록 설치해야 한다.

⑩ 기계의 주유, 검사, 조정 및 수리에 지장을 주지 않아야 한다.

4 기계설비 방호

(1) 가드의 설치 조건

① 위험점 방호가 확실할 것　　　　　② 충분한 강도를 유지할 것

③ 구조가 단순하고 조정이 용이할 것　④ 개구부 등 간격(틈새)이 적정할 것

⑤ 작업, 점검, 주유 시 장애가 없을 것

(2) 가드의 개구부 간격

가드를 설치할 때 개구부 간격을 구하는 식은 다음과 같다(ILO 기준).

$$Y = 6 + 0.15X$$

여기서, Y: 가드 개구부 간격(안전간극)(mm),

　　　　X: 가드와 위험점 간의 거리(안전거리)(mm)

이 산식은 롤러기의 맞물림점, 프레스 및 전단기의 작업점에 설치하는 가드 등에 주로 적용된다.

> **참고**
>
> ▶ 동력전도 부분에 일반 평행 보호망을 설치할 때 개구부 간격을 구하는 식
> $$Y = 6 + 0.1X$$
> 여기서, Y: 보호망 최대개구부 간격(mm),
> 　　　　X: 보호망과 위험점 간의 거리(mm)

예제

▶ 동력전달부분의 전방 35cm 위치에 일반 평행보호망을 설치하고자 한다. 보호망의 최대 구멍의 크기는 몇 mm인가?

풀이 $Y = 6 + 0.1X$

　　　$= 6 + 01. \times 350 = 41(mm)$

여기서 Y: 보호망 최대 개구부 간격(mm)　　　X: 보호망과 위험점간의 거리(mm)

(3) 가드의 종류

① 고정형 가드(Fixed Guard)

㉮ **작업점용 가드** : 주로 1차 가공 작업에 적용되는 것으로 작업자가 위험점에 접근하지 못하도록 하는 구조로 되어 있다.

㉯ **완전밀폐형 가드** : 덮개나 울을 설치하여 동력전달부나 돌출회전부를 격리 차단함으로써 위험점을 방호하는 구조로 되어 있다.

② **자동형 가드(Auto Guard)** : 기계적, 전기적, 유공압적 방법에 의한 인터록 기구를 부착한 가드로서 레버, 캠, 핀 등을 이용하여 자동으로 작동될 수 있도록 설치한다.

③ **조절형 가드(Adjustable Guard)** : 방호하고자 하는 위험 구역에 맞추어 적당한 모양으로 조절하는 것으로서 사용공구를 바꿀 때 이에 맞추어 조정하는 가드이다. (프레스의 안전울, 동력식 수동 대패 기계의 날접촉 예방 방치 등)

5 기계의 방호 장치

(1) 격리형 방호장치

작업자가 작업점에 접촉되어 재해를 당하지 않도록 기계설비 외부에 차단벽이나 방호망을 설치하는 것으로 작업장에서 가장 많이 사용하는 방식이다.

① **완전차단형 방호장치** : 체인 또는 벨트 등의 동력 전도 장치에서 흔히 볼 수 있는 것으로 어떠한 방향에서도 작업점까지 신체가 접근할 수 없도록 완전히 차단한 것이다.

② **덮개형 방호장치** : 기어나 V벨트, 평벨트가 회전하면서 접선방향으로 물려 들어가는 장소에 많이 설치하는 것으로 작업점 이외에 직접 작업자가 말려들거나 끼일 위험이 있는 곳을 완전히 덮어 씌우는 장치이다.

③ **안전방책(방호망)** : 고전압의 전기 설비, 대마력의 원동기나 발전소 터빈 등의 주위에 사람의 출입을 제한할 수 있는 방법으로 이용되며, 울타리를 설치하는 것이다.

(2) 위치제한형 방호장치

조작자의 신체 부위가 위험한계 밖에 위치하도록 기계의 조작 장치를 위험거리에서 일정거리 이상 떨어지게 하는 방호장치. 프레스에 사용하는 양수조작식 안전 장치가 이에 속한다.

(3) 접근거부형 방호장치

작업자의 신체 부위가 위험 한계 내로 접근하였을 때 기계적인 작용에 의하여 접근을 못하도록 하는 방호장치로 프레스기의 수인식, 손쳐내기식 등의 안전장치가 이에 해당한다.

(4) 접근반응형 방호장치

작업자의 신체 부위가 위험 한계로 들어오게 되면 이를 감지하여 작동 중인 기계를 즉시 정지시키거나 스위치가 꺼지도록 하는 기능을 가지고 있다. 프레스기의 감응식 안전장치가 이에 해당된다.

(5) 포집형 방호장치

목재 가공 기계의 반발예방장치와 같이 위험 장소에 설치하여 위험원이 비산하거나 튀는 것을 방지하는 등 작업자로부터 위험원을 차단하는 방호장치이다.

(6) 감지형 방호장치

이상 온도, 이상 기압, 과부하 등 기계의 부하가 안전한계를 초과하는 경우에 이를 감지하고 자동으로 안전상태가 되도록 조정하거나 기계의 작동을 중지시키는 방호장치

6 기타 기계설비 안전에 관계되는 중요한 사항

① 회전축의 건널 다리 손잡이 높이 : 90㎝ 이상
② 건널목이나 추락 위험성이 있는 장소 : 표준 안전 난간 설치
③ 기계장치 중 사고로 인한 재해가 가장 많이 발생하는 것 :
　　동력전도(전달) 장치
④ 동력전달장치 중 재해가 가장 많이 발생하는 것 : 벨트(Belt)
⑤ 벨트에서 벨트풀리 둘레의 중앙부를 약간 높게 만드는 이유 :
　　벨트가 벗겨지는 것을 막기 위함
⑥ 벨트를 기계에 걸 때 사용되는 장치 : 천대장치
⑦ 동력전도장치 작동 부문 상의 돌기 부분 : 묻힘형, 덮개 부착
⑧ 동력 전도 부분 및 속도 조절 부분 : 덮개, 방호망 부착
⑨ 벨트 이음 부분 : 돌출된 고정구를 사용하지 않을 것
⑩ 동력전도장치(기계의 원동기, 회전축, 축이음, 기어, 풀리, 플라이휠, 벨트) 및 체인의 위험 방지 조치
　　㉮ 덮개　　　　　　　　　　　㉯ 울
　　㉰ 슬리브　　　　　　　　　　㉱ 건널다리
⑪ 동력기계의 동력차단장치
　　㉮ 스위치　　　　　　　　　　㉯ 클러치
　　㉰ 벨트이동장치
⑫ 근로자가 작업 위치를 이동하지 아니하고 조작할 수 있는 위치에 동력 차단 장치를 설치해야 되는 경우 : 절단, 인발, 압축, 꼬임, 타발, 굽힘 가공을 하는 기계에 설치한다.
⑬ 기계설비 안전의 첫 걸음 : 회전운동 부분의 돌출 부분(세트스크루, 너트 및 볼트, 키 등의 머리부)을 없애는 것이다.
⑭ 위험 기계의 구동 에너지를 작업자가 차단할 수 있는 장치 : 급정지장치
⑮ 기계부품에 작용하는 힘 중에서 안전율을 가장 크게 취해야 될 하중 순서
　　충격하중 〉 교번하중 〉 반복하중 〉 정하중

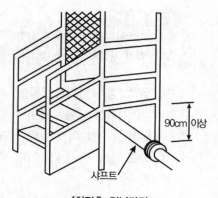

90cm 이상

샤프트

〈회전축 건널다리〉

⑯ 방호장치를 해체하거나 사용정지할 수 있는 경우 : 수리, 조정, 교체 작업을 할 경우
⑰ 덮개 또는 울 등을 설치해야 되는 경우
　㉮ 연삭기 또는 평삭기의 테이블, 형삭기 램 등의 행정 끝부위
　㉯ 선반 등으로부터 돌출하여 회전하고 있는 가공물을 작업할 때
　㉰ 띠톱기계의 위험한 톱날부위
　㉱ 종이 · 철 · 비닐 및 와이어로프 등의 감김통 등
　㉲ 분쇄기 등의 개구부로부터 가동 부분에 접촉함으로써 위해를 입을 우려가 있는 경우
⑱ 가공기계에서 방호장치를 설치해야 하는 곳 : 작업점, 동력전달부분, 이송장치
⑲ 분쇄기에 설치하는 방책의 상면에서의 높이 : 180㎝ 미만
⑳ 기계 고장률의 기본 모형
　㉮ 초기고장 : 감소형(DFR), 생산과정에서의 품질관리 미비 또는 불량 제조로부터 발생되는 고장을 말하며, 예방대책으로는 위험분석을 하여 결함을 찾아내는 것이다.

> 💡**참고**
> 1. **디버깅 기간** : 기계의 결함을 찾아내 고장률을 안정시키는 기간
> 2. **번인 기간** : 물품을 실제로 장시간 움직여 보고 그동안에 고장난 것을 제거하는 기간

　㉯ 우발고장 : 일정형(CFR), 사용조건상의 고장을 말하며, 고장률이 가장 낮다. 특히 CFR 기간의 길이를 내용수명이라 한다.
　　예 순간적 외력에 의한 파손
　㉰ 마모고장 : 증가형(IFR), 정기 진단(검사)이 필요하며, 설비의 피로에 의해 생기는 고장을 말한다.
　　예 1. 부품부재의 마모 2. 열화에 생기는 고장 3. 부품 · 부재의 반복 피로

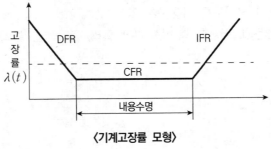

〈기계고장률 모형〉

㉑ 사고 체인의 5요소
　㉮ 함정(trap)　　　　　　　　　　　㉯ 충격(impact)
　㉰ 접촉(contact)　　　　　　　　　 ㉱ 얽힘, 말림(entanglement)
　㉲ 튀어나옴(ejection)
㉒ 리미트 스위치(Limit Switch) : 기계 설비의 안전 장치에서 과도하게 한계를 벗어나 계속적으로 감아올리거나 하는 일이 없도록 제한하는 장치이다. (권과방지장치, 과부하방지장치, 과전류차단장치, 압력제한장치, 게이트가드, 이동식덮개 등이 있다.)
㉓ 권과방지장치 : 과도하게 한계를 벗어나 계속적으로 감아올리는 일이 없도록 제한하는 장치이다.

01 왕복 운동을 하는 동작 운동과 움직임이 없는 고정 부분 사이에 형성되는 위험점을 무엇이라고 하는가?

① 끼임점(shear point)
② 절단점(cutting point)
③ 물림점(nip point)
④ 협착점(squeeze point)

> **해설** (1) 문제의 내용은 협착점에 관한 것이다.
> (2) 협착점이 형성되는 예
> ㉠ 전단기 누름판 및 칼날 부위
> ㉡ 선반 및 평삭기 베드 끝 부위
> ㉢ 프레스 금형 조립 부위
> ㉣ 프레스 브레이크 금형 조립 부위

02 다음 중 왕복 운동을 하는 운동부와 고정부 사이에서 형성되는 위험점인 협착점(Squeeze Point)이 형성되는 기계로 가장 거리가 먼 것은?

① 프레스
② 연삭기
③ 조형기
④ 성형기

> **해설** ② 연삭기는 끼임점(Sheer Point)이 형성되는 기계이다.

03 기계의 운동 형태에 따른 위험점의 분류에서 고정 부분과 회전하는 동작 부분이 함께 만드는 위험점으로 교반기의 날개와 하우스 등에서 발생하는 위험점을 무엇이라 하는가?

① 끼임점
② 절단점
③ 물림점
④ 회전말림점

> **해설** 교반기의 날개와 하우스 등에서 발생하는 위험점을 끼임점이라고 한다.

04 다음 중 기계 설비에서 반대로 회전하는 두 개의 회전체가 맞닿는 사이에 발생하는 위험점을 무엇이라 하는가?

① 협착점(squeeze point)
② 물림점(nip point)
③ 접선물림점(tangential point)
④ 회전말림점(trapping point)

> **해설** 문제의 내용은 물림점에 관한 것이다.

05 다음 중 기계 설비에 의해 형성되는 위험점이 아닌 것은?

① 회전말림점
② 접선분리점
③ 협착점
④ 끼임점

> **해설** 기계 설비에 의해 형성되는 위험점으로는 ①, ③, ④ 이외에 다음과 같다.
> ㉠ 물림점　㉡ 접선물림점　㉢ 절단점

06 회전축, 커플링에 사용하는 덮개는 다음 중 어떠한 위험점을 방호하기 위한 것인가?

① 회전말림점
② 접선물림점
③ 절단점
④ 협착점

> **해설** 회전축, 커플링에 사용하는 덮개는 회전말림점을 방호하기 위한 것이다.

07 다음 중 기계를 정지 상태에서 점검하여야 할 사항으로 틀린 것은?

① 급유상태
② 이상음과 진동상태
③ 볼트, 너트의 풀림 상태
④ 전동기 개폐기의 이상 유무

> **해설** (1) 기계를 정지 상태에서 점검하여야 할 사항은 ①, ③, ④ 이외에 다음과 같다.
> ㉠ 슬라이드 부분의 이상 유무
> ㉡ 스위치 위치, 구조 상태 및 접지 상태
> ㉢ 힘이 걸린 부분의 흠집, 손상 여부
> (2) ②는 기계를 운전 상태에서 점검하여야 할 사항에 해당된다.

08 일반적으로 기계 설비의 점검 시기를 운전 상태와 정지 상태로 구분할 때 다음 중 운전 중의 점검 사항이 아닌 것은?

① 클러치의 동작 상태
② 베어링의 온도 상승 여부
③ 설비의 이상음과 진동 상태
④ 동력전달부의 볼트, 너트의 풀림 상태

> **해설** (1) ④는 기계설비의 정지 상태에서 점검할 사항에 해당된다.
> (2) 기계설비의 운전 상태에서 점검할 사항은 ①, ②, ③ 이외에 다음과 같다.
> ㉠ 접동부 상태 ㉡ 기어의 교합 상태

09 다음 중 기계 설비의 작업 능률과 안전을 위한 배치(Layout)의 3단계를 올바른 순서대로 나열한 것은?

① 지역배치 → 건물배치 → 기계배치
② 건물배치 → 지역배치 → 기계배치
③ 기계배치 → 건물배치 → 지역배치
④ 지역배치 → 기계배치 → 건물배치

> **해설** **기계설비의 작업 능률과 안전을 위한 배치의 3단계**
> 지역배치 → 건물배치 → 기계배치

10 기계설비의 회전 운동으로 인한 위험을 유발하는 것이 아닌 것은?

① 벨트 　　　② 풀리
③ 가드 　　　④ 플라이휠

> **해설** **회전운동으로 위험을 유발하는 것** : 기어, 축, 벨트, 체인, 스핀들, 풀리, 플라이휠

11 다음 중 작업장 내의 안전을 확보하기 위한 행위로 볼 수 없는 것은?

① 통로의 주요 부분에는 통로표시를 하였다.
② 통로에는 50lux 정도의 조명시설을 하였다.
③ 비상구의 너비는 1.0m로 하고, 높이는 2.0m로 하였다.
④ 통로면으로부터 높이 2m 이내에는 장애물이 없도록 하였다.

> **해설** ② 통로에는 75lux 이상의 조명시설을 해야 한다.

12 다음 중 작업장에 대한 안전 조치 사항으로 틀린 것은?

① 상시 통행을 하는 통로에는 75lux 이상의 채광 또는 조명 시설을 해야 한다.
② 산업안전보건법으로 규정된 위험 물질을 취급하는 작업장에 설치하여야 하는 비상구는 너비 0.75m 이상, 높이 1.5m 이상이어야 한다.
③ 높이가 3m를 초과하는 계단에는 높이 3m 이내마다 너비 90㎝ 이상의 계단참을 설치하여야 한다.
④ 상시 50명 이상의 근로자가 작업하는 옥내 작업장에는 비상시 근로자에게 신속하게 알리기 위한 경보용 설비를 설치하여야 한다.

> **해설** ③의 경우 높이가 3m를 초과하는 계단에는 높이 3m 이내마다 너비 1.2m 이상의 계단참을 설치하여야 한다는 내용이 옳다.

13 기계의 안전 조건 중 외형의 안전화로 가장 적절한 것은?

① 기계의 회전부에 덮개를 설치하였다.
② 강도의 열화를 고려해 안전율을 최대로 설계하였다.
③ 정전 시 오동작을 방지하기 위하여 자동 제어 장치를 설치하였다.
④ 사용 압력 변동 시의 오동작 방지를 위하여 자동 제어 장치를 설치하였다.

> **해설** ②는 구조의 안전화, ③, ④는 기능의 안전화
> **[기계의 안전조건 중 외형의 안전화]**
> ㉠ 방호장치(덮개 등) 설치
> ㉡ 별실 또는 구획된 장소에 격리 설치
> ㉢ 안전 색채 조절

14 기계설비의 이상 시에 기계를 급정지시키거나 안전장치가 작동되도록 하는 소극적인 대책과 전기 회로를 개선하여 오동작을 방지하거나 별도의 완전한 회로에 의해 정상 기능을 찾을 수 있도록 하는 안전화를 무엇이라 하는가?

① 구조적 안전화   ② 보전의 안전화

③ 외관적 안전화   ④ 기능적 안전화

> **해설** 기능적 안전화에 대한 설명이다.

15 기계의 기능적인 면에서 안전을 확보하기 위한 반자동 및 자동제어장치의 경우에는 적극적으로 안전화 대책을 강구하여야 한다. 이때, 2차적 적극적 대책에 속하는 것은?

① 물을 설치한다.

② 급정지 장치를 누른다.

③ 회로를 개선하여 오동작을 방지한다.

④ 연동 장치된 방호장치가 작동되게 한다.

> **해설** 2차적 적극적 대책에 속하는 것은 ③이외 다음과 같다.
> ㉠ Fail Safe   ㉡ 이상 시 기계 설비의 급정지

16 다음 중 자동화 설비를 사용하고자 할 때 기능의 안전화를 위하여 검토할 사항과 가장 거리가 먼 것은?

① 부품 변형에 의한 오동작

② 사용 압력 변동 시의 오동작

③ 전압 강하 및 정전에 따른 오동작

④ 단락 또는 스위치 고장 시의 오동작

> **해설** 기능의 안전화를 위하여 검토할 사항으로는 ②, ③, ④ 외에도 '벨브 계통의 고장 시 오동작'이 있다.

17 페일 세이프(Fail Safe) 기능의 3단계 중 페일 액티브(Fail Active)에 관한 내용으로 옳은 것은?

① 부품고장 시 기계는 경보를 울리나, 짧은 시간 내 운전은 가능하다.

② 부품고장 시 기계는 정지 방향으로 이동한다.

③ 부품고장 시 추후 보수까지는 안전 기능을 유지한다.

④ 부품고장 시 병렬 계통 방식이 작동되어 안전 기능이 유지된다.

> **해설** ①의 내용은 페일 액티브(Fail Active),
> ②의 내용은 페일 패시브(Fail Passive),
> ③의 내용은 페일 오퍼레이셔널(Fail Operational)이다.

18 페일 세이프(Fail Safe) 구조의 기능 면에서 설비 및 기계장치의 일부가 고장이 난 경우 기능의 저하를 가져오더라도 전체 기능은 정지하지 않고 다음 정기점검 시까지 운전이 가능한 방법은?

① Fail Passive   ② Fail Safe

③ Fail Active   ④ Fail Operational

> **해설** 문제는 Fail Operational에 관한 것이다.

19 다음 중 기계 구조 부분의 안전화에 대한 결함에 해당되지 않는 것은?

① 재료의 결함

② 기계 설계의 결함

③ 가공 상의 결함

④ 작업 환경 상의 결함

> **해설** 기계 구조 부분의 안전화에 대한 결함으로는 ①, ②, ③의 세 가지가 있다.

20 기계 설비 안전화를 외형의 안전화, 기능의 안전화, 구조의 안전화로 구분할 때 다음 중 구조의 안전화에 해당하는 것은?

① 가공 중 발생한 예리한 모서리, 버(Burr) 등을 연삭기로 라운딩

② 기계의 오동작을 방지하도록 자동 제어 장치 구성

③ 이상 발생 시 기계를 급정지시킬 수 있도록 동력 차단 장치를 부착하는 조치

④ 열 처리를 통하여 기계의 강도와 인성을 향상

> **해설** 구조의 안전화에 해당하는 것은 ④의 강도와 인성 향상, 적합한 재질 선택, 설계의 안전화 등이 있다.

정답 ▌ 14. ④　15. ③　16. ①　17. ①　18. ④　19. ④　20. ④

21 기계의 안전을 확보하기 위해서는 안전율을 고려하여야 하는데, 다음 중 이에 관한 설명으로 틀린 것은?

① 기초강도와 허용응력과의 비를 안전율이라 한다.

② 안전율 계산에 사용되는 여유율은 연성 재료에 비하여 취성 재료를 크게 잡는다.

③ 안전율은 크면 클수록 안전하므로 안전율이 높은 기계는 우수한 기계라 할 수 있다.

④ 재료의 균질성, 응력 계산의 정확성, 응력의 분포 등 각종 인자를 고려한 경험적 안전율도 사용된다.

해설 ③ 안전율이 높은 기계가 반드시 우수한 기계라고 할 수는 없다.

22 허용응력이 100kgf/mm² 단면적이 2mm²인 강판의 극한 하중이 400kgf이라면 안전율은 얼마인가?

① 2   ② 4

③ 5   ④ 50

해설
$$안전율 = \frac{극한하중}{허용하중}$$
허용하중(P) = 허용응력$(\sigma) \times$ 단면적(A)
$$= 100 \times 2 = 200 kgf$$
$$\therefore \frac{400 kgf}{200 kgf} = 2$$

23 인장 강도가 25kg/mm²인 강판의 안전율이 4라면 이 강판의 허용 응력(kg/mm²)은 얼마인가?

① 4.25   ② 6.25

③ 8.25   ④ 10.25

해설
$$안전율 = \frac{인장강도}{허용응력}$$
$$허용응력 = \frac{인장강도}{안전율}$$
$$\therefore \frac{25}{4} = 6.25 kg/mm^2$$

24 설비에 사용되는 재질의 최대 사용 하중이 100kg이고, 파단 하중이 300kg이라면 안전율은 얼마인가?

① 0.3   ② 1

③ 3   ④ 100

해설
$$안전율 = \frac{파단하중}{최대사용하중} \quad \therefore \frac{300}{100} = 3$$

25 어떤 부재의 사용하중은 200kgf이고, 이의 파괴하중은 400kgf이다. 정격하중을 100kgf로 가정하고 설계한다면 안전율은 얼마인가?

① 0.25   ② 0.5

③ 2   ④ 4

해설
$$안전율 = \frac{파괴하중}{정격하중} \quad \therefore \frac{400}{100} = 4$$

26 단면적이 1,800mm²인 알루미늄 봉의 파괴강도는 70MPa이다. 안전율을 2.0으로 하였을 때 봉에 가해질 수 있는 최대 하중은 얼마인가?

① 6.3kN   ② 126kN

③ 63kN   ④ 12.6kN

해설
$$안전율 = \frac{파괴하중}{최대하중}$$
파괴하중 = 파괴강도 × 단면적 = $70 \times 1,800 = 126,000 N$
$$2 = \frac{126kN}{x}$$
$$\therefore x = 63kN$$

27 다음과 같은 조건에서 원통용기를 제작했을 때 안전성(안전도)이 높은 것부터 순서대로 나열된 것은?

구 분	내 압	인장강도
1	50kgf/cm²	40kgf/cm²
2	60kgf/cm²	50kgf/cm²
3	70kgf/cm²	55kgf/cm²

① 1-2-3   ② 2-3-1

③ 3-1-2   ④ 2-1-3

해설
$$안전도 = \frac{인장강도}{내압}$$
1. $\frac{40}{50} = 0.8$ 2. $\frac{50}{60} = 0.83$ 3. $\frac{55}{70} = 0.79$

따라서, 안전성(안전도)이 높은 순서는 2-1-3이다.

28 다음 중 기계설계 시 사용되는 안전계수를 나타내는 식으로 틀린 것은?

① $\dfrac{허용응력}{기초강도}$ ② $\dfrac{극한강도}{최대설계응력}$

③ $\dfrac{파단하중}{안전하중}$ ④ $\dfrac{파괴하중}{최대사용하중}$

해설 (1) 안전계수를 나타내는 식으로 ①은 거리가 멀다.
(2) 안전계수(안전율)는 재료 자체의 필연성 중에 잠재되어있는 우연성을 감안하여 계산한 산정식이다.

29 안전율을 구하는 방법으로 옳은 것은?

① 안전율 = $\dfrac{허용응력}{기초강도}$ ② 안전율 = $\dfrac{허용응력}{인장강도}$

③ 안전율 = $\dfrac{인장강도}{허용응력}$ ④ 안전율 = $\dfrac{안전하중}{파단하중}$

해설 **안전율을 구하는 방법**

$$안전율 = \dfrac{인장강도}{허용응력} = \dfrac{극한강도}{최대한계능력}$$

$$= \dfrac{파괴하중}{최대사용하중}$$

30 다음 중 기계 설비 안전화의 기본 개념으로서 적절하지 않은 것은?

① Fail Safe의 기능을 갖추도록 한다.
② Fool Proof의 기능을 갖추도록 한다.
③ 안전 상 필요한 장치는 단일 구조로 한다.
④ 안전 기능은 기계 장치에 내장되도록 한다.

해설 기계 설비 안전화의 기본 개념은 ①, ②, ④이고, 이외에도 다음과 같은 것들이 있다.
㉠ 가능한 조작 상 위험이 없도록 한다.
㉡ 인터록의 기능을 가져야 한다.

31 다음 중 가공기계에 주로 쓰이는 풀 프루프(Pool Proof)의 형태가 아닌 것은?

① 금형의 가드
② 사출기의 인터록장치
③ 카메라의 이중촬영방지기구
④ 압력용기의 파열판

해설 ①, ②, ③ 이외 풀 프루프(Pool Proof)에 해당하는 형태로는 다음과 같은 것이 있다.

㉠ 프레스기의 안전블록
㉡ 크레인의 권과 방지 장치

32 기계의 각 작동 부분 상호 간을 전기적, 기구적, 공유압 장치 등으로 연결해서 기계의 각 작동 부분이 정상으로 작동하기 위한 조건이 만족되지 않을 경우 자동으로 그 기계를 작동할 수 없도록 하는 것을 무엇이라 하는가?

① 인터록기구 ② 과부하방지장치
③ 트립기구 ④ 오버런기구

해설 인터록기구를 말하며, 일명 연동 장치라고도 한다.

33 다음 중 위험한 작업점에 대한 격리형 방호장치와 가장 거리가 먼 것은?

① 안정방책
② 덮개형 방호장치
③ 포집형 방호장치
④ 완전차단형 방호장치

해설 위험한 작업점에 대한 격리형 방호장치로는 안전방책, 덮개형 방호장치, 완전차단형 방호장치가 있다.

34 조작자의 신체 부위가 위험 한계 밖에 위치하도록 기계의 조작 장치를 위험 구역에서 일정 거리 이상 떨어지게 하는 방호장치를 무엇이라 하는가?

① 덮개형 방호장치
② 차단형 방호장치
③ 위치제한형 방호장치
④ 접근반응형 방호장치

해설 문제의 내용은 위치 제한형 방호장치로서 프레스기의 양수조작식 방호장치가 이에 해당된다.

35 기계의 원동기, 회전축 및 체인 등 근로자에게 위험을 미칠 우려가 있는 부위에 설치해야 하는 위험방지장치가 아닌 것은?

① 덮개 ② 건널다리
③ 클러치 ④ 슬리브

해설 ①, ②, ④ 이외에 설치해야 하는 위험방지장치로는 울이 있다.

정답 Ⅰ 28. ① 29. ③ 30. ③ 31. ④ 32. ① 33. ③ 34. ③ 35. ③

36 다음 중 접근 반응형 방호장치에 해당하는 것은?

① 손쳐내기식 방호장치
② 광전자식 방호장치
③ 가드식 방호장치
④ 양수조작식 방호장치

> **해설** ① **손쳐내기식, 수인식 방호장치** : 접근거부형 방호장치
> ② **광전자식 방호장치** : 접근반응형 방호장치
> ③ **가드식 방호장치** : 격리형 방호장치
> ④ **양수조작식 방호장치** : 위치제한형 방호장치

37 산업안전보건기준에 관한 규칙에 따라 연삭기(研削機) 또는 평삭기(平削機)의 테이블, 형삭기(形削機) 램 등의 행정 끝이 근로자에게 위험을 미칠 우려가 있는 경우 위험방지를 위해 해당 부위에 설치해야 하는 것은?

① 안전망   ② 급정지장치
③ 방호판   ④ 덮개 또는 울

> **해설** 문제의 내용은 덮개 또는 울에 관한 것이다.

38 산업안전보건법에 따라 선반 등으로부터 돌출하여 회전하고 있는 가공물을 작업할 때 설치하여야 할 방호조치로 가장 적합한 것은?

① 안전난간   ② 울 또는 덮개
③ 방진장치   ④ 건널다리

> **해설** 선반 등으로부터 돌출하여 회전하고 있는 가공물을 작업할 때 설치하여야 할 방호조치로 가장 적합한 것은 울 또는 덮개이다.

39 산업안전보건법령에 따른 원동기·회전축 등의 위험 방지에 관한 사항으로 틀린 것은?

① 사업주는 기계의 원동기, 회전축, 기어, 풀리, 플라이휠, 벨트 및 체인 등 근로자가 위험에 처할 우려가 있는 부위에 덮개·울·슬리브 및 건널다리 등을 설치하여야 한다.
② 사업주는 선반 등으로부터 돌출하여 회전하고 있는 가공물이 근로자에게 위험을 미칠 우려가 있는 경우에 덮개 또는 울 등을 설치하여야 한다.

③ 사업주는 종이·천·비닐 및 와이어로프 등의 감김통 등에 의하여 근로자가 위험해질 우려가 있는 부위에 마개 또는 비상구 등을 설치하여야 한다.
④ 사업주는 근로자가 분쇄기 등의 개구로부터 가동 부분에 접촉함으로써 위해(危害)를 입을 우려가 있는 경우 덮개 또는 울 등을 설치하여야 한다.

> **해설** ③ 사업주는 종이·천·비닐 및 와이어로프 등의 감김통 등에 의하여 근로자가 위험해질 우려가 있는 부위에 덮개 또는 울 등을 설치하여야 한다.

40 다음 중 기계 설비의 수명 곡선에서 나타나는 고장 형태가 아닌 것은?

① 조립고장   ② 초기고장
③ 우발고장   ④ 마모고장

> **해설** ① 조립고장은 기계 설비의 수명 곡선에서 나타나는 고장 형태에 해당되지 않는다.

41 다음 중 욕조형태를 갖는 일반적인 기계 고장 곡선에서의 기본적인 3가지 고장 유형이 아닌 것은?

① 우발고장   ② 피로고장
③ 초기고장   ④ 마모고장

> **해설** 일반적인 기계 고장곡선은 우발고장, 초기고장, 마모고장의 3가지 유형이 있다.

42 다음 중 설비의 일반적인 고장 형태에 있어 마모고장과 가장 거리가 먼 것은?

① 부품, 부재의 마모
② 열화에 생기는 고장
③ 부품, 부재의 반복 피로
④ 순간적 외력에 의한 파손

> **해설** ④는 고장 형태에 있어 우발고장에 해당된다.
>
> $W(\text{총 하중}) = W_1(\text{정하중}) + W_2(\text{동하중})$

Chapter 02 공작기계의 안전

제1절 공작기계의 작업안전

1 선반(Lathe)

선반의 위험성은 고속으로 회전하는 일감에 잘못 접촉하여 작업복이나 끼고 있던 장갑이 말려 들어가 재해를 당하는 일이 많으며 또한 칩이 끊어지지 않고 꼬불꼬불 나오게 되어 작업자의 팔이나 신체의 일부에 심한 부상을 입히는 경우도 있다.

(1) 선반의 종류
① 보통선반
② 정면선반
③ 탁상선반
④ 수직선반
⑤ 터릿선반
⑥ 자동선반

(2) 선반의 방호장치
① 칩 브레이커(Chip Breaker) : 선반에서 절삭가공 시 발생하는 칩을 짧게 끊어지도록 공구에 설치되어 있는 칩 제거기구
  ㉮ 연삭형
  ㉯ 클램프형
  ㉰ 자동조정식
② 브레이크
③ 실드(Shield) : 가공재료의 칩이나 절삭유 등이 비산되어 나오는 위험으로부터 보호하기 위한 것
④ 덮개 또는 울
⑤ 고정 브리지
⑥ 척 커버(척 가드, chuck guard)

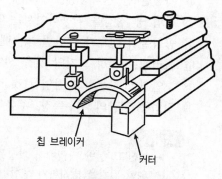

칩 브레이커

커터

〈선반의 방호장치〉

(3) 선반의 구성
주축대, 심압대, 왕복대, 베드 등으로 구성되어 있다.

(4) 선반의 크기 표시
① 최대 가공물의 크기
② 양 센터 사이의 크기
③ 본체 위의 스윙의 크기

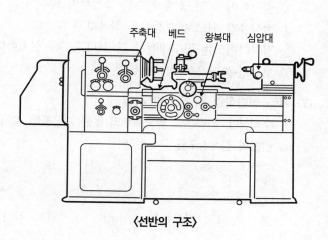

주축대　베드　왕복대　심압대

〈선반의 구조〉

305

(5) 선반작업에 대한 안전수칙

① 회전 중에 가공품을 직접 만지지 않을 것

② 칩(Chip)이나 부스러기를 제거할 때는 반드시 브러시를 사용할 것

③ 베드 위에 공구를 올려놓지 말 것

④ 공작물의 측정은 기계를 정지시킨 후 실시할 것

⑤ 작업 시 공구는 항상 정리해 둘 것

⑥ 운전 중에 백 기어(Back gear)를 사용하지 않을 것

⑦ 시동 전에 심압대가 잘 죄어져 있는가를 확인할 것

⑧ 보링작업이나 암나사를 깎을 때 구멍 안에 손가락을 넣어 소제하지 말 것

⑨ 양 센터 작업을 할 때는 심압센터에 자주 절삭유를 주어 열의 발생을 막을 것

⑩ 칩(Chip)이 비산할 때는 보안경을 쓰고, 방호판을 설치하여 사용할 것

⑪ 일감의 길이가 외경과 비교하여 매우 길 때는 방진구를 사용할 것

⑫ 바이트는 가급적 짧게 설치하여 진동이나 휨을 막으며 바이트를 교환할 때는 기계를 정지시키고 할 것

⑬ 일감의 센터구멍과 센터는 반드시 일치시킬 것

⑭ 가능한 한 절삭방향을 주축대 쪽으로 할 것

⑮ 작업 중 장갑을 착용하여서는 안 될 것

⑯ 공작물의 설치가 끝나면 척, 렌치류는 곧 떼어 놓을 것

⑰ 돌리개는 적정 크기의 것을 선택하고 심압대 스핀들은 가능하면 짧게 나오도록 할 것

⑱ 보안경을 착용하고 작업할 것

⑲ 작업중 일감의 치수측정, 주유 및 청소를 할 때에는 반드시 기계를 정지시키고 할 것

> 💡 **참고**
> ▶ **방진구** : 선반 작업에서 가공물의 길이가 외경에 비하여 과도하게 길 때, 처짐·휨 절삭 사항에 의한 떨림을 방지하기 위한 장치

(6) 원통의 내면을 선반으로 절삭 시 안전상 주의할 점

① 공작물이 회전 중에 치수를 측정하지 않는다.

② 절삭유가 튀므로 면장갑을 착용하지 않는다.

③ 절삭바이트는 공구대에서 짧게 나오도록 설치한다.

④ 보안경을 착용하고 작업한다.

(7) 기타 선반작업 시 중요한 사항

① 수직선반, 터릿선반 등으로부터 돌출 가공물에 설치할 방호장치 : 덮개 또는 울

② 선반의 절삭속도를 구하는 식

$$V = \frac{\pi D N}{1,000}$$

여기서, V : 절삭속도(m/min)　　　D : 직경(mm)　　　N : 회전수(rpm)

예제

▶ 선반으로 작업을 하고자 지름 30mm의 일감을 고정하고, 500rpm으로 회전시켰을 때 표면의 원주 속도는 약 몇 m/s인가?

풀이
$$V = \frac{\pi DN}{1,000} = \frac{3.14 \times 30 \times 500}{1,000}$$
$$\fallingdotseq 47.12\text{m/min}$$
$$\therefore 47.12 \div 60 = 0.785\text{m/s}$$

2 밀링(Milling)머신

밀링작업은 테이블에 고정시킨 일감에 적절한 속도로 커터를 회전시켜 테이블을 이송하여 연속 절삭하는 것으로 기계 취급의 미숙, 공구 및 일감 고정의 잘못으로 뜻하지 않은 재해가 발생되는 경우가 있다.

(1) 밀링머신의 종류

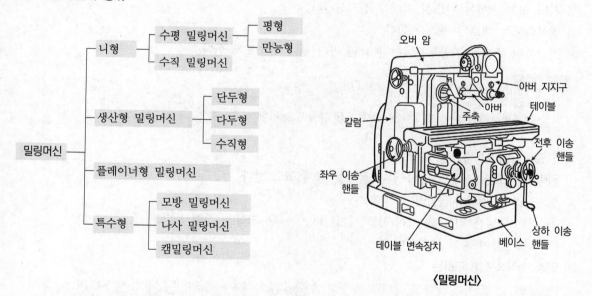

〈밀링머신〉

(2) 밀링머신의 크기 표시

① 테이블면의 크기
② 테이블의 최대이동거리
③ 주축의 중심에서 테이블면가지의 최대거리

(3) 밀링머신 작업의 안전조치

① 테이블 위에 공구나 기타 물건 등을 올려 놓지 않는다.
② 가공 중에 손으로 가공면을 점검하지 않는다.
③ 절삭 중 칩의 제거는 회전이 멈춘 후 반드시 브러시를 사용한다.
④ 강력 절삭을 할 때는 일감을 바이스로부터 깊게 물린다.
⑤ 주유 시 브러시를 이용할 때에는 밀링 커터에 닿지 않도록 한다.
⑥ 기계를 가동 중에 변속시키지 않는다.

⑦ 사용 전에는 기계·기구를 점검하고 시운전 해본다.

⑧ 일감과 공구는 테이블 또는 바이스에 안전하게 고정한다.

⑨ 밀링작업에서 생기는 칩은 가늘고 길기 때문에 비산하여 부상을 입히기 쉬우므로 보안경을 착용하도록 한다.

⑩ 면장갑을 사용하지 않는다.

⑪ 밀링 커터에 작업복의 소매나 기타 옷자락이 걸려 들어가지 않도록 한다.

⑫ 상하 이송장치의 핸들을 사용 후 반드시 빼두어야 한다.

⑬ 제품을 풀어낼 때나 일감을 측정할 때에는 반드시 정지시킨 다음에 한다.

⑭ 밀링커터는 걸레 등으로 감싸 쥐고 다룬다.

⑮ 커터를 끼울 때는 아버를 깨끗이 닦는다.

⑯ 커터는 될 수 있는 한 컬럼에 가깝게 설치한다.

⑰ 급속 이송은 백래시 제거장치가 동작하지 않고 있음을 확인한 다음 행하며 한방향으로만 한다.

⑱ 커터 설치 시에는 반드시 기계를 정지시킨다.

⑲ 절삭속도는 재료에 따라 정한다.

⑳ 절삭유의 주유는 가공부분에서 분리된 커터 위에서 하도록 한다.

> 💡 **참고**
>
> ▶ **밀링 칩**
> 기계절삭에 의하여 발생하는 칩이 가장 가늘고 예리한 것

(4) 기타 밀링작업 시 중요한 사항

① 밀링커터 교환 시 주의사항 : 밑에 목재를 받쳐 놓고 한다.

② 밀링작업 후 커터 취급방법

  ㉮ 커터에 남은 칩을 솔(브러시)로 제거한다.　　㉯ 기름을 칠해 둔다.

  ㉰ 목재상자에 넣어 보관한다.

③ 밀링 절삭속도를 구하는 식

$$V = \frac{\pi DN}{1,000}$$

여기서, V : 절삭속도(m/min)

  D : 커터의 지름(mm)

  N : 회전수(rpm)

(5) 밀링커터의 절삭방향

① 하향절삭(Down Cutting) : 밀링커터의 회전방향과 같은 방향으로 공작물에 이송을 주는 절삭

  ㉮ 커터의 마모가 적다.

  ㉯ 일감의 고정이 간편하다.

  ㉰ 일감의 가공면이 깨끗하다.

  ㉱ 칩이 커터와 공작물 사이에 끼여 절삭을 방해한다.

　　　⑩ 백래시(Back Lash)가 켜지고 공작물이 날에 끌려온다. 따라서 떨림현상이 나타나 커터와 공작물을 손상시킨다.

　　　⑭ 공작물의 설치가 간단하다.

　　　⑮ 밀링커터의 날이 마찰작용을 하지 않으므로 수명이 길다.

　② **상향절삭(Up Cutting)** : 밀링커터의 회전방향과 공작물의 이송방향이 서로 반대인 때의 절삭

　　　⑦ 커터의 마모가 많고 동력이 낭비된다.

　　　⑭ 칩은 커터에 의해 가공된 면에 떨어지므로 절삭을 방해하지 않는다.

　　　⑮ 이송기구의 백래시(Back Lash)가 자연히 제거된다.

　　　㉑ 공작물의 설치를 확실히 해야 한다.

❸ 플레이너 및 셰이퍼

(1) 플레이너(Planer)

공작물을 테이블에 설치하여 왕복시키고 바이트를 이송시켜 공작물의 수평선, 수직면, 경사면, 홈곡면 등을 절삭하는 공작기계로 셰이퍼에서는 가공할 수 없는 대형 공작물을 가공한다.

(2) 플레이너작업 시의 안전대책

　① 반드시 스위치를 끄고, 일감의 고정작업을 할 것

　② 프레임 내의 피트(Pit)에는 뚜껑을 설치할 것

　③ 압판이 수평이 되도록 고정시킬 것

　④ 일감의 고정작업은 균일한 힘을 유지할 것

　⑤ 바이트는 되도록 짧게 나오도록 설치할 것

　⑥ 테이블 위에는 기계작동 중 절대로 올라가지 않을 것

　⑦ 베드 위에 다른 물건을 올려 놓지 않을 것

　⑧ 압판은 죄는 힘에 의해 휘어지지 않도록 충분히 두꺼운 것을 사용할 것

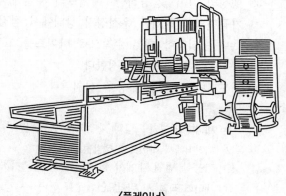

〈플레이너〉

> 💡 **참고**
>
> ▶ **플레이너의 특징**
> 1. 이송운동은 절삭운동의 1왕복에 대하여 1회의 연속운동으로 이루어진다.
> 2. 평면가공을 기준으로 하여 경사면, 홈파기 등의 가공을 할 수 있다.
> 3. 절삭행정과 귀환행정이 있으며, 가공효율을 높이기 위하여 귀환 행정을 빠르게 할 수 있다.
> 4. 플레이너의 크기는 테이블의 최대행정과 절삭할 수 있는 최대폭 및 최대높이로 표시한다.

(3) 셰이퍼(Shaper)

절삭할 때 바이트에 직선 왕복 운동을 주고, 테이블에 가로 방향의 이송을 주어 일감을 깎아 내는 가공 기계로 그 취급 및 일감 고정의 미숙으로 재해를 일으키는 경우가 많다.

(4) 셰이퍼 작업 시의 안전 수칙

① 보안경을 착용한다.

② 가공품을 측정하거나 청소를 할 때는 기계를 정지한다.

③ 램은 필요 이상 긴 행정으로 하지 말고, 일감에 알맞은 행정으로 조정한다.

④ 시동하기 전에 행정조정용 핸들을 빼 놓는다.

⑤ 운전중에 급유를 하지 않는다.

⑥ 시동 전에 기계의 점검 및 주유를 한다.

⑦ 일감가공 중 바이트와 부딪쳐 떨어지는 경우가 있으므로 일감은 견고하게 물린다.

⑧ 바이트는 잘 갈아서 사용할 것이며, 가급적 짧게 고정한다.

⑨ 반드시 재질에 따라 절삭 속도를 정한다.

⑩ 칩이 튀어나오지 않도록 칩받이를 만들어 달거나 칸막이를 한다.

⑪ 운전자가 바이트의 측면방향에 선다.

⑫ 행정의 길이 및 공작물, 바이트의 재질에 따라 절삭 속도를 정한다.

⑬ 가공면의 거칠기는 운전정지 상태에서 점검한다.

⑭ 측면을 절삭할 때는 수직으로 바이트를 고정한다.

⑮ 공작물을 견고하게 고정한다.

⑯ 가드, 방책, 칩받이 등을 설치한다.

> **참고**
>
> 1. **셰이퍼의 크기** : 램의 행정으로 표시한다.
> 2. **셰이퍼에서 바이트 고정방법**
>   가능한 범위 내에서 짧게 고정하고, 날끝은 섕크(shank)의 뒷면과 일직선상에 있게 한다.
> 3. **셰이퍼 작업 시 위험요인**
>   ㉠ 바이트의 이탈   ㉡ 가공 칩의 비산   ㉢ 램 말단부 충돌
> 4. **셰이퍼와 플레이너 방호장치**
>   ㉠ 칩받이   ㉡ 칸막이   ㉢ 방책

4 드릴링 머신

드릴링 머신은 주축 끝에 고정한 드릴에 회전절삭운동을 주고, 동시에 축방향에 이송을 주어서 일감에 구멍을 뚫는 기계이다.

드릴링 머신은 어느 공장이나 설치되어 있으며, 작업 중 드릴 끝에 흔히 말려 들어가 크게 다치는 경우가 많다. 따라서 작업점에는 덮개를 설치하는 것이 안전상 중요한 일이다.

(1) 드릴링 작업의 안전 수칙

① 옷소매가 길거나 찢어진 옷은 입지 않는다.

② 일감은 견고하게 고정시켜야 하며, 손으로 쥐고 구멍을 뚫지 말아야 한다.

③ 장갑의 착용을 금한다.

④ 회전하는 드릴에 걸레 등을 가까이 하지 않는다.

⑤ 얇은 철판이나 동판에 구멍을 뚫을 때 흔들리기 쉬우므로 각목을 밑에 깔고 기구로 고정한다.

⑥ 드릴로 구멍을 뚫을 때 끝까지 뚫린 것을 확인하기 위하여 손을 집어 넣지 말아야 한다.

⑦ 스핀들에서 드릴을 뽑아낼 때에는 드릴 아래에 손을 내밀지 않는다.

⑧ 칩은 와이어브러시로 제거한다.

⑨ 가공 중에 구멍이 관통되면 기계를 멈추고 손으로 돌려서 드릴을 뺀다.

⑩ 쇳가루가 날리기 쉬운 작업은 보안경을 착용한다.

⑪ 작업시작 전 척 렌치(Chuck Wrench)를 반드시 뺀다.

⑫ 자동이송작업 중 기계를 멈추지 말아야 한다.

⑬ 구멍을 뚫을 때는 반드시 작은 구멍을 먼저 뚫은 뒤 큰 구멍을 뚫어야 한다.

⑭ 고정구를 사용하여 작업 시 공작물의 유동을 방지해야 한다.

⑮ 작고 길이가 긴 물건은 바이스로 고정하고 뚫는다.

⑯ 재료의 회전정지 지그를 갖춘다.

⑰ 스위치 등을 이용한 자동급유장치를 구성한다.

⑱ 드릴은 사용 전에 검사한다.

⑲ 작업자는 보안경을 착용한다.

⑳ 구멍 끝 작업에서는 절삭압력을 주어서는 안 된다.

㉑ 바이스 등을 사용하여 작업 중 공작물의 유도를 방지한다.

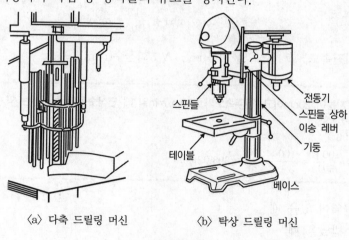

⟨a⟩ 다축 드릴링 머신 ⟨b⟩ 탁상 드릴링 머신

⟨드릴링 머신⟩

(2) 휴대용 동력드릴작업 시 안전사항

① 드릴의 손잡이를 견고하게 잡고 작업하여 드릴 손잡이 부위가 회전하지 않고 확실하게 제어 가능하도록 한다.

② 절삭하기 위하여 구멍에 드릴날을 넣거나 뺄 때 반발에 의하여 손잡이 부분이 튀거나 회전하여 위험을 초래하지 않도록 드릴과 직선으로 유지한다.

③ 드릴을 구멍에 맞추거나 스핀들의 속도를 낮추기 위해서 드릴날을 손으로 잡아서는 안 된다.

참고
1. 드릴로 구멍을 뚫는 작업 중 공작물이 드릴과 함께 회전할 우려가 가장 큰 경우 : 거의 구멍이 뚫렸을 때
2. 드릴링 머신에서 구멍을 뚫는 작업 시 가장 위험한 시점 : 드릴이 공작물을 관통하기 전

5 연삭기(Grinder)

연삭숫돌은 입자, 결합제, 기공의 3요소로 구성되어 있으며, 산화알루미늄(Al_2O_3), 탄화규소(SiC) 등의 작은 숫돌입자를 결합제와 혼합하여 구워서 만든 것이다. 연삭숫돌의 사용속도가 고속으로 되고 숫돌 강도 이상의 큰 힘이 작용하기 때문에 회전 중에 파손되면 그 파편은 빠른 속도로 튀어 부근 작업자나 기계에 충돌하여 큰 재해가 발생한다.

(1) 연삭기의 재해발생 형태
① 숫돌에 인체 접촉
② 연삭분진이 눈에 튀어 들어가는 것
③ 숫돌파괴로 인한 파편의 비래
④ 가공 중 공작물의 반발

(2) 연삭기 숫돌의 파괴원인
① 숫돌의 회전속도가 규정속도를 초과할 때

$$V = \pi DN(\text{mm/min}) = \frac{\pi DN}{1,000}(\text{m/min})$$

여기서, V : 회전속도, D : 숫돌의 지름(mm), N : 회전수(rpm)

예제
▶ 언삭숫돌의 지름이 20cm이고, 원주속도가 250m/min일 때 연삭숫돌의 회전수는 약 얼마인가?

풀이 $V = \frac{\pi DN}{100}$

$\therefore N = \frac{100V}{\pi D} = \frac{100 \times 250}{3.14 \times 20} = 398.08 rpm$

② 숫돌 자체에 균열이 있을 때
③ 외부에 충격을 받았을 때
④ 숫돌의 측면을 사용하여 작업할 때
⑤ 숫돌반경방향의 온도 변화가 심할 때
⑥ 작업에 부적당한 숫돌을 사용할 때
⑦ 숫돌의 치수가 부적당할 때
⑧ 플랜지가 현저히 작을 때
⑨ 숫돌의 불균형이나 베어링 마모에 의한 진동이 있을 때
⑩ 회전력이 결합력보다 클 때

참고

▶ **연삭숫돌 구성의 3요소**
① 입자   ② 기공   ③ 결합체
▶ **플랜지(Flange)**
1. 연삭숫돌은 보통 플랜지에 의해서 연삭기계에 고정되어지며, 숫돌축에 고정되는 측을 고정측 플랜지, 그 반대편을 이동축 플랜지라 한다.
2. 플랜지의 지름 = 숫돌 바깥지름×1/3 이상, 고정측과 이동측의 지름은 같아야 한다.

예제

▶ 연삭기에서 숫돌의 바깥지름이 180mm일 경우 평행 플랜지 지름은 약 몇 mm 이상이어야 하는가?

풀이 평행플랜지의 지름 = 숫돌의 바깥지름 $\times \dfrac{1}{3} = 180 \times \dfrac{1}{3} = 60mm$

예제

▶ 탁상용 연삭기의 평형 플랜지 바깥지름이 150mm일 때, 숫돌의 바깥지름은 몇 mm 이내여야 하는가?

풀이 탁상용 연삭기 숫돌의 바깥지름 = 평형 플랜지 바깥지름×3
∴ 450mm = 150mm×3

(3) 연삭기의 원주 속도

$$V = \frac{\pi D n}{60}$$

여기서, V : 원주속도(m/s), D : 숫돌의 지름(m), n : 회전수(rpm)

(4) 연삭기 구조면에 있어서의 안전 대책

① 구조규격(재료, 치수, 두께)에 적당한 덮개를 설치할 것

참고

▶ 연삭숫돌 직경이 5cm 이상일 경우 해당 부위에 덮개를 설치한다.

② 플랜지는 수명을 잡아서 바르게 설치할 것

참고

▶ 플랜지 안쪽에 종이(라벨)나 고무판을 부착하여 숫돌을 고정시킬 때 종이나 고무판의 두께는 0.5~1mm 정도가 적당하다.

③ 치수나 형상이 구조 규격에 적합한 숫돌을 사용할 것

참고

▶ 숫돌 결합 시 축과는 0.05~0.15mm 정도의 틈새를 두어야 한다.

④ 칩비산방지투명판(Shield), 국소배기장치를 설치할 것

⑤ 탁상용 연삭기는 작업받침대(Work Rest)와 조정편을 설치할 것

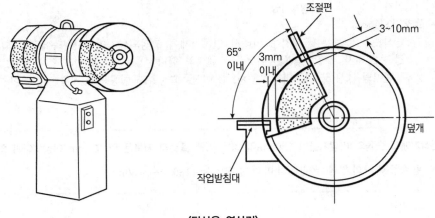

〈탁상용 연삭기〉

(5) 연삭기 덮개의 재료

① 덮개는 인장강도가 28kg/mm² 이상이고, 연신율이 14% 이상인 압연강판을 사용한다.

② 휴대용 연삭기의 덮개 및 밴드형 덮개 이외의 재료는 다음과 같다.

연삭숫돌 최고사용 주속도(m/min)	2,000 이하	3,000 이하	3,000 초과
덮개 재료	주철, 가단주철 또는 주강	가단주철 또는 주강	주강

> 💡 **참고**
> ▶ **압연강판** : 최고 속도에 따라 허용되는 덮개 두께가 달라지는데 동일한 최고 속도에서 가장 얇은 판을 쓸 수 있는 덮개의 재료

(6) 연삭기 방호장치의 설치 방법

덮개의 노출 각도는 스핀들 중심의 정점에서 측정한다.

① 탁상용 연삭기의 덮개

㉮ 덮개의 최대 노출 각도: 90° 이내(원주의 1/4 이내)

〈탁상용 연삭기의 덮개 노출각도〉

㉯ 숫돌 주축에서 수평면 위로 이루는 원주 각도: 65° 이내

㉰ 숫돌의 상부사용을 목적으로 할 경우: 60° 이내

💡 **참고**

1. 탁상용 연삭기에서 플랜지의 직경은 숫돌 직경의 $\frac{1}{3}$ 이상이 적정하다.
2. **일반 연삭 작업 등에 사용하는 것을 목적으로 하는 탁상용 연삭기 덮개의 노출 각도 : 125° 이내**
3. **워크레스트** : 탁상용 연삭기에 사용하는 것으로써 공작물을 연삭할 때 가공물 지지점이 되도록 받쳐 주는 것
4. 탁상용 연삭기의 덮개에는 워크레스트 및 조정편을 구비하여야 하며, 워크레스트는 연삭숫돌과 간격을 3mm 이하로 조절할 수 있는 구조여야 한다.
5. 탁상용 연삭기에서 연삭숫돌의 외주면과 가공물 받침대 사이 거리는 2mm를 초과하지 않아야 한다.

② 원통 연삭기, 만능 연삭기의 덮개 : 덮개의 노출각은 180° 이내로 한다.
③ 휴대용 연삭기, 스윙 연삭기의 덮개 : 덮개의 노출각은 180° 이내로 한다.
④ 평면 연삭기, 절단 연삭기의 덮개 : 덮개의 노출각은 150° 이내로 한다.

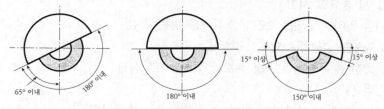

〈연삭기 종류에 따른 덮개의 노출 각도〉

(7) 연삭기 숫돌을 사용하는 작업의 안전 수칙

① 연삭숫돌에 충격을 주지 않도록 한다.
② 연삭숫돌을 사용하는 경우 작업 시작 1분 전 이상 연삭숫돌을 교체한 후에는 3분 이상 시운전을 통해 이상 유무를 확인한다.
③ 연삭숫돌의 최고 사용 회전 속도를 초과하여 사용하여서는 안 된다.
④ 측면을 사용하는 목적으로 하는 연삭숫돌 이외는 측면을 사용해서는 안 된다.
⑤ 회전 중인 연삭숫돌이 근로자에게 위험을 미칠 우려가 있는 경우에 그 부위에 덮개를 설치하여야 한다.

💡 **참고**

▶ **덮개** : 지름 5㎝ 이상을 갖는 회전 중인 연삭숫돌 파괴에 대비하여 필요한 방호장치

(8) 연삭기의 안전 수칙

① 방호장치로 덮개를 설치할 것
② 연삭기의 덮개는 충분한 강도를 가진 것으로 규정된 치수의 것일 것
③ 숫돌 교체 후 3분 정도 시운전을 실시할 것
④ 숫돌의 최고사용회전속도를 초과하여 사용하지 않을 것
⑤ 연삭숫돌은 제조 후 사용 속도의 1.5배로 안전 시험을 할 것
⑥ 연삭숫돌차의 표면은 때때로 드레싱하여 수정하여 줄 것

⑦ 손으로 쥘 수 있는 부분이 30mm 이하인 것은 연삭기로 작업하기 위험하므로 주의할 것

⑧ 숫돌차의 정면에 서지 말고 측면으로 비켜서서 작업할 것

⑨ 숫돌차를 시운전 할 때에는 숫돌의 외관을 검사하고 정해진 사람이 할 것

⑩ 연삭숫돌을 끼우기 전에 가벼운 해머로 가볍게 두들겨 균열이 있는가를 조사할 것(만약 균열이 있다면 탁음이 난다.)

⑪ 축 회전속도(rpm)는 영구히 지워지지 않도록 표시할 것

> **참고**
> ▶ 연삭숫돌의 검사
> 1. **외관검사** : 균열, 플랜지 접촉면 이물질, 변형, 습기, 접착부의 이상 유무 등 검사
> 2. **타음검사** : 목재망치를 사용하며 타음점은 숫돌 수직부로부터 45° 위치로 할 것

(9) 기타 연삭작업 시 중요한 사항

① 숫돌차가 가장 많이 파열되는 순간 : 스위치를 넣는 순간

② 연삭숫돌의 강도를 결정하는 요소 : 결합체

③ 연삭숫돌의 회전 속도 시험 : 규정 속도값의 1.5배로 실시

④ 연삭기의 진동 원인

㉮ 전동기의 베어링이 마모되어 있다. ㉯ 숫돌차의 구멍이 축 지름에 비해 너무 크다.

㉰ 숫돌차의 외주와 구멍이 동심이 아니다. ㉱ 숫돌차의 중심이 맞지 않는다.

㉲ 재질이 균일하지 않다. ㉳ 숫돌의 결합도가 크다.

> **참고**
> ▶ 정상진동
> 회전축이나 베어링 등이 마모 등으로 변형되거나 회전의 불균형에 의하여 발생하는 진동

⑤ 연삭숫돌의 표시법

WA	80	K	5	V	300 × 20 × 100		
↓	↓	↓	↓	↓	↓	↓	↓
입자	입도	결합도	조직	결합체	외경	두께	구멍지름

⑥ **자생작용** : 연삭 과정 중에 입자가 마멸 → 파쇄 → 탈락 → 생성의 과정을 되풀이하여 새로운 입자가 생성되는 것을 말한다.

⑦ 연삭숫돌의 이상현상

㉮ 글레이징(Glazing : 무딤)

　㉠ **정의** : 연삭숫돌에 결합도가 높아 무뎌진 입자가 탈락하지 않아 절삭이 어렵고, 납작하게 된 상태로 일감을 상하게 하거나 표면이 변질되는 현상이다.

　㉡ **발생원인**

　　• 연삭숫돌의 원주 속도가 너무 빠르다.

　　• 연삭숫돌의 결합도가 높다.

　　• 숫돌의 재료가 공작물의 재료에 부적합하다.

　　　ⓒ 로딩(Loading : 눈 메꿈현상)
　　　　　㉠ 정의 : 연삭숫돌의 기공부분이 너무 작거나 연질의 금속을 연마할 때에 숫돌 표면이 공극
　　　　　　의 연삭 칩에 막혀서 연삭이 잘 행하여지지 않는 현상
　　　　　㉡ 발생원인
　　　　　　• 연삭깊이가 너무 깊다.　　　　　　　　• 숫돌차의 원주 속도가 너무 느리다.
　　　　　　• 조직이 너무 치밀하다.　　　　　　　　• 숫돌입자가 너무 미세하다.

　　⑧ 연삭숫돌의 수정
　　　㉮ 트루잉(Truing) : 숫돌의 연삭면을 숫돌과 축에 대하여 일정한 형태 또는 평행으로 성형시켜
　　　　주는 것을 말한다.
　　　㉯ 드레싱(Dressing) : 절삭성이 나빠진 숫돌면에 새롭고 날카로운 입자를 발생시켜 주는 것을 말
　　　　한다.

　　⑨ 입자에 의한 기계 가공 방법의 종류
　　　㉮ 연삭(Grinding)
　　　㉯ 호닝(Honing) : 원통의 내면을 정밀하게 다듬질하는 가공
　　　㉰ 래핑(Lapping) : 미세 입자를 분말 상태로 사용하여 표면을 매끈하게 다듬는 가공
　　　㉱ 슈퍼 피니싱(Super Finishing) : 입도가 작은 숫돌을 공작물에 진동을 주면서 가공면을 단시간
　　　　에 평활한 면으로 다듬는 가공

6 목재가공용 둥근톱기계

(1) 목재가공둥근톱
목재가공용 기계에는 둥근톱기계, 띠톱기계, 동력식 수동대패기계, 모떼기기계 등이 있으며, 이 중
둥근톱기계가 가장 위험성이 높다.

① 둥근톱기계의 방호장치
　　둥근톱기계에 의한 재해는 작업자의 손이 톱날에 접촉되는 경우, 가공재를 톱으로 이송하고 있
　　을 때 톱의 후면날이나 톱 몸통에 의해 가공재가 반발되어 일으키는 경우로 나눌 수 있다. 따라
　　서 목재가공용 둥근톱기계에는 톱날접촉예방장치와 반발예방장치를 설치해야 한다. 톱날접촉예
　　방장치란 일종의 보호 덮개를 의미하고, 반발예방장치는 분할날, 반발방지기구(Finger), 반발방
　　지 롤(Roll)이 여기에 해당된다.

② 방호장치의 설치 방법
　　㉮ 톱날 접촉 예방 장치는 분할날에 대면하고 있는 부분과 가공재를 절단하는 부분 이외의 톱
　　　날은 전부 덮을 수 있는 구조여야 한다.
　　㉯ 반발예방장치는 목재 송급 쪽에 설치하되 목재의 반발을 충분히 방지할 수 있도록 설치되어
　　　야 한다.
　　㉰ 분할날은 톱날로부터 12mm 이상 떨어지지 않게 설치해야 하며, 그 두께는 톱날 두께의
　　　1.1배 이상이고 톱날의 치진 폭보다 작아야 한다.

③ 톱날접촉예방장치의 구조 및 기능

㉮ 고정식 접촉예방장치 : 고정식은 덮개 하단과 테이블 사이의 높이가 25mm 이내로 제한되어 있으므로 가공재는 25mm 이내의 두께를 가진 것으로 한정하여 사용되어야 한다. 또한 덮개 하단과 가공재 상면의 간격 조절나사를 통하여 항상 8mm 이하로 해 두어야만 작업자의 손이 끼일 염려가 적어지게 된다. 고정식 접촉 예방장치는 박판으로 동일 폭다량 절삭용으로 적합하다.

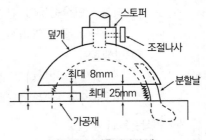

〈고정식 접촉예방장치〉

㉯ 가동식 접촉예방장치 : 가동식은 덮개의 하단이 송급되는 가공재의 상면에 항상 접하는 방식으로 가공재를 절단하고 있지 않을 때는 덮개가 테이블까지 내려가므로 어떠한 경우에도 작업자의 손이 톱날에 접촉되는 것을 방지해 주는 장치이다. 가동식 접촉예방장치는 후판으로 소량 다품종 생산용으로 적합하다.

④ 반발예방장치의 구조 및 기능

㉮ 설치 조건

㉠ 반발예방장치는 경강이나 반경강으로 사용하며, 톱날로부터 2/3 이상에 걸쳐 12mm 이상 떨어지지 않게 톱날의 곡선에 따라 만든다.

㉡ 반발예방장치의 끝부분은 둥글게 하며, 톱날에 인접한 끝은 저항이 적도록 비스듬이 깎는다.

㉢ 탄화 잇날로 된 세트 없는 톱날의 경우에는 반발예방장치의 두께는 톱날과 같게 한다.

㉣ 반발예방장치의 분할날이 대면하는 둥근톱날의 원주면과의 거리는 12mm 이내가 되도록 한다.

- 견고히 고정할 수 있으며 분할날과 톱날 원주면과의 거리는 12mm 이내로 조정·유지할 수 있어야 한다.
- 분할날의 두께는 둥근톱 두께의 1.1배 이상이고, 톱의 치진 폭 이하로 하여야 한다.
- 톱의 직경이 610mm를 넘는 둥근톱에만 사용하는 분할날은 양단 고정식의 현수식으로 해야만 한다.
- 분할날의 재료는 탄소공구강 5종(SK_5)에 상당하는 재질로 한다.

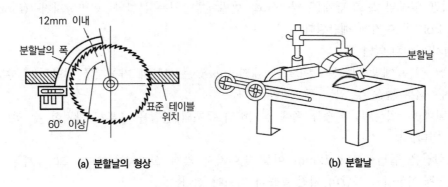

(a) 분할날의 형상   (b) 분할날

〈둥근톱기계의 반발예방장치〉

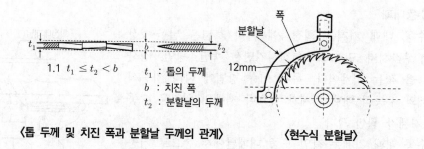

$$1.1 \ t_1 \leq t_2 < b$$

t_1 : 톱의 두께
b : 치진 폭
t_2 : 분할날의 두께

〈톱 두께 및 치진 폭과 분할날 두께의 관계〉　　〈현수식 분할날〉

예제

▶ 목재가공용 둥근톱의 두께가 3mm 일 때, 분할날의 두께는?

풀이 분할날의 두께는 둥근톱 두께의 1.1배 이상으로 하여야 한다.
∴ $3 \times 1.1 = 3.3$㎜ 이상

㉯ 반발방지장치 : 톱의 후면날 가까이에 설치되어 목재의 켜진 틈 사이에 끼어서 쐐기 작용을 하여 목재가 압박을 가하지 않도록 하는 장치

㉰ 반발방지 롤러 : 반발 방지 롤러는 보통 접촉 예방 장치의 본체에 설치되므로 가공재를 충분히 누르는 강도를 가질 필요가 있다. 또한 이 방호장치는 가공재가 톱의 후면날쪽에서 떠오르는 것을 방지하므로 가공재의 상면을 항상 일정한 힘으로 누르고 있어야 한다.

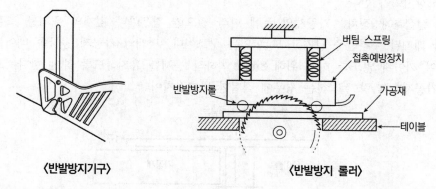

〈반발방지기구〉　　　　　　〈반발방지 롤러〉

⑤ 둥근톱기계의 안전수칙

㉮ 공회전을 시켜 이상 유무를 확인할 것

㉯ 둥근톱기계의 작업대는 작업에 적당한 높이로 조정할 것

㉰ 톱날이 재료보다 너무 높게 솟아나지 않도록 조정할 것

㉱ 둥근톱에는 반드시 반발 예방 장치를 하고, 작업 중에는 이것을 벗기지 말 것

㉲ 작업자는 톱 작업 중에 톱날 회전 방향의 정면에 서지 말 것

㉳ 두께가 얇은 물건의 가공은 압목이나 기타 적당한 도구를 사용할 것

㉴ 보안경, 안전모, 안전화를 착용할 것

㉵ 장갑을 끼고 작업하지 말 것

(2) 동력식 수동대패

동력식 수동 대패 기계는 회전축에 나비가 넓은 날을 2장 또는 4장 부착시켜 고속으로 회전시키면서 측면, 평면, 경사면, 홈 등을 깎는 기계이다. 목재 이송 방법에 따라 자동식 대패 기계와 수동식 대패 기계가 있으나 재해의 위험은 수동식 대패 기계가 훨씬 크다.

동력식 수동 대패 기계는 작업 도중 대패날에서 손으로 가공재를 누르고 있어야 하므로 가공재가 튀어오르거나 소형 가공재의 경우, 회전하는 대패날에 손이 접촉하는 재해를 방지하기 위하여 방호장치로 날 접촉 예방 장치를 설치해야 하며, 종류로는 고정식과 가동식이 있다.

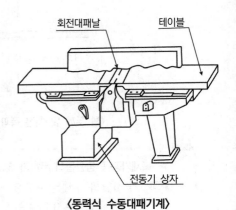

〈동력식 수동대패기계〉

① 방호장치의 설치 방법

   ㉮ 날접촉예방방지의 덮개는 가공재를 절삭하고 있는 부분 이외의 날부분은 완전히 덮을 수 있는 구조이어야 한다.

   ㉯ 날접촉예방 장치를 고정시키는 볼트나 핀 등은 견고하게 부착되어 있어야 한다.

   ㉰ 다수의 가공재를 절삭 폭이 일정하게 절삭하는 경우 이외에 사용하는 것은 가동식 칼날접촉예방장치여야 한다.

② 고정식 날접촉예방장치 : 가공재의 폭에 따라 필요한 경우마다 덮개의 위치를 조절하여 절삭에 필요한 대패날 부분만을 남기고 모두 덮는 구조이다. 덮개와 가공재 송급쪽 테이블면과의 사이는 손이 끼이지 않도록 하기 위해 8mm 이하의 틈새를 유지하도록 해야 한다. 고정식은 동일 폭의 가공재를 다량 절삭하는 경우에 적합한 방호장치이다.

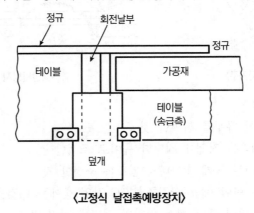

〈고정식 날접촉예방장치〉

③ 가동식 날접촉예방장치 : 가공재의 절삭에 필요하지 않은 부분은 자동적으로 덮을 수 있는 구조의 방호장치이다.

   덮개 하단과 가공재를 송급하는 측의 테이블 면과의 틈새가 8mm 이하가 되어야만 작업자의 손이 끼이지 않게 되는 것이다. 가동식은 소량 다품종 생산의 경우에 적합하고, 소폭이고 짧은 것의 가공재를 절삭 시에는 말기 막대를 이용하면 위험을 방지할 수 있다.

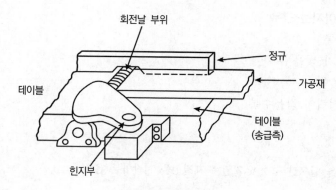

〈가동식 날접촉예방장치〉

④ 기타 목공기계와 관련된 중요한 사항

㉮ 기계대패 작업 시 가장 위험한 때 : 작업이 거의 끝날 때

㉯ 목공작업 시 목공날의 방향 : 작업자와 반대 방향이 안전

㉰ 모떼기계의 방호장치 : 날접촉 예방 장치

㉱ 둥근톱기계나 띠톱기계의 방호판 높이 : 1.2m 이상

㉲ 목재가공용 기계의 종류 : 4각 기계끌, 목공선반, 띠톱, 샌더, 둥근톱 등

㉳ 작업 도중 안전 상, 특히 옆에 서 있어서는 안 되는 기계 : 띠톱기계

7 소성가공 기계

(1) 소성가공 기계

① 단조용 공구 및 기계

㉮ 단조용 공구 : 엔빌, 정반, 이형공대, 집게, 정, 해머, 다듬개 등

㉯ 단조용 기계 : 에어해머, 스프링해머, 증기해머, 드롭해머, 수압프레스 등

② 압연기계 : 열간압연기, 냉간압연기 등

(2) 소성가공

재료에 소성변형을 발생시켜 목적하는 형상치수로 절단 또는 성형하는 것을 말한다.

① 열간가공 : 재결정 온도 이상에서 작업하는 가공

② 냉간가공 : 재결정 온도 이하에서 작업하는 가공

(3) 가공경화

탄성한계 이상의 응력을 주어 소성변형을 일으키면 가공하기 전의 원재료보다 더욱더 강하게 되는 현상을 말한다.

(4) 재결정

경화된 금속을 가열하면 연화되기 전에 먼저 내부응력이 제거되어 회복되고, 더욱 가열하면 점차 내부응력이 없는 새로운 결정력이 경계에 나타나는 현상을 말한다.

(5) 재결정 온도가 낮아지는 경우

① 가공도가 클수록

② 변형전의 온도가 낮을수록

③ 금속의 순도가 높을수록

④ 변형 전의 결정립이 작을수록

> **참고**
>
> ▶ **재결정 온도**
>
> 소성 변형을 일으킨 결정이 가열로 재결성을 시작하는 온도

(6) 소성가공의 종류

① 압연 : 회전하는 롤러 사이에 재료를 넣어 소정의 제품을 완성하는 가공

② 압출 : 재료를 실린더 모양의 컨테이너에 넣은 뒤, 한쪽에서 압력을 가하여 완성하는 가공

③ 인발 : 재료를 다이에 통과시키고, 축방향으로 인발하면서 제품을 완성하는 가공

④ 전조 : 가공물 또는 공구를 회전시켜 나사나 기어 등을 소성가공하는 방법

⑤ 단조 : 재료를 해머나 기계로 두들겨서 성형하는 가공

⑥ 프레스가공 : 판재를 금형 틀에 의하여 소정의 형태로 완성하는 가공

※ **단조작업 시 업세팅** : 소재를 축방향으로 압축하여 단면을 크게 하고, 길이를 짧게 하는 가공

> **참고**
>
> ▶ **크리프(Creep)**
>
> 한계하중 이하의 하중이라도 고온조건에서 일정 하중을 지속적으로 가하며 시간의 경과에 따라 변형이 증가하고 결국은 파괴에 이르게 되는 현상

01 다음 중 선반의 방호장치로 적당하지 않은 것은?

① 쉴드(shield)
② 슬라이딩(Sliding)
③ 척 커버(Chuck Cover)
④ 칩 브레이커(Chip Breaker)

> 해설 선반의 방호장치로는 ①, ③, ④ 외에도 다음과 같다.
> ㉠ 브레이크   ㉡ 덮개 또는 울
> ㉢ 고정 브리지

02 다음 중 선반에서 절삭가공 시 발생하는 칩을 짧게 끊어지도록 공구에 설치되어 있는 방호장치의 일종인 칩 제거기구를 무엇이라 하는가?

① 칩 브레이크   ② 칩받침
③ 칩 쉴드   ④ 칩 커터

> 해설 **칩 브레이크** : 선반에서 절삭가공 시 발생하는 칩을 짧게 끊어지도록 공구에 설치되어 있는 방호장치의 일종인 칩 제거기구

03 다음 중 선반에서 작용하는 칩 브레이커(Chip Breaker)의 종류에 속하지 않는 것은?

① 연삭형   ② 클램프형
③ 쐐기형   ④ 자동조정식

> 해설 **선반에서 작용하는 칩 브레이커의 종류**
> ㉠ 연삭형   ㉡ 클램프형
> ㉢ 자동조정식

04 다음 중 선반작업 시 준수하여야 하는 안전사항으로 틀린 것은?

① 작업 중 장갑착용을 금한다.
② 작업 시 공구는 항상 정리해 둔다.
③ 운전 중에 백 기어(back gear)를 사용한다.
④ 주유 및 청소를 할 때에는 반드시 기계를 정지시키고 한다.

> 해설 ③ 운전 중에 백 기어(back gear)를 사용하지 않는다.

05 다음 중 선반작업의 안전수칙을 설명한 것으로 옳지 않은 것은?

① 운전 중에는 백 기어(back gear)를 사용하지 않는다.
② 센터작업 시 심압센터에 절삭유를 자주준다.
③ 일감의 치수 측정, 주유 및 청소 시에는 기계를 정지시켜야 한다.
④ 가공 중 발생하는 절삭칩에 의한 상해를 방지하기 위하여 면장갑을 착용한다.

> 해설 ④ 가공 중 발생하는 절삭칩에 의한 상해를 방지하기 위하여 면장갑을 착용하지 않는다.

06 선반작업의 안전수칙으로 적합하지 않은 것은 어느 것인가?

① 작업 중 장갑을 착용하여서는 안 된다.
② 공작물의 측정은 기계를 정지시킨 후 실시한다.
③ 사용 중인 공구는 선반의 베드 위에 올려 놓는다.
④ 가공물의 길이가 지름의 12배 이상이면 방진구를 사용한다.

> 해설 ③의 경우, 사용 중인 공구는 선반의 베드 위에 올려 놓지 않는다는 내용이 옳다.

07 선반작업에서 가공물의 길이가 외경에 비하여 과도하게 길 때, 절삭저항에 의한 떨림을 방지하기 위한 장치는?

① 센터   ② 방진구
③ 돌리개   ④ 심봉

> 해설 문제의 내용은 방진구에 관한 것이다.

08 선반작업 시 주의사항으로 틀린 것은?

① 회전 중에 가공품을 직접 만지지 않는다.

② 공작물의 설치가 끝나면 척에서 렌치류는 곧바로 제거한다.

③ 칩(Chip)이 비산할 때는 보안경을 쓰고, 방호판을 설치하여 사용한다.

④ 돌리개는 적정 크기의 것을 선택하고, 심 압대 스핀들은 가능하면 길게 나오도록 한다.

> **해설** ④ 돌리개는 적정 크기의 것을 선택하고, 심압대 스핀 들은 가능하면 짧게 나오도록 한다.

09 원통의 내면을 선반으로 절삭 시 안전상 주의할 점으로 옳은 것은?

① 공작물이 회전 중에 치수를 측정한다.

② 절삭유가 튀므로 면장갑을 착용한다.

③ 절삭 바이트는 공구대에서 길게 나오도록 설치한다.

④ 보안경을 착용하고 작업한다.

> **해설** ① 측정한다. → 측정하지 않는다.
> ② 착용한다. → 착용하지 않는다.
> ③ 길게 나오도록 → 짧게 나오도록

10 선반으로 작업을 하고자 지름 30mm의 일감을 고정하고, 500rpm으로 회전시켰을 때 일감 표면의 원주속도는 약 몇 m/s인가?

① 0.628

② 0.785

③ 23.56

④ 47.12

> **해설** $V = \dfrac{\pi DN}{1,000} = \dfrac{3.14 \times 30 \times 500}{1,000} = 47.12 \text{m/min}$
> ∴ 47.12 ÷ 60 = 0.785m/s

11 다음 중 밀링작업에 대한 안전조치사항으로 옳지 않은 것은?

① 급속 이송은 한 방향으로만 한다.

② 커터는 될 수 있는 한 칼럼에 가깝게 설치한다.

③ 백래시(back lash) 제거장치는 급속이송 시 작동한다.

④ 이송장치의 핸들은 사용 후 반드시 빼두어야 한다.

> **해설** ③의 내용은 밀링작업에 대한 안전조치사항과는 거리 가 멀다.

12 다음 중 밀링머신작업의 안전수칙으로 적절하지 않은 것은?

① 강력절삭을 할 때는 일감을 바이스로부터 길게 물린다.

② 일감을 측정할 때에는 반드시 정지시킨 다음에 한다.

③ 상하 이송장치의 핸들을 사용후 반드시 빼두어야 한다.

④ 커터는 될 수 있는 한 칼럼에 가깝게 설치한다.

> **해설** ① 밀링머신작업 시 강력절삭을 할 때는 일감을 바이 스로부터 짧게 물린다.

13 다음 중 밀링작업의 안전사항으로 적절하지 않은 것은?

① 측정 시에는 반드시 기계를 정지시킨다.

② 절삭 중의 칩 제거는 칩 브레이커로 한다.

③ 일감을 풀어내거나 고정할 때에는 기계를 정지시킨다.

④ 상하 이송장치의 핸들을 사용 후 반드시 빼 두어야한다.

> **해설** ② 절삭 후의 칩 제거는 칩 브러시로 한다.

14 밀링가공 시 안전한 작업방법이 아닌 것은?

① 면장갑은 사용하지 않는다.

② 칩 제거는 회전 중 청소용 솔로 한다.

③ 커터 설치 시에는 반드시 기계를 정지시킨다.

④ 일감은 테이블 또는 바이스에 안전하게 고정한다.

> **해설** ②의 경우 칩 제거는 회전이 멈춘 후 청소용 솔로 한다.

15 다음 중 일반적으로 기계절삭에 의하여 발생하는 칩이 가장 가늘고 예리한 것은?

① 밀링
② 셰이퍼
③ 드릴
④ 플레이너

> **해설** 일반적으로 기계절삭에 의하여 발생하는 칩이 가장 가늘고 예리한 것은 ①의 밀링이다.

16 다음 중 밀링작업 시 하향절삭의 장점에 해당되지 않는 것은?

① 일감의 고정이 간편하다.
② 일감의 가공면이 깨끗하다.
③ 이송기구의 백래시(Backlash)가 자연히 제거된다.
④ 밀링커터의 날이 마찰작용을 하지 않으므로 수명이 길다.

> **해설** ③ 밀링작업 시 상향절삭의 장점에 해당된다.

17 다음 중 플레이너작업 시의 안전대책으로 거리가 먼 것은?

① 베드 위에 다른 물건을 올려놓지 않는다.
② 바이트는 되도록 짧게 나오도록 설치한다.
③ 프레임 내의 피트(pit)에는 뚜껑을 설치한다.
④ 칩 브레이커를 사용하여 칩이 길게 되도록 한다.

> **해설** ④ 선반작업 시의 안전대책

18 다음 중 플레이너(Planer)에 관한 설명으로 틀린 것은?

① 이송운동은 절삭운동의 1왕복에 대하여 2회의 연속운동으로 이루어진다.
② 평면가공을 기준으로 하여 경사면, 홈파기 등의 가공을 할 수 있다.

③ 절삭행정과 귀환행정이 있으며, 가공효율을 높이기 위하여 귀환행정을 빠르게 할 수 있다.
④ 플레이너의 크기는 테이블의 최대행정과 절삭할 수 있는 최대폭 및 최대높이로 표시한다.

> **해설** ① 이송운동은 절삭운동의 1왕복에 대하여 1회의 연속운동으로 이루어진다.

19 다음 중 셰이퍼와 플레이너(Planer)의 방호장치가 아닌 것은?

① 방책
② 칩받이
③ 칸막이
④ 칩 브레이크

> **해설** ④ 칩 브레이크는 선반의 방호장치에 해당된다.

20 다음 중 셰이퍼의 작업 시 안전수칙으로 틀린 것은?

① 바이트를 짧게 고정한다.
② 공작물을 견고하게 고정한다.
③ 가드, 방책, 칩받이 등을 설치한다.
④ 운전자가 바이트의 운동방향에 선다.

> **해설** ④ 운전자가 바이트의 측면방향에 선다.

21 다음 중 셰이퍼에 의한 연강 평면절삭 작업 시 안전대책으로 적절하지 않은 것은?

① 공작물은 견고하게 고정하여야 한다.
② 바이트는 가급적 짧게 물리도록 한다.
③ 가공 중 가공면의 상태는 손으로 점검한다.
④ 작업 중에는 바이트의 운동방향에 서지 않도록 한다.

> **해설** ③ 가공 중 가공면의 상태를 손으로 점검하지 않는다.

22 다음 중 셰이퍼(Shaper)에 관한 설명으로 틀린 것은?

① 바이트는 가능한 짧게 물린다.
② 셰이퍼의 크기는 램의 행정으로 표시한다.
③ 작업 중 바이트가 운동하는 방향에 서지 않는다.
④ 각도 가공을 위해 헤드를 회전시킬 때는 최대행정으로 가동시킨다.

> **해설** ①, ②, ③ 이외에 셰이퍼에 관한 사항은 다음과 같다.
> ㉠ 행정의 길이 및 공작물, 바이트의 재질에 따라 절삭속도를 정할 것
> ㉡ 시동하기 전에 행정조정용 핸들을 빼놓을 것
> ㉢ 램은 필요 이상 긴 행정으로 하지 말고, 일감에 맞는 행정용으로 조정할 것

23 다음 중 셰이퍼(Shaper)의 크기를 표시하는 것은?

① 래의 행정
② 새들의 크기
③ 테이블의 면적
④ 바이트의 최대크기

> **해설** 셰이퍼(Shaper)의 크기는 램의 행정으로 표시한다.

24 다음 중 드릴작업의 안전수칙으로 가장 적합한 것은?

① 손을 보호하기 위하여 장갑을 착용한다.
② 작은 일감은 양손으로 견고히 잡고 작업한다.
③ 정확한 작업을 위하여 구멍에 손을 넣어 확인한다.
④ 작업시작 전 척 렌치(Chuck Wrench)를 반드시 뺀다.

> **해설** ① 장갑을 착용한다. → 장갑을 착용하지않는다.
> ② 양손으로 견고히 잡고 → 바이스로 고정하고
> ③ 손을 넣어 확인한다. → 손을 넣지 않고 확인한다.

25 다음 중 드릴작업 시 안전수칙으로 적절하지 않은 것은?

① 장갑의 착용을 금한다.
② 드릴은 사용 전에 검사한다.
③ 작업자는 보안경을 착용한다.
④ 드릴의 이송은 최대한 신속하게 한다.

> **해설** ④는 드릴 작업시 안전수칙과는 거리가 멀다.

26 다음 중 드릴작업 시 안전수칙으로 적절하지 않은 것은?

① 재료의 회전정지 지그를 갖춘다.
② 드릴링 잭에 렌치를 끼우고 작업한다.
③ 옷소매가 긴 작업복은 착용하지 않는다.
④ 스위치 등을 이용한 자동급유장치를 구성한다.

> **해설** ② 드릴링 잭에 렌치를 끼우고 작업하지 않는다.

27 다음 중 드릴작업의 안전사항이 아닌 것은?

① 옷소매가 길거나 찢어진 옷은 입지 않는다.
② 회전하는 드릴에 걸레 등을 가까이하지 않는다.
③ 작고 길이가 긴 물건은 플라이어로 잡고 뚫는다.
④ 스핀들에서 드릴을 뽑아낼 때에는 드릴 아래에 손을 내밀지 않는다.

> **해설** ③ 작고 길이가 긴 물건은 바이스로 고정하고 뚫는다.

28 다음 중 드릴링작업에 있어서 공작물을 고정하는 방법으로 가장 적절하지 않은 것은?

① 작은 공작물은 바이스로 고정한다.
② 작고 길쭉한 공작물은 플라이어로 고정한다.
③ 대량생산과 정밀도를 요구할 때는 지그로 고정한다.
④ 공작물이 크고 복잡할 때는 볼트와 고정구로 고정한다.

> **해설** 드릴링작업 시 작고 길쭉한 공작물은 바이스로 고정하는 것이 옳다.

29 다음 중 휴대용 동력 드릴작업 시 안전사항에 관한 설명으로 틀린 것은?

① 드릴의 손잡이를 견고하게 잡고 작업하여 드릴 손잡이 부위가 회전하지 않고 확실하게 제어 가능하도록 한다.

② 절삭하기 위하여 구멍에 드릴날을 넣거나 뺄 때 반발에 의하여 손잡이 부분이 튀거나 회전하여 위험을 초래하지 않도록 팔을 드릴과 직선으로 유지한다.

③ 드릴이나 리머를 고정시키거나 제거하고자 할 때 금속성 망치 등을 사용하여 확실히 고정 또는 제거한다.

④ 드릴을 구멍에 맞추거나 스핀들의 속도를 낮추기 위해서 드릴날을 손으로 잡아서는 안 된다.

> **해설** 동력 드릴작업 시 드릴이나 리머를 고정시키거나 제거 하고자 하는 때에는 금속성 망치 등을 사용하여서는 아니 된다.

30 다음 중 드릴작업 시 가장 안전한 행동에 해당하는 것은?

① 장갑을 끼고 작업한다.

② 작업 중에 브러시로 칩을 털어낸다.

③ 작은 구멍을 뚫고 큰 구멍을 뚫는다.

④ 드릴을 먼저 회전시키고 공작물을 고정한다.

> **해설** 드릴작업 시 안전한 행동은 작은 구멍을 뚫은 후 큰 구멍을 뚫는 것이다.

31 드릴머신에서 얇은 철판이나 동판에 구멍을 뚫을 때 올바른 작업방법은?

① 테이블에 고정한다.

② 클램프로 고정한다.

③ 드릴 바이스에 고정한다.

④ 각목을 밑에 깔고 기구로 고정한다.

> **해설** 드릴머신에서 얇은 철판이나 동판에 구멍을 뚫을 때 는 각목을 밑에 깔고 기구로 고정을 하는 것이 올바른 작업방법이다.

32 드릴로 구멍을 뚫는 작업 중 공작물이 드릴과 함께 회전할 우려가 가장 큰 경우는?

① 처음 구멍을 뚫을 때

② 중간쯤 뚫렸을 때

③ 거의 구멍이 뚫렸을 때

④ 구멍이 완전히 뚫렸을 때

> **해설** 공작물이 드릴과 함께 회전할 우려가 가장 큰 경우는 거의 구멍이 뚫렸을 때이다.

33 다음 중 드릴링 머신(Drilling Machine)에서 구멍을 뚫는 작업 시 가장 위험한 시점은?

① 드릴작업의 끝

② 드릴작업의 처음

③ 드릴이 공작물을 관통한 후

④ 드릴이 공작물을 관통하기 전

> **해설** 드릴링 머신에서 구멍을 뚫는 작업 시 가장 위험한 시점은 드릴이 공작물을 관통하기 전이다.

34 다음 중 연삭숫돌의 지름이 20cm이고, 원주 속도가 250m/min일 때 연삭숫돌의 회전수는 약 얼마인가?

① 397.89rpm ② 403.25rpm

③ 393.12rpm ④ 406.80rpm

> **해설** $V = \dfrac{\pi D N}{100}$ 이므로
>
> $\therefore N = \dfrac{100\,V}{\pi D} = \dfrac{100 \times 250}{3.14 \times 20} ≒ 398.08\text{rpm}$

35 회전수가 300rpm, 연삭숫돌의 지름이 200mm일 때 숫돌의 원주속도는 몇 m/min인가?

① 60.0 ② 94.2

③ 150.0 ④ 188.5

> **해설** $V = \dfrac{\pi D N}{1,000}$
>
> 여기서, V : 원주속도(m/min)
>
> D : 연삭숫돌의 지름(mm)
>
> N : 회전수(rpm)
>
> $\therefore V = \dfrac{\pi \times 200 \times 300}{1,000} ≒ 188.5\text{m/min}$

36 다음 중 연삭숫돌 구성의 3요소가 아닌 것은?

① 조직　　　　　② 입자
③ 기공　　　　　④ 결합체

> **해설**
> **연삭숫돌 구성의 3요소**
> ㉠ 입자　　　㉡ 기공　　　㉢ 결합체

37 다음 중 연삭숫돌의 파괴원인과 가장 거리가 먼 것은?

① 외부의 충격을 받았을 때
② 플랜지가 현저히 작을 때
③ 회전력이 결합력보다 클 때
④ 내·외면의 플랜지 지름이 동일할 때

> **해설**
> ①, ②, ③ 이외에 연삭숫돌의 파괴원인은 다음과 같다.
> ㉠ 숫돌의 회전속도가 적정속도를 초과할 때
> ㉡ 숫돌 반경방향의 온도변화가 심할 때
> ㉢ 숫돌의 치수가 부적당할 때
> ㉣ 숫돌의 측면을 사용하여 작업할 때
> ㉤ 작업에 부적당한 숫돌을 사용할 때
> ㉥ 숫돌의 불균형이나 베어링 마모에 의한 진동이 있을 때

38 다음 중 상부를 사용할 것을 목적으로 하는 탁상용 연삭기 덮개의 노출각도로 옳은 것은?

① 180° 이상　　　② 120° 이내
③ 60° 이내　　　　④ 15° 이내

> **해설**
> 상부를 사용할 것을 목적으로 하는 탁상용 연삭기 덮개의 노출각도는 60° 이내이다.

39 일반 연삭작업 등에 사용하는 것을 목적으로 하는 탁상용 연삭기의 덮개 각도에 있어 숫돌이 노출되는 전체 범위의 각도 기준으로 옳은 것은?

① 65° 이상　　　② 75° 이상
③ 125° 이내　　　④ 150° 이내

> **해설**
> 탁상용 연삭기의 덮개 각도에 있어 숫돌이 노출되는 전체 범위의 각도 기준은 125° 이내이다.

40 다음과 같은 연삭기 덮개의 용도로 가장 적절한 것은?

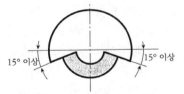

① 원통, 연삭기, 센터리스 연삭기
② 휴대용 연삭기, 스윙 연삭기
③ 공구 연삭기, 만능 연삭기
④ 평면 연삭기, 절단 연삭기

> **해설**
> 문제의 그림에 따른 연삭기 덮개의 용도로 적절한 것은 평면 연삭기, 절단 연삭기이다.

41 연삭기에서 숫돌의 바깥지름이 180mm라면, 플랜지의 바깥지름은 몇 mm 이상이어야 하는가?

① 30　　　　　② 36
③ 45　　　　　④ 60

> **해설**
> 플랜지의 바깥지름은 숫돌 바깥지름의 $\frac{1}{3}$ 이상이어야 한다.
> $\therefore 180 \times \frac{1}{3} = 60mm$

42 탁상용 연삭기에서 일반적으로 플랜지의 직경은 숫돌 직경의 얼마 이상이 적정한가?

① $\frac{1}{2}$　　　　　② $\frac{1}{3}$
③ $\frac{1}{5}$　　　　　④ $\frac{1}{10}$

> **해설**
> 탁상용 연삭기에서 플랜지의 직경은 숫돌 직경의 $\frac{1}{3}$ 이상이 적당하다.

43 다음 중 탁상용 연삭기에 사용하는 것으롯 공작물을 연삭할 때 가공물 지지점이 되도록 받쳐주는 것을 무엇이라 하는가?

① 주판　　　　　② 측판
③ 심압대　　　　④ 워크레스트

> **해설**
> 워크레스트는 작업받침대라고도 한다.

44 다음 중 연삭작업에 관한 설명으로 옳은 것은?

① 일반적으로 연삭숫돌은 정면, 측면 모두를 사용할 수 있다.

② 평형 플랜지의 직경은 설치하는 숫돌 직경의 20% 이상의 것으로 숫돌바퀴에 균일하게 밀착시킨다.

③ 연삭숫돌을 사용하는 작업의 경우 작업시작 전과 연삭숫돌을 교체 후에는 1분 이상 시험운전을 실시한다.

④ 탁상용 연삭기의 덮개는 워크레스트 및 조정편을 구비하여야 하며, 워크레스트는 연삭숫돌과의 간격을 3mm 이하로 조절할 수 있는 구조이어야 한다.

해설 탁상용 연삭기의 워크레스트는 연삭숫돌과의 간격을 3mm 이하로 조절할 수 있는 구조이어야 한다.

45 다음 중 연삭기의 안전기준으로 틀린 것은?

① 회전 중인 연삭숫돌의 직경이 5cm 이상인 경우에는 덮개를 설치해야 한다.

② 새로운 연삭숫돌은 숫돌에 표시된 것 보다 높은 회전속도(rpm)로 작동시키지 않는다.

③ 탁상용 연삭기에서 워크레스트는 연삭숫돌과의 간격을 5mm 이상으로 조정할 수 있는 구조이어야 한다.

④ 숫돌에 대해 최대작동속도는 m/s로 표시되는 원주속도, rpm으로 표시되는 회전속도 두 가지 방식으로 표시된다.

해설 ③의 경우 탁상용 연삭기에서 워크레스트(조정편)는 연삭숫돌과의 간격을 5mm 이하로 조정할 수 있는 구조이어야 한다는 내용이 옳다.

46 다음 중 연삭숫돌의 이상 유무를 확인하기 위한 시운전 시간으로 가장 적절한 것은?

① 작업시작 전 3분 이상, 연삭숫돌 교체 후 1분 이상

② 작업시작 전 30초 이상, 연삭숫돌 교체 후 1분 이상

③ 작업시작 전 1분 이상, 연삭숫돌 교체 후 3분 이상

④ 작업시작 전 1분 이상, 연삭숫돌 교체 후 1분 이상

해설 연삭숫돌의 이상 유무를 확인하기 위한 시운전 시간은 작업시작 전 1분 이상, 연삭숫돌 교체 후 3분 이상이다.

47 산업안전보건법상 회전 중인 연삭숫돌 직경이 최소 얼마 이상인 경우로서 근로자에게 위험을 미칠 우려가 있는 경우 해당 부위에 덮개를 설치하여야 하는가?

① 3cm 이상　　② 5cm 이상

③ 10cm 이상　　④ 20cm 이상

해설 연삭숫돌 직경이 최소 5cm 이상일 경우 해당 부위에 덮개를 설치하여야 한다.

48 연삭숫돌의 기공 부분이 너무 작거나 연질의 금속을 연마할 때에 숫돌표면의 공극이 연삭칩에 막혀서 연삭이 잘 행하여지지 않는 현상을 무엇이라 하는가?

① 자생현상　　② 드레싱현상

③ 그레이징현상　　④ 눈 메꿈현상

해설 눈 메꿈현상(Loading, 로딩)의 발생원인은 연삭깊이가 깊고, 원주속도가 너무 느리며, 조직이 너무 치밀하고, 숫돌입자가 너무 미세할 때이다.

49 산업안전보건법령에 따라 목재가공용 기계에 설치하여야 하는 방호장치의 내용으로 틀린 것은?

① 목재가공용 둥근톱기계에는 분할날 등 반발예방장치를 설치하여야 한다.

② 목재가공용 둥근톱기계에는 톱날접촉예방장치를 설치하여야 한다.

③ 모떼기기계에는 가공 중 목재의 회전을 방지하는 회전방지장치를 설치하여야 한다.

④ 작업대상물이 수동으로 공급되는 동력식 수동 대패기계에 날접촉예방장치를 설치하여야 한다.

해설 ③ 모떼기기계에는 날접촉예방장치를 설치하여야 한다.

정답 ┃ 44. ④　45. ③　46. ③　47. ②　48. ④　49. ③

50 다음 중 목재가공용 둥근톱기계에서 분할날의 설치에 관한 사항으로 옳지 않은 것은?

① 분할날 조임볼트는 이완방지조치가 되어 있어야 한다.

② 분할날과 톱날 원주면과 거리는 12mm 이내로 조정, 유지할 수 있어야 한다.

③ 둥근톱의 두께가 1.20mm라면 분할날의 두께는 1.32mm 이상이어야 한다.

④ 분할날은 표준 테이블면(승강반에 있어서도 테이블을 최하로 내릴 때의 면)상의 톱 뒷날의 1/3 이상을 덮도록 하여야 한다.

> **해설** ④의 경우 분할날은 표준 테이블면상의 톱 뒷날의 2/3 이상을 덮도록 하여야 한다는 내용이 옳다.

51 다음은 목재가공용 둥근톱에서 분할날에 관한 설명이다. ( ) 안의 내용을 올바르게 나타낸 것은?

> – 분할날의 두께는 둥근톱 두께의 (㉮) 이상일 것
>
> – 견고히 고정할 수 있으며 분할날과 톱날 원주면과의 거리는 (㉯) 이내로 조정·유지할 수 있어야 한다.

① ㉮ 1.5배, ㉯ 10mm

② ㉮ 1.1배, ㉯ 12mm

③ ㉮ 1.1배, ㉯ 15mm

④ ㉮ 2배, ㉯ 20mm

> **해설** (1) 분할날의 두께는 둥근톱 두께의 1.1배 이상일 것
> (2) 견고히 고정할 수 있으며 분할날과 톱날 원주면과의 거리는 12mm 이내로 조정·유지할 수 있어야 한다.

52 다음 중 목재가공용 둥근톱에 설치해야 하는 분할날의 두께에 관한 설명으로 옳은 것은?

① 톱날 두께의 1.1배 이상이고, 톱날의 치진폭보다 커야 한다.

② 톱날 두께의 1.1배 이상이고, 톱날의 치진폭보다 작아야 한다.

③ 톱날 두께의 1.1배 이내이고, 톱날의 치진폭보다 커야 한다.

④ 톱날 두께의 1.1배 이내이고, 톱날의 치진폭보다 작아야 한다.

> **해설** 분할날의 두께는 톱날 두께의 1.1배 이상이고, 톱날의 치진폭보다 작아야 한다.

53 목재가공용 둥근톱의 두께가 3mm일 때, 분할날의 두께는?

① 3.3mm 이상　　② 3.6m 이상

③ 4.5mm 이상　　④ 4.8mm 이상

> **해설** 분할날의 두께는 둥근톱 두께의 1.1배 이상으로 하여야 한다.
> ∴ 3×1.1 = 3.3mm 이상

54 둥근톱의 톱날 직경이 500mm일 경우 분할날의 최소 길이는 약 얼마이어야 하는가?

① 262mm　　② 314mm

③ 333mm　　④ 410mm

> **해설** 톱날의 길이(l) = $\pi \times D$(톱날의 직경)
> = 3.14×500 = 1,570mm
>
> 후면날은 톱 전체의 $\frac{1}{4}$ 정도이므로
>
> 1,570 × $\frac{1}{4}$ = 392.5mm
>
> 그런데 분할날의 최소 길이는 톱날 후면날의 $\frac{2}{3}$ 이상을 덮도록 되어 있다.
> ∴392.5 × $\frac{2}{3}$ = 261.66 ≒ 262mm

55 다음 중 톱의 후면날 가까이에 설치되어 목재의 켜진 틈 사이에 끼어서 쐐기작용을 하여 목재가 압박을 가하지 않도록 하는 장치를 무엇이라고 하는가?

① 분할날

② 반발장지장치

③ 날접촉예방장치

④ 가동식 접촉예방장치

> **해설** 반발방지장치의 설명이다.

56 산업안전보건법령에 따라 다음 중 목재가공용으로 사용되는 모떼기기계의 방호장치는? (단, 자동이송장치를 부착한 것은 제외한다.)

① 분할날   ② 날접촉예방장치

③ 급정지장치   ④ 이탈방지장치

해설 목재가공용으로 사용되는 모떼기기계의 방호장치는 날접촉예방장치이다.

57 목재가공용 기계별 방호장치가 틀린 것은?

① 목재가공용 둥근톱기계 – 반발예방장치

② 동력식 수동대패기계 – 날접촉예방장치

③ 목재가공용 띠톱기계 – 날접촉예방장치

④ 모떼기기계 – 반발예방장치

해설 ④의 경우, 모떼기기계의 방호장치로는 날접촉예방장치를 설치해야 한다.

58 다음 중 목재가공기계의 반발예방장치와 같이 위험장소에 설치하여 위험원이 비산하거나 튀는 것을 방지하는 등 작업자로부터 위험원을 차단하는 방호장치는?

① 포집형 방호장치

② 감지형 방호장치

③ 위치제한형 방호장치

④ 접근반응형 방호장치

해설 목재가공기계의 반발예방장치는 포집형 방호장치에 해당된다.

59 다음 중 소성가공을 열간가공과 냉간가공으로 분류하는 가공온도의 기준은?

① 융해점온도   ② 공석점온도

③ 공정점온도   ④ 재결정온도

해설 소성가공을 열간가공과 냉간가공으로 분류하는 가공온도의 기준은 재결정온도이다.

60 가공물 또는 공구를 회전시켜 나사나 기어 등을 소성가공하는 방법은?

① 압연   ② 압출

③ 인발   ④ 전조

해설 문제의 내용은 전조에 관한 것이다.

Chapter 03 프레스 및 전단기의 안전

제1절 프레스 재해방지의 근본대책

1 프레스 개요

프레스는 플라이휠의 회전운동을 슬라이드의 직선운동으로 바꾸어 펀치와 다리 사이에서 가공물을 압축하는 기계로 동력기계 중 재해가 가장 많이 발생하며, 특히 손의 재해가 심각하다. 프레스는 소성변형에 의한 판재를 성형 가공하는 기계에 해당된다.

2 프레스 및 전단기

(1) 프레스 및 전단기의 정의

① 프레스(Press) : 동력에 의해 금형을 사용하여 금속 또는 비금속 물질을 압축, 절단 또는 조형하는 기계를 말한다.

② 전단기(Shearing Machine) : 동력전달방식이 프레스와 유사한 구조의 것으로 원재료와 절단하기 위하여 사용하는 기계를 말한다.

(2) 동력 프레스기에 대한 안전 조치

NO Hand in Die 방식 : 손을 금형 사이에 집어 넣을 수 없도록 하는 본질적 안전화를 위한방식	Hand in Die : 손이 금형 사이에 들어가야만 되는 방식으로 이 때에는 방호 장치를 부착시켜야 한다
① 안전(방호)울을 부착한 프레스(작업을 위한 개구부를 제외하고 다른 틈새는 8mm이하) ② 안전금형을 부착한 프레스(상형과 하형의 틈새 및 가이드 포스트와 부시외의 틈새는8mm이하) ③ 전용 프레스의 도입(작업자의 손을 금형 사이에 넣을 필요가 없도록 부착한 프레스) ④ 자동 프레스의 도입(자동 송급,배출장치를 부착한 프레스)	① 프레스기의 종류, 압력능력, 매분 행정수, 행정의 길이 및 작업방법에 상응하는 방호장치 • 가드식 방호장치 • 손쳐내기식 방호장치 • 수인식 방호장치 ② 프레스기의 정지성능에 상응하는 방호장치 • 양수조작식 방호장치 • 광전자식 방호장치

> **참고**
>
> ▶ 프레스작업에서 금형 안에 손을 넣을 필요가 없도록 한 장치
> 1.**자동송급장치** : 재료를 자동적으로 금형 사이에 이송시키는 장치이다.
>   ㉠ 1차 가공용 : 롤 피더, 그리퍼 피더
>   ㉡ 2차 가공용 : 호퍼 피더, 푸셔 피더, 다이얼 피더, 트랜스퍼 피더, 슬라이딩 다이, 슈트
> 2.**자동배출장치** : 재료를 가공한 후 가공물을 자동적으로 꺼내는 장치이다.
>   ㉠ 셔플 이젝터
>   ㉡ 산업용 로봇
>   ㉢ 공기분사나 스프링 탄력을 이용하는 방법
>   ㉣ 슬라이드에 연동시켜 각종 기계장치를 이용하는 방법

(3) 프레스 및 전단기의 방호장치

프레스기계는 매우 위험성이 높으므로 반드시 방호장치를 설치하도록 산업안전보건법에 명시되어 있다 프레스기의 종류, 행정의 길이 및 작업 방법에 따라 여러 가지 방호장치가 사용되고 있다.

① 방호장치의 종류

구분	종류	용도
광전자식(광선식)	A-1	① 프레스(공, 유압용) 및 전단기
	A-2	② 동력 프레스 및 전단기(핀 클러치형)
양수조작식(120SPM 이상)	B-1	① 프레스(공기밸브방식)
	B-2	② 프레스 및 전단기(전기버튼방식)
가드식	C-1	① 프레스 및 전단기(가드방식)
	C-2	② 프레스 게이트 가드방식
손쳐내기식	D	① 프레스 · 120SPM 이하
수인식	E	② 프레스 · Stroke 40mm 이상

② 프레스 방호장치의 분류

구 분	방호장치
위치제한형 방호장치 :조작자의 신체부위가 위험한계 밖에 위치하도록 기계의 조작장치는 위험구역에서 일정거리 이상 떨어지게 하는 방호장치	양수조작식, 게이트 가드식
접근거부형 방호장치	손쳐내기식, 수인식
접근반응형 방호장치	감응식(광전자식)

③ 급정지기구에 따른 유효 방호장치

⑦ 급정지기구가 부착되어 있어야만 유효한 방호장치(마찰식 클러치 부착 프레스)

　　㉠ 양수조작식 방호장치　　　　　㉡ 감응식 방호장치

⑭ 급정지기구가 부착되어 있지 않아도 유효한 방호장치(확동식 클러치 부착 프레스)

　　㉠ 양수기동식 방호장치　　　　　㉡ 게이트가이식 방호장치
　　㉢ 수인식 방호장치　　　　　　　㉣ 손쳐내기식 방호장치

④ 클러치에 따른 방호장치 사용기준

클러치 방호장치	핀클러치		마찰클러치	
	120SPM 미만	120SPM 이상	120SPM 미만	120SPM 이상
광전자식	×	×	○	○
양수조작식	×	○	○	○
수인식	○	×	○	×
손쳐내기식	○	×	○	×

🔑 참고

▶ **풀 프루프(fool proof)** : 프레스 작업 중 작업자의 신체일부가 위험한 작업점으로 들어가면 자동적으로 정지되는 기능이 있는데 이러한 안전대책

제2절 프레스 및 전단기 방호장치 설치기준 및 방법

1 양수조작식 방호 장치

(1) 작동 개요

120SPM 이상의 소형 확동식 클러치 프레스에 가장 적합한 방호장치로 누름단추를 양손으로 동시에 조작하지 않으면 슬라이드가 작동하지 않으며, 또한 슬라이스의 작동 중에 누름단추 등에서 손이 떨어진 때는 즉시 복귀하고 1행정마다 슬라이드의 작동이 정지되는 구조의 방호장치이다 즉, 1행정마다 누름단추 등에서 양손을 떼지 않으면 재작동 조작을 할 수 없는 구조의 것이어야 한다.

> **참고**
> ▶ 양수조작식 : 원칙적으로 급정지 기구가 부착되어야만 사용할 수 있는 방식

(2) 방호장치 설치 방법

① 누름 버튼을 양손으로 동시에 조작하지 않으면 작동시킬 수 없는 구조이어야 하며, 양쪽 버튼의 작동 시간 차이는 최대 0.5초 이내일 때 프레스가 동작되도록 해야 한다.

② 양쪽 누름 버튼 간의 내측 거리는 300mm 이상으로 하고, 매립형으로 제작해야 한다.

> **참고**
> ▶ 300mm 미만일 경우, 작업자의 부주의나 태만으로 인하여 한 손으로 조작할 위험이 있기 때문이다.

③ 방호장치는 사용 전원전압의 ±20%의 변동에 대하여 정상적으로 작동되어야 한다.

④ 1행정 1정지기구에 사용할 수 있어야 한다.

⑤ 램의 하행정 중 버튼에서 손을 뗄 때는 정지하는 구조이어야 한다.

⑥ 누름 버튼 및 레버는 작업점에서 위험한계를 벗어나게 설치해야 한다.

⑦ 풋스위치를 병행하여 사용할 수 없는 구조이어야 한다.

⑧ 프레스기 작동 직후 손이 위험구역에 들어가지 못하도록 위험구역(슬라이드 작동부)으로부터 다음에 정하는 거리(안전거리) 이상에 설치해야 한다.

㉮ 설치거리(cm) = 160 × 프레스 작동 후 작업점까지의 도달시간(s)

> **예제**
> ▶ 완전회전식 클러치 기구가 있는 프레스의 양수기동식 방호장치에서 누름버튼을 누를 때부터 사용하는 프레스의 슬라이드가 하사점에 도달할 때까지의 소요 최대시간이 0.15초이면 안전거리는 몇 mm 이상이어야 하는가?
>
> **풀이** 안전거리(cm) = 160×프레스기 작동 후 작업점(하사점)까지의 도달시간
> ∴ $160 \times 0.15 = 24\text{cm} = 240\text{mm}$

㉯ $D = 1.6(T_l + T_s)$

여기서 D : 안전거리(mm)

T_l : 누름단추 등에서 손이 떨어지는 때부터 급정지기구가 작동을 개시할 때까지의 시간(ms)

T_s : 급정지기구가 작동을 개시한 때부터 슬라이드가 정지할 때까지의 시간(ms)

$(T_l + T_s)$: 최대정지시간

※ 급정지시간 측정 : 크랭크각도 90°의 위치에서 측정한다.

참고

▶ 식 ㉮,㉯의 차이는 단위 조작상의 차이며, 근본적으로 동일한 안전거리 산정식이다. 또한 여기서 적용되는 식은 인간 손의 기준속도를 1.6m/s(160cm/s)로 해서 계산되는 것이다.

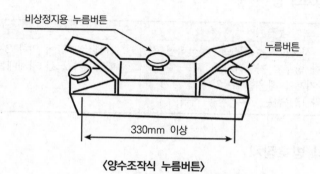

〈양수조작식 누름버튼〉

예제

▶ 프레스 광전자식 방호장치의 광선에 신체의 일부가 감지된 후로부터 급정지기구 작동 시까지의 시간이 30ms이고, 급정지기구의 작동 직후로부터 프레스기가 정지될 때까지의 시간이 20ms라면 광축의 최소 설치거리는?

풀이 광축의 설치거리(mm)=$1.6(T_l + T_s)$
∴ $1.6(30 + 20) = 80$mm

참고

1. **양수기동식 방호장치**

급정지기구가 부착되어 있지 않은 크랭크(확동식 클러치) 프레스기에 적합한 전자식 또는 스프링식 당김형 방호장치이다. 2개의 누름단추를 누르고 있으면 클러치가 작동하여 슬라이드가 하강하지만, 레버와 복귀용 와이어로프의 작용에 의해 강제적으로 조작기구는 원래의 상태로 복귀되는 것이다.

2. **양수기동식의 안전거리**

$D_m = 1.6 T_m$

여기서, D_m : 안전거리(mm) ·· ①

T_m : 양손으로 누름단추를 누르기 시작할 때부터 슬라이드가 하사점에 도달하기까지 소요시간(ms)

$T_m = \left(\dfrac{1}{클러치물림 개소수} + \dfrac{1}{2} \right) \times \dfrac{60,000}{매분행정수}$ (ms) ·· ②

▶ SPM(stroke Per Minute)이 100인 프레스에서 클러치 맞물림 개소수가 4인 경우 양수조작식 방호장치의 설치거리는 얼마인가?

풀이

$$D_m = 1.6\,T_m = 1.6\left(\frac{1}{\text{클러치 맞물림 개소수}} + \frac{1}{2}\right) \times \frac{60,000}{SPM} = 1.6 \times \left(\frac{1}{4} + \frac{1}{2}\right) \times \frac{60,000}{100} = 720mm$$

(3) 양수조작식 방호장치의 장·단점

장 점	단 점
① 반드시 양손을 사용하여야 하므로 정상적인 사용에서는 완전한 방호가 가능하다. ② 행정수가 빠른 기계에 사용할 수 있다. ③ 다른 방호장치와 병용하는 것이 가능 하다.	① 기계적 고장에 의한 2차 낙하에는 효과가 없다. ② 행정수가 느린 기계에는 사용이 부적당하다.

2 게이트 가드식 방호장치

(1) 작동 개요

게이트 가드식 방호장치는 슬라이드의 작동 중에 열 수 없는 구조의 것이어야 하며, 가드를 닫지 않으면 슬라이드를 작동시킬 수 없는 구조의 것이어야 한다. 또한, 게이트 가드식 방호장치에 설치된 슬라이드식 작동 중의 리미스트스위치 기타 가드 이외의 것은 신체의 일부, 재료 등의 접촉을 방지하는 조치가 강구되어 있는 것이어야 한다.

그러나 이 장치는 게이트의 파손이 없어야 하고, 파손되면 빨리 교체해야만 된다. 게이트 가드식 방호장치는 작동방식에 따라 하강식, 상승식, 수평식 등으로 분류된다.

(2) 방호장치 설치방법

① 게이트가 위험부위를 차단하지 않으면 작동되지 않도록 확실하게 연동(Interlock)되어 있어야 한다.
② 금형의 크기에 따라 게이트의 크기를 선택하여 설치한다.
③ 가드는 금형의 탈착이 용이하도록 설치하여야 한다.
④ 가드에 인체가 접촉하여 손상될 우려가 있는 곳은 부드러운 고무 등을 입혀야 한다.
⑤ 가드의 용접부의는 완전히 용착되고 면이 미려하여야 한다.
⑥ 가드는 1행정 1정지기구를 갖는 프레스에 장착해야 한다.
⑦ 가드가 열린 상태에서 슬라이드를 동작시킬 수 없고 또한 슬라이드 작동 중에는 게이트 가드를 열 수 없어야 한다.

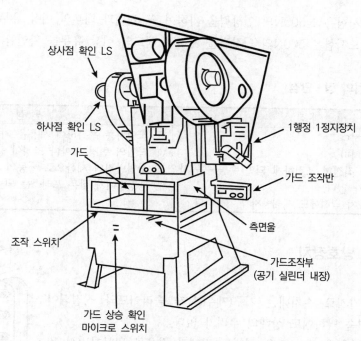

상사점 확인 LS
하사점 확인 LS
가드
1행정 1정지장치
가드 조작반
측면울
조작 스위치
가드조작부
(공기 실린더 내장)
가드 상승 확인
마이크로 스위치

〈게이트 가드식 방호장치〉

(3)게이트 가드식 방호장치의 장·단점

장 점	단 점
① 완전한 방호를 할수 있다. ② 금형파손에 따른 파편으로부터 작업자를 보호할 수 있다.	① 금형교환 빈도수가 적은 기계에 사용이 가능하다. ② 금형의 크기에 따라 가드를 선택하여야 한다.

3 수인식 방호장치

(1) 작동 개요

확동식 클러치를 갖는 크랭크 프레스기에 적합하며, 작업자의 손과 수인기구가 슬라이드와 직결되어 있기 때문에 연속 낙하로 인한 재해를 막을 수 있다. 그리고 프레스기의 위험한 작동에 따라 작업자의 손을 위험구역 밖으로 끌어내는 작용을 함으로써 방호를 하는 것이다.

(2) 방호장치 설치방법

① 손을 당겨내는 수인줄은 작업자 및 작업공정에 따라 그 길이를 조정할 수 있어야 한다.

② 행정수가 100SPM 이하, 행정길이는 50mm 이상으로 제한하고 있는데 이것은 손이 충격적으로 끌리는 것을 방지하기 위해서이며, 행정길이는 손이 안전한 위치까지 충분히 끌리도록 하기 위해서이다.

③ 수인끈의 재질은 합성섬유로 하고, 직경 4mm 이상이어야 한다.

수인줄
슬라이드에 고정

〈수인식 방호장치〉

④ 수인끈 강도시험은 1,500N의 인장력을 가하여 끈 표면과 내부의 이상 유무를 확인한다.

⑤ 손목밴드 강도시험은 500N의 인장력을 가하여 밴드의 이상 유무를 확인한다.

(3) 수인식 방호장치의 장·단점

장 점	단 점
① 가격이 저렴하다.	① 작업자를 구속하여 사용을 기피한다.
② 설치가 용이하다.	② 작업의 변경 시마다 조정이 필요하다.
③ 줄의 길이를 적절히 조절하게 되면 수공구를 사용 할 필요가 없다.	③ 작업반경의 제한으로 행동의 제약을 받는다.
④ 슬라이드의 2차 낙하에도 재해방지가 가능하다.	④ 행정길이가 짧은 프레스는 되돌리기가 불충분하다.

4 손쳐내기식 방호장치

(1) 작동 개요

수인식과 마찬가지로 손쳐내는 기구(제수봉)가 슬라이드와 직결되어 있기 때문에 연속 낙하에도 상해의 우려가 없다.

슬라이드가 내려옴에 따라 손을 쳐내는 막대가 좌우로 왕복하면서 위험점으로부터 손을 보호하여 주는 프레스의 안전장치

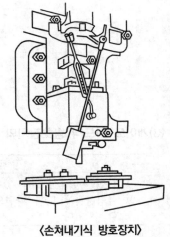

〈손쳐내기식 방호장치〉

(2) 방호장치 설치방법

① 손쳐내기봉의 행정(stroke) 길이를 금형의 높이에 따라 조정할 수 있고, 진동폭은 금형 폭 이상이어야 한다.

② 방호판의 폭은 금형 폭의 1/2 이상으로 한다(단, 행정길이가 300mm 이상의 프레스기계에는 방호판의 폭을 300mm로 해야 한다).

③ 손쳐내기봉은 손 접촉 시 충격을 완화할 수 있는 완충재를 부착하여야 한다.

④ 슬라이드 하행정거리의 3/4 위치에서 손을 완전히 밀어내어야 한다.

⑤ 슬라이드 행정수가 120SPM 이하의 것에 사용한다.

⑥ 방호판 및 손쳐내기봉은 경량이면서 충분한 강도를 가져야 한다.

⑦ 부착 볼트 등의 고정금속부분은 예리하게 돌출되지 않아야 한다.

(3) 손쳐내기식 방호장치의 장·단점

장 점	단 점
① 가격의 저렴하다.	① 작업자의 정신집중에 혼란이 온다.
② 설치가 용이하다.	② 행정수가 빠른 기계에 사용이 곤란하다.
③ 수리, 보수가 쉽다.	③ 작업자의 손을 가격하였을 때 아프다.
④ 슬라이드의 2차 낙하에도 재해방지가 가능하다.	④ 행정길이의 끝에서 방호가 불충분하다.
	⑤ 측면방호가 불가능하다.

5 광전자식(감응식) 방호장치

프레스작업에 있어 시계가 차단되지는 않으나 확동식 클러치 프레스에는 사용상의 제한이 발생하는 방호장치이다.

(1) 작동 개요

검출기구(센서)에 의해서 작업자의 손이나 신체의 존재를 검출하여 제어회로를 통해서 안전작동하는 것으로 초음파식, 용량식, 광선식이 있다. 이 중에서 가장 널리 쓰이는 것이 광선식이므로 이 장치에 대하여 설명하기로 한다.

광선식(광전자식)은 투광기에서 광선을 항상 투사하고, 수광기에서 받는 구조로 작업자의 손이나 신체 일부 또는 물체가 광선을 차단하게 되면 릴레이(Relay)가 작동하여 프레스기의 급정지기구에 신호를 보내어 슬라이드를 급정지시켜 방호하는 것이다. 이 장치는 슬라이드가 작동 중 정지가 가능한 구조의 마찰 프레스 등에 적합하다.

(2) 방호장치 설치방법

① 투광기에서 발생시키는 빛 이외의 광선에 감응해서는 안된다.
② 광축의 설치거리는 위험부위로부터 다음에 정하는 거리(안전거리) 이상에 설치해야 된다.

$$설치거리(mm) = 1.6(T_l + T_s)$$

여기서, T_l : 손이 광선을 차단한 직후로부터 급정지기구가 작동을 개시하기까지 시간(ms)
T_s : 급정지기구가 작동을 개시한 때로부터 슬라이드가 정지할 때까지의 시간(ms)
$T_l + T_s$: 최대정지시간(급정지시간)

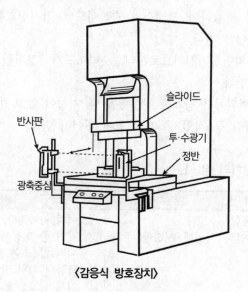

〈감응식 방호장치〉

📖**예제**

▶ 광전자식 방호장치의 광선에 신체의 일부가 감지된 후로부터 급정지기구가 작동개시하기까지의 시간이 40ms이고, 광축의 설치거리가 96mm일 때 급정지기구가 작동 개시한 때로부터 프레스기의 슬라이드가 정지될 때 까지의 시간은?

풀이 광축의 설치거리 $=1.6(T_l+T_s)$

여기서, T_l : 손이 광선을 차단한 직후로부터 급정지기구가 작동을 개시하기까지의 시간(ms)

T_s : 급정지기구가 작동을 개시한 때로부터 정지할때까지의 시간(ms)

$\therefore 96=1.6(40+T_s)$

$\dfrac{96}{1.6}=40+Ts$

$T_s=\dfrac{96}{1.6}-40=20ms$

---

③ 광전자식 검출기구의 투광기 및 수광기는 프레스의 스트로크 길이와 슬라이드 조절량을 합계한 길이의 전장에 걸쳐서 유효하게 작동하여야 하지만, 이 합계가 길이가 400mm를 초과하는 경우에 유효하게 작동하는 길이가 400mm로 되어 있다. 또 투광기 및 수광기의 광축수는 2개 이상으로 하고, 광축 상호간의 간격을 50mm 이하이다. 단, 안전거리가 500mm를 초과하는 경우에는 광축 간격은 70mm 이하로 하여도 된다. 위험관계 거리가 짧은 200mm 이하의 프레스에는 연속 차광폭이 작은 30mm 이하의 방호장치를 선택한다.

④ 투·수광기의 시험거리는 4m에서 시험하여 이상동작이 없어야 한다.

⑤ 투·수광기의 사이에서 연속차광을 할 수 있는 차광폭은 30mm 이하이고, 방호높이는 그 변화량의 차이가 15% 이내이어야 한다.

⑥ 지동시간(차광상태를 검출하여 프레스의 슬라이드에 정지신호를 발할 때까지의 전기적 동작시간)은 20ms 이하이어야 한다.

⑦ 급정지시간(광선을 차단한 시간으로부터 슬라이드가 정지될 때까지의 전기적 동작시간)은 300ms 이하이어야 한다.

⑧ 전원전압의 ±20% 범위에서 장치를 작동했을 때 지장이 없고 방호장치로서 이상이 없어야 한다,

⑨ 정전 시 램의 정지동작 등 작업자에게 위험이 없어야 한다.

(3) 광전자식(감응식) 방호장치의 장·단점

장 점	단 점
① 연속 운전작업에 사용할 수 있다. ② 시계를 차단하지 않아서 작업에 지장을 주지 않는다.	① 설치가 어렵다. ② 작업 중 진동에 의해 투·수광기가 어긋나 작동이 되지 않을 수 있다. ③ 확동 클러치 방식에는 사용할 수 없다. ④ 기계적 고장에 의한 2차 낙하에는 효과가 없다.

6 기타 프레스기와 관련된 중요한 사항

① 프레스 본체에 양수조작식, 광선식, 가드식의 방호장치를 내장한 프레스 : 안전프레스
② 확동식 클러치가 적용된 프레스에 한해서만 적용 가능한 방호장치 : 손쳐내기식, 수인식
③ 프레스의 펀치와 다이 부분의 운동형태 : 직선운동
④ 프레스기에서 가장 중요한 점검 : 클러치의 이상 유무
⑤ 제품을 꺼낼 경우 파쇄철(Chip) 제거하기 위하여 사용하는 것
    ㉮ 압축공기
    ㉯ Pick Out 사용
⑥ 프레스 등 금형을 부착·해체 또는 조정하는 작업을 할 때 슬라이드가 갑자기 작동함으로써 근로자에 게 발생할 우려가 있는 위험을 방지하기 위하여 사용해야 하는 것 : 안전블록

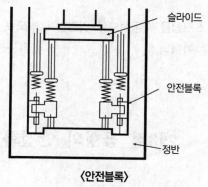

〈안전블록〉

⑦ 프레스가 페달에 U자형 커버를 씌우는 이유 : 프레스작업 중 부주의로 프레스의 페달을 밟을 것에 대비하여 페달에 설 치한다.

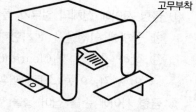

〈페달의 U자형 덮개〉

⑧ 동력 프레스기의 위험방지기구
    ㉮ 1행정 1정지기구
    ㉯ 급정지기구
    ㉰ 비상정지장치
    ㉱ **안전블록** : 프레스기의 금형을 부착, 해체 또는 조정하는 작업을 할 때 근로자의 신체 일부 가 위험한계에 들어갈 때에 슬라이드가 갑자기 작동함으로써 발생하는 근로자의 위험을 방 지하기 위해 사용하는 것
    ㉲ 전환스위치
    ㉳ 커버
⑨ 프레스작업 시작 전 점검사항(전단기 포함)
    ㉮ 클러치 및 브레이크의 기능
    ㉯ 크랭크축·플라이휠·슬라이드·연결봉 및 연결나사의 풀림 여부
    ㉰ 1행정 1정지기구·급정지장치 및 비상정지장치의 기능

   ㉑ 슬라이드 또는 칼날에 의한 위험방지기구의 기능
   ㉺ 프레스의 금형 및 고정볼트 상태
   ㉻ 방호장치의 기능
   ㉼ 전단기의 칼날 및 테이블 상태
 ⑩ 프레스 정지 시의 안전수칙
   ㉮ 정전되면 즉시 스위치를 끈다.
   ㉯ 클러치를 연결시킨 상태에서 기계를 정지시키지않는다.
   ㉰ 플라이휠의 회전을 멈추기 위해 손으로 누르지 않는다
 ⑪ 프레스 이름판에 나타내야 하는 항목
   ㉮ 압력능력 또는 전단능력   ㉯ 제조연월
   ㉰ 안전인증의 표시
 ⑫ 프레스 작업에서 제품 및 스크랩을 자동적으로 위험한계 밖으로 배출하기 위한 장치
   ㉮ 키커   ㉯ 이젝터   ㉰ 공기분사장치

제3절 금형의 안전화

1 금형에 의한 위험방지

① 금형 사이에 신체의 일부가 들어가지 않도록 한다.
 ㉮ 금형에 안전울을 설치한다.
 ㉯ 상하 간의 틈새(Clearance)를 8mm 이하로 하여 손가락이 들어가지 않도록 한다(펀치와 다이 간격, 이동 스트리퍼와 다이의 간격, 가이드 포스트 가이드 부시 간격).
② 금형 사이에 손을 집어 넣을 필요가 없도록 한다.
 슬라이딩 다이나 자동송급, 배출장치를 사용한다.
③ 금형사이에 손을 집어 넣어야 할때는 방호조치를 한다.
 양수조작식, 광전자식 등 방호장치를 설치한다.

2 금형파손에 의한 위험방지

① 캠 기타 충격이 반복해서 가해지는 부분에는 완충장치를 한다.
② 맞춤핀 등을 사용할 때에는 억지 끼워맞춤으로 하고 상형에 사용할 때에는 낙하방지대책을 세우고, 인서트부품은 이탈방지대책을 세운다.
③ 볼트 및 너트는 작업 중 진동 등에 풀리지 않도록 록 너트, 키, 용접 등의 방법으로 조치한다.

3 금형의 탈착 및 운반에 의한 위험방지

① 금형을 운반할 때 어긋남을 방지하기 위해 대판 등을 사용한다.

② 금형을 설치하는 프레스의 T홈 안길이는 설치 볼트 직경의 2배 이상으로 한다.

③ 대형 금형에서 싱크가 헐거워짐이 예상될 경우 싱크만으로 상형을 슬라이드에 설치하는 것을 피하고 볼트를 사용하여 조인다.

④ 금형의 보기 쉬운 개소에는 다음 내용을 표시하여 오조작을 방지해야한다.

　㉮ 사용되는 프레스기의 압력능력(단위 : t)

　㉯ 길이(전후, 좌우 및 다이 높이, 단위 : mm)

　㉰ 총 중량(단위 : kg)

　㉱ 상형 중량(단위 : kg)

4 금형의 설치 및 조정 시 안전수칙

① 금형의 체결 시에는 적합한 공구를 사용한다.

② 금형의 체결 시에는 안전블록을 설치하고 실시한다.

③ 금형의 설치 및 조정은 전원을 끄고 실시한다.

④ 금형을 부착하기 전 하사점을 확인한다.

⑤ 금형은 하형부터 잡고 무거운 금형의 받침을 인력으로 하지 않는다.

5 금형의 설치·해체 작업의 일반적인 안전사항

① 금형의 설치용구는 프레스의 구조에 적합한 형태로 한다.

② 고정 볼트는 고정 후 가능하면 나사산이 3~4개 정도 짧게 남겨 슬라이드면과의 사이에 협착이 발생하지 않도록 해야 한다.

③ 금형 고정용 브래킷(물림판)을 고정시킬 때 고정용 브래킷은 수평이 되게 하고, 고정볼트는 수직이 되게 고정하여야 한다.

01 다음 중 프레스기계의 위험을 방지하기 위한 본질적 안전화(NO-Hand in Die 방식)가 아닌 것은?

① 안전금형의 사용

② 수인식 방호장치 사용

③ 전용 프레스 사용

④ 금형에 안전울 설치

> **해설** 본질적 안전화(NO-Hand in Die)방식으로는 ①, ③, ④ 이외에 자동 프레스의 사용이 있다.

02 프레스기의 안전대책 중 손을 금형 사이에 집어 넣을 수 없도록 하는 본질적 안전화를 위한 방식(NO-Hand in Die)에 해당하는 것은?

① 수인식   ② 광전자식

③ 방호울식   ④ 손쳐내기식

> **해설** **프레스기의 본질적 안전화를 위한 방식(NO-Hand in Die)**
> ㉠ 방호울식 프레스
> ㉡ 안전금형 부착 프레스
> ㉢ 전용 프레스
> ㉣ 자동 프레스

03 다음과 같은 프레스의 punch와 금형의 die에서 손가락이 punch와 die 사이에 들어가지 않도록 할 때 D의 거리로 가장 적절한 것은?

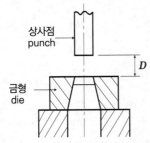

① 8mm 이하   ② 10mm 이상

③ 15mm 이하   ④ 15mm 초과

> **해설** 펀치와 다이·상하간의 틈새는 8mm 이하로 하여야만 손가락이 들어가지 않는다.

04 동력 프레스기중 Hand in die 방식의 프레스기에서 사용하는 방호대책에 해당하는 것은?

① 가드식 방호장치

② 전용 프레스의 도입

③ 자동 프레스의 도입

④ 안전울을 부착한 프레스

> **해설** ②, ③, ④ 이외의 동력 프레스기 중 Hand in die 방식의 프레기에서 사용하는 방호대책은 다음과 같다.
> ㉠ 손쳐내기식 방호장치
> ㉡ 수인식 방호장치
> ㉢ 양수조작식 방호장치
> ㉣ 감응식(광전자식) 방호장치

05 프레스 가공품의 이송방법으로 2차 가공용 송급배출장치가 아닌 것은?

① 푸셔피더(Pusher Feeder)

② 다이얼 피더(Dial Feeder)

③ 롤 피더(Roll Feeder)

④ 트랜스퍼 피더(Transfer Feeder)

> **해설** (1) 2차 가공용 송급배출장치로는 ①, ②, ④ 이외에 다음과 같다.
> ㉠ 호퍼 피더   ㉡ 슈트
> (2) 롤 피더는 그리퍼 피더와 더불어 1차 가공용 송·급 배출장치에 해당된다.

06 다음중 프레스 또는 전단기 방호장치의 종류와 분류 기호가 올바르게 연결된 것은?

① 광전자식 : D-1   ② 양수조작식 : A-1

③ 가드식 : C   ④ 손쳐내기식 : B

> **해설** **방호장치의 종류와 분류 기호**
> ㉠ 광전자식 : A-1, A-2
> ㉡ 양수조작식 : B-1, B-2
> ㉢ 손쳐내기식 : D
> ㉣ 수인식 : E

07 다음 중 120SPM 이상의 소형 확동식 클러치 프레스에 가장 적합한 방호장치는?

① 양수 조작식　　② 수인식
③ 손쳐내기식　　④ 초음파식

해설 **클러치에 따른 방호장치의 사용기준**
㉠ 120SPM 이상의 확동식(판)클러치 : 양수조작식
㉡ 120SPM 미만의 확동식(판)클러치 : 수인식, 손쳐내기식
㉢ 120SPM 이상의 마찰 클러치 : 광전자식, 양수조작식
㉣ 120SPM미만의 마찰 클러치 : 광전자식, 양수조작식, 수인식, 손쳐내기식

08 프레스의 양수조작식 방호장치에서 양쪽 버튼의 작동시간 차이는 최대 얼마 이내일 때 프레스가 동작되도록 해야 하는가?

① 0.1초　　② 0.5초
③ 1.0초　　④ 1.5초

해설 양수조작식 방호장치에서 양쪽 버튼의 작동 시간 차이는 최대 0.5초 이내일 때 프레스가 동작되도록 해야 한다.

09 다음 중 프레스 및 전단기의 양수조작식 방호장치 누름 버튼의 상호간 최소내측거리로 옳은 것은?

① 100mm　　② 150mm
③ 300mm　　④ 500mm

해설 프레스 및 전단기의 양수조작식 방호장치 누름버튼의 상호 간 최소내측거리는 300mm이상으로 하여야 한다.

10 방호장치를 설치할 때 중요한 것은 기계의 위험점으로부터 방호장치까지의 거리이다. 위험한 기계의 동작을 제동시키는 데필요한 총 소요시간을 t초라도 할 때 안전거리(S)의 산출식으로 옳은 것은?

① $S=1.0t[mm/s]$　　② $S=1.6t[m/s]$
③ $S=2.8t[mm/s]$　　④ $S=3.2t[m/s]$

해설 위험한 기계의 동작을 제동시키는 데 필요한 안전거리의 산출식으로는 ②가 옳다.

11 프레스의 일반적인 방호장치가 아닌 것은?

① 광전자식 방호장치
② 포집형 방호장치
③ 게이트 가드식 방호장치
④ 양수조작식 방호장치

해설 프레스의 일반적인 방호장치로는 ①, ③, ④ 이외에 다음과 같다.
㉠ 수인식 방호장치
㉡ 손쳐내기식 방호장치

12 프레스 방호장치의 성능기준에 대한 설명 중 잘못된 것은?

① 양수조작식 방호장치에서 누름 버튼의 상호간 내측거리는 300mm 이상으로 한다.
② 수인식 방호장치는 100SPM 이하의 프레스에 적합하다.
③ 양수조작식 방호 장치는 1행정 1정지기구를 갖춘 프레스장치에 적합하다.
④ 수인식 방호장치에서 수인끈의 재료는 합성섬유로 직경이 2mm 이상이어야 한다.

해설 ④의 경우, 수인끈의 재료는 합성 섬유로 직경이 4mm 이상이어야 한다는 내용이 옳다.

13 다음중 프레스의 방호장치기준에 관한 설명으로 틀린 것은?

① 손쳐내기식 방호장치에서 방호판의 폭은 금형폭의 1/2 이내로 하여야 한다.
② 양수조작식 방호장치에서 누름 버튼의 상호간 내측거리는300mm 이상이어야 한다.
③ 수인식 방호장치에서 수인끈의 재료는 합성섬유로 직경이 4mm 이상이어야 한다.
④ 손쳐내기식 방호장치에서 손쳐내기봉의 행정(Stroke) 길이를 금형의 높이에 따라 조정할 수 있고 진동폭은 금형폭 이상이어야 한다.

해설 ①의 경우 손쳐내기식 방호장치에서 방호판의 폭은 금형폭의 1/2이상으로 하여야 한다는 내용이 옳다.

14 다음 중 프레스의 방호장치에 관한 설명으로 틀린 것은?

① 양수조작식 방호장치는 1행정 1정지기구에 사용할 수 있어야 한다.

② 손쳐내기식 방호장치는 슬라이드 하행정 거리의 3/4 위치에서 손을 완전히 밀어내야 한다.

③ 광전자식 방호장치의 정상동작 표시램프는 붉은색, 위험표시램프는 녹색으로 하며, 쉽게 근로자가 볼 수 있는 곳에 설치해야 한다.

④ 게이트 가드 방호장치는 가드가 열린상태에서 슬라이드를 동작시킬 수 없고 또한 슬라이드 작동 중에는 게이트 가드를 열 수 없어야 한다.

> **해설** ③ 광전자식 방호장치의 정상동작 표시램프는 녹색, 위험표시램프는 붉은색으로 하며, 쉽게 근로자가 볼 수 있는 곳에 설치해야 한다.

15 다음 중 프레스기에 사용되는 방호장치에 있어 급정지기구가 부착되어야만 유효한 것은?

① 양수조작식   ② 손쳐내기식
③ 가드식   ④ 수인식

> **해설** 프레스기에 사용되는 방호장치에 있어 급정지기구가 부착되어야만 유효한 것은 양수조작식, 감응식 방호장치이다.

16 다음 중 위치제한형 방호장치에 해당되는 프레스 방호장치는?

① 수인식방호장치
② 광전자식 방호장치
③ 양수조작식 방호장치
④ 손쳐내기식 방호장치

> **해설** 프레스 방호장치의 분류
> ㉠ 수인식·손쳐내기식 방호장치 : 접근거부형 방호장치
> ㉡ 광전자식 방호장치 : 접근반응형 방호장치
> ㉢ 양수조작식 방호장치 : 위지제한형 방호장치

17 SPM(Stroke Per Minute)이 100인 프레스에서 클러치 맞물림 개소수가 4인 경우 양수조작식 방호장치의 설치거리는 얼마인가?

① 160mm   ② 240mm
③ 300mm   ④ 720mm

> **해설**
> $$D_m = 1.6\,T_m$$
> $$= 1.6\left(\frac{1}{\text{클러치 맞물림 개소수}} + \frac{1}{2}\right) \times \frac{60,000}{\text{SPM}}$$
> $$= 1.6 \times \left(\frac{1}{4} + \frac{1}{2}\right) \times \frac{60,000}{100}$$
> $$= 720\text{mm}$$

18 클러치 프레스에 부착된 양수조작식 방호장치에 있어서 클러치 맞물림 개소수가 4군데, 매분 행정수가 300SPM일 때 양수조작식 조작부의 최소안전거리는? (단, 인간의 손의 기준속도는 1.6m/s 로 한다.)

① 240mm   ② 260mm
③ 340mm   ④ 360mm

> **해설**
> $$D_m = 1.6\,T_m$$
> $$T_m = \left(\frac{1}{\text{클러치 맞물림 개소수}} + \frac{1}{2}\right) \times \frac{60,000}{\text{매분행정수}}$$
> $$\therefore 1.6 \times \left(\frac{1}{4} + \frac{1}{2}\right) \times \frac{60,000}{300} = 240\text{mm}$$

19 양수조작식 방호장치의 누름버튼에서 손을 떼는 순간부터 급정지기구가 작동하여 슬라이드가 정지할 때 까지의 시간이 0.2초 걸린다면, 양수조작식의 방호장치의 안전거리는 최소한 몇 mm 이상이어야 하는가?

① 160   ② 320
③ 480   ④ 560

> **해설** 방호장치의 안전거리(cm)
> = 160×급정지기구가 작동하여 슬라이드가 정지할 때 까지의 시간(프레스 작동후 작업점까지의 도달시간)
> = 160×0.2 = 32mm × 10 = 320mm

20 완전회전식 클러치기구가 있는 프레스의 양수기동식 방호장치에서 누름버튼을 누를 때 부터 사용하는 프레스의 슬라이드가 하사점에 도달할 때까지의 소요 최대시간이 0.15초이면 안전 거리는 몇 mm 이상이어야 하는가?

① 150　　　　② 220
③ 240　　　　④ 300

> **해설**
> 안전거리(cm) = 160×프레스기 작동 후 작업점(하사점)까지의 도달시간
> ∴ 160×0.15 = 24cm = 240mm

21 다음은 프레스기에 사용되는 수인식 방호장치에 관한 설명이다. (　)안의 ⓐ, ⓑ에 들어갈 내용으로 가장 적합한 것은?

> 수인식 방호장치는 일반적으로 행정수가 (ⓐ)이고, 행정길이는 (ⓑ)의 프레스에 사용이 가능한데, 이러한 제한은 행정수의 경우 손이 충격적으로 끌리는 것을 방지하기 위해서 이며, 행정길이는 손이 안전한 위치까지 충분히 끌리도록 하기 위해서이다.

① ⓐ 150SPM 이하, ⓑ 30mm 이상
② ⓐ 100SPM 이하, ⓑ 50mm 이상
③ ⓐ 150SPM 이하, ⓑ 30mm 이상
④ ⓐ 120SPM 이하, ⓑ 40mm 미만

> **해설**
> 수인식 방호장치는 일반적으로 행정수가 100SPM이하이고, 행정길이는 50mm이상의 프레스에 사용이 가능하다.

22 다음 중 프레스기에 사용되는 손쳐내기식 방호장치에 대한 설명으로 틀린 것은?

① 분당 행정수가 120번 이사인 경우에 적합하다.
② 방호판의 폭은 금형폭의 1/2 이상이어야 한다.
③ 행정길이가 300mm 이상의 프레스기계에는 방호판 폭을 300mm로 해야 한다.
④ 손쳐내기봉의 행정(Stroke) 길이를 금형의 높이에 따라 조정할수 있고, 진동폭은 금형폭 이상이어야 한다.

> **해설**
> ①의 경우 손쳐내기식 방호장치는 행정수가 빠른 경우에는 적합하지 않다는 내용이다.

23 다음 중 프레스작업에 있어 시계(視界)가 차단되지는 않으나 확동식 클러치 프레스에는 사용상의 제한이 발생하는 방호장치는?

① 게이트 가드　　　　② 광전식 방호장치
③ 양수조작장치　　　　④ 프릭션 다이얼피드

> **해설**
> **광전식 방호장치의 장·단점**
>
> | | |
> |---|---|
> | 장점 | ㉠ 연속 운전작업에 사용할 수 있다. |
> | | ㉡ 시계를 차단하지 않아서 작업에 지장을 주지 않는다. |
> | 단점 | ㉠ 설치가 어렵다. |
> | | ㉡ 작업 중의 진동에 의해 위치변동이 생길 우려가 있다. |
> | | ㉢ 핀클러치 방식에는 사용할 수 없다. |
> | | ㉣ 기계적 고장에 의한 2차 낙하에는 효과가 없다. |

24 다음중 프레스기에 사용하는 광전자식 방호장치의 단점으로 틀린 것은?

① 연속운전작업에는 사용할 수 없다.
② 확동클러치 방식에는 사용할 수 없다.
③ 설치가 어렵고, 기계적 고장에 의한 2차 낙하에는 효과가 없다.
④ 작업 중 진도에 의해 투·수광기가 어긋나 작동이 되지 않을 수 있다.

> **해설**
> ①의 경우 연속운전작업에 사용할 수 있다는 내용이 옳다.

25 다음 (　) 안에 들어갈 내용으로 옳은 것은?

> 광전자식 프레스 방호장치에서 위험한계까지의 거리가 짧은 200mm 이하의 프레스에는 연속 차광폭이 작은 (　)의 방호장치를 선택한다.

① 30mm 초과　　　　② 30mm 이하
③ 50mm 초과　　　　④ 50mm 이하

> **해설**
> (　) 안에 들어갈 내용으로 옳은 것은 30mm 이하이다.

정답 | 20. ③　21. ②　22. ①　23. ②　24. ①　25. ②

26 다음 중 프레스에 사용되는 광전자식 방호장치의 일반구조에 관한 성명으로 틀린 것은?

① 방호장치의 감지기능은 규정한 검출영역 전체에 걸쳐 유효하여야 한다.
② 슬라이드 하강 중 정전 또는 방호장치의 이상 시에는 1회 동작 후 정지할 수 있는 구조이어야 한다.
③ 정상동작 표시램프는 녹색, 위험표시램프는 붉은색으로 하며, 근로자가 쉽게 볼 수 있는 곳에 설치해야 한다.
④ 방호장치의 정상작동 중에 감지가 이루어지거나 공급전원이 중단되는 경우 적어도 두 개 이상의 출력신호 개폐장치가 꺼진 상태로 되어야 한다.

> **해설** ② 슬라이드 하강 중 정전또는 방호장치의 이상 시에는 바로 정지할 수 있는 구조이어야 한다.

27 프레스의 광전자식 방호장치에서 손이 광선을 차단한 직후부터 급정지장치가 작동을 개시한 시간이 0.03초이고, 급정지장치가 작동을 시작하여 슬라이드가 정지한 때까지의 시간이 0.2초라면 광축의 설치위치는 위험점에서 얼마 이상 유지해야하는가?

① 153mm   ② 279mm
③ 368mm   ④ 451mm

> **해설** 설치거리(mm) = $1.6 \times (T_l + T_s)$
> 여기서, $(T_l + T_s)$: 최대정지시간(ms)
> $\therefore 1.6 \times (0.03 + 0.2) = 0.368 \times 1,000$
> $= 368mm$

28 광전자식 방호장치의 광선에 신체의 일부가 감지 된 후로부터 급정지기구가 작동개시하기까지의 시간이 40ms이고, 광축의 설치거리가 96mm일 때 급정지기구가 작동개시한 때로부터 프레스기의 슬라이드가 정지될 때까지의 시간은?

① 15ms   ② 20ms
③ 25ms   ④ 30ms

> **해설** 광축의 설치거리 = $1.6(T_l + T_s)$
> 여기서, T_l : 손이 광선을 차단한 직후부로부터 급정지 기구가 작동을 개시하기까지의 시간(ms)
> T_s : 급정지기구가 작동을 개시란 때로부터 슬라이드가 정지할때까지의 시간(ms)
> $96 = 1.6(40 + T_s)$
> $\dfrac{96}{1.6} = 40 + T_s$
> $\therefore T_s = \dfrac{96}{1.6} - 40 = 2ms$

29 프레스 광전자식 방호장치의 광선에 신체의 일부가 감지된 후로부터 급정지기구 작동 시까지의 시간이 30ms 이고, 급정지기구의 작동 직후로부터 프레스기가 정지될 때까지의 시간이 20ms라면 광축의 최소 설치 거리는?

① 75mm   ② 80mm
③ 100mm   ④ 150mm

> **해설** 광축의 설치거리(mm) = $1.6(T_l + T_s)$
> $\therefore 1.6(30 + 20) = 80mm$

30 프레스정지 시의 안전수칙이 아닌 것은?

① 정전되면 즉시 스위치를 끈다.
② 안전블록을 바로 고여준다.
③ 클러치를 연결시킨 상태에서 기계를 정지시키지 않는다.
④ 플라이휠의 회전을 멈추기 위해 손으로 누르지 않는다.

> **해설** ②의 경우, 프레스의 정비·수리시의 안전수칙에 해당된다.

31 프레스작업 중 부주의로 프레스의 폐달을 밟는 것에 대비하여 페달에 설치하는 것은?

① 클램프   ② 로크너트
③ 커버   ④ 스프링 와셔

> **해설** 프레스작업 중 부주의로 프레스의 페달을 밟는 것에 대비하여 U자형 커버를 페달에 설치한다.

32 전단기 개구부의 가드 간격이 12mm일 때 가드와 전단지점 간의 거리는?

① 30mm이상　　② 40mm이상

③ 50mm이상　　④ 60mm이상

해설

$Y = 6 + 0.15X$,　Y : 개구부의 가드 간격

$12 = 6 + 0.15X$,　X : 가드와 전단지점 간의 거리

$0.15X = 12 - 6$

$\therefore X = \dfrac{6}{0.15} = 40$mm

33 다음중 산업안전보건법령상 프레스 등을 사용하여 작업할 때의 작업시간 전 점검사항으로 볼 수 없는 것은?

① 압력방출장치의 기능

② 클러치 및 브레이크의 기능

③ 프레스의 금형 및 고정볼트 상태

④ 1행정 1정지기구·급정지장치 및 비상정지장치의 기능

해설

프레스등을 사용하여 작업을 할 때 작업시작 전 점검사항으로 ②, ③, ④ 이외에 다음과 같다.

㉠ 크랭크축, 플라이휠, 슬라이드, 연결봉 및 연결나사의 돌림 여부

㉡ 슬라이드 또는 칼날에 의한 위험방지 기구의 기능

㉢ 방호장치의 기능

㉣ 절단기의 칼날 및 테이블 상태

34 다음 중 프레스기에 금형 설치 및 조정작업 시 준수하여야 할 안전수칙으로 틀린 것은?

① 금형을 부착하기 전 하사점을 확이한다.

② 금형의 체결은 올바른 치공구를 사용하고 균등하게 체결한다.

③ 슬라이드의 불시 하강을 방지하기 위하여 안전블록을 제거한다.

④ 금형은 하형부터 잡고 무거운 금형의 받침은 인력으로 하지 않는다.

해설

③ 슬라이드의 불시 하강을 방지하기위하여 안전블록을 설치한다.

35 다음 중 금형의 설치 및 조정 시 안전수칙으로 가장 적절하지 않은 것은?

① 금형을 부착하기 전에 상사점을 확인하고 설치한다.

② 금형의 체결시에는 적합한 공구를 사용한다.

③ 금형의 체결시에는 안전블록을 설치하고 실시한다.

④ 금형의 설치 및 조정은 전원을 끄고 실시한다.

해설

①의 내용은 금형의 설치 및 조정시 안전수칙과는 거리가 멀다.

36 금형의 안전화에 관한 설명으로 옳지 않은 것은?

① 금형을 설치하는 프레스의 T홈 안길이는 설치 볼트 직경의 2배 이상으로 한다.

② 맞춤핀을 사용할 때에는 헐거움 끼워맞춤으로하고, 이를 하형에 사용할 때에는 낙하방지의 대책을 세워둔다.

③ 금형의 사이에 신체 일부가 들어가지 않도록 이동 스트리퍼와 다이의 간격은 8mm 이하로 한다.

④ 대형 금형에서 싱크가 헐거워짐이 예상될 경우 싱크만으로 상형을 슬라이드에 설치하는 것을 피하고 볼트를 사용하여 조인다.

해설

②의 경우, 맞춤핀을 사용할 때는 끼워맞춤을 정확하게 확실히 하고 낙하방지의 대책을 세워둔다는 내용이 옳다.

37 다음 중 프레스 등의 금형을 부착·해체 또는 조정하는 작업을 할 때 급작스런 슬라이드의 작동에 대비한 방호장치로 가장 적절한 것은?

① 접촉예방장치　　② 권과방지장치

③ 과부하방지장치　　④ 안전블록

해설

프레스의 급작스런 슬라이드 작동에 대비한 방호장치는 안전블록이다.

38 다음 중 프레스작업에서 금형 안에 손을 넣을
필요가 없도록 한 장치가 아닌 것은?

① 롤 피더 ② 스트리퍼
③ 다이얼 피더 ④ 이젝터

> **해설**
> ①, ③, ④ 이외에 프레스작업에서 금형 안에 손을 넣
> 을 필요가 없도록 한 장치는 다음과 같다.
> ㉠ 그리퍼 피더 ㉡ 호퍼 피더
> ㉢ 푸셔 피더 ㉣ 슬라이딩 다이
> ㉤ 슈트 ㉥ 산업용 로봇

39 다음 중 금형의 설치·해체 작업의 일반적인 안
전사항으로 틀린 것은?

① 금형의 설치용구는 프레스의 구조에 적
합한 형태로 한다.
② 금형을 설치하는 프레스의 T홈 안길이는
설치 볼트 직경 이하로 한다.
③ 고정볼트는 고정 후 가능하면 나사산이
3~4개 정도 짧게 남겨 슬라이드면과의 사
이에 협착이 발생하지 않도록 해야 한다.
④ 금형 고정용 브래킷(물림판)을 고정시킬
때 고정용 브래킷은 수평이 되게 하고, 고
정볼트는 수직이 되게 고정하여야 한다.

> **해설**
> ② 금형을 설치하는 프레스의 T홈 안길이는 설치 볼
> 트 직경의 2배 이상으로 한다(금형의 탈착 및 운
> 반에 의한 위험방지).

기타 산업용 기계·기구

제1절 롤러(Roller)기

롤러(Roller)기는 롤을 이용하여 합성수지, 고무 및 고무화합물을 연화하는 기계로서 2개 이상의 롤이 근접하여 상호 반대방향으로 회전하며 압축, 성형, 분쇄, 인쇄 또는 압연작업을 하기 때문에 재해가 많이 발생한다.

> 💡 참고
> ▶ 2개의 회전체가 회전운동을 할 때에 물림점이 발생할 수 있는 조건
> 하나는 시계방향으로 회전하고 또 다른 하나는 시계 반대방향으로 회전

1 롤러기의 종류

① 회전 인쇄기   ② 압연기
③ 카렌더기   ④ 롤러 밀기

2 롤러기의 급정지장치 설치방법

롤러기의 맞물리는 점에 작업자의 손이 끼이는 것은 매우 위험하기 때문에 가드를 설치한다. 또한 롤러기에는 조작부의 이상 움직임으로 인한 브레이크 계통의 작동으로 롤러가 급정지되도록 하는 급정지장치를 설치해야만 되며, 종류와 설치위치는 다음 표와 같다.

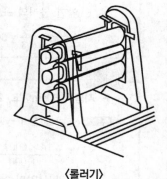

〈롤러기〉

〈급정지장치의 종류〉

급정지장치 조작부의 종류	설치위치	비 고
손조작 로프식	밑면에서 1.8m 이내	설치위치는 급정지장치 조작부의 중심점을 기준으로 한다.
복부 조작식	밑면에서 0.8m 이상, 1.1m 이내	
무릎 조작식	밑면에서 0.4m 이상, 0.6m 이내	

> 💡 참고
> ▶ 급정지장치
> 위험기계의 구동에너지를 작업자가 차단할 수 있는 장치

3 방호장치의 기능

롤러를 무부하상태로 회전시켜 앞면 롤러의 표면속도에 따라 규정된 정지거리 내에 당해 롤러를 정지시킬 수 있는 성능을 보유한 급정지장치라야 한다.

〈급정지장치의 성능〉

앞면 롤러의 표면속도(m/min)	급정지 거리
30 미만	앞면 롤러 원주의 1/3 이내
30 이상	앞면 롤러 원주의 1/2.5 이내

표면속도의 산출공식은 다음과 같다.

$$V = \frac{\pi D N}{1,000} (\text{m/min})$$

여기서, V : 표면속도(m/min), D : 롤러 원통 직경(mm), N : 회전수(rpm)

예제 1

▶ 롤러기의 앞면 롤러 지름이 300mm, 분당 회전수가 30회일 경우 허용되는 급정지장치의 급정지거리는 약 얼마인가?

풀이 $V = \frac{\pi D N}{1,000} = \frac{3.14 \times 300 \times 30}{1,000} = 28.26 \text{m/min}$

앞면 롤러의 표면속도가 30m/min 미만은 급정지거리가 앞면 롤러 원주의 1/3이다. 따라서,

$l = \pi D \times \frac{1}{3} = 3014 \times 300 \times \frac{1}{3} = 314 \text{mm}$

예제 2

▶ 지름이 60cm이고, 20rpm으로 회전하는 롤러에 적합한 급정지장치의 성능을 쓰시오.

풀이 표면속도 $V = \frac{\pi D N}{1,000}$ 이므로

$\therefore \frac{3.14 \times 600 \times 20}{1,000} = 37.68 \text{m/min}$

따라서 앞면 롤러의 표면속도가 30m/min 이상이므로 앞면 롤러 원주의 1/2.5 거리에서 급정지한다.

4 급정지장치 조작부에 사용하는 로프의 성능기준

(1) 손으로 조작하는 로프식
① 수직접선에서 5cm 이내 위치
② 지름 4mm 이상의 와이어로프 또는 직경이 6mm 이상이고 절단하중이 2.94kN 이상의 합성섬유 로프

(2) 복부조작식
조작부는 로프보다 강철봉 또는 막대에 의해 복부에 압력을 정확하게 브레이크 계통에 전달할 수 있는 것

(3) 무릎조작식

정해진 범위 내의 어느 부분에 닿아도 급정지장치가 작도할 수 있도록 직사각형의 판조작부 사용

5 롤러기 가드의 개구부 간격

ILO(국제노동기구)에서 정한 프레스 및 전단기의 작업점이나 롤러기의 맞물림점에 설치하는 가드의 개구부 간격을 구하는 식은 다음과 같다.

$$Y = 6 + 0.15X$$

여기서 Y : 가드 개구부 간격(안전간극) (mm)

X : 가드와 위험점간의 거리(안전거리) (mm)

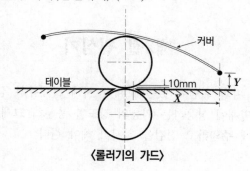

〈롤러기의 가드〉

📐예제 1

▶ 전단기 개구부의 가드 간격이 12mm일 때 가드와 전단지점간의 거리는?

풀이 $Y = 6 + 0.15X$, Y : 개구부 가드 간격

$12 = 6 + 0.15X$, X : 가드와 전단지점간의 거리

$0.15X = 12.6$

$$\therefore X = \frac{6}{0.15} = 40\text{mm}$$

📐예제 2

▶ 롤러기의 물림점(nip point)의 가드 개구부의 간격이 15mm일 때 가드와 위험점 간의 거리는 몇 mm 인가? (단, 위험점이 전동체는 아니다.)

풀이 $Y = 6 + 0.15x$, $x = \dfrac{Y-6}{0.15}$

$$\therefore \frac{15-6}{0.15} = 60\text{mm}$$

6 롤러 공간합성(trap)을 막기 위한 신체 부위별 최소틈새

신체부위	몸	다리	발	팔	손목	손가락
최소틈새(mm)	500	180	120	100		25

7 롤러기의 안전수칙

① 롤러기 주위 바닥은 평탄하고, 돌출물이나 장애물이있으면 안 되며, 기름이 묻어 있을 경우 즉시 제거할 것
② 청소 시에는 롤러기를 정지시키고 할 것
③ 롤러기를 사용하는 고무, 고무화합물 또는 합성수지를 연화하는 작업에는 경험을 가진 작업자를 배치할 것
④ 가공물이 유해물인 경우에는 덮개를 설치할 것
⑤ 장갑을 끼고 작업하지 말 것

제2절 원심기

원심기는 가끔 내통의 파괴 위험이 있는데 제작 시에 날개류의 강도나 균형을 고려하고 추의 임계속도를 고려하여 방호덮개에 상응하는 외통의 강도를 충분히 크게 할 필요가 있다. 또한 사용 중의 이상진동이나 이상음에 주의하고 점검을 철저히 해야 한다.

1 원심기의 안전수칙

① 원심기에는 덮개를 설치하여야 한다.
② 원심기의 최고사용회전수를 초과하여 사용하여서는 안 된다.
③ 원심기로부터 내용물을 꺼내거나 원심기의 정비, 청소, 검사, 수리작업을 하는 때에는 운전을 정지시키여야 한다.

2 기타 원심기(분쇄기 및 혼합기, 고속회전체, 방적기 및 제면기 등 포함)와 관련된 중요한 사항

① 원심기(분쇄기, 파쇄기, 미분기, 혼합기 등)의 가동 또는 원료의 비산 등으로 근로자에게 위험을 미칠 우려가 있는 때 취해야 될 조치 : 덮개 설치
② 분쇄기, 혼합기 등의 개구부에 취해야 될 조치 : 덮개, 울 설치
③ 회전시험을 할 때 미리 비파괴검사를 실시해야 될 고속회전체 : 회전축의 중량이 1t을 초과하고 원주속도가 120m/s 이상인 것
④ 신선기의 인발블록 또는 꼬는 기계의 케이지에 취해야 될 조치 : 덮개, 울 설치
⑤ 방적기 및 제면기의 비터, 실린더에 설치하는 방호장치 : 덮개, 시건장치, 연동장치

제3절 아세틸렌 용접장치 및 가스집합 용접장치

1 아세틸렌 용접장치

아세틸렌 용접장치의 발생기는 카바이트와 물을 반응시켜 아세틸렌가스를 발생시키는 장치로서 주입식, 침지식, 투입식이 있는데 이 중 공업적으로 널리 사용되고 있는 것은 투입식이다.

$$CaC_2 + 2H_2O \rightarrow Ca(OH)_2 + C_2H_2$$

(1) 압력의 제한

아세틸렌 용접장치를 사용하여 금속의 용접, 용단 또는 가열작업을 하는 경우에는 게이지압력은 127kPa을 초과하는 압력의 아세틸렌을 발생시켜 사용해서는 안 된다.

(2) 15℃, 1기압에서 아세틸렌이 용해되는 물질

아세톤 : 25배 아세틸렌 용해

(3) 아세틸렌 용접장치의 구조

① 아세틸렌 발생기실의 구조

㉮ 벽은 불연성 재료로 하고 철근콘크리트 또는 그 밖에 이와 동등하거나 그 이상의 강도를 가진 구조로 할 것

㉯ 지붕 및 천장에는 얇은 철판이나 가벼운 불연성 재료를 사용할 것

㉰ 바닥면적의 1/16 이상의 단면적을 가진 배기통을 옥상으로 돌출시키고, 그 개구부를 창 또는 출입구로부터 1.5m 이상 떨어지도록 할 것

> **예제**
>
> ▶ 산업안전보건법령에 따라 아세틸렌-산소 용접기의 아세틸렌 발생기실에 설치해야 할 배기통은 얼마 이상의 단면적을 가져야 하는가?
>
> **풀이** 아세틸렌 발생기실에 설치해야 하는 아세틸렌-산소 용접기의 배기통은 바닥면적의 1/16 이상의 단면적을 가져야 한다.

㉱ 출입구의 문은 불연성 재료로 하고 1.5mm 이상의 철판이나 그 밖에 동등 이상의 강도를 가진 구조로 할 것

㉲ 벽과 발생기 사이에는 발생기의 조정 또는 카바이트 공급 등의 작업을 방해하지 않도록 간격을 확보할 것

② 아세틸렌 발생기실의 설치위치

㉮ 아세틸렌 용접장치의 아세틸렌 발생기를 설치하는 경우에는 전용의 발생기실에 설치하여야 한다.

㉯ 건물 최상층에 설치하고, 화기 사용 설비로부터 3m 초과 장소에 설치한다.

㉰ 발생기실을 옥외에 설치한 경우에는 그 개구부를 다른 건축물로부터 1.5m 이상 떨어지도록 하여야 한다.

> **참고**
> ▶ 아세틸렌 용접장치에서 역화의 발생원인
> 1. 압력조정기가 고장으로 작동이 불량일 때
> 2. 토치의 성능이 좋지 않을 때
> 3. 팁이 과열되었을 때
> 4. 산소공급이 과다할 때
> 5. 가열 되었을 때

(4) 안전기

아세틸렌 용접 시 역류를 방지하기 위하여 설치하는 것

① 수봉식 안전기

㉮ 저압용 수봉식 안전기 : 게이지 압력이 $0.07kg/cm^2$ 이하의 저압식 아세틸렌 용접장치

㉠ 도입부는 수봉식으로 한다.

㉡ 주요 부분은 두께 2mm 이상의 강판 또는 강관을 사용하여, 내부압력에 견디어야 한다.

㉢ 수봉배기관을 갖추어야 한다.

㉣ 도입부 및 수봉배기관은 가스가 역류하고 역화폭발을 할 때 위험을 확실히 방호할 수 있는 구조이어야 한다.

㉤ 유효수주는 25mm 이상으로 유지하여 만일의 사태에 대비하여야 한다.

㉥ 수위를 용이하게 점검할 수 있어야 한다.

㉦ 물의 보급 및 교환이 용이한 구조로 해야 한다.

㉧ 아세틸렌과 접촉하는 부분은 동관을 사용하지 않아야 한다.

㉯ 중압용 수봉식 안전기 : 게이지압력 $0.07kg/cm^2$ 이상 $1.3kg/cm^2$ 이하

㉠ 안전기의 내경에 따른 주요 부분의 두께는 다음 표와 같다.

안전기의 내경(cm)	강판 또는 강관의 두께(mm)	안전기의 내경(cm)	강판 또는 강관의 두께(mm)
10 미만	2	20 이상 30 미만	6
10 이상 15 미만	3	30 이상 50 미만	10
15 이상 20 미만	4	50 이상	16

㉡ 도입관에 밸브 또는 콕이 비치되어 있을 것

㉢ 수봉배기관을 사용하는 대신 도입관에 역지(逆止) 밸브를 비치하여도 됨

㉣ 도입부를 수봉식으로 할 때 요휴수주는 50mm 이상으로 할 것

㉤ 수위를 용이하게 점검할 수 있고 적어도 $5.5kg/cm^2$의 압력에 견디어 낼 강도를 가지는 수면계, 들여다보는 창, 시험용 콕을 비치하고 있을 것

㉥ 물의 보급 및 교환이 용이한 구조일 것

㉦ 아세틸렌과 접촉할 염려가 있는 부분(주요 부분을 제외)은 동 또는 동을 70% 이상 합유한 합금을 사용하지 않을 것

② 건식 안전기 : 최근에는 용해 아세틸렌, 프로판가스 등의 용기를 이용하여 용접하는 일이 많아지고 있으므로 이러한 작업에 대한 방호장치로서의 필요한 것이 건식 안전기인데 여기에는 우회로식과 소결금속식의 두 가지 형식이 있다.

⑦ 우회로식 건식 안전기 : 가스의 역화 시 압력파와 연소파를 분리하여 연속파가 우회로를 통과하고 있는 사이에 가스통로를 폐쇄히켜 역화를 저지하는 방식이다.

⑭ 소결금속식 안전기 : 역화된 불꽃이 소결금속에 의해 냉각 소화되고 역화압력에 의해 폐쇄밸브가 스스로 작동하여 가스통로를 폐쇄시키는 것이다.

③ 안전기(수봉식, 건식) 사용 시 주의사항

⑦ 수봉식 안전기는 지면에 대하여 수직으로 설치한다.

⑭ 수봉식 안전기는 1일 1회 이상 점검하고 항상 지정된 수위를 유지한다.

⑭ 수봉부의 물이 얼었을 때는 더운 물로 용해한다. 자주 얼 경우에는 글리세린이나 에틸렌글리콜 등과 같은 부동액을 첨가해도 좋다.

⑭ 중압용 안전기의 파열판은 상황에 따라 적어도 연 1회 이상 정기적으로 교환한다.

⑭ 건식 안전기는 아무나 분해하거나 수리하지 말아야 한다.

⑭ 안전기 사용 시 가장 유의할 곳은 수위 확인이다.

(5) 아세틸렌 용접장치의 관리

① 아세틸렌 용접장치를 사용하여 금속의 용접, 용단 및 가열 작업을 하는 때에는 다음 사항을 준수하여야 한다.

⑦ 발생기의 종류, 형식, 제작업체명, 매시 평균 가스발생량 및 1회의 카바이트 송급량을 발생기실 내의 보기 쉬운 장소에 게시할 것

⑭ 발생기실에는 관계근로자 외의 자가 출입하는 것을 금지시킬 것

⑭ 발생기에는 5m 이내 또는 발생기실에서 3m 이내의 장소에서는 흡연, 화기의 사용 또는 불꽃이 발생할 위험한 행위를 금지시킬 것

⑭ 도관에는 산소용과 아세틸렌용과의 혼동을 방지하기 위한 조치를 할 것

⑭ 아세틸렌 용접장치의 설치장소에는 적당한 소화설비를 갖출 것

⑭ 이동식의 아세틸렌 용접장치의 발생기는 고온의 장소, 통풍이나 환기가 불충분한 장소 또는 진동이 많은 장소 등에 설치하지 아니하도록 할 것

2 가스집합 용접장치

(1) 가스장치실의 구조

① 지붕 및 천장에는 가벼운 불연성의 재료를 사용할 것
② 벽에는 불연성의 재료를 사용할 것
③ 가스가 누출 된 때에는 당해 가스가 정체되지 아니하도록 할 것

(2) 가스집합 용접장치의 관리

가스집합 용접장치를 사용하여 금속의 용접, 용단 및 가열 작업을 할 때는 다음의 사항을 준수해야 한다.

① 사용하는 가스의 명칭 및 최대 가스저장량을 가스장치실의 보기 쉬운 장소에 게시할 것
② 가스용기를 교환하는 때에는 작업담당자의 참여하에 할 것

③ 밸브·콕 등의 조작 및 점검요령을 가스장치실의 보기 쉬운 장소에 게시할 것

④ 가스장치실에는 관계근로자 외의 자의 출입을 금지시킬 것

⑤ 가스집합장치로부터 5m 이내의 장소에서는 흡연, 화기의 사용 또는 불꽃을 발생시킬 우려가 있는 행위를 금지시킬 것

⑥ 도관에는 산소용과의 혼동을 방지하기 위한 조치를 할 것

⑦ 가스집합장치의 설치장소에는 적당한 소화설비를 설치할 것

⑧ 이동식 가스집합 용접장치의 가스집합장치는 고온의 장소, 통풍이나 환기가 불충분한 장소 또는 진동이 많은 장소에 설치하지 아니하도록 할 것

⑨ 당해 작업을 행하는 근로자에게 보안경 및 안전장갑을 착용시킬 것

(3) 가스용접작업 시 안전수칙

① 용접하기 전에 반드시 소화기, 소화수의 위치를 확인할 것

② 작업하기 전에 안전기와 산소조정기의 상태를 점검할 것

③ 보안면, 안전장갑 및 용접용 앞치마를 착용하고 작업할 것

④ 토치의 점화는 조정기의 압력을 조정하고, 먼저 토치의 아세틸렌밸브를 연 다음에 산소밸브를 열어 점화시키며, 작업 후에는 산소밸브를 먼저 닫고 아세틸렌밸브를 닫을 것

⑤ 토치 내에서 소리가 날 때 또는 과열되었을 때는 역화에 주의할 것

⑥ 작업이 끝난 후에는 화기나 가스의 누설 여부를 살필 것

⑦ 용집 이외의 목적으로 산소를 사용하지 말 것

⑧ 산소용 호스와 아세틸렌용 호스는 색으로 구별된 것을 사용할 것

⑨ 토치에 기름이나 그리스를 바르지 말 것

⑩ 조정용 나사를 너무 세게 죄지 말 것

⑪ 안전밸브의 열과 닫음은 조심스럽게 하고 밸브를 $1\frac{1}{2}$ 회전 이상 돌리지 말 것

⑫ 용해 아세틸렌의 용기에서 아세틸렌이 급격히 분출될 때에는 정전기가 발생되어 인체가 접근하면 방전되므로 급격히 분출시키지 말 것

⑬ 용기 저장소의 온도는 40℃ 이하를 유지할 것

⑭ 토치 팁의 청소용구는 줄이나 팁 크리너를 사용할 것

> **참고**
>
> 1. **산소-아세틸렌 가스용접 시 역화의 원인**
>   - ㉠ 토치의 과열
>   - ㉡ 토치 팁의 이물질 부착
>   - ㉢ 산소공급의 과다
>   - ㉣ 압력조종기의 고장
>   - ㉤ 토치의 성능 부족
>   - ㉥ 취관이 작업 소재에 너무 가까이 있는 경우
> 2. **산소-아세틸렌 용접작업에 있어 고무호스에 역화현상이 발생하였다면 취하여야 할 조치사항**
>   산소밸브를 먼저 잠그고, 아세틸렌밸브를 나중에 잠근다.
> 3. **구리의 사용제한**
>   용해 아세틸렌의 가스집합 용접장치의 배관 및 그 부속기구는 구리나 구리 함유량이 70% 이상인 합금을 사용해서는 아니 된다.

3 기타 용접작업과 관련되 중요한 사항

(1) 역화의 위험성이 가장 작은 아세틸렌 함유량

(2) 아세틸렌 호스 내 먼지를 제거하기 위한 용기 출구 및 밸브 개도

1/3 회전

(3) 아세틸렌의 가스 용기 취급법

① 용기의 온도는 40℃ 이하로 유지할 것

② 용기는 반드시 세워 놓고 사용할 것

③ 충전용기와 빈 용기는 명확히 구분하여 각각 보관할 것

④ 전도전락 방지조치를 할 것

⑤ 운반 중에는 밸브를 완전히 조이고 캡을 확실하게 고정할 것

⑥ 아세틸렌 누설검사로 손쉬운 방법 : 비눗물 검사법(발포법)

⑦ 전등 스위치가 옥내에 있으면 안 되는 저장소 : 카바이드 저장소

> 💡 **참고**
> 1. **전기용접작업** : 일반적으로 장갑을 착용하고 작업을 해야 한다.
> 2. **언더컷** : 용접부 결합에서 전류가 과대하고, 용접속도가 너무 빨라 용접부의 일부가 홈 또는 오목하게 생기는 결함

제4절 보일러

1 보일러의 종류

(1) 보일러의 종류 및 형식

일반적인 보일러의 분류는 다음과 같다.

종 류		형 식
원통 보일러	입형 보일러	입횡관식, 입연관식, 횡수관식, 노튜브식, 코크란식 보일러
	노통 보일러	코르니시 보일러, 랭커셔 보일러
	연관 보일러	횡연관식 보일러, 기관차형 보일러, 로코모빌형 보일러
	노통연관 보일러	노통연관 보일러, 스코치 보일러, 하우덴존슨 보일러
수관 보일러	자연순환식 수관 보일러	직관식, 곡관식, 조합식 보일러
	강제순환식 수관 보일러	라몬트식, 벨록스식, 조정순환식 보일러
	관류 보일러	벤손식, 슬저식, 소형 관류식 보일러
기타 보일러	난방용 보일러	주철제조합식 보일러, 수관식 보일러, 리보일러
	특수 보일러	폐열 보일러, 특수연료 보일러, 특수유체 보일러, 간접가열식 보일러

(2) 보일러 파열의 발생원인

① 구조상의 결함 : 설계의 착오, 가공 불량, 재료 불량

② 취급의 결함 : 부식, 균열 등에 의한 열화, 과열에 의한 강도 저하

③ 압력의 초과 : 안전장치의 능력부족, 안전장치의 부작동 등

> 💡 **참고**
>
> ▶ 보일러가 최고사용압력 이하에서 파열하는 주된 이유는 '구조상의 결함'이다.

2 보일러의 취급 시 이상현상

(1) 역화(back fire)

미연가스의 양이 적어 폭발이 작을 경우에는 연소구로부터 불이 분출하게 되는 것

① 역화의 발생원인

㉮ 점화할 때 착화가 늦어졌을 경우 ㉯ 댐퍼를 지나치게 조인 경우

㉰ 연료밸브를 급히 열었을 경우 ㉱ 압입통풍이 너무 강할 경우

㉲ 흡입통풍이 부족한 경우 ㉳ 연도 내에 미연가스가 다량 있는 경우

㉴ 연소 중 갑자기 소화된 후 노내의 여열로 점화했을 경우

(2) 발생증기의 이상현상

① 프라이밍(Priming : 비수공발) : 보일러 부하의 급변, 수위의 과상승 등에 의해 수분이 증기와 분리되지 않아 보일러 수면이 심하게 솟아 올라 올바른 수위를 판단하지 못하는 현상

② 포밍(Foaming : 거품의 발생) : 보일러수 속이 유지류, 용해 고형물 부유물 등의 농노가 높아지면 드럼 수면에 안정한 거품이 발생하고, 또한 거품이 증가하여 드럼의 기실에 전체로 확대되는 현상

③ 프라이밍과 포밍의 발생원인

㉮ 고수위인 경우 ㉯ 주증기 밸브를 급격히 개방한 경우

㉰ 보일러가 과부하로 사용될 경우 ㉱ 보일러수에 불순물이 많이 포함되었을 경우

㉲ 기수분리장치가 불완전한 경우 ㉳ 증기부가 적고 수부가 큰 경우

㉴ 기계적 결함이 있을 경우

④ 프라이밍과 포밍의 발생 시 조치사항

㉮ 보일러수의 자료를 얻어 수질검사를 한다.

㉯ 보일러수의 일부를 취출하여 새로운 물을 넣는다.

㉰ 안전밸브, 수면계의 시험과 압력계 연락관을 취출하여 본다.

㉱ 연소량을 가볍게 한다.

㉲ 증기밸브를 닫고 수면계 수위의 안정을 기다린다.

⑤ 캐리오버(Carryover : 기수공발) : 보일러수 중에 용해 고형분이나 수분이 발생하여 증기의 순도를 저하시킴으로써 관내 응축수가 생겨 워터해머(수격작용)의 발생원인이 되고, 터빈이나 증기과열기의 고장발생원인이 되는 것이다. 보일러의 구조상 공기실이 작고 증기수면이 좁거나 기수분리장치가 불완전한 경우에 많이 발생한다. 캐리오버의 발생원인은 다음과 같다.

㉮ 보일러 부하가 과대할 때

㉯ 보일러 수면이 너무 높을 때

㉰ 기수분리장치가 불완전할 때

㉱ 보일러의 구조상 공기실이 작고 증기수면이 좁을 때

㉲ 주증기를 멈추는 밸브를 급격히 열었을 때

⑥ 워터해머(Water Hammer : 수격작용) : 보일러 배관 내의 액체속도가 급격히 변화하면 관내의 액 (응축수)에 심한 압력변화가 생겨 관벽을 치는 현상이다.

> 💡 **참고**
>
> ▶ **워터해머와 관련되는 사항**
> 밸브의 급격한 개폐, 관내의 심한 유동, 압력변화에 의한 압력파 발생

(3) 보일러의 부식원인

① 급수처리를 하지 않을 물을 사용할 때

② 급수에 해로운 불순물이 혼입되었을 때

③ 불순물을 사용하여 수관이 부식되었을 때

3 보일러의 안전장치

(1) 압력방출장치

① 압력방출장치의 종류 : 압력방출장치는 보일러 내부의 증기압력이 최고사용압력에 달하면 자동적으로 밸브가 열려서 증기를 외부로 분출시켜 증기압력의 상승을 막아주는 것으로 스프링식, 중추식, 지렛대식의 3종류가 있는데, 보일러용으로는 스프링식이 가장 많이 쓰이고 있다.

② 압력방출장치의 설치기준

㉮ 보일러의 안전한 가동을 위하여 보일러 규격에 적합한 압력방출장치를 1개 또는 2개 이상 설치하고, 최고사용압력 이하에서 작동되도록 하여야 한다.

㉯ 압력방출장치가 2개 이상 설치된 경우에는 최고사용압력 이하에서 1개가 작동되고, 다른 압력방출장치는 최고사용압력 1.05배 이하에서 작동되도록 부착하여야 한다.

㉰ 압력방출장치는 1년에 1회 이상 국가교정기관으로부터 교정을 받은 압력계를 이용하여 토출압력을 시험한 후 납으로 봉인하여 사용하여야 한다.

③ 압력방출장치의 설치방법

㉮ 검사가 용이한 위치에 밸브축이 수직되게 설치한다.

㉯ 가능한 보일러 동체에 직접 설치한다.

㉰ 최고사용압력 이하에서 작동하는 방호장치를 설치해야 한다.

> 💡 **참고**
>
> ▶ 공정안전보고서 제출대상으로서 이행수준 평가결과가 우수한 사업장의 경우 보일러의 압력방출장치에 대하여 4년에 1회 이상으로 설정압력에서 압력방출장치가 적정하게 작동하는지를 검사할 수 있다.

(2) 압력제한스위치

상용 운전압력 이상으로 압력이 상승할 경우, 보일러의 파열을 방지하기 위하여 버너 연소를 차단하여 정상압력으로 유도하는 장치

> **참고**
>
> ▶ **스택스위치**
> 보일러에서 폭발사고를 방지하기 위해 화염 상태를 검출할 수 있는 장치가 필요하다. 이중 바이메탈을 이용하여 화염을 검출한다.

(3) 고저수위 조절장치

보일러 수위가 이상현상으로 인해 위험수위로 변하면 작업자가 쉽게 감지할 수 있도록 경보등, 경보음을 발하고 자동적으로 급수 또는 단수 되어 수위를 조절하는 방호장치

(4) 기타

보일러의 방호장치로는 그 밖에 도피밸브, 가용전, 방폭문, 화염검출기 등이 있다.

제5절 압력용기 및 공기압축기

❶ 압력용기

(1) 정의

화학공장의 탑류, 반응기, 열교환기, 저장용기 및 공기압축기의 공기저장 탱크로서 상용압력이 $0.2kg/cm^2$ 이상이 되고, 사용압력(kg/cm^2)과 용기 내용적(m^3)의 곱이 1 이상인 것을 말한다.

(2) 압력용기의 종류

① 갑종 압력용기
  ㉮ 설계압력이 게이지압력으로 1.2MPa($2kgf/cm^2$) 이상인 화학공정 유체취급용기
  ㉯ 설계압력이 게이지압력으로 1MPa($10kgf/cm^2$)를 초과하는 공기 및 질소 저장탱크
② 을종 압력용기 : 갑종 압력용기 이외이 용기

(3) 압력용기의 응력

① 원주방향의 응력

$$\sigma_t = \frac{P}{A} = \frac{Pdl}{2tl} = \frac{Pd}{2t}\,(kg/cm^2)$$

② 축방향의 응력

  ㉮ 세로방향 응력(σ_z) $= \dfrac{\frac{\pi}{4}d^2 P}{\pi dt} = \dfrac{Pd}{4t}\,(kg/cm^2)$
  ㉯ 원주방향 응력은 방향 응력의 약 2배이다.

예제

▶ 다음과 같은 조건에서 원통용기를 제작했을 때 안전성(안전도)이 높은 것부터 순서대로 나열하면?

구 분	내 압	인장강도
①	50kgf/cm²	40kgf/cm²
②	60kgf/cm²	50kgf/cm²
③	70kgf/cm²	55kgf/cm²

풀이 안전도 $= \dfrac{\text{인장강도}}{\text{내압}}$

① $\dfrac{40}{50} = 0.8$ ② $\dfrac{50}{60} = 0.83$ ③ $\dfrac{55}{70} = 0.79$

따라서 안전성(안전도)이 높은 순서는 ② - ① - ③ 이다.

(4) 압력용기의 안전기준

① 압력방출장치의 설치기준

㉮ 다단형 압축기 또는 직렬로 접속된 공기압축기에는 과압방지 압력방출장치를 각 단마다 설치한다.

㉯ 압력방출장치가 압력용기의 최고사용압력 이전에 작동되도록 설정한다.

㉰ 압력방출장치를 설치한 후에는 1일 1회 이상 작동시험을 하는 등 성능이 유지될 수 있도록 항상 점검 보수한다.

참고

1. **안전밸브** : 압력용기에서 과압으로 인한 폭발을 방지하기 위해 설치하는 압력방출장치
2. 압력용기 등을 식별할 수 있도록 하기 위하여 그 압력용기 등의 최고사용압력, 제조년월일, 제조회사 등이 지워지지 않도록 각인 표시된 것을 사용하여야 한다.
3. **안전 인증된 파열판에 나타내어야 하는 사항**
   ① 안전인증   ② 호칭지름   ③ 용도(요구성능)   ④ 유체의 흐름방향 지시

㉱ 압력방출장치는 1년에 1회 이상 표준압력계를 이용하여 토출압력을 시험한 후 납으로 봉인하여 사용한다.

㉲ 운전자가 토출압력을 임의로 조정하기 위하여 납으로 봉인된 압력방출장치를 해체하거나 조정할 수 없도록 조치한다.

② 압력계의 설치기준

㉮ 압력계는 부르동관 압력계에 적합한 것 또는 이와 동등 이상의 성능을 가진 것일 것

㉯ 압력계에 콕을 사용할 때는 사이펀관의 수직이 부분에 부착하고, 또한 그 핸들은 관축과 동일 방향으로 놓았을 때 열려 있는 것일 것

㉰ 압력계 눈금판의 최대지시 또는 최고허용압력의 1.5~3배의 압력을 지시하는 것일 것

(5) 압력용기에 설치하는 안전밸브의 설치 및 작동에 관한 사항

① 다단형 압축기에는 각 단별로 안전밸브 등을 설치하여야 한다.

② 안전밸브는 이를 통하여 보호하려는 설비의 최고사용압력 이하에서 작동되도록 설정하여야 한다.

③ 화학공정 유체와 안전밸브의 디스크 또는 시트가 직접 접촉될 수 있도록 설치된 경우에는 매년 1회 이상 국가교정기관에서 교정을 받은 압력계를 이용하여 검사한 후 납으로 봉인하여 사용한다.

④ 공정안전보고서 이행상태 평가결과가 우수한 사업장의 안전밸브의 경우 검사주기는 4년마다 1회 이상이다.

2 공기압축기

(1) 정의

임펠러 또는 회전자의 회전운동 및 피스톤의 왕복운동으로 기체압송의 압력 또는 토출공기압력이 $1kgf/cm^2$ 이상인 기계를 말한다.

(2) 공기압축기의 분류

① 터보형

㉮ 원심식 : 임펠러의 회전에 의해 생기는 원심력을 이용하여 기체에 속도와 압력을 가해 압축하는 것

㉯ 축류식 : 케이싱 속에 있는 임펠러의 회전에 따라 축방향으로 기체를 압축하는 것

② 용적형

㉮ 왕복식 : 실린더 내에 있는 피스톤의 왕복운동에 의하여 일정 용적의 가스를 압축시키는 것으로 피스톤식, 플런저식, 다이어프램식 등이 있다.

㉯ 회전식 : 회전자를 회전시켜 일정 용적의 기체를 압축하는 것으로 루츠형, 가동익형, 나사형 등이 있다.

(3) 공기압축기의 작업안전수칙

① 공기압축기의 점검 및 청소는 반드시 전원을 차단한 후에 실시한다.

② 운전중에 어떠한 부품도 건드려서는 안 된다.

③ 공기압축기 분해시 내부의 압축공기를 제거한 후 실시한다.

④ 최대공기압력을 초과한 공기압력으로는 절대로 운전하여서는 안 된다.

(4) 공기압축기 작업 시작 전 점검사항

① 공기저장 압력용기의 외관상태

② 드레인밸브의 조작 및 배수

③ 압력방출장치의 기능

④ 언로드밸브의 기능

⑤ 윤활유의 상태

⑥ 회전부의 덮개 또는 울

⑦ 그 밖의 연결부위의 이상 유무

(5) 공기압축기의 방호장치

① **압력방출장치(안전밸브)** : 안전밸브(Safety Valve)는 공기탱크의 파손, 전동기의 과부하방지를 위하여 부착이 되는 안전장치로서 임의로 설정압력을 변경하거나, 손상이 없도록 철저한 관리가 필요하다.

② 언로드밸브

③ 회전부의 덮개

> **참고**
>
> 1. **서징(Surging)**
>   송풍기와 압축기에서는 토출측 저항이 커지면 토출량이 감소하고, 어느 토출량에 대하여 일정한 압력으로 운전되나 우상 특성의 토출량까지 감소하면 관로에 심한 공기의 진동과 맥동현상을 발생하며 불안전한 운전이 되는 것을 서징이라 한다.
>
> 2. **서징현상 방지방법**
>   ㉠ 방출밸브에 의한 조정
>   ㉡ 회전수를 변경시키는 방법
>   ㉢ 베인 컨트롤에 의한 방법
>   ㉣ 우상이 없는 특성으로 하는 방법
>   ㉤ 교축밸브를 기계에 가까이 설치하는 방법
>
> 3. **회전부의 덮개 등**
>   압력용기 및 공기압축기 등에 부속하는 원동기 축이음·벨트·풀리의 회전부위 등 근로자에게 위험을 미칠 우려가 있는 부위에는 덮개 또는 울 등을 설치한다.
>
> 4. **언로드밸브**
>   공기압축기에서 공기탱크 내의 압력이 최고사용압력에 도달하면 압송을 정지하고, 소정의 압력까지 강하하면 다시 압송작업을 하는 밸브이다.

제6절 산업용 로봇

플레이트 및 기억장치를 가지고 기억장치 정보에 의해 매니플레이트의 굴신, 신축, 상하이동, 좌우이동, 선회동작 및 이들의 복합동작을 자동적으로 행할 수 있는 장치

1 산업용 로봇의 분류

(1) 동작형태별 분류

산업용 로봇의 동작형태별 분류는 다음과 같다.

종 류	기 능
① 극좌표 로봇(Robot polar coordinates robot)	팔의 자유도가 주로 극좌표 형식인 매니플레이트
② 직각좌표 로봇(Robot cartesian coordinates robot)	팔의 자유도가 주로 직각좌표 형식인 매니플레이트
③ 관절 로봇(Robot articulated robot)	팔의 자유도가 주로 다관절인 매니플레이트
④ 원통좌표 로봇(Robot cylinderical coordinates robot)	팔의 자유도가 주로 원통좌표 형식인 매니플레이트

(2) 입력정보 교시에 의한 분류

산업용 로봇의 입력정보, 교시(산업용 로봇의 작업순서, 경로 또는 위치 등의 정보를 설정하는 것)에 의한 분류는 다음 표와 같다.

종류	기능
① 매뉴얼 매니퓰레이션	인간이 조작하는 매니퓰레이터
② 지능 로봇	감각기능 및 인식기능에 의해 행동결정을 할 수 있는 로봇
③ 감각제어 로봇	감각 정보를 가지고 동작의 제어를 행하는 로봇
④ 플레이백 로봇	인간이 매니퓰레이터를 움직여서 미리 작업을 수행하는 것으로 그 작업의 순서, 위치 및 기타의 정보를 기억시켜 이를 재생함으로써 그 작업을 되풀이 할 수 있는 매니퓰레이터
⑤ 수치제어 로봇	순서, 위치 기타의 정보를 수치에 의해 지령받는 작업을 할 수 있는 매니퓰레이터
⑥ 적응제어 로봇	환경의 변화 등에 따라 제어 등의 특성을 필요로 하는 조건을 충족시키기 위하여 변화되는 적응 제어기능을 가지는 로봇
⑦ 학습제어 로봇	작업경험 등을 반영시켜 적절한 작업을 행하는 제어기능을 가지는 로봇
⑧ 고정시퀀스 로봇	미리 설정된 순서와 조건 및 위치에 따라 동작의 각 단계를 차례로 거쳐나가는 매니퓰레이터이며 설정정보의 변경을 쉽게 할 수 없는 로봇
⑨ 가변시퀀스 로봇	미리 설정된 순서와 조건 및 위치에 따라 동작의 각 단계를 차례로 거쳐나가는 매니퓰레이터로서 설정정보의 변경을 쉽게 할 수 있는 로봇

참고

▶ **시퀀스 로봇** : 기계의 동작상태가 설정한 순서, 조건에 따라 진행되어, 한 가지 상태의 종료가 다음 상태를 생성하는 제어시스템

(3) 용도별 분류

산업현장에 쓰이고 있는 로봇을 용도별로 분류하면 다음 표와 같다.

용도	사용가능 로봇
① 스폿(Spot) 용접	직교 좌표형(4축), 수직 다관절(6축)
② 아크(Arc) 용접	수직 다관절(5축, 6축)
③ 도장	수직 다관절(유압식, 전기식)
④ 조립	직각좌표, 원통좌표, 수직 다관절
⑤ 사출기 취출	취출 로봇
⑥ 핸들링(Handling)	겐트리, 수직 다관절

2 산업용 로봇의 안전관리

(1) 매니퓰레이터

산업용 로봇의 재해발생에 대한 주된 원인이며, 본체의 외부에 조립되어 인간의 팔에 해당되는 기능

(2) 로봇의 작동범위 내에서 그 로봇에 관하여 교시 등 작업을 행하는 때 작업 시작 전 점검사항(단, 로봇의 동력원을차단하고 행하는 것은 제외)

① 외부 전선의 피복 또는 외장의 손상 유무

② 매니퓰레이터 작동의 이상 유무

③ 제동장치 및 비상정지장치의 기능

(3) 산업용 로봇의 정기점검

산업용 로봇의 설치장소, 사용빈도, 부품의 내구성 등을 감안하여 검사항목, 검사방법, 판정기준, 실시시기 등의 점검기준을 정하고 그것에 의해 다음 사항을 점검하여야 한다.

① 동력전달부분의 이상 유무

② 주요부품의 볼트 풀림의 유무

③ 전기계통의 이상 유무

④ 유압 및 공압 계통의 이상 유무

⑤ 서보(Servo) 계통의 이상 유무

⑥ 스토퍼(Stopper)의 이상 유무

⑦ 엔코더(Encoder)의 이상 유무

⑧ 작동의 이상을 검출하는 기능의 이상 유무

⑨ 가동부분의 윤활상태 기타 가동부분에 관한 이상 유무

(4) 산업용 로봇작업 안전수칙

산업용 로봇의 작동범위 내에서 당해 로봇에 대하여 교시 등의 작업을 하는 때에는 당해 로봇의 불의의 작동 또는 오조작에 의한 위험을 방지하기 위하여 다음 조치를 하여야 한다.

① 다음 사항에 관한 작업지침을 정하고 그 지침에 따라 작업을 시킬 것

㉮ 로봇의 조작방법 및 순서

㉯ 작업중의 매니퓰레이터의 속도

㉰ 2명 이상의 근로자에게 작업을 시킬 경우의 신호방법

㉱ 이상을 발견한 경우의 조치

㉲ 이상을 발견하여 로봇의 운전을 정지시킨 후 이를 재가동시킬 경우의 조치

㉳ 그 밖에 로봇의 예기치 못한 작동 또는 오조작에 의한 위험을 방지하기 위하여 필요한 조치

② 작업에 종사하고 있는 근로자 또는 그 근로자를 감시하는 사람은 이상을 발견하면 즉시 로봇의 운전을 정지시키기 위한 조치를 한다.

③ 작업을 하고 있는 동안 로봇의 기동스위치 등에 작업을 종사하고 있는 근로자가 아닌 사람이 그 스위치 등을 조작할 수 없도록 필요한 조치를 한다.

④ 운전중의 위험방지 : 로봇을 운전하는 경우에 근로자가 로봇에 부딪칠 위험이 있을 때에는 안전매트 및 높이 1.8m(180cm) 이상의 안전방책을 설치하여야 한다.

⑤ 수리 등 작업 시의 조치 : 로봇의 작동범위에서 해당 로봇의 수리, 검사, 조정, 청소, 급유 또는 결과에 대한 확인작업을 하는 경우에는 해당 로봇의 운전을 정지함과 동시에 그 작업을 하고 있는 동안 로봇의 기동스위치를 열쇠로 잠근 후 열쇠는 별도관리하거나 해당 로봇의 기동스위

치에 작업 중이란 내용의 표시판을 부착하는 등 해당 작업에 종사하고 있는 근로자가 아닌 사람이 해당 기동스위치를 조작할 수 없도록 필요한 조치를 한다.

㉮ 작업을 하고 있는 동안 로봇의 기동스위치 등에 "작업중"이라는 표시를 하여야 한다.

㉯ 해당 작업에 종사하고 있는 근로자의 안전한 작업을 위하여 작업종사자 외의 사람이 기동스위치를 조작할 수 없도록 하여야 한다.

㉰ 로봇을 운전하는 경우에 근로자가 로봇에 부딪칠 위험이 있을 때에는 안전매트 및 높이 1.8m 이상의 방책을 설치하는 등 필요한 조치를 하여야 한다.

㉱ 로봇의 작동범위에서 해당 로봇의 수리, 검사, 조정, 청소, 급유 또는 결과에 대한 확인 작업을 하는 경우에는 해당 로봇의 운전을 정지함과 동시에 그 작업을 하고 있는 동안 로봇의 기동스위치를 열쇠로 잠근 후 열쇠를 별도관리하여야 한다.

> **참고**
>
> ▶ **산업용 로봇작업을 수행할 때의 안전조치사항**
> 1. 자동운전 중에는 방전방책의 출입구에 안전플러그를 사용한 인터록이 작동하여야 한다.
> 2. 액추에이터의 잔압 제거 시에는 사전에 안전블록 등으로 강하방지를 한 후 잔압을 제거한다.
> 3. 로봇의 교시작업을 수행할 때에는 작업지침에서 정한 매니퓰레이터의 속도를 따른다.
> 4. 작업개시 전에 외부 전선의 피복손상, 비상정지장치를 반드시 검사한다.

3 산업용 로봇과 관련된 중요한 사항

(1) 로봇의 오동작을 일으키게 하는 환경조건

소음, 온도, 전자파

(2) 산업용 로봇의 위험한계 내에 근로자가 들어갈 때 압력 등을 감지할 수 있는 방호장치

안전매트

(3) 산업용 로봇의 매니퓰레이터와 안전방책과의 최소간격

40cm 이상

(4) 산업용 로봇을 운전하는 경우 방호장치 및 방책

안전매트

(5) 공기압 구동식 산업용 로봇에 대하여 안전조치를 취해야 될 이상 현상

① 압력저하 　　　　　　　　　　　② 공기누설

③ 물방울의 혼입

> **참고**
>
> 1. **자동화에 있어 송급배출장치**
>   ㉠ 다이얼 피더　　　㉡ 슈트　　　㉢ 푸셔 피더　　　㉣ 호퍼 피더
>   ㉤ 슬라이딩 다이얼 피더　　㉥ 그리퍼 피더
> 2. **에어분사장치**
>   ㉠ 셔플 이젝터　　　㉡ 산업용 로봇　　　㉢ 자동배출장치

Chapter 04 | 출제 예상 문제

01 다음 중 위험기계의 구동에너지를 작업자가 차단할 수 있는 장치에 해당하는 것은?

① 급정지장치　　② 감속장치
③ 위험방지장치　　④ 방호설비

> **해설**
> 문제의 내용은 급정지장치에 관한 것이다. 급정지장치는 롤러기의 방호장치에 해당된다.

02 산업안전보건법령상 롤러기 조작부의 설치위치에 따른 급정지장치의 종류가 아닌 것은?

① 손조작식　　② 복부조작식
③ 무릎조작식　　④ 발조작식

> **해설**
> 롤러기 조작부의 설치위치에 따른 급정지장치의 종류로는 손조작식, 복부조작식, 무릎조작식이 있다.

03 롤러기 조작부의 설치위치에 따른 급정지장치의 종류에서 손조작식 급정지장치의 설치위치로 옳은 것은?

① 밑면에서 0.5m 이내
② 밑면에서 0.6m 이상 1.0m 이내
③ 밑면에서 1.8m 이내
④ 밑면에서 1.0m 이상 2.0m 이내

> **해설** 급정지장치의 설치위치
> ㉠ **손조작식** : 밑면에서 1.8m 이내
> ㉡ **복부조작식** : 밑면에서 0.8m 이상 1.1m 이내
> ㉢ **무릎조작식** : 밑면에서 0.4m 이상 0.6m 이내

04 산업안전보건법령상 롤러기에 사용하는 급정지장치 중 작업자의 무릎으로 조작하는 것의 위치로 옳은 것은?

① 밑면에서 0.2m 이상 0.4m 이내
② 밑면에서 0.4m 이상 0.6m 이내
③ 밑면에서 0.8m 이상 1.1m 이내
④ 밑면에서 1.8m 이내

> **해설** 급정지장치의 조작하는 것의 위치
> ㉠ **손으로 조작하는 것** : 밑면에서 1.8m 이내
> ㉡ **무릎으로 조작하는 것** : 밑면에서 0.4m 이상 0.6m 이내
> ㉢ **복부로 조작하는 것** : 밑면에서 0.8m 이상 1.1m 이내

05 롤러의 급정지를 위한 방호장치를 설치하고자 한다. 앞면 롤러 직경이 36cm이고, 분당 회전속도가 50rpm이라면 급정지거리는 약 얼마 이내이어야 하는가? (단, 무부하동작에 해당한다.)

① 45cm　　② 50cm
③ 55cm　　④ 60cm

> **해설**
> $$V = \frac{\pi DN}{100} \quad \therefore \frac{3.14 \times 36 \times 50}{100} = 56.52\text{m/min}$$
> 따라서 앞면 롤러의 표면속도가 30m/min 이상이므로 급정지거리는 앞면 롤러 1/2.5이 된다.
> $$l = \pi D \quad \therefore 3.14 \times 36 = 113.04$$
> 따라서 $113.04 \times \frac{1}{2.5} = 45.22\text{cm}$
> 가장 근접 수치인 45cm가 정답이 된다.

06 다음 중 지름이 60cm이고, 20rpm으로 회전하는 롤러에 적합한 급정지장치의 성능으로 옳은 것은?

① 앞면 롤러 원주의 1/1.5 거리에서 급정지
② 앞면 롤러 원주의 1/2 거리에서 급정지
③ 앞면 롤러 원주의 1/2.5 거리에서 급정지
④ 앞면 롤러 원주의 1/3 거리에서 급정지

> **해설**
> 표면속도 $V = \dfrac{\pi DN}{1,000}$
> $$\therefore \frac{3.14 \times 600 \times 20}{1,000} = 37.68\text{m/min}$$
> 따라서 앞면 롤러의 표면속도가 30m/min 이상이므로 앞면 롤러 원주의 1/2.5 거리에서 급정지한다.

정답 | 01. ①　02. ④　03. ③　04. ②　05. ①　06. ③

07 롤러기의 앞면 롤의 지름이 300mm, 분당 회전수가 30회일 경우 허용되는 급정지장치의 급정지거리는 약 얼마인가?

① 9.42mm
② 28.27mm
③ 100mm
④ 314.16mm

해설

$$V = \frac{\pi DN}{1,000} \quad \therefore \frac{3.14 \times 300 \times 30}{1,000} = 28.26\text{m/min}$$

앞면 롤러의 표면속도가 30m/min 미만은 급정지거리가 앞면 롤러 원주의 1/30이다

$$\therefore l = \pi D \times \frac{1}{3} = 3.14 \times 300 \times \frac{1}{3} = 314\text{mm}$$

08 다음 중 롤러기에 사용되는 급정지장치의 급정지거리 기준으로 옳은 것은?

① 앞면 롤러의 표면속도가 30m/min 미만이면 급정지거리는 앞면 롤러 직경의 1/3 이내이어야 한다.
② 앞면 롤러의 표면속도가 30m/min 이상이면 급정지거리는 앞면 롤러 직경의 1/3 이내이어야 한다.
③ 앞면 롤러의 표면속도가 30m/min 미만이면 급정지거리는 앞면 롤러 원주의 1/3 이내이어야 한다.
④ 앞면 롤러의 표면속도가 30m/min 이상이면 급정지거리는 앞면 롤러 원주의 1/3 이내이어야 한다.

해설 급정지 장치의 성능

앞면 롤러의 표면속도(m/min)	급정지 거리
30 미만	앞면 롤러 원주의 1/3 이내
30 이상	앞면 롤러 원주의 1/2.5 이내

09 롤러기 급정지장치 조작부에 사용하는 로프의 성능기준으로 적합한 것은? (단, 로프의 재질은 관련규정에 적합한 것으로 본다.)

① 지름 1mm 이상의 와이어로프
② 지름 2mm 이상의 합성섬유로프
③ 지름 3mm 이상의 합성섬유로프
④ 지름 4mm 이상의 와이어로프

해설 롤러기 급정지장치 조작부에 사용하는 로프의 성능기준은 지름 4mm 이상의 와이어로프, 인장강도 300kg/mm² 이상이어야 한다.

10 롤러기 작업에서 울(Guard)의 적절한 위치까지의 거리가 40mm일 때 울의 개구부와의 설치 간격은 얼마 정도로 하여야 하는가? (단, 국제 노동기구의 규정을 따른다.)

① 12mm
② 15mm
③ 18mm
④ 20mm

해설

$$Y = 6 + 0.15 \times X = 6 + 0.15 \times 40 = 12\text{mm}$$

동력기계	롤러기	
	전동체가 아닌 경우	전동체인 경우
$Y = 6 + 0.1 \cdot X$	$Y = 6 + 0.15 \cdot X$	$Y = 6 + 0.1 \cdot X$

11 롤러기의 물림점(nip point)의 가드 개구부의 간격이 15mm일 때 가드와 위험점간의 거리는 몇 mm 인가? (단, 위험점이 전동체는 아니다.)

① 15
② 30
③ 60
④ 90

해설

$$Y = 6 + 0.15X, \quad x = \frac{Y - 6}{0.15}$$

$$\therefore \frac{15 - 6}{0.15} = 60\text{mm}$$

12 롤러기에서 가드의 개구부와 위험점간의 거리가 200mm이면 개구부 간격은 얼마이어야 하는가? (단, 위험점이 전동체이다.)

① 30mm
② 26mm
③ 36mm
④ 20mm

해설

$$Y = 6 + 0.1 \times 200 = 26\text{mm}$$

13 원심기의 방호장치로 가장 적합한 것은?

① 덮개
② 반발방지장치
③ 릴리프밸브
④ 수인식 가드

해설 원심기의 방호장치로 가장 적합한 것은 덮개이다.

정답 | 07. ④ 08. ③ 09. ② 10. ① 11. ③ 12. ② 13. ①

14 다음 중 원심기의 안전에 관한 설명으로 적절하지 않은 것은?

① 원심기에는 덮개를 설치하여야 한다.

② 원심기로부터 내용물을 꺼내거나 원심기의 정비, 청소, 검사, 수리작업을 하는 때에는 운전을 정지시켜야 한다.

③ 원심기의 최고사용회전수를 초과하여 사용하여서는 아니 된다.

④ 원심기에 과압으로 인한 폭발을 방지하기 위하여 압력방출장치를 설치하여야 한다.

> **해설** ④의 내용은 보일러의 안전에 관한 사항이다.

15 아세틸렌 용접장치를 사용하여 금속의 용접·용단 또는 가열 작업을 하는 경우 게이지압력으로 얼마를 초과하는 압력의 아세틸렌을 발생시켜 사용해서는 안 되는가?

① 85kPa   ② 107kPa

③ 127kPa   ④ 150kPa

> **해설** 아세틸렌 용접장치를 사용하여 금속의 용접·용단 또는 가열 작업을 하는 경우 게이지압력으로 127kPa을 초과하는 압력의 아세틸렌을 발생시켜 사용해서는 아니 된다.

16 다음 중 산업안전보건법상 아세틸렌가스 용접장치에 관한 기준으로 틀린 것은?

① 전용의 발생기실을 옥외에 설치한 경우에는 그 개구부를 다른 건축물로부터 1.5m 이상 떨어지도록 하여야 한다.

② 아세틸렌 용접장치를 사용하여 금속의 용접·용단 또는 가열 작업을 하는 경우에는 게이지압력이 127kPa을 초과하는 압력의 아세틸렌을 발생시켜 사용해서는 아니 된다.

③ 전용의 발생기실을 설치하는 경우 벽은 불연성 재료로 하고 철근콘크리트 또는 그 밖에 이와 동등하거나 그 이상의 강도를 가진 구조로 할 것

④ 전용의 발생기실은 건물의 최상층에 위치하여야 하며, 화기를 사용하는 설비로부터 1m를 초과하는 장소에 설치하여야 한다.

> **해설** ④의 경우 화기를 사용하는 설비로 3m를 초과하는 장소에 설치하여야 한다는 내용이 옳다.

17 다음 중 아세틸렌 용접장치에 사용되는 전용의 아세틸렌 발생기실의 구조에 관한 설명으로 틀린 것은?

① 지붕 및 천장에는 얇은 철판이나 가벼운 불연성 재료를 사용할 것

② 바닥면적의 1/16 이상의 단면적을 가진 배기통을 옥상으로 돌출시키고 그 개구부를 창 또는 출입구로부터 1.5m 이상 떨어지도록 할 것

③ 벽과 발생기 사이에는 발생기의 조정 또는 카바이드 공급 등의 작업을 방해하지 아니하도록 간격을 확보할 것

④ 출입구의 문은 불연성 재료로 하고 두께 1.0mm 이상의 철판이나 그 밖에 그 이상의 강도를 가진 구조로 할 것

> **해설** ④의 경우, 출입구의 문은 불연성 재료로 하고 두께 1.5mm 이상의 철판이나 그 밖에 그 이상의 강도를 가진 구조로 할 것이 옳다.

18 다음 중 아세틸렌 용접장치에서 역화의 발생원인과 가장 관계가 먼 것은?

① 압력조정기기 고장으로 작동이 불량일 때

② 수봉식 안전기가 지면에 대해 수직으로 설치될 때

③ 토치의 성능이 좋지 않을 때

④ 팁이 과열되었을 때

> **해설** **아세틸렌 용접장치에서 역화의 발생원인**
> ㉠ ①, ③, ④
> ㉡ 산소공급이 과다할 때
> ㉢ 팁에 이물질이 묻었을 때

19 산업안전보건법령에 따라 아세틸렌-산소 용접기의 아세틸렌 발생기실에 설치해야 할 배기통은 얼마 이상의 단면적을 가져야 하는가?

① 바닥면적의 1/16 ② 바닥면적의 1/20

③ 바닥면적의 1/24 ④ 바닥면적의 1/30

> **해설** 아세틸렌 발생기실에 설치해야 하는 아세틸렌-산소 용접기의 배기통은 바닥면적의 1/16 이상의 단면적을 가져야 한다.

20 아세틸렌 용접 시 역화를 방지하기 위하여 설치하는 것은?

① 압력기 ② 청정기

③ 안전기 ④ 발생기

> **해설** 아세틸렌 용접 시 역화를 방지하기 위하여 설치할 것은 안전기이다.

21 아세틸렌 용접장치의 안전기 사용시 준수사항으로 틀린 것은?

① 수봉식 안전기는 1일 1회 이상 점검하고 항상 지정된 수위를 유지한다.

② 수봉부의 물이 얼었을 때는 더운 물로 용해한다.

③ 중압용 안전기의 파열판은 상황에 따라 적어도 연 1회 이상 정기적으로 교환한다.

④ 수봉식 안전기는 지면에 대하여 수평으로 설치한다.

> **해설** ④의 경우 수봉식 안전기는 지면에 대하여 수직으로 설치한다는 내용이 옳다.

22 아세틸렌 용접 시 역화가 일어날 때 가장 먼저 취해야 할 행동을 가장 적절한 것은?

① 산소밸브를 즉시 잠그고, 아세틸렌밸브를 잠근다.

② 아세틸렌밸브를 즉시 잠그고, 산소밸브를 잠근다.

③ 산소밸브는 열고, 아세틸렌밸브는 즉시 닫아야 한다.

④ 아세틸렌의 사용압력을 1kgf/cm² 이하로 즉시 낮춘다.

> **해설** 아세틸렌 용접 시 역화가 일어날 때는 산소밸브를 즉시 잠그고, 아세틸렌밸브를 잠근다.

23 용해아세틸렌의 가스집합 용접장치의 배관 및 부속기구는 구리나 구리함유량이 얼마 이상인 합금을 사용해서는 안 되는가?

① 60% ② 65%

③ 70% ④ 75%

> **해설** 용해아세틸렌의 가스집합 용접장치의 배관 및 부속기구는 구리나 구리함유량이 70% 이상의 합금을 사용할 경우 폭발의 위험이 있다.

24 가스용접용 용기를 보관하는 저장소의 온도는 몇 ℃ 이하로 유지해야 하는가?

① 0 ② 20

③ 40 ④ 60

> **해설** 가스용접용 용기를 보관하는 저장소의 온도는 40℃ 이하로 유지하여야 한다.

25 가스집합 용접장치에는 가스의 역류 및 역화를 방지할 수 있는 안전기를 설치하여야 하는데, 다음 중 저압용 수봉식 안전기가 갖추어야 할 요건으로 옳은 것은?

① 수봉 배기관을 갖추어야 한다.

② 도입관은 수봉식으로 하고, 유효수주는 20mm 미만이어야 한다.

③ 수봉 배기관은 안전기의 압력을 2.5kg/cm²에 도달하기 전에 배기시킬 수 있는 능력을 갖추어야 한다.

④ 파열판은 안전기 내의 압력이 50kg/cm²에 도달하기 전에 파열되어야 한다.

> **해설** **저압용 수봉식 안전기가 갖추어야 할 요건**
> ㉠ 수봉 배기관을 갖추어야 한다.
> ㉡ 도입관은 수봉식으로 하고, 유효수주는 25mm 이상으로 하여야 한다.
> ㉢ 주요 부분은 두께 2mm 이상의 강판 또는 강관을 사용하여야 한다.
> ㉣ 아세틸렌과 접촉할 염려가 있는 부분은 동을 사용하지 않아야 한다.

26 산업안전보건법령상 가스집합장치로부터 얼마 이내의 장소에서는 흡연, 화기의 사용 또는 불꽃을 발생할 우려가 있는 행위를 금지하여야 하는가?

① 5m ② 7m
③ 10m ④ 25m

> **해설**
> 가스집합장치로부터 5m 이내의 장소에서는 흡연, 화기의 사용 또는 불꽃을 발생할 우려가 있는 행위를 금지하여야 한다.

27 다음 중 산업안전보건법령상 보일러에 설치하여야 하는 방호장치에 해당하지 않는 것은?

① 절탄장치 ② 압력제한스위치
③ 압력방출장치 ④ 고저수위조절장치

> **해설**
> ㉠ 산업안전보건법령상 보일러에 설치하여야 하는 방호장치로는 ②, ③, ④가 있다.
> ㉡ ①의 절탄장치는 보일러에 공급되는 급수를 예열하여 증발량을 증가시키고, 연료소비량은 감소시키기 위한 것으로 보일러의 부속장치에 해당된다.

28 다음 중 산업안전보건법령상 보일러에 설치하는 압력방출장치에 대하여 검사 후 봉인에 사용도는 재료로 가장 적합한 것은?

① 납 ② 주석
③ 구리 ④ 알루미늄

> **해설**
> 산업안전보건법령상 보일러에 설치하는 압력방출장치에 대하여 검사 후 봉인에 사용도는 재료로 가장 적합한 것은 납이다.

29 산업안전보건법령에 따라 보일러의 과열을 방지하기 위하여 최고사용압력과 상용압력 사이에서 보일러의 버너 연소를 차단할 수 있도록 부착하여 사용하여야 하는 장치는?

① 경보음장치 ② 압력제한스위치
③ 압력방출장치 ④ 고저수위조절장치

> **해설**
> 보일러의 과열을 방지하기 위하여 최고사용압력과 상용압력 사이에서 보일러의 버너 연소를 차단할 수 있도록 부착하여 사용하는 것은 압력제한스위치이다.

30 다음 중 보일러의 역화(Back Fire) 발생원인이 아닌 것은?

① 압입통풍이 너무 강할 경우
② 댐퍼를 너무 조여 흡입통풍이 부족할 경우
③ 연료밸브를 급히 열었을 경우
④ 연료에 수분이 함유된 경우

> **해설**
> **보일러의 역화(Back Fire) 발생원인**
> ㉠ ①, ②, ③
> ㉡ 점화할 때 착화가 늦어졌을 경우
> ㉢ 연도 내에 미연가스가 다량 있는 경우
> ㉣ 연소 중 갑자기 소화된 후 노내의 여열로 점화했을 경우

31 보일러수 속에 유지(油脂)류, 용해 고형물, 부유물 등의 농도가 높아지면 드럼 수면에 안정한 거품이 발생하고, 또한 거품이 증가하여 드럼의 기실(氣室)에 전체로 확대되는 현상을 무엇이라 하는가?

① 포밍(Foaming)
② 프라이밍(Priming)
③ 수격현상(Water Hammer)
④ 공동화현상(Cavitation)

> **해설**
> ① **포밍** : 거품작용
> ② **프라이밍** : 비수작용, 보일러수가 비등하여 수면으로부터 증기가 비산하고 기실에 충만하여 수위가 불안정하게 되는 현상
> ③ **수격현상** : 배관 내의 응축수가 송기 시 배관내부를 이격하여 소음을 발생시키는 현상
> ④ **공동화현상** : 액체가 고속으로 회전할 때 압력이 낮아지는 부분에 기포가 형성되는 현상

32 다음 중 산업안전보건법상 보일러에 설치되어 있는 압력방출장치의 검사주기로 옳은 것은?

① 분기별 1회 이상
② 6개월에 1회 이상
③ 매년 1회 이상
④ 2년마다 1회 이상

> **해설**
> 보일러의 압력방출장치는 1년에 1회 이상 국가교정기관으로부터 교정을 받은 압력계를 이용하여 토출압력을 시험한 후 납으로 봉인하여 사용하여야 한다.

33 보일러 발생증기의 이상현상이 아닌 것은?

① 역화(Back Fire)

② 프라이밍(Priming)

③ 포밍(Foaming)

④ 캐리오버(Carry Over)

> **해설** 보일러 발생증기의 이상현상으로는 ②, ③, ④가 있다.

34 산업안전보건법령에 따라 보일러의 안전한 가동을 위하여 보일러 규격에 맞는 압역방출장치를 압력방출장치가 2개 이상 설치된 경우에는 최고사용압력 이하에서 1개가 작동되고, 다른 압력방출장치는 얼마 이하에서 작동되도록 부착하여야 하는가?

① 최저사용압력 1.03배

② 최저사용압력 1.05배

③ 최고사용압력 1.03배

④ 최고사용압력 1.05배

> **해설** 압력방출장치를 압력방출장치가 2개 이상 설치된 경우에는 최고사용압력 이하에서 1개가 작동되고, 다른 압력방출장치는 최고사용압력의 1.05배 이하에서 작동되도록 부착하여야 한다.

35 다음 중 보일러의 부식 원인과 가장 거리가 먼 것은?

① 증기발생이 과다할 때

② 급수처리를 하지 않은 물을 사용할 때

③ 급수에 해로운 불순물이 혼입되었을 때

④ 불순물을 사용하여 수관이 부식되었을 때

> **해설** 보일러의 부식 원인은 ②, ③, ④이다.

36 가정용 LPG탱크와 같이 둥근 원통형의 압력용기에 내부압력 P가 작용하고 있다. 이때 압력용기 재료에 발생하는 원주 응력(hoop stress)은 길이방향 응력(longitudinal stress)의 얼마가 되는가?

① 1/2배

② 2배

③ 4배

④ 5배

> **해설** 압력용기 재료에 발생하는 원주 응력은 길이방향 응력의 2배이다.

37 압력용기에서 과압으로 인한 폭발을 방지하기 위해 설치하는 압력방출장치는?

① 체크밸브

② 스톱밸브

③ 안전밸브

④ 비상밸브

> **해설** 압력용기에서 과압으로 인한 폭발을 방지하기 위해 설치하는 압력방출장치는 안전밸브이다.

38 다음 중 산업안전보건법령상 보일러 및 압력용기에 관한 사항으로 틀린 것은?

① 보일러의 안전한 가동을 위하여 보일러 규격에 맞는 압력방출장치를 1개 또는 2개 이상 설치하고 최고사용압력 이하에서 작동되도록 하여야 한다.

② 공정안전보고서 제출대상으로서 이행수준 평가결과가 우수한 사업장의 경우 보일러의 압력방출장치에 대하여 5년에 1회 이상으로 설정압력에서 압력방출장치가 적정하게 작동하는지를 검사할 수 있다.

③ 보일러의 과열을 방지하기 위하여 최고사용압력과 상용압력 사이에서 보일러의 버너 연소를 차단할 수 있도록 압력제한 스위치를 부착하여 사용하여야 한다.

④ 압력용기 등을 식별할 수 있도록 하기 위하여 그 압력용기 등의 최고사용압력, 제조연월일, 제조회사명 등이 지워지지 않도록 각인(刻印) 표시된 것을 사용하여야 한다.

> **해설** ② 공정안전보고서 제출대상으로서 이행수준 평가결과가 우수한 사업장의 경우 보일러의 압력방출장치에 대하여 4년에 1회 이상으로 설정압력에서 압력방출장치가 적정하게 작동하는지를 검사할 수 있다.

39 다음 중 산업안전보건법령에 따른 압력용기에 설치하는 안전밸브의 설치 및 작동에 관한 설명으로 틀린 것은?

① 다단형 압축기에는 각 단 또는 각 공기압축기별로 안전밸브 등을 설치하여야 한다.

② 안전밸브는 이를 통하여 보호하려는 설비의 최저사용압력 이하에서 작동되도록 설정하여야 한다.

③ 화학공정 유체와 안전밸브의 디스크 또는 시트가 직접 접촉될 수 있도록 설치된 경우에는 매년 1회 이상 국가교정기관에서 검사한 후 납으로 봉인하여 사용한다.

④ 공정안전ㅂ고서 이행상태 평가결과가 우수한 사업장의 안전밸브의 경우 검사주기는 4년마다 1회 이상이다.

해설 ② 안전밸브는 이를 통하여 보호하려는 설비의 최고 사용압력 이하에서 작동되도록 설정하여야 한다.

40 산업안전보건법령상 공기압축기를 가동할 때 작업 시작 전 점검사항에 해당하지 않는 것은?

① 윤활유의 상태
② 회전부의 덮개 또는 울
③ 과부하방지장치의 작동 유무
④ 공기저장 압력용기의 외관상태

해설 ①, ②, ④ 이외에 공기압축기를 가동할 때 작업 시작 전 점검사항은 다음과 같다.
㉠ 드레인밸브의 조작 및 배수
㉡ 압력방출장치의 기능
㉢ 언로드밸브의 기능
㉣ 그 밖 연결부위의 이상 유무

41 공기압축기에서 공기탱크 내의 압력이 최고사용압력에 도달하면 압송을 정지하고, 소정의 압력까지 강하하면 다시 압송작업을 하는 밸브는?

① 감압밸브
② 언로드밸브
③ 릴리프밸브
④ 시퀀스밸브

해설 문제의 내용은 언로드밸브에 관한 것이다.

42 산업용 로봇의 동작형태별 분류에서 틀린 것은?

① 원통좌표 로봇
② 수평좌표 로봇
③ 극좌표 로봇
④ 관절 로봇

해설 산업용 로봇의 동작형태별 분류로는 ①, ③, ④ 이외에 직각좌표 로봇이 있다.

43 산업용 로봇은 크게 입력정보 교시에 의한 분류와 동작형태에 의한 분류로 나눌 수 있다. 다음 중 입력정보 교시에 의한 분류에 해당되는 것은?

① 관절 로봇
② 극좌표 로봇
③ 원통좌표 로봇
④ 수치제어 로봇

해설 (1) ①, ②, ③은 동작형태별 분류에 해당된다.
(2) 입력정보 교시에 의한 분류에 해당하는 것은 ④ 이외에 다음과 같다.
㉠ 매뉴얼 매니퓰레이션 로봇
㉡ 지능 로봇   ㉢ 감각제어 로봇
㉣ 플레이백 로봇   ㉤ 적응제어 로봇
㉥ 학습제어 로봇   ㉦ 고정시퀀스 로봇
㉧ 가변시퀀스 로봇

44 다음 중 산업용 로봇의 재해발생에 대한 주된 원인이며, 본체의 외부에 조립되어 인간의 팔에 해당되는 기능을 하는 것은?

① 배관
② 외부 전선
③ 제동장치
④ 매니퓰레이터

해설 산업용 로봇 본체의 외부에 조립되어 인간의 팔에 해당되는 기능을 하는 매니퓰레이터이다.

45 산업안전보건법령상 로봇의 작동범위에서 그 로봇에 관하여 교시 등의 작업을 할 때 작업시작 전 점검사항에 해당하지 않는 것은?

① 제동장치 및 비상정지장치의 기능
② 외부 전선의 피복 또는 외장의 손상 유무
③ 매니퓰레이터(manipulator) 작동의 이상 유무
④ 주행로의 상측 및 트롤리(trolley)가 횡행하는 레일의 상태

해설 ④는 크레인을 사용하여 작업을 할 때 작업시작 전 점검사항에 해당된다.

46 산업안전보건법상 산업용 로봇의 교시작업 시작 전 점검하여야 할 부위가 아닌 것은?

① 제동장치
② 매니퓰레이터
③ 지그
④ 전선의 피복상태

해설 산업용 로봇의 교시작업 시작 전 점검사항으로는 ①, ② ④ 이외에 다음과 같다.
㉠ 외장의 손상 유무   ㉡ 비상정지장치의 기능

정답 ▮ 40. ③ 41. ② 42. ② 43. ④ 44. ④ 45. ④ 46. ③

47 산업안전보건법에 따라 로봇을 운전하는 경우 근로자가 로봇에 부딪힐 위험이 있을 때에는 높이 얼마 이상의 방책을 설치하여야 하는가?

① 90cm   ② 120cm
③ 150cm   ④ 180cm

> 해설   근로자가 로봇에 부딪힐 위험이 있을 때에는 높이 180cm 이상의 방책을 설치하여야 한다.

48 다음 중 산업용 로봇을 운전하는 경우 산업안전보건법에 따라 설치하여야 하는 방호장치에 해당되는 것은?

① 출입문 도어록   ② 안전매트 및 방책
③ 광전자식 방호장치   ④ 과부하방지장치

> 해설   산업용 로봇을 운전하는 경우, 산업안전보건법상 방호장치는 안전매트 및 방책이다.

49 다음 중 산업용 로봇에 의한 작업 시 안전조치 사항으로 적절하지 않은 것은?

① 근로자가 로봇에 부딪힐 위험이 있을 때에는 안전매트 및 1.8m 이상의 안전방책을 설치하여야 한다.
② 작업을 하고 있는 동안 로봇의 기동스위치 등은 작업에 종사하고 있는 근로자가 아닌 사람이 그 스위치 등을 조작할 수 없도록 필요한 조치를 한다.
③ 로봇의 조작 방법 및 순서, 작업중 매니퓰레이터의 속도 등에 관한 지침에 따라 작업을 하여야 한다.
④ 작업에 종사하는 근로자가 이상을 발견하면, 관리감독자에게 우선 보고하고 지시에 따라 로봇의 운전을 정지시킨다.

> 해설   ④ 작업에 종사하고 있는 근로자 또는 그 근로자를 감시하는 사람은 이상을 발견하면 즉시 로봇의 운전을 정지시키기 위한 조치를 하여야 한다.

50 다음 중 산업안전보건법령에 따라 산업용 로봇의 사용 및 수리 등에 관한 사항으로 틀린 것은?

① 작업을 하고 있는 동안 로봇의 기동스위치 등에 "작업중"이라는 표시를 하여야 한다.
② 해당 작업에 종사하고 있는 근로자의 안전한 작업을 위하여 작업종사자 외의 사람이 기동스위치를 조작할 수 있도록 하여야 한다.
③ 로봇을 운전하는 경우에 근로자가 로봇에 부딪칠 위험이 있을 때에는 안전매트 및 높이 1.8m 이상의 방책을 설치하는 등 필요한 조치를 하여야 한다.
④ 로봇의 작동범위에서 해당 로봇의 수리·검사·조정·청소·급유 또는 결과에 대한 확인작업을 하는 경우에는 해당 로봇의 운전을 정지함과 동시에 그 작업을 하고 있는 동안 로봇의 기동스위치를 열쇠로 잠근 후 열쇠를 별도 관리하여야 한다.

> 해설   ② 해당 작업에 종사하고 있는 근로자의 안전한 작업을 위하여 작업종사자 외의 사람이 기동스위치를 조작할 수 없도록 하여야 한다.

51 다음 중 산업용 로봇작업을 수행할 때의 안전조치사항과 가장 거리가 먼 것은?

① 자동운전 중에는 안전방책의 출입구에 안전플러그를 사용한 인터록이 작동하여야 한다.
② 액추에이터의 잔압 제거 시에는 사전에 안전블록 등으로 강하방지를 한 후 잔압을 제거한다.
③ 로봇의 교시작업을 수행할 때에는 매니퓰레이터의 속도를 빠르게 한다.
④ 작업개시 전에 외부전선의 피복손상, 비상정지장치를 반드시 검사한다.

> 해설   ③의 경우로봇의 교시작업을 수행할 때는 작업지침에서 정한 메니퓰레이터의 속도를 따른다는 내용이 옳다.

제1절 지게차(Fork Lift)

1 지게차의 안전기준

(1) 지게차의 안전조건

① 지게차에 의한 재해를 살펴보면 일반적으로 지게차와의 접촉, 하물의 낙하, 지게차의 전도 전락, 추락, 기타 순으로 집계되고 있으며 지게차의 안전성을 유지하기 위해서는 구조, 하물 및 운전조작에서 신중한 검토가 선행되어야 한다.

② 지게차가 안정하려면 다음과 같은 관계를 유지해야만 한다.

$$W \cdot a < G \cdot b$$

여기서, W : 하물의 중량(kg)

　　　　G : 차량의 중량(kg)

　　　　a : 전차륜에서 하물의 중심까지의 최단거리(m)

　　　　b : 전차륜에서 차량의 중심까지의 최단거리(m)

예제

▶ 지게차의 중량이 8kN, 화물중량이 2kN, 앞바퀴에서 화물의 중심까지의 최단거리가 0.5m이면 지게차가 안정되기 위한 앞바퀴에서 지게차의 중심까지의 거리는 최소 몇 m 이상이어야 하는가?

풀이 $W \cdot a < G \cdot b$, $2 \times 0.5 < 8 \times b$

$\dfrac{2 \times 0.5}{8} < b$이므로 　∴$b = 0.125$m이상

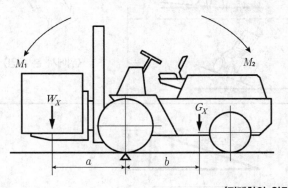

M_1 : $W \times a$ … 화물의 모멘트

M_2 : $W \times b$ … 차의 모멘트

∴ 지게차가 안정적으로 작업할 수 있는
　상태의 조건 : $M_1 < M_2$

〈지게차의 안전〉

예제

▶ 화물중량이 200kgf, 지게차의 중량이 400kgf, 앞바퀴에서 화물의 중심까지의 최단거리가 1m이면 지게차가 안정되기 위한 앞바퀴에서 지게차의 무게중심까지의 최단거리는 최소 몇 m를 초과해야 하는가?

풀이

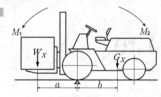

① $M_1 = W \times a = 200 \times 1 = 200 \text{kgf}$
② $M_2 = G \times b = 400 \times b = 400 \cdot b [\text{kfg}]$
③ $M_1 \leq M_2, \ 200 \leq 400 \cdot b$

$\therefore b = \dfrac{200}{400} = 0.5\text{m}$

(2) 지게차의 안정도

지게차의 전후 안정도를 유지하기 위해서는 과적을 삼가고 전후의 무게중심은 지게차의 앞바퀴 중심에 두는 것이 좋다. 지게차의 안정도는 다음 표와 같다.

구 분	안정도	포크 리프트의 상태	
전후 안정도	기존 부하상태로 한 후 리치를 최대로 신장시켜 포크를 최대로 올린상태 : 4%(5톤 이하) 이내 단, 최대하중이 5톤 이상인 포크 리프트 : 3.5% 이내		〈위에서 본 모양〉
	주행 시의 기준 부하상태 : 18% 이내		
좌우 안정도	기준 부하상태로 한 후 포크를 최고로 들어올려 마스터 및 포크를 최대로 후방으로 기울인 상태 : 6% 이내		〈위에서 본 모양〉
	주생 시의 기준 무부하 상태 : $(15 + 1.1V)\%$ 이내 V : 포크 리프트의 최고속도 (km/h)		

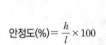

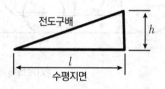

안정도(%)$= \dfrac{h}{l} \times 100$

전도구배

h

l
수평지면

예제

▶ 무부하상태 기준으로 구내 최고속도가 20km/h인 지게차의 주행 시 좌우 안정도 기준은?

풀이 주행 시의 좌우 안정도(%) = $15 + 1.1V = 15 + 1.1 + 20 = 37\%$ 이내

예제

▶ 수평거리 20m, 높이가 5m인 경우 지게차의 안정도는 얼마인가?

풀이 안정도(%) $= \dfrac{h}{l} \times 100 = \dfrac{5}{20} \times 100 = 25\%$

예제

▶ 지게차의 높이가 6m이고, 안정도가 30%일 때 지게차의 수평거리는 얼마인가?

풀이 안정도(%) $= \dfrac{h}{l} \times 100$

$$30 = \frac{6 \times 100}{l}, \quad 30l = 600, \quad \therefore l = 20\text{m}$$

(3) 지게차의 헤드가드가 갖추어야 할 조건

① 강도는 지게차 최대하중의 2배의 값(4t을 넘는 것은 4t으로 한다)의 등분포 정하중에 견딜 것
② 상부틀의 각 개구의 폭 또는 길이가 16cm 미만일 것
③ 운전자가 앉아서 조작하는 방식의 지게차의 경우에는 운전자 좌석의 윗면에서 헤드가드의 상부틀 아랫면까지의 높이가 1m 이상일 것
④ 운전자가 서서 조작하는 방식의 지게차는 운전석의 바닥면에서 헤드가드 상부틀의 하면까지의 높이가 2m 이상일 것

참고

1. **헤드가드** : 지게차 사용 시 화물 낙하위험의 방호조치사항이다.
2. 지게차의 최대하중이 2배 값이 4톤을 넘는 값에 대해서는 4톤으로 해야 한다. 따라서 최대하중의 2배 값이 6톤이므로 헤드가드의 강도는 4톤의 등분포 정하중에 견딜 수 있어야 한다.

2 기타 지게차와 관련된 중요한 사항

(1) 지게차에 화물적재 시 안전조치사항

① 편하중이 생기지 않도록 할 것
② 운전자의 시야를 가리지 않도록 할 것
③ 하물의 붕괴, 낙하방지를 위하여 로프를 거는 등의 조치를 취할 것

(2) 지게차 작업 시작 전 점검사항

① 제동장치 및 조종장치 기능의 이상 유무
② 하역장치 및 유압장치 기능의 이상 유무

③ 바퀴의 이상 유무

④ 전조등, 후미등, 방향지시기 및 경보장치 기능의 이상 유무

(3) 작업중인 운반차량(지게차 등)의 적당한 구내 운행속도

8km/h 이내

(4) 지게차의 안전장치

① 후사경

② 헤드가드

③ 백 레스트 : 지게차에서 통상적으로 갖추고 있어야 하나, 마스트의 후방에서 화물이 낙하함으로써 근로자에게 위협을 미칠 우려가 없는 때에는 반드시 갖추지 않아도 되는 것

> **♀참고**
>
> ▶ **구내운반차가 준수해야 할 사항**
> 1. 주행을 제동하거나 정지상태를 유지하기 위해 필요한 제동장치를 갖출 것
> 2. 경음기를 갖출 것
> 3. 구내운반차의 핸들 중심에서 차체 바깥측까지의 거리가 65cm 이상일 것
> 4. 운전석이 차 실내에 있는 것은 좌우에 한 개씩 방향지시기를 갖출 것
> 5. 전조등과 후미등을 갖출 것

제2절 컨베이어(Conveyor)

1 컨베이어의 개요

(1) 컨베이어의 종류 및 용도

화물을 연속적으로 운반하는 기계를 총칭하여 컨베이어라고 부르며, 구조·규격에 따라 많은 종류가 있다. 컨베이어는 자동화, 성력화 및 대용량의 운반수단으로서 산업기계에 널리 이용되며, 종류 및 용도는 다음 표와 같다.

〈컨베이어의 종류〉

종류	구조	각종 공사의 응용 분야
롤러 컨베이어 (Roller Conveyor)	롤러 또는 휠(Wheel)을 많이 배열하여 그것으로 화물을 운반하는 컨베이어	시멘트 포장품의 이동
스크루 컨베이어 (Screw Conveyor)	도랑 속의 하물을 스크루에 의하여 운반하는 컨베이어	시멘트의 운반
벨트 컨베이어 (Belt Conveyor)	프레임의 양 끝에 설치한 풀리에 벨트를 엔드리스(Endless)로 감아 걸고 그 위에 화물을 싣고 운반하는 컨베이어	댐이나 대형 토공에서 시멘트, 골재, 토사의 운반 및 소규모 공사의 성력 운반
체인 컨베이어 (Chain Conveyor)	엔드리스로 감아 걸은 체인 또는 체인에 슬레이트(Slate), 버킷(Bucket) 등을 부착하여 하물을 운반하는 컨베이어	시멘트, 골재, 토사의 운반

▶ 참고

▶ 컨베이어 중 가장 널리 쓰이는 것은 벨트 컨베이어이다.

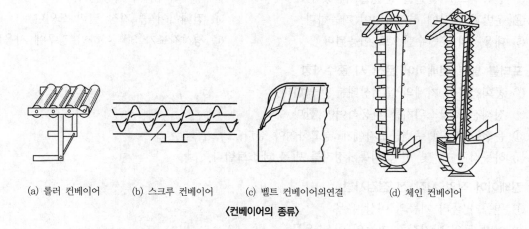

(a) 롤러 컨베이어   (b) 스크루 컨베이어   (c) 벨트 컨베이어의연결   (d) 체인 컨베이어

〈컨베이어의 종류〉

(2) 컨베이어의 안전조치사항

① 화물의 낙하로 인하여 근로자에게 위험을 미칠 우려가 있을 때에는 덮개 또는 울을 설치하여야 한다.

② 정전이나 전압강하 등에 의한 화물 또는 운반구의 이탈 및 역주행을 방지할 수 있어야 한다.

③ 근로자의 신체일부가 말려들 위험이 있을 때는 운전을 즉시 정지시킬 수 있어야 한다.

(3) 컨베이어 사용 시 안전수칙

① 작업 중 컨베이어를 타고 넘기 위해서 기계에 올라타는 일이 없도록 할 것

② 안전커버 등이 있을 경우, 이것을 벗긴 채로 작업하지 말 것

③ 운전 중인 컨베이어에는 근로자를 탑승시켜서는 안 될 것

④ 스위치를 넣을 때는 미리 분명한 신호를 할 것

⑤ 운전상태에서는 벨트나 기계부분을 소제하지 말 것

⑥ 컨베이어 위로 건널다리를 설치할 것

⑦ 트롤리 컨베이어에서 트롤리와 체인을 상호 확실하게 연결시켜야 할 것

(4) 컨베이어의 방호장치

비상정지장치, 덮개 또는 울, 역주행 방지장치, 건널다리

▶ 참고

▶ 컨베이어 역전방지장치의 형식
  1. 기계식
     ㉠ 라쳇식   ㉡ 밴드식   ㉢ 롤러식
  2. 전기식
     ㉠ 슬러스트식   ㉡ 전기식

2 기타 컨베이어와 관련된 중요한 사항

(1) 벨트 컨베이어의 특징
① 연속적으로 물건을 운반할 수 있다.　② 무인화작업이 가능하다.
③ 운반과 동시에 하역작업이 가능하다.　④ 컨베이어 중 가장 널리 쓰인다.
⑤ 대용량의 운반수단으로 이용된다.　⑥ 경사각도가 30° 이하인 경우에 사용된다.

(2) 포터블 벨트 컨베이어 운전 시 준수사항
① 공회전하여 기계의 운전상태를 파악한다.
② 정해진 조작스위치를 사용하여야 한다.
③ 운전 시작 전 주변근로자에게 경고하여야 한다.
④ 하물적치 전 몇 번씩 시동·정지를 반복 테스트한다.

(3) 컨베이어 작업 시작 전 점검사항
① 원동기 풀리 기능의 이상 유무
② 이탈 등의 방지장치 기능의 이상 유무
③ 비상정지장치 기능의 이상 유무
④ 원동기, 회전축, 기어 및 풀리 등의 덮개 또는 울 등의 이상 유무

(4) 컨베이어의 주요 구성품
① 롤러(Roller)　② 벨트(Belt)　③ 체인(Chain)

제3절 리프트

리프트는 동력을 이용하여 사람이나 화물을 운반하는 것을 목적으로 하는 기계설비를 말한다.

1 리프트의 종류 및 기능

동력을 사용하는 리프트의 종류는 다음 표와 같다.

종 류	기 능
건설작업용 리프트	동력을 사용하여 가이드 레일을 따라 상하로 움직이는 운반구를 매달아 화물을 운반할 수 있는 설비 또는 이와 유사한 구조 및 성능을 가진 것으로 건설현장에서 사용하는 것
간이 리프트	동력을 사용하여 가이드 레일을 따라 움직이는 운반구를 매달아 소형 화물운반을 주목적으로 하며, 승강기와 유사한 구조로서 운반구의 바닥면적이 1m² 이하이거나 천장 높이가 1.2m 이하인 것 또는 동력을 사용하여 가이드 레일을 따라 움직이는 지지대로 자동차 등을 일정한 높이로 올리거나 내리는 구조의 자동차 정비용 리프트를 말한다.
일반작업용 리프트	동력을 사용하여 가이드 레일을 따라 상하로 움직이는 운반구를 매달아 화물을 운반할 수 있는 설비 또는 이와 유사한 구조 및 성능을 가진 것으로 건설현장이 아닌 장소에서 사용하는 것
이삿짐 운반용 리프트	화물자동차 등 차량 위에 탑재하여 이삿짐 운반 등에 사용하는 것

2 리프트의 안전대책

① 권과방지 : 리프트 운반구의 이탈 등의 위험을 방지하기 위하여 권과방지를 위한 방호장치를 설치하는 등 필요한 조치를 하여야 한다.

② 과부하의 제한 : 리프트에 그 적재하중을 초과하는 하중을 걸어서 사용하도록 하여서는 안 된다.

③ 붕괴 등의 방지

㉮ 지반침하, 불량한 자재사용 또는 헐거운 결선 등으로 인하여 리프트가 붕괴되거나 넘어지지 아니하도록 필요한 조치를 하여야 한다.

㉯ 순간 풍속이 매 초당 35m를 초과하는 바람이 불어올 우려가 있는 때에는 건설작업용 리프트에 대하여 받침수를 증가시키는 등 그 붕괴 등을 방지하기 위한 조치를 하여야 한다.

> **참고**
>
> ▶ 리프트의 안전장치로 활용하는 것이 리미트 스위치(limit switch)이다.

3 간이 리프트의 안전대책

① 과부하의 제한 : 간이 리프트에 그 적재하중을 초과하는 하중을 걸어서 사용하도록 하여서는 안 된다.

② 방호장치의 조정 : 간이 리프트의 권과방지장치, 과부하방지장치(자동차정비용 리프트 제외) 그 밖의 방호장치가 유효하게 작동될 수 있도록 미리 조정하여 두어야 한다.

③ 탑승의 제한 : 간이 리프트의 운반구에 근로자를 탑승시켜서는 안 된다.

4 리프트(간이 리프트 포함) 작업 시작 전 점검사항

① 방호장치, 브레이크 및 클러치의 기능

② 와이어로프가 통하고 있는 곳의 상태

제4절 크레인 등 양중기

1 크레인

크레인이라 함은 동력을 사용하여 중량물을 매달아 상하 및 좌우(수평 또는 선회) 운반하는 것을 목적으로 기계 또는 기계장치를 말한다.

호이스트란 혹이나 그 밖의 달기구 등을 사용하여 화물을 권상 및 횡행 또는 권상동작만을 하여 양중하는 것을 말한다.

(1) 크레인의 종류

육상 이동이 가능한 휠 크레인(Wheel Crane), 크롤러 크레인(Crawler Crane), 트럭 크레인(Truck Crane) 등이 있고, 레일상을 이동할 수 있는 철도 크레인도 있다. 또한 공장 내부에 부착하는 천장 크레인(Overhead Crane) 등도 있고, 건축공사에 많이 활용되는 탑형 크레인(Tower Crane), 교형 크레인(Gentry Crane), 지브 크레인(Jib Crane) 등이 있다.

(2) 크레인의 재해유형

① 매단 물건의 낙하

② 협착

③ 구조부분의 절손, 기체 파괴

④ 추락

(3) 크레인의 방호장치

크레인은 운전을 잘못하게 되면 많은 위험을 일으키므로 다음과 같은 방호장치를 부착시켜 재해를 방지해야 한다.

① 권과방지장치 : 과도하게 한계를 벗어나 계속적으로 감아 올리는 일이 없도록 제한하는 장치

② 비상정지장치

③ 제동장치

④ 과부하방지장치 : 하중이 정격을 초과하였을 때 자동적으로 상승이 정지되는 장치

⑤ 충돌방지장치

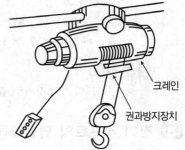

〈크레인의 권과방지장치〉

(4) 방호장치의 조정

① 양중기에 과부하방지장치, 권과방지장치, 비상정지장치 및 제동장치, 그 밖의 방호장치(승강기의 파이널 리미트 스위치, 조속기, 출입문 인터록 등을 말한다)가 정상적으로 작동될 수 있도록 미리 조정해 두어야 한다.

㉮ 크레인

㉯ 이동식 크레인

㉰ 자동차관리법에 따라 차량 작업부에 탑재되는 이삿짐 운반용 리프트

㉱ 간이 리프트(자동차 정비용 리프트는 제외)

㉲ 곤돌라

㉳ 승강기

② 양중기에 대한 권과방지장치는 혹, 버킷 등 달기구 윗면에 드럼, 상부 도드래, 트롤리 프레임 등 권상장치의 아랫면과 접촉할 우려가 있는 경우에 그 간격이 0.25m 이상(직동식 권과방지장치는 0.05m 이상으로 한다)이 되도록 조정하여야 한다.

③ 권과방지장치를 설치하지 않은 크레인에 대해서는 권상용 와이어로프에 위험표시를 하고 경보장치를 설치하는 등 권상용 와이어로프가 지나치게 감겨서 근로자가 위험해질 상황을 방지하기 위한 조치를 한다.

(5) 크레인의 안전대책

① 해지장치의 사용 : 혹걸이용 와이어로프 등이 혹으로부터 이탈하는 것을 방지하는 장치이다.

② 취업의 제한 : 조종석이 설치된 크레인을 사용하여 작업을 하는 때에는 유해·위험 작업의 취업 제한에 관한 규칙에 의한 자격을 가진 자 이외의 자를 그 작업에 종사시켜서는 안 된다.

③ 과부하의 제한
  ㉮ 크레인에 그 정격하중을 초과하는 하중을 걸어서 사용하도록 하여서는 안 된다.
  ㉯ 하중시험을 실시한 때 또는 크레인에 정격하중을 초과하는 하중을 걸어서 사용한 때에는 그 결과를 기록하고 3년간 보존하여야 한다.

> 🔎 **참고**
>
> ▶ **지브가 없는 크레인의 정격하중** : 권상하중에서 혹, 그랩 또는 버킷 등 부하할 수 있는 최대하중에서 달기 기구의 중량에 상당하는 하중을 뺀 하중

④ 경사각의 제한 : 지브 크레인을 사용하여 작업을 하는 때에는 크레인 명세서에 기재되어 있는 지브의 경사각의 범위를 넘어서 이를 사용하도록 하여서는 안 된다.

⑤ 탑승의 제한
  ㉮ 크레인에 의하여 근로자를 운반하거나 근로자를 달아올린 상태에서 작업에 종사시켜서는 안 된다.
  ㉯ 탑승설비에 대하여는 추락에 의한 근로자의 위험을 방지하기 위하여 다음 조치를 하여야 한다.
    ㉠ 탑승설비가 뒤집히거나 떨어지지 않도록 필요한 조치
    ㉡ 안전대 및 구명줄을 설치, 안전난간의 설치가 가능한 구조인 경우 안전난간을 설치
    ㉢ 탑승설비의 하강 시 동력하강 방법을 사용

⑥ 출입의 금지 : 케이블 크레인, 인양전자석 부착 크레인을 사용하여 작업을 하는 때에는 달아 올려진 화물의 아래쪽에 근로자를 출입시켜서는 안 된다.

⑦ 폭풍에 의한 이탈방지 : 사업주는 순간 풍속이 매 초당 30m를 초과하는 바람이 불어올 우려가 있는 때에는 옥외에 설치되어 있는 주행 크레인에 대하여 이탈방지장치를 작동시키는 등 그 이탈을 방지하기 위한 조치를 하여야 한다.

⑧ 조립 등의 작업 : 크레인의 설치, 조립, 수리, 점검 또는 해체 작업을 하는 때에는 다음 조치를 하여야 한다.
  ㉮ 작업순서를 정하고 그 순서에 의하여 작업을 실시할 것
  ㉯ 작업을 할 구역에 관계근로자 외의 자의 출입을 금지시키고 그 취지를 보기 쉬운 곳에 표시할 것
  ㉰ 비, 눈 그 밖의 기상상태의 불안정으로 인하여 날씨가 몹시 나쁠 때에는 그 작업을 중지시킬 것
  ㉱ 작업장소는 안전한 작업이 이루어질 수 있도록 충분한 공간을 확보하고 장애물이 없도록 할 것
  ㉲ 들어올리거나 내리는 기자재는 균형을 유지하면서 작업을 실시하도록 할 것
  ㉳ 크레인의 능력, 사용조건 등에 따라 충분한 응력을 갖는 구조로 기초를 설치하고 침하 등이 일어나지 아니하도록 할 것
  ㉴ 규격품인 조립용 볼트를 사용하고 대칭되는 곳을 순차적으로 결합하고 분해할 것

⑨ 폭풍 등으로 인한 이상 유무 점검 : 순간 풍속이 매 초당 30m를 초과하는 바람이 불어온 후에 옥외에 설치되어 있는 크레인을 사용하여 작업을 하는 때 또는 중진 이상의 진도의 지진 후에 크레인을 사용하여 작업을 하는 때에는 미리 그 크레인의 각 부위의 이상 유무를 점검하여야 한다.

⑩ 건설물 등과의 사이의 통로 : 주행 크레인 또는 선회 크레인과 건설물 또는 설비와의 사이에 통로를 설치하는 때에는 그 폭을 0.6m 이상으로 하여야 한다. 다만, 그 통로 중 건설물의 기둥에 접촉하는 부분에 대하여는 0.4m 이상으로 할 수 있다.

⑪ 타워크레인의 지지 : 타워크레인을 와이어로프로 지지하는 경우에는 다음 사항을 준수하여야 한다.
  ㉮ 서면심사에 관한 서류 또는 제조사의 설치작업 설명서 등에 따라 설치할 것 또는 서면검사 서류 등이 없거나 명확하지 아니한 경우에는 「국가기술자격법」에 따른 건축구조, 건설기계, 기계안전, 건설안전기술사 또는 건설안전 분야 산업지도자의 확인을 받아 설치하거나 기종별, 모델별 공인인 표준방법으로 설치할 것
  ㉯ 와이어로프를 고정하기 위한 전용 지지프레임을 사용할 것
  ㉰ 와이어로프 설치각도는 수평면에서 60° 이내로 하되, 지지점을 4개소 이상으로 하고, 같은 각도로 설치할 것
  ㉱ 와이어로프와 그 고정부위는 충분한 강도와 장력을 갖도록 설치하고, 와이어로프를 클립, 섀클 등의 고정기구를 사용하여 견고하게 고정시켜 풀리지 아니하도록 하며, 사용 중에는 충분한 강도와 장력을 유지하도록 할 것
  ㉲ 와이어로프가 가공전선에 근접하지 않도록 할 것

⑫ 강풍시 타워크레인의 작업 제한 : 순간 풍속이 10m/s를 초과하는 경우에는 타워크레인의 설치, 수리, 점검 또는 해체 작업을 중지하여야 하며, 순간 풍속이 15m/s를 초과하는 경우에는 타워크레인의 운전작업을 중지하여야 한다.

⑬ 크레인의 작업 시작 전 점검사항
  ㉮ 권과방지장치, 브레이크, 클러치 및 운전장치의 기능
  ㉯ 주행로의 상측 및 트롤리가 횡행(橫行)하는 레일의 상태
  ㉰ 와이어로프가 통하고 있는 곳의 상태

⑭ 이동식 크레인의 작업 시작 전 점검사항
  ㉮ 권과방지장치 그 밖의 경보장치의 기능
  ㉯ 브레이크 클러치 및 조정장치의 기능
  ㉰ 와이어로프가 통하고 있는 곳 및 작업장소의 지반상태

2 곤돌라 및 승강기

곤돌라라 함은 달기발판 또는 운반구, 승강장치 기타의 장치 및 이들에 부속된 기계부품에 의하여 구성되고, 와이어로프 또는 달기강선에 의하여 달기발판 또는 운반구가 전용의 승강장치에 의하여 상승 또는 하강하는 설비를 말한다.

(1) 곤돌라
① 곤돌라의 안전대책
  ㉮ 방호장치의 조정 : 곤돌라에 권과방지장치, 과부하방지장치, 제동장치 그 밖의 방호장치를 설치하고 유효하게 작동될 수 있도록 미리 조정하여 두어야 한다.

④ 탑승의 제한 : 곤돌라의 운반구에 근로자를 탑승시켜서는 안 된다. 다만, 추락에 의한 위험방지를 위하여 다음 조치를 한 경우에는 그러하지 아니 하다.
  ㉠ 운반구가 뒤집히거나 떨어지지 아니하도록 필요한 조치를 할 것
  ㉡ 안전대 및 구명줄을 설치하고, 안전난간의 설치가 가능한 구조인 경우에는 안전난간을 설치할 것

② 곤돌라 작업 시작 전 검검사항
  ㉮ 방호장치, 브레이크 기능
  ㉯ 와이어로프, 슬링와이어 등의 상태

(2) 승강기

승강기라 함은 동력을 사용하여 운반하는 것으로서 가이드 레일을 따라 상승 또는 하강하는 운반구에 사람이나 화물을 상하 또는 좌우로 이동·운반하는 기계설비로서 탑승장을 가진 다음에 해당하는 것을 말한다.

① 승강기의 종류

승강기의 종류	용 도
승용승강기	사람의 수직 수송을 주목적으로 하는 승강기
인화공용 승강기	사람과 화물의 수직 수송을 주목적으로 하되 화물을 싣고 내리는 데 필요한 인원과 운전자만의 탑승이 허용되는 승강기
화물용 승강기	화물의 수송을 주목적으로 하며 사람의 탑승이 금지되는 승강기
에스컬레이터	동력에 의하여 운전되는 것으로서 사람을 운반하는 연속계단이나 보도상태의 승강기

② 승강기의 안전대책
  ㉮ 방호장치의 조정 : 승강기의 과부하방지장치, 파이널 리미트 스위치(Final Limit Switch), 비상정지장치, 조속기(調速機), 출입문 인터록(Inter Lock) 그 밖의 방호장치가 유효하게 작동될 수 있도록 미리 조정하여 두어야 한다.
  ㉯ 탑승의 제한 : 화물용 승강기에 근로자를 탑승시켜서는 안 된다.
  ㉰ 폭풍에 의한 도괴방지 : 순간 풍속이 매 초당 35m를 초과하는 바람이 불어올 우려가 있는 때에는 옥외에 설치되어 있는 승강기에 대하여 받침수를 증가시키는 등 그 도괴를 방지하기 위한 조치를 하여야 한다.
  ㉱ 폭풍 등으로 인한 이상 유무 점검 : 사업주는 순간 풍속이 매 초당 30m를 초과하는 바람이 불어온 후에 옥외에 설치되어 있는 승강기를 사용하여 작업을 하는 때 또는 중진 이상의 진도의 지진 후에 승강기를 사용하여 작업을 하는 때에는 미리 그 승강기의 각 부위의 이상 유무를 점검하여야 한다.

> 💡 참고
> ▶ 승강기를 구성하고 있는 장치
>   1. 권과장치   2. 가드레일   3. 완충기

3 양중기

(1) 크레인(호이스트 포함)

(2) 이동식 크레인

(3) 리프트(이삿짐 운반용 리프트의 경우 적재하중이 0.1톤 이상인 것)

(4) 곤돌라

(5) 승강기(최대하중이 0.25톤 이상인 것)

(6) 화물용 엘리베이터

4 와이어로프(Wire Rope)

(1) 와이어로프의 구성

① 와이어로프는 여러 개의 와이어로 1개의 가닥(Strand)을 만들어서 이것을 보통 6개 이상 꼬아서 만든 것으로 심에는 기름을 칠한 대마심선을 삽입시킨다.

② 크기는 지름의 굵기로 나타내며, 속도는 6~10m/s(최대값 25m/s)이고, 재질로는 연철과 강선이 사용된다.

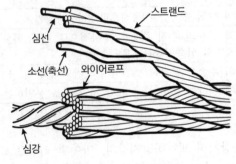

〈와이어로프의 구성요소〉

(2) 와이어로프의 꼬임방법

특징＼꼬임	보통 꼬임(ordinary lay)	랭 꼬임(lang's lay)
외 관	소선과 로프축이 평행이며, S꼬임이나 Z꼬임이 있다.	―
장 점	① 킹크가 잘 생기지 않는다. ② 로프의 변형이나 하중을 걸었을 때 저항성이 크다. ③ 스트랜드의 꼬임방향과 로프의 꼬임방향이 반대이다.	내마모성, 유연성, 저항성이 우수하다.
단 점	소선의 외부 길이가 짧아서 마모되기 쉽다.	킹크가 잘 생긴다.
용 도	선박, 육상작업	

(3) 와이어로프에 걸리는 하중의 변화

하물을 달아올릴 때 로프에 걸리는 힘은 슬링와이어의 각도가 작을수록 작게 걸린다.

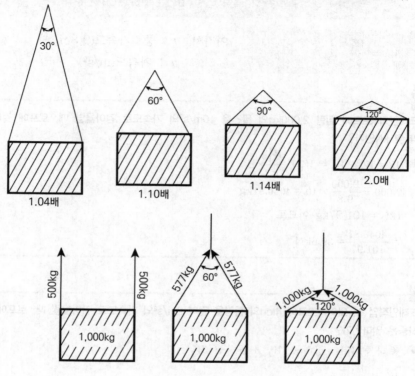

(4) 와어이로프에 걸리는 하중을 구하는 식

$$W_1 = \dfrac{\dfrac{W}{2}}{\dfrac{\cos\theta}{2}}$$

여기서, W_1 : 로프에 걸리는 하중(kg)

W : 짐의 무게(kg)

θ : 로프의 각도

예제

▶ 천장 크레인에 중량 3kN의 화물을 2줄로 매달았을 때 매달기용 와이어(sling wire)에 걸리는 장력은 얼마인가? (단, 슬링와이어 2줄 사이의 각도는 55°이다.)

풀이　$W_1 = \dfrac{\dfrac{W}{2}}{\dfrac{\cos\theta}{2}} = \dfrac{\dfrac{3}{2}}{\dfrac{\cos 55°}{2}}$

　　　　　$= 1.69 ≒ 1.7\text{kN}$

(5) 와이어로프에 걸리는 총 하중을 구하는 식

$$총 하중(W) = 정하중(W_1) + 동하중(W_2)$$

$$W_2 = \frac{W_1}{g} \cdot \alpha$$

여기서, g : 중력가속도(9.8m/s^2)

α : 가속도(m/s^2)

예제 1

▶ 크레인의 로프에 질량 2,000kg의 물건을 10m/s^2의 가속도로 감아올릴 때, 로프에 걸리는 총 하중은 약 몇 kN인가?

풀이 $W = W_1 + W_2 = W_1 + \dfrac{W_1}{g} \times \alpha$

$2,000 + \dfrac{2,000}{9.8} \times 10 = 4040.81\text{kg}$

$1\text{kN} = 101.97\text{kg}$ 이므로

$\therefore \dfrac{4040.81}{101.97} = 39.6\text{kN}$

예제 2

▶ 크레인작업 시 와이어로프에 4ton의 중량을 걸어 2m/s^2의 가속도로 감아올릴 때, 로프에 걸리는 총 하중은 얼마인가?

풀이 총 하중(W) = 정하중(W_1) + 동하중(W_2)

$W_2 = \dfrac{W_1}{g} \times \alpha$

$\therefore 4,000 + \dfrac{4,000}{9.8} \times 2 ≒ 4,816\text{kgf}$

(6) 와이어로프 등의 안전계수

양중기의 와이어로프 또는 달기체인(고리걸이용 와이어로프 및 달기체인 포함)의 안전계수(와이어로프 또는 달기체인 절단하중의 값을 그 와이어로프 또는 달기체인에 걸리는 하중의 최대값으로 나눈 값)가 다음 기준에 적합하지 아니하는 경우 이를 사용하여서는 안 된다.

① 근로자가 탑승하는 운반구를 지지하는 경우 : 10 이상

② 화물의 하중을 직접 지지하는 경우 : 5 이상

③ 제1호 및 제2호 외의 경우 : 4 이상

예제 1

▶ 고리걸이용 와이어로프의 절단하중이 4ton일 때, 이 로프의 최대사용하중은 얼마인가? (단, 안전계수는 5이다.)

풀이 안전계수 $= \dfrac{\text{절단하중}}{\text{최대사용하중}}$

최대사용하중 $= \dfrac{\text{절단하중}}{\text{안전계수}}$

$\therefore \dfrac{4,000}{5} = 800\text{kgf}$

예제 2

▶ 그림과 같이 2줄 걸이 인양작업에서 와이어로프 1줄의 파단하중이 10,000N, 인양화물의 무게가 2,000N이라면 이 작업에서 확보된 안전율은?

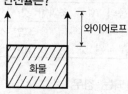

와이어로프

화물

풀이 안전율 $= \dfrac{\text{파단하중}}{\text{인양화물의무게}} = \dfrac{2 \times 10,000\text{N}}{2,000\text{N}} = 10$

예제 3

▶ 안전계수가 6인 와이어로프의 파단하중이 300kgf인 경우, 매달기 안전하중은 얼마인가?

풀이 안전계수 $= \dfrac{\text{파단하중}}{\text{안전하중}}$

$6 = \dfrac{300}{\text{안전하중}}$ $\therefore$ 안전하중 $= \dfrac{300}{6} = 500\text{kgf}$ 이하

(7) 와이어로프의 안전율을 구하는 식

$$S = \frac{NP}{Q}$$

여기서, S : 안전율

N : 로프 가닥수(개)

P : 로프의 파단강도(kg)

Q : 안전하중(kg)

예제

▶ 화물용 승강기를 설계하면서 와이어로프의 안전하중은 10ton이라면 로프의 가닥수를 얼마로 하여야 하는가? (단, 와이어로프 한 가닥의 파단강도는 4ton이며, 화물용 승강기 와이어로프의 안전율은 6으로 한다.)

풀이 와이어로프의 안전율

$S = \dfrac{N \times P}{Q}, \quad N = \dfrac{S \times Q}{P}$

$\therefore 15 = \dfrac{6 \times 10}{4}$

여기서, S : 안전율, N : 로프의 가닥수, P : 로프의 파단강도(ton), Q : 권상하중(ton)

(8) 와이어로프 사용금지 기준

항 목	사용금지 사항
소선 절단	와이어로프 한 꼬임(스트랜드)에서 끊어진 소선(필러선 제외)의 수가 10% 이상인 것
지름 감소	지름의 감소가 공칭지름의 7%를 초과한 것
기 타	① 이음매가 있는 것 ② 꼬인 것 ③ 심하게 변형 또는 부식된 것 ④ 열과 전기충격에 의해 손상된 것

(9) 달기체인을 달비계에 사용해서는 안 되는 경우

① 달기체인의 길이의 증가가 그 달기체인이 제조된 때의 길이의 5%를 초과한 것

> **예제**
>
> ▶ 원래 길이가 150mm인 슬링체인을 점검한 결과 길이에 변형이 발생하였다. 폐기대상에 해당되는 측정값(길이)은?
>
> **풀이** 슬링체인(달기체인)의 길이가 슬링체인이 제조된 때 길이의 5%를 초과하는 것은 폐기대상이 된다. 따라서 $150 \times 1.05 = 157.5$mm이다.

② 링의 단면지름이 달기체인이 제조된 때의 해당 링의 지름의 10%를 초과하여 감소한 것

③ 균열이 있거나 심하게 변형된 것

5 기타 크레인 등 양중기아 관련된 중요한 사항

(1) 크레인에 정격하중을 표시해야 되는 것 : 1ton 이상

(2) 크레인 붐과 전동기와의 간격 : 30cm 이상

(3) 주행 크레인과 크레인 간의 안전거리 : 10m 이상

(4) 와이어로프의 안전하중 : 파단하중의 1/5

(5) 크레인의 운전반경 : 상부 회전체 회전중심에서 화물중심까지의 수평거리

(6) 크레인 붐 지시기의 목적 : 여러 붐 각도에 따른 안전하중을 지시

(7) 로프에 걸리는 마찰은 어떤 함수 : 접촉력, 표면과 물체의 상태

(8) 인장강도가 가장 높은 섬유 로프 : 마닐라 로프

(9) 천장 크레인 부품 중 가장 손상이 많이 가는 곳 : 와이어로프

(10) 와이어로프 신장률 저하에 대하여 가장 위험한 하중 : 충격하중

(11) 크레인 과부하방지장치의 작동 기준 : 최대허용하중의 10% 이상

(12) 크레인 권과방지장치에 사용되는 것 : 리미트 스위치

(13) $\dfrac{D(\text{드럼의 직경})}{d(\text{와이어로프의 직경})}$ 가 클수록 와이어로프의 수명은 길어진다.

(14) 와이어로프 호칭 '6×10' 숫자의 의미

① 6 : 꼬임의 수량(strand 수)　　② 19 : 소선의 수량(wire 수)

(15) 와이어로프를 드럼에 감을 때 수명상 가장 큰 영향을 주는 것 : 제1단 감기

(16) 로프의 인장강도 구하는 식

$$\sigma = \frac{P}{n}$$

여기서, σ : 인장강도, n : 활차륜의 수, P : 화물하중

(17) 하중이 정격을 초과하였을 때 하중의 권상을 정지시키는 장치 : 과부하방지장치

(18) 체인블록(Chain Block)의 사용 제한조건

① 균열, 부식, 변형된 것

② 영구신장률이 5링크에 대하여 5% 이상인 것

③ 링크 지름이 1/4 이상 마모된 것

> 💡 **참고**
>
> ▶ 레버풀러(lever puller) 또는 체인블로(chain block)을 사용하는 경우 : 훅의 입구(hook mouth) 간격이 제조자가 제공하는 제품사양서 기준으로 10% 이상 벌어진 것을 폐기한다.

01 화물중량이 200kgf, 지게차의 중량이 400kgf, 앞바퀴에서 화물의 무게중심까지의 최단거리가 1m이면 지게차가 안정되기 위한 앞바퀴에서 지게차의 무게중심까지의 최단거리는 최소한 몇 m를 초과해야 하는가?

① 0.2　　　　② 0.5
③ 1.0　　　　④ 3.0

 해설

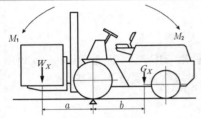

㉠ $M_1 = W \times a = 200 \times 1 = 200kgf$
㉡ $M_2 = G \times b = 400 \times b = 400 \cdot b[kgf]$
㉢ $M_1 \leq M_2,\ 200 \leq 400 \cdot b$

$$\therefore b = \frac{200}{400} = 0.5m$$

02 지게차의 중량이 8kN, 화물중량이 2kN, 앞바퀴에서 화물이 무게중심까지의 최단거리가 0.5m이면 지게차가 안정되기 위한 앞바퀴에서 지게차의 무게중심까지의 거리는 최소 몇 m 이상이어야 하는가?

① 0.450　　　　② 0.325
③ 0.225　　　　④ 0.125

해설

$W \cdot a < G \cdot b$
$2 \times 0.5 < 8 \times b$
$\dfrac{2 \times 0.5}{8} < b$이므로
$\therefore b = 0.125m$이상

03 다음 중 지게차의 안정도에 관한 설명으로 틀린 것은?

① 지게차의 등판 능력을 표시한다.
② 좌우 안정도와 전후 안정도가 다르다.
③ 주행과 하역작업의 안정도가 다르다.
④ 작업 또는 주행 시 안정도 이하로 유지해야 한다.

해설　지게차의 안정도와 지게차의 등판능력은 아무런 관련이 없다.

04 다음 중 수평거리 20m, 높이가 5m인 경우 지게차의 안정도는 얼마인가?

① 10%　　　　② 20%
③ 25%　　　　④ 40%

해설

지게차의 안정도(%) $= \dfrac{h}{l} \times 100$
여기서, l : 수평거리, h : 높이
$\therefore \dfrac{5}{20} \times 100 = 25\%$

05 지게차의 높이가 6m이고, 안정도가 30%일 때 지게차의 수평거리는 얼마인가?

① 10m　　　　② 20m
③ 20m　　　　④ 40m

해설

안정도(%) $= \dfrac{h}{l} \times 100$

$30 = \dfrac{6 \times 100}{l},\ 30l = 600$
$\therefore l = 20m$

06 지게차가 무부하상태로 25km/h로 이동 중에 있을 때 좌우 안정도(%)는 약 얼마인가?

① 16.5　　　　② 25.0
③ 37.5　　　　④ 42.5

해설

지게차의 좌우 안정도 $= 15 + 1.1V$
$\therefore 15 + 1.1 \times 25 = 42.5\%$

07 다음 중 산업안전보건법령상 지게차의 헤드가 갖추어야 하는 사항으로 틀린 것은?

① 강도는 지게차의 최대하중의 2배 값(4톤을 넘는 값에 대해서는 4톤으로 한다)의 등분포 정하중(等分布靜荷重)에 견딜 수 있을 것

② 상부틀의 각 개구의 폭 또는 길이가 20cm 이상일 것

③ 운전자가 앉아서 조작하는 방식의 지게차의 경우에는 운전자의 좌석 윗면에서 헤드가드의 상부틀 아랫면까지의 높이가 1m 이상일 것

④ 운전자가 서서 조작하는 방식의 지게차의 경우에는 운전석의 바닥면에서 헤드가드의 상부틀 하면까지의 높이가 2m 이상일 것

해설 ② 상부틀 각 개구의 폭 또는 길이가 16cm 미만일 것

08 다음 중 산업안전보건법상 지게차의 헤드가드에 관한 설명으로 틀린 것은?

① 강도는 지게차의 최대하중의 1.5배 값의 등분포 정하중(等分布靜荷重)에 견딜 수 있을 것

② 상부틀 각 개구의 폭 또는 길이가 16cm 미만일 것

③ 운전자가 앉아서 조작하는 방식의 지게차의 경우에는 운전자의 좌석 윗면에서 헤드가드의 상부틀 아랫면까지의 높이가 1m 이상일 것

④ 운전자가 서서 조작하는 방식의 지게차의 경우에는 운전석의 바닥면에서 헤드가드의 상부틀 하면까지의 높이가 2m 이상일 것

해설 ①의 경우 강도는 지게차의 최대하중의 2배 값의 등분포하중에 견딜 수 있을 것이 옳다.

09 다음은 지게차의 헤드가드에 관한 기준이다. ( ) 안에 들어갈 내용으로 옳은 것은?

지게차 사용 시 화물 낙하위험의 방호조치 사항으로 헤드가드를 갖추어야 한다. 그 강도는 지게차 최대하중의 ( ) 값의 등분포 정하중(等分布靜荷重)에 견딜 수 있어야 한다. 단, 그 값이 4ton을 넘는 것에 대하여서는 4ton으로 한다.

① 1.5배   ② 2배

③ 3배   ④ 5배

해설 지게차 헤드가드의 강도는 최대하중의 2배 값(그 값이 4ton을 넘는 것은 4ton으로 한다)의 등분포 정하중에 견딜 수 있어야 한다.

10 산업안전보건법령상 지게차의 최대하중은 2배 값이 6톤일 경우 헤드가드의 강도는 몇 톤의 등분포 정하중에 견딜 수 있어야 하는가?

① 4   ② 6

③ 8   ④ 12

해설 지게차의 최대하중은 2배 값이 4톤을 넘는 값에 대해서는 4톤으로 해야 한다. 따라서 최대하중의 2배 값이 6톤이므로 헤드가드의 강도는 4톤의 등분포 정하중에 견딜 수 있어야 한다.

11 다음 중 벨트 컨베이어의 특징에 해당되지 않는 것은?

① 무인화 작업이 가능하다.

② 연속적으로 물건을 운반할 수 있다.

③ 운반과 동시에 하역작업이 가능하다.

④ 경사각이 클수록 물건을 쉽게 운반할 수 있다.

해설 벨트 컨베이어의 특징은 ①, ②, ③ 이외에도 다음과 같은 것이 있다.
㉠ 대용량의 운반수단으로 이용된다.
㉡ 경사각도가 30° 이하인 경우에 사용된다.
㉢ 컨베이어 중 가장 널리 쓰인다.

12 다음 중 컨베이어의 종류가 아닌 것은?

① 체인 컨베이어   ② 롤러 컨베이어

③ 스크루 컨베이어   ④ 그리드 컨베이어

해설 컨베이어의 종류는 ①, ②, ③ 이외에 벨트 컨베이어가 있다.

정답 ┃ 08. ① 09. ② 10. ① 11. ④ 12. ④

13 컨베이어(conveyor) 역전방지장치의 형식을 기계식과 전기식으로 구분할 때 기계식에 해당하지 않는 것은?

① 래칫식　　　　② 밴드식
③ 스러스트식　　④ 롤러식

> **해설** 컨베이어 역전방지장치의 형식으로 기계식에 해당하는 것은 ①, ②, ④ 세 가지가 있다.

14 다음 중 컨베이어에 대한 안전조치사항으로 틀린 것은?

① 컨베이어에서 화물의 낙하로 인하여 근로자에게 위험을 미칠 우려가 있을 때에는 덮개 또는 울을 설치하여야 한다.
② 정전이나 전압강하 등에 의한 화물 또는 운반구의 이탈 및 역주행을 방지할 수 있어야 한다.
③ 컨베이어에는 벨트부위에 근로자가 접근할 때의 위험을 방지하기 위하여 권과방지장치 및 과부하방지장치를 설치하여야 한다.
④ 컨베이어에 근로자의 신체 일부가 말려들 위험이 있을 때는 운전을 즉시 정지시킬 수 있어야 한다.

> **해설** ③의 경우 크레인에 대한 안전조치사항에 해당된다.

15 안전한 컨베이어작업을 위한 사항으로 적합하지 않은 것은?

① 컨베이어 위로 건널다리를 설치하였다.
② 운전 중인 컨베이어는 근로자를 탑승시켜서는 안 된다.
③ 작업 중 급정지를 방지하기 위하여 비상정지장치는 해체하여야 한다.
④ 트롤리 컨베이어에서 트롤리와 체인을 상호 확실하게 연결시켜야 한다.

> **해설** (1) ③의 경우, 작업 중 급정지를 방지하기 위하여 비상정지장치는 가동하여야 한다는 내용이 옳다.
> (2) 안전한 컨베이어작업을 위한 사항
> 　　㉠ ①, ②, ④

ⓒ 화물 또는 운반구의 이탈 및 역주행을 방지하는 장치를 갖추어야 한다.
ⓓ 컨베이어에 덮개 또는 울을 설치하는 등 낙하방지를 위한 조건을 하여야 한다.
ⓔ 컨베이어에 중량물을 운반하는 경우에는 스토퍼를 설치하거나 작업자 출입을 금지시켜야 한다.

16 산업안전보건법령상 근로자가 위험해질 우려가 있는 경우 컨베이어에 부착, 조치하여야 할 방호장치가 아닌 것은?

① 안전매트
② 비상정지장치
③ 덮개 또는 울
④ 이탈 및 역주행방지장치

> **해설** ①의 안전매트는 산업용 로봇에 부착, 조치하여야 할 방호장치이다.

17 다음 중 포터블 벨트 컨베이어(portable belt conveyor) 운전 시 준수사항으로 적절하지 않은 것은?

① 공회전하여 기계의 운전상태를 파악한다.
② 정해진 조작스위치를 사용하여야 한다.
③ 운전시작 전 주변근로자에게 경고하여야 한다.
④ 화물적치 후 몇 번씩 시동, 정지를 반복 테스트 한다.

> **해설** ④의 경우 화물적치 전 몇 번씩 시동, 정지를 반복 테스트한다는 내용이 옳다.

18 다음 중 산업안전보건법상 컨베이어작업 시작 전 점검사항이 아닌 것은?

① 원동기 및 풀리기능의 이상 유무
② 이탈 등의 방지장치기능의 이상 유무
③ 비상정지장치의 이상 유무
④ 건널다리의 이상 유무

> **해설** 컨베이어작업 시작 전 점검사항으로는 ①, ②, ③ 이외에 다음과 같다.
> • 원동기, 회전축, 기어 및 풀리 등의 덮개 또는 울 등의 이상 유무

19 다음 중 컨베이어(Conveyor)의 주요 구성품이 아닌 것은?

① 롤러(Roller) ② 벨트(Belt)
③ 지브(Jib) ④ 체인(Chain)

> **해설** ③의 지브(Jib)는 크레인의 구성품에 해당되는 것이다.

20 다음 설명 중 ( )의 내용으로 옳은 것은?

> 간이 리프트란 동력을 사용하여 가이드레일을 따라 움직이는 운반구를 매달아 소형 화물운반을 주목적으로 하며 승강기와 유사한 구조로서 운반구의 바닥면적이 (㉠) 이하이거나 천장 높이가 (㉡) 이하인 것 또는 동력을 사용하여 가이드레일을 따라 움직이는 지지대로 자동차 등을 일정한 높이로 올리거나 내리는 구조의 자동차정비용 리프트를 말한다.

① ㉠ 0.5m², ㉡ 1.0m
② ㉠ 1.0m², ㉡ 1.2m
③ ㉠ 1.5m², ㉡ 1.5m
④ ㉠ 2.0m², ㉡ 2.5m

> **해설** **간이리프트** : 승강기와 유사한 구조로서 운반구의 바닥면적이 1.0m² 이하이거나 천장높이가 1.2m 이하인 것

21 산업안전보건법령에 따른 다음 설명에 해당하는 기계설비는?

> 동력을 사용하여 가이드레일을 따라 상하로 움직이는 운반구를 매달아 화물을 운반할 수 있는 설비 또는 이와 유사한 구조 및 성능을 가진 것으로 건설현장이 아닌 장소에서 사용하는 것

① 크레인
② 일반작업용 리프트
③ 곤돌라
④ 이삿짐 운반용 리프트

> **해설** 동력을 사용하여 가이드레일을 따라 상하로 움직이는 운반구를 매달아 화물을 운반할 수 있는 설비 또는 이와 유사한 구조 및 성능을 가진 것으로 건설현장이 아닌 장소에서 사용하는 것은 일반작업용 리프트이다.

22 다음 중 리프트의 안전장치로 활용하는 것은?

① 그리드(Grid)
② 아이들러(Idler)
③ 스크레이퍼(Scraper)
④ 리밋 스위치(Limit Switch)

> **해설** 리프트의 안전장치로 활용하는 것은 리밋 스위치이다.

23 리프트의 제작기준 등을 규정함에 있어 정격속도의 정의로 옳은 것은?

① 화물을 싣고 하강할 때의 속도
② 화물을 싣고 상승할 때의 최고속도
③ 화물을 싣고 상승할 때의 평균속도
④ 화물을 싣고 상승할 때와 하강할 때의 평균속도

> **해설** 리프트의 제작기준에서 정격속도란 화물을 싣고 상승할 때의 최고속도를 말한다.

24 동력을 사용하여 중량물을 매달아 상하 및 좌우(수평 또는 선회를 말한다.)로 운반하는 것을 목적으로 하는 기계는?

① 크레인 ② 리프트
③ 곤돌라 ④ 승강기

> **해설** 문제의 내용은 크레인에 관한 것이다.

25 다음 중 천장크레인의 방호장치와 가장 거리가 먼 것은?

① 과부하방지장치 ② 낙하방지장치
③ 권과방지장치 ④ 충돌방지장치

> **해설** 천장크레인의 방호장치로는 ①, ③, ④ 이외에 비상정지장치, 제동장치가 있다.

26 기계의 방호장치 중 과도하게 한계를 벗어나 계속적으로 감아올리는 일이 없도록 제한하는 장치는?

① 일렉트로닉 아이 ② 권과방지장치
③ 과부하방지장치 ④ 해지장치

> **해설** 기계의 방호장치 중 과도하게 한계를 벗어나 계속적으로 감아올리는 일이 없도록 제한하는 장치는 권과방지장치이다.

정답 ┃ 19. ③ 20. ② 21. ② 22. ④ 23. ② 24. ① 25. ② 26. ②

27 다음 중 양중기에서 사용되는 해지장치에 관한 설명으로 가장 적합한 것은?

① 2중으로 설치되는 권과방지장치를 말한다.
② 화물의 인양 시 발생하는 충격을 완화하는 장치이다.
③ 과부하 발생 시 자동적으로 전류를 차단하는 방지장치이다.
④ 와이어로프가 훅에서 이탈하는 것을 방지하는 장치이다.

> **해설** 양중기에서 사용되는 해지장치는 와이어로프가 훅에서 이탈하는 것을 방지하는 장치이다.

28 크레인의 훅, 버킷 등 달기구 윗면이 드럼 상부 도르래 등 권상장치의 아랫면과 접촉할 우려가 있을 때 직동식 권과방지장치의 조정간격은?

① 0.01m 이상
② 0.02m 이상
③ 0.03m 이상
④ 0.05m 이상

> **해설** 권상장치의 아랫면과 접촉할 우려가 있을 때 직동식 권과방지장치의 조정간격은 0.05m 이상이다.

29 다음 중 산업안전보건법상 크레인에 전용 탑승설비를 설치하고 근로자를 달아올린 상태에서 작업에 종사시킬 경우 근로자의 추락위험을 방지하기 위하여 실시해야 할 조치사항으로 적합하지 않은 것은?

① 승차석 외의 탑승 제한
② 안전대나 구명줄의 설치
③ 탑승설비의 하강 시 동력하강 방법을 사용
④ 탑승설비가 뒤집히거나 떨어지지 않도록 필요한 조치

> **해설** 크레인에 전용 탑승설비를 설치하고 근로자를 달아올린 상태에서 작업에 종사시킬 경우, 추락위험을 방지하기 위한 조치사항
> ㉠ ②, ③, ④
> ㉡ 안전난간의 설치가 가능한 구조인 경우 안전난간을 설치할 것

30 산업안전보건법에 따라 순간 풍속이 몇 m/s를 초과하는 바람이 불거나 중진(中震) 이상 진도의 지진이 있은 후에 옥외에 설치되어 있는 양중기를 사용하여 작업을 하는 경우에는 미리 기계 각 부위에 이상이 있는지를 점검하여야 하는가?

① 25
② 30
③ 35
④ 40

> **해설** 순간 풍속이 30m/s를 초과하는 바람이 불거나 중진 이상 진도의 지진이 있은 후에 옥외에 설치되어 있는 양중기를 사용하여 작업을 하는 경우에는 미리 기계 각 부위에 이상이 있는지를 점검하여야 한다.

31 산업안전보건법령에 따라 타워크레인을 와이어로프로 지지하는 경우, 와이어로프의 설치각도는 수평면에서 몇 도 이내로 해야 하는가?

① 30°
② 45°
③ 60°
④ 75°

> **해설** 타워크레인을 와이어로프로 지지하는 경우, 와이어로프의 설치각도는 수평면에서 60° 이내로 하여야 한다.

32 다음 중 산업안전보건법령상 이동식 크레인을 사용하여 작업할 때의 작업 시작 전 점검사항으로 틀린 것은?

① 브레이크·클러치 및 조정장치 기능
② 권과방지장치나 그 밖의 경보장치의 기능
③ 와이어로프가 통하고 있는 곳 및 작업장소의 지반상태
④ 원동기·회전축·기어 및 풀리 등의 덮개 또는 울 등의 이상 유무

> **해설** ④는 컨베이어 등을 사용하여 작업할 때의 작업 시작 전 검사사항에 해당된다.

33 다음 중 산업안전보건법령상 승강기의 종류에 해당하지 않는 것은?

① 리프트
② 에스컬레이터
③ 화물용 승강기
④ 인화(人貨) 공용 승강기

해설 산업안전보건법령상 승강기의 종류에는 ②, ③, ④ 외에도 승용 승강기가 있다.

34 다음 중 승강기를 구성하고 있는 장치가 아닌 것은?

① 선회장치 ② 권상장치
③ 가이드레일 ④ 완충기

해설 ①의 선회장치는 크레인을 구성하고 있는 장치에 해당된다.

35 산업안전보건법에서 정한 양중기의 종류에 해당하지 않는 것은?

① 리프트 ② 호이스트
③ 곤돌라 ④ 컨베이어

해설 ①, ②, ③ 이외에 산업안전보건법에서 정한 양중기는 다음과 같다.
㉠ 크레인
㉡ 이동식 크레인
㉢ 적재하중이 0.1ton 이상인 이삿짐 운반용 리프트
㉣ 최대하중이 0.25ton 이상인 승강기

36 2줄의 와이어로프로 중량물을 달아올릴 때, 로프에 가장 힘이 적게 걸리는 각도는?

① 30° ② 60°
③ 90° ④ 120°

해설 2줄의 와이어로프로 중량물을 달아올릴 때 로프의 힘은 각도가 작을수록 적게 걸린다.

37 천장크레인에 중량 3kN의 화물을 2줄로 매달았을 때 매달기용 와이어(sling wire)에 걸리는 장력은 얼마인가? (단, 슬링와이어 2줄 사이의 각도는 55°이다.)

① 1.3kN ② 1.7kN
③ 2.0kN ④ 2.3kN

해설
$$W_1 = \frac{\frac{W}{2}}{\cos\frac{\theta}{2}} = \frac{\frac{3}{2}}{\cos\frac{55°}{2}} = 1.69 ≒ 1.7\text{kN}$$

38 그림과 같이 2개의 슬링 와이어로프로 무게 1,000N의 화물을 인양하고 있다. 로프 T_{AB}에 발생하는 장력의 크기는 얼마인가

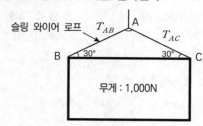

① 500N ② 707N
③ 1,000N ④ 1,414N

해설
$$T_{AB} = \frac{\frac{W}{2}}{\cos\frac{\theta}{2}} = \frac{\frac{1,000}{2}}{\frac{\cos 120°}{2}} = 1,000\text{N}$$

39 질량 100kg의 화물이 와이어로프에 매달려 2m/s²의 가속도로 권상되고 있다. 이때 와이어로프에 작용하는 장력의 크기는 몇 N인가? (단, 여기서 중력가속도는 10m/s²로 한다.)

① 200N ② 300N
③ 1,200N ④ 2,000N

해설 W(총 하중) = W_1(정하중) + W_2(동하중)
$$W_2 = \frac{W_1}{g} \times \alpha$$
여기서 g : 중력가속도, α : 가속도
$$W = 100 + \frac{100}{10} \times 2 = 120\text{kg}$$
$$∴ 120 \times 10 = 1,200\text{N}$$

40 크레인작업 시 2톤 크기의 화물을 걸어 25m/s² 가속도로 감아올릴 때 로프에 걸리는 총 하중은 약 몇 kN인가?

① 16.9 ② 50.0
③ 69.6 ④ 94.8

해설
$$W = W_1 + W_2$$
$$∴ 2,000 + \frac{2,000}{9.8} \times 25 = 7,102\text{kg}$$
장력[kN] = 총 하중 × 중력가속도
$$= 7,102 \times 9.8$$
$$= 69,599 ≒ 69.6\text{kN}$$

정답 ┃ 34. ① 35. ④ 36. ① 37. ② 38. ③ 39. ③ 40. ③

41 다음 중 크레인작업 시 로프에 1톤의 중량을 걸어, 20m/s²의 가속도로 감아올릴 때 로프에 걸리는 총 하중(kgf)은 약 얼마인가?

① 1040.34
② 2040.53
③ 3040.82
④ 3540.91

해설
$$W = W_1 + W_2 = W_1 + \frac{W_1}{g} \times \alpha$$
$$\therefore 1,000 + \frac{1,000}{9.8} \times 20 \fallingdotseq 3040.82 \text{kgf}$$

42 산업안전보건법상 양중기에서 하중을 직접 지지하는 와이어로프 또는 달기 체인의 안전계수로 옳은 것은?

① 1 이상
② 3 이상
③ 5 이상
④ 7 이상

해설
양중기에서 하중을 직접 지지하는 와이어로프 또는 달기 체인의 안전계수는 5 이상이다.

43 다음 중 정하중이 작용할 때 기계의 안전을 위해 일반적으로 안전율이 가장 크게 요구되는 재질은?

① 벽돌
② 주철
③ 구리
④ 목재

해설
정하중이 작용할 때 기계의 안전을 위해 일반적으로 안전율이 가장 크게 요구되는 재료는 벽돌이다.

44 고리걸이용 와이어로프의 절단하중이 4ton일 때, 이 로프의 최대사용하중은 얼마인가? (단, 안전계수는 5이다.)

① 400kgf
② 500kgf
③ 800kgf
④ 2,000kgf

해설
$$안전계수 = \frac{절단하중}{최대사용하중}$$
$$최대사용하중 = \frac{절단하중}{안전계수}$$
$$\therefore \frac{4,000}{6} = 800 \text{kgf}$$

45 와이어로프의 절단하중이 1,116kg이고, 한 줄로 물건을 매달고자 할 때 안전계수를 6으로 하면 몇 kgf 이하의 물건을 매달 수 있는가?

① 126
② 372
③ 588
④ 6,696

해설
$$안전계수 = \frac{절단하중}{안전하중}, \quad 6 = \frac{1,116}{x}$$
$$\therefore x = \frac{1,116}{6} = 186 \text{kgf}$$
따라서 186kgf 이하인 126kgf가 정답이다.

46 산업안전보건법령에 따라 양중기용 와이어로프의 사용금지 기준으로 옳은 것은?

① 지름의 감소가 공칭지름의 3%를 초과하는 것
② 지름의 감소가 공칭지름의 5%를 초과하는 것
③ 와이어로프의 한 꼬임에서 끊어진 소선(素線)의 수가 7% 이상인 것
④ 와이어로프의 한 꼬임에서 끊어진 소선(素線)의 수가 10% 이상인 것

해설 **양중기용 와이어로프의 사용금지 기준**
㉠ 지름의 감소가 공칭지름의 7%를 초과하는 것
㉡ 와이어로프의 한 꼬임에서 끊어진 소선의 수가 10% 이상인 것
㉢ 이음매가 있는 것
㉣ 꼬인 것
㉤ 심하게 변형되거나 부식된 것
㉥ 열과 전기충격에 의해 손상된 것

47 다음 중 양중기에서 사용하는 와이어로프에 관한 설명으로 틀린 것은?

① 달기 체인의 길이 증가는 제조 당시의 7%까지 허용된다.
② 와이어로프의 지름 감소가 공칭지름의 7% 초과 시 사용할 수 없다.
③ 훅, 섀클 등의 철구로서 변형된 것은 크레인의 고리걸이 용구로 사용하여서는 아니 된다.
④ 양중기에서 사용되는 와이어로프는 화물하중을 직접 지지하는 경우 안전계수를 5 이상으로 해야 한다.

해설 ①의 경우 달기 체인의 길이 증가는 제조 당시의 5%까지 허용된다는 내용이 옳다.

48 드럼의 직경이 D, 로프의 직경이 d인 윈치에서 D/d가 클수록 로프의 수명은 어떻게 되는가?

① 짧아진다.　　② 길어진다.
③ 변화가 없다.　④ 사용할 수 없다.

해설 윈치에서 D/d가 클수록 로프의 수명은 길어진다.

49 다음 중 와이어로프 구성 기호 "6×19"의 표기에서 "6"의 의미에 해당하는 것은?

① 소선 수　　　② 소선의 직경(mm)
③ 스트랜드 수　④ 로프의 인장강도

해설 와이어로프 구성 기호 "6×19"의 표기에서의 의미는 다음과 같다.
ㄱ 6 : 스트랜드(자승)의 수
ㄴ 19 : 와이어(소선)의 수

50 와이어로프의 꼬임은 일반적으로 특수 로프를 제외하고는 보통 꼬임(ordinary lay)과 랭 꼬임(lang's lay)으로 분류할 수 있다. 다음 중 보통 꼬임에 관한 설명으로 틀린 것은?

① 킹크가 잘 생기지 않는다.
② 내마모성, 유연성, 저항성이 우수하다.
③ 로프의 변형이나 하중을 걸었을 때 저항성이 크다.
④ 스트랜드의 꼬임방향과 로프의 꼬임방향이 반대이다.

해설 (1) ②의 경우 랭 꼬임의 특성에 해당된다.
(2) ①, ③, ④ 이외에 보통 꼬임의 특성으로는 다음과 같은 것들이 있다.
ㄱ 소선의 외부길이가 짧아서 마모되기 쉽다.
ㄴ 취급이 용이하며 선박, 육상작업 등에 많이 쓰이고 있다.

51 다음 중 와이어로프의 꼬임에 관한 설명으로 틀린 것은?

① 보통 꼬임에는 S 꼬임이나 Z 꼬임이 있다.
② 보통 꼬임은 스트랜드의 꼬임방향과 로프의 꼬임방향이 반대로 된 것을 말한다.
③ 랭 꼬임은 로프의 끝이 자유로이 회전하는 경우나 킹크가 생기기 쉬운 곳에 적당하다.
④ 랭 꼬임은 보통 꼬임에 비하여 마모에 대한 저항성이 우수하다.

해설 ③ 보통 꼬임은 로프의 끝이 자유로이 회전하는 경우나 킹크가 생기기 쉬운 곳에 적당하다.

52 원래 길이가 150mm인 슬링체인을 점검한 결과 길이에 변형이 발생하였다. 다음 중 폐기대상에 해당되는 측정값(길이)으로 옳은 것은?

① 151.5mm 초과　② 153.5mm 초과
③ 155.5mm 초과　④ 157.5mm 초과

해설 슬링체인(달기체인)의 길이가 슬링체인이 제조된 때 길이의 5%를 초과하는 것은 폐기대상이 된다. 따라서 $150×1.05 = 157.5$mm 이다.

53 산업안전보건법령에 따라 레버풀러(Lever Puller) 또는 체인블록(Chain Block)을 사용하는 경우 훅의 입구(Hook Mouth) 간격이 제조자가 제공하는 제품사양서 기준으로 얼마 이상 벌어진 것은 폐기하여야 하는가?

① 3%　② 5%
③ 7%　④ 10%

해설 체인블록을 사용하는 경우 훅의 입구 간격이 제조자가 제공하는 제품사양서 기준으로 10% 이상 벌어진 것은 폐기하여야 한다.

제1절 재료시험

1 인장시험

시험편을 축방향으로 천천히 잡아 당겨 끊어질 때까지의 변형과 이에 대응하는 하중관계를 측정하는 시험이다.

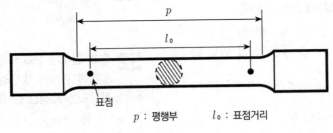

p : 평행부 l_0 : 표점거리

〈인장시험편〉

(1) 인장시험으로 측정할 수 있는 기계적 성질

① 인장강도

$$\sigma = \frac{P}{A}$$

여기서, σ : 인장강도(kg/mm²), A : 단면적(mm²), P : 인장하중(kg)

② 연신율

$$\epsilon = \frac{l - l_0}{l_0} \times 100$$

여기서, ε : 연신율(%), l_0 : 원래 길이(mm), l : 늘어난 길이(mm)

③ 단면수축률

$$\phi = \frac{A_0 - A}{A - 0} \times 100$$

여기서, ϕ : 단면수축률(%), A_0 : 원단면적(mm²), A : 절단부면적(mm²)

④ 기타 : 항복점, 내력, 탄성한계, 비례한계, 탄성계수

2 경도시험

외력에 의해 재료의 변형정도 즉, 단단하고 연한 정도를 알아보는 시험으로 시험편을 눌렀을 때 생기는 변형정도, 시험편에 다른 물체를 낙하시켰을 때 반발정도 등으로 상태를 측정한다.

(1) 경도시험의 종류

① 비커스(Vickers) 경도시험   ② 로크웰(Rockwell) 경도시험

③ 브리넬(Brinell) 경도시험   ④ 쇼어(Shore) 경도시험

3 충격시험

재료에 급격한 하중을 작용시켰을 때 힘에 대한 재료의 성질을 측정하는 시험으로 샤르피식, 아이조드식 충격시험기가 있다.

4 피로시험

피로한도(Fatigue limit) : 반복응력을 받게 되는 기계부분의 설계에서 허용응력을 결정하기 위한 기초강도

5 굽힘시험

6 스파크시험

제2절 비파괴검사

1 비파괴검사의 개요

비파괴검사란 재료의 재질 및 형상, 치수 등에 아무런 변화를 주지 않고 즉, 파괴되지 않은 상태로 재료의 표면결함, 형상상태, 재질 등을 검사하는 것을 말한다. 비파괴검사는 제품에 손상없이 직접시험이 가능하고, 현장시험이 가능하며 시간이 절약되고 재료의 낭비를 막을 수 있는 장점이 있지만 검사방법에 따라 설비비가 많이 드는 단점이 있다.

2 비파괴검사의 종류 및 특징

(1) 육안시험

사람의 눈으로 재료의 표면결함, 재질 등을 검사하는 일반적인 검사방법이다.

(2) 누설시험

용기, 탱크 등의 이음부위에 일정한 압력을 가하여 기체 및 유체의 누설여부를 검사하는 방법이다.

(3) 침투시험

침투력이 강한 액체를 피검사물 표면에 도포하거나 침투액 중에 피검사물을 담근 후 표면에 묻은 침투액을 씻어내고 결함부에 남아있는 침투액으로 결함 유무를 알아보는 것으로 표면의 미세한 균열, 기공, 슬러그 등을 검출하는 방법이다.

종류로는 형광침투 탐상검사, 염색침투 탐상검사가 있다.

(4) 초음파 탐상시험

초음파(0.5~15MC)를 피검사물의 내부에 침투시켜 그 반사파를 이용하여 기계설비에서 재료 내부의 균열 결함을 확인할 수 있는 가장 적절한 검사 방법이다.

> **참고**
>
> ▶ **초음파 탐상법의 종류**
> 1. 반사식   2. 투과식   3. 공진식

(5) 자기(자분)탐상시험

강자성체를 자화하여 표면의 누설자속을 검출하는 방법

(6) 음향탐사시험

재료가 변형 시에 외부응력이나 내부의 변형과정에서 방출되는 낮은 응력파(stress wave)를 감지하여 측정하는 비파괴검사

> **참고**
>
> ▶ **음향방출시험**
> 1. 가동 중 검사가 가능하다.
> 2. 온도, 분위기 같은 외적요인에 영향을 받는다.
> 3. 결함이 어떤 중대한 손상을 초래하기 전에 검출할 수 있다.
> 4. 재료의 종류나 물성 등의 특성에 따라 검사에 영향을 준다.

(7) 방사선투과시험

방사선 중에서 X선이나 γ선을 피검사물에 투과하여 결함을 검사하는 방법으로 피검사물 뒤에 설치된 필름에 의해 결함의 형태, 크기를 관찰할 수 있으며 결과의 기록이 된다. 일반적으로 X선을 사용하며 재료 및 용접부의 결함검사 등에 가장 널리 이용되는 검사법이다.

> **참고**
>
> 1. **콘트라스트(명암도)에 영향을 미치는 인자**
>   ㉠ 방사선의 선질   ㉡ 필름의 종류   ㉢ 현상액의 강도
> 2. **투과사진의 상질을 점검할 때 확인해야 할 항목**
>   ㉠ 투과도계의 식별도   ㉡ 시험부의 사진농도범위
>   ㉢ 계조계의 값

(8) 침투탐상시험

물체의 표면에 침투력이 강한 적색 또는 형광성의 침투액을 표면 개구 결함에 침투시켜 직접 또는 자외선 등으로 관찰하여 결함장소와 크기를 판별하는 것

(9) 와류탐상검사

금속 등의 도체에 교류를 통한 코일을 접근시켰을 때 결함이 존재하면 코일에 유기되는 전압이나 전류가 변하는 것을 이용한 방법

💡 참고

▶ 고속회전체의 회전시험을 하는 경우 미리 회전축의 재질 및 형상 등에 상응하는 종류의 비파괴검사를
해서 결함 유무를 확인하여야 하는 고속회전체 대상
회전축의 중량이 1톤을 초과하고, 원주속도가 120m/s 이상인 것

제3절 수공구

1 수공구에 의한 재해

수공구에 의한 재해는 왼손이 제일 많고, 그 다음이 오른손, 오른쪽 다리, 왼쪽 다리, 눈 등의
순서인데 이는 수공구의 소홀한 취급과 공구의 결함, 사용 방법의 미숙 등에 의하여 일어나고 있
다. 수공구에 의한 재해를 막는 4대 원칙은 다음과 같다.

① 작업에 맞는 공구의 선택과 올바른 취급　　② 결함이 없는 완전한 공구 사용
③ 공구의 올바른 취급과 사용　　　　　　　　④ 공구는 안전한 장소에 보관

2 해머(Hammer)

① 해머에 쐐기가 없는 것, 자루가 빠지려고 하는 것, 부러지려고 하는 것은 절대로 사용하지 말 것
② 해머는 사용목적 이외의 용도에 사용하지 않을 것
③ 해머는 처음부터　힘을 주어 치지 말 것
④ 녹이 슨 것은 녹이 튀어 눈에 들어가면 실명이 되므로 반드시 보안경을 착용할 것
⑤ 장갑을 끼고 해머를 사용하면 쥐는 힘이 작아지므로 장갑을 끼지 않을 것

3 정(Chisel)

① 따내기 및 칩이 튀는 가공에서는 보안경을 착용하여야 한다.
② 작업을 시작할 때는 가급적 정을 가볍게 타격하고, 점차 힘을 가한다.
③ 절단 작업 시 절단된 끝이 튀는 것을 조심하여야 한다.
④ 담금질 된 철강재료는 정 가공을 하지 않는 것이 좋다.
⑤ 정작업에서 모서리 부분은 크기가 3R 정도로 한다.
⑥ 철강재를 정으로 절단작업을 할 때 끝날 무렵에는 정을 세게 타격해서는 안 된다.

4 줄

① 줄은 반드시 자루를 끼워서 사용할 것
② 해머 대용으로 두드리지 말 것
③ 땜질한 줄은 부러지기 쉬우므로 사용하지 말 것
④ 줄은 다른 용도로 사용하지 말 것

5 레버풀러 또는 체인블록을 사용하는 경우 준수사항

① 정격하중을 초과하여 사용하지 말 것
② 레버풀러 작업중 훅이 빠져 튕길 우려가 있을 경우에는 훅을 대상물에 직접 걸지 말고 피벗클램프나 러그를 연결하여 사용할 것
③ 레버풀러의 레버에 파이프 등을 끼워서 사용하지 말 것
④ 체인블록의 상부 훅은 인양하중에 충분히 견디는 강도를 갖고 정확히 지탱될 수 있는 곳에 걸어서 사용할 것
⑤ 훅의 입구 간격이 제조자가 제공하는 제품사양서 기준으로 10% 이상 벌어진 것은 폐기할 것
⑥ 체인블록은 체인의 꼬임과 헝클어지지 않도록 할 것
⑦ 체인과 훅은 변형, 파손, 부식, 마모되거나 균열된 것을 사용하지 않도록 할 것

제4절 운반작업

1 인력운반작업 시의 안전수칙

① 물건을 들어올릴 때는 팔과 무릎을 사용하고 허리를 곧게 편다.
② 운반 대상물의 특성에 따라 필요한 보호구를 확인, 착용한다.
③ 화물에 가능한 한 접근하여 화물의 무게중심을 몸에 가까이 밀착시킨다.
④ 무거운 물건은 공동작업으로 하고 보조기를 이용한다.

2 취급운반 시 준수해야 할 원칙

① 연속운반으로 한다.
② 직선운반으로 한다.
③ 운반작업을 집중화시킨다.
④ 생산을 최고로 하도록 운반한다.
⑤ 최대한 시간과 경비를 절약할 수 있는 운반 방법을 고려한다.

제5절 소음·진동 방지기술

1 소음

(1) 소음의 표시단위

① dB   ② phon   ③ sone

(2) 강렬한 소음작업

① 90dB 이상의 소음이 1일 8시간 이상 발생하는 작업

② 95dB 이상의 소음이 1일 4시간 이상 발생하는 작업

③ 100dB 이상의 소음이 1일 2시간 이상 발생하는 작업

④ 105dB 이상의 소음이 1일 1시간 이상 발생하는 작업

⑤ 110dB 이상의 소음이 1일 30분 이상 발생하는 작업

⑥ 115dB 이상의 소음이 1일 15분 이상 발생하는 작업

> 💡 **참고**
>
> ▶ 도플러(Doppler)효과 : 발음원이 이동할 때 그 진행방향 쪽에서는 원래 발음원의 음보다 고음으로, 진행방향 반대쪽에서는 저음으로 되는 현상

2 진동

(1) 진동에 의한 설비진단법

정상, 비정상 악화의 정도를 판단하기 위한 방법

① 상호판단 ② 비교판단 ③ 절대판단

(2) 진동방지대책

① 발생원에 대한 대책

㉮ 저진동 기계공구를 사용할 것 ㉯ 방진장갑 등 진동보호구를 착용하도록 할 것

㉰ 진동수반 업무를 자동화할 것 ㉱ 작업시간을 제한할 것

② 전파경로에 대한 대책

㉮ 기계 기초의 강성을 높여 공진이 없도록 설계할 것

㉯ 지반에 전파되는 진동에 대한 흡진 및 차진 설계를 할 것

㉰ 발생원과 전파경로 사이에 방진장치를 설치할 것

㉱ 지반을 잘 다진 기초설계를 충실히 할 것

> 💡 **참고**
>
> ▶ **진동방지용 재료로 사용되는 공기스프링의 특징**
> 1. 압축공기의 탄성을 이용한 용수철이며 고무 등으로 만든 용기 안에 압축공기를 넣어 밀폐하고, 그 탄성으로 충격을 흡수하는 장치이며, 소음이 적고 승차감이 좋아서 자동차 · 철도차량 등에 쓰인다.
> 2. 공기량에 따라 스프링상수의 조절이 가능하다.
> 3. 측면에 대한 감성이 약하다.
> 4. 공기의 압축성에 의해 감쇠 특성이 크므로 미소진동의 흡수도 가능하다.
> 5. 공기탱크 및 압축기 등의 설치로 구조가 복잡하고, 제작비가 비싸다.

(3) 사업주가 진동작업을 하는 근로자에게 충분히 알려야 할 사항

① 인체에 미치는 영향과 증상 ② 진동기계 · 기구 관리방법

③ 보호구 선정과 착용방법 ④ 진동장해 예방방법

01 재료에 대한 시험 중 비파괴시험이 아닌 것은?

① 방사선투과시험
② 자분탐상시험
③ 초음파탐상시험
④ 피로시험

> **해설**
> ㉠ 피로시험은 파괴시험의 종류에 속한다.
> ㉡ 비파괴시험으로는 ①, ②, ③ 외에도 침투검사, 음향검사, 와류탐상검사, 육안검사 등이 있다.

02 다음 중 설비의 내부에 균열결함을 확인할 수 있는 가장 적절한 검사방법은?

① 육안검사
② 액체침투탐상검사
③ 초음파탐상검사
④ 피로검사

> **해설**
> 설비의 내부에 균열결함을 확인할 수 있는 가장 적절한 검사방법은 초음파탐상검사이다.

03 다음 중 방사선투과검사에 가장 적합한 활용 분야는?

① 변형률 측정
② 완제품의 표면결함검사
③ 재료 및 기기의 계측검사
④ 재료 및 용접부의 내부결함검사

> **해설**
> 방사선투과검사는 재료 및 용접부의 내부결함검사에 가장 적합하다.

04 검사물 표면의 균열이나 피트 등의 결함을 비교적 간단하고 신속하게 검출할 수 있고, 특히 비자성 금속재료의 검사에 자주 이용되는 비파괴검사법은?

① 침투탐상검사
② 초음파탐상시험
③ 자기탐상검사
④ 방사선투과검사

> **해설**
> 문제의 내용은 침투탐상검사에 관한 것으로 내부 결함은 검출되지 않는 단점이 있다.

05 강자성체의 결함을 찾을 때 사용하는 비파괴시험으로 표면 또는 표층(표면에서 수 mm 이내)에 결함이 있을 경우 누설자속을 이용하여 육안으로 결함을 검출하는 시험법은?

① 와류탐상시험(ET)
② 자분탐상시험(MT)
③ 초음파탐상시험(UT)
④ 방사선투과시험(RT)

> **해설**
> **자분탐상시험(MT)** : 강자성체의 결함을 찾을 때 사용하는 비파괴시험으로 표면 또는 표층(표면에서 수 mm 이내)에 결함이 있을 경우 누설자속을 이용하여 육안으로 결함을 검출하는 시험법

06 다음 중 음향방출시험에 대한 설명으로 틀린 것은?

① 가동 중 검사가 가능하다.
② 온도, 분위기 같은 외적요인에 영향을 받는다.
③ 결함이 어떤 중대한 손상을 초래하기 전에 검출할 수 있다.
④ 재료의 종류나 물성 등의 특성과는 관계없이 검사가 가능하다.

> **해설**
> ④ 음향방출시험은 재료의 종류나 물성 등의 특성에 따라 검사에 영향을 받는다.

07 다음 중 금속 등의 도체에 교류를 통한 코일을 접근시켰을 때 결함이 존재하면 코일에 유기되는 전압이나 전류가 변하는 것을 이용한 검사 방법은?

① 자분탐상검사
② 초음파탐상검사
③ 와류탐상검사
④ 침투형광탐상검사

> **해설**
> **와류탐상검사의 특징**
> ㉠ 자동화 및 고속화가 가능하다.
> ㉡ 측정치에 영향을 주는 인자가 적다.
> ㉢ 표면 아래 깊은 위치에 있는 결함은 검출이 곤란하다.

08 산업안전보건법령상 비파괴검사를 해서 결함 유무를 확인하여야 하는 고속회전체의 기준으로 옳은 것은?

① 회전축의 중량이 100kg을 초과하고 원주속도가 초당 120m 이상인 고속회전체
② 회전축의 중량이 500kg을 초과하고 원주속도가 초당 100m 이상인 고속회전체
③ 회전축의 중량이 1t을 초과하고 원주속도가 초당 120m 이상인 고속회전체
④ 회전축의 중량이 3t을 초과하고 원주속도가 초당 100m 이상인 고속회전체

> **해설** 회전축의 중량이 1t을 초과하고 원주속도가 초당 120m 이상인 고속회전체는 비파괴검사를 해서 결함 유무를 확인해야 한다.

09 재료의 강도시험 중 항복점을 알 수 있는 시험의 종류는?

① 압축시험　　② 충격시험
③ 인장시험　　④ 피로시험

> **해설** 재료의 강도시험 중 항복점을 알 수 있는 것은 인장시험이다.

10 한계하중 이하의 하중이라도 고온조건에서 일정 하중을 지속적으로 가하며 시간의 경과에 따라 변형이 증가하고 결국은 파괴에 이르게 되는 현상을 무엇이라 하는가?

① 크리프(Creep)
② 피로현상(Fatigue Limit)
③ 가공경화(Stress Hardening)
④ 응력집중(Stress Concentration)

> **해설** 문제의 내용은 ①의 크리프(Creep) 현상에 관한 것이다.

11 재료에 있어서의 결함에 해당하지 않는 것은?

① 미세균열　　② 용접 불량
③ 분순물 내재　　④ 내부 구멍

> **해설** ②의 용접 불량은 작업방법에 있어서의 결함에 해당한다.

12 재료에 구멍이 있거나 노치(Notch) 등이 있는 재료에 외력이 작용할 때 가장 현저히 나타나는 현상은?

① 가공현상　　② 피로
③ 응력집중　　④ 크리프(Creep)

> **해설** 재료에 구멍이 있거나 노치(Notch) 등이 있는 재료에 외력이 작용할 때 현저히 나타나는 현상은 응력집중이다.

13 [보기]와 같은 안전수칙을 적용해야 하는 수공구는?

> [보기]
> ⓐ 칩이 튀는 작업에는 보호 안경을 착용하여야 한다.
> ⓑ 처음에는 가볍게 때리고, 점차적으로 힘을 가한다.
> ⓒ 절단된 가공물의 끝이 튕길 수 있는 위험의 발생을 방지하여야 한다.

① 정　　② 줄
③ 쇠톱　　④ 스패너

> **해설** [보기]의 나열된 안전수칙을 적용해야 하는 수공구는 정이다.

14 정작업 시의 작업안전수칙으로 틀린 것은?

① 정작업 시에는 보안경을 착용하여야 한다.
② 정작업으로 담금질된 재료를 가공해서는 안 된다.
③ 정작업을 시작할 때와 끝날 무렵에는 세게 친다.
④ 철강재를 정으로 절단 시에는 철편이 날아 튀는 것에 주의한다.

> **해설** ③ 정작업을 시작할 때와 끝날 무렵에는 세게 치지 않는다.

15 다음 중 소음방지대책으로 가정 적절하지 않은 것은?

① 소음의 통제 ② 소음의 적응
③ 흡음재 사용 ④ 보호구 착용

> **해설** ①, ③, ④ 이외에 소음방지대책은 다음과 같은 것이 있다.
> ㉠ 소음기 사용
> ㉡ 기계의 배치 변경
> ㉢ 음원기계의 밀폐

16 발음원이 이동할 때 그 진행방향 쪽에서는 원래 발음원의 음보다 고음으로, 진행방향 반대쪽에서는 저음으로 되는 현상을 무엇이라고 하는가?

① 도플러(Doppler)효과
② 마스킹(Masking)효과
③ 호이겐스(Huygens)효과
④ 임피던스(Impedance)효과

> **해설** 문제의 내용은 도플러효과에 관한 것이다.

17 회전축이나 베어링 등이 마모 등으로 변형되거나 회전의 불균형에 의하여 발생하는 진동을 무엇이라고 하는가?

① 단속진동 ② 정상진동
③ 충격진동 ④ 우연진동

> **해설** 회전축이나 베어링 등이 마모 등으로 변형되거나 회전의 불균형에 의하여 발생하는 진동은 정상진동이다.

18 다음 중 진동방지용 재료로 사용되는 공기스프링의 특징으로 틀린 것은?

① 공기량에 따라 스프링상수의 조절이 가능하다.
② 측면에 대한 강성이 강하다.
③ 공기의 압축성에 의해 감쇠특성이 크므로 미소진동의 흡수도 가능하다.
④ 공기탱크 및 압축기 등의 설치로 구조가 복잡하고, 제작비가 비싸다.

> **해설** 공기스프링의 특징으로는 ①, ③, ④가 옳다.

19 진동에 의한 설비진단법 중 정상, 비정상, 악화의 정도를 판단하기 위한 방법이 아닌 것은?

① 상호 판단 ② 비교 판단
③ 절대 판단 ④ 평균 판단

> **해설** 진동에 의한 설비진단법 중 정상, 비정상, 악화의 정도를 판단하기 위한 방법으로는 상호 판단, 비교 판단, 절대 판단이 있다.

20 다음 중 인력운반작업 시의 안전수칙으로 적절하지 않은 것은?

① 물건을 들어올릴 때는 팔과 무릎을 사용하고 허리를 구부린다.
② 운반대상물의 특성에 따라 필요한 보호구를 확인, 착용한다.
③ 화물에 가능한 한 접근하여 화물의 무게중심을 몸에 가까이 밀착시킨다.
④ 무거운 물건은 공동작업으로 하고 보조기구를 이용한다.

> **해설** ①의 경우 물건을 들어올릴 때는 팔과 무릎을 사용하고 허리를 곧게 편다는 내용이 옳다.

21 다음 중 취급운반의 5원칙에 대한 설명으로 틀린 것은?

① 연속운반으로 할 것
② 직선운반으로 할 것
③ 운반작업을 집중화시킬 것
④ 생산을 최소로 하는 운반을 생각할 것

> **해설** **취급운반의 5원칙**
> ㉠ 연속운반으로 할 것
> ㉡ 직선운반으로 할 것
> ㉢ 운반작업을 집중화시킬 것
> ㉣ 생산을 최고로 하는 운반을 생각할 것
> ㉤ 최대한 시간과 경비를 절약할 수 있는 운반방법을 고려할 것

정답 **|** 15. ② 16. ① 17. ② 18. ② 19. ④ 20. ① 21. ④

Part 4
전기 및 화학설비 위험방지기술

전격재해 및 방지대책

제1절 전격에 영향을 주는 요인

1 전격의 개요

전기감전에 의하여 일어나는 재해라 함은 감전과 동시에 쇼크를 받아 주위 물건에 부딪치거나 넘어져서 상처를 입게 되는 것을 말한다. 전기화상은 인체에 전류가 흘러 들어가거나 인체에서 흘러 나간 것이 되고, 감전에 의한 심장마비는 전류가 심장을 통과하여 심장근육을 긴축시켜 마비상태가 되는 것이다.

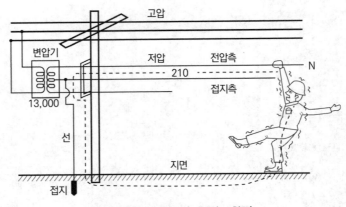

〈감전당할 때 전류가 흐르는 회로〉

2 전격(Electric Shock)위험도

(1) 전격위험도 결정조건(1차적 감전위험 요소)

① 전류의 크기

$$통전전류 = \frac{출력측 무부하전압}{접촉저항 + 인체의 내부저항 + 발과 대지의 접촉저항}$$

예제

▶ 대지에서 용접작업을 하고 있는 작업자가 용접봉에 접촉한 경우 통전전류는? (단, 용접기의 출력측 무부하전압 : 90V, 접촉저항(손, 용접봉 등 포함) : 10kΩ, 인체의 내부저항 : 1kΩ, 발과 대지의 접촉저항 : 20kΩ이다.)

풀이 $I = \dfrac{V}{R}$

$$통전전류 = \frac{출력측 무부하전압}{접촉저항 + 인체의 내부저항 + 발과 대지의 접촉저항}$$

$$= \frac{90V}{10,000\Omega + 1,000\Omega + 20,000\Omega} = 0.0029A = 2.9mA$$

② 통전전류(직류, 교류)

③ 통전경로(전류가 흐른 인체의 부위)

④ 통전시간(인체의 감전시간)

(2) 2차적 감전위험 요소

① 인체의 조건(저항)   ② 전압(인체에 흐른 전압의 크기)

③ 주파수   ④ 계절

(3) 감전의 영향

감전의 상태는 체질, 건강상태 등에 따라 다르나 인체 내에 흐르는 전류의 크기에 따른 감전의 영향은 다음과 같다.

① 1mA : 전기를 느낄 정도

② 5mA : 상당한 고통을 느낌

③ 10mA : 견디기 어려운 정도의 고통

④ 20mA : 근육의 수축이 심해 자신의 의사대로 행동 불능

⑤ 50mA : 상당히 위험한 상태

⑥ 100mA : 치명적인 결과 초래

제2절 통전전류의 크기와 인체에 미치는 영향

1 최소감지전류

① 인체를 통하는 전류의 값이 어느 정도가 되면 통전되는 것을 느낄 수 있는데 이 전류치를 최소감지전류라고 한다.

② 이것은 인체 및 주위의 조건, 전원의 종류 등에 따라 다르며, 성인 남자의 경우 상용주파수 60HZ 교류에서 약 1mA 정도가 된다.

2 고통한계전류

① 최소감지전류를 초과하여 통전전류의 값을 더욱 증가시키면 심하게 느끼게 되지만 인체가 운동의 자유를 잃지 않고 고통을 참을 수 있는 한계전류치로서 상용주파수 60Hz 교류에서 약 7~8mA 정도이다.

② 고통한계전류는 가수전류(이탈가능전류)라고도 하는데 이는 충전부로부터 자력으로 이탈할 수 있는 한계전류치를 말한다.

> 💡 참고
>
> ▶ 가수전류(Let-go current) : 충전부로부터 인체가 자력으로 이탈할 수 있는 전류

3 마비한계 전류 (Freezing Current)

① 고통한계전류를 초과하여 통전전류의 값을 더욱 증가시키게 되면 인체 각 부위의 근육이 수축현상을 일으키고 신경이 마비되어 신체를 자유로이 움직일 수 없게 되는 경우이다.

② 이 때는 타인의 구조로 전격이 중지되지 않으면 장시간 전류가 흐르게 되어 의식을 잃고 호흡이 곤란하게 되어 마침내 사망하게 되는데 상용주파수 교류에서 10~15mA 정도이다.

③ 마비한계전류는 불수전류(이탈불능전류)라고도 하는데 이는 충전부로부터 자력으로 이탈할 수 없는 한계전류치를 말한다.

4 심실세동전류(치사적 전류)

① 인체에 흐르는 통전전류의 크기를 더욱 증가하게 되면 전류의 일부가 심장부분을 흐르게 되며, 심장은 정상적인 맥동을 하지 못하고 불규칙적인 세동(細動)을 일으키며 혈액의 순환이 곤란하게 되고 심장이 마비되는 현상을 초래하는 전류이다. (50~100mA)

② 이러한 경우를 심실세동이라고 하며, 통전전류를 차단해도 자연적으로 회복되지 못하고 그대로 방치하면 수분 이내에 사망하게 된다.

③ 심실세동을 일으키는 전류값은 여러 종류의 동물을 실험하여 그 결과로부터 사람의 경우에 대한 전류치를 추정하고 있으며, 통전시간과 전류값의 관계식은 다음과 같다.

㉮ $I = \dfrac{165 \sim 185}{\sqrt{T}}$

㉯ 일반적인 관계식 : $I = \dfrac{165}{\sqrt{T}}$

여기서, I : 심실세동전류(mA)

T : 통전시간(s)

여기서 전류 I는 1,000명 중 5명 정도가 심실세동을 일으킬 수 있는 값을 말한다.

예제 1

▶ 일반적으로 인체에 1초 동안 전류가 흘렀을 때 정상적인 심장의 기능을 상실할 수 있는 전류의 크기는 어느 정도인가?

풀이 $I = \dfrac{165}{\sqrt{T}}$ $\therefore \dfrac{165}{\sqrt{T}} = 165\text{mA}$ (심실세동전류)

---

④ 인체의 전기저항을 500Ω이라 볼 때, 심실세동을 일으키는 위험한계의 에너지는 다음과 같이 계산된다.

$$W = I^2 RT = \left(\frac{165}{\sqrt{T}} \times 10^{-3}\right)^2 \times 500 \times T = 13.5\,Ws = 13.5J = 13.5 \times 0.24 = 3.3\text{cal}$$

예제 2

▶ 인체가 전격을 받았을 때 가장 위험한 경우는 심실세동이 발생하는 경우이다. 정현파 교류에 있어 인체의 전기저항이 500Ω일 경우 심실세동을 일으키는 전기에너지를 구하면?

풀이 $W = I^2 RT = \left(\dfrac{165}{\sqrt{T}} \times 10^{-3}\right)^2 \times 500 \times T = 13.61J \fallingdotseq 13.6J$

---

5 인체의 통전경로별 위험도

통전경로	위험도(심장전류계수)	통전경로	위험도(심장전류계수)
오른손-등	0.3	양손-양발	1.0
왼손-오른손	0.4	왼손-한발 또는 양발	1.0
왼손-등	0.7	오른손-가슴	1.3
한손 또는 양손-앉아 있는 자리	0.7	왼손-가슴	1.5
오른손-한발 또는 양발	0.8		

> **참고**
> ▶ '왼손 – 가슴(1.5)'인 경우, 전류가 심장을 통과하게 되므로 가장 위험도가 크다.

제3절 위험전압 및 안전전압

1 인체의 저항

인체의 전기저항은 개인자, 남녀별, 건강상태, 연령 등에 따라 크게 차이가 있으나 대략 다음과 같다.
① 피부의 전기저항 : 2,500 Ω
② 피부에 땀이 나 있을 경우 : 1/12 정도로 감소
③ 피부가 물에 젖어 있을 경우 : 1/25 정도로 감소

> **참고**
> 1. 인체 피부의 전기저항에 영향을 주는 주요 인자
>   ㉠ 인가전압의 크기   ㉡ 전원의 종류   ㉢ 인가시간(접촉시간)   ㉣ 접촉면적
>   ㉤ 접촉부위   ㉥ 접촉부의 습기   ㉦ 접촉압력   ㉧ 피부의 건습차
> 2. 감전 시 인체에 흐르는 전류는 인가전압에 비례하고, 인체저항에 반비례한다.
> 3. 인체는 전류의 열작용, 즉 「전류의 세기×시간」이 어느 정도 이상이 되면 감전을 느끼게 된다.

2 위험전압

전원과 인체의 접촉으로 인하여 인체에 인가될 수 있는 전압으로 보통 보폭전압과 접촉전압으로 구분된다.

(1) 보폭전압
① 전류가 접지극을 통하여 대지로 흘러갈 때 사람의 양발 사이에 전위가 발생하여 인가되는 전압이다.

② 변전소 등에 지락전류가 흐를 경우, 지표면상에 근접 격리된 두 점간 변위차의 허용값은 다음과 같다.

$$허용보폭전압(E) = (R_b + 6R_s) \times I_k$$

여기서, R_b : 인체의 저항률(Ω), R_s : 표상층 저항률(Ω m), I_k : 심실세동전류(A)

예를 들어 표상층 저항률(R_b)을 50Ω·m, 인체의 저항률(R_s)을 1,000Ω, 시간을 1초, 심실세동전류(I_k)=$\dfrac{116}{\sqrt{T}}$(mA)라 할 때 허용보폭전압은 다음과 같이 구한다.

$$E = (R_b + 6R_s) \times I_k = (1,000 + 6) \times 50 \times \frac{116}{\sqrt{1}} \times 10^{-3} = 150.8\,V$$

(2) 접촉전압

사람의 손과 다른 인체의 일부 사이에 인가되는 전압이다.

① 허용접촉전압 : 인체의 접촉상태에 따른 허용접촉전압은 다음 표와 같다.

종 별	접촉상태	허용접촉전압(V)
제1종	• 인체의 대부분이 수중에 있는 상태	2.5 이하
제2종	• 금속성의 전기·기계장치나 구조물에 인체의 일부가 상시 접촉되어 있는 상태 • 인체가 현저히 젖어 있는 상태	25 이하
제3종	• 통상의 인체상태에 있어서 접촉전압이 가해지면 위험성이 높은 상태	50 이하
제4종	• 접촉전압이 가해질 우려가 없는 상태 • 통상의 인체상태에 있어서 접촉전압이 가해지더라도 위험성이 낮은 상태	제한없음

② 허용접촉전압 계산 : 변전소 등에 고장전류가 유입되었을 때 그 부근 지표상과 도전성 구조물의 두 점(보통 1m)간 변위차의 허용값은 다음과 같다.

$$E = \left(R_b + \frac{3R_s}{2}\right) \times I_k$$

여기서, E : 허용접촉전압, R_b : 인체의 저항률(Ω)

R_s : 표상층 저항률(Ω·m), I_k : 심실세동전류(A)

예를 들어 인체의 저항률(R_b)은 1,000Ω, 표상층 저항률(R_s)은 50Ω·m이며, 시간 1초, $I_k = \dfrac{116}{\sqrt{T}}(mA)$라 할 때 허용접촉전압은 다음과 같다.

$$E = \left(R_b + \frac{3R_s}{2}\right) \times I_k = \left(1,000 + \frac{3 \times 50}{2}\right) \times \frac{116}{\sqrt{1}} \times 10^{-3} = 124.7\,V$$

3 안전전압

① 안전압이란 전기회로의 정격전압의 일정수준 이하의 낮은 전압으로 절연파괴 등의 이상사태시에도 인체에 위험을 주지 않게 되는 전압이다.

② 일반 사업장의 안전전압을 30V로 정하고 있으며, 안전전압은 주위의 작업환경에 따라 달라질 수도 있다.

4 전기설비기술기준에서 전압의 구분

압력분류	직류(DC)	교류(AC)
저압	1,500V 이하	1,000V 이하
고압	1,500V 초과, 7,000V 이하	1,000V 초과, 7,000V 이하
특별고압	7000V 초과	7000V 초과

제4절 감전재해 방지대책

1 전기기계 · 기구 감전재에 방지대책

(1) 직접접촉에 의한 감전재해 방지

직접접촉은 작업 도중 부주의 또는 사고에 의하여 작업자가 충전부에 접촉되어 발생하는 것으로 감전재해의 방지대책은 다음과 같다.

① 충전부 전체 절연
② 충전부 방호(덮개, 방호망 등)
③ 설치장소의 제한(별도의 실내, 울타리 설치 등)
④ 전기기기 구조상 안전조치(전동기의 적절한 방호구조, 노출형 배전설비를 폐쇄배전반형으로 전환 등)
⑤ 전도성 물체 및 작업장 주위의 바닥을 절연물로 도포
⑥ 작업자는 절연화 등 보호구 착용

(2) 간접접촉에 의한 감전재해 방지

간접접촉은 절연손상으로 인하여 위험전압이 발생함으로써 야기되는 것으로 감전재해의 방지대책은 다음과 같다.

① 보호절연
② 보호접지 또는 기기접지
③ 사고회로의 신속한 차단
④ 안전전압 이하의 기기 사용
⑤ 비접지식 전로의 채용

(3) 이중절연 구조의 채택

(4) 접지 실시

① 기기접지 : 인명의 보호를 주 목적으로 실시하는 접지
② 계통접지 : 변압기 또는 발전기의 중성점 등을 접지시키는 것으로 비접지, 직접접지, 저항접지 등으로 구분되어 있다.

(5) 방호장치의 설치

① 누전차단기 설치
② 자동전격방지기 설치(교류아크용접기)

2 배선 및 배선기기류 감전재해 방지대책

(1) 배선

① 배선 등의 접속 및 절연피복

㉮ 케이블 및 코드 상호간의 접속은 접속함, 커넥터, 기타 기구 사용

㉯ 전선 상호간의 접속은 슬리브와 같은 접속관 사용

② 전로의 절연 : 저압전로의 전선과 대지간이나 전선상호간의 절연저항은 다음 표와 같다.

대지전압	절연저항값
150V 이하	0.1MΩ 이상
150V 초과 300V 이하	0.2MΩ 이상
300V 초과 400V 이하	0.3MΩ 이상
400V 초과	0.4MΩ 이상

> 💡 참고
>
> ▶ **대지전압**이란 비접지식 전로에 있어서는 전선 상호간의 전압, 접지식 전로에 있어서는 전선과 대지간의 전압을 말한다.

③ 습윤한 장소의 배선

㉮ 습윤한 장소에 시공 가능한 공사

㉠ 합성수지관 공사

㉡ 캡타이어 케이블 공사

㉢ **금속관 공사** : 폭연성 분진 또는 화약류의 분말이 전기설비가 발화원이 되어 폭발할 우려가 있는 곳에 시설하는 저압 옥내 전기설비의 공사

㉣ 가요전선관 공사

㉤ 애자사용 공사

㉯ 습윤한 장소에서 배선을 시공할 때 유의사항

㉠ 개폐기, 차단기, 점멸기 및 콘센트 등을 기능한 한 시설하지 않되 부득이한 경우에는 물기나 습기가 내부에 들어갈 우려가 없는 장치의 것을 사용할 것

㉡ 이동전선(단면적 0.75mm² 이상인 것 사용) 및 전구선(300V 이하인 경우만 시설 가능)은 중간에 접속점이 없도록 하되 부득이한 경우에는 방수형 코드 커넥터를 사용할 것

㉢ 애자사용 배선에 사용하는 애자는 300V 이하일 때는 놉애자 이상, 300V를 초과할 때는 특캡애자 또는 핀애자 이상 크기의 것을 사용할 것

㉣ 이동전선은 단면적 0.75mm² 이상의 코드 또는 캡타이어 케이블을 사용할 것

㉤ 대지전압이 150V를 초과하는 전기기기는 캡타이어 케이블을 사용할 것

㉥ 전선의 접속 개소는 가능한 적게 하고, 전선접속부분의 데이프처리 등 절연처리에 유의할 것

(2) 배선기기류

배선기기류에는 퓨즈 및 배선용 차단기 등을 설치하여 감전재해를 방지한다.

3 일반적인 감전재해 방지대책

① 전기 위험부의 위험표시를 한다.

② 설비의 필요한 부분에는 보호접지를 시설한다.

③ 전기설비의 점검을 철저히 한다.

④ 전기기기 및 장치의 점검, 정비를 철저히 한다.

⑤ 고전압 선로 및 충전부에 접근하여 작업하는 작업자에게는 보호구를 착용시킨다.

⑥ 유자격자 이외는 전기기계 · 기구에 접촉을 금지한다.

⑦ 충전부가 노출된 부분에는 절연방호구를 사용하게 한다.

⑧ 안전관리자는 작업에 대한 안전교육을 실시하여야 한다.

⑨ 사고발생시의 처리순서를 미리 작성하여 둔다 .

제5절 전격 시 인체상해 및 응급조치

1 전격에 의한 인체상에

(1) 감전사고로 인한 전격사의 메커니즘

① 심장 · 호흡의 정지

㉮ 흉부수축에 의한 질식

㉯ 심실세동에 의한 혈액순환기능 상실

㉰ 호흡중추신경마비에 따른 호흡기능 상실

② 인체의 훼손 : 뇌를 치명적으로 파손(뇌사)시키거나 목의 경동맥을 절단(출혈사)하여 사망하는 경우가 있다.

(2) 감전 천연사

감전재해가 발생한 다음 병원에서 치료 도중에 사망하는 것

① 급성신부전   ② 소화기합병증

③ 패혈증   ④ 전기화상

⑤ 암의 발생   ⑥ 2차적 출혈

(3) 감전에 의한 국소증상

감전으로 인하여 피부표면 등에 상처자국이 남는 것

① 표피박탈   ② 피부의 광성변화

③ 전류반점   ④ 전문

⑤ 감전성 궤양

(4) 감전 후유증

감전재해 후유증으로는 심근경색, 뇌의 파손 및 경색 등이 생길 수 있다.

2 전격시 응급조치

전격재해가 발생하였을 때 심장은 뛰고 있으나 의식을 잃고 호흡이 끊어졌을 경우가 있다. 이러한 상태를 가사상태라 하는데 이때 폐에 인공적으로 공기를 넣었다 뺐다 하여 폐의 기능을 회복시켜 자기 스스로 호흡할 수 있도록 하는 것을 인공호흡법이라 한다.

(1) 감전자의 구출

감전자의 구출은 다음 순서에 의해 신속하게 하도록 한다.

① 순간적으로 피해자의 감전상황을 판단한다.

② 몸이나 손에 들고 있는 금속물체가 전선, 스위치, 모터 등에 접촉했는가 확인하고, 피해자를 충전부로부터 분리시킨다.

③ 설비의 공급원인 스위치를 차단한다(2차 재해예방).

④ 만일 스위치의 위치를 알 수 없을 때는 전열고무장갑, 고무장화를 착용하고 구출한다.

⑤ 피해자를 관찰한 결과 의식이 없고, 호흡 및 심장이 정지했을 때는 신속하게 필요한 응급조치를 한다.

⑥ 병원으로 후송한다.

(2) 인공호흡에 의한 소생률

인공호흡에 의한 소생률은 다음 표와 같다.

호흡이 멈춘 후 인공호흡이 시작되기까지의 시간(분)	소생률(%)	호흡이 멈춘 후 인공호흡이 시작되기까지의 시간(분)	소생률(%)
1	95	4	50
2	90	5	25
3	75	6	10

(3) 인공호흡 속도

분당 12~15회(4초 간격)의 속도로 30분 이상 반복 실시하는 것이 바람직하다.

(4) 인공호흡방법

인체의 호흡이 멎고 심장이 정지되었더라도 계속하여 인공호흡을 실시하는 것이 좋다.

(5) 심장마사지의 방법(심폐소생방법)

① 우선 감전자를 평평하고 딱딱한 바닥에 눕힌다.

② 한 손의 엄지손가락을 갈비뼈의 하단으로부터 3수지 윗부분에 놓고 다른 손을 그 위에 걸쳐 놓는다.

③ 구호자의 체중을 이용하여 4cm정도 엄지손가락이 들어가도록 강하게 누른 다음 힘을 빼되 가슴에서 손을 떼지 않아야 한다.

④ 심장마사지(심폐소생) 15회, 인공호흡 2회 정도를 교대로 반복적으로 실시한다.

⑤ 2명이 분담하여 심장마사지(심폐소생)와 인공호흡을 5:1의 비율로 실시한다.

> 💡참고
> 1. 심장마사지(심폐소생)는 인공호흡과 동시에 실시해야 된다.
> 2. 감전 재해가 발생하였을 때 취하여야 할 최우선 조치는 심폐소생술을 실시한다.

01 저압 충전부에 인체가 접촉할 때 전격으로 인한 재해사고 중 1차적인 인자로 볼 수 없는 것은?

① 통전전류 ② 통전경로
③ 인가전압 ④ 통전시간

> **해설** 전격으로 인한 재해사고 중 1차적 인자로는 ①, ②, ④ 이외에 전원의 종류가 있다.

02 인체가 감전되었을 때 그 위험성을 결정짓는 주요인자와 거리가 먼 것은?

① 통전시간
② 통전전류의 크기
③ 감전전류가 흐르는 인체부위
④ 교류전원의 종류

> **해설** 인체가 감전되었을 때 그 위험성을 결정짓는 주요인자와 가장 거리가 먼 것은 ④이다.

03 대지에서 용접작업을 하고 있는 작업자가 용접봉에 접촉한 경우 통전전류는? [단, 용접기의 출력측 무부하전압 : 90V, 접촉저항(손, 용접봉 등 포함) : 10kΩ, 발과 대지의 접촉저항 : 20kΩ이다.]

① 약 0.19mA ② 약 0.29mA
③ 약 1.96mA ④ 약 2.90mA

> **해설**
> $$I = \frac{V}{R}$$
> 통전전류 = $\dfrac{출력측\ 무부하전압}{접촉저항+인체의\ 내부저항+발과\ 대지의\ 접촉저항}$
> $$= \frac{90\,V}{10,000\,\Omega+1,000\,\Omega+20,000\,\Omega}$$
> $$= 0.0029\,A = 2.9mA$$

04 다음은 인체 내에 흐르는 60Hz 전류의 크기에 따른 영향을 기술한 것이다. 틀린 것은? [단, 통전경로는 손→발, 성인(남)의 기준이다.]

① 20~30mA는 고통을 느끼고 강한 근육의 수축이 일어나 호흡이 곤란하다.
② 50~100mA는 순간적으로 확실하게 사망한다.
③ 1~8mA는 쇼크를 느끼나 인체의 기능에 영향이 없다.
④ 15~20mA는 쇼크를 느끼고 감전부위 가까운 쪽의 근육이 마비된다.

> **해설** ② 심장은 불규칙적인 세동(細動)을 일으키며, 혈액의 순환이 곤란하게 되고 심장이 마비된다.

05 다음 중 전격의 위험을 가장 잘 설명하고 있는 것은?

① 통전전류가 크고, 주파수가 높고, 장시간 흐를수록 위험하다.
② 통전전압이 높고, 주파수가 높고, 인체저항이 낮을수록 위험하다.
③ 통전전류가 크고, 장시간 흐르고, 인체의 주요한 부분을 흐를수록 위험하다.
④ 통전전압이 높고, 인체저항이 높고, 인체 주요한 부분을 흐를수록 위험하다.

> **해설** 전격의 위험을 가장 잘 설명하고 있는 것은 ③이다.

06 전격사고에 관한 사항과 관계가 없는 것은?

① 감전사고의 피해 정도는 접촉시간에 따라 위험성이 결정된다.
② 전압이 동일한 경우 교류가 직류보다 더 위험하다.
③ 교류에 감전된 경우 근육에 경련과 수축이 일어나서 접촉시간이 길어지게 된다.
④ 주파수가 높을수록 최소감지전류는 감소한다.

> **해설** ④ 주파수가 높을수록 최소감지전류는 증가한다.

07 다음 중 감지전류에 미치는 주파수의 영향에 대한 설명으로 옳은 것은?

① 주파수의 감전은 아무 상관관계가 없다.
② 주파수를 증가시키면 감지전류는 증가한다.
③ 주파수가 높을수록 전력의 영향은 증가한다.
④ 주파수가 낮을수록 고온증으로 사망하는 경우가 많다.

> **해설** 감지전류에 주파수를 증가시키면 감지전류는 증가한다.

08 다음 그림은 심장맥동주기를 나타낸 것이다. T파는 어떤 경우인가?

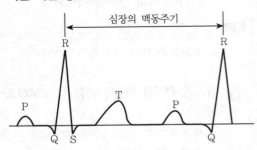

① 심방의 수축에 따른 파형
② 심실의 수축에 따른 파형
③ 심실의 휴식 시 발생하는 파형
④ 심방의 휴식 시 발생하는 파형

> **해설** 심장의 맥동주기를 나타낸 것으로 T파는 심실의 휴식 시 발생하는 파형이다.

09 다음 중 일반적으로 인체에 1초 동안 전류가 흘렀을 때 정상적인 심장의 기능을 상실할 수 있는 전류의 크기는 어느 정도인가?

① 50mA
② 75mA
③ 125mA
④ 165mA

> **해설** $I=\dfrac{165}{\sqrt{T}}$ $\therefore \dfrac{165}{\sqrt{1}}=165mA$(심실세동 전류)

10 Dalziel의 심실세동 전류와 통전시간과의 관계식에 의하면 인체 전격 시의 통전시간이 4초였다고 했을 때 심실세동 전류의 크기는 약 몇 mA인가?

① 42
② 83
③ 165
④ 185

> **해설** $I=\dfrac{165}{\sqrt{T}}=\dfrac{165}{\sqrt{4}}=82.5≒83mA$
> 여기서, I : 심실세동 전류(mA), T : 통전시간(sec)

11 인체의 저항을 500Ω이라 하면, 심실세동을 일으키는 정현파 교류에 있어서의 에너지적인 위험한계는 어느 정도인가?

① 6.2~17.0J
② 15.0~25.5J
③ 20.5~30.5J
④ 31.5~38.5J

> **해설** $W=I^2RT=\left(\dfrac{165}{\sqrt{T}}\times10^{-3}\right)^2\times500\times T$
> =13.5J
> 따라서, 6.5~17.0J의 범위가 옳다.

12 심실세동을 일으키는 위험한계에너지는 약 몇 J인가? (단, 심실세동 전류 $I=\dfrac{165}{\sqrt{T}}mA$, 통전시간 T=1초, 인체의 전기저항 R=800Ω이다.)

① 12
② 22
③ 32
④ 42

> **해설** $W=I^2RT$
> 여기서, W : 위험한계에너지(J)　R : 전기저항(Ω)
> T : 통전시간(sec)
> $\therefore \left(\dfrac{165}{\sqrt{T}}\times10^{-3}\right)^2\times800\times T=21.78$
> ≒22J

13 인체의 저항을 500Ω으로 볼 때 심실세동을 일으키는 전류에서의 전기에너지는 약 몇 J인가? (단, 심실세동 전류는 $\dfrac{165}{\sqrt{T}}[mA]$이며, 통전시간 T는 1초, 전원은 정현파 교류이다.)

① 3.3
② 13.0
③ 13.6
④ 272.2

> **해설** $I=\dfrac{165}{\sqrt{T}}$, $W=I^2RT$
> $\therefore \left(\dfrac{165}{\sqrt{T}}\times10^{-3}\right)^2\times500\times T=13.61≒13.6J$

14 220V 전압에 접촉된 사람의 인체저항이 약 1,000Ω일 때 인체전류와 그 결과치의 위험성 여부로 알맞은 것은?

① 10mA, 안전　　② 45mA, 위험
③ 50mA, 안전　　④ 220mA, 위험

해설

㉠ $I = \dfrac{V}{R} = \dfrac{220}{1,000} = 0.22A$
　　$= 0.22 \times 1,000mA$
　　$= 220mA$

㉡ 정격감도전류 30mA를 초과하므로 위험

15 인체의 전기적 저항이 5,000Ω이고, 전류가 3mA가 흘렀다. 인체의 정전용량이 0.1μF라면 인체에 대전된 정전하는 몇 μC인가?

① 0.5　　② 1.0
③ 1.5　　④ 2.0

해설

$V = IR, Q = CV$
$V = 5,000 \times 3 \times 10^{-3} = 15V$
$\therefore Q = 0.1 \times 15 = 1.5\mu C$

16 다음 중 감전에 영향을 미치는 요인으로 통전 경로별 위험도가 가장 높은 것은?

① 왼손 - 등　　② 오른손 - 가슴
③ 왼손 - 가슴　　④ 오른손 - 등

해설

통전경로별 위험도
① 왼손 - 등 : 0.7　　② 오른손 - 가슴 : 1.3
③ 왼손 - 가슴 : 1.5　　④ 오른손 - 등 : 0.3

17 인체 피부의 전기저항에 영향을 주는 주요인자와 거리가 먼 것은?

① 접지경로　　② 접촉면적
③ 접촉부위　　④ 인가전압

해설

인체 피부의 전기저항에 영향을 주는 주요인자로는 ②, ③, ④ 이외에 다음과 같다.
① 전원의 종류　　② 인가시간
③ 접촉부위　　④ 접촉부의 습기
⑤ 접촉압력　　⑥ 피부의 건습차

18 전압과 인체저항과의 관계를 잘못 설명한 것은?

① 정(+)의 저항온도계수를 나타낸다.
② 내부조직의 저항은 전압에 관계없이 일정하다.
③ 1,000V 부근에서 피부의 전기저항은 거의 사라진다.
④ 남자보다 여자가 일반적으로 전기저항이 작다.

해설

① 부(-)의 저항온도계수를 나타낸다.

19 다음 ( ) 안에 알맞은 내용으로 옳은 것은?

- 감전 시 인체에 흐르는 전류는 인가전압에 (㉠)하고 인체저항에 (㉡)한다.
- 인체는 전류의 열작용이 (㉢)×(㉣)이 어느 정도 이상이 되면 발생한다.

	㉠	㉡	㉢	㉣
①	비례	반비례	전류의 세기	시간
②	비례	반비례	전압	시간
③	반비례	비례	전압	시간
④	반비례	비례	전류의 세기	시간

해설

(1) 감전 시 인체에 흐르는 전류는 인가전압에 비례하고, 인체저항에 반비례한다.
(2) 인체는 전류의 열작용이 전류의 세기×시간이 어느 정도 이상이 되면 발생한다.

20 다음 중 전류밀도, 통전전류, 접촉면적과 피부저항과의 관계를 설명한 것으로 옳은 것은?

① 같은 크기의 전류가 흘러도 접촉면적이 커지면 피부저항은 작게 된다.
② 같은 크기의 전류가 흘러도 접촉면적이 커지면 전류밀도는 커진다.
③ 전류 밀도와 접촉면적은 비례한다.
④ 전류밀도와 전류는 반비례한다.

해설

② 전류밀도는 커진다. → 전류밀도는 작아진다.
③ 비례한다. → 반비례한다.
④ 반비례한다. → 비례한다.

21 다음 중 인체저항에 대한 설명으로 옳지 않은 것은?

① 인체저항은 인가전압의 함수이다.

② 인가시간이 길어지면 온도상승으로 인체저항은 증가한다.

③ 인체저항은 접촉면적에 따라 변한다.

④ 1,000V 부근에서 피부의 절연파괴가 발생할 수 있다.

해설 ② 인가시간이 길어지면 온도상승으로 인한 인체저항은 감소한다.

22 허용접촉전압과 종별이 서로 다른 것은?

① 제1종 : 2.5V 초과

② 제2종 : 25V 이하

③ 제3종 : 50V 이하

④ 제4종 : 제한 없음

해설 ① 제1종 : 2.5V 이하

23 다음 중 인체접촉상태에 따른 허용접촉전압과 해당 종별의 연결이 틀린 것은?

① 2.5V 이하 – 제1종

② 25V 이하 – 제2종

③ 50V 이하 – 제3종

④ 100V 이하 – 제4종

해설 ④ 제한 없음 – 제4종

24 인체가 땀 등에 의해 현저하게 젖어있는 상태에서의 허용접촉전압은 얼마인가?

① 2.5V 이하   ② 25V 이하

③ 42V 이하   ④ 사람에따라 다름

해설 **허용접촉전압**
㉠ **제1종(2.5V 이하)** : 인체의 대부분이 수중에 있는 상태
㉡ **제2종(25V 이하)** : 인체가 현저하게 젖어있는 상태
㉢ **제3종(50V 이하)** : 통상의 인체상태에 있어서 접촉전압이 가해지면 위험성이 높은 상태
㉣ **제4종(제한 없음)** : 통상의 인체상태에 있어서 접촉전압이 가해지더라도 위험성이 낮은 상태

25 다음 중 인체의 접촉상태에 따른 최대허용접촉전압의 연결이 올바른 것은?

① 인체의 대부분이 수중에 있는 상태 : 10V 이하

② 인체가 현저하게 젖어있는 상태 : 25V 이하

③ 통상의 인체상태에 있어서 접촉전압이 가해지더라도 위험성이 낮은 상태 : 30V 이하

④ 금속성의 전기기계장치나 구조물에 인체의 일부가 상시 접촉되어있는 상태 : 50V 이하

해설 **인체의 접촉상태에 따른 최대허용접촉전압**
㉠ 인체의 대부분이 수중에 있는 상태 : 2.5V 이하
㉡ 통상의 인체상태에 있어서 접촉전압이 가해지더라도 위험성이 낮은 상태 : 제한 없음
㉢ 통상의 인체상태에 있어서 접촉전압이 가해지면 위험성이 높은 상태 : 50V 이하
㉣ 금속성의 전기기계장치나 구조물에 인체의 일부가 상시 접촉되어 있는 상태 : 25V 이하

26 우리가 일반적으로 사용하는 접압인 교류 220V 전로에 사용하는 절연전선의 절연저항값의 기준으로 옳은 것은?

① 0.1MΩ 이상   ② 0.2MΩ 이상

③ 0.3MΩ 이상   ④ 0.4MΩ 이상

해설 **절연선선의 저항값 기준**
㉠ 150V 이하 : 0.1MΩ 이상
㉡ 150V 초과 300V 이하 : 0.2MΩ 이상
㉢ 300V 초과 400V 이하 : 0.3MΩ 이상
㉣ 400V 초과 : 0.4MΩ 이상

27 전기사용장소의 사용전압이 440V인 저압전로의 전선 상호간 및 전로와 대지 사이의 절연저항은 얼마 이상이어야 하는가?

① 0.1MΩ   ② 0.4MΩ

③ 0.5MΩ   ④ 1.0MΩ

해설 저압전로의 전선 상호간 및 전로와 대지 사이의 절연저항값은 다음과 같다.

정답 | 21. ②   22. ①   23. ④   24. ②   25. ②   26. ②   27. ②

㉠ 150V 이하 : 0.1MΩ 이상
㉡ 150V 초과 300V 이하 : 0.2MΩ 이상
㉢ 300V 초과 400V 이하 : 0.3MΩ 이상
㉣ 400V 초과 : 0.4MΩ 이상

28 산업안전보건법상 전기기계·기구의 누전에 의한 감전위험을 방지하기 위하여 접지를 하여야 하는 사항으로 틀린 것은?

① 전기기계·기구의 금속제 내부 충전부
② 전기기계·기구의 금속제 외함
③ 전기기계·기구의 금속제 외피
④ 전기기계·기구의 금속제 철대

해설 ②, ③, ④ 이외에 접지를 하여야 하는 사항은 다음과 같다.
㉠ 수중점프를 금속제 물탱크 등의 내부에 설치하여 사용하는 그 탱크
㉡ 사용전압이 대지전압 150V를 넘는 전기기계·기구의 노출된 비충전 금속체 등

29 감전 등의 재해를 예방하기 위하여 고압기계·기구 주위에 관계자 외 출입을 금하도록 울타리를 설치할 때 울타리의 높이와 울타리로부터 충전부분까지의 거리의 합이 최소 몇 m 이상은 되어야 하는가?

① 5m 이상   ② 6m 이상
③ 7m 이상   ④ 9m 이상

해설 감전 등의 재해를 방지하기 위하여 울타리의 높이와 울타리로부터 충전부분까지의 거리의 합이 최소 5m 이상은 되어야 한다.

30 작업자의 직접 접촉에 의한 감전방지대책이 아닌 것은?

① 충전부가 노출되지 않도록 폐쇄형 외함구조로 할 것
② 충전부에 절연방호망을 설치할 것
③ 충전부는 내구성이 있는 절연물로 완전히 덮어 감쌀 것
④ 관계자 외에도 쉽게 출입이 가능한 장소에 충전부를 설치할 것

해설 작업자의 직접 접촉에 의한 감전방지대책
㉠ ①, ②, ③
㉡ 설치장소의 제한(별도의 울타리 설치 등)
㉢ 전도성 물체 및 작업장 주위의 바닥을 절연물로 도포
㉣ 작업자는 절연화 등 보호구 착용

31 다음 중 직접 접촉에 의한 감전방지 방법으로 적절하지 않은 것은?

① 충전부가 노출되지 않도록 폐쇄형 외함이 있는 구조로 할 것
② 충전부에 충분한 절연효과가 있는 방호망 또는 절연덮개를 설치할 것
③ 충전부는 출입이 용이한 전개된 장소에 설치하고 위험표시 등의 방법으로 방호를 강화할 것
④ 충전부는 내구성이 있는 절연물로 완전히 덮어 감쌀 것

해설 직접 접촉에 감전방지 방법으로는 ①, ②, ④ 이외에 다음과 같은 것들이 있다.
㉠ 별도의 실내, 울타리를 설치한다(설치장소의 제한).
㉡ 전도성 물체 및 작업장 주위의 바닥을 절연물로 도포한다.
㉢ 작업자는 절연화 등 보호구를 착용한다.

32 작업자가 교류전압 7,000V 이하의 전로에 활선 근접작업 시 감전사고방지를 위한 절연용 보호구는?

① 고무절연관   ② 절연시트
③ 절연커버   ④ 절연안전모

해설 교류전압 7,000V 이하의 전로에 활선 근접작업 시 감전사고방지를 위한 절연용 보호구는 절연안전모이다.

33 감전사고 시 전선이나 개폐기 터미널 등의 금속분자가 고열로 용융됨으로써 피부 속으로 녹아 들어가는 것은?

① 피부의 광성변화   ② 전문
③ 표피박탈   ④ 전류반점

해설 문제의 내용은 피부의 광성변화에 관한 것이다.

34 작업장에서는 근로자의 감전위험을 방지하기 위하여 필요한 조치를 하여야 한다. 맞지 않는 것은?

① 작업장 통행 등으로 인하여 접촉하거나 접촉할 우려가 있는 배선 또는 이동전선에 대하여는 절연피복이 손상되거나 노화된 경우에는 교체하여 사용하는 것이 바람직하다.

② 전선을 서로 접속하는 때에는 해당 전선의 절연성능 이상으로 절연될 수 있는 것으로 충분히 피복하거나 적합한 접속기구를 사용하여야 한다.

③ 물 등의 도전성이 높은 액체가 있는 습윤한 장소에서 근로자의 통행 등으로 인하여 접촉할 우려가 있는 이동전선 및 이에 부속하는 접속기구는 그 도전성이 높은 액체에 대하여 충분한 절연효과가 있는 것을 사용하여야 한다.

④ 차량 및 기타 물체의 통과 등으로 인하여 전선의 절연피복이 손상될 우려가 없더라도 통로바닥에 전선 또는 이동전선을 설치하여 사용하여서는 아니 된다.

> **해설** ④ 차량 및 기타 물체의 통과 등으로 인하여 전선의 절연피복이 손상될 우려가 없더라도 통로바닥에 전선 또는 이동전선을 설치하여 사용할 수 있다.

35 감전자에 대한 중요한 관찰사항 중 거리가 먼 것은?

① 출혈이 있는지 살펴본다.

② 골절된 곳이 있는지 살펴본다.

③ 인체를 통과한 전류의 크기가 50mA를 넘었는지 알아본다.

④ 입술과 피부의 색깔, 체온상태, 전기 출입부의 상태 등을 알아본다.

> **해설** ①, ②, ④ 이외에 감전자에 대한 중요한 관찰사항은 다음과 같다.
> ⊙ 의식이 있는지 살펴본다.
> ⓒ 호흡상태를 확인한다.
> ⓒ 맥박상태를 확인한다.

36 감전되어 사망하는 주된 메커니즘과 거리가 먼 것은?

① 심장부에 전류가 흘러 심실세동이 발생하여 혈액순환 기능이 상실되어 일어난 것

② 흉골에 전류가 흘러 혈압이 약해져 뇌에 산소공급기능이 정지되어 일어난 것

③ 뇌의 호흡중추신경에 전류가 흘러 호흡기능이 정지되어 일어난 것

④ 흉부에 전류가 흘러 흉부 수축에 의한 질식으로 일어난 것

> **해설** ②의 내용은 감전되어 사망하는 주된 메커니즘과 거리가 멀다.

37 감전사고 시의 긴급조치에 관한 설명으로 가장 부적절한 것은?

① 구출자는 감전자 발견 즉시 보호용구 착용여부에 관계없이 직접 충전부로부터 이탈시킨다.

② 감전에 의해 넘어진 사람에 대하여 의식의 상태, 호흡의 상태, 맥박의 상태 등을 관찰한다.

③ 감전에 의하여 높은 곳에서 추락한 경우에는 출혈의 상태, 골절의 이상 유무 등을 확인, 관찰한다.

④ 인공호흡과 심장마사지를 2인이 동시에 실시할 경우에는 약 1:5의 비율로 각각 실시해야 한다.

> **해설** ① 구출자는 감전자 발견 즉시 절연고무장갑 등 보호구를 착용하고 충전부로부터 이탈시킨다.

38 감전사고가 발생했을 때 피해자를 구출하는 방법으로 옳지 않은 것은?

① 피해자가 계속하여 전기설비에 접촉되어 있다면 우선 그 설비의 전원을 신속히 차단한다.

② 순간적으로 감전상황을 판단하고 피해자의 몸과 충전부가 접촉되어 있는지를 확인한다.

③ 충전부에 감전되어 있으면 몸이나 손을 잡고 피해자를 곧바로 이탈시켜야 한다.

④ 절연고무장갑, 고무장화 등을 착용한 후에 구원해 준다.

해설 ③ 충전부에 감전되어 있으면 몸이나 손을 잡지 않고, 기구를 사용하여 피해자를 곧바로 이탈시켜야 한다.

39 감전사고로 인한 호흡정지 시 구강 대 구강법에 의한 인공호흡의 매분 횟수와 시간은 어느 정도 하는 것이 바람직한가?

① 매분 5~10회, 30분 이하

② 매분 12~15회, 30분 이상

③ 매분 20~30회, 30분 이하

④ 매분 30회 이상, 20~30분 정도

해설 구강 대 구강법에 의한 인공호흡은 매분 12~15회 속도로 30분 이상 실시하여야 한다.

40 다음 중 감전재해자가 발생하였을 때 취하여야 할 최우선 조치는? (단, 감전자가 질식상태라 가정한다.)

① 우선 병원으로 이동시킨다.

② 의사의 왕진을 요청한다.

③ 심폐소생술을 실시한다.

④ 부상 부위를 치료한다.

해설 감전재해가 발생할 때 감전자가 질식상태에 있으면 가장 먼저 취할 조치는 심폐소생술 실시이다.

제1절 전기설비 및 기기

1 배전반 및 분전반

(1) 배전반

송·배전 계통과 전력기기의 상태를 항상 감시하고, 차단기 등의 개폐상태를 한 눈에 볼 수 있으며, 변전소 내의 기기를 원격제어할 수 있도록, 계기, 계전기, 개폐기, 과전류차단기 등을 한 곳에 집중시켜 놓은 것을 배전반이라 한다.

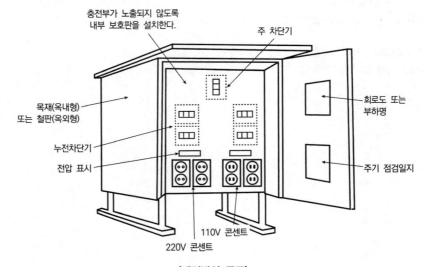

〈배전반의 구조〉

(2) 배전반의 종류

① 라이브 프런트식 배전반(수직형)

② 테드 프런트식 배전반(수직형, 포스트형, 벤치형, 조합형)

③ 폐쇄식 배전반(조립형, 장갑형)

> 💡참고
>
> ▶ 특별고압용 기구 및 전선을 붙이는 배전반의 안전조치 사항으로는 방호장치(시건장치) 및 안전
> 통로를 설치해야 된다.

(3) 분전반

저압 옥내간선에서 옥내선로를 분기하는 데 쓰이고 자동차단기 및 분기용 개폐기 등을 설치한 기기로 캐비닛(Cabinet)이라고도 한다.

(4) 분전반의 종류

① 텀블러식 분전반   ② 브레이커식 분전반

③ 나이프식 분전반

2 개폐기

개폐기는 각극에 설치되어야 하며, 전기사업법 기술기준에 의하면 60V 이상의 전압을 사용하는 전기기계·기구에는 지락차단장치 등을 시설하도록 하고 있다.

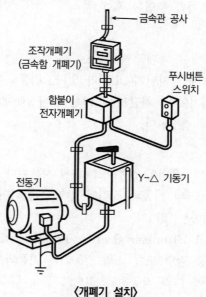

금속관 공사

조작개폐기
(금속함 개폐기)

푸시버튼
스위치

함붙이
전자개폐기

전동기

Y-△ 기동기

〈개폐기 설치〉

(1) 개폐기의 부착장소

① 평소에 부하전류를 단속하는 장소

② 퓨즈의 전원측

③ 인입구 및 고장점검회로

(2) 개폐기 부착 시 유의사항

① 전선이나 기구부분에 직접 닿지 않도록 할 것

② 커버나이프 스위치나 콘센트 등을 커버가 부서지지 않도록 신중을 기할 것

③ 나이프 스위치는 규정된 퓨즈를 사용할 것

④ 전자개폐기는 반드시 용량에 맞는 것을 선택할 것

(3) 개폐기의 분류

① 고압개폐기

    ㉮ 주상유입개폐기(POS) : 반드시 「개폐」의 표시가 되어 있는 고압개폐기로서 배전선로의 개폐 및 타계통으로 변환, 고장구간의 구분, 부하전류의 차단, 콘덴서의 개폐, 접지사고의 차단 등에 사용된다.

④ 단로기(Disconnecting Switch ; DS) : 차단기의 전후 또는 차단기의 측로회로 및 회로접속의 변환에 사용되는 것으로 무부하회로에서 개폐하는 것이다. 단로기 및 차단기의 투입, 개방 시의 조작순서는 다음과 같다.

㉠ 전원 개방 시 : 차단기를 개방한 후에 단로기를 개방한다.

㉡ 전원 투입 시 : 단로기를 투입한 후에 차단기를 투입한다.

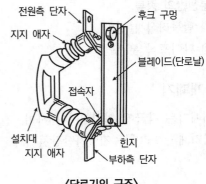

〈단로기의 구조〉

⑭ 부하개폐기 : 부하상태에서 개폐할 수 있는 것으로 리클로저(Recloser), 차단기(OLB)가 있다. 리클로저(Recloser)는 자동차단, 자동재투입의 능력을 가진 개폐기이며, 차단기(OLB)는 부하상태에서 개폐할 수 있는 것으로 용량의 전원측의 상태에 의해서 결정된다.

② 자동개폐기

㉮ 시한개폐기(Time Switch) : 옥외의 신호회로 등에 사용된다.

㉯ 전자개폐기 : 보통 전동기의 기동과 정지에 많이 사용되며, 과부하 보호용으로 적합한 것으로 단추를 눌러서 개폐하는 것이다.

㉰ 스냅개폐기(Snap Switch : Tumbler Switch, Rotary Switch, Push-Button Switch, Pull Switch) : 전열기, 전등 점멸 또는 소형 전동기의 기동과 정지 등에 사용된다.

㉱ 압력개폐기 : 압력변화에 따라 작동하는 것으로 옥내 급수용, 배수용 등의 전동기회로에 사용된다.

③ 저압개폐기(스위치 내부에 퓨즈를 삽입한 개폐기)

㉮ 안전개폐기(Cut Out Switch) : 배전반의 인입개폐기 및 분기개폐기, 전등 수용가의 인입구개폐기로 사용된다.

㉯ 박스개폐기(Box Switch) : 전동기 회로용으로 사용되는 것으로 박스 밖으로 나온 손잡이로 개폐하는 것이다.

㉰ 칼날형 개폐기(Knife Switch) : 저압회로의 배전반 등에 사용되는 것으로 정격전압은 250V이다.

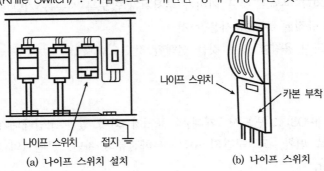

(a) 나이프 스위치 설치

(b) 나이프 스위치

〈칼날형 개폐기〉

> 💡 참고

▶ 칼받이 재료로 많이 쓰이는 것은 인청동이다.

㉑ 커버개폐기(Cover Knife Switch) : 저압회로에 많이 사용된다.

3 과전류 보호기

(1) 퓨즈(Fuse)

퓨즈는 전기회로가 단락되었을 때 순간적으로 과전류를 차단시켜 전기기계·기구나 배선을 보호하는 중요한 역할을 한다.

퓨즈는 단락 보호용으로 사용하지만 과부하 보호용으로는 적당하지 않으므로 이 경우에는 NFB 등을 이용하여야 한다.

① **퓨즈의 재료** : 퓨즈는 쉽게 용단되어야 하므로 납, 주석, 아연, 알루미늄 및 이들의 합금으로 만들어야 한다.

② **퓨즈 선택 시 고려할 사항** : 정격전류, 정격전압, 차단용량, 사용장소 등을 고려하여 퓨즈를 선택해야 한다.

③ **퓨즈의 종류** : 고압전로에 사용하는 포장퓨즈는 정격전류의 1.3배의 전류에 견디고 비포장퓨즈는 정격전류의 1.25배의 전류에 견뎌야 한다.

(2) 과전류 차단기

차단기는 평상 시의 전류 및 고장시의 전류를 보호계전기와의 조합에 의하여 안전하게 차단하고 전로 및 기구를 보호하는 것이다. 고장 시에 흐르는 전류는 고압회로의 경우 평상 시의 수 십배에 이르므로 차단하는 전류의 대소에 따라 구조, 크기 등이 다르다.

> 💡 참고

▶ **차단기(CB)**
고장전류와 같은 대전류를 차단할 수 있는 것

① **차단기의 종류**

㉮ **배선용 차단기** : 평상 시에는 수동으로 개폐하고, 과부하전류나 단락 시에는 자동적으로 작동하여 과전류를 차단하는 차단기

㉯ **애자형 차단기(PCB)** : 탱크형 유입차단기를 개량한 차단기

㉰ **공기차단기(ABB)** : 압축공기로 아크를 소호하는 차단기

㉱ **가스차단기** : 아크의 소호매질로 가스를 사용한 차단기

㉲ **진공차단기(VCB)** : 고진공의 용기 속에서는 대기의 수 배, 절연유의 2배 이상의 절연 내력이 얻어지므로 이 원리를 이용하여 진공 속에서 전극을 개폐하여 소호하는 방식

㉳ **유입차단기(OCB)** : 탱크 속에 절연유를 넣어 유중 개폐하는 차단기

> **참고**
>
> ▶ 유입차단기(OCB)
> 1. 유입차단기의 절연유 온도는 90℃ 이하로 한다.
> 2. 보통형 유입차단기는 자연소호식이며, 절연유 속에서 과전류를 차단한다.
> 3. 유입차단기의 작동 순서는 다음과 같다.
>   ㉠ 투입 순서 : (3)-(1)-(2)
>   ㉡ 차단 순서 : (2)-(3)-(1)
> 4. 유입차단기의 작동 순서(바이패스회로 설치 시)는 다음과 같다.
>   안전수칙 : (4) 투입, (2), (3), (1) 차단

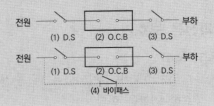

② 차단기의 정격용량

   ㉮ 단상 : 정격차단용량 = 정격차단전압 × 정격차단전류

   ㉯ 3상 : 정격차단용량 = $\sqrt{3}$ × 정격차단전압 × 정격차단전류

③ 배선용 차단기의 특성 : 배선용 차단기는 정격전류의 1배에 견디어야 하고 특성은 다음 표와 같다.

정격전류의 구분	자동 작동시간	
	전격전류의 1.25배의 전류가 흐를 때(분)	정격전류의 2배의 전류가 흐를 때(분)
30A 이하	60	2
30A 초과 50A 이하	60	4
50A 초과 100A 이하	120	6
100A 초과 225A 이하	120	8

〈배선용 차단기〉

> **참고**
>
> 1. **주택용 배선 차단기 B타입 순시동작범위** : 3In 초과 ~ 5In 이하
> 2. **차단기 설치 시 주의사항**
>   ㉠ 차단기는 설치의 기능을 고려하여 전기취급자가 행할 것
>   ㉡ 차단기를 설치하려고 하는 전로의 전압과 같은 정격전압의 차단기를 설치할 것
>   ㉢ 차단기를 설치했어도 피보호기기에는 접지를 실시할 것
>   ㉣ 전로의 전압이 정격전압의 -15%에서 +10%의 범위에 있는 것을 확인할 것
> 3. **차단기 구조검사 시 적합 판정기준**
>   ㉠ 차단기는 자유로이 해체할 수 없는 구조일 것
>   ㉡ 현저한 잡음 또는 방해 전파를 발생하지 않는 것일 것
>   ㉢ 금속 케이스에는 접지단자를 설치한 것일 것
>   ㉣ 외부 도선과의 접속부는 정격전류에 따른 굵기의 전선을 확실하게 접속할 수 있을 것

(3) 누전차단기(Earth Leakage Circuit Breaker ; ELB)

금속제 외함을 가지는 전기기계·기구에 전기를 공급하는 전로로서 사람이 쉽게 접촉할 우려가 있는 장소에는 누전이 발생할 경우, 자동적으로 전로를 차단하는 누전차단기를 설치해야 한다. 그러나 계통이 매우 긴 저압전로이거나 회로차단에 의하여 오히려 위험한 상태로 될 우려가 있는 전로에는 누전차단기 대신 누전경보기를 설치하는 것이 바람직하다.

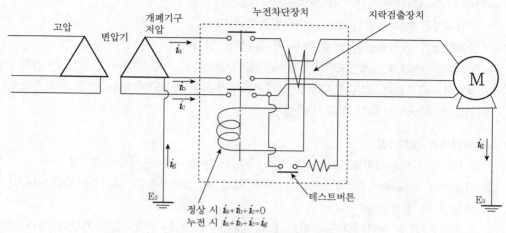

정상 시 $i_a + i_b + i_c = 0$
누전 시 $i_a + i_b + i_c = i_g$

〈누전차단기의 작동원리〉

① **누전차단기의 사용목적** : 누전차단기는 교류 600V 이하의 저압전로에서 다음과 같은 목적으로 사용된다.
   ㉮ 누전 화재보호   ㉯ 감전보호
   ㉰ 전기기계·기구의 손상보호   ㉱ 타 계통으로서의 사고파급방지

② **누전차단기의 구성요소**
   ㉮ 누전검출부   ㉯ 영상변류기
   ㉰ 시험버튼   ㉱ 차단장치
   ㉲ 트립코일

③ **누전차단기의 종류** : 누전차단기의 종류는 다음 표와 같다.

구분	종류	정격감도전류(mA)	동작시간	비고
고감도형	고속형	5, 10, 15, 30	정격감도전류에서 0.1초 이내	전압동작형
	반한시형		정격감도전류에서 0.2~1초 이내	전류동작형
	시연형(지연형)		정격감도전류에서 0.1초를 초과하고 2초 이내	대계통의 모선보호용
중감도형	고속형	50, 100, 200, 500, 1,000	정격감도전류에서 0.1초 이내	－
	시연형(지연형)		정격감도전류에서 0.1~2초 이내	

④ **누전차단기의 성능**
   ㉮ 당해 부하에 적합한 차단용량을 갖출 것
   ㉯ 당해 부하에 적합한 정격전류를 갖출 것

ⓓ 정격감도전류가 30mA 이하이며, 작동시간은 0.03초 이내일 것

ⓔ 당해 전로 공칭전압의 90~110% 이내의 정격전압일 것

ⓕ 절연저항은 5MΩ 이상일 것

ⓖ 정격부동작전류가 정격감도전류의 50% 이상이어야 하고 이들의 전류치가 가능한 한 작을 것

⑤ 누전차단기의 설치환경조건

㉮ 전원전압은 정격전압의 85~110% 범위로 한다.

㉯ 설치장소가 직사광선을 받을 경우 차폐시설을 설치한다.

㉰ 정격부동작전류가 정격감도전류의 50% 이상이어야 하고, 이들의 차가 가능한 큰 것이 좋다.

㉱ 정격전부하전류가 30A인 이동형 전기기계·기구에 접속되어 있는 경우 일반적으로 정격감도
전류는 30mA 이하인 것을 사용한다.

⑥ 누전차단기의 설치방법

㉮ 누전차단기는 분기회로 또는 전동기계·기구마다 설치를 원칙으로 할 것

㉯ 전동기계·기구의 금속제 외함, 금속제 외피 등 금속부분은 누전차단기를 접속한 경우에도
가능한 한 접지할 것

㉰ 지락보호 전용 누전차단기는 반드시 과전류를 차단하는 퓨즈 또는 차단기 등과 조합하여 설
치할 것

㉱ 누전차단기는 배전반 또는 분전반에 설치하는 것을 원칙으로 할 것(다만, 꽂음접속기형 누전
차단기는 콘센트에 연결 또는 부착하여 사용할 수 있음)

㉲ 누전차단기의 영상변류기에 서로 다른 2회 이상의 배선을 일괄하여 관통하지 않도록 할 것

㉳ 누전차단기의 영상변류기에 접지선이 관통하지 않도록 할 것

㉴ 중성선은 누전차단기의 전원측에 접지시키고, 부하측에는 접지되지 않도록 할 것

㉵ 서로 다른 누전차단기의 중성선이 누전차단기의 부하측에서 공유되지 않도록 할 것

㉶ 설치 전에는 반드시 누전차단기를 개로시키고 설치 완료 후에는 누전차단기를 폐로시킨 후
동작위치로 할 것

㉷ 누전차단기의 부하측에는 전로의 부하측이 연결되고, 누전차단기의 전원측에 전로의 전원측
이 연결되도록 설치할 것

⑦ 누전차단기를 설치해야 하는 전기기계·기구

㉮ 대지전압이 150V를 초과하는 이동형 또는 휴대형 전기기계·기구

㉯ 물 등 도성이 높은 액체가 있는 습윤장소에서 사용하는 저압 전기기계·기구

㉰ 철판, 철골 위 등 전도성이 높은 장소에서 사용하는 이동형 또는 휴대형 전기기계·기구

⑧ 누전차단기의 설치 환경조건

㉮ 먼지가 적은 장소일 것

㉯ 이슬이나 비에 젖지 않는 장소일 것

㉰ 표고 1,000m 이하의 장소일 것

㉱ 진동 또는 충격을 받지 않는 장소일 것

⑨ 누전차단기를 설치하지 않아도 되는 경우

㉮ 절연대 위에서 사용하는 이중절연구조의 전동기기

㉯ 이중절연구조 또는 이와 동등 이상으로 보호되는 전기기계·기구

㉰ 비접지방식의 전로

⑩ 누전차단기의 동작확인이 필요한 경우 : 시험용 버튼을 누르거나 누전차단기용 테스터를 사용하여 동작확인이 필요한 경우는 다음과 같다.

㉮ 전로에 누전차단기를 설치한 경우　　　　㉯ 전동기계·기구를 사용하려는 경우

㉰ 누전차단기가 동작한 후 재투입할 경우

(4) 보호계전기

수전설비에 있어서 선로 또는 기기에 이상현상이 발생하면 곧 이것을 검출하여 고장구간을 신속하게 차단하고, 전기기기의 손상을 최소화 하는 등 전력계의 안정도를 향상시킬 목적으로 사용된다.

① 보호계전기의 구비조건

㉮ 고장 개소를 정확히 선택할 수 있을 것

㉯ 동작이 예민하고 틀린 동작을 하지 않을 것

㉰ 고장상태를 식별하여 정도를 판단할 수 있을 것

② 보호계전기의 구성요소

㉮ 외함　　　　　　　　　　　　　　　　㉯ 외부 단자

㉰ 주요소　　　　　　　　　　　　　　　㉲ 보조요소

㉱ 동작표시기

③ 보호계전기의 사용조건

㉮ 표고는 1,000m 이하일 것

㉯ 주위온도가 −10℃ 이상 +40℃ 이하일 것

㉰ 주파수 변동은 정격주파수의 ±5% 이내일 것

㉲ 제어전원은 정격의 +10%에서 −15% 이내일 것

㉱ 충격, 이상진동 및 경사를 받지 않는 상태일 것

㉳ 유해한 가스, 염분, 연기, 과도한 먼지, 빙설 등이 있는 장소에서는 사용을 금지할 것

④ 보호계전기의 용도에 의한 분류

㉮ 차동계전기(DFR) : 두 점에서 전류가 같을 때에는 동작하지 않으나 고장 시 전류의 차가 생기면 동작하는 계전기로 전압차동계전기, 전류차동계전기 등이 있다. 전선의 중간 단락사고를 검출하는 계전기로 적합하다.

㉯ 비율차동계전기(RDFR) : 고장시의 불평형 차전류가 평형전류의 어떤 비율 이상이 되었을 때 동작하는 것으로 변압기의 내부 고장보호용으로 사용된다.

㉰ 과전류계전기(OCR) : 전류가 일정한 값 이상으로 흘렀을 때 동작하는 것으로 발전기, 변압기, 전선로 등의 단락보호용으로 사용된다.

④ 기타 : 과전압계전기(OVR), 선택단락계전기(SSR), 방향단락계전기(DSR), 온도계전기(TR), 거리계전기(ZR) 등이 있다.

⑤ 보호계전기의 동작시한에 의한 분류

㉮ 반한시계전기 : 동작시한이 구동전기량으로 동작전류가 작을수록 시한이 길어지고, 동작전류가 클수록 시한이 짧아지는 계전기를 말한다.

㉯ 정한시계전기 : 구동전기량이 최소 동작값 이상으로 주어지면 일정시한으로 동작하는 계전기를 말한다.

㉰ 순한시계전기 : 동작시한이 0.3초 이내의 계전기를 말한다.

⑥ 계전기의 종류

㉮ 전압인가식   ㉯ 자기방전식   ㉰ 방사선식

> **참고**
>
> 1. 감전의 위험성을 감소시키기 위하여 비접지방식을 채용하고자 할 때 사용가능한 변압기는 '절연변압기'이다.
> 2. **변압기 절연유 구비조건**
>   ㉠ 절연내력이 클 것   ㉡ 인화점이 높을 것
>   ㉢ 점도가 클 것   ㉣ 열전도가 작을 것
> 3. **과전류 보호장치(퓨즈, 차단기, 보호계전기, 변성기) 설치 시 유의사항**
>   ㉠ 과전류 보호장치는 반드시 접지선 외의 전로에 직렬로 연결하여 과전류 발생 시 전로를 자동으로 차단하도록 설치할 것
>   ㉡ 차단기, 퓨즈는 계통에서 발생하는 최대과전류에 대하여 충분하게 차단할 수 있는 성능을 가질 것
>   ㉢ 과전류 보호장치가 전기계통상에서 상호 협조·보완되어 과전류를 효과적으로 차단하도록 할 것

4 피뢰설비

전기설비 자체의 이상전압 또는 외부에서 침입하는 이상전압으로부터 전기설비를 보호하기 위한 것으로 피뢰설비에는 피뢰기, 서지 흡수기, 가공지선, 피뢰침이 있다.

(1) 피뢰기(Lightning Arrester ; LA)

① 피뢰기의 작동원리 : 피뢰기는 피보호기 근방의 대지와 선로 사이에 접속되어 평상시에는 직렬 갭에 의하여 대지절연 되어 있다. 그러나 기기계통에 이상전압이 발생되면 직렬 갭이 전압의 파고값을 내려서 속류를 신속하게 차단하고, 원상으로 복귀시키는 작용을 수행한다.

② 피뢰기의 구성요소 : 직렬 갭과 특성요소

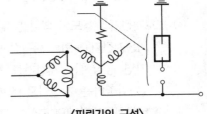

〈피뢰기의 구성〉

> **참고**
>
> ▶ **직렬갭의 사용목적** : 이상전압 발생 시 신속히 대지로 방류함과 동시에 속류를 즉시 차단하기 위하여

③ **피뢰기의 설치목적** : 직류 및 교류의 전기설비 등을 뇌해로부터 보호하여 사고를 경감시키고, 전력공급 및 사용의 안정성을 증가시켜 신뢰성을 향상시키는 데 있다.

④ **피뢰기의 설치장소**
⑦ 발전소, 변전소의 가공전선 인입구 및 인출구
⑭ 고압 가공전선로에 접속하는 배전용 변압기의 고압측 및 특별고압측
⑭ 고압 가공전선로로부터 공급을 받는 수용장소의 인입구
⑭ 특고압 가공전선로로부터 공급을 받는 수용 장소의 인입구
⑭ 배전선로 차단기, 개폐기의 전원측 및 부하측
⑭ 가공전선로와 지중전선로가 접속되는 곳
⑭ 콘덴서의 전원측

⑤ **피뢰기가 갖추어야 할 성능**
⑦ 반복동작이 가능할 것
⑭ 구조가 견고하며 특성이 변화하지 않을 것
⑭ 점검, 보수가 간단할 것
⑭ 충격 방전개시전압과 제한전압이 낮을 것
⑭ 뇌전류 방전능력이 높고, 크고, 속류 차단을 확실하게 할 수 있을 것

⑥ **피뢰기 용어의 정의**
⑦ **충격방전개시전압** : 피뢰기의 선로단자와 접지단자간에 인가되었을 때 방전전류가 흐르기 이전에 도달할 수 있는 최고전압을 말한다.
⑭ **제한전압** : 방전 도중에 피뢰기의 선로단자와 접지단자간에 나타나는 충격전압을 말한다.
⑭ **속류** : 방전전류 통과에 이어 전력계통으로부터 피뢰기에 흐르는 전류를 말한다.

> 💡 **참고**
> ▶ **실효값** : 속류를 차단할 수 있는 최고 교류전압을 피뢰기의 정격전압이라고 하는데 이 값을 통상적으로 실효값으로 나타낸다.

⑦ **피뢰기의 종류**
⑦ 저항형 피뢰기
⑭ 밸브형 피뢰기
⑭ 밸브저항형 피뢰기 : 직렬 캡, 특성요소로 구성
⑭ 종이 피뢰기(p-valve 피뢰기)
⑭ 방출형 피뢰기

⑧ **피뢰침 시스템의 등급에 따른 회전구체의 반지름**

수뢰 기준			피뢰레벨 (LPL)			
회전구체 반지름	기호	단위	I	II	III	IV
	r	m	20	30	45	60

(2) 서지 흡수기(Surge Absorber)
급격한 충격파로부터 전기기기를 보호할 목적으로 대지와 기기의 단자간에 접속되는 보호 콘덴서 또는 보호 콘덴서와 피뢰기를 조합한 것을 말한다.

(3) 가공지선(Over Head Earthwire)
송전선의 상부에 가설한 도체로서 강심알루미늄 합금선, 동웰드선 등이 사용되며, 일종의 피뢰침이다.

(4) 피뢰침
① 피뢰침의 설치목적 : 피뢰침은 낙뢰로 인한 충격전류를 대지로 안전하게 흘려보내 건조물의 화재, 파손과 인체에 대한 상해를 방지할 목적으로 설치하는 것이다.

② 피뢰침의 구조
  ㉮ 돌침 : 돌침은 12mm 이상의 동봉으로 그 선단의 30cm 이상 돌출시킨다(통상 1.5m 정도의 높이로 하는 것이 좋다).
  ㉯ 인하도선(피뢰도선) : 일반적으로 나동연선을 많이 사용하며, 인하도선은 길이를 가장 짧게 설치해야 한다.

> 💡 참고
> ▶ 도선은 단면적 30mm² 이상의 나동선이 많이 쓰이고 전화선, 가스관 등으로부터 1.5m 이상 이격시켜 매설한다.

  ㉰ 접지전극 : 접지전극은 아연도금강판, 동판, 철파이프 등의 도체를 사용한다.

③ 피뢰침의 설치장소 : 20m 이상의 구조물이나 위험물, 폭발물 등의 저장소에 설치한다.

> 💡 참고
> ▶ 피뢰침을 거꾸로 설치해야 되는 곳은 수력발전소이다.

④ 피뢰침 설치 시 준수사항 : 화학류 또는 위험물을 저장하거나 취급하는 시설물에 대한 피뢰침의 설치 시 일반적으로 준수하여야 할 사항은 다음과 같다.
  ㉮ 피뢰침의 보호각은 45° 이하로 할 것
  ㉯ 피뢰침을 접지하기 위한 접지극과 대지간의 접지저항은 10Ω 이하로 할 것
  ㉰ 피뢰침과 접지극을 연결하는 피뢰도선은 단면적이 30mm² 이상인 동선을 사용하여 확실하게 접속할 것
  ㉱ 피뢰침은 가연성 가스 등이 누설될 우려가 있는 밸브, 게이지 및 배기구는 시설물로부터 1.5m 이상 떨어진 장소에 설치할 것

⑤ 피뢰침의 보호범위 : 피뢰침의 보호범위는 피뢰침의 선단을 통한 연직선에 대해 보호범위를 눈어림으로 한 각도를 말하며, 보호각도라고도 한다.
  ㉮ 일반 건축물의 보호각도 : 60° 이하
  ㉯ 위험물, 폭발물의 저장건물 보호각도 : 45° 이하

⑥ 피뢰침의 보호여유도

$$여유도(\%) = \frac{충격절연강도 - 제한전압}{제한전압} \times 100$$

📢예제

▶ 피뢰침의 제한전압이 800kV, 충격절연강도가 1,260kV라 할 때 보호여유도는 몇 %인가?

풀이 보호여유도 $= \dfrac{충격절연강도 - 제한전압}{제한전압} \times 100$

$= \dfrac{1,260 - 800}{800} \times 100$

$= 57.5\%$

⑦ 피뢰침의 접지공사

㉮ 접지극을 병렬로 하는 경우 2m 이상의 간격으로 한다.

㉯ 피뢰침의 접지는 10Ω 이하로 한다.

㉰ 타 접지극과의 이격거리는 2m 이상으로 한다.

㉱ 지하 50m 이상의 곳에서는 $30mm^2$ 이상의 나동선으로 접속한다.

㉲ 각 인하도선마다 1개 이상의 접지극을 접속한다.

💡참고

▶ 외부 피뢰시스템 : 접지극은 지표면에서 0.75m 이상 깊이로 매설한다(단, 동결심도는 고려하지 않는 경우이다).

(5) 피뢰설비에서 외부피뢰시스템의 수뢰부시스템

① 돌침(수뢰부)   ② 수평도체

③ 메쉬도체

5 기타 전기설비안전과 관련된 중요한 사항

(1) 콘덴서

전력용 콘덴서에 의하여 위험이 발생할 우려가 있을 때에는 잔류전하를 방전시키는 방전코일을 설치하여 1초 이내에 50V 이하로 방전시킬 수 있어야 한다.

(2) 전기제어장치

대지전압이 50V 이상의 제어장치는 완전히 고정함 내에 설치하고, 유자격자만이 문을 개폐할 수 있도록 조치해야 한다.

(3) 지락차단장치 등의 설치

사용전압이 60V를 넘고 사람이 쉽게 닿을 수 있는 곳에 시설하며, 금속제 외함을 가지는 저압의 전기기계·기구에 전기를 공급하는 전로에는 접지사고가 생길 때 자동적으로 차단하는 장치를 설치해야 한다. 다만, 다음의 경우에는 예외로 한다.

① 기계 · 기구를 취급자 이외의 사람이 출입할 수 없도록 시설하는 경우

② 기계 · 기구를 건조한 곳에 시설하는 경우

③ 대지전압이 300V 이하인 기계 · 기구를 건조한 곳에 시설하는 경우

④ 기계 · 기구에 설치한 접지저항값이 3Ω 이하인 경우

(4) 단락접지기구 사용목적

① 오통전 방지   ② 다른 전로와의 혼촉방지

③ 유도에 의한 감전위험방지

(5) 이동식 전기설비의 감전사고를 막기 위한 조치

접지공사를 실시한다.

제2절 전기작업안전

1 전기작업 안전대책의 기본요건

① 전기설비의 품질향상   ② 전기시설의 안전관리 확립

③ 취급자의 자세

2 정전작업 시 조치

(1) 정전작업의 개요

정전작업이란 전로를 개로하여 당해 전로 또는 그 지지물의 설치, 점검, 수리 및 도장 등 일련의 작업을 말한다.

(2) 정전작업 시 전로차단 조치사항

① 전기기기 등에 공급되는 모든 전원을 관련 도면, 배선도 등으로 확인할 것

② 전원을 차단한 후 각 단로기 등을 개방하고 확인할 것

③ 차단장치나 단로기 등에 잠금장치 및 꼬리표를 부착할 것

④ 개로된 전로에서 유도전압 또는 전기에너지가 축적되어 근로자에게 전기위험을 끼칠 수 있는 전기기기 등은 접촉하기 전에 잔류전하를 완전히 방전시킬 것

⑤ 검전기를 이용하여 작업 대상 기기가 충전되었는지를 확인할 것

⑥ 전기기기 등이 다른 노출 충전부와의 접촉, 유도 또는 예비동력원의 역송전 등으로 전압이 발생할 우려가 있는 경우에는 충분한 용량을 가진 단락 접지기구를 이용하여 접지할 것

(3) 정전전로에서의 정전작업을 마친 후 준수해야 할 사항

① 단락 접지기구 및 작업기구를 제거하고 전기기기 등이 안전하게 통전될 수 있는지를 확인할 것

② 모든 작업자가 작업이 완료된 전기기기 등에서 떨어져 있는지를 확인할 것

③ 잠금장치와 꼬리표는 설치한 근로자가 직접 철거할 것

④ 모든 이상 유무를 확인한 후 전기기기 등의 전원을 투입할 것

(4) 정전작업 시 유의사항

① 안전장구 준비 및 표지판 설치 철저 : 검전기, 접지용구, 위험기, 조작꼬리표, 표지판 등

② 무전압상태의 유지 철저

㉮ 개폐기의 개방 보증

㉠ 감시인을 둘 것

㉡ 작업 중에는 개폐기를 시건해 둘 것

㉢ 통전금지 사항 및 통전금지 기간을 표시해 둘 것

㉯ 잔류전하의 방전

㉠ 개로된 전로가 전력케이블을 가진 것

㉡ 개로된 전로가 전력콘덴서를 가진 것

㉰ 단락접지

㉠ 정전상태를 검전기구로 확인한 후 단락접지 실시

㉡ 단락접지기구를 사용하여 확실하게 단락접지 실시

㉱ 재통전 시 안전조치

㉠ 근로자에게 감전의 위험이 발생할 우려가 없도록 미리 통지

㉡ 단락접지기구를 제거

㉲ 오조작방지

㉠ 무부하상태를 표시하는 파일럿 램프 설치

㉡ 전선로의 계통을 판별하기 위하여 더블릿 시설

㉢ 개폐기에 전로가 무부하로 되지 아니하면 개·폐로 할 수 없는 연동(인터록)장치 설치

> **참고**
>
> 1. **정전작업 전 조치 순서**
>   - ㉠ 전원차단
>   - ㉢ 잔류전하 방전
>   - ㉤ 단락접지 실시
>   - ㉡ 개폐기에 잠금장치 및 표지판 설치
>   - ㉣ 충전여부 확인
>   - ㉥ 검전기에 의한 정전 확인
> 2. **정전 작업 종료 시 조치 순서**
>   - ㉠ 단락접지기구 철거
>   - ㉢ 작업자에 대한 위험여부 확인(미리 통지)
>   - ㉡ 위험표지판 철거
>   - ㉣ 개폐기 투입
> 3. **검전기로 전로를 검전하던 중 네온램프에 불이 점등되는 이유**
>   유도전압의 발생

❸ 충전전로에서의 전기작업(활선작업) 시 조치사항

(1) 충전전로 전기작업(활선작업)의 개요

활선작업이란 전기를 통전시킨 상태에서 충전전로나 지지 애자의 수리, 점검 및 청소작업 등 일련의 작업을 말한다.

(2) 전기작업의 작업계획서에 포함되어야 할 사항

① 전기작업의 목적 및 내용

② 전기작업 근로자의 자격 및 적정인원

③ 작업 범위, 작업책임자 임명, 전격·아크 섬광·아크 폭발 등 전기 위험요인 파악, 접근 한계거리, 활선 접근 경보장치 휴대 등 작업시작 전에 필요한 사항

④ 전로차단에 관한 작업계획 및 전원 재투입 절차 등 작업 상황에 필요한 안전작업 요령

⑤ 절연용 보호구 및 방호구, 활선작업용 기구·장치 등의 준비·점검·착용·사용 등에 관한 사항

⑥ 점검·시운전을 위한 일시 운전, 작업 중단 등에 관한 사항

⑦ 교대 근무 시 근무인계에 관한 사항

⑧ 전기작업장소에 대한 관계 근로자가 아닌 사람의 출입금지에 관한 사항

⑨ 전기안전작업계획서를 해당 근로자에게 교육할 수 있는 방법과 작성된 전기안전작업계획서의 평가·관리 계획

⑩ 전기 도면, 기기 세부사항 등 작업과 관련되는 자료

(3) 충전전로에서의 전기 작업 시 안전조치 사항

① 근로자가 충전전로를 취급하거나 그 인근에서 작업하는 경우에는 다음의 조치를 하여야 한다.

㉮ 충전전로를 정전시키는 경우에는 정전전로에서의 전기작업에 따른 조치를 할 것

㉯ 충전전로를 방호, 차폐하거나 절연 등의 조치를 하는 경우에는 근로자의 신체가 전로와 직접 접촉하거나 도전재료, 공구 또는 기기를 통하여 간접 접촉되지 않도록 할 것

㉰ 충전전로를 취급하는 근로자에게 그 작업에 적합한 절연용 보호구를 착용시킬 것

㉱ 충전전로에 근접한 장소에서 전기작업을 하는 경우에는 해당 전압에 적합한 절연용 방호구를 설치할 것. 다만, 저압인 경우에는 해당 전기작업자가 절연용 보호구를 착용하되, 충전전로에 접촉할 우려가 없는 경우에는 절연용 방호구를 설치하지 아니할 수 있다.

㉲ 고압 및 특별고압의 전로에서 전기작업을 하는 근로자에게 활선작업용 기구 및 장치를 사용하도록 할 것

㉳ 근로자가 절연용 방호구의 설치·해체 작업을 하는 경우에는 절연용 보호구를 착용하거나 활선작업용 기구 및 장치를 사용하도록 할 것

㉴ 유자격자가 아닌 근로자가 충전전로 인근의 높은 곳에서 작업할 때에 근로자의 몸 또는 긴 도전성 물체가 방호되지 않은 충전전로에서 대지전압이 50kV 이하인 경우에는 300cm 이내로, 대지전압이 50kV를 넘는 경우에는 10kV당 10cm 더한 거리 이내로 각각 접근할 수 없도록 할 것

㉵ 유자격자가 충전전로 인근에서 작업하는 경우에는 다음 사항의 경우를 제외하고는 노출 충전부에 다음 표에 제시된 접근한계거리 이내로 접근하거나 절연 손잡이가 없는 도전체에 접근할 수 없도록 할 것

　㉠ 근로자가 노출 충전부로부터 절연된 경우 또는 해당 전압에 적합한 절연장갑을 착용한 경우

　㉡ 노출 충전부가 다른 전위를 갖는 도전체 또는 근로자와 절연된 경우

ⓒ 근로자가 다른 전위를 갖는 모든 도전체로부터 절연된 경우

충전전로의 선간전압[kV]	충전전로에 대한 접근 한계거리[cm]
0.3 이하	접촉금지
0.3 초과 0.75 이하	30
0.75 초과 2 이하	45
2 초과 15 이하	60
15 초과 37 이하	90
37 초과 88 이하	110
88 초과 121 이하	130
121 초과 145 이하	150
145 초과 169 이하	170
169 초과 242 이하	230
242 초과 362 이하	380
362 초과 550 이하	550
550 초과 800 이하	790

② 절연이 되지 않은 충전부나 그 인근에 근로자가 접근하는 것을 막거나 제한할 필요가 있는 경우에는 방책을 설치하고 근로자가 쉽게 알아볼 수 있도록 하여야 한다.

③ 방책설치의 조치가 곤란한 경우에는 근로자를 감전위험에서 보호하기 위하여 사전에 위험을 경고하는 감시인을 배치하여야 한다.

(4) 충전전로 인근에서 차량, 기계장치작업 시 안전조치 사항

작업이 있는 경우에는 차량 등을 충전전로의 충전부로부터 3m 이상 이격시켜 유지시키되, 대지전압이 50kV를 넘는 경우 이격시켜 유지하여야 하는 거리는 10kV 증가할 때마다 0.1m 증가시켜야 한다. 다만, 차량등의 높이를 낮춘 상태에서 이동하는 경우에는 이격거리를 1.2m 이상(대지전압이 50kV를 넘는 경우에는 10kV 증가할 때마다 이격거리를 0.1m 증가)으로 할 수 있다.

(5) 전기기계ㆍ기구 등의 충전부 방호

① 근로자가 작업이나 통행 등으로 인하여 전기기계ㆍ기구 또는 전로 등의 충전부분에 접촉하거나 접근함으로써 감전 위험이 있는 충전부분에 대하여 감전을 방지하기 위하여 다음 방법 중 하나 이상의 방법으로 방호하여야 한다.

㉮ 충전부가 노출되지 않도록 폐쇄형 외함(外涵)이 있는 구조로 할 것

㉯ 충전부에 충분한 절연효과가 있는 방호망이나 절연덮개를 설치할 것

㉰ 충전부는 내구성이 있는 절연물로 완전히 덮어 감쌀 것

㉱ 발전소, 변전소 및 개폐소 등 구획되어 있는 장소로서 관계 근로자가 아닌 사람의 출입이 금지되는 장소에 충전부를 설치하고, 위험표시 등의 방법으로 방호를 강화할 것

㉲ 전주 위 및 철탑 위 등 격리되어 있는 장소로서 관계 근로자가 아닌 사람이 접근할 우려가 없는 장소에 충전부를 설치할 것

② 근로자가 노출 충전부가 있는 맨홀 또는 지하실 등의 밀폐공간에서 작업하는 경우에는 노출 충전부와의 접촉으로 인한 전기위험을 방지하기 위하여 덮개, 방책 또는 절연 칸막이 등을 설치하여야 한다.

4 특별고압 송전선 부근에서 작업 시 이격거리

특별고압 송전선 부근에서 크레인 등 대형기계를 사용하여 공사를 행할 경우, 전로의 전압별 이격거리는 다음 표와 같다.

〈전압별 이격거리〉

전로의 전압	이격거리
특별고압(교류 7,000V 초과)	2m
고압(교류 600V 초과 7,000V 이하)	1.2m
저압(교류 600V 이하)	1m

5 전기공사의 안전수칙

① 정전작업에 대한 연락 및 협조사항을 사전에 완전히 할 것
② 작업지휘자를 정할 것
③ 개로된 개폐기에는 시건장치를 하거나 통전금지표지를 부착 또는 감시인을 배치할 것
④ 잔류전하를 방전시킬 것
⑤ 검사기구에 의하여 정전을 확인할 것
⑥ 단락접지를 할 것
⑦ 통전되어 있는 인접부근에는 절연방호를 할 것
⑧ 작업이 끝났을 때는 개로된 전선에 통전할 때의 조치를 완전히 하여 놓을 것

> 💡 참고
>
> 1. **활선작업 시 장갑착용 요령** : 내부에 고무장갑, 외부에 가죽장갑을 끼고 작업을 한다.
> 2. **활선공구인 핫 스틱을 사용하지 않고 고무보호장구만으로 활선작업을 할 수 있는 전압의 한계치** : 7,000V 미만
> 3. **활선작업용구** : 핫 스틱, 안전모, 안전대, 고무장갑 등
> 4. **활선작업 시 사용하는 안전장구** : 절연용 보호구, 절연용 방호구, 활선작업용 기구 등
> 5. **활선시메라** : 활선작업을 시행할 때 감전의 위험을 방지하고 안전한 작업을 하기 위한 활선장구 중 충전 중인 전선의 변경작업이나 활선작업으로 애자 등을 교환할 때 사용하는 것
> 6. **활선작업 수행 시 다른 공사와의 관계** : 동일 전주 혹은 인접주위에서의 다른 작업은 하지 못한다.
> 7. **전기작업 시 전선연결방법** : 부하측을 먼저 연결하고 전원측을 나중에 연결한다.
> 8. **전기공사 시 사다리 위에서 작업할 때** : 승주기를 제거하여야 한다.
> 9. **전동기 운전 시 개폐기 조작 순서**
>   ㉠ 메인 스위치   ㉡ 분전반 스위치   ㉢ 전동기용 개폐기
> 10. **조명에 관한 사항**
>   ㉠ 조명기구 선정 시 고려할 사항
>   · 직사 눈부심이 없을 것
>   · 반사 눈부심을 적게 할 것
>   · 필요한 조명을 주며 수직, 경사면의 조도가 적당할 것
>   ㉡ 소요 총 광속을 구하는 식
>
> $$F = \frac{EAD}{u}$$
>
>   여기서, F : 소요 총 광속, u : 조명률, E : 평균조도, A : 방의 면적, D : 감광보상률

6 전기기계·기구의 설치 시 고려할 사항

① 전기기계·기구의 충분한 전기적 용량 및 기계적 강도
② 습기, 분진 등 사용 장소의 주위 환경
③ 전기적, 기계적 방호수단의 적정성

7 전기기계·기구의 조작 시 안전조치

① 전기기계·기구의 조작부분은 적당한 조도가 유지되도록 할 것
② 전기기계·기구의 조작부분에 대한 점검 또는 보수를 하는 때는 충분한 작업공간을 확보할 것
③ 전기적 불꽃 또는 아크에 의한 화상의 우려가 높은 600V 이상 전압의 충전전로작업에 근로자를 종사시키는 경우에는 방염처리된 작업복 또는 난연성능을 가진 작업복을 착용시킬 것

8 꽂음 접속기의 설치·사용 시 주의사항

① 서로 다른 전압의 꽂음접속기는 서로 접속되지 아니한 구조의 것을 사용할 것
② 습윤한 장소에 사용되는 꽂음접속기는 방수형 등 그 장소에 적합한 것을 사용할 것
③ 근로자가 해당 꽂음접속기를 접속시킬 경우에는 땀 등으로 인한 젖은 손으로 취급하지 않도록 할 것
④ 해당 꽂음접속기에 잠금장치가 있는 경우에는 접속 후 잠그고 사용할 것

제3절 내선 규정

1 전선 및 케이블

(1) 전선의 구비조건

① 도전율이 클 것
② 인장강도가 클 것
③ 내식성이 클 것
④ 접속이 쉬울 것
⑤ 가요성이 풍부할 것

(2) 전선의 종류

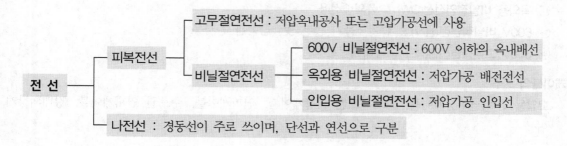

(3) 전선굵기의 결정 시 고려해야 할 사항

① 전압강하   ② 허용전류   ③ 기계적 강도

> 💡 참고
> ▶ 전선굵기는 우선적으로 「전압강하」에 의해 결정되고, 전선의 전압강하는 표준전압의 2% 이하로 하는 것이 원칙이다.

(4) 전선의 접속

① 브리타니아 접속 : 3.2mm 이상의 굵은 전선에 사용한다.

② 트위스트 접속 : 2.6mm 이하의 전선에 사용한다.

(5) 전선을 접속할 때 유의사항

① 접속부분의 기계적 강도는 접속하지 않은 부분에 비하여 20% 이상 감소시키지 않아야 한다.

② 철도궤도, 다른 전선로 등을 횡단하는 장소에서는 전선접속 개소를 만들어서는 안 된다.

③ 접속부분의 전기저항은 같은 길이의 전기저항보다 증가하지 않아야 한다.

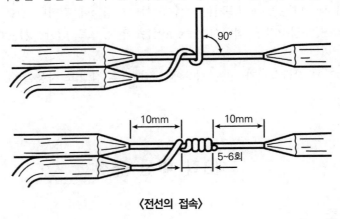

〈전선의 접속〉

(6) 전선의 용도

① 동선

㉠ 경동선 : 옥외배선용   ㉯ 연동선 : 옥내배선용

② 나전선 : 옥내배선에서 특수한 경우에 사용된다.

③ 절연전선 : 나전선에 고무와 비닐 등의 절연물을 입혀 전기적으로 절연한 전선이다.

㉠ 인입용 비닐절연전선(DV) : 옥외 인입배선용

㉯ 옥외용 비닐절연전선(OW) : 옥외배선용

㉲ 600V 비닐절연전선(IV) : 습기·물기 많은 곳, 금속관 공사용

㉳ 600V 고무절연전선(RB) : 옥내배선용

(7) 케이블의 종류

① 고압용 : 비닐외장케이블, 크로르프렌 외장케이블, 연피케이블, 주트권 연피케이블, 강대외장케이블

② 저압용 : 비금속케이블, 고무외장케이블, 비닐외장케이블, 클로르프렌 외장케이블, 플렉시블 외장케이블, 연피케이블, 주트권 연피케이블, 강대외장 연피케이블

(8) 케이블 공사

일반적으로 음폐장소, 노출장소에서 애자사용공사 및 노출장소의 금속관공사에 대하여 시설을 하고 있다.

① 매입할 때에는 케이블 외경의 1.5배 정도의 관에 넣어서 시공한다.

② 지지점과의 거리는 최고 2m 이하이다.

③ 바닥이나 벽을 관통할 때에는 두께 4mm 이상의 절연관을 사용한다.

④ 기계적 강도가 약하므로 외상을 받을 염려가 있는 곳에서는 적당한 보호를 해준다.

2 배선공사의 기술기준

(1) 송·배전 계통

발전소 → 송전선로 → 배전선로 → 옥내배선

① 송전 : 변전소에서 다른 변전소로, 발전소에서 다른 발전소로 또는 변전소에서 발전소로 접속된 선로에 전력을 수송하는 경우

② 배전 : 변전소나 발전소에서 다른 변전소나 발전소를 거치지 않고 직접 수용가로 전력을 공급하는 경우

(2) 저압 옥내배선의 사용전선

① 전광표시, 출퇴표시 등 기타 이와 유사한 것으로 다수의 전선을 금속관 등에 넣어 시설할 때 : $1.2mm^2$

② 일반장소 : 지름 1.6mm 이상의 연동선 또는 $1mm^2$ 이상의 미네랄 인슐레이션

③ 전구선 또는 이동용 전선 : $0.75mm^2$ 이상의 캡타이어 케이블

④ 쇼윈도, 쇼케이스 : $0.75mm^2$ 이상의 캡타이어 케이블 또는 코드

(3) 옥내전로의 대지전압의 제한

백열전등, 방전등 및 가정용 기구에 공급하는 옥내전로의 대지전압의 한도는 150V 이하로 제한하고 있다. 그러나 백열전등 또는 방전등 및 이에 부속하는 전선에 사람이 접촉할 우려가 없으면 대지전압을 300V 이하로 할 수 있다.

3 전선로의 기술기준

(1) 전선로

발전소, 변전소, 개폐소 및 이와 유사한 곳과 전기사용장소 상호 간의 전선 및 이를 지지하거나 보강하는 공작물을 말한다.

(2) 전선로의 종류

① 가공전선로

② 옥측전선로

③ 옥상전선로

④ 지중전선로

⑤ 터널 내 전선로

⑥ 수상전선로

(3) 인입선

가공인입선 및 수용 장소 조영물의 측면 등에 시설하는 전선으로서 당해 수용장소의 인입구에 이르는 것을 말한다.

가공인입선의 지면상 높이는 전기설비기준 규칙에 규정되어 있으며, 다음 표와 같다.

〈가공인입선의 지면상 높이〉

전압의 구분	지면상의 높이
600V 이하	① 통행로는 5m 이상 ② 도로의 횡단부는 6m 이상 ③ 철도, 궤도의 횡단부는 5.5m 이상 ④ 횡단보도교는 도면상 3.5m 이상
600V 초과 7,000V 이하	① 5m 이상 ② 전선의 밑에 적당한 보호망을 설치하여 위험을 표시하는 경우는 3.5m 이상
7,000V 초과 35,000V 이하	① 5m 이상 ② 도로의 횡단부는 6m 이상
35,000V 초과 160,000V 이하	① 6m 이상 ② 산악지 등 사람이 별로 접근할 우려가 없는 곳은 5m 이상

(4) 가공전선의 굵기

① 저압 가공전선

㉮ 시가지에서 절연전선을 사용하는 경우 : 2.6mm 경동선

㉯ 시가지 외의 경우 : 2.6mm 경동선

㉰ 시가지에서 나선을 사용하는 경우 : 3.2mm 경동선

② 고압 가공전선

㉮ 시가지 : 3.5mm 이상의 동북강선 또는 5.0mm 이상의 경동선

㉯ 시가지 외 : 3.5mm 이상의 동북강선 또는 4.0mm 이상의 경동선

③ 특고압 가공전선

㉮ 25kV 이하의 중성점 다중접지식에 있어서는 지름 5.0mm 이상의 경동선

㉯ 기타의 특별고압선은 단면적 22mm² 이상의 경동선

(5) 유도장해 방지

① 교류특고압 가공전선로 : 지표상 1m에서 전계가 3.5kV/m 이하, 자계가 83.3μT 이하

② 직류특고압 가공선로 : 지표면에서 25kV/m 이하, 직류자계는 지표상 1m에서 400,000μT 이하

제4절 교류아크용접기

1 아크용접의 원리

전원에서 아크용접기를 통하여 모재와 용접봉 사이에 아크를 발생시켜 그 열로 모재와 용접봉을 녹여서 모재를 용접시키는 방법인데 직류(DC)용접기와 교류(AC)용접기가 있다.

용접의 초기에는 아크의 안정상 직류용접기가 많이 사용되었으나 우수한 피복용접봉의 개량에 의하여 교류로 된 안정된 아크를 얻을 수 있어 최근에는 교류용접기가 널리 사용되고 있다.

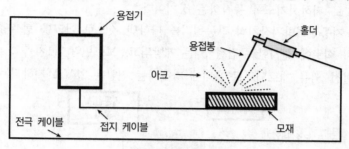

〈아크용접의 원리〉

2 아크용접기의 종류 및 특성

(1) 교류용접기의 종류
가동철심형, 가동코일형

(2) 직류용접기의 종류
정류기형, 엔진구동형, 전동발전형

〈아크용접기의 특성〉

교류용접기	직류용접기
① 피복제가 있어야 아크가 안정된다.	① 아크가 대단히 안정된다.
② 후판 용접에 적당하다.	② 박판 용접에 적당하다.
③ 고장이 작고, 용접기가 저렴하다.	③ 고장이 많고, 용접기가 비싸다.
④ 전격 위험성이 크다.	④ 전격 위험성이 작다.

3 아크광선에 의한 장해

① 자외선에 의한 눈의 각막부분 : 전기성 안염

② 적외선에 의한 눈의 수정체부분 : 백내장

③ 적외선과 가시광선에 의한 눈 : 망막염

> 💡 참고
>
> ▶ 레이저광이 백내장 및 결막손상의 장해를 일으키는 파장범위 : 780~1,400nm 정도

4 설비 이상 현상에 나타나는 아크(Arc) 종류

① 단락에 의한 아크   ② 지락에 의한 아크

③ 차단기에서의 아크

5 교류아크용접기 방호장치의 작동원리

① 무부하전압이 높으므로 전격위험성이 크기 때문에 자동전격방지장치를 부착시켜야 한다.

② 자동전격방지기를 대상으로 하는 용접기의 주회로를 제어하는 장치를 가지고 있어 용접봉의 조작에 따라 용접할 때에만 용접기의 주회로를 형성하고 그 외에는 용접기 출력측의 무부하전압을 25V 이하로 저하시키도록 동작하는 장치이다.

③ 다음 그림은 자동전격방지장치의 작동원리를 나타낸 것으로 아크를 멈추었을 때는(무부하 시) 아크용접기 1차 회로에 설치한 주접점 S_1은 개방되고, 보조변압기(1차측 : 200V, 2차측 : 25V) 2차 회로의 접점 S_2는 개로되므로 홀더에 가해지는 전압은 25V로 저하되는 것이다.

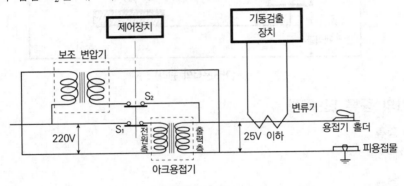

〈자동전격방지장치의 원리〉

6 자동전격방지장치의 기능

① 감전위험방지   ② 전력손실 절감(전기료 절감)

③ 안전전압 이하로 저하   ④ 역률 향상

7 시동시간과 지동시간

① **시동시간** : 용접봉이 모재에 접촉한 후 용접이 시작되기까지 0.06초 정도 시간

② **지동시간** : 모재에서 용접봉이 떨어진 후부터 전격방지기에 무부하전압(25V)으로 떨어질 때까지의 시간

③ **종류**

㉮ Magent식 스위치 이용한 접점방식 : 1±0.3초

㉯ 무접점방식으로 반도체 소자엔 SCR 또는 TRIAC 이용 시에는 1초 이내

④ **시동감도** : 용접봉을 모재에 접촉시켜 아크를 발생시킬 때 전격방지 장치가 동작할 수 있는 용접기의 2차측 최대저항

㉮ 용접봉과 모재 사이의 접촉저항

㉯ 시동감도가 높을수록 아크발생이 쉬우나, 기준상 그 상한치는 500Ω

㉰ 인체저항이 5,000Ω 정도이나, 땀, 물에 완전히 잠긴 경우는 500Ω

㉱ 시동감도가 500Ω 초과 시에 만약 작업자가 용접봉과 같이 바닷물 속으로 추락할 경우 감전 사고를 당함

8 자동전격방지장치 설치 시 유의사항

① 연직(불가피한 경우는 연직에서 20° 이내)으로 설치할 것

② 용접기의 이동, 전자접촉기의 작동 등으로 인한 진동, 충격에 견딜 수 있도록 할 것

③ 표시등이 보기 쉽고, 점검용 스위치의 조작이 용이하도록 설치할 것

④ 용접기의 전원측에 접속하는 선과 출력측에 접속하는 선을 혼동되지 않도록 할 것

⑤ 접속부분은 확실하게 접속하여 이완되지 않도록 할 것

⑥ 접속부분을 절연테이프, 절연커버 등으로 절연시킬 것

⑦ 전격방지기의 외함은 접지시킬 것

⑧ 용접기 단자의 극성이 정해져 있는 경우에는 접속 시 극성이 맞도록 할 것

⑨ 전격방지기와 용접기 사이의 배선 및 접속부분에 외부의 힘이 가해지지 않도록 할 것

9 자동전격방지장치 설치장소의 구비조건

① 주위온도가 −20℃ 이상 40℃ 이하의 범위에 있을 것

② 습기, 분진, 유증기, 부식성 가스, 다량의 염분이 포함된 공기 등을 피할 수 있도록 할 것

③ 비바람에 노출되지 않을 것

④ 전격방지기의 설치면이 연직에 대하여 20°를 넘는 경사가 되지 않도록 할 것

⑤ 폭발성 가스가 존재하지 않는 장소일 것

⑥ 진동 또는 충격이 가해질 우려가 없을 것

10 자동전격방지장치의 설치가 의무화된 장소

① 높이 2m 이상 철골 고소작업 장소

② 물 등 도전성이 높은 액체에 의한 습윤 장소

③ 선박 또는 탱크의 내부, 보일러 동체 등 대부분의 공간이 금속 등 도전성 물질로 둘러 쌓여 있어 용접작업 시 신체의 일부분이 도전성 물질에 쉽게 접촉될 수 있는 장소

11 자동전격방지장치 사용 전 점검사항

① 전격방지기 외함의 접지상태

② 전격방지기 외함의 뚜껑상태

③ 전자접촉기의 작동상태

④ 이상소음, 이상냄새 발생 유무

⑤ 전격방지기와 용접기와의 배선 및 이에 부속된 접속기구의 피복 또는 외장의 손상 유무

12 자동전격방지장치의 정기점검사항(6개월에 1회 이상)

① 용접기 외함에 전격방지기의 부착상태
② 전격방지기 및 용접기의 배선상태
③ 외함의 변형, 파손여부 및 개스킷 노화상태
④ 표시등의 손상 유무
⑤ 퓨즈 이상 유무
⑥ 전자접촉기 주접점 및 기타 보조접점의 마모상태
⑦ 점검용 스위치의 작동 및 파손 유무
⑧ 이상소음, 이상냄새 발생 유무

13 자동전격방지장치의 정밀점검사항(1년에 1회 이상)

① 절연저항(1MΩ 이상일 것)
② 전자접촉기 및 표시등의 작동
③ 지동시간(1초 이하일 것)
④ 전격방지 출력 무부하전압(25V 이하일 것)
⑤ 전격방지기의 전원전압(전격방지기의 입력전압의 85~110% 범위 이내일 것)

14 자동전격방지장치의 사용상태

다음과 같은 상태에서 이상없이 동작하여야 한다.
① 주위 온도가 −20℃ 이상 40℃를 넘지 않는 상태
② 표고 1,000m를 초과하지 않는 장소
③ 상대습도가 60%를 초과하지 않는 장소

15 자동전격방지장치의 성능

다음과 같은 전원전압의 변동범위 내에서 지장없이 사용되어야 한다.
① 전원이 용접기의 1차측에 있는 경우는 정격값의 −15~+10%의 변동범위
② 전원이 용접기의 출력측에 있는 경우는 무부하전압 하한값의 −15%, 상한값의 +10%의 변동범위
③ 엔진구동용접기에 사용하는 전격방지기(SP−E형)이고, 보조전원을 사용하는 경우에는 그 보조전원이 공칭출력전압 또는 정격출력전압의 −15~+10%의 변동범위

16 성능검증에 합격한 자동전격방지장치 명판에 표시해야 될 사항

① 정격전원전압(V)
② 정격주파수 또는 적용주파수의 범위(Hz)
③ 출력측 무부하전압(실효치)(V)
④ 정격사용률(%)
⑤ 적용용접기의 정격용량(kVA, V)
⑥ 정격전류(A)

⑦ 적용용접기의 콘덴서 용량의 범위 및 콘덴서 회로의 전압(kVA, V)

⑧ 표준시동 감도(전원이 용접기 출력측의 경우에는 무부하전압의 상한치, 하한치의 어느것에 대하여도 표시할 것)(Ω)

⑨ 제조회사명

⑩ 제조번호

⑪ 제조연월

17 자동전격방지장치와 관련된 용어의 정의

① 「정격사용률」이라 함은 정격주파수, 정격전원전압에 있어서 전격방지기의 주접점에 정격전류를 단속하였을 때 부하시간과 전시간과의 비의 백분율을 말한다.

② 「무부하전압」이라 함은 전격방지기가 동작하고 있는 경우에 출력측(용접봉 홀더와 피용접물 사이)에 생기는 정상 시 무부하전압을 말한다.

③ 「시동시간」이라 함은 용접봉을 피용접물에 접촉시켜서 전격방지기의 주접점이 폐로될 때까지의 시간을 말한다.

④ 「지동시간」이라 함은 용접봉 홀더에 용접기 출력측의 무부하전압이 발생한 후 주접점이 개방될 때까지의 시간을 말한다.

⑤ 「표준시동감도」라 함은 정격전원전압에 있어서 전격방지기를 시동시킬 수 있는 출력회로의 시동감도를 말한다.

참고

▶ 교류아크용접기의 효율을 구하는 식

$$효율(\%) = \frac{출력(kW)}{입력(kW)} \times 100 = \frac{출력}{출력 + 내부손실} \times 100$$

여기서, 출력(kW) : 아크전압(V)×아크전류(A)

예제

▶ 교류아크용접기의 사용에서 무부하전압이 80V, 아크전압 25V, 아크전류 300A일 경우 효율은 약 몇 % 인가? (단, 내부손실은 4kW이다.)

풀이 $효율 = \dfrac{출력}{입력} \times 100 = \dfrac{출력}{출력 + 내부손실} \times 100$

출력 = 아크전압 × 아크전류

$= 25 \times 300 = 7,500W \div 1,000 = 7.5kW$

$\therefore \dfrac{7.5}{7.5+4} \times 100 = 65.21 \fallingdotseq 65kW$

참고

▶ 교류아크용접기의 허용사용률을 구하는 식

$$허용사용률(\%) = \frac{(최대정격2차전류)^2}{(실제의 용접전류)^2} \times 정격사용률$$

예제

▶ 예제 정격사용률 30%, 정격 2차 전류 300A인 교류아크용접기를 200A로 사용하는 경우의 허용사용률은?

풀이 허용사용률(%)$= (\dfrac{정격\,2차\,전류}{실제\,용접\,전류})^2 \times 정격사용률$

$$= (\frac{300}{200})^2 \times 30 = 67.5\%$$

참고

▶ 교류아크용접 시 존재하는 잠재위험
1. 전원스위치 개폐 시 접촉불량으로 인한 아크 등으로 감전재해 위험
2. 자외선 및 적외선으로 인하여 전기성 안염이라는 장해를 유발할 수 있는 아크광선에 의한 위험
3. 홀더의 통전부분이 노출되어 용접봉에 신체 일부가 접촉할 위험
4. 케이블 일부가 노출되어 신체에 접촉할 위험
5. 피복 용접봉 등에서 유해가스, 흄 등이 발생하여 이를 흡입함에 의한 가스중독의 위험

18 교류아크용접기 사용 시 안전대책

교류아크용접기는 100V에 가까운 전압의 단자를 손으로 잡고 금속을 용접하는 것이므로 위험성이 매우 크기 때문에 다음과 같은 주의가 필요하다.

① 일정 조건 하에서 용접기를 사용할 때는 자동전격방지장치를 사용할 것
② 자동전격방지장치의 용접봉 홀더를 사용 전에 점검할 것
③ 1차측에는 2종 이상의 캡타이어 케이블을 사용하고 중량물이나 차량 등에 의해서 손상되지 않도록 배려할 것
④ 용접변압기의 1차측 전로는 하나의 용접기에 대해서 1개의 개폐기로 하고, 개폐기에 전선을 접속하는 자는 전기취급자 또는 용접기의 특별교육을 받은 자로 할 것
⑤ 2차측 전로는 용접용 케이블 또는 캡타이어 케이블을 사용할 것
⑥ 용접 시에는 발생하는 불꽃으로 인해 화재가 발생하는 경우가 있으므로 비산방지와 함께 소화기를 준비해 둘 것
⑦ 용접기의 외함은 접지하고 누전차단기를 설치할 것
⑧ 피용접재 또는 이것과 전기적으로 접속되는 금속체에는 제3종 접지공사를 할 것
⑨ 용접기를 사용하는 금속의 용접, 용단업무는 특별안전보건교육을 받은 자가 할 것

01 전기회로 개폐기의 스파크에 의한 화재를 방지하기 위한 대책으로 틀린 것은?

① 가연성 분진이 있는 곳은 방폭형으로 한다.
② 개폐기를 불연성 함에 넣는다.
③ 과전류 차단용 퓨즈는 비포장 퓨즈로 한다.
④ 접촉부분의 산화 또는 나사풀림이 없도록 한다.

해설 ③의 경우, 과전류 차단용 퓨즈는 포장 퓨즈로 한다는 내용이 옳다.

02 단로기를 사용하는 주된 목적은?

① 변성기의 개폐   ② 이상전압의 차단
③ 과부하 차단   ④ 무부하선로의 개폐

해설 단로기(DS)는 차단기 전후 또는 차단기의 측로 회로 및 회로접속의 변경에 사용하는 것으로 무부하선로의 개폐에 사용하는 것이다.

03 고장전류와 같은 대전류를 차단할 수 있는 것은?

① 차단기(CB)   ② 유입개폐기(OS)
③ 단로기(DS)   ④ 선로개폐기(LS)

해설 고장전류와 같은 대전류를 차단할 수 있는 것은 차단기(CB)이다.

04 인입개폐기(LS)를 개방하지 않고 전등용 변압기 1차측 COS만 개방 후 전등용 변압기 접속용 볼트작업 중 동력용 COS에 접촉, 사망한 사고에 대한 원인과 거리가 먼 것은?

① 인입구 개폐기 미개방한 상태에서 작업
② 동력용 변압기 COS 미개방
③ 안전장구 미사용
④ 전등용 변압기 2차측 COS 미개방

해설 ④의 내용은 사망한 사고에 대한 원인과 거리가 멀다.

05 다음 중 전동기용 퓨즈의 사용 목적으로 알맞은 것은?

① 과전압차단
② 지락과전류차단
③ 누설전류차단
④ 회로에 흐르는 과전류차단

해설 회로에 흐르는 과전류차단을 위하여 전동기용 퓨즈를 사용한다.

06 개폐조작의 순서에 있어서 [그림]의 기구번호의 경우 차단 순서와 투입 순서가 안전수칙에 적합한 것은?

인입 ○—○ ⊙ DS ○ ⊙ ○ ○ⓛ VCB ○ ○ ⓒ DS ○—○ 부하

① 차단 ㉠→㉡→㉢, 투입 ㉠→㉡→㉢
② 차단 ㉡→㉢→㉠, 투입 ㉡→㉠→㉢
③ 차단 ㉢→㉡→㉠, 투입 ㉢→㉡→㉠
④ 차단 ㉡→㉢→㉠, 투입 ㉢→㉠→㉡

해설 개폐조작의 순서에 있어서 차단 순서와 투입 순서가 안전수칙에 적합한 것은 ④이다.

07 교류 3상 전압 380V, 부하 50kVA인 경우 배선에서의 누전전류의 한계는 약 몇 mA인가? (단, 전기설비기술기준에서의 누설전류 허용값을 적용한다.)

① 10mA   ② 38mA
③ 54mA   ④ 76mA

해설

$P = \sqrt{3}\, VI\cos\theta$

여기서, P : 전력(부하), V : 전압, I : 전류, $\cos\theta = 1$

$I = \dfrac{P}{\sqrt{3}\, V\cos\theta} = \dfrac{50 \times 1,000}{\sqrt{3} \times 380} = 76\text{A}$

누전전류의 한계치는 허용전류의 $\dfrac{1}{2,000}$ 이내이다.

$\therefore\ 76 \times \dfrac{1}{2,000} = 0.038\text{A} = 38\text{mA}$

정답 | 01. ③ 02. ④ 03. ① 04. ④ 05. ④ 06. ④ 07. ②

08 다음 [보기]의 누전차단기에서 정격감도전류에서 동작시간이 짧은 두 종류를 알맞게 고른 것은?

> 고속형 누전차단기, 시연형 누전차단기, 반한시형 누전차단기, 감전방지용 누전차단기

① 고속형 누전차단기, 시연형 누전차단기
② 반한시형 누전차단기, 감전방지용 누전차단기
③ 반한시형 누전차단기, 시연형 누전차단기
④ 고속형 누전차단기, 감전방지용 누전차단기

해설 **정격감도전류에서 동작시간**
㉠ 감전방지용 누전차단기 : 0.03초 이내
㉡ 고속형 누전차단기 : 0.1초 이내
㉢ 반한시형 누전차단기 : 0.2~1초 이내
㉣ 시연형 누전차단기 : 0.1~2초 이내

09 누전에 의한 감전위험을 방지하기 위하여 감전방지용 누전차단기의 접속에 관한 사항으로 틀린 것은?

① 분기회로마다 누전차단기를 설치한다.
② 작동시간은 0.03초 이내이어야 한다.
③ 전기기계·기구에 설치되어 있는 누전차단기는 정격감도전류가 30mA 이하이어야 한다.
④ 누전차단기는 배전반 또는 분전반 내에 접속하지 않고 별도로 설치한다.

해설 ④의 경우, 누전차단기는 배전반 또는 분전반 내에 접속하거나 꽂음접속기형 누전차단기를 콘센트에 접속한다는 내용이 옳다.

10 감전방지용 누전차단기의 정격감도전류 및 작동시간을 옳게 나타낸 것은?

① 15mA 이하, 0.1초 이내
② 30mA 이하, 0.03초 이내
③ 50mA 이하, 0.5초 이내
④ 100mA 이하, 0.05초 이내

해설 감전방지용 누전차단기의 정격감도전류는 30mA 이하, 작동시간은 0.03초 이내이어야 한다.

11 그림과 같은 설비에 누전되었을 때 인체가 접촉하여도 안전하도록 ELB를 설치하려고 한다. 가장 적당한 누전차단기의 정격은?

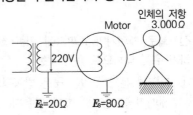

① 30mA, 0.1초   ② 60mA, 0.1초
③ 90mA, 0.1초   ④ 120mA, 0.1초

해설

정격감도전류	동작시간	
30mA	정격감도전류	0.1초 이내
	인체감전보호형	0.03초 이내

12 누전된 전동기에 인체가 접촉하여 500mA의 누전전류가 흘렀고 정격감도전류 500mA인 누전차단기가 동작하였다. 이때 인체전류를 약 10mA로 제한하기 위해서는 전동기 외함에 설치할 접지저항의 크기는 몇 Ω 정도로 하면 되는가? (단, 인체저항은 500Ω이며, 다른 저항은 무시한다.)

① 5   ② 10
③ 50   ④ 100

해설 인체전류를 약 10mA로 제한하기 위해서는 전동기 외함에 설치할 접지저항의 크기는 10Ω 정도로 하면 된다.

13 다음 중 최대공급전류가 200A인 단상전로의 한 선에서 누전되는 최소전류는 몇 A인가?

① 0.1   ② 0.2
③ 0.5   ④ 1.0

해설
$$누전전류 = 최대공급전류 \times \frac{1}{2,000}$$
$$= 200 \times \frac{1}{2,000} = 0.1A$$

14 다음 중 누전차단기의 설치 환경조건에 관한 설명으로 틀린 것은?

① 전원전압은 정격전압의 85~110% 범위로 한다.

② 설치장소가 직사광선을 받을 경우 차폐
시설을 설치한다.

③ 정격부동작전류가 정격감도전류의 30%
이상이어야 하고, 이들의 차가 가능한 큰
것이 좋다.

④ 정격전부하전류가 30A인 이동형 전기기
계·기구에 접속되어 있는 경우 일반적
으로 정격감도전류는 30mA 이하인 것을
사용한다.

> **해설** ③ 정격부동작전류가 정격감도전류의 50% 이상이어
> 야 하고, 이들의 차가 가능한 작은 것이 좋다.

15 산업안전보건법상 누전에 의한 감전의 위험을
방지하기 위하여 접지를 하여야 하는 부분으로
고정 설치되거나 고정배선에 접속된 전기기계·
기구의 노출된 비충전 금속체 중 충전될 우려가
있는 접지대상에 해당하지 않는 것은?

① 사용전압이 대지전압 75V를 넘는 것

② 물기 또는 습기가 있는 장소에 설치되어
있는 것

③ 금속으로 되어있는 기기접지용 전선의 피
복·외장 또는 배선

④ 지면이나 접지된 금속체로부터 수직거리
2.4m, 수평거리 1.5m 이내인 것

> **해설** ①의 경우 사용전압이 대지전압 150V를 넘는 것이
> 옳은 내용이다.

16 누전차단기의 설치장소로 적합하지 않은 것은?

① 주위 온도는 −10∼40℃ 범위 내에서 설
치할 것

② 먼지가 많고 표고가 높은 장소에 설치할 것

③ 상대습도가 45∼80% 사이의 장소에 설치
할 것

④ 전원전압이 정격전압의 85∼110% 사이
에서 사용할 것

> **해설** ② 먼지가 적고 표고 1,000m 이하의 장소에 설치할 것

17 지락(누전)차단기를 설치하지 않아도 되는 기준
으로 틀린 것은?

① 기계·기구를 발전소, 변전소에 준하는
곳에 시설하는 경우로서 취급자 이외의
자가 임의로 출입할 수 없는 경우

② 대지전압 150V 이하의 기계·기구를 물
기가 없는 장소에 시설하는 경우

③ 기계·기구를 건조한 장소에 시설하고 습
한 장소에서 조작하는 경우로 제어용 전
압이 교류 60V, 직류 75V 이하인 경우

④ 기계·기구가 유도전동기의 2차측 전로에
접속된 저항기일 경우

> **해설** ⊙ 습한 장소에서 조작하는 경우에는 지락(누전)차단
> 기를 설치하여야 한다.
> ⓒ ①, ②, ④ 이외에 지락(누전)차단기를 설치하지 않
> 아도 되는 경우는 기계·기구에 설치한 저항값이
> 3Ω 이하인 경우이다.

18 누전경보기의 수신기는 옥내의 점검에 편리한
장소에 설치하여야 한다. 이 수신기의 설치장소
로 옳지 않은 것은?

① 습도가 낮은 장소

② 온도의 변화가 거의 없는 장소

③ 화약류를 제조하거나 저장 또는 취급하는
장소

④ 부식성 증기와 가스는 발생되나 방식이
되어 있는 곳

> **해설** 누전경보기의 수신기 설치장소로는 ①, ②, ④ 이외에
> 다음과 같다.
> ⊙ 진동이 작고 기계적인 손상을 받을 염려가 없다고
> 생각되는 장소
> ⓒ 화약류를 제조하거나 저장 또는 취급하지 않는 장소

19 누전경보기는 사용전압이 600V 이하인 경계전
로의 누설전류를 검출하여 당해 소방대상물의
관계자에게 경보를 발하는 설비를 말한다. 다음
중 누전경보기의 구성으로 옳은 것은?

① 감지기−발신기 ② 변류기−수신부

③ 중계기−감지기 ④ 차단기−증폭기

> **해설** 누전경보기의 구성은 변류기 − 수신부 − 음향장치로
> 되어 있다.

20 누전 화재경보기에 사용하는 변류기에 대한 설명으로 잘못된 것은?

① 옥외 전로에는 옥외형을 설치

② 점검이 용이한 옥외 인입선의 부하측에 설치

③ 건물의 구조상 부득이하여 인입구에 근접한 옥내에 설치

④ 수신부에 있는 스위치 1차측에 설치

해설 ④의 경우 수신부에 있는 스위치 2차측에 설치하는 것이 옳다.

21 변압기의 내부고장을 예방하려면 어떤 보호계전 방식을 선택하는가?

① 차동계전방식　② 과전류계전방식

③ 과전압계전방식　④ 부흐홀츠계전방식

해설 변압기의 내부고장을 예방하려면 차동계전방식을 선택하여야 한다.

22 6,600/100V, 15kVA의 변압기에서 공급하는 저압전선로의 허용누설전류의 최대값(A)은?

① 0.025　② 0.045

③ 0.075　④ 0.085

해설 ㉠ $P=VI[VA]$

$I=\dfrac{P}{V}=\dfrac{15\times10^3}{100}=150A$

㉡ 누설전류 : $I_g=\dfrac{1}{2,000}\times I$

$=\dfrac{1}{2,000}\times150$

$=0.075A$

23 어느 변전소에서 고장전류가 유입되었을 때 도전성 구조물과 그 부근 지표상 점과의 사이(약 1m)의 허용접촉전압은? (단, 심실세동전류 : $I_k=\dfrac{0.165}{\sqrt{t}}$

[A], 인체의 저항 : 1,000Ω, 지표면의 저항률 : 150Ω·m, 통전시간 : 1초로 한다.)

① 202V　② 186V

③ 228V　④ 164V

해설 허용접촉전압$(E)=(R_b+\dfrac{3R_S}{2})\times I_k$

$\therefore (1,000+\dfrac{3\times150}{2})\times\dfrac{0.165}{\sqrt{1}}\fallingdotseq202V$

24 그림과 같이 변압기 2차에 200V의 전원이 공급되고 있을 때 지락점에서 지락사고가 발생하였다면 회로에 흐르는 전류는 몇 A인가? (단, $R_2=10\Omega$, $R_3=30\Omega$이다.)

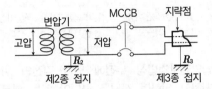

① 5A　② 10A

③ 15A　④ 20A

해설 $I=\dfrac{V}{R}$

$R=R_2+R_3=10+30=40\Omega$

$\therefore \dfrac{200}{40}=5A$

25 피뢰기의 설치장소가 아닌 것은?

① 저압 수용장소의 인입구

② 가공전선로에 접속하는 배전용 변압기의 고압측

③ 지중전선로와 가공전선로가 접속되는 곳

④ 발전소 또는 변전소의 가공전선 인입구 및 인출구

해설 ①의 경우, 특고압 가공전선로로부터 공급을 받는 수용장소의 인입구가 옳은 내용이다.

26 피뢰기가 갖추어야 할 이상적인 성능 중 잘못된 것은?

① 제한전압이 낮아야 한다.

② 반복동작이 가능하여야 한다.

③ 충격방전 개시전압이 높아야 한다.

④ 뇌전류의 방전능력이 크고, 속류의 차단이 확실하여야 한다.

정답 ┃ 20. ④　21. ①　22. ③　23. ①　24. ①　25. ①　26. ③

해설 ③ 충격방전 개시전압이 낮아야 한다.

27 피뢰침의 제한전압이 800kV, 충격절연강도가 1,260kV라 할 때 보호여유도는 몇 %인가?

① 33.3　　　　② 47.3
③ 57.5　　　　④ 63.5

해설 **보호여유도**

$$= \frac{충격절연강도 - 제한전압}{제한전압} \times 100$$
$$= \frac{1,260 - 800}{800} \times 100$$
$$= 57.5\%$$

28 하나의 피뢰침 인하도선에 2개 이상의 접지극을 병렬접속할 때 그 간격은 몇 m 이상이어야 하는가?

① 1　　　　② 2
③ 3　　　　④ 4

해설 피뢰침 인하도선에 2개 이상의 접지극을 병렬접속할 때 2간격은 2m 이상이어야 한다.

29 고압 및 특별고압의 전로에 시설하는 피뢰기에 접지공사를 할 때 접지저항은 몇 Ω 이하이어야 하는가?

① 10　　　　② 20
③ 100　　　　④ 150

해설 고압 및 특별고압의 전로에 시설하는 피뢰기에 접지 공사를 할 때 접지저항은 10Ω 이하, 접지선의 굵기 는 2.6mm 이상이어야 한다.

30 정상운전 중의 전기설비가 점화원으로 작용하지 않는 것은?

① 변압기 권선
② 보호계전기 접점
③ 직류 전동기의 정류자
④ 권선형 전동기의 슬립링

해설 변압기 권선은 정상운전 중의 전기설비가 점화원으로 작용하는 것과 관계가 없다.

31 역률개선용 콘덴서에 접속되어 있는 전로에서 정전작업을 실시할 경우 다른 정전작업과는 달리 특별히 주의 깊게 취해야 할 조치사항은 다음 중 어떤 것인가?

① 개폐기 통전금지
② 활선근접작업에 대한 방호
③ 전력콘덴서의 잔류전하방전
④ 안전표지의 부착

해설 역률개선용 콘덴서에 접속되어 있는 전로에서 정전작 업을 실시할 경우 전력콘덴서의 잔류전하방전에 대하 여 특별히 주의 깊게 조치를 취해야 한다.

32 3상 3선식 전선로의 보수를 위하여 정전작업을 할 때 취하여야 할 기본적인 조치는?

① 1선을 접지한다.
② 2선을 단락접지한다.
③ 3선을 단락접지한다.
④ 접지를 하지 않는다.

해설 3상 3선식 전선로의 보수를 위하여 정전작업을 할 때 는 3선을 단락접지하여야 한다.

33 정전작업 시 작업 전 조치사항 중 가장 거리가 먼 것은?

① 검전기로 충전여부를 확인한다.
② 단락접지상태를 수시로 확인한다.
③ 전력케이블의 잔류전하를 방전한다.
④ 전로의 개로 개폐기에 잠금장치 및 통전 금지 표지판을 설치한다.

해설 ②의 경우 단락접지기구로 단락접지를 한다는 내용이 옳다.

34 정전작업 시 정전시킨 전로에 잔류전하를 방전 할 필요가 있다. 전원차단 이후에도 잔류전하가 남아 있을 가능성이 낮은 것은?

① 전력케이블　　② 용량이 큰 부하기기
③ 전력용 콘덴서　　④ 방전코일

해설 정전작업 시 전원차단 이후에도 잔류전하가 남아 있 을 가능성이 낮은 것은 방전코일이다.

35 정전작업 안전을 확보하기 위하여 접지용구의 설치 및 철거에 대한 설명 중 잘못된 것은?

① 접지용구 설치 전에 개폐기의 개방확인 및 검전기 등으로 충전여부를 확인한다.

② 접지설치 요령은 먼저 접지측 금구에 접지선을 접속하여 금구를 기기나 전선에 확실히 부착한다.

③ 접지용구 취급은 작업책임자의 책임하에 행하여야 한다.

④ 접지용구의 철거는 설치 순서와 동일하게 한다.

> **해설** ④의 경우 접지용구의 철거는 설치 순서와 역순으로 한다는 내용이 옳다.

36 다음 중 산업안전보건법상 충전전로를 취급하는 경우의 조치사항으로 틀린 것은?

① 고압 및 특별고압의 전로에서 전기작업을 하는 근로자에게 활선작업용 기구 및 장치를 사용하도록 할 것

② 충전전로를 취급하는 근로자에게 그 작업에 적합한 절연용 보호구를 착용시킬 것

③ 충전전로를 정전시키는 경우에는 전기 작업 전원을 차단한 후 각 단로기 등을 폐로시킬 것

④ 근로자가 절연용 방호구의 설치·해체 작업을 하는 경우에는 절연용 보호구를 착용하거나 활선작업용 기구 및 장치를 사용하도록 할 것

> **해설** ③의 내용은 충전전로를 취급하는 경우의 조치사항과는 거리가 멀다.

37 다음 중 산업안전보건법령상 충전전로의 선간전압이 37kV 초과 88kV 이하일 때 충전전로에 대한 접근한계거리로 옳은 것은?

① 60cm
② 90cm
③ 110cm
④ 130cm

> **해설** 충전전로의 선간전압에 따른 충전전로에 대한 접근한계거리

충전전로의 선간전압(kV)	충전전로에 대한 접근한계거리(cm)
0.3 이하	접촉금지
0.3 초과 0.75 이하	30
0.75 초과 2 이하	45
2 초과 15 이하	60
15 초과 37 이하	90
37 초과 88 이하	110
88 초과 121 이하	130
121 초과 145 이하	150
145 초과 169 이하	170
169 초과 242 이하	230
242 초과 362 이하	380
362 초과 550 이하	550
550 초과 800 이하	790

※ 최근(2012. 3. 5) 산업안전보건기준에 관한 규칙 개정

38 산업안전보건법령에 따라 충전전로 인근에서 차량, 기계장치 등의 작업이 있는 경우에는 차량 등을 충전전로의 충전부로부터 얼마 이상 이격시켜 유지하여야 하는가?

① 1m
② 2m
③ 3m
④ 5m

> **해설** 차량 등을 충전전로의 충전부로부터 3m 이상 이격시켜 유지하여야 안전한다.

39 활선작업 중 다른 공사를 하는 것에 대한 안전조치는?

① 동일주 및 인접주에서의 다른 작업은 금한다.

② 인접주에서는 다른 작업이 가능하다.

③ 동일 배전선에서는 관계가 없다.

④ 동일주에서는 다른 작업이 가능하다.

> **해설** 활선작업 시 동일주 및 인접주에서의 다른 작업을 하는 것이 안전조치로서 옳다.

40 다음 (㉮), (㉯)에 들어갈 내용으로 알맞은 것은?

> 고압활선 근접작업에 있어서 근로자의 신체 등이 충전전로에 대하여 머리 위로의 거리가 (㉮) 이내이거나 신체 또는 발 아래로의 거리가 (㉯) 이내로 접근함으로 인하여 감전의 우려가 있을 때에는 당해 충전전로에 절연용 방호구를 설치하여야 한다.

정답 | 35. ④ 36. ③ 37. ③ 38. ③ 39. ① 40. ②

	㉮	㉯		㉮	㉯
①	10cm	30cm	②	30cm	60cm
③	30cm	90cm	④	60cm	120cm

<u>해설</u> 충전전로에 대하여 머리 위로의 거리가 30cm 이내이 거나 신체 또는 발 아래로의 거리가 60cm 이내로 접 근함으로 인하여 감전의 우려가 있을 때에는 당해 충 전전로에 절연용 방호구를 설치하여야 한다.

41 활선작업 및 활선 근접작업 시 반드시 작업지휘 자를 정하여야 한다. 작업지휘자의 임무 중 가 장 중요한 것은?

① 설계의 계획에 의한 시공을 관리 · 감독하 기 위해서
② 활선에 접근 시 즉시 경고를 하기 위해서
③ 필요한 전기 기자재를 보급하기 위해서
④ 작업을 신속히 처리하기 위해서

<u>해설</u> 활선작업 및 활선 근접작업 시 작업지휘자의 임무 중 가장 중요한 것은 활선에 접근 시 즉시 경고를 하기 위한 것이다.

42 다음 중 고압활선작업에 필요한 보호구에 해당 하지 않는 것은?

① 절연대 ② 절연장갑
③ AE형 안전모 ④ 절연장화

<u>해설</u> ①의 절연대는 보호구가 아니라 기구에 해당되는 것 이다.

43 다음 중 절연용 고무장갑과 가죽장갑의 안전한 사용 방법으로 가장 적합한 것은?

① 활선작업에서는 가죽장갑만 사용한다.
② 활선작업에서는 고무장갑만 사용한다.
③ 먼저 가죽장갑을 끼고 그 위에 고무장갑 을 낀다.
④ 먼저 고무장갑을 끼고 그 위에 가죽장갑 을 낀다.

<u>해설</u> 절연용 장갑의 착용 시 먼저 고무장갑을 끼고 그 위 에 가죽장갑을 낀다.

44 활선작업 시 필요한 보호구 중 가장 거리가 먼 것은?

① 고무장갑 ② 안전화
③ 대전방지용 구두 ④ 안전모

<u>해설</u> ③의 대전방지용 구두는 정전작업 시 필요한 보호구 이다.

45 이동전선에 접속하여 임시로 사용하는 전등이나 가설의 배선 또는 이동전선에 접속하는 가공매 달기식 전등 등을 접촉함으로 인한 감전 및 전 구의 파손에 의한 위험을 방지하기 위하여 부착 하여야 하는 것은?

① 퓨즈 ② 누전차단기
③ 보호망 ④ 회로차단기

<u>해설</u> 감전 및 전구의 파손에 의한 위험을 방지하기 위하여 부착하여야 할 것은 보호망이다.

46 전기기계 · 기구의 조작 시 등의 안전조치에 관하 여 사업주가 행하여야 하는 사항으로 틀린 것은?

① 감전 또는 오조작에 의한 위험을 방지하 기 위하여 당해 전기기계 · 기구의 조작 부분은 150lx 이상의 조도가 유지되도록 하여야 한다.
② 전기기계 · 기구의 조작부분에 대한 점검 또는 보수를 하는 때에는 전기기계 · 기 구로부터 폭 50cm 이상의 작업공간을 확보하여야 한다.
③ 전기적 불꽃 또는 아크에 의한 화상의 우 려가 높은 600V 이상 전압의 충전전로 작업에는 방염처리된 작업복 또는 난연 성능을 가진 작업복을 착용하여야 한다.
④ 전기기계 · 기구의 조작부분에 대한 점검 또는 보수를 하기 위한 작업공간의 확보 가 곤란한 때에는 절연용 보호구를 착용 하여야 한다.

<u>해설</u> ② 전기기계 · 기구의 조작부분에 대한 점검 또는 보 수를 하는 때에는 전기기계 · 기구로부터 폭 70cm 이상의 작업공간을 확보하여야 한다.

47 산업안전보건법령에 꽂음접속기를 설치 또는 사용하는 경우 준수하여야 할 사항으로 틀린 것은?

① 서로 다른 전압의 꽂음접속기는 서로 접속되지 아니한 구조의 것을 사용할 것

② 습윤한 장소에 사용되는 꽂음접속기는 방수형 등 그 장소에 적합한 것을 사용할 것

③ 근로자가 해당 꽂음접속기를 접속시킬 경우에는 땀 등으로 젖은 손으로 취급하지 않도록 할 것

④ 꽂음접속기에 잠금장치가 있는 때에는 접속 후 개방하여 사용할 것

> **해설** ④의 경우 꽂음접속기에 잠금장치가 있는 때에는 접속 후 잠그고 사용할 것이 옳은 내용이다.

48 전선로를 개로한 후에도 잔류전하에 의한 감전재해를 방지하기 위하여 방전을 요하는 것은?

① 나선의 가공송배선 선로

② 전열회로

③ 전동기에 연결된 전선로

④ 개로한 전선로가 전력케이블로 된 것

> **해설** 개로한 전선로가 전력케이블로 된 것은 전선로를 개로한 후에도 잔류전하에 의한 감전재해를 방지하기 위하여 방전을 요하는 것이다.

49 다음 중 교류아크용접기에 의한 용접작업에 있어 용접이 중지된 때 감전방지를 위해 설치해야 하는 방호장치는?

① 누전차단기 ② 단로기

③ 리미트 스위치 ④ 자동전격방지장치

> **해설** 문제의 내용은 자동전격방지장치에 관한 것이다.

50 교류아크용접기의 자동전격방지기는 대상으로 하는 용접기의 주회로를 제어하는 장치를 가지고 있어 용접봉의 조작에 따라 용접할 때에만 용접기의 주회로를 형성하고, 그 외에는 용접기 출력측의 무부하전압을 얼마 이하로 저하시키도록 동작하는 장치를 말하는가?

① 15V ② 25V

③ 30V ④ 50V

> **해설** 교류아크용접기의 자동전격방지기는 용접기 출력측의 무부하전압을 25V 이하로 저하시키도록 동작하는 장치이다.

51 다음 중 교류아크용접기에서 자동전격방지장치의 기능으로 틀린 것은?

① 감전위험 방지

② 전력손실 감소

③ 정전기위험 방지

④ 무부하 시 안전전압 이하로 저하

> **해설** ①, ②, ④ 이외에 자동전격방지장치의 기능으로는 역률 향상이 있다.

52 다음 중 자동전격방지장치에 대한 설명으로 올바른 것은?

① 아크 발생이 중단된 후 약 1초 이내에 출력측 무부하전압을 자동적으로 10V 이하로 강하시킨다.

② 용접 시에 용접기 2차측의 부하전압을 무부하전압으로 변경시킨다.

③ 용접봉을 모재에 접촉할 때 용접기 2차측은 폐회로가 되며, 이때 흐르는 전류를 감지한다.

④ SCR 등의 개폐용 반도체소자를 이용한 유접점방식이 많이 사용되고 있다.

> **해설** **자동전격방지장치**
> ㉠ 아크 발생이 중단된 후 1초 이내에 교류아크용접기의 출력측 무부하전압을 자동적으로 25V 이하(전원 전압의 변동이 있을 경우 30V 이하)로 강하시키는 장치이다.
> ㉡ 용접봉을 모재에 접촉할 때 용접기 2차측은 폐회로가 되며, 이때 흐르는 전류를 감지한다.

53 교류아크용접기의 자동전격방지장치는 무부하시의 2차측 전압을 저전압으로 1.5초만에 낮추어 작업자의 감전위험을 방지하는 자동전기적 방호장치이다. 피용접재에 접속되는 접지공사와 자동전격방지장치의 주요 구성품은?

① 1종 접지공사와 변류기, 절연변압기, 제어장치, 전압계

② 2종 접지공사와 절연변압기, 제어장치, 변류기, 전류계

③ 3종 접지공사와 보조변압기, 주회로변압기, 전압계

④ 3종 접지공사와 보조변압기, 주회로변압기, 제어장치

해설 교류아크용접기의 피용접재에 접속되는 접지공사는 3종 접지공사이다. 자동전격방지장치의 주요 구성품은 보조변압기, 주회로변압기, 제어장치, 감지장치가 있다.

54 교류아크용접기의 사용에서 무부하전압이 80V, 아크전압 25V, 아크전류 300A일 경우 효율은 약 몇 %인가? (단, 내부손실은 4kW이다.)

① 65 　　　　② 68

③ 70 　　　　④ 72

해설

$$효율 = \frac{출력}{입력} \times 100$$

$$= \frac{출력}{출력 + 내부손실} \times 100$$

출력 = 아크전압 × 아크전류

$$= 25 \times 300 = 7,500W \div 1,000$$

$$= 7.5kW \quad \therefore \frac{7.5}{7.5+4} \times 100 = 65.21 ≒ 65kW$$

55 정격사용률 30%, 정격 2차 전류 300A인 교류아크용접기를 200A로 사용하는 경우의 허용 사용률은?

① 67.5% 　　　　② 91.6%

③ 110.3% 　　　　④ 130.5%

해설

$$허용사용률 = \left(\frac{정격 2차 전류}{실제 용접 전류}\right)^2 \times 정격사용률$$

$$= \left(\frac{300}{200}\right)^2 \times 30 = 67.5\%$$

56 교류아크용접기용 자동전격방지기의 시동감도는 높을수록 좋으나 극한 상황하에서 전격을 방지하기 위해서 시동감도는 몇 Ω을 상한치로 하는 것이 바람직한가?

① 500Ω 　　　　② 1,000Ω

③ 1,500Ω 　　　　④ 2,000Ω

해설 교류아크용접기용 자동전격방지기의 시동감도는 극한 상황 하에서 전격을 방지하기 위해서 500Ω을 상한치로 하는 것이 바람직하다.

57 다음 중 교류아크용접작업 시 작업자에게 발생할 수 있는 재해의 종류와 가장 거리가 먼 것은?

① 낙하·충돌 재해

② 피부 노출 시 화상 재해

③ 폭발, 화재에 의한 재해

④ 안구(눈)의 조직손상 재해

해설 ①의 낙하·충돌 재해는 교류아크용접작업 시 작업자에게 발생할 수 있는 재해의 종류와 거리가 멀다.

58 아크용접작업 시의 감전사고 방지대책으로 옳지 않은 것은?

① 절연장갑의 사용

② 절연용접봉 홀더의 사용

③ 적정한 케이블의 사용

④ 절연용접봉의 사용

해설 절연용접봉의 사용은 아크용접작업 시 감전사고 방지 대책과는 관계가 없다.

59 복사선 중 전기성 안염을 일으키는 광선은?

① 자외선 　　　　② 적외선

③ 가시광선 　　　　④ 근적외선

해설 복사선 중 전기성 안염을 일으키는 광선은 자외선이다.

60 다음 중 내전압용 절연장갑의 등급에 따른 최대 사용전압이 올바르게 연결된 것은?

① 00등급 : 직류 750V

② 0등급 : 직류 1,000V

③ 00등급 : 교류 650V

④ 0등급 : 교류 1,500V

해설 ㉠ 내전압용 절연장갑의 00등급은 직류 750V, 교류 500V가 옳다.

　㉡ 0등급 : 직류 1,500V, 교류 1,000V

　　1등급 : 직류 11,250V, 교류 7,500V

　　2등급 : 직류 25,500V, 교류 17,000V

　　3등급 : 직류 39,750V, 교류 26,500V

전기화재예방 및 접지

제1절 전기화재의 발생원인

전기화재는 주요 원인이 되는 전기의 발열현상에서 줄(Joule)열이 가장 큰 열원이다.

일반적으로 화재의 원인은 발화원, 출화의 경과(발생기구), 착화물의 3요건으로 구성되는데 전기화재의 경우에는 발화원과 출화의 경과로 분류하고 있다.

1 전기화재의 발생형태

① 배선의 과열로 전선피복에 착화되는 경우
② 변압기, 전동기 등 전기기기의 과열로 착화되는 경우
③ 누전, 선간단락, 정전기에 의해 착화되는 경우
④ 조명기구, 전열기 등의 과열로 주위 가연물에 착화되는 경우

2 전기화재의 분석

(1) 발화원(기기별)에 의한 분석

① 배선
② 전기기기
③ 전기장치
④ 이동식 전열기
⑤ 고정식 전열기
⑥ 배선기구
⑦ 누전에 의하여 발화하기 쉬운 부분

(2) 경로별 원인

① 단락(합선) : 전선의 절연 피복이 손상되어 동선이 서로 직접 접촉한 경우
② 누전
③ 과전류
④ 스파크
⑤ 절연불량
⑥ 접촉부의 과열
⑦ 정전기

(3) 전기화재의 원인

① 직접원인
  ㉮ 과전류
  ㉯ 누전
  ㉰ 절연열화
② 간접원인 : 애자의 오손

3 점화원

점화원이란 물질이 연소하는 데 필요한 에너지원으로 다음과 같은 것이 있다.

① 고열물   ② 전기불꽃   ③ 정전기   ④ 마찰열
⑤ 화학반응열(산화열)   ⑥ 단열압축   ⑦ 화기
⑧ 충격에 의한 불꽃 및 발열

> **참고**
>
> ▶ 정상운전 중의 전기설비가 점화원으로 작용하는 것
>   1. 개폐기 접점   2. 직류 전동기의 정류자   3. 권선형 전동기의 슬립링

4 발화원에 의한 전기화재

① 배선 : 인입선, 옥외선, 옥내선, 배전선, 코드, 배전접속부 등
② 배선기구 : 자동개폐기, 칼날형 개폐기, 스위치, 접속기 등
③ 전기장치 : 발전기, 변압기, 전동기, 유입차단기, 정류기 등
④ 고정된 전열기 : 전기로, 전기건조기, 전기항온기, 오븐 등
⑤ 이동가능한 전열기 : 전기난로, 전기곤로, 전기이불, 전기다리미, 용접기, 살균기 등

> **참고**
>
> ▶ 배선, 배선기구, 전기장치 등 발화원의 취급 부주의 및 자체 과열 등으로 전기화재가 발생한다.

5 출화의 경과에 의한 전기화재

(1) 단락 및 혼촉

① 단락 : 전선로에서 두 개 이상의 전선이 어떤 원인에 의해서 서로 접촉되는 경우이다. 이 때 대부분의 전압은 접촉부에서 강하되고, 접촉전로에는 많은 전류가 흐르게 됨으로써 배선에 고열이 발생하여 단락되는 순간에 폭음과 함께 녹아버린다.
② 혼촉 : 고압선과 저압가공선이 병가되었을 때 접촉으로 인해 발생하는 것과 변압기 1차, 2차 코일의 절연파괴로 인하여 발생하는 것이 있다.

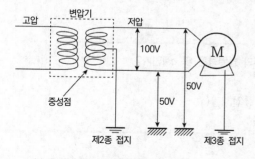

(a) 변압기 저압측 중성점 접지공사

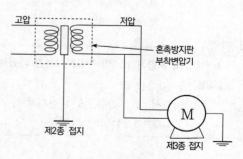

(b) 혼촉방지판 부착변압기 접지공사

〈혼촉방지용 접지〉

(2) 누전 및 지락

① 누전 : 전류가 통로 이외의 곳으로 흐르는 현상으로 전기설비기술기준령에서 저압전로의 경우, 누전전류는 최대공급전류의 1/2,000을 넘지 아니하도록 유지되어야 한다고 규정하고 있다.

▶ 예제

▶ 200A의 전류가 흐르는 단상전로의 한 선에서 누전되는 최소 전류(mA)의 기준은?

풀이 누전전류는 최대공급전류의 $\frac{1}{2,000}$ 을 넘지 않아야 하므로 $200\text{A} \times \frac{1}{2,000} = 0.1\text{A} = 100\text{mA}$

② 지락 : 누전전류의 일부가 대지로 흐르게 되는 것으로 보호접지를 의무화하고 있는 우리나라의 경우, 누전의 대부분은 지락이라고 생각할 수 있다.

③ 누전화재 : 누전전류는 절연물을 통하여 대지로 흐르기 때문에 절연물의 높은 전기저항에 의하여 많은 열이 발생하게 되어 마침내는 착화온도에 도달하게 되므로 주위의 인화물질이 연소하게 되는데 이것을 누전화재라고 한다.

(3) 과전류

전선에 전류가 흐르면 줄(Joule) 법칙에 의하여 열이 발생하는 데 이때 과부하가 걸리거나 전기회로 일부에 사고발생으로 회로가 비정상적이 되면 과전류에 의해 발화되는 것이다.

▶ 참고

▶ 줄(Joule)의 법칙

$Q = I^2 Rt$

여기서, Q : 전류발생열(J), I : 전류(A), R : 전기저항(Ω), t : 통전시간(s)

1. Q를 kcal로 환산하면 다음과 같다.

    $1\text{kcal} = 4.186\text{J}$

    $1\text{kJ} = 0.2388\text{kcal} ≒ 0.24\text{kcal}$

    $Q(\text{kcal}) = 0.24 I^2 Rt \times 10^{-3}$

2. t초를 시간(h)으로 환산하면 다음과 같다.

    $Q(\text{kcal}) = 0.860 I^2 Rt$

▶ 전선의 허용전류보다 큰 전류가 흐르는 경우 절연물이 화구가 없더라도 자연히 발화하고 심선이 용단되는 전선 전류밀도 : $60 \sim 120\text{A/mm}^2$

▶ 예제

▶ 10Ω의 저항에 10A의 전류를 1분간 흘렸을 때의 발열량은 몇 cal인가?

풀이 $Q = 0.24 I^2 Rt$

    여기서, I : 전류, R : 전기저항, t : 통전시간(s)

    $\therefore\ Q = 0.24 \times 10^2 \times 10 \times 60 = 14,400\text{cal}$

▶ 예제

▶ 저항이 0.2Ω인 도체에 10A의 전류가 1분간 흘렀을 경우 발생하는 열량은 몇 cal인가?

풀이 $Q = 0.24 I^2 RT = 0.24 \times 10^2 \times 0.2 \times 60 = 288\text{cal}$

(4) 접촉부의 과열

① 전선과 단자, 전선과 권선 등의 도체에 있어서 접촉이 불완전한 상태에서 전류가 흐르게 되면 전열이 발생하게 되는데 이 열은 대기 중으로 방열하게 되며, 발열과 방열은 평형을 이루게 된다. 그러나 전류가 과대하게 흐르면 발열량이 커져서 피복부가 변질 또는 발화하게 되는 것이다.

② 전선은 그 종류에 따라 허용전류가 있으며, 이 허용전류를 초과한 전류에 의한 발생열을 과열이라 한다.

(5) 스파크

① 스파크(Spark)는 스위치를 개폐할 때 또는 콘센트에 플러그를 꽂거나 뽑을 경우, 불꽃이 발생하는 현상으로 이때 주위에 가스, 증기 및 분진 등이 적당한 농도의 상태에 있으면 착화되어 화재나 폭발이 발생하게 되는 것이다.

② 전기설비기술기준에서는 아크(Arc)를 발생하는 기구는 가연성 물질에 인화되지 않도록 목재, 벽 또는 천장으로부터 고압용은 1m 이상, 특고압용은 2m 이상 이격시켜야 한다고 규정하고 있다.

(6) 정전기 스파크

물체의 마찰에 의하여 정전기가 발생되며, 정전 스파크에 의하여 증기 및 가연성 가스에 인화되는 경우, 다음 조건이 만족될 때 화재가 발생한다.

① 정전 스파크의 에너지가 증기 및 가연성 가스의 최소착화에너지 이상일 것
② 방전하기에 충분한 전위가 나타나 있을 것
③ 증기 및 가연성 가스가 폭발한계 내에 있을 것

(7) 절연불량

옥내배선이나 배선기구의 절연피복제가 노화되어 절연성이 저하되면 국부적으로 탄화현상을 나타내고, 이러한 탄화현상이 촉진되어 전기화재를 일으키게 되는 것이다.

> 참고
>
> ▶ 코로나 현상
> 전선 간에 가해지는 전압이 어떤 값 이상으로 되면 전선 주위의 전기장이 강하게 되어 전선 표면의 공기가 국부적으로 절연이 파괴되어 빛과 소리를 내는 것

제2절 전기화재예방대책

1 발화원(전기기기)에 대한 화재예방대책

(1) 배선

① 적정 굵기의 전선 사용
② 코드의 연결 금지
③ 코드의 고정사용 금지

(2) 배선기구

① 적정용량의 퓨즈 사용

② 개폐기의 전선 조임부분이나 접촉면의 상태관리 철저

③ 플러그, 콘센트의 접촉상태 및 취급주의

(3) 전기기기 및 장치

① 전열기

㉮ 배선이나 코드의 용량은 충분한 것을 사용할 것

㉯ 열판의 밑부분에는 차열판이 있는 것을 사용할 것

㉰ 원래의 목적 이외에는 사용하지 말 것

㉱ 점멸을 확실하게 할 것

㉲ 전열기의 주위 30~50cm, 상방으로부터 1~1.5m 이내에는 가연성 물질을 접근시키지 말 것

② 전등

㉮ 이동형 전구는 캡타이어 케이블을 사용하고 연결부분이 없도록 할 것

㉯ 전구는 금속제가드 및 글로브를 설치하여 보호할 것

㉰ 위험물 창고 등에서는 조명설비를 줄이거나 생략할 것

㉱ 소켓은 도자기제, 금속제 등을 피하고 합성수지제를 택하여 접속부가 노출되지 않도록 할 것

③ 개폐기

㉮ 개폐기를 불연성 박스 내에 내장하거나 통 퓨즈를 사용할 것

㉯ 개폐기를 설치할 경우 목재벽이나 천장으로부터 고압용은 1m 이상, 특고압용은 2m 이상 떨어지게 할 것

㉰ 접촉부분의 변형이나 산화 또는 나사풀림으로 접촉저항이 증가하는 것을 방지할 것

㉱ 가연성 증기 및 분진 등 위험한 물질이 있는 곳에는 방폭형 개폐기를 사용할 것

(4) 옥내배선

① 옥내배선공사의 종류 : 사용전압과 시설장소에 따른 공사의 종류는 다음 표와 같다.

시설장소	사용전압	400V 이하인 것	400V 넘는 것
전개된 장소	건조한 장소	애자사용공사, 목재몰드공사, 합성수지 몰드공사, 금속몰드공사, 금속덕트공사, 버스덕트공사 또는 라이팅덕트공사	애자사용공사, 금속몰드공사 또는 버스덕트공사
	기타의 장소	애자사용공사	애자사용공사
점검할 수 있는 은폐장소	건조한 장소	애자사용공사, 목재몰드공사, 합성수지 몰드공사, 금속몰드공사, 금속덕트공사, 버스덕트공사, 셀룰라덕트공사 또는 라이팅덕트공사	애자사용공사, 금속덕트공사 또는 버스덕트공사
	기타의 장소	애자사용공사	애자사용공사
점검할 수 없는 은폐장소	건조된 장소	플로어덕트공사, 셀룰라덕트공사 또는 애자사용공사	

② 옥내배선공사 시 유의사항

㉮ 공사방법에 따른 적당한 전선의 종류 및 굵기를 선정할 것

㉯ 시설장소에 적합한 공사방법을 시행할 것

㉰ 충전될 우려가 있는 금속제 등은 확실하게 접지할 것

㉱ 부하의 종류, 용량에 따라 분기회로를 설치하고 각 회로마다 개폐기, 자동차단기 등을 시설할 것

㉲ 전선의 접속 시 기계적 강도를 20% 이상 감소시키지 않아야 하며, 접속은 접속관 등의 접속기구 또는 납땜을 할 것

> **참고**
> ▶ 옥내배선공사 중 나선을 사용할 수 없는 공사 : 금속덕트공사

③ 애자사용공사 : 애자사용공사는 벽면이나 천장 밑 등에 절연성, 난연성 및 내수성인 애자를 사용하여 전선을 지지하는 공사방법이다.

〈애자사용공사의 이격거리〉

사용전압	시설장소	전선 상호 간	전선과 조영재
400V이하	모든 장소	6cm 이상	2.5cm 이상
400V를 넘는 것	전개된 장소 및 점검할 수 있는 은폐장소	6cm 이상	2.5cm 이상
	점검할 수 없는 은폐장소	12cm 이상	4.5cm 이상

④ 금속관 공사

2 출화의 경과에 대한 화재예방대책

(1) 단락 및 혼촉에 대한 화재예방대책

단락은 적당한 배선용차단기(MCCB), 퓨즈(Fuse)를 설치하면 큰 문제점은 없으나 전류의 크기에 따라 순간적으로 대전류가 흐르므로 단락점이 융용되어 단선이 되어버린다. 이때 주위의 가연성 물질에 착화되는 경우가 있으므로 2중, 3중의 방지대책을 강구해야 된다.

혼촉에 의한 재해를 방지하기 위하여 전기설비기술기준에서는 변압기 저압측의 중성점에 제2종 접지공사를 하도록 하였으며, 중성점에 접지공사를 하기 어려울 때는 저압측의 1단자에 시행할 수 있도록 규정되어 있다.

일반적인 단락 및 혼촉의 방지대책을 요약하면 다음과 같다.

① 규격전선의 사용 ② 이동전선의 관리 철저
③ 전선인출부의 보강 ④ 전원스위치 차단 후 작업

(2) 누전에 대한 화재예방대책

① 2중 절연구조 전기기계·기구의 사용 : 전기기계·기구의 충전부와 사람이 접촉할 우려가 있는 비충전 금속부 사이에 설치되는 기능절연과 이것이 파손되었을 때 감전위험을 막는 보호절연 등이 있다.

② 감전방지용 누전차단기 설치 : 전기기계·기구의 금속제 케이스에 고장이나 절연불량에 의한 누전이 일어나 전류가 인체에 위험할 정도로 흐르게 되면 순간적으로 기계·기구가 접속되어 있는 회로를 차단하여 감전재해를 방지한다.

③ 비접지식 전로의 채용 : 전원변압기의 저압측의 중성점 또는 한 단자를 접지하지 않는 배전 방식을 채택한다.

④ 보호접지의 실시 : 전기기계·기구의 금속제 외함 등에 보호접지를 실시한다.

> **💡참고**
>
> 1. **누전경보기의 수신기를 설치해야 될 장소**
>   ㉠ 습도가 높은 장소
>   ㉡ 가연성 증기, 가스, 먼지 등이나 부식성 증기, 가스 등이 다량으로 체류하는 장소
>   ㉢ 화약류를 제조하거나 취급하는 장소
> 2. **누설전류가 흐르지 않은 상태에서 누전경보기가 경보를 발하는 원인**
>   ㉠ 전기적인 유도가 많을 경우
>   ㉡ 변류기의 2차측 배선이 단락되어 지락이 되었을 경우
>   ㉢ 변류기의 2차측 배선의 절연상태가 불량할 경우

(3) 과전류에 의한 화재예방대책

① 문어발식 배선사용 금지

② 스위치 등 접촉부분 점검 철저

③ 동일 전선관에 많은 전선 삽입금지

④ 배선용차단기 또는 적정용량의 퓨즈 사용

⑤ 누전되는 전기기기 및 고장난 전기기기 사용금지

(4) 스파크에 의한 화재예방대책

① 개폐기를 불연성의 외함 내에 내장시키거나 통형 퓨즈를 사용할 것

② 접촉부분의 변형, 퓨즈의 나사풀림 등으로 인한 접촉저항이 증가되는 것을 방지할 것

③ 가연성 증기, 분진 등 위험한 물질이 있는 곳에는 방폭형 개폐기를 사용할 것

④ 유입개폐기는 절연유의 열화 정도, 유량에 주의하고 주위에는 내화벽을 설치할 것

(5) 접촉불량에 의한 화재예방대책

① 전기설비 점검 철저

② 전기공사 시공 철저

제3절 절연저항

1 절연저항 개요

① 어느 절연물의 절연성능을 나타내는 척도를 절연저항이라 하고, 그 수치가 클수록 양질의 절연
물인 것을 나타낸다.

② 절연저항은 전선 등이 저항에 비해 대단히 크므로 이것을 나타내는 단위로서 옴(Ω)을 그대로
사용하지 않고, 메가옴($M\Omega$)이 사용되고 있다.

③ 전기배선, 전기기기에서 전선 상호간, 전선 대지간, 권선 상호간 등을 절연물로 절연하는 것이
전기절연이다.

> **참고**
>
> ▶ 저압전로의 절연성능 시험

전로의 사용전압(V)	DC 시험전압(V)	절연저항
SELV 및 PELV	250	0.5MΩ
FELV, 500V 이하	500	1.0MΩ
500V 초과	1,000	1.0MΩ

2 절연

(1) 절연물의 절연불량 주요 요인

① 높은 이상전압 등에 의한 전기적 요인

② 진동, 충격 등에 의한 기계적 요인

③ 산화 등에 의한 화학적 요인

④ 온도상승에 의한 열적 요인

(2) 절연물의 절연계급

절연재료에 따라 사용할 수 있는 최고허용온도는 다음 표와 같다.

종 별	최고허용온도(℃)	절연재료
Y종	90	명주, 무명, 종이 등의 재료로 구성되고, 기름 및 니스류 속에 담그지 않은 것
A종	105	명주, 무명, 종이 등의 재료로 구성되고, 기름 및 니스류 속에 담근 것
E종	120	폴리에틸렌계 절연재료
B종	130	석면, 운모, 유리섬유 등의 재료에 접착제를 사용한 것
F종	155	석면, 운모, 유리섬유 등의 재료에 실리콘 알킬수지 등의 접착제를 사용할 것
H종	180	석면, 운모, 유리섬유 등의 재료에 실리콘수지 또는 이와 동등한 성질을 가진 접착제를 사용한 것
C종	180 초과	석면, 생운모, 자기 등을 단독으로 사용하여 구성된 것이나 접착제를 함께 사용한 것

참고

▶ 내전압용 절연장갑의 등급에 따른 최대사용전압

등급	최대사용전압교류(V)	직류(V)
00	500	750
0	1,000	1,500
1	7,500	11,250
2	17,000	25,500
3	26,500	39,750
4	36,000	54,000

제4절 과전류에 의한 전선의 연소

전선에 과전류가 흐르게 될 때 절연피복이 파괴되어 전선의 피복이 연소되는 것이다.

1 과전류에 의한 전선의 연소단계

① 인화단계 ② 착화단계

③ 발화단계 ④ 순시용단단계

2 전선의 연소단계에 따른 전류밀도

전선의 연소단계에 따른 전류밀도는 다음 표와 같다

연소과정(단계)	전선 전류밀도	현상
인화단계	$40 \sim 43A/mm^2$	허용전류를 3배 정도 흐르게 하면 내부의 고무피복이 용해되어 불을 갖다 대면 인화된다.
착화단계	$43 \sim 60A/mm^2$	전류를 더욱 증가시키면 액상의 고무형태로 뚝뚝 떨어지기 시작한다.
발화단계	① 발화 후 용단 : $60 \sim 70A/mm^2$ ② 심선이 용단 : $60 \sim 120A/mm^2$	심선이 용단하기 전에 피복이 발화하기 시작한다.
순시용단단계	$120A/mm^2$ 이상	대전류를 순시에 흐르게 하면 심선이 용단되어 피복이 파열되며 동이 비산한다.

제5절 기타 전기화재예방과 관련된 중요한 사항

1 누전이 일어날 수 있는 취약부분

① 전선이 들어가는 금속제 전선관의 끝부분
② 비닐전선을 고정하기 위한 지지용 스테플부분
③ 인입선과 안테나의 지지대가 교차되어 닿는 부분

④ 콘센트, 스위치박스 등의 내부에 있는 배선의 끝부분 또는 전선과 배선기구와의 접속부분

⑤ 정원 조명등에 전기를 공급하기 위하여 땅속으로 전선을 묻는 부분

⑥ 전선이 수목 또는 물받이 홈통과 닿는 부분

⑦ 광고판, 조명기구 등의 전기기계 · 기구의 내부 또는 인출부에서 전선피복이 벗겨지거나 절연 테이프가 노화되어 있는 부분

2 케이블의 말단처리가 완전하지 못할 경우 일어나는 현상

① 단락 : 전선의 절연 피복이 손상되어 동선이 서로 직접 접촉한 경우

② 지락

③ 절연불량

3 제백효과(Seeback Effect)

2종의 금속을 양단에 결합하여 양단에 온도 차를 주었을 때 기전력이 발생하는 원리를 말한다.

4 전기화재(C급 화재) 시 사용가능한 소화기

① 분말소화기

② 탄산가스 소화기

③ 증발성 액체(사염화탄소, 일염화일취화메탄, 아취화사불화에탄) 소화기

> 📍참고
> ▶ 일반적으로 전기화재 시 탄산가스 소화기가 전기절연성이 좋아서 가장 많이 쓰인다.

5 통전중인 전력기기나 배선의 부근에서 일어나는 화재를 소화할 때 주수하는 방법

① 방출과 동시에 퍼지는 상태로 주수하는 방법

② 낙하를 시작해서 퍼지는 상태로 주수하는 방법

③ 계면활성제를 혼합한 물이 방출과 동시에 퍼지는 상태로 주수하는 방법

6 전기기기의 절연저항값이 저하하는 요인

① 온도상승

② 진동

③ 충격

④ 높은 이상전압

7 인체가 전기설비의 외함에 접촉 시 인체통과전류를 구하는 식

$$I = \frac{E}{R_m(1+\dfrac{R_2}{R_3})}$$

여기서, I : 인체통과전류(mA), R_m : 인체저항(Ω), R_2 : 제2종 접지저항치(Ω)

R_3 : 제3종 접지저항치(Ω), E : 대지전압(V)

제6절 접 지

1 접지설비 개요

(1) 접지의 목적과 효과

전기취급 부주의 및 전기설비 미비로 이상전류가 흘러 인체에 대한 감전 등 사고가 발생할 수 있는데 이 때 작업장 근로자의 안전 및 전기설비의 안전확보를 위하여 접지를 실시한다.

접지의 목적은 다음과 같다.

① 기기 및 선로의 이상전압 발생 시 대지전위의 억제 및 절연 강도 경감

② 설비의 절연물이 손상되었을 때 누설전류에 의한 감전방지

③ 송배전선에서 지락사고의 발생 시 보호계전기를 신속하게 작동시킴

④ 변압기의 저고압 혼촉 시의 감전방지

⑤ 통신장해의 저감

⑥ 낙뢰에 의한 피해방지

〈접지시설 예(전동기)〉

(2) 접지를 해야 되는 경우

① 전기기계·기구의 금속제 외함, 금속제 외피 및 철대

② 고정 설치되거나 고정배선에 접속된 전기기계·기구의 노출된 비충전금속체 중 충전될 우려가 있는 다음에 해당하는 비충전금속체

㉮ 지면이나 접지된 금속체로부터 수직거리 2.4m, 수평거리 1.5m 이내의 것

㉯ 물기 또는 습기가 있는 장소에 설치되어 있는 것

㉰ 금속으로 되어 있는 기기접지용 전선의 피복, 외장, 배선관 등

㉱ 사용전압이 대지전압 150V를 넘는 것

③ 전기를 사용하지 아니하는 설비 중 다음에 해당하는 금속체

㉮ 전동식 양중기의 프레임과 궤도

㉯ 전선이 붙어있는 비전동식 양중기의 프레임

㉰ 고압 이상의 전기를 사용하는 전기기계·기구 주변의 금속제 칸막이, 망 및 이와 유사한 장치

④ 코드 및 플러그를 접속하여 사용하는 전기기계·기구 중 다음에 해당하는 노출된 비충전금속체

㉮ 사용전압이 대지전압 150V를 넘는 것

㉯ 냉장고, 세탁기, 컴퓨터 및 주변기기 등과 같은 고정형 전기기계·기구

㉰ 고정형, 이동형 또는 휴대형 전동기계·기구

㉱ 물 또는 도전성이 높은 곳에서 사용하는 전기기계·기구

㉲ 휴대형 손전등

⑤ 수중펌프를 금속제 물탱크 등의 내부에 설치하여 사용하는 경우에는 그 탱크

(3) 접지를 할 필요가 없는 경우

① 이중절연구조 또는 이와 동등 이상으로 보호되는 전기기계·기구
② 절연대 위 등과 같이 감전위험이 없는 장소에서 사용하는 전기기계·기구
③ 비접지방식의 전로(그 전기기계·기구의 전원측의 전로에 설치한 절연변압기의 2차 전압이 300V 이하, 정격용량이 3kVA 이하이고 그 절연변압기의 부하측의 전로가 접지되어 있지 아니한 것에 한한다.)에 접속하여 사용되는 전기기계·기구

2 접지목적에 따른 분류

(1) 계통접지

고압전로와 저압전로가 혼촉되었을 때의 감전이나 화재방지를 위하여

> 💡 참고
>
> ▶ 혼촉방지판이 부착된 변압기를 설치하고 혼촉방지판을 접지시켰다가 변압기를 사용하는 주요 이유
> 2차 측에 비접지 방식을 채택하면 감전 시 위험을 감소시킬 수 있기 때문에

(2) 저항(리액터)접지

① 변압기의 중성점을 저항기 또는 리액터로 접지하는 방식이다.
② 리액터 및 저항기의 크기를 적절하게 조절함으로써 직접접지방식의 단점을 보완한다.
③ 소호리액터접지방식 : 지락전류가 거의 0에 가까워서 안정도가 양호하고 무정전의 송전이 가능한 접지방식

(3) 기기(외함)접지

(4) 지락 검출용 접지 : 차단기의 동작을 확실하게 하기 위하여

(5) 등전위 접지 : 병원설비의 의료용 전기전자($M·E$) 기기와 모든 금속부분 또는 도전바닥에도 접지하여 전위를 동일하게 하기 위한 접지

(6) 기능용 접지

(7) 낙뢰 방지용 접지

(8) 노이즈 방지용 접지

(9) 기준접지

(10) 정전기 방지용 접지

3 접지의 기본조건

(1) 접지의 기본 3요소

① 피접지체(전동기, 변압기, 금속제 외함 등)
② 접지선
③ 접지전극

(2) 접지저항

대지와의 전기적 접속이 잘 되어 있는 정도를 나타내는 것으로 저항값은 낮을수록 바람직하다.

$$접지저항(G_1) = \frac{1}{2}(R_1 + R_2 + R_3) - R_2$$

여기서, 접지저항계로 3개의 접지봉의 접지저항을 측정한 값이 각각 R_1, R_2, R_3이다.

(3) 접지저항치를 결정하는 3요소

① 접지전극 주위의 토양이 나타내는 저항
② 접지전극의 표면과 접하는 토양 사이의 접촉저항
③ 접지선 및 접지극의 도체저항

(4) 접지기술의 중점 요소

① 매설위치 및 장소의 선정
② 전극의 구조, 크기, 형상, 재질, 배치, 설치깊이, 매설방법
③ 접지저항 저감대책
  ㉮ 접지극의 형상 및 크기 조절(규격을 크게 한다)
  ㉯ 심타, 심공공법 채택(깊게 매설한다)
  ㉰ 토양의 화학처리(토양을 개량하여 도전율을 증가시킨다)
  ㉱ 병렬접지 시행

(5) 접지전극의 종류

접지전극의 형태에 따른 종류는 다음과 같다.
① 전기용 동봉   ② 전기용 동판   ③ 전기용 동관
④ 평각동대   ⑤ 탄소접지봉   ⑥ 동복동봉
⑦ 나연동선   ⑧ 금속봉입 콘크리트

> 🔎 참고
> 1. 금속제 수도관에 접지할 수 있는 저항값 : 3Ω 이하
> 2. 금속제 건축구조물에 접지할 수 있는 저항값 : 25Ω 이하

(6) 토양의 저항률

토양의 저항률에 영향을 미치는 요소는 다음과 같다.
① 토양의 종류   ② 토양의 온도   ③ 토양에 함유된 수분의 양
④ 토양에 함유된 물에 용해되어 있는 물질 및 그 농도
⑤ 토양의 밀도   ⑥ 토양입자의 크기

4 접지방식

(1) 계통접지 : TN, TT, IT 계통

01 다음 중 전기화재의 직접적인 발생요인과 가장 거리가 먼 것은?

① 누전, 열의 축적
② 피뢰기의 손상
③ 지락 및 접속불량으로 인한 과열
④ 과전류 및 절연의 손상

해설 피뢰기의 손상은 전기화재의 직접적 발생요인과 거리가 멀다.

02 다음 중 전기화재의 직접적인 원인이 아닌 것은?

① 절연열화
② 애자의 기계적 강도 저하
③ 과전류에 의한 단락
④ 접촉불량에 의한 과열

해설 ①, ③, ④ 이외에 전기화재의 직접적인 원인으로는 누전, 절연불량, 스파크, 정전기가 있다.

03 전기화재의 원인이 아닌 것은?

① 단락 및 과부하
② 절연불량
③ 기구의 구조불량
④ 누전

해설 **전기화재의 원인**
㉠ ①, ②, ④   ㉡ 과전류
㉢ 스파크   ㉣ 접속부과열
㉤ 정전기

04 전기화재의 주요 원인이 되는 전기의 발열현상에서 가장 큰 열원에 해당하는 것은?

① 줄(Joule) 열
② 고주파 가열
③ 자기유도에 의한 열
④ 전기화학 반응열

해설 전기화재의 주요 원인이 되는 전기의 발열현상에서 가장 큰 열원에 해당하는 것은 줄(Joule)열이다.

05 전기화재 발화원으로 관계가 먼 것은?

① 단열압축
② 광선 및 방사선
③ 낙뢰(벼락)
④ 기계적 정지에너지

해설 전기화재의 발화원으로는 ①, ②, ③ 이외에 전기불꽃, 정전기, 마찰열, 화학반응열, 고열물 등이 있다.

06 다음 중 전기화재의 원인에 관한 설명으로 가장 거리가 먼 것은?

① 단락된 순간의 전류는 정격전류보다 크다.
② 전류에 의해 발생되는 열은 전류의 제곱에 비례하고, 저항에 비례한다.
③ 누전, 접촉불량 등에 의한 전기화재는 배선용차단기나 누전차단기로 예방이 가능하다.
④ 전기화재의 발화 형태별 원인 중 가장 큰 비율을 차지하는 것은 전기배선의 단락이다.

해설 ③은 전기화재의 원인에 관한 설명과는 거리가 멀다.

07 전기화재의 경로별 원인으로 거리가 먼 것은?

① 단락
② 누전
③ 저전압
④ 접촉부의 과열

해설 ①, ②, ④ 이외에 전기화재의 경로별 원인은 다음과 같다.
㉠ 과전류   ㉡ 절연불량
㉢ 스파크   ㉣ 정전기

08 전기누전으로 인한 화재조사 시에 착안해야 할 입증 흔적과 관계없는 것은?

① 접지점
② 누전점
③ 혼촉점
④ 발화점

해설 전기누전으로 인한 화재조사 시에 착안해야 할 입증 흔적으로는 접지점, 누전점, 발화점이다.

09 스파크 화재의 방지책이 아닌 것은?

① 통형 퓨즈를 사용할 것
② 개폐기를 불연성의 외함 내에 내장시킬 것
③ 가연성 증기, 분진 등 위험한 물질이 있는 곳에는 방폭형 개폐기를 사용할 것
④ 전기배선이 접속되는 단자의 접촉저항을 증가시킬 것

> **해설** 스파크 화재의 방지책은 ①, ②, ③ 이외에 다음과 같다.
> ㉠ 전기배선이 접속되는 단자의 접촉저항이 증가되는 것을 방지할 것
> ㉡ 유입개폐기는 절연유의 열화의 정도, 유량에 주의하고 주위에는 내화벽을 설치할 것

10 절연물은 여러 가지 원인으로 전기저항이 저하되어 절연불량을 일으켜 위험한 상태가 되는데, 이 절연불량의 주요 원인과 거리가 먼 것은?

① 진동, 충격 등에 의한 기계적 요인
② 산화 등에 의한 화학적 요인
③ 온도상승에 의한 열적 요인
④ 오염물질 등에 의한 환경적 요인

> **해설** ④의 오염물질 등에 의한 환경적 요인은 절연불량의 주요 원인과 거리가 멀다.

11 어떤 공장에서 전기설비에 관한 절연상태를 측정하였더니 다음과 같은 결과 나왔다. 절연상태가 불량인 것은?

① 사무실의 110V 전등회로의 절연저항값이 0.14MΩ이었다.
② 단상 유도전동기 전용 220V 분기개폐기의 절연저항값이 0.25MΩ이었다.
③ 정격이 440V, 300kW인 고주파 유도가열기 전로의 절연저항값이 0.3MΩ이었다.
④ 40W, 220V의 형광등 회로의 절연저항값이 0.2MΩ이었다.

> **해설** ③ 정격이 440V로 400V를 초과한 값이므로 전로의 절연저항값은 0.4MΩ 이상이 되어야 한다. 따라서, 0.3MΩ이므로 절연상태가 불량인 것이다.

12 임시배선의 안전대책으로 틀린 것은?

① 모든 배선은 반드시 분전반 또는 배전반에서 인출해야 한다.
② 중량물의 압력 또는 기계적 충격을 받을 우려가 있는 곳에 설치할 때는 사전에 적절한 방호조치를 한다.
③ 케이블 트레이나 전선관의 케이블에 임시 배선용 케이블을 연결할 경우는 접속함을 사용하여 접속해야 한다.
④ 지상 등에서 금속관으로 방호할 때는 그 금속관을 접지하지 않아도 된다.

> **해설** ④ 지상 등에서 금속관으로 방호할 때는 그 금속관을 접지하여야 한다.

13 옥내배선 중 누전으로 인한 화재방지를 위해 별도로 실시할 필요가 없는 것은?

① 배선불량 시 재시공할 것
② 배선로상에 단로기를 설치할 것
③ 정기적으로 절연저항을 측정할 것
④ 정기적으로 배선시공 상태를 확인할 것

> **해설** 정기적으로 절연저항을 측정하는 것은 옥내배선 중 누전으로 인한 화재방지를 위해 별도로 실시할 필요가 없다.

14 전동공구 내부회로에 대한 누전측정을 하고자 한다. 220V용 전동공구를 그림과 같이 절연 저항 측정을 하였을 때 지시치가 최소 몇 MΩ 이상이 되어야 하는가?

① 0.1MΩ 이상 ② 0.2MΩ 이상
③ 0.4MΩ 이상 ④ 1.0MΩ 이상

해설	전로의 절연저항치	
150V 이하		0.1MΩ 이상
150V 초과 300V 이하		0.2MΩ 이상
300V 초과 400V 이하		0.3MΩ 이상
400V 초과		0.4MΩ 이상

15 다음 중 전기기기의 절연의 종류와 최고허용온도가 잘못 연결된 것은?

① Y : 90℃   ② A : 105℃

③ B : 130℃   ④ F : 180℃

> 해설 ④ F : 155℃

16 다음 중 전선이 연소될 때의 단계별 순서로 가장 적절한 것은?

① 착화단계 → 순시용단단계 → 발화단계 → 인화단계

② 인화단계 → 착화단계 → 발화단계 → 순시용단단계

③ 순시용단단계 → 착화단계 → 인화단계 → 발화단계

④ 발화단계 → 순시용단단계 → 착화단계 → 인화단계

> 해설 전선이 연소될 때의 단계별 순서로 적절한 것은 ②이다.

17 어떤 도체에 20초 동안 100C의 전하량이 이동하면 이때 흐르는 전류(A)는?

① 200   ② 50

③ 10   ④ 5

> 해설 $I = \dfrac{Q}{t} = \dfrac{100}{20} = 5A$

18 300A의 전류가 흐르는 저압가공전선로의 한 선에서 허용 가능한 누설전류는 몇 mA를 넘지 않아야 하는가?

① 100   ② 150

③ 1,000   ④ 1,500

> 해설 누설전류 $I = $ 최대공급전류 $I \times \dfrac{1}{2,000}$
>
> $= 300 \times \dfrac{1}{2,000} = 0.15A$
>
> $= 0.15 \times 1,000mA = 150mA$

19 200A의 전류가 흐르는 단상전로의 한 선에서 누전되는 최소전류는 몇 A인가?

① 0.1   ② 0.2

③ 1   ④ 2

> 해설 누전전류는 최대공급전류의 $\dfrac{1}{2,000}$ 을 넘지 않아야 하므로 $200 \times \dfrac{1}{2,000} = 0.1A$가 된다.

20 누전사고가 발생될 수 있는 취약개소가 아닌 것은?

① 비닐전선을 고정하는 지지용 스테이플

② 정원 연못 조명등에 사용하는 전원공급용 지하매설 전선류

③ 콘센트, 스위치박스 등의 재료로 PVC 등의 부도체 사용

④ 분기회로 접속점은 나선으로 발열이 쉽도록 유지

> 해설 ①, ②, ④ 이외에 누전사고가 발생될 수 있는 취약개소는 다음과 같다.
>
> ㉠ 전선이 들어가는 금속제 전선관의 끝부분
>
> ㉡ 인입선과 안테나의 지지대가 교차되어 닿는 부분
>
> ㉢ 전선이 수목 또는 물받이 홈통과 닿는 부분
>
> ㉣ 전기기계 · 기구의 내부 또는 인출부에서 전선피복이 벗겨지거나 절연테이프가 노화되어 있는 부분

21 전기설비의 화재에 사용되는 소화기의 소화제로 가장 적절한 것은?

① 물거품   ② 탄산가스

③ 염화칼슘   ④ 산 및 알칼리

> 해설 전기설비(C) 화재에는 탄산가스 소화기가 더 성능이 우수하다.
>
> ① **물거품** : A급 화재
>
> ② **탄산가스** : B, C급 화재
>
> ③ **염화칼슘** : 건조제
>
> ④ **산 및 알칼리** : A, C급 화재

22 통전 중의 전력기기나 배선의 부근에서 일어나는 화재를 소화할 때 주수(注水)하는 방법으로 옳지 않은 것은?

① 화염이 일어나지 못하도록 물기둥인 상태로 주수

② 낙하를 시작해서 퍼지는 상태로 주수

③ 방출과 동시에 퍼지는 상태로 주수

④ 계면활성제를 섞은 물이 방출과 동시에 퍼지는 상태로 주수

해설
화염이 일어나지 못하도록 물기둥인 상태로 주수하는 것은 전력기기나 배선 부근에서 일어나는 화재를 소화할 때 하는 방법으로는 부적합하다.

23 모터에 걸리는 대지전압이 50V이고 인체저항이 5,000Ω일 경우 인체에 흐르는 전류는 몇 mA인가?

① 10　　　　　　② 20

③ 30　　　　　　④ 40

해설
$$I = \frac{E}{R} = \frac{50}{5,000} = \frac{1}{100} \text{A}$$
$$\therefore \frac{1}{100} \text{A} \times 1,000 = 10\text{mA}$$

24 접지저항계로 3개의 접지봉의 접지저항을 측정한 값이 각각 R_1, R_2, R_3일 경우 접지저항 G_1으로 옳은 것은?

① $\frac{1}{2}(R_1 + R_2 + R_3) - R_1$

② $\frac{1}{2}(R_1 + R_2 + R_3) - R_2$

③ $\frac{1}{2}(R_1 + R_2 + R_3) - R_3$

④ $\frac{1}{2}(R_2 + R_3) - R_1$

해설
접지저항 $G_1 = \frac{1}{2}(R_1 + R_2 + R_3) - R_2$

25 전기설비의 접지저항을 감소시킬 수 있는 방법으로 가장 거리가 먼 것은?

① 접지극을 깊이 묻는다.

② 접지극을 병렬로 접속한다.

③ 접지극의 길이를 길게 한다.

④ 접지극과 대지 간의 접촉을 좋게 하기 위해서 모래를 사용한다.

해설　**전기설비의 접지저항을 감소시킬 수 있는 방법**
㉠ 접지극을 깊이 묻는다.
㉡ 접지극을 병렬로 접속한다.
㉢ 접지극의 길이를 길게 한다.
㉣ 토양을 개량하여 도전율을 증가시킨다.

정전기의 재해방지대책

정전기란 전하의 공간적 이동이 적고, 그것에 의한 자계의 효과가 전계에 비해 무시할 정도의 적은 전기

제1절 정전기의 영향

1 정전기의 발생원리

① 물질의 내부에 있는 자유전자를 외부로 방출시키는데 필요한 힘을 최소에너지라고 하는데, 이것은 물질의 종류에 따라 고유한 값을 가지고 있다.

② 외부적 원인으로 인하여 최소에너지 이상의 에너지가 가해지게 되면 자유전자가 물질 외부로 방출되며, 물질은 음전기를 방출한 결과가 되므로 양전기로 대전되어 정전기가 발생하게 되는 것이다.

2 정전기 발생에 영향을 주는 요인

정전기 발생에는 그 전하가 물체에 축적되어 있는 상태에서는 위험이 없으나 대전체가 방전을 일으켜 불꽃이 발생하면 가연물질에 착화하여 화재나 폭발이 일어난다. 정전기의 발생요인은 다음과 같다.

(1) 물체의 특성

① 정전기 발생은 접촉·분리되는 두 가지 물체의 상호 특성에 의하여 지배된다.

② 한 가지 물체만의 특성에는 전혀 영향을 받지 않는다.

③ 물체가 불순물을 포함하고 있으면 이 불순물로 인해 정전기 발생량은 많아진다.

④ 접촉이나 분리하는 두 가지 물체가 대전서열 내에서 가까운 위치에 있으면 대전량은 적고 먼 위치에 있을수록 대전량이 많은 경향이 있다.

⑤ 대전서열상 위에 있는 물질은 (+), 아래에 있는 물질은 (−)로 대전된다.

(2) 물체의 표면상태

① 표면이 원활하면 발생량이 적어지게 된다.

② 물체표면이 수분이나 기름 등에 의해 오염되었을 때는 산화부식에 의해 정전기가 많이 발생한다.

(3) 물체의 분리력

정전기의 발생은 처음 접촉·분리가 일어날 때 최대가 되며 접촉·분리가 반복됨에 따라 발생량도 점차 감소한다.

(4) 물체의 접촉 면적 및 압력

① 정전기 발생은 접촉면적이 크면 클수록 발생량도 많아진다.

② 접촉압력이 증가하면 접촉면적도 증가하며, 발생량도 많아지게 된다.

(5) 물체의 분리속도

　① 전하 완화시간이 길면 전하분리에 주는 에너지가 커짐에 따라 발생량도 증가한다.

　② 분리속도가 빠를수록 발생량도 많아지게 된다.

3 정전기 발생 종류

　정전기는 물체 중에서 정·부의 전하가 과잉되는 것이고 주로 2개의 물체가 분리·접촉할 때 발생하는 것이다. 주로 고체에서는 마찰, 분리에 의한 대전, 액체에서는 유동, 교반, 분출에 의한 대전, 분체에서는 분쇄, 마찰, 충돌에 의한 대전이 형성된다.

(1) 마찰대전

　두 물체 사이의 마찰로 인한 접촉과 분리과정이 반복되면 이에 따른 최소에너지에 의하여 자유 전자가 방출, 흡입되면서 정전기가 발생하게 된다. 예를 들면 벨트 콘베이어에서 벨트가 롤러나 운반물체와 마찰하는 과정에서 발생하는 것을 들 수 있다. 일반적으로 고체, 액체 또는 분체류에서 발생하는 정전기는 주로 이러한 마찰에 의해서 기인되는 것이다. 고분자물질의 대전서열은 다음 표와 같다.

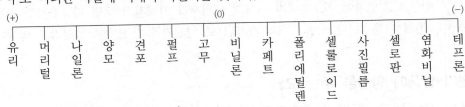

〈고분자물질의 대전서열〉

(2) 박리대전

　일정한 압력으로 서로 밀착되어 있던 물체가 떨어지면서 보유하고 있는 기계적 에너지에 의하여 자유전자가 이동되어 정전기가 발생하는 것으로 보통 마찰대전보다 더 큰 정전기가 발생하게 된다. 접착테이프나 필름으로 밀착되어 있던 물체를 떼어낼 때 발생하는 정전기를 예로 들 수 있다.

(3) 유동대전

　액체가 관 내를 이동할 때에 정전기가 발생하는 현상으로 유체의 속도가 가장 큰 영향을 미친다.

(4) 충돌대전

　분체류와 같은 입자 상호간이나 입자와 고체와의 충돌에 의해 빠른 접촉 또는 분리가 행하여 짐으로써 정전기가 발생되는 현상

(5) 분출대전

　분체류, 액체류, 기체류가 단면적이 작은 분출구를 통해 공기 중으로 분출될 때 분출하는 물질과 분출구의 마찰로 인해 정전기가 발생되는 현상

(6) 기타의 대전

　물체가 파괴될 때 발생하는 파괴대전, 공간에 분출한 액체류가 가늘게 비산해서 분리되는 과정에서 발생하는 비말대전, 액체로 교반될 때 발생하는 교반(진동)대전, 액체와 혼합되어 있는 불순물이 침강할 때 발생하는 침강대전 등이 있다.

▶ 정전기 발생에 영향을 주는 요인
1. 물체의 표면상태
2. 물체의 특성
3. 물체의 분리력
4. 박리속도
5. 접촉 면적 및 압력

4 정전기의 유도 및 축적

(1) 정전기의 유도

하나의 대전체가 절연된 물체에 접근하면 정전기가 유도되는데, 대전체와 먼 곳에서 대전체와 동일 극성의 전하가 유도되고 가까운 곳에는 반대 극성의 전하가 유도된다.

예제

▶ 정전 유도를 받고 있는 접지되어 있지 않는 도전성 물체에 접속할 경우 전격을 당하게 되는데 이때 물체에 유도된 전압 V(V)를 구하는 식은?

풀이 $V = \dfrac{C_1}{C_1 + C_2} \cdot E$

여기서, V : 물체에 유도된 저압(V)
C_1 : 송전선과 물체 사이의 정전용량
C_2 : 물체와 대지 사이의 정전용량이며, 물체와 대지 사이에 저항은 무시한다.
E : 송전선의 대지전압

(2) 정전기의 축적 요인

생성된 정전기는 지면이나 다른 물체로부터 절연되어 있을 때 축적되는데, 일반적으로 정전기의 축적 요인은 다음과 같다.
① 절연물질(분진, 고체)
② 저전도율의 액체
③ 절연격리된 전도체(액체, 고체)
④ 기체의 부유상태

(3) 액체의 정전기 소멸

① 영전위 소요시간 : 반대 극성의 전하가 있을 때 액체에 생성된 정전기는 상호 상쇄작용에 의하여 소멸된다. 이때 전하가 완전히 소멸될 때까지의 소요시간을 영전위 소요시간이라 하고 다음과 같은 식으로 나타낼 수 있다.

$$T = \frac{18}{전도도}$$

여기서, T : 영전위 소요시간(초), 전도도 : 10,000picosiemens/m

② 완화시간 : 완화시간(시정수)이란 보통 절연체에 발생한 정전기는 일정 장소에 축적되었다가 점차 소멸되는데 이때 처음값의 36.8%로 감소되는 시간을 말한다.

💡 **참고**

▶ 일반적으로 완화시간은 영전위 소요시간의 $\frac{1}{4} \sim \frac{1}{5}$ 정도이다.

(4) 최소착화(발화)에너지

① 온도가 높아질수록 낮아진다.

② 압력이 증가할수록 낮아진다.

③ 공기보다 산소 중에서 더 낮아진다.

④ 질소 농도의 증가는 최소착화에너지를 증가시킨다.

⑤ 일반적으로 분진의 최소착화에너지는 가연성 가스보다 크다.

(5) 화재 및 폭발의 발생한계

정전기로 인한 방전에너지가 최소발화에너지보다 큰 경우에는 가연성 또는 폭발성 물질에 착화되어 화재 및 폭발사고가 발생할 수 있다.

① 대전물체가 도체인 경우

㉮ 대전물체가 도체인 경우 방전이 발생할 때는 거의 대부분의 전하가 방출된다.

㉯ 다음 식에 의하여 이 에너지를 가지는 대전전위 또는 대전전하량을 구할 수 있다.

$$E = \frac{1}{2}CV^2 = \frac{1}{2}QV = \frac{1}{2}\frac{Q^2}{C}$$

여기서, E : 정전기에너지(J), C : 도체의 정전용량(F) V : 대전전위(V)

Q : 대전전하량(C)

따라서, 대전전하량과 대전전위는 다음과 같이 나타낼 수 있다.

$$Q = \sqrt{2CE}, \quad V = \sqrt{\frac{2E}{C}}$$

예제 1

▶ 인체의 표면적이 0.5m²이고, 정전용량은 0.02pF/cm²이다. 3,300V의 전압이 인가되어 있는 전선에 접근하여 작업을 할 때 인체에 축적되는 정전기에너지(J)는?

풀이 $E = \frac{1}{2}CV^2A$

여기서, E : 정전기에너지(J) C : 도체의 정전용량(F)

V : 대전전위(V) A : 표면적(cm²)

$\therefore \frac{1}{2} \times 0.02 \times 10^{-12} \times 3,300^2 \times 0.5 \times 100^2 = 5.445 \times 10^{-4}$

예제 2

▶ 주간 정전용량이 1,000PF이고, 착화에너지가 0.019mJ인 가스에서 폭발한계 전압(V)은 약 얼마인가? (단, 소숫점 이하는 반올림한다.)

풀이 $E = \frac{1}{2}CV^2, V = \sqrt{\frac{2E}{C}}$

$= \sqrt{\frac{2 \times 0.019 \times 10^{-3}}{1,000 \times 10^{-12}}} = 194,935 = 2.0 \times 10^2 \,(V)$

예제 3

▶ 착화에너지가 0.1mJ이고 가스를 사용하는 사업장 전기설비의 정전용량이 0.6nF일 때 방전 시 착화가 능한 최소대전전위는 약 몇 V인가?

풀이 $E = \dfrac{1}{2}CV^2$, $V^2 = \dfrac{2E}{C}$, $V = \sqrt{\dfrac{2E}{C}}$

$$\therefore \sqrt{\dfrac{2 \times 0.1 \times 10^{-3}}{0.6 \times 10^{-9}}} ≒ 577V$$

예제 4

▶ 지구를 고립한 지구도체라고 생각하고 1[C]의 전하가 대전되었다면 지구 표면의 전위는 대략 몇 [V]인가? (단, 지구의 반경은 6,367km이다.)

풀이 $Q = CV$, $V = \dfrac{Q}{C} = \dfrac{1}{4\pi\epsilon_o} \times \dfrac{Q}{r}$

여기서, ϵ_o(유전율) : 8.855×10^{-12}
  r : 지구 반경

$V = 9 \times 10^9 \times \dfrac{Q}{r}$

$V = 9 \times 10^9 \times \dfrac{1C}{6,367 \times 10^3 m} = 1,414V$

예제 5

▶ 폭발범위에 있는 가연성 가스 혼합물에 전압을 변화시키며 전기불꽃을 주었더니 1,000V가 되는 순간 폭발이 일어났다. 이때 사용한 전기불꽃의 콘덴서 용량은 0.1μF을 사용하였다면 이 가스에 대한 최소 발화에너지는 몇 mJ인가?

풀이 $E = \dfrac{1}{2}CV^2 = \dfrac{1}{2} \times 0.1 \times 10^{-6} \times 1,000^2 = 50mJ$

② 대전물체가 부도체인 경우 : 대전물체가 부도체인 경우에는 방전이 발생하더라도 축적된 전하가 모두 방출되는 것은 아니다. 따라서 부도체인 경우 여러 가지의 실험을 통한 결과로부터 대전상 태를 알아 볼 수 있는 것이다.

5 정전기의 방전형태 및 영향

정전기의 방전이란 물체의 대전량이 많아지면 그 주변의 공기 중 전계강도가 높아짐에 따라 공기의 절연파괴강도(약 30kV/cm)에 도달하여 기체의 전리작용이 시작되는 것을 말한다.

(1) 불꽃(스파크)방전

① 도체가 대전되었을 때 접지된 도체와의 사이에서 발생하는 강한 발광과 파괴음을 수반하는 방전
② 가연성 가스, 증기 등에 폭발을 일으킬 수 있는 조건
  ㉮ 가연성 물질이 공기와 혼합비를 형성, 가연범위 내에 있다.
  ㉯ 방전에너지가 가연물질의 최소착화에너지 이상이다.
  ㉰ 방전에 충분한 전위차가 있다.

(2) 코로나방전

① 스파크방전을 억제시킨 접지 돌기상 부분이 도체표면에서 발생하여 공기 중으로 방전하거나 고체, 전체 표면을 흐르는 경우도 있다.

② 코로나방전은 방전에너지가 작기 때문에 장해나 재해의 원인이 되는 경우가 적다.

(3) 연면방전

대전이 큰 엷은 층상의 부도체를 박리할 때 또는 엷은 층상의 대전된 부도체의 뒷면에 밀접한 접지체가 있을 때 표면에 연한 수지상의 발광을 수반하여 발생하는 방전이며 부도체의 표면을 따라서 Star-check 마크를 가지는 나뭇가지 형태의 발광을 수반하는 것

(4) 브러시(스트리머)방전

① 고체 및 기체의 절연물질이나 저전도율 액체와 곡률반경이 큰 도체사이에서 대전량이 많을 때 발생하는 수지상(樹枝狀)의 발광과 펄스상의 파괴음을 수반하는 방전이다.

② 위험도는 스파크방전과 코로나방전의 중간 위치에 있다.

(5) 뇌상방전

공기 중에서 뇌상으로 부유하는 대전입자의 규모가 커졌을 때 대전구름에서 번개형의 발광이 발생하는 방전이다.

> 💡 **참고**
> ▶ **방전** : 전위차가 있는 2개의 대전체가 특정 거리에 접근하게 되면 등전위가 되기 위하여 전하가 절연공간을 깨고 순간적으로 빛과 열을 발생하며 이동하는 현상

6 정전기에 의한 장해

(1) 생산장해

① 역학적 작용(정전기의 흡인·반발력)에 의한 것
  ㉮ 분진(가루)에 의한 눈금의 막힘
  ㉯ 인쇄 시 종이의 흐트러짐, 오손, 겹침, 파손 등
  ㉰ 접지 곤란, 직포의 정리, 건조작업에서의 보풀일기
  ㉱ 제사공장에서 보풀일기, 실의 절단, 분진부착에 의한 품질저하

② 방전현상에 의한 것
  ㉮ 전자장치·기기 등의 오동작, 잡음(전자파에 의함)
  ㉯ 사진필름의 감광(발광에 의함)
  ㉰ 반도체소자 등 전자부품의 오동작, 파괴(방전전류에 의함)

(2) 전격(감전)

(3) 화재 및 폭발

> 💡 **참고**
>
> 1. 방전에너지에 따른 인체반응
>   - ⊙ 1mJ : 감지
>   - ⓒ 100mJ : 불쾌한 감지(전격)
>   - ⓜ 10,000mJ : 치사적 전격
>   - ⓛ 10mJ : 명백한 감지
>   - ⓔ 1,000mJ : 심한 전격
>
> 2. 정전기 방전으로 인한 재해가 발생될 조건
>   - ⊙ 방전하기에 충분한 전하가 축적되었을 때
>   - ⓒ 정전기 방전에너지가 주변 가스의 최소착화에너지 이상일 때
>
> 3. 정전기로 인한 화재, 폭발 발생조건
>   - ⊙ 방전하기 쉬운 전위차가 있을 때
>   - ⓒ 가연성 가스가 폭발범위 내에 있을 때
>   - ⓔ 정전기 방전에너지가 가연성 물질의 최소착화에너지 보다 클 때

제2절 정전기 재해방지대책

1 정전기 억제 및 제거 조치를 해야 될 설비

① 다음 설비를 사용함에 있어서 정전기에 의한 화재 또는 폭발 등의 위험이 발생할 우려가 있는 때에는 당해 설비에 대하여 확실한 방법으로 「접지」를 하거나, 「도전성 재료를 사용」하거나 가습 및 점화원으로 될 우려가 없는 「제전(除電)장치」를 사용하는 등 정전기의 발생을 억제하거나 제거하기 위하여 필요한 조치를 하여야 한다.

    ㉮ 위험물을 탱크로리, 탱크차 및 드럼 등에 주입하는 설비

    ㉯ 탱크로리, 탱크차 및 드럼 등 위험물 저장설비

    ㉰ 인화성 액체를 함유하는 도료 및 접착제 등을 제조, 저장, 취급 또는 도포(塗布)하는 설비

    ㉱ 위험물 건조설비 또는 그 부속설비

    ㉲ 인화성 고체를 저장하거나 취급하는 설비

    ㉳ 드라이클리닝설비, 염색가공설비 또는 모피류 등을 씻는 설비 등 인화성 유기용제를 사용하는 설비

    ㉴ 유압, 압축공기 또는 고전위정전기 등을 이용하여 인화성 액체나 인화성 고체를 분무하거나 이송하는 설비

    ㉵ 고압가스를 이송하거나 저장·취급하는 설비

    ㉶ 화약류 제조설비

    ㉷ 발파공에 장전된 화약류를 점화시키는 경우에 사용하는 발파기(발파공을 막는 재료로 물을 사용하거나 갱도발파를 하는 경우를 제외한다.)

② 정전기 화재폭발 원인으로 인체대전에 대한 예방대책

㉮ wrist strap을 사용하여 접지선과 연결한다.

㉯ 대전방지제를 넣은 제전복을 착용한다.

㉰ 대전방지 성능이 있는 안전화를 착용한다.

㉱ 바닥 재료는 고유저항이 작은 물질을 사용한다.

㉲ 작업장 바닥 등에 도전선을 갖추도록 한다.

㉳ 정전기 제전용구를 사용한다.

2 정전기 재해방지

(1) 설비의 도체부분을 접지시킨다.

① 접지의 대상 : 금속도체(직접접지)

② 본딩 : 금속도체 상호간 혹은 대지에 대하여 전기적으로 절연되어 있는 2개 이상의 금속도체를 전기적으로 접속하여 서로 같은 전위를 형성하여 정전기 사고를 예방하는 기법, 본딩의 대상은 다음과 같다.

㉮ 금속도체 상호간

㉯ 대지에 대하여 절연되어 있는 2개 이상의 금속이 접촉된 금속도체

> 💡 참고
>
> ▶ 보호등전위 본딩도체
>
> | 구 분 | 단면적 |
> |---|---|
> | 구리 | 6mm² 이상 |
> | 알루미늄 | 16mm² 이상 |
> | 강철 | 50mm² 이상 |
>
> 단, 등전위본딩도체는 설비내에 있는 가장 큰 보호접지도체 단면적의 $\frac{1}{2}$ 이상의 단면적을 가지고 있다.

③ 접지저항값

㉮ 정전기 대책만을 목적으로 하는 접지저항값은 $1 \times 10^6 \, \Omega$ 이하이어야 한다.

㉯ 보통 안전을 고려하여 표준환경조건(기온 20℃, 상대습도 50%)에서 $1 \times 10^3 \, \Omega$ 미만이어야 한다.

㉰ 실제로 설비에 적용하는 접지저항값은 100Ω 이하로 관리하는 것이 기본이다.

㉱ 본딩의 저항값도 접지의 저항값과 동일한 표준환경조건 하에서 $1 \times 10^3 \, \Omega$ 미만으로 유지하여야 한다.

(2) 설비주위를 가습한다.

공기 중의 상대습도가 70% 정도가 되면 대전이 급격히 감소하기 때문에 작업공정 내의 습도를 70% 정도로 유지하는 것이 바람직하다.

(3) 대전방지제 사용

(4) 보호구의 착용

① 제전복을 착용하는 장소

㉮ 분진이 발생하기 쉬운 장소   ㉯ LCD 등 Display 제조작업장소

㉰ 반도체 등 전기소자 취급작업장소

② 작업자는 대전방지화를 신는다.

(5) 배관 내 액체의 유속제한

① 탱커, 탱크, 탱크로리, 드럼통 등에 위험물을 주입하는 배관 내 유속제한

㉮ 유동대전이 심하고 폭발위험성이 높은 것은(이황화탄소, 에텔, 가솔린, 벤젠 등) 배관 내 유속 : 1m/s 이하

㉯ 물이나 기체를 혼합하는 비수용성 위험물의 배관 내 유속 : 1m/s 이하

㉰ 저항률이 $10^{10} \Omega \cdot cm$ 미만의 도전성 위험물의 배관 내 유속 : 7m/s 이하

㉱ 저항률이 $10^{10} \Omega \cdot cm$ 이상인 위험물의 배관 내 유속은 관 내경이 0.05m이면 : 3.5m/s 이하

② 저항배관의 내경과 유속제한 값

관 내경(mm)	유속(m/s)	관 내경(mm)	유속(m/s)
10	8	200	1.8
25	4.9	400	1.3
50	3.5	600	1.0
100	2.5		

(6) 도전성 재료의 사용

(7) 제전기의 사용

① 제전기의 제전효과에 영향을 미치는 요인

㉮ 제전기의 이온 생성능력   ㉯ 제전기의 설치위치 및 설치각도

㉰ 대전물체의 대전전위 및 대전분포

> 🔖 **참고**
> ▶ 제전기의 제전효율은 설치 시 90% 이상이 되어야 한다.

② 제전기의 종류

㉮ **전압인가식(코로나 방전식) 제전기** : 방전전극에 약 7,000V의 전압을 인가하면 공기가 전리되어 코로나 방전을 일으킴으로서 발생한 이온으로 대전체의 전하를 중화시키는 방법

> 🔖 **참고**
> ▶ 전압인가식 제전기는 비방폭형이 가장 널리 쓰이고 있다.

㉯ 자기방전식 제전기

㉰ 방사선식(이온식) 제전기

㉱ 이온 스프레이식 제전기

(8) 정전기 발생방지 도장을 실시한다.

(9) 작업장 바닥을 도전처리한다.

제3절 전자파장애 방지대책

1 전자파의 개요

전자파란 공간을 타고 가는 자기적, 전기적 파동현상 즉, 자계와 전계의 두 개의 파가 상존해 있는 파로서 60Hz의 마이크로파, 광파, X선, 라디오파 등이 있다.

2 전자파가 인체에 미치는 영향

① 신경과 근육의 자극
② 줄(Joule)열에 관한 열적작용
③ 생체에 대한 영향(중추신경계, 혈액, 면역계의 행동변화)

3 전자파장애 방지대책

① 필터 설치
② 차폐에 의한 대책
③ 흡수에 의한 대책
④ 접지 실시
⑤ 와이어링(배선)에 의한 대책

01 다음 중 정전기에 대한 설명으로 가장 알맞은 것은?

① 전하의 공간적 이동이 크고, 그것에 의한 자계의 효과가 전계의 효과에 비해 매우 큰 전기
② 전하의 공간적 이동이 적고, 그것에 의한 자계의 효과가 전계에 비해 무시할 정도의 적은 전기
③ 전하의 공간적 이동이 적고, 그것에 의한 전계의 효과와 자계의 효과가 서로 비슷한 전기
④ 전하의 공간적 이동이 크고, 그것에 의한 자계의 효과와 전계의 효과를 서로 비교할 수 없는 전기

해설 정전기에 대한 설명으로 가장 알맞게 표현한 것은 ② 이다.

02 정전기 발생량과 관련된 내용으로 옳지 않은 것은?

① 분리속도가 빠를수록 정전기량이 많아진다.
② 두 물질 간의 대전서열이 가까울수록 정전기의 발생량이 많다.
③ 접촉면적이 넓을수록, 접촉압력이 증가할수록 정전기 발생량이 많아진다.
④ 물질의 표면이 수분이나 기름 등에 오염되어 있으면 정전기 발생량이 많아진다.

해설 ② 두 물질이 대전서열 내에서 가까운 위치에 있으면 대전량이 적고, 먼 위치에 있을수록 대전량이 많다.

03 정전기의 발생에 영향을 주는 요인이 아닌 것은?

① 물체의 표면상태
② 외부공기의 풍속
③ 접촉면적 및 압력
④ 박리속도

해설 정전기의 발생에 영향을 주는 요인은 ①, ③, ④ 이외에 다음과 같다.
㉠ 물체의 특성   ㉡ 물체의 분리력

04 대전서열을 올바르게 나열한 것은?

(+)   (−)
① 폴리에틸렌 − 셀룰로이드 − 염화비닐 − 테프론
② 셀룰로이드 − 폴리에틸렌 − 염화비닐 − 테프론
③ 염화비닐 − 폴리에틸렌 − 셀룰로이드 − 테프론
④ 테프론 − 셀룰로이드 − 염화비닐 − 폴리에틸렌

해설 **대전서열** : 폴리에틸렌 − 셀룰로이드 − 사진필름 − 셀로판 − 염화비닐 − 테프론

05 다음 설명과 가장 관계가 깊은 것은?

• 파이프 속에 저항이 높은 액체가 흐를 때 발생된다.
• 액체의 흐름이 정전기 발생에 영향을 준다.

① 충돌대전   ② 박리대전
③ 유동대전   ④ 분출대전

해설 **유동대전** : 파이프 속에 저항이 높은 액체가 흐를 때 발생되는 것이며, 액체의 흐름이 정전기 발생에 영향을 준다.

06 페인트를 스프레이로 뿌려 도장작업을 하는 작업 중 발생할 수 있는 정전기 대전으로만 이루어진 것은?

① 분출대전, 충돌대전
② 충돌대전, 마찰대전
③ 유동대전, 충돌대전
④ 분출대전, 유동대전

해설 페인트를 스프레이로 뿌려 도장작업을 하는 작업 중 발생할 수 있는 정전기 대전으로는 분출대전, 충돌대전이 있다.

정답 | 01. ② 02. ② 03. ② 04. ① 05. ③ 06. ④

07 다음 중 파이프 등에 유체가 흐를 때 발생하는 유동대전에 가장 큰 영향을 미치는 요인은?

① 유체의 이동거리   ② 유체의 점도

③ 유체의 속도   ④ 유체의 양

> **해설** 파이프 등에 유체가 흐를 때 발생하는 유동대전에 가장 큰 영향을 미치는 요인은 유체의 속도이다.

08 정전기에 관련한 설명으로 잘못된 것은?

① 정전유도에 의한 힘은 반발력이다.

② 발생한 정전기와 완화한 정전기의 차가 마찰을 받은 물체에 축적되는 현상을 대전이라 한다.

③ 같은 부호의 전하는 반발력이 작용한다.

④ 겨울철에 나일론 소재 셔츠 등을 벗을 때 경험한 부착현상이나 스파크 발생은 박리대전현상이다.

> **해설** 정전유도란 절연된 물체에 대전체가 접근하면 대전체와 먼 곳에는 동일 극성의 전하가 유도되고, 가까운 곳에는 반대 극성의 전하가 유도되는 현상이다.

09 정전기의 소멸과 완화시간의 설명 중 옳지 않은 것은?

① 정전기가 축적되었다가 소멸되는 데 처음 값의 63.8%로 감소되는 시간을 완화시간이라 한다.

② 완화시간은 대전체저항 × 정전용량 = 고유저항 × 유전율로 정해진다.

③ 고유저항 또는 유전율이 큰 물질일수록 대전상태가 오래 지속된다.

④ 일반적으로 완화시간은 영전위 소요시간의 1/4~1/5 정도이다.

> **해설** ①의 경우 정전기가 축적되었다가 소멸되는데 처음값의 36.8%로 감소되는 시간을 완화시간이라 한다는 내용이 옳다.

10 정전기 화재폭발원인인 인체대전에 대한 예방대책으로 옳지 않은 것은?

① 대전물체를 금속판 등으로 차폐한다.

② 대전방지제를 넣은 제전복을 착용한다.

③ 대전방지 성능이 있는 안전화를 착용한다.

④ 바닥재료는 고유저항이 큰 물질로 사용한다.

> **해설** ④ 바닥재료는 고유저항이 작은 물질로 사용한다.

11 부도체의 대전은 도체의 대전과는 달리 복잡해서 폭발, 화재의 발생한계를 추정하는데 충분한 유의가 필요하다. 다음 중 유의가 필요한 경우가 아닌 것은?

① 대전상태가 매우 불균일한 경우

② 대전량 또는 대전의 극성이 매우 변화하는 경우

③ 부도체 중에 국부적으로 도전율이 높은 곳이 있고, 이것이 대전한 경우

④ 대전되어 있는 부도체의 뒷면 또는 근방에 비접지 도체가 있는 경우

> **해설** ④ 대전되어 있는 부도체의 뒷면 또는 근방에 비접지 도체가 있는 경우에는 폭발, 화재의 발생한계를 추정하는 데 유의할 필요가 없다.

12 다음 중 정전기로 인한 화재발생원인에 대한 설명으로 틀린 것은?

① 금속물체를 접지했을 때

② 가연성 가스가 폭발범위 내에 있을 때

③ 방전하기 쉬운 전위차가 있을 때

④ 정전기의 방전에너지가 가연성 물질의 최소착화에너지보다 클 때

> **해설** ①의 경우 정전기발생 방지대책에 해당된다.

13 두 물체의 마찰로 3,000V의 정전기가 생겼다. 폭발성 위험의 장소에서 두 물체의 정전용량은 약 몇 pF이면 폭발로 이어지겠는가? (단, 착화에너지는 0.25mJ이다.)

① 14   ② 28

③ 45   ④ 56

해설

$$E = \frac{1}{2}CV^2, \quad C = \frac{2E}{V^2}$$

여기서, E : 정전기에너지(J)

C : 도체의 정전용량(F)

V : 대전전위(V)

$$\therefore \frac{2 \times 0.25 \times 10^{-3}}{3,000^2} \times 10^{12} \fallingdotseq 56pF$$

14 다음 중 인체의 표면적이 0.5m²이고, 정전용량은 0.02pF/cm²이다. 3,300V의 전압이 인가되어 있는 전선에 접근하여 작업을 할 때 인체에 축적되는 정전기에너지(J)는?

① 5.445×10^{-2} ② 5.445×10^{-4}

③ 2.723×10^{-2} ④ 2.723×10^{-4}

해설

$$E = \frac{1}{2}CV^2 A$$

여기서, E : 정전기에너지(J), C : 도체의 정전용량(F)

V : 대전전위(A), A : 표면적(cm²)

$$\therefore \frac{1}{2} \times 0.02 \times 10^{-12} \times 3,300^2 \times 0.5 \times 100^2$$

$$= 5.445 \times 10^{-4}$$

15 정전용량 10µF인 물체에 전압을 1,000V로 충전하였을 때 물체가 가지는 정전에너지는 몇 Joule인가?

① 0.5 ② 5

③ 14 ④ 50

해설

$$E = \frac{1}{2}CV^2 \quad \therefore \frac{1}{2} \times 10 \times 10^{-6} \times 1,000^2 = 5\text{Joule}$$

16 두 가지 용제를 사용하고 있는 어느 도장공장에서 폭발사고가 발생하여 세 명의 부상자를 발생시켰다. 부상자와 동일조건의 복장으로 정전용량이 120pF인 사람이 5m 도보 후에 표면 전위를 측정했더니 3,000V가 측정되었다. 사용한 혼합용제 가스의 최소착화에너지 상한치는 얼마인가?

① 0.54mJ ② 0.54J

③ 1.08mJ ④ 1.08J

해설

$$E = \frac{1}{2}CV^2$$

$$\therefore \frac{1}{2} \times 120 \times 10^{-12} \times 3,000^2 = 0.00054mJ \times 1,000$$

$$= 0.54J$$

17 착화에너지가 0.1mJ이고 가스를 사용하는 사업장 전기설비의 정전용량이 0.6µF일 때 방전 시 착화가능한 최소대전전위는 약 몇 V인가?

① 289 ② 385

③ 577 ④ 1,154

해설

$$E = \frac{1}{2}CV^2$$

여기서, E : 착화에너지(mJ), C : 정전용량(F)

V : 최소대전전위(V)

$$\therefore V = \sqrt{\frac{2E}{C}} = \sqrt{\frac{2 \times (0.1 \times 10^3)}{0.6 \times 10^{-3}}} \fallingdotseq 577V$$

18 어떤 부도체에서 정전용량이 10pF이고, 전압이 5,000V일 때 전하량은?

① $2 \times 10^{-14}C$ ② $2 \times 10^{-8}C$

③ $5 \times 10^{-8}C$ ④ $5 \times 10^{-2}C$

해설

$$Q = CV$$

여기서, Q : 전하량, C : 정전용량, V : 전압

$$\therefore Q = 10 \times 10^{-12} \times 5,000 = 5 \times 10^{-8}C$$

19 정전기 방전현상에 해당하지 않는 것은?

① 연면방전 ② 코로나방전

③ 낙뢰방전 ④ 스팀방전

해설

정전기 방전현상으로는 ①, ②, ③ 이외에 스파크방전, 브러시방전이 있다.

20 방전의 종류 중 도체가 대전되었을 때 접지된 도체와의 사이에서 발생하는 강한 발광과 파괴음을 수반하는 방전을 무엇이라 하는가?

① 연면방전 ② 자외선방전

③ 불꽃방전 ④ 스트리머방전

해설

문제의 내용은 불꽃(스파크)방전에 관한 것이다.

21 다음 중 스파크 방전으로 인한 가연성 가스, 증기 등에 폭발을 일으킬 수 있는 조건이 아닌 것은?

① 가연성 물질이 공기와 혼합비를 형성, 가연범위 내에 있다.
② 방전에너지가 가연물질의 최소착화에너지 이상이다.
③ 방전에 충분한 전위차가 있다.
④ 대전물체는 신뢰성과 안전성이 있다.

해설 ④의 내용은 가연성 가스, 증기 등에 폭발을 일으킬 수 있는 조건과 거리가 멀다.

22 30kV에서 불꽃방전이 일어났다면 어떤 상태였겠는가?

① 전극 간격이 1cm 떨어진 침대침 전극
② 전극 간격이 1cm 떨어진 평형판 전극
③ 전극 간격이 1mm 떨어진 평형판 전극
④ 전극 간격이 1mm 떨어진 침대침 전극

해설 30kV에서 불꽃방전이 일어났다면 전극 간격이 1cm 떨어진 평형판 전극상태이다.

23 다음 중 불꽃(spark) 방전의 발생 시 공기 중에 생성되는 물질은?

① O_2
② O_3
③ H_2
④ C

해설 불꽃(spark) 방전의 발생 시 공기 중에 생성되는 물질 오존(O_3)

24 방전에너지가 크지 않은 코로나 방전이 발생할 경우 공기 중에 발생할 수 있는 것은 어느 것인가?

① O_2
② O_3
③ N_2
④ N_3

해설 코로나 방전이 발생할 경우 공기 중에 발생할 수 있는 것은 오존(O_3)이다.

25 다음은 어떤 방전에 대한 설명인가?

대전이 큰 엷은 층상의 부도체를 박리할 때 또는 엷은 층상의 대전된 부도체의 뒷면에 밀접한 접지체가 있을 때 표면에 연한 복수의 수지상 발광을 수반하여 발생하는 방전

① 코로나방전
② 뇌상방전
③ 연면방전
④ 불꽃방전

해설 연면방전에 관한 설명으로, 액체 혹은 고체의 절연체와 기체 사이의 경계에 따른 방전을 말한다.

26 정전기 방전에 의한 폭발로 추정되는 사고를 조사함에 있어서 필요한 조치가 아닌 것은?

① 가연성 분위기 규명
② 전하발생 부위 및 축적기구 규명
③ 방전에 따른 점화 가능성 평가
④ 사고현장의 방전흔적 조사

해설 정전기 방전에 의한 폭발로 추정되는 사고를 조사함에 있어서 필요한 조치로는 ①, ②, ③의 세 가지가 있다.

27 정전기에 의한 생산장해가 아닌 것은?

① 가루(분진)에 의한 눈금의 막힘
② 제사공장에서의 실의 절단, 엉킴
③ 인쇄공정의 종이 파손, 인쇄선명도 불량, 겹침, 오손
④ 방전전류에 의한 반도체 소자의 입력임피던스 상승

해설 ①, ②, ③ 이외에 정전기에 의한 생산장해로는 접지 곤란, 직포의 정리, 건조작업에서의 보풀 일기가 있다.

28 정전기가 컴퓨터에 미치는 문제점으로 가장 거리가 먼 것은?

① 디스크 드라이브가 데이터를 읽고 기록한다.
② 메모리 변경이 에러나 프로그램의 분실을 발생시킨다.
③ 프린터가 오작동을 하여 너무 많이 찍히거나 글자가 겹쳐서 찍힌다.
④ 터미널에서 컴퓨터에 잘못된 데이터를 입력시키거나 데이터를 분실한다.

해설 정전기가 컴퓨터에 미치는 문제점은 ②, ③, ④이다.

29 정전기로 인한 화재폭발을 방지하기 위한 조치가 필요한 설비가 아닌 것은?

① 인화성 물질을 함유하는 도료 및 접착제 등을 도포하는 설비
② 위험물을 탱크로리에 주입하는 설비
③ 탱크로리 · 탱크차 및 드럼 등 위험물저장 설비
④ 위험기계 · 기구 및 그 수중설비

해설 정전기로 인한 화재폭발을 방지하기 위한 조치가 필요한 설비

㉠ ①, ②, ③
㉡ 위험물 건조설비 또는 그 부속설비
㉢ 인화성 고체를 저장하거나 취급하는 설비
㉣ 드라이클리닝설비, 염색가공설비 또는 모피류 등을 씻는 설비 등 인화성 유기용제를 사용하는 설비
㉤ 고압가스를 이송하거나 저장 · 취급하는 설비
㉥ 화약류 제조설비

30 대지를 접지로 이용하는 이유는?

① 대지는 넓어서 무수한 전류통로가 있기 때문에 저항이 작다.
② 대지는 철분을 많이 포함하고 있기 때문에 저항이 작다.
③ 대지는 토양의 주성분이 산화알루미늄(Al_2O_3)이므로 저항이 작다.
④ 대지는 토양의 주성분이 규소(SiO_2)이므로 저항이 영(zero)에 가깝다.

해설 대지는 넓어서 무수한 전류통로가 있기 때문에 저항이 작아 접지로 이용할 수 있다.

31 전기설비에 접지를 하는 목적에 대하여 틀린 것은?

① 누설전류에 의한 감전방지
② 낙뢰에 의한 피해방지
③ 지락사고 시 대지전위 상승유도 및 절연강도 증가
④ 지락사고 시 보호계전기 신속 동작

해설 ③ 지락사고 시 대전전위 억제 및 절연강도 경감

32 다음 중 전기기계 · 기구의 접지에 관한 설명으로 틀린 것은?

① 접지저항이 크면 클수록 좋다.
② 접지봉이나 접지극은 도전율이 좋아야 한다.
③ 접지판은 동판이나 아연판 등을 사용한다.
④ 접지극 대신 가스관을 사용해서는 안 된다.

해설 ①의 경우, 접지저항이 작으면 작을수록 좋다는 내용이 옳다.

33 계통접지의 목적으로 옳은 것은?

① 누전되고 있는 기기에 접촉되었을 때의 감전방지
② 고압전로와 저압전로가 혼촉되었을 때의 감전이나 화재를 방지
③ 누전차단기의 동작을 확실하게 하며 고주파에 의한 계통의 잡음 및 오동작 방지
④ 낙뢰로부터 전기기기의 손상을 방지

해설 계통접지의 목적은 고압전로와 저압전로가 혼촉되었을 때의 감전이나 화재를 방지하기 위함이다.

34 금속도체 상호간 혹은 대지에 대하여 전기적으로 절연되어 있는 2개 이상의 금속도체를 전기적으로 접속하여 서로 같은 전위를 형성하여 정전기사고를 예방하는 기법을 무엇이라 하는가?

① 본딩 ② 1종 접지
③ 대전분리 ④ 특별 접지

해설 문제의 내용은 본딩에 관한 것이다.

35 의료용 전기전자(Medical Electronics) 기기의 접지방식은?

① 금속체 보호접지 ② 등전위 접지
③ 계통접지 ④ 기능용 접지

해설 의료용 전자기기의 접지방식은 등전위 접지이다.

36 정전기 재해방지대책에서 접지방법에 해당되지 않는 것은?

① 접지단자와 접지용 도체와의 접속에 이용되는 접지기구는 견고하고 확실하게 접속시켜 주는 것이 좋다.

② 접지단자는 접지용 도체, 접지기구와 확실하게 접촉될 수 있도록 금속면이 노출되어 있거나 금속면에 나사, 너트 등을 이용하여 연결할 수 있어야 한다.

③ 접지용 도체의 설치는 정전기가 발생하는 작업 전이나 발생할 우려가 없게 된 후 정지시간이 경과한 후에 행하여야 한다.

④ 본딩은 금속도체 상호간의 전기적 접속이므로 접지용 도체, 접지단자에 의하여 표준환경조건에서 저항은 1MΩ 미만이 되도록 견고하고 확실하게 실시하여야 한다.

해설 ④ 접지단자에 의하여 표준환경조건에서 저항은 $1 \times 10^9 \Omega$ 미만이 되도록 견고하고 확실하게 실시하여야 한다.

37 다음 중 사업장의 정전기 발생에 대한 재해방지대책으로 적합하지 못한 것은?

① 습도를 높인다.
② 실내온도를 높인다.
③ 도체부분에 접지를 실시한다.
④ 적절한 도전성 재료를 사용한다.

해설 ①, ③, ④ 이외에 **정전기 발생에 대한 재해방지대책**은 다음과 같다.
㉠ 대전방지제를 사용한다.
㉡ 보호구를 착용한다.
㉢ 제전기를 사용한다.
㉣ 배관 내 액체의 유속을 제한하고, 정치시간을 확보한다.

38 정전기 방지대책 중 틀린 것은?

① 대전서열이 가급적 먼 것으로 구성한다.
② 카본 블랙을 도포하여 도전성을 부여한다.
③ 유속을 저감시킨다.
④ 도전성 재료를 도포하여 대전을 감소시킨다.

해설 정전기 방지대책
㉠ ②, ③, ④ ㉡ 접지
㉢ 가습 ㉣ 대전방지체 사용
㉤ 보호구의 착용 ㉥ 제전기의 사용

39 다음 중 정전기재해의 방지대책으로 가장 적절한 것은?

① 절연도가 높은 플라스틱을 사용한다.
② 대전하기 쉬운 금속은 접지를 실시한다.
③ 작업장 내의 온도를 낮게 해서 방전을 촉진시킨다.
④ (+), (−)전하의 이동을 방해하기 위하여 주위의 습도를 낮춘다.

해설 정전기의 방지대책으로는 접지, 가습, 도전성 재료의 사용, 보호구의 착용, 제전기의 사용 등이 있다.

40 반도체 취급 시에 정전기로 인한 재해방지대책으로 거리가 먼 것은?

① 송풍형 제전기 설치
② 부도체의 접지실시
③ 작업자의 대전방지 작업복 착용
④ 작업대에 정전기 매트 사용

해설 ②의 경우 도체의 접지실시가 옳은 내용이다.

41 정전기 제거만을 목적으로 하는 접지에 있어서의 적당한 접지저항값은 몇 Ω 이하로 하면 좋은가?

① $10^6 \Omega$ 이하 ② $10^{12} \Omega$ 이하
③ $10^{15} \Omega$ 이하 ④ $10^{18} \Omega$ 이하

해설 정전기 제거만을 목적으로 하는 접지에 있어서의 적당한 접지저항값은 $10^6 \Omega$ 이하로 하여야 한다.

42 정전기 재해방지에 관한 설명 중 잘못된 것은?

① 이황화탄소의 수송과정에서 배관 내의 유속을 2.5m/s 이상으로 한다.
② 포장과정에서 용기를 도전성 재료에 접지한다.

③ 인쇄과정에서 도포량을 적게 하고 접지한다.

④ 작업장의 습도를 높여 전하가 제거되기 쉽게 한다.

> **해설** ① 이황화탄소의 수송과정에서 배관 내의 유속을 1m/s 이하로 한다.

43 정전기 재해의 방지를 위하여 배관 내 액체유속의 제한이 필요하다. 배관의 내경과 유속제한값으로 적절하지 않은 것은?

① 관 내경(mm) : 25, 제한유속(m/s) : 6.5

② 관 내경(mm) : 50, 제한유속(m/s) : 3.5

③ 관 내경(mm) : 100, 제한유속(m/s) : 2.5

④ 관 내경(mm) : 200, 제한유속(m/s) : 1.8

> **해설** (1) ①의 경우 관 내경(mm) : 25, 제한유속(m/s) : 4.9가 옳다.
> (2) 관 내경(mm) : 400, 제한유속(m/s) : 1.3
> (3) 관 내경(mm) : 600, 제한유속(m/s) : 1.0

44 정전기 재해를 예방하기 위해 설치하는 제전기의 제전효율은 설치 시에 얼마 이상이 되어야 하는가?

① 50% 이상　　② 70% 이상

③ 90% 이상　　④ 100%

> **해설** 제전기의 제전효율은 설치 시에 90% 이상이 되어야 한다.

45 다음 중 제전기의 종류에 해당하지 않는 것은?

① 전류제어식　　② 전압인가식

③ 자기방전식　　④ 방사선식

> **해설** 제전기의 종류
> 전압인가식(코로나방전식), 자기방전식, 방사선식, 이온스프레이식

46 제전기의 설명 중 잘못된 것은?

① 전압인가식은 교류 7,000V를 걸어 방전을 일으켜 발생한 이온으로 대전체의 전하를 중화시킨다.

② 방사선식은 특히 이동물체에 적합하고, α 및 β선원이 사용되며, 방사선 장해 및 취급에 주의를 요하지 않아도 된다.

③ 이온식은 방사선의 전리작용으로 공기를 이온화시키는 방식, 제전효율은 낮으나 폭발위험지역에 적당하다.

④ 자기방전식은 필름의 권취, 셀로판 제조, 섬유공장 등에 유효하나 2kV 내외의 대전이 남는 결점이 있다.

> **해설** ② 방사선식은 특히 이동물체에 부적합하다.

47 다음 중 전자, 통신기기 등의 전자파장해(EMI)를 방지하기 위한 조치로 가장 거리가 먼 것은?

① 절연을 보강한다.

② 접지를 실시한다.

③ 필터를 설치한다.

④ 차폐체를 설치한다.

> **해설** 전자, 통신기기 등의 전자파장해(EMI)를 방지하기 위한 조치로는 ②, ③, ④ 이외에 흡수에 의한 대책, 와이어링(배선)에 의한 대책이 있다.

제1절 전기설비의 방폭 및 대책

1 방 폭

전기설비로 인하여 폭발 또는 화재가 발생할 수 있는 위험분위기와 점화원이 조성되는 경우, 이러한 조건이 성립되지 않도록 하는 것이 방폭의 기본대책이다.

2 방폭전기설비

(1) 폭발의 기본조건

① 가연성 가스 또는 증기의 존재
② 최소착화에너지 이상의 점화원 존재
③ 폭발위험 분위기의 조성(가연성 물질+지연성 물질)

> **참고**
>
> 1. **최소착화에너지에 영향을 주는 조건**
>   ㉠ 전극의 형상　　　㉡ 불꽃간격　　　㉢ 압력　　　㉣ 온도
> 2. **점화원**
> 전기불꽃, 단열압축, 고열물, 충격, 마찰, 정전기, 화학반응열, 자연발열 등

(2) 방폭 이론

전기설비가 점화원으로 되는 확률과 위험분위기 생성확률과의 곱이 0이 되도록 하는 것이 화재폭발방지를 위하여 필요하다.

① 위험분위기 생성방지
　㉮ 가연성 물질의 체류방지
　㉯ 가연성 물질 누설 및 방출 방지

② 전기설비의 점화원 억제 : 전기설비의 점화원을 억제하는 것이 폭발방지를 위해 필요하며, 점화원은 다음과 같이 분류한다.
　㉮ 현재적 점화원
　　㉠ 제어기기 및 보호계전기의 전기접점, 개폐기 및 차단기류의 접점
　　㉡ 권선형 유도전동기의 슬립링, 직류전동기의 정류자
　　㉢ 전동기, 전열기, 저항기의 고온부
　㉯ 잠재적 점화원
　　㉠ 변압기의 권선

        ○ 전동기의 권선

        © 전기적 광원

        ② 케이블

        © 마그넷 코일

        ⑪ 배선

  ③ **전기기기 방폭의 기본 개념**

    ㉮ 전기기기의 안전도 증강 : 안전증방폭구조

    ㉯ 점화원의 방폭적 격리 : 유입방폭구조, 압력방폭구조, 내압방폭구조

    ㉰ 점화능력의 본질적 억제 : 본질안전방폭구조

(3) 화재·폭발의 위험성

① **폭발의 분류**

    ㉮ 폭연 : 보통 300m/s 이하의 연소속도를 가진 것으로 어느 정도의 파괴력이 있는 경우이다.

    ㉯ 폭굉 : 1,000~3,500m/s 정도의 연소속도를 가진 것으로 화염의 전파속도가 음속보다 빨라 파면선단에 충격파가 형성된다.

② **폭발한계(연소범위)** : 가연성 가스 및 가연성 액체의 증기가 산소 또는 공기와 혼합하여 폭발할 수 있는 농도범위를 말하며, 폭발이 일어나는 가장 낮은 농도값을 폭발하한계, 가장 높은 농도값을 폭발상한계라고 한다.

③ **발화도** : 발화도는 폭발성 가스의 발화점에 따라 분류하는데 IEC(국제전기표준협회 : 고용 노동부 고시 기준) 분류 및 KS C 분류와 등급에 따른 전기설비의 최고표면온도는 다음 표와 같다.

〈폭발성 가스의 발화도 및 전기설비의 최고표면온도〉

발화도 등급		가스 발화점(℃)	전기설비의 최고표면온도	
IEC	KSC		IEC	KS C
T1	G1	450 초과	450	360(320)
T2	G2	300~450	300	240(200)
T3	G3	200~300	200	160(120)
T4	G4	135~200	135	100(70)
T5	G5	100~135	100	80(40)
T6	–	85~100	85	–

④ **폭발성 가스의 폭발등급 측정** : 표준용기는 내용적이 8,000cm³, 반구상의 플랜지 접합면의 안길이 25mm의 구상용기의 틈새를 통과시켜 화염일주한계를 측정하는 장치이다.

IEC 기준	폭발등급	ⅡA	ⅡB	ⅡC
	최대안전틈새의 치수(mm)	0.9 이상	0.5 초과 0.9 미만	0.5 이하
KSC 기준	폭발등급	1	2	3
	틈의 치수(mm)	0.6 이상	0.4 초과 0.6 미만	0.4 이하

⑤ 폭발성 가스의 분류 : 폭발성 가스를 발화도 및 폭발등급에 따라 분류하면 다음 표와 같다.

〈폭발성 가스의 분류(IEC)〉

폭발등급 \ 발화도	T1 450℃ 초과	T2 300~450℃	T3 200~300℃	T4 135~200℃	T5 100~135℃	T6 85~100℃
ⅡA (0.9mm 이상)	나프탈렌 메탄올 메탄 벤젠 스틸렌 아세톤 아세트니트릴 암모니아 에탄 메틸에틸케톤 일산화탄소 초산 초산메틸 초산에틸 크레졸 클로로벤젠 크실렌 톨루엔 페놀 프로판	부탄올 부탄 아세틸아세톤 에탄올 염화비닐 초산부틸 초산비닐 초산펜틸 초산프로필 티오프렌 프로필렌	가솔린 데칸 디메틸에테르 시크로헥산 아크릴알데히드 염화부틸 옥탄 테레핀유 펜탄올 펜탄 헥산	디부틸에테르 아세트알데히드		아질산에틸
ⅡB (0.5~0.9mm 미만)	시안화수소 코크스로가스 아크닐로니트릴	부타디엔 시크로헥사논 아크릴산메틸 아크릴산에틸 에틸렌 에틸렌옥시드 에피플로로히드린 1, 4디옥산 프란	디메틸에테르 아크릴알데히드	디에틸에테르 에틸메틸에테르 트리메틸아민		
ⅡC (0.5mm 이하)	수소	아세틸렌			이황화탄소	질산에틸

〈폭발성 가스의 분류(KSC)〉

폭발등급 \ 발화도	G1 450℃ 초과	G2 300~450℃	G3 200~300℃	G4 135~200℃	G5 100~135℃
1(0.6mm 이상)	아세톤 암모니아 일산화탄소 에탄 초산 초산에틸 톨루엔 프로판 벤젠 메탄올 메탄	에탄올 초산펜틸 1-부탄올 무수초산	가솔린 헥산	아세트알데히드 에틸에테르	
2(0.4~0.6mm 미만)	석탄가스	에틸렌 에틸렌옥사이드	이소프렌		
3(0.4mm 이하)	수성가스 수소	아세틸렌			이황화탄소

▶ 화재 · 폭발 위험분위기의 생성방지 방법
　　1. 폭발성 가스의 누설방지　　　2. 가연성 가스의 방출방지　　　3. 폭발성 가스의 체류방지

(4) 방폭지역의 구분

① 비방폭지역 : 비방폭지역은 방폭지역으로 구분되지 않는 장소로서 다음과 같다.

㉮ 환기가 충분한 장소에 설치되고 개구부가 없는 상태에서 인화성 또는 가연성 액체가 간헐적으로 사용되는 배관으로 적절한 유지관리가 이루어지는 배관 주위

㉯ 환기가 불충분한 장소에 설치된 배관으로 밸브, 피팅(Fitting), 플랜지(Flange) 등 이상 발생 시 누설될 수 있는 부속품이 전혀 없고 모두 용접으로 접속된 배관 주위

㉰ 가연성 물질이 완전히 밀봉된 수납용기 속에 저장되고 있는 경우에 수납용기 주위

㉱ 보일러, 화로, 가열로, 소각로 등 개방된 화면이나 고온표면의 존재가 불가피한 설비로서 연료주입 배관상의 밸브, 펌프 등의 위험발생원 주변의 전기기계 · 기구가 적합한 방폭구조이거나 연료주입 배관 주위에 전기기계 · 기구가 없는 경우의 개방 화염 또는 고온 표면이 있는 설비 주위

② 환기가 충분한 장소 : 환기가 충분한 장소라 함은 대기 중의 가스 또는 증기의 밀도가 폭발하한계의 25%를 초과하여 축적되는 것을 방지하기 위한 충분한 환기량이 보장되는 것으로 다음에 해당되는 장소를 말한다.

㉮ 옥외

㉯ 수직 또는 수평의 외부공기 흐름을 방해하지 않는 구조의 건축물 또는 실내로 지붕과 한 면의 벽만 있는 건축물

㉰ 밀폐 또는 부분적으로 밀폐된 장소로 옥외의 동등한 정도의 환기가 자연환기방식 또는 고장 시 경보발생 등의 조치가 되어 있는 강제환기방식으로 보장되는 장소

㉱ 기타 적합한 방법으로 환기량을 계산하여 폭발하한계의 15% 농도를 초과하지 않음이 보장되는 장소

③ 폭발위험장소 : 위험장소라 함은 인화성 또는 가연성 물질이 화재 · 폭발을 발생시킬 수 있는 농도로 대기 중에 존재하거나 존재할 우려가 있는 장소를 말한다.

㉮ 0종 장소 : 위험분위기(폭발성 분위기)가 지속적으로 또는 장기간 존재하는 장소이다.
　㉠ 인화성 또는 가연성 물질을 취급하는 설비의 내부
　㉡ 인화성 또는 가연성 액체가 존재하는 피트(Pit) 등의 내부
　㉢ 인화성 또는 가연성의 가스나 증기가 지속적으로 또는 장기간 체류하는 곳
　㉣ 가연성 가스의 용기 및 탱크의 내부
　㉤ 인화성 액체의 용기 또는 탱크 내 액면상부의 공간부

㉯ 1종 장소 : 폭발성 가스 분위기가 정상작동 중 주기적 또는 빈번하게 생성되는 장소
　㉠ 통상의 상태에서 위험분위기가 쉽게 생성되는 곳(맨홀, 밴트, 피트 등의 주위)
　㉡ 운전, 유지보수 또는 누설에 의하여 자주 위험분위기가 생성되는 곳

ⓒ 설비 일부의 고장 시 가연성 물질의 방출과 전기계통의 고장이 동시에 발생되기 쉬운 곳

ⓔ 환기가 불충분한 장소에 설치된 배관계통으로 배관이 쉽게 누설되는 구조의 곳

ⓜ 주변 지역 보다 낮아 가스나 증기가 체류할 수 있는 곳

ⓗ 상용의 상태에서 위험분위기가 주기적 또는 간헐적으로 존재하는 곳

ⓢ 0종 장소의 근접 주변, 송급통구의 근접 주변 및 배기관의 유출구 근접 주변

ⓞ 탱크류의 밴트(vent) 개구부 부근

ⓩ 점검, 수리작업에서 가연성 가스 또는 중기를 방출하는 경우의 밸브 부근

ⓩ 실내(환기가 방해되는 장소)에서 가연성 가스 또는 증기가 방출할 염려가 있는 곳

ⓚ 탱크롤리, 드럼관 등이 인화성 액체를 충전하고 있는 경우의 개구부 부근

ⓣ 릴리프밸브(Relief Valve)가 가끔 작동하여 가연성 가스 또는 증기를 방출하는 경우의 그 부근

ⓟ 플로팅 루프탱크(Floating Roof Tank)상의 셸(Shell) 내의 부분

ⓗ 위험한 가스가 누출한 염려가 있는 장소로서 피트류 처럼 가스가 축적되는 장소

ⓒ **2종 장소** : 폭발성 가스 분위기가 정상상태에서 조성되지 않거나 조성된다 하더라도 짧은 기간에만 존재할 수 있는 장소

㉠ 환기가 불충분한 장소에 설치된 배관계통으로 배관이 쉽게 누설되지 않는 구조의 곳

㉡ 개스킷(Gasket), 패킹(Packing) 등의 고장과 같이 이상상태에서만 누출될 수 있는 공정설비 또는 배관이 환기가 충분한 곳에 설치될 경우

㉢ 1종 장소와 직접 접하며 개방되어 있는 곳 또는 1종 장소와 덕트, 트랜치, 파이프 등으로 연결되어 이들을 통해 가스나 증기의 유입이 가능한 곳

㉣ 강제환기방식이 채용되는 곳으로 환기설비의 고장이나 이상 시에 위험분위기가 생성될 수 있는 곳

㉤ 0종 장소 또는 1종 장소의 주변 영역, 용기나 장치의 연결부 주변 영역 및 펌프의 봉인부 주변 영역

④ **위험장소의 판정기준** : 위험장소는 다음과 같은 사항을 고려하여 판정한다.

㉮ 위험증기의 양

㉯ 위험가스의 현존 가능성

㉰ 가스의 특성(공기와의 비중차)

㉱ 통풍의 정도

㉲ 작업자에 의한 영향

⑤ **방폭지역 여부 결정** : 방폭지역 여부 결정에 있어 다음의 장소는 방폭지역으로 구분하여야 한다.

㉮ 인화성 또는 가연성의 증기가 쉽게 존재할 가능성이 있는 지역

㉯ 인화점 40℃ 이하의 액체가 저장, 취급되고 있는 지역

㉰ 인화점 65℃ 이하의 액체가 인화점 이상으로 저장, 취급될 수 있는 지역

㉱ 인화점 100℃ 이하인 액체의 경우 해당 액체의 인화점 이상으로 저장, 취급되고 있는 지역

(5) 방폭기기 설치 시 표준환경조건

① 주위온도 : $-20 \sim +40℃$

② 표고 : 1,000m 이하

③ 압력 : 80~110kPa

④ 상대습도 : 45~85%

⑤ 산소함유율 : 21%v/v의 공기

⑥ 전기설비에 특별한 고려를 필요로 하는 정도의 공해, 부식성 가스, 진동 등이 존재하지 않는 환경

(6) 방폭전기기기의 선정 시 고려할 사항

① 방폭전기기기가 설치될 지역의 방폭지역 등급 구분

② 가스 등의 발화온도

③ 내압방폭구조의 경우 최대안전틈새

④ 본질안전방폭구조의 경우 최소점화전류

⑤ 압력방폭구조, 유입방폭구조, 안전증방폭구조의 경우 최고표면온도

⑥ 방폭전기기기가 설치될 장소의 주변온도, 표고, 상대습도, 먼지, 부식성 가스 또는 습기 등의 환경조건

제2절 방폭구조의 종류

1 가스 및 증기 방폭구조

(1) 내압방폭구조(Flameproof Enclosures)

① 방폭전기설비의 용기내부에서 폭발성가스 또는 증기가 폭발하였을 때 용기가 그 압력에 견디고 접합면이나 개구부를 통해서 외부의 폭발성가스나 증기에 인화되지 않도록 한 방폭구조

② 내압방폭구조의 필요충분조건

㉮ 내부에서 폭발할 경우 그 압력에 견딜 것

㉯ 폭발 화염이 외부로 유출되지 않을 것

㉰ 외함의 표면온도가 외부의 폭발성 가스를 점화하지 않을 것

> **참고**
> ▶ 내압방폭구조의 주요 시험항목
> 1. 폭발강도　　2. 인화시험　　3. 기계적 강도시험
> ▶ 안전간극(Safe Gap)을 적게 하는 이유 : 폭발화염이 외부로 전파되지 않도록 하기 위해

(2) 압력방폭구조(Pressurized Apparatus)

방폭전기설비의 용기 내부에 보호가스를 압입하여 내부압력을 유지함으로써 폭발성 가스 또는 증기가 내부로 유입하지 않도록 된 방폭구조

(3) 유입방폭구조(Oil Immersion)

① '유입방폭구조'라 함은 전기불꽃, 아크 또는 고온이 발생하는 부분을 기름 속에 넣고, 기름면 위에 존재하는 폭발성 가스 또는 증기에 인화되지 않도록 한 구조를 말한다.

② 보통 10mm 이상의 유면으로 위험부위를 커버하고 온도가 60℃ 이상 되면 사용을 금지한다.

③ 과전류가 흐르지 않는 것이 확실하게 보증되어야 하고 기름이 필요한 양 만큼 들어 있어야 한다.

④ 배유구에 사용하는 플러그는 완전나사부에 5산 이상 맞물려져 있는 것이어야 한다.

(4) 안전증방폭구조(Increased Safety)

전기기구의 권선, 에어갭, 접점부, 단자부 등과 같이 정상적인 운전중에 불꽃, 아크 또는 과열이 생겨서는 안 될 부분에 대하여 이를 방지하거나 온도상승을 제한하기 위하여 전기기기의 안전도를 증가시킨 구조

(5) 본질안전방폭구조(Intrinsic Safety Type)

① '본질안전방폭구조'라 함은 정상 및 사고 시(단선, 단락, 지락 등)에 발생하는 전기불꽃, 아크, 고온에 의하여 폭발성 가스 또는 증기에 점화되지 않는 것이 점화시험에 의하여 확인된 구조를 말한다.

② 압력, 온도, 액면유량 등을 검출하는 측정기를 이용한 자동장치에 많이 사용되고, 유지보수 시 전원차단을 하지 않아도 된다.

③ 설치장소의 제약을 받지 않아서 복잡한 공간을 넓게 쓸 수 있다.

④ 에너지가 1.3W, 30V 및 250mA 이하의 개소에도 사용이 가능하다.

⑤ 본질적으로 안전한 전류가 정상 운전상태에서 발생하며 단락, 차단하여도 점화에너지가 되지 않는다.

⑥ 열에너지 등이 대단히 작고, 폭발성 가스에도 착화되지 않는 구조이다.

(6) 특수방폭구조(Special Type)

① '특수방폭구조'라 함은 앞에서 설명한 (1)호 내지 (5)호 구조 이외의 방폭구조로서 폭발성 가스, 증기에 점화 또는 위험분위기로 인화를 방지할 수 있는 것이 시험에 의하여 확인된 구조를 말한다.

② 전기불꽃이나 과열에 대하여 회로 특성에 의하여 폭발의 위험을 방지할 수 있도록 한 구조이다.

③ 특수방폭구조의 종류는 다음과 같다.

　㉮ 비점화방폭구조 : 정상 동작상태에서는 주변의 폭발성 가스 또는 증기에 점화시키지 않고, 점화시킬 수 있는 고장이 유발되지 않도록 한 구조를 말한다.

　㉯ 몰드방폭구조 : 전기기기의 불꽃 또는 열로 인해 폭발성 위험분위기에 점화되지 않도록 컴파운드를 충전해서 보호하는 구조이다.

　㉰ 충전(充境)방폭구조 : 점화원이 될 수 있는 전기불꽃, 아크 또는 고온부분을 용기 내부의 적정한 위치에 고정시키고 그 주위를 충전물질(파우더 등)로 충전하여 폭발성 가스 및 증기의 유입 또는 점화를 어렵게 하고, 화염의 전파를 방지하여 외부의 폭발성 가스 또는 증기에 인화되지 않도록 한 구조를 말한다.

2 방폭구조의 종류와 기호

〈방폭구조의 기호〉

표시항목	기 호	기호의 의미
방폭구조	EX	방폭구조의 상징
방폭구조의 종류	d	내압방폭구조
	p	압력방폭구조
	e	안전증방폭구조
	ia, ib	본질안전방폭구조
	o	유입방폭구조
	s	특수방폭구조
	n	비점화방폭구조
	m	몰드방폭구조
	q	충전방폭구조
	SDP	특수방진방폭구조
	DP	보통방진방폭구조
	XDP	방진특수방폭구조
온도등급(발화도)	T1	450℃ 초과인 것
	T2	300℃ 이상인 것
	T3	200℃ 이상인 것
	T4	135℃ 이상인 것
	T5	100℃ 이상인 것
	T6	85℃ 이상인 것
폭발등급	ⅡA	0.9mm 이상
	ⅡB	0.5mm 초과 0.9mm 미만
	ⅡC	0.5mm 이하

※ 표기(예 1) → IEC 기준
　내압방폭구조의 경우 : Exd ⅡAT2
　여기서, d : 방폭구조의 기호(내압)
　　　ⅡA : 폭발등급
　　　T2 : 온도등급(발화도)

※ 표기(예 2) → KS C 기준
　내압방폭구조의 경우 : d1G2
　여기서, d : 방폭구조의 기호(내압)
　　　1 : 폭발등급
　　　G2 : 온도등급(발화도)

💡 참고

▶ n(비점화방폭구조)
　정상작동 상태에서 폭발 가능성이 없으나 이상상태에서 짧은 시간동안 폭발성 가스 또는 증기가 존재하는 지역에 사용 가능한 방폭용기

3 방폭구조 전기기계 · 기구 선정기준

방폭구조 전기기계 · 기구 선정기준은 다음 표와 같다.

⟨방폭구조 전기기계 · 기구의 선정기준(산업안전보건법 안전기준)⟩

폭발위험장소의 분류		방폭구조 전기기계 · 기구의 선정기준	
가스 폭발 위험 장소	0종 장소	본질안전방폭구조(ia)	그 밖에 관련 공인 인증기관이 0종 장소에서 사용이 가능한 방폭구조로 인증한 방폭구조
	1종 장소	내압방폭구조(d) 압력방폭구조(p) 충전방폭구조(q) 유입방폭구조(o) 안전증방폭구조(e) 본질안전방폭구조(ia, ib) 몰드방폭구조(m)	그 밖에 관련 공인 인증기관이 1종 장소에서 사용이 가능한 방폭구조로 인증한 방폭구조
	2종 장소	0종 장소 및 1종 장소에 사용 가능한 방폭구조 비점화방폭구조(n)	그 밖에 2종 장소에서 사용하도록 특별히 고안된 비방폭형구조

4 분진방폭구조

(1) 분진폭발

① 분진폭발의 개요 : 고체입자 중 지름이 1,000μm보다 작은 것은 물질에 관계없이 분체라 하고, 공기 중에 75μm 이하의 분체가 떠 있는 것을 분진이라고 한다. 이러한 분진 중에서 가연성이 있는 것이 일으키는 폭발을 분진폭발이라고 한다.

② 분진폭발의 영향인자
　㉮ 분진의 입경이 작을수록 폭발하기가 쉽다.
　㉯ 연소열이 큰 분진일수록 저농도에서 폭발하고 폭발위력도 크다.
　㉰ 분진의 비표면적이 클수록 폭발성이 높아진다.
　㉱ 부유분진이 퇴적분진에 비해 발화온도가 높다.

③ 분진의 분류
　㉮ 폭연성 분진 : 공기 중에서 산소가 적은 분위기나 이산화탄소 중에서도 착화하고, 부유 상태에서 심한 폭발을 일으키는 금속분진을 말한다.
　㉯ 가연성 분진 : 공기 중에서 산소와 발열반응을 일으키며 폭발하는 분진을 말한다.
　㉰ 분진의 성질에 따라 다음 표와 같이 분류한다.

⟨분진의 분류⟩

발화도 \ 분진	분진 폭연성	가연성 분진	
		전도성	비전도성
11 (270℃ 초과)	알루미늄, 알루미늄브론즈, 마그네슘	코크스, 아연, 카본블랙, 석탄	고무, 소맥, 염료, 폴리에틸렌, 페놀수지

| 12
(200℃ 초과
270℃ 이하) | 알루미늄수지 | – | 쌀겨, 코코아, 리그닌 |
| 13
(150℃ 초과
200℃ 이하) | – | – | 유황 |

④ 분진의 특성 : 분진의 종류에 따른 특성은 다음 표와 같다.

〈분진의 특성(공기 중)〉

분진의 종류	발화점(℃)	폭발하한계(g/m^3)	최소착화에너지(mJ)
마그네슘	520	20	80
알루미늄	645	35	20
철	310	120	100
목분	430	40	30
에폭시	540	20	15
폴리에틸렌	410	20	10
폴리프로필렌	420	20	30
텔레프탈산	680	50	20
비누	430	45	60
유황	190	35	15
펄프	480	60	80
소맥분	470	60	160
석탄(역청)	610	35	40

(2) 분진방폭구조

① 분진방폭구조의 온도상승 한도 : 분진방폭구조의 전기기기를 사용할 경우, 용기 외면의 온도상승 한도는 기준주위 온도를 40℃로 하여 정한다.

② 분진방폭지역(분진폭발 위험장소)의 분류 : 분진방폭지역(분진폭발 위험장소)은 위험분위기 생성 가능성에 따라 다음 표와 같이 분류한다.

〈폭발 위험장소의 분류〉

분류		용도	예
분진 폭발 위험 장소	20종 장소	공기 중에 분진운의 형태로 폭발성 분진 분위기가 지속적으로 또는 장기간 또는 빈번히 존재하는 장소	호퍼, 분진저장소, 집진장치, 필터 등의 내부
	21종 장소	20종 장소 밖으로서 분진운 형태의 가연성 분진이 폭발농도를 형성할 정도의 충분한 양이 정상작동중에 존재할 수 있는 장소	집진장치, 백필터, 배기구 등의 주위 이송벨트 샘플링 지역 등
	22종 장소	21종 장소 외의 장소로서 가연성 분진운 형태가 드물게 발생 또는 단기간 존재할 우려가 있거나 이상작동 상태 하에서 가연성 분진층이 형성될 수 있는 장소	21종 장소에서 예방조치가 취하여진 지역, 환기설비 등과 같은 안전장치 배출구 주위 등

▶ "u" 방폭인증서에서 방폭부품을 나타내는데 사용되는 인증번호의 접미사

③ 분진방폭구조의 종류

㉮ 특수방진방폭구조 : 전기기기의 케이스를 전폐구조로 하며 접합면에는 일정치 이상의 깊이를 갖는 패킹을 사용하여 분진이 용기 내로 침입하지 못하도록 한 구조이다.

㉯ 보통방진방폭구조 : '보통방진방폭구조'라 함은 전폐구조로서 틈새 깊이를 일정치 이상으로 하거나 또는 접합면에 패킹을 사용하여 분진이 용기 내부로 침입하기 어렵게 한 구조를 말한다.

㉰ 방진특수방폭구조 : '방진특수방폭구조'라 함은 앞에서 설명한 ㉮ 내지 ㉯의 구조 이외의 방폭구조로서 방진방폭성능을 시험에 의하여 성능이 확인된 구조를 말한다.

④ 분진방폭 배선 : 분진이 침투하지 못하도록 방진성이 있는 케이블 배선이나 금속관 배선을 사용하며, 분진의 침투방지를 위하여 도료를 칠하거나 자기융착성의 테이프 등을 사용한다.

⑤ 분진방폭구조 선정기준 : 분진방폭구조 선정기준은 다음 표와 같다.

위험장소	분진방폭구조
20종 장소	밀폐방진방폭구조(DP A20 또는 DP B20)
21종 장소	① 밀폐방진방폭구조(DP A20 또는 A21, DP B20 또는 B21) ② 특수방진방폭구조(SDP)
22종 장소	① 20종 장소 및 21종 장소에서 사용가능한 방폭구조 ② 일반방진방폭구조(DP A22 또는 DP B22) ③ 보통방진방폭구조(DP)

1. 22층 장소의 경우에 가연성 분진의 전기저항이 1,000Ω · m 이하인 때에는 밀폐방진방폭구조에 한한다.
2. 위의 표에서 정하는 폭발위험장소별 방폭구조는 산업표준화법에서 정하는 한국산업규격 또는 국제표준화기구(IEC)에 의한 국제규격을 말한다.

제3절 방폭설비의 공사 및 보수

1 방폭전기 배선

위험분위기 내에서의 사용에 적합하도록 케이블, 절연전선 및 기타 배선재료 등으로 구성된 전기회로를 방폭전기 배선이라고 한다.

(1) 방폭전기 배선의 종류

① 저압방폭전기 배선

㉮ 내압방폭금속관 배선

㉠ 내압방폭성이 있는 금속관으로 배선하는 것인데 전선은 KS C에 규정된 600V 절연전선을 사용하고, 전선관은 후강전선관을 사용한다.

㉡ 전선관을 접속할 때는 유니온 커플링 등을 사용하여 나사부에 최소한 5산 이상 결합시켜야 한다.

㉢ 폭발성 가스의 전파방지를 위해 실링 피팅(Sealing Fitting)을 설치하여 콤파운드(Compound)를 충진시킨다.

㉯ 안전증방폭금속관 배선 : 사용재료는 내압방폭금속관 배선과 거의 같은 것으로 기계적 및 전기적으로 안전도를 증가시킨 금속관 배선이다.

㉰ 이동전기 배선 : 고정된 전원으로부터 이동전기설비에 전기를 공급하거나 이동전기설비의 금속제 외함에 접지를 하기 위한 배선에 시설한다. 사용되는 전선은 KS C에 규정된 3종 또는 4종 캡타이어 케이블이다.

㉱ 케이블 배선

㉠ 케이블 배선은 비위험장소의 배선보다 전기적, 기계적 및 열적으로 안전도를 증가시켜 사용하는 것이다.

㉡ 사용가능한 케이블은 MI케이블, 연피케이블, 600V 폴리에틸렌외장케이블(EV, CV, CE, EE) 등이 있다.

② 고압방폭전기 배선 : 케이블 배선을 사용하는데 케이블은 KS C에 규정된 고압케이블을 사용하고, 이것의 보호를 위하여 보호관이나 덕트(Duct) 및 트레이(Tray) 시설한다.

③ 본질안전회로의 배선

㉮ 본질안전회로의 배선은 비본질안전회로로부터의 정전유도 및 전자유도를 받지 않도록 금속관 내에 넣고 접지하거나 실드(Shield)를 해야 한다.

㉯ 본질안전회로의 배선공사를 노출배선공사로 할 경우 비본질안전 배선으로부터 2cm 이상 이격시켜 설치해야 한다.

(2) 방폭전기 배선의 선정

위험장소의 종류에 따른 방폭전기 배선의 선정은 다음 표와 같다.

위험장소	방폭전기 배선
0종 장소	본질안전회로의 배선
1종, 2종 장소	본질안전회로의 배선, 내압방폭금속관 배선, 케이블 배선(저압 또는 고압)

2 방폭전기설비의 전기적 보호

전기회로가 과전류, 지락, 온도상승 등에 의해 이상이 발생할 우려가 있는 경우, 이것을 조기에 검출하고 그 원인을 제거하기 위하여 방폭전기설비에 다음과 같은 전기적 보호를 해주어야 한다.

① 과전류보호

② 지락보호

③ 노출도전성부분의 보호접지

3 방폭전기설비의 설치

방폭전기설비를 설치하고자 할 때는 다음 사항을 계획서와 비교하여 일치하는지 확인하여야 한다.

(1) 설치 전 사양확인의 일반사항

① 정격전압, 정격주파수, 상수

② 정격전류, 정격출력

③ 용기의 보호등급

④ 부착방식 및 부착형태

⑤ 주위환경

(2) 방폭구조와 관계있는 기호의 확인 요소

① 방폭구조의 종류

② 온도등급

③ 폭발등급

4 방폭전기설비의 설치위치 선정 시 고려할 사항

방폭지역에서 전기기기의 설치위치는 다음 사항을 고려하여야 한다.

① 운전, 조작, 조정 등이 편리한 위치에 설치하여야 한다.

② 보수가 용이한 위치에 설치하고 점검 또는 정비에 필요한 공간을 확보하여야 한다.

③ 가능하면 수분이나 습기에 노출되지 않는 위자를 선정하고, 상시 습기가 많은 장소에 설치하는 것을 피하여야 한다.

④ 부식성 가스 발산구의 주변 및 부식성 액체가 비산하는 위치에 설치하는 것을 피하여야 한다.

⑤ 열유관, 증기관 등의 고온 발열체에 근접한 위치에는 가능하면 설치를 피하여야 한다.

⑥ 기계장치 등으로부터 현저한 진동의 영향을 받을 수 있는 위치에 설치하는 것을 피하여야 한다.

5 방폭전기설비의 설치 시 유의사항

① 용기의 전부 또는 일부에 유리, 합성수지 등을 사용할 때 보호하는 장치를 할 것

② 용기는 전폐구조로 전기가 통하는 부분이 외부로부터 손상받지 않을 것

③ 조작측과 용기와의 접합면은 들어가는 깊이를 5mm 이상으로 할 것

④ 회전기측과 용기와의 접합은 나사접합이나 금속연마접합을 할 것

> 💡 참고
> ▶ 접합면에 패킹을 사용하지 않는다.

6 방폭구조 전기기기의 표시사항

방폭구조 전기기기는 본체의 보기 쉬운 장소에 다음과 같은 사항을 표시해야 된다.

① 제조자의 명칭 또는 제조자의 등록상표

② 제조자의 형식 번호

③ 방폭구조를 나타낸 기호 : Ex

④ 방폭구조의 종류

⑤ 그룹을 나타낸 기호

⑥ 온도등급 : T

⑦ 제조번호가 필요한 경우는 그 번호

⑧ 사용조건이 있는 경우는 기호 : X

⑨ 기타 필요한 사항

01 다음 중 최소발화에너지에 관한 설명으로 틀린 것은?

① 압력이 상승하면 작아진다.
② 온도가 상승하면 작아진다.
③ 산소농도가 높아지면 작아진다.
④ 유체의 유속이 높아지면 작아진다.

해설 **최소발화에너지(Minimum Ignition Energy)** : 가연성 가스나 액체의 증기 또는 폭발성 분진이 공기 중에 있을 때 이것을 발화시키는 데 필요한 에너지이며 단위는 밀리줄(mJ)을 사용한다. 최소발화에너지가 낮은 물질인 아세틸렌, 수소, 이황화탄소 등에서 약간의 전기스파크에도 폭발하기 쉽기 때문에 주의한다. 유체의 유속이 높아지면 최소발화에너지는 커진다.

02 내압(耐壓)방폭구조의 화염일주한계를 작게 하는 이유로 가장 알맞은 것은?

① 최소점화에너지를 높게 하기 위하여
② 최소점화에너지를 낮게 하기 위하여
③ 최소점화에너지 이하로 열을 식히기 위하여
④ 최소점화에너지 이상으로 열을 높이기 위하여

해설 내압방폭구조의 화염일주한계(최대안전틈새, 안전간극)를 작게 하는 것은 최소점화에너지 이하로 열을 식히기 위해서이다.

03 방폭구조에 관계있는 위험 특성이 아닌 것은?

① 발화온도   ② 증기밀도
③ 화염일주한계   ④ 최소점화전류

해설 증기밀도는 방폭구조에 관계있는 위험 특성에 해당되지 않는다.

04 전기기기 방폭의 기본 개념이 아닌 것은?

① 점화원의 방폭적 격리
② 전기기기의 안전도 증강
③ 점화능력의 본질적 억제
④ 전기설비 주위 공기의 절연능력 향상

해설 전기기기 방폭의 기본 개념으로는 ①, ②, ③ 세 가지가 있다.

05 다음에서 전기기기 방폭의 기본 개념과 이를 이용한 방폭구조로 볼 수 없는 것은?

① 점화원의 격리 - 내압(耐壓)방폭구조
② 전기기기 안전도의 증강 - 안전증방폭구조
③ 폭발성 위험분위기 해소 - 유입방폭구조
④ 점화능력의 본질적 억제 - 본질안전방폭구조

해설 **전기기기 방폭의 기본 개념**
㉠ **전기기기 안전도의 증강** : 안전증방폭구조
㉡ **점화능력의 본질적 억제** : 본질안전방폭구조
㉢ **점화원의 방폭적 격리** : 유입, 압력, 내압 방폭구조

06 다음 중 발화도 G1의 발화점의 범위로 옳은 것은?

① 450℃ 초과
② 300℃ 초과 450℃ 이하
③ 200℃ 초과 300℃ 이하
④ 135℃ 초과 200℃ 이하

해설 발화도는 가연성 기체의 발화온도에 따라서 5개 Group으로 분류한다. 그 위험도에 따라서 폭발등급과 함께 방폭전기기기용의 분류로도 쓰인다.

분류	발화온도 범위(℃)
G1	450℃ 이상
G2	300~450℃
G3	200~300℃
G4	135~200℃
G5	100~135℃

07 다음 중 폭굉(Detonation)현상에 있어서 폭굉파의 진행 전면에 형성되는 것은?

① 증발열　　　　② 충격파
③ 역화　　　　　④ 화염의 대류

> **해설** 폭발 중에서도 특히 격렬한 것을 폭굉(Detonation)이라 하고 매질 중 초음속으로 진행하는 파동이다. 충격파를 받는 매질은 같은 압력의 단열압축보다 높은 온도상승을 일으키며 매질이 폭발성이면 그 온도상승에 의하여 반응이 계속 일어나 폭굉파를 일정속도로 유지한다.

08 내압방폭구조에서 안전간극(Safe Gap)을 적게 하는 이유로 가장 알맞은 것은?

① 최소점화에너지를 높게 하기 위해
② 폭발화염이 외부로 전파되지 않도록 하기 위해
③ 폭발압력에 견디고 파손되지 않도록 하기 위해
④ 쥐가 침입해서 전선 등을 갉아먹지 않도록 하기 위해

> **해설** 내압방폭구조에서 안전간극을 적게 하는 이유는 폭발화염이 외부로 전파되지 않도록 하기 위해서이다.

09 최고표면온도에 의한 폭발성 가스의 분류와 방폭전기기기의 온도등급 기호와의 관계를 올바르게 나타낸 것은?

① 200℃ 초과 300℃ 이하 : T2
② 300℃ 초과 450℃ 이하 : T3
③ 450℃ 초과 600℃ 이하 : T4
④ 600℃ 초과 : T5

> **해설** 최고표면온도에 의한 폭발성 가스의 분류와 방폭전기기기의 온도등급 기호와의 관계를 올바르게 나타낸 것은 ①이다. ②의 경우, 기호는 T1이다.

10 방폭전기기기의 등급에서 위험장소의 등급분류에 해당되지 않는 것은?

① 3종 장소　　　② 2종 장소
③ 1종 장소　　　④ 0종 장소

> **해설** 방폭전기기기의 등급에서 위험장소의 등급으로는 0종 장소, 1종, 장소, 2종 장소가 있다.

11 다음 중 산업안전보건법령상 방폭전기설비의 위험장소 분류에 있어 보통 상태에서 위험분위기를 발생할 염려가 있는 장소로서 폭발성 가스가 보통 상태에서 집적되어 위험농도로 염려가 있는 장소를 몇 종 장소라 하는가?

① 0종 장소　　　② 1종 장소
③ 2종 장소　　　④ 3종 장소

> **해설**
> (1) 문제의 내용은 1종 장소에 관한 것이다.
> (2) 그 밖의 위험장소에 관한 사항
> 　㉠ 0종 장소 : 위험분위기가 지속적으로 또는 장기간 존재하는 장소
> 　㉡ 2종 장소 : 이상상태 하에서 위험분위기가 단시간 동안 존재할 수 있는 장소

12 가연성 가스가 저장된 탱크의 릴리프밸브가 가끔 작동하여 가연성 가스나 증기가 방출되는 부근의 위험장소 분류는?

① 0종　　　　　② 1종
③ 2종　　　　　④ 준위험장소

> **해설** 문제의 내용은 1종 위험장소에 관한 것이다.

13 전기설비로 인한 화재폭발의 위험분위기를 생성하지 않도록 하기 위해 필요한 대책으로 가장 거리가 먼 것은?

① 폭발성 가스의 사용 방지
② 폭발성 분진의 생성방지
③ 폭발성 가스의 체류방지
④ 폭발성 가스누설 및 방출 방지

> **해설** 전기설비로 인한 화재폭발의 위험분위기를 생성하지 않도록 하기 위해 필요한 대책
> ㉠ 폭발성 분진의 생성방지
> ㉡ 폭발성 가스의 체류방지
> ㉢ 폭발성 가스누설 및 방출 방지

정답 Ⅰ 07. ② 08. ② 09. ① 10. ① 11. ② 12. ② 13. ①

14 다음 중 폭발위험장소에 전기설비를 설치할 때 전기적인 방호조치로 적절하지 않은 것은?

① 다상 전기기기는 결상운전으로 인한 과열 방지조치를 한다.
② 배선은 단락·지락 사고 시의 영향과 과부하로부터 보호한다.
③ 자동차단이 점화의 위험보다 클 때는 경보장치를 사용한다.
④ 단락보호장치는 고장상태에서 자동복구되도록 한다.

> **해설** ④의 경우 폭발위험장소에 전기설비를 설치할 때 전기적인 방호조치와 거리가 멀다.

15 다음 중 방폭전기설비가 설치되는 표준환경조건에 해당되지 않는 것은?

① 주변온도 : −20 ~ 40℃
② 표고 : 1,000m 이하
③ 상대습도 : 20~60%
④ 전기설비에 특별한 고려를 필요로 하는 정도의 공해, 부식성 가스, 진동 등이 존재하지 않는 장소

> **해설** ③의 경우, 상대습도는 45~85%가 옳은 내용이다.

16 다음 중 방폭구조의 종류에 해당하지 않는 것은?

① 유출방폭구조
② 안전증방폭구조
③ 압력방폭구조
④ 본질안전방폭구조

> **해설** ②, ③, ④ 이외에 **방폭구조의 종류**
> ㉠ 내압방폭구조 　　 ㉡ 유입방폭구조
> ㉢ 특수방폭구조

17 전기설비 내부에서 발생한 폭발이 설비 주변에 존재하는 가연성 물질에 파급되지 않도록 한 구조는?

① 압력방폭구조
② 내압방폭구조
③ 안전증방폭구조
④ 유입방폭구조

> **해설** 문제의 내용은 내압방폭구조에 관한 것이다.

18 내압방폭구조의 기본적 성능에 관한 사항으로 옳지 않은 것은?

① 내부에서 폭발할 경우 그 압력에 견딜 것
② 폭발화염이 외부로 유출되지 않을 것
③ 습기침투에 대한 보호가 될 것
④ 외함 표면온도가 주위의 가연성 가스에 점화하지 않을 것

> **해설** ③의 내용은 내압방폭구조의 기본적 성능에 관한 사항으로는 거리가 멀다.

19 금속관의 방폭형 부속품에 관한 설명 중 틀린 것은?

① 아연도금을 한 위에 투명한 도료를 칠하거나 녹스는 것을 방지한 강 또는 가단주철일 것
② 안쪽면 및 끝부분은 전선의 피복을 손상하지 않도록 매끈한 것일 것
③ 전선관의 접속부분의 나사는 5턱 이상 완전히 나사결합이 될 수 있는 길이일 것
④ 접합면 중 나사의 접합은 유입방폭구조의 폭발압력시험에 적합할 것

> **해설** ④의 경우, 접합면 중 나사의 접합은 내압방폭구조의 폭발압력시험에 적합한 것이 옳다.

20 다음 중 내압방폭구조인 전기기기의 성능시험에 관한 설명으로 틀린 것은?

① 성능시험은 모든 내용물을 용기에 장착한 상태로 시험한다.
② 성능시험은 충격시험을 실시한 시료 중 하나를 사용해서 실시한다.

③ 부품의 일부가 용기에 포함되지 않은 상태에서 사용할 수 있도록 설계된 경우 최적의 조건에서 시험을 실시해야 한다.

④ 제조자가 제시한 자세한 부품 배열방법이 있고, 빈 용기가 최악의 폭발압력을 발생시키는 조건인 경우에는 빈 용기 상태로 시험할 수 있다.

[해설] ③ 부품의 일부가 용기에 포함되지 않은 상태에서 사용할 수 있도록 설계된 경우 가장 가혹한 조건에서 시험을 실시해야 한다.

21 방폭전기설비의 용기 내부에 보호가스를 압입하여 내부압력을 유지함으로써 폭발성 가스 또는 증기가 내부로 유입하지 않도록 된 방폭구조는?

① 내압방폭구조
② 압력방폭구조
③ 안전증방폭구조
④ 유입방폭구조

[해설] 압력방폭구조에 대한 설명으로 표시기호는 'p'이며, 종류에는 밀봉식, 통풍식, 봉입식이 있다.

22 다음은 어떤 방폭구조에 대한 설명인가?

전기기구의 권선, 에어갭, 접점부, 단자부 등과 같이 정상적인 운전 중에 불꽃, 아크 또는 과열이 생겨서는 안 될 부분에 대하여 이를 방지하거나 온도상승을 제한하기 위하여 전기기기의 안전도를 증가시킨 구조이다.

① 압력방폭구조　　② 유입방폭구조
③ 안전증방폭구조　④ 본질안전방폭구조

[해설] 안전증방폭구조에 관한 설명으로 기호는 'e'이다.

23 가스폭발위험이 있는 0종 장소에 전기기계·기구를 사용할 때 요구되는 방폭구조는?

① 내압방폭구조
② 압력방폭구조

③ 유입방폭구조
④ 본질안전방폭구조

[해설] 가스폭발위험이 있는 0종 장소에 요구되는 방폭구조는 본질안전방폭구조이다.

24 다음 중 전기기기의 불꽃 또는 열로 인해 폭발성 위험분위기에 점화되지 않도록 콤파운드를 충전해서 보호하는 방폭구조는?

① 몰드방폭구조
② 비점화방폭구조
③ 안전등방폭구조
④ 본질안전방폭구조

[해설] 문제의 내용은 몰드방폭구조에 관한 것이다.

25 방폭구조와 기호의 연결이 옳지 않은 것은?

① 압력방폭구조 : p
② 내압방폭구조 : d
③ 안전증방폭구조 : s
④ 본질안전방폭구조 : ia 또는 ib

[해설] ③ 안전증방폭구조의 기호는 'e'이다.

26 방폭전기기기 발화도의 온도등급과 최고표면온도에 의한 폭발성 가스의 분류표기를 가장 올바르게 나타낸 것은?

① T1 : 450℃ 이하
② T2 : 350℃ 이하
③ T4 : 125℃ 이하
④ T6 : 100℃ 이하

[해설] 방폭전기기기 발화온도의 온도등급과 최고표면온도에 의한 폭발성 가스의 분류표기

ⓐ T1 : 450℃ 이하　　ⓑ T2 : 300℃ 이하
ⓒ T3 : 200℃ 이하　　ⓓ T4 : 135℃ 이하
ⓔ T5 : 100℃ 이하　　ⓕ T6 : 85℃ 이하

27 내압(耐壓)방폭구조에서 방폭전기기기의 폭발등급에 따른 최대안전틈새의 범위(mm) 기준으로 옳은 것은?

① ⅡA−0.65 이상

② ⅡA−0.5 초과 0.9 미만

③ ⅡC−0.25 미만

④ ⅡC−0.5 이하

> **해설** 내압방폭구조에서 방폭전기기기의 폭발등급에 따른 최대안전틈새의 범위
> ㉠ ⅡA−0.9mm 이상
> ㉡ ⅡB−0.5mm 초과 0.9mm 미만
> ㉢ ⅡC−0.5mm 이하

28 다음 중 폭발등급 1~2등급, 발화도 G1~G4까지의 폭발성 가스가 존재하는 1종 위험장소에 사용될 수 있는 방폭전기설비의 기호로 옳은 것은?

① d2G4 ② m1G1

③ e2G4 ④ e1G1

> **해설** 문제의 내용은 d2G4에 관한 것이다.

29 다음 분진의 종류 중 폭연성 분진에 해당하는 것은?

① 소맥분 ② 철

③ 코크스 ④ 알루미늄

> **해설**
> (1) 폭연성 분진으로는 알루미늄, 알루미늄 브론즈, 마그네슘, 알루미늄수지 등이 있다.
> (2) 전도성, 가연성 분진으로는 코크스, 아연, 석탄, 카본블랙 등이 있다.

30 다음 중 분진폭발위험장소의 구분에 해당하지 않는 것은?

① 20종 ② 21종

③ 22종 ④ 23종

> **해설** **분진폭발위험장소의 구분**
> 20종, 21종, 22종

31 산업안전보건법상 다음 내용에 해당하는 폭발위험장소는?

> 20종 장소 외의 장소로서, 폭발농도를 형성할 정도로 충분한 양의 분진운 형태 가연성 분진이 정상작동 중에 존재할 수 있는 장소

① 0종 장소 ② 1종 장소

③ 21종 장소 ④ 22종 장소

> **해설** 문제의 내용은 21종 장소에 관한 것이다.

32 전기기기의 케이스를 전폐구조로 하며 접합면에는 일정치 이상의 깊이를 갖는 패킹을 하여 분진이 용기 내로 침입하지 못하도록 한 구조는?

① 보통방진방폭구조

② 분진특수방폭구조

③ 특수방진방폭구조

④ 분진방폭구조

> **해설** 문제의 내용은 특수방진방폭구조에 관한 것이다.

33 다음 중 방폭전기기기의 선정 시 고려하여야 할 사항과 가장 거리가 먼 것은?

① 압력방폭구조의 경우 최고표면온도

② 내압방폭구조의 경우 최대안전틈새

③ 안전증방폭구조의 경우 최대안전틈새

④ 본질안전방폭구조의 경우 최소점화전류

> **해설** ③ 안전증방폭구조의 경우 최고표면온도

34 방폭전기설비 계획 수립 시의 기본 방침에 해당되지 않는 것은?

① 가연성 가스 및 가연성 액체의 위험특성 확인

② 시설장소의 제조건 검토

③ 전기설비의 선정 및 결정

④ 위험장소 종별 및 범위의 결정

해설 **방폭전기설비 계획 수립 시의 기본 방침**
㉠ 가연성 가스 및 가연성 액체의 위험특성 확인
㉡ 시설장소의 제조건 검토
㉢ 위험장소 종별 및 범위의 결정
㉣ 전기설비 배치의 결정
㉤ 방폭전기설비의 선정

35 다음 중 가스·증기 방폭구조인 전기기기의 일반성능기준에 있어 인증된 방폭기기에 표시하여야 하는 사항과 가장 거리가 먼 것은?

① 해당 방폭구조의 기호
② 해당 방폭구조의 형상
③ 방폭기기를 나타내는 기호
④ 제조자 이름이나 등록상표

해설 ①, ③, ④ 이외의 **인증된 방폭기기에 표시하여야 하는 사항**은 다음과 같다.
㉠ 제조자의 형식번호
㉡ 방폭구조의 종류
㉢ 그룹을 나타낸 기호
㉣ 온도등급

제1절 위험물의 기초화학

1 위험물

(1) 위험물 개요

상온 20℃에서 상압(1기압)에서 대기 중의 산소 또는 수분 등과 쉽게 격렬히 반응하면서 수 초 이내에 방출되는 막대한 에너지로 인해 화재 및 폭발을 유발시키는 물질이 위험물이다.

(2) 위험물의 일반적인 특징

① 자연계에 흔히 존재하는 물 또는 산소와의 반응이 용이하다

② 반응속도가 급격히 진행한다.

③ 반응 시 발생하는 열량이 크다.

④ 수소 등과 같은 가연성 가스를 발생시킨다.

⑤ 화학적 구조 및 결합력이 대단히 불안정하다.

⑥ 그 자체가 위험하다든가 또는 환경조건에 따라 쉽게 위험성을 나타내는 물질을 말한다.

(3) 혼합 위험성 물질

2종 또는 그 이상의 물질이 혼합 또는 상호접촉하여 발화의 위험이 있는 물질을 혼합 위험성물질이라고 한다.

① 물질이 혼합하여 혼합 폭약에 유사한 폭발성 혼합물을 형성하는 경우

② 물질이 혼합되었을 때 서로 화학반응을 일으켜 민감한 폭발성 화합물을 형성하는 경우

③ 물질이 혼합되는 동시에 발화하여 연소나 폭발을 일으키는 경우, 그리고 혼합 위험은 일반적으로 강한 산화성을 갖는 물질과 환원성을 갖는 물질과의 혼합으로 일어나는 경우가 많다.

   예 발연질산과 아닐린의 혼합

(4) 혼합 또는 접촉 시 발화 또는 폭발의 위험이 있는 것

① 나트륨과 알코올

② 염소산칼륨과 유황

③ 황화인과 무기과산화물

(5) 가연성 물질과 산화성 고체가 혼합하고 있을 때 연소에 미치는 현상

최소발화에너지가 감소하며, 폭발의 위험성이 증가한다.

2 공정과 공정변수

(1) 공정(Process)

한 물질 혹은 여러 물질의 혼합물에 물리 또는 화학적 변화를 일어나게 하는 하나의 조작 (Operation) 또는 일련의 조작을 말한다.

① 밀도(Density) : 그 물질의 단위부피당의 질량(kg/m^3, g/cm^3)으로 나타낸다.

② 유속(Flow rate) : 연속식 공정(Continuous Process)에는 한 지점에서 다른 지점으로의 물질의 이동(공정단위 사이에서 또는 생산시설에서 수송장소로, 또는 이와 반대의 순서로)을 포함하고 있다. 이와 같이 공정도관을 통하여 수송되는 물질의 속도를 말한다.

예제 1

▶ 대기압하의 직경이 2m인 물탱크에 바닥에서부터 2m 높이까지 물이 들어있다. 이 탱크의 바닥에서 0.5m 위 지점에 직경이 1cm인 작은 구멍이 나서 물이 새어나오고 있다. 구멍의 위치까지 물이 새어나 오는 데 필요한 시간은 약 얼마인가? (단, 탱크의 대기압은 0이며, 배출계수는 0.61로 한다.)

풀이 $t = \dfrac{A_R}{C_d A_o \sqrt{2g}} \displaystyle\int_{y_1}^{y_2} y^{(-1/2)} d_y = \dfrac{2A_R}{C_d A_o \sqrt{2g}} (\sqrt{y_1} - \sqrt{y_2})\,[s]$

여기서, t : 배출시간(s)

$\quad\quad A_R$: 탱크의 수평단면적(m^2)

$\quad\quad A_o$: 오리피스의 단면적(m^2)

$\quad\quad C_d$: 배출계수, 송출계수, 탱크의 수면으로부터 오리피스까지 수직높이

$\quad\quad y_1$: $t=0$일 때의 높이(m)($y=y_1$)

$\quad\quad y_2$: $t=t$일 때의 높이(m)($y=y_2$)

$\quad\quad g$: 중력가속도($=9.8m/s^2$)

$t = \dfrac{A_R}{C_d A_o \sqrt{2g}} (\sqrt{y_1} - \sqrt{y_2}) = \dfrac{2 \times \dfrac{\pi \times (2)^2}{4}}{0.61 \times \dfrac{\pi \times (0.01)^2}{4} \times \sqrt{2 \times 9.8}} \times (\sqrt{2} - \sqrt{0.5})$

$\quad = 20946.7726s \times \dfrac{1hr}{3,600s} = 5.82hr$

여기서 탱크의 대기압은 0기압이므로 배출시간은 2배로 증가한다.

$\therefore 5.82hr \times 2 = 11.6hr$

예제 2

▶ 비중이 1.5이고 직경이 74μm인 분체가 종말속도 0.2m/s로 직경 6m의 사일로(Silo)에서 질량유속 400kg/h로 흐를 때 평균 농도는 약 얼마인가?

풀이 평균농도(mg/L) $= \dfrac{질량유속(mg/s)}{사일로에 흐르는 유량(L/s)}$

$19.8(mg/L) = \dfrac{400kg/h \times \dfrac{1h}{3,600sec} \times \dfrac{10^6 mg}{1kg}}{\dfrac{\pi}{4} \times (6m)^2 \times 0.2m/s \times \dfrac{1,000L}{1m^3}}$

(2) 기타 위험물에 관련되는 물성

① Leidenfrost point : 뜨거운 금속에 물이 닿으면 튀는 현상과 같이 핵비등(nucleate boiling) 사태에서 막비등(film boiling)으로 이행하는 온도

② 엔탈피 : 어떤 물체가 가지는 단위중량당의 열에너지

제2절 화학반응

화학반응에 의해 발생되는 열

(1) 반응열

(2) 생성열

(3) 분해열

(4) 연소열

(5) 융해열

(6) 중화열

01 다음 중 위험물의 일반적인 특성이 아닌 것은?

① 반응 시 발생하는 열량이 크다.
② 물 또는 산소와의 반응이 용이하다.
③ 수소와 같은 가연성 가스가 발생한다.
④ 화학적 구조 및 결합이 안정되어 있다.

해설 ④ 화학적 구조 및 결합이 안정되어 있지 않다.

02 다음 중 위험물에 대한 일반적 개념으로 옳지 않은 것은?

① 반응속도가 급격히 진행된다.
② 화학적 구조 및 결합력이 불안정하다.
③ 대부분 화학적 구조가 복잡한 고분자물질이다.
④ 그 자체가 위험하다든가 또는 환경조건에 따라 쉽게 위험성을 나타내는 물질을 말한다.

해설 ③ 반응 시 수반되는 발열량이 크다.

03 다음 중 혼합 위험성인 혼합에 따른 발화위험성 물질로 구분되는 것은?

① 에탄올과 가성소다의 혼합
② 발열질산과 아닐린의 혼합
③ 아세트산과 포름산의 혼합
④ 황산암모늄과 물의 혼합

해설 **혼촉발화** : 2가지 이상 물질의 혼촉에 의해 위험한 상태가 생기는 것을 말하지만 혼촉발화가 모두 발화위험을 일으키는 것은 아니며 유해위험도 포함된다.

04 다음 중 혼합 또는 접촉 시 발화 또는 폭발의 위험이 가장 적은 것은?

① 니트로셀룰로오스와 알코올
② 나트륨과 알코올

③ 염소산칼륨과 유황
④ 황화인과 무기과산화물

해설 니트로셀룰로오스는 물과 혼합 시 위험성이 감소하므로 저장·수송할 때에는 물(20%)이나 알코올(30%)로 습면시킨다.

05 뜨거운 금속에 물이 닿으면 튀는 현상과 같이 핵비등(nucleate boiling) 상태에서 막비등(film boiling)으로 이행하는 온도를 무엇이라 하는가?

① Burn-out point
② Leidenfrost point
③ Entrainment point
④ Sub-cooling boiling point

해설 **Leidenfrost point** : 비등전열에 있어 핵비등에서 막비등으로 이행할 때 열유속이 극대값을 나타내는 점

06 대기압에서 물의 엔탈피가 1kcal/kg이었던 것이 가압하여 1.45kcal/kg을 나타내었다면 flash율은 얼마인가? (단, 물의 기화열은 540kcal/g이라고 가정한다.)

① 0.00083
② 0.0083
③ 0.0015
④ 0.015

해설 $\text{flash율} = \dfrac{1.45 - 1}{540} = 0.00083$

07 화학반응에 의해 발생하는 열이 아닌 것은?

① 연소열
② 압축열
③ 반응열
④ 분해열

해설 화학반응에 의해 발생하는 열
㉠ 반응열 ㉡ 생성열 ㉢ 분해열
㉣ 연소열 ㉤ 융해열 ㉥ 중화열

Chapter 07 위험물의 분류 및 안전조치

제1절 위험물의 종류

1 산업안전보건법상 위험물질의 종류

(1) 폭발성 물질 및 유기과산화물

① 질산에스테르류 : 니트로글리콜 · 니트로글리세린 · 니트로셀룰로오스 등

② 니트로화합물 : 트리니트로벤젠 · 트리니트로톨루엔 · 피크린산 등

③ 니트로소화합물

④ 아조화합물

⑤ 디아조화합물

⑥ 하이드라진 유도체

⑦ 유기과산화물 : 과초산, 메틸에틸케톤 과산화물, 과산화벤조일 등

⑧ 그 밖에 ①부터 ⑦까지의 같은 정도의 폭발위험이 있는 물질

⑨ ①부터 ⑧까지의 물질을 함유한 물질

(2) 물반응성 물질 및 인화성 고체

① 리튬

② 칼륨 · 나트륨

③ 황

④ 황린

⑤ 황화인 · 적린

⑥ 셀룰로이드류

⑦ 알킬알루미늄 · 알킬리튬

⑧ 마그네슘 분말

⑨ 금속 분말(마그네슘 분말은 제외한다)

⑩ 알칼리금속(리튬 · 칼륨 및 나트륨은 제외한다)

⑪ 유기금속화합물(알킬알루미늄 및 알킬리튬은 제외한다)

⑫ 금속의 수소화물

⑬ 금속의 인화물

> **참고**
>
> $Ca_3P_2 + 6H_2O \rightarrow 3Ca(OH)_2 + 2PH_3$

⑭ 칼슘탄화물, 알루미늄탄화물

⑮ 그 밖에 ①부터 ⑭까지의 물질과 같은 정도의 발화성 또는 인화성이 있는 물질

⑯ ①부터 ⑮까지의 물질을 함유한 물질

> 💡 참고
>
> $2K + 2H_2O \rightarrow 2KOH + H_2$
>
> $NaH + H_2O \rightarrow NaOH + \underline{H_2}$
>
> $CaC_2 + 2H_2O \rightarrow Ca(OH)_2 + \underline{C_2H_2}$
>
> $(C_2H_5)_3Al + 3H_2O \rightarrow Al(OH)_3 + \underline{3C_2H_6}$
>
> ∴ 위험도 $H_2 : \dfrac{7.5-4}{4} = 17.75$, $C_2H_2 : \dfrac{81-2.5}{2.5} = 31.4$, $C_2H_6 : \dfrac{36-2.7}{2.7} = 12.33$

(3) 산화성 액체 및 산화성 고체

① 차아염소산 및 그 염류

㉮ 차아염소산

㉯ 차아염소산칼륨, 그 밖의 차아염소산염류

② 아염소산 및 그 염류

㉮ 아염소산

㉯ 아염소산칼륨, 그 밖의 아염소산염류

③ 염소산 및 그 염류

㉮ 염소산

㉯ 염소산칼륨, 염소산나트륨, 염소산암모늄, 그 밖의 염소산염류

④ 과염소산 및 그 염류

㉮ 과염소산

㉯ 과염소산칼륨, 과염소산나트륨, 과염소산암모늄, 그 밖의 과염소산염류

⑤ 브롬산 및 그 염류 : 브롬산염류

⑥ 요오드산 및 그 염류 : 요오드산염류

⑦ 과산화수소 및 무기 과산화물

㉮ 과산화수소

㉯ 과산화칼륨, 과산화나트륨, 과산화바륨, 그 밖의 무기과산화물

> 💡 참고
>
> 1. **과염소산** : 불연성이지만 다른 물질의 연소를 돕는 산화성 액체물질
> 2. 과산화나트륨은 물과의 반응 또는 열에 의해 분해되어 산소를 발생한다.
>   - $2Na_2O_2 + 2H_2O \rightarrow 4NaOH + O_2 \uparrow$
>   - $2Na_2O_2 \rightarrow 2Na_2O + O_2 \uparrow$

⑧ 질산 및 그 염류 : 질산칼륨, 질산나트륨, 질산암모늄, 그 밖의 질산염류

> 💡 참고
>
> ▶ 질산암모늄(NH_4NO_3)은 물에 잘 녹고 다량의 물을 흡수하여 흡열반응하므로 온도가 내려간다.

⑨ 과망간산 및 그 염류

⑩ 중크롬산 및 그 염류

⑪ 그 밖에 ①부터 ⑪까지의 물질과 같은 정도의 산화성이 있는 물질

⑫ ①부터 ⑪까지의 물질을 함유한 물질

(4) 인화성 액체

① 에틸에테르 · 가솔린 · 아세트알데히드 · 산화프로필렌, 그 밖에 인화점이 23℃ 미만이고 초기 끓는점이 35℃ 이하인 물질

② 노말헥산 · 아세톤 · 메틸에틸케톤 · 메틸알코올 · 에틸알코올 · 이황화탄소, 그 밖에 인화점이 23℃ 미만이고 초기 끓는점이 35℃를 초과하는 물질

③ 크실렌 · 아세트산아밀 · 등유 · 경유 · 테레핀유 · 이소아밀알코올 · 아세트산 · 하이드라진, 그 밖에 인화점이 23℃ 이상 60℃ 이하인 물질

> 💡 참고
> ▶ **방유제** : 인화성 액체 위험물을 액체상태로 저장하는 저장탱크를 설치할 때, 위험물질이 누출되어 확산되는 것을 방지하기 위하여 설치해야 하는 것

(5) 인화성 가스

① 수소
② 아세틸렌
③ 에틸렌
④ 메탄
⑤ 에탄
⑥ 프로판
⑦ 부탄
⑧ 영 [별표 10]에 따른 인화성 가스

> 💡 참고
> ▶ 사업주는 인화성 액체 및 인화성가스를 저장 · 취급하는 화학설비에서 증기나 가스를 대기로 방출하는 경우에는 외부로부터의 화염을 방지하기 위하여 화염방지기를 그 설비 상단에 설치하여야 한다.

(6) 부식성 물질로서 다음의 어느 하나에 해당하는 물질

① 부식성 산류
   ㉮ 농도가 20퍼센트 이상인 염산 · 황산 · 질산, 그 밖에 이와 같은 정도 이상의 부식성을 가지는 물질
   ㉯ 농도가 60퍼센트 이상인 인산 · 아세트산 · 불산, 그 밖에 이와 같은 정도 이상의 부식성을 가지는 물질

② 부식성 염기류 : 농도가 40퍼센트 이상인 수산화나트륨 · 수산화칼륨, 그 밖에 이와 같은 정도 이상의 부식성을 가지는 물질

(7) 급성 독성 물질

① 쥐에 대한 경구투입실험에 의하여 실험동물의 50%를 사망시킬 수 있는 물질의 양, 즉 LD50(경구, 쥐)이 킬로그램당 300mg-(체중) 이하인 화학물질

② 쥐 또는 토끼에 대한 경피흡수실험에 의하여 실험동물의 50%를 사망시킬 수 있는 물질의 양, 즉 LD50(경피, 토끼 또는 쥐)이 킬로그램당 1,000mg-(체중) 이하인 화학물질

③ 쥐에 대한 4시간 동안의 흡입실험에 의하여 실험동물의 50%를 사망시킬 수 있는 물질의 농도, 즉 가스 LC50(쥐, 4시간 흡입)이 2,500ppm 이하인 화학물질, 증기 LC50(쥐, 4시간 흡입)이 10mg/L 이하인 화학물질, 분진 또는 미스트 1mg/L 이하인 화학물질

> 🔔 **참고**
>
> ▶ **위험물질의 기준량**
>
> | 위험물질 | 기준량 |
> |---|---|
> | 부탄 | $50m^3$ |
> | 시안화수소 | 5kg |

2 위험물질에 대한 저장방법

(1) 탄화칼슘(CaC_2)

밀폐된 저장용기

(2) 벤젠(C_6H_6)

산화성 물질과 격리한다.

(3) 적린(P_4), 금속나트륨(Na), 금속칼륨(K)

석유(등유)

> 🔔 **참고**
>
> ▶ **나트륨이 물과 반응 시 위험성이 매우 큰 이유**
>
> $2Na + 2H_2O \rightarrow 2NaOH + H_2\uparrow + 88.2kcal$

(4) 황린(P_4), 이황화탄소(CS_2)

물속

(5) 질산은($AgNO_3$)

통풍이 잘 되는 곳에 보관하고 물기와의 접촉은 금지한다.

(6) 질화면(nitro cellulose)은 저장·취급 중 에틸알코올 또는 이소프로필알코올로 습면상태로 하는 이유

질화면을 건조상태에서는 자연발화를 일으켜 분해폭발이 존재하기 때문이다.

> 🔔 **참고**
>
> ▶ **방유제** : 인화성 액체위험물을 액체상태로 저장하는 저장탱크를 설치하는 경우에는 위험물이 누출되어 확산되는 것을 방지하기 위한 것을 방지하기 위한 것

제2절 위험물의 성질 및 취급방법

1 성질(산화성 액체)

① 피부 및 의복을 부식하는 성질이 있다.

② 일반적으로 불연성이며 산소를 많이 함유하고 있는 강산화제이므로 가연물과의 접촉을 주의한다.

③ 위험물 유출 시 건조사를 뿌리거나 중화제로 중화한다.

④ 물과 반응하며 발열반응을 일으키므로 물과의 접촉을 피한다.

2 취급방법

① 조해성이 있는 것은 방습을 고려해 용기를 밀폐한다.

② 분해를 촉진하는 약품류와 접촉을 피한다.

③ 가열·충격·마찰 등 분해를 일으키는 조건을 주지 않는다.

01 다음 중 폭발성 물질로 분류될 수 있는 가장 적절한 물질은?

① N_2H_4 ② CH_3COCH_3

③ $n-C_3H_7OH$ ④ $C_2H_5OC_2H_2$

> **해설**
> ㉠ **폭발성 물질** : N_2H_4(히드라진)
> ㉡ **인화성 액체** : CH_3COCH_3(아세톤), $n-C_3H_7OH$ (n-프로필알코올), $C_2H_5OC_2H_2$(에테르)

02 다음 중 자기반응성 물질에 관한 설명으로 틀린 것은?

① 가열·마찰·충격에 의해 폭발하기 쉽다.
② 연소속도가 대단히 빨라서 폭발적으로 반응한다.
③ 소화에는 이산화탄소, 할로겐화합물 소화약제를 사용한다.
④ 가연성 물질이면서 그 자체 산소를 함유하므로 자기연소를 일으킨다.

> **해설**
> ③의 경우 소화에는 다량의 물을 사용한다는 내용이 옳다.

03 다음 중 발화성 물질에 해당하는 것은?

① 프로판   ② 황린
③ 염소산 및 그 염류   ④ 질산에스테르류

> **해설**
> ① 가연성 가스   ② 발화성 물질
> ③ 산화성 고체   ④ 자기반응성 물질

04 다음 중 폭발이나 화재방지를 위하여 물과의 접촉을 방지하여야 하는 물질에 해당하는 것은?

① 칼륨   ② 트리니트로톨루엔
③ 황린   ④ 니트로셀룰로오스

> **해설**
> ㉠ 칼륨은 공기 중의 수분 또는 물과 반응하여 수소가스를 발생하고 발화한다.
> $2K + 2H_2O \rightarrow 2KOH + H_2\uparrow + 92.8kcal$
> ㉡ 트리니트로톨루엔, 황린, 니트로셀룰로오스는 물과 접촉하면 안정된다.

05 다음 중 물과 반응하여 수소가스를 발생시키지 않는 물질은?

① Mg   ② Zn
③ Cu   ④ Li

> **해설**
> ㉠ **금속의 이온화경향**
> K 〉Ca 〉Na 〉Ma 〉Al 〉Zn 〉Fe 〉Ni 〉Sn 〉Pb 〉(H) 〉Cu 〉Hg 〉Ag 〉Pt 〉Au
> ㉡ 수소(H)보다 이온화경향이 작은 Cu, Hg, Ag, Pt, Au은 물과 반응하여 수소가스를 발생하지 않는다.

06 다음 중 산업안전보건법령상의 위험물질의 종류에 있어 산화성 액체 및 산화성 고체에 해당하지 않는 것은?

① 요오드산   ② 브롬산 및 그 염류
③ 유기과산화물   ④ 염소산 및 그 염류

> **해설**
> **유기과산화물** : 산소와 산소 사이의 결합이 약해 가열, 충격 및 마찰에 의해 분해되고, 산소에 의해 강한 산화작용을 일으키는 폭발성 물질의 유기과산화물

07 산업안전보건법에 의한 위험물질의 종류와 해당물질이 올바르게 짝지어진 것은?

① 인화성 가스-암모니아
② 폭발성 물질 및 유기과산화물-칼륨, 나트륨
③ 산화성 액체 및 산화성 고체-질산 및 그 염류
④ 물반응성 물질 및 인화성 고체-질산에스테르류

> **해설**
> ① **급성 독성 물질** : 암모니아
> ② **물반응성 물질 및 인화성 고체** : 칼륨, 나트륨
> ④ **폭발성 물질 및 유기과산화물** : 질산에스테르류

08 산업안전보건법에서 분류한 위험물질의 종류와 이에 해당되는 것이 올바르게 짝지어진 것은?

① 부식성 물질 – 황화인 · 적린
② 산화성 액체 및 산화성 고체 – 중크롬산
③ 폭발성 물질 및 유기과산화물 – 마그네슘 분말
④ 물반응성 물질 및 인화성 고체 – 하이드라진 유도체

> 해설
> ① **발화성 물질** – 황화인 · 적린
> ③ **발화성 물질** – 마그네슘 분말
> ④ **폭발성 물질 및 유기과산화물** – 하이드라진 유도체

09 산화성 물질을 가연물과 혼합할 경우 혼합위험성 물질이 되는데 다음 중 그 이유로 가장 적당한 것은?

① 산화성 물질에 조해성이 생기기 때문이다.
② 산화성 물질이 가연성 물질과 혼합되어 있으면 주수소화가 어렵기 때문이다.
③ 산화성 물질이 가연성 물질과 혼합되어 있으면 산화 · 환원반응이 더욱 잘 일어나기 때문이다.
④ 산화성 물질과 가연물이 혼합되어 있으면 가열 · 마찰 · 충격 등의 점화에너지원에 의해 더욱 쉽게 분해하기 때문이다.

> 해설
> 산화성 물질을 가연물과 혼합할 경우 혼합위험성 물질이 되는 이유는 산화성 물질이 가연성 물질과 혼합되어 있으면 산화 · 환원반응이 더욱 잘 일어나기 때문이다.

10 다음 중 가연성 물질과 산화성 고체가 혼합하고 있을 때 연소에 미치는 현상으로 옳은 것은?

① 착화온도(발화점)가 높아진다.
② 최소점화에너지가 감소하며, 폭발의 위험성이 증가한다.
③ 가스나 가연성 증기의 경우 공기혼합보다 연소범위가 축소된다.
④ 공기 중에서 보다 산화작용이 약하게 발생하여 화염온도가 감소하며 연소속도가 늦어진다.

> 해설
> 가연성 물질(제2류 위험물)과 산화성 고체(제1류 위험물)가 혼합하고 있으면 최소점화에너지가 감소하며, 폭발의 위험성이 증가한다.

11 다음 중 인화성 액체의 취급 시 주의사항으로 가장 적절하지 않은 것은?

① 소포성의 인화성 액체의 화재 시에는 내알코올포를 사용한다.
② 소화작업 시에는 공기호흡기 등 적합한 보호구를 착용하여야 한다.
③ 일반적으로 비중이 물보다 무거워서 물 아래로 가라앉으므로, 주수소화를 이용하면 효과적이다.
④ 화기, 충격, 마찰 등의 열원을 피하고, 밀폐용기를 사용하며, 사용상 불가능한 경우 환기장치를 이용한다.

> 해설
> ③의 경우 일반적으로 비중이 물보다 가볍고 물 위로 뜨며 질식소화를 이용하면 효과적이라는 내용이 옳다.

12 다음 중 인화점이 가장 낮은 물질은?

① CS_2
② C_2H_5OH
③ CH_3COCH_3
④ $CH_3COOC_2H_5$

> 해설
> **인화점**
> ① CS_2 : −30℃
> ② C_2H_5OH : 11℃
> ③ CH_3COCH_3 : −18℃
> ④ $CH_3COOC_2H_5$: −10℃

13 산업안전보건법상 인화성 액체를 수시로 사용하는 밀폐된 공간에서 해당 가스 등으로 폭발 위험 분위기가 조성되지 않도록 하기 위해서는 해당 물질의 공기 중 농도는 인화하한계값의 얼마를 넘지 않도록 하여야 하는가?

① 10%
② 15%
③ 20%
④ 25%

> 해설
> **인화성 액체를 수시로 사용하는 밀폐된 공간** : 해당 가스 등으로 폭발위험 분위기가 조성되지 않도록 하기 위해서는 해당 물질의 공기 중 농도가 인화하한계값의 25%를 넘지 않도록 한다.

14 환풍기가 고장이 난 장소에서 인화성 액체를 취급하는 과정에 부주의로 마개를 막지 않았다. 이 장소에서 작업자가 담배를 피우기 위해 불을 켜는 순간 인화성 액체에서 불꽃이 일어나는 사고가 발생하였다면 다음 중 이와 같은 사고의 발생가능성이 가장 높은 물질은?

① 아세트산　　　　② 등유
③ 에틸에테르　　　④ 경유

> **해설** 에틸에테르($C_2H_5OC_2H_5$)는 인화점(−45℃)이 낮고 휘발성이 강하며, 정전기 발생의 위험성이 있다.

15 다음 중 온도가 증가함에 따라 열전도도가 감소하는 물질은?

① 에탄　　　　　　② 프로판
③ 공기　　　　　　④ 메틸알코올

> **해설** 온도가 증가함에 따라 열전도도가 감소하는 물질
> 액체 (예 　메틸알코올)

16 다음 중 산업안전보건법령상 위험물질의 종류에 있어 인화성 가스에 해당하지 않는 것은?

① 수소　　　　　　② 부탄
③ 에틸렌　　　　　④ 암모니아

> **해설** **인화성가스**
> ㉠ 수소　　　　　㉡ 아세틸렌
> ㉢ 에틸렌　　　　㉣ 메탄
> ㉤ 에탄　　　　　㉥ 프로판
> ㉦ 부탄

17 다음 중 아세틸렌을 용해가스로 만들 때 사용되는 용제로 가장 적합한 것은?

① 아세톤　　　　　② 메탄
③ 부탄　　　　　　④ 프로판

> **해설** 아세틸렌가스는 가압하면 분해폭발하므로 용기의 내부에 미세한 공간을 가진 다공질물에 아세톤이나 DMF(디메틸포름아미드)를 침윤시켜 여기에 아세틸렌을 용해시켜 충전시킨 것이다.

18 산업안전보건법상 부식성 물질 중 부식성 산류에 해당하는 물질과 기준농도가 올바르게 연결된 것은?

① 염산 : 15% 이상
② 황산 : 10% 이상
③ 질산 : 10% 이상
④ 아세트산 : 60% 이상

> **해설** **부식성 물질** : 금속 등을 쉽게 부식시키고 인체에 접촉하면 심한 화상을 입히는 물질이다.
> (1) **부식성 산류**
> 　㉠ 농도가 20% 이상인 염산, 황산, 질산 등
> 　㉡ 농도가 60% 이상인 인산, 아세트산, 불산 등
> (2) **부식성 염기류**
> 　농도가 40% 이상인 수산화나트륨, 수산화칼륨 등

19 산업안전보건법에서 규정하고 있는 위험물 중 부식성 염기류로 분류되기 위하여 농도가 40% 이상이어야 하는 물질은?

① 염산　　　　　　② 아세트산
③ 불산　　　　　　④ 수산화칼륨

> **해설** (1) **부식성 염기류** : 농도가 40% 이상인 수산화나트륨, 수산화칼륨, 기타 이와 같은 정도 이상의 부식성을 가지는 염기류
> (2) **부식성 산류**
> 　㉠ 농도가 20% 이상인 염산, 황산, 질산, 기타 이와 같은 정도 이상의 부식성을 가지는 물질
> 　㉡ 농도가 60% 이상인 인산, 아세트산, 플루오르산, 기타 이와 같은 정도 이상의 부식성을 가지는 물질

20 다음 중 중합폭발의 유해위험요인(Hazard)이 있는 것은?

① 아세틸렌　　　　② 시안화수소
③ 산화에틸렌　　　④ 염소산칼륨

> **해설** 시안화수소(HCN)는 순수한 액체이므로 안전하지만, 소량의 수분이나 알칼리성 물질을 함유하면 중합이 촉진되고, 중합열(발열반응)에 의해 폭발하는 경우가 있다.

21 유독 위험성과 해당 물질과의 연결이 옳지 않은 것은?

① 중독성 – 포스겐

② 발암성 – 콜타르, 피치

③ 질식성 – 일산화탄소, 황화수소

④ 자극성 – 암모니아, 아황산가스, 불화수소

해설 ① 독성 – 포스겐

22 다음 중 위험물질에 대한 저장방법으로 적절하지 않은 것은?

① 탄화칼슘은 물속에 저장한다.

② 벤젠은 산화성 물질과 격리시킨다.

③ 금속나트륨은 석유 속에 저장한다.

④ 질산은 통풍이 잘 되는 곳에 보관하고 물기와의 접촉을 금지한다.

해설 탄화칼슘은 밀폐된 저장용기 중에 저장하되 물 또는 습기, 눈, 얼음 등의 침투를 막아야 한다. 산화성 물질과의 접촉을 방지한다.

23 공기 중 산화성이 높아 반드시 석유, 경유 등의 보호액에 저장해야 하는 것은?

① Ca   ② P_4

③ K   ④ S

해설

물 질	보호액
K, Na, 적린	석유(등유), 경유
황린, CS_2	물속

24 다음 중 황린에 대한 설명으로 옳은 것은?

① 주수에 의한 냉각소화는 황화수소를 발생시키므로 사용을 금한다.

② 황린은 자연발화하므로 물속에 보관한다.

③ 황린은 황과 인의 화합물이다.

④ 독성 및 부식성이 없다.

해설 **황린** : 자연발화성이 있어 물속에 저장하며, 온도상승 시 물의 산성화가 빨라져서 용기를 부식시키므로 직사광선을 막는 차광덮개를 하여 저장한다.

25 다음 각 물질의 저장방법에 관한 설명으로 옳은 것은?

① 황린은 저장용기 중에 물을 넣어 보관한다.

② 과산화수소는 장기보존 시 유리용기에 저장한다.

③ 피크린산은 철 또는 구리로 된 용기에 저장한다.

④ 마그네슘은 다습하고 통풍이 잘 되는 장소에 보관한다.

해설 ② 과산화수소는 뚜껑에 작은 구멍을 뚫은 갈색 유리병에 저장한다.

③ 피크린산은 건조된 것일수록 폭발의 위험이 증대되므로 화기 등으로부터 멀리한다.

④ 마그네슘은 가열, 충격, 마찰 등을 피하고 산화제, 수분, 할로겐원소와의 접촉을 피한다.

26 질화면(nitrocellulose)은 저장 · 취급 중에는 에틸알코올 또는 이소프로필알코올로 습면의 상태로 되어있다. 그 이유를 바르게 설명한 것은?

① 질화면은 건조상태에서는 자연발열을 일으켜 분해폭발의 위험이 존재하기 때문이다.

② 질화면은 알코올과 반응하여 안정한 물질을 만들기 때문이다.

③ 질화면은 건조상태에서 공기 중의 산소와 환원반응을 하기 때문이다.

④ 질화면은 건조상태에서 용이하게 중합물을 형성하기 때문이다.

해설 질화면(nitrocellulose, NC)[$C_6H_7O_2(ONO_2)_3$]$_n$은 물과 혼합할수록 위험성이 감소되므로 운반 시는 물(20%), 용제 또는 알코올(30%)을 첨가 · 습윤시킨다. 건조상태에 이르면 즉시 습한 상태를 유지시킨다.

27 산화성 액체의 성질에 관한 설명으로 옳지 않은 것은?

① 피부 및 의복을 부식하는 성질이 있다.

② 가연성 물질이 많으므로 화기에 극도로 주의한다.

③ 위험물 유출 시 건조사를 뿌리거나 중화제로 중화한다.

④ 물과 반응하면 발열반응을 일으키므로 물과의 접촉을 피한다.

해설
산화성 액체는 일반적으로 불연성이며 산소를 많이 함유하고 있는 강산화제이므로 가연물과의 접촉을 주의한다.

28 다음 중 산화성 물질의 저장·취급에 있어서 고려하여야 할 사항과 가장 거리가 먼 것은?

① 습한 곳에 밀폐하여 저장할 것

② 내용물이 누출되지 않도록 할 것

③ 분해를 촉진하는 약품류와 접촉을 피할 것

④ 가열·충격·마찰 등 분해를 일으키는 조건을 주지 말 것

해설
① 조해성이 있는 것은 방습을 고려해 용기를 밀폐할 것

Chapter 08
유해물질 관리 및 물질안전보건자료(MSDS)

제1절 유해물질

1 유해물 취급

(1) 유해물 취급상의 안전을 위한 조치사항

① 유해물질의 제조 및 사용의 중지, 유해성이 적은 물질로의 전환

② 유해물 발생원의 봉쇄

③ 유해물의 위치, 작업공정의 변경

④ 작업공정의 밀폐와 작업장의 격리

> **참고**
> ▶ **크롬(Cr)**
> 3가와 6가의 화합물이 사용되고 있다.

(2) 유해·위험물질 취급·운반 시 조치사항

① 지정수량 이상 위험물질은 차량으로 운반할 때 가로 0.6m, 세로 0.3m 이상 크기로 표시하여야 한다.

② 위험물질의 취급은 위험물질 취급 담당자가 한다.

③ 위험물질을 반출할 때에는 기후상태를 고려한다.

④ 성상에 따라 분류하여 적재, 포장한다.

(3) 유해·위험물질이 유출되는 사고가 발생했을 때 대처요령

① 중화 또는 희석을 시킨다.

② 유출부분을 억제 또는 폐쇄시킨다.

③ 유출된 지역의 인원을 대피시킨다.

> **참고**
> ▶ **TLV(Threshold Limit Value)**
> 허용농도이며 만성중독과 가장 관계가 깊은 유독성 지표로서, 유해물질을 함유하는 공기 중에서 작업자가 연일 그 공기에 폭로되어도 건강장해를 일으키지 않는 물질 농도

(4) 유해인자에 대한 노출기준의 표시단위

① 가스 및 증기 : ppm

② 분진 및 미스트 등 에어로졸 : mg/m^3

③ 고온 : 습구흑구온도지수(WBGT)

2 배기 및 환기

(1) 후드의 설치요령

① 충분한 포집속도를 유지한다.
② 후두의 개구면적은 작게 한다.
③ 후드는 되도록 발생원에 접근시킨다.
④ 후드로부터 연결된 덕트는 직선화시킨다.
⑤ 에어 커튼을 이용한다.
⑥ 배풍기 또는 송풍기 소요동력에는 충분한 여유를 둔다.
⑦ 국부적인 흡인방식을 선택한다.

제2절 물질안전보건자료(MSDS)

1 물질안전보건자료의 작성·비치 등 제외 제제의 종류

① 「원자력안전법」에 따른 방사성 물질
② 「약사법」에 따른 의약품·의약외품
③ 「화장품법」에 따른 화장품
④ 「마약류관리에 관한 법률」에 따른 마약 및 향정신성 의약품
⑤ 「농약관리법」에 따른 농약
⑥ 「사료관리법」에 따른 사료
⑦ 「비료관리법」에 따른 비료
⑧ 「식품위생법」에 따른 식품 및 식품첨가물
⑨ 「총포·도검·화약류 등 단속법」에 따른 화약류
⑩ 「폐기물관리법」에 따른 폐기물
⑪ 제(1)호부터 제(10)호까지 외의 제제로서 주로 일반 소비자의 생활용으로 제공되는 제제
⑫ 그 밖에 고용노동부장관이 독성·폭발성 등으로 인한 위해의 정도가 적다고 인정하여 고시 하는 제제

2 물질안전보건자료 작성 시 포함되어 있는 주요 작성항목

① 법적 규제현황
② 폐기 시 주의사항
③ 화학제품과 회사에 관한 정보

3 물질안전보건자료(MSDS)의 작성항목

① 물리화학적 특성
② 환경에 미치는 영향
③ 누출사고 시 대처방법

물질안전보건자료를 작성할 때에 혼합물로 된 제품들이 각각의 제품을 대표하여 하나의 물질안전보건자료를 작성할 수 있는 충족여건 중 각 구성성분의 함량 변화는 10% 이하이어야 한다.

> 💡 참고
>
> ▶ 질소(N_2) 중독현상
> 고압의 공기 중에서 장시간 작업하는 경우에 발생하는 잠함병 또는 잠수병

01 다음 중 유해물 취급상의 안전을 위한 조치사항으로 가장 적절하지 않은 것은?

① 작업적응자의 배치
② 유해물 발생원의 봉쇄
③ 유해물의 위치, 작업공정의 변경
④ 작업공정의 밀폐와 작업장의 격리

> **해설** ① 유해물질의 제조 및 사용의 중지, 유해성이 적은 물질로의 전환

02 다음 중 크롬에 관한 설명으로 옳은 것은?

① 미나마타병으로 알려져 있다.
② 3가와 6가의 화합물이 사용되고 있다.
③ 급성 중독으로 수포성 피부염이 발생된다.
④ 6가보다 3가 화합물이 특히 인체에 유해하다.

> **해설** 크롬은 2가, 3가, 6가의 화합물이 사용된다.

03 다음 중 유해·위험물질 취급·운반 시 조치사항이 아닌 것은?

① 지정수량 이상 위험물질을 차량으로 운반할 때 가로 0.1m, 세로 0.3m 이상 크기로 표지하여야 한다.
② 위험물질의 취급은 위험물질 취급담당자가 한다.
③ 위험물질을 반출할 때에는 기후상태를 고려한다.
④ 성상에 따라 분류하여 적재, 포장한다.

> **해설** 지정수량 이상 위험물질을 차량으로 운반할 때 가로 0.6m, 세로 0.3m 이상 크기로 표지하여야 한다.

04 다음 중 유해·위험물질이 유출되는 사고가 발생했을 때의 대처요령으로 적절하지 않은 것은?

① 중화 또는 희석을 시킨다.
② 안전한 장소일 경우 소각시킨다.
③ 유출 부분을 억제 또는 폐쇄시킨다.
④ 유출된 지역의 인원을 대피시킨다.

> **해설** 유해·위험물질이 유출되는 사고가 발생했을 때 대처요령
> ㉠ 중화 또는 희석을 시킨다.
> ㉡ 유출 부분을 억제 또는 폐쇄시킨다.
> ㉢ 유출된 지역의 인원을 대피시킨다.

05 다음 중 만성중독과 가장 관계가 깊은 유독성 지표는?

① LD 50(median Lethal Does)
② MLD(Minimum Lethal Dose)
③ TLV(Threshold Limit Value)
④ LC 50(median Lethal Concentration)

> **해설** ① LD 50(median Lethal Dose) : 반수치사량, 1번 투입으로 14일 이내에 실험동물(흰쥐 또는 생쥐) 개체군의 50%를 죽일 수 있는 화학물질의 양이다.
> ② MLD(Minimum Lethal Dose) : 최소치사량
> ③ TLV(Threshold Limit Value) : 허용농도이며 만성중독과 가장 관계가 깊은 유동성 지표로서, 유해물질을 함유하는 공기 중에서 작업자가 연일 그 공기에 폭로되어도 건강장해를 일으키지 않는 물질 농도
> ④ LC 50(median Lethal Concentration) : 50% 치사 농도

06 다음 중 화학물질 및 물리적 인자의 노출기준에 있어 유해물질 대상에 대한 노출기준의 표시단위가 잘못 연결된 것은?

① 분진 : ppm
② 증기 : ppm
③ 가스 : mg/m³
④ 고온 : 습구흑구온도지수

> **해설** ① 분진 : mg/m³, 다만 석면 및 내화성 세라믹 섬유는 개/cm³를 사용한다.

07 공기 중 암모니아가 20ppm(노출기준 25ppm), 톨루엔이 20ppm(노출기준 50ppm)이 완전혼합되어 존재하고 있다. 혼합물질의 노출기준을 보정하는 데 활용하는 노출지수는 약 얼마인가? (단, 두 물질 간에 유해성이 인체의 서로 다른 부위에 작용한다는 증거는 없다.)

① 1.0 　　　　② 1.2
③ 1.5 　　　　④ 1.6

> **해설**
> 노출지수 $= \dfrac{20}{25} + \dfrac{20}{50} = 1.2$

08 25℃, 1기압에서 공기 중 벤젠(C_6H_6)의 허용농도가 10ppm일 때 이를 mg/m^3의 단위로 환산하면 약 얼마인가? (단, C, H의 원자량은 각각 12, 1이다.)

① 28.7 　　　　② 31.9
③ 34.8 　　　　④ 45.9

> **해설**
> C_6H_6 분자량 : 78
> $$\dfrac{10mL}{m^3} \times \dfrac{78mg}{22.4N \cdot mL} \times \dfrac{(273)N \cdot mL}{(273+25)mL} = 31.9mg/m^3$$

09 SO_2 20ppm은 약 몇 g/m^3인가? (단, SO_2의 분자량은 64이고, 온도는 21℃, 압력은 1기압으로 한다.)

① 0.571 　　　　② 0.531
③ 0.0571 　　　　④ 0.0531

> **해설**
> ppm과 g/m^3 간의 농도변환
> $$농도(g/m^3) = \dfrac{ppm \times 그램분자량}{22.4 \times \dfrac{273+t(℃)}{273}} \times 10^{-3}$$
> $$= \dfrac{20 \times 64}{22.4 \times \dfrac{273+21}{273}} \times 10^{-3}$$
> $$= 0.0531$$

10 후드의 설치요령으로 옳지 않은 것은?

① 충분한 포집속도를 유지한다.
② 후드의 개구면적은 작게 한다.
③ 후드는 되도록 발생원에 접근시킨다.
④ 후드로부터 연결된 덕트는 곡선화시킨다.

> **해설**
> ④ 후드로부터 연결된 덕트는 직선화시킨다.

11 다음 중 산업안전보건법령상 물질안전보건자료 작성 시 포함되어 있는 주요 작성항목이 아닌 것은?

① 법적 규제현황
② 폐기 시 주의사항
③ 주요 구입 및 폐기처
④ 화학제품과 회사에 관한 정보

> **해설**
> 물질안전보건자료 작성 시 포함되어 있는 주요 작성항목
> ㉠ 법적 규제현황
> ㉡ 폐기 시 주의사항
> ㉢ 화학제품과 회사에 관한 정보

12 산업안전보건법령상 물질안전보건자료를 작성할 때에 혼합물로 된 제품들이 각각의 제품을 대표하여 하나의 물질안전보건자료를 작성할 수 있는 충족요건 중 각 구성성분의 함량변화는 얼마 이하이어야 하는가?

① 5% 　　　　② 10%
③ 15% 　　　　④ 30%

> **해설**
> 물질안전보건자료 : 작성할 수 있는 충족요건 중 각 구성성분의 함량변화는 10% 이하이어야 한다.

13 다음 중 물질안전보건자료(MSDS)의 작성·비치 대상에서 제외되는 물질이 아닌 것은? (단, 해당하는 관계 법령의 명칭은 생략한다.)

① 화장품 　　　　② 사료
③ 플라스틱 원료 　　　　④ 식품 및 식품첨가물

> **해설**
> 물질안전보건자료(MSDS)의 작성·비치 대상에서 제외되는 물질
> ㉠ 화장품 　　　　㉡ 사료
> ㉢ 식품 및 식품첨가물

14 물질안전보건자료(MSDS)의 작성항목이 아닌 것은?

① 물리화학적 특성 　　② 유해물질의 제조법
③ 환경에 미치는 영향 　　④ 누출사고 시 대처방법

> **해설**
> 물질안전보건자료(MSDS)의 작성항목
> ㉠ 물리화학적 특성 　　㉡ 환경에 미치는 영향
> ㉢ 누출사고 시 대처방법

정답 | 07. ②　08. ②　09. ④　10. ④　11. ③　12. ②　13. ③　14. ②

Chapter 09
화재 및 폭발의 개요

제1절 연소 이론

1 연소의 정의

가연성 물질이 공기 중의 산소와 반응하여 열과 빛을 내는 산화반응

2 연소의 3요소

(1) 가연물

산화작용을 일으킬 수 있는 모든 물질

① 가연물이 될 수 없는 경우

㉮ 원소 주기율표상의 0족 원소

　예 헬륨(He), 네온(Ne), 아르곤(Ar) 등

㉯ 이미 산소와 화합하여 더 이상 화합할 수 없는 물질

　예 이산화탄소(CO_2)

　　$C + O_2 \rightarrow CO_2$

㉰ 산화반응은 일어나지만 발열반응 물질이 아닌 화합물

　예 N_2, NO 등

　　$N_2 + O_2 \rightarrow 2NO \uparrow$

② 가연물이 되기 쉬운 조건

㉮ 산소와의 친화력이 클 것　　　　　㉯ 열전도율이 적을 것

㉰ 산소와의 접촉면적이 클 것　　　　㉱ 발열량이 클 것

㉲ 활성화에너지가 적을 것　　　　　㉳ 건조도가 좋을 것

(2) 조연(지연)물

다른 물질의 산화를 돕는 물질

① 공기

〈공기의 조성〉

조성 비율＼성분	질소(N_2)	산소(O_2)	아르곤(Ar)	이산화탄소(CO_2)
부피(vol%)	78.03	20.99	0.95	0.03
중량(wt%)	75.51	23.15	1.30	0.04

② 불소(F_2), 염소(Cl_2)

(3) 점화원

가연물을 연소시키는 데 필요한 에너지원으로 연소반응에 필요한 활성화에너지를 부여하는 물질

① 정전기불꽃   ② 전기불꽃

③ 단열압축열   ④ 충격

> 💡 참고
>
> ▶ 점화원이 되지 못하는 것
> 1. 기화열(증발잠열)   2. 온도   3. 압력

3 연소의 형태

(1) 기체의 연소(발염연소, 확산연소)

가연성 가스가 공기 중의 지연성 가스와 접촉하여 접촉면에서 연소가 일어나는 현상

① 확산연소(불균질 연소) : 가연성 기체를 대기 중에 분출·확산시켜 연소하는 방식(불꽃은 있으나 불티가 없는 연소)

② 혼합연소(예혼합 연소, 균질연소) : 먼저 가연성 기체를 공기와 혼합시켜 놓고 연소하는 방식

(2) 액체의 (증발)연소

에테르, 가솔린, 석유, 알코올 등 가연성 액체의 연소는 액체 자체가 연소하는 것이 아니라 액체 표면에서 발생한 가연성 증기가 착화되어 화염을 발생시키고 이 화염의 온도에 의해 액체의 표면이 더욱 가열되면서 액체의 증발을 촉진시켜 연소를 계속해 가는 형태의 연소이다.

(3) 고체의 연소

① 표면(직접)연소 : 열분해에 의해 가연성 가스를 발생시키지 않고 그 자체가 연소하는 형태(연소반응이 고체표면에서 이루어지는 형태), 즉 가연성 고체가 열분해하여 증발하지 않고 고체의 표면에서 산소와 직접 반응하여 연소하는 형태이다.

> 예   숯, 목탄, 코크스, 금속분 등

② 분해연소 : 가연성 고체에 충분한 열이 공급되면 가열분해에 의하여 발생된 가연성 가스(CO, H_2, CH_4 등)가 공기와 혼합되어 연소하는 형태이다.

> 예   목재, 석탄, 종이, 플라스틱 등

③ 증발연소 : 고체가연물을 가열하면 열분해를 일으키지 않고 증발하여 그 증기가 연소하거나 열에 의한 상태변화를 일으켜 액체가 된 후 어떤 일정한 온도에서 발생된 가연성 증기가 연소하는 형태, 즉 가연성 고체에 열을 가하면 융해되어 여기서 생긴 액체가 기화되고 이로 인한 연소가 이루어지는 형태이다.

> 예   황, 나프탈렌, 장뇌 등과 같은 승화성 물질, 촛불 등

④ 내부(자기)연소 : 공기 중 산소를 필요로 하지 않고 자신이 분해되며 타는 것

> 예   질산에스테르류, 셀룰로이드류, 니트로화합물(TNT), 히드라진과 유도체 등

4 연소에 관한 물성

(1) 인화점(Flash Point)

액체의 표면에서 발생한 증기 농도가 공기 중에서 연소하한 농도가 될 수 있는 가장 낮은 액체 농도

(2) 발화점(발화온도, 착화점, 착화온도, Ignition Point)

물질을 공기 중에서 가열할 경우 화염이나 점화원이 없어도 자연발화될 수 있는 최저온도
- 착화열 : 연료를 최초의 온도로부터 착화온도까지 가열하는 데 드는 열량

(3) 연소범위(연소한계, 폭발범위, 폭발한계)

인화성 액체의 증기 또는 가연성 가스가 폭발을 일으킬 수 있는 산소와의 혼합비(용량%)이다. 보통 1atm의 상온에서 측정한 측정치도 최고농도를 상한(UEL), 최저농도를 하한(LEL)이라 하며, 온도, 압력, 농도, 불활성 가스 등에 의해 영향을 받는다.

① Jones식을 이용한 연소한계의 추정

㉮ 어떤 경우에는 실험 데이터가 없어서 연소한계를 추산해야 할 필요가 있다. 연소한계는 쉽게 측정되므로 가급적이면 실험에 의하여 결정할 것을 권장한다.

㉯ Jones는 많은 탄화수소 증기의 LFL, UFL은 연료의 양론농도(C_{st})의 함수임을 발견하였다.

$$LFL = 0.55\,C_{st}$$
$$UFL = 3.50\,C_{st}$$

여기서 C_{st}는 연료와 공기로 된 완전연소가 일어날 수 있는 혼합 기체에 대한 연료의 부피 %이다.

대부분의 유기물에 대한 양론농도는 일반적인 연소반응을 이용하여 결정된다.

$$C_mH_xO + zO_z \rightarrow mCO_2 + x/2H_2O$$

양론계수의 관계는 다음과 같다.

$$z = m + \frac{x}{4} - \frac{y}{2}$$

여기서 z는 (O_2 몰수/연료 몰수)의 단위를 가진다.

z의 함수로서 C_{st}를 정정하기 위하여는 부가적인 양론계수와의 단위변환이 요구된다.

$$C_{st} = \frac{\text{연료 Moles}}{\text{연료 Moles} + \text{공기 Moles}} \times 100$$

$$= \frac{100}{1 + \dfrac{\text{공기 moles}}{\text{연료 moles}}} = \frac{100}{1 + \left(\dfrac{1}{0.21}\right)\left(\dfrac{\text{공기 moles}}{\text{연료 moles}}\right)}$$

$$= \frac{100}{1 + \left(\dfrac{z}{0.21}\right)}$$

z를 치환하고 식을 응용하면 다음과 같다.

$$LFL = \frac{0.55(100)}{4.76m + 1.19x - 2.38y + 1}$$

$$UFL = \frac{3.50(100)}{4.76m + 1.19x - 2.38y + 1}$$

예제

▶ 에틸렌(C_2H_4)이 완전연소하는 경우 다음의 Jones 식을 이용하여 계산할 경우 연소하한계는 약 몇 vol%인가?

$$\text{Jones식 : LFL} = 0.55\,C_{st}$$

풀이 $C_2H_4 + 3O_2 \rightarrow 2CO_2 + 2H_2O$

$$C_{st} = \frac{100}{\dfrac{1+z}{0.21}} = \frac{100}{1+\dfrac{3}{0.21}} = 0.541$$

Jones식 $LFL = 0.55 \times 6.541 = 3.6\text{vol}\%$

(4) 위험도(H, Hazards)

가연성 혼합가스 연소 범위의 제한치를 나타내는 것으로서 위험도가 클수록 위험하다.

$$H = \frac{U-L}{L}$$

여기서, H : 위험도

U : 연소 범위의 상한치(UFL ; Upper Flammability Limit)

L : 연소 범위의 하한치(LFL ; Lower Flammability Limit))

예제 1

▶ 공기 중에서 A 물질의 폭발하한계가 4vol%, 상한계가 75vol%라면 이 물질의 위험도는?

풀이 $H = \dfrac{U-L}{L}$, $\dfrac{75-4}{4} = 17.75$

예제 2

▶ 공기 중에서 폭발범위가 12.5~74vol%인 일산화탄소의 위험도는 얼마인가?

풀이 $H = \dfrac{U-L}{L}$, $\dfrac{74-12.5}{12.5} = 4.92$

5 화학양론농도(C_{st})

가연성 물질 1몰이 완전연소할 수 있는 공기와의 혼합 기체 중 가연성 물질의 부피(%)이다.

(1) 화학양론농도 구하는 식

$C_nH_mO_\lambda Cl_f$에서 다음 식으로 구한다.

$$C_{st} = \frac{100}{1+4.773\left(n+\dfrac{m-f-2\lambda}{4}\right)}(\%)$$

여기서 n : 탄소, m : 수소, f : 할로겐원소, λ : 산소의 원자수

예제

▶ 아세틸렌(C_2H_2)의 공기 중의 완전연소 조성농도(C_{st})는 약 얼마인가?

풀이 완전연소 조성농도(C_{st}) $= \dfrac{100}{1 + 4.773(n + \dfrac{m - f - 2\lambda}{4})}$ (vol%)

$\qquad\qquad\qquad\qquad = \dfrac{100}{1 + 4.773(2 + \dfrac{2}{4})} = 7.7\text{vol}\%$

여기서, n : 탄소, m : 수소, f : 할로겐원소, λ : 산소의 원자수

(2) 화학양론농도와 폭발한계의 관계

① 유기화합물의 폭발하한값은 화학양론농도의 약 55%로 추정한다.

② 폭발상한값은 화학양론농도의 약 3.5배 정도가 된다.

6 최소산소농도(MOC ; Minimum Oxygen Combustion)

① 연소하한값은 공기 중의 연료를 기준으로 한다. 그러나 연소에 있어서 산소도 핵심적인 요소이다. 화염을 전파하기 위하여는 최소한의 산소농도가 요구된다.

② 폭발 및 화재는 연료의 농도에 무관하게 산소의 농도를 감소시킴으로서 방지할 수 있으므로 최소산소농도는 아주 유용한 결과가 된다. 이러한 개념은 퍼지작업이라 부르는 통상의 절차를 위한 기초이다.

③ MOC는 공기와 연료 중 산소의 %의 단위를 가진다. 실험 데이터가 충분하지 못할 때 MOC 값은 연소반응식 중 산소의 양론계수와 연소하한값의 곱을 이용하여 추산된다. 이 방법은 많은 탄화수소에 적용된다.

$$\text{MOC} = \left(\dfrac{\text{연료몰수}}{\text{연료몰수} + \text{공기몰수}}\right) \times \left(\dfrac{\text{산소몰수}}{\text{연료몰수}}\right)$$

예제

▶ 부탄(C_4H_{10})의 MOC 값을 구하시오.

풀이 $C_4H_{10} + 6.5O_2 \rightarrow 4CO_2 + 5H_2O$

부탄에 대한 폭발범위 1.6~8. 4vol%이다.

양론식으로부터

$\text{MOC} = (1.6 \times \dfrac{\text{연료몰수}}{\text{연료몰수} + \text{공기몰수}}) \times (\dfrac{6.5 \times O_2\text{몰수}}{1.0 \times \text{연료몰수}})$

$\text{MOC} = 10.4\text{vol}\%O_2$

부탄의 화재 및 폭발은 질소, 이산화탄소, 수증기를 가하여 산소의 농도가 10.4vol% 이하로 되게 하면 방지할 수 있다. 그러나 수증기를 가하는 것은 수증기가 응축할 수 있는 어떤 조건에 의하여 산소의 농도를 연소영역으로 돌아오게 할 수 있으므로 권장할 만한 것은 아니다.

④ 점화원 관리

⑤ 정전기 제거

7 화재시 유독가스

연소물질	생성가스
탄화수소류 등	CO 및 CO_2
염화비닐, 우레탄	HCN
나무 등	SO_2
폴리스티렌(스티로폴) 등	C_6H_6

제2절 발화 이론

1 자연발화

가연성 물질이 서서히 산화 또는 분해되면서 발생된 열에 의하여 비교적 적게 방산하는 상태에서 열이 축적됨으로써 물질 자체의 온도가 상승하여 발화점에 도달해 스스로 발화하는 현상을 말한다.

> **참고**
> ▶ 기체의 자연발화온도 측정법에 해당하는 것 : 예열법

(1) 형태

① 분해열에 의한 발화

> **예** 셀룰로이드류, 니트로셀룰로오스(질화면), 과산화수소, 염소산칼륨 등

② 산화열에 의한 발화

> **예** 건성유, 원면, 석탄, 고무 분말, 액체산소, 발연질산 등

③ 중합열에 의한 발화

> **예** 시안화수소(HCN), 산화에틸렌(C_2H_4O)

④ 흡착열에 의한 발화

> **예** 활성탄, 목탄 분말 등

⑤ 미생물에 의한 발화

> **예** 퇴비, 퇴적물, 먼지 등

(2) 조건

① 표면적이 넓을 것

② 발열량이 많을 것

③ 열전도율이 적을 것

④ 발화되는 물질보다 주위온도가 높을 것

⑤ 적당량의 수분이 존재할 것

(3) 영향을 주는 인자

① 열의 축적   ② 열전도율

③ 퇴적방법   ④ 공기의 유동상태

⑤ 발열량   ⑥ 수분(건조상태)

⑦ 촉매물질

> 🔖 **참고**
> ▶ **자연발화의 조건 : 고온 다습한 환경**

(4) 방지법

① 통풍이 잘 되게 할 것

② 저장실의 온도를 낮출 것

③ 습도가 높은 것을 피할 것

④ 통풍이나 저장법을 고려하여 열의 축적을 방지할 것

⑤ 정촉매 작용을 하는 물질을 피할 것

2 혼합발화

(1) 정의

두 가지 또는 그 이상의 물질이 서로 혼합, 접촉하였을 때 발열발화하는 현상을 말한다.

(2) 혼합 위험성

① 폭발성 화합물을 생성하는 경우

> **예** 아세틸렌(C_2H_2)가스는 Ag, Cu, Hg, Mg의 금속과 반응하여 폭발성인 금속 아세틸라이드를 생성
>
> $$C_2H_2 + 2Cu \rightarrow Cu_2C_2 + H_2 \uparrow$$

② 시간이 경과하거나 바로 분해되어 발화 또는 폭발하는 경우

> **예** 아염소산염류 등과 유기산이 혼합할 경우 발화폭발
>
> 아염소산나트륨 + 유기산 → 자연발화

③ 폭발성 혼합물을 생성하는 경우

> **예** 톨루엔($C_6H_5CH_3$)에 진한 질산과 진한 황산을 가하여 니트로화시키면 폭발성 혼합물인 TNT (트리니트로톨루엔)가 생성

④ 가연성 가스를 생성하는 경우

> **예** 금속 나트륨이 알코올과 격렬히 반응하여 가연성인 수소가스가 발생
>
> $$2Na + 2C_2H_5OH \rightarrow 2C_2H_5ONa + H_2 \uparrow$$

제3절 폭발 이론

1 분진폭발 개요

(1) 분진폭발

고체의 미립자가 공기 중에서 착화에너지를 얻어 폭발하는 현상으로 입자의 크기, 부유성 등이 분진폭발에 영향을 주며 주위의 분진에 의해, 2차·3차의 폭발로 파급될 수 있다.

(2) 분진폭발이 발생하기 쉬운 조건

① 발열량이 클 때

② 입자의 표면적이 클 때

③ 입자의 형상이 복잡할 때

④ 분진의 초기온도가 높을 때

(3) 분진폭발에 대한 안전대책

① 분진의 퇴적을 방지한다.

② 점화원을 제거한다.

③ 입자의 크기를 최대화한다.

④ 불활성 분위기를 조성한다.

> 💡 참고
> ▶ 분진폭발을 방지하기 위한 불활성 첨가물
>   1. 탄산칼슘   2. 모래   3. 석분

(4) 분진폭발 물질

마그네슘 분말, 알루미늄 분말, 황, 실리콘, 금속분, 석탄, 플라스틱, 담뱃가루, 커피분말, 설탕, 옥수수, 감자, 밀가루(소맥분), 나뭇가루 등

(5) 분진폭발을 하지 않는 물질

시멘트 가루, 석회분, 염소산칼륨 가루, 모래, 질석가루 등

(6) 분진폭발의 원인

① 물리적 인자

⑦ 입도분포

⑭ 열전도율

⑮ 입자의 형성

② 화학적 인자 : 연소열

2 폭발의 영향인자

(1) 온도

(2) 조성(폭발범위)

르 샤틀리에(Le Chatelier)의 혼합가스 폭발범위를 구하는 식

$$\frac{100}{L} = \frac{V_1}{L_1} + \frac{V_2}{L_2} + \frac{V_3}{L_3} + \cdots$$

여기서, L : 혼합가스의 폭발한계치

L_1, L_2, L_3 : 각 성분의 단독 폭발한계치(vol%)

V_1, V_2, V_3 : 각 성분의 체적(vol%)

예제 1

▶ 8vol% 헥산, 3vol% 메탄, 1vol% 에틸렌으로 구성된 혼합가스의 연소하한값(LFL)은 약 몇 vol% 인가? (단, 각 물질의 공기 중 연소하한값은 헥산은 1.1vol0%, 메탄은 5.0vol%, 에틸렌은 2.7vol%이다.)

풀이 $\dfrac{8+3+1}{L} = \dfrac{8}{1.1} + \dfrac{3}{5.0} + \dfrac{1}{2.7}$

$\therefore L = 1.45\text{vol}\%$

예제 2

▶ 다음[표]를 참조하여 메탄 70vol%, 프로판 21vol%, 부탄 9vol%인 혼합가스의 폭발범위를 구하면 약 몇 vol%인가?

풀이

가스	폭발하한계(vol%)	폭발상한계(vol%)
C_4H_{10}	1.8	8.4
C_3H_8	2.1	9.5
C_2H_6	3.0	12.4
CH_4	5.0	15.0

$$\frac{100}{L} = \frac{V_1}{L_1} + \frac{V_2}{L_2} + \frac{V_3}{L_3}$$

하한값 : $\dfrac{100}{L} = \dfrac{70}{5} + \dfrac{21}{2.1} + \dfrac{9}{1.8}$, $L = 3.45$

상한값 : $\dfrac{100}{L} = \dfrac{70}{15} + \dfrac{21}{9.5} + \dfrac{9}{8.4}$, $L = 12.58$

$\therefore 3.45 \sim 12.58\text{vol}\%$

(3) 압력

(4) 용기의 크기와 형태

온도, 조성, 압력 등의 조건이 갖추어져 있어도 용기가 적으면 발화하지 않거나, 발화해도 화염이 전파되지 않고 도중에 꺼져버린다.

① 소염(quenching, 화염일주) 현상 : 발화된 화염이 전파되지 않고 도중에 꺼져버리는 현상

② 안전간격(MESG ; 최대안전틈새, 화염일주한계, 소염거리) : 가연성 가스 및 증기의 위험도에 따른 방폭전기기기의 분류로 폭발등급을 사용하는데 이러한 폭발 등급을 결정하는 것

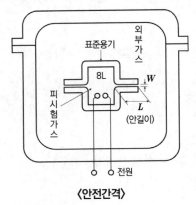

〈안전간격〉

㉮ 안전간격에 따른 폭발 등급 구분
  ㉠ 폭발 1등급(안전간격 : 0.6mm 초과)
    예 LPG, 일산화탄소, 아세톤, 벤젠, 에틸에테르, 암모니아 등
  ㉡ 폭발 2등급(안전간격 : 0.4mm 초과 0.6mm 이하)
    예 에틸렌, 석탄가스 등
  ㉢ 폭발 3등급(안전간격 : 0.4mm 이하)
    예 아세틸렌, 수소, 이황화탄소, 수성 가스($CO + H_2$) 등
㉯ 결론 : 안전간격이 적은 물질일수록 폭발하기 쉽다.

3 폭발 예방대책

(1) 혼합가스의 폭발범위 외의 안전 유지
① 공기 중의 누설·누출 방지
② 밀폐용기 내의 공기혼합방지
③ 환기를 실시하여 폭발하한값 이하 유지

(2) 비활성화(inerting)
가연성 혼합가스에 불활성 가스(질소, 아르곤 등) 등을 주입하여 산소의 농도를 최소산소농도 이하로 낮추는 작업
① 진공(저압)퍼지(Vacuum Purge) : 용기를 진공시킨 후 불활성 가스를 주입시켜 원하는 최소 산소농도에 이를 때까지 한다.
② 압력(가압) 퍼지(Pressure Purge) : 불활성 가스로 용기를 가압한 후 대기 중으로 방출하는 작업을 반복하여 원하는 최소산소농도에 이를 때까지 한다.
③ 스위프 퍼지(Sweep-through Purge) : 한쪽으로는 불활성 가스를 주입하고, 반대쪽에서는 가스를 방출하는 작업을 반복하는 것이다.
④ 사이펀 퍼지(Siphon Purge) : 용기에 물을 충만시킨 다음 용기로부터 물을 배출시킴과 동시에 불활성 가스를 주입하여 원하는 최소산소농도를 만드는 작업이다.

제4절 산업안전보건법상 안전

1 금속의 용접·용단 또는 가열에 사용되는 가스 등의 용기 취급 시 준수사항

① 밸브의 개폐는 서서히 한다.

② 운반할 때에는 밸브를 보호하기 위하여 캡을 씌운다.

③ 용기의 온도는 40℃ 이하로 유지한다.

④ 용기의 부식·마모 또는 변형 상태를 점검한 후 사용한다.

2 인화성 가스가 발생할 우려가 있는 지하작업장에서 작업하는 경우 조치사항

(1) 가스의 농도를 측정하는 사람을 지명하고 다음 각 목의 경우에 그로 하여금 해당 가스의 농도를 측정하도록 한다.

① 매일 작업을 시작하기 전에 측정한다.

② 가스의 누출이 의심되는 경우 측정한다.

③ 가스가 발생하거나 정체할 위험이 있는 장소에 대하여 측정한다.

④ 장시간 작업하는 경우 4시간마다 농도를 측정한다.

(2) 가스의 농도가 인화하한계값의 25% 이상으로 밝혀진 경우에 즉시 근로자를 안전한 장소에 대피시키고 화기나 그 밖에 점화원이 될 우려가 있는 기계·기구 등의 사용을 중지하며 통풍·환기 등을 한다.

> 🔖 **참고**
>
> ▶ **흄(Fume)** : 금속의 증기가 공기 중에서 응고되어 화학변화를 일으켜 고체의 미립자로 되어 공기 중에 부유하는 것

01 다음 중 부탄의 연소 시 산소 농도를 일정한 값 이하로 낮추어 연소를 방지할 수 있는데 이 때 첨가하는 물질로 가장 적절하지 않은 것은?

① 질소　　　　② 이산화탄소
③ 헬륨　　　　④ 수증기

해설 **연소를 방지할 수 있는 첨가물질**
불연성 가스(질소, 이산화탄소, 헬륨 등)

02 다음 중 가스연소의 지배적인 특성으로 가장 적합한 것은?

① 증발연소　　② 표면연소
③ 액면연소　　④ 확산연소

해설 기체의 연소 = 확산연소 = 발염염소

03 고체의 연소형태 중 증발연소에 속하는 것은?

① 나프탈렌　　② 목재
③ TNT　　　　④ 목탄

해설 ① 나프탈렌 : 증발연소　② 목재 : 표면(직접)연소
③ TNT : 내부(자기) 연소　④ 목탄 : 표면(직접)연소

04 다음 중 고체의 연소방식에 관한 설명으로 옳은 것은?

① 분해연소란 고체가 표면의 고온을 유지하며 타는 것을 말한다.
② 표면연소란 고체가 가열되어 열분해가 일어나고 가연성 가스가 공기 중의 산소와 타는 것을 말한다.
③ 자기연소란 공기 중 산소를 필요로 하지 않고 자신이 분해되며 타는 것을 말한다.
④ 분무연소란 고체가 가열되어 가연성 가스를 발생하며 타는 것을 말한다.

해설 ① 분해연소란 고체가 가열되어 가연성 가스를 발생하며 타는 것을 말한다.

② 표면연소란 고체가 표면의 고온을 유지하며 타는 것을 말한다.
④ 분무연소란 고체가 가열되어 열분해가 일어나고 가연성 가스가 공기 중의 산소와 타는 것을 말한다.

05 연소 및 폭발에 관한 설명으로 옳지 않은 것은?

① 가연성 가스가 산소 중에서는 폭발범위가 넓어진다.
② 화학양론농도 부근에서는 연소나 폭발이 가장 일어나기 쉽고 또한 격렬한 정도도 크다.
③ 혼합농도가 한계농도에 근접함에 따라 연소 및 폭발이 일어나기 쉽고 격렬한 정도도 크다.
④ 일반적으로 탄화수소계의 경우 압력의 증가에 따라 폭발상한계는 현저하게 증가하지만, 폭발하한계는 큰 변화가 없다.

해설 ③ 혼합농도가 한계농도에 근접함에 따라 연소 및 폭발이 일어나기 어렵다.

06 다음 중 연소 및 폭발에 관한 용어의 설명으로 틀린 것은?

① 폭굉 : 폭발충격파가 미반응 매질 속으로 음속보다 큰 속도로 이동하는 폭발
② 연소점 : 액체 위에 증기가 일단 점화된 후 연소를 계속할 수 있는 최고온도
③ 발화온도 : 가연성 혼합물이 주위로부터 충분한 에너지를 받아 스스로 점화할 수 있는 최저온도
④ 인화점 : 액체의 경우 액체표면에서 발생한 증기농도가 공기 중에서 연소하한 농도가 될 수 있는 가장 낮은 액체온도

해설 ② **연소점** : 상온에서 액체상태로 존재하는 액체가연물의 연소상태를 5초 이상 유지시키기 위한 온도로서 일반적으로 인화점보다 약 10℃ 정도 높은 온도

07 다음 중 인화점에 대한 설명으로 틀린 것은?

① 가연성 액체의 발화와 관계가 있다.
② 반드시 점화원의 존재와 관련된다.
③ 연소가 지속적으로 확산될 수 있는 최저 온도이다.
④ 연료의 조성, 점도, 비중에 따라 달라진다.

> **해설**
> ③ **발화점(Ignition temperature)** : 공기 중에서 가연성 물질을 가열할 경우 화염, 전기불꽃 등의 접촉없이도 연소가 지속적으로 확산될 수 있는 최저온도

08 다음 중 인화 및 인화점에 관한 설명으로 가장 적절하지 않은 것은?

① 가연성 액체의 액면가까이에서 인화하는데 충분한 농도의 증기를 발산하는 최저 온도이다.
② 액체를 가열할 때 액면 부근의 증기 농도가 폭발하한에 도달하였을 때의 온도이다.
③ 밀폐용기에 인화성 액체가 저장되어 있는 경우에 용기의 온도가 낮아 액체의 인화점 이하가 되어도 용기 내부의 혼합가스는 인화의 위험이 있다.
④ 용기온도가 상승하여 내부의 혼합가스가 폭발상 한계를 초과한 경우에는 누설되는 혼합가스는 인화되어 연소하나 연소파가 용기 내로 들어가 가스폭발을 일으키지 않는다.

> **해설**
> ③ 밀폐용기에 인화성 액체가 저장되어 있는 경우에 용기의 온도가 낮아 액체의 인화점 이하가 되어도 용기 내부의 혼합가스는 인화의 위험이 없다.

09 다음 중 외부에서 화염, 전기불꽃 등의 착화원을 주지 않고 물질을 공기 중 또는 산소 중에서 가열할 경우에 착화 또는 폭발을 일으키는 최저 온도는 무엇인가?

① 인화온도   ② 연소점
③ 비등점   ④ 발화온도

> **해설**
> 발화(착화)온도의 설명이다.

10 다음 중 충분히 높은 온도에서 혼합물(연료와 공기)이 점화원없이 발화 또는 폭발을 일으키는 최저온도를 무엇이라 하는가?

① 착화점   ② 연소점
③ 용융점   ④ 인화점

> **해설**
> ② **연소점(Fire Point)** : 상온에서 액체상태로 존재하는 액체 가연물의 연소상태를 5초 이상 유지시키기 위한 온도로서 일반적으로 인화점보다 약 10℃ 정도 높은 온도이다.
> ③ **용융점 (Melting Point)** : 녹는점을 말하며 금속에 열을 가하면 그 금속이 녹아서 액체로 될 때의 온도로서, 용융점이 가장 높은 것은 텅스텐(3,400℃)이며, 가장 낮은 것은 수은(-38.8℃)이다.
> ④ **인화점(Flash Point)** : 인화온도라 하며, 가연물을 가열하면서 한쪽에서 점화원을 부여하여 발화온도보다 낮은 온도에서 연소가 일어나는 것을 인화라고 하며, 인화가 일어나는 최저의 온도가 인화점이다.

11 다음 중 가연성 가스의 폭발범위에 관한 설명으로 틀린 것은?

① 상한과 하한이 있다.
② 압력과 무관하다.
③ 공기와 혼합된 가연성 가스의 체적농도로 표시된다.
④ 가연성 가스의 종류에 따라 다른 값을 갖는다.

> **해설**
> 대단히 낮은 압력(<50mmHg 절대)을 제외하고는 압력은 연소하한(LFL)에 거의 영향을 주지 않는다. 이 압력 이하에서는 화염이 전파되지 않는다. 연소상한값(UFL)은 압력이 증가될 때 현저히 증가되어 연소범위가 넓어진다.

12 메탄(CH_4) 100mol이 산소 중에서 완전연소하였다면 이때 소비된 산소량은 몇 mol인가?

① 50   ② 100
③ 150   ④ 200

> **해설**
> $CH_4 + 2CO_2 \rightarrow CO_2 + 2H_2O$
> $1 : 2 = 100 : x$
> $\therefore x = 200$

13 다음 중 가연성 기체의 폭발한계와 폭굉한계를 가장 올바르게 설명한 것은?

① 폭발한계와 폭굉한계는 농도범위가 같다.

② 폭굉한계는 폭발한계의 최상한치에 존재한다.

③ 폭발한계는 폭굉한계보다 농도범위가 넓다.

④ 두 한계의 하한계는 같으나, 상한계는 폭굉한계가 더 높다.

> **해설** 가연성 기체의 폭발한계는 폭굉한계보다 농도범위가 넓다.

14 다음 중 에틸알코올(C_2H_5OH)이 완전연소 시 생성되는 CO_2와 H_2O의 몰수로 알맞은 것은?

① $CO_2=1$, $H_2O=4$ ② $CO_2=2$, $H_2O=3$

③ $CO_2=3$, $H_2O=2$ ④ $CO_2=4$, $H_2O=1$

> **해설** $C_2H_5OH + 3O_2 \rightarrow 2CO_2 + 3H_2O$

15 다음 반응식에서 프로판가스의 화학양론농도(vol%)는 약 얼마인가?

$$\underbrace{C_3H_8 + 5O_2 + 18.8N_2}_{공기} \rightarrow 3CO_2 + 4H_2O + 18.8N_2$$

① 8.04   ② 4.02
③ 20.4   ④ 40.8

> **해설** 화학양론농도(C_{st}) $= \dfrac{100}{1+4.773O_2}$
> $= \dfrac{100}{1+4.773 \times 5}$
> $= 4.02\,\text{vol}\%$

16 아세틸렌(C_2H_2)의 공기 중의 완전연소 조성농도(C_{st})는 약 얼마인가?

① 6.7vol%   ② 7.0vol%
③ 7.4vol%   ④ 7.7vol%

> **해설** 완전연소 조성농도(C_{st})
> $= \dfrac{100}{1+4.773\left(n+\dfrac{m-f-2\lambda}{4}\right)}\,(\text{vol}\%)$

$$= \dfrac{100}{1+4.773\left(2+\dfrac{2}{4}\right)} = 7.7\,\text{vol}\%$$

여기서, n : 탄소 m : 수소
      f : 할로겐원소 λ : 산소의 원자수

17 다음 중 벤젠(C_6H_6)이 공기 중에서 연소될 때의 이론혼합비(화학양론조성)는?

① 0.72vol%   ② 1.22vol%
③ 2.72vol%   ④ 3.22vol%

> **해설** ㉠ 산소농도(O_2)
> $= \left(a+\dfrac{b-c-2d}{4}\right) = \left(6+\dfrac{6}{4}\right) = 7.5$
> (단, C_aH_b $a=6$, $b=6$, $c=0$, $d=0$)
> ㉡ 화학양론농도(C_{st})
> $= \dfrac{100}{1+4.773O_2} = \dfrac{100}{1+4.773 \times 7.5}$
> $= 2.717 = 2.72\,\text{vol}\%$

18 다음 중 완전조성농도가 가장 낮은 것은?

① 메탄(CH_4)   ② 프로판(C_3H_8)
③ 부탄(C_4H_{10})   ④ 아세틸렌(C_2H_2)

> **해설** ① $C = \dfrac{100}{1+4.773\left(1+\dfrac{4}{4}\right)} = 8.66$
> ② $C = \dfrac{100}{1+4.773\left(1+\dfrac{8}{4}\right)} = 5.77$
> ③ $C = \dfrac{100}{1+4.773\left(1+\dfrac{10}{4}\right)} = 4.95$
> ④ $C = \dfrac{100}{1+4.773\left(1+\dfrac{2}{4}\right)} = 11.55$

19 공기 중에서 이황화탄소(CS_2)의 폭발한계는 하한값이 1.25vol%, 상한값이 44vol%이다. 이를 20℃ 대기압하에서 mg/L의 단위로 환산하면 하한값과 상한값은 각각 약 얼마인가? (단, 이황화탄소의 분자량은 76.1이다.)

① 하한값 : 61,   상한값 : 640

② 하한값 : 39.6,   상한값 : 1395.2

③ 하한값 : 146,　　상한값 : 860
④ 하한값 : 55.4,　　상한값 : 1641.8

해설

㉠ 하한값 : $\dfrac{76.1\times10^3 mg}{22.4\times\dfrac{293}{273}L}\times\dfrac{1.25}{100}=39.6mg/L$

㉡ 상한값 : $\dfrac{76.1\times10^3 mg}{22.4\times\dfrac{293}{273}L}\times\dfrac{44}{100}=1392.7mg/L$

여기서, ㉠ 표준상태에서 CS_2 22.4L의 무게

　　76.1g = 76.1 $\times10^3$mg

㉡ 20℃에서 CS_2의 무게

　　$22.4\times\dfrac{(273+20)}{273}$

㉢ 20℃ 대기압하에서 mg/L 단위의 값

　　$\dfrac{76.1\times10^3}{22.4\times\dfrac{293}{273}}mg/L$

20 벤젠(C_6H_6)의 공기 중 폭발하한계는 약 몇 vol% 인가?

① 1.0　　　　　　　② 1.5
③ 2.0　　　　　　　④ 2.5

해설

㉠ 산소농도$(O_2)=\left(a+\dfrac{b-c-2d}{4}\right)=\left(6+\dfrac{6}{4}\right)=7.5$

（단, C_aH_b $a=6, b=6, c=0, d=0$）

㉡ 화학양론농도$(C_{st})=\dfrac{100}{1+4.773O_2}$

　　$=\dfrac{100}{1+4.773\times7.5}=2.717\%$

㉢ 연소하한계(Jones식)$=C_{st}\times0.55$

　　$=2.717\times0.55$

　　$=1.49=1.5vol\%$

21 다음 중 화재 및 폭발방지를 위하여 질소가스를 주입하는 불활성화공정에서 적정 최소산소농도 (MOC)는?

① 5%　　　　　　　② 10%
③ 21%　　　　　　④ 25%

해설

화재 및 폭발방지를 위하여 질소가스를 주입하는 불활성화공정에서 적정 최소산소농도(MOC)는 10%이고, 분진의 경우에는 대략 8% 정도이다.

22 폭발하한계에 관한 설명으로 옳지 않은 것은?

① 폭발하한계에서 화염의 온도는 최저치로 된다.
② 폭발하한계에 있어서 산소는 연소하는 데 과잉으로 존재한다.
③ 화염이 하향전파인 경우 일반적으로 온도가 상승함에 따라서 폭발하한계는 높아진다.
④ 폭발하한계는 혼합가스의 단위체적당의 발열량이 일정한 한계치에 도달하는 데 필요한 가연성 가스의 농도이다.

해설

③ 화염이 하향전파인 경우 일반적으로 온도가 상승함에 따라서 폭발하한계는 낮아진다.

23 프로판(C_3H_8)의 연소에 필요한 최소산소농도의 값은? (단, 프로판의 폭발하한은 Jones식에 의해 추산한다.)

① 8.1%v/v　　　　　② 11.1%v/v
③ 15.1%v/v　　　　④ 20.1%v/v

해설

㉠ 산소농도$(O_2)=\left(a+\dfrac{b-c-2d}{4}\right)$

　　$=\left(3+\dfrac{8}{4}\right)=5$

（단, C_aH_b $a=3, b=8, c=0, d=0$）

㉡ 화학양론농도$(C_{st})=\dfrac{100}{1+4.773O_2}$

　　$=\dfrac{100}{1+4.773\times5}=4.02\%$

㉢ 연소하한계(Jones식)$=C_{st}\times0.55$

　　$=4.02\times0.55$

　　$=2.211\%v/v$

∴최소산소농도 = 산소농도 × 연소하한계

　　$= 5 \times 2.211$

　　$= 11.05 = 11.1VOL\%$

24 에틸렌(C_2H_4)이 완전연소하는 경우 다음의 Jones 식을 이용하여 계산하면 연소하한계는 약 몇 vol% 인가?

Jones식 : $LFL = 0.55\times C_{st}$

① 0.55　　　　　　　② 3.6
③ 6.3　　　　　　　④ 8.5

해설
$$C_2H_4 + 3O_2 \rightarrow 2CO_2 + 2H_2O$$
$$C_{st} = \frac{100}{1 + \dfrac{z}{0.21}} = \frac{100}{1 + \dfrac{3}{0.21}} = 0.541$$
Jones식 LFL $= 0.55 \times 6.541 = 3.6 vol\%$

25 폭발한계와 완전연소 조성 관계인 Jones식을 이용한 부탄(C_4H_{10})의 폭발하한계는 약 얼마인가? (단, 공기 중 산소의 농도는 21%로 가정한다.)

① 1.4%v/v ② 1.7%v/v
③ 2.0%v/v ④ 2.3%v/v

해설 Jones식 폭발 상·하한계 : Jones는 많은 탄화수소 증기의 LFL(하한)과 UFL(상한)이 연료의 양론농도(C_{st})의 함수임을 발견하였다.
$$LFL = 0.55\,C_{st}, \quad UFL = 3.50\,C_{st}$$
여기서, $C_{st} = 100/(1 + z/0.21)$
$$C_mH_xO_y + zO_2 \rightarrow mCO_2 + x/2H_2O$$
즉 필요한 산소 몰수이다. 단, 연료가스가 1몰이라는 가정이 필수이다.
$$C_4H_{10} + 6.5O_2 \rightarrow 4CO_2 + 5H_2O$$
$$C_{st} = 100/(1 + 6.5/2.1) = 3.13$$
따라서, 하한 $= 0.55 \times 3.13 = 1.72\%v/v$
상한 $= 3.50 \times 3.13 = 10.96\%v/v$

26 폭발(연소)범위가 2.2~9.5vol%인 프로판(C_3H_8)의 최소산소농도(MOC)값은 몇 vol%인가? (단, 계산은 화학양론식을 이용하여 추정한다.)

① 8 ② 11
③ 14 ④ 16

해설
㉠ 프로판의 연소반응식
$$C_3H_8 + 5O_2 \rightarrow 3CO_2 + 4H_2O$$
㉡ 산소양론계수
$$C_3H_8 + 5O_2 = \frac{5}{1} = 5$$
∴ 최소산소농도(MOC) = 산소양론계수 × 연소하한계
$$= 5 \times 2.2 = 11 vol\%$$

27 윤활유를 닦은 기름걸레를 햇빛이 잘 드는 작업장의 구석에 모아두었을 때 가장 발생가능성이 높은 재해는?

① 분진폭발
② 자연발화에 의한 화재
③ 정전기 불꽃에 의한 화재
④ 기계의 마찰열에 의한 화재

해설 **자연발화에 의한 화재** : 윤활유를 닦은 기름걸레를 햇빛이 잘 드는 작업장의 구석에 모아두었을 때

28 다음 중 자연발화에 대한 설명으로 가장 적절한 것은?

① 습도를 높게 하면 자연발화를 방지할 수 있다.
② 점화원을 잘 관리하면 자연발화를 방지할 수 있다.
③ 윤활유를 닦은 걸레의 보관용기로는 금속재보다는 플라스틱 제품이 더 좋다.
④ 자연발화는 외부로 방출하는 열보다 내부에서 발생하는 열의 양이 많은 경우에 발생한다.

해설 ① 습도를 낮게 하면 자연발화를 방지할 수 있다.
② 점화원을 잘 관리해도 자연발화를 방지할 수 없다.
③ 윤활유를 닦은 걸레의 보관용기는 금속재로 한다.

29 다음 중 자연발화의 방지법에 관계가 없는 것은?

① 점화원을 제거한다.
② 저장소 등의 주위온도를 낮게 한다.
③ 습기가 많은 곳에는 저장하지 않는다.
④ 통풍이나 저장법을 고려하여 열의 축적을 방지한다.

해설 자연발화의 방지법
㉠ 저장소 등의 주위온도를 낮게 한다.
㉡ 습기가 많은 곳에는 저장하지 않는다.
㉢ 통풍이나 저장법을 고려하여 열의 축적을 방지한다.

30 다음 중 자연발화를 방지하기 위한 일반적인 방법으로 적절하지 않은 것은?

① 주위의 온도를 낮춘다.
② 공기의 출입을 방지하고 밀폐시킨다.
③ 습도가 높은 곳에는 저장하지 않는다.
④ 황린의 경우 산소와의 접촉을 피한다.

해설 ② 통풍이 잘 되게 한다.

31 다음 중 기체의 자연발화온도 측정법에 해당하는 것은?

① 중량법　　　　　② 접촉법
③ 예열법　　　　　④ 발열법

해설 **기체의 자연발화온도 측정법** : 예열법

32 다음 중 "공기 중의 발화온도"가 가장 높은 물질은?

① CH_4　　　　　② C_2H_2
③ C_2H_6　　　　　④ H_2S

해설 ① 550℃　　　　② 335℃
③ 530℃　　　　④ 260℃

33 분진폭발의 발생 순서로 옳은 것은?

① 비산 → 분산 → 퇴적분진 → 발화원 → 2차 폭발 → 전면폭발
② 비산 → 퇴적분진 → 분산 → 발화원 → 2차 폭발 → 전면폭발
③ 퇴적분진 → 발화원 → 분산 → 비산 → 전면폭발 → 2차 폭발
④ 퇴적분진 → 비산 → 분산 → 발화원 → 전면폭발 → 2차 폭발

해설 **분진폭발의 발생 순서** : 퇴적분진 → 비산 → 분산 → 발화원 → 전면폭발 → 2차 폭발

34 분진폭발에 관한 설명으로 틀린 것은?

① 폭발한계 내에서 분진의 휘발성분이 많을수록 폭발하기 쉽다.
② 분진이 발화, 폭발하기 위한 조건은 가연성, 미분상태, 공기 중에서의 교반과 유동 및 점화원의 존재이다.
③ 가스폭발과 비교하여 연소의 속도나 폭발의 압력이 크고, 연소시간이 짧으며, 발생에너지가 크다.

④ 폭발한계는 입자의 크기, 입도분포, 산소농도, 함유 수분, 가연성 가스의 혼입 등에 의해 같은 물질의 분진에서도 달라진다.

해설 ③ 가스폭발과 비교하여 연소의 속도나 폭발의 압력이 낮고, 연소시간이 길며, 발생에너지가 크다.

35 다음 중 비전도성 가연성 분진은?

① 아연　　　　　② 염료
③ 코크스　　　　④ 카본블랙

해설 아연, 코크스, 카본블랙, 석탄은 전도성 가연성 분진이고 염료, 고무, 소맥, 폴리에틸렌, 페놀수지는 비전도성 가연성 분진이다.

36 다음 중 분진의 폭발위험성을 증대시키는 조건에 해당하는 것은?

① 분진의 발열량이 적을수록
② 분위기 중 산소농도가 작을수록
③ 분진 내의 수분농도가 작을수록
④ 분진의 표면적이 입자체적에 비교하여 작을수록

해설 **분진의 폭발위험성을 증대시키는 조건** : 분진 내의 수분농도가 작을수록

37 다음 중 분진폭발의 특징을 가장 올바르게 설명한 것은?

① 가스폭발보다 발생에너지가 작다.
② 폭발압력과 연소속도는 가스폭발보다 크다.
③ 불완전연소로 인한 가스중독의 위험성은 적다.
④ 화염의 파급속도보다 압력의 파급속도가 크다.

해설 ① 가스폭발보다 발생에너지가 크다.
② 폭발압력과 연소속도는 가스폭발보다 작다.
③ 불완전연소로 인한 가스중독의 위험성은 크다.

정답 ┃ 31. ③ 32. ① 33. ④ 34. ③ 35. ② 36. ③ 37. ④

38 다음 중 분진폭발의 영향인자에 대한 설명으로 틀린 것은?

① 분진의 입경이 작을수록 폭발하기가 쉽다.
② 일반적으로 부유분진이 퇴적분진에 비해 발화온도가 낮다.
③ 연소열이 큰 분진일수록 저농도에서 폭발하고 폭발위력도 크다.
④ 분진의 비표면적이 클수록 폭발성이 높아진다.

해설 ②의 경우 일반적으로 부유분진이 퇴적분진에 비해 발화온도가 높다.

39 다음 중 분진폭발이 발생하기 쉬운 조건으로 적절하지 않은 것은?

① 발열량이 클 것
② 입자의 표면적이 작을 것
③ 입자의 형상이 복잡할 것
④ 분진의 초기온도가 높을 것

해설 ② 입자의 표면적이 클 것

40 다음 물질 중 정전기에 의한 분진폭발을 일으키는 최소발화(착화)에너지가 가장 작은 것은?

① 마그네슘   ② 폴리에틸렌
③ 알루미늄   ④ 소맥분

해설 **정전기에 의한 분진폭발을 일으키는 최소발화(착화)에너지**
㉠ 마그네슘 : 80mJ   ㉡ 폴리에틸렌 : 10mJ
㉢ 알루미늄 : 20mJ   ㉣ 소맥분 : 160mJ
㉤ 철 : 100mJ   ㉥ 폴리프로필렌 : 30mJ

41 다음 중 폭발범위에 영향을 주는 인자가 아닌 것은?

① 성상   ② 압력
③ 공기조성   ④ 온도

해설 **폭발범위에 영향을 주는 인자**
㉠ 온도, ㉡ 압력, ㉢ 공기조성, ㉣ 농도

42 다음 중 가연성 가스가 밀폐된 용기 안에서 폭발할 때 최대폭발압력에 영향을 주는 인자로 볼 수 없는 것은?

① 가연성 가스의 농도
② 가연성 가스의 초기온도
③ 가연성 가스의 유속
④ 가연성 가스의 초기압력

해설 **최대폭발압력에 영향을 주는 인자**
㉠ 가연성 가스의 농도
㉡ 가연성 가스의 초기온도
㉢ 가연성 가스의 초기압력

43 메탄 1vol%, 헥산 2vol%, 에틸렌 2vol%, 공기 95vol%로 된 혼합가스의 폭발하한계값(vol%)은 약 얼마인가? (단, 메탄, 헥산, 에틸렌의 폭발하한계값은 각각 5.0, 1.1, 2.7vol%이다.)

① 1.81   ② 2.4
③ 12.8   ④ 21.7

해설
$$L = \frac{V_1 + V_2 + \cdots + V_n}{\dfrac{V_1}{L_1} + \dfrac{V_2}{L_2} + \cdots + \dfrac{V_n}{L_n}}$$
$$= \frac{1 + 2 + 2}{\dfrac{1}{5.0} + \dfrac{2}{1.1} + \dfrac{2}{2.7}} = 1.81$$

44 다음 메탄, 에탄, 프로판의 폭발하한계가 각각 5vol%, 3vol%, 2.5vol%일 때 다음 중 폭발하한계가 가장 낮은 것은? (단, Le Chatelier의 법칙을 이용한다.)

① 메탄 20vol%, 에탄 30vol%, 프로판 50vol%의 혼합가스
② 메탄 30vol%, 에탄 30vol%, 프로판 40vol%의 혼합가스
③ 메탄 40vol%, 에탄 30vol%, 프로판 30vol%의 혼합가스
④ 메탄 50vol%, 에탄 30vol%, 프로판 20vol%의 혼합가스

해설
① $\dfrac{100}{L} = \dfrac{20}{5} + \dfrac{30}{3} + \dfrac{50}{2.5}$
∴ $L = 2.94$

② $\dfrac{100}{L}=\dfrac{30}{5}+\dfrac{30}{3}+\dfrac{40}{2.5}$

$\therefore L=3.125$

③ $\dfrac{100}{L}=\dfrac{40}{5}+\dfrac{30}{3}+\dfrac{30}{2.5}$

$\therefore L=3.33$

④ $\dfrac{100}{L}=\dfrac{50}{5}+\dfrac{30}{3}+\dfrac{20}{2.5}$

$\therefore L=3.75$

45 다음 중 소염거리(quenching distance) 또는 소염직경(quenching diameter)을 이용한 것과 가장 거리가 먼 것은?

① 화염방지기   ② 역화방지기

③ 안전밸브   ④ 방폭전기기기

해설 소염거리 또는 소염직경을 이용한 것

① 화염방지기   ② 역화방지기

③ 방폭전기기기

46 다음 중 화염일주한계와 폭발등급에 대한 설명으로 틀린 것은?

① 수소와 메탄은 상호 다른 등급에 해당한다.

② 폭발등급은 화염일주한계에 따라 등급을 구분한다.

③ 폭발등급 1등급 가스는 폭발등급 3등급 가스보다 폭발점화 파급위험이 크다.

④ 폭발성 혼합가스에서 화염일주한계값이 작은 가스일수록 외부로 폭발점화 파급위험이 커진다.

해설 ③ 폭발등급 1등급 가스는 폭발등급 3등급 가스보다 폭발점화 파급위험이 적다.

※ **안전간극에 따른 폭발등급 구분**

㉠ **폭발 1등급**(안전간격 : 0.6mm 초과) : LPG, 일산화탄소, 아세톤, 벤젠, 에틸에테르, 암모니아 등

㉡ **폭발 2등급**(안전간격 : 0.4mm 초과 0.6mm 이하) : 에틸렌, 석탄가스 등

㉢ **폭발 3등급**(안전간격 : 0.4mm 이하) : 아세틸렌, 수소, 이황화탄소, 수성 가스($CO+H_2$) 등

47 다음 중 최소발화에너지가 가장 작은 가연성 가스는?

① 수소   ② 메탄

③ 에탄   ④ 프로판

해설 **최소발화에너지** : 가연성 혼합기체에 전기적 스파크로 점화 시 착화하기 위하여 필요한 최소한의 에너지

① **수소** : 0.03mJ   ② **메탄** : 0.29mJ

③ **에탄** : 0.25mJ   ④ **프로판** : 0.26mJ

48 다음 중 대기압상의 공기·아세틸렌 혼합가스의 최소발화에너지(MIE)에 관한 설명으로 옳은 것은?

① 압력이 클수록 MIE는 증가한다.

② 불활성 물질의 증가는 MIE를 감소시킨다.

③ 대기압상의 공기·아세틸렌 혼합가스의 경우는 약 9%에서 최대값을 나타낸다.

④ 일반적으로 화학양론농도보다도 조금 높은 농도일 때에 최소값이 된다.

해설 ① 압력이 클수록 MIE는 감소한다.

② 불활성 물질의 증가는 MIE를 증가시킨다.

③ 대기압상의 공기·아세틸렌 혼합가스의 최소발화에너지는 0.017mJ이다.

49 다음 중 최소발화에너지(E[J])를 구하는 식으로 옳은 것은? (단, I는 전류[A], R은 저항[Ω], V는 전압[V], C는 콘덴서 용량[F], T는 시간[초]이라 한다.)

① $E=I^2RT$ ② $E=0.24I^2RT$

③ $E=\dfrac{1}{2}CV^2$ ④ $E=\dfrac{1}{2}\sqrt{CV}$

해설 **최소발화에너지** : 가연성 혼합기체에 전기적 스파크로 점화 시 착화하기 위하여 필요한 최소한의 에너지를 말하며 최소회로전류치라 한다.

$E=\dfrac{1}{2}CV^2$

50 다음 중 폭발방호(explosion protection) 대책과 가장 거리가 먼 것은?

① 불활성화(inerting)   ② 억제(suppression)

③ 방산(venting)   ④ 봉쇄(containment)

해설 해설 **폭발방호 대책**

㉠ 억제   ㉡ 방산   ㉢ 봉쇄

51 다음 중 누설발화형 폭발재해의 예방대책으로 가장 적합하지 않은 것은?

① 발화원 관리
② 밸브의 오동작방지
③ 불활성 가스의 치환
④ 누설물질의 검지경보

> **해설** 누설발화형 폭발재해의 예방대책
> ㉠ 발화원 관리 ㉡ 밸브의 오동작방지
> ㉢ 누설물질의 검지경보

52 다음 중 불활성 가스 첨가에 의한 폭발방지대책의 설명으로 가장 적절하지 않은 것은?

① 가연성 혼합가스에 불활성 가스를 첨가하면 가연성 가스의 농도가 폭발하한계 이하로 되어 폭발이 일어나지 않는다.
② 가연성 혼합가스에 불활성 가스를 첨가하면 산소농도가 폭발한계 산소농도 이하로 되어 폭발을 예방할 수 있다.
③ 폭발한계 산소농도는 폭발성을 유지하기 위한 최소의 산소농도로서 일반적으로 3성분 중의 산소농도로 나타낸다.
④ 불활성 가스 첨가의 효과는 물질에 따라 차이가 발생하는데 이는 비열의 차이 때문이다.

> **해설** ① 불활성화란 가연성 혼합가스에 불활성 가스를 주입시켜 산소의 농도를 연소를 위한 최소산소농도(MOC) 이하로 낮게 하는 공정이다.

53 다음 중 불활성화(퍼지)에 관한 설명으로 틀린 것은?

① 압력퍼지가 진공퍼지에 비해 퍼지시간이 길다.
② 사이펀 퍼지가스의 부피는 용기의 부피와 같다.
③ 진공퍼지는 압력퍼지보다 인너트 가스 소모가 적다.
④ 스위프 퍼지는 용기나 장치에 압력이 가하거나 진공으로 할 수 없을 때 사용된다.

> **해설** ① 압력퍼지가 진공퍼지에 비해 퍼지시간이 짧다.

54 다음 중 금속의 용접·용단 또는 가열에 사용되는 가스 등의 용기를 취급할 때의 준수사항으로 틀린 것은?

① 밸브의 개폐는 서서히 할 것
② 운반할 때에는 환기를 위하여 캡을 씌우지 않을 것
③ 용기의 온도를 섭씨 40℃ 이하로 유지할 것
④ 용기의 부식·마모 또는 변형상태를 점검한 후 사용할 것

> **해설** ② 운반할 때에는 밸브를 보호하기 위하여 캡을 씌운다.

55 산업안전보건법령상 화학설비로서 가솔린이 남아 있는 화학설비에 등유나 경유를 주입하는 경우 그 액표면의 높이가 주입관의 선단의 높이를 넘을 때까지 주입속도는 얼마 이하로 하여야 하는가?

① 1m/s
② 4m/s
③ 8m/s
④ 10m/s

> **해설** 가솔린이 남아 있는 화학설비에 등유나 경유를 주입 시 주입속도 : 1m/s

56 탱크 내부에서 작업 시 작업용구에 관한 설명으로 옳지 않은 것은?

① 유리라이닝을 한 탱크 내부에서는 줄사다리를 사용한다.
② 가연성 가스가 있는 경우 불꽃을 내기 어려운 금속을 사용한다.
③ 용접 절단 시에는 바람의 영향을 억제하기 위하여 환기장치의 설치를 제한한다.
④ 탱크 내부에 인화성 물질의 증기로 인한 폭발위험이 우려되는 경우 방폭구조의 전기기계·기구를 사용한다.

> **해설** ③ 용접 절단 시에는 바람의 영향을 억제하기 위하여 환기장치를 설치한다.

57 산업안전보건법에 따라 인화성 가스가 발생할 우려가 있는 지하작업장에서 작업하는 경우 조치사항으로 적절하지 않은 것은?

① 매일 작업을 시작하기 전 해당 가스의 농도를 측정한다.

② 가스의 누출이 의심되는 경우 해당 가스의 농도를 측정한다.

③ 장시간작업을 계속하는 경우 6시간마다 해당 가스의 농도를 측정한다.

④ 가스의 농도가 인화하한계값의 25% 이상으로 밝혀진 경우에는 즉시 근로자를 안전한 장소에 대피시킨다.

해설 ③ 장시간작업을 계속하는 경우 4시간마다 해당 가스의 농도를 측정한다.

58 다음 중 작업자가 밀폐공간에 들어가기 전 조치해야 할 사항과 가장 거리가 먼 것은?

① 해당 작업장의 내부가 어두운 경우 비방폭용 전등을 이용한다.

② 해당 작업장을 적정한 공기상태로 유지되도록 환기하여야 한다.

③ 해당 장소에 근로자를 입장시킬 때와 퇴장시킬 때에 각각 인원을 점검하여야한다.

④ 해당 작업장과 외부의 감시인 사이에 상시 연락을 취할 수 있는 설비를 설치하여야 한다.

해설 ① 해당 작업장의 내부가 어두운 경우 방폭용 전등을 이용한다.

59 탱크 내 작업 시 복장에 관한 설명으로 옳지 않은 것은?

① 정전기 방지용 작업복을 착용할 것

② 작업원은 불필요하게 피부를 노출시키지 말 것

③ 작업모를 쓰고, 긴팔의 상의를 반듯하게 착용할 것

④ 수분의 흡수를 방지하기 위하여 유지가 부착된 작업복을 착용할 것

해설 ④ 유지가 부착된 작업복을 착용하지 않는다.

Chapter 10 화재 및 폭발반응 및 가스

제1절 화재 이론

1 화재의 종류

① A급 화재(일반 가연물 화재-백색) : 다량의 물 또는 수용액으로 화재를 소화할 때 냉각효과가 가장 큰 소화역할을 할 수 있는 것으로, 연소 후 재를 남기는 화재

> **예** 종이, 섬유, 목재, 합성수지류 등의 화재

② B급 화재(유류 화재-황색) : 유류와 같이 연소 후 아무것도 남기지 않는 화재

③ C급 화재(전기 화재-청색) : 전기에 의한 발열체가 발화원이 되는 화재

> **예** 전기 합선, 과전류, 지락, 누전, 정전기 불꽃, 전기 불꽃 등에 의한 화재

④ D급 화재(금속 화재) : 가연성 금속류의 화재

2 화재의 폭발방지 설계

불활성화(Inerting)란 가연성 혼합가스에 불활성 가스를 주입하여 산소의 농도를 연소를 위한 최소 산소농도(MOC) 이하로 낮게 하는 공정이며, 종류는 다음과 같다.

① 진공(저압) 퍼지 : 용기에 대한 가장 통상적 이너팅 장치이며, 이 절차는 큰 저장용기에서는 사용될 수 없다. 왜냐하면 용기는 보통 진공이 되도록 설계되지 않아서 수인치의 수주의 압력 정도만 견딜 수 있다.

② 압력 퍼지 : 용기는 가압 하에서 이너트가스를 가함으로써 퍼지시킬 수 있다. 가한 가스가 용기 내에서 충분히 확산된 후 그것을 대기 중으로 방출한다. 산화제의 농도를 감소시키기 위해서는 여러 회의 사이클이 필요할 수도 있다.

③ 스위트 퍼지 : 용기의 한 개구부로 퍼지가스를 가하고 다른 개구부로부터 대기로 혼합가스를 용기 내에서 축출시키는 공정

3 석유 화재의 거동

① 액면상의 연소확대에 있어서 액온이 인화점보다 높은 경우 예혼합형 전파연소를 나타낸다.

② 액면상의 연소확대에 있어서 액온이 인화점보다 낮을 경우 예열형 전파연소를 나타낸다.

③ 저장조 용기의 직경이 1m 이상에서 액면강하속도는 용기 직경에 관계없이 일정하다.

④ 저장조 용기의 직경이 2m 이상이면 층류화염형태를 나타낸다.

4 정전기 방지대책

① 상대습도를 70% 이상으로 높인다.
② 공기를 이온화한다.
③ 접지를 실시한다.
④ 도전성 재료를 사용한다.

⑤ 대전방지제를 사용한다.　　　　　　⑥ 제전기를 사용한다.

⑦ 보호구를 착용한다.　　　　　　　　⑧ 배관 내 액체의 유속을 제한한다.

제2절 폭발 이론

1 폭발의 종류

(1) 물리적(응상) 폭발

폭발 이전의 물질상태가 고체 또는 액체 상태의 폭발형태

① 고상전이에 의한 폭발　　　　　　② 수증기 폭발

③ 도선 폭발　　　　　　　　　　　　④ 폭발성 화합물의 폭발

⑤ 압력 폭발

(2) 화학적(기상) 폭발

폭발 이전의 물질상태가 기체상태로서 화학반응에 의해 아주 짧은 시간에 급격한 압력상승을 수반할 때 압력의 급격한 방출로 인해 일어나는 폭발형태

① 혼합가스 폭발　　　　　　　　　　② 분진 폭발

③ 분무 폭발　　　　　　　　　　　　④ 중합 폭발

> 💡 참고
>
> ▶ 기상폭발 대책
>
> 　1. 예방대책　　　　2. 긴급대책　　　　3. 방호대책 : 방폭벽과 안전거리

2 대량 유출된 가연성 가스의 폭발

(1) BLEVE(Boiling Liquid Expanding Vapor Explosion ; 비등액 팽창증기 폭발)

비점이 낮은 가연성 액체 저장탱크 주위에 화재가 발생했을 때 저장탱크 내부의 비등현상으로 인한 압력상승으로 탱크가 파열되어 그 내용물이 증발, 팽창하면서 발생되는 폭발현상

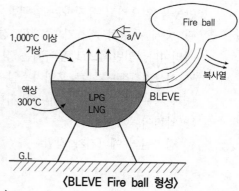

〈BLEVE Fire ball 형성〉

(2) 증기운 폭발(UVCE ; Unconfined Vapor Cloud Explosion)

대기 중에 대량의 가연성 가스가 유출되거나 대량의 가연성 액체가 유출하여 그것으로 부터 발생하는 증기가 공기와 혼합해서 가연성 혼합기체를 형성하고 발화원에 의하여 발생하는 폭발이다. 증기운의 크기가 증가하면 점화확률이 높아진다.

3 Burgess–Wheeler식

탄화수소화합물에 대한 폭발하한계(LEL)와 연소열의 관계를 나타낸 식이다. 즉 가연성 가스나 증기의 폭발범위가 온도의 영향에 따라 변화하고 있다는 사실을 고찰하는 가장 기초적인 식이다.

예제 1

▶ 포화탄화수소계 가스에서는 폭발하한계의 농도 X(vol%)와 그의 연소열(kcal/mol) Q의 곱은 일정하게 된다는 Burgess–Wheeler의 법칙이 있다. 연소열이 635.4kcal/mol인 포화탄화수소가스의 하한계는 약 얼마인가?

풀이 ① Burgess–Wheeler의 법칙

$$X(\text{vol}\%) \times Q(\text{kJ/mol}) = 4{,}600\text{vol}\% \cdot \text{kJ/mol}$$

② $X(\text{vol}\%) \times Q(\text{kcal/mol}) = 1{,}100\text{vol}\% \cdot \text{kcal/mol}$

$$\therefore X = \frac{1{,}100}{Q} = \frac{1{,}100}{635.4} = 1.73\text{vol}\%$$

예제 2

▶ 공기 중에서 A가스의 폭발하한계는 2.2vol%이다. 이 폭발하한계 값을 기준으로 하여 표준상태에서 A가스와 증기의 혼합기체 1m³에 함유되어 있는 A가스의 질량을 구하면 약 몇 g인가? (단, A가스의 분자량은 26이다.)

풀이 혼합기체 1m³(1,000 ℓ)이므로 $1{,}000 \times 0.022 = 22 \ell$

모든기체는 1mol에는 22.4 ℓ 이므로 $\dfrac{22}{22.4} \times 26 = 25.54\text{g}$

---

4 폭굉유도거리(DID ; Detonation Induction Distance)

① 폭굉 : 어떤 물질 내에서 반응전파속도가 음속보다 빠르게 진행되고 이로 인해 발생된 충격파가 반응을 일으키고 유지하는 발열반응

② 관 중에 폭굉성 가스가 존재할 경우 최초의 완만한 연소가 격렬한 폭굉으로 발전할 때까지의 거리이다. 일반적으로 짧아지는 경우는 다음과 같다.

㉮ 정상연소속도가 큰 혼합가스일수록

㉯ 관 속에 방해물이 있거나 관지름이 가늘수록

㉰ 압력이 높을수록

㉱ 점화원의 에너지가 강할수록

제3절 가 스

1 가스의 분류

(1) 독성에 의한 분류

① 독성 가스 : 포스겐($COCl_2$), 브롬화메탄(CH_3Br), HCN, H_2S, SO_2, Cl_2, NH_3, CO 등과 같이 인체에 악영향을 주는 가스를 말한다.

〈독성 가스의 허용노출기준(TWA)〉

가스 명칭	허용농도(ppm)	가스 명칭	허용농도(ppm)
이산화탄소(CO_2)	5,000	염소(Cl_2)	1
일산화탄소(CO)	50	니트로벤젠($C_6H_5NO_2$)	1
산화에틸렌(C_2H_4O)	50	포스겐($COCl_2$)	0.1
암모니아(NH_3)	25	브롬(Br_2)	0.1
일산화질소(NO)	25	불소(F_2)	0.1
브롬메틸(CH_3Br)	20	오존(O_3)	0.1
황화수소(H_2S)	10	인화수소(PH_3)	0.3
시안화수소(HCN)	10	아세트알데히드(CH_3CHO)	200
아황산가스(SO_2)	5	포름알데히드(HCHO)	5
염화수소(HCl)	5	메탄올(CH_3OH)	200
불화수소(HF)	3	에탄올(C_2H_5OH)	1,000

② 비독성 가스 : H_2, O_2, N_2 등과 같이 독성이 없는 가스를 말한다.

③ 가연성 독성 가스 : 브롬화메탄(CH_3Br), 산화에틸렌(C_2H_4O), 시안화수소(HCN), 일산화탄소(CO), 이황화탄소(CS_2), 암모니아(NH_3), 벤젠(C_6H_6), 트리메틸아민[$(CH_3)_3N$], 황화수소(H_2S), 염화메탄(CH_3Cl), 모노메틸아민(CH_3NH_2), 아크릴로니트릴($CH_2=CHCN$), 디메틸아민[$(CH_3)_2NH$], 아크릴알데히드($CH_2=CHCHO$)

> 🔎 참고
> ▶ 질소 : 고압의 환경에서 장시간 작업하는 경우에 발생할 수 있는 잠함병 또는 잠수병

2 노출기준

(1) Haber 법칙

$$k = c \times t$$

여기서, k : 유해물 지수 c : 유해물질의 농도 t : 노출시간

(2) 허용농도(TLV, Threshold Limit Value)

보통 사람에게 건강상 나쁜 영향을 미치지 아니하는 정도의 한계농도

> **예제**
>
> ▶ 공기 중 아세톤의 농도가 200ppm(TLV 500ppm), 메틸에틸케톤(MEK)의 농도가 100ppm(TLV 200ppm)
> 일 때 혼합물질의 허용농도는 약 몇 ppm인가? (단, 두 물질은 서로 상가작용을 하는 것으로 가정한다.)
>
> **풀이** $R(노출기준) = \dfrac{C_1}{T_1} + \dfrac{C_2}{T_2} + \cdots + \dfrac{C_n}{T_n}$
>
> $허용농도 = \dfrac{농도1 + 농도2}{R}, \quad R = \dfrac{200}{500} + \dfrac{100}{200} = 0.9$
>
> $허용농도 = \dfrac{(200 + 100)}{0.9} = 333\,ppm$

(3) 유해물질의 노출기준

① 시간가중평균 노출기준(TWA, Time Weighted Average)

1일 8시간 작업 기준으로 유해요인의 측정치에 발생시간을 곱하여 2시간으로 나눈 값

$$TWA\ 환산값 = \frac{C_1 \cdot T_1 + C_2 \cdot T_2 + \cdots + C_n \cdot T_n}{8}$$

여기서, C : 유해요인의 측정치(ppm 또는 mg/m^3)

T : 유해요인의 발생시간(hr)

② 단시간 노출기준(STEL, Short Term Exposure Limit)

③ 최고노출기준(C, Celing)

④ 혼합물의 노출기준

㉮ 오염원이 여러 개인 경우 : 산출값이 1 이상인 경우 기준량 초과

$$R = \frac{C_1}{T_1} + \frac{C_2}{T_2} + \cdots + \frac{C_n}{T_n}$$

여기서, C_n : 위험물질 각각의 제조·취급·저장량

T_n : 위험물질 각각의 규정량

㉯ 오염원이 동일한 경우

$$혼합물의\ 노출시간(TLV) = \frac{1}{\dfrac{f_1}{TLV_1} + \dfrac{f_2}{TLV_2} + \dfrac{f_3}{TLV_3} + \cdots + \dfrac{f_n}{TLV_n}}$$

3 가스의 폭발한계(vol%) 범위

〈가스의 공기 중 폭발한계(1atm·상온)〉

가스	하한계	상한계	가스	하한계	상한계
수소	4.0	75.0	벤젠	1.4	7.1
일산화탄소	12.5	74.0	톨루엔	1.4	6.7
시안화수소	6.0	41.0	가솔린	1.4	7.6
메탄	5.0	15.0	에틸알코올	4.3	19.0
에탄	3.0	12.4	아세트알데히드	4.1	57.0
프로판	2.1	9.5	에테르	1.9	48.0
부탄	1.8	8.4	아세톤	3.0	13.0
펜탄	1.4	7.8	산화에틸렌	3.0	80.0
에틸렌	2.7	36.0	산화프로필렌	2.0	22.0
프로필렌	2.4	11.0	암모니아	15.0	28.0
아세틸렌	2.5	81.0	황화수소	4.3	45.0

4 가스의 성질

(1) LPG의 성질

① 무색·투명하며, 냄새가 거의 나지 않는다.   ② 질식의 우려가 있다.

③ 누설 시 인화, 폭발성이 있다.   ④ 가스의 비중은 공기보다 크다.

(2) 아세틸렌(C_2H_2)

① 아세틸렌의 성질

㉮ 순수한 것은 에테르와 같은 향기가 있는 무색의 기체로 불순물로 인해 악취가 난다.

㉯ 15℃에서 물에는 1.1배 정도 녹지만, 아세톤에는 25배 녹는다.

㉰ 아세틸렌가스를 압축하면 분해폭발 할 위험성이 높다. 용기의 내부에 미세한 공간을 가진 다공물질에 용제인 아세톤(CH_3COCH_3), 디메틸포름아미드(DMF)를 침윤시켜 여기에 아세틸렌을 용해시켜 충전시킴으로써 폭발을 방지한다.

㉱ Ag, Hg, Cu, Mg과 반응하여 폭발성 아세틸리드를 생성한다.

㉲ 폭굉의 경우 발생압력이 초기압력의 20~50배에 이른다.

㉳ 분해반응은 발열량이 크며, 화염온도는 3,100℃에 이른다.

㉴ 용단 또는 가열작업 시 $1.3kgf/cm^2$ 이상의 압력을 초과하여서는 안 된다.

② 충전작업

㉮ 희석제 : 메탄, 일산화탄소, 수소, 프로판, 질소, 에틸렌, 탄산가스를 사용한다.

③ 아세틸렌의 취급, 관리 시의 주의사항

㉮ 폭발할 수 있으므로 필요 이상 고압으로 충전하지 않는다.

㉯ 폭발성 물질을 생성할 수 있으므로 구리나 일정 함량 이상의 구리합금과 접촉하지 않도록 한다.

㉰ 용기는 통풍이 잘 되는 장소에 보관하고, 누출 시에는 대기와 치환시킨다.

㉱ 용기는 폭발할 수 있으므로 전도, 낙하되지 않도록 한다.

5 액화가스 용기 충전량

$$G = \frac{V}{C}$$

여기서, G : 충전량

V : 내용적

C : 액화가스 충전상수(C_3H_8 : 2.35, C_4H_{10} : 2.05, NH_3 : 1.86)

예제

▶ 액화프로판 310kg을 내용적 50ℓ 용기에 충전할 때 필요한 소요 용기의 수는 약 몇 개인가? (단. 액화프로판의 가스정수는 2.35이다.)

풀이 $G = \frac{V}{C}$ 에서 $\frac{50}{2.35} = 21.28L$

∴ 310kg ÷ 21.28 = 15개

6 가스 용기의 표시방법

〈용기의 종류 및 색채〉

가스의 종류	몸체도색	
	공업용	의료용
산소	녹색	백색
수소	주황색	−
액화탄산가스	청색	회색
액화석유가스	회색	−
아세틸렌	황색	−
암모니아	백색	−
액화염소	갈색	−
질소	회색	흑색
아산화질소	회색	청색
헬륨	회색	갈색
에틸렌	회색	자색
시클로로프로판	회색	주황색
기타의 가스	회색	−

7 고압가스 용기 파열사고의 주요원인

① 용기의 내압력 부족(강재의 피로, 용기 내벽의 부식, 용접 불량)

② 용기 내압의 이상상승

③ 용기 내 폭발성 혼합가스 발화

8 가스누설검지의 시험지와 검지가스

시험지	검지가스
KI-전분지	할로겐(Cl_2), NO_2, ClO
리트머스지	산성가스
	염기성가스(NH_3)
염화제동착염지	아세틸렌(C_2H_2)
하리슨시험지	포스겐($COCl_2$)
염화파라듐지	일산화탄소(CO)
초산납시험지(연당지)	황화수소(H_2S)
질산구리벤젠지(초산벤지딘지)	시안화수소(HCN)

9 두 종류 가스가 혼합될 때 폭발위험이 가장 높은 것

지연(조연)성 가스 + 가연성 가스

예 염소 + 아세틸렌

01 다음 중 종이, 목재, 섬유류 등에 의하여 발생한 화재의 화재 급수로 옳은 것은?

① A급   ② B급
③ C급   ④ D급

> **해설** **화재의 종류**
> ㉠ **A급 화재** : 목재, 종이, 섬유류 등에 의하여 발생한 화재
> ㉡ **B급 화재** : 유류 화재
> ㉢ **C급 화재** : 전기 화재
> ㉣ **D급 화재** : 금속 화재

02 미국소방협회(NFPA)의 위험표시 라벨에서 황색 숫자는 어떠한 위험성을 나타내는가?

① 건강 위험성   ② 화재 위험성
③ 반응 위험성   ④ 기타 위험성

> **해설** **미국소방협회(NFPA)의 위험표시 라벨**
> ㉠ **적색** : 연소 위험성
> ㉡ **청색** : 건강 위험성
> ㉢ **황색** : 반응 위험성

03 다음 중 석유화재의 거동에 관한 설명으로 틀린 것은?

① 액면상의 연소확대에 있어서 액온이 인화점보다 높을 경우 예혼합형 전파연소를 나타낸다.
② 액면상의 연소확대에 있어서 액온이 인화점보다 낮을 경우 예열형 전파연소를 나타낸다.
③ 저장조 용기의 직경이 1m 이상에서 액면강하속도는 용기직경에 관계없이 일정하다.
④ 저장조 용기의 직경이 1m 이상이면 층류화염형태를 나타낸다.

> **해설** ④ 저장조 용기의 직경이 2m 이상이면 층류화염형태를 나타낸다.

04 정전기의 방지대책방법으로 틀린 것은?

① 상대습도를 70% 이상으로 높인다.
② 공기를 이온화한다.
③ 접지를 실시한다.
④ 환기시설을 설치한다.

> **해설** **정전기의 방지대책방법**
> ㉠ 상대습도 70% 이상   ㉥ 공기의 이온화
> ㉢ 접지 실시   ㉣ 도전성 재료의 사용
> ㉤ 대전방지제 사용   ㉦ 제전기의 사용
> ㉧ 보호구의 착용
> ㉨ 배관 내 액체의 유속제한

05 안전설계의 기초에 있어 기상폭발대책을 예방대책, 긴급대책, 방호대책으로 나눌 때 다음 중 방호대책과 가장 관계가 깊은 것은?

① 경보
② 발화의 저지
③ 방폭벽과 안전거리
④ 가연조건의 성립저지

> **해설** **방호대책** : 방폭벽과 안전거리

06 폭발을 기상 폭발과 응상 폭발로 분류할 때 다음 중 기상 폭발에 해당되지 않는 것은?

① 분진 폭발   ② 혼합가스 폭발
③ 분무 폭발   ④ 수증기 폭발

> **해설** **폭발의 종류**
> (1) **물리적 폭발(응상 폭발)**
>   ㉠ 고상전이에 의한 폭발
>   ㉡ 수증기 폭발
>   ㉢ 도선 폭발
>   ㉣ 폭발성 화합물의 폭발
>   ㉤ 압력 폭발
> (2) **화학적 폭발(기상 폭발)**
>   ㉠ 혼합가스 폭발   ㉡ 분진 폭발
>   ㉢ 분무 폭발   ㉣ 중합 폭발

07 공정별로 폭발을 분류할 때 물리적 폭발이 아닌 것은?

① 분해 폭발
② 탱크의 감압 폭발
③ 수증기 폭발
④ 고압용기의 폭발

> **해설**
> **공정별 폭발의 분류**
> (1) 물리적 폭발
> ⊙ 탱크의 감압 폭발   ○ 수증기 폭발
> © 고압용기의 폭발
> (2) 화학적 폭발
> ⊙ 분해 폭발   ○ 화합 폭발
> © 중합 폭발   ○ 산화 폭발

08 증기운 폭발에 대한 설명으로 옳은 것은?

① 폭발효율은 BLEVE보다 크다.
② 증기운의 크기가 증가하면 점화확률이 높아진다.
③ 증기운 폭발의 방지대책으로 가장 좋은 방법은 점화방지용 안전장치의 설치이다.
④ 증기와 공기의 난류 혼합, 방출점으로부터 먼 지점에서 증기운의 점화는 폭발의 충격을 감소시킨다.

> **해설**
> ① 폭발효율은 BLEVE보다 작다.
> ③ 누설할 경우 초기단계에서 시스템이 자동으로 중지할 수 있도록 자동차단밸브를 설치한다.
> ④ 증기와 공기의 난류 혼합, 방출점으로부터 먼 지점에서 증기운의 점화는 폭발의 충격을 증가시킨다.

09 다음 중 가스나 증기가 용기 내에서 폭발할 때 최대폭발압력(P_m)에 영향을 주는 요인에 관한 설명으로 틀린 것은?

① P_m은 화학양론비에서 최대가 된다.
② P_m은 용기의 형태 및 부피에 큰 영향을 받지 않는다.
③ P_m은 다른 조건이 일정할 때 초기온도가 높을수록 증가한다.
④ P_m은 다른 조건이 일정할 때 초기압력이 상승할수록 증가한다.

> **해설**
> 초기온도가 상승할수록 최대폭발압력(Maximum Explosion Pressure)은 감소한다.

10 폭발 발생의 필요조건이 충족되지 않은 경우에는 폭발을 방지할 수 있는데, 다음 중 저온액화가스와 물 등의 고온액에 의한 증기 폭발발생의 필요조건으로 옳지 않은 것은?

① 폭발의 발생에는 액과 액이 접촉할 필요가 있다.
② 고온액의 계면온도가 응고점 이하가 되어 응고되어도 폭발의 가능성은 높아진다.
③ 증기 폭발의 발생은 확률적 요소가 있고, 그것은 저온액화가스의 종류와 조성에 의해 정해진다.
④ 액과 액의 접촉 후 폭발 발생까지 수~수백 ms의 지연이 존재하지만, 폭발의 시간 스케일은 5ms 이하이다.

> **해설**
> ② 고온액의 계면온도가 응고점 이하가 되어 응고되면 폭발의 가능성은 낮아진다.

11 포화탄화수소계 가스에서는 폭발하한계의 농도 X(vol%)와 그의 연소열(kcal/mol) Q의 곱은 일정하게 된다는 Burgess-Wheeler의 법칙이 있다. 연소열이 635.4kcal/mol인 포화탄화수소 가스의 하한계는 약 얼마인가?

① 1.73%
② 1.95%
③ 2.68%
④ 3.20%

> **해설**
> ⊙ Burgess-Wheeler의 법칙
> $$X(\text{vol\%}) \times Q(\text{kJ/mol}) = 4,600\text{vol\%} \cdot \text{kJ/mol}$$
> ○ $X(\text{vol\%}) \times Q(\text{kJ/mol}) = 1,100\text{vol\%} \cdot \text{kJ/mol}$
> $$\therefore X = \frac{1,100}{Q} = \frac{1,100}{635.4} = 1.73\text{vol\%}$$

12 다음 중 폭굉유도거리에 대한 설명으로 틀린 것은?

① 압력이 높을수록 짧다.
② 점화원의 에너지가 강할수록 짧다.
③ 정상연소속도가 큰 혼합가스일수록 짧다.
④ 관 속에 방해물이 없거나 관의 지름이 클수록 짧다.

> **해설**
> ④ 관 속에 방해물이 있거나 관 지름이 가늘수록 짧다.

13 다음 중 화재 시 발생하는 유해가스 중 가장 독성이 큰 것은?

① CO
② $COCl_2$
③ NH_3
④ HCN

해설
① CO : 50ppm
② $COCl_2$: 0.1ppm
③ NH_3 : 25ppm
④ HCN : 10ppm

14 다음 중 화재발생 시 발생되는 연소생성물 중독성이 높은 것부터 낮은 순으로 올바르게 나열한 것은?

① 염화수소 > 포스겐 > CO > CO_2
② CO > 포스겐 > 염화수소 > CO_2
③ CO_2 > CO > 포스겐 > 염화수소
④ 포스겐 > 염화수소 > CO > CO_2

해설
독성 가스의 허용농도(ppm)
㉠ 포스겐($COCl_2$) : 0.1ppm
㉡ 염화수소(HCl) : 5ppm
㉢ 일산화탄소(CO) : 50ppm
㉣ 이산화탄소(CO_2) : 5,000ppm

15 다음 중 독성(허용농도 기준)이 가장 강한 가스는?

① NH_3
② $COCl_2$
③ Cl_2
④ H_2S

해설
① NH_3 : 25ppm
② $COCl_2$: 0.1ppm
③ Cl_2 : 1ppm
④ H_2S : 10ppm

16 다음 중 허용노출기준(TWA)이 가장 낮은 물질은?

① 불소
② 암모니아
③ 니트로벤젠
④ 황화수소

해설
① 불소 : 0.1ppm
② 암모니아 : 25ppm
③ 니트로벤젠 : 1ppm
④ 황화수소 : 10ppm

17 다음 중 가연성 가스이며, 독성 가스에 해당하는 것은?

① 수소
② 프로판
③ 산소
④ 일산화탄소

해설
① 수소 : 가연성 가스
② 프로판 : 가연성 가스
③ 산소 : 지연(조연)성 가스
④ 일산화탄소 : 가연성 및 독성 가스

18 가스를 화학적 특성에 따라 분류할 때 독성 가스가 아닌 것은?

① 황화수소(H_2S)
② 시안화수소(HCN)
③ 이산화탄소(CO_2)
④ 산화에틸렌(C_2H_4O)

해설
③ 이산화탄소(CO_2) : 불연성 가스

19 다음 중 메탄-공기 중의 물질에 가장 적은 첨가량으로 연소를 억제할 수 있는 것은?

① 헬륨
② 이산화탄소
③ 질소
④ 브롬화메틸

해설
메탄-공기 중의 물질에 가장 적은 첨가량으로 연소를 억제할 수 있는 것은 브롬화메틸이다.

20 고압(高壓)의 공기 중에서 장시간 작업하는 경우에 발생하는 잠함병(潛函病) 또는 잠수병(潛水病)은 다음 중 어떤 물질에 의하여 중독현상이 일어나는가?

① 질소
② 황화수소
③ 일산화탄소
④ 이산화탄소

해설
잠함병(잠수병)은 질소에 의하여 중독현상이 일어난다.

21 다음 중 산화에틸렌의 분해 폭발반응에서 생성되는 가스가 아닌 것은? (단, 연소는 일어나지 않는다.)

① 메탄(CH_4)
② 일산화탄소(CO)
③ 에틸렌(C_2H_4)
④ 이산화탄소(CO_2)

해설
에틸렌의 분해 폭발반응
㉠ $C_2H_4 + \frac{1}{2}O_2 \rightarrow C_2H_4O$
㉡ $C_2H_4O \rightarrow CH_4 + CO$

22 다음의 물질을 폭발범위가 넓은 것부터 좁은 순서로 바르게 배열한 것은?

$$H_2, C_3H_8, CH_4, CO$$

① $CO \gt H_2 \gt C_3H_8 \gt CH_4$
② $H_2 \gt CO \gt CH_4 \gt C_3H_8$
③ $C_3H_8 \gt CO \gt CH_4 \gt H_2$
④ $CH_4 \gt H_2 \gt CO \gt C_3H_8$

> 해설 **폭발범위**
> ㉠ H_2 : 4~75%   ㉡ CO : 12.5~74%
> ㉢ CH_4 : 5~15%   ㉣ C_3H_8 : 2.1~9.5%

23 다음 중 폭발하한계(vol%)값의 크기가 작은 것부터 큰 순서대로 올바르게 나열한 것은?

① $H_2 \lt CS_2 \lt C_2H_2 \lt CH_4$
② $CH_4 \lt H_2 \lt C_2H_2 \lt CS_2$
③ $H_2 \lt CS_2 \lt CH_4 \lt C_2H_2$
④ $CS_2 \lt C_2H_2 \lt H_2 \lt CH_4$

> 해설
> | 가스 | 하한계(%) | 상한계(%) |
> |---|---|---|
> | 이황화탄소(CS_2) | 1.3 | 41.0 |
> | 아세틸렌(C_2H_2) | 2.5 | 81.0 |
> | 수소(H_2) | 4.0 | 75.0 |
> | 메탄(CH_4) | 5.0 | 15.0 |

24 다음 중 LPG에 대한 설명으로 적절하지 않은 것은?

① 강한 독성이 있다.
② 질식의 우려가 있다.
③ 누설 시 인화, 폭발성이 있다.
④ 가스의 비중은 공기보다 크다.

> 해설 ① 무색 투명하며, 냄새가 거의 나지 않는다.

25 다음 중 분해 폭발의 위험성이 있는 아세틸렌의 용제로 가장 적절한 것은?

① 에테르   ② 에틸알코올
③ 아세톤   ④ 아세트알데히드

> 해설 **아세틸렌의 용제**
> ㉠ 아세톤(CH_3COCH_3)   ㉡ DMF

26 다음 중 아세틸렌 취급·관리 시의 주의사항으로 틀린 것은?

① 폭발할 수 있으므로 필요 이상 고압으로 충전하지 않는다.
② 폭발성 물질을 생성할 수 있으므로 구리나 일정 함량 이상의 구리합금과 접촉하지 않도록 한다.
③ 용기는 밀폐된 장소에 보관하고, 누출 시에는 누출원에 직접 주수하도록 한다.
④ 용기는 폭발할 수 있으므로 전도·낙하되지 않도록 한다.

> 해설 용기는 통풍이 잘 되는 장소에 보관하고 누출 시에는 대기와 치환시킨다.

27 아세틸렌에 관한 설명으로 옳지 않은 것은?

① 철과 반응하여 폭발성 아세틸리드를 생성한다.
② 폭굉의 경우 발생압력이 초기압력의 20~50배에 이른다.
③ 분해반응은 발열량이 크며, 화염온도는 3,100℃에 이른다.
④ 용단 또는 가열작업 시 $1.3kgf/cm^2$ 이상의 압력을 초과하여서는 안 된다.

> 해설 ① Ag, Hg, Cu, Mg과 반응하여 아세틸리드를 생성한다.

28 아세틸렌 용접장치에 설치하여야 하는 안전기의 설치요령이 옳지 않은 것은?

① 안전기를 취관마다 설치한다.
② 주관에만 안전기 하나를 설치한다.
③ 발생기와 분리된 용접장치에는 가스저장소와의 사이에 안전기를 설치한다.
④ 주관 및 취관에 가장 가까운 분기관마다 안전기를 부착할 경우 용접장치의 취관마다 안전기를 설치하지 않아도 된다.

> 해설 ② 취관마다 안전기를 설치한다. 다만, 주관 및 취관에 가장 가까운 분기관마다 안전기를 부착한 경우에는 그러하지 아니 하다.

29 폭굉현상은 혼합물질에만 한정되는 것이 아니고, 순수물질에 있어서도 그 분해열이 폭굉을 일으키는 경우가 있다. 다음 중 고압하에서 폭굉을 일으키는 순수물질은?

① 오존
② 아세톤
③ 아세틸렌
④ 아조메탄

해설 고압하에서 폭굉을 일으키는 순수물질은 아세틸렌이다.
$C_2H_2 \rightarrow 2C + H_2$

30 다음 중 두 종류 가스가 혼합될 때 폭발위험이 가장 높은 것은?

① 염소, 아세틸렌
② CO_2, 염소
③ 암모니아, 질소
④ 질소, CO_2

해설 두 종류 가스가 혼합될 때 폭발위험이 가장 높은 것
지연(조연)성 가스 + 가연성 가스
① 염소 : 지연성 가스, 아세틸렌 : 가연성 가스
② CO_2 : 불연성 가스, 염소 : 지연성 가스
③ 암모니아 : 가연성·독성 가스, 질소 : 불연성 가스
④ 질소 : 불연성 가스, CO_2 : 불연성 가스

31 다음 중 고압가스용 기기재료로 구리를 사용하여도 안전한 것은?

① O_2
② C_2H_2
③ NH_3
④ H_2S

해설 C_2H_2, NH_3, H_2S : 기기재료로 구리를 사용하면 아세틸라이트라는 폭발성 물질을 생성한다.

32 다음 중 분해 폭발하는 가스의 폭발장치를 위하여 첨가하는 불활성 가스로 가장 적합한 것은?

① 산소
② 질소
③ 수소
④ 프로판

해설 ① **산소** : 지연성(조연성) 가스
② **질소** : 불활성 가스
③ **수소** : 가연성 가스
④ **프로판** : 가연성 가스

33 액화프로판 310kg을 내용적 50ℓ 용기에 충전할 때 필요한 소요 용기의 수는 약 몇 개인가? (단, 액화프로판의 가스 정수는 2,35이다.)

① 15
② 17
③ 19
④ 21

해설
$$G = \frac{V}{C} = \frac{50}{2.35} = 21.28L$$
$$\therefore 310kg \div 21.28 = 15개$$

34 25℃ 액화 프로판가스 용기에 10kg의 LPG가 들어 있다. 용기가 파열되어 대기압으로 되었다고 한다. 파열되는 순간 증발되는 프로판의 질량은 약 얼마인가? (단, LPG의 비열은 2.4kJ/kg·℃이고, 표준 비점은 −42.2℃, 증발잠열은 384.2kJ/kg이라고 한다.)

① 0.42kg
② 0.52kg
③ 4.2kg
④ 7.62kg

해설
$$Q = \frac{W}{M} \times C \times (t_1 - t_2)$$
$$384.2 = \frac{10}{M} \times 2.4 \times (25 + 42.2)$$
$$\therefore M = 10 \times 2.4 \times (25 + 42.2) \div 384.2 = 4.2kg$$

35 공업용 용기의 몸체 도색으로 가스명과 도색명의 연결이 옳은 것은?

① 산소−청색
② 질소−백색
③ 수소−주황색
④ 아세틸렌−회색

해설 ㉠ 가연성 가스 및 독성 가스의 용기

가스의 종류	도색의 구분	가스의 종류	도색의 구분
액화석유가스	회색	액화암모니아	백색
수소	주황색	액화염소	갈색
아세틸렌	황색	그 밖의 가스	회색

㉡ 그 밖의 가스 용기

가스의 종류	도색의 구분
산소	녹색
액화탄산가스	청색
질소	회색
소방용 용기	소방법에 따른 도색
그 밖의 가스	회색

© 의료용 가스 용기

가스의 종류	도색의 구분	가스의 종류	도색의 구분
산소	백색	질소	흑색
액화탄산가스	회색	아산화질소	청색
헬륨	갈색	사이클로프로판	주황색
에틸렌	자색	그 밖의 가스	회색

36 가스 용기 파열사고의 주요원인으로 가장 거리가 먼 것은?

① 용기 밸브의 이탈
② 용기의 내압력 부족
③ 용기 내압의 이상 상승
④ 용기 내 폭발성 혼합가스 발화

해설

가스 용기 파열사고 시의 주요원인
㉠ 용기의 내압력 부족
㉡ 용기 내압의 이상 상승
㉢ 용기 내 폭발성 혼합가스 발화

제1절 반응기 및 고압가스 압력용기

1 반응기

(1) 반응기의 정의

반응기는 화학반응을 하는 기기이며 물질, 농도, 온도, 압력, 시간, 촉매 등에 이용되는 기기로서 공업장치에 있어서 물질이동이나, 열이동에도 영향을 끼치기 때문에 구조형식이나 조작할 수 있는 반응기를 선정하는 것이 중요하다.

예제 1

▶ 8% NaOH 수용액과 5% NaOH 수용액을 반응기에 혼합하여 6% 100kg의 NaOH 수용액을 만들려면 각각 몇 kg의 NaOH 수용액이 필요한가?

풀이
① $0.08a + 0.05b = 0.06 \times 100$ .... ⓐ
② $a + b = 100 \rightarrow a = 100 - b$ .... ⓑ
③ ⓑ식을 ⓐ식에 대입
   ⓐ b값 : $0.08(100 - b) + 0.05b = 6$
            $8 - 0.08b + 0.05b = 6$
            $0.03b = 2$
            $\therefore b = 66.7\text{kg}$
   ⓑ a값 : $a + b = 100$
            $a = 100 - b$
            $a = 100 - 66.7 = 33.3\text{kg}$
$\therefore$ 5% NaOH 수용액 : 66.7kg, 8% NaOH 수용액 : 33.3kg

예제 2

▶ 5% NaOH 수용액과 10% NaOH 수용액을 반응기에 혼합하여 6%, 100kg의 NaOH 수용액을 만들려면 각각 몇 kg의 NaOH 수용액이 필요한가?

풀이
$\underline{5\%\ \text{NaOH}} + \underline{1\%\ \text{NaOH}} \rightarrow \underline{6\%\ \text{NaOH의}\ 100\text{kg}}$
    x $100 - x$ 0.06×100
$0.05x + 0.1 \times (100 - x) = 6$
$0.05x + 10 - 0.1x = 6$
$0.05x = 4$
$\therefore x = 80\text{kg의 5\% NaOH}, 20\text{kg의 10\% NaOH}$

예제 3

▶ 단열반응기에서 100°F, 1atm의 수소가스를 압축하는 반응기를 설계할 때 안전하게 조업할 수 있는 최대압력은 약 몇 atm인가? (단, 수소의 자동발화온도는 1,075°F이고, 수소는 이상기체로 가정하고, 비열비(r)는 1.4이다.)

풀이 가역 단열변화이므로

$$\frac{T_2}{T_1} = \left(\frac{P_2}{P_1}\right)^{\frac{r-1}{r}}$$

① $T_1 = t_C + 273 = 37.8 + 273 = 310.8K$

$$t_C = \frac{5}{9}(t_F - 32) = \frac{5}{9}(100 - 32) = 37.8℃$$

② $T_2 = t_C + 273 = 579 + 273 = 852K$

$$t_C = \frac{5}{9}(t_F - 32) = \frac{5}{9}(1,075 - 32) = 579℃$$

$$\therefore P_2 = P_1\left(\frac{T_2}{T_1}\right)^{\frac{r}{r-1}} = 1\left(\frac{852}{310.8}\right)^{\frac{1.4}{1.4-1}} = 34.10atm$$

예제 4

▶ 20℃, 1기압의 공기를 5기압으로 단열압축하면 공기의 온도는 약 몇 ℃가 되겠는가? (단, 공기의 비열비는 1.4이다.)

풀이 단열압축 시 공기의 온도(T_2)

$$T_1 \times \left(\frac{P_2}{P_1}\right)^{\frac{\gamma-1}{\gamma}} = 293 \times 5^{\frac{1.4-1}{1.4}} = 191℃$$

(2) 반응기 분류

① 조작방법에 의한 분류

㉮ 회분식 균일상 반응기 : 여러 액체와 가스를 가지고 진행시켜 가스를 만들고, 이것을 회수하여 1회의 조작이 끝나는 경우에 사용되는 반응기이다.

㉯ 반회분식 반응기

㉰ 연속식 반응기 : 반응기의 한쪽에서는 원료를 계속적으로 유입하는 동시에 다른 쪽에서는 반응생성물질을 유출시키는 형식이다.

② 구조방식에 의한 분류

㉮ 관형 반응기   ㉯ 탑형 반응기

㉰ 교반조형 반응기   ㉱ 유동층형 반응기

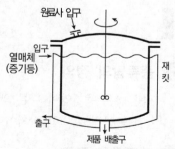

〈교반조형 반응기〉

③ 반응기의 운전을 중지할 때 필요한 주의사항

㉮ 급격한 유량변화, 압력변화, 온도변화를 피한다.

㉯ 가연성 물질이 새거나 흘러나올 때의 대책을 사전에 세운다.

㉰ 개방을 하는 경우, 우선 최고 윗부분, 최고 아랫부분의 뚜껑을 열고 자연통풍냉각을 한다.

㉱ 불활성 가스에 의해 잔류가스를 제거하고 물, 온수 등으로 잔류물을 제거한다.

④ 화학반응이 있을 때 특히 유의해야 할 사항

㉮ 반응폭주 : 온도, 압력 등 제어상태가 규정의 조건을 벗어나는 것에 의해 반응속도가 지수함수적으로 증대되고, 반응용기 내의 온도, 압력이 급격히 이상 상승되어 규정조건을 벗어나고 반응이 과격화되는 현상

㉯ 과압

(3) 반응기 설계시 고려할 요인

① 부식성　　　　　　② 상의 형태　　　　　　③ 온도범위

2 고압가스 압력용기

(1) 압력용기

고압가스 등을 충전하여 운반, 이동, 저장할 수 있는 용기

(2) 법적인 압력용기의 적용범위

① 1종 압력용기 : 최고사용압력(kg/cm^2)과 내용적(m^3)을 곱할 수치가 $0.04m^3$를 초과하는 용기

㉮ 증기 또는 그 밖에 열매를 받아들이거나 또는 증기를 발생시켜 고체 또는 액체를 가열하는 기기로서 용기 내의 압력이 대기압을 넘는 것

㉯ 용기 내의 화학반응에 의하여 증기를 발생(단원자 핵반응 제외)하는 용기로서 용기 내의 압력이 대기압을 넘는 것

㉰ 용기 내의 액체의 성분을 분리하기 위하여 해당 액체를 가열하거나 증기를 발생시키는 용기로서 용기 내의 압력이 대기압을 넘는 것

㉱ 대기압에서 비점을 넘는 온도의 액체를 그 내부에 보유하는 용기

② 2종 압력용기 : 최고사용압력이 $2kg/cm^2$를 초과하는 기계를 내부에 보유하는 용기

㉮ 내용적이 $0.04m^3$ 이상의 용기

㉯ 동체의 안지름의 200mm 이상이고, 그 길이가 1,000mm 이상인 것

　　단, 증기 헤더는 안지름이 30mm를 초과하는 것

제2절 증류장치

1 증류탑의 정의

증류탑은 증기압이 다른 액체혼합물로부터 증발하기 용이한 차이를 이용하여 어떤 성분을 분리하는 것을 목적으로 한 장치이다.

2 증류탑의 종류

(1) 충전탑

① 탑 내에 고체의 충전물을 충전한 증기와 액체와의 접촉면적을 크게 한 것이다.

② 충전탑은 탑지름의 작은 증류탑 혹은 부식성이 과격한 물질의 증류 등에 이용된다.

③ 충전물 중에서 가장 일반적으로 사용되고 있는 것으로 라시히링이 있으며 이것은 직경 $\frac{1}{2}$~3B, 높이 $1\sim1\frac{1}{2}$B 정도의 원통상의 것이며, 자기재, 카 본재, 철재 등이 있다.

(2) 단탑

특정한 구조의 여러 개 또는 수십 개의 단(plate, tray)으로 성립되어 있으며 개개의 분단의 단위로 하여 증기와 액체의 접촉이 행해지고 있다.

① 포종탑(포종 : 증기와 액체의 접촉을 용이하게 해 주는 역할)

② 다공판탑

③ 니플 트레이

④ 밸러스트 트레이

3 증류탑의 조작 및 안전기술

(1) 일상 점검항목(운전 중에 점검)

① 보온재, 보냉재의 파손 상황

② 도장의 열화상태

③ 접속부, 맨홀부 및 용접부에서의 외부 누출 유무

④ 기초 볼트의 헐거움 여부

⑤ 증기배관에 열팽창에 의한 무리한 힘이 가해지고 있는지의 여부와 부식 등에 의해 두께가 얇아지고 있는지의 여부

(2) 개방 시 점검해야 할 항목(운전 정지 시 점검)

① Tray의 부식상태, 정도, 범위

② Polymer 등의 생성물, 녹 등으로 인하여 포종의 막힘 여부와 다공판의 beding은 없는지, Balast Unit은 고정되어 있는지의 여부

③ 용접선의 상황과 포종이 선반에 고정되어 있는지의 여부

④ 누출의 원인이 되는 균열, 손상 여부

⑤ Lining, Coating 상황

> 💡 **참고**
> 1. **증류는 물리적 공정이다.**
> 2. **공비증류** : 공비혼합물 또는 끓는점이 비슷하여 분리하기 어려운 액체 혼합물의 성분을 완전히 분리시키기 위해 사용하는 증류법
>   > **예** 수분을 함유하는 에탄올에서 순수한 에탄올을 얻기 위해 벤젠과 같은 물질을 첨가하여 수분을 제거하는 증류방법
> 3. **Leidenfrost Point** : 뜨거운 금속에 물이 닿으면 튀는 현상과 같이 핵비등(nucleate boiling) 상태로 이행하는 온도

제3절 열교환기

1 정의

고온유체와 저온유체와의 사이에서 열의 이동을 시키는 장치

2 열교환기 분류

(1) 사용목적에 의한 분류

① 열교환기 : 폐열의 회수를 목적으로 한다.

② 냉각기(Cooler) : 고온측 유체의 냉각을 목적으로 한다.

③ 가열기(Heater) : 저온측 유체의 가열을 목적으로 한다.

④ 응축기(Condencer) : 증기의 응축을 목적으로 한다.

⑤ 증발기(Vaporizer) : 저온측 유체의 증발을 목적으로 한다.

(2) 구조에 의한 분류

① 이중관식 열교환기　　　　　　　　② 코일식 열교환기

③ 다관식 열교환기(투광형 열교환기)

3 열교환기 점검항목

(1) 일상 점검항목

① 보온재 및 보냉재의 파손상황　　　② 도장의 노후상황

③ 플랜지부, 용접부 등의 누설 여부　④ 기초 볼트의 체결정도

(2) 정기 점검항목

① 부식 및 고분자 등 생성물의 상황 또는 부착물에 의한 오염상황

② 부식의 형태, 정도, 범위　　　　　③ 누출의 원인이 되는 비율, 결점

④ 용접선의 상황　　　　　　　　　　⑤ Lining 또는 코팅의 상태

4 열교환기의 열교환 능률을 향상시키기 위한 방법

① 유체의 유속을 적절하게 조절한다.　② 열교환하는 유체의 온도차를 크게 한다.

③ 열전도율이 높은 재료를 사용한다.

> 참고
> ▶ 열교환기의 가열열원 : 다우덤섬

> 예제
> ▶ 열교환 탱크 외부를 두께 0.2m의 단열재(열전도율 K=0.037kcal/m.h.℃)로 보온하였더니 단열재 내면은 40℃, 외면은 20℃였다. 면저 1m² 당 1시간에 손실되는 열량(kcal)은?
>
> 풀이 $Qc = KA\dfrac{\Delta T}{L}$
> $$= 0.037 \times \frac{40-20}{0.2} = 3.7\text{kcal}$$

01 반응기를 조작방법에 따라 분류할 때 반응기의 한쪽에서는 원료를 계속적으로 유입하는 동시에 다른 쪽에서는 반응생성물질을 유출시키는 형식의 반응기를 무엇이라 하는가?

① 관형 반응기　　② 연속식 반응기
③ 회분식 반응기　④ 교반조형 반응기

> **해설**
> ① **관형 반응기** : 반응기의 일단에 원료를 연속적으로 송입한 후 관 내에서 반응을 진행시키고, 다른 끝에서 연속적으로 유출하는 형식의 반응기이다.
> ③ **회분식 반응기** : 한번 원료를 넣으면 목적을 달성할 때까지 반응을 계속하는 방식이다.
> ④ **교반조형 반응기** : 반응기 내에서는 완전혼합이 이루어지므로 반응기 내의 반응물 농도 및 생성물의 농도는 일정하다. 따라서 반응기에 공급한 반응물의 일부를 그대로 유출하는 결점도 있다.

02 다음 중 반응기를 구조형식에 의하여 분류할 때 이에 해당하지 않는 것은?

① 탑형　　　② 회분식
③ 교반조형　④ 유동층형

> **해설**
> **반응기의 분류**
> (1) **조작방법에 따라**
> 　㉠ 회분식 균일상 반응기
> 　㉡ 반회분식 반응기
> 　㉢ 연속식 반응기
> (2) **구조방법에 따라**
> 　㉠ 관형 반응기　　㉡ 탑형 반응기
> 　㉢ 교반조형 반응기

03 다음 중 반응기의 구조방식에 의한 분류에 해당하는 것은?

① 유동층형 반응기
② 연속식 반응기
③ 반회분식 반응기
④ 회분식 균일상 반응기

> **해설**
> **반응기**
> (1) **구조방식에 의한 분류**
> 　㉠ 유동층형 반응기　㉡ 관형 반응기
> 　㉢ 탑형 반응기　　　㉣ 교반조형 반응기
> (2) **조작방법에 의한 분류**
> 　㉠ 회분식 균일상 반응기
> 　㉡ 반회분식 반응기　㉢ 연속식 반응기

04 다음 중 화학장치에서 반응기의 유해·위험 요인(Hazard)으로 화학반응이 있을 때 특히 유의해야 할 사항은?

① 낙하, 절단　　② 감전, 협착
③ 비래, 붕괴　　④ 반응폭주, 과압

> **해설**
> ㉠ **반응폭주** : 메탄올 합성원료용 가스압축기 배기파이프의 이음새로부터 미량의 공기가 흡수되고, 원료로 사용된 질소 중 미량의 산소가 수소와 반응해 승온 되어 반응폭주가 시작되며, 강관이 연화되고 부분적으로 팽창되며 가스가 분출되어 착화한다.
> ㉡ **과압** : 압력을 가하는 것이다. 일정 체적의 물체에 압력을 가하면 체적이 줄어들게 되고 이때 발생하는 응력과 변형은 서로 비례한다.

05 다음 중 반응폭주에 의한 위급상태의 발생을 방지하기 위하여 특수반응 설비에 설치하여야 하는 장치로 적당하지 않은 것은?

① 원재료의 공급차단장치
② 보유 내용물의 방출금지
③ 불활성 가스의 제거장치
④ 반응정지제 등의 공급장치 해설

> **해설**
> 반응폭주에 의한 위급상태의 발생을 방지하기 위한 특수반응 설비에 설치하는 장치
> ㉠ 원재료의 공급차단장치
> ㉡ 보유 내용물의 방출금지
> ㉢ 반응정지제 등의 공급장치

06 다음 설명이 의미하는 것은?

> 온도, 압력 등 제어상태가 규정의 조건을 벗어나는 것에 의해 반응속도가 지수함수적으로 증대되고, 반응용기 내의 온도, 압력이 급격히 이상 상승되어 규정조건을 벗어나고, 반응이 과격화되는 현상

① 비등
② 과열 · 과압
③ 폭발
④ 반응폭주

해설
① **비등(Boiling)** : 일정한 압력 하에서 액체를 가열하면 일정 온도에 도달한 후 액체 표면에 기화(증발) 외에 액체 안에 증기기포가 형성되는 현상
② **과열 · 과압** : 온도 이상으로 가열된 상태. 지속적으로 압력이 이상 상승하는 상태
③ **폭발(Explosion)** : 압력의 급격한 발생 또는 개방한 결과로 인해 폭음을 수반하는 파열이나 가스 팽창이 일어나는 현상
④ **반응폭주** : 온도, 압력 등 제어상태가 규정의 조건을 벗어나는 것에 의해 반응속도가 지수함수적으로 증대되고, 반응 용기 내의 온도, 압력이 급격히 이상 상승되어 규정조건을 벗어나고, 반응이 과격화되는 현상

07 다음 중 반응기의 운전을 중지할 때 필요한 주의사항으로 가장 적절하지 않은 것은?

① 급격한 유량변화, 압력변화, 온도변화를 피한다.
② 가연성 물질이 새거나 흘러나올 때의 대책을 사전에 세운다.
③ 개방을 하는 경우, 우선 최고 윗부분, 최고 아랫부분의 뚜껑을 열고 자연통풍 냉각을 한다.
④ 잔류물을 제거한 후에는 먼저 물, 온수 등으로 세정한 후 불활성 가스에 의해 잔류가스를 제거한다.

해설
④의 경우 불활성 가스에 의해 잔류가스를 제거하고 물, 온수 등으로 잔류물을 제거한다는 내용이 옳다.

08 다음 중 화학공정에서 반응을 시키기 위한 조작 조건에 해당되지 않는 것은?

① 반응높이
② 반응농도
③ 반응온도
④ 반응압력

해설
화학공정에서 반응을 시키기 위한 조작조건
㉠ 반응온도
㉡ 반응농도
㉢ 반응압력

09 단위공정시설 및 설비로부터 다른 단위공정시설 및 설비 사이의 안전거리는 설비의 바깥면부터 얼마 이상이 되어야 하는가?

① 5m
② 10m
③ 15m
③ 20m

해설
단위공정시설 및 설비로부터 다른 단위공정시설 및 설비 사이의 안전거리는 설비의 바깥면부터 10m 이상이 되어야 한다.

10 반응성 화학물질의 위험성은 주로 실험에 의한 평가보다 문헌조사 등을 통해 계산에 의한 평가하는 방법이 사용되고 있는데, 이에 관한 설명으로 옳지 않은 것은?

① 위험성이 너무 커서 물성을 측정할 수 없는 경우 계산에 의한 평가방법을 사용할 수도 있다.
② 연소열, 분해열, 폭발열 등의 크기에 의해 그 물질의 폭발 또는 발화의 위험예측이 가능하다.
③ 계산에 의한 평가를 하기 위해서는 폭발 또는 분해에 따른 생성물의 예측이 이루어져야 한다.
④ 계산에 의한 위험성 예측은 모든 물질에 대해 정확성이 있으므로 더 이상의 실험을 필요로 하지 않는다.

해설
④ 계산에 의한 위험성 예측은 모든 물질에 대해 정확성이 있더라도 실험을 필요로 한다.

11 다음 중 반응 또는 조작 과정에서 발열을 동반하지 않는 것은?

① 질소와 산소의 반응
② 탄화칼슘과 물과의 반응
③ 물에 의한 진한 황산의 희석
④ 생석회와 물과의 반응

해설 ①의 질소와 산소의 반응 : 흡열반응

$N_2 + O_2 \rightarrow 2NO - 43.2kcal$

12 단열반응기에서 100°F, 1atm의 수소가스를 압축하는 반응기를 설계할 때 안전하게 조업할 수 있는 최대압력은 약 몇 atm인가? (단, 수소의 자동발화온도는 1,075°F이고, 수소는 이상 기체로 가정하고, 비열비(γ)는 1.4이다.)

① 14.62.   ② 24.23

③ 34.10   ④ 44.62

해설 가역 단열변화이므로

$$\frac{T_2}{T_1} = \left(\frac{P_2}{P_1}\right)^{\frac{r-1}{r}}$$

㉠ $T_1 = t_C + 273 = 37.8 + 273 + 310.8K$

$t_C = \frac{5}{9}(t_F - 32) = \frac{5}{9}(100 - 32) = 37.8°C$

㉡ $T_2 = T_C + 273 = 579 + 273 + 852K$

$t_C = \frac{5}{9}(t_F - 32) = \frac{5}{9}(1,075 - 32) = 579°C$

$\therefore P_2 = P_1 \left(\frac{T_2}{T_1}\right)^{\frac{r}{r-1}}$

$= 1\left(\frac{852}{310}\right)^{\frac{1.4}{1.4-1}} = 34.10atm$

13 5% NaOH 수용액과 10% NaOH 수용액을 반응기에 혼합하여 6%, 100kg의 NaOH 수용액을 만들려면 각각 몇 kg의 NaOH 수용액이 필요한가?

① 5% NaOH 수용액 : 33.3, 10% NaOH 수용액 : 66.7

② 5% NaOH 수용액 : 50, 10% NaOH 수용액 : 50

③ 5% NaOH 수용액 : 66.7, 10% NaOH 수용액 : 33.3

④ 5% NaOH 수용액 : 80, 10% NaOH 수용액 : 20

해설 $\dfrac{5\% NaOH}{x} + \dfrac{1\% NaOH}{100-x} \rightarrow \dfrac{6\% NaOH의 100kg}{0.06 \times 100}$

$0.05x + 0.1 \times (100 - x) = 6$

$0.05x + 10 - 0.1x = 6$

$0.05x = 4$

$\therefore x = 80kg의 5\% NaOH, 20kg의 10\% NaOH$

14 8% NaOH 수용액과 5% NaOH 수용액을 반응기에 혼합하여 6% 100kg의 NaOH 수용액을 만들려면 각각 몇 kg의 NaOH 수용액이 필요한가?

① 5% NaOH 수용액 : 50.5kg, 8% NaOH 수용액 : 49.5kg

② 5% NaOH 수용액 : 56.8kg, 8% NaOH 수용액 : 43.2kg

③ 5% NaOH 수용액 : 66.7kg, 8% NaOH 수용액 : 33.3kg

④ 5% NaOH 수용액 : 73.4kg, 8% NaOH 수용액 : 26.6kg

해설 ㉠ $0.08a + 0.05b = 0.06 \times 100 \ldots\ldots$ ⓐ

㉡ $a + b = 100 \rightarrow a = 100 - b \ldots\ldots$ ⓑ

㉢ ⓑ식을 ⓐ식에 대입

- b값 : $0.08(100 - b) + 0.05b = 6$

$8 - 0.08b + 0.05b = 6$

$0.03b = 2$

$\therefore b = 66.7kg$

- a값 : $a + b = 100$

$a = 100 - b$

$\therefore a = 100 - 66.7 = 33.3kg$

15 취급물질에 따라 여러가지 증류방법이 있는데, 다음 중 특수 증류방법이 아닌 것은?

① 감압증류   ② 추출증류

③ 공비증류   ④ 기·액증류

해설 특수 증류방법

㉠ 감압증류   ㉡ 추출증류

㉢ 공비증류

16 증류탑의 일상점검 항목으로 볼 수 없는 것은?

① 도장의 상태

② 트레이(tray)의 부식상태

③ 보온재, 보냉재의 파손여부

④ 접속부, 맨홀부 및 용접부에서의 외부 누출 유무

해설 증류탑의 일상점검 항목

㉠ 보온재, 보냉재의 파손 여부

㉡ 도장의 상태

㉢ 접속부, 맨홀부 및 용접부에서의 외부 누출 유무

㉣ 기초볼트의 헐거움 여부

ⓔ 증기배관에 열팽창에 의한 무리한 힘이 가해지고 있는지의 여부와 부식 등에 의해 두께가 얇아지고 있는지의 여부

17 어떤 습한 고체재료 10kg의 건조 후 무게를 측정하였더니 6.8kg이었다. 이 재료의 함수율은 몇 kg. H₂O/kg인가?

① 0.25　　　　② 0.36
③ 0.47　　　　④ 0.58

해설

$$함수율 = \frac{10 - 6.8}{6.8} = 0.47 kg \cdot H_2O/kg$$

18 대기압하의 직경이 2m인 물탱크에 탱크바닥에서부터 2m 높이까지의 물이 들어 있다. 이 탱크의 바닥에서 0.5m 위 지점에 직경이 1cm인 작은 구멍이 나서 물이 새어나오고 있다. 구멍의 위치까지 물이 모두 새어나오는 데 필요한 시간은 약 얼마인가? (단, 탱크의 대기압은 0이며, 배출계수는 0.61로 한다.)

① 2.0시간　　　② 5.6시간
③ 11.6시간　　④ 16.1시간

해설 구멍의 위치까지 물이 모두 새어나오는 데 필요한 시간

$$t = \frac{A_R}{C_d A_o \sqrt{2g}} \int_{y_1}^{y_2} y(-1/2)d_y$$

$$= \frac{A_R}{C_d A_o \sqrt{2g}}(\sqrt{y_1} - \sqrt{y_2})[s]$$

여기서, t : 배출시간(s)

A_R : 탱크의 수평단면적(m²)

A_o : 오리피스의 단면적(m²)

C_d : 배출계수, 송출계수, 탱크의 수면으로부터 오리피스까지 수직높이

y_1 : $t = 0$일 때의 높이(m) ($y = y_1$)

y_2 : $t = t$일 때의 높이(m) ($y = y_2$)

g : 중력가속도($= 9.8 m/s^2$)

$$t = \frac{2A_R}{C_d A_o \sqrt{2g}}(\sqrt{y_1} - \sqrt{y_2})$$

$$= \frac{2 \times \frac{\pi \times (2)^2}{4}}{0.61 \times \frac{\pi \times (0.01)^2}{4} \times \sqrt{2 \times 9.8}} \times (\sqrt{2} - \sqrt{0.5})$$

$$= 20946.7726s \times \frac{1hr}{3,600s} = 5.82hr$$

여기서 탱크의 대기압은 0기압이므로 배출시간은 2배로 증가한다.

$$\therefore 5.82hr \times 2 = 11.6hr$$

19 다음 중 열교환기의 가열열원으로 사용되는 것은?

① 암모니아　　② 염화칼슘
③ 프레온　　　④ 다우덤섬

해설 **열교환기의 가열열원**
다우덤섬

제1절 건조설비

1 건조설비의 구조

습윤 상태에 있는 재료를 처리하여 수분을 제거하는 조작을 건조(Drying)라 하며, 건조는 액상으로 존재하는 수분을 증발시켜 증기를 만드는 증발과정과 증기로 된 것을 제거하는 확산과정이 필요하다.

(1) 위험물 건조설비 중 건조실은 설치하는 건축물의 구조를 독립된 단층건물로 하여야 하는 건조설비

① 위험물 또는 위험물이 발생하는 물질을 가열·건조하는 경우 내용적이 1m³ 이상인 건조설비

② 위험물이 아닌 물질을 가열·건조하는 경우로서 다음 중 하나의 용량에 해당하는 건조설비

㉮ 고체 또는 액체 연료의 최대사용량이 10kg/h 이상

㉯ 기체연료의 최대사용량이 1m³/h 이상

㉰ 전기사용 정격용량이 10kW 이상

(2) 산업안전보건법상 건조설비의 구조

건조설비를 설치하는 경우에 다음과 같은 구조로 설치하여야 한다. 다만, 건조물의 종류, 가열건조의 정도, 열원(熱源)의 종류 등에 따라 폭발이나 화재가 발생할 우려가 없는 경우에는 그러하지 아니 하다.

① 건조설비의 바깥면은 불연성 재료로 만들 것

② 건조설비(유기과산화물을 가열건조하는 것은 제외한다)의 내면과 내부의 선반이나 틀은 불연성 재료로 만들 것

③ 위험물 건조설비의 측벽이나 바닥은 견고한 구조로 할 것

④ 위험물 건조설비는 그 상부를 가벼운 재료로 만들고 주위상황을 고려하여 폭발구를 설치할 것

⑤ 위험물 건조설비는 건조하는 경우에 발생하는 가스·증기 또는 분진을 안전한 장소로 배출시킬 수 있는 구조로 할 것

⑥ 액체연료 또는 인화성 가스를 열원의 연료로 사용하는 건조설비는 점화하는 경우에는 폭발이나 화재를 예방하기 위하여 연소실이나 그 밖에 점화하는 부분을 환기시킬 수 있는 구조로 할 것

⑦ 건조설비의 내부는 청소하기 쉬운 구조로 할 것

⑧ 건조설비의 감시창·출입구 및 배기구 등과 같은 개구부는 발화 시에 불이 다른 곳으로 번지지 아니하는 위치에 설치하고 필요한 경우에는 즉시 밀폐할 수 있는 구조로 할 것

⑨ 건조설비는 내부의 온도가 국부적으로 상승하지 아니하는 구조로 설치할 것

⑩ 위험물 건조설비의 열원으로서 직화를 사용하지 아니할 것

⑪ 위험물 건조설비가 아닌 건조설비의 열원으로서 직화를 사용하는 경우에는 불꽃 등에 의한 화재를 예방하기 위하여 덮개를 설치하거나 격벽을 설치할 것

(3) 건조설비의 구조

① 구조부분(본체) : 주로 몸체(철골부, 보온관, 셸부 등) 및 내부 구조를 말한다. 또 이들이 내부에 있는 구동장치도 포함한다.

② 가열장치 : 열원장치, 순환용 송풍기 등 열을 발생하고 이것을 이동하는 부분을 총괄한 것을 말한다. 본체의 내부에 설치된 경우도 있고, 외부에 설치된 경우도 있다.

③ 부속설비 : 본체에 부속되어 있는 설비 전반을 말한다. 환기장치, 온도조절장치, 온도측정장치, 안전장치, 화학장치, 집진장치, 소화장치 등이 포함된다.

> 🔎 **참고**
> ▶ 위험물 또는 위험물이 발생하는 물질을 가열·건조하는 경우 내용적이 1m³인 건조설비는 건조실을 설치하는 건축물의 구조를 독립된 단층건물로 한다.

2 건조설비의 종류

재료의 특성, 처리량, 건조의 목적 등의 조건에 합치한 최적의 것을 선정할 필요가 있다.

① 상자형 건조기(Compartment Dryer) ② 터널 건조기(Tunnel Dryer)
③ 회전 건조기(Rotary Dryer) ④ 밴드 건조기(Band Dryer)
⑤ 기류 건조기(Pneumatic Dryer) ⑥ 드럼 건조기(Drum Dryer)
⑦ 분무기 건조기(Spray Dryer) ⑧ 유동층 건조기(Fluidized Dryer)
⑨ 적외선 건조기
⑩ Sheet 건조기 : 건조설비의 가열방법으로 방사전열, 대전전열방식 등이 있고, 병류형, 직교류형 등의 강제대류방식을 사용하는 것이 많으며 직물, 종이 등의 건조물 건조에 주로 사용하는 건조기

3 건조설비 사용 시 준수사항

건조설비를 사용하여 작업을 하는 경우에 폭발이나 화재를 예방하기 위하여 준수하여야 하는 사항은 다음과 같다.

① 위험물 건조설비를 사용하는 경우에는 미리 내부를 청소하거나 환기할 것

② 위험물 건조설비를 사용하는 경우에는 건조로 인하여 발생하는 가스·증기 또는 분진에 의하여 폭발·화재의 위험이 있는 물질을 안전한 장소로 배출시킬 것

③ 위험물 건조설비를 사용하여 가열건조하는 건조물은 쉽게 이탈되지 않도록 할 것

④ 고온으로 가열건조한 인화성 액체는 발화의 위험이 없는 온도로 냉각한 후에 격납시킬 것

⑤ 건조설비(바깥면이 현저히 고온이 되는 설비만 해당한다)에 가까운 장소에는 인화성 액체를 두지 않도록 할 것

> 🔎 **참고**
> ▶ **입계부식** : 건조설비의 사용에 있어 500~800℃ 범위의 온도에 가열된 스테인리스강에서 주로 일어나며, 탄화크롬이 형성되었을 때 결정경계면의 크롬 함유량이 감소하여 발생되는 부식형태

제2절 송풍기 및 압축기

1 개요

공기 기타 기체를 압송하는 장치이며, 수기압 이하의 저압공기를 다량으로 요구하는 경우에는 송풍기가 사용되며, 그 이상의 압력을 필요로 하는 경우에 압축기가 사용된다.

2 송풍기 및 압축기 비교

(1) 구분

① 송풍기 : 압력상승이 $1kg/cm^2$ 미만 ② 압축기 : 압력상승이 $1kg/cm^2$ 이상

예제

▶ 송풍기의 회전차 속도가 1,300rpm일 때 송풍량이 분당 300m³였다. 송풍량을 분당 400m³로 증가시키고자 한다면 송풍기의 회전차 속도는 약 몇 rpm으로 하여야 하는가?

풀이 송풍기의 상사법칙
송풍량과 회전수는 비례한다.

$$\frac{Q_2}{Q_1} = \left(\frac{N_2}{N_1}\right)$$

$$N_2 = N_1\left(\frac{Q_2}{Q_1}\right) = 1,300\left(\frac{400}{300}\right) = 1,733rpm$$

---

(2) 송풍기 및 압축기의 종류

종류	중요한 것
용적형	회전식 송풍기, 회전식 압축기
	왕복식 압축기
회전형	원심식 송풍기, 원심식 압축기
	축류 송풍기, 축류 압축기

> **참고**
>
> ▶ **축류식 압축기**
> propeller의 회전에 의한 추진력에 의해 기체를 압송하는 방식

(3) 압축기의 기동과 운전

① 압축기의 주요 이상원인

㉮ 실린더 주위의 이상음

㉠ 흡입, 토출밸브의 불량, 밸브 체결부품의 헐거움이 있는 것

㉡ 피스톤과 실린더 헤드와의 틈새가 없는 것

㉢ 피스톤과 실린더 헤드와의 틈새가 너무 많은 것

㉣ 피스톤 링의 마모, 파손(압력변동을 초래한다.)

㉤ 실린더 내에 물 기타 이물이 들어가 있는 경우

> **참고**
> ▶ 압축기 운전 시 토출압력이 갑자기 증가하는 이유
> 토출관 내에 저항 발생

  ④ 크랭크 주위의 이상음
   ㉠ 주 베어링의 마모와 헐거움   ㉡ 연접봉 베어링의 마모와 헐거움
   ㉢ 크로스헤드의 마모와 헐거움
  ⑤ 흡입 토출밸브의 불량
   ㉠ 가스압력에 변화를 초래한다.   ㉡ 가스온도가 상승한다.
   ㉢ 밸브 작동음에 이상을 초래한다.

② 왕복식 압축기의 정비방법
  ㉮ 밸브를 검사하고 이상이 있는 것을 교체한다.
  ㉯ 실린더 내면의 검사와 지수측정 및 피스톤의 피스톤 링의 마모도 검사하고, 이상 유무를 확인한다.
  ㉰ 주 베어링, 연접봉 베어링의 틈새를 측정하고 필요에 따라 교체한다.
  ㉱ 패킹박스의 패킹을 검사하고 필요에 따라 교체한다.
  ㉲ 압축기 부품체결 볼트, 너트의 헐거움을 점검하고 조정한다.
  ㉳ 베어링유를 교체한다.
  ㉴ 압축기 부품을 청소한다.
  ㉵ 압축기 부속의 냉각기, 보기 펌프류, 구동기 등도 점검해서 언제나 압축기 운전에 지장을 초래하지 않도록 한다.

> **참고**
> ▶ **안전밸브** : 정반위 압축기 등에 대해서 과압에 따른 폭발을 방지하기 위하여 설치하는 것

(4) 서징(Surging) 현상 : 공기의 맥동과 진동을 발생하면서 불안전한 운전이 되는 것
 ① 방지법
  ㉮ 풍량을 감소시킨다.
  ㉯ 배관의 경사를 완만하게 한다.
  ㉰ 교축밸브를 기계에서 근접 설치한다.
  ㉱ 토출가스를 흡입측에 바이패스 시키거나 방출밸브에 의해 대기로 방출시킨다.

제3절 관의 종류 및 부속품

1 관의 종류 및 부속품

① 동일 지름의 관(동경관)을 직선 결합한 경우 : 소켓, 유니언 등

② 엘보, 티와 같이 내경이 나사로 된 부품을 폐쇄할 필요가 있는 경우 : 플러그(Plug)

③ 관의 지름을 변경하고자 할 때 필요한 관 부속품 : Reducer

④ 관로의 방향을 변경하는 데 가장 적합한 것 : 엘보(Elbow)

> **참고**

> ▶ 개스킷
> 물질의 누출방지용으로써 접합면을 상호밀착시키기 위하여 사용하는 것

2 관의 재료 및 용도

재료	주요 용도
주철관	수도관
강관	증기관, 압력 기체용관
가스관	잡용
동관	급유관, 증류기의 전열부분관
황동관	복수기(Steam Condenser), 증류기의 관
연관	상수, 산액체, 오수용의 관

제4절 펌프(Pump)

1 펌프의 종류

구분	펌프의 종류
왕복형 펌프	피스톤 펌프, 플런저 펌프, 격막펌프 등
회전형 펌프	원심 펌프, 회전 펌프, 터빈 펌프, 축류 펌프, 기어 펌프 등
특수 펌프	제트 펌프 등

2 펌프의 고장과 대책

(1) Cavitation(공동현상)

물이 관 속을 흐를 때 유동하는 물속의 어느 부분의 정압이 그때의 물의 증기압보다 낮을 경우 물이 증발하여 부분적으로 증기가 발생되어 배관이 부식을 초래하는 경우

(2) 공동현상의 발생방지법

① 펌프의 회전수를 낮춘다.

② 흡입비 속도를 작게 한다.

③ 펌프 흡입관의 두(Head) 손실을 줄인다.

④ 펌프의 설치높이를 낮추어 흡입양정을 짧게 한다.

01 산업안전보건법에 따라 위험물 건조설비 중 건조실을 설치하는 건축물의 구조를 독립된 단층 건물로 하여야 하는 건조설비가 아닌 것은?

① 위험물 또는 위험물이 발생하는 물질을 가열·건조하는 경우 내용적이 1m³ 이상인 건조설비

② 위험물이 아닌 물질을 가열·건조하는 경우 액체연료의 최대사용량이 5kg/h 이상인 건조설비

③ 위험물이 아닌 물질을 가열·건조하는 경우 기체연료의 최대사용량이 1m³/h 이상인 건조설비

④ 위험물이 아닌 물질을 가열·건조하는 경우 전기사용 정격용량이 10kW 이상인 건조설비

> 해설 **건축물의 구조를 독립된 단층건물로 하는 건조설비**
> (1) 위험물 또는 위험물이 발생하는 물질을 가열·건조하는 경우 내용적이 1m³ 이상인 건조설비
> (2) 위험물이 아닌 물질을 가열·건조하는 경우로서 다음 중 하나의 용량에 해당하는 건조설비
> ㉠ 고체 또는 액체 연료의 최대사용량이 10kg/h 이상
> ㉡ 기체연료의 최대사용량이 1m³/h 이상
> ㉢ 전기사용 정격용량이 10kW 이상

02 다음 중 건조설비의 가열방법으로 방사전열, 대전전열방식 등이 있고, 병류형, 직교류형 등의 강제대류방식을 사용하는 것이 많으며 직물, 종이 등의 건조물 건조에 주로 사용하는 건조기는?

① 턴넬형 건조기   ② 회전 건조기
③ Sheet 건조기   ④ 분무 건조기

> 해설 ① **턴넬형 건조기** : 연속적으로 건조한다.
> ② **회전 건조기** : 다량의 입상 또는 결정상 물질을 건조한다.

③ **Sheet 건조기** : 건물, 종이 등의 건조물 건조에 주로 사용한다.

④ **분무 건조기** : 슬러리나 용액의 미세한 입자형태를 가열하여 기체 중에 분산해 사용한다.

03 다음 중 산업안전보건법상 건조설비의 구조에 관한 설명으로 틀린 것은?

① 건조설비의 바깥면은 불연성 재료로 만들 것

② 건조설비의 내부는 청소하기 쉬운 구조로 할 것

③ 건조설비는 내부의 온도가 국부적으로 상승하지 아니하는 구조로 설치할 것

④ 위험물 건조설비의 열원으로서 직화를 사용할 것

> 해설 ④ 위험물 건조설비의 열원으로 증기를 사용한다.

04 다음 중 건조설비를 사용하여 작업을 하는 경우에 폭발이나 화재를 예방하기 위하여 준수하여야 하는 사항으로 틀린 것은?

① 위험물 건조설비를 사용하는 경우에는 미리 내부를 청소하거나 환기할 것

② 위험물 건조설비를 사용하여 가열건조하는 건조물은 쉽게 이탈되도록 할 것

③ 고온으로 가열건조한 인화성 액체는 발화의 위험이 없는 온도로 냉각한 후에 격납시킬 것

④ 바깥면이 현저히 고온이 되는 건조설비에 가까운 장소에는 인화성 액체를 두지 않도록 할 것

> 해설 ② 위험물 건조설비를 사용하여 가열건조하는 건조물은 쉽게 이탈이 되지 않도록 한다.

05 건조설비의 구조는 구조 부분, 가열장치, 부속설비로 구성되는데, 다음 중 "구조 부분"에 속하는 것은?

① 보온관   ② 열원장치

③ 소화장치   ④ 전기설비

해설 건조설비

㉠ **구조 부분(본체)** : 주로 몸체(철골부, 보온관, Shell부 등) 및 내부구조를 말하며, 이들의 내부에 있는 구동장치도 포함한다.

㉡ **가열장치** : 열원장치, 순환용 송풍기 등 열을 발생하고, 이것을 이동하는 부분을 총괄한 것이다.

㉢ **부속설비** : 본체에 부속되어 있는 설비 전반을 말한다. 환기장치, 온도조절장치, 온도측정장치, 안전장치, 소화장치, 집진장치 등이 포함된다.

06 산업안전보건법령상 위험물 또는 위험물이 발생하는 물질을 가열·건조하는 경우 내용적이 얼마인 건조설비는 건조실을 설치하는 건축물의 구조를 독립된 단층 건물로 하여야 하는가?

① 0.3m³ 이하   ② 0.3~0.5m³

③ 0.5~0.75m³   ④ 1m³ 이상

해설 위험물 또는 위험물이 발생하는 물질을 가열·건조하는 경우 내용적이 1m³ 이상인 건조설비는 건조실을 설치하는 건축물의 구조를 독립된 단층 건물로 한다.

07 압축기의 종류를 구조에 의해 용적형과 회전형으로 분류할 때 다음 중 회전형으로만 올바르게 나열한 것은?

① 원심식 압축기, 축류식 압축기

② 축류식 압축기, 왕복식 압축기

③ 원심식 압축기, 왕복식 압축기

④ 왕복식 압축기, 단계식 압축기

해설 압축기 및 송풍기 종류

종류	중요한 것
용적형	회전식 송풍기, 회전식 압축기
	왕복식 압축기
회전형	원심식 송풍기, 원심식 압축기
	축류 송풍기, 축류 압축기

08 다음 중 압축기 운전 시 토출압력이 갑자기 증가하는 이유로 가장 적절한 것은?

① 윤활유의 과다

② 피스톤 링의 가스 누설

③ 토출관 내에 저항 발생

④ 저장조 내 가스압의 감소

해설 압축기 운전 시 토출압력이 갑자기 증가하는 이유
토출관 내에 저항 발생

09 압축기의 운전 중 흡입배기밸브의 불량으로 인한 주요 현상으로 볼 수 없는 것은?

① 가스온도가 상승한다.

② 가스압력에 변화가 초래된다.

③ 밸브 작동음에 이상을 초래한다.

④ 피스톤 링의 마모와 파손이 발생한다.

해설 압축기의 운전 중 흡입배기밸브의 불량으로 인한 현상
㉠ 가스온도가 상승한다.
㉡ 가스압력에 변화가 초래된다.
㉢ 밸브 작동음에 이상을 초래한다.

10 다음 중 관로의 방향을 변경하는 데 가장 적합한 것은?

① 소켓   ② 엘보

③ 유니언   ④ 플러그

해설
① 소켓, ③ 유니언 : 동경관을 직선결합
② 엘보 : 관로의 방향을 변경
④ 플러그 : 관 끝을 막는 경우

11 다음 중 배관용 부품에 있어 사용되는 성격이 다른 것은?

① 엘보(Elbow)   ② 티(T)

③ 크로스(Cross)   ④ 밸브(Valve)

해설 나사결합 관 이음쇠
㉠ 엘보(Elbow)
㉡ 티(T)
㉢ 크로스(Cross)

정답 | 05. ①   06. ④   07. ①   08. ③   09. ④   10. ②   11. ④

12 다음 중 관의 지름을 변경하고자 할 때 필요한 관 부속품은?

① Reducer ② Elbow
③ Plug ④ Valve

> **해설**
> ① Reducer : 관의 지름을 변경하고자 할 때 필요한 관 부속품
> ② Elbow : 관 속에 흐르는 유체의 방향을 갑자기 바꾸는 장소에 사용하는 것
> ③ Plug : 관 끝 또는 구멍을 막는데 사용하는 나사가 절삭된 마개
> ④ Valve : 관로의 도중이나 용기에 설치하여 유체의 유량, 압력 등의 제어를 하는 장치

13 물이 관 속을 흐를 때 유동하는 물속의 어느 부분의 정압이 그 때의 물의 증기압보다 낮을 경우 물이 증발하여 부분적으로 증기가 발생되어 배관의 부식을 초래하는 경우가 있다. 이러한 현상을 무엇이라 하는가?

① 수격작용(water hammering)
② 공동현상(cavitation)
③ 서징(surging)
④ 비말동반(entrainment)

> **해설**
> **공동현상(cavitation)의 발생방지법**
> ㉠ 흡입양정을 작게 한다.
> ㉡ 흡입관의 직경을 크게 한다.
> ㉢ 흡입관의 내면에 마찰저항이 적게 한다.
> ㉣ 스트레이너의 통수면적이 큰 것을 사용한다.
> ㉤ 규정량 이상의 토출량을 내지 말아야 한다.
> ㉥ 유효흡입 양정을 계산하여 펌프형식, 회전수, 흡입조건을 결정한다.

14 다음 중 펌프의 공동현상(cavitation)을 방지하기 위한 방법으로 가장 적절한 것은?

① 펌프의 유효흡입양정을 작게 한다.
② 펌프의 회전속도를 크게 한다.
③ 흡입측에서 펌프의 토출량을 줄인다.
④ 펌프의 설치위치를 높게 한다.

> **해설**
> (1) **펌프의 공동현상**
> 유수 중에 그 수온의 증기압력보다 낮은 부분이 생기면 물이 증발을 일으키고 또한 수중에 용해하고 있는 공기가 석출하여 적은 기포를 다수 발생하는 현상
> (2) **공동현상의 발생방지법**
> ㉠ 펌프의 설치위치를 낮추고, 흡입양정을 짧게 한다.
> ㉡ 수직축 펌프를 사용하고, 회전차를 수중에 완전히 잠기게 한다.
> ㉢ 펌프의 회전수를 낮추고, 흡입회전도를 적게 한다.
> ㉣ 양 흡입펌프를 사용한다.
> ㉤ 펌프를 두 대 이상 설치한다.
> ㉥ 관경을 크게 하고, 유속을 줄인다.

화학설비의 제어장치

제1절 제어장치

1 자동제어

기계장치의 운전을 인간 대신에 기계에 의해서 하게 한다는 기술이다.

(1) 시스템의 작동

일반적으로 공장에서 사용되고 있는 자동제어의 시스템과 작동을 제시하면 다음과 같다.

공정상황 → 검출 → 조절계 → 밸브

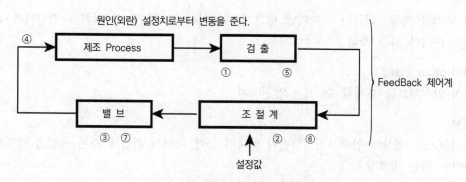

〈자동제어 시스템과 작동〉

① 어떠한 원인 때문에 프로세스의 상태(예를 들면 온도, 액위, 기타)가 변화하여 그것을 정정하도록 출력신호를 낸다.
② 조절계가 검출치와 설정치를 비교하고 차이가 있으면 그것을 정정하도록 출력신호를 낸다.
③ 밸브가 출력신호에 의해서 작동한다.
④ 따라서 프로세스의 상태(유량, 온도 등)가 바뀐다.
⑤ 그 변화가 또 검출되어 조절에 들어간다.
⑥ 다시 조절계가 설정치와 비교하여 출력신호를 바꾼다.
⑦ 밸브가 작동한다.

(2) FeedBack 제어법

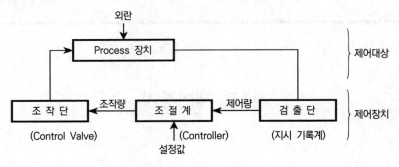

외란

Process 장치 } 제어대상

조작단 ←조작량 조절계 ←제어량 검출단 } 제어장치
(Control Valve) (Controller) (지시 기록계)
설정값

〈폐회로 방식의 제어계 예〉

2 안전장치

(1) molecular seal

플레어스택에 부착하여 가연성 가스와 공기의 접촉을 방지하기 위하여 밀도가 작은 가스를 채워주는 안전장치

(2) 통기밸브

인화성 액체를 저장·취급하는 대기압 탱크에 가압이나 진공발생 시 압력을 일정하게 유지하기 위하여 설치하여야 하는 장치

(3) 파열판(rupture disk)

스프링식 안전밸브를 대체할 수 있는 안전장치

(4) 안전밸브

안지름 150mm 이상의 압력용기, 정변위 압축기 등에 대해서 과압에 따른 폭발을 방지하기 위하여 설치하여야 하는 방호장치

① 안전밸브 전·후단에는 차단밸브 설치를 금한다.

② 안전밸브 전·후단에 자물쇠형 또는 이에 준하는 형식의 차단밸브 설치를 할 수 있는 경우

㉮ 인접한 화학설비 및 그 부속설비에 안전밸브 등이 각각 설치되어 있고 해당 화학설비 및 그 부속설비의 연결부분에 차단밸브가 없는 경우

㉯ 안전밸브 등의 배출용량의 1/2 이상에 해당하는 용량의 자동압력 조정밸브와 안전밸브 등이 병렬로 연결된 경우

㉰ 화학설비 및 그 부속설비에 안전밸브 등이 복수방식으로 설치되어 있는 경우

㉱ 예비용 설비를 설치하고 각각의 설비에 안전밸브 등이 설치되어 있는 경우

㉲ 열팽창에 의하여 상승된 압력을 낮추기 위한 목적으로 안전밸브가 설치된 경우

㉳ 하나의 플레어스택에 그 이상의 단위공정의 플레어헤드에 설치된 차단밸브의 열림, 닫힘 상태를 중앙제어실에서 알 수 있도록 조치한 경우

③ 검사주기

㉮ 화학공정 유체와 안전밸브의 디스크 또는 시트가 직접 접속될 수 있도록 설치된 경우 : 매년 1회 이상

㉯ 안전밸브 전단에 파열판이 설치된 경우 : 2년마다 1회 이상

㉰ 공정안전보고서 제출대상으로서 고용노동부장관이 설치하는 공정안전보고서 이행상태 평가결과가 우수한 사업장의 경우 : 4년마다 1회 이상

> **💡 참고**
>
> ▶ **과압에 따른 폭발을 방지하기 위하여 안전밸브 등을 설치하는 설비**
> 1. **압력용기**(안지름이 50mm 이하인 압력용기는 제외하며, 압력용기 중 관형열교환기의 경우에는 관의 파열로 인하여 상승한 압력이 압력용기의 최고사용압력을 초과할 우려가 있는 경우만 해당한다.)
> 2. **정변위 압축기**
> 3. **정변위 펌프**(토출측에 차단밸브가 설치된 것만 해당한다.)
> 4. **배관**(2개 이상의 밸브에 의하여 차단되어 대기온도에서 액체의 열팽창에 의하여 파열될 우려가 있는 것으로 한정한다.)

(5) 체크밸브 : 유체의 역류를 방지하기 위해 설치한다.

(6) 긴급차단장치

대형의 반응기, 탑, 탱크 등에 이상 상태가 발생할 때 밸브를 정지시켜 원료공급을 차단하기 위한 안전장치로 동력원으로 분류하면 다음과 같다.

① 공기압식

② 유압식

③ 전기식

(7) 화염방지기(flame arrester)

비교적 저압 또는 상압에서 가연성의 증기를 발생하는 유류를 저장하는 탱크에서 외부에 그 증기를 방출하기도 하고 탱크내에 외기를 흡입하기도 하는 부분에 설치하며, 가는 눈금의 금방이 여러개 겹쳐진 구조로 된 안전장치

화염방지기의 구조 및 설치방법은 다음과 같다.

① 본체는 금속제로서 내식성이 있어야 하며, 폭발 및 화재로 인한 압력과 온도에 견딜 수 있어야 한다.

② 소염소자는 내식, 내열성이 있는 재질이어야 하고, 이물질 등의 제거를 위한 정비작업이 용이하여야 한다.

③ 화염방지 성능이 있는 통기밸브인 경우를 제외하고 화염방지기를 설치하여야 한다.

④ 화염방지기는 보호대상 화학설비와 연결된 통기관측 설비의 상단에 설치한다.

(8) Steam Trap

증기 배관내에 생성된 증기의 누설을 막고 응축수를 자동적으로 배출하기 위한 안전장치

01 다음 중 일반적인 자동제어 시스템의 작동 순서를 바르게 나열한 것은?

| ㉠ 검출 | ㉡ 조절계 |
| ㉢ 밸브 | ㉣ 공정상황 |

① ㉠ → ㉡ → ㉣ → ㉢
② ㉣ → ㉠ → ㉡ → ㉢
③ ㉡ → ㉣ → ㉠ → ㉢
④ ㉢ → ㉡ → ㉣ → ㉠

해설 **일반적인 자동제어 시스템의 작동 순서**
공정상황 → 검출 → 조절계 → 밸브

02 다음 중 플레어스택에 부착하여 가연성 가스와 공기의 접촉을 방지하기 위하여 밀도가 작은 가스를 채워주는 안전장치는?

① Molecular Seal
② Flame Arrester
③ Seal Drum
④ Purge

해설 ② **Flame Arrester** : 화염방지기라고 하며, 가연성 가스의 유통 부분에 금속망 혹은 좁은 간격을 가진 연소차단용 금속판을 사용하여 고온의 화염이 좁은 벽면에 접촉하면 열전도에 의해서 급속히 열을 빼앗겨 그 온도가 발화온도 이하로 낮아지게 함으로써 소염되도록 하는 장치이다.
③ **Seal Drum** : 수봉된 밀봉 드럼을 통해 플레어스택에 도입되어 항상 연소되고 있는 점화버너에 의해 착화연소해서 가연성·독성 냄새를 대부분 상실하고 대기 중에 흩어지게 하는 안전장치이다.
④ **Purge** : 보일러의 안전을 위한 기능으로 가동 후에는 항상 남는 폐가스를 외부로 배출시키기 위하여 바로 꺼지지 않는다. 2분에서 3분까지 지속되며, 이후 보일러는 정지한다.

03 다음 중 산업안전보건법에 따라 안지름 150mm 이상의 압력용기, 정변위 압축기 등에 대해서 과압에 따른 폭발을 방지하기 위하여 설치하여야 하는 방호장치는?

① 역화방지기
② 안전밸브
③ 감지기
④ 체크밸브

해설 안전밸브의 설명이다.

04 다음 중 현장에 안전밸브를 설치하는 경우의 주의사항으로 틀린 것은?

① 검사하기 쉬운 위치에 밸브축을 수평으로 설치한다.
② 분출 시의 반발력을 충분히 고려하여 설치한다.
③ 용기에서 안전밸브 입구까지의 압력차가 안전밸브 설정압력의 3%를 초과하지 않도록 한다.
④ 방출관이 긴 경우는 내압에 주의하여야 한다.

해설 ①의 경우, 검사하기 쉬운 위치에 밸브축을 수직으로 설치한다.

05 다음 중 스프링식 안전밸브를 대체할 수 있는 안전장치는?

① 캡(Cap)
② 파열판(Rupture Disk)
③ 게이트밸브(Gate Valve)
④ 벤트스택(Vent Stack)

해설 **파열판(Rupture Disk)** : 밀폐된 용기 배관 등의 내압이 이상 상승하였을 경우 정해진 압력에서 파열되어 본체의 파괴를 막을 수 있도록 제조된 원형의 얇은 판으로 스프링식 안전밸브를 대체할 수 있는 안전장치이다.

06 산업안전보건법령상 안전밸브 등의 전단·후단에는 차단밸브를 설치하여서는 아니 되지만, 다음 중 자물쇠형 또는 이에 준하는 형식의 차단밸브를 설치할 수 있는 경우로 틀린 것은?

① 인접한 화학설비 및 그 부속설비에 안전 밸브 등이 각각 설치되어 있고, 해당 화학설비 및 그 부속설비의 연결배관에 차단밸브가 없는 경우

② 안전밸브 등의 배출용량의 4분의 1 이상에 해당하는 용량의 자동압력 조절밸브와 안전밸브 등이 직렬로 연결된 경우

③ 화학설비 및 그 부속설비에 안전밸브 등이 복수방식으로 설치되어 있는 경우

④ 열팽창에 의하여 상승된 압력을 낮추기 위한 목적으로 안전밸브가 설치된 경우

> **해설** ② 안전밸브 등의 배출용량의 2분의 1 이상에 해당하는 용량의 자동압력 조절밸브와 안전밸브 등이 직렬로 연결된 경우

07 다음 중 안전밸브 전·후단에 자물쇠형 차단밸브 설치를 할 수 없는 것은?

① 안전밸브와 파열판을 직렬로 설치한 경우

② 화학설비 및 그 부속설비에 안전밸브 등이 복수방식으로 설치되어 있는 경우

③ 열팽창에 의하여 상승된 압력을 낮추기 위한 목적으로 안전밸브가 설치된 경우

④ 인접한 화학설비 및 그 부속설비에 안전 밸브 등이 각각 설치되어 있고, 해당 화학설비 및 그 부속설비의 연결배관에 차단밸브가 없는 경우

> **해설** **안전밸브 전·후단에 자물쇠형 차단밸브를 설치할 수 있는 것**
> ㉠ ②, ③, ④
> ㉡ 안전밸브와 파열판을 병렬로 설치한 경우

08 개방형 스프링식 안전밸브의 장점이 아닌 것은?

① 구조가 비교적 간단하다.

② 밸브시트와 밸브스템 사이에서 누설을 확인하기 쉽다.

③ 증기용에 어큐뮬레이션을 3% 이내로 할 수 있다.

④ 스프링, 밸브봉 등이 외기의 영향을 받지 않는다.

> **해설** 스프링, 밸브봉 등이 외기의 영향을 받는다.

09 산업안전보건법령에 따라 대상설비에 설치된 안전밸브 또는 파열판에 대해서는 일정 검사주기마다 적정하게 작동하는지를 검사하여야 하는데 다음 중 설치 구분에 따른 검사주기가 올바르게 연결된 것은?

① 화학공정 유체와 안전밸브의 디스크 또는 시트가 직접 접촉될 수 있도록 설치된 경우 : 매년 1회 이상

② 화학공정 유체와 안전밸브의 디스크 또는 시트가 직접 접촉될 수 있도록 설치된 경우 : 2년마다 1회 이상

③ 안전밸브 전단에 파열판이 설치된 경우 : 3년마다 1회 이상

④ 안전밸브 전단에 파열판이 설치된 경우 : 5년마다 1회 이상

> **해설** **안전밸브 등의 검사주기**
> ㉠ 화학공정 유체와 안전밸브의 디스크 또는 시트가 직접 접촉될 수 있도록 설치된 경우 : 매년 1회 이상
> ㉡ 안전밸브 전단에 파열판이 설치된 경우 : 2년마다 1회 이상

10 다음 중 파열판과 스프링식 안전밸브를 직렬로 설치해야 할 경우가 아닌 것은?

① 부식물질로부터 스프링식 안전밸브를 보호할 때

② 독성이 매우 강한 물질을 취급 시 완벽하게 격리를 할 때

③ 스프링식 안전밸브에 막힘을 유발시킬 수 있는 슬러리를 방출시킬 때

④ 릴리프장치가 작동 후 방출라인이 개방되어야 할 때

> **해설** **파열판과 스프링식 안전밸브를 직렬로 설치해야 하는 경우**
> ㉠ 부식물질로부터 스프링식 안전밸브를 보호할 때
> ㉡ 독성이 매우 강한 물질을 취급 시 완벽하게 격리를 할 때
> ㉢ 스프링식 안전밸브에 막힘을 유발시킬 수 있는 슬러리를 방출시킬 때

11 고압가스 용기에 사용되며 화재 등으로 용기의 온도가 상승하였을 때 금속의 일부분을 녹여 가스의 배출구를 만들어 압력을 분출시켜 용기의 폭발을 방지하는 안전장치는?

① 가용합금 안전밸브　② 파열판
③ 폭압방산공　　　　　④ 폭발억제장치

> 해설
> ② **파열판** : 고압용기 등에 설치하는 안전장치를 용기에 이상압력이 발생될 경우 용기의 내압보다 적은 압력에서 막판(Disk)이 파열되어 내부압력이 급격히 방출되도록 하는 장치
> ③ **폭압방산공** : 내부에서 폭발을 일으킬 염려가 있는 건물, 설비, 장치 등과 이런 것에 부속된 덕트류 등의 일부에 설계강도가 가장 낮은 부분을 설치하여 내부에서 일어난 폭발압력을 그곳으로 방출함으로써 장치 등의 전체적인 파괴를 방지하기 위하여 설치한 압력방출장치의 일종
> ④ **폭발억제장치** : 밀폐된 설비, 탱크에서 폭발이 발생되는 경우 폭발성 혼합기 전체로 전파되어 급격한 온도상승과 압력이 발생된다. 이 경우 압력상승현상을 신속히 감지할 수 있도록 하여 전자기기를 이용 소화제를 자동적으로 착된 수면에 분사하여 폭발 확대를 제거하는 장치

12 다음 중 긴급차단장치의 차단방식과 관계가 가장 적은 것은?

① 공기압식　　　　② 유압식
③ 전기식　　　　　④ 보온식

> 해설
> **긴급차단장치의 차단방식**
> ㉠ 공기압식　　　　㉡ 유압식
> ㉢ 전기식

13 비교적 저압 또는 상압에서 가연성의 증기를 발생하는 유류를 저장하는 탱크에서 외부에 그 증기를 방출하기도 하고, 탱크 내에 외기를 흡입하기도 하는 부분에 설치하며, 가는 눈금의 금망이 여러 개 겹쳐진 구조로 된 안전장치는?

① Check valve　　② Flame arrester
③ Ventstack　　　④ Rupture disk

> 해설
> Flame arrester의 설명이다.

14 다음 중 화염의 역화를 방지하기 위한 안전장치는?

① Flame arrester　② Flame stack
③ Molecular seal　④ Water seal

> 해설
> ㉠ **Flame arrester** : 화염의 역화를 방지하기 위한 안전장치
> ㉡ **Molecular seal** : 플레어스택에 부착하여 가연성 가스와 공기의 접촉을 방지하기 위하여 밀도가 작은 가스를 채워주는 안전장치

15 다음 중 산업안전보건법상 급성 독성 물질이 지속적으로 외부에 유출될 수 있는 화학설비에 파열판과 안전밸브를 직렬로 설치하고 그 사이에 설치하여야 하는 것은?

① 자동경보장치　　② 차단장치
③ 플레어헤드　　　④ 콕

> 해설
> 자동경보장치의 설명이다.

16 다음 중 화염방지기의 구조 및 설치방법이 틀린 것은?

① 본체는 금속제로서 내식성이 있어야 하며, 폭발 및 화재로 인한 압력과 온도에 견딜 수 있어야 한다.
② 소염소자는 내식, 내열성이 있는 재질이어야 하고, 이물질 등의 제거를 위한 정비작업이 용이하여야 한다.
③ 화염방지성능이 있는 통기밸브인 경우를 제외하고 화염방지기를 설치하여야 한다.
④ 화염방지기는 보호대상 화학설비와 연결된 통기관의 중앙에 설치하여야 한다.

> 해설
> ④ 화염방지기는 보호대상 화학설비와 연결된 통기관의 상단에 설치한다.

17 가스누출감지경보기의 선정기준, 구조 및 설치방법에 관한 설명으로 옳지 않은 것은?

① 암모니아를 제외한 가연성 가스 누출감지경보기는 방폭성능을 갖는 것이어야 한다.
② 독성 가스누출감지경보기는 해당 독성 가스 허용농도의 25% 이하에서 경보가 울리도록 설정하여야 한다.

③ 하나의 감지대상가스가 가연성이면서 독성인 경우에는 독성 가스를 기준하여 가스누출감지경보기를 선정하여야 한다.

④ 건축물 내에 설치되는 경우 감지대상가스의 비중이 공기보다 무거운 경우에는 건축물 내의 하부에 설치하여야 한다.

[해설] **가스누출감지경보기**
㉠ **가연성 가스** : 폭발하한계의 25% 이하
㉡ **독성 가스** : 허용농도 이하

18 산업안전보건법에서 정한 위험물질을 기준량 이상 제조, 취급, 사용 또는 저장하는 설비로서 내부의 이상상태를 조기에 파악하기 위하여 필요한 온도계·유량계·압력계 등의 계측장치를 설치하여야 하는 대상이 아닌 것은?

① 가열로 또는 가열기

② 증류·정류·증발·추출 등 분리를 하는 장치

③ 반응폭주 등 이상화학반응에 의하여 위험물질이 발생할 우려가 있는 설비

④ 300℃ 이상의 온도 또는 게이지압력이 7kg/cm² 이상의 상태에서 운전하는 설비

[해설] **온도계·유량계·압력계 등의 계측장치를 설치하여야 하는 대상**
㉠ 발열반응이 일어나는 반응장치
㉡ 증류·정류·증발·추출 등 분리를 하는 장치
㉢ 가열시켜 주는 물질의 온도가 가열되는 위험물질의 분해온도 또는 발화점보다 높은 상태에서 운전되는 설비
㉣ 반응폭주 등 이상화학반응에 의하여 위험물질이 발생할 우려가 있는 설비
㉤ 온도가 350℃ 이상이거나 게이지압력이 980kPa 이상인 상태에서 운전되는 설비
㉥ 가열로 또는 가열기

19 다음 중 압력차에 의하여 유량을 측정하는 가변류 유량계가 아닌 것은?

① 오리피스미터(orifice meter)

② 벤투리미터(venturi meter)

③ 로터미터(rota meter)

④ 피토튜브(pitot tube)

[해설] **로터미터(면적식 유량계)** : 수직 유리관 속에 원별 모양의 플로트를 넣어 관 속을 흐르는 유체의 유량에 의해 밀어올리는 위치를 눈금으로 구할 수 있는 계기

Chapter 14 소화 및 소방설비 · 화학설비

제1절 소화 이론

1 소화방법

(1) 물리적 소화방법

① 화재를 물 등의 소화약제로 냉각시키는 방법

② 혼합기의 조성변화에 의한 방법

③ 유전화재를 강풍으로 불어 소화하는 방법

④ 기타의 작용에 의한 소화방법

(2) 화학적 소화방법

첨가물질의 연소 억제작용에 의한 방법

2 소화방법의 종류

(1) 제거소화

가연물을 연소구역으로부터 제거함으로써 화재의 확산을 저지하는 소화방법

예 가연성 기체의 분출화재시 주공급밸브를 닫아서 연료공급을 차단하여 소화하는 방법

(2) 질식소화

산소를 공급하는 산소공급원을 연소계로부터 차단시켜 연소에 필요한 산소의 양을 16% 이하로 함으로써 연소의 진행을 억제시켜 소화하는 방법으로 산소농도는 10~15% 이하이다.

예 ① 연소하고 있는 가연물이 존재하는 장소를 기계적으로 폐쇄하여 공기의 공급을 차단한다.

② 연소하고 있는 가연물이 들어 있는 용기를 기계적으로 밀폐하여 공기의 공급을 차단하거나 타고 있는 액체나 고체의 표면을 거품 또는 불연성 액체로 피복하여 연소에 필요한 공기의 공급을 차단시키는 것

(3) 냉각소화

활성화에너지(점화원)를 물 등을 사용하여 냉각시킴으로써 가연물을 발화점(發火點) 이하의 온 도로 낮추어 연소의 진행을 막는 소화방법이다.

① 액체를 이용하는 방법

예 물이나 그 밖의 액체의 증발잠열을 이용하여 소화하는 방법

② 고체를 이용하는 방법

예 튀김 냄비 등의 기름에 인화되었을 때 싱싱한 야채 등을 넣어 기름의 온도를 내림으로써 냉각하는 방법

(4) 희석소화법

가연성 가스의 산소농도, 가연물의 조성을 연소 한계점 이하로 소화하는 방법이다.

(5) 부촉매소화(억제소화)

가연물의 순조로운 연쇄반응이 진행되지 않도록 연소반응의 억제제인 부촉매 소화약제(할로겐계 소화약제)를 이용하여 소화하는 방법이다.

3 소화기의 성상

(1) 포말 소화기(포 소화기)

① 화학포 소화기

㉮ 정의 : A제(중조, 중탄산나트륨, $NaHCO_3$)와 B제(황산알루미늄, $Al_2(SO_4)_3$)의 화학 반응에 의해 생성된 포(CO_2)에 의해 소화하는 소화기

㉯ 화학 반응식

$$6NaHCO_3 + Al_2(SO_4)_3 + 18H_2O \rightarrow 3Na_2SO_4 + 2Al(OH)_3 + 6CO_2 \uparrow + 18H_2O$$
$$\text{(질식)} \qquad \text{(냉각)}$$

㉠ A제(외통제) : 중조($NaHCO_3$)

㉡ B제(내통제) : 황산알루미늄[$Al_2(SO_4)_3$]

㉢ 기포 안정제 : 가수분해 단백질, 젤라틴, 카세인, 사포닌, 계면활성제 등

㉰ 용도 : A, B급 화재

② 기계포(air foam) 소화기 : 소화원액과 물을 일정량 혼합한 후 발포장치에 의해 거품을 내어 방출하는 소화기

③ 포(foam)의 성질로서 구비하여야 할 조건

㉮ 화재면과 부착성이 있을 것

㉯ 열에 대한 센막을 가지며 유동성이 있을 것

㉱ 바람 등에 견디고 응집성과 안정성이 있을 것

(2) 분말 소화기

① 정의 : 소화약제로 고체의 미세한 분말을 이용하는 소화기로서, 분말은 자체압이 없기 때문에 가압원(N_2, CO_2 가스 등)이 필요하며, 소화분말의 방습 표면처리제로 금속 비누(스테아린산아연, 스테아린산알루미늄 등)를 사용한다.

② 종류

㉮ 1종 분말(dry chemicals)–탄산수소나트륨($NaHCO_3$) : 특수 가공한 중조의 분말을 넣어서 방사용으로 축압한 질소, 탄산가스 등의 불연성 가스를 봉입한 봄베를 개봉하여 약제를 방사한다. 흰색 분말이며 B, C급 화재에 좋다. 특히 요리용 기름의 화재(식당, 주방화재) 시 비누화 반응을 일으켜 질식효과와 재발화 방지효과를 나타낸다.

$$2NaHCO_3 \xrightarrow{\triangle} Na_2CO_3 + \underline{CO_2 + H_2O} - 19.9kcal(흡열반응)$$
$$\text{질식} \quad \text{냉각}$$

④ 2종 분말–탄산수소칼륨($KHCO_3$) : 1종 분말보다 2배의 소화효과가 있다. 보라색 분말이며 B, C급 화재에 좋다.

$$2KHCO_3 \xrightarrow{\triangle} K_2CO_3 + \underline{CO_2} + \underline{H_2O}$$
$$\text{질식} \quad \text{냉각}$$

⑤ 3종 분말–인산암모늄($NH_4H_2PO_4$) : 광범위하게 사용하며 담홍색(핑크색) 분말이며 A, B, C급 화재에 좋다.

$$NH_4H_2PO_4 \xrightarrow{\triangle} \underline{HPO_3} + NH_3 + \underline{H_2O}$$
$$\text{질식} \qquad \text{냉각}$$

⑥ 4종 분말 : 탄산수소칼륨($KHCO_3$)+요소[$(NH_2)_2CO$] : 2종 분말약제를 개량한 것으로 회백색 분말이며 B, C급 화재에 좋다.

$$2KHCO_3 + (NH_2)_2CO \xrightarrow{\triangle} K_2CO_3 + 2NH_3 + \underline{2CO_2}$$
$$\text{질식}$$

(3) 탄산가스 소화기(CO₂ 소화기)

① 정의 : 소화약제를 불연성인 CO_2 가스의 질식과 냉각효과를 이용한 소화기로서, CO_2는 자체압을 가져 방출원이 별도로 필요하지 않으며 방사구로는 가스상으로 방사된다.

② 소화약제의 장점

⑦ 액화하여 용기에 보관할 수 있다.

⑭ 전기에 대해 부도체이다.

⑮ 자체 증기압이 높기 때문에 자체 압력으로 방사가 가능하다.

③ 용도 : B, C급 화재

(4) 할로겐화물 소화기(증발성 액체 소화기)

① 정의 : 소화약제로 증발성이 강하고 공기보다 무거운 불연성인 할로겐화합물을 이용하여 질식효과와 동시에 할로겐의 부촉매효과에 의한 연쇄반응을 억제시켜 소화하는 소화기이다.

② 소화약제의 조건

⑦ 비점이 낮을 것

⑭ 기화되기 쉽고 증발잠열이 클 것

⑮ 공기보다 무겁고(증기 비중이 클 것) 불연성일 것

⑯ 기화 후 잔유물을 남기지 않을 것

⑰ 전기절연성이 우수할 것

⑱ 인화성이 없을 것

③ 할론 번호 순서

    ㉮ 첫째 : 탄소(C)　　　　　㉯ 둘째 : 불소(F)

    ㉰ 셋째 : 염소(Cl)　　　　　㉱ 넷째 : 취소(Br)

    ㉲ 다섯째 : 옥소(I)

예제

  ▶ 할론 소화약제 중 Halon 2402의 화학식을 쓰시오.

  풀이 $C_2F_4Br_2$

  할론의 명칭 순서

    ㉠ 첫째 : 탄소　　　　　㉡ 둘째 : 불소

    ㉢ 셋째 : 염소　　　　　㉣ 넷째 : 브롬

    ㉤ 다섯째 : 요오드

---

④ 종류

    ㉮ 사염화탄소(CCl_4) : CTC 소화기

      ㉠ 밀폐된 장소에서 CCl_4를 사용해서는 안 되는 이유

        • $2CCl_4 + O_2 \rightarrow 2COCl_2 + 2Cl_2$(건조된 공기 중)

        • $CCl_4 + H_2O \rightarrow COCl_2 + 2HCl$(습한 공기 중)

        • $CCl_4 + CO_2 \rightarrow 2COCl_2$(탄산가스 중)

        • $3CCl_4 + Fe_2O_3 \rightarrow 3COCl_2 + 2FeCl_3$(철이 존재 시)

      ㉡ 설치 금지 장소(할론 1301은 제외)

        • 지하층

        • 무창층

        • 거실 또는 사무실로서 바닥면적이 $20m^2$ 미만인 곳

    ㉯ 일염화일취화메탄(CH_2ClBr) : CB 소화기

      ㉠ 무색·투명하고 특이한 냄새가 나는 불연성 액체이다.

      ㉡ CCl_4에 비해 약 3배의 소화능력이 있다.

    ㉰ 일취화일염화이불화메탄(CF_2ClBr) : BCF 소화기

    ㉱ 일취화삼불화메탄(CF_3Br) : BT 소화기

    ㉲ 이취화사불화에탄($C_2F_4Br_2$) : FB 소화기

⑤ 용도 : A, B, C급 화재

(5) 강화액 소화기

① 정의 : 물 소화약제의 단점을 보완하기 위하여 물에 탄산칼륨(K_2CO_3) 등을 녹인 수용액으로 부동성이 높은 알칼리성 소화약제

② 소화약제의 특성

    ㉮ 비중 : 1.3~1.4　　　　　㉯ 응고점 : $-30 \sim -17℃$

    ㉰ 강알칼리성 : pH 11~12　　　　　㉱ 독성과 부식성이 없다.

③ 용도
㉮ 봉상일 경우 : A급 화재   ㉯ 무상일 경우 : A, C급 화재

(6) 산알칼리 소화기

① 정의 : 황산과 중조수의 화합액에다가 탄산가스를 내포한 소화액을 방사한다.

② 주성분
㉮ 산 : H_2SO_4 ㉯ 알칼리 : $NaHCO_3$

③ 반응식

$$2NaHCO_3 + H_2SO_4 \rightarrow Na_2SO_4 + 2CO_2 + 2H_2O$$

④ 용도
㉮ 봉상일 경우 : A급 화재
㉯ 무상일 경우 : A, C급 화재

(7) 물 소화기

① 정의 : 물을 펌프 또는 가스로 방출한다.

② 소화제로 사용하는 이유
㉮ 기화열(증발잠열)이 크다(539cal/g).   ㉯ 구입이 용이하다.
㉰ 취급상 안전하고 숙련을 요하지 않는다.   ㉱ 가격이 저렴하다.
㉲ 분무 시 적외선 등을 흡수하여 외부로부터의 열을 차단하는 효과가 있다.

③ 용도 : A급 화재

(8) 청정 소화약제(clean agent)

전기적으로 비전도성이며 휘발성이 있거나 증발 후 잔여물을 남기지 않는 소화약제이다.

(9) 간이 소화제

① 건조사(마른 모래)
㉮ 모래는 반드시 건조되어 있을 것
㉯ 가연물이 함유되어 있지 않을 것
㉰ 모래는 반절된 드럼통 또는 벽돌담 안에 저장하며, 양동이, 삽 등의 부속 기구를 항상 비치할 것

② 팽창 질석, 팽창 진주암
㉮ 질석을 고온처리(약 1,000~1,400 ℃)해서 10~15배 팽창시킨 것으로 비중이 아주 적음
㉯ 발화점이 특히 낮은 트리에틸알루미늄 화재에 적합

③ 중조 톱밥
㉮ 중조($NaHCO_3$)에 마른 톱밥을 혼합한 것
㉯ 인화성 액체의 소화에 적합

4 소화기의 유지관리

(1) 각 소화기의 공통사항

① 소화기의 설치 위치는 바닥으로부터 1.5m 이하의 높이에 설치할 것

② 통행이나 피난 등에 지장이 없고 사용할 때에는 쉽게 반출할 수 있는 위치에 있을 것

③ 각 소화약제가 동결, 변질 또는 분출할 염려가 없는 곳에 비치할 것

④ 소화기가 설치된 주위의 잘 보이는 곳에 '소화기'라는 표시를 할 것

(2) 소화기의 사용방법

① 각 소화기는 적응 화재에만 사용할 것

② 성능에 따라 화점 가까이 접근하여 사용할 것

③ 소화 시에는 바람을 등지고 풍상에서 풍하의 방향으로 소화할 것

④ 소화작업은 양 옆으로 골고루 비로 쓸 듯이 소화약제를 방사할 것

> 💡 참고
>
> ▶ A급화재 10단위 : 이 소화기의 소화능력단위는 소화능력시험에 배치되어 완전소화한 모형의 수에 해당하는 능력단위의 합계가 10단위라는 뜻이다.

제2절 소방설비

1 자동화재탐지설비

건축물 내에서 발생한 화재의 초기 단계에서 발생하는 열, 연기 및 불꽃 등을 자동으로 감지하여 건물 내의 관계자에게 벨, 사이렌 등의 음향으로 화재발생을 자동으로 알리는 설비이다.

2 감지기 종류

(1) 열감지기

① 차동식   ② 정온식

③ 보상식

(2) 연기감지기

① 이온화식   ② 광전식

(3) 화염(불꽃) 감지기

① 자외선   ② 적외선

제3절 화학설비의 종류 및 안전기준

1 화학설비

① 반응기 · 혼합조 등 화학물질 반응 또는 혼합장치
② 증류탑 · 흡수탑 · 추출탑 · 감압탑 등 화학물질 분리장치
③ 저장탱크 · 계량탱크 · 호퍼 · 사일로 등 화학물질 저장설비 또는 계량설비
④ 응축기 · 냉각기 · 가열기 · 증발기 등 열교환기류
⑤ 고로 등 점화기를 직접 사용하는 열교환기류
⑥ 캘린더(calender) · 혼합기 · 발포기 · 인쇄기 · 압출기 등 화학제품 가공설비
⑦ 분쇄기 · 분체분리기 · 용융기 등 분체화학물질 취급장치
⑧ 결정조 · 유동탑 · 탈습기 · 건조기 등 분체화학물질 분리장치
⑨ 펌프류 · 압축기 · 이젝터(ejector) 등의 화학물질 이송 또는 압축설비

> 💡 **참고**
> ▶ 분체 화학물질 분리장치
> • 건조기　　　• 유동탑　　　• 결정조

2 화학설비의 부속설비

① 배관 · 밸브 · 관 · 부속류 등 화학물질 이송 관련 설비
② 온도 · 압력 · 유량 등을 지시 · 기록 등을 하는 자동제어 관련 설비
③ 안전밸브 · 안전판 · 긴급차단 또는 방출밸브 등 비상조치 관련 설비
④ 가스누출감지 및 경보 관련 설비
⑤ 세정기, 응축기, 벤트스택(bent stack), 플레어스택(flare stack) 등 폐가스 처리설비
⑥ 사이클론, 백필터(bag filter), 전기집진기 등 분진처리설비
⑦ ①부터 ⑥까지의 설비를 운전하기 위하여 부속된 전기 관련 설비
⑧ 정전기 제거장치, 긴급 샤워설비 등 안전 관련 설비

> 💡 **참고**
> 1. 반응 폭주에 의한 위급상태의 발생을 방지하기 위한 특수반응설비에 설치하는 장치
>   ㉠ 원재료의 공급차단장치
>   ㉡ 보유 내용물의 방출금지
>   ㉢ 반응 정지제 등의 공급장치
> 2. **플레어스택(Flare stack)**
>   공정 중에서 발생하는 미연소가스를 연소하여 안전하게 밖으로 배출시키기 위하여 사용하는 설비
> 3. 급성 독성물질이 지속적으로 외부에 유출될 수 있는 화학설비 및 그 부속설비에 파열판과 안전밸브를 직렬로 설치하고 그 사이에는 압력지시계 또는 자동경보장치를 설치하여야 한다.
> 4. 화학설비 및 그 부속설비를 설치할 때, 단위공정시설 및 설비로부터 다른 단위공정시설 및 설비 사이의 안전거리는 설비 바깥면으로부터 10m 이상 둔다.

3 특수화학설비

위험물질의 기준량 이상 취급·제조하는 설비로서 내부의 이상 상태를 조기에 파악하기 위하여 필요한 온도계·유량계·압력계 등의 계측장치를 설치해야 하는 대상

① 발열반응이 일어나는 반응장치

② 증류·정류·증발·추출 등 분리를 하는 장치

③ 가열시켜 주는 물질의 온도가 가열되는 위험물질의 분해온도 또는 발화점보다 높은 상태에서 운전되는 설비

④ 반응폭주 등 이상 화학반응에 의하여 위험물질이 발생할 우려가 있는 설비

⑤ 온도가 350℃ 이상이거나 게이지 압력이 980kPa 이상인 상태에서 운전되는 설비

⑥ 가열로 또는 가열기

> 💡 참고
>
> ▶ **자동경보장치** : 사업주가 특수화학설비를 설치하는 때에 그 내부에 이상상태를 조기에 파악하기 위하여 설치하여야하는 장치

4 특수반응설비

고압가스 특정제조사업소의 고압가스 설비 중 반응기 또는 이와 유사한 설비로서 현저한 발열반응 또는 부차적으로 발생하는 2차 반응에 의하여 폭발 등의 재해가 발생할 가능성이 큰 설비

① 특수반응설비의 종류

    ㉮ 암모니아 개질로

    ㉯ 에틸렌 제조시설의 에틸렌 수첨탑

    ㉰ 산화에틸렌 제조시설의 에틸렌과 산소(또는 공기)와의 반응기

    ㉱ 사이클로헥산 제조시설의 벤젠 수첨반응기

    ㉲ 석유 정제시설의 중유 직접 수첨탈황반응기

    ㉳ 저밀도 폴리에틸렌 중압기

    ㉴ 메탄올 합성반응기

② 특수반응설비의 이상상태에 대한 인터록장치

    ㉮ 원재료 공급차단장치   ㉯ 내용물을 긴급 방출하는 장치(플레어스택)

    ㉰ 불활성 가스의 공급장치   ㉱ 반응억제제 투입설비(Halon)

    ㉲ 공장의 긴급차단장치   ㉳ 내용물의 긴급이송설비

    ㉴ 냉각수 긴급공급장치

> 💡 참고
>
> ▶ 사업주는 화학설비 또는 그 배관(화학설비 또는 그 배관의 밸브나 콕은 제외한다.) 중 위험물 또는 인화점이 섭씨 60° 이상인 물질이 접촉하는 부분에 대해서는 위험물질 등에 의하여 그 부분이 부식되어 폭발·화재 또는 누출되는 것을 방지하기 위하여 위험물질 등의 종류·온도· 농도 등에 따라 부식이 잘 되지 않는 재료를 사용하거나 도장 등의 조치를 하여야 한다.

01 다음 중 소화방법의 분류에 해당하지 않는 것은?

① 포 소화
② 질식소화
③ 희석소화
④ 냉각소화

[해설] **소화방법의 분류**

㉠ **질식소화** : 가연물질이 연소하고 있는 경우 공급되는 공기 중의 산소의 양을 15%(용량) 이하로 하면 산소결핍에 의하여 자연적으로 연소상태가 정지되는 것

㉡ **희석소화** : 물에 용해하는 성질을 가지는 가연물질을 저장하는 탱크 또는 용기에 화재가 발생하였을 때 많은 양의 물을 일시에 방사함으로써 수용성 가연물질의 농도를 묽게 희석시켜 연소농도 이하가 되게 하여 소화시키는 소화작용

㉢ **냉각소화** : 연소 중인 가연물질의 온도를 점화원 이하로 냉각시켜 소화하는 것

02 다음 중 소화(消火)방법에 있어 제거소화에 해당되지 않는 것은?

① 연료탱크를 냉각하여 가연성 기체의 발생 속도를 작게 한다.
② 금속화재의 경우 불활성 물질로 가연물을 덮어 미연소부분과 분리한다.
③ 가연성 기체의 분출화재 시 주밸브를 잠그고 연료공급을 중단시킨다.
④ 가연성 가스나 산소의 농도를 조절하여 혼합기체의 농도를 연소범위 밖으로 벗어나게 한다.

[해설] ④는 질식소화이다.

03 다음 중 연소하고 있는 가연물이 들어 있는 용기를 기계적으로 밀폐하여 공기의 공급을 차단하거나 타고 있는 액체나 고체의 표면을 거품 또는 불연성 액체로 피복하여 연소에 필요한 공기의 공급을 차단시키는 소화방법은?

① 냉각소화
② 질식소화
③ 제거소화
④ 억제소화

[해설] **질식소화** : 가연물이 연소하고 있는 경우 공급되는 공기 중의 산소의 양을 15%(용량) 이하로 하면 산소결핍에 의하여 자연적으로 연소상태가 정지되는 것

04 다음 중 질식소화에 해당하는 것은?

① 가연성 기체의 분출화재 시 주밸브를 닫는다.
② 가연성 기체의 연쇄반응을 차단하여 소화한다.
③ 연료탱크를 냉각하여 가연성 가스의 발생 속도를 작게 한다.
④ 연소하고 있는 가연물이 존재하는 장소를 기계적으로 폐쇄하여 공기의 공급을 차단한다.

[해설] ① 제거소화 ② 부촉매소화
③ 냉각소화

05 다음 중 연소 시 발생하는 열에너지를 흡수하는 매체를 화염 속에 투입하여 소화하는 방법은?

① 냉각소화
② 희석소화
③ 질식소화
④ 억제소화

[해설] 냉각소화의 설명이다.

06 다음 중 포 소화설비 적용대상이 아닌 것은?

① 유류저장탱크
② 비행기 격납고
③ 주차장 또는 차고
④ 유압차단기 등의 전기기기 설치장소

[해설] **포소화설비** : AB급 적용

㉠ B급   ㉡ A, B급
㉢ A, B급   ㉣ C급

07 다음 중 소화설비와 주된 소화적용방법의 연결이 옳은 것은?

① 포 소화설비-질식소화

② 스프링클러설비-억제소화

③ 이산화탄소 소화설비-제거소화

④ 할로겐화합물 소화설비-냉각소화

해설
② 스프링클러설비-냉각소화
③ 이산화탄소 소화설비-질식소화
④ 할로겐화합물 소화설비-질식소화

08 다음 중 전기설비에 의한 화재에 사용할 수 없는 소화기의 종류는?

① 포 소화기

② 이산화탄소 소화기

③ 할로겐화합물 소화기

④ 무상수(霧狀水) 소화기

해설
① A·B급   ② B·C급
③ A·B·C급   ④ A·C급

09 다음 중 인화성 액체를 소화할 때 내알코올 포를 사용해야 하는 물질은?

① 특수인화물

② 소포성의 수용성 액체

③ 인화점이 영하 이하의 인화성 물질

④ 발생하는 증기가 공기보다 무거운 인화성 액체

해설
내알코올 포(특수 포) : 소포성의 수용성 액체

10 다음 중 분말소화약제의 종별 주성분이 올바르게 나열된 것은?

① 1종 : 제1인산암모늄

② 2종 : 탄산수소칼륨

③ 3종 : 탄산수소칼륨과 요소와의 반응물

④ 4종 : 탄산수소나트륨

해설
분말소화약제의 종별
① 제1종 : $NaHCO_3$
② 제2종 : $KHCO_3$
③ 제3종 : $NH_4H_2PO_4$
④ 제4종 : $KHCO_3 + (NH_2)_2CO$

11 다음 중 분말소화약제로 가장 적절한 것은?

① 사염화탄소   ② 브롬화메탄

③ 수산화암모늄   ④ 제1인산암모늄

해설
분말소화약제 종류
① **제1종** : 중탄산나트륨($NaHCO_3$)
② **제2종** : 중탄산칼륨($KHCO_3$)
③ **제3종** : 제1인산암모늄($NH_4H_2PO_4$)
④ **제4종** : 중탄산칼륨($KHCO_3$) + 요소($(NH_2)_2CO$)

12 다음 중 분말소화제의 조성과 관계가 없는 것은?

① 중탄산나트륨   ② T.M.B

③ 탄산마그네슘   ④ 인산칼슘

해설
분말소화제의 조성
㉠ 중탄산나트륨($NaHCO_3$)   ㉡ 탄산마그네슘($MgCO_3$)
㉢ 인산칼슘($CaPO_3$)

13 분말소화설비에 관한 설명으로 옳지 않은 것은?

① 기구가 간단하고 유지관리가 용이하다.

② 온도변화에 대한 약제의 변질이나 성능의 저하가 없다.

③ 분말은 흡습력이 작으며 금속의 부식을 일으키지 않는다.

④ 다른 소화설비보다 소화능력이 우수하며 소화시간이 짧다.

해설
③ 분말은 흡습력이 크므로 금속의 부식을 일으킨다.

14 다음 중 메타인산(HPO_3)에 의한 방진효과를 가진 분말소화약제의 종류는?

① 제1종 분말소화약제   ② 제2종 분말소화약제

③ 제3종 분말소화약제   ④ 제4종 분말소화약제

해설
제3종 분말소화약제($NH_4H_2PO_4$)의 방진효과 : 360℃ 이상의 온도에서 열분해하는 과정 중에 생성되는 액체 상태의 점성을 가진 메타인산(HPO_3)이 일반 가연물질인 나무·종이·섬유 등의 연소과정인 잔진상태의 숯불 표면에 유리(glass)상의 피막을 이루어 공기 중의 산소의 공급을 차단시키며, 숯불 모양으로 연소하는 작용을 방지한다. 이러한 과정에 의해서 소화된 화재는 주위에 점화원이 존재하더라도 재착화 할 위험이 없다.

15 다음 중 분말소화약제에 대한 설명으로 틀린 것은?

① 소화약제의 종별로는 제1종~제4종까지 있다.

② 적응화재에 따라 크게 BC 분말과 ABC 분말로 나누어진다.

③ 제3종 분말의 주성분은 제1인산암모늄으로 B급과 C급 화재에만 사용이 가능하다.

④ 제4종 분말소화약제는 제2종 분말을 개량한 것으로 분말소화약제 중 소화력이 가장 우수하다.

해설 ③의 경우 제3종 분말의 주성분은 제1인산암모늄으로 A, B, C급 화재에 사용한다는 내용이 옳다.

16 다음 중 금수성 물질에 대하여 적응성이 있는 소화기는?

① 무상강화액 소화기

② 이산화탄소 소화기

③ 할로겐화합물 소화기

④ 탄산수소염류분말 소화기

해설 금수성 물질에 대하여 적응성이 있는 소화기는 탄산수소염류분말 소화기이다.

17 다음 중 자기반응성 물질에 의한 화재에 대하여 사용할 수 없는 소화기의 종류는?

① 무상강화액 소화기

② 이산화탄소 소화기

③ 포 소화기

④ 봉상수(棒狀水) 소화기

해설 자기반응성 물질(제5류 위험물)
냉각효과(A급)

18 다음 중 C급 화재에 가장 효과적인 것은?

① 건조사 ② 이산화탄소 소화기

③ 포 소화기 ④ 봉상수 소화기

해설 ① A·B·C·D급 ② B·C급
③ A·B급 ④ A급

19 다음 중 주요 소화작용이 다른 소화약제는?

① 사염화탄소 ② 할론

③ 이산화탄소 ④ 중탄산나트륨

해설 ① **사염화탄소** : 질식효과
② **할론** : 질식효과
③ **이산화탄소** : 질식 및 냉각 효과
④ **중탄산나트륨** : 질식효과

20 다음 중 F, Cl, Br 등 산화력이 큰 할로겐원소의 반응을 이용하여 소화(消火)시키는 방식을 무엇이라 하는가?

① 희석식 소화

② 냉각에 의한 소화

③ 연료제거에 의한 소화

④ 연소억제에 의한 소화

해설 **연소억제에 의한 소화(부촉매 효과)** : F, Cl, Br, I의 연쇄반응 억제를 이용한다.

21 다음 중 소화약제에 의한 소화기의 종류와 방출에 필요한 가압방법의 분류가 잘못 연결된 것은?

① 이산화탄소 소화기 : 축압식

② 물 소화기 : 펌프에 의한 가압식

③ 산·알칼리 소화기 : 화학반응에 의한 가압식

④ 할로겐화합물 소화기 : 화학반응에 의한 가압식

해설 **할로겐화합물 소화기** : 액체상태로 압력용기에 저장되기 때문에 소화약제 자신의 증기압 또는 가압가스에 의해 방출된다.

22 다음 중 물 소화약제의 단점을 보완하기 위하여 물에 탄산칼륨(K_2CO_3) 등을 녹인 수용액으로 부동성이 높은 알칼리성 소화약제는?

① 포 소화약제 ② 강화액 소화약제

③ 분말 소화약제 ④ 산알칼리 소화약제

해설 강화액 소화약제 : 동절기 물 소화약제의 어는점을 보완하기 위해서 맑은 물에 주제인 탄산칼륨(K_2CO_3)과 황산암모늄[$(NH_4)_2SO_4$], 인산암모늄[$(NH_4)_2PO_4$], 침투제 등을 가하여 제조한 소화약제이다. 수소이온농도는 약알칼리성으로 11~120이다.

23 다음 중 전기화재 시 부적합한 소화기는?

정답 ┃ 15. ③ 16. ④ 17. ② 18. ② 19. ③ 20. ④ 21. ④ 22. ② 23. ④

① 분말 소화기　　② CO_2 소화기

③ 할론 소화기　　④ 산알칼리 소화기

해설　전기화재 : C급 화재

① A·B·C급　　　② B·C급

③ A·B·C급　　　④ A급

24 다음 중 화재발생 시 주수소화 방법을 적용할 수 있는 물질은?

① 과산화칼륨　　② 황산

③ 질산　　　　　④ 과산화수소

해설

① 건조사

② 주수를 금하고 건조사 또는 회로 덮어 질식시킨다.

③ 뜨거워진 질산용액에는 비산의 우려가 있으므로 직접 주수하지 않고 다량 누출 시는 소석회, 소다회로 중화시킨 후 다량의 물로 희석한다.

④ 농도와 관계없이 소량 누출 시는 다량의 물로 희석하고 다량 누출 시는 토사 등으로 막아 차단시키고 다량의 물로 씻는다.

25 다음 중 칼륨에 의한 화재발생 시 소화를 위해 가장 효과적인 것은?

① 건조사 사용

② 포 소화기 사용

③ 이산화탄소 사용

④ 할로겐화합물 소화기 사용

해설　칼륨 화재 시 적정한 소화제

건조사(마른 모래)

26 다량의 황산이 가연물과 혼합되어 화재가 발생하였을 경우의 소화작업으로 적절하지 못한 방법은?

① 회(灰)로 덮어 질식소화를 한다.

② 건조분말로 질식소화를 한다.

③ 마른 모래로 덮어 질식소화를 한다.

④ 물을 뿌려 냉각소화 및 질식소화를 한다.

해설　황산이 가연물과 혼합되어 화재발생 시 소화작업

㉠ 회로 덮어 질식소화를 한다.

㉡ 건조분말로 질식소화를 한다.

㉢ 마른 모래로 덮어 질식소화를 한다.

27 자동화재탐지설비 중 열감지식 감지기가 아닌 것은?

① 차동식 감지기　　② 정온식 감지기

③ 보상식 감지기　　④ 광전식 감지기

해설　자동화재탐지설비

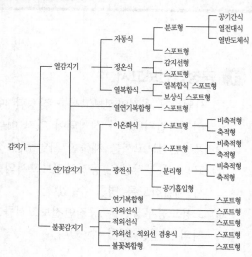

28 특수화학설비를 설치할 때 내부의 이상상태를 조기에 파악하기 위하여 필요한 계측장치로 가장 거리가 먼 것은?

① 압력계　　　　② 유량계

③ 온도계　　　　④ 습도계

해설　특수화학설비를 설치할 때 내부의 이상상태를 조기에 파악하기 위하여 필요한 계측장치

㉠ 압력계　　　㉡ 유량계　　　㉢ 온도계

29 화재감지에 있어서 열감지방식 중 차동식에 해당하지 않는 것은?

① 공기식　　　　② 열전대식

③ 바이메탈식　　④ 열반도체식

해설

열감지기

1. **차동식 열감지기**

(1) **차동식 스포트형 열감지기**

　㉠ 공기팽창식　　㉡ 열기전력식

(2) **차동식 분포형 열감지기**

　㉠ 공기관식　　　㉡ 열반도체식

　㉢ 열전대식

2. **정온식 열감지기**

(1) **정온식 스포트형 열감지기**

　㉠ 바이메탈식　　㉡ 고체팽창식

　㉢ 기체팽창식　　㉢ 가용용융식

(2) **정온식 분포형 열감지기**

3. **보상식 열감지기**

Chapter 15 공정안전관리

1 공정안전보고서

① 사업주가 공정안전보고서를 작성할 때에는 산업안전보건위원회의 심의를 거쳐야 한다. 다만, 산업안전보건위원회가 설치되어 있지 아니한 사업장의 경우에는 근로자 대표의 의견을 들어야 한다.

② 공정안전보고서를 제출한 사업주는 정하는 바에 따라 고용노동부장관의 확인을 받아야 한다.

③ 고용노동부장관은 공정안전보고서의 이행상태를 평가하고, 그 결과에 따라 공정안전보고서를 다시 제출하도록 명할 수 있다.

④ 고용노동부장관은 공정안전보고서를 심사한 후 필요하다고 인정하는 경우에는 그 공정안전보고서의 변경을 명할 수 있다.

> 참고
> 1. 사업주는 공정안전보고서의 심사를 송부 받는 경우 보존기간 : 5년
> 2. 유해 · 위험설비의 설치 · 이전 또는 주요 구조부분의 변경공사 시 공정안전보고서의 제출 시기는 착공일 30일 전까지 관련 기관에 제출한다.

2 공정안전보고서 심사기준에 있어 공정배관계장도에 반드시 표시되어야 할 사항

① 안전밸브의 크기 및 설정압력
② 동력기계와 장치의 주요 명세
③ 장치의 계측제어 시스템과의 상호관계

3 공정안전보고서의 내용 중 공정안전자료의 세부내용

① 유해 · 위험설비의 목록 및 사양
② 폭발위험 장소 구분도 및 전기단선도
③ 각종 건물 · 설비의 배치도
④ 취급 · 저장하고 있거나 취급 · 저장하려는 유해 · 위험물질의 종류 및 수량
⑤ 유해 · 위험물질에 대한 물질 안전보건자료
⑥ 유해 · 위험설비의 운전방법을 알 수 있는 공정도면
⑦ 위험설비의 안전설계 · 제작 및 설치관련 지침서

4 공정안전보고서의 안전운전계획항목

① 안전작업허가
② 안전운전지침서
③ 가동 전 점검지침
④ 설비점검 · 검사 및 보수계획, 유지계획 및 지침서

⑤ 도급업체 안전관리계획

⑥ 근로자 등 교육계획

⑦ 변경요소 관리계획

⑧ 자체감사 및 사고 조사계획

⑨ 그 밖의 안전운전에 필요한 사항

5 공정안전보고서에 포함되어야 할 사항

(1) 공정안전 자료

① 취급 · 저장하고 있는 유해 · 위험물의 종류와 수량

② 유해 · 위험물질에 대한 물질안전보건자료

③ 유해 · 위험설비의 목록 및 사양

④ 유해 · 위험설비의 운전방법을 알 수 있는 공정도면

⑤ 각종 건물 · 설비의 배치도

⑥ 폭발위험장도 구분도 및 전기단면도

⑦ 위험설비의 안전설계 · 제작 및 설치관련 지침서

(2) 공정위험평가서 및 잠재 위험에 대한 사고예방, 피해 최소화 대책

공정위험평가서는 공정의 특성 등을 고려하여 다음의 위험성 평가 기법 중 한 가지 이상을 선정하여 위험성 평가를 실시한 후 그 결과에 따라 작성하여야 하며, 사고예방, 피해 최소화 대책의 작성은 위험성 평가 결과 잠재위험이 있다고 안정되는 경우에 한한다.

① 체크리스트   ② 상대위험순위 결정

③ 작업자 실수분석   ④ 사고예방 질문분석

⑤ 위험과 운전분석   ⑥ 이상위험도 분석

⑦ 결함수 분석   ⑧ 사건수 분석

⑨ 원인결과 분석

(3) 안전운전계획

① 안전운전지침서

② 설비점검 · 검사 및 보수계획, 유지계획 및 지침서

③ 안전작업허가

④ 도급업체 안전관리계획

⑤ 근로자 등 교육계획

⑥ 가동 전 점검지침

⑦ 변경요소 관리계획

⑧ 자체검사 및 사고조사계획

⑨ 그 밖에 안전운전에 필요한 사항

(4) 비상조치계획

  ① 비상조치를 위한 장비·인력보유현황

  ② 사고발생 시 각 부서·관련기관과의 비상연락체계

  ③ 사고발생 시 비상조치를 위한 조치의 임무 및 수행절차

  ④ 비상조치계획에 따른 교육계획

  ⑤ 주민홍보계획

  ⑥ 그 밖에 비상조치 관련사항

6 공정안전보고서에 포함되어야 할 사항

  ① 공정안전자료

  ② 공정위험평가서 및 잠재위험에 대한 사고예방, 피해 최소화 대책

  ③ 안전운전계획

  ④ 비상조치계획

7 공정안전보고서의 심사결과 구분

  ① 적정

  ② 조건부 적정

  ③ 부적정

8 공정안전보고서의 제출대상

  ① 원유정제 처리업

  ② 기타 석유정제물 재처리업

  ③ 석유화학계 기초화합물 제조업 또는 합성수지 및 기타 플라스틱물질 제조업

  ④ 질소, 이산 및 칼리질 비료 제조업(인산 및 칼리질 비료 제조업에 해당하는 경우는 제외)

  ⑤ 복합비료 제조업(단순혼합 또는 배합에 의한 경우는 제외)

  ⑥ 농약 제조업(원제 제조만 해당한다.)

  ⑦ 화약 및 불꽃 제품제조업

9 설비의 주요구조부분 변경 시 공정안전보고서를 제출하여야 하는 경우

  ① 플레어스택을 설치 또는 변경하는 경우

  ② 변경된 생산설비 및 부대설비의 해당 전기정격용량이 300kW 이상 증가한 경우

  ③ 생산량의 증가, 원료 또는 제품의 변경을 위하여 반응기(관련설비 포함)를 교체 또는 추가로 설치하는 경우

01 다음 중 공정안전보고서에 관한 설명으로 틀린 것은?

① 사업주가 공정안전보고서를 작성한 후에는 별도의 심의과정이 없다.

② 공정안전보고서를 제출한 사업주는 정하는 바에 따라 고용노동부장관의 확인을 받아야 한다.

③ 고용노동부장관은 공정안전보고서의 이행상태를 평가하고, 그 결과에 따라 공정안전보고서를 다시 제출하도록 명할 수 있다.

④ 고용노동부장관은 공정안전보고서를 심사한 후 필요하다고 인정하는 경우에는 그 공정안전보고서의 변경을 명할 수 있다.

해설 ① 사업주가 공정안전보고서를 작성할 때에는 산업안전보건위원회의 심의를 거쳐야 한다. 다만, 산업안전보건위원회가 설치되어 있지 아니한 사업장의 경우에는 근로자 대표의 의견을 들어야 한다.

02 다음 중 공정안전보고서 심사기준에 있어 공정배관계장도(P&ID)에 반드시 표시되어야 할 사항이 아닌 것은?

① 물질 및 열수지

② 안전밸브의 크기 및 설정압력

③ 동력기계와 장치의 주요명세

④ 장치의 계측제어 시스템과의 상호관계

해설 **공정배관계장도에 반드시 표시되어야 할 사항**
㉠ 안전밸브의 크기 및 설정압력
㉡ 동력기계와 장치의 주요명세
㉢ 장치의 계측제어 시스템과의 상호관계

03 산업안전보건법에 따라 사업주는 공정안전보고서의 심사결과를 송부받은 경우 몇 년간 보존하여야 하는가?

① 1년 　　　② 2년
③ 3년 　　　④ 5년

해설 사업주는 공정안전보고서의 심사결과를 송부받은 경우 5년간 보존한다.

04 산업안전보건법에 따라 유해·위험설비의 설치·이전 또는 주요 구조부분의 변경공사 시 공정안전보고서의 제출 시기는 착공일 며칠 전까지 관련 기관에 제출하여야 하는가?

① 15일 　　　② 30일
③ 60일 　　　④ 90일

해설 유해·위험설비의 설치, 이전 또는 구조부분의 변경공사 시 공정안전보고서는 착공일 30일 전까지 관련 기관에 제출한다.

05 산업안전보건법령상 공정안전보고서에 포함되어야 하는 주요 4가지 사항에 해당하지 않는 것은? (단, 고용노동부장관이 필요하다고 인정하여 고시하는 사항은 제외한다.)

① 공정안전자료 　　　② 안전운전비용
③ 비상조치계획 　　　④ 공정위험성 평가서

해설 **공정안전보고서에 포함되는 주요 4가지 사항**
㉠ 공정안전자료　　　㉡ 공정위험성 평가서
㉢ 안전운전계획　　　㉣ 비상조치계획

06 산업안전보건법에 의한 공정안전보고서에 포함되어야 하는 내용 중 공정안전자료의 세부 내용에 해당하지 않는 것은?

① 안전운전지침서

② 각종 건물·설비의 배치도

③ 유해·위험설비의 목록 및 사양

④ 위험설비의 안전설계·제작 및 설치관련 지침서

해설 **공정안전자료의 세부 내용**
㉠ 취급·저장하고 있는 유해·위험물질의 종류와 수량
㉡ 유해·위험물질에 대한 물질안전보건자료
㉢ 유해·위험설비의 목록 및 사양
㉣ 유해·위험설비의 운전방법을 알 수 있는 공정도면
㉤ 각종 건물·설비의 배치도
㉥ 폭발위험장소의 구분도 및 전기단선도
㉦ 위험설비의 안전설계·제작 및 설치관련 지침서

07 산업안전보건법령상 공정안전보고서에 포함되어야 하는 사항 중 공정안전자료의 세부 내용에 해당하는 것은?

① 주민홍보계획
② 안전운전지침서
③ 위험과 운전분석(HAZOP)
④ 각종 건물·설비의 배치도

해설 **공정안전보고서의 공정안전자료 세부 내용**
㉠ 취급·저장하고 있거나 취급·저장하려는 유해·위험물질의 종류와 수량
㉡ 유해·위험물질에 대한 물질안전보건자료
㉢ 유해·위험설비의 목록 및 사양
㉣ 유해·위험설비의 운전방법을 알 수 있는 공정도면
㉤ 각종 건물·설비의 배치도
㉥ 폭발위험장소의 구분도 및 전기단선도
㉦ 위험설비의 안전설계·제작 및 설치관련 지침서

08 공정안전보고서에 포함되어야 할 세부 내용 중 공정안전자료에 해당하는 것은?

① 결함수 분석(FTA)
② 도급업체 안전관리계획
③ 각종 건물·설비의 배치도
④ 비상조치계획에 따른 교육계획

해설 **공정안전보고서의 세부 내용 중 공정안전자료**
㉠ 취급·저장하고 있거나 취급·저장하려는 유해·위험물질의 종류와 수량
㉡ 유해·위험물질에 대한 물질안전보건자료
㉢ 유해·위험설비의 목록 및 사양
㉣ 유해·위험설비의 운전방법을 알 수 있는 공정도면
㉤ 각종 건물·설비의 배치도
㉥ 폭발위험장소의 구분도 및 전기단선도
㉦ 위험설비의 안전설계·제작 및 설치관련 지침서

09 다음 중 산업안전보건법상 공정안전보고서의 안전운전계획에 포함되지 않는 항목은 어느 것인가?

① 안전작업허가
② 안전운전지침서
③ 가동 전 점검지침
④ 비상조치계획에 따른 교육계획

해설 **산업안전보건법상 공정안전보고서의 안전운전계획 항목**
㉠ 안전작업허가
㉡ 안전운전지침서
㉢ 가동 전 점검지침
㉣ 설비점검·검사 및 보수계획, 유지계획 및 지침서
㉤ 도급업체 안전관리계획
㉥ 근로자 등 교육계획
㉦ 변경요소 관리계획
㉧ 자체감사 및 사고조사계획
㉨ 그 밖의 안전운전에 필요한 사항

10 다음 중 산업안전보건법상 공정안전보고서의 제출대상이 아닌 것은?

① 원유 정제 처리업
② 석유 정제물 재처리업
③ 화약 및 불꽃제품 제조업
④ 복합비료의 단순혼합 제조업

해설 **공정안전보고서의 제출대상**
㉠ ①, ②, ③
㉡ 석유화학계 기초화학물 제조업 또는 합성수지 및 기타 플라스틱물질 제조업
㉢ 질소, 인산 및 칼리질 비료 제조업(인산 및 칼리질 비료 제조업에 해당하는 경우는 제외한다.)
㉣ 복합비료 제조업(단순혼합 또는 배합에 의한 경우는 제외한다.)
㉤ 농약 제조업(원제 제조만 해당한다.)

11 다음 중 공정안전보고서의 심사결과 구분에 해당하지 않는 것은?

① 적정
② 부적정
③ 보류
④ 조건부 적정

해설 **공정안전보고서의 심사결과 구분**
㉠ 적정
㉡ 조건부 적정
㉢ 부적정

12 다음 중 설비의 주요 구조부분을 변경함으로 공정안전보고서를 제출하여야 하는 경우가 아닌 것은?

① 플레어스택을 설치 또는 변경하는 경우
② 변경된 생산설비 및 부대설비의 해당 전기 정격용량이 300kW 이상 증가한 경우
③ 생산량의 증가, 원료 또는 제품의 변경을 위하여 반응기(관련설비 포함)를 교체 또는 추가로 설치하는 경우
④ 가스누출감지경보기를 교체 또는 추가로 설치하는 경우

해설 설비의 주요 구조부분 변경 시 공정안전보고서를 제출하여야 하는 경우
㉠ 플레어스택을 설치 또는 변경하는 경우
㉡ 변경된 생산설비 및 부대설비의 해당 전기 정격용량이 300kW 이상 증가한 경우
㉢ 생산량의 증가, 원료 또는 제품의 변경을 위하여 반응기(관련설비 포함)를 교체 또는 추가로 설치하는 경우

Part 5
건설안전기술

건설공사 안전 개요

제1절 건설공사 재해분석

건설안전관리의 문제점은 다음과 같다.

① 공사계약의 편무성
② 고용의 불안정 및 근로자 유동성
③ 하도급에서 발생되는 문제점
④ 작업자체의 고도 위험성
⑤ 작업환경의 특수성
⑥ 신기술, 신공법에 따른 안전기술의 부족
⑦ 근로자의 안전의식 부족

> **참고**
> ▶ 건설공사 시공단계에 있어서 안전관리의 문제점 : 발주자의 감독소홀
> ▶ 정밀안전점검 : 정기안전점검 결과 건설공사의 물리적·기능적 결함 등이 발견되어 보수·보강 등의 조치를 하기 위하여 필요한 경우에 실시하는 것

제2절 지반의 안정성

1 토질에 대한 사전조사

① 토질에 대한 사전조사 내용은 다음 사항을 기준으로 한다.
    ㉮ 주변에 기 절토된 경사면의 실태조사   ㉯ 사운딩
    ㉰ 시추   ㉱ 물리탐사
    ㉲ 토질시험
    ㉳ 지표, 토질에 대한 답사 및 조사를 함으로써 토질구성, 토질구조, 지하수, 용수의 형상 등 실태조사

② 굴착작업 전 가스관, 상·하수도관, 지하케이블, 건축물의 기초 등 지하매설물에 대하여 조사하고 굴착 시 이에 대한 안전조치를 하여야 한다.

2 지반조사의 목적

① 토질의 성질 파악
② 지층의 분포 파악
③ 지하수위 및 피압수 파악
④ 공사장 주변 구조물의 보호
⑤ 경제적 설계 및 시공 시 안전 확보
⑥ 구조물 위치선정 및 설계계산

♀ 참고

▶ Piezometer : 지하 수위 측정에 사용되는 계측기

3 지반의 조사방법

(1) 지하탐사법

① 터파보기(Test Pit) : 비교적 가벼운 건물 또는 지층이 매우 단단한 지반을 거리간격 5~10m, 지름 60~90cm, 깊이 1.5~3m 정도로 우물을 파듯이 파보아 지층 및 용수량 등을 조사하는 것으로 일반 주택공사 등에 흔히 쓰인다.

② 탐사간(쇠꽂이 찔러보기) : 소규모 건축물의 조사방법으로 끝이 뾰족한 지름 9mm 정도의 철봉을 인력으로 꽂아 내리고 그 때 손의 촉감으로 지반의 경·연질상태, 지내력 등을 측정한다.

③ 물리적 탐사법 : 지층변화의 심도를 알아보는데 편리하고 탄성파식, 강제진동식, 전기저항식의 종류가 있으며, 보링과 병용하면 더욱 효과적이다.

(2) 보링(Boring)

지반을 강관으로 천공하고 토사를 채취 후 여러 가지 시험을 시행하여 지반의 토질분포, 흙의 층상과 구성 등을 알 수 있는 것

① 기계식 보링

㉮ 충격식 보링(Percussion Boring) : 와이어로프 끝에 비트(Bit)를 달아 60~70cm 정도로 움직여 구멍 밑에 낙하충격을 주어 파쇄된 토사를 베일러(Bailer)로 퍼내어 지층상태를 판단한다.

㉯ 수세식 보링(Wash Boring) : 연질층에 사용되는 방법으로 외관 50~65mm, 내관 25mm 정도인 관을 땅 속에 때려박고 내관 끝의 압축기를 구동, 물을 뽑게 함으로써 내관 밑의 토사를 씻어올려 지상의 침전통에 침전시켜 지층상태를 판단한다.

㉰ 회전식 보링(Rotary Boring) : 비트(Bit)를 약 40~150rpm의 속도로 회전시켜 흙을 펌프를 이용하여 지상으로 퍼내 지층상태를 판단하는 것으로 가장 정확한 방법이다.

② 오거 보링(Auger Boring) : 작업현장에서 인력으로 간단하게 실시할 수 있는 방법으로 사질토의 경우 3~4m, 보통 지층에서는 10m 정도의 심도로 토사를 채취한다.

♀ 참고

▶ 개착식 터널공법 : 지표면에서 소정의 위치까지 파내려간 구조물을 축조하고 되메운 후 지표면을 원상태로 복구시키는 것

4 토질시험(Soil Test)

채취한 흙시료로 시험을 실시하여 그 시험조사를 기초로 비탈면의 안정해석으로 토압을 산정하여 설계, 시공에 직접 필요한 흙의 성질을 구하기 위한 것이 토질시험이다.

(1) 토질시험의 분류

① 물리시험 : 입도, 밀도, 함수비, 진비중, 액성 및 소성한계, 현장함수당량, 원심함수당량시험 등이 있다.

> 📘 예제

> ▶ 흙의 액성한계 $W_L = 48\%$, 소성한계 $W_P = 26\% = 26\%$일 때 소성지수(I_P)는 얼마인가?

> 풀이 $I_P = W_C - W_P = 48 - 26 = 22\%$

> 💡 참고
> ▶ 아터버그 한계시험 : 액체상태의 흙이 건조되어 가면서 액성, 소성, 반고체, 고체상태의 경계선과 관련된 시험의 명칭

② 화학시험 : 함유수분의 시험 등이 있다.
③ 역학시험 : 표준관입시험, 전단시험, 압밀시험, 투수시험, 다짐시험, 단순압축시험, 삼축압축시험, 지반의 지지력시험 등이 있다.
④ 기타 시험 : 물리적 지하탐사시험, 전기적 지하탐사시험이 있다.

(2) 현장의 토질시험 방법

① 전단시험 : 흙의 역학적 성질 중 가장 중요한 것이 전단강도이다. 기초의 하중이 흙의 전단강도 이상이 되면 흙은 붕괴되는 것이다.
② 표준관입시험(Standard Penetration Test) : 보링을 할 때 스플릿 스푼 샘플러를 쇠막대 끝에 붙여서 63.5kg의 추를 76cm 높이에서 떨어뜨려 30cm 관입시킬 때의 타격횟수(N)를 측정하여 흙의 경·연 정도를 판정하는 것으로 사질토 지반의 시험에 주로 쓰인다.
타격횟수(N)가 50 이상일 때 모래의 상대밀도는 대단히 조밀하다.

> 💡 참고
> ▶ 50/3의 표기 : 50은 타격횟수, 3은 굴진수치

③ 베인시험(Vane Test) : 연약한 점토지반의 점착력을 판별하기 위하여 실시하는 현장시험
④ 평판재하시험(Plate Bearing Test) : 지반의 지지력을 알아보기 위한 방법으로 기초저면의 위치까지 굴착하고, 지반면에 평판을 놓고 직접 하중을 가하여 허용지내력을 구한다.

평판재하시험에 관한 사항은 다음과 같다.
㉮ 시험은 예정 기초저면에서 실시한다.
㉯ 재하판은 정방형 또는 원형면적 0.2m^2의 것을 표준으로 사용한다.
㉰ 매회 재하는 1t 이하 또는 예정파괴하중의 1/5 이하로 하고, 각 재하에 의한 침하가 멈출 때까지의 침하량을 측정한다.

> 💡 참고
> ▶ 24시간에 0.1mm의 비율 이하가 될 경우, 침하가 정지된 것으로 보아도 된다.

㉱ 장기하중에 대한 허용지내력은 단기하중 허용 지내력의 1/2이다.
㉲ 단기하중에 대한 허용 지내력은 총 침하량이 2cm에 도달하였을 때로 한다.

5 토공계획

토공이라 함은 땅바닥을 굴착하거나 축조하는 작업을 말하는 것이다. 굴착, 적재, 운반, 흙쌓기를 토공의 4공정이라 하고 기계화 시공이 대세를 이룬다. 그리고 토공에 부수되는 작업으로는 비탈면의 보호공, 배수공사 등이 있다.

토공계획 수립 시 고려해야 될 사항은 다음과 같다.

① 토질　　　　　　　　　　　　　② 토공에 필요한 조사
③ 절성토량의 균형　　　　　　　　④ 토적곡선
⑤ 토적계산

6 지반의 이상현상 및 안전대책

(1) 보일링(Boiling)현상

사질지반 굴착 시 굴착부와 지하수위차가 있을 때, 수두차에 의하여 삼투압이 생겨 흙 막이 벽 근입부분을 침식하는 동시에, 모래가 액상화되어 솟아오르는 현상이 일어나 흙막이 벽의 근입부가 지지력을 상실하여 흙막이공의 붕괴를 초래하는 것이다.

① 지반조건

　㉮ 지하수위가 높은 지반굴착할 때 주로 발생

　㉯ 흙막이 벽의 근입장 깊이가 부족할 경우 발생

② 현상

　㉮ 저면에 액상화현상이 일어난다.

　㉯ 굴착면과 배면토의 수두차에 의한 침투압이 발생한다.

　㉰ 흙막이 벽의 지지력이 상실된다.

③ 대책

　㉮ 흙막이 근입도를 증가하여 동수구배를 저하시킨다.

　㉯ 흙막이 벽의 저면타입깊이를 크게 한다.

　㉰ 차수성이 높은 흙막이 벽을 사용한다.

　㉱ 웰포인트로 지하수면을 낮춘다.

　㉲ 굴착토를 즉시 원상 매립한다.

　㉳ 작업을 중지시킨다.

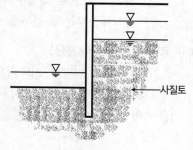

〈보일링현상〉

사질토

> 💡 **참고**
>
> 1. **Well Point 공법** : 지하수위 상승으로 포함된 사질토 지반의 액상화 현상을 방지하기 위한 가장 직접적이고 효과적인 대책
> 2. **보일링파괴** : 강변 옆에서 아파트 공사를 하기 위해 흙막이를 설치하고 지하공사 중에 바닥에서 물이 솟아오르면서 모래 등이 부풀어 올라 흙막이가 무너진 것을 말한다.

(2) 히빙(Heaving)

연약지반을 굴착할 때, 흙막이 벽 뒤쪽 흙의 중량이 바닥의 지지력보다 커지면, 굴착저면에서 흙이 부풀어 오르는 현상

① 지반조건 : 연약성 점토지반

② 현상

　㉮ 지보공 파괴　　　　　　　㉯ 배면 토사붕괴

　㉰ 굴착저면의 솟아오름

③ 대책

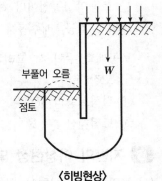

〈히빙현상〉

　㉮ 굴착주변의 상재하중을 제거한다.

　㉯ 소단을 두면서 굴착한다.

　㉰ 흙막이 벽체 배변의 지반을 개량하여 흙의 전단강도를 높인다.

　㉱ 흙막이 벽의 근입깊이를 깊게 한다.

　㉲ 굴착저면에 토사 등으로 하중을 가한다.

　㉳ 흙막이 배면의 표토를 제거하여 토압을 경감시킨다.

　㉴ 흙의 중량으로 대항하게 한다.

　㉵ 굴착예정부분의 일부를 미리 굴착하여 기초콘크리트를 타설한다.

(3) 동상(frost heave)현상

물이 결빙되는 위치로 지속적으로 유입되는 조건에서 온도가 하강함에 따라 토중수가 얼어 부피가 약 9% 정도 증대하게 됨으로써 지표면이 부풀어오르는 현상

① 흙의 동상현상을 지배하는 인자

　㉮ 동결지속시간　　　　　　　㉯ 모관상승고의 크기

　㉰ 흙의 투수성

② 대책

　㉮ 지하수 상승을 방지하기 위해 아스팔트, 콘크리트, 모래 등으로 차단층을 설치한다.

　㉯ 배수구를 설치하여 지하수위를 낮춘다.

　㉰ 동결심도 상부의 흙을 비동결 흙(석탄재, 자갈 등)으로 치환한다.

　㉱ 흙을 화학약품($MgCl_2$, $CaCl_2$, $NaCl$ 등) 처리하여 동결온도를 낮춘다.

　㉲ 흙 속에 단열재를 집어넣는다.

제3절 표준안전관리비

1 산업안전보건관리비의 계상 및 사용(산업안전보건법 기준)

① 건설업, 선박건조, 수리업 그 밖에 대통령령으로 정하는 사업을 타인에게 도급하는 자와 이를 자체사업으로 하는 자는 고용노동부장관이 정하는 바에 따라 산업재해예방을 위한 산업 안전보건관리비를 도급금액 또는 사업비에 계상하여야 한다.

② 고용노동부장관은 제1항에 따른 산업안전보건관리비의 효율적인 집행을 위하여 다음의 사 항에 관한 기준을 정할 수 있다.

㉮ 공사의 진척정도에 따른 사용기준

㉯ 사업의 규모별, 종류별 사용방법 및 구체적인 내용

㉰ 그 밖에 산업안전보건관리비 사용에 필요한 사항

③ 수급인 또는 자체사업을 하는 자는 그 산업안전보건관리비를 다른 목적으로 사용하여서는 아니 된다.

④ 산업안전보건관리비 사용명세서를 작성하고 공사종료 후 1년간 보존하여야 한다.

2 건설업 산업안전보건관리비의 계상 및 사용 기준(고용노동부고시 기준)

(1) 용어의 정의

① 「건설업 산업안전보건관리비(이하 '안전관리비'라 한다)」라 함은 건설사업장과 본사 안전전담 부서에서 산업재해의 예방을 위하여 법령에 규정된 사항의 이행에 필요한 비용을 말한다.

② 「안전관리비 대상액(이하 '대상액'이라 한다)」이라 함은 예정가격 작성기준(기획재정부 계약예규)과 지방자치단체 원가 계산 및 예정가격 작성요령(행정안전부 예규)의 공사원가계산서 구성 항목 중 직접재료비, 간접재료비와 직접노무비를 합한 금액을 말한다.

③ 「근로자」란 건설사업장 소속 근로자 및 본사 안전전담부서 소속 근로자를 말한다.

(2) 이 고시는 산업재해보상보험법의 적용을 받는 공사 중 총 공사금액 4,000만원 이상인 공사에 적용한다.

(3) 계상기준

① 공사를 다른 이에게 도급하는 자(이하 '발주자'라 한다)와 건설업을 자체사업으로 행하는 자(이하 '자기공사자'라 한다)는 안전관리비를 다음과 같이 계상하여야 한다. 다만, 발주자가 재료를 제공하거나 물품이 완제품의 형태로 제작 또는 납품되어 설치되는 경우에 해당 재료비 또는 완제품의 가액을 대상액에 포함시킬 경우의 안전관리비는 해당 재료비 또는 완제품의 가액을 포함시키지 않은 대상액을 기준으로 계상한 안전관리비의 1.2배를 초과할 수 없다.

㉮ 대상액이 5억원 미만 또는 50억원 이상일 경우에는 대상액에 표 [공사종류 및 규모별 안전관리비 계상기준표]에서 정한 비율(X)을 곱한 금액

㉯ 대상액이 5억원 이상 50억원 미만일 경우에는 대상액에 표 [공사종류 및 규모별 안전관리비 계상기준표]에서 정한 비율(X)을 곱한 금액에 기초액(C)을 합한 금액

② 발주자 또는 자기공사자는 설계변경 등으로 대상액의 변동이 있는 경우에는 지체없이 안전 관리비를 조정 계상하여야 한다.

〈공사 종류 및 규모별 안전관리비 계상기준표〉

공사종류 \ 대상액	5억원 미만	5억원 이상 50억원 미만		50억원 이상
		비율(X)	기초액(C)	
일반건설공사(갑)	2.93%	1.86%	5,349,000원	1.97%
일반건설공사(을)	3.09%	1.99%	5,499,000원	2.10%
중건설공사	3.43%	2.35%	5,400,000원	2.44%
철도·궤도신설공사	2.45%	1.57%	4,411,000원	1.66%
특수 및 기타 건설공사	1.85%	1.20%	3,250,000원	1.27%

예제

▶ 시급자재비가 30억, 직접노무비가 35억, 관급자재비가 20억인 빌딩 신축공사를 할 경우 계상해야 할 산업안전보건관리비는 얼마인가? [단, 공사 종류는 일반건설공사(갑)임]

풀이 $(30억 + 35억) \times \dfrac{1.88}{100} \times 1.2 = 146,640,000원$

(4) 계상시기

① 발주자는 원가계산에 의한 예정가격 작성 시 안전관리비를 계상하여야 한다.

② 자기공사자는 원가계산에 의한 예정가격을 작성하거나 자체 사업계획을 수립하는 경우에 안전관리비를 계상하여야 한다.

③ 대상액이 구분되어 있지 아니한 공사는 도급계약 또는 자체 사업계획상의 총 공사금액의 70%를 대상액으로 하여 안전관리비를 계상하여야 한다.

3 산업안전보건관리비의 사용 기준

(1) 사용기준

① 수급인 또는 자기공사자는 표 [안전관리비의 항목별 사용내역]의 사용내역에 따라 안전관리비를 사용하여야 한다.

② 표 [안전관리비의 항목별 사용내역]의 본사 사용은 안전관리자의 자격을 갖춘 사람 1명 이상을 포함하여 3명 이상의 안전전담 직원으로 구성된 안전만을 전담하는 과 또는 팀 이상의 별도 조직을 갖춘 건설업체에 한하여 사용할 수 있다.

③ 본사에서 안전관리비를 사용하는 경우, 1년간 본사안전관리비 실행예산 및 사용금액은 전년도 미사용금액을 합산하여 5억원을 초과할 수 없다.

(2) 목적 외 사용금액에 대한 감액

발주자는 수급인이 법에 위반하여 안전관리비를 다른 목적으로 사용하거나 사용하지 아니한 금액에 대하여는 이를 계약금에서 감액 조정하거나 반환을 요구할 수 있다.

(3) 수급인 또는 자기공사자는 안전관리비 사용내역에 대하여 공사시작 후 6개월마다 1회 이상 발주자 또는 감리원의 확인을 받아야 한다. 다만, 6개월 이내에 공사가 종료되는 경우에는 종료 시 확인을 받아야 한다.

(4) 기술지도 대가 및 횟수

① 기술지도는 공사기간 중 월 1회 이상 실시하여야 한다.

② 건설재해예방 기술지도비가 계상된 안전관리비 총액의 20%를 초과하는 경우에는 그 이내에서 기술지도 횟수를 조정할 수 있다.

(5) 공사진척에 따른 안전관리비의 사용 기준

공정률	50% 이상 70% 미만	70% 이상 90% 미만	90% 이상
사용기준	50% 이상	70% 이상	90% 이상

[주] 공정률은 기성공정률을 기준으로 한다.

(6) 산업안전보건관리비의 항목별 사용내역 및 사용 불가내역

항목	사용내역
1. 안전 관리자 등의 인건비 및 각종 업무수당	(1) 전담 안전보건관리자의 인건비 및 업무수행 출장비 ※ 업무를 전담하지 않은 경우, 지방고용노동관서에 신고하지 아니한 경우, 자격을 갖추지 않은 경우에는 사용 불가 (2) 유도자 또는 신호자의 인건비 ① 건설용 리프트의 운전자 ② 고정식 크레인, 리프트, 곤돌라, 승강기 등 양중기의 유도 또는 신호자 ③ 덤프트럭, 이동식 크레인, 콘크리트 펌프카 등 건설기계의 유도 또는 신호자 ④ 비계 설치, 해체 및 고소작업대 작업 시 하부통제를 위한 신호자 ⑤ 기타 공사장 내의 근로자 보호를 위한 신호자 ※ 1. 도로 확·포장 공사 등에서 차량의 원활한 흐름을 위한 유도자 또는 신호자, 차량 및 각종의 원활한 흐름 또는 교통통제를 위한 교통정리 신호수, 인건비는 사용 불가 2. 타워크레인 등 양중기를 사용할 경우 자재운반을 위한 유도 또는 신호수의 인건비는 사용 불가 (3) 관리감독자가 유해위험방지 업무를 수행하는 경우에 지급하는 업무수당 (4) 안전보건보조원(안전보건을 보조하는 자로 안전순찰 등 안전보건관리업무만을 전담하는 자)의 인건비 ※ 1. 전담 안전보건관리자가 선임되지 아니한 현장의 안전보건보조원의 인건비는 사용 불가 2. 안전보건보조원이 안전보건관리업무 외의 업무를 겸임하는 경우의 인건비는 사용 불가 3. 경비원, 청소원, 폐자재처리원, 사무보조원의 인건비는 사용 불가
2. 안전시설비	(1) 추락방지용 안전시설비 ① 안전난간 및 폭목 ② 추락방지용 안전방망 ③ 안전대 걸이설비

항목	사용내역
	④ 개구부 덮개 ⑤ 위험부위 보호덮개 ⑥ 현장 내 개구부, 맨홀 등에 설치하는 안전펜스, 가설울타리 등 ⑦ 추락위험장소 접근방지방책 등 ※ 1. 외부인 출입금지, 공사장 경계표시를 위한 가설울타리는 사용 불가 2. 비계, 작업발판, 가설계단, 통로, 사다리 등은 사용 불가 (2) 낙하비래물보호용 시설비 ① 방호선반 ② 낙하물방지망 또는 수직보호망 ③ 경사법면 보호망(덮개) ④ 암석방호세트 등 낙하 및 비래물로부터 근로자를 보호할 수 있는 설비 또는 시설 (3) 각종 안전보건표지 등에 소요되는 비용 ① 출입금지판, 접근금지판, 현수막, 안전표어(포스터), 안전탑, 무재해기록판, 안전수칙판, 안전완장, 안전스티커, 안전깃발, 신호용 랜턴(신호등), 차량유도등 ② 야간작업 시 전자신호봉 및 경광등 ③ 추락·낙뢰 등 위험장소에 설치하는 위험경보기 ④ 산업안전 입간판 및 산업안전보건 표지·표찰 (4) 공사현장에 중장비로부터 근로자보호를 위한 교통안전표지판 및 펜스 등 교통안전시설물 ※ 도로 확·포장공사, 관로공사, 도심지공사 등에서 공사차량 외의 차량유도, 안내, 주의·경고 등을 목적으로 하는 교통안전시설물(공사안내·경고 표지판, 차량유도 등·점멸등, 라바콘, 현장경계 펜스, PE드럼 등)은 사용 불가 (5) 위생 및 긴급피난용 시설비 ① 방진설비, 방음설비 ② 환기가 불충분한 장소의 환기설비 ③ 긴급대피방송 등 근로자의 위생 및 긴급피난에 필요한 설비 또는 시설 ※ 방음시설, 분진망 등 먼지·분진 비산방지시설 등은 사용 불가 (6) 안전감시용 케이블 TV 등에 소요되는 비용 (7) 각종 안전장치의 구입·수리에 필요한 비용 ① 롤러기, 승강기, 크레인, 리프트, 곤돌라, 데릭 등의 비상정지장치, 권과방지장치, 과부하방지장치 등 ② 목재가공용 둥근톱의 반발예방장치 및 날접촉예방장치 ③ 동력식 수동대패의 칼날접촉예방장치 ④ 연삭기의 덮개 ⑤ 프레스 전단기의 방호장치 ⑥ 아세틸렌용접장치 또는 가스용접장치의 안전기 ⑦ 교류아크용접기의 자동전격방지기 ⑧ 산소용접기에 부착하는 역화방지기 (8) 기성제품에 부착된 안전장치 고장 시 수리 및 교체 비용 ※ 기계·기구 등과 일체형 안전장치의 구입비용 사용 불가 (9) 고압가스, 산소용기 등 위험물 방호시설 또는 저장소 (10) 안전모 등 개인보호구, 개인장구 보관시설 (11) 가설 전기시설 등의 누전차단기, 고압전선보호시설, 접지시설, 접지저항측정기 및 감전위험장소 접근방지방책 등 (12) 전선로 활선확인 경보기, 검전기 및 절연봉 설치 또는 구입비용 (13) 가설전선의 피복손상 등을 방지하기 위한 가설전선거치대 또는 보호덮개 등 시설

항목	사용내역
	(14) 소화기 등 소화설비 및 방화사 등 화재예방시설 (15) 가설 사무실, 숙소 등에 설치하는 누전·화재경보기 (16) 리프트 무선호출기, 자동운전장치 (17) 근로자 재해예방을 위하여 사용하는 제빙 또는 제설비용 (18) 기계, 장비 등의 진동으로부터 근로자를 보호하기 위한 설비 (19) 철근, 파이프, 클램프 등 돌출부에 찔림방지를 위한 캡 등 시설 (20) 안전보건시설의 구입, 설치, 유지·보수에 소요되는 인건비 및 장비사용료 등 제비용 (21) 안전시설 해체에 소요되는 인건비 및 장비사용료 등 제비용 (22) 타 현장에서 전용하는 안전시설의 운반비 (23) 안전보건진단, 작업환경측정, 위험기계·기구 검사 후 개선에 필요한 비용 ※ 1. 절토부 및 성토부 등의 토사유실방지를 위한 설비, 공사 목적물의 품질확보 또는 건설장비 자체의 운행감시, 공사진척 상황 확인, 방법 등의 목적을 가진 CCTV 등 감시용 장비는 사용 불가 ※ 2. 동일 시공업체 소속의 타 현장에서 사용한 안전시설물을 전용하여 사용할 때의 자재비는 사용 불가
3. 개인보호구 및 안전장구 구입비	(1) 각종 개인보호구의 구입, 수리, 관리 등에 소요되는 비용 ① 안전대, 안전모, 안전화, 안전장갑, 보안경, 보안면, 용접용 앞치마 등 안전보호구 ② 방진마스크, 방독마스크, 귀마개, 귀덮개, 방진장갑, 송기마스크, 면마스크, 산소호흡기, 공기호흡기, 차광보안경 등 위생보호구 ③ 용접용 토시(자켓), 안전관계자 식별용 조끼(특정 유니폼), 신호수용 반사조끼 ④ 해상·수상 공사에서 구명조끼, 튜브 등 (2) 근로자가 작업에 필요한 안전모, 안전화 또는 안전대를 직접 구비하여 사용하는 경우에 지급하는 보상금(규정에 의한 성능검정에 합격한 제품인 경우에 한함) (3) 안전관리자 전용무전기, 카메라, 컴퓨터, 프린터 등 안전관리를 위한 업무용 기기 ※ 안전보건관리자가 선임되지 않은 현장에서 안전보건업무를 담당하는 현장 관계자용 무전기, 카메라, 컴퓨터, 프린터 등 업무용 기기 구입비용은 사용 불가 (4) 절연장화, 절연장갑, 방전 고무장갑, 고무소매, 절연의 ※ 1. 면장갑, 코팅장갑, 작업복, 방한복 구입비용은 사용 불가 ※ 2. 보냉·보온장구 구입비용은 사용 불가 (5) 철골, 철탑작업용 고무바닥 특수화 (6) 조임대(각반), 우의, 터널작업·콘크리트 타설 등 습지장소의 장화 ※ 감리원이나 외부에서 방문하는 인사에게 지급하는 보호구 구입비용은 사용 불가
4. 사업장의 안전진단비	(1) 사업장의 안전 또는 보건진단 ① 진단기관에서 받는 안전보건진단(자율적으로 받는 경우를 포함) ② 외부 안전전문가 초빙 안전보건진단 ※ 건설기술관리법에 의한 안전점검 및 검사, 차량계 건설기계의 신규등록, 정기, 수시, 확인, 구조 변경검사, 전기안전대행 수수료, 환경법에 따른 환경소음 및 분진 측정 소요비용은 사용 불가 (2) 유해·위험방지계획서의 작성, 심사, 확인에 소요되는 비용 (3) 분진, 소음 등이 발생하는 작업장에 대한 작업환경 측정 ① 산소농도측정기 ② 활선근접 작업경보기 ③ 가스 자동측정기(휴대용에 한함) ④ 일산화탄소측정기 등 각종 가스탐지기

항목	사용내역
	⑤ 조도계, 누전측정기 등 안전진단비 ⑥ 기타 근로자 보호를 위한 작업환경 측정장비 ※ **매설물탐지, 계측, 지하수개발, 지질조사, 구조안전 검토비용은 사용 불가** (4) 고소작업장 강풍 여부 측정용 풍속계 (5) 가설기자재의 안전성 시험 등에 소요되는 비용(성능검정업무 위탁기관에 의뢰하여 지급한 비용에 한함) (6) 크레인, 리프트 등 기계·기구의 완성검사, 정기검사 등에 소요되는 비용(지정검사기관에 의뢰하여 지급한 비용에 한함) (7) 크레인, 리프트 등 기계·기구의 자체검사에 소요되는 비용(지정검사기관에 의뢰하여 지급한 비용에 한함) (8) 안전관리자용 안전순찰차량의 유류비, 수리비, 소모품 교환비, 보험료 (9) 안전경영 진단비용 및 협력업체 안전관리 진단비용 ※ **1. 공사도급내역서에 포함된 진단비용은 사용 불가** **2. 민원처리 목적의 소음 및 분진측정 등 소요비용은 사용 불가** **3. 안전순찰차량(자전거, 오토바이 포함)구입, 임차비용은 사용 불가**
5. 안전보건 교육비 및 행사비	(1) 안전보건관리책임자교육(신규 및 보수) (2) 안전관리자교육(신규 및 보수) (3) 사내 자체안전보건교육 　① 관리감독자정기교육　② 근로자정기교육　③ 신규채용 시 교육 　④ 특별안전교육　⑤ 작업내용변경 시 교육 (4) 자체검사원 양성교육 (5) 지정교육기관에서 자격, 면허취득 또는 기능습득을 위한 교육 　① 철골구조물 및 배관 등을 설치하거나 해체하는 업무 　② 타워크레인 조종업무(조종석이 설치되어 있는 것에 한함) 　③ 흙막이 지보공의 조립 또는 해체작업 　④ 거푸집의 조립 또는 해체작업 　⑤ 비계의 조립 또는 해체작업 　⑥ 고압선 정전 및 활선작업 　⑦ 기타 법 제47조에서 규정한 작업 (6) 교육교재, 교육용 팜플렛, 슬라이드, 영화, VTR 등 기자재 및 초빙 강사료 등에 소요되는 비용 (7) 근로자의 안전보건증진을 위한 교육, 세미나, 국내견학, 국내시찰 등에 소요되는 비용 (8) 안전보건공단이 시행하는 건설안전참여교육 프로그램을 이수하는 근로자에게 지급한 교육수당 (9) 안전관계자의 해외견학, 연수비 (10) 현장 내 안전교육 시 음료수 비용 (11) 현장 내 안전보건교육장 설치비용 ※ **교육장 대지구입비는 당해 현장과 별개 지역의 장소에 설치하는 교육장의 설치·해체·운영비용은 사용 불가** (12) 안전교육장 책·걸상, 교육용 비품 및 장비 (13) 안전교육장 내 냉·난방 설치 및 유지비 ※ **교육장 운영과 관련이 없는 태극기, 회사기, 전화기, 냉장고 등 비품구입비는 사용 불가** (14) 안전관계자 직무교육 및 기타 교육참석 시 교통비 등 출장비(견학 포함) (15) 안전보건 정보교류를 위한 모임, 자료수집 등에 사용되는 비용

항목	사용내역
	(16) 안전기원제에 소요되는 비용(연 2회 이하) 　※ **준공식 등 무재해기원과 관계없는 행사, 현장 외부에서 진행하는 안전기원제, 사회통념상 과도하게 지급되는 의식 행사비 사용 불가** (17) 안전보건 행사에 소요되는 비용 　① 매월 안전점검의 날 행사　② 무재해 선포식, 무재해 경연, 무재해 달성 경축 　③ 산업안전강조기간 행사 등 　※ **산업안전보건의식 고취와 무관한 회식비는 사용 불가** (18) 안전보건 행사장 설치 및 포장비 (19) 사진 및 인화료 등에 소요되는 비용 (20) 각종 서식비 등 기타 사업장 안전교육 또는 안전관리 업무에 소요되는 비용 　※ 1. 안전관리활동 기여도와 관계없이 지급하는 포상금(품)은 사용 불가 　　 2. 근로자 재해예방 등과 직접 관련이 없는 안전정보교류 및 자료수집 등에 소요되는 비용은 사용 불가 　　 3. 산업안전보건법에 따른 안전보건교육 강사자격을 갖추지 않은자가 실시한 산업안전보건교육비용은 사용 불가
6. 근로자의 건강관리비	(1) 구급기재 등에 소요되는 비용. 　※ **건설업과 관련없는 파상풍, 독감 등의 예방접종 및 약품비용은 사용 불가** (2) 근로자 건강진단에 소요되는 비용 　※ **다른 법에 따라 의무적으로 실시해야 하는 건강검진 비용은 사용 불가** (3) 의사, 간호사 등의 근로자 건강상담·교육, 건강관리 지도 등에 소요되는 비용 (4) 작업 중 혹한·혹서 등으로부터 근로자를 보호하기 위한 간이 휴게시설 　※ **기숙사 또는 현장사무실 내의 휴게시설 설치·해체·유지비, 기숙사 방역 및 소독·방충 비용은 사용 불가** (5) 근로자 혈압측정용 혈압계 (6) 작업장 방역 및 소독비, 방충비 (7) 탈수방지를 위한 소금정제 (8) 기타 작업의 특성상 근로자 건강보호를 위해 소요되는 비용 　※ 1. **이동화장실, 세면·샤워 시설, 급수시설, 정수기, 제빙기, 자외선 차단용품, 체력단련시설 및 운동기구, 구입비용은 사용 불가** 　　 2. **국민건강보험 제공비용은 사용 불가**
7. 건설재해예방 기술 지도비	재해예방 전문지도 기관에 지급하는 대가
8. 본사 사용비	※ 1. **본사에 안전보건관리만을 전담하는 부서가 조직되어 있지 않은 경우에는 사용 불가** 　　 2. **전담부서에 소속된 직원이 안전보건관리 외의 다른 업무를 병행하는 경우에는 사용 불가**

제4절 사전 안전성 검토

1 사전 안전성 검토 개요

사전 안전성 검토란 건설공사 등에 있어서 안전확보를 목적으로 유해위험방지계획서에 의하여 사전검토를 실시하는 것이다. 사업주는 해당 서류를 첨부하여 고용노동부장관에게 제출하여야 한다.

2 유해 · 위험방지계획서

(1) 유해 · 위험방지계획서를 제출해야 하는 공사

① 지상높이가 31m 이상인 건축물 또는 인공구조물, 연면적 30,000m² 이상인 건축물 또는 연면적 5,000m² 이상의 문화 및 집회 시설(전시장 및 동물원, 식물원은 제외한다), 판매시설, 운수시설(고속철도의 역사 및 집배송시설은 제외한다), 종교시설, 의료시설 중 종합병원, 숙박시설 중 관광숙박시설, 지하도상가 또는 냉동 · 냉장창고시설의 건설 · 개조 또는 해체

② 연면적 5,000m² 이상의 냉동 · 냉장창고시설의 설비공사 및 단열공사

③ 최대 지간길이가 50m 이상인 교량건설 등 공사

④ 터널건설 등의 공사

⑤ 다목적 댐, 발전용 댐 및 저수용량 2,000만t 이상의 용수 전용 댐, 지방상수도 전용 댐 건설 등의 공사

⑥ 깊이 10m 이상인 굴착공사

(2) 유해 · 위험방지계획서 검토자의 자격요건

① 건설안전분야 산업안전지도사

② 건설안전기술사 또는 토목 · 건축분야 기술사

③ 건설안전산업기사 이상으로서 실무경력이 7년(기사는 5년) 이상인 사람

(3) 유해 · 위험방지계획서 제출 시 첨부서류

① 공사개요 및 안전보건관리계획

  ㉮ 공사개요소

  ㉯ 공사현장의 주변현황 및 주변과의 관계를 나타내는 도면(매설물 현황 포함)

  ㉰ 건설물, 사용기계설비 등의 배치를 나타내는 도면

  ㉱ 전체 공정표

  ㉲ 산업안전보건관리비 사용계획

  ㉳ 안전관리조직표

  ㉴ 재해발생 위험 시 연락 및 대피방법

② 작업공사 종류별 유해 · 위험방지계획

  ㉮ 작업개요.

  ㉯ 작업계획

　　㉡ 위험성 평가

　　㉢ 중점관리대상 위험요인 및 안전대책

　　㉣ 상세 도면 및 구조계산서 등

(4) 유해 · 위험방지계획서 심사결과의 구분

안전보건공단은 유해 · 위험방지계획서의 심사결과에 따라 다음과 같이 구분 · 판정한다.

① 적정 : 근로자의 안전과 보건을 위하여 필요한 조치가 구체적으로 확보되었다고 인정되는 경우

② 조건부 적정 : 근로자의 안전과 보건을 확보하기 위하여 일부 개선이 필요하다고 인정되는 경우

③ 부적정 : 기계, 설비 또는 건설물이 심사기준에 위반되어 공사착공 시 중대한 위험발생의 우려가 있거나 계획에 근본적 결함이 있다고 인정되는 경우

(5) 유해 · 위험방지계획서의 확인사항

사업주는 건설공사 중 6개월 이내마다 다음 사항에 관하여 안전보건공단의 확인을 받아야 한다.

① 유해 · 위험방지계획서의 내용과 실제 공사내용이 부합하는지 여부

② 유해 · 위험방지계획서의 변경내용의 적정성

③ 추가적인 유해 · 위험요인의 존재 여부

(6) 재해예방 전문지도기관의 정기기술지도 대상 제외 사업장

① 공사기간이 3개월 미만인 공사

② 육지와 연결되지 아니한 섬지역(제주도 제외)에서 이루어지는 공사

③ 안전관리자의 자격을 가진 사람을 선임하여 안전관리자의 직무만을 전담하도록 하는 공사

④ 유해 · 위험방지계획서를 제출하여야 하는 공사

Chapter 01 | 출제 예상 문제

01 정기안전점검 결과 건설공사의 물리적·기능적 결함 등이 발견되어 보수·보강 등의 조치를 하기 위하여 필요한 경우에 실시하는 것은?

① 자체안전점검   ② 정밀안전점검
③ 상시안전점검   ④ 품질관리점검

> **해설** 정밀안전점검의 설명이다.

02 건설현장에서 작업환경을 측정해야 할 작업에 해당되지 않는 것은?

① 산소결핍작업
② 탱크 내 도장작업
③ 건물 외부 도장작업
④ 터널 내 천공작업

> **해설** 건물 외부 도장작업은 건설현장에서 작업환경을 측정해야 할 작업에 해당하지 않는다.

03 프리캐스트 부재의 현장야적에 대한 설명으로 틀린 것은?

① 오물로 인한 부재의 변질을 방지한다.
② 벽 부재는 변형을 방지하기 위해 수평으로 포개 쌓아 놓는다.
③ 부재의 제조번호, 기호 등을 식별하기 쉽게 야적한다.
④ 받침대를 설치하여 휨, 균열 등이 생기지 않게 한다.

> **해설** ② 벽 부재는 변형을 방지하기 위해 수평으로 포개 쌓아 놓으면 안 된다.

04 건설공사 시 계측관리의 목적이 아닌 것은?

① 지역의 특수성보다는 토질의 일반적인 특성파악을 목적으로 한다.
② 시공 중 위험에 대한 정보제공을 목적으로 한다.
③ 설계 시 예측치와 시공 시 측정치와의 비교를 목적으로 한다.
④ 향후 거동파악 및 대책수립을 목적으로 한다.

> **해설** ① 토질의 일반적인 특성보다는 지역의 특수성 파악을 목적으로 한다.

05 지반조사의 간격 및 깊이에 대한 내용으로 옳지 않은 것은?

① 조사간격은 지층상태, 구조물 규모에 따라 정한다.
② 지층이 복잡한 경우에는 기 조사한 간격 사이에 보완조사를 실시한다.
③ 절토, 개착, 터널구간은 기반암의 심도 5~6m까지 확인한다.
④ 조사깊이는 액상화 문제가 있는 경우에는 모래층 하단에 있는 단단한 지지층까지 조사한다.

> **해설** ③ 절토, 개착, 터널구간은 기반암의 심도 2m까지 확인한다.

06 지반조사보고서 내용에 해당되지 않는 항목은?

① 지반공학적 조건
② 표준관입시험치, 콘관입저항치 결과분석
③ 시공예정인 흙막이공법
④ 건설할 구조물 등에 대한 지반특성

> **해설** 시공예정인 흙막이공법은 지반조사보고서 내용에 해당되지 않는다.

07 지반개량공법 중 고결안정공법에 해당하지 않는 것은?

① 생석회 말뚝공법   ② 동결공법
③ 동다짐공법   ④ 소결공법

정답 | 01. ②   02. ③   03. ②   04. ①   05. ③   06. ③   07. ③

> **해설** 지반개량공법 중 고결안정공법으로는 생석회 말뚝공법, 동결공법, 소결공법이 있다.

08 지표면에서 소정의 위치까지 파내려간 후 구조물을 축조하고 되메운 후 지표면을 원상태로 복구시키는 공법은?

① NATM 공법　　② 개착식 터널공법
③ TBM 공법　　　④ 침매공법 해설

> **해설** 개착식 터널공법의 설명이다.

09 소일 네일링(soil nailing) 공법의 적용에 한계를 가지는 지반조건에 해당되지 않는 것은?

① 지하수와 관련된 문제가 있는 지반
② 점성이 있는 모래와 자갈질 지반
③ 일반시설물 및 지하구조물, 지중매설물이 집중되어 있는 지반
④ 잠재적으로 동결가능성이 있는 지층

> **해설** 소일 네일링 공법의 적용에 한계를 가지는 지반조건으로는 ①, ③, ④가 있다.

10 연약지반의 침하로 인한 문제를 예방하기 위한 점토질 지반의 개량공법에 해당되지 않는 것은?

① 생석회말뚝공법　　② 페이퍼드레인공법
③ 진동다짐공법　　　④ 샌드드레인공법

> **해설** ③의 진동다짐공법은 사질토 지반의 개량공법에 해당된다.

11 점성토 지반의 개량공법으로 적합하지 않은 것은?

① 바이브로 플로테이션공법
② 프리로딩공법
③ 치환공법
④ 페이퍼드레인공법

> **해설** (1) 바이브로 플로테이션공법은 사질토 지반의 개량공법에 적합하다.
> (2) 바이브로 플로테이션공법 이외에 사질토 지반의 개량공법은 다음과 같다.
> 　㉠ 그라우팅공법(약액주입공법)

ⓒ 다짐말뚝공법　　ⓒ 다짐모래말뚝공법
ⓔ 폭파다짐공법　　ⓜ 전기충격공법
ⓗ 웰포인트공법

12 지름 0.3~1.5m 정도의 우물을 굴착하여 이 속에 우물측관을 삽입하고 속으로 유입하는 지하수를 펌프로 양수하여 지하수위를 낮추는 방법은 무엇인가?

① Well Point 공법
② Deep Well 공법
③ Under Pinning 공법
④ Vertical Drain 공법

> **해설** Deep Well 공법의 설명이다.

13 암질 변화구간 및 이상 암질 출현 시 판별방법과 가장 거리가 먼 것은?

① R.Q.D　　　　② R.M.R
③ 지표침하량　　④ 탄성파 속도

> **해설** 암질 변화구간 및 이상 암질 출현 시 판별방법
> 　㉠ R.Q.D　　　　㉡ R.M.R
> 　㉢ 탄성파 속도

14 다음 중 지하수위를 저하시키는 공법은?

① 동결공법　　　　② 웰포인트 공법
③ 뉴매틱케이슨 공법　④ 치환공법

> **해설** ① **동결공법** : 동결관을 땅 속에 파고, 이 속에 액체 질소 같은 냉각체를 흐르게 하여 주위의 흙을 동결시켜 동결토의 큰 강도와 불투성의 성질을 일시적인 가설공사에 이용하는 공법이다.
> ② **웰포인트 공법** : 지하수위를 저하시키는 공법이다.
> ③ **뉴매틱케이슨 공법** : 잠함체에 지하수압과 밸런스가 맞는 압축공기를 보내어 이 속에서 굴착작업을 실시하면 지하수를 제압하면서 구체는 지중에 침하한다. 침하가 진행하면 구체만으로는 침하중량이 부족하기 때문에 구체 내의 공실에 물 또는 토사를 넣어서 하중을 증가하여 침하를 촉진한다. 케이션이 소정의 지지층에 달하면 작업실 내에 콘크리트를 충전해서 기초저면으로 한다. 즉 용수량이 많은 지반에서 기초구축에 적합하다.
> ④ **치환공법** : 점성토지반 개량공법이다.

15 표준관입시험에 대한 내용으로 옳지 않은 것은?

① N치(N-value)는 지반을 30cm 굴진하는 데 필요한 타격횟수를 의미한다.

② 50/3의 표기에서 50은 굴진수치, 3은 타격횟수를 의미한다.

③ 63.5kg 무게의 추를 76cm 높이에서 자유낙하하여 타격하는 시험이다.

④ 사질지반에 적용하며, 점토지반에서는 편차가 커서 신뢰성이 떨어진다.

해설 ② 50/3의 표기에서 50은 타격횟수, 3은 굴진수치를 의미한다.

16 표준관입시험에서 30cm 관입에 필요한 타격횟수(N)가 50 이상일 때 모래의 상대밀도는 어떤 상태인가?

① 몹시 느슨하다.　　② 느슨하다

③ 보통이다.　　④ 대단히 조밀하다.

해설 타격횟수가 50 이상일 때 모래의 상대밀도는 대단히 조밀한 상태이다.

17 토질시험 중 연약한 점토지반의 점착력을 판별하기 위하여 실시하는 현장시험은?

① 베인 테스트(vane test)

② 표준관입시험(SPT)

③ 하중재하시험

④ 삼축압축시험

해설 연약한 점토지반의 점착력을 판별하기 위하여 실시하는 것은 베인 테스트(vane test)이다.

18 토질시험 중 사질토시험에서 얻을 수 있는 값이 아닌 것은?

① 체적압축계수　　② 내부마찰각

③ 액상화 평가　　④ 탄성계수

해설 토질시험 중 사질토시험에서는 체적압축계수를 얻을 수 없다.

19 흙막이 가시설 공사 중 발생할 수 있는 보일링(boiling) 현상에 관한 설명으로 옳지 않은 것은?

① 이 현상이 발생하면 흙막이 벽의 지지력이 상실된다.

② 지하수위가 높은 지반을 굴착할 때 주로 발생한다.

③ 흙막이 벽의 근입장 깊이가 부족할 경우 발생한다.

④ 연약한 점토지반에서 굴착면의 융기로 발생한다.

해설 ④는 히빙(heaving) 현상에 관한 내용이다.

20 흙막이 붕괴원인 중 보일링(bolling)현상이 발생하는 원인에 관한 설명으로 옳지 않은 것은?

① 지반을 굴착 시 굴착부와 지하수위 차가 있을 때 주로 발생한다.

② 연약 사질토 지반의 경우 주로 발생한다.

③ 굴착 저면에서 액상화현상에 기인하여 발생한다.

④ 연약 점토질 지반에서 배면토의 중량이 굴착부 바닥의 지지력 이상이 되었을 때 주로 발생한다.

해설 ④는 히빙(heaving)현상이 발생하는 원인이다.

21 사질지반에 흙막이를 하고 터파기를 실시하면 지반수위와 터파기 저면과의 수위차에 의해 보일링현상이 발생할 수 있다. 이때 이 현상을 방지하는 방법이 아닌 것은?

① 흙막이 벽의 저면타입깊이를 크게 한다.

② 차수성이 높은 흙막이 벽을 사용한다.

③ 웰포인트로 지하수면을 낮춘다.

④ 주동토압을 크게 한다.

해설 ①, ②, ③ 이외에 보일링현상을 방지하는 방법은 다음 과 같다.

㉠ 토류벽 선단에 코어 및 필터층을 설치한다.

㉡ 흙막이 근입도를 높여 동수구배를 저하시킨다.

㉢ 굴착토를 즉시 원상 매립한다.

정답 | 15. ② 16. ④ 17. ① 18. ① 19. ④ 20. ④ 21. ④

22 강변 옆에서 아파트공사를 하기 위해 흙막이를 설치하고 지하공사 중에 바닥에서 물이 솟아오르면서 모래 등이 부풀어 올라 흙막이가 무너졌다. 어떤 현상에 의해 사고가 발생하였는가?

① 보일링(Boiling) 파괴
② 히빙(Heaving) 파괴
③ 파이핑(Piping) 파괴
④ 지하수 침하 파괴

<u>해설</u> 문제의 내용은 보일링 파괴에 관한 것으로 지하수위가 높은 사질토 지반에서 많이 발생한다.

23 연약한 점토층을 굴착하는 경우 흙막이 지보공을 견고히 조립하였음에도 불구하고, 흙막이 바깥에 있는 흙이 안으로 밀려들어 불룩하게 융기되는 형상은?

① 보일링(Boiling)　② 히빙(Heaving)
③ 드레인(Drain)　④ 펌핑(Pumping)

<u>해설</u> 히빙(Heaving)현상의 설명이다.

24 흙막이 가시설공사 중 발생할 수 있는 히빙 (heaving)현상에 관한 설명으로 틀린 것은?

① 흙막이 벽체 내·외의 토사의 중량차에 의해 발생한다.
② 연약한 점토지반에서 굴착면의 융기로 발생한다.
③ 연약한 사질토 지반에서 주로 발생한다.
④ 흙막이 벽의 근입장 깊이가 부족할 경우 발생한다.

<u>해설</u> 히빙(heaving)현상 : 연약한 점토지반 굴착 시 굴착외 측의 흙의 중량에 의해 굴착저면의 흙이 활동. 전단 파 괴되어 굴착 내측으로 부풀어오르는 현상

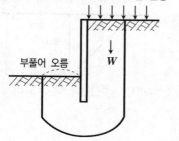
부풀어 오름　W

25 연약지반의 이상현상 중 하나인 히빙(Heaving) 현상에 대한 안전대책이 아닌 것은?

① 흙막이 벽의 근입깊이를 깊게 한다.
② 굴착저면에 토사 등으로 하중을 가한다.
③ 흙막이 배면의 표토를 제거하여 토압을 경감시킨다.
④ 주변수위를 높인다.

<u>해설</u> ④ 주변수위를 낮춘다.

26 지반에서 발생하는 히빙현상의 직접적인 대책과 가장 거리가 먼 것은?

① 굴착 주변의 상재하중을 제거한다.
② 토류벽의 배면토압을 경감시킨다.
③ 굴착 저면에 토사 등 인공중력을 가중시킨다.
④ 수밀성 있는 흙막이공법을 채택한다.

<u>해설</u> ①, ②, ③ 이외에 히빙현상의 직접적인 대책은 다음과 같다.
㉠ 시트파일 등의 근입심도를 검토한다.
㉡ 버팀대, 브래킷, 흙막이를 점검한다.
㉢ 1.3m 이하 굴착 시에는 버팀대를 설치한다.
㉣ 굴착 주변을 웰포인트 공법과 병행한다.
㉤ 굴착방식을 개선(아일랜드컷 공법 등)한다.

27 히빙(heaving)현상 방지대책으로 옳지 않은 것은?

① 흙막이 벽체의 근입깊이를 깊게 한다.
② 흙막이 벽체 배면의 지반을 개량하여 흙의 전단강도를 높인다.
③ 부풀어 솟아오르는 바닥면의 토사를 제거한다.
④ 소단을 두면서 굴착한다.

<u>해설</u> **히빙현상 방지대책**
㉠ ①, ②, ④
㉡ 굴착 주변의 상재하중을 제거한다.
㉢ 굴착방식을 개선(아일랜드컷 공법 등)한다.
㉣ 버팀대, 브래킷, 흙막이를 점검한다.

정답 | 22. ① 23. ② 24. ③ 25. ④ 26. ④ 27. ③

28 물이 결빙되는 위치로 지속적으로 유입되는 조건에서 온도가 하강함에 따라 토중수가 얼어 생성된 결빙 크기가 계속 커져 지표면이 부풀어 오르는 현상은?

① 압밀침하(consolidation settlement)

② 연화(frost boil)

③ 지반경화(hardening)

④ 동상(frost heave)

<u>해설</u> 동상(frost heave)의 설명이다.

29 다음 중 흙의 동상현상을 지배하는 인자가 아닌 것은?

① 흙의 마찰력

② 동결지속시간

③ 모관 상승고의 크기

④ 흙의 투수성

<u>해설</u> 흙의 동상현상을 지배하는 인자
　㉠ 동결지속시간　　　㉡ 모관 상승고의 크기
　㉢ 흙의 투수성

30 흙의 동상을 방지하기 위한 대책으로 틀린 것은?

① 물의 유통을 원활하게 하여 지하수위를 상승시킨다.

② 모관수의 상승을 차단하기 위하여 지하수위 상층에 조립토층을 설치한다.

③ 지표의 흙을 화학약품으로 처리한다.

④ 흙속에 단열재료를 매입한다.

<u>해설</u> ① 물의 유통을 막아 지하수위를 하강시킨다.

31 모래질 지반에서 포화된 가는 모래에 충격을 가하면 모래가 약간 수축하여 정(+)의 공극수압이 발생하며, 이로 인하여 유효응력이 감소하여 전단강도가 떨어져 순간침하가 발생하는 현상은?

① 동상현상　　　　② 연화현상

③ 리칭현상　④ 액상화현상

<u>해설</u> 액상화현상의 설명이다.

32 물로 포화된 점토에 다지기를 하면 압축하중으로 지반이 침하하는데 이로 인하여 간극수압이 높아져 물이 배출되면서 흙의 간극이 감소하는 현상을 무엇이라고 하는가?

① 액상화　　　　② 압밀

③ 예민비　　　　④ 동상현상

<u>해설</u> ① **액상화(Liquefaction) 현상** : 포화된 느슨한 모래가 진동이나 지진 등의 충격을 받으면 입자들이 재배열되어 약간 수축하며 큰 과잉 간극수압을 유발하게 되고, 그 결과로 유효응력과 전단강조가 크게 감소하여 모래가 유체처럼 거동하게 되는 현상
② **압밀** : 물로 포화된 점토에 다지기를 하면 압축하중으로 지반이 침하하는데 이로 인하여 간극수압이 높아져 물이 배출되면서 흙의 간극이 감소하는 현상
③ **예민비** : 흙의 이김에 있어 약해지는 성질
④ **동상현상(Frost heave)** : 지반 중의 공극수가 얼어 지반을 부풀어오르게 하는 현상

33 연암지반을 인력으로 굴착할 때, 그리고 연직 높이가 2m일 때, 수평길이는 최소 얼마 이상이 필요한가?

① 2.0m 이상　　　② 1.5m 이상

③ 1.0m 이상　　　④ 0.5m 이상

<u>해설</u> 인력굴착 시 수평길이는 다음과 같이 구한다.

$$수평길이 = \frac{연직높이}{2} = \frac{2}{2} = 1m$$

34 굴착공사에서 굴착깊이가 5m, 굴착저면의 폭이 5m인 경우 양단면 굴착을 할 때 굴착부 상 단면의 폭은? (단, 굴착면의 기울기는 1:1로 한다.)

① 10m　　　　② 15m

③ 20m　　　　④ 25m

<u>해설</u> 보통 흙의 굴착공사는 다음의 그림과 같이 행한다.

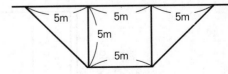

따라서, 상부단면의 폭은 15m이다.

35 일반 건설공사(갑)로서 대상액이 5억원 이상 50억원 미만인 경우에 산업안전보건관리비의 비율 (가) 및 기초액(나)으로 옳은 것은?

① (가) 1.86%, (나) 5,349,000원
② (가) 1.99%, (나) 5,499,000원
③ (가) 2.15%, (나) 1,647,000원
④ (가) 1.49%, (나) 4,211,000원

해설 ㉠ ①은 일반 건설공사(갑)이고, ②는 일반 건설공사(을)에 해당된다.
㉡ 중건설공사는 2.35%, 5,400,000원이다.

36 공정률이 65%인 건설현장의 경우 공사 진척에 따른 산업안전보건관리비의 최소사용기준은 얼마 이상인가?

① 40%   ② 50%
③ 60%   ④ 70%

해설 공정률이 65%인 건설현장의 경우 공사 진척에 따른 산업안전보건관리비의 최소사용기준은 50% 이상이다.

37 공사 진척에 따른 안전관리비 사용기준은 얼마 이상인가? (단, 공정률이 70% 이상 90% 미만일 경우이다.)

① 50%   ② 60%
③ 70%   ④ 90%

해설 공정률이 70% 이상 90% 미만인 경우 안전관리비의 사용기준은 70% 이상이다.

38 건설업의 산업안전보건관리비 사용 항목에 해당되지 않는 것은?

① 안전시설비   ② 근로자 건강관리비
③ 운반기계 수리비   ④ 안전진단비

해설 산업안전보건관리비 사용 항목
㉠ 안전관리자 등의 인건비 및 각종 업무수당 등
㉡ 안전시설비
㉢ 개인보호구 및 안전장구 구입비 등
㉣ 안전진단비
㉤ 안전보건교육비 및 행사비 등
㉥ 근로자 건강관리비

㉦ 건설재해예방 기술지도비
㉧ 본사 사용비

39 산업안전보건관리비 중 안전관리자 등의 인건비 및 각종 업무수당 등의 항목에서 사용할 수 없는 내역은?

① 교통통제를 위한 교통정리 신호수의 인건비
② 공사장 내에서 양중기·건설기계 등의 움직임으로 인한 위험으로부터 주변 작업자를 보호하기 위한 유도자의 인건비
③ 건설용 리프트의 운전자 인건비
④ 고소작업대 작업 시 낙하물 위험예방을 위한 하부 통제 등 공사현장의 특성에 따라 근로자 보호만을 목적으로 배치된 유도자의 인건비

해설 ①의 교통통제를 위한 교통정리 신호수의 인건비는 제외한다.

40 건설업 산업안전보건관리비로 사용할 수 없는 것은?

① 개인보호구 및 안전장구 구입비용
② 추락방지용 안전시설 등 안전시설비용
③ 경비원, 교통정리원, 자재정리원의 인건비
④ 전담안전관리자의 인건비 및 업무수당

해설 ③의 경비원, 교통정리원, 자재정리원의 인건비는 건설업 산업안전보건관리비로 사용할 수 없는 항목이다.

41 다음 건설공사현장 중 재해예방기술지도를 받아야 하는 대상공사에 해당하지 않는 것은?

① 공사금액 5억원인 건축공사
② 공사금액 140억원인 토목공사
③ 공사금액 5천만원인 전기공사
④ 공사금액 2억원인 정보통신공사

해설 재해예방기술지도를 받아야 하는 대상공사
㉠ **전기 및 정보통신공사** : 1억원 이상 120억원 미만인 공사
㉡ **건축공사** : 3억원 이상 120억원 미만인 공사
㉢ **토목공사** : 3억원 이상 150억원 미만인 공사

42 건설업 중 교량건설공사의 경우 유해위험방지계획서를 제출하여야 하는 기준으로 옳은 것은?

① 최대지간길이가 40m 이상인 교량건설공사

② 최대지간길이가 50m 이상인 교량건설공사

③ 최대지간길이가 60m 이상인 교량건설공사

④ 최대지간길이가 70m 이상인 교량건설공사

해설 최대지간길이가 50m 이상인 교량건설공사가 유해위험 방지계획서 제출대상 건설공사이다.

43 유해·위험방지계획서를 작성하여 제출하여야 할 규모의 사업에 대한 기준으로 옳지 않은 것은?

① 연면적 30,000m² 이상인 건축물 공사

② 최대경간길이가 50m 이상인 교량건설 등 공사

③ 다목적 댐·발전용 댐 건설공사

④ 깊이 10m 이상인 굴착공사

해설 ②의 경우 최대지간길이가 50m 이상인 교량건설 등 공사가 옳은 내용이다.

44 유해·위험방지계획서를 제출해야 될 건설공사 대상 사업장 기준으로 옳지 않은 것은?

① 최대지간길이가 40m 이상인 교량건설 등의 공사

② 지상높이가 31m 이상인 건축물

③ 터널건설 등의 공사

④ 깊이 10m 이상인 굴착공사 해설

해설 ①의 경우, 최대지간길이가 50m 이상인 교량건설 등의 공사가 옳다.

45 유해·위험방지계획서 검토자의 자격요건에 해당되지 않는 것은?

① 건설안전분야 산업안전지도사

② 건설안전기사로서 실무경력 3년인 자

③ 건설안전산업기사 이상으로서 실무경력 7년인 자

④ 건설안전기술사

해설 **유해·위험방지계획서 검토자의 자격요건**
㉠ 건설안전분야 산업안전지도사
㉡ 건설안전기술사 또는 토목·건축분야 기술사
㉢ 건설안전산업기사 이상으로서 건설안전관련 실무경력이 7년(기사는 5년) 이상인 자

46 유해·위험방지계획서 제출 시 첨부서류의 항목이 아닌 것은?

① 보호장비 폐기계획

② 공사개요서

③ 산업안전보건관리비 사용계획

④ 전체공정표

해설 **유해·위험방지계획서 제출 시 첨부서류의 항목**
㉠ ②, ③, ④
㉡ 공사현장의 주변현황 및 주변과의 관계를 나타내는 도면(매설물 현황 포함)
㉢ 건설물, 사용 기계설비 등의 배치를 나타내는 도면
㉣ 안전관리조직표
㉤ 재해발생 위험 시 연락 및 대피방법

47 사업주가 유해·위험방지계획서 제출 후 건설공사 중 6개월 이내마다 안전보건공단의 확인사항을 받아야 할 내용이 아닌 것은?

① 유해·위험방지계획서의 내용과 실제 공사내용이 부합하는지 여부

② 유해·위험방지계획서 변경내용의 적정성

③ 자율안전관리업체 유해·위험방지계획서 제출·심사 면제

④ 추가적인 유해·위험요인의 존재 여부

해설 **유해·위험방지계획서를 제출한 후 건설공사 중 6개월 이내마다 안전보건공단의 확인을 받아야 할 내용**
㉠ 유해·위험방지계획서의 내용과 실제 공사내용이 부합하는지 여부
㉡ 유해·위험방지계획서 변경내용의 적정성
㉢ 추가적인 유해·위험요인의 존재 여부

건설공구 및 장비

제1절 수공구

일반적인 안전수칙에 따른 수공구와 관련된 행동

① 작업에 맞는 공구의 선택과 올바른 취급을 하여야 한다.
② 결함이 없는 완전공구를 사용하여야 한다.
③ 공구는 사용 후 안전한 장소에 보관하여야 한다.

> 💡 참고
> ▶ 바이브로 해머(Vibro hammer) : 말뚝박기 해머 중 연약지반에 적합하고 상대적으로 소음이 적다.

제2절 굴착기계

1 셔블계 굴착기계 개요

땅을 파는 기계로 하천, 도로 등의 건설공사나 정지(整地)공사에 많이 사용되는 장비로서 셔블계 굴착기계의 용도는 다음과 같다.

① 암석파괴, 자갈, 오물 처리작업
② 잡물 처리작업
③ 파일작업, 경사지정지작업

2 셔블계 굴착기계의 분류

(1) 주행상태에 의한 분류

① 무한궤도식(Crawler Type) : 굴곡이 심한 지면 또는 습지, 연약지에서 사용된다. 또한 차의 전·후진이 가능하며, 원거리 주행은 부적합하다.
② 휠형(Wheel Type) : 고무타이어로 차체가 지지되는 것이며, 기동성이 좋고 포장된 도로에서나 실내에서도 작업할 수 있는 이점이 있으나, 습지작업은 불가능하다.
③ 트럭형(Truck Type) : 트럭에 탑재된 것으로 2인의 운전수가 있어 전·후진 등은 주행 운전수가 하고, 작업 운전수는 작업만을 하게 된다.

(2) 작업에 따른 분류

토공사용 건설장비 중 굴착기계

① 파워셔블(Power Shovel) : 장비 자체보다 높은 장소의 땅을 굴착하는데 적당한 장비

② 백호(Back hoe) : 장비가 위치한 지면보다 낮은 장소를 굴착하는데 적합한 장비

　㉮ 토목공사나 수중굴착에도 많이 사용된다.

　㉯ 붐(Boom)이 견고하므로 상당히 굳은 지반이라도 굴착할 수 있어 지하층이나 기초의 굴착에 사용된다.

　㉰ 기체는 높은 위치에서 아래쪽에 호 버킷(Hoe Bucket)을 찔러서 앞쪽으로 긁어올려 굴착한다.

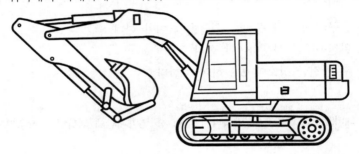

③ 드래그라인(Drag Line) : 작업범위가 광범위하고 수중굴착 및 연약한 지반의 굴착에 적합하다.

　㉮ 붐은 작업내용에 의하여 작업하기에 적당한 길이로 교체할 수 있으며, 될 수 있는대로 짧은 쪽이 작업하기가 용이하다.

　㉯ 기체는 높은 위치에서 깊은 곳을 굴착도 할 수 있어 적합하다.

　㉰ 기체에서 붐을 뻗쳐 그 선단에 와이어로프로 매달은 스크레이퍼 버킷(Scraper Bucket)을 앞쪽에 투하하여 버킷을 앞쪽으로 끌어당기면서 토사를 긁어 모으며 작업을 하는 것이다.

④ 클램셸(Clam shell) : 좁고 깊은 굴착에 가장 적합한 장비. 다음은 용도이다.

　㉮ 연약한 지반이나 수중굴착과 자갈 등을 싣는 데 적합하다.

　㉯ 깊은 땅파기공사와 흙막이 버팀대를 설치하는 데 사용한다.

　㉰ 잠함 안의 굴착 등에 적합하나 흙막이 버팀대에 굴착과 흙을 긁어 모으는 버킷의 날끝에 발톱이 달린 대형의 것을 사용한다.

　㉱ 붐의 선단에서 클램셸 버킷을 와이어로프로 매달아 바로 아래로 떨어뜨려 흙을 퍼올리는 것이다.

　㉲ 수면 아래의 자갈, 모래를 굴착하고, 준설선에 많이 사용된다.

　㉳ 건축구조물의 기초 등 정해진 범위의 깊은 굴착에 적합하다.

> **참고**
> ▶ 굴착기계 중 주행기면보다 하방의 굴착에 적합한 것
> 　1. 백호　　　 2. 클램셸　　　 3. 드래그라인

⑤ 트랙터셔블(Tractor Shovel) : 앞면에 날이 달린 버킷을 갖춘 트랙터. 흙이나 자갈 따위를 파내어 트럭에 실어주는데 쓴다.

3 굴착기의 전부장치

굴착기계의 전부장치는 붐(Boom), 암(Arm) 및 버킷(Bucket) 등으로 구성되어 있으며 모두 유압 실린더에 의하여 작동을 하게 된다.

① 붐 : 상부 회전체에 풋핀에 의하여 설치되어 있으며 2개 혹은 1개의 유압 실린더에 의하여 붐을 강하시킨다.

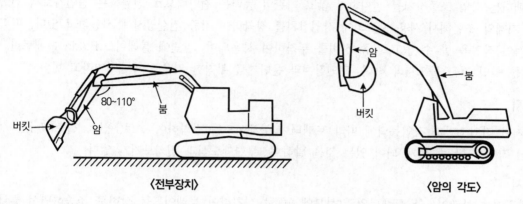

〈전부장치〉　　　　　　　　　　〈암의 각도〉

② 암 : 붐과 버킷 사이에 설치된 부문이며, 1개의 유압 실린더에 의하여 버킷을 굴착하게 된다. 그리고 붐과 암의 각도가 80~110° 정도가 제일 굴착력이 크기 때문에 가능한 한 80~110° 이내에서 작업을 하는 것이 좋다.

③ 버킷 : 버킷은 직접 작업을 하는 부분으로 1개의 유압 실린더에 의하여 흙을 뿌리거나 퍼올리게 되는데 버킷의 용량은 1회 퍼올릴 수 있는 용량을 m³로 표시한다.

4 굴착기계 운행 시 안전대책

① 배관 및 지하배선지역을 굴착 시에는 배관 및 배선지역을 정확히 알고 작업하여야 한다.

② 항시 뒤쪽의 카운터 웨이트의 회전반경을 측정한 후 작업에 임하여야 한다.

③ 장치에 오르내릴 때에는 반드시 양손으로 손잡이를 이용하여 오르내려야 한다.

④ 작업 시에는 항상 사람의 접근에 주의하여야 한다.

⑤ 자신의 위치와 주위를 완전히 파악한 후 스윙붐의 상하작동을 행한다.

⑥ 운전반경 내에 사람이 있을 때는 절대로 회전하여서는 안 된다.

⑦ 전선 밑에서는 주의하여 작업을 하여야 하며, 전선과 안전장치의 안전간격을 유지하여야 한다.

⑧ 유압계통 분리 시에는 반드시 붐을 지면에 내려놓고 엔진을 정지시킨 다음 유압을 제거한 후 행하여야 한다.

⑨ 버킷이나 다른 부수장치 혹은 뒷부분에 사람을 태우지 말아야 한다.

⑩ 장비의 주차 시 경사지나 굴착작업장으로부터 충분히 이격시켜 주차하고, 버킷은 반드시 지면에 내려놓아야 한다.

⑪ 전선이나 구조물 등에 인접하여 붐을 선회해야 할 작업에는 사전에 회전반경, 높이제한 등 방호조치를 강구한다.

제3절 토공기계

굴착과 싣기를 동시에 할 수 있는 기계

1 트랙터

트랙터는 작업 조종장치를 설치하지 않고 기관의 동력을 견인력으로 전환하는 견인차로서 건설공사용 기계와 조합해서 사용하는 외에 작업장치를 장착하여 각종 건설공사에 사용하고 있다. 따라서 단독적인 작업을 할 수 없고 각종 장비를 부착하여 사용되며, 앞면에 블레이드(Blade : 배토판, 토공판)를 붙인 것을 불도저라 하며, 견인장치와 운반기를 부착한 것을 스크레이퍼라고 한다.

2 도저

도저란 작업조건과 작업능력에 따라 트랙터에 블레이드를 장착하여 송토(送土), 절토(切土), 성토(盛土) 작업을 할 수 있게 되어 있는 것을 말하며, 무한궤도식과 휠식도저가 있다.

(1) 불도저
① 불도저는 블레이드를 트랙터의 앞부분에 90°로 설치하여 블레이드를 상하로 조종하면서 블레이드를 임의의 각도로 기울일 수 없게 한 것으로 스트레이트도저라고도 한다.
② 블레이드의 측판은 많은 양의 흙을 밀 수 있게 되어 있으며, 앵글도저에 비하여 블레이드의 용량이 크고, 직선송토작업, 거친 배수로 매몰작업 등에 적합하다.
③ 불도저는 거리 60m 이하의 배토작업에 사용된다.

(2) 앵글도저(Angle Dozer)
블레이드의 길이가 길고 낮으며 블레이드의 좌우를 전후 25~30°의 각도로 회전시킬 수 있어 흙을 측면으로 보낼 수 있는 불도저

(3) 틸트도저(Tilt Dozer)
① 틸트도저는 불도저와 비슷하지만 블레이드를 레버로 조정할 수 있으며, 좌우 상하 20~25° (30cm)까지 기울일 수 있고, 수동식과 유압식이 있다.
② 틸트도저는 V형 배수로작업, 동결된 땅, 굳은 땅 파헤치기, 나무뿌리 파내기, 바윗돌 굴리기 등에 효과적이다.

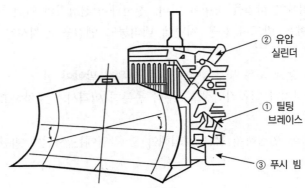

(4) 힌지도저

앵글도저보다도 큰 각으로 움직일 수 있어 흙을 깎아 옆으로 밀어내면서 전진하므로 제설, 제토 작업 및 다량의 흙을 전방으로 밀고 가는데 적합하다.

3 스크레이퍼 (Scraper)

굴착, 싣기, 운반, 흙깔기 등의 작업을 하나의 기계로서 연속적으로 행할 수 있으며 비행장과 같이 대규모 정지작업에 적합하고 피견인식, 자주식으로 구분할 수 있는 차량계 건설기계

4 모터그레이더(Motor grader)

모터그레이더(Motor grader)는 토공기계의 대패라고 하며, 지면을 절삭하여 평활하게 다듬는 것이 목적이다. 이 장비는 노면의 성형, 정지용 기계이므로 굴착이나 흙을 운반하는 것이 주된 작업이지만 하수구 파기, 경사면 다듬기, 제방작업, 제설작업, 아스팔트 포장재료 배합 등의 작업을 할 수도 있다.

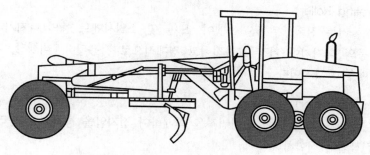

5 롤러

롤러는 2개 이상의 매끈한 드럼 롤러를 바퀴로 하는 다짐기계로 전압기계라고도 하는데 주로 도로, 제방, 활주로 등의 노면에 전압을 가하기 위하여 사용된다. 다짐력을 가하는 방법에 따라 전압식, 진동식, 충격식 등이 있다.

(1) 머캐덤 롤러(3륜 롤러)

앞쪽에 한 개의 조항륜 롤러와 뒤축에 두 개의 롤러가 배치된 것(2축 3륜)으로, 하층 노반다지기, 아스팔트 포장에 주로 쓰이는 장비

(2) 탠덤 롤러(Tandem Roller),

앞뒤 두 개의 차륜이 있으며(2축 2륜), 각각의 차축이 평행으로 배치된 것으로 찰흙, 점성토 등의 두꺼운 흙을 다짐하는 데는 적당하나 단단한 각재를 다지는 데는 부적당하며 머캐덤 롤러 다짐 후의 아스팔트 포장에 사용된다.

(3) 진동 롤러(Vibrating Roller)

자기추진 진동 롤러는 진흙, 부서진 돌멩이, 노반 및 소일시멘트 등의 다지기 또는 안정된 흙, 자갈, 아스팔트 등의 다지기에 가장 효과적이고 경제적으로 사용된다. 비행장, 제방, 댐, 도로 등의 흙을 다질 때 매우 효과적이다.

(4) 탬핑 롤러(Tamping Roller)

철륜 표면에 다수의 돌기를 붙여 접지면적을 작게하여 접지압을 증가시킨 롤러로서 고함수비 점성토 지반의 다짐작업에 적합하다.

(5) 그리드 롤러(Grid Roller)

오래된 포장 도로면을 파괴하는 데 사용되는 것으로 주로 고속도로 기초작업과 고운 석회암이나 탄나무 등을 부수는 데 효과적이다.

(6) 타이어 롤러(Tire Rolller)

타이어 휠이 장치된 롤러로서 넓은 내압범위에 사용하는 데 효과적이다.

6 리퍼(Ripper)

아스팔트 포장도로 노반의 파쇄 또는 토사중에 있는 암석제거에 가장 적당한 장비

제4절 운반기계

1 지게차(Fork Lift)

지게차는 차체 앞에 화물적재용 포크와 포크 승강용 마스트를 갖추고, 포크 위에 화물을 적재하여 운반함과 동시에 포크의 승강작용을 이용하여 하역에 이용되는 특수자동차이다.

(a) 프리리프트 마스트

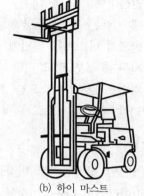

(b) 하이 마스트

〈지게차의 종류〉

(1) 지게차의 안정도

구 분	상 태	구 배(%)
전후 안정도	기준 부하상태에서 포크를 최고로 올린 상태	① 최대하중 5톤 미만 : 4 ② 최대하중 5톤 이상 : 3.5 안정도
	주행 시 기준 무부하상태	18
좌우 안전도	기준 부하상태에서 포크를 최고로 올리고 마스트를 최대로 기울인 상태	6
	주행 시의 기준 무부하상태	15 + 1.1× 최고속도

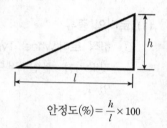

$$안정도(\%) = \frac{h}{l} \times 100$$

(2) 지게차 헤드가드(방호장치)

헤드가드는 견고한 것이라야 되고 개구부가 너무 커서 하물이 통과하여 운전자에 부딪치게 해 서는 안 되며, 다음과 같은 조건을 구비하고 있어야 한다.

① 상부틀 각 개구의 폭 또는 길이가 16cm 미만일 것

② 강도는 지게차의 최대하중의 2배값(그 값이 4t을 넘을 경우에는 4t)의 등분포정하중에 견딜 수 있는 것일 것

③ 운전자가 서서 조작하는 방식의 지게차는 운전석의 바닥면에서 헤드가드의 상부틀의 하면까지의 높이가 2m 이상일 것

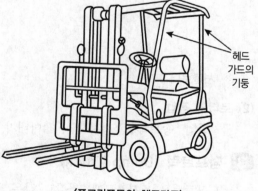

헤드 가드의 기둥

〈포크리프트의 헤드가드〉

④ 운전자가 앉아서 조작하는 방식의 지게차는 운전자의 좌석 상면에서 헤드가드의 상부틀의 하면까지의 높이가 1m 이상일 것

(3) 지게차 작업시작 전 점검사항

① 제동장치 및 조종장치 기능의 이상 유무

② 하역장치 및 유압장치 기능의 이상 유무

③ 바퀴의 이상 유무

④ 전조등, 후미등, 방향지시기 및 경보장치 기능의 이상 유무

(4) 지게차 운행 시 안전대책

① 짐을 싣고 주행 시에는 저속주행을 해야 한다.

② 주행 시에는 반드시 마스트를 지면에 접속해 놓아야 한다.

③ 조작 시에는 시동 후 5분 정도 지난 다음 한다.

④ 이동 시에는 지면으로부터 마스트를 30cm 정도 위로 하고 이동한다.

⑤ 짐을 싣고 내려갈 때는 후진으로 내려가야 한다.

2 로더(Loader)

로더는 트랙터의 앞 작업장치에 버킷을 붙인 것으로 셔블도저(Shovel Dozer) 또는 트랙터셔블(Tractor Shovel)이라고도 하며, 버킷에 의한 굴착, 상차를 주 작업으로 하는 기계이다. 기타 부속장치를 설치하여 암석 및 나무뿌리 제거, 목재의 이동, 제설작업 등도 할 수 있다.

(1) 로더의 종류

① 휠식 로더(Wheel Type Loader) : 휠식 트랙터에 버킷장치를 붙인 것으로 앞바퀴 구동과 4륜 구동이 있다.

〈휠식 로더〉

② 트랙식 로더(Track Type Loader) : 동력전달 계통은 트랙터와 같으나 버킷 작동계통(유압)이 추가되어 있다.

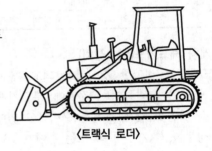

〈트랙식 로더〉

③ 셔블로더

(2) 로더의 작업

굴착작업, 송토작업, 정지작업, 깎아내기 작업 등을 할 수 있다.

3 덤프트럭 (Dump Truck)

덤프트럭은 토사, 모래, 자갈과 같은 골재를 휠 로더에 의해 적재받아 차체에 유압 실린더를 설치하여 적재함을 들어올려 적하하며, 토목건축공사에 편리하게 사용되는 중장비이다.

4 컨베이어(Conveyor)

컨베이어는 건설자재 및 콘크리트 등의 운반에 사용되는 것으로 벨트 컨베이어를 가장 많이 사용하고, 그 이외에 스크류 컨베이어, 체인 컨베이어, 롤러 컨베이어 등이 있다.

01 일반적인 안전수칙에 따른 수공구와 관련된 행동으로 옳지 않은 것은?

① 직업에 맞는 공구의 선택과 올바른 취급을 하여야 한다.
② 결함이 없는 완전한 공구를 사용하여야 한다.
③ 작업 중인 공구는 작업이 편리한 반경 내의 작업대나 기계 위에 올려놓고 사용하여야 한다.
④ 공구는 사용 후 안전한 장소에 보관하여야 한다.

> **해설** ①, ②, ④ 이외에 안전수칙에 따른 수공구와 관련된 행동으로 공구의 올바른 취급과 사용이 있다.

02 건설현장의 중장비작업 시 일반적인 안전수칙으로 옳지 않은 것은?

① 승차석 외의 위치에 근로자를 탑승시키지 아니 한다.
② 중기 및 장비는 항상 사용 전에 점검한다.
③ 중장비의 사용법을 확실히 모를 때는 관리감독자가 현장에서 시운전을 해본다.
④ 경우에 따라 취급자가 없을 경우에는 사용이 불가능하다.

> **해설** ③의 경우 관리감독자가 현장에서 시운전을 해본다는 것은 안전수칙에 어긋난다. 반드시 중장비 면허소지자 등 담당자가 시운전을 해야 한다.

03 토공사용 건설장비 중 굴착기계가 아닌 것은?

① 파워셔블
② 드래그 셔블
③ 로더
④ 드래그 라인

> **해설**
> (1) **굴착기계**
> ㉠ 파워셔블 ㉡ 드래그 셔블
> ㉢ 드래그 라인
> (2) **차량계 건설기계** : 로더

04 장비 자체보다 높은 장소의 땅을 굴착하는 데 적합한 장비는?

① 파워셔블(Power Shovel)
② 불도저(Bulldozer)
③ 드래그 라인(Drag Line)
④ 클램셸(Clamshell)

> **해설** ㉠ **주행기면보다 하방의 굴착에 적합한 것** : 백호, 클램셸, 드래그 라인, 불도저 등
> ㉡ **중기가 위치한 지면보다 높은 장소(장비 자체보다 높은 장소)의 땅을 굴착하는 데 적합한 것** : 파워셔블

05 굴착기계 중 주행기면보다 하방의 굴착에 적합하지 않은 것은?

① 백호
② 클램셸
③ 파워셔블
④ 드래그 라인

> **해설** ㉠ **주행기면보다 하방의 굴착에 적합한 것** : 백호, 클램셸, 드래그 라인, 불도저 등
> ㉡ **중기가 위치한 지면보다 높은 장소의 장비 자체보다 높은 장소의 땅을 굴착하는 데 적합한 것** : 파워셔블

06 백호(back hoe)의 운행방법에 대한 설명으로 옳지 않은 것은?

① 경사로나 연약지반에서는 무한궤도식보다는 타이어식이 안전하다.
② 작업계획서를 작성하고 계획에 따라 작업을 실시하여야 한다.
③ 작업장소의 지형 및 지반상태 등에 적합한 제한속도를 정하고 운전자로 하여금 이를 준수하도록 하여야 한다.
④ 작업 중 승차석 외의 위치에 근로자를 탑승시켜서는 안 된다.

> **해설** ① 경사로나 연약지반에서는 타이어식보다는 무한궤도 식이 안전하다.

07 건설용 시공기계에 관한 기술 중 옳지 않은 것은?

① 타워크레인(tower crane)은 고층건물의 건설용으로 많이 쓰인다.

② 백호(back hoe)는 기계가 위치한 지면보다 높은 곳의 땅을 파는데 적합하다.

③ 가이데릭(guy derrick)은 철골세우기 공사에 사용된다.

④ 진동롤러(vibrating roller)는 아스팔트 콘크리트 등의 다지기에 효과적으로 사용된다.

> **해설** ②의 경우 백호(back hoe)는 기계가 위치한 지면보다. 낮은 곳의 땅을 파는 데 적합하다는 내용이 옳다.

08 다음 중 수중굴착공사에 가장 적합한 건설기계는?

① 파워셔블   ② 스크레이퍼
③ 불도저   ④ 클램셸

> **해설** 클램셸은 연약한 지반이나 수중굴착공사에 가장 적합한 기계이다.

09 클램셸(Clamshell)의 용도로 옳지 않은 것은?

① 잠함 안의 굴착에 사용된다.

② 수면 아래의 자갈, 모래를 굴착하고, 준설선에 많이 사용된다.

③ 건축구조물의 기초 등 정해진 범위의 깊은 굴착에 적합하다.

④ 단단한 지반의 작업도 가능하며 작업속도가 빠르고, 특히 암반굴착에 적합하다.

> **해설** ④ 연약한 지반이나 수중굴착과 자갈 등을 싣는 데 적합하다.

10 다음 중 굴착기의 전부장치에 해당하지 않는 것은?

① 붐(Boom)   ② 암(Arm)
③ 버킷(Bucket)   ④ 블레이드(Blade)

> **해설** **굴착기 전부장치의 구성요소**
> ㉠ 붐   ㉡ 암
> ㉢ 버킷

11 굴착기계의 운행 시 안전대책으로 옳지 않은 것은?

① 버킷에 사람의 탑승을 허용해서는 안 된다.

② 운전반경 내에 사람이 있을 때 회전은 10rpm 이하의 느린속도로 하여야 한다.

③ 장비의 주차 시 경사지나 굴착작업장으로부터 충분히 이격시켜 주차한다.

④ 전선밑에서는 주의하여 작업하여야 하며, 전선과 안전장치의 안전간격을 유지하여야 한다.

> **해설** ② 운전반경 내에 사람이 있을 때는 운행을 정지하여야 한다.

12 다음에서 설명하는 불도저의 명칭은?

> 블레이드의 길이가 길고 낮으며 블레이드의 좌우를 전후 25~30°의 각도로 회전시킬 수 있어 흙을 측면으로 보낼 수 있는 불도저

① 틸트도저   ② 스트레이트도저
③ 앵글도저   ④ 터나도저

> **해설** 문제의 내용은 앵글도저에 관한 것이다.

13 앵글도저보다 큰 각으로 움직일 수 있어 흙을 깎아 옆으로 밀어내면서 전진하므로 제설, 제토 작업 및 다량의 흙을 전방으로 밀고 가는 데 적합한 불도저는?

① 스트레이트도저   ② 틸트도저
③ 레이크도저   ④ 힌지도저

> **해설** ① **스트레이트도저** : 불도저라고도 하며, 트랙터 앞쪽에 블레이드를 90°로 부착한 것으로 블레이드를 상하로 조종하면서 작업을 수행할 수 있다. 주작업은 직선 송토작업, 굴토작업, 거친배수로 매몰작업 등이다.
> ② **틸트도저** : 수평면을 기준으로 하여 블레이드를 좌우로 15cm 정도 기울일 수 있어 블레이드의 한쪽 끝부분에 힘을 집중시킬 수 있으며 V형 배수로 굴착, 언땅 및 굳은 땅파기, 나무뿌리뽑기, 바위굴리기 등에 사용한다.
> ③ **레이크도저** : 블레이드 대신에 레이크(갈퀴)를 설치하고, 나무뿌리나 잡목을 제거하는 데 사용한다.

14 굴착, 싣기, 운반, 흙깔기 등의 작업을 하나의 기계로서 연속적으로 행할 수 있으며 비행장과 같이 대규모 정지작업에 적합하고 피견인식 자

주식으로 구분할 수 있는 차량계 건설기계는?

① 클램셀(clamshell) ② 로더(loader)

③ 불도저(bulldozer) ④ 스크레이퍼(scraper)

해설 스크레이퍼(scraper)의 설명이다.

15 건설기계에 관한 설명으로 옳은 것은?

① 백호는 장비가 위치한 지면보다 높은 곳의 땅을 파는 데에 적합하다.

② 바이브레이션 롤러는 노반 및 소일시멘트 등의 다지기에 사용된다.

③ 파워셔블은 지면에 구멍을 뚫어 낙하해머 또는 디젤해머에 의해 강관말뚝, 널말뚝 등을 박는 데 이용된다.

④ 가이데릭은 지면을 일정한 두께로 깎는 데에 이용된다.

해설
① **백호** : 일명 포크레인이라 하며, 흙 등을 굴착 또는 굴착한 흙을 트럭 등에 적재하는 장비
② **바이브레이션 롤러** : 노반 및 소일시멘트 등의 다지기에 사용되는 건설기계
③ **파워셔블** : 기계보다 높은 곳의 굴착에 적합하며, 굴착능률이 좋음
④ **가이데릭** : 철골 세우기용으로 사용되는 기계

16 철륜 표면에 다수의 돌기를 붙여 접지면적을 작게 하여 접지압을 증가시킨 롤러로서 깊은 다짐이나 고함수비 지반의 다짐에 많이 이용되는 롤러는?

① 머캐덤롤러 ② 탠덤롤러

③ 탬핑롤러 ④ 타이어롤러 해설

해설 문제의 내용은 탬핑롤러에 관한 것이다.

17 아스팔트 포장도로 노반의 파쇄 또는 토사 중에 있는 암석제거에 가장 적당한 장비는?

① 스크레이퍼(Scraper) ② 롤러(Roller)

③ 리퍼(Ripper) ④ 드래그라인(Dragline)

해설
① **스크레이퍼** : 굴착, 싣기, 운반, 하역 등 일련의 작업을 하나의 기계로 연속적으로 행할 수 있는 장비
② **롤러** : 2개 이상의 매끈한 드럼롤러를 바퀴로 하는 다짐을 위한 장비

④ **드래그라인** : 작업범위가 광범위하고, 수중굴착 및 연약한 지반의 굴착에 적합한 장비

18 굴착작업 시 굴착깊이가 최소 몇 m 이상인 경우 사다리, 계단 등 승강설비를 설치하여야 하는가?

① 1.5m ② 2.5m

③ 3.5m ④ 4.5m

해설 굴착작업 시 굴착깊이가 최소 1.5m 이상인 경우 사다리, 계단 등 승강설비를 설치하여야 한다.

19 지게차 헤드가드에 대한 설명 중 옳지 않은 것은?

① 상부틀의 각 개구의 폭 또는 길이가 16cm 미만일 것

② 앉아서 조작하는 경우 운전자의 좌석 윗면에서 헤드가드 상부틀 아랫면까지의 높이는 1m 이상일 것

③ 서서 조작하는 경우 운전석의 바닥면에서 헤드가드 상부틀 하면까지의 높이는 2m 이상일 것

④ 강도는 지게차 최대하중의 1배 값의 등분포정하중에 견딜 수 있을 것

해설 ④의 경우 강도는 지게차 최대하중의 2배 값의 등분포정하중에 견딜 수 있을 것이 옳다.

20 다음 중 셔블로더의 운영방법으로 옳은 것은 어느 것인가?

① 점검 시 버킷은 가장 상위의 위치에 올려 놓는다.

② 시동 시에는 사이드 브레이크를 풀고서 시동을 건다.

③ 경사면을 오를 때에는 전진으로 주행하고 내려올 때는 후진으로 주행한다.

④ 운전자가 운전석에서 나올 때는 버킷을 올려 놓은 상태로 이탈한다.

해설
① 상위의 위치 → 하위의 위치
② 사이드 브레이크를 풀고서 → 사이드 브레이크를 잠근 채
③ 버킷을 올려 놓은 → 버킷을 내려 놓은

정답 ┃ 15. ② 16. ③ 17. ③ 18. ① 19. ④ 20. ③

제1절 양중기의 종류 및 안전

양중기에는 크레인(호이스트 포함), 이동식 크레인, 리프트, 곤돌라, 승강기가 있다.

1 크레인(Crane)

크레인은 기중작업, 굴착작업, 화물의 적하 및 적재 작업, 항타작업 및 기타 특수작업을 하는 장비로서 토목 및 건축 공사에서 중추적인 역할을 하고 있다. 크레인은 동력을 이용하여 중량물을 매달아 좌우(수평 또는 선회)로 운반하는 것을 목적으로 한다.

(1) 크레인의 구성

크레인은 하부주행장치, 상부회전체, 작업장치로 구성되어 있다.

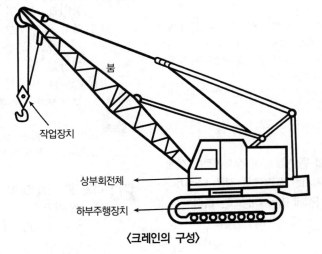

〈크레인의 구성〉

(2) 크레인의 방호장치

① 크레인은 과부하방지장치, 권과방지장치, 비상정지장치 및 제동장치 등 방호장치를 부착하고 유효하게 작동될 수 있도록 미리 조정하여 두어야 한다.

② 권과방지장치는 훅, 도르래, 버킷 등 달기구의 윗면이 드럼, 상부 도르래, 트롤리프레임 등 0.25m 이상(직동식 권과방지장치는 0.05m 이상)이 되도록 조정하여야 한다.

③ 와이어로프 등이 훅으로부터 벗겨지는 것을 방지하기 위한 장치(해지장치)를 구비한 크레인을 사용하여야 한다.

(3) 폭풍에 의한 이탈방지

순간 풍속이 30m/s를 초과하는 바람이 불어올 우려가 있는 때에는 옥외에 설치되어 있는 주행 크레인에 대하여 이탈방지장치를 작동시키는 등 그 이탈을 방지하기 위한 조치를 하여야 한다.

(4) 폭풍 등으로 인한 이상 유무 점검

순간 풍속이 30m/s를 초과하는 바람이 불거나 중진(中震) 이상 진도의 지진이 있은 후에 옥외에 설치되어 있는 양중기를 사용하여 작업을 하는 경우에는 미리 기계 각 부위에 이상이 있는지를 점검하여야 한다.

(5) 크레인의 작업시작 전 점검사항

① 권과방지장치, 브레이크, 클러치 및 운전장치의 기능
② 주행로의 상측 및 트롤리가 횡행하는 레일의 상태
③ 와이어로프가 통하고 있는 곳의 상태

(6) 건설물 등과 사이의 통로

주행크레인 및 선회크레인과 건설물 사이에 통로를 설치하는 경우 그 폭은 최소 0.6m 이상으로 하여야 한다. 다만, 그 통로 중 건설물의 기둥에 접촉하는 부분에 대하여는 0.4m 이상으로 할 수 있다.

(7) 건설물 등의 벽체와 통로와의 간격

다음의 사항에 규정된 간격을 0.3m 이하로 하여야 한다.
① 크레인의 운전실 또는 운전대를 통하는 통로의 끝과 건설물 등의 벽체와의 간격
② 크레인거더의 통로의 끝과 크레인거더와의 간격
③ 크레인거더의 통로로 통하는 통로의 끝과 건설물 등의 벽체와의 간격

(8) 크레인작업 시 일반적 안전수칙

① 작업반경 내에는 사람의 접근을 절대로 금한다.
② 기중상태에서 운전자는 운전석을 이탈해서는 안 된다.
③ 붐은 70° 이상 올리지 말아야 하며 20° 이하 내려진 상태에서 작업을 해서는 안 된다.
④ 와이어로프의 상태를 항상 점검해야 한다.
⑤ 정차 중에는 회전제동 및 하체제동을 반드시 걸어 놓아야 한다.
⑥ 고압선 밑에서는 붐이나 장비를 3m 이상 이격시킨 채 작업한다.
⑦ 작업 종료 시에는 붐이나 버킷을 낮게 내려놓아야 한다.
⑧ 신호자를 정하여 그 신호에 따라 작업을 하여야 한다.
⑨ 운전은 자격을 가진자만이 하여야 한다.
⑩ 폭우, 폭풍, 폭설 등 기상조건이 불리할 때는 작업을 중지하여야 한다.

(9) 타워크레인 사용 시 안전수칙

① 철골 위에 설치할 경우에는 철골을 보강하여야 한다.
② 작업자가 버킷 또는 기중기에 올라타는 일이 있어서는 안 된다.
③ 기중장비의 드럼에 감겨진 쇠줄은 적어도 두 바퀴 이상 남도록 하여야 한다.
④ 드럼에는 회전제어기나 역회전방지기 또는 기타의 안전장치를 갖추어야 한다.
⑤ 긴 물건의 한쪽달기, 끌어당기기의 경우 지브(Jib)를 올리고 내릴 때에는 진동 등이 수반되므로 버팀 로프를 사용하는 등의 조치를 하여야 한다.
⑥ 강풍 시 운전작업을 중지해야 하는 경우는 순간 풍속이 15m/s 초과하여야 한다.

(10) 타워크레인의 지지

① 서면심사에 관한 서류 또는 제조사의 설치작업설명서 등에 따라 설치할 것

② 서면심사 서류 등이 없거나 명확하지 아니한 경우에는 건축구조, 건설기계, 기계안전, 건설안전 기술사 또는 건설안전분야 산업안전지도사의 확인을 받아 설치하거나 기종별·모델별 공인된 표준방법으로 설치할 것

③ 와이어로프를 고정하기 위한 전용 지지프레임을 사용할 것

④ 와이어로프 설치각도는 수평면에서 60도 이내로 할 것

⑤ 와이어로프의 고정부위는 충분한 강도와 장력을 갖도록 설치하고, 와이어로프를 클립·새클 등의 고정기구를 사용하여 견고하게 고정시켜 풀리지 않도록 할 것

⑥ 와이어로프가 가공전선(架空電線)에 근접하지 않도록 할 것

(11) 타워크레인 작업계획서에 포함될 내용

① 타워크레인의 종류 및 형식

② 설치·조립 및 해체 순서

③ 작업도구, 장비, 가설설비 및 방호설비

④ 타워크레인의 지지방법

⑤ 작업인원의 구성 및 작업근로자의 역할범위

> **참고**
>
> 1. **건설작업용 타워크레인의 안전장치**
>   ① 권과방지장치　　② 과부하방지장치　　③ 브레이크장치　　④ 비상정지장치
> 2. **타워크레인을 선정하기 위한 사전검토사항**
>   ① 인양능력　　② 작업반경　　③ 붐의 높이

(12) 크레인에 관련된 용어 해설

① 적재하중 : 운반기에 사람 또는 짐을 올려놓고 승강시킬 수 있는 최대하중

② 정격하중 : 붐각도 및 작업반경별로 작용시킬 수 있는 최대하중에서 후크(Hook), 와이어로프 등 달기구의 중량을 공제한 하중

③ 정격속도 : 운반기의 적재하중에 상당하는 하중의 짐을 상승시키는 경우의 최고속도

④ 권과방지장치 : 와이어로프가 일정한계 이상 감기지 않도록 작동을 자동으로 정지시키는 장치

⑤ 과부하방지장치 : 규정된 중량을 초과한 중량이 실렸을 때 경보를 발하며, 작동을 중지시키는 장치

⑥ 헤지(hedge)장치 : 와이어로프의 훅이탈방지장치

⑦ 붐(Boom) : 기중기 등에 있어서 하중을 들어서 회전할 수 있는 장치

⑧ 드럼(Drum) : 와이어로프가 감기는 중공(中空) 원통형 부품

⑨ 활차(Pulley) : 로프를 걸어서 회전할 수 있도록 만든 바퀴

2 이동식 크레인

동력을 이용하여 짐을 달아올리거나 그것을 운반할 것을 목적으로 하며, 불특정의 장소에서 스스로 이동이 가능한 것이 이동식 크레인이다.

(1) 이동식 크레인의 종류

명 칭	내 용
트럭크레인	트럭에 탑재되어 회전할 수 있는 것
휠크레인	원동기가 하나이며, 주행 및 크레인작업이 가능한 것
크롤러크레인	차내에 크레인 부분을 장착한 것
프로팅크레인	선체 외에 크레인 부분을 장착한 것

(2) 이동식 크레인의 방호장치

과부하방지장치, 권과방지장치 및 제동장치 등 방호장치를 부착하고 유효하게 작동될 수 있도록 미리 조정하여 두어야 한다.

(3) 이동식 크레인의 작업시작 전 점검사항

① 권과방지장치나 그 밖의 경보장치의 기능
② 브레이크, 클러치 및 조정장치의 기능
③ 와이어로프가 통하고 있는 곳 및 작업장소의 지반상태

(4) 이동식 크레인작업 시 안전수칙

① 붐의 이동범위 내에서는 전선 등의 장애물이 없어야 한다.
② 크레인의 정격하중을 표시하여 하중이 초과하지 않도록 하여야 한다.
③ 지반이 연약할 때에는 침하방지대책을 세운 후 작업을 하여야 한다.
④ 인양물은 경사지 등 작업바닥의 조건이 불량한 곳에 내려 놓아서는 안 된다.

3 리프트

리프트라 함은 동력을 사용하여 사람이나 화물을 운반하는 것을 목적으로 하는 기계설비이다.

(1) 종류

① **건설작업용 리프트** : 동력을 사용하여 가이드레일을 따라 상하로 움직이는 운반구를 매달아 사람이나 화물을 운반할 수 있는 설비 또는 이와 유사한 구조 및 성능을 가진 것으로 건설현장에서 사용하는 것

② **일반작업용 리프트** : 동력을 사용하여 가이드레일을 따라 상하로 움직이는 운반구를 매달아 화물을 운반할 수 있는 설비 또는 이와 유사한 구조 및 성능을 가진 것으로 건설현장이 아닌 장소에서 사용하는 것

③ **간이 리프트** : 동력을 사용하여 가이드레일을 따라 움직이는 운반구를 매달아 소형화물 운반을 주 목적으로 하며 승강기와 유사한 구조로서 운반구의 바닥면적이 $1m^2$ 이하이거나 천장높이가 1.2m 이하인 것 또는 동력을 사용하여 가이드레일을 따라 움직이는 지지대로 자동차 등을 일정한 높이로 상승 또는 하강시키는 구조의 자동차정비용인 것

④ **이삿짐 운반용 리프트** : 화물자동차 등 차량 위에 탑재하여 이삿짐 운반 등에 사용하는 것

(2) 리프트의 안전조치

① 권상용 와이어로프의 권과에 의한 위험을 방지하기 위해 권과방지장치를 설치할 것
② 적재하중을 초과하여 사용하는 일이 없도록 과부하방지장치를 설치할 것
③ 비상 시 기계를 정지시킬 수 있는 비상정지장치를 설치할 것
④ 운반구에 근로자의 탑승을 금지할 것
⑤ 근로자에게 위험을 미칠 우려가 있는 장소에는 출입을 금지할 것
⑥ 순간 풍속이 35m/s를 초과하는 바람이 불어올 우려가 있는 경우 건설작업용 리프트에 대하여 받침수를 증가시키는 등 그 붕괴를 방지하기 위한 조치를 할 것

(3) 리프트(간이 리프트 포함)의 작업시작 전 점검사항

① 방호장치, 브레이크 및 클러치의 기능
② 와이어로프가 통하고 있는 곳의 상태

(4) 리프트의 설치 시 준수사항

① 가이로프(Guy Rope)는 18m 이내마다 둔다.
② 작업 바닥면으로부터 18m까지 울을 설치한다.
③ 기초와 기초틀과는 볼트로 긴결(緊結)하여 수평으로 조립한다.
④ 각 부의 볼트가 느슨하지 않도록 조인다.
⑤ 레일 서포트(Rail-support)는 1.8m 이내마다 철물을 사용해서 설치한다.
⑥ 접지는 확실하게 한다.
⑦ 윈치는 프리트 앵글(Fleet Angle)을 적절히 취해 안정한 상태로 설치한다.

(5) 리프트의 조립, 해체작업 시 안전조치

① 작업을 지휘하는 사람을 선임하여 그 사람의 지휘하에 작업을 실시할 것
② 작업을 할 구역에 관계근로자가 아닌 사람의 출입을 금지하고 그 취지를 보기쉬운 장소에 표시할 것
③ 비, 눈 그 밖의 기상상태의 불안정으로 날씨가 몹시 나쁜 경우에는 그 작업을 중지시킬 것

(6) 리프트작업 시 작업지휘자가 이행해야 될 사항

① 작업방법과 근로자의 배치를 결정하고 해당 작업을 지휘하는 일
② 재료의 결함 유무 또는 기구 및 공구의 기능을 점검하고 불량품을 제거하는 일
③ 작업 중 안전대 등 보호구의 착용상황을 감시하는 일

4 곤돌라

곤돌라라 함은 달기발판, 운반구, 승강장치, 기타의 장치 및 이들에 부속된 기계부품에 의하여 구성되고, 와이어로프 또는 달기강선에 의하여 달기발판 또는 운반구 전용의 승강장치에 의하여 상승, 하강하는 설비를 말한다.

(1) 곤돌라의 안전조치

① 곤돌라의 권과방지장치, 과부하방지장치, 제동장치 기타의 안전장치가 유효하게 작동될 수 있도록 미리 조정하여 두어야 한다.

② 곤돌라에 그 적재하중을 초과하는 하중을 걸어서 사용하도록 하여서는 안 된다.

③ 곤돌라의 운반구에 근로자를 탑승시켜서는 안 된다.

(2) 곤돌라의 작업시작 전 점검사항

① 방호장치, 브레이크의 기능

② 와이어로프, 슬링와이어 등의 상태

〈곤돌라〉

5 승강기

승강기라 함은 동력을 사용하여 운전하는 것으로서 가이드레일을 따라 승강하는 운반구에 사람이나 화물을 상하 또는 좌우로 이동하거나 운반하기 위하여 제작된 기계설비로서 탑승장을 가진 것을 말한다.

(1) 승강기의 종류

① 승용 승강기 : 사람의 수직 수송을 주 목적으로 하는 것

② 인화(人貨)공용 승강기 : 사람과 화물의 수직 수송을 주 목적으로 하되 화물을 싣고 내리는 데 필요한 인원과 운전자만의 탑승이 허용되는 것

③ 화물용 승강기 : 화물 수송을 주 목적으로 하며 사람의 탑승이 금지되는 것

④ 에스컬레이터 : 동력에 의하여 운전되는 것으로서 사람을 운반하는 연속계단이나 보도상태의 것

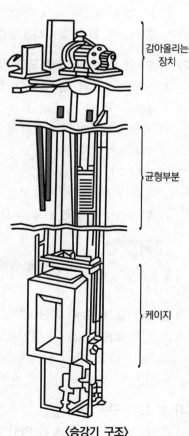

감아올리는 장치

균형부분

케이지

(2) 승강기의 안전조치

① 승강기는 과부하방지장치, 파이널리밋스위치, 비상정지장치, 조속기, 출입문 인터록 기타의 방호장치가 유효하게 작동될 수 있도록 미리 조정하여 두어야 한다.

② 승강기에 그 적재하중을 초과하는 하중을 걸어 사용하도록 하여서는 안 된다.

③ 화물용 승강기에 근로자를 탑승시켜서는 안 된다. 다만 승강기의 수리·조정 및 점검 등의 작업을 하는 때에는 그러하지 아니 한다.

④ 순간 풍속이 35m/s를 초과하는 바람이 불어올 우려가 있는 경우 옥외에 설치되어 있는 승강기에 대하여 받침의 수를 증가시키는 등 그 도괴를 방지하기 위한 조치를 하여야 한다.

〈승강기 구조〉

⑤ 승강기의 설치, 조립, 수리, 점검 또는 해체작업을 하는 때에는 다음의 조치를 하여야 한다.

    ㉮ 작업을 지휘하는 사람을 선임하여 그 사람의 지휘하에 작업을 실시할 것

    ㉯ 작업을 할 구역에 관계근로자가 아닌 사람의 출입을 금지하고 그 취지를 보기 쉬운 장소에 표시할 것

    ㉰ 비, 눈 그 밖에 기상상태의 불안정으로 날씨가 몹시 나쁜 경우에는 그 작업을 중지시킬 것

> 💡 참고
> ▶ **권과방지장치** : 승강기 강선의 과다감기를 방지하는 장치

6 양중기의 와이어로프 및 달기구

(1) 와이어로프 및 달기체인의 안전계수

① 양중기의 와이어로프 등 달기구의 안전계수(달기구 절단하중의 값을 그 달기구에 걸리는 하중의 최대값으로 나눈값)가 다음의 기준에 맞지 아니한 경우에는 이를 사용하여서는 안 된다.

    ㉮ 근로자가 탑승하는 운반구를 지지하는 달기와이어로프 또는 달기체인 : 10 이상

    ㉯ 화물의 하중을 직접 지지하는 달기와이어로프 또는 달기체인 : 5 이상

    ㉰ 훅, 섀클, 클램프, 리프팅 빔 : 3 이상

    ㉱ 그 밖의 경우 : 4 이상

② 달기구의 경우 최대허용하중 등의 표식이 견고하게 붙어 있는 것을 사용하여야 한다.

(2) 이음매가 있는 와이어로프의 사용금지

① 와이어로프의 한 꼬임[스트랜드(Strand)]에서 끊어진 소선[필러(Pillar)선을 제외한다]의 수가 10% 이상인 것

② 지름의 감소가 공칭지름의 7%를 초과하는 것

③ 이음매가 있는 것

④ 꼬인 것

⑤ 심하게 변형되거나 부식된 것

⑥ 열과 전기충격에 의해 손상된 것

> 💡 참고
> ▶ **해지장치** : 훅걸이용 와이어로프 등이 훅으로부터 벗겨지는 것을 방지하기 위한 장치

(3) 늘어난 달기체인의 사용금지

① 달기체인의 길이가 달기체인이 제조된 때의 길이의 5%를 초과한 것

② 링의 단면지름이 달기체인이 제조된 때의 해당 링의 지름의 10%를 초과하여 감소한 것

③ 균열이 있거나 심하게 변형된 것

(4) 링 등의 구비

① 엔드리스(Endless)가 아닌 와이어로프 또는 달기체인에 대하여는 그 양단에 훅, 섀클, 링 또는 고리를 구비한 것이 아니면 크레인 또는 이동식 크레인의 고리걸이 용구로 사용하여서는 안 된다.

② 고리는 꼬아넣기[아이스플라이스(Eyesplice)를 말한다], 압축멈춤 또는 이러한 것과 같은 정도 이상의 힘을 유지하는 방법에 의하여 제작된 것이어야 한다.

③ 꼬아넣기는 와이어로프의 모든 꼬임을 3회 이상 끼워 짠 후 각각의 꼬임의 소선 절반을 잘라내고 남은 소선을 다시 2회 이상(모든 꼬임을 4회 이상 끼워 짠 경우에는 1회 이상) 끼워 짜야 한다.

제2절 해체용 장비의 종류 및 안전

1 해체용 장비의 종류

해체공사 시 사용되는 기구로는 압쇄기, 대형 브레이커, 철제해머, 화약류, 핸드브레이커, 팽창제, 절단톱, 잭(Jack), 쐐기타입기, 화염방사기 등이 있다.

2 해체용 장비의 안전

(1) 압쇄기

압쇄기는 셔블에 설치하여 사용하며, 유압조작에 의해 콘크리트에 강력한 압축력을 가해 파쇄하는 것

> 💡 참고
> ▶ 압쇄기로 건물해체 시 순서
> 슬래브 → 보 → 벽체 → 기둥

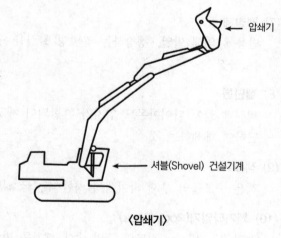

〈압쇄기〉

(2) 대형 브레이커

대형 브레이커는 통상 셔블에 설치하여 사용한다.

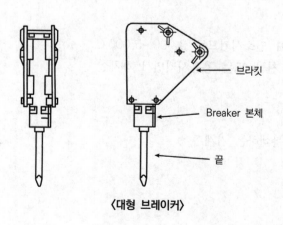

〈대형 브레이커〉

(3) 핸드 브레이커

작은 부재의 파쇄에 유리하고 소음·진동 및 분진이 발생하므로 작업원은 보호구를 착용하여야 하고 특히 작업원이 작업시간을 제한하여야 하는 장비

(4) 브레이커

쇼벨계 굴착기에 부착하며, 유압을 이용하여 콘크리트의 파괴, 빌딩해체, 도로파괴 등에 쓰인다.

(5) 철제 해머

1t 전후의 해머를 사용하여 구조물에 충격을 주어 파쇄하는 것으로 크레인에 부착 사용한다.

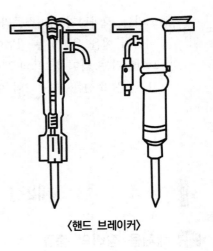

〈핸드 브레이커〉

(6) 화약류

화약류로 주로 사용되고 있는 것은 콘크리트 파쇄용 저속 폭약(폭속 1,500~2,000m/sec)과 다이너마이트(폭속 4,500~6,500m/sec)가 있다.

(7) 팽창제

반응에 의해 발열, 팽창하는 분말성 물질을 구멍에 집어 넣고 그 팽창압에 의해 파괴할 때 사용하는 물질

(8) 절단톱

회전날 끝에 다이아몬드 입자가 혼합되어 제조된 것으로 기둥, 보, 바닥, 벽체를 적당한 크기로 절단하여 해체하는 것

(9) 잭(Jack)

잭은 구조물의 부재 사이에 설치한 후, 국소부에 압력을 가해서 해체할 경우 사용하는 것

(10) 쐐기타입기(Rock Jack)

직경 30~40mm 정도의 구멍 속에 쐐기를 박아 넣고 구멍을 확대하여 파괴할 경우 사용하는 것

(11) 화염방사기

구조체에 산소를 분사하여 연소시키므로 3,000~5,000℃의 고온으로 콘크리트를 천공 또는 용융시키면서 해체할 경우 사용하는 것

(12) 쇄석기

대형의 암석이나 광석을 분쇄하는 기계

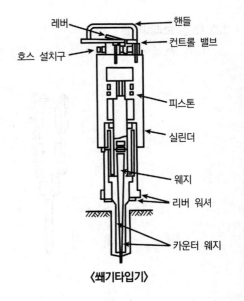

〈쐐기타입기〉

제3절 기타 건설용 기계·기구의 안전

1 항타기 및 항발기의 종류

항타기란 파일을 박는데 필요한 에너지를 공급하는 기계이고, 항발기란 파일에 충격을 주어 파일을 뽑아내는 기계로 기초공사에 주로 쓰인다.

(1) 파일해머

파일해머는 파일을 박는 데 필요한 에너지를 공급하는 기계를 말한다.

① 드롭해머 : 무거운 금속제 블록을 와이어로프로 들어올렸다가 파일의 머리에 낙하시켜 그 타격력으로 파일을 박는 것으로서 해머의 무게는 0.2~1.5t 정도의 것이 많고, 해머의 낙하 높이는 1.5~5m 정도이다.

② 공기해머 : 증기압력 또는 공기압력에 의하여 해머를 밀어올려서 피스톤이 최상점에 달하였을 때, 파일에 타격에너지를 가하는 것이다. 드롭해머의 타격횟수가 매분 4~8회 정도인데 비하여 증기해머는 50회 정도이다.

③ 디젤해머 : 연료의 폭발력을 이용하여 땅 속에 파일을 박는 것으로서 연료비가 적게 드는 이점이 있다.

(2) 진동 파일해머

진동 파일해머는 완충장치, 원동기, 조작장치 등으로 구성되어 있으며 소음이 적고, 파일을 박고, 뽑고 할 수 있으므로 널리 사용된다.

2 항타기 및 항발기의 안전대책

(1) 도괴의 방지

① 연약한 지반에 설치할 때는 각부 또는 가대의 침하를 방지하기 위해 깔판, 깔목 등을 사용할 것

② 시설 또는 가설물 등에 설치할 때는 그 내력을 확인하고 내력이 부족한 때에는 그 내력을 보강할 것

③ 각부 또는 가대가 미끄러질 우려가 있을 때는 말뚝, 쐐기 등을 사용해 각부 또는 가대를 고정시킬 것

④ 궤도 또는 차로 이동하는 항타기 또는 항발기는 불시에 이동하는 것을 방지하기 위해 레일클램프 및 쐐기 등으로 고정시킬 것

⑤ 버팀대만으로 상단부분을 안정시키는 경우에 버팀대는 3개 이상으로 하고 그 하단부분은 견고한 버팀, 말뚝 또는 철골 등으로 고정시킬 것

⑥ 버팀줄만으로 상단부분을 안정시키는 경우에는 버팀줄을 3개 이상으로 하고 같은 간격으로 배치할 것

⑦ 평형추를 사용해 안정시키는 경우에는 평형추의 이동을 방지하기 위해 가대에 견고하게 부착시킬 것

(2) 권상용 와이어로프의 안전계수

항타기 및 항발기 권상용 와이어로프의 안전계수가 5 이상이 아니면 이를 사용해서는 안 된다.

(3) 권상용 와이어로프의 길이

항타기 또는 항발기에 권상용 와이어로프를 사용할 때는 다음의 사항을 준수해야 한다.

① 권상용 와이어로프는 추 또는 해머가 최저의 위치에 있을 때 또는 널말뚝을 빼내기 시작할 때를 기준으로 권상장치의 드럼에 적어도 2회 감기고 남을 수 있는 충분한 길이일 것

② 권상용 와이어로프는 권상장치의 드럼에 클램프, 클립 등을 사용하여 견고하게 고정할 것

③ 항타기의 권상용 와이어로프에서 추, 해머 등과의 연결은 클램프, 클립 등을 사용하여 견고하게 할 것

(4) 도르래의 부착

① 항타기 또는 항발기 권상장치의 드럼축과 권상장치로부터 첫번째 도르래의 축간의 거리를 권상장치 드럼폭의 15배 이상으로 하여야 한다.

② 도르래는 권상장치 드럼의 중심을 지나야 하며 축과 수직면상에 있어야 한다.

(5) 브레이크의 부착

항타기 또는 항발기에 사용하는 권상기에 쐐기장치 또는 역회전방지용 브레이크를 부착해야 한다.

(6) 조립 시 점검사항

항타기 또는 항발기를 조립하는 경우 다음 사항에 대하여 점검하여야 한다.

① 본체 연결부의 풀림 또는 손상의 유무

② 권상용 와이어로프, 드럼 및 도르래의 부착상태의 이상 유무

③ 권상장치의 브레이크 및 쐐기장치 기능의 이상 유무

④ 권상기의 설치상태의 이상 유무

⑤ 버팀의 방법 및 고정상태의 이상 유무

01 다음 중 양중기에 해당하지 않는 것은?

① 크레인(호이스트 포함)

② 리프트

③ 곤돌라

④ 최대하중이 0.2ton인 인화공용 승강기

> **해설** ㉠ ①, ②, ③   ㉡ 이동식 크레인
> ㉢ 승강기

02 크레인의 종류에 해당하지 않는 것은?

① 자주식 트럭크레인   ② 크롤러크레인

③ 타워크레인   ④ 가이데릭

> **해설** 크레인의 종류로는 ①, ②, ③ 이외에 휠크레인, 트럭크레인, 천장크레인, 지브크레인 등이 있다.

03 옥외에 설치되어 있는 주행크레인에 이탈을 방지하기 위한 조치를 취해야 하는 것은 순간 풍속이 매 초당 몇 미터를 초과할 경우인가?

① 30m   ② 35m

③ 40m   ④ 45m

> **해설** 옥외에 설치되어 있는 주행크레인에 이탈을 방지하기 위한 조치를 취해야 하는 것은 순간 풍속이 30m/sec를 초과할 때이다.

04 크레인을 사용하는 작업을 할 때 작업시작 전 점검사항이 아닌 것은?

① 권과방지장치·브레이크·클러치 및 운전장치의 기능

② 방호장치의 이상 유무

③ 와이어로프가 통하고 있는 곳의 상태

④ 주행로의 상측 및 트롤리가 횡행하는 레일의 상태

> **해설** ②의 방호장치의 이상 유무는 크레인의 작업시작 전 점검사항에 해당되지 않는다.

05 주행크레인 및 선회크레인과 건설물 사이에 통로를 설치하는 경우 그 폭은 최소 얼마 이상으로 하여야 하는가? (단, 건설물의 기둥에 접촉하지 않는 부분인 경우)

① 0.3m   ② 0.4m

③ 0.5m   ④ 0.6m

> **해설** **건설물 통과의 사이 통로** : 주행크레인 또는 선회크레인과 건설물 또는 설비와의 사이에는 통로를 설치하는 경우 그 폭을 0.6m 이상으로 한다. 단, 그 통로 중 건설물의 기둥에 접촉하는 부분에 대해서는 0.4m 이상으로 할 수 있다.

06 크레인을 사용하여 양중작업을 하는 때에 안전한 작업을 위해 준수하여야 할 내용으로 틀린 것은?

① 인양할 하물(荷物)을 바닥에서 끌어당기거나 밀어 정위치 작업을 할 것

② 가스통 등 운반 도중에 떨어져 폭발가능성이 있는 위험물 용기는 보관함에 담아 매달아 운반할 것

③ 인양 중인 하물이 작업자의 머리 위로 통과하지 않도록 할 것

④ 인양할 하물이 보이지 아니하는 경우에는 어떠한 동작도 하지 아니할 것

> **해설** **크레인 작업 시 준수하여야 할 내용**
> ㉠ 인양할 하물을 바닥에서 끌어당기거나 밀어내는 작업을 하지 아니 한다.
> ㉡ 유류 드럼이나 가스통 등 운반 도중에 떨어져 폭발하거나 누출될 가능성이 있는 위험물 용기는 보관함에 담아 안전하게 매달아 운반한다.
> ㉢ 고정된 물체를 직접 분리, 제거하는 작업을 하지 아니 한다.
> ㉣ 미리 근로자의 출입을 통제하여 인양 중인 하물이 작업자의 머리 위로 통과하지 않도록 한다.
> ㉤ 인양할 하물이 보이지 아니하는 경우에는 어떠한 동작도 하지 아니 한다.

정답 | 01. ④   02. ④   03. ①   04. ②   05. ④   06. ①

07 강풍 시 타워크레인의 작업제한과 관련된 사항으로 타워크레인의 운전작업을 중지해야 하는 순간 풍속 기준으로 옳은 것은?

① 순간 풍속이 매 초당 10m 초과
② 순간 풍속이 매 초당 15m 초과
③ 순간 풍속이 매 초당 30m 초과
④ 순간 풍속이 매 초당 40m 초과

> **해설** 순간 풍속이 초당 15m를 초과하는 경우에는 타워크레인의 운전작업을 중지해야 한다.

08 타워크레인을 벽체에 지지하는 경우 서면심사서류 등이 없거나 명확하지 아니할 때 설치를 위해서는 특정기술자의 확인을 필요로 하는데, 그 기술자에 해당하지 않는 것은?

① 건설안전기술사
② 기계안전기술사
③ 건축시공기술사
④ 건설안전분야 산업안전지도사

> **해설** 타워크레인 지지에서 서면심사서류 등이 없거나 명확하지 아니할 때 확인 기술자
> ㉠ 건축구조기술사   ㉡ 건설기계기술사
> ㉢ 기계안전기술사   ㉣ 건설안전기술사
> ㉤ 건설안전분야의 산업안전지도사

09 중량물 운반 시 크레인에 매달아 올릴 수 있는 최대하중으로부터 달아올리기 기구의 중량에 상당하는 하중을 제외한 하중은?

① 정격하중   ② 적재하중
③ 임계하중   ④ 작업하중

> **해설** 문제의 내용은 정격하중에 관한 것이다.

10 크레인의 와이어로프가 일정한계 이상 감기지 않도록 작동을 자동으로 정지시키는 장치는?

① 훅 해지장치   ② 권과방지장치
③ 비상정지장치   ④ 과부하방지장치

> **해설** 문제의 내용은 권과방지장치에 관한 것이다.

11 건설장비 크레인의 헤지(Hedge)장치란?

① 중량 초과 시 부저(Buzzer)가 울리는 장치이다.
② 와이어로프의 훅이탈방지장치이다.
③ 일정거리 이상을 권상하지 못하도록 제한시키는 장치이다.
④ 크레인 자체에 이상이 있을 때 운전자에게 알려주는 신호장치이다.

> **해설** 크레인의 헤지장치란 와이어로프의 훅이탈방지장치이다.

12 다음 건설기계 중 360° 회전작업이 불가능한 것은?

① 타워크레인   ② 타이어크레인
③ 가이데릭   ④ 삼각데릭

> **해설** ④의 삼각데릭의 작업회전 반경은 약 270° 정도이다.

13 건설작업용 타워크레인의 안전장치가 아닌 것은?

① 권과방지장치   ② 과부하방지장치
③ 브레이크장치   ④ 호이스트 스위치

> **해설** ①, ②, ③ 이외에 타워크레인의 안전장치로는 비상정지장치가 있다.

14 리프트(lift)의 안전장치에 해당하지 않는 것은?

① 권과방지장치   ② 비상정지장치
③ 과부하방지장치   ④ 조속기

> **해설** 조속기는 승강기의 안전장치에 해당한다.

15 건설작업용 리프트에 대하여 바람에 의한 붕괴를 방지하는 조치를 한다고 할 때 그 기준이 되는 최소 풍속은?

① 순간 풍속 30m/sec 초과
② 순간 풍속 35m/sec 초과
③ 순간 풍속 40m/sec 초과
④ 순간 풍속 45m/sec 초과

> **해설** 순간 풍속 35m/sec 초과 시 건설작업용 리프트에 대하여 바람에 의한 붕괴를 방지하는 조치를 해야 한다.

16 산업안전보건법령상 양중장비에 대한 다음 설명 중 옳지 않은 것은?

① 승용 승강기란 사람의 수직수송을 주목적으로 한다.

② 화물용 승강기는 화물의 수송을 주목적으로 하며 사람의 탑승은 원칙적으로 금지된다.

③ 리프트는 동력을 이용하여 화물을 운반하는 기계설비로서 사람의 탑승은 금지된다.

④ 크레인은 중량물을 상하 및 좌우 운반하는 기계로서 사람의 운반은 금지된다.

해설 ③의 경우, 건설작업용 리프트는 화물과 사람의 탑승이 가능하다.

17 와이어로프 안전계수 중 화물의 하중을 직접 지지하는 경우에 안전계수기준으로 옳은 것은?

① 3 이상   ② 4 이상
③ 5 이상   ④ 6 이상

해설 **와이어로프의 안전계수기준**
㉠ 근로자가 탑승하는 운반구를 지지하는 경우 : 10 이상
㉡ 화물의 하중을 직접 지지하는 경우 : 5 이상
㉢ 훅, 섀클, 클램프, 리프팅 빔의 경우 : 3 이상
㉣ 그 밖의 경우 : 4 이상

18 권상용 와이어로프의 절단하중이 200ton일 때 와이어로프에 걸리는 최대하중의 값을 구하면? (단, 안전계수는 5이다.)

① 1,000ton   ② 400ton
③ 100ton   ④ 40ton

해설 $\text{최대하중} = \dfrac{\text{절단하중}}{\text{안전계수}} = \dfrac{200\text{ton}}{5} = 40\text{ton}$

19 안전의 정도를 표시하는 것으로서 재료의 파괴응력도와 허용응력도의 비율을 의미하는 것은?

① 설계하중   ② 안전율
③ 인장강도   ④ 세장비

해설 **안전율**
안전의 정도를 표시하는 것이다.
$\text{안전율} = \dfrac{\text{파괴응력도}}{\text{허용응력도}}$

20 안전계수가 4이고 2,000kg/cm²의 인장강도를 갖는 강선의 최대허용응력은?

① 500kg/cm²   ② 1,000kg/cm²
③ 1,500kg/cm²   ④ 2,000kg/cm²

해설 $\text{안전계수} = \dfrac{\text{인장강도}}{\text{허용응력}}$

$\therefore \text{허용응력} = \dfrac{\text{인장강도}}{\text{안전계수}} = \dfrac{2,000}{4} = 500\text{kg/cm}^2$

21 단면적인 800mm²인 와이어로프에 의지하여 체중 800N인 작업자가 공중작업을 하고 있다면, 이때 로프에 걸리는 인장응력은 얼마인가?

① 1MPa   ② 2MPa
③ 3MPa   ④ 4MPa

해설 $\text{인장응력} = \dfrac{800\text{N}}{800\text{mm}^2} = \dfrac{800\text{N}}{800 \times 10^{-6}\text{m}^2}$
$= 10^6\text{N/m}^2 = 10^6\text{Pa} = 1\text{MPa}$

22 현장에서 양중작업 중 와이어로프의 사용금지 기준이 아닌 것은?

① 이음매가 없는 것

② 와이어로프의 한 꼬임에서 끊어진 소선의 수가 10% 이상인 것

③ 지름의 감소가 공칭지름의 7%를 초과하는 것

④ 심하게 변형 또는 부식된 것

해설 ①의 경우 이음매가 있는 것이 옳은 내용이다.

23 양중기의 분류에서 고정식 크레인에 해당되지 않는 것은?

① 천장크레인   ② 지브크레인
③ 타워크레인   ④ 트럭크레인

해설 ④의 트럭크레인은 이동식 크레인에 해당된다.

24 구조물 해체작업용 기계·기구와 직접적으로 관계가 없는 것은?

① 대형 브레이커 ② 압쇄기
③ 핸드 브레이커 ④ 착암기

> **해설** 구조물 해체작업용 기계·기구로는 ①, ②, ③ 이외에 다음과 같은 것이 있다.
> 철재해머, 화약류, 팽창제, 절단톱, 잭, 쐐기타입기, 화염 방사기

25 건물 해체용 기구가 아닌 것은?

① 압쇄기 ② 스크레이퍼
③ 잭 ④ 철해머

> **해설** ② 스크레이퍼는 토공기계에 해당된다.

26 철근콘크리트 구조물의 해체를 위한 장비가 아닌 것은?

① 램머(Rammer)
② 압쇄기
③ 철제해머
④ 핸드브레이커(Hand Breaker)

> **해설** 철근콘크리트 구조물의 해체를 위한 장비에는 ②, ③, ④ 이외에 회전톱, 재키, 쐐기, 대형 브레이커 등이 있다.

27 압쇄기를 사용하여 건물해체 시 그 순서로 옳은 것은?

> • A : 보   • B : 기둥
> • C : 슬래브   • D : 벽체

① A-B-C-D ② A-C-B-D
③ C-A-D-B ④ D-C-B-A

> **해설** **압쇄기를 사용한 건물해체 순서**
> 슬래브 – 보 – 벽체 – 기둥

28 해체용 장비로서 작은 부재의 파쇄에 유리하고 소음, 진동 및 분진이 발생되므로 작업원은 보호구를 착용하여야 하고 특히 작업원의 작업시간을 제한하여야 하는 장비는?

① 천공기 ② 쇄석기
③ 철재해머 ④ 핸드브레이커

> **해설** 핸드브레이커의 설명이다.

29 셔블계 굴착기에 부착하며, 유압을 이용하여 콘크리트의 파괴, 빌딩해체, 도로파괴 등에 쓰이는 것은?

① 파일드라이버 ② 디젤해머
③ 브레이커 ④ 오우거

> **해설** 문제의 내용은 브레이커에 관한 것이다.

30 해체용 기계·기구의 취급에 대한 설명으로 틀린 것은?

① 해머는 적절한 직경과 종류의 와이어로프로 매달아 사용해야 한다.
② 압쇄기는 셔블(Shovel)에 부착설치하여 사용한다.
③ 차체에 무리를 초래하는 중량의 압쇄기 부착을 금지한다.
④ 해머 사용 시 충분한 견인력을 갖춘 도저에 부착하여 사용한다.

> **해설** ④의 경우, 해머 사용 시 충분한 견인력을 갖춘 도저에 부착하여 사용하지 않는다는 내용이 옳다.

31 철골공사에서 부재의 건립용 기계로 거리가 먼 것은?

① 타워크레인 ② 가이데릭
③ 삼각데릭 ④ 항타기

> **해설** **철골공사에서 부재의 건립용 기계**
> ㉠ ①, ②, ③ ㉡ 소형 지브크레인
> ㉢ 트럭크레인 ㉣ 크롤러크레인
> ㉤ 휠크레인 ㉥ 진폴데릭

32 항타기·항발기의 권상용 와이어로프로 사용가능한 것은?

① 이음매가 있는 것
② 와이어로프의 한 꼬임에서 끊어진 소선의 수가 5%인 것

③ 지름의 감소가 호칭지름의 8%인 것

④ 심하게 변형된 것

해설 항타기·항발기의 권상용 와이어로프로 사용할 수 없는 것

㉠ 이음매가 있는 것

㉡ 와이어로프의 한 꼬임에서 끊어진 소선의 수가 10% 이상(비자전로프의 경우에는 끊어진 소선의 수가 와이어로프 호칭지름의 6배 길이 이내에서 4개 이상이거나 호칭지름 30배 길이 이내에서 8개 이상)인 것

㉢ 지름의 감소가 공칭지름의 7%를 초과하는 것

㉣ 꼬인 것

㉤ 심하게 변형되거나 부식된 것

㉥ 열과 전기충격에 의해 손상된 것

33 동력을 사용하는 항타기 또는 항발기의 도괴를 방지하기 위한 준수사항으로 틀린 것은?

① 연약한 지반에 설치할 경우에는 각 부나 가대의 침하를 방지하기 위하여 깔판·깔목 등을 사용한다.

② 평형추를 사용하여 안정시키는 경우에는 평형추의 이동을 방지하기 위하여 가대에 견고하게 부착시킨다.

③ 버팀대만으로 상단부분을 안정시키는 경우에는 버팀대는 3개 이상으로 한다.

④ 버팀줄만으로 상단부분을 안정시키는 경우에는 버팀줄을 2개 이상으로 한다.

해설 항타기 또는 항발기의 도괴를 방지하기 위한 준수사항

㉠ 연약한 지반에 설치하는 경우에는 각부나 가대의 침하를 방지하기 위하여 깔판·깔목 등을 사용할 것

㉡ 시설 또는 가설물 등에 설치하는 경우에는 그 내력을 확인하고 내력이 부족하면 그 내력을 보강할 것

㉢ 각부나 가대가 미끄러질 우려가 있는 경우에는 말뚝 또는 쐐기 등을 사용하여 각부나 가대를 고정시킬 것

㉣ 궤도 또는 차로 이동하는 항타기 또는 항발기에 대해서는 불시에 이동하는 것을 방지하기 위하여 레일클램프(Rail Clamp) 및 쐐기 등으로 고정시킬 것

㉤ 버팀대만으로 상단부분을 안정시키는 경우에는 버팀대는 3개 이상으로 하고, 그 하단 부분은 견고한 버팀·말뚝 또는 철골 등으로 고정시킬 것

㉥ 버팀줄만으로 상단부분을 안정시키는 경우에는 버팀줄을 3개 이상으로 하고 같은 간격으로 배치할 것

㉦ 평형추를 사용하여 안정시키는 경우에는 평형추의 이동을 방지하기 위하여 가대에 견고하게 부착시킬 것

34 항타기 또는 항발기의 권상장치 드럼축과 권상장치로부터 첫 번째 도르래의 축 간의 거리는 권상장치 드럼폭의 몇 배 이상으로 하여야 하는가?

① 5배

② 8배

③ 10배

④ 15배

해설 항타기 또는 항발기 도르래의 부착 등

㉠ 항타기나 항발기에 도르래나 도르래 뭉치를 부착하는 경우에는 부착부가 받는 하중에 의하여 파괴될 우려가 없는 브래킷·섀클 및 와이어로프 등으로 견고하게 부착하여야 한다.

㉡ 사업주는 항타기 또는 항발기의 권상장치의 드럼축과 권상장치로부터 첫 번째 도르래의 축 간의 거리를 권상장치 드럼폭의 15배 이상으로 하여야 한다.

㉢ 도르래는 권상장치의 드럼 중심을 지나야 하며 축과 수직면상에 있어야 한다.

㉣ 항타기나 항발기의 구조상 권상용 와이어로프가 꼬일 우려가 없는 경우에는 위 ㉡과 ㉢을 적용하지 아니 한다.

Chapter 04 건설재해 및 대책

제1절 추락재해

1 추락재해 방지조치

(1) 추락의 방지

① 근로자가 추락하거나 넘어질 위험이 있는 장소(작업발판의 끝, 개구부 등을 제외한다)에서 작업을 할 때에 근로자가 위험해질 우려가 있는 경우 비계를 조립하는 등의 방법으로 작업발판을 설치하여야 한다.

② 작업발판을 설치하기 곤란한 경우 추락방호망을 설치하여야 한다. 추락방호망을 설치하기 곤란한 경우에는 근로자에게 안전대를 착용하도록 하는 등 추락위험을 방지하기 위해 필요한 조치를 하여야 한다.

⑦ 추락방호망의 설치위치는 가능하면 작업면으로부터 가까운 지점에 설치하여야 하며, 작업면으로부터 망의 설치지점까지의 수직거리는 10m를 초과하지 아니할 것

④ 추락방호망은 수평으로 설치하고, 망의 처짐은 짧은 변 길이의 12% 이상이 되도록 할 것

⑤ 건축물 등의 바깥쪽으로 설치하는 경우 망의 내민 길이는 벽면으로부터 3m 이상 되도록 할 것(다만, 그물코가 20mm 이하인 망을 사용한 경우에는 낙하물방지망을 설치한 것으로 본다)

(2) 안전대의 부착설비

높이 2m 이상의 장소에서 근로자에게 안전대를 착용시킨 경우 안전대를 안전하게 걸어 사용할 수 있는 설비 등을 설치하여야 한다.

(3) 개구부 등의 방호조치

① 작업발판 및 통로의 끝이나 개구부로서 근로자가 추락할 위험이 있는 장소에는 안전난간, 울타리, 수직형 추락방망 또는 덮개 등(이하 '난간등'이라 한다)으로 방호조치를 하여야 한다.

② 난간 등을 설치하는 것이 매우 곤란하거나 작업의 필요상 임시로 난간 등을 해체하여야 하는 경우 안전방망을 설치하여야 한다. 안전방망을 설치하기 곤란한 경우에는 근로자에게 안전대를 착용하도록 하는 등 추락할 위험을 방지하기 위하여 조치를 하여야 한다.

(4) 안전난간의 구조 및 설치요건

근로자의 추락 등의 위험을 방지하기 위하여 안전난간을 설치하는 경우 다음의 기준에 맞는 구조로 설치하여야 한다.

① 상부난간대, 중간난간대, 발끝막이판 및 난간기둥으로 구성할 것

② 상부난간대는 바닥면 발판 또는 경사로의 표면으로부터 90cm 이상 지점에 설치하고, 상부난간대를 120cm 이하에 설치하는 경우에는 중간난간대는 상부난간대와 바닥면 등의 중간에 설치하

여야 하며, 120cm 이상 지점에 설치하는 경우에는 중간난간대를 2단 이상으로 균등하게 설치하고 난간의 상하 간격은 60cm 이하가 되도록 할 것

③ 발끝막이판은 바닥면 등으로부터 10cm 이상의 높이를 유지할 것

④ 난간기둥은 상부난간대와 중간난간대를 견고하게 떠받칠 수 있도록 적정한 간격을 유지할 것

⑤ 상부난간대와 중간난간대는 난간길이 전체에 걸쳐 바닥면 등과 평행을 유지할 것

⑥ 난간대는 지름 2.7cm 이상의 금속제 파이프나 그 이상의 강도가 있는 재료일 것

⑦ 안전난간은 구조적으로 가장 취약한 지점에서 가장 취약한 방향으로 작용하는 100kg 이상의 하중에 견딜 수 있는 튼튼한 구조일 것

(5) 조명의 유지

높이 2m 이상에서 작업을 하는 경우 그 작업을 안전하게 하는 데에 필요한 조명을 유지하여야 한다.

(6) 지붕 위에서의 위험방지

슬레이트, 선라이트 등 강도가 약한 재료로 덮은 지붕 위에서 작업을 할 때에 발이 빠지는 등 근로자가 위험해질 우려가 있는 경우 폭 30cm 이상의 발판을 설치하거나 안전방망을 치는 등 위험을 방지하기 위하여 필요한 조치를 하여야 한다.

(7) 승강설비의 설치

높이 또는 깊이가 2m를 초과하는 장소에서 작업하는 경우 해당 작업에 종사하는 근로자가 안전하게 승강하기 위한 설비(건설작업용 리프트 등)를 설치하여야 한다.

(8) 울타리 설치

근로자에게 작업 중 또는 통행 시 전락으로 인하여 화상, 질식 등의 위험에 처할 우려가 있는 케틀, 호퍼, 피트 등이 있는 경우에 그 위험을 방지하기 위하여 필요한 장소에 높이 90cm 이상의 울타리를 설치하여야 한다.

2 추락재해 방호설비

추락을 방지하기 위한 설비로는 작업내용, 작업환경 등에 따라 여러 형태가 있지만 주로 쓰이는 것으로는 다음 표와 같은 것이 있다.

〈추락재해 방호설비〉

구분	용도, 사용장소, 조건	방호설비
안전한 작업이 가능한 작업대	높이 2m 이상의 장소에서 추락의 우려가 있는 작업	비계, 달비계, 수평통로, 안전난간대
추락자를 보호할 수 있는 것	작업대 설치가 어려운 곳, 개구부 주위로 난간설치가 어려운 곳	추락방지용 방망
추락의 우려가 있는 위험장소에서 작업자의 행동을 제한하는 것	개구부, 작업대의 끝	난간, 울타리
작업자의 신체를 유지시키는 것	안전한 작업대나 난간설비를 할 수 없는 곳	안전대, 구명줄, 안전대 부착설비

❸ 추락방지용 방망의 안전기준

① 수평면과의 각도는 20° 내지 30°를 유지할 것
② 설치높이는 10m 이내마다 설치하고, 내민 길이는 벽면으로부터 2m 이상으로 할 것
③ 방망의 겹침길이는 30cm 이상으로 하고 방망과 방망 사이에는 틈이 없도록 할 것

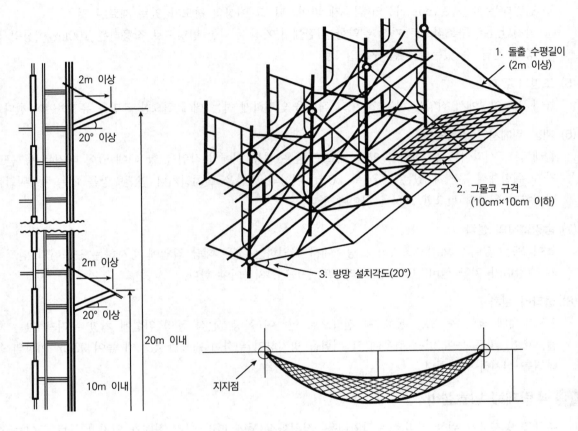

〈추락방지용 안전방망 설치〉

❹ 안전대(고용노동부고시 기준)

(1) 안전대의 사용

① 1개 걸이 사용에는 다음에 정하는 사항을 준수하여야 한다.

㉮ 로프 길이가 2.5m 이상인 안전대는 반드시 2.5m 이내의 범위에서 사용하도록 하여야 한다.

㉯ 추락 시에 로프를 지지한 위치에서 신체의 최하사점까지의 거리를 h라 할 때 구하는 식은 다음과 같다.

$$h = 로프의 길이 + 로프의 늘어난 길이 + \frac{신장}{2}$$

예제

▶ 로프 길이 2m의 안전대를 착용한 근로자가 추락으로 인한 부상을 당하지 않기 위한 지면으로부터 안전대 고정점까지의 높이(H)의 기준을 구하면? (단, 로프의 신율 30%, 근로자의 신장 180cm)

풀이 $H = $ 로프 길이 $+$ 로프의 늘어난 길이 $\times \dfrac{신장}{2}$

$H = 2m + 2m \times 0.3 + \dfrac{18m}{2} = 3.5m$

$\therefore H > 3.5m$

② U자 걸이 사용에는 다음에 정하는 사항을 준수하여야 한다.

로프의 길이는 작업상 필요한 최소한의 길이로 하여야 한다.

참고

▶ **수직구명줄** : 로프 또는 레일 등과 같은 유연하거나 단단한 고정줄로서 추락 발생시 추락을 저지시키는 추락방지대를 지탱해주는 줄 모양의 부품

(2) 안전대의 보관

안전대는 다음의 장소에 보관하여야 한다.

① 직사광선이 닿지 않는 곳

② 통풍이 잘 되며 습기가 없는 곳

③ 부식성 물질이 없는 곳

④ 화기 등이 근처에 없는 곳

5 안전난간(고용노동부고시 기준)

(1) 설치위치

안전난간은 중량물 취급 개구부, 작업대, 가설계단의 통로, 흙막이지보공의 상부 등에 설치한다.

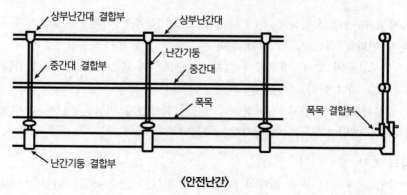

〈안전난간〉

(2) 치수

안전난간의 치수는 다음에서 정하는 것과 같다.

① 높이 : 안전난간의 높이(작업바닥면에서 상부 난간의 끝단까지의 높이)는 90cm 이상

② 난간기둥의 중심간격 : 난간기둥의 중심간격은 2m 이하

③ **중간대의 간격** : 폭목과 중간대, 중간대와 상부 난간대 등의 내부 간격은 각각 45cm를 넘지 않 도록 설치

④ **폭목의 높이** : 작업면에서 띠장목의 상면까지의 높이가 10cm 이상 되도록 설치. 다만, 합판 등을 겹쳐서 사용하는 등 작업 바닥면이 고르지 못한 경우는 높은 것을 기준으로 함

⑤ **띠장목과 작업바닥면 사이의 틈** : 10mm 이하

(3) 하중

안전난간의 주요부분은 종류에 따라서 다음 표에 나타내는 하중에 대해 충분한 것으로 하며, 이 경우 하중의 작용방향은 상부난간대 직각인 면의 모든 방향을 말한다.

종 류	안전난간 부분	작용위치	하 중
제1종	상부난간대	스팬의 중앙점	120kg
	난간기둥, 난간기둥 결합부, 상부 난간대 설치부	난간기둥과 상부 난간대의 결정	100kg

(4) 수평최대처짐

하중에 의한 수평최대처짐은 10mm 이하로 한다.

제2절 붕괴재해 및 안전대책

1 토사붕괴의 위험성

(1) 지반붕괴, 토석의 낙하에 의한 위험방지

지반의 붕괴 또는 토석의 낙하 등에 의한 근로자의 위험을 방지하기 위하여 다음의 조치를 하여야 한다.

① 관리감독자로 하여금 작업시작 전에 작업장소 및 그 주변의 부석·균열의 유무, 함수·용수 및 동결상태의 변화를 점검하도록 해야 한다.

② 미리 흙막이지보공의 설치, 방호망의 설치 및 근로자의 출입금지 등 그 위험을 방지하기 위하여 필요한 조치를 해야 한다.

③ 비가 올 경우를 대비하여 측구를 설치하거나 굴착사면에 비닐을 덮는 등 빗물 등의 침투에 의한 붕괴재해를 예방하기 위하여 필요한 조치를 해야 한다.

(2) 작업장소 등의 조사

지반의 굴착작업을 하는 경우에 지반의 붕괴 등에 의하여 근로자에게 위험을 미칠 우려가 있을 때에는 미리 작업장소 및 그 주변의 지반에 대하여 보링 등 적절한 방법으로 다음 사항을 조사하여 굴착시기와 작업장소를 정하여야 한다.

① 형상, 지질 및 지층의 상태   ② 균열, 함수, 용수 및 동결의 유무 또는 상태

③ 매설물 등의 유무 또는 상태   ④ 지반의 지하수위 상태

(3) 굴착작업 시 작업계획서 내용
① 굴착방법 및 순서, 토사 반출방법
② 필요한 인원 및 장비 사용계획
③ 매설물 등에 대한 이설·보호대책
④ 사업장 내 연락방법 및 신호방법
⑤ 흙막이지보공 설치방법 및 계측계획
⑥ 작업지휘자의 배치계획
⑦ 그 밖에 안전보건에 관련된 사항

(4) 지반 등의 굴착 시 위험방지
① 지반 등을 굴착하는 때에는 굴착면의 기울기를 다음 기준에 적합하도록 하여야 한다.

〈굴착면의 기울기 기준〉

구 분	지반의 종류	구 배	구 분	지반의 종류	구 배
보통흙	습지	1 : 1~1 : 1.5	암반	풍화암	1 : 0.8
	건지	1 : 0.5~1 : 1		연암	1 : 0.5
	–	–		경암	1 : 0.3

💡 **참고**

▶ 1 : 0.5란 수직거리 1 : 수평거리 0.5의 경사

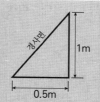

📎 **예제**

▶ 보통 흙의 건지를 다음 그림과 같이 굴착하고자 한다. 굴착면의 기울기를 1 : 0.5로 하고자 할 경우 L의 길이를 구하면?

풀이 $1m : 0.5m = 5m : x(m)$

$$x = \frac{0.5 \times 5}{1}$$

$$\therefore x = 2.5m$$

② 사질지반(점토질을 포함하지 않은 것)의 굴착면의 기울기를 1 : 1.5 이상으로 하고 높이는 5m 미만으로 한다.

③ 발파 등에 의해서 붕괴하기 쉬운 상태의 지반 및 매립하거나 반출시켜야 하는 때의 굴착면 기울기는 1 : 1 이하로 하고, 높이는 2m 미만으로 한다.

💡 **참고**

1. 굴착면의 기울기를 각도로 환산하는 계산식

$$y = \tan^{-1}\left(\frac{1}{x}\right)$$

여기서, y : 기울기의 각도
x : 기울기의 값

2. 지반의 굴착작업에 있어서 비가 올 경우를 대비한 직접적인 대책 : 측구설치
3. 굴착공사에서 비탈면 또는 비탈면 하단을 성토하여 붕괴를 방지하는 공법 : 압성토공

(5) 매설물 등에 의한 위험방지

매설물, 조적벽, 콘크리트벽 또는 옹벽 등의 건설물에 근접하는 장소에서 굴착작업을 함에 있어서 당해 가설물의 손괴 등에 의하여 근로자에게 위험을 미칠 우려가 있는 때에는 당해 건설물을 보강하거나 이설하는 등 당해 위험을 방지하기 위한 조치를 해야 한다.

(6) 운반기계 등의 유도

굴착작업을 함에 있어서 운반기계 등이 근로자의 작업장소에서 후진하여 근로자에게 접근하거나 전락할 우려가 있는 때에는 유도자를 배치하여야 한다.

(7) 안전모의 착용

굴착작업을 할 때에는 근로자로 하여금 안전모를 착용하도록 하여야 한다.

(8) 흙막이지보공

① 흙막이지보공을 조립하는 경우 미리 조립도를 작성하여 그 조립도에 따라 조립하도록 하여야 한다.

② 조립도는 흙막이판, 말뚝, 버팀대, 띠장 등 부재의 배치, 치수, 재질 및 설치방법과 순서가 명시되어 있어야 한다.

(9) 붕괴 등의 위험방지

흙막이지보공을 설치하였을 때에는 정기적으로 다음의 사항에 대하여 점검한다.

① 부재의 손상, 변형, 부식, 변위 및 탈락의 유무와 상태

② 버팀대의 긴압의 정도

③ 부재의 접속부, 부착부 및 교차부의 상태

④ 침하의 정도

❷ 토사붕괴 재해의 형태 및 발생원인

토사붕괴 재해의 형태 및 발생원인은 다음 표와 같다.

1. 경사면 굴착에 의한 붕괴	① 지질조사를 충분히 하지 않았다. ② 작업지휘자의 지휘를 따르지 않았다. ③ 부석의 점검을 소홀히 하였다. ④ 시공계획이나 공정을 잘 모르고 있었다. ⑤ 안전구배(안식각)로 굴착하지 않았다. ⑥ 악천후 후에 점검을 하지 않았다. ⑦ 굴착면 하부의 작업원 위치가 나빠 대피할 수 없었다. ⑧ 굴착면 상하에서 동시작업을 하였다.
2. 흙막이지보공의 도괴	① 지보공 조립 방법이 나빴다. ② 지보공 상부 또는 근처에 중량물을 적재하였다. ③ 지보공의 구조와 재료가 좋지 않았다. ④ 작업지휘자의 지휘없이 조립하였다. ⑤ 지보공의 점검을 하지 않았다.

3 토사붕괴 시의 조치사항

(1) 대피공간의 확보

붕괴의 속도는 높이에 비례하지만 그 폭(수평방향)은 작으므로 작업장 좌우에 피난통로 등을 확보한다.

(2) 동시작업의 금지

붕괴토석의 최대도달거리 범위 내에서는 굴착공사, 배수관의 매설, 콘크리트 타설작업 등을 할 경우 적절한 보강대책을 강구해야 된다.

(3) 2차 재해의 방지

인명구출 등 구조작업에 있어서 대형붕괴가 재차 발생될 가능성이 많으므로 붕괴면의 주변상황을 충분히 확인한 뒤, 안전하다고 판단되었을 경우 복구작업에 임한다.

4 구축물 또는 이와 유사한 시설물의 안전성 평가

구축물 또는 이와 유사한 시설물이 다음에 해당하는 경우 안전진단 등 안전성 평가를 실시하여 근로자에게 미칠 위험성을 미리 제거하여야 한다.

① 구축물 또는 이와 유사한 시설물의 인근에서 굴착, 항타작업 등으로 침하·균열 등이 발생하여 붕괴의 위험이 예상될 경우
② 구축물 또는 이와 유사한 시설물에 지진, 동해, 부동침하 등으로 균열·비틀림 등이 발생하였을 경우
③ 구조물, 건축물 그 밖의 시설물이 그 자체의 무게, 적설, 풍압 또는 그 밖에 부가되는 하중 등으로 붕괴 등의 위험이 있을 경우
④ 화재 등으로 구축물 또는 이와 유사한 시설물의 내력이 심하게 저하되었을 경우
⑤ 오랜 기간 사용하지 아니하던 구축물 또는 이와 유사한 시설물을 재사용하게 되어 안전성을 검토하여야 하는 경우
⑥ 그 밖의 잠재위험이 예상될 경우

5 붕괴의 예측과 점검

(1) 토석붕괴의 원인

① 외적요인
  ㉮ 사면, 법면의 경사 및 기울기의 증가 ㉯ 절토 및 성토 높이의 증가
  ㉱ 지진발생, 차량 또는 구조물의 중량
  ㉲ 지표수 및 지하수의 침투에 의한 토사중량의 증가
  ㉳ 토사 및 암석의 혼합층 두께
  ㉴ 공사에 의한 진동 및 반복하중의 증가
② 내적요인
  ㉮ 절토사면의 토질, 암질 ㉯ 성토사면의 토질구성 및 분포
  ㉱ 토석의 강도 저하

(2) 경사면의 안정성 검토

경사면의 안정성을 확인하기 위하여 다음 사항을 검토하여야 한다.

① 지질조사 : 층별 또는 경사면의 구성, 토질구조

② 토질시험 : 최적함수비, 삼축압축강도, 전단시험, 점착도 등의 시험

③ 사면붕괴 이론적 분석 : 원호활절법, 유한요소법 해석

④ 과거의 붕괴된 사례 유무

⑤ 토층의 방향과 경사면의 상호 관련성

⑥ 단층, 파쇄대의 방향 및 폭

⑦ 풍화의 정도

⑧ 용수의 상황

(3) 토사붕괴의 예방

토사붕괴의 발생을 예방하기 위하여 다음의 조치를 취하여야 한다.

① 적절한 경사면의 기울기를 계획하여야 한다.

② 경사면의 기울기가 당초 계획과 차이가 나면 즉시 재검토하여 계획을 수정시켜야 한다.

③ 활동할 가능성이 있는 토석은 제거하여야 한다.

④ 경사면의 하단부분에 압성토 등 보강공법으로 활동에 대한 저항대책을 강구한다.

⑤ 말뚝(강관, H형강, 철근콘크리트)을 타입하여 지반을 강화시킨다.

(4) 점검

토사붕괴의 발생을 예방하기 위하여 다음 사항을 점검하여야 한다.

① 전 지표면의 답사

② 경사면의 지층변화부 상황 확인

③ 부석의 상황변화 확인

④ 용수의 발생 유·무 또는 용수량의 변화 확인

⑤ 결빙과 해빙에 대한 상황의 확인

⑥ 각종 경사면 보호공의 변위, 탈락 유·무

⑦ 점검시기는 작업 전·중·후, 비온 후, 인접 작업구역에서 발파한 경우에 한다.

6 사면 보호대책

비탈면은 강우, 용수 또는 풍화 등으로 유출되고 붕괴되기 쉬우므로 적절한 방법으로 보호해야 한다.

(1) 사면보호공법

① **식생공법** : 식물을 생육시켜 그 뿌리로 사면의 표층토를 고정하여 빗물에 의한 침식, 동상 이완 등을 방지하고, 녹화에 의한 경관 조성을 목적으로 시공하는 것

② 피복공법

③ 뿜칠공법

④ 붙임공법

⑤ 격자틀공법

⑥ 낙석방호공법

(2) 사면보강공법

   ① 누름성토공법   ② 옹벽공법

   ③ 보강토공법   ④ 미끄럼방지 말뚝공법

   ⑤ 앵커공법

(3) 사면지반개량공법

   ① 주입공법   ② 이온교환공법

   ③ 전기화학적공법   ④ 시멘트 안정처리공법

   ⑤ 석회안정처리공법   ⑥ 소결공법

7 흙막이공법

(1) 흙의 특성

   ① 기본적 성질 : 흙은 크고 작은 광물입자의 집합체로서 지각을 구성하고 있는 암석이 오랫동안 풍화작용을 받아 물리적 파쇄작용과 화학적 변화를 일으켜 생성되는 것이다.

   ② 흙 입자의 크기에 따른 분류 : 흙은 입경에 따라 모래, 실트, 점토의 3가지로 분류할 수 있다.

〈입경에 의한 흙의 분류〉

구 분		입경(mm)
모래(砂)	조사(組砂)	2.0~0.25 미만
	세사(細砂)	0.25~0.05 미만
실트(Silt)		0.05~0.005 미만
점토(點土)		0.001 이하

※ 입경이 2.0mm 이상일 때는 자갈로 분류하고 있다.

   ③ 물리적 성질

     ㉮ 흙의 전단강도 : 흙에 외력이 가해지면 흙은 변형되고 흙의 내부에는 그 변형에 저항하려는 응력이 발생한다. 이때 이 힘을 전단저항이라 하고 활동되기 직전의 전단저항을 전단강도라 한다.

     ㉯ 흙의 다짐과 압밀(壓密)

        ㉠ 흙의 다짐 : 흙을 다지면 토립자 상호 간의 간극을 좁히고 흙의 밀도가 높아져서 간극이 감소하여 투수성이 저하되고 토립자 사이의 맞물림이 양호하게 된다.

        ㉡ 압밀 : 물로 포화된 점토에 다지기를 하면 압축하중으로 지반이 침하하는데 이로 인하여 간극수압이 높아져 물이 배출되면서 흙의 간극이 감소하는 현상

          • 압밀침하 : 투수성이 작다. 장기침하(점토)

          • 탄성침하 : 투수성이 크다. 단기침하(모래)

㉰ **흙의 예민비(Sensitivity Ratio)** : 예민비는 흙의 함수율을 변화시키지 않고 이기면 약하게 되는 성질이 있는데 그 정도를 나타낸 것이다.

$$예민비 = \frac{자연시료의 강도}{이긴시료의 강도} = \frac{자연상태의 강도(흙, 모래)}{물에 이겨진 상태의 강도(흙, 모래)}$$

㉠ 여기서 강도란 흙의 전단강도 또는 압축강도를 말한다.
㉡ 예민비가 4 이상되는 것은 일반적으로 예민비가 높다고 한다.

㉱ **흙의 소성한계(Plastic Limit) 및 액성한계(Liquid Limit)** : 소성한계 및 액성한계는 건조 흙에 물을 투입하여 가면 다음과 같은 상태로 변화하고, 그 변화추이 상태의 한계를 정한 것이다.

| 바삭바삭
끈기없는 상태 | → **소성한계** → | 끈기가 있고
반죽할 수 있는 상태 | → **액성한계** → | 무른 액성상태 |

참고

▶ **소성한계** : 흙의 연경도에서 반고체상태와 소성상태의 한계

㉠ 점착성이 있는 흙은 함수량이 점차 감소하면 액성 → 소성 → 반고체 → 고체의 상태로 변화하는데 이들의 성질을 흙의 연·경도라 한다.
㉡ 흙의 체적변화에 따른 함수비의 변화(애터버그 한계)는 다음 그림과 같다.

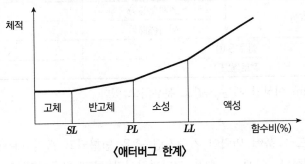

〈애터버그 한계〉

㉲ **흙의 투수성** : 연속되어 있는 공극사이에 물이 흐를 수 있는 흙의 성질을 투수성이라고 한다. 투수성에 관해서는 다아시(Darcy)의 법칙이 있다.

침투유량 = 투수계수×수두경사×단면적

투수계수에 관한 특성은 다음과 같다.
㉠ 투수계수는 불교란시료의 투수시험으로 하거나 현지에서 양수시험으로 구할 수 있다.
㉡ 투수계수는 간극비의 제곱에 비례하고, 모래 평균지름의 제곱에 비례한다.
㉢ 투수계수는 모래가 진흙보다 크다.

㉳ **흙의 간극비, 함수비, 포화도, 공극비**

㉠ 간극비 $= \dfrac{공기 + 물의 체적}{흙의 체적}$ ㉡ 함수비 $= \dfrac{물의 중량}{토립자(흙입자)의 중량}$

▲예제

▶ 흙의 함수비 측정시험을 하였다. 먼저 용기의 무게를 잰 결과 10g이었다. 시료를 용기에 넣은 후의 총 무게는 40g, 그대로 건조시킨 후의 무게는 30g이었다. 이 흙의 함수비는?

풀이 흙의 함수비 $=\dfrac{\text{물의 중량}}{\text{토립자(흙입자)의 중량}}$, $\dfrac{10g}{20g}=0.5=50\%$

여기서, 초기 시료 = 30g(용기무게 제외)
건조 시료=20g(용기무게 제외)
물의 중량=10g

ⓒ 포화도 $=\dfrac{\text{물의 용적}}{\text{토립자(흙입자)의 용적}}\times100$

ⓔ 공극비 $=\dfrac{\text{함수비}\times\text{흙입자의 비중}}{\text{포화도}}$

▲예제

▶ 포화도 80%, 함수비 28%, 흙 입자의 비중 2.7일 때 공극비를 구하면?

풀이 공극비 $=\dfrac{\text{함수비}\times\text{비중}}{\text{포화도}}=\dfrac{28\times2.7}{80}=0.945$

ⓢ 조립토와 세립토의 특성 : 조립토와 세립토의 특성은 다음 표와 같다.

토질특성	조립토	세립토
점착성	거의 없다.	있다.
투수성	크다.	작다.
마찰력	크다.	작다.
공극률	작다.	크다.
압밀량	작다.	크다.
압밀속도	순간침하	장기침하
소성	비소성	소성

ⓐ 흙의 안식각(자연 경사각)

㉠ 흙의 흘러내림이 자연적으로 정지될 때 흙의 수평면과 경사면이 이루는 각도를 말한다.

㉡ 터파기 경사각은 안식각의 2배 정도로 한다.

㉢ 부착력, 마찰력, 응집력에 의하며 밀실도, 함수량에 따라 다르다.

㉣ 습윤상태의 안식각
  • 진흙: 20~35°
  • 일반흙 : 25~45°
  • 모래 : 30~45°

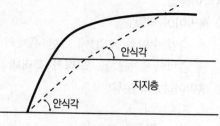

〈흙의 안식각〉

💡 참고

▶ Inclino meter(자중수평 변위계) : 주변 지반의 변형을 측정하는 기계

(2) 사면(斜面)의 안정

흙 속에서 발생하는 전단응력이 전단강도를 초과하게 되면 이 사면에는 활동이 일어나 토사가 붕괴하게 된다. 이와 같이 사면에 토사붕괴를 일으키는 원인은 중력의 지진 등도 그 원인이 될 수 있으며, 다음과 같은 여러 요인이 작용하는 것이다.

① 흙의 전단응력이 증가하는 원인

    ㉮ 인공 또는 자연력에 의한 지하공동의 형성

    ㉯ 사면의 구배가 자연구배보다 급경사일 때

    ㉰ 지진, 폭파, 기계 등에 의한 진동 및 충격

    ㉱ 함수량의 증가에 따른 흙의 단위체적중량의 증가

② 흙의 전단응력이 감소하는 원인

    ㉮ 간극수압의 증대

    ㉯ 장기응력에 대한 소성변형

    ㉰ 동결토의 융해

    ㉱ 흡수에 의한 점토면의 흡수팽창, 소성 감소

    ㉲ 사질토에 따른 진동 또는 충격

    ㉳ 수축, 팽창 또는 인장으로 균열이 발생

    ㉴ 흙의 건조에 의해 사질토, 유기질토의 점착력 소실

③ 사면붕괴의 안전대책

    ㉮ 경점토 사면은 구배를 느리게 한다.

    ㉯ 느슨한 모래의 사면은 지반의 밀도를 크게 하다.

    ㉰ 연약한 균질의 점토사면은 배수에 의하여 전단강도를 증가시킨다.

    ㉱ 암층은 배수가 잘 되도록 하며 층이 얇을 때에는 말뚝을 박아서 정지시키도록 한다.

    ㉲ 모래층을 둘러싼 점토사면은 배수에 의하여 모래층의 함유수분을 배제한다.

> 💡 **참고**
>
> ▶ **저부파괴** : 유한사면에서 사면기울기가 비교적 완만한 점성토에서 주로 발생하는 사면파괴의 형태

(3) 흙막이공법

① 흙막이의 역할

    ㉮ 측압(수압과 토압)에 대한 흙벽의 안정   ㉯ 터파기 바닥 및 흙막이 하부지반의 안정

    ㉰ 흙벽에서 물, 흙, 모래가 흘러내리는 것 방지

② 흙막이공법의 분류

    ㉮ 지지방식

        ㉠ 자립공법   ㉡ 수평버팀대공법

        ㉢ 어스앵커공법

    ㉯ 구조방식

        ㉠ H-Pile 공법   ㉡ 널말뚝공법

        ㉢ 지하연속벽 공법   ㉣ Top down method 공법

③ **자립식 흙막이공법** : 지반이 양호하고, 파는 깊이가 얕을 때 사용된다.

④ **엄지(어미) 말뚝식 흙막이공법**

㉮ 엄지말뚝으로 H형강, I형강, 레일 등이 주로 쓰인다.

㉯ 엄지말뚝의 간격은 1.5~2m 정도로 한다.

㉰ 엄지말뚝에 가로널만 대기도 하고, 세로로 널을 대고 띠장을 보강하기도 한다.

⑤ **주열공법**

㉮ **강관말뚝 주열공법** : 강관말뚝을 연속으로 설치한 흙막이공법

㉯ **기성 철근콘크리트 말뚝 주열공법** : R. C 말뚝(기둥)을 연속으로 설치한 흙막이공법

㉰ **프리팩트 파일 주열공법(PIP, CIP, MIP)** : 오거로 지반에 연속된 구멍을 뚫고 여기에 모르타르를 철근망과 함께 충전하여 주열을 만들고, 수평버팀대식이나 어스앵커로 지지하는 공법으로 특성은 다음과 같다.

㉠ 소음, 진동이 거의 없다.

㉡ 인접건물과의 경계선까지 시공할 수 있다.

㉢ 강성이 높고 변형이 적어 인접지반에 영향이 거의 없다.

㉣ 흙막이 벽 시공깊이에 거의 제한이 없다.

㉤ 차수효과 및 지반보강이 확실하다.

⑥ **지하연속벽공법** : 도심지에서 주변에 주요시설물이 있을 때 침하와 변위를 적게 할 수 있는 가장 적당한 흙막이공법

⑦ **버팀대식공법(수평버팀대식공법)** : 시가지에서 일반적으로 널리 사용되는 공법으로 수압 및 토압을 직교한 버팀대가 지지한다.

㉮ **버팀대 설치의 위치**

㉠ 작업자가 편하게 작업할 수 있는 높이(1.5m 이상)에 설치한다.

㉡ 기초 밑바닥에서 위쪽으로 굴착깊이의 1/3 위치에 설치하는 것이 바람직하다.

> 💡 **참고**
>
> ▶ 개착식 굴착공사에서 버팀보공법을 적용하여 굴착할 때 지반 붕괴를 방지하기 위하여 사용하는 계측장치
> ① 지하수위계   ② 경사계   ③ 변형률계

⑧ **어스앵커공법** : 어스드릴로 흙막이 벽을 뚫고 그 속에 철근이나 PC 강선을 넣은 후, 여기에 모르타르로 그라우팅(Grouting)하여 경화시킨 뒤 흙막이 벽을 수평력에 저항시키는 공법이다.

⑨ **강제널(철제널)말뚝(Sheet Pile)공법**

㉮ 토압이 크며 수량이 많고, 기초가 깊을 때 주로 사용한다.

㉯ 해안가 등에서 물을 차단하고 기초 및 구조물을 만들 때 사용한다.

      ㉰ 강재널말뚝 설치 시 수직도는 1/100 이내이어야 한다.

      ㉱ 종류로는 라르젠, 심플렉스, 유니버설조인트, 랜섬 등이 있다.

⑩ 목재널말뚝공법

      ㉮ 육송, 낙엽송 등의 생나무를 사용한다.

      ㉯ 흙막이 높이가 4m 정도까지 사용이 가능하다.

      ㉰ 지하수가 많이 나는 곳은 부적당하다(강재널말뚝 사용).

⑪ 흙막이공법 시공 시 유의사항

      ㉮ 부재는 토압계산에 의해 결정하고, 구축하기 쉬운 방법으로 선택한다.

      ㉯ 부재를 바꾸어 대기는 가급적 하지 않는 것이 좋다.

      ㉰ 띠장에 버팀대를 대는 부분에는 철재나 목재를 대어 보강한다.

      ㉱ 띠장은 휨모멘트가 0에 가까운 버팀대 간격의 1/4 지점에 설치한다.

      ㉲ 부재가 교차하는 곳에는 가새, 귀잡이 등으로 보강한다.

      ㉳ 말뚝은 침하되지 않게 견고하게 설치한다.

      ㉴ 이음은 덧판 길이와 볼트수를 충분히 해야 한다.

⑫ 흙막이공사의 주요 요구사항

      ㉮ 지반침하가 발생하지 않을 것

      ㉯ 소음, 진동 등의 공해가 적을 것

      ㉰ 수밀성일 것

      ㉱ 부재 및 부재구조의 강성이 높을 것

      ㉲ 히빙 파괴가 방지될 것

> **참고**
> 1. Strain gauge : 흙막이 가시설의 버팀대(strut)의 변형을 측정하는 계측기
> 2. 하중계(load cell) : 버팀보, 앵커 등의 축하중 변화상태를 측정하여 이들 부재의 지지효과 및 그 변화 추이를 파악하는데 사용되는 계측기기

8 콘크리트구조물 붕괴 안전대책

콘크리트옹벽의 안정조건에 대하여 검토하여야 할 사항은 다음과 같다.

① 활동(Sliding)에 대한 검토

② 전도(Over Turning)에 대한 검토

③ 지반의 지지력 및 침하에 대한 검토

9 터널굴착의 안전대책

(1) 지형 등의 조사

터널굴착작업을 하는 때에는 낙반, 출수(出水) 및 가스폭발 등으로 인한 근로자의 위험을 방지하기 위하여 미리 지형, 지질 및 지층상태를 보링 등 적절한 방법으로 조사하여 그 결과를 기록·보존해야 한다.

▶ **지형(지반) 조사 시 확인해야 될 사항**
　　1. 시추(보링) 위치　　2. 토층 분포상태　　3. 투수계수　　4. 지하수위　　5. 지반의 지지력

(2) 작업계획서의 작성

터널굴착작업의 작업계획에는 다음 사항이 포함되어야 한다.

① 굴착의 방법

② 터널지보공 및 복공의 시공방법과 용수의 처리방법

③ 환기 또는 조명시설을 설치할 때에는 그 방법

(3) 자동경보장치의 설치

① 인화성 가스가 존재하여 폭발 또는 화재가 발생할 위험이 있는 때에는 인화성 가스 농도의 이상상승을 조기에 파악하기 위하여 필요한 자동경보장치를 설치하여야 한다.

② 자동경보장치에 대하여 당일의 작업시작 전 다음 사항을 점검하여야 한다.

　㉮ 계기의 이상 유무

　㉯ 검지부의 이상 유무

　㉰ 경보장치의 작동상태

▶ 터널건설작업을 하는 경우에 해당 터널 내부의 화기나 아크를 사용하는 장소에 필히 소화설비를 설치한다.

(4) 조명시설의 기준

① 막장 구간 : 60lux 이상

② 터널중간 구간 : 50lux 이상

③ 터널 입출구, 수직구 구간 : 30lux 이상

(5) 낙반 등에 의한 위험방지

터널 등의 건설작업을 하는 경우에 낙반 등에 의하여 근로자가 위험해질 우려가 있는 경우 「터널지보공 및 록볼트의 설치, 부석의 제거」 등 위험방지 조치를 하여야 한다.

(6) 출입구 부근 등의 지반붕괴에 의한 위험의 방지

터널 등 출입구 부근의 지반의 붕괴나 토석의 낙하에 의하여 근로자가 위험해질 우려가 있는 경우에는 「흙막이지보공이나 방호망을 설치」하는 등 위험방지 조치를 하여야 한다.

(7) 터널지보공의 조립도

① 터널지보공을 조립하는 경우에는 미리 그 구조를 검토한 후 조립도를 작성하고 그 조립도에 따라 조립하여야 한다.

② 조립도에는 「재료의 재질, 단면규격, 설치간격 및 이음방법」 등을 명시하여야 한다.

(8) 터널지보공의 조립 또는 변경 시의 조치

터널지보공을 조립 또는 변경하는 때에는 다음의 사항을 준수하여야 한다.
① 주재를 구성하는 1세트의 부재는 동일 평면 내에 배치할 것
② 목재의 터널지보공은 그 터널지보공의 각 부재의 긴압정도가 균등하게 되도록 할 것
③ 기둥에는 침하를 방지하기 위하여 받침목을 사용하는 등의 조치를 할 것
④ 강(鋼)아치지보공의 조립은 다음에 정하는 사항을 따를 것
  ㉮ 조립간격은 조립도에 따를 것.
  ㉯ 주재(主材)가 아치작용을 충분히 할 수 있도록 쐐기를 박는 등 필요한 조치를 할 것
  ㉰ 연결볼트 및 띠장 등을 사용하여 주재 상호 간을 튼튼하게 연결할 것
  ㉱ 터널 등의 출입구 부분에는 받침대를 설치할 것
  ㉲ 낙하물이 근로자에게 위험을 미칠 우려가 있는 경우 널판 등을 설치할 것
⑤ 강(鋼)아치지보공 및 목재지주식지보공 외의 터널지보공에 대해서는 터널 등의 출입구 부분에 받침대를 설치할 것

(9) 터널계측

터널계측은 굴착지반의 거동, 지보공 부재의 변위, 응력의 변화 등에 대한 정밀측정을 실시함으로써 시공의 안전성을 사전에 확보하는 데 목적이 있으며, 다음 사항을 적용한다.
① 터널 내 육안조사
② 내공변위 측정
③ 전단침하 측정
④ 록볼트 인발시험
⑤ 지표면 침하측정
⑥ 지중변위 측정
⑦ 지중침하 측정
⑧ 지중수평변위 측정
⑨ 지하수위 측정
⑩ 록볼트 축력측정
⑪ 뿜어붙이기 콘크리트 응력측정
⑫ 터널 내 탄성파 속도측정

(10) 붕괴의 방지

터널지보공을 설치한 경우에 다음 사항을 수시로 점검해야 하며 이상을 발견한 경우에는 즉시 보강하거나 보수해야 한다.
① 부재의 손상, 변형, 부식, 변위, 탈락의 유무 및 상태
② 부재의 긴압정도
③ 부재의 접속부 및 교차부의 상태
④ 기둥침하의 유무 및 상태

> **참고**
> 1. **터널공법 중 전단면 기계굴착에 의한공법** : TBM(Tunnel Boring Machine)
> 2. **파일럿(Pilot)터널** : 본터널(main tunnel)을 시공하기 전에 터널에서 약간 떨어진 곳에 지질조사, 환기, 배수, 운반 등의 상태를 알아보기 위하여 설치하는 터널

🔟 발파작업의 안전대책

(1) 발파준비작업 시 준수할 사항

① 발파작업에 대한 천공, 장전, 결선, 점화, 불발 잔약의 처리 등은 선임된 책임자가 하여야 한다.

② 발파면허를 소지한 발파책임자의 작업지휘하에 발파작업을 하여야 한다.

③ 발파 시에는 반드시 발파시방에 의한 장약량, 천공장, 천공구경, 천공각도, 종류, 발파방식을 준수하여야 한다.

④ 암질변화 구간의 발파는 반드시 시험발파를 선행하여 실시하고 암질에 따른 시방을 작성하여야 하며 「진동치, 속도, 폭력」 등 발파영향력을 검토하여야 한다.

⑤ 암질변화 구간 및 이상암질의 출현 시 반드시 암질판별을 실시하여야 하며, 판별은 다음 사항을 기준으로 하여야 한다.

    ㉮ R.Q.D(%)   ㉯ 탄성파속도(m/sec)

    ㉰ RMR 분류   ㉱ 일축압축강도(kg/㎠)

    ㉲ 진동치속도(cm/sec = Kine)

⑥ 터널의 경우(NATM 기준) 계측관리 사항 기준은 다음 사항을 적용하고, 지속적 관찰에 의한 보강대책을 강구하여야 한다.

    ㉮ 내공변위 측정   ㉯ 전단침하 측정

    ㉰ 지중, 지표침하 측정   ㉱ 록볼트 축력측정

    ㉲ 숏크리트 응력측정

⑦ 작업책임자는 발파작업 지휘자와 발파시간, 대피장소, 경로, 방호의 방법에 대하여 충분히 협의하여 작업자의 안전을 도모하여야 한다.

⑧ 낙반, 부석의 제거가 불가능할 경우 「부분 재발파, 록볼트, 포아폴링방법」의 붕괴방지를 실시하여야 한다.

⑨ 깊이 10.5m 이상을 굴착할 경우 「수위계, 경사계, 하중 및 침하계, 응력계」의 계측기기의 설치에 의하여 구조의 안전을 예측하여야 한다.

  설치가 불가능할 경우 트랜싯 및 레벨측량기에 의해 수직, 수평변위 측정을 실시하여야 한다.

(2) 화약류의 운반

화약류의 운반 시 다음 사항을 준수하여야 한다.

① 화약류는 반드시 화약류 취급책임자로부터 수령하여야 한다.

② 화약류의 운반은 반드시 운반대나 상자를 이용하며 소분(小分)하여 운반하여야 한다.

③ 용기에 화약류와 뇌관을 함께 운반하지 않는다.

④ 화약류, 뇌관 등은 충격을 주지 않도록 신중하게 취급하고 화기에 가까이 하면 안 된다.

⑤ 발파 후 굴착작업을 할 때는 불발잔약의 유·무를 반드시 확인하고 작업한다.

⑥ 전석(轉石)의 유·무를 조사하고 소정의 높이와 기울기를 유지하고 굴착작업을 한다.

(3) 전기발파의 작업기준

발파작업에 종사하는 근로자에게 다음의 사항을 준수하도록 해야 한다.

① 얼어붙은 다이너마이트는 화기에 접근시키거나 그 밖의 고열물에 직접 접촉시키는 등 위험한 방법으로 용해되지 않도록 할 것

② 화약이나 폭약을 장전하는 경우에는 그 부근에서 화기를 사용하거나 흡연을 하지 않도록 할 것

③ 장전구(裝填具)는 마찰, 충격, 정전기 등에 의한 폭발의 위험이 없는 안전한 것을 사용할 것

④ 발파공의 충진재료는 점토, 모래 등 발화성 또는 인화성의 위험이 없는 재료를 사용할 것

⑤ 점화 후 장전된 화약류가 폭발하지 아니한 경우 또는 장전된 화약류의 폭발여부를 확인하기 곤란한 경우에는 다음 사항을 따를 것

⑦ 전기뇌관에 의한 경우에는 발파모선을 점화기에서 떼어 그 끝을 단락시켜 놓는 등 재점화되지 않도록 조치하고 그때부터 5분 이상 경과한 후가 아니면 화약류의 장전장소에 접근시키지 않도록 할 것

⑭ 전기뇌관 외의 것에 의한 경우에는 점화한 때부터 15분 이상 경과한 후가 아니면 화약류의 장전장소에 접근시키지 않도록 할 것

⑥ 전기뇌관에 의한 발파의 경우 점화하기 전에 화약류를 장전한 장소로부터 30m 이상 떨어진 안전한 장소에서 전선에 대하여 저항측정 및 도통(導通)시험을 할 것

(4) 발파작업 시 관리감독자의 유해위험방지 업무

① 점화 전에 점화작업에 종사하는 근로자가 아닌 사람에게 대피를 지시하는 일

② 점화작업에 종사하는 근로자에게 대피장소 및 경로를 지시하는 일

③ 점화 전에 위험구역 내에서 근로자가 대피한 것을 확인하는 일

④ 점화 순서 및 방법에 대하여 지시하는 일

⑤ 점화신호를 하는 일

⑥ 점화작업에 종사하는 근로자에게 대피신호를 하는 일

⑦ 발파 후 터지지 않은 장약이나 남은 장약의 유무, 용수의 유무 및 암석·토사의 낙하 여부 등을 점검하는 일

⑧ 점화하는 사람을 정하는 일

⑨ 공기압축기의 안전밸브 작동 유무를 점검하는 일

⑩ 안전모 등 보호구 착용상황을 감시하는 일

11 잠함 내 작업 시 안전대책

(1) 급격한 침하로 인한 위험방지

잠함 또는 우물통의 내부에서 근로자가 굴착작업을 하는 경우에는 잠함 또는 우물통의 급격한 침하에 의한 위험을 방지하기 위하여 다음 사항을 준수해야 한다.

① 침하관계도에 따라 굴착방법 및 재하량(載荷量) 등을 정할 것

② 바닥으로부터 천장 또는 보까지의 높이는 1.8m 이상으로 할 것

(2) 잠함 등 내부에서의 작업

① 잠함, 우물통, 수직갱 그 밖에 이와 유사한 건설물 또는 설비(이하 '잠함 등'이라 한다)의 내부에서 굴착작업을 하는 경우에 다음의 사항을 준수해야 한다.

㉮ 산소결핍의 우려가 있는 경우에는 산소의 농도를 측정하는 사람을 지명하여 측정하도록 할 것

㉯ 근로자가 안전하게 오르내리기 위한 설비를 설치할 것

㉰ 굴착깊이가 20m를 초과하는 경우에는 해당 작업장소와 외부와의 연락을 위한 통신설비 등을 설치할 것.

② 산소결핍이 인정되거나 굴착깊이가 20m를 초과하는 경우에는 송기를 위한 설비를 설치하여 필요한 양의 공기를 공급하여야 한다.

> 💡 참고
> ▶ 산소결핍 : 공기 중 산소농도가 18% 미만일 때

제3절 낙하비래재해 및 안전대책

1 낙하비래의 위험성

건설현장에서 많이 발생하는 재해형태로 공구, 재료, 돌 등이 날아와 작업자에게 맞음으로써 치명적인 상해를 입히게 되는데 이에 따른 안전조치를 철저히 해야 된다.

(1) 낙하 등에 의한 위험방지

① 작업으로 인하여 물체가 떨어지거나 날아올 위험이 있는 경우 낙하물방지망, 수직보호망 또는 방호선반의 설치, 출입금지구역의 설정, 보호구의 착용 등 위험을 방지하기 위하여 필요한 조치를 하여야 한다.

② 낙하물방지망 또는 방호선반을 설치하는 경우에 다음 사항을 준수하여야 한다.

㉮ 높이 10m 이내마다 설치하고, 내민 길이는 벽면으로부터 2m 이상으로 할 것

㉯ 수평면과의 각도는 20° 이상 30° 이하를 유지할 것

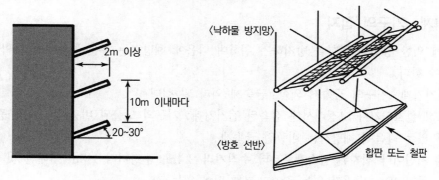

(2) 투하설비의 설치

높이가 3m 이상인 장소로부터 물체를 투하하는 경우 적당한 투하설비를 설치하거나 감시인을 배치하는 등 위험을 방지하기 위하여 필요한 조치를 하여야 한다.

2 낙하비래재해의 발생원인

건설현장의 낙하비래재해의 발생원인은 다음 표와 같다.

재해형태	재해발생원인
낙하비래재해	① 안전모를 착용하고 있지 않았다. ② 작업 중 작업원이 재료, 공구 등을 떨어뜨렸다. ③ 안전망 등의 유지관리가 나빴다. ④ 높은 위치에 놓아둔 물건의 정리정돈이 나빴다. ⑤ 물건을 버릴 때 투하설비를 하지 않았다. ⑥ 위험개소의 출입금지와 감시인의 배치 등의 조치를 하지 않았다. ⑦ 작업바닥의 폭, 간격 등 구조가 나빴다.

3 낙하비래재해의 방호설비

낙하비래재해의 방호설비는 다음 표와 같다.

구분	용도, 사용장소, 조건	방호설비
위에서 낙하된 것을 막는 것	철골건립 및 볼트체결, 기타 상하작업	방호철망, 방호울타리, 가설 앵커 설비
제3자의 위해방지	볼트, 콘크리트 덩어리, 형틀재, 일반 자재, 먼지 등이 낙하비산할 우려가 있는 작업	방호철망, 방호시트, 방호울타리, 방호선반, 안전망
불꽃의 비산방지	용접, 용단을 수반하는 작업	석면포

제4절 감전안전(전기기계 · 기구 안전대책)

1 전기기계 · 기구의 접지

① 누전에 의한 감전의 위험을 방지하기 위하여 다음에 해당하는 부분에 대하여는 확실하게 접지를 하여야 한다.

　㉮ 전기기계 · 기구의 금속제 외함, 금속제 외피 및 철대

　㉯ 고정 설치되거나 고정배선에 접속된 전기기계 · 기구의 노출된 비충전 금속체 중 충전될 우려가 있는 다음에 해당하는 비충전 금속체

　　㉠ 지면이나 접지된 금속체로부터 수직거리 2.4m, 수평거리 1.5m 이내인 것

　　㉡ 물기 또는 습기가 있는 장소에 설치되어 있는 것

　　ⓒ 금속으로 되어 있는 기기접지용 전선의 피복, 외장 또는 배선관 등

　　ⓔ 사용전압이 대지전압 150V를 넘는 것

　ⓓ 전기를 사용하지 아니하는 설비 중 다음에 해당하는 금속체

　　㉠ 전동식 양중기의 프레임과 궤도

　　㉡ 전선이 붙어있는 비전동식 양중기의 프레임

　　㉢ 고압(750V 초과 7,000V 이하의 직류전압 또는 600V 초과 7,000V 이하의 교류전압을 말한다) 이상의 전기를 사용하는 전기기계·기구 주변의 금속제 칸막이, 망 및 이와 유사한 장치

② 코드와 플러그를 접속하여 사용하는 전기기계·기구 중 다음에 해당하는 노출된 비충전 금속체

　㉮ 사용전압이 대지전압 150V를 넘는 것

　㉯ 냉장고, 세탁기, 컴퓨터 및 주변기기 등과 같은 고정형 전기기계·기구

　㉰ 고정형, 이동형 또는 휴대형 전동기계·기구

　㉱ 물 또는 도전성이 높은 곳에서 사용하는 전기기계·기구, 비접지형 콘센트

　㉲ 휴대형 손전등

③ 수중펌프를 금속제 물탱크 등의 내부에 설치하여 사용하는 경우에는 그 탱크

2 전기기계·기구의 비접지

① 이중절연구조 또는 이와 동등 이상으로 보호되는 전기기계·기구

② 절연대 위 등과 같이 감전위험이 없는 장소에서 사용하는 전기기계·기구

③ 비접지방식의 전로에 접속하여 사용되는 전기기계·기구

3 누전차단기에 의한 감전방지

① 다음에 해당하는 전기기계·기구는 누전에 의한 감전위험을 방지하기 위해 감전방지용 누전차단기를 설치해야 한다.

　㉮ 대지전압이 150V를 초과하는 이동형 또는 휴대형 전기기계·기구

　㉯ 물 등 도전성이 높은 액체가 있는 습윤장소에서 사용하는 저압용 전기기계·기구(750V 이하 직류전압이나 600V 이하의 교류전압)

　㉰ 철판, 철골 위 등 도전성이 높은 장소에서 사용하는 이동형 또는 휴대형 전기기계·기구

　㉱ 임시 배선의 전로가 설치되는 장소에서 사용하는 이동형 또는 휴대형 전기기계·기구

② 누전차단기를 접속할 때에는 다음의 사항을 준수해야 한다.

　㉮ 전기기계·기구에 설치되어 있는 누전차단기는 정격감도전류가 30mA 이하이고 작동시간은 0.03초 이내일 것

　㉯ 분기회로 또는 전기기계·기구마다 누전차단기를 접속할 것

　㉰ 누전차단기는 배전반 또는 분전반 내에 접속하거나 꽂음접속기형 누전차단기를 콘센트에 연결하는 등 파손이나 감전사고를 방지할 수 있는 장소에 접속할 것

　㉱ 지락보호용 기능만 있는 누전차단기는 과전류를 차단하는 퓨즈나 차단기 등과 조합하여 접속할 것.

Chapter 04 | 출제 예상 문제

01 작업조건에 알맞은 보호구의 연결이 옳지 않은 것은?

① 안전대 : 높이 또는 깊이 2m 이상의 추락할 위험이 있는 장소에서의 작업
② 보안면 : 물체가 흩날릴 위험이 있는 작업
③ 안전화 : 물체의 낙하·충격, 물체에의 끼임, 감전 또는 정전기의 대전(帶電)에 의한 위험이 있는 작업
④ 방열복 : 고열에 의한 화상 등의 위험이 있는 작업

> **해설** ②의 경우 물체가 흩날릴 위험이 있는 작업에 알맞은 보호구는 보안경이다.

02 안정방망 설치 시 작업면으로부터 망의 설치지점까지의 수직거리 기준은?

① 5m를 초과하지 아니할 것
② 10m를 초과하지 아니할 것
③ 15m를 초과하지 아니할 것
④ 17m를 초과하지 아니할 것

> **해설** 안정방망 설치 시 작업면으로부터 망의 설치지점까지의 수직거리는 10m를 초과하지 아니하여야 한다.

03 추락방지를 위한 안전방망 설치기준으로 옳지 않은 것은?

① 작업면으로부터 망의 설치지점까지의 수직거리는 10m를 초과하지 않도록 한다.
② 안전방망은 수평으로 설치한다.
③ 망의 처짐은 짧은 변 길이의 10% 이하가 되도록 한다.
④ 건축물 등의 바깥쪽으로 설치하는 경우 망의 내민 길이는 벽면으로부터 3m 이상이 되도록 한다.

> **해설** ③의 망의 처짐은 짧은 변 길이의 12% 이상이 되도록 한다.

04 추락에 의한 위험을 방지하기 위한 안전방망의 설치기준으로 옳지 않은 것은?

① 안전방망의 설치위치는 가능하면 작업면으로부터 가까운 지점에 설치할 것
② 건축물 등의 바깥쪽으로 설치하는 경우 망의 내민 길이는 벽면으로부터 2m 이상이 되도록 할 것
③ 안전방망은 수평으로 설치하고, 망의 처짐은 짧은 변 길이의 12% 이상이 되도록 할 것
④ 작업면으로부터 망의 설치지점까지의 수직거리는 10m를 초과하지 아니할 것

> **해설** ②의 경우 건축물 등의 바깥쪽으로 설치하는 경우에 망의 내민 길이는 벽면으로부터 3m 이상이 되도록 할 것이 옳은 내용이다.

05 다음 중 추락재해를 방지하기 위한 고소작업 감소대책으로 옳은 것은?

① 방망 설치
② 철골기둥과 빔을 일체 구조화
③ 안전대 사용
④ 비계 등에 의한 작업대 설치

> **해설** 추락재해를 방지하기 위한 고소작업 감소대책
> ㉠ ①, ③, 4   ㉡ 안전간간의 설치
> ㉢ 악천후 시의 작업금지   ㉣ 조명의 유지
> ㉤ 승강설비의 설치

06 높이 또는 깊이 2m 이상의 추락할 위험이 있는 장소에서 작업을 할 때의 필수 착용 보호구는?

① 보안경   ② 방진마스크
③ 방열복   ④ 안전대

> **해설** 높이 또는 깊이 2m 이상의 추락할 위험이 있는 장소에서 작업을 할 때의 필수 착용 보호구는 안전대이다.

정답 | 01. ③ 02. ② 03. ③ 04. ② 05. ② 06. ④

07 작업발판 및 통로의 끝이나 개구부로서 근로자가 추락할 위험이 있는 장소에 설치하는 것과 거리가 먼 것은?

① 교차가새
② 안전난간
③ 울타리
④ 수직형 추락방망

해설 ②, ③, ④ 이외에 작업발판 및 통로의 끝이나 개구부로서 근로자가 추락할 위험이 있는 장소에 설치하는 것으로는 덮개가 있다.

08 근로자의 추락 등의 위험을 방지하기 위하여 설치하는 안전난간의 구조 및 설치기준으로 옳지 않은 것은?

① 상부 난간대는 바닥면, 발판 또는 경사로의 표면으로부터 90cm 이상 지점에 설치할 것
② 발끝막이판은 바닥면 등으로부터 10cm 이상의 높이를 유지할 것
③ 안전난간은 구조적으로 가장 취약한 지점에서 가장 취약한 방향으로 작용하는 80kg 이상의 하중에 견딜 수 있는 튼튼한 구조일 것
④ 난간대는 지름 2.7cm 이상의 금속제 파이프나 그 이상의 강도가 있는 재료일 것

해설 ③의 경우 안전난간은 구조적으로 가장 취약한 지점에서 가장 취약한 방향으로 작용하는 100kg 이상의 하중에 견딜 수 있는 튼튼한 구조일 것이 옳은 내용이다.

09 추락재해를 방지하기 위한 안전대책 내용 중 옳지 않은 것은?

① 높이가 2m를 초과하는 장소에는 승강설비를 설치한다.
② 사다리식 통로의 폭은 30cm 이상으로 한다.
③ 사다리식 통로의 기울기는 85° 이상으로 한다.
④ 슬레이트 지붕에서 발이 빠지는 등 추락 위험이 있을 경우 폭 30cm 이상의 발판을 설치한다.

해설 ③의 경우 사다리식 통로의 기울기는 75° 이하로 한다는 내용이 옳다.

10 추락에 의한 위험방지를 위해 조치해야 할 사항과 거리가 먼 것은?

① 추락방지망 설치
② 안전난간 설치
③ 안전모 착용
④ 투하설비 설치

해설 투하설비 설치는 낙하에 의한 위험방지를 위해 조치해야 할 사항이다.

11 물체가 떨어지거나 날아올 위험이 있을 때의 재해예방대책과 거리가 먼 것은?

① 낙하물방지망 설치
② 출입금지구역 설정
③ 안전대 착용
④ 안전모 착용

해설 ③ 안전대 착용은 추락재해방지대책에 해당된다.

12 건축물의 층고가 높아지면서 현장에서 고소작업대의 사용이 증가하고 있다. 고소작업대의 사용 및 설치기준으로 옳은 것은?

① 작업대를 와이어로프 또는 체인으로 올리거나 내릴 경우에는 와이어로프 또는 체인의 안전율은 10 이상일 것
② 작업대를 올린상태에서 항상 작업자를 태우고 이동할 것
③ 바닥과 고소작업대는 가능하면 수직을 유지하도록 할 것
④ 갑작스러운 이동을 방지하기 위하여 아웃트리거(outrigger) 또는 브레이크 등을 확실히 사용할 것

해설 **고소작업대의 사용 및 설치기준**
㉠ 작업대를 와이어로프 또는 체인으로 올리거나 내릴 경우에는 와이어로프 또는 체인의 안전율은 5 이상일 것
㉡ 작업대를 올린상태에서 항상 작업자를 태우고 이동하지 말 것
㉢ 바닥과 고소작업대는 가능하면 수평을 유지하도록 할 것
㉣ 갑작스러운 이동을 방지하기 위하여 아웃트리거(outrigger) 또는 브레이크 등을 확실히 사용할 것

정답 ┃ 07. ① 08. ③ 09. ③ 10. ④ 11. ③ 12. ④

13 작업으로 인하여 물체가 떨어지거나 날아올 위험이 있는 경우에 조치 및 준수하여야 할 내용으로 옳지 않은 것은?

① 낙하물방지망, 수직보호망 또는 방호선반 등을 설치한다.
② 낙하물방지망의 내민 길이는 벽면으로부터 2m 이상으로 한다.
③ 낙하물방지망의 수평면과 각도는 20° 이상 30° 이하를 유지한다.
④ 낙하물방지망은 높이 15m 이내마다 설치한다.

> **해설** ④의 경우 낙하물방지망은 높이 10m 이내마다 설치한다는 내용이 옳다.

14 낙하물방지망 또는 방호선반을 설치하는 경우에 수평면과의 각도 기준으로 옳은 것은?

① 10° 이상 20° 이하
② 20° 이상 30° 이하
③ 25° 이상 35° 이하
④ 35° 이상 45° 이하

> **해설** ㉠ 낙하물방지망 또는 방호선반을 설치하는 경우 높이 10m 이내마다 설치하고, 내민 길이는 벽면으로부터 2m 이상으로 할 것
> ㉡ 수평면과의 각도는 20° 이상 30° 이하를 유지할 것

15 낙하물방지망 또는 방호선반을 설치하는 경우에 준수하여야 할 사항이다. 다음 (   ) 안에 알맞은 내용은?

> 높이 (㉠)m 이내마다 설치하고, 내민 길이는 벽면으로부터 (㉡)m 이상으로 할 것

① ㉠ : 5, ㉡ : 1
② ㉠ : 5, ㉡ : 2
③ ㉠ : 10, ㉡ : 1
④ ㉠ : 10, ㉡ : 2

> **해설** 낙하물방지망 또는 방호선반을 설치하는 경우 높이 10m 이내마다 설치하고, 내민 길이는 벽면으로부터 2m 이상으로 할 것

16 추락 시 로프의 지지점에서 최하단까지의 거리(h)를 구하는 식으로 옳은 것은?

① h = 로프의 길이 + 신장
② h = 로프의 길이 + 신장/2
③ h = 로프의 길이 + 로프의 늘어난 길이 + 신장
④ h = 로프의 길이 + 로프의 늘어난 길이 + 신장/2

> **해설** 추락 시 로프의 지지점에서 최하단까지의 거리(h)
> = 로프의 길이 + 로프의 늘어난 길이 + 신장/2

17 안전대를 보관하는 장소의 환경조건으로 옳지 않은 것은?

① 통풍이 잘 되며, 습기가 없는 곳
② 화기 등이 근처에 없는 곳
③ 부식성 물질이 없는 곳
④ 직사광선이 닿아 건조가 빠른 곳

> **해설** ④의 경우, 안전대를 보관하는 장소로는 직사광선이 닿지 않는 곳이 옳다.

18 안전난간의 구조 및 설치요건에 대한 기준으로 옳지 않은 것은?

① 상부 난간대는 바닥면·발판 또는 경사로의 표면으로부터 90cm 이상 지점에 설치할 것
② 발끝막이판은 바닥면 등으로부터 10cm 이상의 높이를 유지할 것
③ 난간대는 지름 1.5cm 이상의 금속제 파이프나 그 이상의 강도를 가진 재료일 것
④ 안전난간은 구조적으로 가장 취약한 지점에서 가장 취약한 방향으로 작용하는 100kg 이상의 하중에 견딜 수 있는 튼튼한 구조일 것

> **해설** ③의 경우, 난간대는 지름 2.7cm 이상의 금속제 파이프나 그 이상의 강도를 가진 재료일 것이 옳다.

19 안전난간의 구조 및 설치요건과 관련하여 발끝막이판의 바닥으로부터 설치높이 기준으로 옳은 것은?

① 10cm 이상
② 15cm 이상
③ 20cm 이상
④ 30cm 이상

정답 ┃ 13. ④ 14. ② 15. ④ 16. ④ 17. ④ 18. ③ 19. ①

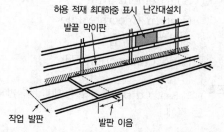

안전난간

허용 적재 최대하중 표시 난간대설치
발끝 막이판
작업 발판   발판 이음

안전난간의 구조 및 설치요건은 근로자 추락 등의 위험을 방지하기 위해서이다.

㉠ 상부난간대, 중간난간대, 발끝막이판 및 난간기둥으로 구성할 것. 다만, 중간난간대, 발끝막이판 및 난간기둥은 이와 비슷한 구조와 성능을 가진 것으로 대체할 수 있다.

㉡ 상부난간대는 바닥면·발판 또는 경사로의 표면(이하 "바닥면 등"이라 한다)으로부터 90cm 이상 지점에 설치하고, 상부난간대를 120cm 이하에 설치하는 경우에는 중간난간대는 상부난간대와 바닥면 등의 중간에 설치하여야 하며, 120cm 이상 지점에 설치하는 경우에는 중간난간대를 2단 이상으로 균등하게 설치하고 난간의 상하 간격은 60cm 이하가 되도록 할 것

㉢ 발끝막이판은 바닥면 등으로부터 10cm 이상의 높이를 유지할 것. 다만, 물체가 떨어지거나 날아올 위험이 없거나 그 위험을 방지할 수 있는 망을 설치하는 등 필요한 예방조치를 한 장소는 제외한다.

㉣ 난간기둥은 상부난간대와 중간난간대를 견고하게 떠받칠 수 있도록 적정한 간격을 유지할 것

㉤ 상부난간대와 중간난간대는 난간길이 전체에 걸쳐 바닥면 등과 평행을 유지할 것

㉥ 난간대는 지름 2.7cm 이상의 금속제 파이프나 그 이상의 강도가 있는 재료일 것

㉦ 안전난간은 구조적으로 가장 취약한 지점에서 가장 취약한 방향으로 작용하는 100kg 이상의 하중에 견딜 수 있는 튼튼한 구조일 것

20 건설공사에서 발코니 단부, 엘리베이터 입구, 재료 반입구 등과 같이 벽면 혹은 바닥에 추락의 위험이 우려되는 장소를 가리키는 용어는?

① 비계
② 개구부
③ 가설구조물
④ 연결통로

[해설] 문제의 내용은 개구부에 관한 것이다.

21 산업안전보건기준에 관한 규칙에 따른 토사붕괴를 예방하기 위한 굴착면의 기울기 기준으로 틀린 것은?

① 습지 1:1~1:1.5
② 건지 1:0.5~1:1
③ 풍화암 1:0.5
④ 경암 1:0.3

[해설]

굴착면의 기울기 기준

구 분	지반의 종류	구 배
보통흙	습지	1:1~1:1.5
	건지	1:0.5~1:1
암반	풍화암	1:0.8
	연암	1:0.5
	경암	1:0.3

22 토사붕괴 재해의 발생원인으로 보기 어려운 것은?

① 부석의 점검을 소홀히 했다.
② 지질조사를 충분히 하지 않았다.
③ 굴착면 상하에서 동시작업을 했다.
④ 안식각으로 굴착했다.

[해설] 안식각으로 굴착했다는 것은 토사붕괴 재해의 방지대책에 해당한다.

23 토석붕괴의 원인 중 외적 원인에 해당되지 않는 것은?

① 토석의 강도 저하
② 작업진동 및 반복하중의 증가
③ 사면 법면의 경사 및 기울기의 증가
④ 절토 및 성토 높이의 증가

[해설]
(1) ①은 토석붕괴의 원인 중 내적 원인에 해당된다.
(2) 토석붕괴의 내적 원인으로는 토석의 강도 저하 이외에 다음과 같은 것들이 있다.
㉠ 절토사면의 토질, 암석
㉡ 성토사면의 토질 구성 및 분포

24 토석붕괴의 위험이 있는 사면에서 작업할 경우의 행동으로 옳지 않은 것은?

① 동시작업의 금지
② 대피공간의 확보
③ 2차 재해의 방지
④ 급격한 경사면 계획

[해설]
토석붕괴의 위험이 있는 사면에서 작업할 경우
㉠ 동시작업의 금지
㉡ 대피공간의 확보
㉢ 2차 재해의 방지
㉣ 방호망 설치

정답 ┃ 20. ② 21. ③ 22. ④ 23. ① 24. ④

25 다음 중 토석붕괴의 원인이 아닌 것은?

① 절토 및 성토의 높이 증가
② 사면 법면의 경사 및 기울기의 증가
③ 토석의 강도 상승
④ 지표수·지하수의 침투에 의한 토사중량의 증가

해설 ③ 토석의 강도 저하

26 다음 중 토사붕괴의 내적 원인인 것은?

① 토석의 강도 저하
② 사면 법면의 기울기 증가
③ 절토 및 성토 높이 증가
④ 공사에 의한 진동 및 반복 하중 증가

해설 **토사붕괴의 내적 원인**
㉠ 토석의 강도 저하
㉡ 절토사면의 토질, 암석
㉢ 성토사면의 토질구성 및 분포

27 굴착공사에 있어서 비탈면 붕괴를 방지하기 위하여 행하는 대책이 아닌 것은?

① 지표수의 침투를 막기 위해 표면 배수공을 한다.
② 지하수위를 내리기 위해 수평 배수공을 한다.
③ 비탈면 하단을 성토한다.
④ 비탈면 상부에 토사를 적재한다.

해설 ④의 경우 비탈면 붕괴의 원인이 된다.

28 비탈면 붕괴방지를 위한 붕괴방지공법과 가장 거리가 먼 것은?

① 배토공법　　　② 압성토공법
③ 공작물의 설치　④ 웰포인트공법

해설 (1) ④의 웰포인트공법은 연약점토질 지반개량공법에 해당된다.
(2) ①, ②, ④ 이외에 비탈면 붕괴방지공법은 다음과 같다.
㉠ 그라우팅공법(약액주입공법)
㉡ 다짐말뚝공법　　㉢ 다짐모래말뚝공법
㉣ 폭파다짐공법　　㉤ 전기충격공법
㉥ 웰포인트공법

29 다음 중 흙막이공법에 해당하지 않는 것은?

① Soil Cement Wall
② Cast In Cnocrete Pile
③ 지하연속벽공법
④ Sand Compaction Pile

해설 ④의 Sand Compaction Pile은 지반개량공법에 해당되는 것이다.

30 흙막이 가시설의 버팀대(strut)의 변형을 측정하는 계측기에 해당하는 것은?

① Water level meter
② Strain gauge
③ Piezometer
④ Load cell

해설 Strain gauge : 흙막이 가시설의 버팀대의 변형을 측정

31 흙막이 가시설 공사 시 사용하는 각 계측기 설치 목적으로 옳지 않은 것은?

① 지표침하계 – 지표면 침하량 측정
② 수위계 – 지반 내 지하수위의 변화 측정
③ 하중계 – 상부 적재하중 변화 측정
④ 지중경사계 – 지중의 수평변위량 측정

해설 ③ 하중계는 어스앵커 등의 실제 축하중 변화 측정에 쓰이는 것이다.

32 흙막이 벽을 설치하여 기초 굴착작업 중 굴착부 바닥이 솟아올랐다. 이에 대한 대책으로 옳지 않은 것은?

① 굴착 주변의 상재하중을 증가시킨다.
② 흙막이 벽의 근입깊이를 깊게 한다.
③ 토류벽의 배면토압을 경감시킨다.
④ 지하수 유입을 막는다.

해설 ① 굴착 주변의 상재하중을 감소시킨다.

33 흙의 특성으로 옳지 않은 것은?

① 흙은 선형재료이며, 응력-변형률 관계가 일정하게 정의된다.

② 흙의 성질은 본질적으로 비균질, 비등방성이다.

③ 흙의 거동은 연약지반에 하중이 작용하면 시간의 변화에 따라 압밀침하가 발생한다.

④ 점토 대상이 되는 흙은 지표면 밑에 있기 때문에 지반의 구성과 공학적 성질은 시추를 통해서 자세히 판명된다.

> **해설** ① 흙은 비선형재료이며, 응력-변형률 관계가 일정하게 정의되지 않는다.

34 흙의 입도분포와 관련한 삼각좌표에 나타나는 흙의 분류에 해당되지 않는 것은 어느 것인가?

① 모래 ② 점토

③ 자갈 ④ 실트

> **해설** 흙의 입도분포와 관련한 삼각좌표에 나타나는 흙의 분류
> ㉠ 모래 ㉡ 점토
> ㉢ 실트

35 흙을 크게 분류하면 사질토와 점성토로 나눌 수 있는데 그 차이점으로 옳지 않은 것은?

① 흙의 내부마찰각은 사질토가 점성토보다 크다.

② 지지력은 사질토가 점성토보다 크다.

③ 점착력은 사질토가 점성토보다 작다.

④ 장기침하량은 사질토가 점성토보다 크다.

> **해설** ④의 경우 장기침하량은 사질토가 점성토보다 작다가 옳다.

36 흙의 투수계수에 영향을 주는 인자에 대한 내용으로 옳지 않은 것은?

① 공극비 : 공극비가 클수록 투수계수는 작다.

② 포화도 : 포화도가 클수록 투수계수도 크다.

③ 유체의 점성계수 : 점성계수가 클수록 투수계수는 작다.

④ 유체의 밀도 : 유체의 밀도가 클수록 투수계수는 크다.

> **해설** 투수계수 : 매질의 유체 통과능력을 나타내는 지수로서 단위체적의 지하수가 유선의 직각방향의 단위면적을 통해 단위시간당 흐르는 양
> ㉠ 공극비↑, 투수계수↑
> ㉡ 포화도↑, 투수계수↑
> ㉢ 유체의 점성계수↑, 투수계수↓
> ㉣ 유체의 밀도↑, 투수계수↑

37 포화도 80%, 함수비 28%, 흙입자의 비중 2.7일 때 공극비를 구하면?

① 0.940 ② 0.945

③ 0.950 ④ 0.955

> **해설**
> $$공극비 = \frac{함수비 \times 비주}{포화도} = \frac{28 \times 2.7}{80} = 0.945$$

38 일반적으로 사면이 가장 위험한 경우는 어느 때인가?

① 사면이 완전건조 상태일 때

② 사면의 수위가 서서히 상승할 때

③ 사면이 완전포화 상태일 때

④ 사면의 수위가 급격히 하강할 때

> **해설** 사면의 수위가 급격히 하강할 때 일반적으로 사면이 가장 위험한 경우가 된다.

39 유한사면 중 사면기울기가 비교적 완만한 점성토에서 주로 발생되는 사면파괴의 형태는?

① 저부파괴 ② 사면선단파괴

③ 사면내파괴 ④ 국부전단파괴

> **해설** 사면기울기가 비교적 완만한 점성토에서 주로 발생되는 사면파괴의 형태는 저부파괴이다.

40 건물기초에서 발파허용진동치 규제기준으로 틀린 것은?

① 문화재 : 0.2cm/sec

② 주택, 아파트 : 0.5cm/sec

③ 상가 : 1.0cm/sec

④ 철골콘크리트 빌딩 : 0.1~0.5cm/sec

> **해설** ④ 철골콘크리트 빌딩 : 1.0~4.0cm/sec

정답 | 34. ③ 35. ④ 36. ① 37. ② 38. ④ 39. ① 40. ④

41 발파구간 인접 구조물에 대한 피해 및 손상을 예방하기 위한 건물기초에서의 허용 진동치로 옳은 것은? (단, 아파트일 경우이다.)

① 0.2cm/sec　　　② 0.3cm/sec

③ 0.4cm/sec　　　④ 0.5cm/sec

> **해설** 발파구간 인접 구조물에 대한 피해 및 손상을 예방하기 위한 건물기초에서의 허용 진동치는 0.5cm/sec이다.

42 터널 굴착공사에서 뿜어붙이기 콘크리트의 효과를 설명한 것으로 옳지 않은 것은?

① 암반의 크랙(Crack)을 보강한다.

② 굴착면의 요철을 늘리고 응력집중을 최대한 증대시킨다.

③ Rock bolt의 힘을 지반에 분산시켜 전달한다.

④ 굴착면을 덮음으로써 지반의 침식을 방지한다.

> **해설** ② 굴착면의 요철을 줄이고 응력집중을 최대한 감소시킨다.

43 터널공사 시 인화성 가스가 일정 농도 이상으로 상승하는 것을 조기에 파악하기 위하여 설치하는 자동경보장치의 작업시작 전 점검해야 할 사항이 아닌 것은?

① 계기의 이상 유무　② 발열 여부

③ 검지부의 이상 유무　④ 경보장치의 작동상태

> **해설** 터널작업 인화성 가스의 농도측정 자동경보장치의 작업시작 전 점검해야 할 사항
> ㉠ 계기의 이상 유무　　㉡ 검지부의 이상 유무
> ㉢ 경보장치의 작동상태

44 터널지보공을 조립하는 경우에는 미리 그 구조를 검토한 후 조립도를 작성하고, 그 조립도에 따라 조립하도록 하여야 하는데 이 조립도에 명시해야 할 사항과 가장 거리가 먼 것은?

① 이음방법　　　② 단면 규격

③ 재료의 재질　　④ 재료의 구입처

> **해설** ①, ②, ③ 이외에 터널지보공 조립 시 조립도에 명시해야 할 사항은 설치 간격이 있다.

45 터널지보공을 조립하거나 변경하는 경우에 조치하여야 하는 사항으로 옳지 않은 것은?

① 주재(主材)를 구성하는 1세트의 부재는 동일평면 내에 배치할 것

② 목재의 터널지보공은 그 터널지보공의 각 부재의 긴압정도가 위치에 따라 차이 나도록 할 것

③ 기둥에는 침하를 방지하기 위하여 받침목을 사용하는 등의 조치를 할 것

④ 강(鋼)아치지보공의 조립은 연결볼트 및 띠장 등을 사용하여 주재 상호간을 튼튼하게 연결할 것

> **해설** ② 목재의 터널지보공은 그 터널지보공의 각 부재의 긴압정도가 균등하게 되도록 할 것

46 터널 붕괴를 방지하기 위한 지보공 점검사항과 가장 거리가 먼 것은?

① 부재의 긴압의 정도

② 부재의 손상·변형·부식·변위 탈락의 유무 및 상태

③ 기둥침하의 유무 및 상태

④ 경보장치의 작동 상태

> **해설** 터널 붕괴를 방지하기 위한 지보공 점검사항으로는 ①, ②, ③ 이외에 부재의 접속부 및 교차부의 상태가 있다.

47 다음 중 터널공사에서 발파작업 시 안전대책으로 옳지 않은 것은?

① 발파용 점화회선은 타동력선 및 조명회선과 한 곳으로 통합하여 관리

② 동력선은 발원점으로부터 최소한 15m 이상 후방으로 옮길 것

③ 지절, 암의 절리 등에 따라 화약량 검토 및 시방기준과 대비하여 안전조치 실시

④ 발파전 도화선 연결상태, 저항치 조사 등의 목적으로 도통시험 실시 및 발파기의 작동상태를 사전에 점검

> **해설** ①의 경우, 발파용 점화회선은 타동력선 및 조명회선과 한 곳으로 통합하여 관리하지 않아야 한다는 내용이 옳다.

48 다음 중 터널공사의 전기발파작업에 대한 설명 중 옳지 않은 것은?

① 점화는 충분한 허용량을 갖는 발파기를 사용한다.

② 발파 후 즉시 발파모선을 발파기로부터 분리하고 그 단부를 절연시킨다.

③ 전선의 도통시험을 화약장전 장소로부터 최소 30m 이상 떨어진 장소에서 행한다.

④ 발파모선은 고무 등으로 절연된 전선 20m 이상의 것을 사용한다.

해설 ④의 경우 터널공사의 전기발파작업에 대한 규정에 해당하지 않는다.

49 잠함 또는 우물통의 내부에서 근로자가 굴착작업을 하는 경우에 바닥으로부터 천장 또는 보까지의 높이는 최소 얼마 이상으로 하여야 하는가?

① 1.2m   ② 1.5m

③ 1.8m   ④ 2.1m

해설 잠함 또는 우물통의 내부에서 근로자가 굴착작업을 하는 경우에 바닥으로부터 천장 또는 보까지의 높이는 최소 1.8m 이상이어야 한다.

50 잠함 또는 우물통의 내부에서 굴착작업을 할 때의 준수사항으로 옳지 않은 것은?

① 굴착깊이가 10m를 초과하는 때에는 당해 작업장소와 외부와의 연락을 위해 통신설비 등을 설치한다.

② 산소결핍의 우려가 있는 때에는 산소의 농도를 측정하는 자를 지명하여 측정하도록 한다.

③ 근로자가 안전하게 승강하기 위한 설비를 설치한다.

④ 측정결과 산소의 결핍이 인정될 때에는 송기를 위한 설비를 설치하여 필요한 양의 공기를 송급하여야 한다.

해설 ①의 경우, 굴착깊이가 20m를 초과하는 때에는 당해 작업장소와 외부와의 연락을 위해 통신설비 등을 설치한다는 내용이 옳다.

51 투하설비 설치와 관련된 다음 표의 ( )에 적합한 것은?

> 사업주는 높이가 ( )m 이상인 장소로부터 물체를 투하하는 때에는 적당한 투하설비를 설치하거나 감시인을 배치하는 등 위험방지를 위하여 필요한 조치를 하여야 한다.

① 1   ② 2

③ 3   ④ 4

해설 사업주는 높이가 3m 이상인 장소로부터 물체를 투하하는 때에는 적당한 투하설비를 설치하거나 감시인을 배치하여야 한다.

52 옹벽 안전조건의 검토사항이 아닌 것은?

① 활동(sliding)에 대한 안전검토

② 전도(overturing)에 대한 안전검토

③ 보일링(boiling)에 대한 안전검토

④ 지반지지력(settlement)에 대한 안전검토

해설 **옹벽 안전조건의 검토사항**
㉠ 활동에 대한 안전검토
㉡ 전도에 대한 안전검토
㉢ 지반지지력에 대한 안전검토

53 옹벽의 활동에 대한 저항력은 옹벽에 적용하는 수평력보다 최소 몇 배 이상 되어야 안전한가?

① 0.5   ② 1.0

③ 1.5   ④ 2.0

해설 옹벽의 활동에 대한 저항력은 옹벽에 적용하는 수평력보다 최소 1.5배 이상 되어야 안전하다.

54 물체의 낙하·충격, 물체에의 끼임, 감전 또는 정전기의 대전에 의한 위험이 있는 작업 시 공통으로 근로자가 착용하여야 하는 보호구로 적합한 것은?

① 방열복   ② 안전대

③ 안전화   ④ 보안경

해설 문제의 내용에 적합한 보호구는 안전화이다

정답 | 48. ④ 49. ③ 50. ① 51. ③ 52. ③ 53. ③ 54. ③

Chapter 05 건설가시설물 설치기준

건설공사에 있어서 공사기간 중에는 매우 필요성이 있지만 공사가 완료되면 해체, 철거되는 것이 건설가시설물인데 비계, 거푸집, 가설통로, 흙막이지보공, 터널지보공 등이 있다.

제1절 비계(가설구조물) 설치기준

비계는 건축공사 시 고소에서 작업발판과 작업통로 확보를 주목적으로 하는 가설구조물로 작업자가 안전하게 작업할 수 있도록 견고하게 조립되어야 한다.

1 비계공사의 안전대책

(1) 비계의 구비요건

① 작업 또는 통행할 때 충분한 면적일 것
② 재료의 운반과 적치가 가능할 것(본비계)
③ 작업대상물에 가능한 한 접근하여 설치할 수 있을 것
④ 근로자의 추락방지와 재료의 낙하방지 조치가 있을 것
⑤ 작업과 통행에 방해되는 부재가 없을 것
⑥ 조립과 해체가 수월할 것
⑦ 사람과 재료의 하중에 대하여 충분한 강도가 있을 것
⑧ 작업 또는 통행할 때 움직이지 않을 정도의 안전성이 있을 것

(2) 비계의 조립, 해체 및 변경

① 달비계 또는 높이 5m 이상의 비계를 조립, 해체, 변경할 때는 다음의 사항을 준수하여야 한다.
   ㉠ 근로자가 지휘에 따라 작업하도록 할 것
   ㉡ 조립, 해체 또는 변경의 시기·범위 및 절차를 그 작업에 종사하는 근로자에게 주지시킬 것
   ㉢ 조립, 해체 또는 변경작업구역 내에는 해당 작업에 종사하는 근로자가 아닌 사람의 출입을 금지하고 그 내용을 보기 쉬운 장소에 게시할 것
   ㉣ 비, 눈 그 밖의 기상상태의 불안정으로 날씨가 몹시 나쁜 경우에는 그 작업을 중지시킬 것
   ㉤ 비계재료의 연결, 해체작업을 하는 경우에는 폭 20cm 이상의 발판을 설치하고 근로자로 하여금 안전대를 사용하도록 하는 등 추락을 방지하기 위한 조치를 할 것
   ㉥ 재료, 기구 또는 공구 등을 올리거나 내릴 때에는 근로자가 달줄 또는 달포대 등을 사용하게 할 것
② 강관비계 또는 통나무비계를 조립할 때에는 쌍줄로 하되, 외줄로 할 때는 별도의 작업발판을 설치할 수 있는 시설을 갖추어야 한다.

(3) 비계의 점검보수

비계를 조립, 해체하거나 변경한 후 그 비계에서 작업을 할 때는 당해 작업시작 전에 다음의 사항을 점검하고 이상을 발견한 때에는 즉시 보수해야 한다.

① 발판재료의 손상여부 및 부착 또는 걸림상태 ② 해당 비계의 연결부 또는 접속부의 풀림상태
③ 연결재료 및 연결철물의 손상 또는 부식상태 ④ 손잡이의 탈락여부
⑤ 기둥의 침하, 변형, 변위 또는 흔들림상태 ⑥ 로프의 부착상태 및 매단장치의 흔들림상태

2 비계의 종류별 특성

(1) 본비계

통나무비계 및 단관비계는 건축물의 외벽면에 따라서 두 줄로 기둥을, 밑발판재를 수평으로 연결하고, 그 교차점과 발판재 중간에 장선을 설치하고, 발판을 이중으로 설치하여 사용된다.

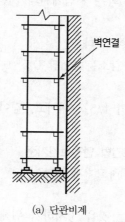
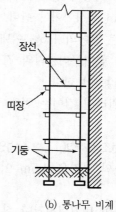
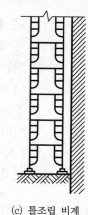

(a) 단관비계   (b) 통나무 비계   (c) 틀조립 비계
〈본비계의 종류〉

(2) 안장비계

사다리 위에 직접 발판을 설치하거나 통나무 등을 깔고 발판을 설치하는 것으로 천장이 그다지 높지 않은 장소의 내장공사 시 이용도가 높고, 각주비계와 말비계가 있다.

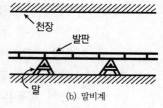

(a) 각주비계

(b) 말비계

〈안장비계〉

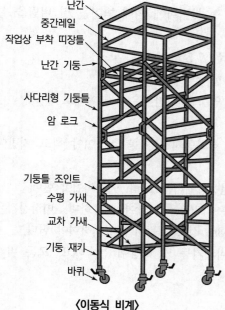

〈이동식 비계〉

(3) 이동식 비계

이동식 비계는 타워(Tower)에 조립한 틀조립구조의 최상층에 작업발판을 각주 밑부분에 바퀴를 단 구조의 비계이고 롤링 타워(Rolling Tower)라고도 한다. 인력으로 용이하게 이동되므로 실내의 천장, 벽 등의 마무리작업에 많이 사용된다.

3 비계조립 시 안전조치사항

(1) 통나무비계

① 재료

㉮ 형상이 곧고 나무결이 바르며 큰 옹이, 부식, 갈라짐 등 흠이 없고 건조된 것으로 썩거나 다른 결점이 없어야 한다.

㉯ 통나무의 직경은 밑둥에서 1.5m 되는 지점에서의 지름이 10cm 이상이고 끝마무리의 지름은 4.5cm 이상이어야 한다.

㉰ 휨 정도는 길이의 1.5% 이내이어야 한다.

㉱ 밑둥에서 끝마무리까지의 지름의 감소는 1m당 0.5~0.7cm가 이상적이나 최대 1.5cm를 초과하지 않아야 한다.

㉲ 결손과 갈라진 길이는 전체 길이의 1/5 이내이고, 깊이는 통나무 직경의 1/4을 넘지 않아야 한다.

② 조립 시 안전조치사항(Ⅰ) : 산업안전보건법 안전보건기준

㉮ 비계기둥의 간격은 2.5m 이하로 하고, 지상으로부터 첫 번째 띠장은 3m 이하의 위치에 설치할 것

㉯ 비계기둥이 미끄러지거나 침하하는 것을 방지하기 위해 비계기둥의 하단부를 묻고, 밑둥잡이를 설치하거나 깔판을 사용하는 등의 조치를 할 것

㉰ 비계기둥의 이음이 겹침이음인 때는 이음부분에서 1m 이상을 서로 겹쳐서 2개소 이상을 묶고, 비계기둥의 이음이 맞댄이음인 때에는 비계기둥을 쌍기둥틀로 하거나 1.8m 이상의 덧댐목을 사용하여 4개소 이상을 묶을 것

㉱ 비계기둥, 띠장, 장선 등의 접속부 및 교차부는 철선 기타의 튼튼한 재료로 견고하게 묶을 것

㉲ 교차가새로 보강할 것

㉳ 외줄비계, 쌍줄비계 또는 돌출비계는 다음 사항에서 정하는 바에 의해 벽이음 및 버팀을 설치할 것

ㄱ 간격은 수직방향에서는 5.5m 이하, 수평방향에서는 7.5m 이하로 할 것

ㄴ 강관, 통나무 등의 재료를 사용해 견고한 것으로 할 것

ㄷ 인장재와 압축재로 구성되어 있는 때는 인장재와 압축재의 간격은 1m 이내로 할 것

③ 조립 시 안전조치사항(Ⅱ) : 고용노동부고시 기준

㉮ 비계기둥의 밑둥은 호박돌, 잡석 또는 깔판 등으로 침하방지 조치를 취하여야 하고 지반이 연약한 경우에는 땅에 매립하여 고정시켜야 한다.

㉯ 기둥간격은 띠장방향에서 1.5m 내지 1.8m 이하, 장선방향에서는 1.5m 이하이어야 한다.

㉰ 띠장방향에서 1.5m 이하로 할 때에는 통나무 지름이 10cm 이상이어야 하며, 띠장간격은 1.5m 이하로 하여야 하고 지상에서 첫 번째 띠장은 3m 정도의 높이에 설치하여야 한다.

㉱ 기둥간격은 10m 이내마다 45°의 처마방향 가새를 비계기둥 및 띠장에 결속하고, 모든 비계기둥은 가새에 결속하여야 한다.

㉲ 작업대에는 안전난간을 설치하여야 한다.

ⓑ 작업대 위의 공구, 재료 등에 대해서는 낙하물방지 조치를 취해야 한다.

> **참고**
>
> ▶ 통나무비계는 지상높이 4층 이하 또는 12m 이하인 건축물·공작물 등의 건조, 해체 및 조립 등 작업에서만 사용할 수 있다.

(2) 강관비계

① 재료

㉮ 강관 및 부속철물은 한국산업규격에 합당한 것이어야 한다.

㉯ 강관은 외력에 의한 균열, 뒤틀림 등의 변형이 없어야 하며, 부식되지 않은 것이어야 한다.

② 조립 시 준수사항(Ⅰ) : 산업안전보건법 안전보건기준

㉮ 비계기둥에는 미끄러지거나 침하하는 것을 방지하기 위해 밑받침철물을 사용하거나 깔판, 깔목 등을 사용하여 밑둥잡이를 설치하는 등의 조치를 할 것

㉯ 강관의 접속부 또는 교차부는 적합한 부속철물을 사용해 접속하거나 단단히 묶을 것

㉰ 교차가새로 보강할 것

㉱ 외줄비계, 쌍줄비계 또는 돌출비계는 다음 사항의 벽이음 및 버팀을 설치할 것

　㉠ 강관, 통나무 등의 재료를 사용하여 견고한 것으로 할 것

　㉡ 인장재와 압축재로 구성되어 있는 때에는 인장재와 압축재의 간격을 1m 이내로 할 것

　㉢ 강관비계의 조립간격은 다음 표의 기준에 적합하도록 할 것

강관비계의 종류	조립간격	
	수직방향	수평방향
단관비계	5m	5m
틀비계(높이가 5m 미만의 것을 제외한다)	6m	8m

㉲ 가공전로에 근접하여 비계를 설치할 때는 가공전로를 이설하거나 가공전로에 절연용 방호구를 장착하는 등 가공전로와의 접촉을 방지하기 위한 조치를 할 것

③ 안전조치사항(Ⅱ) : 고용노동부고시 기준

㉮ 장선간격은 1.5m 이하로 설치하고, 비계기둥과 띠장의 교차부에서는 비계기둥에 결속하고, 그 중간부분에서는 띠장에 결속한다.

㉯ 기둥간격 10m마다 45°의 처마방향 가새를 설치해야 하며, 모든 비계기둥은 가새에 결속하여야 한다.

㉰ 작업대에는 안전난간을 설치하여야 한다.

④ 강관비계의 구조 : 산업안전보건법 안전보건기준

㉮ 비계기둥의 간격은 띠장방향에서는 1.5m 이상 1.8m 이하, 장선방향에서는 1.5m 이하로 할 것

㉯ 띠장간격은 1.5m 이하로 설치하되, 첫 번째 띠장은 지상으로부터 2m 이하의 위치에 설치할 것

㉰ 비계기둥의 제일 윗부분으로부터 31m 되는 지점 밑부분의 비계기둥은 2개의 강관으로 묶어 세울 것(브래킷 등으로 보강하여 그 이상의 강도가 유지되는 경우에는 그러하지 아니 하다.)

예제

▶ 52m 높이로 강관비계를 세우려면 지상에서 몇 미터까지 2개의 강관으로 묶어 세워야 하는가?

풀이 $52m - 31m = 21m$

㉛ 비계기둥 간의 적재하중은 400kg을 초과하지 아니 하도록 할 것

(3) 강관틀비계

① 재료

㉮ 강관틀비계는 한국산업규격에 합당한 것이어야 한다.

㉯ 부재는 외력에 의한 변형 또는 불량품이 없는 것이어야 한다.

② 조립 시 안전조치사항 : 산업안전보건법 안전기준

㉮ 비계기둥의 밑둥에는 밑받침철물을 사용해야 하며 밑받침에 고저 차가 있는 경우에는 조절형 밑받침철물을 사용해 각각의 강관틀비계가 항상 수평 및 수직을 유지하도록 할 것

㉯ 높이가 20m를 초과하거나 중량물의 적재를 수반하는 작업을 할 경우에는 주틀간의 간격은 최대 1.8m 이하로 할 것

㉰ 주틀간에 교차가새를 설치하고 최상층 및 5층 이내마다 수평재를 설치할 것

㉱ 수직방향으로 6m, 수평방향으로 8m 이내마다 벽이음을 할 것

㉲ 길이가 띠장방향으로 4m 이하이고, 높이가 10m를 초과하는 경우에는 10m 이내마다 띠장 방향으로 버팀기둥을 설치할 것

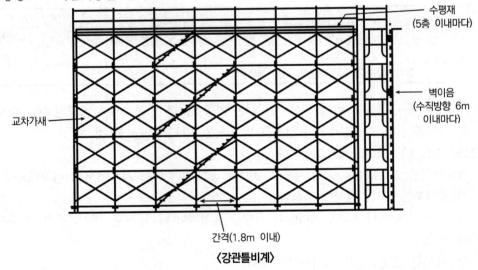

〈강관틀비계〉

참고

▶ 강관틀비계 전체 높이는 40m를 초과할 수 없다(고용노동부고시 기준).

(4) 달비계

와이어로프나 철선 등을 이용하여 상부지점에서 작업용 발판을 매다는 형식의 비계로서 건물 외벽 도장이나 청소 등의 작업에서 사용한다.

① **쌍줄 달비계** : 쌍줄 달비계는 공사 중에 건축물 옥상 또는 임의 층의 개구부에서 내민 보(캔틸레버)를 설치하고 작업발판을 달아 놓은 비계로서 고층건물 마무리작업 및 청소작업 등에 주로 이용된다.

② **간이 달비계** : 간이 달비계는 건축물의 옥상, 난간 뒤에 필요한 간격으로 매입하든가 옥상에서 내민 보(캔틸레버)를 돌출시켜 상부를 지지하는 것이며, 건축물 벽면의 부분적 작업이나 창닦이 등에 이용된다.

> 💡 **참고**
>
> ▶ **달비계의 안전계수**
>
> | 종류 | 안전계수 |
> |---|---|
> | 달기와이어로프 및 달기강선 | 10 이상 |
> | 달기체인 및 달기후크 | 5 이상 |
> | 달기강대와 달비계의 하부 및 상부 지점 | 강재 2.5 이상 |
> | | 목재 5 이상 |

③ **달비게의 구조** : 산업안전보건법 안전기준

  ㉮ 달기강선 및 달기강대는 심하게 손상, 변형 또는 부식된 것을 사용하지 않도록 할 것

  ㉯ 달기 와이어로프, 달기 체인, 달기 강선, 달기 강대 또는 달기 섬유로프는 한쪽 끝을 비계의 보 등에, 다른 쪽 끝을 내민 보, 앵커볼트 또는 건축물의 보 등에 각각 풀리지 아니 하도록 설치할 것

  ㉰ 작업발판은 폭을 40cm 이상으로 하고 틈새가 없도록 할 것

  ㉱ 작업발판의 재료는 뒤집히거나 떨어지지 아니 하도록 비계의 보 등에 연결하거나 고정시킬 것

  ㉲ 비계가 흔들리거나 뒤집히는 것을 방지하기 위하여 비계의 보, 작업발판 등에 버팀을 설치하는 등 필요한 조치를 할 것

  ㉳ 선반비계에 있어서는 보의 접속부 및 교차부를 철선, 이음철물 등을 사용하여 확실하게 접속시키거나 단단하게 연결시킬 것

  ㉴ 추락에 의한 근로자의 위험을 방지하기 위하여 달비계에 안전대 및 구명줄을 설치하고, 안전난간의 설치가 가능한 구조인 경우에는 안전난간을 설치할 것

④ **달비계 조립 시 안전조치사항** : 고용노동부고시 기준

  ㉮ 관리감독자의 지휘하에 작업을 진행하여야 한다.

  ㉯ 와이어로프 및 강선의 안전계수는 10 이상이어야 한다.

  ㉰ 와이어로프의 일단은 권양기에 확실히 감겨져 있어야 한다.

  ㉱ 와이어로프를 사용함에 있어 다음 사항에서 정하는 것은 사용할 수 없다.

    ㉠ 이음매가 있는 것

    ㉡ 와이어로프의 한 꼬임에서 끊어진 소선의 수가 10% 이상인 것

    ㉢ 지름의 감소가 공칭지름의 7%를 초과하는 것

    ㉣ 꼬인 것

    ㉤ 심하게 변형되거나 부식된 것

    ㉥ 열과 전기충격에 의해 손상된 것

    ⑪ 승강하는 경우 작업대는 수평을 유지하도록 하여야 한다.

    ⑫ 허용하중 이상의 작업원이 타지 않도록 하여야 한다.

    ⑬ 권양기에는 제동장치를 설치하여야 한다.

    ⑭ 발판 위 약 10cm 위까지 발끝막이판을 설치하여야 한다.

    ⑮ 난간은 안전난간을 설치하여야 하며, 움직이지 않게 고정하여야 한다.

    ⑯ 작업성질상 안전난간을 설치하는 것이 곤란하거나 임시로 안전난간을 해체하여야 하는 경우 방망을 치거나 안전대를 착용하여야 한다.

    ㉮ 달비계 위에서는 각립사다리 등을 사용해서는 안 된다.

    ㉯ 난간 밖에서 작업하지 않도록 하여야 한다.

(5) 달대비계

철골조립공사 중에 볼트작업을 하기 위해 주체인 철골에 매달아서 작업발판으로 이용하는 비계

① **조립 시 안전조치사항 : 고용노동부고시 기준**

    ㉮ 달대비계를 매다는 철선은 소성철선 #8선을 사용하며 4가닥 정도로 꼬아서 하중에 대한 안전계수가 8 이상 확보되어야 한다.

    ㉯ 철근을 사용할 때는 19mm 이상을 쓰며, 근로자는 반드시 안전모와 안전대를 착용하여야 한다.

    ㉰ 달비계 위에 높은 디딤판, 사다리 등을 사용하여 근로자에게 작업을 시켜서는 안 된다.

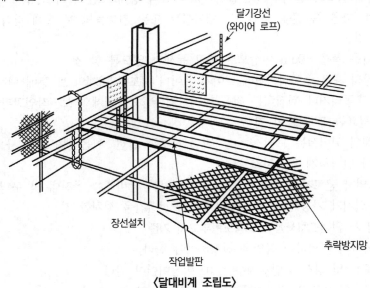

〈달대비계 조립도〉

(6) 말비계(안장비계, 각주비계)

말비계는 비교적 천장높이가 얕은 실내에서 내장 마무리작업에 사용되는 것으로 두 개의 사다리를 상부에서 핀으로 결합시켜 개폐시킬 수 있도록 하여 발판 또는 비계역할을 하도록 하는 것이다.

① **조립 시 안전조치사항 : 산업안전보건법 안전기준**

    ㉮ 지주부재의 하단에는 미끄럼방지장치를 하고, 양측 끝부분에 올라서서 작업하지 아니하도록 할 것

  ④ 지주부재와 수평면과의 기울기를 75° 이하로 하고, 지주부재와 지주부재 사이를 고정시키는 보조부재를 설치할 것

  ⑤ 말비계의 높이가 2m를 초과할 경우에는 작업발판의 폭을 40cm 이상으로 할 것

(7) 이동식 비계

옥외의 얕은 장소 또는 실내의 부분적인 장소에서 작업을 할 때 이용되는 것으로 비계의 각부에 활차를 부착하여 이동시킬 수 있는 것이다. 비계의 전도 등에 의한 재해가 많이 발생하므로 취급에 유의하여야 한다.

① 조립 시 안전조치사항(Ⅰ) : 산업안전보건법 안전기준

  ㉮ 이동식 비계의 바퀴에는 뜻밖의 갑작스러운 이동 또는 전도를 방지하기 위하여 브레이크, 쐐기 등으로 바퀴를 고정시킨 다음 비계의 일부를 견고한 시설물에 고정하거나 아웃트리거(outrigger)를 설치하는 등 필요한 조치를 할 것

  ㉯ 승강용 사다리는 견고하게 설치할 것

  ㉰ 비계의 최상부에서 작업을 하는 경우에는 안전난간을 설치할 것

  ㉱ 작업발판은 항상 수평을 유지하고 작업발판 위에서 안전난간을 딛고 작업을 하거나 받침대 또는 사다리를 사용하여 작업하지 않도록 할 것

  ㉲ 작업발판의 최대적재하중은 250kg을 초과하지 않도록 할 것

② 조립 시 안전조치사항(Ⅱ) : 고용노동부고시 기준

  ㉮ 관리감독자의 지휘하에 작업을 행하여야 한다.

  ㉯ 비계의 최대높이는 밑변 최소폭의 4배 이하이어야 한다.

예제

▶ 이동식 비계를 조립하여 사용할 때 밑면 최소 폭의 길이가 2m라면 이 비계의 사용가능한 최대 높이는?

풀이 $2 \times 4 = 8m$

  ㉰ 작업대의 발판은 전면에 걸쳐 빈틈없이 깔아야 한다.

  ㉱ 비계의 일부를 건물에 체결하여 이동, 전도 등을 방지하여야 한다.

  ㉲ 최대 적재하중을 표시하여야 한다.

  ㉳ 부재의 접속부, 교차부는 확실하게 연결하여야 한다.

  ㉴ 작업대에는 안전난간을 설치하여야 하며 낙하물 방지조치를 설치하여야 한다.

  ㉵ 이동할 때에는 작업원이 없는 상태이어야 한다.

  ㉶ 비계의 이동에는 충분한 인원배치를 하여야 한다.

  ㉷ 안전모를 착용하여야 하며 지지로프를 설치하여야 한다.

  ㉸ 재료, 공구의 오르내리기에는 포대, 로프 등을 이용하여야 한다.

  ㉹ 작업장 부근에 고압선 등이 있는가를 확인하고 적절한 방호조치를 취하여야 한다.

  ㉺ 상하에서 동시에 작업을 할 때에는 충분한 연락을 취하면서 작업을 하여야 한다.

> **참고**
>
> ▶ 이동식 비계의 적재하중
>
> 1. $A > 2$의 경우 : $W = 250$　　　　2. $A < 2$의 경우 : $W = 50 + 100A$
>
> 여기서, A : 작업발판의 바닥면적(m^2), W : 적재하중(kgf)

4 시스템 비계

시스템 비계를 사용하여 비계를 구성하는 경우에 다음 사항을 준수하여야 한다.

① 수직재, 수평재, 가새재를 견고하게 연결하는 구조가 되도록 할 것

② 수직재와 받침철물의 연결부 겹침길이는 받침철물 전체 길이의 1/3 이상이 되도록 할 것

③ 수평재는 수직재와 직각으로 설치하여야 하며, 체결 후 흔들림이 없도록 견고하게 설치할 것

④ 수직재와 수직재의 연결철물은 이탈되지 않도록 견고한 구조로 할 것

⑤ 벽 연결재의 설치간격은 제조사가 정한 기준에 따라 설치할 것

5 비계의 결속재료

(1) 통나무비계의 결속재료

① 통나무비계의 결속재료로 사용되는 철선은 직경 3.4mm의 #10 내지 직경 4.2mm의 #8의 소성 철선(철선길이 1개소 150cm 이상) 또는 #16 내지 #18의 아연도금 철선(철선길이 1개소 500cm 이상)을 사용한다.

② 결속재료는 모두 새 것을 사용하고 재사용은 하지 아니 한다.

(2) 강관비계의 결속재료

① **연결철물** : 강관을 교차시켜 조립, 결합하는 철물은 연결성능이 좋아야 하며, 안전내력은 300kg 이상이어야 한다.

② **이음철물** : 강관을 잇는 이음철물로 마찰형과 전단형이 있으나 마찰형은 인장강도를 그다지 필요로 하지 않는 곳에 사용하여야 한다.

③ **밑받침철물** : 비계의 하중을 지반에 전달하고 비계의 각 부를 조정하는 철물로서 고정형과 조절형이 있다.

6 비계(가설구조물)가 갖추어야 할 구비조건

(1) 안전성

추락, 낙하에 의한 안정성 및 파괴 ,도괴에 의한 안전성을 확보해야 되는데 일반적으로 안정성은 적재하중에 의해 좌우된다.

① **경작업** : 이동식 비계와 같이 건축자재의 일시적인 적재가 필요한 경우에는 120~150kg/m²의 강도가 요구된다.

② **중작업** : 본비계와 건축자재를 가설치해야 되는 경우에는 250~300kg/m²의 강도가 필요하다.

(2) 작업성

비계는 작업 및 통행에 방해가 되지 않는 구조이어야 하며, 작업자세를 취할 때 무리가 없도록 작업발판의 넓이가 확보되어야 한다.

① 경작업 시 작업발판의 폭 : 40cm 이상

② 중작업 시 작업발판의 폭 : 80cm 이상

(3) 경제성

안전율은 최대적재하중을 고려하여 정해야 되는데 보통 2~2.5배의 안전계수가 주어져야 한다.

제2절 가설통로 설치기준

1 가설통로의 종류

건설공사가 진행되는 도중에 작업자의 출입, 재료의 운반 등으로 활용되는 가설통로에는 경사로, 통로발판, 가설계단, 사다리식 통로, 사다리 등이 있다.

2 가설통로 설치 시 준수사항

(1) 가설통로의 구조(산업안전보건법 안전보건기준)

① 견고한 구조로 할 것

② 경사는 30° 이하로 할 것(다만, 계단을 설치하거나 높이 2m 미만의 가설통로로서 튼튼한 손잡이를 설치한 경우에는 그러하지 아니 하다.)

③ 경사가 15°를 초과하는 경우에는 미끄러지지 아니하는 구조로 할 것

④ 추락할 위험이 있는 장소에는 안전난간을 설치할 것(다만, 작업상 부득이한 경우에는 필요한 부분만 임시로 해체할 수 있다.)

⑤ 수직갱에 가설된 통로의 길이가 15m 이상인 경우에는 10m 이내마다 계단참을 설치할 것

⑥ 건설공사에 사용하는 높이 8m 이상인 비계다리에는 7m 이내마다 계간참을 설치할 것

(2) 경사로 설치 시 준수사항(고용노동부고시 기준)

① 시공하중 또는 폭풍, 진동 등 외력에 대하여 안전하도록 설계하여야 한다.

② 경사로는 항상 정비하고 안전통로를 확보하여야 한다.

③ 비탈면의 경사각은 30° 이내로 한다.

④ 경사로의 폭은 최소 90cm 이상이어야 한다.

⑤ 높이 7m 이내마다 계단참을 설치하여야 한다.

⑥ 추락방지용 안전난간을 설치하여야 한다.

⑦ 목재는 미송, 육송 또는 그 이상의 재질을 가진 것이어야 한다.

⑧ 경사로지지 기둥은 3m 이내마다 설치하여야 한다.

⑨ 발판은 폭 40cm 이상으로 하고, 틈은 3cm 이내로 설치하여야 한다.

⑩ 발판이 이탈하거나 한쪽 끝은 밟으면 다른 쪽이 들리지 않게 장선에 결속하여야 한다.

⑪ 결속용 못이나 철선이 발에 걸리지 않아야 한다.

(3) 사다리식 통로 설치 시 준수사항(산업안전보건법 안전보건기준)

① 견고한 구조로 할 것

② 심한 손상, 부식 등이 없는 재료를 사용할 것

③ 발판의 간격은 일정하게 할 것

④ 발판과 벽과의 사이는 15cm 이상의 간격을 유지할 것

⑤ 폭은 30cm 이상으로 할 것

⑥ 사다리가 넘어지거나 미끄러지는 것을 방지하기 위한 조치를 할 것

⑦ 사다리의 상단은 걸쳐 놓은 지점으로부터 60cm 이상 올라가도록 할 것

⑧ 사다리식 통로의 길이가 10m 이상인 경우에는 5m 이내마다 계단참을 설치할 것

⑨ 사다리식 통로의 기울기는 75° 이하로 할 것(다만, 고정식 사다리식 통로의 기울기는 90° 이하로 하고 그 높이가 7m 이상인 경우에는 바닥으로부터 높이가 2.5m되는 지점부터 등받이울을 설치할 것)

⑩ 접이식 사다리기둥은 사용 시 접혀지거나 펼쳐지지 않도록 철물 등을 사용하여 견고하게 조치할 것

(4) 가설계단 설치 시 준수사항(산업안전보건법 안전보건기준)

① 계단 및 계단참을 설치하는 경우 500kg/m² 이상의 하중을 견딜 수 있는 강도를 가진 구조로 설치하여야 한다.

② 안전율(재료의 파괴응력도와 허용응력도의 비율)은 4 이상으로 하여야 한다.

③ 계단 및 승강구 바닥을 구멍이 있는 재료로 만드는 경우 렌치나 그 밖의 공구 등이 낙하할 위험이 없는 구조로 하여야 한다.

④ 계단을 설치하는 경우 그 폭을 1m 이상으로 하여야 한다(다만, 급유용, 보수용, 비상용계단 및 나선형계단인 경우에는 그러하지 아니 하다).

⑤ 계단에 손잡이 외의 다른 물건 등을 설치하거나 적재하여서는 아니 된다.

⑥ 높이가 3m를 초과하는 계단에 높이 3m 이내마다 너비(폭) 1.2m 이상의 계단참을 설치하여야 한다.

⑦ 계단을 설치하는 경우 바닥면으로부터 높이 2m 이내의 공간에 장애물이 없도록 하여야 한다(다만, 급유용, 보수용, 비상용계단 및 나선형계단인 경우에는 그러하지 아니 하다).

⑧ 높이 1m 이상인 계단의 개방된 측면에 안전난간을 설치하여야 한다.

3 사다리

높은 곳에서의 작업이나 물품의 운반 및 통로의 수단으로 비계를 설치하기 곤란한 곳이나 작업이 간단한 곳, 또는 실내에서의 작업에 편리하게 사용하기 위한 것으로 견고하고 안전하게 설치되어야 한다.

(1) 고정식 사다리

① 고정식 사다리는 90°의 수직이 가장 적합하며, 경사를 둘 필요가 있는 경우에는 수직면으로부터 15%를 초과해서는 안 된다.

② 옥외용 사다리는 철재를 원칙으로 하며, 길이가 10m 이상인 때에는 5m 이내의 간격마다 계단참을 두어야 하고, 사다리 전면의 개방 75cm 이내에는 장애물이 없어야 한다.

   ㉮ 목재사다리(고용노동부고시 기준)

      ㉠ 재질은 건조된 것으로 옹이, 갈라짐, 흠 등의 결함이 없고 곧은 것이어야 한다.

      ㉡ 수직재와 발 받침대는 장부촉맞춤으로 하여야 한다.

      ㉢ 발 받침대의 간격은 25~35cm로 하여야 한다.

      ㉣ 이음 또는 맞춤부분은 보강하여야 한다.

      ㉤ 벽면과의 이격거리는 20cm 이상으로 하여야 한다.

   ㉯ 철재사다리(고용노동부고시 기준)

      ㉠ 수직재와 발 받침대는 횡좌굴을 일으키지 않도록 충분한 강도를 가진 것이어야 한다.

      ㉡ 발 받침대는 미끄러짐을 방지하기 위하여 미끄럼방지장치를 하여야 한다.

      ㉢ 받침대의 간격은 25~35cm로 하여야 한다.

      ㉣ 사다리 몸체 또는 전면에 기름 등과 같은 미끄러운 물질이 묻어 있어서는 안 된다.

(2) 이동식 사다리(고용노동부고시 기준)

① 길이가 6m를 초과해서는 안 된다.

② 다리의 벌림은 벽높이의 1/4 정도가 적당하다.

③ 벽면 상부로부터 최소한 60cm 이상의 여장길이가 있어야 한다.

④ 미끄럼방지장치는 다음 기준에 의하여 설치한다.

   ㉮ 사다리 지주의 끝에 고무, 코르크, 가죽, 강스파이크 등을 부착시켜 바닥과의 미끄럼을 방지하는 안전장치가 있어야 한다.

   ㉯ 쐐기형 강 스파이크는 지반이 평탄한 맨땅 위에 세울 때 사용하여야 한다.

   ㉰ 미끄럼방지 발판은 인조고무 등으로 마감한 실내용을 사용하여야 한다.

   ㉱ 미끄럼 방지 판자 및 미끄럼방지 고정쇠는 돌마무리 또는 인조석 깔기로 마감한 바닥용으로 사용하여야 한다.

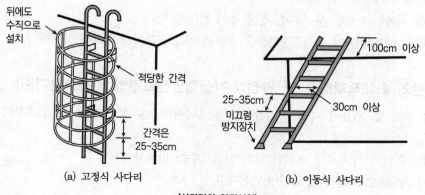

〈사다리의 안전설치〉

4 가설도로(고용노동부고시 기준)

① 도로의 표면은 장비 및 차량이 안전운행할 수 있도록 유지·보수하여야 한다.
② 도로와 작업장 높이에 차가 있을 때는 바리케이드 또는 연석 등을 설치하여 차량의 위험 및 사고를 방지하도록 하여야 한다.
③ 도로는 배수를 위해 도로 중앙부를 약간 높게 하거나 배수시설을 하여야 한다.
④ 운반로는 장비의 안전운행에 적합한 도로의 폭을 유지하여야 한다.
⑤ 커브 구간에서는 차량이 가시거리의 절반 이내에서 정지할 수 있도록 차량의 속도를 제한하여야 한다.
⑥ 최고 허용경사도는 부득이한 경우를 제외하고는 10%를 넘어서는 안 된다.

제3절 작업발판의 설치기준

1 작업발판(통로발판)의 구조(산업안전보건법 안전보건기준)

비계(달비계, 달대비계 및 말비계는 제외)의 높이가 2m 이상인 작업장소에 다음의 기준에 맞는 작업발판을 설치하여야 한다.
① 발판재료는 작업할 때의 하중을 견딜 수 있도록 견고한 것으로 할 것
② 작업발판의 폭은 40cm 이상으로 하고, 발판재료 간의 틈은 3cm 이하로 할 것
③ 추락의 위험이 있는 장소에는 안전난간을 설치할 것
④ 작업발판의 지지물은 하중에 의하여 파괴될 우려가 없는 것을 사용할 것
⑤ 작업발판 재료는 뒤집히거나 떨어지지 않도록 둘 이상의 지지물에 연결하거나 고정시킬 것
⑥ 작업발판을 작업에 따라 이동시킬 경우에는 위험방지에 필요한 조치를 할 것

2 작업발판(통로발판) 설치 시 준수사항(고용노동부고시 기준)

① 발판을 겹쳐 이음하는 경우 장선 위에서 이음을 하고 겹침길이는 20cm 이상으로 하여야 한다.
② 작업발판의 최대 폭은 1.6m 이내이어야 한다.
③ 작업발판 위에는 돌출된 못, 옹이, 철선 등이 없어야 한다.
④ 비계발판의 구조에 따라 최대적재하중을 정하고 이를 초과하지 않도록 하여야 한다.

3 작업발판의 최대적재하중 및 안전계수(산업안전보건법 안전보건기준)

① 비계의 구조 및 재료에 따라 작업발판의 최대적재하중을 정하고, 이를 초과하여 실어서는 아니된다.
② 달비계(곤돌라의 달비계는 제외한다)의 안전계수는 다음과 같다.
㉮ 달기 와이어로프 및 달기 강선의 안전계수 : 10 이상

　ⓗ 달기 체인 및 달기 훅의 안전계수 : 5 이상

　ⓓ 달기 강대와 달비계의 하부 및 상부지점의 안전계수 : 강재의 경우 2.5 이상, 목재의 경우 5
　이상

③ 안전계수는 와이어로프 등의 절단하중값을그 와이어로프 등에 걸리는 하중의 최대값으로 나눈
값을 말한다.

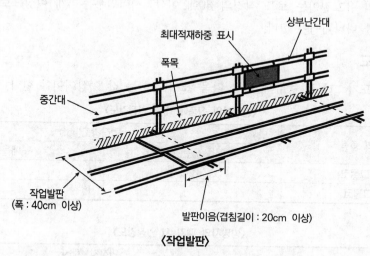

〈작업발판〉

제4절 추락방지용 방망 설치기준(고용노동부고시 기준)

　안전망은 작업발판 및 통로의 끝이나 개구부로서 근로자가 추락할 위험이 있는 장소에서 난간등
의 설치가 매우 곤란하거나 작업의 필요상 임의로 난간 등을 해체하여야 하는 경우에 설치한다.

1 방망의 구성

방망은 망, 테두리로프, 달기로프, 시험용사로 구성된 것으로서 각 부분은 다음 기준에 적합하여야
한다.

① **소재** : 합성섬유 또는 그 이상의 물리적 성질을 갖는 것이어야 한다.

② **그물코** : 사각 또는 마름모로서 그 크기는 10cm 이하이어야 한다.

③ **방망의 종류** : 매듭방망으로서 매듭은 원칙적으로 단매듭을 한다.

④ **테두리로프와 방망의 재봉** : 테두리로프는 각 그물코를 관통시키고 서로 중복됨이 없이 재봉사로
결속한다.

⑤ **테두리로프 상호의 접합** : 테두리로프를 중간에서 결속하는 경우는 충분한 강도를 갖도록 한다.

⑥ **달기로프의 결속** : 달기로프는 3회 이상 엮어 묶는 방법 또는 이와 동등 이상의 강도를 갖는 방
법으로 테두리로프에 결속하여야 한다.

⑦ **시험용사** : 방망 폐기 시 방망사의 강도를 점검하기 위하여 테두리로프에 연하여 방망에 재봉한
방망사이다.

2 테두리로프 및 달기로프의 강도

① 테두리로프 및 달기로프는 방망에 사용되는 로프와 동일한 시험편 양단을 인장시험기로 체크하거나 또는 이와 유사한 방법으로 인장속도가 20~30cm/min 이하의 등속 인장시험기로 시험한 경우, 인장강도가 1,500kg/cm² 이상이어야 한다.

② 이때 시험편의 유효길이는 로프 직경의 30배 이상, 시험편수는 5개 이상으로 하고 산술평균치로 인장강도를 나타내어야 한다.

3 방망사의 강도

방망사는 인장강도가 그물코 종류에 따라 다음 표에 정하는 값 이상이어야 한다.

〈방망사의 신품에 대한 인장강도〉

그물코의 종류	인장강도(kgf)	
	매듭 없는 방망사	매듭 방망사
10cm 그물코	240	200
5cm 그물코	–	110

〈방망사의 폐기 시 인장강도〉

그물코의 종류	인장강도(kgf)	
	매듭 없는 방망사	매듭 방망사
10cm 그물코	150	135
5cm 그물코	–	60

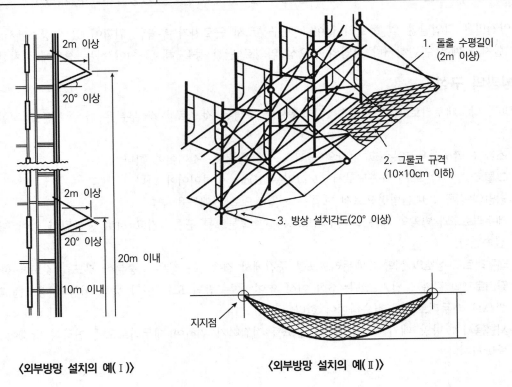

〈외부방망 설치의 예(Ⅰ)〉　　　　〈외부방망 설치의 예(Ⅱ)〉

4 허용낙하높이

작업발판과 방망 부착위치의 수직거리허용(낙하높이)는 다음 표에서 계산된 값 이하로 한다.

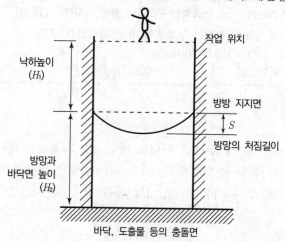

〈방망의 허용낙하높이〉

조건	높이 종류	낙하높이(H_1)		방망과 바닥면 높이(H_2)		방망의 처짐길이(S)
		단일방망	복합방망	10cm 그물코	5cm 그물코	
$L < A$		$\frac{1}{4}(L+2A)$	$\frac{1}{5}(L+2A)$	$\frac{0.85}{4}(L+3A)$	$\frac{0.95}{4}(L+3A)$	$\frac{1}{4}(L+2A) \times \frac{1}{3}$
$L \geq A$		$3/4L$	$3/5L$	$0.85L$	$0.95L$	$3/4L \times \frac{1}{3}$

예제

▶ 추락재해를 방지하기 위하여 10cm 그물코인 방망을 설치할 때 방망과 바닥면 사이의 최소높이를 구하면? (단, 설치된 방망의 단변방향 길이 $L = 2$m, 장변방향 방망의 지지간격 $A = 3$m 이다.)

풀이 방망과 바닥면과의 최소높이(H_2)

(조건) 10cm 그물코의 경우, $L < A$일 때

$$H_2 = \frac{0.85}{4}(L+3A)$$

여기서, H_2 : 최소높이(m), L : 망의 단면길이(m), A : 망의 지지간격(m)

$$\therefore \frac{0.85}{4} \times (2+3 \times 3) = 2.3375 \fallingdotseq 2.4$$

5 방망 지지점의 강도

방망 지지점은 600kg의 외력에 견딜 수 있는 강도를 보유하여야 한다.

$$F = 200B$$

여기서, F : 외력(kg), B : 지지점 간격(m)

예제

▶ 추락방지망의 달기로프를 지지점에 부착할 때 지지점의 간격이 1.5m인 경우 지지점의 강도는 최소 얼마 이상이어야 하는가? (단. 연속적인 구조물이 방망 지지점인 경우임)

풀이 방망의 지지점 강도(연속적인 구조물이 방망 지지점인 경우)

$$F = 200B = 200 \times 1.5 = 300\text{kg}$$

여기서, F : 외력(kg), B : 지지점 간격(m)

---

6 방망의 정기시험

① 방망의 정기시험은 사용개시 후 1년 이내로 하고, 그 후 6개월마다 1회씩 정기적으로 시험용사에 대해서 등속인장시험을 하여야 한다. 다만, 사용상태가 비슷한 다수의 방망의 시험용사에 대하여는 무작위 추출한 5개 이상을 인장시험 했을 경우 다른 방망에 대한 등속인장시험을 생략할 수 있다.

② 방망의 마모가 현저한 경우나 방망이 유해가스에 노출된 경우에는 사용 후 시험용사에 대해서 인장시험을 하여야 한다.

7 방망의 보관

① 방망은 깨끗하게 보관하여야 한다.

② 방망은 자외선, 기름, 유해가스가 없는 건조한 장소에서 취하여야 한다.

8 방망의 사용제한

① 방망사가 규정한 강도 이하인 방망

② 인체 또는 이와 동등 이상의 무게를 갖는 낙하물에 대해 충격을 받은 방망

③ 파손한 부분을 보수하지 않은 방망

④ 강도가 명확하지 않은 방망

9 방망의 표시

방망에는 보기 쉬운 곳에 다음 사항을 표시하여야 한다.

① 제조자명   ② 제조년월

③ 재봉치수   ④ 그물코

⑤ 신품인 때의 방망의 강도

제5절 거푸집 설치기준

거푸집이라 함은 콘크리트가 응결·변화하는 동안 콘크리트를 일정한 형상과 치수로 유지시키는 역할을 할 뿐 아니라 콘크리트가 변화하는 데 필요한 수분의 누출을 방지하여 외기의 영향을 방호하는 가설물을 말한다.

거푸집의 설계와 조립의 양부는 콘크리트의 시공 및 그 결과에 매우 중요한 영향을 미치게 되므로 소홀히 취급해서는 안 된다.

지보공은 동바리라고도 하는데 거푸집 및 장선, 멍에재를 소정의 위치에 유지시키고, 수평부재가 받는 하중을 하부구조에 전달하는 수직부재로서 작업조건에 따라 매우 다양하게 설치하고 있다.

1 거푸집의 필요조건

① 수분이나 모르타르(Mortar) 등의 누출을 방지할 수 있는 수밀성이 있을 것
② 시공정도에 알맞은 수평, 수직을 견지하고 변형이 생기지 않는 구조일 것
③ 콘크리트의 자중 및 부어넣기 할 때의 충격과 작업하중에 견디며 변형(처짐, 배부름, 뒤틀림)을 일으키지 않을 강도를 가질 것
④ 거푸집은 조립, 해체, 운반이 용이할 것
⑤ 최소한의 재료로 여러 번 사용할 수 있는 전용성을 가질 것

2 거푸집의 안전에 대한 검토

거푸집은 시공 시의 연직하중(수직하중), 수평하중 및 콘크리트의 측압에 대하여 안전하고 경제적이며, 변형에도 충분한 강성을 지녀야 한다.

(1) 거푸집 설계 시 고려해야 될 하중

거푸집 및 지보공(동바리)은 여러 가지 시공조건을 고려하고 다음의 하중을 고려하여 설계하여야 한다.

① **연직방향하중** : 거푸집, 지보공(동바리), 콘크리트, 철근, 작업원, 타설용 기계·기구, 가설 설비 등의 중량 및 충격하중
② **횡방향하중** : 작업할 때의 진동, 충격, 시공오차 등에 기인되는 횡방향하중 이외에 필요에 따라 풍압, 유수압, 지진 등
③ **콘크리트의 측압** : 굳지 않은 콘크리트의 측압
④ **특수하중** : 시공 중에 예상되는 특수한 하중
⑤ 상기 ①~④의 하중에 안전율을 고려한 하중

(2) 거푸집 설계 시 연직하중(수직하중)

거푸집의 수직방향으로 작용하는 고정하중, 충격하중, 작업하중 및 적재하중의 합으로 산정한다.

① **고정하중** : 고정하중은 거푸집 자체의 중량(철근중량 포함)이다.
② **충격하중** : 콘크리트 타설 시 및 중기작업 시 생기는 하중으로 산정되는 적재하중의 50%를 적용한다.

③ **작업하중** : 작업자와 소도구의 하중으로 보통 150kg/m²로 한다.

④ **적재하중** : 적재하중은 타설되는 콘크리트, 철근의 중량에 특별히 차량 및 중량의 기계가 적재되는 경우에 합한 하중을 말한다.

콘크리트의 종류	콘크리트의 중량	
	무근콘크리트	철근콘크리트
보통콘크리트	2.3t/m³	2.4t/m³
경량콘크리트	1.7~2.0t/m³	

> 🔎 **참고**
>
> ▶ **거푸집 연직(수직)하중 계산식**
>
> W = 고정하중($r \cdot t$) + 충격하중($0.5r \cdot t$) + 작업하중(150kgf/m²)
>
> 여기서, t : 슬래브 두께(mm), r : 철근콘크리트 단위중량(kgf/m³)
>
> 일반적으로 계산 시 적용하는 하중은 다음과 같다.
>
> 1. **고정하중** : 철근을 포함한 콘크리트 자중
> 2. **충격하중** : 고정하중의 50%(타설높이, 장비의 고려하중)
> 3. **작업하중** : 콘크리트 작업자 하중 → 150kgf/m²

(3) 거푸집 설계 시의 수평하중

거푸집의 수평방향으로 작용하는 콘크리트의 측압, 풍하중 및 지진하중 등이 있다.

① **콘크리트의 측압** : 콘크리트의 측압은 콘크리트의 타설속도, 타설높이, 단위용적중량, 온도, 부위 및 배근상태 등에 따라 다르지만 최대측압을 구하는 데 이용되는 4요소는 다음과 같다.

   ⑦ 생콘크리트의 타설높이(m)   ⑪ 콘크리트의 타설속도(m/h)

   ⑪ 생콘크리트의 단위용적중량(t/m³)   ⑭ 벽길이(m)

② **풍하중** : 풍파중은 속도압에 풍력계수를 곱하여 다음과 같이 산정한다.

$$P = C \cdot q \cdot A$$

여기서, P : 풍하중(kg), C : 풍력계수, q : 속도압, A : 수압면적

속도압 q는 다음과 같이 구한다.

$$q = \frac{1}{30} \cdot V^2 \cdot \sqrt[4]{h}$$

여기서, V : 풍속(m/sce), h : 거푸집의 지반으로부터의 높이(m)

③ **지진하중** : 지진발생 등 특별한 경우에 적용된다.

3 재료에 따른 거푸집의 종류

거푸집의 재료로는 목재, 강재, 경금속, 플라스틱, 글라스파이버, FRP(강화플라스틱섬유) 등이 쓰이고 있다.

(1) 강재 거푸집(철재 거푸집)

강재 거푸집은 목재로 만든 거푸집의 단점을 보완해 주고 시공상 까다롭고 복잡한 문제들을 쉽게 해결해 주고 있다. 강재 거푸집의 장·단점은 다음 표와 같다.

장 점	단 점
① 수밀성이 좋다.	① 외부온도의 영향을 받기 쉽다.
② 강도가 크다.	② 초기의 투자율이 높다.
③ 운용도가 극히 좋다.	③ 콘크리트가 녹물로 오염될 염려가 있다.
④ 강성이 크고 정밀도가 높다.	④ 중량이 무거워 취급이 어렵다.
⑤ 평면이 평활한 콘크리트가 된다.	⑤ 미장 마무리를 할 때에는 정으로 쪼아서 거칠게 하여야 한다.

(2) 합판 거푸집

합판 거푸집에 사용되는 합판의 종류에는 1종 합판(완전내수 합편), 2종 합판(준내수 합판), 3종 합판(비내수 합판)이 있다. 합판 거푸집의 장·단점은 다음 표와 같다.

장 점	단 점
① 운용도가 비교적 높다.	① 무게가 무겁다.
② 콘크리트 표면이 평활하고 아름답다.	② 내수성이 불완전하며 표면이 위약
③ 재료의 신축이 작으므로 누수의 염려가 적다.	하여 손상되기 쉽다.
④ 보통 목재패널보다 강도가 크므로 정도 높은 시공이 가능하다.	

4 거푸집의 조립

거푸집을 조립할 때에는 그 정도와 강도를 충분히 유지할 수 있고 양생이 잘 되게 하며, 거푸집 해체가 용이하도록 조립하여야 한다. 거푸집의 조립순서는 다음과 같은 순서에 따라 조립하여 나간다.

> 기둥 → 보받이 내력벽 → 큰 보 → 작은 보 → 바닥 → 내벽 → 외벽

기둥, 보, 벽체, 슬래브 등의 거푸집 동바리 등을 조립하거나 해체하는 작업을 하는 경우에는 다음에 정하는 사항을 준수하여야 한다.

① 해당 작업을 하는 구역에는 근로자가 아닌 사람의 출입을 금지할 것

② 비, 눈 그 밖의 기상상태의 불안정으로 날씨가 몹시 나쁜 경우에는 그 작업을 중지할 것

③ 재료, 기구 또는 공구 등을 올리거나 내리는 경우 근로자로 하여금 달줄, 달포대 등을 사용하도록 할 것

④ 낙하, 충격에 의한 돌발적 재해를 방지하기 위하여 버팀목을 설치하고 거푸집동바리 등을 인양장비에 매단 후에 작업을 하도록 하는 등 필요한 조치를 할 것

5 거푸집 동바리(지보공)의 조립

조립도에는 「동바리, 멍에, 부재의 재질, 단면규격, 설치간격, 이음방법」 등을 명시하여야 한다. 거푸집 동바리는 거푸집과 콘크리트 하중을 지지하고 거푸집의 위치를 확실하게 하는 가설구조물로서 조립도에 의하여 정확하고 견고하게 설치되어야 한다.

(1) 거푸집 동바리의 종류

① **목재 동바리** : 말구가 7cm 정도 되는 통나무로서 갈라짐, 부식, 옹이 등이 없는 것으로 만곡되지 않은 축선이 1/3 이내이어야 한다.

② **강재 동바리** : 강재 동바리의 종류는 크게 지주식과 보식으로 구분되며 지주식은 강관지주식(Pipe Support), 틀조립식, 단관지주식, 조립강주식 등이 있으면 보식에는 경지보식과 중지보식이 있다.

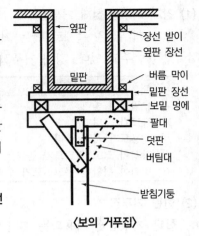

〈보의 거푸집〉

(2) 거푸집 동바리(지보공) 조립 시 안전조치사항(산업안전보건법 안전보건기준)

① **공통적 준수사항**

㉮ 깔목의 사용, 콘크리트 타설(打設), 말뚝박기 등 동바리의 침하를 방지하기 위한 조치를 할 것

㉯ 개구부 상부에 동바리를 설치하는 경우에는 상부하중을 견딜 수 있는 견고한 받침대를 설치할 것

㉰ 동바리의 상하고정 및 미끄러짐 방지조치를 하고 하중의 지지상태를 유지할 것

㉱ 동바리의 이음은 맞댄이음이나 장부이음으로 하고 같은 품질의 재료를 사용할 것

㉲ 강재와 강재의 접속부 및 교차부는 볼트·클램프 등 전용철물을 사용하여 단단히 연결할 것

㉳ 거푸집이 곡면인 경우에는 버팀대의 부착 등 그 거푸집의 부상(浮上)을 방지하기 위한 조치를 할 것

㉴ 거푸집을 조립하는 때에는 거푸집이 넘어지지 않도록 견고한 구조의 긴결재, 버팀대 또는 지지대를 설치하는 등 필요한 조치를 할 것

② **동바리로 사용하는 강관에 대한 준수사항**

㉮ 높이 2m 이내마다 수평연결재를 2개 방향으로 만들고 수평연결재의 변위를 방지할 것

㉯ 멍에 등을 상단에 올릴 경우에는 해당 상단에 강재의 단판을 붙여 멍에 등을 고정시킬 것

③ **동바리로 사용하는 파이프 서포트에 대한 준수사항**

㉮ 파이프 서포트를 3개 이상 이어서 사용하지 않도록 할 것

㉯ 파이프 서포트를 이어서 사용하는 경우에는 4개 이상의 볼트 또는 전용철물을 사용하여 이을 것

㉰ 높이가 3.5m를 초과하는 경우에는 높이 2m 이내마다 수평연결재를 2개 방향으로 만들고 수평연결재의 변위를 방지할 것

④ **동바리로 사용하는 강관틀에 대한 준수사항**

㉮ 강관틀과 강관틀과의 사이에 교차가새를 설치할 것

㉯ 최상층 및 5층 이내마다 거푸집 동바리의 측면과 틀면의 방향 및 교차가새의 방향에서 5개 이내마다 수평연결재를 설치하고 수평연결재의 변위를 방지할 것

㉰ 최상층 및 5층 이내마다 거푸집 동바리의 틀면의 방향에서 양단 및 5개틀 이내마다 교차가새의 방향으로 띠장틀을 설치할 것

㉱ 멍에 등을 상단에 올릴 경우에는 해당 상단에 강재의 단판을 붙여 멍에 등을 고정시킬 것

⑤ 동바리로 사용하는 조립강주에 대한 준수사항

㉮ 멍에 등을 상단에 올릴 경우에는 해당 상단에 강재의 단판을 붙여 멍에 등을 고정시킬 것

㉯ 높이가 4m를 초과하는 경우에는 높이 4m 이내마다 수평연결재를 2개 방향으로 설치하고 수평연결재의 변위를 방지할 것

⑥ 동바리로 사용하는 목재에 대한 준수사항

㉮ 높이 2m 이내마다 수평연결재를 2개 방향으로 만들고 수평연결재의 변위를 방지할 것

㉯ 목재를 이어서 사용하는 경우에는 2개 이상의 덧댐목을 대고 네 군데 이상 견고하게 묶은 후 상단을 보나 멍에에 고정시킬 것

⑦ 계단형상으로 조립하는 거푸집 동바리에 대한 준수사항

㉮ 거푸집의 형상에 따른 부득이한 경우를 제외하고는 깔판, 깔목 등을 2단 이상 끼우지 않도록 할 것

㉯ 깔판, 깔목 등을 이어서 사용하는 경우에는 그 깔판, 깔목 등을 단단히 연결할 것

㉲ 동바리는 상·하부 동바리가 동일 수직선상에 위치하도록 하여 깔판, 깔목 등에 고정시킬 것

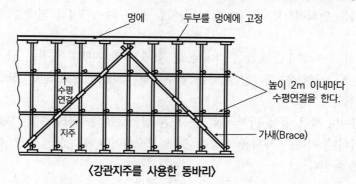

〈강관지주를 사용한 동바리〉

〈파이프 서포트를 지주로 사용한 동바리〉

예제

▶ 거푸집 동바리 구조에서 높이가 $L = 3.5m$인 파이프 서포트의 좌굴하중은? (단, 상부받이판과 하부받이판은 힌지로 가정하고, 단면 2차 모멘트 $I = 8.31 cm^4$, 탄성계수 $E = 2.1 \times 10^5 Mpa$)

풀이 $P_B = n\pi^2 \dfrac{EI}{l^2} = 1 \times \pi^2 \dfrac{2.1 \times 10^{11} \times 8.31 \times 10^{-8}}{(3.5)^2} = 14060 N$

6 거푸집 및 동바리의 해체

콘크리트를 타설하고 양생기간이 지나면 거푸집을 제거하고 지주를 해체하여야 하는데 이때 해체시기와 해체방법을 먼저 정한 후 해체작업에 임하여야 한다.

(1) 해체시기의 결정

거푸집 및 거푸집지보공의 해체작업은 콘크리트를 타설한 후 시방서에 나타나 있는 거푸집 존치기간이 경과하던가 또는 콘크리트 강도시험 결과가 기준치 이상의 값이 되었을 때 작업책임자의 승인을 받아 시행하여야 한다.

(2) 해체작업 시 준수사항(고용노동부고시 기준)

① 거푸집 및 지보공(동바리)의 해체는 순서에 의하여 실시하여야 하며 관리감독자를 배치하여야 한다.
② 해체작업을 할 때에는 안전모 등 안전보호구를 착용토록 하여야 한다.
③ 거푸집 해체작업장 주위에는 관계자를 제외하고는 출입을 금지시켜야 한다.
④ 상하 동시작업을 원칙적으로 금지하며, 부득이한 경우에는 긴밀히 연락을 취하며 작업을 하여야 한다.
⑤ 거푸집 해체 시 구조체에 무리한 충격이나 큰 힘에 의한 지렛대 사용은 금지하여야 한다.
⑥ 보 또는 슬래브 거푸집을 제거할 때에는 거푸집의 낙하충격으로 인한 작업원의 돌발적 재해를 방지하여야 한다.
⑦ 해체된 거푸집이나 각목 등에 박혀 있는 못 또는 날카로운 돌출물은 즉시 제거하여야 한다.
⑧ 해체된 거푸집이나 각목은 재사용 가능한 것과 보수하여야 할 것을 선별, 분리하여 적치하고 정리정돈을 하여야 한다.

7 거푸집의 존치기간

거푸집은 콘크리트의 강도와 중대한 관계가 있으므로 존치기간을 반드시 엄수해야 한다. 또한 캔틸레버의 부분은 설계기준강도의 100% 이상의 콘크리트 압축강도가 얻어질 때까지 존치하고, 콘크리트 타설이 진행될 경우에는 아래 2개 층까지의 지주를 해체하지 않도록 한다. 거푸집 및 지주의 존치기간은 다음 표와 같다.

〈거푸집의 존치기간〉

부 위		바닥슬래브, 지붕슬래브 및 보밑		기초, 기둥 및 벽, 보옆	
시멘트의 종류		포틀랜트시멘트	조강 포틀랜트시멘트	포틀랜트시멘트	조강 포틀랜트시멘트
콘크리트의 압축강도		설계기준강도의 50%		$50kg/cm^2$	
콘크리트의 재령(일)	평균기온 10℃ 이상~20℃ 미만	8	5	6	3
	평균기온 20℃ 이상	7	4	4	2

〈지주의 존치기간〉

부 위	하중이 많이 작용하는 바닥슬래브 밑	보	지붕슬래브 밑, 바닥슬래브 밑
콘크리트의 압축강도	설계기준강도의 100%	설계기준강도의 100%	설계기준강도의 85%

💡 참고

1. 작업발판 일체형 거푸집의 종류
   ㉠ 갱폼(Gang Form)   ㉡ 슬립폼(Slip Form)
   ㉢ 클라이밍 폼(Climbing Form)   ㉣ 터널라이닝 폼(Tunnel Lining Form)
   ㉤ 그 밖에 거푸집과 작업발판이 일체로 제작된 거푸집

2. 슬라이딩 폼
   콘드(Rod)·유압잭(Jack) 등을 이용하여 거푸집을 연속적으로 이동시키면서 콘크리트를 타설할 때 사용하는 것으로 Silo 공사 등에 적합한 거푸집

01 비계의 높이가 2m 이상인 작업장소에 작업발판을 설치할 경우 준수하여야 할 기준으로 옳지 않은 것은?

① 발판의 폭은 30cm 이상으로 할 것
② 발판재료 간의 틈은 3cm 이하로 할 것
③ 추락의 위험이 있는 장소에는 안전난간을 설치할 것
④ 발판재료는 뒤집히거나 떨어지지 아니하도록 2 이상의 지지물에 연결하거나 고정시킬 것

> **해설** ① 발판의 폭은 40cm 이상으로 할 것

02 다음은 통나무 비계를 조립하는 경우의 준수사항에 대한 내용이다. ( ) 안에 알맞은 내용을 고르면?

> 통나무 비계는 지상높이 (㉮) 이하 또는 (㉯) 이하인 건축물·공작물 등의 건조·해체 및 조립 등의 작업에만 사용할 수 있다.

① ㉮ 4층, ㉯ 12m　　② ㉮ 4층, ㉯ 15m
③ ㉮ 6층, ㉯ 12m　　④ ㉮ 6층, ㉯ 15m

> **해설** 통나무 비계는 지상높이 4층 이하 또는 12m 이하인 건축물·공작물 등의 건조·해체 및 조립 등의 작업에만 사용할 수 있다.

03 강관비계 중 단관비계의 조립간격(벽체와의 연결간격)으로 옳은 것은?

① 수직방향 : 6m, 수평방향 : 8m
② 수직방향 : 5m, 수평방향 : 5m
③ 수직방향 : 4m, 수평방향 : 6m
④ 수직방향 : 8m, 수평방향 : 6m

> **해설** **강관비계의 조립방법**
>
> | 강관비계의 조율 | 조립간격 | |
> | --- | --- | --- |
> | | 수직방향 | 수평방향 |
> | 단관비계 | 5m | 5m |
> | 틀비계(높이가 5m 미만의 것을 제외) | 6m | 8m |

04 다음은 강관을 사용하여 비계를 구성하는 경우에 대한 내용이다. 빈칸에 들어갈 내용으로 옳은 것은?

> 비계기둥 간격은 띠장방향에서는 ( ), 장선방향에서는 1.5m 이하로 할 것

① 1.2m 이상, 1.5m 이하
② 1.2m 이상, 2.0m 이하
③ 1.5m 이상, 1.8m 이하
④ 1.5m 이상, 2.0m 이하

> **해설** 강관을 사용하여 비계를 구성하는 경우 비계기둥 간격은 띠장방향에서는 1.5m 이상 1.8m 이하, 장선방향에서는 1.5m 이하로 하여야 한다.

05 다음 빈칸에 알맞은 숫자를 순서대로 옳게 나타낸 것은?

> 강관비계의 경우 띠장간격은 ( )m 이하로 설치하되, 첫 번째 띠장은 지상으로부터 ( )m 이하의 위치에 설치한다.

① 2, 2　　　② 2.5, 3
③ 1.5, 2　　④ 1, 3

> **해설** **강관비계의 구조**
> ㉠ 비계기둥의 간격은 띠장방향에서는 1.5m 이상 1.8m 이하, 장선방향에서는 1.5m 이하로 한다.
> ㉡ 띠장간격은 1.5m 이하로 설치하되, 첫 번째 띠장은 지상으로부터 2m 이하의 위치에 설치한다.
> ㉢ 비계기둥의 제일 윗부분으로부터 31m 되는 지점 밑부분의 비계기둥은 2개의 강관으로 묶어 세운다.
> ㉣ 비계기둥 간의 적재하중은 400kg을 초과하지 않도록 한다.

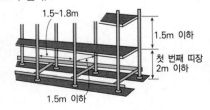

06 52m 높이로 강관비계를 세우려면 지상에서 몇 미터까지 2개의 강관으로 묶어 세워야 하는가?

① 11m ② 16m
③ 21m ④ 26m

> 해설 비계기둥의 제일 윗부분으로부터 31m 되는 지점 밑부분의 비계기둥은 2개의 강관으로 묶어 세워야 한다. 따라서 52－31＝21m 이다.

07 강관틀비계를 조립하여 사용하는 경우 벽이음의 수직방향 조립간격은?

① 2m 이내마다 ② 5m 이내마다
③ 6m 이내마다 ④ 8m 이내마다

> 해설 강관틀 비계의 경우, 벽이음의 수직방향 조립간격은 6m 이내마다, 수평방향 조립간격은 8m 이내마다로 한다.

08 와이어로프나 철선 등을 이용하여 상부지점에서 작업용 발판을 매다는 형식의 비계로서 건물 외벽 도장이나 청소 등의 작업에서 사용되는 비계는?

① 브래킷 비계 ② 달비계
③ 이동식 비계 ④ 말비계

> 해설
> ① **브랫킷 비계** : Rolling tower라 하며, 비계용 브래킷을 사용한 비계
> ② **이동식 비계** : Tower와 같이 조립할 틀 조립구조의 최상층에 작업대를, 각주 밑부분에는 바퀴를 단 구조이다.
> ③ **말비계** : 천장높이가 얕은 내장 마무리 등의 작업에 사용되는 작업대로 사다리형은 각주비계라고도 한다.

09 달비계를 설치할 때 작업발판의 폭은 최소 얼마 이상으로 하여야 하는가?

① 30cm ② 40cm
③ 50cm ④ 60cm

> 해설 달비계를 설치할 때 작업발판의 폭은 최소 40cm 이상으로 하여야 한다.

10 달비계의 발판 위에 설치하는 발끝막이판의 높이는 몇 cm 이상 설치하여야 하는가?

① 10cm 이상 ② 8cm 이상
③ 6cm 이상 ④ 5cm 이상

> 해설 달비계의 발판 위에 설치하는 발끝막이판의 높이는 10cm 이상 설치하여야 한다.

11 달비계 설치 시 와이어로프를 사용할 때 사용가능한 와이어로프의 조건은?

① 지름의 감소가 공칭지름의 8%인 것
② 이음매가 없는 것
③ 심하게 변형되거나 부식된 것
④ 와이어로프의 한 꼬임에서 끊어진 소선의 수가 10%인 것

> 해설 **달비계 설치 시 와이어로프의 사용금지 조건**
> ㉠ 이음매가 있는 것
> ㉡ 와이어로프의 한 꼬임에서 끊어진 소선의 수가 10% 이상(비자전로프의 경우에는 끊어진 소선의 수가 와이어로프 호칭지름의 6배 길이 이내에서 4개 이상이거나 호칭지름 30배 길이 이내에서 8개 이상)인 것
> ㉢ 지름의 감소가 공칭지름의 7%를 초과하는 것
> ㉣ 꼬인 것
> ㉤ 심하게 변형되거나 부식된 것
> ㉥ 열과 전기충격에 의해 손상된 것

12 다음은 달비계 또는 높이 5m 이상의 비계를 조립·해체하거나 변경하는 작업에 대한 준수사항이다. ( ) 안에 들어갈 숫자는?

> 비계재료의 연결·해체 작업을 하는 경우에는 폭 ( )cm 이상의 발판을 설치하고 근로자로 하여금 안전대를 사용하도록 하는 등 추락을 방지하기 위한 조치를 할 것

① 15 ② 20
③ 25 ④ 30

> 해설 **발판의 폭**
> ㉠ **비계재료의 연결·해체 작업 시 설치하는 발판의 폭** : 20cm 이상
> ㉡ **슬레이트 지붕 위에 설치하는 발판의 폭** : 30cm 이상
> ㉢ **비계의 높이가 2m 이상인 작업장소에 설치하는 작업발판의 폭** : 40cm 이상

정답 ┃ 06. ③ 07. ③ 08. ② 09. ② 10. ① 11. ② 12. ②

13 다음은 말비계 조립 시 준수사항이다. ( ) 안에 알맞은 수는?

> • 지주부재와 수평면의 기울기를 (㉠)° 이하로 하고 지주부재와 지주재 사이를 고정시키는 보조부재를 설치할 것
> • 말비계의 높이가 2m를 초과하는 경우에는 작업발판의 폭을 (㉡)cm 이상으로 할 것

① ㉠ 75, ㉡ 30   ② ㉠ 75, ㉡ 40
③ ㉠ 85, ㉡ 30   ④ ㉠ 85, ㉡ 40

해설 (1) 말비계 조립 시 지주부재와 수평면의 기울기를 75° 이하로 하고 지주부재와 지주부재 사이를 고정시키는 보조부재를 설치하여야 한다.
(2) 말비계의 높이가 2m를 초과하는 경우에는 작업발판의 폭을 40cm 이상으로 하여야 한다.

14 현장에서 말비계를 조립하여 사용할 때에는 다음 [보기]의 사항을 준수하여야 한다. ( ) 안에 적합한 것은?

> 말비계의 높이가 2m를 초과할 경우에는 작업발판의 폭을 ( )cm 이상으로 할 것

① 10   ② 20
③ 30   ④ 40

해설 말비계의 높이가 2m를 초과할 경우에는 작업 발판의 폭을 40cm 이상으로 하여야 한다.

15 이동식 비계를 조립하여 작업을 하는 경우의 준수기준으로 옳지 않은 것은?

① 비계의 최상부에서 작업을 할 때에는 안전난간을 설치하여야 한다.
② 작업발판의 최대적재하중은 400kg을 초과하지 않도록 한다.
③ 승강용 사다리는 견고하게 설치하여야 한다.
④ 작업발판은 항상 수평을 유지하고 작업발판 위에서 안전난간을 딛고 작업을 하거나 받침대 또는 사다리를 사용하여 작업하지 않도록 한다.

해설 이동식 비계를 조립하여 작업 시 준수사항
㉠ 이동식 비계의 바퀴에는 뜻밖의 갑작스러운 이동 또는 전도를 방지하기 위하여 브레이크·쐐기 등으로 바퀴를 고정시킨 다음 비계의 일부를 견고한 시설물에 고정하거나 아웃트리거(outriggrer)를 설치하는 등 필요한 조치를 할 것
㉡ 승강용 사다리는 견고하게 설치할 것
㉢ 비계의 최상부에서 작업을 하는 경우에는 안전난간을 설치할 것
㉣ 작업발판은 항상 수평을 유지하고, 작업발판 위에서 안전난간을 딛고 작업을 하거나 받침대 또는 사다리를 사용하여 작업하지 않도록 할 것
㉤ 작업발판의 최대적재하중은 250kg을 초과하지 않도록 할 것

16 이동식 비계를 조립하여 사용할 때 밑변 최소폭의 길이가 2m라면 이 비계의 사용 가능한 최대높이는?

① 4m   ② 8m
③ 10m   ④ 14m

해설 이동식 비계의 사용 가능한 최대높이는 밑변 최소폭의 4배 이상이다.
∴ 2×4＝8m

17 다음은 시스템 비계구성에 관한 내용이다. ( ) 안에 들어갈 말로 옳은 것은?

> 비계 밑단의 수직재와 받침철물은 밀착되도록 설치하고, 수직재와 받침철물 연결부의 겹침길이는 받침철물 ( ) 이상이 되도록 할 것

① 전체 길이의 4분의 1
② 전체 길이의 3분의 1
③ 전체 길이의 3분의 2
④ 전체 길이의 2분의 1

해설 시스템 비계 밑단의 수직재와 받침철물은 밀착되도록 설치하고, 수직재와 받침철물의 연결부의 겹침길이는 받침철물 전체 길이의 3분의 1 이상이 되도록 하여야 한다.

18 비계 등을 조립하는 경우 강재와 강재의 접속부 또는 교차부를 연결시키기 위한 전용 철물은?

정답 ┃ 13. ② 14. ④ 15. ② 16. ② 17. ② 18. ①

① 클램프   ② 가새
③ 턴버클   ④ 섀클

해설 문제의 내용은 클램프에 관한 것이다.

19 비계의 부재 중 기둥과 기둥을 연결시키는 부재가 아닌 것은?

① 띠장   ② 장선
③ 가새   ④ 작업발판

해설 비계의 부재 중 기둥과 기둥을 연결시키는 부재로는 띠장, 장선, 가새가 있다.

20 비계발판의 크기를 결정하는 기준은?

① 비계의 제조회사
② 재료의 부식 및 손상 정도
③ 지점의 간격 및 작업 시 하중
④ 비계의 높이

해설 지점의 간격 및 작업 시 하중은 비계발판의 크기를 결정하는 기준이 된다.

21 흙막이지보공을 설치하였을 때 정기점검사항에 해당되지 않는 것은?

① 검지부의 이상 유무
② 버팀대의 긴압의 정도
③ 침하의 정도
④ 부재의 손상, 변형, 부식, 변위 및 탈락의 유무와 상태

해설 흙막이지보공을 설치하였을 때 정기점검사항은 ②, ③, ④ 이외에 다음과 같다.
㉠ 부재의 접속부
㉡ 부착부 및 교차부의 상태

22 다음 중 흙막이지보공을 조립하는 경우 작성하는 조립도에 명시되어야 하는 사항과 가장 거리가 먼 것은?

① 부재의 치수
② 버팀대의 긴압의 정도

③ 부재의 재질
④ 설치방법과 순서

해설 흙막이지보공을 조립하는 경우 작성하는 조립도에 명시되어야 하는 사항으로는 ①, ③, ④ 이외에 부재의 배치가 있다.

23 트렌치 굴착 시 흙막이지보공을 설치하지 않는 경우 굴착깊이는 몇 m 이하로 해야 하는가?

① 1.5   ② 2
③ 3.5   ④ 4

해설 트렌치 굴착 시 흙막이지보공을 설치하지 않는 경우 굴착깊이는 1.5m 이하로 해야 한다.

24 다음 중 통로의 설치기준으로 옳지 않은 것은?

① 근로자가 안전하게 통행할 수 있도록 통로의 조명은 50Lux 이상으로 할 것
② 통로면으로부터 2m 이내에 장애물이 없도록 할 것
③ 추락의 위험이 있는 곳에는 안전난간을 설치할 것
④ 건설공사에 사용하는 높이 8m 이상인 비계다리는 7m 이내마다 계단참을 설치할 것

해설 ① 경우, 근로자가 안전하게 통행할 수 있도록 통로의 조명은 75Lux 이상으로 할 것이 옳다.

25 작업장으로 통하는 장소 또는 작업장 내에 근로자가 사용할 통로설치에 대한 준수사항 중 다음 ( ) 안에 알맞은 숫자는?

> • 통로의 주요 부분에는 통로표시를 하고, 근로자가 안전하게 통행할 수 있도록 하여야 한다.
> • 통로면으로부터 높이 (   )m 이내에는 장애물이 없도록 하여야 한다.

① 2   ② 3
③ 4   ④ 5

해설 통로면으로부터 높이 2m 이내에는 장매물이 없도록 하여야 한다.

정답 ┃ 19. ④   20. ③   21. ①   22. ②   23. ①   24. ①   25. ①

26 가설통로의 구조에 대한 기준으로 틀린 것은?

① 경사가 15°를 초과하는 경우에는 미끄러지지 아니하는 구조로 할 것

② 경사는 20° 이하로 할 것

③ 추락의 위험이 있는 장소에는 안전난간을 설치할 것

④ 수직갱에 가설된 통로의 길이가 15m 이상인 경우에는 10m 이내마다 계단참을 설치할 것

> **해설** **가설통로의 구조에 대한 기준**
>
> ㉠ 견고한 구조로 할 것
> ㉡ 경사는 30° 이하로 할 것(다만, 계단을 설치하거나 높이 2m 미만의 가설통로로서 튼튼한 손잡이를 설치한 경우에는 그러하지 아니 하다.)
> ㉢ 경사가 15°를 초과하는 경우에는 미끄러지지 아니하는 구조로 할 것
> ㉣ 추락할 위험이 있는 장소에는 안전난간을 설치할 것(다만, 작업상 부득이한 경우에는 필요한 부분만 임시로 해체할 수 있다.)
> ㉤ 수직갱에 가설된 통로의 길이가 15m 이상인 경우에는 10m 이내마다 계단참을 설치할 것
> ㉥ 건설공사에 사용하는 높이 8m 이상인 비계다리에는 7m 이내마다 계간참을 설치할 것

27 사다리식 통로에 대한 설치기준으로 틀린 것은?

① 발판의 간격은 일정하게 할 것

② 발판과 벽과의 사이는 15cm 이상의 간격을 유지할 것

③ 사다리식 통로의 길이가 10m 이상인 때에는 3m 이내마다 계단참을 설치할 것

④ 사다리이 상단은 걸쳐놓은 지점으로부터 60cm 이상 올라가도록 할 것

> **해설** **사다리식 통로에 대한 설치기준**
>
> ㉠ 견고한 구조로 할 것
> ㉡ 심한 손상, 부식 등이 없는 재료를 사용할 것
> ㉢ 발판의 간격은 일정하게 할 것
> ㉣ 발판과 벽과의 사이는 15cm 이상의 간격을 유지할 것
> ㉤ 폭은 30cm 이상으로 할 것
> ㉥ 사다리가 넘어지거나 미끄러지는 것을 방지하기 위한 조치를 할 것

㋐ 사다리의 상단은 걸쳐 놓은 지점으로부터 60cm 이상 올라가도록 할 것

㋓ 사다리식 통로의 길이가 10m 이상인 경우에는 5m 이내마다 계단참을 설치할 것

㋨ 사다리식 통로의 기울기는 75° 이하로 할 것(다만, 고정식 사다리식 통로의 기울기는 90° 이하로 하고 그 높이가 7m 이상인 경우에는 바닥으로부터 높이가 2.5m되는 지점부터 등받이울을 설치할 것)

㋞ 접이식 사다리기둥은 사용 시 접혀지거나 펼쳐지지 않도록 철물 등을 사용하여 견고하게 조치할 것

28 다음 중 그물코의 크기가 5cm 인 매듭방망의 폐기기준 인장강도는?

① 200kg ② 100kg

③ 60kg ④ 30kg

> **해설** ㉠ 그물코의 크기가 5cm 인 매듭방망의 폐기기준 인장강도는 60kg 이다.
> ㉡ 그물코의 크기가 10cm인 매듭방망은 135kg, 매듭 없는 방망은 150kg이 폐기기준 인장강도이다.

29 추락방지망 설치 시 그물코의 크기가 10cm인 매듭있는 방망의 신품에 대한 인장강도 기준으로 옳은 것은?

① 100kfg 이상 ② 200kfg 이상

③ 300kfg 이상 ④ 400kfg 이상

> **해설** **추락방지용 방망사의 신품에 대한 인장강도 기준**
>
> | 그물코의 종류 | 인장강도(kgf) | |
> |---|---|---|
> | | 매듭 방망사 | 매듭 없는 방망사 |
> | 5cm | 110kgf 이상 | – |
> | 10cm | 200kgf 이상 | 240kgf 이상 |

30 추락방지용 방망의 지지점은 최소 몇 kgf 이상의 외력에 견딜 수 있어야 하는가?

① 300kgf ② 500kgf

③ 600kgf ④ 1,000kgf

> **해설** **추락방지용 방망의 지지점** : 최소 600kgf 이상의 외력에 견딜 수 있어야 한다.

31 추락방지망의 달기로프를 지지점에 부착할 때 지지점의 간격이 1.5m인 경우 지지점의 강도는 최소 얼마 이상이어야 하는가? (단, 연속적인 구조물이 방망 지지점인 경우임)

① 200kg   ② 300kg
④ 400kg   ④ 500kg

> **해설** **방망의 지지점 강도**(연속적인 구조물이 방망지지점인 경우)
> $F = 200B = 200 \times 1.5 = 300kg$
> 여기서, F : 외력(kg), B : 지지점 간격(m)

32 철근콘크리트 공사 시 거푸집의 필요조건이 아닌 것은?

① 콘크리트의 하중에 대해 뒤틀림이 없는 강도를 갖출 것
② 콘크리트 내 수분 등에 대한 물빠짐이 원활한 구조를 갖출 것
③ 최소한의 재료로 여러 번 사용할 수 있는 전용성을 가질 것
④ 거푸집은 조립·해체·운반이 용이하도록 할 것

> **해설** ②의 경우 콘크리트 내 수분 등에 대한 누출을 방지할 수 있는 수밀성이 있을 것이 옳은 내용이다.

33 로드(Rod)·유압책(Jack) 등을 이용하여 거푸집을 연속적으로 이동시키면서 콘크리트를 타설할 때 사용되는 것으로 Silo 공사 등에 적합한 거푸집은?

① 메탈 폼   ② 슬라이딩 폼
③ 워플 폼   ④ 페코빔

> **해설** 슬라이딩 폼의 설명이다.

34 작업발판 일체형 거푸집에 해당되지 않는 것은?

① 갱 폼(Gang Form)
② 슬립 폼(Slip Form)
③ 유로 폼(Euro Form)
④ 클라이밍 폼(Climbing Form)

> **해설** **작업발판 일체형 거푸집** : 거푸집의 설치·해체, 철근조립, 콘크리트 타설, 콘크리트 면처리 작업 등을 위하여 거푸집을 작업발판과 일체로 제작하여 사용하는 거푸집
> ㉠ 갱 폼(Gang Form)
> ㉡ 슬립 폼(Slip Form)
> ㉢ 클라이밍 폼(Climbing Form)
> ㉣ 터널라이닝 폼(Tunnel Lining Form)
> ㉤ 그 밖에 거푸집과 작업발판이 일체로 제작된 거푸집 등

35 콘크리트의 재료분리현상 없이 거푸집 내부에 쉽게 타설할 수 있는 정도를 나타내는 것은?

① Workability   ② Bleeding
③ Consistency   ④ Finishability

> **해설** 콘크리트의 재료분리현상 없이 거푸집 내부에 쉽게 타설할 수 있는 정도는 Workability(시공연도)이다.

36 콘크리트 타설작업 시 거푸집에 작용하는 연직하중이 아닌 것은?

① 콘크리트의 측압
② 거푸집의 중량
③ 굳지 않은 콘크리트의 중량
④ 작업원의 작업하중

> **해설** ㉠ ①의 콘크리트 측압은 거푸집에 작용하는 수평하중이다.
> ㉡ 콘크리트 측압 이외에 수평하중으로는 풍하중, 지진하중이 있다.

37 거푸집의 일반적인 조립 순서를 옳게 나열한 것은?

① 기둥→보받이 내력벽→큰 보→작은 보→바닥판→내벽→외벽
② 외벽→보받이 내력벽→큰 보→작은 보→바닥판→내벽→기둥
③ 기둥→보받이 내력벽→작은 보→큰 보→바닥판→내벽→외벽
④ 기둥→보받이 내력벽→바닥판→큰 보→작은 보→내벽→외벽

> **해설** **거푸집의 일반적인 조립 순서**
> 기둥 → 보받이 내력벽 → 큰 보 → 작은 보 → 바닥판 → 내벽 → 외벽

정답 ┃ 31. ② 32. ② 33. ② 34. ③ 35. ① 36. ① 37. ①

38 콘크리트 타설을 위한 거푸집 동바리의 구조 검토 시 가장 선행되어야 할 작업은?

① 각 부재에 생기는 응력에 대하여 안전한 단면을 산정한다.
② 하중·외력에 의하여 각 부재에 생기는 응력을 구한다.
③ 가설물에 작용하는 하중 및 외력의 종류, 크기를 산정한다.
④ 사용할 거푸집 동바리의 설치간격을 결정한다.

> **해설** 콘크리트 타설을 위한 거푸집 동바리의 구조 검토 시 가장 선행되어야 할 작업은 가설물에 작용하는 하중 및 외력의 종류, 크기를 산정하는 것이다.

39 거푸집 동바리 등을 조립하는 경우에 준수하여야 할 안전조치기준으로 옳지 않은 것은?

① 동바리로 사용하는 강관은 높이 2m 이내마다 수평연결재를 2개 방향으로 만들고 수평연결재의 변위를 방지할 것
② 동바리로 사용하는 파이프 서포트는 3개 이상 이어서 사용하지 않도록 할 것
③ 동바리로 사용하는 파이프 서포트를 이어서 사용하는 경우에는 5개 이상의 볼트 또는 전용 철물을 사용하여 이를 것
④ 동바리로 사용하는 강관틀과 강관틀 사이에는 교차가새를 설치할 것

> **해설** ③ 동바리로 사용하는 파이프 서포트를 이어서 사용하는 경우에는 4개 이상의 볼트 또는 전용 철물을 사용하여 이을 것

40 산업안전보건기준에 관한 규칙에 따른 거푸집 동바리를 조립하는 경우의 준수사항으로 옳지 않은 것은?

① 개구부 상부에 동바리를 설치하는 경우에는 상부하중을 견딜 수 있는 견고한 받침대를 설치할 것
② 동바리의 이음은 맞댄이음이나 장부이음으로 하고 같은 품질의 제품을 사용할 것
③ 강재와 강재의 접속부 및 교차부는 철선을 사용하여 단단히 연결할 것
④ 거푸집이 곡면인 경우에는 버팀대의 부착 등 그 거푸집의 부상(浮上)을 방지하기 위한 조치를 할 것

> **해설 거푸집 동바리 등의 안전조치**
> (1) 깔목의 사용, 콘크리트 타설, 말뚝박기 등 동바리의 침하를 방지하기 위한 조치를 할 것
> (2) 개구부 상부에 동바리를 설치하는 경우에는 상부하중을 견딜 수 있는 견고한 받침대를 설치할 것
> (3) 동바리의 상하고정 및 미끄러짐 방지조치를 하고 하중의 지지상태를 유지할 것
> (4) 동바리의 이음은 맞댄이음이나 장부이음으로 하고 같은 품질의 재료를 사용할 것
> (5) 강재와 강재의 접속부 및 교차부는 볼트·클램프 등 전용철물을 사용하여 단단히 연결할 것
> (6) 거푸집이 곡면인 경우에는 버팀대의 부착 등 그 거푸집의 부상(浮上)을 방지하기 위한 조치를 할 것
> (7) 동바리로 사용하는 강관[파이프 서포트(Pipe Support)는 제외한다]에 대해서는 다음의 사항을 따를 것
> ㉠ 높이 2m 이내마다 수평연결재를 2개 방향으로 만들고 수평연결재의 변위를 방지할 것
> ㉡ 멍에 등을 상단에 올릴 경우에는 해당 상단에 강재의 단판을 붙여 멍에 등을 고정시킬 것
> (8) 동바리로 사용하는 파이프 서포트에 대해서는 다음 사항을 따를 것
> ㉠ 파이프 서포트를 3개 이상 이어서 사용하지 않도록 할 것
> ㉡ 파이프 서포트를 이어서 사용하는 경우에는 4개 이상의 볼트 또는 전용철물을 사용하여 이을 것
> ㉢ 높이가 3.5m를 초과하는 경우에는 위 (7)의 ㉠의 조치를 할 것
> (9) 동바리로 사용하는 강관틀에 대해서는 다음의 사항을 따를 것
> ㉠ 강관틀과 강관틀과의 사이에 교차가새를 설치할 것
> ㉡ 최상층 및 5층 이내마다 거푸집 동바리의 측면과 틀면의 방향 및 교차가새의 방향에서 5개 이내마다 수평연결재를 설치하고 수평연결재의 변위를 방지할 것
> ㉢ 최상층 및 5층 이내마다 거푸집 동바리의 틀면의 방향에서 양단 및 5개틀 이내마다 교차가새의 방향으로 띠장틀을 설치할 것
> ㉣ 위(7)의 ㉡의 조치를 할 것

(10) 동바리로 사용하는 조립강주에 대해서는 다음의 사항을 따를 것
　　㉠ 위 (7)의 ㉡의 조치를 할 것
　　㉡ 높이가 4m를 초과하는 경우에는 높이 4m 이내마다 수평연결재를 2개 방향으로 설치하고 수평연결재의 변위를 방지할 것

(11) 시스템 동바리(규격화·부품화된 수직재, 수평재 및 가새재 등의 부재를 현장에서 조립하여 거푸집으로 지지하는 동바리 형식을 말한다)는 다음의 방법에 따라 설치할 것
　　㉠ 수평재는 수직재와 직각으로 설치하여야 하며, 흔들리지 않도록 견고하게 설치할 것
　　㉡ 연결철물을 사용하여 수직재를 견고하게 연결하고, 연결부위가 탈락 또는 꺾어지지 않도록 할 것
　　㉢ 수직 및 수평하중에 의한 동바리 본체의 변위가 발생하지 않도록 각각의 단위 수직재 및 수평재에는 가새재를 견고하게 설치하도록 할 것
　　㉣ 동바리 최상단과 최하단의 수직재와 받침철물은 서로 밀착되도록 설치하고 수직재와 받침철물의 연결부의 겹침길이는 받침철물 전체길이의 3분의 1 이상 되도록 할 것

(12) 동바리로 사용하는 목재에 대해서는 다음의 사항을 따를 것
　　㉠ 위 (7)의 ㉠의 조치를 할 것
　　㉡ 목재를 이어서 사용하는 경우에는 2개 이상의 덧댐목을 대고, 네 군데 이상 견고하게 묶은 후 상단을 보나 멍에에 고정시킬 것

(13) 보로 구성된 것은 다음의 사항을 따를 것
　　㉠ 보의 양끝을 지지물로 고정시켜 보의 미끄러짐 및 탈락을 방지할 것
　　㉡ 보와 보 사이에 수평연결재를 설치하여 보가 옆으로 넘어지지 않도록 견고하게 할 것

(14) 거푸집을 조립하는 경우에는 거푸집이 콘크리트 하중이나 그 밖의 외력에 견딜 수 있거나, 넘어지지 않도록 견고한 구조의 긴결재, 버팀대 또는 지지대를 설치하는 등 필요한 조치를 할 것

41 2가지의 거푸집 중 먼저 해체해야 하는 것으로 옳은 것은?

① 기온이 높을 때 타설한 거푸집과 낮을 때 타설한 거푸집 – 높을 때 타설한 거푸집

② 조강 시멘트를 사용하여 타설한 거푸집과 보통 시멘트를 사용하여 타설한 거푸집 – 보통 시멘트를 사용하여 타설한 거푸집

③ 보와 기둥 – 보

④ 스팬이 큰 빔과 작은 빔 – 큰 빔

> **해설**
> ② 보통 시멘트를 사용하여 타설한 거푸집
> 　→ 조강 시멘트를 사용하여 타설한 거푸집
> ③ 보→기둥
> ④ 큰 빔→작은 빔

42 콘크리트 거푸집 해체작업 시의 안전 유의사항으로 옳지 않은 것은?

① 해당 작업을 하는 구역에는 관계근로자가 아닌 사람의 출입을 금지해야 한다.

② 비, 눈, 그 밖의 기상상태의 불안정으로 날씨가 몹시 나쁜 경우에는 그 작업을 중지해야 한다.

③ 안전모, 안전대, 산소마스크 등을 착용하여야 한다.

④ 재료, 기구 또는 공구 등을 올리거나 내리는 경우에는 근로자로 하여금 달줄·달포대 등을 사용하도록 한다.

> **해설**
> ③의 경우 산소마스크 등의 착용은 거푸집 해체작업 시의 안전 유의사항으로는 거리가 멀다.

43 시스템 동바리를 조립하는 경우 수직재와 받침철물 연결부의 겹침길이 기준으로 옳은 것은?

① 받침철물 전체 길이 1/2 이상

② 받침철물 전체 길이 1/3 이상

③ 받침철물 전체 길이 1/4 이상

④ 받침철물 전체 길이 1/5 이상

> **해설**
> 시스템 동바리를 조립하는 경우 수직재와 받침철물 연결부의 겹침길이는 받침철물 전체 길이의 1/3 이상이어야 한다.

44 동바리로 사용하는 파이프 서포트에 대한 준수 사항과 거리가 먼 것은?

① 파이프 서포트를 3개 이상 이어서 사용하지 않도록 할 것
② 파이프 서포트를 이어서 사용하는 경우에는 4개 이상의 볼트 또는 전용 철물을 사용하여 이를 것
③ 높이가 3.5m를 초과하는 경우에는 높이 2m 이내마다 수평연결재를 2개 방향으로 만들 것
④ 파이프 서포트 사이에 교차가재를 설치하여 보강조치할 것

> **해설** 동바리로 사용하는 파이프 서포트에 대한 준수사항으로는 ①, ②, ③의 세 가지가 있다.

45 벽체 콘크리트 타설 시 거푸집이 터져서 콘크리트가 쏟아진 사고가 발생하였다. 다음 중 이 사고의 주요 원인으로 추정할 수 있는 것은?

① 콘크리트를 부어넣는 속도가 빨랐다.
② 거푸집에 박리제를 다량 도포하였다.
③ 대기온도가 매우 높았다.
④ 시멘트 사용량이 많았다.

> **해설** 콘크리트를 부어넣는 속도가 빠르면 거푸집이 터져서 콘크리트가 쏟아지는 속도가 발생한다.

건설구조물공사 안전

제1절 콘크리트 작업

1 콘크리트 슬래브구조 안전

(1) 콘크리트 타설작업의 안전

콘크리트 타설작업은 콘크리트 운반 및 타설기계의 성능을 고려하여야 한다. 특히 콘크리트타워를 설치하였을 때는 사용하기 전, 사용하는 도중, 후에도 안전에 대한 점검을 철저히 하여야 한다.

① 콘크리트 타설 시 안전수칙

㉮ 바닥 위에 흘린 콘크리트는 완전히 청소한다.

㉯ 철골보의 아래, 철골·철근의 복잡한 거푸집의 부분 등은 책임자를 정하여 완전한 시공이 되도록 한다.

㉰ 타설속도는 하계(夏季) 1.5m/h, 동계(冬季) 1.0m/h를 표준으로 하나 콘크리트를 펌프로 압송타설(壓送打設)할 경우에는 이 표준보다 훨씬 큰 속도로 콘크리트를 부어넣을 수 있다.

㉱ 높은 곳으로부터 콘크리트를 거푸집 내에 세게 부어넣지 않는다. 반드시 호퍼(Hopper)로 받아 거푸집 내에 꽂아넣는 벽형(壁型) 슈트(Chute)를 통해 부어넣어야 한다.

㉲ 계단실의 콘크리트 부어넣기는 특히 책임자를 정하고, 계단의 디딤면이나 난간은 정규(正規)의 치수로 밀실하게 부어넣는다.

㉳ 손수레로 콘크리트를 운반할 때에는 적당한 간격을 유지하여야 한다.

㉴ 순수레에 의해 운반을 할 때는 뛰어서는 안 된다. 또한 통로 구분을 명확히 하여야 한다.

㉵ 최상부의 슬래브는 이어붓기를 되도록 피하고 일시에 전체를 타설하도록 하여야 한다.

㉶ 타워에 연결되어 있는 슈트의 접속은 확실하게 하고, 달아매는 재료는 견고한지 점검하여야 한다.

> 💡 **참고**
>
> 1. **블리딩** : 콘크리트 타설 후 물이나 미세한 불순물이 분리 상승하여 콘크리트 표면에 떠오르는 현상
> 2. **레이턴스** : 콘크리트 타설 후 물이나 미세한 불순물이 표면에 발생하는 미세한 물질

(2) 콘크리트 타설

① 운반용 기계·기구

㉮ 손수레

㉠ 운반거리는 운반 도중 콘크리트면에 심한 블리딩 및 경량골재가 떠오르지 않을 범위 내로 한다.

㉡ 콘크리트 운반용 발판 등을 설치하여 운반길은 평탄하게 만든다.

④ 슈트 : 슈트는 가능한 한 수직형 플렉시블 슈트로 하며, 경사 슈트를 사용할 때는 경사를 4/10~7/10 정도로 하고, 콘크리트의 재료분리를 피하기 위하여 끝단에 길이 60cm 이상의 로드(Rod)관을 붙이거나 일단 용기에 받은 후 부어놓도록 한다.

④ 벨트 콘베이어 : 경사진 벨트 콘베이어의 경우에는 운반중에 콘크리트가 분리되지 않을 범위 내로 하여야 한다.

④ 버킷 : 밑면으로부터 콘크리트를 배출하는 형식인 것은 될 수 있는 한 배출구가 밑면의 중앙부에 있는 것으로 한다.

④ 콘크리트 펌프 : 콘크리트 펌프 사용시 조골재의 크기는 가능한 한 40mm 이하가 좋으며, 세골재율이 약간 많은 콘크리트가 좋다.

(3) 콘크리트 다지기

타설된 콘크리트는 거푸집, 철근, 매설물 등에 밀착하여 치밀하고 균질의 콘크리트가 되도록 충분히 다져야 한다.

① 진동기는 철근 또는 철골에 직접 접촉되지 않도록 하고 뽑을 때에는 천천히 뽑아내고 콘크리트에 구멍이 남지 않도록 한다.

② 막대형 진동기(Rod Type Vibrator)는 수직방향으로 넣고, 넣은 간격은 약 60cm 이하로 한다.

③ 거푸집 진동기는 막대형 진동기를 사용할 수 없는 기둥 및 벽체부분에 사용하고, 표면 진동기는 슬래브와 같이 두께가 얇은 부분의 콘크리트 표면에 직접 사용한다.

(4) 콘크리트 양생

양생이란 콘크리트를 타설한 다음 수화작용을 충분히 발휘시킴과 동시에 건조 및 외력에 의한 균열 발생을 방지하고 콘크리트의 강도발현을 위해 보호하는 것을 말한다.

콘크리트 양생 시 유의사항은 다음과 같다.

① 콘크리트 온도는 항상 2℃ 이상으로 유지하여야 한다.

② 콘크리트 타설 후 수화작용을 돕기 위하여 최소 5일간은 수분을 보존한다.

③ 일광의 직사, 급격한 건조 및 한냉에 대하여 보호한다.

④ 콘크리트가 충분히 경화될 때가지는 충격 및 하중을 가하지 않도록 주의한다.

⑤ 콘크리트 타설 후 1일간은 그 위를 보행하거나 공기구 등 기타 중량물을 올려 놓아서는 안 된다.

> 💡 참고
>
> ▶ 한중 콘크리트 : 하루의 평균기온이 4℃ 이하로 될 것이 예상되는 기상조건에서 낮에도 콘크리트가 동결의 우려가 있는 경우에 사용되는 콘크리트

(5) 슬럼프 테스트(Slump Test)

콘크리트의 유동성과 묽기를 시험하는 방법으로 거푸집 속에는 철골, 철근, 배관 기타 매설물이 있으므로 거푸집의 모서리 구석 또는 철근 등의 주위에 콘크리트가 가득 채워져 밀착되도록 다져 넣으려면 콘크리트에 충분한 유동성이 있어서 다지는 작업의 용이성, 즉 시공연도(Workability)가 있어야 된다. 이 시공연도의 좋고 나쁨을 판단하기 위한 것이 슬럼프 테스트이다.

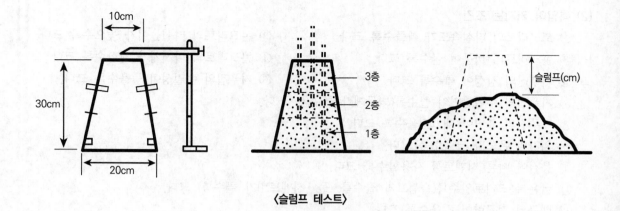

〈슬럼프 테스트〉

구조물에 대한 표준 슬럼프값은 다음 표와 같다.

〈표준 슬럼프값〉

장 소	진동다짐일 때	진동다짐이 아닐 때
기초, 바닥면, 보	5~10cm	15~19cm
기둥, 벽	10~15cm	19~22cm

① 슬럼프 테스트 기구
  ㉮ 시험통(Slump Test Cone)　　　　㉯ 다짐막대
  ㉰ 수밀성 평판　　　　　　　　　　㉱ 측정계기
② 슬럼프 테스트 방법
  ㉮ 수밀성 평판을 수평으로 설치한다.
  ㉯ 시험통을 평판 중앙에 밀착한다.
  ㉰ 비빈 콘크리트를 10cm 높이까지 부어넣는다.
  ㉱ 다짐막대로 윗면을 고르고, 밑창에 닿을 정도로 25회 찔러 다진다.
  ㉲ 2단과 3단, 각각 25회씩 다진다.
  ㉳ 시험통을 가만히 들어올려 벗긴다.
  ㉴ 측정계기로 콘크리트의 미끄러져 내린 높이차를 구한다.

> 🔎 참고
>
> ▶ 슬럼프값은 시험통에 다져넣은 높이 30cm에서 시험통을 벗기고 콘크리트가 미끄러져 내린 높이까지의 거리를 cm로 표시한 것이다.

2 콘크리트 측압

(1) 측 압

콘크리트를 타설하게 되면 거푸집의 수직부재는 콘크리트의 유동성 때문에 수평방향의 압력을 받게 되는데 이것을 측압이라고 한다.

(2) 측압이 커지는 조건

① 코크리트의 타설속도가 빠를수록 크다.　　② 콘크리트의 타설높이가 높으수록 크다.

③ 콘크리트의 비붕이 클수록 크다.　　④ 콘크리트의 다지기가 강할수록 크다.

⑤ 거푸집의 강성이 클수록 크다.　　⑥ 거푸집의 수밀성이 높을수록 크다.

⑦ 거푸집의 수평단면이 클수록(벽두께가 클수록) 크다.

⑧ 거푸집의 표면이 매끄러울수록 크다.

⑨ 외기의 온도가 낮을수록 크다.

⑩ 응결이 빠른 시멘트를 사용할수록 크다.

⑪ 굵은 콘크리트일수록(슬럼프가 클수록, 물·시멘트비가 클수록) 크다.

⑫ 배근된 철근량이 적을수록 크다.

❸ 가설발판의 지지력 계산

(1) 비계면적의 계산식

구 분	계산식
강관(파이프)비계 면적	$A = H(L + 8 \times 1)$
외줄비계 면적	$A = H(L + 8 \times 0.45)$
쌍줄비계 면적	$A = H(L + 8 \times 0.9)$

여기서, A : 비계면적(m²), H : 건물높이(m), L : 건물외벽 길이(m)

(2) 동바리(Support)에 관한 계산

① 동바리 체적계산의 단위는 '공 m³'으로 한다.

② '공 m³'의 계산은 상층 바닥판 면적(m²)에 층 안목간의 높이를 곱한 것의 90%로 한다.

③ 동바리 체적(공 m³)은 다음과 같이 구한다.

> 동바리체적 = [(상층 바닥면적 − 공제부분)×층 안목간의 높이]×0.9

예제

▶ 다음 그림과 같은 건축물의 높이가 20m 일 때 쌍줄비계 소요면적은?

풀이 쌍줄비계 면적

$A = H(L + 8 \times 0.9)$

∴ $20(90 + 8 \times 0.9) = 6,144$m²

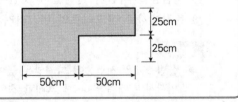

예제

▶ 다음 그림과 같은 건축물의 높이가 20m 일 때 외부 파이프 비계면적은?

풀이 파이프 비계면적

$A = H(L + 8 \times 1)$

∴ $20(90 + 8 \times 1) = 1,960$m²

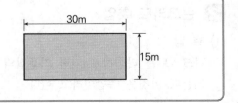

제2절 철근작업

1 철근운반

(1) 인력운반

① 긴 철근은 2인 이상이 1조가 되어 어깨메기로 하여 운반하는 등 안전성을 도모한다.

② 긴 철근을 부득이 한 사람이 운반할 때는 한쪽을 어깨에 메고 한쪽 끝을 땅에 끌면서 운반한다.

③ 운반 시에는 양끝을 묶어 운반한다.

④ 1회 운반 시 1인당 무게는 25kg 정도가 적절하며, 무리한 운반은 삼간다.

⑤ 공동작업 시는 신호에 따라 작업을 행한다.

(2) 기계운반

① 달아올릴 때는 로프와 기구의 허용하중을 검토하여 과다하게 달아올리지 않아야 한다.

② 비계나 거푸집 등에 다량의 철근을 걸쳐 놓거나 얹어 놓아서는 안 된다.

③ 운반작업 시에는 작업책임자를 배치시켜 표준신호 방법에 의하여 시행한다.

④ 권양기 운전은 현장책임자가 지정하는 자가 하여야 한다.

(3) 철근운반 시 감전예방 조치사항

① 철근운반작업을 하는 바닥 부근에는 전선이 배치되어 있지 않아야 한다.

② 철근운반작업을 하는 주변의 전선은 사용 철근의 최대길이 이상의 높이에 배선되어야 하며, 이격거리는 최도한 2m 이상이어야 한다.

③ 운반장비는 반드시 전선의 배선상태를 확인한 후 운행하여야 한다.

2 철근의 종류

① 철근콘크리트 공사에 사용하는 철근의 종류는 원형철근, 이형철근, 철선, 피아노선, 용접철망 등이 있으며 이 중 원형철근과 이형철근은 다음 표와 같이 구분하고 있다.

종 류	기 호	색 상
원형철근	SB C 24	청색
	SB C 30	녹색
이형철근	SB D 24	청색
	SB D 30	녹색
	SB D 35	적색
	SB D 40	황색

② 이형철근은 마디와 리브(Rib)가 붙어 있어서 콘크리트의 부착을 좋게 한다.

3 철근의 인양방법

(1) 체결방법

① 2개소 이상을 묶어 수평으로 인양한다.

② 매다는 각도는 60° 이내로 한다.

③ 와이어로프의 미끄럼을 방지한다.

④ 훅은 해지장치가 있는 것을 사용한다.

⑤ 철근의 중량과 중심을 확인한다.

⑥ 철근을 세워올릴 때는 포대나 상자를 이용하여 철근이 빠지지 않도록 한다.

(2) 인양방법

① 운전자와 신호수 사이에는 신호 방법을 충분히 협의해 둔다.

② 체결작업이 끝나면 작업자는 안전한 장소로 대피한다.

③ 신호수의 인양신호에 의하여 인양한다.

④ 인양 중에 짐이 흔들리거나 장애물에 걸렸을 때는 즉시 운전을 중지시킨다.

⑤ 인양된 것을 이동시킬 때는 지상 2m 높이로 유지하고 통행자의 위험, 장애물 등에 유의한다.

제3절 철골공사

철골작업은 중량물을 취급하므로 작업원의 추락재해나 재료, 공구의 취급상 부주의로 낙하, 비래 재해 등을 발생시키고 중대재해로 연결되는 경우가 많으므로 주의가 필요하다.

1 철골 안전작업

(1) 철골공사의 장·단점

장 점	단 점
① 공기가 단축된다.	① 비내화적이다.
② 재질이 균등하다.	② 정확한 가공, 조립이 요구된다.
③ 긴 부재의 사용으로 큰 스팬(Span) 구조물에 적합하다.	③ 가격이 높다.
④ 철근콘크리트조에 비하여 가볍고 인성이 크다.	

(2) 철골구조의 역학적 분류

철골의 구조는 축조의 접합상태에 따라 라멘구조(Riged Frame), 트러스구조(Truss Frame), 브레이스구조(Braced Frame)로 분규하고 있다.

① 라멘구조 : 축조의 각 절점이 강하게 접합되어 있는 구조이며, 역학적으로 휨재, 압축재, 인장재가 결합되어 있는 형식이다.

② 브레이스구조 : 가새(Brace)를 이용하여 풍압력이나 지진력에 견딜 수 있게 하는 구조이다.

③ 트러스구조 : 골조의 각 결점이 모두 핀으로 접합되어 있으며, 일반적으로 각 부재가 삼각형을 구성하는 골조이다.

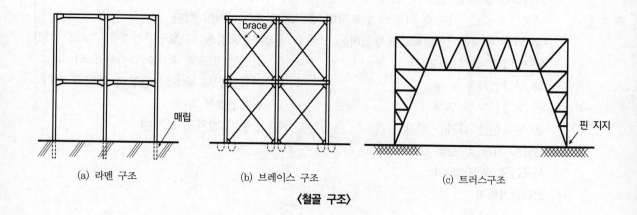

| (a) 라멘 구조 | (b) 브레이스 구조 | (c) 트러스구조 |

〈철골 구조〉

(3) 철골공사 전 검토사항

① 설계도 및 공작도 검토

㉮ 철골의 자립도 검토

㉠ 철골 도괴에 따른 위험요소는 다음 표와 같다.

공 정	건 립	버팀대 가체결	본체결
위험요소	① 바람 ② 자중 ③ 가설물의 적재 ④ 앵커볼트 불량 ⑤ 조립 순서 불량 ⑥ 가볼트 부족	① 바람 ② 가설물의 적재 ③ 가볼트 부족 ④ 보강기재 또는 와이어 부족	① 바람 ② 가설물의 적재 ③ 자립성 부족 ④ 가설물에 대한 보강 부족

㉡ 건립 중 강풍에 의한 풍압 등 외압에 대한 내력이 설계에 고려되었는지 확인하여야 하는 철골구조물

- 철골량이 $50kg/m^2$ 이하인 구조물
- 기둥이 타이플레이트(Tie Plate)형인 구조물
- 이음부가 현장용접인 구조물
- 높이 20m 이상의 구조물
- 구조물의 폭과 높이의 비가 1:4 이상인 구조물
- 단면구조에 현저한 차이가 있는 구조물

㉯ 부재의 형상 확인

㉰ 부재의 수량 및 중량의 확인

㉱ 볼트 구멍, 이음부, 접합방법의 확인

㉲ 철골계단의 유무

㉳ 전립작업성의 검토

     ᄽ **가설부재 및 부품 검토** : 건립 후에 가설부재나 부품을 부착하는 것은 위험한 고소작업을 동반하므로 다음 사항을 사전에 검토하여 공작도에 포함시켜야 한다.

       ㄱ 외부 비계받이 및 화물승강설비용 브래킷   ㄴ 기둥승강용 트랩(답단간격은 30cm 이내)

       ㄷ 구명줄 설치용 고리   ㄹ 건립에 필요한 와이어걸이용 고리

       ㅁ 난간설치용 부재   ㅂ 기둥 및 보 중앙의 안전대 설치용 고리

       ㅅ 방망설치용 부재   ㅇ 비계연결용 부재

       ㅈ 방호선반 설치용 부재   ㅊ 양중기 설치용 보강재

     ᄿ 건립용 기계 및 건립 순서

     ᅀ 사용전력 및 가설설비

     ᅟ 안전관리체계

② **현지조사**

     ㉮ 현장 주변환경 조사   ㉯ 수송로와 재료적치장 조사

     ㉰ 인접가옥, 공작물, 가공전선 등의 조사

③ **건립공정 수립 시 검토사항**

     ㉮ 입지조건에 의한 영향

     ㉯ **기후에 의한 영향** : 강풍, 폭우 등과 같은 악천후 시에는 작업을 중지토록 하여야 한다.

       ㄱ **풍속** : 10m/sec 이상   ㄴ **강우량** : 1mm/h 이상

       ㄷ **강설량** : 1cm/h 이상

     또한 풍속별 작업범위는 다음 표와 같다.

풍속(m/sec)	종 별	작업범위
0~7	안전작업 범위	전 작업 실시
7~10	주의경보	외부 용접, 도장작업 중지
10~14	경고경보	건립작업 중지
14 이상	위험경보	고소작업자는 즉시 하강, 안전대피

     ㉰ 철골부재 및 접합형식에 의한 영향

     ㉱ 건립 순서에 의한 영향

     ㉲ 건립용 기계에 의한 영향

     ㉳ 안전시설에 의한 영향

④ **철골 건립기계 선정 시 사전 검토사항**

     ㉮ 입지조건   ㉯ 건립기계의 소음영향

     ㉰ 건물형태   ㉱ 인양하중

     ㉲ 작업반경

(4) 건립형식

① **층별 건립형식** : 타워크레인, 가이데릭 등을 이용하여 건립을 하는 형식으로 건물 전체를 수평으로 나누어 아래층으로부터 점차 위층으로 건립해 가는 것이다. 고소작업의 심리적 불안감이 감소되는 등 작업의 안전성이 크다.

② **구조물 폭(Span) 단위별 건립형식**

㉮ 트럭크레인, 타워크레인과 같이 이동식 기계를 이용하여 건립하는 것으로 건물의 끝에서부터 시작하여 3스팬(Span) 정도마다 최고층까지 세우고 기계를 후퇴시키면서 건물을 완성하는 것이다.

㉯ 보통 공장, 창고 등과 같이 높이가 비교적 낮고, 좁고 긴 건물에 아주 효과적이며 높이 30m 정도의 건물에 사용되고 있다.

③ **변칙구조물 폭(Span) 단위별 건립형식** : 기둥 횡목의 조립 후에 지붕을 세우는 공법인데 기둥, 횡목, 보, 소지붕을 충분히 하여 건립하는 것으로 건립 시 선별이 용이하고 공장제작시나 공장운반 시 수송에 있어서 능률적이다. 이 형식은 평형하고 길게 건립된 형태, 긴 폭의 건물에 많이 이용된다.

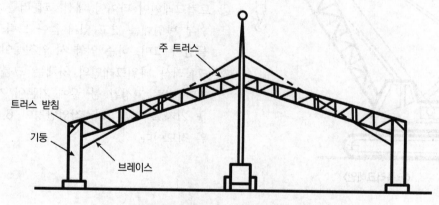

〈변칙구조물 폭(Span) 단위별 건립형식〉

2 철골공사용 기계의 종류

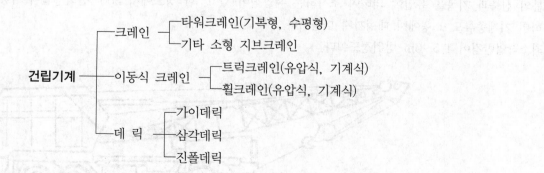

(1) 타워크레인(Tower Crane)

초고층 작업이 용이하고 인접물에 장해가 없기 때문에 360° 회전이 가능하여 가장 능률이 좋은 기계이다.

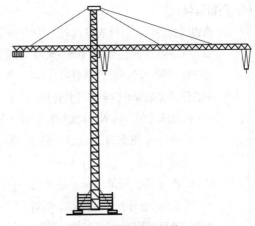

〈타워크레인(수평형)〉

〈크롤러크레인〉

(2) 크롤러크레인(Crawler Crane)

① 트럭크레인이 타이어 대신 크롤러를 장착한 것으로 외부 받침대를 갖고 있지 않아 트럭크레인 보다 흔들림이 크며, 하준 인양 시 안전성이 약하다.

② 크롤러식 타워크레인의 차체는 크롤러크레인과 같지만 직립 고정된 붐 끝에 기본이 가능한 보조 붐을 가지고 있다. 최소작업반경이 6.4 ~ 11m의 범위 정도이다.

(3) 트럭크레인(Truck Crane)

① 장거리 기동성이 있고 붐을 현장에서 조립하여 소정의 길이를 얻을 수 있다.

② 붐의 신축과 기복을 유압에 의하여 조작하는 유압식이 있고, 한 장소에서 360° 선회작업이 가능하며 기계종류도 소형에서 대형까지 다양하다.

③ 최소작업반경이 1.5~6m 범위정도이다.

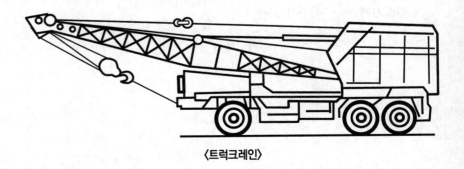

〈트럭크레인〉

(4) 삼각데릭(Stiff Lag Derrick)

① 가이데릭과 비슷하나 주기둥을 지탱하는 지선 대신 2본의 다리에 의해 고정된 것으로 작업회전 반경이 약 270° 이다.

② 삼각데릭은 비교적 높이가 낮고 넓은 면적의 건물에 유리하다. 초고층 철골 위에 설치하여 타워크레인 해체 후 사용하거나 또 증축공사인 경우, 기존건물 옥상 등에 설치하여 사용되고 있다.

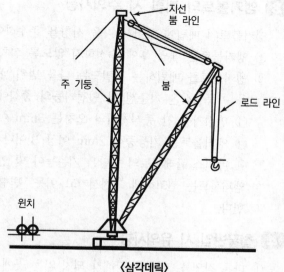

〈삼각데릭〉

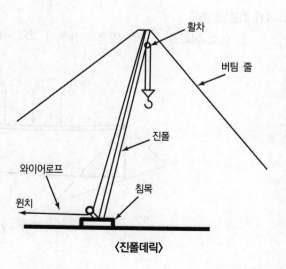

〈가이데릭〉

(5) 가이데릭(Guy Derrick)

① 주 기둥과 붐으로 구성되어 있고 6~8본의 지선으로 주 기둥이 지탱되며 주각부에 붐을 설치하면 360° 회전이 가능하다.

② 인양하중이 크고 경우에 따라 쌓아올림도 가능하지만 타워크레인에 비하여 선회성이 떨어지므로 인양하중량이 특히 클 때 필요하다.

(6) 진폴데릭(Gin Pole Derrick)

① 통나무, 철파이프 또는 철골 등으로 기둥을 세우고 난 뒤 3본 이상 지선을 매어 기둥을 경사지게 세워 기둥 끝에 활차를 달고 윈치에 연결시켜 권상시키는 것이다.

② 간단하게 설치할 수 있으며, 경미한 건물의 철골건립에 주로 사용된다.

〈진폴데릭〉

3 앵커볼트의 매립 시 주의사항

앵커볼트의 매립에 있어서 다음 사항을 준수하여야 한다.

① 앵커볼트는 매립 후에 수정하지 않도록 설치하여야 한다.

② 앵커볼트를 매립하는 정밀도는 다음 범위 내이어야 한다.

    ㉮ 기둥중심은 기준선 및 인접기둥의 중심에서 5mm 이상 벗어나지 않을 것

    ㉯ 인접기둥 간 중심거리의 오차는 3mm 이하일 것

    ㉰ 앵커볼트는 기둥중심 2mm 이상 벗어나지 않을 것

    ㉱ 베이스 플레이트의 하단은 기준높이 및 인접기둥의 높이에서 3mm 이상 벗어나지 않을 것

③ 앵커볼트는 견고하게 고정시키고 이동, 변형이 발생하지 않도록 주의하면서 콘크리트를 타설해야 한다.

4 철골반입 시 유의사항

① 다른 작업을 고려하여장해가 되지 않는 곳에 철골을 적치하여야 한다.

② 받침대는 적당한 간격으로 적치될 부재의 중량을 고려하여 안정성이 있는 것으로 하여야 한다.

③ 부재반입 시는 건립의 순서 등을 고려하여 반입토록 하여야 하며, 시공 순서가 빠른 부재는 상단부에 위치하도록 한다.

④ 부재 하차 시는 쌓여 있는 부재의 도괴에 대비하여야 한다.

⑤ 부재를 하차시킬 때 트럭 위의 작업은 불안정하기 때문에 인양시킬 때 부재가 무너지지 않도록 하여야 한다.

⑥ 부재에 로프를 체결하는 작업자는 경험이 풍부한 사람이 하도록 하여야 한다.

⑦ 인양기계의 운전자는 서서히 들어올려 일단 안정상태인가를 확인한 다음, 다시 서서히 들어올려 트럭 적재함으로부터 2m 정도가 되면 수평이동시켜야 한다.

5 좌 굴

양끝이 힌지(Hinge)인 기둥에 수직하중을 가하면 기둥이 수평방향으로 휘게 되는 현상

(1) 좌굴의 종류

    ① 보의 횡좌굴 : 판을 옆으로 세워서 보로 사용할 경우에 생기는 좌굴을 말한다.

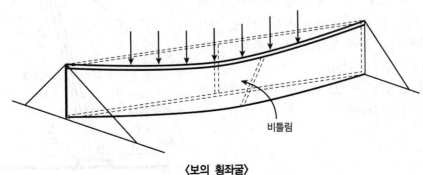

비틀림

〈보의 횡좌굴〉

② 국부좌굴 : 두께가 얇은 단면의 부재에서 단면의 형상이 붕괴되는 듯한 좌굴을 일으키는 것을 말한다.

③ 기둥의 휨좌굴 : 일반적으로 좌굴이라고 하는 것은 기둥의 휨좌굴을 말한다.

④ 기둥의 휨전단좌굴 : 조립단면의 기둥에 생기는 좌굴을 말한다.

⑤ 기둥의 비틀림좌굴 : 판재에 편심압축을 가할 때 생기는 좌굴을 말한다.

(2) 좌굴의 억제조치

① 재단(材端)의 회전구속 : 재단의 회전을 억제하면 기둥이 휘는 것을 억제할 수 있다.

② 부재의 중간지지 : 그림 〈부재의 중간지지〉와 같이 기둥의 중간지점에서 수평방향으로 지지해 주면 같은 점에서는 기둥이 이동을 할 수 없으므로 기둥의 변곡형태는 바로 실선의 형상으로 된다.

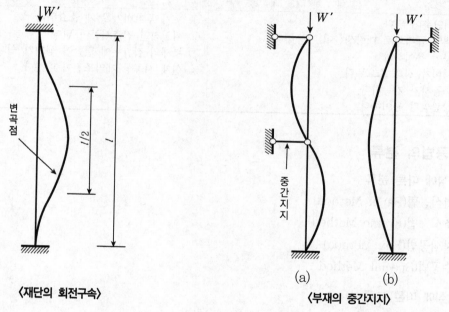

〈재단의 회전구속〉　　　　　〈부재의 중간지지〉

③ 보의 연결 : 보와 보를 경사재 및 수평재로 연결해 주면 보가 갖는 원래의 기능을 충분히 발휘하게 되고, 횡좌굴이 일어나기 어렵게 된다.

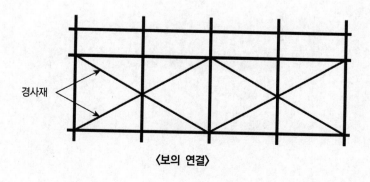

〈보의 연결〉

제4절 PC 공법의 안전

1 프리캐스트 콘크리트(Precast Concrete ; PC) 공법

소요 규격의 콘크리트 제품을 공장에서 제작하여 현장으로 운반하고, 타워크레인으로 들어올려 각 부재를 조립해서 구조체를 완성 한 후 방수, 마감공사를 등을 함으로써 건물을 완성하는 것이다.

즉, 슬래브, 기둥, 벽판 및 보를 플랜트의 몰드를 사용하여 기성품으로 만든 것이다.

2 PC 공법의 장·단점

장 점	단 점
① 공기단축이 된다. ② 자재의 규격화로 대량생산이 가능하다. ③ 시공이 용이하다. ④ 공사비가 적게 소요된다. ⑤ 연중공사가 가능하다. ⑥ 현장관리가 용이하다.	① 초기 투자비가 높게 소요된다. ② 획일적인 건축시공이 된다. ③ 부재의 접합부에 결함이 생기기 쉽다. ④ 설계 시공상 제약조건이 따른다.

3 PC 공법의 분류

(1) 구조형식에 따른 분류

① 패널식공법(Panel Method)

② 골조식공법(Frame Method)

③ 상자식공법(Box Method)

④ 특수공법(Special Method)

(2) 접합방식에 따른 분류

① 건식접합(Dry Joint) : 볼트, 용접, 루프(Loop)처리

② 습식접합(Wet Joint) : 모르타르, 콘크리트 채움

③ 기타 접합 : 합성수지 등

01 콘크리트 강도에 가장 큰 영향을 주는 것은?

① 골재의 입도   ② 시멘트 양

③ 배합방법   ④ 물·시멘트 비

> **해설** 콘크리트 강도에 가장 큰 영향을 주는 것은 물·시멘트 비이다.

02 콘크리트 강도에 영향을 주는 요소로 거리가 먼 것은?

① 거푸집 모양

② 양생 온도와 습도

③ 타설 및 다지기

④ 콘크리트 재령 및 배합

> **해설** **콘크리트 강도에 영향을 주는 요소**
> ㉠ 양생 온도와 습도   ㉡ 타설 및 다지기
> ㉢ 콘크리트 재령 및 배합

03 경화된 콘크리트의 각종 강도를 비교한 것 중 옳은 것은?

① 전단강도 > 인장강도 > 압축강도

② 압축강도 > 인장강도 > 전단강도

③ 인장강도 > 압축강도 > 전단강도

④ 압축강도 > 전단강도 > 인장강도

> **해설** **경화된 콘크리트의 강도 순서**
> 압축강도 > 전단강도 > 인장강도

04 지름이 15cm이고 높이가 30cm인 원기둥 콘크리트 공시체에 대해 압축강도시험을 한 결과 460kN에서 파괴되었다. 이때 콘크리트 압축강도는?

① 16.2MPa   ② 21.5MPa

③ 26MPa   ④ 31.2MPa

> **해설**
> $$w = \frac{P}{A} = \frac{P}{\frac{\pi D^2}{4}} = \frac{460}{\frac{3.14 \times 15^2}{4}} ≒ 26\text{MPa}$$

05 하루의 평균기온이 4℃ 이하로 될 것이 예상되는 기상조건에서 낮에도 콘크리트가 동결의 우려가 있는 경우에 사용되는 콘크리트는?

① 고강도 콘크리트   ② 경량 콘크리트

③ 서중 콘크리트   ④ 한중 콘크리트

> **해설** 문제의 내용은 한중 콘크리트에 관한 것으로 계획배합시 물·시멘트비는 60% 이하로 하고, AE제 또는 AE감수제 등의 표면활성제를 사용한다.

06 콘크리트 타설작업 시 안전에 대한 유의사항으로 옳지 않은 것은?

① 콘크리트 치는 도중에는 지보공·거푸집 등의 이상 유무를 확인한다.

② 높은 곳으로부터 콘크리트를 타설할 때는 호퍼로 받아 거푸집 내에 꽂아넣는 슈트를 통해서 부어넣어야 한다.

③ 진동기를 가능한 한 많이 사용할수록 거푸집에 작용하는 측압상 안전하다.

④ 콘크리트를 한 곳에만 치우쳐서 타설하지 않도록 주의한다.

> **해설** ③ 진동기를 가능한 한 적게 사용할수록 거푸집에 작용하는 측압상 안전하다.

07 콘크리트 타설작업 시 준수사항으로 옳지 않은 것은?

① 바닥 위에 흘린 콘크리트는 완전히 청소한다.

② 가능한 높은 곳으로부터 자연낙하시켜 콘크리트를 타설한다.

③ 지나친 진동기 사용은 재료분리를 일으킬 수 있으므로 금해야 한다.

④ 최상부의 슬래브는 이어붓기를 되도록 피하고 일시에 전체를 타설하도록 한다.

> **해설** ②의 경우 가능한 높은 곳으로부터 자연낙하시켜 콘크리트를 타설하지 않는다는 내용이 옳다.

정답 | 01. ④   02. ①   03. ④   04. ③   05. ④   06. ③   07. ②

08 다음 중 콘크리트 타설 시 안전수칙으로 옳지 않은 것은?

① 콘크리트 콜드 조인트 발생을 억제하기 위하여 한 곳부터 집중 타설한다.
② 타설순서 및 타설속도를 준수한다.
③ 콘크리트 타설 도중에는 동바리, 거푸집 등의 이상 유무를 확인하고 감시인을 배치한다.
④ 진동기의 지나친 사용은 재료분리를 일으킬 수 있으므로 적절히 사용하여야 한다.

> 해설 ①의 경우 콘크리트는 먼 곳으로부터 가까운 곳으로, 낮은 곳에서 높은 곳으로 타설해야 한다는 내용이 옳다.

09 콘크리트 타설작업과 관련하여 준수하여야 할 사항으로 가장 거리가 먼 것은?

① 당일의 작업을 시작하기 전에 해당 작업에 관한 거푸집 동바리 등의 변형·변위 및 지반의 침하 유무 등을 점검하고 이상이 있는 경우 보수할 것
② 콘크리트를 타설하는 경우에는 편심이 발생하지 않도록 골고루 분산하여 타설할 것
③ 진동기의 사용은 많이 할수록 균일한 콘크리트를 얻을 수 있으므로 가급적 많이 사용할 것
④ 설계도서상의 콘크리트 양생기간을 준수하여 거푸집 동바리 등을 해체할 것

> 해설 ③ 진동기의 사용은 많이 할수록 균일한 콘크리트를 얻을 수 없으므로 많이 사용하지 않는다.

10 콘크리트 타설작업을 하는 경우에 준수해야 할 사항으로 옳지 않은 것은?

① 당일의 작업을 시작하기 전에 해당 작업에 관한 거푸집 동바리 등의 변형·변위 및 지반의 침하 유무 등을 점검하고 이상이 있으면 보수할 것
② 작업 중에는 거푸집 동바리 등의 변형·변위 및 침하 유무 등을 감시할 수 있는 감시자를 재치하여 이상이 있으면 작업을 중지하고 근로자를 대피시킬 것

③ 설계도서상의 콘크리트 양생기간을 준수하여 거푸집 동바리 등을 해체할 것
④ 거푸집 붕괴의 위험이 발생할 우려가 있는 때에는 보강조치 없이 즉시 해체할 것

> 해설 ④의 경우, 거푸집 붕괴의 위험이 발생할 우려가 있는 때에는 충분한 보강조치를 할 것이 옳다.

11 콘크리트 타설 후 물이나 미세한 불순물이 분리 상승하여 콘크리트 표면에 떠오르는 현상을 가리키는 용어와 이때 표면에 발생하는 미세한 물질을 가리키는 용어를 옳게 나열한 것은?

① 블리딩 – 레이턴스 ② 브링 – 샌드드레인
③ 히빙 – 슬라임   ④ 블로홀 – 슬래그

> 해설 문제의 내용은 블리딩 – 레이턴스에 관한 것이다.

12 콘크리트 타설 시 거푸집의 측압에 영향을 미치는 인자들에 대한 설명으로 틀린 것은?

① 슬럼프가 클수록 측압은 크다.
② 거푸집의 강성이 클수록 측압은 크다.
③ 철근량이 많을수록 측압은 작다.
④ 타설속도가 느릴수록 측압은 크다.

> 해설 **콘크리트 타설 시 거푸집의 측압에 영향을 미치는 인자(측압이 큰 경우)**
> ㉠ 거푸집의 부재단면이 클수록
> ㉡ 거푸집의 수밀성이 클수록
> ㉢ 거푸집의 강성이 클수록
> ㉣ 철근의 양이 적을수록
> ㉤ 거푸집 표면이 평활할수록
> ㉥ 시공연도(Workability)가 좋을수록
> ㉦ 외기온도가 낮을수록
> ㉧ 타설(부어넣기) 속도가 빠를수록
> ㉨ 슬럼프가 클수록
> ㉩ 다짐이 좋을수록
> ㉪ 콘크리트 비중이 클수록
> ㉫ 조강시멘트 등 응결시간이 빠른 것을 사용할수록
> ㉬ 습도가 낮을수록

13 콘크리트의 측압에 관한 설명으로 옳은 것은?

① 거푸집 수밀성이 크면 측압은 작다.
② 철근의 양이 적으면 측압은 작다.

③ 부어넣기 속도가 빠르면 측압은 작아진다.

④ 외기의 온도가 낮을수록 측압은 크다.

해설 **콘크리트 타설 시 거푸집의 측압에 영향을 미치는 인자(측압이 큰 경우)**
- ㉠ 거푸집의 부재단면이 클수록
- ㉡ 거푸집의 수밀성이 클수록
- ㉢ 거푸집의 강성이 클수록
- ㉣ 철근의 양이 적을수록
- ㉤ 거푸집 표면이 평활할수록
- ㉥ 시공연도(Workability)가 좋을수록
- ㉦ 외기온도가 낮을수록
- ㉧ 타설(부어넣기) 속도가 빠를수록
- ㉨ 슬럼프가 클수록
- ㉩ 다짐이 좋을수록
- ㉪ 콘크리트 비중이 클수록
- ㉫ 조강시멘트 등 응결시간이 빠른 것을 사용할수록
- ㉬ 습도가 낮을수록

14 다음 ( ) 안에 들어갈 말로 옳은 것은?

> 콘크리트 측압은 콘크리트 타설속도, ( ), 단위용적질량, 온도, 철근 배근상태 등에 따라 달라진다.

① 타설높이　　　② 골재의 형상

③ 콘크리트 강도　　④ 박리제

해설 **콘크리트 측압에 영향을 주는 요인**
- ㉠ 타설속도　　　㉡ 단위용적질량
- ㉢ 온도　　　㉣ 철근 배근상태 등

15 콘크리트를 타설할 때 거푸집에 작용하는 콘크리트 측압에 영향을 미치는 요인과 가장 거리가 먼 것은?

① 콘크리트의 타설속도

② 콘크리트의 타설높이

③ 콘크리트의 강도

④ 콘크리트의 단위용적질량

해설 ①, ②, ④ 이외에 거푸집에 작용하는 콘크리트 측압에 영향을 미치는 요인으로는 벽 길이가 있다.

16 콘크리트의 유동성과 묽기를 시험하는 방법은?

① 다짐시험　　　② 슬럼프시험

③ 압축강도시험　　④ 평판시험

해설
- ① **다짐시험** : 여러 가지 습윤상태의 습윤밀도를 구해 최적 함수비를 찾는 시험
- ② **슬럼프시험** : 콘크리트의 유동성과 묽기를 시험
- ③ **압축강도시험** : 수밀성이 어느 정도인지를 알아보기 위한 방법으로 다른 강도의 대략적인 추정이 가능한 시험

17 콘크리트 슬럼프시험 방법에 대한 설명 중 옳지 않은 것은?

① 슬럼프시험 기구는 강제평판, 슬럼프 테스트 콘, 다짐막대, 측정기기로 이루어진다.

② 콘크리트 타설 시 작업의 용이성을 판단하는 방법이다.

③ 슬럼프 콘에 비빈 콘크리트를 같은 양의 3층으로 나누어 25회씩 다지면서 채운다.

④ 슬럼프는 슬럼프 콘을 들어올려 강제평판으로부터 콘크리트가 무너져 내려앉은 높이까지의 거리를 mm로 표시한 것이다.

해설 ④ 슬럼프는 슬럼프 콘(시험통)을 들어올려 강제평판으로부터 콘크리트가 무너져 내려앉은 높이까지의 거리를 cm로 표시한 것이다.

18 철근가공작업에서 가스절단을 할 때의 유의사항으로 틀린 것은?

① 가스절단작업 시 호스는 겹치거나 구부러지거나 밟히지 않도록 한다.

② 호스, 전선 등은 작업효율을 위하여 다른 작업장을 거치는 곡선상의 배선이어야 한다.

③ 작업장에서 가연성 물질에 인접하여 용접작업할 때에는 소화기를 비치하여야 한다.

④ 가스절단작업 중에는 보호구를 착용하여야 한다.

해설 ② 호스, 전선 등은 작업효율을 위하여 다른 작업장을 거치지 않는 직선상의 배선이어야 한다.

정답 | 14. ① 15. ③ 16. ② 17. ④ 18. ②

19 철근을 인력으로 운반할 때 주의사항으로 틀린 것은?

① 긴 철근을 2인 1조가 되어 어깨메기로 하여 운반한다.

② 긴 철근을 부득이 1인이 운반할 때는 철근의 한쪽을 어깨에 메고, 다른 한쪽 끝을 땅에 끌면서 운반한다.

③ 1인이 1회에 운반할 수 있는 적당한 무게한도는 운반자의 몸무게 정도이다.

④ 운반 시에는 항상 양끝을 묶어 운반한다.

해설 철근을 인력으로 운반할 때의 주의사항
㉠ 긴 철근은 2인 1조가 되어 어깨메기로 하여 운반한다.
㉡ 긴 철근을 부득이 1인이 운반할 때는 철근의 한쪽을 어깨에 메고, 다른 한쪽 끝을 땅에 끌면서 운반한다.
㉢ 1인이 1회에 운반할 수 있는 적당한 무게는 25kg 정도가 적절하며 무리한 운반을 금한다.
㉣ 운반 시에는 항상 양끝을 묶어 운반한다.
㉤ 내려놓을 때는 던지지 말고 천천히 내려놓는다.
㉥ 공동작업 시 신호에 따라 작업한다.

20 철골공사 시 안전을 위한 사전검토 또는 계획수립을 할 때 가장 거리가 먼 내용은?

① 추락방지망의 설치

② 사용기계의 용량 및 사용대수

③ 기상조건의 검토

④ 지하매설물의 조사

해설 철골공사 시 안전을 위한 사전검토 또는 계획수립 사항
㉠ 추락방지망의 설치
㉡ 사용기계의 용량 및 사용대수
㉢ 기상조건의 검토

21 철골공사 시 사전안전성 확보를 위해 공작도에 반영하여야 할 사항이 아닌 것은?

① 주변 고압전주

② 외부비계받이

③ 기둥승강용 트랩

④ 방망 설치용 부재

해설 철골공사 시 공작도에 반영해야 할 사항
㉠ ②, ③, ④
㉡ 구명줄 설치용 고리
㉢ 와이어 걸이용 고리
㉣ 난간 설치용 부재

⑩ 비계연결용 부재
⑪ 방소선반 설치용 부재
⑫ 양풍기 설치용 보강재

22 철골건립준비를 할 때 준수하여야 할 사항과 가장 거리가 먼 것은?

① 지상작업에서 건립준비 및 기계·기구를 배치할 경우에는 낙하물의 위험이 없는 평탄한 장소를 선정하여 정비하고 경사지에는 작업대나 임시발판 등을 설치하는 등 안전하게 한 후 작업하여야 한다.

② 건립작업에 다소 지장이 있다 하더라도수목은 제거하여서는 안 된다.

③ 사용 전에 기계·기구에 대한 정비 및 보수를 철저히 실시하여야 한다.

④ 기계에 부착된 앵커 등 고정장치와 기초구조 등을 확인하여야 한다.

해설 ② 건립작업에 지장이 있을 경우 수목은 제거하여야 한다.

23 철골작업에서의 승강로 설치기준 중 ( ) 안에 알맞은 숫자는?

> 사업주는 근로자가 수직방향으로 이동하는 철골부재에는 답단 간격이 ( )cm 이내인 고정된 승강로를 설치하여야 한다.

① 20

② 30

③ 40

④ 50

해설 철골작업 시의 승강로 설치기준
㉠ 사업주는 근로자가 수직방향으로 이동하는 철골부재에는 답단 간격이 30cm 이내인 고정된 승강로를 설치한다.
㉡ 수평방향 철골과 수직방향 철골이 연결되는 부분에는 연결작업을 위하여 작업발판 등을 설치한다.

24 양끝이 힌지(Hinge)인 기둥에 수직하중을 가하면 기둥이 수평방향으로 휘게 되는 현상은?

① 피로한계

② 파괴한계

③ 좌굴

④ 부재의 안전도

해설 문제의 내용은 좌굴에 관한 것이다.

정답 ┃ 19. ③ 20. ④ 21. ① 22. ② 23. ② 24. ③

25 위험방지를 위해 철골작업을 중지하여야 하는 기준으로 옳은 것은?

① 풍속이 초당 1m 이상인 경우

② 강우량이 시간당 1cm 이상인 경우

③ 강설량이 시간당 1cm 이상인 경우

④ 10분간 평균풍속이 초당 5m 이상인 경우

> **해설** 위험방지를 위해 철골작업을 중지하여야 하는 기준
> ㉠ 풍속이 초당 10m 이상인 경우
> ㉡ 강우량이 시간당 1mm 이상인 경우
> ㉢ 강설량이 시간당 1cm 이상인 경우

26 철골구조에서 강풍에 대한 내력이 설계에 고려되었는지 검토를 실시하지 않아도 되는 건물은?

① 높이 30m 인 건물

② 연면적당 철골량이 45kg인 건물

③ 단면구조가 일정한 구조물

④ 이음부가 현장용접인 건물

> **해설** 철골구조에서 강풍에 대한 내력이 설계에 고려되었는지 검토를 실시해야 하는 건물
> ㉠ 높이 20m 이상인 건물
> ㉡ 구조물의 폭과 높이의 비가 1:4 이상인 구조물
> ㉢ 건물, 호텔 등에서 단면구조가 현저한 차이가 있는 것
> ㉣ 연면적당 철골량이 50kg/m² 이하인 구조물
> ㉤ 기둥이 타이플레이트형인 구조물
> ㉥ 이음부가 현장용접인 경우

27 철골조립작업에서 작업발판과 안전난간을 설치하기가 곤란한 경우 안전대책으로 가장 타당한 것은?

① 안전벨트 착용

② 달줄, 달포대의 사용

③ 투하설비 설치

④ 사다리 사용

> **해설** 철골조립작업에서 작업발판과 안전난간을 설치하기가 곤란한 경우 안전벨트를 착용한다.

28 철골조립작업에서 안전한 작업발판과 안전난간을 설치하기가 곤란한 경우 작업원에 대한 안전대책으로 가장 알맞은 것은?

① 안전대 및 구명로프 사용

② 안전모 및 안전화 사용

③ 출입금지 조치

④ 작업 중지 조치

> **해설** 철골작업 시 안전한 작업발판과 안전난간을 설치하기 곤란한 경우 작업원에 대하여 안전대 및 구명로프를 사용하도록 하여야 한다.

29 철골공사 중 트랩을 이용해 승강할 때 안전과 관련된 항목이 아닌 것은?

① 수평 구명줄 　　② 수직 구명줄

③ 안전벨트 　　　④ 추락 방지대

> **해설** 철골공사 중 트랩을 이용해 승강할 때 수평 구명줄은 안전과 관련된 항목에 해당되지 않는다.

30 철골공사에서 나타나는 용접결함의 종류에 해당하지 않는 것은?

① 오버랩(overlap) 　　② 언더컷(under cut)

③ 블로홀(blow hole) 　④ 가우징(gouging)

> **해설** ① **오버랩** : 용접 시에 용융금속이 모재와 융합하지 못하고 표면에 덮쳐진 상태
> ② **언더컷** : 용착금속이 채워지지 않고 홈으로 남아 있는 부분
> ③ **블로홀** : 기공이라 하며, 용접금속 안에 공기가 갇혀버려 그대로 굳어진 것
> ④ **가우징** : 피트(pit)는 기공과 비슷하며, 비드 표면에 구멍이 생긴 것

31 철근콘크리트 슬래브에 발생하는 응력에 대한 설명으로 틀린 것은?

① 전단력은 일반적으로 단부보다 중앙부에서 크게 작용한다.

② 중앙부 하부에는 인장응력이 발생한다.

③ 단부 하부에는 압축응력이 발생한다.

④ 휨응력은 일반적으로 슬래브 중앙부에서 크게 작용한다.

> **해설** ① 전단력은 일반적으로 단부보다 중앙부에서 작게 작용한다.

32 다음 중 철골공사 시의 안전작업방법 및 준수사항으로 옳지 않은 것은?

① 10분간의 평균 풍속이 초당 10m 이상인 경우는 작업을 중지한다.

② 철골부재 반입 시 시공 순서가 빠른 부재는 상단부에 위치하도록 한다.

③ 구명줄 설치 시 마닐라로프 직경 10mm를 기준으로 하여 설치하고 작업방법을 충분히 검토하여야 한다.

④ 철골보의 두 곳을 매어 인양시킬 때 와이어로프의 내각은 60° 이하이어야 한다.

> **해설** ③ 구명줄 설치 시 마닐라로프 직경 16mm를 기준하여 설치하고 작업방법을 충분히 검토하여야 한다.

33 철골구조의 앵커볼트 매립과 관련된 사항 중 옳지 않은 것은?

① 기둥 중심은 기준선 및 인접기둥의 중심에서 3mm 이상 벗어나지 않을 것

② 앵커볼트는 매립 후에 수정하지 않도록 설치할 것

③ 베이스플레이트의 하단은 기준 높이 및 인접기둥의 높이에서 3mm 이상 벗어나지 않을 것

④ 앵커볼트는 기둥 중심에서 2mm 이상 벗어나지 않을 것

> **해설** ① 기둥 중심은 기준선 및 인접기둥의 중심에서 5mm 이상 벗어나지 않을 것

34 철골보 인양작업 시의 준수사항으로 옳지 않은 것은?

① 선회와 인양작업은 가능한 동시에 이루어지도록 한다.

② 인양용 와이어로프의 각도는 양변 60° 정도가 되도록 한다.

③ 유도로프로 방향을 잡으며 이동시킨다.

④ 철골보의 와이어로프 체결지점은 부재의 1/3 지점을 기준으로 한다.

> **해설** ① 선회와 인양작업은 가능한 동시에 이루어지지 않게 한다.

35 철골용접 작업자의 전격방지를 위한 주의사항으로 옳지 않은 것은?

① 보호구와 복장을 구비하고, 기름기가 묻었거나 젖은 것은 착용하지 않을 것

② 작업중지의 경우에는 스위치를 떼어놓을 것

③ 개로 전압이 높은 교류용접기를 사용할 것

④ 좁은 장소에서의 작업 시에는 신체를 노출시키지 않을 것

> **해설** ③의 내용은 철골용접 작업자의 전격방지를 위한 주의사항과는 거리가 멀다.

Chapter 07 운반 및 하역 작업

제1절 운반작업

1 운반기계에 의한 운반작업 시 안전수칙

① 운반대 위에는 여러 사람이 타지 말 것
② 미는 운반차에 화물을 실을 때는 앞을 볼 수 있는 시야를 확보할 것
③ 운반차의 출입구는 운반차와 출입에 지장이 없는 크기로 할 것
④ 운반차의 화물적재높이는 여러 나라에서는 1,500mm±500mm이나 우리나라는 한국인의 체격에 맞게 1,020mm를 중심으로 함이 적당하다.
⑤ 운반차를 밀 때의 자세는 750~850mm 가량의 높이가 적당하다.
⑥ 운반차에 물건을 쌓을 때에는 될 수 있는대로 전체의 중심이 밑이 되도록 쌓을 것
⑦ 무게가 틀린 것을 쌓을 때에는 무거운 물건을 밑에서부터 순차적으로 쌓아 실을 것

2 공학적 견지에서 본 운반작업

인간활동의 본질은 일하는데 있어서 물건의 가치를 높임으로써 인간생활을 풍부하게 하려는 행위로서 다음과 같이 4가지의 가치증진 활동으로 나눌 수 있으며, 인간노동이란 물건을 운반하거나 물건의 형태를 바꾸거나 하여 필요성에 맞게 하는데 가치증진의 뜻이 있는 것이다.
① 시간적 효용의 증진
② 형태적 효용의 증진
③ 소유가치 이전의 증진
④ 장소적 효용의 증진

3 구내의 통행과 운반 시 안전수칙

① 옆을 보던가 주머니에 손을 넣고 걷지 말 것
② 뛰지 말 것. 급할 때에는 출입구나 구부러진 곳에서 특히 주의할 것
③ 바깥으로 열리는 문을 열 때에는 천천히 열 것
④ 무거운 물건을 운반할 때에는 맨홀이나 홈의 뚜껑에 주의할 것
⑤ 승용석이 없는 운반차에는 타지 말 것
⑥ 통로면으로부터 높이 2m 이내에는 장애물이 없도록 할 것
⑦ 기계와 기계 사이 또는 기계와 다른 설비와의 사이에 설치하는 통로의 넓이는 적어도 80cm 이상일 것

4 취급·운반의 원칙

(1) 취급·운반의 3조건
① 운반거리를 단축시킬 것
② 운반을 기계화 할 것
③ 손이 닿지 않는 운반방식으로 할 것

(2) 취급·운반의 5원칙

① 직선운반을 할 것   ② 연속운반을 할 것

③ 운반작업을 집중화시킬 것   ④ 생산을 최고로 하는 운반을 생각할 것

⑤ 최대한 시간과 경비를 절약할 수 있는 운반방법을 고려할 것

5 인력운반

(1) 인력운반 하중기준

보통 체중의 40% 정도의 운반물을 60~80m/min의 속도로 운반하는 것이 바람직하다.

(2) 안전하중기준

일반적으로 성인남자의 경우 25kg 정도, 성인여자의 경우 15kg 정도가 무리하게 힘이 들지 않는 안전하중이다.

(3) 인력운반작업 시 안전수칙

① 물건을 들어올릴 때는 팔과 무릎을 사용하며 척추는 곧은 자세로 한다.

② 운반대상물의 특성에 따라 필요한 보호구를 확인·착용한다.

③ 무거운 물건은 공동작업으로 하고 보조기구를 이용한다.

④ 길이가 긴 물건은 앞쪽을 높여 운반한다.

⑤ 하물에 가능한 한 접근하여 화물의 무게중심을 몸에 가까이 밀착시킨다.

⑥ 어깨보다 높이 들어올리지 않는다.

⑦ 무리한 자세를 장시간 지속하지 않는다.

6 중량물 취급·운반

(1) 중량물운반 공동작업 시 안전수칙

① 작업지휘자를 반드시 정할 것

② 체력과 기량이 같은 사람을 골라 보조와 속도를 맞출 것

③ 운반 도중 서로 신호없이 힘을 빼지 말 것

④ 긴 목재를 둘이서 메고 운반할 때에는 서로 소리를 내어 동작을 맞출 것

⑤ 들어 올리거나 내릴 때에는 서로 신호를 하여 동작을 맞출 것

(2) 중량물 취급 시 작업계획 작성

중량물을 취급하는 작업을 하는 때에는 다음 내용이 포함된 작업계획서를 작성하고 이를 준수하여야 한다.

① 추락위험을 예방할 수 있는 안전대책   ② 낙하위험을 예방할 수 있는 안전대책

③ 전도위험을 예방할 수 있는 안전대책   ④ 협착위험을 예방할 수 있는 안전대책

⑤ 붕괴위험을 예방할 수 있는 안전대책

7 기타 운반안전과 관련된 중요한 사항

① 운반 도중 적재물이 밖으로 튀어나올 때의 위험표시 색상 : 적색표시

② 작업공장 내의 교통계획 중 가장 이상적인 것 : 일방통행
③ 작업장의 출입문 형식으로 가장 이상적인 것 : 바깥족 여닫이
④ 경보용 설비 또는 기구를 설치해야 되는 작업장 : 연면적 400m² 이상이거나 상시 50인 이상의 근로자가 작업하는 옥내 작업장
⑤ 안전하게 통행할 수 있는 조명 : 75lux 이상의 채광 또는 조명시설
⑥ 안전통로를 설치한 때 : 높이 2m 이내에는 장애물이 없도록 할 것

제2절 하역작업

1 하역운반의 기본조건

① 운반장소　　　　② 운반수단　　　　③ 운반시간
④ 운반물건　　　　⑤ 작업주체

2 기계화해야 될 인력작업의 표준

① 3~4인 정도가 상당한 시간 계속해서 작업해야 되는 운반작업일 경우
② 발밑에서부터 머리 위까지 들어올려야 되는 작업일 경우
③ 발밑에서부터 어깨까지 25kg 이상의 물건을 들어올려야 되는 작업일 경우
④ 발밑에서부터 허리까지 50kg 이상의 물건을 들어올려야 되는 작업일 경우
⑤ 발밑에서부터 무릎까지 75kg 이상의 물건을 들어올려야 되는 작업일 경우

3 운반기계의 선정기준

① 2점 간의 계속적인 운반일 경우 : 콘베이어 채택
② 일정지역 내에서의 계속적인 운반일 경우 : 크레인 채택
③ 불특정 지역을 계속적으로 운반할 경우 : 화물트럭 채택

4 하역운반의 개선 시 고려할 사항

① 운반목표를 분명히 설정해야 된다.　　② 운반설비의 배치를 검토하여 시정해야 된다.
③ 작업 전 체조 및 휴식을 부여한다.　　④ 적정배치 및 교육훈련을 실시한다.
⑤ 운반작업을 기계화한다.　　　　　　　⑥ 취급중량을 적절히 한다.
⑦ 작업자세의 안전화를 도모한다.

5 화물취급작업 안전수칙(산업안전보건법 안전보건기준)

(1) 화물의 적재 시 준수사항
① 침하 우려가 없는 튼튼한 기반 위에 적재할 것

② 건물의 칸막이나 벽 등이 화물의 압력에 견딜만큼의 강도를 지니지 아니한 경우에는 칸막이나 벽에 기대어 적재하지 않도록 할 것

③ 불안정할 정도로 높이 쌓아올리지 말 것

④ 하중이 한쪽으로 치우치지 않도록 쌓을 것

(2) 부두 등의 하역작업장 안전수칙

① 작업장 및 통로의 위험한 부분에는 안전하게 작업할 수 있는 조명을 유지할 것

② 부두 또는 안벽의 선을 따라 통로를 설치하는 때에는 폭을 최소 90cm 이상으로 할 것

③ 육상에서의 통로 및 작업장소로서 다리 또는 갑문을 넘는 보도 등의 위험한 부분에는 적당한 울 등을 설치할 것

(3) 하적단의 간격

바닥으로부터의 높이가 2m 이상 되는 하적단(포대·가마니 등의 용기로 포장화물에 의하여 구성된 것에 한한다)은 인접 하적단의 간격을 하적단과의 밑부분에서 10cm 이상으로 하여야 한다.

6 차량계 하역운반기계(산업안전보건법 안전보건기준)

(1) 작업계획의 작성

① 동력원에 의하여 특정되지 아니한 장소로 스스로 이동할 수 있는 지게차, 구내운반차, 화물자동차 등의 차량계 하역운반기계 및 고소(高所) 작업대를 사용하여 작업을 하는 때에는 「작업장소의 넓이 및 지형, 차량계 하역운반기계 등의 종류 및 능력, 화물의 종류 및 형상」에 상응하는 작업계획을 작성하고 그 작업계획에 따라 작업을 실시하도록 하여야 한다.

② 작업계획에는 「차량계 하역운반기계의 운행경로 및 작업방법」이 포함되어야 한다.

(2) 차량계 하역운반기계 운행 시 안전조치사항

① 전도등의 방지

② 접촉의 방지

③ 일정한 신호

④ 작업지휘자 및 유도자 지정

⑤ 제한속도의 지정

⑥ 화물의 밑에는 근로자 출입금지

⑦ 승차석 외의 탑승제한

⑧ 주 용도 외의 사용제한

(3) 화물적재 시 준수해야 할 사항

① 하중이 한쪽으로 치우치지 않도록 적재할 것

② 구내운반차 또는 화물자동차의 경우 화물의 붕괴 또는 낙하에 의한 위험을 방지하기 위하여 화물에 로프를 거는 등 필요한 조치를 할 것

③ 운전자의 시야를 가리지 아니하도록 화물을 적재할 것

④ 화물을 적재하는 때에는 최대적재량을 초과하지 아니할 것

(4) 운전위치 이탈 시의 조치

① 포크, 버킷, 디퍼 등의 장치를 가장 낮은 위치 또는 지면에 내려 둘 것

② 원동기를 정지시키고 브레이크를 확실히 거는 등 갑작스러운 주행이나 이탈을 방지하기 위한 조치를 할 것

③ 운전석을 이탈하는 경우에는 시동키를 운전대에서 분리할 것

(5) 수리 등의 작업 시 조치

차량계 하역운반기계 등의 수리 또는 부속장치의 장착 및 해체작업을 하는 때에는 당해 작업지휘자를 지정하여 다음 사항을 준수하도록 하여야 한다.

① 작업 순서를 결정하고 작업을 지휘할 것
② 안전지주 또는 안전블록 등의 사용상황 등을 점검할 것

(6) 싣거나 내리는 작업

차량계 하역운반기계에 단위화물의 무게가 100kg 이상인 화물을 싣는 작업 또는 내리는 작업을 하는 때에는 당해 작업지휘자를 지정하여 다음 사항을 준수하도록 하여야 한다.

① 작업 순서 및 그 순서마다 작업방법을 정하고 작업을 지휘할 것
② 기구와 공구를 점검하고 불량품을 제거할 것
③ 해당 작업을 행하는 장소에 관계근로자가 아닌 사람이 출입하는 것을 금지할 것
④ 로프 풀기작업 또는 덮개 벗기기작업을 행하는 때에는 적재함의 화물이 떨어질 위험이 없음을 확인한 후에 작업을 하도록 할 것

(7) 전도 등의 방지

차량계 하역운반기계 등을 사용하는 작업을 할 때에 그 기계가 넘어지거나 굴러떨어짐으로써 근로자에게 위험을 미칠 우려가 있는 경우

① 하역운반기계를 유도하는 자 배치   ② 지반의 부동침하 방지 조치
③ 갓길의 붕괴를 방지하기 위한 조치

7 구내운반자(산업안전보건법 안전보건기준)

① 주행을 제동하고 또한 정지상태를 유지하기 위하여 유효한 제동장치를 갖출 것
② 경음기를 갖출 것
③ 핸들의 중심에서 차체 바깥측까지의 거리가 65cm 이상일 것
④ 운전자석이 차실 내에 있는 것은 좌우에 한 개씩 방향지시기를 갖출 것
⑤ 전조등과 후미등을 갖출 것

8 화물자동차(산업안전보건법 안전보건기준)

(1) 승강설비

바닥으로부터 짐 윗면까지의 높이가 2m 이상인 화물자동차에 짐을 싣는 작업 또는 내리는 작업을 하는 때에는 추락에 의한 근로자의 위험을 방지하기 위하여 바닥과 적재함의 짐 윗면과의 사이를 안전하게 상승 또는 하강하기 위한 설비를 설치해야 한다.

(2) 꼬임이 끊어진 섬유로프 등의 사용금지

다음에 해당하는 섬유로프 등을 화물자동차의 짐걸이로 사용하여서는 안 된다.

① 꼬임이 끊어진 것   ② 심하게 손상 또는 부식 된 것

(3) 작업시작 전 조치사항

섬유로프 등을 화물자동차의 짐걸이에 사용하는 때에는 당해 작업시작 전에 다음의 조치를 하여야 한다.

① 작업 순서와 순서별 작업방법을 결정하고 작업을 직접 지휘하는 일

② 기구와 공구를 점검하고 불량품을 제거하는 일

③ 해당 작업을 행하는 장소에 관계근로자가 아닌 사람의 출입을 금지하는 일

④ 로프 풀기작업 및 덮개 벗기기작업을 행하는 때에는 적재함의 화물에 낙하위험이 없음을 확인한 후에 당해 작업의 착수를 지시하는 일

⑨ 항만하역작업(산업안전보건법 안전보건기준)

(1) 통행설비의 설치

갑판의 윗면에서 선창 밑바닥까지의 깊이가 1.5m를 초과하는 선창의 내부에서 화물취급작업을 하는 때에는 근로자가 안전하게 통행할 수 있는 설비를 설치하여야 한다.

(2) 통행의 금지

양화장치(揚貨裝置), 크레인, 이동식 크레인 또는 데릭(이하 '양화장치 등'이라 한다)을 사용하여 화물의 적하(부두 위의 화물에 훅을 걸어 선내에 적재하기까지의 작업) 또는 양하(선내의 화물을 부두 위에 내려 놓고 훅을 풀기까지의 작업)를 함에 있어서 통행설비를 사용하여 근로자에게 화물이 낙하 또는 충돌할 우려가 있는 때에는 통행을 금지시켜야 한다.

(3) 출입의 금지

다음에 해당하는 장소에 근로자를 출입시켜서는 안 된다.

① 해치커버(해치보드 및 해치빔을 포함한다)의 개폐, 설치 또는 해체작업을 하고 있는 장소의 아래로서 해치보드 또는 해치빔 등의 낙하에 의하여 근로자에게 위험을 미칠 우려가 있는 장소

② 양화장치 붐이 넘어짐으로써 근로자에게 위험을 미칠 우려가 있는 장소

③ 양화장치 등에 매달린 화물이 떨어져 근로자에게 위험을 미칠 우려가 있는 장소

(4) 선박승강설비의 설치

① 300t급 이상의 선박에서 하역작업을 하는 때에는 근로자들이 안전하게 승강할 수 있는 현문사다리를 설치해야 하며, 이 사다리 밑에 안전망을 설치하여야 한다.

② 현문사다리는 견고한 재료로 제작된 것으로 너비는 55cm 이상이어야 하고, 양측에 82cm 이상의 높이로 방책을 설치하여야 하며, 바닥은 미끄러지지 아니하도록 적합한 재질로 처리 되어야 한다.

③ 현분사다리는 근로자의 통행에만 사용하여야 하며 화물용 발판 또는 화물용 보판으로 사용하도록 하여서는 안 된다.

(5) 보호구의 착용

① 항만하역작업을 할 때에는 물체의 비래 또는 낙하에 의한 근로자의 위험을 방지하기 위하여 당해 작업에 종사하는 근로자로 하여금 안전모 등을 착용하도록 하여야 한다.

② 선창 등에서 분진이 현저히 발생하는 하역작업을 하는 때에는 작업에 종사하는 근로자로 하여금 방진마스크 등을 착용하도록 하여야 한다.

③ 섭씨 영하 18° 이하인 급냉동어창에서 하역작업을 하는 때에는 당해 작업에 종사하는 근로자로 하여금 방한모, 방한복, 방한화 등의 보호구를 착용하도록 하여야 한다.

🔟 고소(高所)작업 안전수칙

일반적으로 2m 이상 높이에서 작업하는 것을 고소작업이라고 하는데 추락재해로 인한 사망재해가 많이 발생하고 있다.

(1) 고소작업 시 안전수칙

① 안전모, 안전대 등의 보호구를 착용할 것
② 작업구역에 근로자 이외의 사람은 출입을 금지시킬 것
③ 가벼운 복장을 착용할 것
④ 반드시 안전성이 있는 작업발판을 사용할 것
⑤ 3m 이상의 높이에서는 투하설비를 사용할 것
⑥ 표준안전난간을 설치할 것
⑦ 작업발판의 폭은 40cm 이상으로 할 것
⑧ 사다리는 미끄러지지 않도록 고임목 등을 설치할 것
⑨ 접는식 사다리는 벌리는 다리를 고정시키는 장치를 하여 사용할 것
⑩ 발판은 한쪽 끝을 밟아도 튀어오르지 않도록 묶어 놓을 것
⑪ 발판의 조립, 해체, 수리는 숙련된 자가 하도록 할 것
⑫ 옥상의 작업은 숙련자가 할 것이며, 슬레이트 지붕은 목재(폭 30cm 이상)를 깔고 그 위를 걸어 다닐 것

(2) 고소작업대

① 고소작업대의 구조

㉮ 작업대를 와이어로프 또는 체인으로 상승 또는 하강시킬 때에는 와이어로프 또는 체인이 끊어져 작업대가 낙하하지 아니하는 구조이어야 하며, 와이어로프 또는 체인의 안전율은 5 이상일 것

㉯ 작업대를 유압에 의하여 상승 또는 하강시킬 때에는 작업대를 일정한 위치에 유지할 수 있는 장치를 갖추고 압력의 이상 저하를 방지할 수 있는 구조일 것

㉰ 권과방지장치를 갖추거나 압력의 이상 상승을 방지할 수 있는 구조일 것

㉱ 붐의 최대지면경사각을 초과 운전하여 전도되지 않도록 할 것

㉲ 작업대의 정격하중(안전율 5 이상)을 표시할 것

㉳ 작업대의 끼임, 충돌 등 재해를 예방하기 위한 가드 또는 과상승방지장치를 설치할 것

〈고소작업대〉

㉴ 조작반의 스위치는 눈으로 확인할 수 있도록 명칭 및 방향표시를 유지할 것

② 고소작업대 설치 시 준수사항

㉮ 바닥과 고소작업대는 가능한 한 수평을 유지하도록 할 것

㉯ 갑작스러운 이동을 방지하기 위하여 아웃트리거(Outrigger) 또는 브레이크 등을 확실히 사용할 것

(3) 고소작업대 이동 시 준수사항

① 작업대를 가장 낮게 내릴 것

② 작업대를 올린상태에서 작업자를 태우고 이동하지 말 것

③ 이동 통로의 요철상태 또는 장애물의 유무 등을 확인할 것

(4) 고소작업대 사용 시 준수사항

① 작업자가 안전모, 안전대 등의 보호구를 착용하도록 할 것

② 관계자 외의 자가 작업구역 내에 들어오는 것을 방지하기 위하여 필요한 조치를 할 것

③ 안전한 작업을 위하여 적정수준의 조도를 유지할 것

④ 전로에 근접하여 작업을 할 때는 작업감시자를 배치하는 등 감전사고를 방지하기 위하여 필요한 조치를 할 것

11 차량계 건설기계

(1) 차량계 건설기계의 종류

① 도저형 건설기계(불도저, 스트레이트도저, 틸트도저, 앵글도저, 버킷도저 등)

② 모터그레이더

③ 로더(포크 등 부착물 종류에 따른 용도 변경 형식을 포함)

④ 스크레이퍼

⑤ 크레인형 굴착기계(클램셸, 드래그라인 등)

⑥ 굴삭기(브레이커, 크러셔, 드릴 등 부착물 종류에 따른 용도 변경 형식을 포함)

⑦ 항타기 및 항발기

⑧ 천공용 건설기계(어스드릴, 어스오거, 크롤러드릴, 점보드릴 등)

⑨ 지반 압밀침하용 건설기계(샌드드레인머신, 페이퍼드레인머신, 팩드레인머신 등)

⑩ 지반 다짐용 건설기계(타이어롤러, 매커덤롤러, 탠덤롤러 등)

⑪ 준설용 건설기계(버킷준설선, 그래브준설선, 펌프준설선 등)

⑫ 콘크리트 펌프카

⑬ 덤프트럭

⑭ 콘크리트 믹서트럭

⑮ 도로포장용 건설기계(아스팔트 살포기, 콘크리트 살포기, 아스팔트 피니셔, 콘크리트 피니셔 등)

(2) 차량계 건설기계의 정의

차량계 건설기계라 함은 동력원을 사용하여 특정되지 아니한 장소로 스스로 이동이 가능한 건설기계를 말한다.

(3) 전조등의 설치

차량계 건설기계에는 전조등을 갖추어야 한다.

(4) 헤드가드의 설치

암석의 낙하 등에 의해 근로자에게 위험이 발생할 우려가 있는 장소에서 차량계 건설기계(불도저, 트랙터, 셔블, 로더, 파우더셔블 및 드래그셔블에 한한다)를 사용하는 때에는 당해 차량계 건설기계에 견고한 헤드가드를 갖추어야 한다.

(5) 전도등의 방지

차량계 건설기계를 사용하여 작업 시 기계의 전도, 전락 등에 의한 근로자의 위험을 방지하기 위하여 유의하여야 할 사항

① 유도하는 사람의 배치   ② 지반의 부동침하 방지
③ 갓길(노면)의 붕괴방지 ④ 도로(노)폭의 유지

(6) 차량계 건설기계의 사용에 의한 위험의 방지

① 조사 및 기록 : 차량계 건설기계를 사용해 작업할 때는 당해 차량계 건설기계의 전락, 지반의 붕괴 등에 의한 근로자의 위험을 방지하기 위하여 미리 작업장소의 지형 및 지반상태 등을 조사하고 그 결과를 기록·본존해야 한다.

② 작업계획의 작성

　㉮ 차량계 건설기계를 사용해 작업할 때는 작업계획을 작성하고 그 작업계획에 따라 작업을 실시하도록 해야 한다.

　㉯ 작업계획에는 다음 사항이 포함되어야 한다.

　　㉠ 사용하는 차량계 건설기계의 종류 및 성능 　㉡ 차량계 건설기계의 운행경로
　　㉢ 차량계 건설기계에 의한 작업방법

③ 차량계 건설기계 운행 시 안전조치사항

　㉮ 제한속도의 지정   ㉯ 전도등의 방지
　㉰ 접촉의 방지   ㉱ 일정한 신호
　㉲ 승차석 외의 탑승금지   ㉳ 안전도 등의 준수
　㉴ 주용도 외의 사용제한

④ 운전자 이탈 시의 조치

　㉮ 포크, 버킷, 디퍼 등 장치를 가장 낮은 위치 또는 지면에 내려둘 것

　㉯ 원동기를 정지시키고 브레이크를 확실히 거는 등 갑자스런 주행이나 이탈을 방지하기 위한 조치를 할 것

　㉰ 운전석을 이탈하는 경우에는 시동키를 운전대에서 분리할 것

⑤ 붐 등의 강하에 의한 위험의 방지 : 차량계 건설기계의 붐, 암 등을 올리고 그 밑에서 수리·점검작업 등을 하는 때에는 붐, 암 등이 갑자기 하강함으로써 발생하는 위험을 방지하기 위해 근로자로 하여금 안전지주 또는 안전블록 등을 사용하도록 해야 한다.

💡 참고

▶ **안전화**
물체의 낙하·충격, 물체에의 끼임, 감전 또는 정전기의 대전에 의한 위험이 있는 작업

Chapter 07 | 출제 예상 문제

01 취급·운반의 원칙으로 옳지 않은 것은?

① 운반작업을 집중하여 시킬 것
② 곡선운반을 할 것
③ 생산을 최고로 하는 운반을 생각할 것
④ 연속운반을 할 것

> **해설**
> ㉠ ②의 경우 직선운반을 할 것이 옳다.
> ㉡ ①, ③, ④ 이외에 취급·운반의 원칙으로는 최대한 시간과 경비를 절약할 수 있는 운반방법을 고려할 것이 있다.

02 중량물을 들어올리는 자세에 대한 설명 중 가장 적절한 것은?

① 다리를 곧게 펴고 허리를 굽혀 들어올린다.
② 되도록 자세를 낮추고 허리를 곧게 편 상태에서 들어올린다.
③ 무릎을 굽힌 자세에서 허리를 뒤로 젖히고 들어올린다.
④ 다리를 벌린 상태에서 허리를 숙여서 서서히 들어올린다.

> **해설**
> 중량물을 들어올릴 때는 되도록 자세를 낮추고 허리를 곧게 편 상태에서 들어올려야 한다.

03 다음 중 중량물을 운반할 때의 바른 자세는?

① 길이가 긴 물건은 앞쪽을 높게 하여 운반한다.
② 허리를 구부리고 양손으로 들어올린다.
③ 중량은 보통 체중의 60%가 적당하다.
④ 물건은 최대한 몸에서 멀리 떼어서 들어올린다.

> **해설**
> ② 허리를 구부리고 → 허리를 곧은 자세로
> ③ 체중의 60% → 체중의 40%
> ④ 멀리 떼어서 → 가까이 접근하여

04 화물을 적재하는 경우에 준수하여야 하는 사항으로 옳지 않은 것은?

① 침하 우려가 없는 튼튼한 기반 위에 적재할 것
② 건물의 칸막이나 벽 등이 화물의 압력에 견딜 만큼의 강도를 지니지 아니한 경우에는 칸막이나 벽에 기대어 적재하지 않도록 할 것
③ 불안정할 정도로 높이 쌓아 올리지 말 것
④ 편하중이 발생하도록 쌓을 것

> **해설**
> ④ 편하중이 발생하지 않도록 쌓는다.

05 차량계 하역운반기계의 안전조치사항 중 옳지 않은 것은?

① 최대제한속도가 시속 10km를 초과하는 차량계 건설기계를 사용하여 작업을 하는 경우 미리 작업장소의 지형 및 지반 상태 등에 적합한 제한속도를 정하고, 운전자로 하여금 준수하도록 할 것
② 차량계 건설기계의 운전자가 운전위치를 이탈하는 경우 해당 운전자로 하여금 포크 및 버킷 등의 하역장치를 가장 높은 위치에 둘 것
③ 차량계 하역운반기계 등에 화물을 적재하는 경우 하중이 한쪽으로 치우치지 않도록 적재할 것
④ 차량계 건설기계를 사용하여 작업을 하는 경우 승차석이 아닌 위치에 근로자를 탑승시키지 말 것

> **해설**
> ②의 경우, 차량계 건설기계의 운전자가 운전위치를 이탈하는 경우, 해당 운전자로 하여금 포크 및 버킷 등의 하역장치를 가장 낮은 위치에 둘 것이 옳다.

06 차량계 건설기계를 사용하여 작업하고자 할 때 작업계획서에 포함되어야 할 사항으로 틀린 것은?

① 차량계 건설기계의 제동장치 이상 유무
② 차량계 건설기계의 운행경로

③ 차량계 건설기계의 종류 및 성능
④ 차량계 건설기계에 의한 작업방법

> **해설** 차량계 건설기계 작업 시 작업계획서에 포함되어야 할 사항
> ㉠ 차량계 건설기계의 운행경로
> ㉡ 차량계 건설기계의 종류 및 성능
> ㉢ 차량계 건설기계에 의한 작업방법

07 차량계 하역운반기계에 화물을 적재하는 때의 준수사항으로 옳지 않은 것은?

① 하중이 한쪽으로 치우치지 않도록 적재할 것
② 구내운반차 또는 화물자동차의 경우 화물의 붕괴 또는 낙하에 의한 위험을 방지하기 위하여 화물에 로프를 거는 등 필요한 조치를 할 것
③ 운전자의 시야를 가리지 않도록 화물을 적재할 것
④ 차륜의 이상 유무를 점검할 것

> **해설** ④의 차륜의 이상 유무 점검은 차량계 하역운반기계의 작업시작 전 점검사항에 해당된다.

08 차량계 하역운반기계에서 화물을 싣거나 내리는 작업에서 작업지휘자가 준수해야 할 사항과 가장 거리가 먼 것은?

① 작업 순서 및 그 순서마다의 작업방법을 정하고 작업을 지휘하는 일
② 기구 및 공구를 점검하고 불량품을 제거하는 일
③ 해당 작업을 행하는 장소에 관계 근로자 외의 자의 출입을 금지하는 일
④ 총 화물량을 산출하는 일

> **해설** 차량계 하역운반기계에서 화물을 싣거나 내리는 작업에서 작업지휘자가 준수해야 할 사항
> ㉠ 작업 순서 및 그 순서마다의 작업방법을 정하고 작업을 지휘한다.
> ㉡ 기구와 공구를 점검하고 불량품을 제거한다.
> ㉢ 해당 작업을 행하는 장소에 관계 근로자가 아닌 사람이 출입하는 것을 금지하는 일
> ㉣ 로프 풀기작업 또는 덮개 벗기기 작업은 적재함의 화물이 떨어질 위험 없음을 확인한 후 하도록 한다.

09 산업안전보건법상 차량계 하역운반기계 등에 단위화물의 무게가 100kg 이상인 화물을 싣는 작업 또는 내리는 작업을 하는 경우에 해당 작업지휘자가 준수하여야 할 사항과 가장 거리가 먼 것은?

① 작업 순서 및 그 순서마다의 작업방법을 정하고 작업을 지휘할 것
② 기구와 공구를 점검하고 불량품을 제거할 것
③ 대피방법을 미리 교육할 것
④ 로프 풀기작업 또는 덮개 벗기기작업은 적재함의 화물이 떨어질 위험이 없음을 확인한 후에 하도록 할 것

> **해설** 산업안전보건법상 단위화물의 무게가 100kg 이상인 화물을 싣는 작업 또는 내리는 작업을 하는 경우 해당 작업지휘자가 준수할 사항으로는 ①, ②, ④ 세 가지가 있다.

10 차량계 하역운반기계를 사용하는 작업을 할 때 기계의 전도, 전락에 의해 근로자가 위해을 입을 우려가 있을 때 사업주가 조치하여야 할 사항 중 옳지 않은 것은?

① 근로자의 출입금지 조치
② 하역운반기계를 유도하는 자 배치
③ 지반의 부동침하 방지 조치
④ 갓길의 붕괴를 방지하기 위한 조치

> **해설** 차량계 하역운반기계를 사용하여 작업할 때 기계의 전도, 전락에 의해 근로자가 위해를 입을 우려가 있을 때 사업주가 조치하여야 할 사항으로는 ②, ③, ④ 세 가지가 있다.

11 차량계 건설기계를 사용하여 작업 시 기계의 전도, 전락 등에 의한 근로자의 위험을 방지하기 위하여 유의하여야 할 사항이 아닌 것은?

① 노견의 붕괴방지   ② 작업반경 유지
③ 지반의 침하방지   ④ 노폭의 유지

> **해설** ②의 작업반경 유지는 차량계 건설기계 사용 시 근로자의 위험을 방지하기 위하여 유의할 사항과는 거리가 멀다.

12 불특정지역을 계속적으로 운반할 경우 사용해야 하는 운반기계는?

① 컨베이어　　　② 크레인
③ 화물차　　　　③ 기차

> 해설　불특정지역을 계속적으로 운반할 경우 사용해야 하는 운반기계는 덤프트럭 등의 화물차이다.

13 화물자동차에서 짐을 싣는 작업 또는 내리는 작업을 할 때 바닥과 짐 윗면과의 높이가 최소 몇 m 이상이면 승강설비를 설치해야 하는가?

① 1　　　　　　② 1.5
③ 2　　　　　　④ 3

> 해설　바닥과 짐 윗면과의 높이가 최소 2m 이상이면 승강설비를 설치하여야 한다.

14 차량계 하역운반기계 등을 이송하기 위하여 자주 또는 견인에 의하여 화물자동차에 싣거나 내리는 작업을 할 때 준수하여야 할 사항으로 옳지 않은 것은?

① 발판을 사용하는 경우에는 충분한 길이, 폭 및 강도를 가진 것을 사용할 것
② 지정운전자의 성명, 연락처 등을 보기 쉬운 곳에 표시하고 지정운전자 외에는 운전하지 않도록 할 것
③ 가설대 등을 사용하는 경우에는 충분한 폭 및 강도와 적당한 경사를 확보할 것
④ 싣거나 내리는 작업을 할 때는 편의를 위해 경사지고 견고한 지대에서 할 것

> 해설　④의 경우 싣거나 내리는 작업을 할 때는 평탄하고 견고한 지대에서 할 것이 옳은 내용이다.

15 다음은 항만하역작업 시 통행설비의 설치에 관한 내용이다. ( ) 안에 알맞은 숫자는?

> 사업주는 갑판의 윗면에서 선창 밑바닥가지의 깊이가 ( )를 초과하는 선창의 내부에서 화물취급작업을 하는 경우에 그 작업에 종사하는 근로자가 안전하게 통행할 수 있는 설비를 설치하여야 한다.

① 1.0m　　　　② 1.2m
③ 1.3m　　　　④ 1.5m

> 해설　선창 밑바닥가지의 깊이가 1.5m를 초과하는 선창의 내부에서 화물취급작업을 하는 경우에 안전하게 통행할 수 있는 설비를 설치하여야 한다.

16 항만하역작업에서의 선박승강설비 설치기준으로 옳지 않은 것은?

① 200ton급 이상의 선박에서 하역작업을 하는 때에는 근로자들이 안전하게 승강할 수 있는 현문사다리를 설치하여야 한다.
② 현문사다리는 견고한 재료로 제작된 것으로 너비는 55cm 이상이어야 한다.
③ 현문사다리의 양측에는 82cm 이상의 높이로 방책을 설치하여야 한다.
④ 현문사다리는 근로자의 통행에만 사용하여야 하며 화물용 발판 또는 화물용 보관으로 사용하도록 하여서는 아니 된다.

> 해설　① 300ton급 이상의 선박에서 하역작업을 하는 때에는 근로자들이 안전하게 승강할 수 있는 현문사다리를 설치하여야 한다.

17 부도·안벽 등 하역작업을 하는 장소에서 부두 또는 안벽의 선을 따라 통로를 설치하는 경우에는 폭을 최소 얼마 이상으로 해야 하는가?

① 70cm　　　　② 80cm
③ 90cm　　　　④ 100cm

> 해설　부두 또는 안벽의 선을 따라 통로를 설치하는 경우에는 폭을 최소 90cm 이상으로 해야 한다.

18 미리 작업장소의 지형 및 지반상태 등에 적합한 제한속도를 정하지 않아도 되는 차량계 건설기계의 속도기준은?

① 최대제한속도가 10km/h 이하
② 최대제한속도가 20km/h 이하
③ 최대제한속도가 30km/h 이하
④ 최대제한속도가 40km/h 이하

> 해설　미리 작업장소의 지형 및 지반상태 등에 적합한 제한속도를 정하지 않아도 되는 차량계 건설기계속도의 기준은 최대제한속도가 10km/h 이하이다.

한국산업인력공단
새 출제 기준에 따른 최신판!!

산업안전
산업기사 필기

★ 새로운 출제기준에 따른 체계적인 학습 구성!!
★ 최근 개정된 법, 기준, 고시 내용을 철저히 반영!!
★ 각 단원 마다 적중률 높은 출제예상문제와 정답 수록!!
★ 2017~2023년까지 7년간 기출문제와 해설 정답 수록!!

▶ 적중출제예상문제
동영상강의 제공

발 행 처 크라운출판사   발 행 인 李尙原   저 자 김재호
주   소 서울시 종로구 율곡로13길 21   신고번호 제 300-2007-143호
공급처전화 02) 745-0311~3, 1566-5937, 080) 850-5937
F A X 02) 743-2688, 02) 741-3231   문의전화 02) 744-4959
홈페이지 www.crownbook.co.kr

특별판매정가 38,000원

13530

9 788940 647608
ISBN 978-89-406-4760-8

한국산업인력공단 새 출제 기준에 따른 최신판!!

산업안전 산업기사 필기

김재호 저

과년도 출제문제
2017~2023

  적중출제예상문제 동영상강의 제공

★ 새로운 출제기준에 따른 체계적인 학습 구성!!
★ 최근 개정된 법, 기준, 고시 내용을 철저히 반영!!
★ 각 단원 마다 적중률 높은 출제예상문제와 정답 수록!!
★ 2017~2023년까지 7년간 기출문제와 해설 정답 수록!!

좋은 책은 내가 먼저 산다!

 대한민국 국가대표 브랜드　국가자격 시험문제 전문출판　에듀크라운 국가자격시험문제 전문출판　 최고의 적중률!! 최고의 합격률!! 크라운출판사 국가자격시험문제 전문출판 http://www.crownbook.co.kr

산업안전
산업기사 필기

과년도 출제문제

2017~2023

대한민국
국가대표
브랜드

국가자격
시험문제
전문출판

에듀크라운
국가자격시험문제 전문출판

최고의 적중률!! 최고의 합격률!!
크라운출판사
국가자격시험문제 전문출판
http://www.crownbook.co.kr

▶ 2020년 제4회 필기시험부터
CBT로 시행되었습니다.

부 록

산업안전산업기사

필기

과년도 출제 문제

2017 ~2023

제1과목 **산업안전관리론**

01 산업안전보건법령상 안전·보건표지에 관한 설명으로 틀린 것은?

① 안전·보건표지 속의 그림 또는 부호의 크기는 안전·보건표지의 크기와 비례하여야 하며, 안전·보건표지 전체 규격의 30% 이상이 되어야 한다.

② 안전·보건표지 색채의 물감은 변질되지 아니하는 것에 색채 고정원료를 배합하여 사용하여야 한다.

③ 안전·보건표지는 그 표시내용을 근로자가 빠르고 쉽게 알아볼 수 있는 크기로 제작하여야 한다.

④ 안전·보건표지에는 야광물질을 사용하여서는 아니 된다.

해설 ④ 안전·보건표지에는 야간식별을 위해 야광물질을 사용한다.

02 다음 중 재해의 기본원인 4M에 해당하지 않는 것은?

① Man
② Machine
③ Media
④ Measurement

해설 ④ Management

03 무재해운동의 추진을 위한 3요소에 해당하지 않는 것은?

① 모든 위험 잠재요인의 해결
② 최고경영자의 경영자세
③ 관리감독자(Line)의 적극적 추진
④ 직장 소집단의 자주활동 활성화

해설 **무재해운동의 추진을 위한 3요소**
㉠ 최고경영자의 경영자세
㉡ 관리감독자(Line)의 적극적 추진
㉢ 직장 소집단의 자주활동 활성화

04 억측판단의 배경이 아닌 것은?

① 생략 행위
② 초조한 심정
③ 희망적 관측
④ 과거의 성공한 경험

해설 **억측판단의 배경**
㉠ 초조한 심정
㉡ 희망적 관측
㉢ 과거의 성공한 경험

05 다음과 같은 스트레스에 대한 반응은 무엇에 해당하는가?

> 여동생이나 남동생을 얻게 되면서 손가락을 빠는 것과 같이 어린 시절의 버릇을 나타낸다.

① 투사
② 억압
③ 승화
④ 퇴행

해설 ④ 퇴행 : 현실을 극복하지 못했을 때 과거로 돌아가는 현상

06 산업안전보건법령상 사업주가 근로자에 대하여 실시하여야 하는 교육 중 특별안전·보건교육의 대상이 되는 작업이 아닌 것은 어느 것인가?

① 화학설비의 탱크 내 작업
② 전압이 30V인 정전 및 활선 작업
③ 건설용 리프트·곤돌라를 이용한 작업
④ 동력에 의하여 작동되는 프레스기계를 5대 이상 보유한 사업장에서 해당 기계로 하는 작업

해설 ② 전압이 75V 이상인 정전 및 활선 작업

07 인간의 행동 특성에 관한 레빈(Lewin)의 법칙에서 각 인자에 대한 내용으로 틀린 것은?

$$B = f(P \cdot E)$$

① B : 행동
② f : 함수관계
③ P : 개체
④ E : 기술

해설 E : 환경

08 개인 카운슬링(Counseling) 방법으로 가장 거리가 먼 것은?

① 직접적 충고
② 설득적 방법
③ 설명적 방법
④ 반복적 충고

해설 개인 카운슬링(Counseling) 방법
㉠ 직접적 충고   ㉡ 설득적 방법
㉢ 설명적 방법

09 교육의 효과를 높이기 위하여 시청각 교재를 최대한으로 활용하는 시청각적 방법의 필요성이 아닌 것은?

① 교재의 구조화를 기할 수 있다.
② 대량 수업체제가 확립될 수 있다.
③ 교수의 평준화를 기할 수 있다.
④ 개인차를 최대한 고려할 수 있다.

해설 ④ 교수의 효율성을 높여 줄 수 있다.

10 보호구 안전인증 고시에 따른 안전모의 일반구조 중 턱끈의 최소 폭 기준은?

① 5mm 이상
② 7mm 이상
③ 10mm 이상
④ 12mm 이상

해설 안전모의 턱끈의 최소 폭 : 10mm 이상

11 재해의 원인과 결과를 연계하여 상호 관계를 파악하기 위해 도표화하는 분석 방법은?

① 특성요인도
② 파레토도
③ 크로스 분류도
④ 관리도

해설 ② 파레토도 : 사고의 유형, 기인물 등 분류항목을 큰 순서대로 도표화 한 것

③ 크로스 분류도 : 2개 이상의 문제 관계를 분석하는 데 사용하는 것
④ 관리도 : 산업재해의 분석 및 평가를 위하여 재해 발생 건수 등의 추이에 대해 한계선을 설정하여 목표관리를 수행하는 재해통계 분석기법

12 허츠버그(Herzberg)의 동기·위생 이론에 대한 설명으로 옳은 것은?

① 위생요인은 직무내용에 관련된 요인이다.
② 동기요인은 직무에 만족을 느끼는 주요인이다.
③ 위생요인은 매슬로우 욕구단계 중 존경, 자아실현의 욕구와 유사하다.
④ 동기요인은 매슬로우 욕구단계 중 생리적 욕구와 유사하다.

해설
위생요인(직무환경)	동기요인(직무내용)
임금, 지위, 작업조건, 회사 정책과 관리, 개인 상호간의 관계, 감독, 보수, 안전	도전, 성취감, 책임감, 안정감, 성장과 발전, 일 그 자체

13 연평균 근로자수가 1,000명인 사업장에서 연간 6건의 재해가 발생한 경우, 이때의 도수율은? (단, 1일 근로시간수는 4시간, 연평균 근로일수는 150일이다.)

① 1
② 10
③ 100
④ 1,000

해설
$$도수율 = \frac{재해발생건수}{근로총시간수} \times 10^6$$
$$= \frac{6}{1,000 \times 4 \times 150} \times 10^6 = 10$$

14 산업안전보건법령상 일용근로자의 안전·보건교육 과정별 교육시간 기준으로 틀린 것은?

① 채용 시의 교육 : 1시간 이상
② 작업내용 변경 시의 교육 : 2시간 이상
③ 건설업 기초안전·보건교육(건설 일용근로자) : 4시간
④ 특별교육 : 2시간 이상(흙막이 지보공의 보강 또는 동바리를 설치하거나 해체하는 작업에 종사하는 일용근로자)

해설 **사업 내 안전·보건교육**

교육과정	교육대상		교육시간
정기교육	사무직 종사 근로자		매 분기 3시간 이상
	사무직 종사 근로자 외의 근로자	판매업무에 직접 종사하는 근로자	매 분기 3시간 이상
		판매업무에 직접 종사하는 근로자 외의 근로자	매 분기 6시간 이상
	관리감독자의 지위에 있는 사람		연간 16시간 이상
채용시의 교육	일용 근로자		1시간 이상
	일용 근로자를 제외한 근로자		8시간 이상
작업내용 변경 시의 교육	일용 근로자		1시간 이상
	일용 근로자를 제외한 근로자		2시간 이상
특별교육	[별표 8]의 2 제1호 라목 각 호의 어느 하나에 해당하는 작업에 종사하는 일용 근로자		2시간 이상
	[별표 8]의 2 제1호 라목 각 호의 어느 하나에 해당하는 작업에 종사하는 일용 근로자를 제외한 근로자		㉠16시간 이상(최초 작업에 종사하기 전 4시간 이상 실시하고 12시간은 3개월 이내에서 분할하여 실시 가능) ㉡단기간 작업 또는 간헐적 작업인 경우에는 2시간 이상
건설업, 기초안전·보건교육	건설 일용 근로자		4시간

15 산업안전보건법상 고용노동부장관이 산업재해 예방을 위하여 종합적인 개선조치를 할 필요가 있다고 인정할 때에 안전보건 개선계획의 수립·시행을 명할 수 있는 대상 사업장이 아닌 것은?

① 산업재해율이 같은 업종의 규모별 평균 산업재해율보다 높은 사업장
② 사업주가 안전보건 조치의무를 이행하지 아니하여 중대재해가 발생한 사업장
③ 고용노동부장관이 관보 등에 고시한 유해인자의 노출기준을 초과한 사업장
④ 경미한 재해가 다발로 발생한 사업장

해설 **안전보건 개선계획의 수립·시행을 명할 수 있는 대상 사업장**
㉠ 산업재해율이 같은 업종의 규모별 평균 산업재해율보다 높은 사업장

㉡ 사업주가 안전보건 조치의무를 이행하지 아니하여 중대재해가 발생한 사업장
㉢ 고용노동부장관이 관보 등에 고시한 유해인자의 노출기준을 초과한 사업장

16 적응기제(Adjustment Mechanism)의 도피적 행동인 고립에 해당하는 것은?

① 운동시합에서 진 선수가 컨디션이 좋지 않았다고 말한다.
② 키가 작은 사람이 키 큰 친구들과 같이 사진을 찍으려 하지 않는다.
③ 자녀가 없는 여교사가 아동교육에 전념하게 되었다.
④ 동생이 태어나자 형이 된 아이가 말을 더 듣는다.

해설 ② 고립 : 현실도피의 행위로서 자기의 실패를 자기의 내부로 돌리는 유형

17 산업안전보건법령상 안전인증대상 기계·기구 등이 아닌 것은?

① 프레스
② 전단기
③ 롤러기
④ 산업용 원심기

해설 **안전인증대상 기계·기구 등**
㉠ ①, ②, ③
㉡ 크레인
㉢ 리프트
㉣ 압력용기
㉤ 사출성형기
㉥ 고소작업대
㉦ 곤돌라
㉧ 기계톱(이동식만 해당)

18 조직이 리더에게 부여하는 권한으로 볼 수 없는 것은?

① 보상적 권한
② 강압적 권한
③ 합법적 권한
④ 위임된 권한

해설 **리더 자신이 자신에게 부여하는 권한**
㉠ 위임된 권한
㉡ 전문성의 권한

19 안전교육 훈련기법에 있어 태도 개발 측면에서 가장 적합한 기본교육 훈련방식은?

① 실습방식
② 제시방식
③ 참가방식
④ 시뮬레이션방식

정답 | 15. ④ 16. ② 17. ④ 18. ④ 19. ③

해설 ③ 참가방식 : 태도 개발 측면에서 가장 적합한 기본 교육 훈련방식

20 무재해운동의 추진기법 중 위험예지훈련의 4라운드 중 2라운드 진행 방법에 해당하는 것은?

① 본질추구 　　　② 목표설정
③ 현상파악 　　　④ 대책수립

해설 위험예지훈련의 4라운드
㉠ 1라운드 : 현상파악 　㉡ 2라운드 : 본질추구
㉢ 3라운드 : 대책수립 　㉣ 4라운드 : 목표설정

제2과목 │ 인간공학 및 시스템안전공학

21 1cd의 점광원에서 1m 떨어진 곳에서의 조도가 3lux이었다. 동일한 조건에서 5m 떨어진 곳에서의 조도는 약 몇 lux인가?

① 0.12 　　　② 0.22
③ 0.36 　　　④ 0.56

해설
$$조도 = \frac{광도}{(거리)^2}$$

$$3 = \frac{\chi}{1^2} \quad \therefore \chi = 3$$

5m 떨어진 곳의 조도 $= \frac{3}{(5)^2} \quad \therefore 0.12 lux$

22 반복되는 사건이 많이 있는 경우에 FTA의 최소 컷셋을 구하는 알고리즘이 아닌 것은?

① Fussel Algorithm
② Boolean Algorithm
③ Monte Carlo Algorithm
④ Limnios & Ziani Algorithm

해설 FTA의 최소 컷셋을 구하는 알고리즘 종류
㉠ Fussel Algorithm
㉡ Boolean Algorithm
㉢ MOCUS Algorithm
㉣ Limnios & Ziani Algorithm

---

23 지게차 인장벨트의 수명은 평균이 100,000시간, 표준편차가 500시간인 정규분포를 따른다. 이 인장벨트의 수명이 101,000시간 이상일 확률은 약 얼마인가? (단, P(Z ≤ 1) = 0.8413, P(Z ≤ 2) = 0.9772, P(Z ≤ 3) = 0.9987이다.)

① 1.60% 　　　② 2.28%
③ 3.28% 　　　④ 4.28%

해설
$$P_r(\chi \geq 101,000) = P_r(z \geq \frac{101,000 - 100,000}{500})$$
$$= P_r(z \geq 2) = 1 - 0.9772$$
$$= 0.0228$$
$$= 2.28\%$$

24 산업안전보건법령에서 정한 물리적 인자의 분류 기준에 있어서 소음은 소음성 난청을 유발할 수 있는 몇 dB(A) 이상의 시끄러운 소리로 규정하고 있는가?

① 70 　　　② 85
③ 100 　　　④ 115

해설 물리적 인자의 분류 기준에 있어서 소음을 85dB(A) 이상의 시끄러운 소리로 규정하고 있다.

25 모든 시스템 안전프로그램 중 최초 단계의 분석으로 시스템 내의 위험요소가 어떤 상태에 있는지를 정성적으로 평가하는 방법은?

① CA 　　　② FHA
③ PHA 　　　④ FMEA

해설
① CA : 높은 고장 등급을 갖고 고장 모드가 기기 전체의 고장에 어느 정도 영향을 주는가를 정량적으로 평가하는 해석기법이다.
② FHA : 분업에 의하여 여럿이 분담설계한서브시스템 간의 계면을 조정하여 각각의 서브시스템 및 전 시스템의 안전성에 악영향을 끼치지 않게 하기 위한 분석법이다.
④ FMEA : 고장형태와 영향분석이라고도 하며 각 요소의 고장유형과 그 고장이 미치는 영향을 분석하는 방법으로 귀납적이면서 정성적으로 분석하는 기법이다.

---

26 인터페이스 설계 시 고려해야 하는 인간과 기계와의 조화성에 해당되지 않는 것은?

① 지적 조화성   ② 신체적 조화성
③ 감성적 조화성   ④ 심미적 조화성

<역설>

해설 인터페이스 설계 시 고려해야 하는 인간과 기계와의 조화성
① 지적 조화성   ② 신체적 조화성
③ 감성적 조화성

27 FTA에 의한 재해사례 연구의 순서를 올바르게 나열한 것은?

A. 목표사상 선정
B. FT도 작성
C. 사상마다 재해원인 규명
D. 개선계획 작성

① A → B → C → D
② A → C → B → D
③ B → C → A → D
④ B → A → C → D

해설 FTA에 의한 재해사례 연구의 순서
㉠ 1단계 : 목표사상 선정
㉡ 2단계 : 사상마다 재해원인 규명
㉢ 3단계 : FT도 작성
㉣ 4단계 : 개선계획 작성

28 청각적 표시장치에서 300m 이상의 장거리용 경보기에 사용하는 진동수로 가장 적절한 것은?

① 800Hz 전후   ② 2,200Hz 전후
③ 3,500Hz 전후   ④ 4,000Hz 전후

해설 장거리(300m 이상)용은 1,000Hz 이하의 진동수를 사용한다.

29 FT도에 사용되는 다음 기호의 명칭으로 맞는 것은?

① 억제 게이트
② 부정 게이트
③ 배타적 OR 게이트
④ 우선적 AND 게이트

해설 ④ 우선적 AND 게이트 : 입력현상 중에 어떤 현상이 다른 현상보다 먼저 일어날 때에 출력현상이 생긴다.

30 작업장 내의 색채조절이 적합하지 못한 경우에 나타나는 상황이 아닌 것은?

① 안전표지가 너무 많아 눈에 거슬린다.
② 현란한 색배합으로 물체 식별이 어렵다.
③ 무채색으로만 구성되어 중압감을 느낀다.
④ 다양한 색채를 사용하면 작업의 집중도가 높아진다.

해설 색채관리는 주의력이나 안전작업을 시각적으로 포착하기 위한 방법이다.

31 위험처리 방법에 관한 설명으로 틀린 것은?

① 위험처리 대책 수립 시 비용문제는 제외된다.
② 재정적으로 처리하는 방법에는 보류와 전가 방법이 있다.
③ 위험의 제어 방법에는 회피, 손실제어, 위험분리, 책임 전가 등이 있다.
④ 위험처리 방법에는 위험을 제어하는 방법과 재정적으로 처리하는 방법이 있다.

해설 ① 위험처리 대책 수립 시 비용문제를 포함한다.

32 인간의 가청주파수 범위는?

① 2~10,000Hz
② 20~20,000Hz
③ 200~30,000Hz
④ 200~40,000Hz

해설 인간의 가청주파수 : 20~20,000Hz

33 기능식 생산에서 유연생산 시스템 설비의 가장 적합한 배치는?

① 합류(Y)형 배치   ② 유자(U)형 배치
③ 일자(-)형 배치   ④ 복수라인(=)형 배치

정답 | 26. ④ 27. ② 28. ① 29. ④ 30. ④ 31. ① 32. ② 33. ②

> **해설** 기능식 생산에서 유연 시스템 설비 : 유자(U)형 배치

34 산업안전보건법에서 규정하는 근골격계 부담작업의 범위에 해당하지 않는 것은?

① 단기간 작업 또는 간헐적인 작업
② 하루에 10회 이상 25kg 이상의 물체를 드는 작업
③ 하루에 총 2시간 이상 쪼그리고 앉거나 무릎을 굽힌 자세에서 이루어지는 작업
④ 하루에 4시간 이상 집중적으로 자료 입력 등을 위해 키보드 또는 마우스를 조작하는 작업

> **해설** **근골격계 부담작업의 범위**
> ㉠ 하루에 4시간 이상 집중적으로 자료입력 등을 위해 키보드 또는 마우스를 조작하는 작업
> ㉡ 하루에 총 2시간 이상 목, 어깨, 팔꿈치, 손목 또는 손을 사용하여 같은 동작을 반복하는 작업
> ㉢ 하루에 총 2시간 이상 머리 위에 손이 있거나, 팔꿈치가 어깨 위에 있거나, 팔꿈치를 몸통으로부터 들거나, 팔꿈치를 몸통 뒤쪽에 위치하도록 하는 상태에서 이루어지는 작업
> ㉣ 지지되지 않은 상태이거나 임의로 자세를 바꿀 수 없는 조건에서, 하루에 총 2시간 이상 목이나 허리를 구부리거나 트는 상태에서 이루어지는 작업
> ㉤ 하루에 총 2시간 이상 쪼그리고 앉거나 무릎을 굽힌 자세에서 이루어지는 작업
> ㉥ 하루에 총 2시간 이상 지지되지 않은 상태에서 1kg 이상의 물건을 한 손의 손가락으로 집어 옮기거나, 2kg 이상에 상응하는 힘을 가하여 한 손의 손가락으로 물건을 쥐는 작업
> ㉦ 하루에 총 2시간 이상 지지되지 않은 상태에서 4.5kg 이상의 물건을 한 손으로 들거나 동일한 힘으로 쥐는 작업
> ㉧ 하루에 10회 이상 25kg 이상의 물체를 드는 작업
> ㉨ 하루에 25회 이상 10kg 이상의 물체를 무릎 아래에서 들거나, 어깨 위에서 들거나, 팔을 뻗은 상태에서 드는 작업
> ㉩ 하루에 총 2시간 이상, 분당 2회 이상 4.5kg 이상의 물체를 드는 작업
> ㉪ 하루에 총 2시간 이상, 시간당 10회 이상 손 또는 무릎을 사용하여 반복적으로 충격을 가하는 작업

35 인간-기계 체계에서 인간의 과오에 기인된 원인 확률을 분석하여 위험성의 예측과 개선을 위한 평가기법은?

① PHA
② FMEA
③ THERP
④ MORT

> **해설** ① **PHA** : 모든 시스템 안전프로그램 중 최초단계의 분석으로 시스템 내의 위험요소가 어떤 상태에 있는지를 정성적으로 평가하는 방법
> ② **FMEA** : 고장형태와 영향분석이라고도 하며 각 요소의 고장유형과 그 고장이 미치는 영향을 분석하는 방법으로 귀납적이면서 정성적으로 분석하는 기법이다.
> ④ **MORT** : 경영 소홀과 위험수 분석이라고 하며 Tree를 중심으로 FTA와 같은 논리기법을 이용하여 관리, 설계, 생산, 보존 등으로 광범위하게 안전을 도모하는 것으로서 고도의 안전을 달성하는 것을 목적으로 한다.

36 다음 그림은 *C/R*비와 시간과의 관계를 나타낸 그림이다. ㉠~㉣에 들어갈 내용이 맞는 것은?

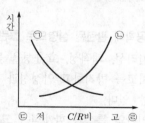

① ㉠ 이동시간 ㉡ 조정시간 ㉢ 민감 ㉣ 둔감
② ㉠ 이동시간 ㉡ 조정시간 ㉢ 둔감 ㉣ 민감
③ ㉠ 조정시간 ㉡ 이동시간 ㉢ 민감 ㉣ 둔감
④ ㉠ 조정시간 ㉡ 이동시간 ㉢ 둔감 ㉣ 민감

> **해설** *C/R*비 작을수록 민감한 제어장치이다.

37 인체계측 자료에서 주로 사용하는 변수가 아닌 것은?

① 평균
② 5백분위수
③ 최빈값
④ 95백분위수

> **해설** **인체계측 자료에서 주로 사용하는 변수**
> ㉠ 평균 ㉡ 5%
> ㉢ 95%

38 어떤 작업자의 배기량을 측정하였더니, 10분간 200L이었고, 배기량을 분석한 결과 O_2 : 16%, CO_2 : 4%이었다. 분당 산소 소비량은 약 얼마인가?

① 1.05L/분   ② 2.05L/분
③ 3.05L/분   ④ 4.05L/분

해설 산소소비량 = 흡기량속의 산소량 − 배기량속의 산소량

㉠ 분당배기량 $= \dfrac{200}{10} = 20$L/분

㉡ 흡기량 × 79% = 배기량 × N_2(%)

$N_2(\%) = 100 - CO_2(\%) - O_2(\%)$

흡기량 $=$ 배기량 $\times \dfrac{100 - CO_2(\%) - O_2(\%)}{79}$

$= 20 \times \dfrac{100 - 4 - 16}{79} ≒ 20.253$

㉢ 산소비량

$= \left(흡기량 \times \dfrac{21}{200}(\%)\right) - \left(배기량 \times \dfrac{O_2}{100}(\%)\right)$

$= \left(20.253 \times \dfrac{21}{100}\right) - \left(20 \times \dfrac{16}{100}\right)$

$≒ 1.05$L/분

39 인간공학에 관련된 설명으로 틀린 것은?

① 편리성, 쾌적성, 효율성을 높일 수 있다.
② 사고를 방지하고 안정성과 능률성을 높일 수 있다.
③ 인간의 특성과 한계점을 고려하여 제품을 설계한다.
④ 생산성을 높이기 위해 인간을 작업 특성에 맞추는 것이다.

해설 ② 생산성을 높이기 위해 인간의 특성을 고려하여 작업과 조화를 이루는 것이다.

40 설비나 공법 등에서 나타날 위험에 대하여 정성적 또는 정량적인 평가를 행하고 그 평가에 따른 대책을 강구하는 것은?

① 설비보전   ② 동작분석
③ 안전계획   ④ 안전성 평가

해설 안전성 평가의 설명이다.

41 방호장치의 안전기준상 평면연삭기 또는 절단연삭기에서 덮개의 노출각도 기준으로 옳은 것은?

① 80° 이내   ② 125° 이내
③ 150° 이내   ④ 180° 이내

해설 평면연삭기 또는 절단연삭기에서 덮개의 노출각도 : 150° 이내

42 롤러기의 방호장치 중 복부조작식 급정지장치의 설치위치 기준에 해당하는 것은? (단, 위치는 급정지장치의 조작부의 중심점을 기준으로 한다.)

① 밑면에서 1.8m 이상
② 밑면에서 0.8m 미만
③ 밑면에서 0.8m 이상 1.1m 이내
④ 밑면에서 0.4m 이상 0.8m 이내

해설 급정지장치의 설치위치 기준
㉠ 손 조작식 : 밑면에서 1.8m 이상
㉡ 복부 조작식 : 밑면에서 0.8m 이상 1.1m 이내
㉢ 무릎 조작식 : 밑면에서 0.4m 이상 0.6m 이내

43 드릴링 머신의 드릴 지름이 10mm이고, 드릴 회전수가 1,000rpm일 때 원주속도는 약 얼마인가?

① 3.14m/min   ② 6.28m/min
③ 31.4m/min   ④ 62.8m/min

해설 $V = \dfrac{\pi DN}{1,000}$

여기서, V : 회전속도 D : 지름
N : 회전수

$\therefore V = \dfrac{\pi \times 10 \times 1,000}{1,000} = 3.14$m/min

44 광전자식 방호장치가 설치된 프레스에서 손이 광선을 차단했을 때부터 급정지기구가 작동을 개시할 때까지의 시간은 0.3초, 급정지기구가 작동을 개시했을 때부터 슬라이드가 정지할 때까지의 시간이 0.4초 걸린다고 할 때 최소안전거리는 약 몇 mm인가?

① 540   ② 760

③ 980   ④ 1,120

해설 안전거리 $= 1.6(T_l + T_s)$

여기서, T_l : 손이 광선을 차단한 직후부터 급정지기 구가 작동을 개시하기까지의 시간

T_s : 급정지기구가 작동을 개시한 때로부터 슬라이드가 정지할 때까지의 시간

$1.6(0.3 + 0.4) = 1.12m$

$\therefore 1,120mm$

45 기계설비 구조의 안전을 위해 설계 시 고려하여야 할 안전계수(safety factor)의 산출 공식으로 틀린 것은?

① 파괴강도 ÷ 허용응력
② 안전하중 ÷ 파단하중
③ 파괴하중 ÷ 허용하중
④ 극한강도 ÷ 최대설계응력

해설 ② 파단하중 ÷ 안전하중

46 금형 운반에 대한 안전수칙에 관한 설명으로 옳지 않은 것은?

① 상부금형과 하부금형이 닿을 위험이 있을 때는 고정 패드를 이용한 스트랩, 금속재질이나 우레탄 고무의 블록 등을 사용한다.
② 금형을 안전하게 취급하기 위해 아이볼트를 사용할 때는 숄더형으로 사용하는 것이 좋다.
③ 관통 아이볼트가 사용될 때는 조립이 쉽도록 구멍 틈새를 크게 한다.
④ 운반하기 위해 꼭 들어올려야 할 때는 필요한 높이 이상으로 들어올려서는 안 된다.

해설 ③ 관통 아이볼트가 사용될 때는 조립이 쉽도록 구멍 틈새를 작게 한다.

47 선반 등으로부터 돌출하여 회전하고 있는 가공물이 근로자에게 위험을 미칠 우려가 있는 경우 설치할 방호장치로 가장 적합한 것은?

① 덮개 또는 울   ② 슬리브
③ 건널다리   ④ 체인 블록

해설 덮개 또는 울 : 선반 등으로부터 돌출하여 회전하고 있는 가공물을 작업할 때

48 원심기의 안전대책에 관한 사항에 해당하지 않는 것은?

① 최고사용회전수를 초과하여 사용해서는 아니 된다.
② 내용물이 튀어나오는 것을 방지하도록 덮개를 설치하여야 한다.
③ 폭발을 방지하도록 압력방출장치를 2개 이상 설치하여야 한다.
④ 청소, 검사, 수리 등의 작업 시에는 기계의 운전을 정지하여야 한다.

해설 ③ 보일러의 안전대책

49 지게차의 안정도 기준으로 틀린 것은?

① 기준부하상태에서 주행 시의 전후 안정도는 8% 이내이다.
② 하역작업 시의 좌우안정도는 최대하중 상태에서 포크를 가장 높이 올리고 마스트를 가장 뒤로 기울인 상태에서 6% 이내이다.
③ 하역작업 시의 전후 안정도는 최대하중 상태에서 포크를 가장 높이 올린 경우 4% 이내이며, 5톤 이상은 3.5% 이내이다.
④ 기준무부하상태에서 주행 시의 좌우안정도는 (15 + 1.1 × V)% 이내이고, V는 구내 최고속도(km/h)를 의미한다.

해설 ① 기준부하상태에서 주행 시의 전후안정도는 18% 이내이다.

50 탁상용 연삭기의 평형 플랜지 바깥지름이 150mm일 때, 숫돌의 바깥지름은 몇 mm 이내이어야 하는가?

① 300mm   ② 450mm
③ 600mm   ④ 750mm

해설 탁상용 연삭기 숫돌의 바깥지름

= 평형 플랜지 바깥지름 × 3

$\therefore 450mm = 150mm × 3$

51 산업안전보건법령상 고속회전체의 회전시험을 하는 경우 미리 회전축의 재질 및 형상 등에 상응하는 종류의 비파괴검사를 해서 결함 유무(有無)를 확인하여야 하는 고속회전체 대상은?

① 회전축의 중량이 0.5톤을 초과하고, 원주속도가 15m/s 이상인 것

② 회전축의 중량이 1톤을 초과하고, 원주속도가 30m/s 이상인 것

③ 회전축의 중량이 0.5톤을 초과하고, 원주속도가 60m/s 이상인 것

④ 회전축의 중량이 1톤을 초과하고, 원주속도가 120m/s 이상인 것

> **해설** 비파괴검사를 하는 고속회전체 대상 : 회전축의 중량이 1톤을 초과하고, 원주속도가 120m/s 이상인 것

52 기계운동 형태에 따른 위험점 분류에 해당되지 않는 것은?

① 접선끼임점   ② 회전말림점

③ 물림점   ④ 절단점

> **해설** 기계운동 형태에 따른 위험점 분류
> ㉠ 협착점   ㉡ 끼임점
> ㉢ 물림점   ㉣ 접선물림점
> ㉤ 회전말림점   ㉥ 절단점

53 기계를 구성하는 요소에서 피로현상은 안전과 밀접한 관련이 있다. 다음 중 기계요소의 피로 파괴현상과 가장 관련이 적은 것은?

① 소음(noise)

② 노치(notch)

③ 부식(corrosion)

④ 치수효과(size effect)

> **해설** 기계 요소의 피로 파괴현상
> ㉠ 노치(notch)   ㉡ 부식(corrosion)
> ㉢ 치수효과(size effect)

54 위험 기계·기구 자율안전확인 고시에 의하면 탁상용 연삭기에서 연삭숫돌의 외주면과 가공물 받침대 사이 거리는 몇 mm를 초과하지 않아야 하는가?

① 1   ② 2

③ 4   ④ 8

> **해설** 탁상용 연삭기 : 연삭숫돌의 외주면과 가공물 받침대 사이 거리는 2mm를 초과하지 않아야 한다.

55 지게차의 헤드가드 상부틀에 있어서 각 개구부의 폭 또는 길이의 크기는?

① 8cm 미만   ② 10cm 미만

③ 16cm 미만   ④ 20cm 미만

> **해설** 지게차의 헤드가드 상부틀의 각 개구부의 폭 또는 길이 : 16cm 미만

56 다음 중 목재가공용 둥근톱에 설치해야 하는 분할날의 두께에 관한 설명으로 옳은 것은?

① 톱날 두께의 1.1배 이상이고, 톱날의 치진폭보다 커야 한다.

② 톱날 두께의 1.1배 이상이고, 톱날의 치진폭보다 작아야 한다.

③ 톱날 두께의 1.1배 이내이고, 톱날의 치진폭보다 커야 한다.

④ 톱날 두께의 1.1배 이내이고, 톱날의 치진폭보다 작아야 한다.

> **해설** 목재가공용 둥근톱에 설치해야 하는 분할날의 두께 : 톱날 두께의 1.1배 이상이고, 톱날의 치진폭보다 작아야 한다.

57 안전한 상태를 확보할 수 있도록 기계의 작동 부분 상호간을 기계적, 전기적인 방법으로 연결하여 기계가 정상작동을 하기 위한 모든 조건이 충족되어야만 작동하며, 그중 하나라도 충족되지 않으면 자동적으로 정지시키는 방호장치 형식은?

① 자동식 방호장치   ② 가변식 방호장치

③ 고정식 방호장치   ④ 인터록식 방호장치

> **해설** 인터록식 방호장치의 설명이다.

58 롤러기의 급정지장치를 작동시켰을 경우에 무부하 운전 시 앞면 롤러의 표면속도가 30m/min 미만일 때 급정지 거리로 적합한 것은?

① 앞면 롤러 원주의 1/1.5 이내
② 앞면 롤러 원주의 1/2 이내
③ 앞면 롤러 원주의 1/2.5 이내
④ 앞면 롤러 원주의 1/3 이내

해설 **급정지장치의 성능**

앞면 롤러의 표면속도(m/min)	급정지 거리
30 미만	앞면 롤러 원주의 1/3 이내
30 이상	앞면 롤러 원주의 1/2.5 이내

59 산업용 로봇의 재해 발생에 대한 주된 원인이며, 본체의 외부에 조립되어 인간의 팔에 해당되는 기능을 하는 것은?

① 센서(sensor)
② 제어 로직(control logic)
③ 제동장치(brake system)
④ 매니퓰레이터(manipulator)

해설 ④ 매니퓰레이터 : 인간의 팔에 해당되는 기능

60 산업안전보건법령상 크레인의 직동식 권과방지장치는 훅·버킷 등 달기구의 윗면이 드럼, 상부 도르래 등 권상장치의 아랫면과 접촉할 우려가 있을 때 그 간격이 얼마 이상이어야 하는가?

① 0.01m 이상   ② 0.02m 이상
③ 0.03m 이상   ④ 0.05m 이상

해설 권상장치의 아랫면과 접촉할 우려가 있을 때 직동식 권과방지장치 조정간격은 0.05m 이상이다.

제4과목 **전기 및 화학설비 위험방지기술**

61 교류아크 용접기의 재해방지를 위해 쓰이는 것은?

① 자동전격방지장치   ② 리미트 스위치
③ 정전압장치   ④ 정전류장치

해설 교류아크 용접기의 방호장치 : 자동전격방지장치

62 방폭구조의 종류와 기호가 잘못 연결된 것은?

① 유입방폭구조 – o
② 압력방폭구조 – p
③ 내압방폭구조 – d
④ 본질안전방폭구조 – e

해설 **방폭구조의 종류와 기호**

방폭구조의 종류	기호
본질안전방폭구조	id
내압방폭구조	d
압력방폭구조	p
충전방폭구조	k
유입방폭구조	o
안전증방폭구조	e
본질안전방폭구조	ia, ib
몰드방폭구조	m
비점화방폭구조	n

63 위험장소의 분류에 있어 다음 설명에 해당되는 것은?

> 분진운 형태의 가연성 분진이 폭발농도를 형성할 정도로 충분한 양이 정상작동 중에 연속적으로 또는 자주 존재하거나, 제어할 수 없을 정도의 양 및 두께의 분진층이 형성될 수 있는 장소

① 20종 장소   ② 21종 장소
③ 22종 장소   ④ 23종 장소

해설 **폭발 위험장소의 분류**

분류		용도
분진폭발 위험장소	20종 장소	분진운 형태의 가연성 분진이 폭발농도를 형성할 정도로 충분한 양이 정상작동 중에 연속적으로 또는 자주 존재하거나, 제어할 수 없을 정도의 양 및 두께의 분진층이 형성될 수 있는 장소
	21종 장소	20종 장소 외의 장소로서 폭발농도를 형성할 정도로 충분한 양의 분진운 형태 가연성 분진이 정상작동 중에 존재할 수 있는 장소
	22종 장소	21종 장소 외의 장소로서 가연성 분진운 형태가 드물게 발생 또는 단기간 존재할 우려가 있거나 이상작동 상태 하에서 가연성 분진층이 형성될 수 있는 장소

64 누전에 의한 감전위험을 방지하기 위하여 누전차단기를 설치하여야 하는데 다음 중 누전차단기를 설치하지 않아도 되는 것은?

① 절연대 위에서 사용하는 이중 절연구조의 전동기기
② 임시 배선의 전로가 설치되는 장소에서 사용하는 이동형 전기기구
③ 철판 위와 같이 도전성이 높은 장소에서 사용하는 이동형 전기기구
④ 물과 같이 도전성이 높은 액체에 의한 습윤장소에서 사용하는 이동형 전기기구

> **해설** 누전차단기를 설치하지 않아도 되는 것
> ㉠ 절연대 위 등과 같이 감전위험이 없는 장소에서 사용하는 전기기계·기구
> ㉡ 이중절연구조 또는 이와 동등 이상으로 보호되는 전기기계·기구
> ㉢ 비접지방식의 전로

65 전기화재의 직접적인 발생요인과 가장 거리가 먼 것은?

① 피뢰기의 손상
② 누전, 열의 축적
③ 과전류 및 절연의 손상
④ 지락 및 접속 불량으로 인한 과열

> **해설** 전기화재의 직접적인 발생요인
> ㉠ 누전, 열의 축적
> ㉡ 과전류 및 절연의 손상
> ㉢ 지락 및 접속 불량으로 인한 과열

66 이온생성 방법에 따른 정전기 제전기의 종류가 아닌 것은?

① 고전압인가식
② 접지제어식
③ 자기방전식
④ 방사선식

> **해설** 이온생성 방법에 따른 정전기 제전기의 종류
> ㉠ 고전압인가식 ㉡ 자기방전식
> ㉢ 방사선식

67 누전차단기의 설치 환경조건에 관한 설명으로 틀린 것은?

① 전원전압은 정격전압의 85~110% 범위로 한다.

② 설치 장소가 직사광선을 받을 경우 차폐시설을 설치한다.
③ 정격부동작전류가 정격감도전류의 30% 이상이어야 하고, 이들의 차가 가능한 큰 것이 좋다.
④ 정격전부하전류가 30A인 이동형 전기기계·기구에 접속되어 있는 경우 일반적으로 정격감도전류는 30mA 이하인 것을 사용한다.

> **해설** ③ 정격부동작전류가 정격감도전류의 50% 이상이어야 하고, 이들의 차가 가능한 작은 것이 좋다.

68 피뢰설비 기본 용어에 있어 외부 뇌보호 시스템에 해당되지 않는 구성요소는?

① 수뢰부
② 인하도선
③ 접지시스템
④ 등전위 본딩

> **해설** 피뢰설비의 외부 뇌보호 시스템
> ㉠ 수뢰부
> ㉡ 인하도선
> ㉢ 접지시스템

69 콘덴서의 단자전압이 1kV, 정전용량이 740pF일 경우 방전에너지는 약 몇 mJ인가?

① 370
② 37
③ 3.7
④ 0.37

> **해설**
> $$E = \frac{1}{2}CV^2 = \frac{1}{2} \times 740 \times 10^{-6} \times (10^3)^2$$
> $$= 370\text{J} = 0.37\text{mJ}$$

70 송전선의 경우 복도체 방식으로 송전하는 데 이는 어떤 방전 손실을 줄이기 위한 것인가?

① 코로나 방전
② 평등방전
③ 불꽃방전
④ 자기방전

> **해설** 송전선의 경우 복도체 방식으로 송전하는 것은 코로나 방전 손실을 줄이는 것이다.

71 다음 중 화학물질 및 물리적 인자의 노출기준에 따른 TWA 노출기준이 가장 낮은 물질은?

① 불소
② 아세톤
③ 니트로벤젠
④ 사염화탄소

72 대기 중에 대량의 가연성 가스가 유출되거나 대량의 가연성 액체가 유출하여 그것으로부터 발생하는 증기가 공기와 혼합해서 가연성 혼합기체를 형성하고, 점화원에 의하여 발생하는 폭발을 무엇이라고 하는가?

① UVCE ② BLEVE
③ Detonation ④ Boil over

> **해설** ② BLEVE : 액화가스탱크의 폭발
> ③ Detonation : 충격파가 미반응 매질 속으로 음속보다 빠르게 이동하는 현상
> ④ Boil over : 원추형 탱크의 지붕판이 폭발에 의해 날아가고 화재가 확대될 때 저장된 연소 중인 기름에서 발생할 수 있는 현상

73 화재 발생 시 알코올포(내알코올포) 소화약제의 소화효과가 큰 대상물은?

① 특수인화물
② 물과 친화력이 있는 수용성 용매
③ 인화점이 영하 이하의 인화성 물질
④ 발생하는 증기가 공기보다 무거운 인화성 액체

> **해설** 알코올포(내알코올포) 소화약제의 소화효과가 큰 대상물 : 물과 친화력이 있는 수용성 용매

74 산업안전보건법령에서 정한 위험물질의 종류에서 "물반응성 물질 및 인화성 고체"에 해당하는 것은?

① 니트로화합물 ② 과염소산
③ 아조화합물 ④ 칼륨

> **해설** **물반응성 물질 및 인화성 고체**
> ㉠ 리튬 ㉡ 칼륨 · 나트륨
> ㉢ 황 ㉣ 황린
> ㉤ 황화인 · 적린 ㉥ 셀룰로이드류
> ㉦ 알킬알루미늄 · 알킬리튬
> ㉧ 마그네슘 분말
> ㉨ 금속분말(마그네슘 분말은 제외한다)
> ㉩ 알칼리금속(리튬 · 칼륨 및 나트륨은 제외한다)
> ㉪ 유기금속화합물(알킬알루미늄 및 알킬리튬은 제외한다)

㉫ 금속의 수소화물
㉬ 금속의 인화물
㉭ 칼슘탄화물, 알루미늄탄화물

75 다음 중 폭발한계의 범위가 가장 넓은 가스는?

① 수소 ② 메탄
③ 프로판 ④ 아세틸렌

> **해설** **폭발한계의 범위**
>
> | 가스 | 폭발한계(%) |
> |------|-------------|
> | 수소 | 4~75 |
> | 메탄 | 5~15 |
> | 프로판 | 2.1~9.5 |
> | 아세틸렌 | 2.5~81 |

76 20℃, 1기압의 공기를 압축비 3으로 단열압축하였을 때 온도는 약 몇 ℃가 되겠는가? (단, 공기의 비열비는 1.4이다.)

① 84 ② 128
③ 182 ④ 1,091

> **해설** 단열일 때 $TP^{\frac{1-\gamma}{\gamma}}$ = 일정 (γ는 비열비)
>
> $$T_1 P_1^{\frac{1-\gamma}{\gamma}} = T_2 P_2^{\frac{1-\gamma}{\gamma}}$$
>
> $$T_2 = T_1 \left(\frac{P_2}{P_1}\right)^{\frac{\gamma-1}{\gamma}}$$
>
> 이때 압축비는 3, 비열비는 1.40이므로
>
> $$T_2 = (20 + 273) \times 3^{\frac{0.4}{1.4}}$$
>
> $$\therefore T_2 = 401.04K ≒ 128℃$$

77 프로판(C_3H_8) 가스의 공기 중 완전연소 조성농도는 약 몇 vol%인가?

① 2.02 ② 3.02
③ 4.02 ④ 5.02

> **해설** $C_3H_8 + 5O_2 \rightarrow 3CO_2 + 4H_2O$
> 완전연소 조성농도(C_{st})
>
> $$C_{st} = \frac{100}{1 + 4.773\left(n + \frac{m - f - 2\lambda}{4}\right)} (\text{vol}\%)$$
>
> 여기서, n : 탄소 m : 수소
> f : 할로겐 원소 λ : 산소의 원자수
>
> $$= \frac{100}{1 + 4.773\left(3 + \frac{8}{4}\right)} = 4.02(\text{vol}\%)$$

78 산업안전보건법령에서 정한 안전검사의 주기에 따른 건조설비 및 그 부속설비는 사업장에 설치가 끝난 날부터 몇 년 이내에 최초안전검사를 실시하여야 하는가?

① 1   ② 2
③ 3   ④ 4

해설 건조설비 및 그 부속설비 : 사업장에 설치가 끝난 날부터 3년 이내에 최초안전검사를 실시한다.

79 여러 가지 성분의 액체 혼합물을 각 성분별로 분리하고자 할 때 비점의 차이를 이용하여 분리하는 화학설비를 무엇이라 하는가?

① 건조기   ② 반응기
③ 진공관   ④ 증류탑

해설 증류탑의 설명이다.

80 가스를 저장하는 가스용기의 색상이 틀린 것은? (단, 의료용 가스는 제외한다.)

① 암모니아 – 백색
② 이산화탄소 – 황색
③ 산소 – 녹색
④ 수소 – 주황색

해설 ㉠ 가연성 가스 및 독성 가스의 용기

가스의 종류	도색의 구분	가스의 종류	도색의 구분
액화석유가스	회색	액화암모니아	백색
수소	주황색	액화염소	갈색
아세틸렌	황색	그 밖의 가스	회색

㉡ 그 밖의 가스 용기

가스의 종류	도색의 구분
산소	녹색
액화탄산가스	청색
질소	회색
소방용 용기	소방법에 따른 도색
그 밖의 가스	회색

㉢ 의료용 가스 용기

가스의 종류	도색의 구분	가스의 종류	도색의 구분
산소	백색	질소	흑색
액화탄산가스	회색	아산화질소	청색
헬륨	갈색	사이클로프로판	주황색
에틸렌	자색	그 밖의 가스	회색

제5과목   건설안전기술

81 버팀대(Strut)의 축하중 변화상태를 측정하는 계측기는?

① 경사계(Inclino meter)
② 수위계(Water level meter)
③ 침하계(Extension)
④ 하중계(Load cell)

해설 ④ 하중계 : 버팀대의 축하중 변화상태를 측정하는 계측기

82 콘크리트 타설작업을 하는 경우에 준수해야 할 사항으로 옳지 않은 것은?

① 당일의 작업을 시작하기 전에 해당 작업에 관한 거푸집동바리 등의 변형·변위 및 지반의 침하 유무 등을 점검하고 이상이 있으면 보수할 것
② 작업 중에는 거푸집동바리 등의 변형·변위 및 침하 유무 등을 감시할 수 있는 감시자를 배치하여 이상이 있으면 작업을 중지하고 근로자를 대피시킬 것
③ 설계도서상의 콘크리트 양생기간을 준수하여 거푸집동바리 등을 해체할 것
④ 콘크리트를 타설하는 경우에는 편심을 유발하여 한쪽 부분부터 밀실하게 타설되도록 유도할 것

해설 ④ 콘크리트를 타설하는 경우에는 편심이 발생하지 않도록 골고루 분산하여 타설할 것

83 이동식 비계를 조립하여 작업을 하는 경우의 준수사항으로 옳지 않은 것은?

① 이동식 비계의 바퀴에는 뜻밖의 갑작스러운 이동 또는 전도를 방지하기 위하여 브레이크·쐐기 등으로 바퀴를 고정시킨 다음 비계의 일부를 견고한 시설물에 고정하거나 아웃트리거(outtrigger)를 설치하는 등 필요한 조치를 할 것

② 작업발판은 항상 수평을 유지하고 작업발판 위에서 안전난간을 딛고 작업을 하지 않도록 하며, 대신 받침대 또는 사다리를 사용하여 작업을 할 것

③ 비계의 최상부에서 작업을 하는 경우에는 안전난간을 설치할 것

④ 작업발판의 최대적재하중은 250kg을 초과하지 않도록 할 것

해설 ② 작업발판은 항상 수평을 유지하고 작업발판 위에서 안전난간을 딛고 작업을 하거나 받침대 또는 사다리를 사용하여 작업하지 않도록 할 것

84 철골공사에서 나타나는 용접결함의 종류에 해당하지 않는 것은?

① 가우징(gouging)
② 오버랩(overlap)
③ 언더 컷(under cut)
④ 블로 홀(blow hole)

해설 ① 가우징 : 피트(pit)는 기공과 비슷하며, 비드 표면에 구멍이 생긴 것
② 오버랩 : 용접 시에 용융금속이 모재와 융합하지 못하고 표면에 덮쳐진 상태
③ 언더 컷 : 용착금속이 채워지지 않고 홈으로 남아 있는 부분
④ 블로 홀 : 기공이라 하며, 용접금속 안에 공기가 갇혀버려 그대로 굳어진 것

85 건설업에서 사업주의 유해·위험방지계획서 제출대상 사업장이 아닌 것은?

① 지상 높이가 31m 이상인 건축물의 건설, 개조 또는 해체공사
② 연면적 5,000m² 이상 관광숙박시설의 해체공사
③ 저수용량 5,000톤 이하의 지방상수도 전용 댐 건설 등의 공사
④ 깊이 10m 이상인 굴착공사

해설 **유해·위험방지계획서 제출대상 공사의 규모**
㉠ 지상 높이가 31m 이상인 건축물 또는 인공 구조물, 연면적 3만m² 이상인 건축물 또는 연면적 5천m²

이상의 문화 및 집회 시설(전시장 및 동물원·식물원을 제외한다), 판매 및 영업 시설, 의료시설 중 종합병원, 숙박시설 중 관광숙박시설 또는 지하도 상가의 냉동·냉장 시설의 건설, 개조 또는 해체(이하 "건설 등"이라 한다)
㉡ 연면적 5천m² 이상의 냉동·냉장 시설의 설비공사 및 단열공사
㉢ 최대지간길이가 50m 이상인 교량건설 등 공사
㉣ 터널건설 등의 공사
㉤ 다목적 댐, 발전용 댐 및 저수용량 2천만톤 이상의 용수 전용 댐, 지방상수도 전용 댐 건설 등의 공사
㉥ 깊이 10m 이상인 굴착공사

86 굴착작업을 하는 경우 지반의 붕괴 또는 토석의 낙하에 의한 근로자의 위험을 방지하기 위하여 관리감독자로 하여금 작업시작 전에 점검하도록 해야 하는 사항과 가장 거리가 먼 것은?

① 부석·균열의 유무 ② 함수·용수
③ 동결상태의 변화 ④ 시계의 상태

해설 **굴착작업 시 지반의 붕괴 등 작업시작 전 점검사항**
① 작업장소 및 그 주변의 부석·균열의 유무
② 함수·용수
③ 동결상태의 변화

87 다음은 산업안전보건법령에 따른 지붕 위에서의 위험방지에 관한 사항이다. (   ) 안에 알맞은 것은?

> 슬레이트, 선라이트 등 강도가 약한 재료로 덮은 지붕 위에서 작업을 할 때에 발이 빠지는 등 근로자가 위험해질 우려가 있는 경우 폭 (   )센티미터 이상의 발판을 설치하거나 안전방망을 치는 등 근로자의 위험을 방지하기 위하여 필요한 조치를 하여야 한다.

① 20 ② 25
③ 30 ④ 40

해설 **지붕 위에서의 위험방지** : 슬레이트 등 근로자가 위험해질 우려가 있는 경우 폭 30cm 이상의 발판을 설치하거나 안전방망을 치는 등 필요한 조치를 한다.

88 다음에서 설명하고 있는 건설장비의 종류는?

> 앞뒤 두 개의 차륜이 있으며(2축 2륜), 각각의 차축이 평행으로 배치된 것으로 찰흙, 점성토 등의 두꺼운 흙을 다짐하는데 적당하나 단단한 각재를 다지는 데는 부적당하며 머캐덤 롤러 다짐 후의 아스팔트 포장에 사용된다.

① 클램셸
② 탠덤 롤러
③ 트랙터 셔블
④ 드래그 라인

해설 탠덤 롤러의 설명이다.

89 안전방망을 건축물의 바깥쪽으로 설치하는 경우 벽면으로부터 망의 내민 길이는 최소 얼마 이상 이어야 하는가?

① 2m
② 3m
③ 5m
④ 10m

해설 안전방망 : 건축물의 바깥쪽으로 설치하는 경우 벽면으로부터 망의 내민 길이는 3m 이상

90 건설업 산업안전보건관리비의 안전시설비로 사용 가능하지 않은 항목은?

① 비계·통로·계단에 추가 설치하는 추락방지용 안전난간
② 공사수행에 필요한 안전통로
③ 틀비계에 별도로 설치하는 안전난간·사다리
④ 통로의 낙하물 방호선반

해설 건설업 산업안전보건관리비의 안전시설비 사용 가능 항목
① 비계·통로·계단에 추가 설치하는 추락방지용 안전난간
③ 틀비계에 별도로 설치하는 안전난간·사다리
④ 통로의 낙하물 방호선반

91 작업으로 인하여 물체가 떨어지거나 날아올 위험이 있는 경우 설치하는 낙하물 방지망의 수평면과의 각도 기준으로 옳은 것은?

① 10° 이상 20° 이하를 유지
② 20° 이상 30° 이하를 유지
③ 30° 이상 40° 이하를 유지
④ 40° 이상 45° 이하를 유지

해설 물체가 떨어지는 등 낙하물 방지망의 수평면과의 각도 기준은 20° 이상 30° 이하를 유지한다.

92 추락방지망의 방망 지지점은 최소 얼마 이상의 외력에 견딜 수 있는 강도를 보유하여야 하는가?

① 500kg
② 600kg
③ 700kg
④ 800kg

해설 추락방지망의 방망 지지점 : 최소 600kg 이상의 외력에 견딜 수 있는 강도를 보유하여야 한다.

93 다음은 산업안전보건법령에 따른 말비계를 조립하여 사용하는 경우에 관한 준수사항이다. ( ) 안에 알맞은 숫자는?

> 말비계의 높이가 2m를 초과할 경우에는 작업발판의 폭을 ( )cm 이상으로 할 것

① 10
② 20
③ 30
④ 40

해설 말비계의 높이가 2m를 초과할 경우에는 작업발판의 폭을 40cm 이상으로 한다.

94 터널 지보공을 설치할 경우에 수시로 점검하여야 할 사항에 해당하지 않는 것은?

① 기둥침하의 유무 및 상태
② 부재의 긴압 정도
③ 매설물 등의 유무 또는 상태
④ 부재의 접속부 및 교차부의 상태

해설 터널 지보공을 설치할 경우에 수시로 점검하여야 할 사항
㉠ 기둥침하의 유무 및 상태
㉡ 부재의 긴압 정도
㉢ 부재의 접속부 및 교차부의 상태

95 통나무 비계를 건축물, 공작물 등의 건조·해체 및 조립 등의 작업에 사용하기 위한 지상 높이 기준은?

① 2층 이하 또는 6m 이하
② 3층 이하 또는 9m 이하

정답 ┃ 88. ② 89. ② 90. ② 91. ② 92. ② 93. ④ 94. ③ 95. ③

③ 4층 이하 또는 12m 이하

④ 5층 이하 또는 15m 이하

> **[해설]**
> 통나무 비계는 지상 높이 4층 이하 또는 12m 이하인 건축물, 공작물 등의 건조·해체 및 조립 등의 작업에서만 사용할 수 있다.

96 굴착공사 중 암질변화구간 및 이상암질 출현 시에는 암질판별시험을 수행하는데 이 시험의 기준과 거리가 먼 것은?

① 함수비   ② R.Q.D

③ 탄성파속도   ④ 일축압축강도

> **[해설]**
> 굴착공사 중 암질판별시험을 수행하는데 시험기준
> ㉠ R.Q.D   ㉡ 탄성파속도   ㉢ 일축압축강도

97 거푸집동바리 등을 조립하거나 해체하는 작업을 하는 경우 준수사항으로 옳지 않은 것은?

① 해당 작업을 하는 구역에는 관계 근로자가 아닌 사람의 출입을 금지할 것

② 비, 눈, 그 밖의 기상상태의 불안정으로 날씨가 몹시 나쁜 경우에는 그 작업을 중지할 것

③ 낙하·충격에 의한 돌발적 재해를 방지하기 위하여 버팀목을 설치하고 거푸집동바리 등을 인양장비에 매단 후에 작업을 하도록 하는 등 필요한 조치를 할 것

④ 재료, 기구 또는 공구 등을 올리거나 내리는 경우에는 근로자로 하여금 달줄·달포대 등의 사용을 금지하도록 할 것

> **[해설]**
> ④ 재료, 기구 또는 공구 등을 올리거나 내리는 경우에는 근로자로 하여금 달줄·달포대 등을 사용한다.

98 크레인을 사용하여 작업을 하는 경우 준수해야 할 사항으로 옳지 않은 것은?

① 인양할 하물(荷物)을 바닥에서 끌어당기거나 밀어 정위치 작업을 할 것

② 유류드럼이나 가스통 등 운반 도중에 떨어져 폭발하거나 누출될 가능성이 있는 위험물 용기는 보관함(또는 보관고)에 담아 안전하게 매달아 운반할 것

③ 미리 근로자의 출입을 통제하여 인양 중인 하물이 작업자의 머리 위로 통과하지 않도록 할 것

④ 인양할 하물이 보이지 아니하는 경우에는 어떠한 동작도 하지 아니할 것(신호하는 사람에 의하여 작업을 하는 경우는 제외한다)

> **[해설]**
> ① 인양할 하물을 바닥에서 끌어당기거나 밀어내는 작업을 하지 아니한다.

99 고소작업대가 갖추어야 할 설치조건으로 옳지 않은 것은?

① 작업대를 와이어로프 또는 체인으로 올리거나 내릴 경우에는 와이어로프 또는 체인이 끊어져 작업대가 떨어지지 아니하는 구조여야 하며, 와이어로프 또는 체인의 안전율은 3 이상일 것

② 작업대를 유압에 의해 올리거나 내릴 경우에는 작업대를 일정한 위치에 유지할 수 있는 장치를 갖추고 압력의 이상저하를 방지할 수 있는 구조일 것

③ 작업대에 정격하중(안전율 5 이상)을 표시할 것

④ 작업대에 끼임·충돌 등 재해를 예방하기 위한 가드 또는 과상승방지장치를 설치할 것

> **[해설]**
> ① 와이어로프 또는 체인의 안전율은 5 이상일 것

100 아스팔트 포장도로의 노반의 파쇄 또는 토사 중에 있는 암석 제거에 가장 적당한 장비는?

① 스크레이퍼(Scraper)

② 롤러(Roller)

③ 리퍼(Ripper)

④ 드래그라인(Dragline)

> **[해설]**
> 리퍼(Ripper)의 설명이다.

제1과목 산업안전관리론

01 재해발생의 주요원인 중 불안전한 상태에 해당하지 않는 것은?

① 기계설비 및 장비의 결함
② 부적절한 조명 및 환기
③ 작업장소의 정리 · 정돈 불량
④ 보호구 미착용

> **해설** ④ 보호구 미착용 : 불안전한 행동

02 맥그리거(McGregor)의 X 이론에 따른 관리처방이 아닌 것은?

① 목표에 의한 관리
② 권위주의적 리더십 확립
③ 경제적 보상체제의 강화
④ 면밀한 감독과 엄격한 통제

> **해설** 맥그리거의 X 이론과 Y 이론의 비교
>
> | X 이론 | X 이론 |
> |---|---|
> | 인간 불신감(성악설) | 상호 신뢰감(성선설) |
> | 저차(물질적)의 욕구
(경제적 보상체제의 강화) | 고차(정신적)의 욕구만족에
의한 동기부여 |
> | 명령통제에 의한 관리
(규제관리) | 목표통합과 자기통제에 의
한 관리 |
> | 저개발국형 | 선진국형 |

03 지도자가 추구하는 계획과 목표를 부하직원이 자신의 것으로 받아들여 자발적으로 참여하게 하는 리더십의 권한은?

① 보상적 권한   ② 강압적 권한
③ 위임된 권한   ④ 합법적 권한

> **해설** 위임된 권한의 설명이다.

04 비통제의 집단행동 중 폭동과 같은 것을 말하며, 군중보다 합의성이 없고, 감정에 의해서만 행동하는 특성은?

① 패닉(Panic)
② 모브(Mob)
③ 모방(Imitation)
④ 심리적 전염(Mental Epidemic)

> **해설** ② 모브(Mob)의 설명이다.

05 안전관리조직의 형태 중 라인 · 스탭형에 대한 설명으로 틀린 것은?

① 안전스탭은 안전에 관한 기획 · 입안 · 조사 · 검토 및 연구를 행한다.
② 안전업무를 전문적으로 담당하는 스탭 및 생산라인의 각 계층에도 겸임 또는 전임의 안전담당자를 둔다.
③ 모든 안전관리업무를 생산라인을 통하여 직선적으로 이루어지도록 편성된 조직이다.
④ 대규모 사업장(1,000명 이상)에 효율적이다.

> **해설** ③ 라인형에 대한 설명이다.

06 산업안전보건법령상 근로자 안전 · 보건교육의 기준으로 틀린 것은?

① 사무직 종사 근로자의 정기교육 : 매분기 3시간 이상
② 일용근로자의 작업내용 변경 시의 교육 : 1시간 이상
③ 관리감독자의 지위에 있는 사람의 정기교육 : 연간 16시간 이상
④ 건설 일용근로자의 건설업 기초안전 · 보건교육 : 2시간 이상

해설 **사업 내 안전·보건교육**

교육과정	교육대상		교육시간
정기교육	사무직 종사 근로자		매 분기 3시간 이상
	사무직 종사 근로자 외의 근로자	판매업무에 직접 종사하는 근로자	매 분기 3시간 이상
		판매업무에 직접 종사하는 근로자 외의 근로자	매 분기 6시간 이상
	관리감독자의 지위에 있는 사람		연간 16시간 이상
채용시의 교육	일용 근로자		1시간 이상
	일용 근로자를 제외한 근로자		8시간 이상
작업내용 변경 시의 교육	일용 근로자		1시간 이상
	일용 근로자를 제외한 근로자		2시간 이상
특별교육	[별표 8]의 2 제1호 라목 각 호의 어느 하나에 해당하는 작업에 종사하는 일용 근로자		2시간 이상
	[별표 8]의 2 제1호 라목 각 호의 어느 하나에 해당하는 작업에 종사하는 일용 근로자를 제외한 근로자		㉠16시간 이상(최초 작업에 종사하기 전 4시간 이상 실시하고 12시간은 3개월 이내에서 분할하여 실시 가능) ㉡단기간 작업 또는 간헐적 작업인 경우에는 2시간 이상
건설업 기초안전·보건교육	건설 일용 근로자		4시간

07 강의계획에 있어 학습목적의 3요소가 아닌 것은?

① 목표
② 주제
③ 학습 내용
④ 학습 정도

해설 **학습목적의 3요소**
㉠ 목표   ㉡ 주제   ㉢ 학습 정도

08 재해예방의 4원칙에 해당하지 않는 것은?

① 예방가능의 원칙
② 대책선정의 원칙
③ 손실우연의 원칙
④ 원인추정의 원칙

해설 ④ 원인연계(계기)의 원칙

09 학습정도(level of learning)의 4단계 요소가 아닌 것은?

① 지각
② 적용
③ 인지
④ 정리

해설 **학습정도의 4단계**
인지 – 지각 – 이해 – 적용

10 산업안전보건법령상 안전검사대상 유해·위험 기계 등이 아닌 것은?

① 곤돌라
② 이동식 국소배기장치
③ 산업용 원심기
④ 건조설비 및 그 부속설비

해설 **안전검사대상 유해·위험 기계**
㉠ 프레스
㉡ 전단기
㉢ 크레인(이동식 크레인과 정격하중 2톤 미만인 호이스트는 제외)
㉣ 리프트
㉤ 압력용기
㉥ 곤돌라
㉦ 국소배기장치(이동식은 제외)
㉧ 원심기(산업용만 해당)
㉨ 화학설비 및 그 부속설비
㉩ 건조설비 및 그 부속설비
㉪ 롤러기(밀폐용 구조는 제외)
㉫ 사출성형기(형 체결력 294킬로뉴턴(kN) 미만은 제외)
㉬ 고소작업대(화물·특수 탑재 자동차)

11 무재해운동 추진기법 중 지적확인에 대한설명으로 옳은 것은?

① 비평을 금지하고, 자유로운 토론을 통하여 독창적인 아이디어를 끌어낼 수 있다.
② 참여자 전원의 스킨십을 통하여 연대감, 일체감을 조성할 수 있고 느낌을 교류한다.
③ 작업 전 5분간의 미팅을 통하여 시나리오상의 역할을 연기하여 체험하는 것을 목적으로 한다.
④ 오관의 감각기관을 총동원하여 작업의 정확성과 안전을 확인한다.

해설 **지적확인** : 오관의 감각기관을 총동원하여 작업의 정확성과 안전을 확인한다.

정답 ▌ 07. ③ 08. ④ 09. ④ 10. ② 11. ④

12 인간의 착각현상 중 버스나 자동차의 움직임으로 인하여 자신이 승차하고 있는 정지된 차량이 움직이는 것 같은 느낌을 받는 현상은?

① 자동운동   ② 유도운동
③ 가현운동   ④ 플리커현상

> **해설** ② 유도현상 : 움직이지 않는 것이 움직이는 것처럼 느껴지는 현상

13 어느 공장의 재해율을 조사한 결과 도수율이 20이고, 강도율이 1.2로 나타났다. 이 공장에서 근무하는 근로자가 입사부터 정년퇴직할 때까지 예상되는 재해건수(a)와 이로 인한 근로손실일수(b)는? (단, 이 공장의 1인당 입사부터 정년퇴직할 때까지 평균근로시간은 100,000시간으로 한다.)

① a=20, b=1.2   ② a=2, b=120
③ a=20, b=0.12   ④ a=120, b=2

> **해설**
> ㉠ 도수율 $= \dfrac{\text{재해발생건수}}{\text{근로총시간수}} \times 10^6$
>
> 재해발생건수 $=$ 도수율 $\times$ 근로 총 시간수 $\times \dfrac{1}{10^6}$
> $= 20 \times 10^5 \times \dfrac{1}{10^6}$
> $= 2$
> ∴ (a) 재해건수 $= 2$
>
> ㉡ 강도율 $= \dfrac{\text{근로손실일수}}{\text{근로총시간수}} \times 10^3$
>
> 근로손실일 수 $=$ 강도율 $\times$ 근로 총 시간수 $\times \dfrac{1}{10^3}$
> $= 1.2 \times 10^5 \times \dfrac{1}{10^3}$
> $= 120$
> ∴ (b) 근로손실일수 $= 120$

14 주의의 발생원인과 그 대책이 옳게 연결된 것은?

① 의식의 우회 – 상담
② 소질적 조건 – 교육
③ 작업환경 조건 불량 – 작업순서 정비
④ 작업순서의 부적당 – 작업자 재배치

> **해설**
> ② 소질적 조건 – 적성 배치
> ③ 작업환경 조건 불량 – 환경정비
> ④ 작업순서의 부적당 – 인간공학적 접근

15 보호구 자율안전확인 고시상 사용구분에 따른 보안경의 종류가 아닌 것은?

① 차광보안경   ② 유리보안경
③ 플라스틱보안경   ④ 도수렌즈보안경

> **해설** **자율안전확인 보안경의 종류**
> ㉠ 유리보안경   ㉡ 플라스틱보안경
> ㉢ 도수렌즈보안경

16 하인리히의 사고방지 5단계 중 제1단계 안전조직의 내용이 아닌 것은?

① 경영자의 안전목표 설정
② 안전관리자의 선임
③ 안전활동의 방침과 계획수립
④ 안전회의 및 토의

> **해설** ④ 제2단계 사실의 발견 내용

17 기업 내 정형교육 중 TWI의 훈련내용이 아닌 것은?

① 작업방법훈련   ② 작업지도훈련
③ 사례연구훈련   ④ 인간관계훈련

> **해설** ③ 작업안전훈련

18 토의법의 유형 중 다음에서 설명하는 것은?

> 교육과제에 정통한 전문가를 4~5명이 피교육자 앞에서 자유로이 토의를 실시한 다음에 피교육자 전원이 참가하여 사회자의 사회에 따라 토의하는 방법

① 포럼(forum)
② 패널 디스커션(panel discussion)
③ 심포지엄(symposium)
④ 버즈 세션(buzz session)

> **해설** 패널 디스커션의 설명이다.

19 안전·보건표지의 기본모형 중 다음 그림의 기본모형의 표시사항으로 옳은 것은?

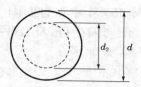

① 지시 ② 안내
③ 경고 ④ 금지

해설 안전 · 보건표지의 기본모형

번호	기본모형	표시사항
1	d_2 d_1 d	금지
2	60° a_2 a_1 a 60°	경고
3	d_2 d	지시
4	b_2 b b_1 b	안내
5	e_2 e_1 h_1 h l	안내

20 다음 재해손실비의 평가방식 중 시몬즈(R.H. Simonds) 방식에 의한 계산방법으로 옳은 것은?

① 직접비 + 간접비
② 공동비용 + 개별비용
③ 보험 코스트 + 비보험 코스트
④ (휴업상해건수×관련비용 평균치) + (통원상해건수×관련비용 평균치)

해설 시몬즈 방식 재해 코스트
= 보험 코스트＋비보험 코스트

제2과목 인간공학 및 시스템안전공학

21 산업안전보건법에 따라 상시 작업에 종사하는 장소에서 보통작업을 하고자 할 때 작업면의 최소 조도(lux)로 맞는 것은? (단, 작업장은 일반적인 작업장소이며, 감광재료를 취급하지 않는 장소이다.)

① 75 ② 150
③ 300 ④ 750

해설 조명수준
① 75lux 이상 : 그 밖의 작업
② 150lux 이상 : 일반작업
③ 300lux 이상 : 정밀작업
④ 750lux 이상 : 초정밀작업

22 휘도(luminance)가 10cd/m²이고, 조도(illuminance)가 100lux일 때 반사율(reflectance)(%)은?

① 0.1π ② 10π
③ 100π ④ $1,000\pi$

해설
$$반사율 = \frac{광속발산도(f_L)}{조도(f_c)} \times 10^2$$
$$= \frac{cd/m^2 \times \pi}{lux} = \frac{10\pi}{100}$$
$$= 0.1\pi$$

23 인체측정치 중 기능적 인체치수에 해당되는 것은?

① 표준자세
② 특정작업에 국한
③ 움직이지 않는 피측정자
④ 각 지체는 독립적으로 움직임

해설 기능적 인체치수는 특정작업에 국한한다.

24 시스템안전 분석기법 중 인적 오류와 그로 인한 위험성의 예측과 개선을 위한 기법은 무엇인가?

① FTA ② ETBA
③ THERP ④ MORT

해설 THERP의 설명이다.

정답 ┃ 20. ③ 21. ② 22. ① 23. ② 24. ③

25 체계분석 및 설계에 있어서 인간공학의 가치와 가장 거리가 먼 것은?

① 성능의 향상
② 훈련비용의 증가
③ 사용자의 수용도 향상
④ 생산 및 보전의 경제성 증대

> **해설** 체계분석 및 설계에 있어서 인간공학의 가치
> ㉠ ①, ③, ④
> ㉡ 훈련비용의 절감
> ㉢ 인력이용률의 향상
> ㉣ 사고 및 오용으로부터의 손실 감소

26 단일 차원의 시각적 암호 중 구성암호, 영문자암호, 숫자암호에 대하여 암호로서의 성능이 가장 좋은 것부터 배열한 것은?

① 숫자암호 – 영문자암호 – 구성암호
② 구성암호 – 숫자암호 – 영문자암호
③ 영문자암호 – 숫자암호 – 구성암호
④ 영문자암호 – 구성암호 – 숫자암호

> **해설** 암호로서 성능이 좋은 순서
> 숫자암호 – 영문자암호 – 구성암호

27 보전효과 측정을 위해 사용하는 설비고장 강도율의 식으로 맞는 것은?

① 부하시간÷설비가동시간
② 총 수리시간÷설비가동시간
③ 설비고장건수÷설비가동시간
④ 설비고장 정지시간÷설비가동시간

> **해설** **설비고장 강도율** = 설비고장 정지시간÷설비 가동시간

28 일반적인 인간–기계 시스템의 형태 중 인간이 사용자나 동력원으로 기능하는 것은?

① 수동체계
② 기계화체계
③ 자동체계
④ 반자동체계

> **해설** 수동체계의 설명이다.

29 1에서 15까지 수의 집합에서 무작위로 선택할 때, 어떤 숫자가 나올지 알려주는 경우의 정보량은 약 몇 bit인가?

① 2.91bit
② 3.91bit
③ 4.51bit
④ 4.91bit

> **해설** 1~15에서 무작위의 숫자가 나올 확률 1/15
> 총 정보량$(H) = \Sigma H_i P_1$
> $(H_1 :$ 성분 i의 정보량, $P_1 :$ 성분 i의 확률$)$
> 이때 $H_1 = \dfrac{\log\left(\dfrac{1}{P_1}\right)}{\log 2}$, $P_1 = \dfrac{1}{15}$
> $\therefore H = \dfrac{\log 15}{\log 2} \times \dfrac{1}{15} \times 15 = \dfrac{\log 15}{\log 2} ≒ 3.91b$

30 FT도에 의한 컷셋(cut set)이 다음과 같이 구해졌을 때 최소 컷셋(minimal cut set)으로 맞는 것은?

> • (X_1, X_3)
> • (X_1, X_2, X_3)
> • (X_1, X_3, X_4)

① (X_1, X_3)
② (X_1, X_2, X_3)
③ (X_1, X_3, X_4)
④ (X_1, X_2, X_3, X_4)

> **해설** ㉠ 조건을 식으로 만들면
> $T = (X_1, X_3) \cdot (X_1, X_2, X_3) \cdot (X_1, X_3, X_4)$
> ㉡ FT도를 보면 (X_1, X_3)를 대입했을 때 T가 발생되었다.
>
>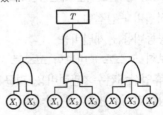
>
> ㉢ 미니멀 컷셋은 컷셋 중에 공통이 되는 (X_1, X_3)가 된다.
>
>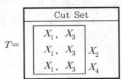

31 어떤 전자기기의 수명은 지수분포를 따르며, 그 평균수명이 1,000시간이라고 할 때, 500시간 동안 고장 없이 작동할 확률은 약 얼마인가?

① 0.1353   ② 0.3935

③ 0.6065   ④ 0.8647

해설

$$R(t) = e^{\lambda t} = e^{-t/t_o} = e^{-500/1,000} = 0.6065$$

32 의자의 등받이 설계에 관한 설명으로 가장 적절하지 않은 것은?

① 등받이 폭은 최소 30.5cm가 되게 한다.

② 등받이 높이는 최소 50cm가 되게 한다.

③ 의자의 좌판과 등받이 각도는 90~105°를 유지한다.

④ 요부받침의 높이는 25~35cm로 하고 폭은 30.5cm로 한다.

해설 ④ 요부받침의 높이는 15.2~22.9cm로 하고, 폭은 30.5cm로 한다.

33 사람의 감각기관 중 반응속도가 가장 느린 것은?

① 청각   ② 시각

③ 미각   ④ 촉각

해설 감각기관의 반응속도
청각(0.17초) > 촉각(0.18초) > 시각(0.20초) > 미각(0.29초) > 통각(0.7초)

34 정보 전달용 표시장치에서 청각적 표현이 좋은 경우가 아닌 것은?

① 메시지가 복잡하다.

② 시각장치가 지나치게 많다.

③ 즉각적인 행동이 요구된다.

④ 메시지가 그 때의 사건을 다룬다.

해설 ① 메시지가 단순하다.

35 한 사무실에서 타자기의 소리 때문에 말소리가 묻히는 현상을 무엇이라 하는가?

① dBA   ② CAS

③ phon   ④ masking

해설 masking : dB이 높은 음과 낮은 음이 공존할 때 낮은 음이 강한 음에 가로막혀 숨겨져 들리지 않게 되는 현상

36 FTA의 용도와 거리가 먼 것은?

① 고장의 원인을 연역적으로 찾을 수 있다.

② 시스템의 전체적인 구조를 그림으로 나타낼 수 있다.

③ 시스템에서 고장이 발생할 수 있는 부분을 쉽게 찾을 수 있다.

④ 구체적인 초기사건에 대하여 상향식(bottom-up) 접근방식으로 재해 경로를 분석하는 정량적 기법이다.

해설 FTA란 Top Down 접근 방법으로 일반적 원리로부터 논리절차를 밟아서 각각의 사실이나 명제를 이끌어 내는 연역적 평가기법이다.

37 작업기억과 관련된 설명으로 틀린 것은?

① 단기기억이라고도 한다.

② 오랜 기간 정보를 기억하는 것이다.

③ 작업기억 내의 정보는 시간이 흐름에 따라 쇠퇴할 수 있다.

④ 리허설(rehearsal)은 정보를 작업기억 내에 유지하는 유일한 방법이다.

해설 ② 단기간 정보를 기억하는 것이다.

38 정보처리기능 중 정보보관에 해당되는 것과 관계가 깊은 것은?

① 감지   ② 기억된 학습내용

③ 출력   ④ 행동기능

해설 정보보관
㉠ 인간 : 기억된 학습내용
㉡ 기계 : 펀치카드, 녹음테이프, 자기테이프, 형판, 기록, 자료표 등

39 FT 작성 시 논리 게이트에 속하지 않는 것은 무엇인가?

① OR 게이트   ② 억제 게이트
③ AND 게이트   ④ 동등 게이트

> 해설 ④ 부정 게이트

40 안전가치분석의 특징으로 틀린 것은?

① 기능위주로 분석한다.
② 왜 비용이 드는가를 분석한다.
③ 특정 위험의 분석을 위주로 한다.
④ 그룹 활동은 전원의 중지를 모은다.

> 해설 **안전가치분석의 특징**
> ① 기능위주로 분석한다.
> ② 왜 비용이 드는가를 분석한다.
> ④ 그룹 활동은 전원의 중지를 모은다.

제3과목	기계위험방지기술

41 기계나 그 부품에 고장이나 기능 불량이 생겨도 항상 안전하게 작동하는 안전화 대책은?

① fool proof
② fail safe
③ risk management
④ hazard diagnosis

> 해설 fail safe의 설명이다.

42 산업안전보건법령상 양중기에 사용하지 않아야 하는 달기체인의 기준으로 틀린 것은?

① 변형이 심한 것
② 균열이 있는 것
③ 길이의 증가가 제조 시보다 3%를 초과한 것
④ 링의 단면지름의 감소가 제조 시 링 지름의 10%를 초과한 것

> 해설 ③ 길이의 증가가 그 달기체인이 제조된 때의 길이의 5%를 초과한 것

43 프레스의 본질적 안전화(no-hand in die방식) 추진대책이 아닌 것은?

① 안전금형을 설치
② 전용프레스의 사용
③ 방호울이 부착된 프레스 사용
④ 감응식 방호장치 설치

> 해설 ④ Hand in die 방식

44 산업용 로봇 작업 시 안전조치 방법이 아닌 것은?

① 높이 1.8m 이상의 방책을 설치한다.
② 로봇의 조작 방법 및 순서의 지침에 따라 작업한다.
③ 로봇 작업 중 이상상황의 대처를 위해 근로자 이외에도 로봇의 기동스위치를 조작할 수 있도록 한다.
④ 2인 이상의 근로자에게 작업을 시킬 때는 신호 방법의 지침을 정하고 그 지침에 따라 작업한다.

> 해설 ③ 해당 작업에 종사하고 있는 근로자의 안전한 작업을 위하여 작업종사자 외의 사람이 기동스위치를 조작할 수 없도록 하여야 한다.

45 작업장 내 운반을 주목적으로 하는 구내운반차가 준수해야 할 사항으로 옳지 않은 것은?

① 주행을 제동하거나 정지상태를 유지하기 위하여 유효한 제동장치를 갖출 것
② 경음기를 갖출 것
③ 핸들의 중심에서 차체 바깥 측까지의 거리가 65cm 이내일 것
④ 운전자석이 차 실내에 있는 것은 좌우에 한 개씩 방향지시기를 갖출 것

> 해설 ③ 핸들의 중심에서 차체 바깥 측까지의 거리가 65cm 이상일 것

46 드릴링 머신을 이용한 작업 시 안전수칙에 관한 설명으로 옳지 않은 것은?

① 일감을 손으로 견고하게 쥐고 작업한다.
② 장갑을 끼고 작업을 하지 않는다.

③ 칩은 기계를 정지시킨 다음에 와이어브러시로 제거한다.

④ 드릴을 끼운 후에는 척 렌치를 반드시 탈거한다.

> **[해설]** ① 일감을 견고하게 고정시켜야 하며, 손으로 쥐고 구멍을 뚫지 말아야 한다

47 다음 중 동력식 수동대패기계의 덮개와 송급 테이블면과의 간격기준은 몇 mm 이하이어야 하는가?

① 3   ② 5

③ 8   ④ 12

> **[해설]** 동력식 수동대패기계의 덮개와 송급 테이블면과의 간격기준은 3mm 이하이어야 한다.

48 연삭기에서 숫돌의 바깥지름이 180mm라면, 평형 플랜지의 바깥지름은 몇 mm 이상이어야 하는가?

① 30   ② 36

③ 45   ④ 60

> **[해설]** 평형 플랜지의 지름 = 숫돌의 바깥지름×1/3
> $$= 180 \times \frac{1}{3}$$
> $$= 60mm$$
> ∴ 60mm

49 롤러기에 사용되는 급정지장치의 종류가 아닌 것은?

① 손 조작식   ② 발 조작식

③ 무릎 조작식   ④ 복부 조작식

> **[해설]** 롤러기에 사용되는 급정지장치의 종류
> ㉠ 손 조작식   ㉡ 무릎 조작식
> ㉢ 복부 조작식

50 클러치 프레스에 부착된 양수기동식 방호장치에 있어서 확동 클러치의 봉합 개소의 수가 4, 분당 행정수가 300spm일 때 양수 기동식 조작부의 최소안전거리는? (단, 인간의 손의 기준속도는 1.6m/s로 한다.)

① 240mm   ② 260mm

③ 340mm   ④ 360mm

> **[해설]** 양수기동식의 안전거리
> $$D_m = 106\,T_m$$
> 여기서, D_m : 안전거리
> T_m : 양손으로 누름단추를 누르기 시작할 때부터 슬라이드가 하사점에 도달하기까지 소요시간
> $$T_m = \left(\frac{1}{\text{클러치물림개소수}} + \frac{1}{2}\right) \times \frac{60,000}{\text{매분행정수}}$$
> $$\therefore D_m = 1.6\left(\frac{1}{4} + \frac{1}{2}\right) \times \frac{60,000}{300} = 240$$

51 다음 중 연삭기의 원주속도 V(m/s)를 구하는 식으로 옳은 것은? (단, D는 숫돌의 지름(m), n은 회전수(rpm)이다.)

① $V = \dfrac{\pi D n}{16}$ ② $V = \dfrac{\pi D n}{32}$

③ $V = \dfrac{\pi D n}{60}$ ④ $V = \dfrac{\pi D n}{1,000}$

> **[해설]** 연삭기의 원주속도
> $$V(\text{m/s}) = \frac{\pi D n}{60}$$
> 여기서, D : 숫돌의 지름(m)
> n : 회전수(rpm)

52 아세틸렌 용접장치의 안전기준과 관련하여 다음 빈칸에 들어갈 용어로 옳은 것은?

> 사업주는 가스용기가 발생기와 분리되어 있는 아세틸렌 용접장치에 대하여는 발생기와 가스용기 사이에 (   )을(를) 설치하여야 한다.

① 격납실   ② 안전기

③ 안전밸브   ④ 소화설비

> **[해설]** 아세틸렌 용접장치 : 발생기와 가스용기 사이에 안전기를 설치한다.

53 산업안전보건법령상 크레인의 방호장치에 해당하지 않는 것은?

① 권과방지장치   ② 낙하방지장치

③ 비상정지장치   ④ 과부하방지장치

> **[해설]** ② 제동장치

정답 ┃ 47. ③   48. ④   49. ②   50. ①   51. ③   52. ②   53. ②

54 기계운동 형태에 따른 위험점 분류에 해당되지 않는 것은?

① 끼임점　　　　② 회전물림점
③ 협착점　　　　④ 절단점

해설 기계운동 형태에 따른 위험점 분류
　㉠ 협착점　　　　㉡ 끼임점
　㉢ 물림점　　　　㉣ 접선물림점
　㉤ 회전말림점　　㉥ 절단점

55 다음 중 연삭기의 종류가 아닌 것은?

① 다두 연삭기　　② 원통 연삭기
③ 센터리스 연삭기　④ 만능 연삭기

해설 연삭기의 종류
　㉠ 탁상용 연삭기　　㉡ 원통 연삭기
　㉢ 만능 연삭기　　　㉣ 휴대용 연삭기
　㉤ 스윙 연삭기　　　㉥ 평면 연삭기
　㉦ 절단 연삭기　　　㉧ 센터리스 연삭기

56 다음 중 컨베이어(conveyor)의 방호장치로 볼 수 없는 것은?

① 반발예방장치　　② 이탈방지장치
③ 비상정지장치　　④ 덮개 또는 울

해설 컨베이어의 방호장치
　㉠ 이탈방지장치　　㉡ 비상정지장치
　㉢ 덮개 또는 울

57 프레스의 제작 및 안전기준에 따라 프레스의 각 항목이 표시된 이름판을 부착해야 하는데 이름판에 나타내어야 하는 항목이 아닌 것은?

① 압력능력 또는 전단능력
② 제조연월
③ 안전인증의 표시
④ 정격하중

해설 프레스 이름판에 나타내어야 하는 항목
　㉠ 압력능력 또는 전단능력
　㉡ 제조연월
　㉢ 안전인증의 표시

58 산업안전보건법령에 따라 다음 중 덮개 혹은 울을 설치하여야 하는 경우나 부위에 속하지 않는 것은?

① 목재가공용 띠톱기계를 제외한 띠톱기계에서 절단에 필요한 톱날 부위 외의 위험한 톱날 부위
② 선반으로부터 돌출하여 회전하고 있는 가공물이 근로자에게 위험을 미칠 우려가 있는 경우
③ 보일러에서 과열에 의한 압력상승으로 인해 사용자에게 위험을 미칠 우려가 있는 경우
④ 연삭기 또는 평삭기의 테이블, 형삭기램 등의 행정 끝이 근로자에게 위험을 미칠 우려가 있는 경우

해설 ③ 보일러에서 과열에 의한 압력상승으로 인해 사용자에게 위험을 미칠 우려가 있는 경우 : 압력제한 스위치

59 기계설비의 안전조건 중 외관의 안전화에 해당되지 않는 것은?

① 오동작 방지회로 적용
② 안전색체 조절
③ 덮개의 설치
④ 구획된 장소에 격리

해설 기계설비의 안전조건 중 외관의 안전화
　㉠ 안전색체 조절　　㉡ 덮개의 설치
　㉢ 구획된 장소에 격리

60 양수조작식 방호장치에서 누름버튼 상호간의 내측거리는 얼마 이상이어야 하는가?

① 250mm 이상　　② 300mm 이상
③ 350mm 이상　　④ 400mm 이상

해설 양수조작식 방호장치에서 누름버튼 상호간의 내측거리 : 300mm 이상

제4과목 | 전기 및 화학설비 위험방지기술

61 방폭전기설비의 설치 시 고려하여야 할 환경조건으로 가장 거리가 먼 것은?

① 열
② 진동
③ 산소량
④ 수분 및 습기

> **해설**
> 방폭전기설비의 설치 시 고려하여야 할 환경조건
> ㉠ 열   ㉡ 진동
> ㉢ 수분 및 습기

62 다음 중 대전된 정전기의 제거방법으로 적당하지 않은 것은?

① 작업장 내에서의 습도를 가능한 낮춘다.
② 제전기를 이용해 물체에 대전된 정전기를 제거한다.
③ 도전성을 부여하여 대전된 전하를 누설시킨다.
④ 금속 도체와 대지 사이의 전위를 최소화하기 위하여 접지한다.

> **해설**
> ① 작업장 내에서의 습도를 가능한 높인다.

63 감전을 방지하기 위하여 정전작업 요령을 관계근로자에 주지시킬 필요가 없는 것은?

① 전원설비 효율에 관한 사항
② 단락접지 실시에 관한 사항
③ 전원 재투입 순서에 관한 사항
④ 작업 책임자의 임명, 정전범위 및 절연용 보호구 작업 등 필요한 사항

> **해설**
> 정전작업 요령을 관계근로자에 주지시킬 필요가 없는 것 : 전원설비 효율에 관한 사항

64 다음 중 접지공사의 종류에 해당되지 않는 것은?

① 특별 제1종 접지공사
② 특별 제3종 접지공사
③ 제1종 접지공사
④ 제2종 접지공사

> **해설**
> 접지공사의 종류
> ㉠ 제1종   ㉡ 제2종
> ㉢ 제3종   ㉣ 특별 제3종

65 누전에 의한 감전위험을 방지하기 위하여 감전방지용 누전차단기의 접속에 관한 일반사항으로 틀린 것은?

① 분기회로마다 누전차단기를 설치한다.
② 동작시간은 0.03초 이내이어야 한다.
③ 전기기계·기구에 설치되어 있는 누전차단기는 정격감도전류가 30mA 이하이어야 한다.
④ 누전차단기는 배전반 또는 분전반 내에 접속하지 않고 별도로 설치한다.

> **해설**
> ④ 누전차단기는 배전반 또는 분전반에 설치하는 것을 원칙으로 한다. 단, 꽂음접속기형 누전차단기는 콘센트에 연결 또는 부착하여 사용할 수 있다.

66 전기스파크의 최소발화에너지를 구하는 공식은?

① $W = \frac{1}{2}CV^2$
② $W = \frac{1}{2}CV$
③ $W = 2CV^2$
④ $W = 2C^{2V}$

> **해설**
> 전기스파크 최소에너지 공식 : $W = \frac{1}{2}CV^2$

67 제3종 접지공사 시 접지선에 흐르는 전류가 0.1A일 때 전압강하로 인한 대지 전압의 최대값은 몇 V 이하이어야 하는가?

① 10V
② 20V
③ 30V
④ 50V

> **해설**
> | 접지공사 | 접지저항 |
> | --- | --- |
> | 제1종 | 10Ω 이하 |
> | 제2종 | $\frac{150}{1선 지락전류}$ Ω 이하 |
> | 제3종 | 100Ω 이하 |
> | 특별 제3종 | 10Ω 이하 |
>
> ∴ 전압의 최대값 = 접지저항×전압
> 10V = 100Ω ×0.1A

68 다음 중 방폭구조의 종류와 기호가 올바르게 연결된 것은?

① 압력방폭구조 : q

② 유입방폭구조 : m

③ 비점화방폭구조 : n

④ 본질안전방폭구조 : e

해설 ① 충전방폭구조 : q
② 몰드방폭구조 : m
④ 안전증방폭구조 : e

69 허용접촉전압이 종별 기준과 서로 다른 것은?

① 제1종 – 2.5V 이하

② 제2종 – 25V 이하

③ 제3종 – 75V 이하

④ 제4종 – 제한 없음

해설 ③ 제3종 – 50V 이하

70 페인트를 스프레이로 뿌려 도장작업을 하는 작업 중 발생할 수 있는 정전기 대전으로만 이루어진 것은?

① 분출대전, 충돌대전

② 충돌대전, 마찰대전

③ 유동대전, 충돌대전

④ 분출대전, 유동대전

해설 페인트를 스프레이로 뿌려 도장작업을 하는 작업 중 발생할 수 있는 정전기 대전으로는 분출대전, 충돌대전이 있다.

71 다음 중 가연성 분진의 폭발 메커니즘으로 옳은 것은?

① 퇴적분진 → 비산 → 분산 → 발화원 발생 → 폭발

② 발화원 발생 → 퇴적분진 → 비산 → 분산 → 폭발

③ 퇴적분진 → 발화원 발생 → 분산 → 비산 → 폭발

④ 발화원 발생 → 비산 → 분산 → 퇴적분진 → 폭발

해설 가연성 분진의 폭발 메커니즘
퇴적분진 → 비산 → 분산 → 발화원 발생 → 폭발

72 메탄(CH_4) 100mol이 산소 중에서 완전연소 하였다면 이때 소비된 산소량은 몇 mol인가?

① 50

② 100

③ 150

④ 200

해설 $CH_4 + 2O_2 \rightarrow CO_2 + 2H_2O$
반응식에서 보는 것과 같이 CH_4와 O_2는 1 : 2 반응을 하여 완전연소한다.
따라서 CH_4 100mol이 완전연소하기 위해서 O_2는 200mol이 필요하다.

73 휘발유를 저장하던 이동저장탱크에 등유나 경유를 이동저장탱크의 밑 부분으로부터 주입할 때에 액표면의 높이가 주입관의 선단의 높이를 넘을 때까지 주입속도는 몇 m/s 이하로 하여야 하는가?

① 0.5

② 1.0

③ 1.5

④ 2.0

해설 휘발유, 등유, 경우 이동저장탱크의 밑 부분으로부터 주입할 때에 액표면의 높이가 주입관의 선단의 높이를 넘을 때까지 주입속도 : 1m/s 이하

74 물반응성 물질에 해당하는 것은?

① 니트로화합물

② 칼륨

③ 염소산나트륨

④ 부탄

해설 ① 폭발성 물질 및 유기과산화물 : 니트로화합물
③ 산화성 액체 및 산화성 고체 : 염소산나트륨
④ 인화성 가스 : 부탄

75 SO_2, 20ppm은 약 몇 g/m^3인가? (단, SO_2의 분자량은 64이고, 온도는 21℃, 압력은 1기압으로 한다.)

① 0.571

② 0.531

③ 0.0571

④ 0.0531

정답 | 68. ③ 69. ③ 70. ① 71. ① 72. ④ 73. ② 74. ② 75. ④

해설

ppm과 g/m³ 간의 농도변환

$$농도(g/m^3) = \frac{ppm \times 그램분자량}{22.4 \times \frac{273+t(℃)}{273}} \times 10^{-3}$$

$$= \frac{20 \times 64}{22.4 \times \frac{273+21}{273}} \times 10^{-3}$$

$$= 0.0531$$

76 다음 중 유해·위험물질이 유출되는 사고가 발생했을 때의 대처요령으로 가장 적절하지 않은 것은?

① 중화 또는 희석을 시킨다.
② 유해·위험물질을 즉시 모두 소각시킨다.
③ 유출부분을 억제 또는 폐쇄시킨다.
④ 유출된 지역의 인원을 대피시킨다.

해설 유해·위험물질이 유출되는 사고가 발생했을 때 대처요령
㉠ 중화 또는 희석을 시킨다.
㉡ 유출부분을 억제 또는 폐쇄시킨다.
㉢ 유출된 지역의 인원을 대피시킨다.

77 다음 중 증류탑의 원리로 거리가 먼 것은?

① 끓는점(휘발성) 차이를 이용하여 목적 성분을 분리한다.
② 열이동은 도모하지만 물질이동은 관계하지 않는다.
③ 기-액 두 상의 접촉이 충분히 일어날 수 있는 접촉 면적이 필요하다.
④ 여러 개의 단을 사용하는 다단탑이 사용될 수 있다.

해설 ② 열이동, 물질이동을 도모한다.

78 다음 중 물질의 위험성과 그 시험방법이 올바르게 연결된 것은?

① 인화점 – 태그밀폐식
② 발화온도 – 산소지수법
③ 연소시험 – 가스 크로마토그래피법
④ 최소발화에너지 – 클리브랜드 개방식

해설
② 발화온도 – 개량무어형 및 크루프형
③ 연소시험 – 산소지수법
④ 최소발화에너지 – 정온법 및 승온법

79 가정에서 요리를 할 때 사용하는 가스레인지에서 일어나는 가스의 연소형태에 해당되는 것은?

① 자기연소 ② 분해연소
③ 표면연소 ④ 확산연소

해설 ④ 확산연소 : 가스레인지에서 일어나는 가스의 연소형태

80 화염의 전파속도가 음속보다 빨라 파면선단에 충격파가 형성되며 보통 그 속도가 1,000~3,500m/s에 이르는 현상을 무엇이라 하는가?

① 폭발현상 ② 폭굉현상
③ 파괴현상 ④ 발화현상

해설 폭굉현상의 설명이다.

제5과목 건설안전기술

81 차량계 하역운반기계 등을 이송하기 위하여 자주(自走) 또는 견인에 의하여 화물자동차에 싣거나 내리는 작업을 할 때 발판·성토 등을 사용하는 경우 기계의 전도 또는 전락에 의한 위험을 방지하기 위하여 준수하여야 할 사항으로 옳지 않은 것은?

① 싣거나 내리는 작업은 견고한 경사지에서 실시할 것
② 가설대 등을 사용하는 경우에는 충분한 폭 및 강도와 적당한 경사를 확보할 것
③ 발판을 사용하는 경우에는 충분한 길이·폭 및 강도를 가진 것을 사용할 것
④ 지정운전자의 성명·연락처 등을 보기 쉬운 곳에 표시하고 지정운전자 외에는 운전하지 않도록 할 것

해설 ① 싣거나 내리는 작업은 평탄하고 견고한 장소에서 할 것

정답 76. ② 77. ② 78. ① 79. ④ 80. ② 81. ①

82 건설공사현장에 가설통로를 설치하는 경우 경사는 몇 도 이내를 원칙으로 하는가?

① 15° ② 20°
③ 25° ④ 30°

> **해설** 가설통로 경사 : 30° 이내

83 달비계에 사용하는 와이어로프는 지름의 감소가 공칭지름의 몇 %를 초과할 경우에 사용할 수 없도록 규정되어 있는가?

① 5% ② 7%
③ 9% ④ 10%

> **해설** 달비계를 사용할 수 없는 규정 : 지름의 감소가 공칭지름의 7%를 초과하는 것

84 사다리식 통로를 설치할 때 사다리의 상단은 걸쳐 놓은 지점으로부터 최소 얼마 이상 올라가도록 하여야 하는가?

① 45cm 이상 ② 60cm 이상
③ 75cm 이상 ④ 90cm 이상

> **해설** 사다리의 상단은 걸쳐 놓은 지점으로부터 최소 60cm 이상 올라가도록 한다.

85 토류벽에 거치된 어스 앵커의 인장력을 측정하기 위한 계측기는?

① 하중계(Load cell)
② 변형계(Strain gauge)
③ 지하수위계(Piezometer)
④ 지중경사계(Inclinometer)

> **해설** ① 하중계 : 토류벽에 거치된 어스 앵커의 인장력을 측정하기 위한 계측기

86 건설업 산업안전보건관리비 계상 및 사용기준을 적용하는 공사금액 기준으로 옳은것은?
(단, 「산업재해보상보험법」 제6조에 따라 「산업재해보상보험법」의 적용을 받는공사)

① 총 공사금액 2천만원 이상인 공사
② 총 공사금액 4천만원 이상인 공사
③ 총 공사금액 6천만원 이상인 공사
④ 총 공사금액 1억원 이상인 공사

> **해설** 건설업 산업안전보건관리비 계상 및 사용기준 : 총 공사금액 4천만원 이상인 공사

87 콘크리트 측압에 관한 설명으로 옳지 않은 것은?

① 대기의 온도가 높을수록 크다.
② 콘크리트의 타설속도가 빠를수록 크다.
③ 콘크리트의 타설높이가 높을수록 크다.
④ 배근된 철근량이 적을수록 크다.

> **해설** ① 외기의 온도가 낮은 경우

88 개착식 굴착공사(Open cut)에서 설치하는 계측기기와 거리가 먼 것은?

① 수위계 ② 경사계
③ 응력계 ④ 내공변위계

> **해설** 개착식 굴착공사에서 설치하는 계측기기
> ① 수위계 ② 경사계
> ③ 응력계

89 작업에서의 위험요인과 재해형태가 가장 관련이 적은 것은?

① 무리한 자재적재 및 통로 미확보 → 전도
② 개구부 안전난간 미설치 → 추락
③ 벽돌 등 중량물 취급작업 → 협착
④ 항만 하역작업 → 질식

> **해설** ④ 항만 하역작업 → 붕괴

90 건설작업용 리프트에 대하여 바람에 의한 붕괴를 방지하는 조치를 한다고 할 때 그 기준이 되는 풍속은?

① 순간 풍속 30m/sec 초과
② 순간 풍속 35m/sec 초과
③ 순간 풍속 40m/sec 초과
④ 순간 풍속 45m/sec 초과

해설 순간 풍속 35m/sec 초과 시 건설작업용 리프트에 대하여 바람에 의한 붕괴를 방지하는 조치를 해야 한다.

91 차량계 건설기계의 작업계획서 작성 시 그 내용에 포함되어야 할 사항이 아닌 것은?
① 사용하는 차량계 건설기계의 종류 및 성능
② 차량계 건설기계의 운행경로
③ 차량계 건설기계에 의한 작업 방법
④ 브레이크 및 클러치 등의 기능 점검

해설 차량계 건설기계 작업 시 작업계획서에 포함되어야 할 사항
㉠ 차량계 건설기계의 운행경로
㉡ 차량계 건설기계의 종류 및 성능
㉢ 차량계 건설기계에 의한 작업 방법

92 다음 중 차량계 건설기계에 속하지 않는 것은?
① 배처 플랜트 ② 모터 그레이더
③ 크롤러 드릴 ④ 탠덤 롤러

해설 ① 배처 플랜트 : 대량의 콘크리트를 제조하는 설비

93 철근의 인력운반 방법에 관한 설명으로 옳지 않은 것은?
① 긴 철근은 두 사람이 1조가 되어 같은 쪽의 어깨에 메고 운반한다.
② 양 끝을 묶어서 운반한다.
③ 1회 운반 시 1인당 무게는 50kg 정도로 한다.
④ 공동작업 시 신호에 따라 작업한다.

해설 ③ 1회 운반 시 1인당 무게는 25kg 정도로 한다.

94 산업안전보건관리비 중 안전시설비의 항목에서 사용할 수 있는 항목에 해당하는 것은?
① 외부인 출입금지, 공사장 경계표시를 위한 가설울타리
② 작업발판
③ 절토부 및 성토부 등의 토사유실방지를 위한 설비

④ 사다리 전도방지장치

해설 산업안전보건관리비 중 안전시설비의 항목에서 사용할 수 있는 항목 : 사다리 전도방지장치

95 거푸집 해체 시 작업자가 이행해야 할 안전수칙으로 옳지 않은 것은?
① 거푸집 해체는 순서에 입각하여 실시한다.
② 상하에서 동시작업을 할 때는 상하의 작업자가 긴밀하게 연락을 취해야 한다.
③ 거푸집 해체가 용이하지 않을 때에는 큰 힘을 줄 수 있는 지렛대를 사용해야 한다.
④ 해체된 거푸집, 각목 등을 올리거나 내릴 때는 달줄, 달포대 등을 사용한다.

해설 ③ 거푸집 해체가 용이하지 않을 때에는 작업을 중지한다

96 다음 셔블계 굴착장비 중 좁고 깊은 굴착에 가장 적합한 장비는?
① 드래그라인(dragline)
② 파워 셔블(power shovel)
③ 백 호(back hoe)
④ 클램셸(clam shell)

해설 클램셸의 설명이다.

97 추락에 의한 위험방지와 관련된 승강설비의 설치에 관한 사항이다. ( )에 들어갈 내용으로 옳은 것은?

사업주는 높이 또는 깊이가 ( )를 초과하는 장소에서 작업하는 경우 해당 작업에 종사하는 근로자를 안전하게 승강하기 위한 건설작업용 리프트 등의 설비를 설치하여야 한다.

① 1.0m ② 1.5m
③ 2.0m ④ 2.5m

해설 추락에 의한 위험방지와 관련된 승강설비 : 높이 또는 깊이가 2m를 초과하는 장소 등 건설작업용 리프트 등의 설비를 설치한다.

98 지반의 조사방법 중 지질의 상태를 가장 정확히 파악할 수 있는 보링방법은?

① 충격식 보링(percussion boring)

② 수세식 보링(wash boring)

③ 회전식 보링(rotary boring)

④ 오거 보링(auger boring)

> **해설** ③ **회전식 보링** : 지질의 상태를 가장 정확히 파악할 수 있다.

99 강관비계의 구조에서 비계기둥 간의 최대허용 적재하중으로 옳은 것은?

① 500kg   ② 400kg

③ 300kg   ④ 200kg

> **해설** 강관비계의 구조에서 비계기둥 간의 최대허용 적재하중 : 400kg

100 추락방지망의 달기로프를 지지점에 부착할 때 지지점의 간격이 1.5m인 경우 지지점의 강도는 최소 얼마 이상이어야 하는가? (단, 연속적인 구조물이 방망 지지점인 경우)

① 200kg   ② 300kg

③ 400kg   ④ 500kg

> **해설** 방망 지지점의 강도(F) = 200×지지점 간격(B)
> = 200×1.5
> = 300kg

제1과목 | 산업안전관리론

01 무재해운동 추진기법 중 다음에서 설명하는 것은?

> 작업을 오조작 없이 안전하게 하기 위하여 작업공정의 요소에서 자신의 행동을 하고 대상을 가리킨 후 큰 소리로 확인하는 것

① 지적확인
② T.B.M
③ 터치 앤드 콜
④ 삼각 위험예지훈련

해설 지적확인의 설명이다.

02 50인의 상시근로자를 가지고 있는 어느 사업장에 1년간 3건의 부상자를 내고 그 휴업일수가 219일이라면 강도율은?

① 1.37
② 1.50
③ 1.86
④ 2.21

해설
$$강도율 = \frac{총\ 근로손실일수}{연근로시간수} \times 10^3$$
$$= \frac{219 \times \frac{300}{365}}{50 \times 8 \times 300} \times 10^3$$
$$= 1.50$$

03 조건반사설에 의한 학습이론의 원리에 해당하지 않는 것은?

① 강도의 원리
② 시간의 원리
③ 효과의 원리
④ 계속성의 원리

해설 ③ 일관성의 원리

04 산업안전보건법령상 안전검사대상 유해·위험기계가 아닌 것은?

① 선반
② 리프트
③ 압력용기
④ 곤돌라

해설 안전검사대상 유해·위험기계의 종류
㉠ 프레스
㉡ 전단기
㉢ 크레인(이동식 크레인과 정격하중 2톤 미만인 호이스트는 제외)
㉣ 리프트
㉤ 압력용기
㉥ 국소배기장치(이동식 제외)
㉦ 원심기(산업용에 한정)
㉧ 화학설비 및 그 부속설비
㉨ 건조설비 및 그 부속설비
㉩ 롤러기(밀폐용 구조 제외)
㉪ 사출성형기(형 체결력 294kN(킬로뉴튼) 미만 제외)

05 의사결정과정에 따른 리더십의 행동유형 중 전제형에 속하는 것은?

① 집단 구성원에게 자유를 준다.
② 지도자가 모든 정책을 결정한다.
③ 집단토론이나 집단결정을 통해서 정책을 결정한다.
④ 명목적인 리더의 자리를 지키고 부하직원들의 의견에 따른다.

해설 리더십의 행동유형 등 전제형 : 지도자가 모든 정책을 결정한다.

06 하인리히(Heinrich)의 사고발생의 연쇄성 5단계 중 2단계에 해당되는 것은?

① 유전과 환경
② 개인적인 결함
③ 불안전한 행동
④ 사고

해설 하인리히의 사고발생의 연쇄성 5단계
㉠ 제1단계 : 유전과 환경
㉡ 제2단계 : 개인적 결함
㉢ 제3단계 : 불안전한 행동과 불안전한 상태
㉣ 제4단계 : 사고
㉤ 제5단계 : 상해

정답 | 01. ① 02. ② 03. ③ 04. ① 05. ② 06. ②

07 착시현상 중 그림과 같이 우선 평행의 호를 보고 이어 직선을 본 경우에 직선은 호와의 반대 방향에 보이는 현상은?

① 동화착오　　　　② 분할착오
③ 윤곽착오　　　　④ 방향착오

> **해설**
> Köhler의 착시 : 윤곽착오

08 인간의 사회적 행동의 기본형태가 아닌 것은?

① 대립　　　　② 도피
③ 모방　　　　④ 협력

> **해설** 인간의 사회적 행동의 기본형태
> ㉠ 대립　　　㉡ 도피　　　㉢ 협력

09 안전보건관리조직의 형태 중 라인(Line)형 조직의 특성이 아닌 것은?

① 소규모 사업장(100명 이하)에 적합하다.
② 라인에 과중한 책임을 지우기가 쉽다.
③ 안전관리 전담 요원을 별도로 지정한다.
④ 모든 명령은 생산 계통을 따라 이루어 진다.

> **해설**
> ③ 참모(staff)형 조직의 특성

10 무재해운동의 기본이념 3대 원칙이 아닌 것은?

① 무의 원칙　　　　② 참가의 원칙
③ 선취의 원칙　　　④ 자주활동의 원칙

> **해설** 무재해운동의 기본이념 3대 원칙
> ㉠ 무의 원칙　　　　㉡ 참가의 원칙
> ㉢ 선취의 원칙

11 안전교육방법 중 사례연구법의 장점이 아닌 것은?

① 흥미가 있고, 학습동기를 유발할 수 있다.
② 현실적인 문제의 학습이 가능하다.
③ 관찰력과 분석력을 높일 수 있다.
④ 원칙과 규정의 체계적 습득이 용이하다.

> **해설** 사례연구법의 장점
> ㉠ 흥미가 있고, 학습동기를 유발할 수 있다.
> ㉡ 현실적인 문제의 학습이 가능하다.
> ㉢ 관찰력과 분석력을 높일 수 있다.

12 재해손실비의 평가방식 중 하인리히(Heinrich) 계산방식으로 옳은 것은?

① 총 재해비용 = 보험비용 + 비보험비용
② 총 재해비용 = 직접손실비용 + 간접손실비용
③ 총 재해비용 = 공동비용 + 개별비용
④ 총 재해비용 = 노동손실비용 + 설비손실비용

> **해설** 재해손실의 평가방법 중 하인리히 계산방식
> 총 재해비용 = 직접손실비용 + 간접손실비용

13 안전·보건표지의 색채 및 색도 기준 중 다음 ( ) 안에 알맞은 것은?

색 채	색도기준	용 도
(㉠)	5Y 8.5/12	경고
(㉡)	2.5PB 4/10	지시

① ㉠ 빨간색, ㉡ 흰색
② ㉠ 검은색, ㉡ 노란색
③ ㉠ 흰색, ㉡ 녹색
④ ㉠ 노란색, ㉡ 파란색

> **해설** 안전·보건표시의 색채 및 색도 기준
>
> | 색 채 | 색도기준 | 용 도 |
> |---|---|---|
> | 빨간색 | 7.5R 4/14 | 금지 |
> | | | 경고 |
> | 노란색 | 5Y 8.5/12 | 경고 |
> | 파란색 | 2.5PB 4/10 | 지시 |
> | 녹색 | 2.5G 4/10 | 안내 |
> | 흰색 | N 9.5 | - |
> | 검은색 | N 0.5 | - |

14 산업안전보건법령상 사업장 내 안전·보건교육 중 근로자의 정기안전·보건교육 내용에 해당하지 않는 것은?

① 산업재해보상보험 제도에 관한 사항
② 산업안전 및 사고 예방에 관한 사항
③ 산업보건 및 직업병 예방에 관한 사항
④ 기계·기구의 위험성과 작업의 순서 및 동선에 관한 사항

해설 사업장 내 안전 · 보건교육 중 근로자의 정기안전 · 보건교육 내용
㉠ ①, ②, ③
㉡ 유해 · 위험 작업환경관리에 관한 사항
㉢ 건강증진 및 질병 예방에 관한 사항
㉣ 산업안전보건법 및 일반관리에 관한 사항

15 허츠버그(Herzberg)의 동기 · 위생이론 중 위생요인에 해당하지 않는 것은?

① 보수　　　　② 책임감
③ 작업조건　　④ 감독

해설 허츠버그의 동기 · 위생요인
㉠ 동기유발요인 : 책임감
㉡ 위생요인 : 보수, 작업조건, 감독

16 추락 및 감전 위험방지용 안전모의 난연성 시험 성능기준 중 모체가 불꽃을 내며 최소 몇 초 이상 연소되지 않아야 하는가?

① 3　　　　② 5
③ 7　　　　④ 10

해설 추락 및 감전 위험방지용 안전모의 난연성 시험 성능 기준 : 모체가 불꽃을 내며 최소 5초 이상 연소되지 않아야 한다.

17 T.W.I(Training Within Industry)의 교육내용이 아닌 것은?

① Job Support Training
② Job Method Training
③ Job Relation Training
④ Job Instruction Training

해설 ① Job Safety Training

18 재해원인 분석방법의 통계적 원인분석 중 다음에서 설명하는 것은?

사고의 유형, 기인물 등 분류항목을 큰 순서대로 도표화한다.

① 파레토도　　② 특성 요인도
③ 크로스도　　④ 관리도

해설 파레토도의 설명이다.

19 교육의 3요소 중 교육의 주체에 해당하는 것은?

① 강사　　　　② 교재
③ 수강자　　　④ 교육방법

해설 교육의 3요소
㉠ 주체 : 강사　　㉡ 객체 : 수강자
㉢ 매개체 : 교재

20 상황성 누발자의 재해유발원인과 거리가 먼 것은?

① 작업의 어려움　　② 기계설비의 결함
③ 심신의 근심　　　④ 주의력의 산만

해설 상황성 누발자의 재해유발원인
㉠ 작업의 어려움　　㉡ 기계설비의 결함
㉢ 심신의 근심

제2과목 **인간공학 및 시스템안전공학**

21 MIL-STD-882B에서 시스템안전 필요사항을 충족시키고 확인된 위험을 해결하기 위한 우선권을 정하는 순서로 맞는 것은?

㉠ 경보장치 설치
㉡ 안전장치 설치
㉢ 절차 및 교육훈련 개발
㉣ 최소 리스크를 위한 설계

① ㉣ → ㉡ → ㉠ → ㉢
② ㉣ → ㉠ → ㉡ → ㉢
③ ㉢ → ㉣ → ㉠ → ㉡
④ ㉢ → ㉣ → ㉡ → ㉠

해설 MIL-STD-882B에서 시스템안전 필요사항을 충족시키고 확인된 위험을 해결하기 위한 우선권을 정하는 순서 :
최소 리스크를 위한 설계 → 안전장치 설치 → 경보장치 설치 → 절차 및 교육훈련 개발

22 반복되는 사건이 많이 있는 경우, FTA의 최소 컷셋과 관련이 없는 것은?

① Fussel Algorithm
② Boolean Algorithm
③ Monte Carlo Algorithm
④ Limnios & Ziani Algorithm

> **해설** ③ 몬테카를로 알고리즘은 확률적 알고리즘이다. 어떤 분석대상에 대한 완전한 확률 분포가 주어지지 않을 때 유효하다.

23 계수형(digital) 표시장치를 사용하는 것이 부적합한 것은?

① 수치를 정확히 읽어야 할 경우
② 짧은 판독 시간을 필요로 할 경우
③ 판독 오차가 적은 것을 필요로 할 경우
④ 표시장치에 나타나는 값들이 계속 변하는 경우

> **해설** 계수형 표시장치를 사용하는 것
> ㉠ 수치를 정확히 읽어야 할 경우
> ㉡ 짧은 판독 시간을 필요로 할 경우
> ㉢ 판독 오차가 적은 것을 필요로 할 경우

24 안전성 향상을 위한 시설배치의 예로 적절하지 않은 것은?

① 기계배치는 작업의 흐름을 따른다.
② 작업자가 통로 쪽으로 등(背)을 향하여 일하도록 한다.
③ 기계설비 주위에 운전 공간, 보수점검 공간을 확보한다.
④ 통로는 선을 그어 작업장과 명확히 구별하도록 한다.

> **해설** ② 작업자가 통로 쪽으로 등을 향하여 일하도록하면 통로를 지나는 다른 작업자 등과 부딪힐 우려가 있다.

25 기계의 고장률이 일정한 지수분포를 가지며, 고장률이 0.04/시간일 때, 이 기계가 10시간 동안 고장이 나지 않고 작동할 확률은 약 얼마인가?

① 0.40
② 0.67
③ 0.84
④ 0.96

> **해설** 작동할 확률
> $$R(t) = e^{\lambda t} = e^{-0.04 \times 10} = 0.67$$

26 청각적 표시의 원리로 조작자에 대한 입력신호는 꼭 필요한 정보만을 제공한다는 원리는?

① 양립성
② 분리성
③ 근사성
④ 검약성

> **해설** 청각적 표시의 원리
> ㉠ 양립성 : 가능한 한 사용자가 알고 있거나 자연스러운 신호차원과 코드를 선택하는 것
> ㉡ 분리성 : 두 가지 이상의 채널을 듣고 있을 때 각 채널의 주파수가 분리되어 있어야 한다는 것
> ㉢ 근사성 : 복잡한 신호를 나타내고자 할 경우 그 단계의 신호를 고려하는 것
> ㉣ 검약성 : 조작에 대한 입력신호는 꼭 필요한 정보만을 제공한다는 것
> ㉤ 불변성 : 동일한 신호는 항상 동일한 정보를 지정하는 것

27 불대수(Boolean algebra)의 관계식으로 맞는 것은?

① $A(A \cdot B) = B$
② $A + B = A \cdot B$
③ $A + A \cdot B = A \cdot B$
④ $A + B \cdot C = (A + B)(A + C)$

> **해설**
> ① $A \cdot (A \cdot B) = (A \cdot A) \cdot B = A \cdot B$
> ② $A + B = B + A$
> ③ $A + A \cdot B = A \cdot (1 + B) = A \cdot 1 = A$

28 고장의 발생상황 중 부적합품 제조, 생산과정에서의 품질관리 미비, 설계미숙 등으로 일어나는 고장은?

① 초기고장
② 마모고장
③ 우발고장
④ 품질관리고장

> **해설** 초기고장의 설명이다.

29 누적손상장애(CTDs)의 원인이 아닌 것은?

① 과도한 힘의 사용
② 높은 장소에서의 작업
③ 장시간 진동공구의 사용
④ 부적절한 자세에서의 작업

해설   **누적손상장애(CTDs)의 원인**
  ㉠ 과도한 힘의 사용
  ㉡ 장시간 진동공구의 사용
  ㉢ 부적절한 자세에서의 작업

30 출력과 반대 방향으로 그 속도에 비례해서 작용하는 힘 때문에 생기는 항력으로 원활한 제어를 도우며, 특히 규정된 변위속도를 유지하는 효과를 가진 조종장치의 저항력은?

① 관성
② 탄성저항
③ 점성저항
④ 정지 및 미끄럼 마찰

해설   점성저항의 설명이다.

31 인간 - 기계 시스템을 설계하기 위해 고려해야 할 사항으로 틀린 것은?

① 시스템 설계 시 동작경계의 원칙이 만족되도록 고려하여야 한다.
② 인간과 기계가 모두 복수인 경우, 종합적인 효과보다 기계를 우선적으로 고려한다.
③ 대상이 되는 시스템이 위치할 환경조건이 인간에 대한 한계치를 만족하는가의 여부를 조사한다.
④ 인간이 수행해야 할 조작이 연속적인가 불연속적인가를 알아보기 위해 특성조사를 실시한다.

해설   ② 인간과 기계가 모두 복수인 경우, 기계보다 종합적인 효과를 우선적으로 고려한다.

32 신호검출 이론의 응용분야가 아닌 것은?

① 품질검사   ② 의료진단
③ 교통통제   ④ 시뮬레이션

해설   **신호검출 이론의 응용분야**
  ㉠ 품질검사   ㉡ 의료진단
  ㉢ 교통통제

33 좌식 평면 작업대에서의 최대작업영역에 관한 설명으로 맞는 것은?

① 각 손의 정상작업영역 경계선이 작업자의 정면에서 교차되는 공통영역
② 윗팔과 손목을 중립자세로 유지한 채 손으로 원을 그릴 때, 부채꼴 원호의 내부영역
③ 어깨로부터 팔을 펴서 어깨를 축으로하여 수평면상에 원을 그릴 때, 부채꼴 원호의 내부지역
④ 자연스러운 자세로 위팔을 몸통에 붙인 채 손으로 수평면상에 원을 그릴 때, 부채꼴 원호의 내부지역

해설   ㉠ **최대작업영역** : 어깨로부터 팔을 펴서 어깨를 축으로 하여 수평면상에 원을 그릴 때. 부채꼴 원호의 내부지역
  ㉡ **정상작업영역** : 자연스러운 자세로 위팔을 몸통에 붙인 채 손으로 수평면상에 원을 그릴 때 부채꼴 원호의 내부지역

34 현장에서 인간공학의 적용분야로 가장 거리가 먼 것은?

① 설비관리
② 제품설계
③ 재해 · 질병 예방
④ 장비 · 공구 · 설비의 설계

해설   **현장에서 인간공학의 적용분야**
  ㉠ 제품설계
  ㉡ 재해 · 질병 예방
  ㉢ 장비 · 공구 · 설비의 설계
  ㉣ 작업관련성 유해 · 위험 작업분석
  ㉤ 인간 - 기계 인터페이스 디자인

정답 ┃ 29. ② 30. ③ 31. ② 32. ④ 33. ③ 34. ①

35 FT도에서 사용되는 다음 기호의 의미로 맞는 것은?

① 결함사상　　② 통상사상
③ 기본사상　　④ 제외사상

^{해설}
　기본사상 :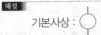

36 IES(Illuminating Engineering Society)의 권고에 따른 작업장 내부의 추천 반사율이 가장 높아야 하는 곳은?

① 벽　　　　　② 바닥
③ 천장　　　　④ 가구

^{해설}
　추천 반사율
　① 벽 : 40~60%　　② 바닥 : 20~40%
　③ 천장 : 80~90%　④ 가구 : 25~45%

37 A요업공장의 근로자 최씨는 작업일 3월 15일에 다음과 같은 소음에 노출되었다. 총 소음 투여량(%)은 약 얼마인가?

> • dB-A : 2시간 30분
> • 90dB-A : 4시간 30분
> • 100dB-A : 1시간

① 114.1　　　② 124.1
③ 134.1　　　④ 144.1

^{해설}
　음압과 허용노출 한계

dB	허용노출시간	dB	허용노출시간
90	8시간	110	30분
95	4시간	115	15분
100	2시간	120	5~8분
105	1시간		

5dB 증가할 때마다 허용노출시간은 1/2로 감소되므로 총 소음투여량(%)= $\frac{25}{32} + \frac{45}{8} + \frac{1}{2} = 1.141$

∴ $1.141 \times 100 = 114.1\%$

38 일반적인 조종장치의 경우, 어떤 것을 켤 때 기대되는 운동방향이 아닌 것은?

① 레버를 앞으로 민다.
② 버튼을 우측으로 민다.
③ 스위치를 위로 올린다.
④ 다이얼을 반시계 방향으로 돌린다.

^{해설}
　④ 다이얼을 시계 방향으로 돌린다.

39 작업장에서 광원으로부터의 직사휘광을 처리하는 방법으로 맞는 것은?

① 광원의 휘도를 늘린다.
② 가리개, 차양을 설치한다.
③ 광원을 시선에서 가까이 위치시킨다.
④ 휘광원 주위를 밝게 하여 광도비를 늘린다.

^{해설}
　㉠ 광원의 휘도를 줄인다.
　㉡ 광원을 시선에서 멀리 위치시킨다.
　㉢ 휘광원 주위를 밝게 하여 광속발산비를 줄인다.

40 정신적 작업 부하 척도와 가장 거리가 먼 것은?

① 부정맥
② 혈액성분
③ 점멸융합주파수
④ 눈 깜박임률(blink rate)

^{해설}
　정신적 작업 부하 척도
　㉠ 부정맥　　　　　㉡ 점멸융합주파수
　㉢ 눈 깜박임률

제3과목　**기계위험방지기술**

41 다음 중 원심기에 적용하는 방호장치는?

① 덮개　　　　　② 권과방지장치
③ 리미트 스위치　④ 과부하방지장치

^{해설}
　원심기 방호장치 : 덮개

42 지름이 60cm이고, 20rpm으로 회전하는 롤러기의 무부하 동작에서 급정지 거리기준으로 옳은 것은?

① 앞면 롤러 원주의 1/1.5 이내 거리에서 급정지
② 앞면 롤러 원주의 1/2 이내 거리에서 급정지
③ 앞면 롤러 원주의 1/2.5 이내 거리에서 급정지
④ 앞면 롤러 원주의 1/3 이내 거리에서 급정지

해설
$$V(\text{m/min}) = \frac{\pi DN}{1,000}$$
여기서, V : 표면속도(m/min)
D : 롤러 원통직경(mm)
N : 회전수(rpm)
$$V = \frac{\pi \times 600 \times 20}{1,000} = 37.70\text{m/min}$$

급정지장치 성능

앞면 롤러의 표면속도(m/min)	급정지 거리
30 미만	앞면 롤러 원주의 1/3 이내
30 이상	앞면 롤러 원주의 1/2.5 이내

43 지게차의 작업과정에서 작업 대상물의 팔레트 폭이 b라고 할 때 적절한 포크 간격은? (단, 포크의 중심과 팔레트의 중심은 일치한다고 가정한다.)

① $\frac{1}{4}b \sim \frac{1}{2}b$ ② $\frac{1}{4}b \sim \frac{3}{4}b$
③ $\frac{1}{2}b \sim \frac{3}{4}b$ ④ $\frac{3}{4}b \sim \frac{7}{8}b$

해설
지게차의 적절한 포크 간격
$$\frac{1}{2}b \sim \frac{3}{4}b$$
여기서, b : 작업 대상물의 팔레트 폭

44 드릴 작업 시 유의사항 중 틀린 것은?
① 균열이 심한 드릴은 사용해서는 안 된다.
② 드릴을 장치에서 제거할 경우에는 회전을 완전히 멈추고 한다.
③ 드릴이 밑면에 나왔는지 확인을 위해 가공물 밑면에 손으로 만지면서 확인한다.
④ 가공 중에는 소리에 주의하여 드릴의 날에 이상한 소리가 나면 즉시 드릴을 연마하거나 다른 드릴과 교환한다.

해설
③ 드릴이 밑면에 나왔는지 확인을 위해 가공물 밑면에 손을 집어넣지 말아야 한다.

45 숫돌의 지름이 D[mm], 회전수 N[rpm]이라 할 경우 숫돌의 원주속도 V[m/min]를 구하는 식으로 옳은 것은?

① $D \cdot N$ ② $\pi \cdot D \cdot N$
③ $\frac{D \cdot N}{1,000}$ ④ $\frac{\pi \cdot D \cdot N}{1,000}$

해설
숫돌의 원주속도 $V(\text{m/min}) = \frac{D \cdot N}{1,000}$
여기서, D : 숫돌의 지름(mm), N : 회전수(rpm)

46 크레인 작업 시 2,000N의 화물을 걸어 25m/s² 가속도로 감아올릴 때 로프에 걸리는 총 하중은 약 몇 kN인가? (단, 중력가 속도는 9.81m/s²이다.)

① 3.1   ② 5.1
③ 7.1   ④ 9.1

해설
총 하중 = 정하중(ω_1) + 동하중(ω_2)
$$\omega_2 = \frac{\omega_1}{g} \times \alpha$$
여기서, g : 중력가속도, α : 가속도
$$\therefore 2,000 + \frac{2,000}{9.8} \times 25 = 7,102\text{N} = 7.1\text{kN}$$

47 기계 고장률의 기본모형에 해당하지 않는 것은?
① 예측고장   ② 초기고장
③ 우발고장   ④ 마모고장

해설
기계 고장률의 기본모형
㉠ 초기고장   ㉡ 우발고장
㉢ 마모고장

48 연삭숫돌을 사용하는 작업 시 해당 기계의 이상 유·무를 확인하기 위한 시험운전시간으로 옳은 것은?

① 작업시작 전 30초 이상, 연삭숫돌 교체 후 5분 이상

② 작업시작 전 30초 이상, 연삭숫돌 교체 후 3분 이상

③ 작업시작 전 1분 이상, 연삭숫돌 교체 후 5분 이상

④ 작업시작 전 1분 이상, 연삭숫돌 교체 후 3분 이상

해설 **연삭숫돌 시험운전시간** : 작업시작 전 1분 이상, 연삭숫돌 교체 후 3분 이상

49 프레스의 분류 중 동력 프레스에 해당하지 않는 것은?

① 크랭크 프레스 ② 토글 프레스
③ 마찰 프레스 ④ 아버 프레스

해설
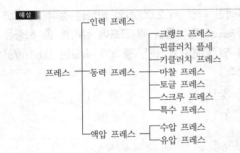

50 왕복운동을 하는 기계의 동작부분과 고정부분 사이에 형성되는 위험점으로 프레스, 절단기 등에서 주로 나타나는 것은?

① 끼임점 ② 절단점
③ 협착점 ④ 접선물림점

해설 협착점에 대한 설명이다.

51 롤러에 설치하는 급정지장치 조작부의 종류와 그 위치로 옳은 것은? (단, 위치는 조작부의 중심점을 기준으로 함.)

① 발 조작식은 밑면으로부터 0.2m 이내
② 손 조작식은 밑면으로부터 1.8m 이내

③ 복부 조작식은 밑면으로부터 0.6m 이상 1m 이내

④ 무릎 조작식은 밑면으로부터 0.2m 이상 0.4m 이내

해설 **롤러기의 급정지장치의 종류**

급정지장치 조작부의 종류	설치위치
손 조작 로프식	밑면에서 1.8m 이내
복부 조작식	밑면에서 0.8m 이상 1.1m 이내
무릎 조작식	밑면에서 0.4m 이상 0.6m 이내

52 크레인에 사용하는 방호장치가 아닌 것은?

① 과부하방지장치 ② 가스집합장치
③ 권과방지장치 ④ 제동장치

해설 **크레인 방호장치**

㉠ 과부하방지장치 ㉡ 권과방지장치
㉢ 제동장치

53 통로의 설치기준 중 ( ) 안에 공통적으로 들어갈 숫자로 옳은 것은?

> 사업주는 통로면으로부터 높이 ( )미터 이내에는 장애물이 없도록 하여야 한다. 다만, 부득이하게 통로면으로부터 높이 ( )미터 이내에 장애물을 설치할 수밖에 없거나 통로면으로부터 높이 ( )미터 이내의 장애물을 제거하는 것이 곤란하다고 고용노동부장관이 인정하는 경우에는 근로자에게 발생할 수 있는 부상 등의 위험을 방지하기 위한 안전조치를 하여야 한다.

① 1 ② 2
③ 1.5 ④ 2.5

해설 **통로의 설치기준** : 사업주는 통로면으로부터 높이 2m 이내에는 장애물이 없도록 하여야 한다.

54 화물 적재 시에 지게차의 안정조건을 옳게 나타낸 것은? (단, W는 화물의 중량, L_W는 앞바퀴에서 화물중심까지의 최단거리, G는 지게차의 중량, L_G는 앞바퀴에서 지게차 중심까지의 최단거리이다.)

정답 | 48. ④ 49. ④ 50. ③ 51. ② 52. ② 53. ② 54. ①

① $G \times L_G \geq W \times L_W$

② $W \times L_W \geq G \times L_G$

③ $G \times L_W \geq W \times L_G$

④ $W \times L_G \geq G \times L_W$

[해설] 화물 적재 시 지게차의 안정조건

$G \times L_G \geq W \times L_W$

즉 지게차가 전도되지 않기 위해서는 지게차의 모멘트가 화물의 모멘트 이상이어야 한다.

55 선반 등으로부터 돌출하여 회전하고 있는 가공물에 설치할 방호장치는?

① 클러치   ② 울

③ 슬리브   ④ 베드

[해설] 울 : 선반 등으로부터 돌출하여 회전하고 있는 가공물에 설치할 방호장치

56 작업자의 신체움직임을 감지하여 프레스의 작동을 급정지시키는 광전자식 안전장치를 부착한 프레스가 있다. 안전거리가 48cm인 경우 급정지에 소요되는 시간은 최대 몇 초 이내일 때 안전한가? (단, 급정지에 소요되는 시간은 손이 광선을 차단한 순간부터 급정지기구가 작동하여 슬라이드가 정지할 때까지의 시간을 의미한다.)

① 0.1초   ② 0.2초

③ 0.3초   ④ 0.5초

[해설] 안전거리(cm) = 160×프레스 작동 후 작업점까지의 도달시간(s)

$48 = 160 \times x$

$\therefore x = 0.3$초

57 프레스 및 전단기에서 양수조작식 방호장치의 일반구조에 대한 설명으로 옳지 않은 것은?

① 누름버튼(레버 포함)은 돌출형 구조로 설치할 것

② 누름버튼의 상호간 내측거리는 300mm 이상일 것

③ 누름버튼을 양손으로 동시에 조작하지 않으면 작동시킬 수 없는 구조일 것

④ 정상동작표시등은 녹색, 위험표시등은 붉은색으로 하며, 쉽게 근로자가 볼 수 있는 곳에 설치할 것

[해설] 양수조작식 방호장치의 일반구조

㉠ ②, ③, ④

㉡ 슬라이드 하강 중 정전 또는 방호장치의 이상 시에 정지할 수 있는 구조이어야 한다.

㉢ 방호장치는 릴레이·리미트스위치 등의 전기부품의 고장, 전원전압의 변동 및 정전에 의해 슬라이드가 불시에 동작하지 않아야 하며, 사용전원전압의 ±(100분의 20)의 변동에 대하여 정상으로 작동되어야 한다.

㉣ 1행정 1정지 기구에 사용할 수 있어야 한다.

㉤ 1행정 누름버튼에서 양손을 떼지 않으면 다음 동작을 할 수 없는 구조이어야 한다.

㉥ 누름버튼의 상호간 내측거리는 30mm 이상이어야 한다.

㉦ 버튼 및 레버는 작업점에서 위험한계를 벗어나게 설치해야 한다.

㉧ 양수조작식 방호장치는 푸트스위치를 병행하여 사용할 수 없는 구조이어야 한다.

58 프레스기에 사용되는 손쳐내기식 방호장치의 일반 구조에 대한 설명으로 틀린 것은?

① 슬라이드 하행정거리의 1/4 위치에서 손을 완전히 밀어내야 한다.

② 방호판의 폭은 금형폭의 1/2 이상이어야 하고, 행정길이가 300mm 이상의 프레스기계에는 방호판 폭을 300mm로 해야 한다.

③ 부착볼트 등의 고정금속부분은 예리하게 돌출되지 않아야 한다.

④ 손쳐내기봉의 행정(Stroke) 길이를 금형의 높이에 따라 조정할 수 있고, 진동폭은 금형폭 이상이어야 한다.

[해설] ① 슬라이드 하행정거리의 3/4 위치에서 손을 완전히 밀어내야 한다.

59 연삭숫돌의 상부를 사용하는 것을 목적으로 하는 탁상용 연삭기 덮개의 노출각도는?

① 60° 이내   ② 65° 이내

③ 80° 이내   ④ 125° 이내

[해설] 탁상용 연삭기 덮개의 노출각도 : 60° 이내

정답 ▌ 55. ②   56. ③   57. ①   58. ①   59. ①

60 다음 중 원통 보일러의 종류가 아닌 것은?

① 입형 보일러 ② 노통 보일러
③ 연관 보일러 ④ 관류 보일러

해설

종류		형 식
원통 보일러	입형 보일러	입횡관식, 입연관식, 횡수관식, 노튜브식, 코크란식 보일러
	노통 보일러	코르니시 보일러, 랭커서 보일러
	연관 보일러	횡연관식 보일러, 기관차형 보일러, 로코모빌형 보일러
	노통연관 보일러	노통연관 보일러, 스코치 보일러, 하우덴존슨 보일러
수관 보일러	자연순환식 수관 보일러	직관식, 곡관식, 조합식 보일러
	강제순환식 수관 보일러	라몬트식, 벨록스식, 조정순환식 보일러
	관류 보일러	벤숀식, 슬저식, 소형 관류식 보일러
기타 보일러	난방용 보일러	주철제조합식 보일러, 수관식 보일러, 리보일러
	특수 보일러	폐열 보일러, 특수연료 보일러, 특수유체 보일러, 간접가열식 보일러

제4과목 전기 및 화학설비 위험방지기술

61 10Ω의 저항에 10A의 전류를 1분간 흘렸을 때의 발열량은 몇 cal인가?

① 1,800   ③ 3,600
③ 7,200   ④ 14,400

해설

$Q = 0.24I^2Rt$

여기서, I : 전류, R : 전기저항
t : 통전시간(s)

$\therefore Q = 0.24 \times 10^2 \times 10 \times 60 = 14,400$ cal

62 다음 중 인입용 비닐 절연전선에 해당하는 약어로 옳은 것은?

① RB   ② IV
③ DV   ④ OW

해설

① RB : 고무 절연전선
② IV : 600V 비닐 절연전선
③ DV : 인입용 비닐 절연전선
④ OW : 옥외용 비닐절연전선

63 다음 설명에 해당하는 위험장소의 종류로 옳은 것은?

> 공기 중에서 가연성 분진운의 형태가 연속적 또는 장기적 또는 단기적 자주 폭발성 분위기가 존재하는 장소

① 0종 장소   ② 1종 장소
③ 20종 장소   ④ 21종 장소

해설 위험장소의 분류

분류		내 용
가스 폭발 위험 장소	0종 장소	위험(폭발성) 분위기가 지속적으로 또는 장기간 존재하는 장소
	1종 장소	보통상태에서 위험분위기를 발생할 염려가 있는 장소로서 보통상태 가스가 보통상태에서 집적되어 위험농도로 될 염려가 있는 장소
	2종 장소	이상상태 하에서 위험분위기가 단시간동안 존재할 수 있는 장소
분진 폭발 위험 장소	20종 장소	공기 중에서 가연성 분진운의 형태가 연속적 또는 장기적 또는 단기적 자주 폭발성 분위기가 존재하는장소
	21종 장소	20종 장소 외의 장소로서 폭발농도를 형성할 정도로 충분한 양의 분진운 형태 가연성 분진이 정상작동 중에 존재할 수 있는 장소
	22종 장소	21종 장소 외의 장소로서 가연성 분진운 형태가 드물게 발생 또는 단기간 존재할 우려가 있거나 이상 작동상태 하에서 가연성 분진층이 형성될 수 있는 장소

64 작업장 내 시설하는 저압전선에는 감전 등의 위험으로 나전선을 사용하지 않고 있지만, 특별한 이유에 의하여 사용할 수 있도록 규정된 곳이 있는데 이에 해당되지 않는 것은?

① 버스덕트 작업에 의한 시설 작업
② 애자사용 작업에 의한 전기로용 전선
③ 유희용 전차시설의 규정에 준하는 접촉전선을 시설하는 경우
④ 애자사용 작업에 의한 전선의 피복 절연물이 부식되지 않는 장소에 시설하는 전선

해설 전압전선에서 나전선을 사용하지 않고 있지만 특별한 이유에 의하여 사용할 수 있도록 규정된 곳

㉠ 버스덕트 작업에 의한 시설 작업
㉡ 애자사용 작업에 의한 전기로용 전선
㉢ 유희용 전차시설의 규정에 준하는 접촉전선을 시설하는 경우

65 다음 중 전선이 연소될 때의 단계별 순서로 가장 적절한 것은?

① 착화단계 → 순시용단 단계 → 발화단계 → 인화단계

② 인화단계 → 착화단계 → 발화단계 → 순시용단 단계

③ 순시용단 단계 → 착화단계 → 인화단계 → 발화단계

④ 발화단계 → 순시용단 단계 → 착화단계 → 인화단계

> **해설** 전선이 연소될 때의 단계별 순서 :
> 인화단계 → 착화단계 → 발화단계 → 순시용단 단계

66 절연물은 여러 가지 원인으로 전기저항이 저하되어 이른바 절연불량을 일으켜 위험한 상태가 되는데 절연불량의 주요 원인이 아닌 것은?

① 정전에 의한 전기적 원인

② 온도상승에 의한 열적 원인

③ 진동, 충격 등에 의한 기계적 요인

④ 높은 이상전압 등에 의한 전기적 요인

> **해설** ① 산화 등에 의한 화학적 요인

67 제1종, 제2종 접지공사에서 사람이 접촉할 우려가 있는 경우에 시설하는 방법이 아닌 것은?

① 접지극은 지하 50m 이상의 깊이로 매설할 것

② 접지극은 금속체로부터 1m 이상 이격시켜 매설할 것

③ 접지선은 절연전선, 케이블, 캡타이어케이블 등을 사용할 것

④ 접지선은 지하 75m에서 지표상 2m까지의 합성수지관 또는 몰드로 덮을 것

> **해설** ① 접지극은 지하 75cm 이상으로 하되 동결 깊이를 감안하여 매설한다.

68 정전기 제전기의 분류방식으로 틀린 것은?

① 고전압인가형　　② 자기방전형

③ 연X선형　　　　④ 접지형

> **해설** 정전기 제전기의 분류방식
> ㉠ 고전압인가형　　　㉡ 자기방전형
> ㉢ 연X선형

69 전기기기의 과도한 온도 상승, 아크 또는 불꽃 발생의 위험을 방지하기 위하여 추가적인 안전조치를 통한 안전도를 증가시킨 방폭구조를 무엇이라 하는가?

① 충전방폭구조　　② 안전증방폭구조

③ 비점화방폭구조　④ 본질안전방폭구조

> **해설** ① **충전방폭구조** : 점화원이 될 수 있는 전기불꽃, 아크 또는 고온부분을 용기 내부의 적정한 위치에 고정시키고 그 주위를 충전물질로 충전한 구조
> ③ **비점화방폭구조** : 정상 동작상태에서는 주변의 폭발성 가스 또는 증기에 점화시키지 않고 점화시킬 수 있는 고장이 유발되지 않도록 한 구조
> ④ **본질안전방폭구조** : 정상 및 사고 시(단선, 단락, 지락 등)에 발생하는 전기불꽃, 아크, 고온에 의하여 폭발성 가스 또는 증기에 점화되지 않는 것이 점화시험에 의하여 확인된 구조

70 다음 중 정전기의 발생요인으로 적절하지 않은 것은?

① 도전성 재료에 의한 발생

② 박리에 의한 발생

③ 유동에 의한 발생

④ 마찰에 의한 발생

> **해설** 정전기 발생요인
> ㉠ ②, ③, ④
> ㉡ 마찰, 충돌, 분출, 유도, 박리, 비말, 침강, 유동, 적하, 교반, 파괴 등

71 다음 중 독성이 강한 순서로 옳게 나열된 것은?

① 일산화탄소 > 염소 > 아세톤

② 일산화탄소 > 아세톤 > 염소

③ 염소 > 일산화탄소 > 아세톤

④ 염소 > 아세톤 > 일산화탄소

> **해설** ③ 염소(1ppm) > 일산화탄소(50ppm) > 아세톤(750ppm)

정답 | 65. ② 66. ① 67. ① 68. ④ 69. ② 70. ① 71. ③

72 어떤 혼합가스의 구성성분이 공기는 50vol%, 수소는 20vol%, 아세틸렌은 30vol%인 경우이 혼합가스의 폭발하한계는? (단, 폭발하한값이 수소는 4vol%, 아세틸렌은 2.5vol%이다.)

① 2.50% ② 2.94%
③ 4.76% ④ 5.88%

해설

$$\frac{50}{L} = \frac{V_1}{L_1} + \frac{V_2}{L_2}$$
$$\frac{50}{L} = \frac{20}{4} + \frac{30}{2.5}$$
$$\therefore L = 2.94\%$$

73 산업안전보건법령에서 규정한 위험물질을 기준량 이상으로 제조 또는 취급하는 특수화학설비에 설치하여야 할 계측장치가 아닌 것은?

① 온도계 ② 유량계
③ 압력계 ④ 경보계

해설
특수화학설비에 설치하여야 할 계측장치
㉠ 온도계 ㉡ 유량계 ㉢ 압력계

74 부탄의 연소하한값이 1.6vol%일 경우, 연소에 필요한 최소산소농도는 약 몇 vol%인가?

① 9.4 ② 10.4
③ 11.4 ④ 12.4

해설
최소산소농도 = 산소농도×연소하한계
$C_4H_{10} + 6.5O_2 \rightarrow 4CO_2 + 5H_2O$
∴ 최고산소농도 = 6.5×1.6 = 10.14%

75 LPG에 대한 설명으로 옳지 않은 것은?

① 강한 독성 가스로 분류된다.
② 질식의 우려가 있다.
③ 누설 시 인화, 폭발성이 있다.
④ 가스의 비중은 공기보다 크다.

해설
① 액화석유가스로서 석유계 저급 탄화수소의 혼합물이다.

76 배관설비 중 유체의 역류를 방지하기 위하여 설치하는 밸브는?

① 글로브밸브 ② 체크밸브
③ 게이트밸브 ④ 시퀀스밸브

해설
① **글로브밸브** : 손잡이를 돌리면 원통형의 폐지밸브가 상하로 올라가고 내려가 밸브 개폐를 함으로써 폐쇄가 양호하고, 유량조절이 용이한 밸브이다.
③ **게이트밸브** : 슬루스밸브라 하며, 유로의 개폐용에 사용된다.
④ **시퀀스밸브** : 2개 이상의 분기회로에서 유압회로의 압력에 의하여 작동 순서를 제어한다.

77 인화점에 대한 설명으로 옳은 것은?

① 인화점이 높을수록 위험하다.
② 인화점이 낮을수록 위험하다.
③ 인화점과 위험성은 관계없다.
④ 인화점이 0℃ 이상인 경우만 위험하다.

해설
인화점과 발화점은 낮으면 낮을수록 위험하다.

78 응상폭발에 해당되지 않는 것은?

① 수증기폭발 ② 전선폭발
③ 증기폭발 ④ 분진폭발

해설
폭발의 종류
㉠ **응상폭발** : 수증기폭발, 전선폭발, 증기폭발
㉡ **기상폭발** : 분진폭발, 가스폭발, 분무폭발, 분해폭발

79 다음은 산업안전보건법령에 따른 위험물질의 종류 중 부식성 염기류에 관한 내용이다. (   ) 안에 알맞은 수치는?

> 농도가 (   )퍼센트 이상인 수산화나트륨, 수산화칼륨, 그 밖에 이와 같은 정도 이상의 부식성을 가지는 염기류

① 20 ② 40
③ 60 ④ 80

해설
부식성 염기류 : 농도가 40% 이상인 수산화나트륨, 수산화칼륨, 그 밖에 이와 같은 정도 이상의 부식성을 가지는 염기류

80 고압가스 용기에 사용되며 화재 등으로 용기의 온도가 상승하였을 때 금속의 일부분을 녹여 가스의 배출구를 만들어 압력을 분출시켜 용기의 폭발을 방지하는 안전장치는?

① 가용합금 안전밸브 ② 방유제
③ 폭압방산공 ④ 폭발억제장치

> **해설**
> 가용합금 안전밸브의 설명이다.

제5과목 │ **건설안전기술**

81 다음과 같은 조건에서 방망사의 신품에 대한 최소인장강도로 옳은 것은? (단, 그물코의 크기는 10cm, 매듭 방망)

① 240kg ② 200kg
③ 150kg ④ 110kg

> **해설**
> **방망사의 신품에 대한 인장강도**
>
> | 그물코의 종류 | 인장강도(kg/cm²) | |
> |---|---|---|
> | | 매듭없는 방망 | 매듭 방망 |
> | 10cm 그물코 | 240 | 200 |
> | 5cm 그물코 | – | 110 |

82 굴착공사 표준안전작업지침에 따른 인력굴착 작업 시 굴착면이 높아 계단식 굴착을 할 때 소단의 폭은 수평거리로 얼마 정도 하여야 하는가?

① 1m ② 1.5m
③ 2m ④ 2.5m

> **해설**
> **인력굴착 작업 시** : 굴착면이 높아 계단식 굴착을 할 때 소단의 폭을 수평거리로 2m 정도 한다.

83 다음 빈칸에 알맞은 숫자를 순서대로 옳게 나타낸 것은?

> 강관비계의 경우, 띠장 간격은 (   )m 이하로 설치하되, 첫 번째 띠장은 지상으로부터 (   )m 이하의 위치에 설치한다.

① 2, 2 ② 2.5, 3
③ 1.5, 2 ④ 1, 3

> **해설**
> **강관비계** : 띠장 간격은 1.5m 이하로 설치하되, 첫 번째 띠장은 지상으로부터 2m 이하의 위치에 설치한다.

84 앞뒤 두 개의 차륜이 있으며(2축 2륜) 각각의 차축이 평행으로 배치된 것으로 찰흙, 점성토 등의 두꺼운 흙을 다짐하는 데는 적당하나 단단한 각재를 다지는 데는 부적당한 기계는?

① 머캐덤 롤러(Macadam Roller)
② 탠덤 롤러(Tandem Roller)
③ 래머(Rammer)
④ 진동 롤러(Vibrating Roller)

> **해설**
> 탠덤 롤러의 설명이다.

85 다음 건설기계 중 360° 회전작업이 불가능한 것은?

① 타워크레인 ② 크롤러크레인
③ 가이데릭 ④ 삼각데릭

> **해설**
> ④ **삼각데릭** : 주기둥을 지탱하는 지선 대신에 2줄이 다리에 의해 고정된 것으로 회전반경은 270°이다.

86 지내력 시험을 통하여 다음과 같은 하중-침하량 곡선을 얻었을 때 장기하중에 대한 허용지내력도로 옳은 것은? (단, 장기하중에 대한 허용지내력도 단기하중에 대한 허용지내력도×1/2)

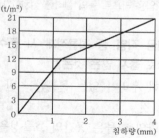

〈하중침하량 곡선도〉

① 6t/m² ② 7t/m²
③ 12t/m² ④ 14t/m²

> **해설**
> 장기하중에 대한 허용지내력도(t/m²)
> = 단기하중에 대한 허용지내력도 × 1/2
> $= 12 \times \dfrac{1}{2} = 6t/m^2$

87 작업장의 바닥, 도로 및 통로 등에서 낙하물이 근로자에게 위험을 미칠 우려가 있는 경우의 필요한 조치 및 준수사항으로 옳지 않은 것은?

① 수직 보호망 또는 방호선반 설치
② 출입금지구역의 설정
③ 낙하물 방지망의 수평면과의 각도는 20° 이상 30° 이하 유지
④ 낙하물 방지망을 높이 15m 이내마다 설치

해설 ④ 낙하물·방지망을 높이 10m 이내마다 설치하고 내민길이는 벽면으로부터 2m 이상으로 한다.

88 다음은 건설현장의 추락재해를 방지하기 위한 사항이다. 빈칸에 들어갈 내용으로 옳은 것은?

> 사업주는 높이 또는 깊이가 ( )를 초과하는 장소에서 작업하는 경우 해당 작업에 종사하는 근로자가 안전하게 승강하기 위한 건설작업용 리프트 등의 설비를 설치하여야 한다. 다만, 승강설비를 설치하는 것이 작업의 성질상 곤란한 경우에는 그러하지 아니하다.

① 2m
② 3m
③ 4m
④ 5m

해설 **추락재해를 방지하기 위한 사항** : 사업주는 높이 또는 깊이가 2m를 초과하는 장소에서 작업하는 경우 해당 작업에 종사하는 근로자가 안전하게 승감하기 위한 건설작업용 리프트 등의 설비를 설치한다.

89 화물취급 작업 중 화물적재 시 준수하여야 할 사항으로 옳지 않은 것은?

① 침하 우려가 없는 튼튼한 기반 위에 적재할 것
② 중량의 화물은 공간의 효율성을 고려하여 건물의 칸막이나 벽에 기대어 적재할 것
③ 불안정할 정도로 높이 쌓아 올리지 말 것
④ 하중이 한쪽으로 치우치지 않도록 쌓을 것

해설 ② 건물의 칸막이나 벽 등이 화물의 압력에 견딜만큼의 강도를 지니지 아니한 경우에는 칸막이나 벽에 기대어 적재하지 않도록 한다.

90 리프트(Lift)의 안전장치에 해당하지 않는 것은?

① 권과방지장치
② 비상정지장치
③ 과부하방지장치
④ 조속기

해설 **리프트 안전장치**
㉠ 권과방지장치   ㉡ 비상정지장치
㉢ 과부하방지장치

91 하루의 평균기온이 4℃ 이하로 될 것이 예상되는 기상조건에서 낮에도 콘크리트가 동결의 우려가 있는 경우에 사용되는 콘크리트는?

① 고강도 콘크리트
② 경량 콘크리트
③ 서중 콘크리트
④ 한중 콘크리트

해설 한중 콘크리트의 설명이다.

92 건설현장에서 근로자가 안전하게 통행할 수 있도록 통로에 설치하는 조명의 조도 기준은?

① 65lux 이상
② 75lux 이상
③ 85lux 이상
④ 95lux 이상

해설 **건설현장 통로 조명의 조도기준** : 75lux 이상

93 거푸집동바리 등을 조립하는 경우의 준수사항으로 옳지 않은 것은?

① 강재와 강재의 접속부 및 교차부는 볼트·클램프 등 전용철물을 사용하여 단단히 연결할 것
② 동바리로 사용하는 강관(파이프 서포트는 제외)은 높이 2m 이내마다 수평연결재를 2개 방향으로 만들고 수평연결재의 변위를 방지할 것
③ 동바리의 이음은 맞댄이음으로 하고, 장부이음의 적용은 절대 금할 것
④ 거푸집이 곡면인 경우에는 버팀대의 부착 등 그 거푸집의 부상(浮上)을 방지하기 위한 조치를 할 것

해설 ③ 동바리의 이음은 맞댄이음이나 장부이음으로 하고 같은 품질의 재료를 사용한다.

94 방망의 정기시험은 사용 개시 후 몇 년 이내에 실시하는가?

① 1년 이내 　　② 2년 이내
③ 3년 이내 　　④ 4년 이내

> 해설 방망의 정기시험은 사용 개시 후 1년 이내로 하고, 그 후 6개월마다 1회씩 정기적으로 시험용사에 대해서 등속 인장시험을 한다.

95 다음은 건설업 산업안전보건관리비 계상 및 사용기준의 적용에 관한 사항이다. 빈칸에 들어갈 내용으로 옳은 것은?

> 이 고시는 산업재해보상보험법 제6조에 따라 산업재해보상보험법 의 적용을 받는 공사 중 총 공사금액 (　　) 이상인 공사에 적용한다.

① 2천만원 　　② 4천만원
③ 8천만원 　　④ 1억원

> 해설 건설업 산업안전보건관리비 계상 및 사용기준 적용 : 산업재해보상보험법의 적용을 받는 공사 중 총 공사금액 4천만원 이상인 공사

96 거푸집동바리 등을 조립하는 때 동바리로 사용하는 파이프 서포트에 대하여는 다음에서 정하는 바에 의해 설치하여야 한다. 빈칸에 들어갈 내용으로 옳은 것은?

> ⓐ 파이프 서포트를 (　　)개 이상 이어서 사용하지 않도록 할 것
> ⓑ 파이프 서포트를 이어서 사용하는 경우에는 (　　)개 이상의 볼트 또는 전용철물을 사용하여 이을 것

① ⓐ 1, ⓑ 2 　　② ⓐ 2, ⓑ 3
③ ⓐ 3, ⓑ 4 　　④ ⓐ 4, ⓑ 5

> 해설 거푸집동바리 등을 조립하는 작업
> ㉠ 파이프 서포트를 3개 이상 이어서 사용하지 않도록 할 것
> ㉡ 파이프 서포트를 이어서 사용하는 경우에는 4개 이상의 볼트 또는 전용철물을 사용하여 이을 것

97 다음 공사규모를 가진 사업장 중 유해·위험방지계획서를 제출해야 할 대상사업장은?

① 최대지간길이가 40m인 교량건설 공사
② 연면적 4,000m²인 종합병원 공사
③ 연면적 3,000m²인 종교시설 공사
④ 연면적 6,000m²인 지하도상가 공사

> 해설 유해·위험방지계획서를 제출해야 할 대상공사의 조건
> ㉠ 지상 높이가 31m 이상인 건축물 또는 인공구조물, 연면적 3만제곱미터 이상인 건축물 또는 연면적 5천제곱미터 이상의 문화 및 집회시설(전시장 및 동물원, 식물원은 제외한다), 판매시설, 운수시설(고속철도의 역사 및 집배송 시설은 제외한다), 종교시설, 의료시설 중 종합병원, 숙박시설 중 관광숙박시설, 지하도상가 또는 냉동·냉장창고 시설의 건설, 개조 또는 해체(이하 "건설등"이라 한다)
> ㉡ 연면적 5천제곱미터 이상의 냉동·냉장창고 시설의 설비공사 및 단열공사
> ㉢ 최대 지간길이가 50m 이상인 교량 건설등 공사
> ㉣ 터널 건설등의 공사
> ㉤ 다목적 댐, 발전용 댐 및 저수용량 2천만 톤 이상의 용수 전용 댐, 지방상수도 전용 댐 건설등의 공사
> ㉥ 깊이 10m 이상인 굴착공사

98 터널 계측관리 및 이상발견 시 조치에 관한 설명으로 옳지 않은 것은?

① 숏크리트가 벗겨지면 두께를 감소시키고 뿜어붙이기를 금한다.
② 터널의 계측관리는 일상계측과 대표계측으로 나뉜다.
③ 록볼트의 축력이 증가하여 지압판이 휘게 되면 추가볼트를 시공한다.
④ 지중변위가 크게 되고 이완영역이 이상하게 넓어지면 추가볼트를 시공한다.

> 해설 ① 숏크리트가 벗겨지면 두께를 증가시키고 뿜어 붙이기를 한다.

99 거푸집 해체 작업 시 일반적인 안전수칙과 거리가 먼 것은?

① 거푸집동바리를 해체할 때는 작업책임자를 선임한다.
② 해체된 거푸집 재료를 올리거나 내릴 때는 달줄이나 달포대를 사용한다.
③ 보 밑 또는 슬라브 거푸집을 해체할 때는 동시에 해체하여야 한다.
④ 거푸집의 해체가 곤란한 경우 구조체에 무리한 충격이나 지렛대 사용은 금하여야 한다.

해설 ③ 보 또는 슬라브 거푸집을 제거할 때는 거푸집의 낙하 충격으로 인한 작업원의 돌발적 재해를 방지하여야 한다.

100 비계(달비계, 달대비계 및 말비계 제외)의 높이가 2m 이상인 작업장소에 적합한 작업발판의 폭은 최소 얼마 이상이어야 하는가?

① 10cm   ② 20cm
③ 30cm   ④ 40cm

해설 비계(달비계, 달대비계 및 말비계는 제외)의 높이가 2m 이상인 작업장소에 다음의 기준에 맞는 작업발판을 설치하여야 한다.
㉠ 발판재료는 작업할 때의 하중을 견딜 수 있도록 견고한 것으로 할 것
㉡ 작업발판의 폭은 40cm 이상으로 하고, 발판 재료 간의 틈은 3cm 이하로 할 것

〈산업안전산업기사 3월 4일 시행〉

제1과목 **산업안전관리론**

01 산업안전보건법령상 근로자 안전·보건교육 기준 중 다음 ( ) 안에 알맞은 것은?

교육과정	교육대상	교육시간
채용 시의 교육	일용 근로자	(㉠)시간 이상
	일용 근로자를 제외한 근로자	(㉡)시간 이상

① ㉠ 1, ㉡ 8　　② ㉠ 2, ㉡ 8
③ ㉠ 1, ㉡ 2　　④ ㉠ 3, ㉡ 6

해설 **사업 내 안전·보건교육**

교육과정	교육대상			교육시간
정기교육	사무직 종사 근로자			매 분기 3시간 이상
	사무직 종사 근로자 외의 근로자	판매업무에 직접 종사하는 근로자		매 분기 3시간 이상
		판매업무에 직접 종사하는 근로자 외의 근로자		매 분기 6시간 이상
	관리감독자의 지위에 있는 사람			연간 16시간 이상
채용시의 교육	일용 근로자			1시간 이상
	일용 근로자를 제외한 근로자			8시간 이상
작업내용 변경 시의 교육	일용 근로자			1시간 이상
	일용 근로자를 제외한 근로자			2시간 이상
특별교육	[별표 8]의 2 제1호 라목 각 호의 어느 하나에 해당하는 작업에 종사하는 일용 근로자			2시간 이상
	[별표 8]의 2 제1호 라목 각 호의 어느 하나에 해당하는 작업에 종사하는 일용 근로자를 제외한 근로자			㉠16시간 이상(최초 작업에 종사하기 전 4시간 이상 실시하고 12시간은 3개월 이내에서 분할하여 실시 가능) ㉡단기간 작업 또는 간헐적 작업인 경우에는 2시간 이상
건설업, 기초안전·보건교육	건설 일용 근로자			4시간

02 안전심리의 5대 요소에 해당하는 것은?

① 기질(temper)　　② 지능(intelligence)
③ 감각(sense)　　④ 환경(environment)

해설 **안전심리의 5대 요소** : 기질(temper), 동기, 감정, 습성, 습관

03 학습을 자극에 의한 반응으로 보는 이론에 해당하는 것은?

① 손다이크(Thorndike)의 시행착오설
② 퀼러(Kohler)의 통찰설
③ 톨만(Tolman)의 기호형태설
④ 레빈(Lewin)의 장이론

해설 **손다이크(Thorndike)의 시행착오설**
㉠ 시간의 원리　　㉡ 강도의 원리
㉢ 일관성의 원리　　㉣ 계속성의 원리

04 학생이 마음속에 생각하고 있는 것을 외부에 구체적으로 실현하고 형상화하기 위하여 자기 스스로가 계획을 세워 수행하는 학습활동으로 이루어지는 학습지도의 형태는?

① 케이스 메소드(case method)
② 패널 디스커션(panel discussion)
③ 구안법(project method)
④ 문제법(problem method)

해설 구안법의 설명이다.

05 헤드십(headship)에 관한 설명으로 틀린 것은?

① 구성원과의 사회적 간격이 좁다.
② 지휘의 형태는 권위주의적이다.
③ 권한의 부여는 조직으로부터 위임받는다.
④ 권한귀속은 공식화된 규정에 의한다.

해설 ① 구성원과의 사회적 간격이 넓다.

06 추락 및 감전 위험방지용 안전모의 일반구조가 아닌 것은?

① 착장체　　　　② 충격흡수재
③ 선심　　　　　④ 모체

> **해설**　AE형 안전모의 구조
> ㉠ 모체
> ㉡ 착장체(머리받침끈, 머리고정대, 머리받침고리)
> ㉢ 충격흡수재
> ㉣ 턱끈
> ㉤ 챙(차양)

07 Safe－T－score에 대한 설명으로 틀린 것은?

① 안전관리의 수행도를 평가하는데 유용하다.
② 기업의 산업재해에 대한 과거와 현재의 안전성적을 비교 평가한 점수로 단위가 없다.
③ Safe－T－score가 ＋2.0 이상인 경우는 안전관리가 과거보다 좋아졌음을 나타낸다.
④ Safe－T－score가 ＋2.0～－2.0사이인 경우는 안전관리가 과거에 비해 심각한 차이가 없음을 나타낸다.

> **해설**　③ Safe－T－score가 ＋2.0 이상인 경우는 안전관리가 과거보다 심각하게 나빠졌다.

08 매슬로우(Maslow)의 욕구단계 이론의 요소가 아닌 것은?

① 생리적 욕구　　② 안전에 대한 욕구
③ 사회적 욕구　　④ 심리적 욕구

> **해설**　매슬로우의 욕구단계 이론의 요소
> ㉠ 제1단계 : 생리적 욕구
> ㉡ 제2단계 : 안전에 대한 욕구
> ㉢ 제3단계 : 사회적 욕구
> ㉣ 제4단계 : 존경 욕구
> ㉤ 제5단계 : 자아실현의 욕구

09 산업안전보건법령상 안전·보건표지 중 지시 표지사항의 기본모형은?

① 사각형　　　　② 원형
③ 삼각형　　　　④ 마름모형

> **해설**　지시 표지사항의 기본모형 : 원형(○)

10 재해발생 시 조치사항 중 대책수립의 목적은?

① 재해발생 관련자 문책 및 처벌
② 재해 손실비 산정
③ 재해발생 원인 분석
④ 동종 및 유사재해 방지

> **해설**　재해발생 시 조치사항 중 대책수립의 목적 : 동종 및 유사재해 방지

11 기업 내 정형교육 중 대상으로 하는 계층이 한정되어 있지 않고, 한번 훈련을 받은 관리자는 그 부하인 감독자에 대해 지도원이 될 수 있는 교육방법은?

① TWI(Training Within Industry)
② MTP(Management Training Program)
③ CCS(Civil Communication Section)
④ ATT(American Telephone & Tele-gram)

> **해설**
> ① TWI : 일선 관리감독자를 대상으로 작업지도 기법, 작업개선기법, 인간관계 관리기법 등을 교육하는 방법
> ② MTP : TWI보다 약간 높은 관리자 계층을 목표로 하며 TWI와는 달리 관리문제에 보다 더 치중한다.
> ③ CCS : 일부 회사의 톱 매니지먼트에만 행하여진 것으로 정책의 수립, 조직, 통제, 운영 등의 교육을 한다.

12 부하의 행동에 영향을 주는 리더십 중 조언, 설명, 보상조건 등의 제시를 통한 적극적인 방법은?

① 강요　　　　　② 모범
③ 제언　　　　　④ 설득

> **해설**　설득의 설명이다.

13 사교예방대책의 기본원리 5단계 중 제4단계의 내용으로 틀린 것은?

① 인사조정　　　　② 작업분석

③ 기술의 개선　　　④ 교육 및 훈련의 개선

해설　제2단계(사실의 발견) : 작업분석

14 주의(attention)의 특성 중 여러 종류의 자극을 받을 때 소수의 특정한 것에만 반응하는 것은?

① 선택성　　　　　② 방향성

③ 단속성　　　　　④ 변동성

해설　주의의 종류

㉠ **선택성** : 여러 종류의 자극을 받을 때 소수의 특정한 것에만 반응하는 것

㉡ **방향성** : 주시점만 인지하는 기능

㉢ **변동성** : 주의 집중 시 주기적으로 부주의의 리듬이 존재

15 재해예방의 4원칙이 아닌 것은?

① 원인계기의 원칙　　② 예방가능의 원칙

③ 사실보존의 원칙　　④ 손실우연의 원칙

해설　③ 대책선정의 원칙

16 산업안전보건법령상 관리감독자의 업무의 내용이 아닌 것은?

① 해당 작업에 관련되는 기계·기구 또는 설비의 안전·보건점검 및 이상유무의 확인

② 해당 사업장 산업보건의 지도·조언에 대한 협조

③ 위험성평가를 위한 업무에 기인하는 유해·위험요인의 파악 및 그 결과에 따라 개선조치의 시행

④ 작성된 물질안전보건자료의 게시 또는 비치에 관한 보좌 및 조언·지도

해설　관리감독자의 업무내용

㉠ ①, ②, ③

㉡ 관리감독자에 소속된 근로자의 작업복·보호구 및 방호장치의 점검과 그 착용·사용에 관한 교육·지도

㉢ 해당 작업에서 발생한 산업재해에 관한 보고 및 이에 대한 응급조치

㉣ 해당 작업의 작업장 정리·정돈 및 통로확보에 대한 확인·감독

17 400명의 근로자가 종사하는 공장에서 휴업일수 127일, 중대 재해 1건이 발생한 경우 강도율은? (단, 1일 8시간으로 연 300일 근무조건으로 한다.)

① 10　　　　　　　② 0.1

③ 1.0　　　　　　④ 0.01

해설

$$강도율 = \frac{근로 손실일수}{근로 총 시간수} \times 1,000$$

$$= \frac{127 \times \frac{300}{365}}{400 \times 8 \times 300} \times 1,000 = 0.1$$

18 시행착오설에 의한 학습법칙이 아닌 것은?

① 효과의 법칙　　　② 준비성의 법칙

③ 연습의 법칙　　　④ 일관성의 법칙

해설　Thorndike가 제시한 3가지 학습 법칙

① 효과의 법칙(law of effect) : 학습의 과정과 그 결과가 만족스러운 상태에 도달하게 되면 자극과 반응 간의 결합이 한층 더 강화되어 학습이 견고하게 되며, 이와 반대로 불만스러운 경우에는 결합이 약해진다는 법칙이다. 즉, 조건이 동일한 경우 만족의 결과를 주는 반응은 고정되고, 그렇지 못한 반응은 폐기된다.

② 준비성의 법칙(law of readiness) : 학습하는 태도나 준비와 관련되는 것으로, 새로운 사실과 지식을 습득하기 위해서는 준비가 잘 되어 있을수록 결합이 용이하게 된다는 것을 의미한다.

③ 연습(실행)의 법칙(law of exercise) : 자극과 반응의 결합이 빈번히 되풀이 되는 경우 그 결합이 강화된다. 즉, 연습하면 결합이 강화되고, 연습하지 않으면 결합이 약화된다는 것이다.

19 위험예지훈련 4R방식 중 각 라운드(Round)별 내용 연결이 옳은 것은?

① 1R－목표설정　　② 2R－본질추구

③ 3R－현상파악　　④ 4R－대책수립

해설　위험예지훈련 4R(라운드)의 진행방법

㉠ 1R : 현상파악　　㉡ 2R : 본질추구

㉢ 3R : 대책수립　　㉣ 4R : 목표설정

정답 ┃ 14. ①　15. ③　16. ④　17. ②　18. ④　19. ②

20 산업안전보건법령상 건설현장에서 사용하는 크레인, 리프트 및 곤돌라의 안전검사의 주기로 옳은 것은? (단, 이동식 크레인, 이삿짐운반용 리프트는 제외한다.)

① 최초로 설치한 날부터 6개월마다
② 최초로 설치한 날부터 1년마다
③ 최초로 설치한 날부터 2년마다
④ 최초로 설치한 날부터 3년마다

해설 **안전점검**
㉠ **크레인, 리프트 및 곤돌라** : 사업장에 설치가 끝난 날로부터 3년 이내에 최초 안전검사를 실시하되, 그 이후로부터 2년(건설 현장에서 사용하는 것은 최초로 설치한 날로부터 6개월)
㉡ **그 밖의 유해·위험기계 등** : 사업장에서 설치가 끝난 날로부터 3년 이내에 최초 안전검사를 실시하되, 그 이후부터 2년(공정안전보고서를 제출하여 확인을 받은 압력용기는 4년)

제2과목 인간공학 및 시스템안전공학

21 시각적 표시장치를 사용하는 것이 청각적 표시장치를 사용하는 것보다 좋은 경우는?

① 메시지가 후에 참고되지 않을 때
② 메시지가 공간적인 위치를 다룰 때
③ 메시지가 시간적인 사건을 다룰 때
④ 사람의 일이 연속적인 움직임을 요구할 때

해설 시각적 표시장치를 사용하는 것이 청각적 표시장치를 사용하는 것보다 좋은 경우는 메시지가 공간적인 위치를 다룰 때이다.

22 체계분석 및 설계에 있어서 인간공학의 가치와 가장 거리가 먼 것은?

① 성능의 향상
② 인력이용률의 감소
③ 사용자의 수용도 향상
④ 사고 및 오용으로부터의 손실 감소

해설 ② 인력이용률의 향상

23 휘도(luminance)의 척도 단위(unit)가 아닌 것은?

① fc   ② fL
③ mL   ④ cd/m²

해설 **휘도의 척도 단위** : fL, mL, cd/m²

24 신체 반응의 척도 중 생리적 스트레인의 척도로 신체적 변화의 측정 대상에 해당하지 않는 것은?

① 혈압   ② 부정맥
③ 혈액성분   ④ 심박수

해설 **신체적 변화의 측정 대상**
㉠ 혈압   ㉡ 부정맥   ㉢ 심박수

25 안전성의 관점에서 시스템을 분석 평가하는 접근방법과 거리가 먼 것은?

① "이런 일은 금지한다."의 개인판단에 따른 주관적인 방법
② "어떻게 하면 무슨 일이 발생할 것인가?"의 연역적인 방법
③ "어떤 일은 하면 안 된다."라는 점검표를 사용하는 직관적인 방법
④ "어떤 일이 발생하였을 때 어떻게 처리하여야 안전한가?"의 귀납적인 방법

해설 ① "이런 일은 금지한다"의 객관적 판단에 따른 객관적인 방법

26 다음의 연산표에 해당하는 논리연산은?

입력		출력
X_1	X_2	
0	0	0
0	1	1
1	0	1
1	1	0

① XOR   ② AND
③ NOT   ④ OR

해설 ㉠ 보기의 논리연산은 XOR의 설명이다.

ⓒ AND : F

입 력		출 력
X	Y	F
0	0	0
1	0	0
0	1	0
1	1	1

ⓒ NOT : A ▷ B

A	B
0	1
1	0

ⓔ OR : F

입 력		출 력
X	Y	F
0	0	0
1	0	1
0	1	1
1	1	1

27 항공기 위치 표시장치의 설계원칙에 있어, 다음 보기의 설명에 해당하는 것은 어느 것인가?

> 항공기의 경우 일반적으로 이동부분의 영상은 고정된 눈금이나 좌표계에 나타내는 것이 바람직하다.

① 통합
② 양립적 이동
③ 추종표시
④ 표시의 현실성

해설 양립적 이동의 설명이다.

28 근골격계 질환의 인간공학적 주요 위험요인과 가장 거리가 먼 것은?

① 과도한 힘
② 부적절한 자세
③ 고온의 환경
④ 단순반복 작업

해설 근골격계 질환의 인간공학적 주요 위험요인
㉠ 과도한 힘   ㉡ 부적절한 자세
㉢ 단순반복 작업

29 산업현장에서 사용하는 생산설비의 경우 안전장치가 부착되어 있으나 생산성을 위해 제거하고 사용하는 경우가 있다. 이러한 경우를 대비하여 설계 시 안전장치를 제거하면 작동이 안 되는 구조를 채택하고 있다. 이러한 구조는 무엇인가?

① Fail Safe
② Fool Proof
③ Lock Out
④ Tamper Proof

해설 Tamper Proof의 설명이다.

30 FTA의 활용 및 기대효과가 아닌 것은?

① 시스템의 결함 진단
② 사고원인 규명의 간편화
③ 사고원인 분석의 정량화
④ 시스템의 결함비용 분석

해설 FTA의 활용 및 기대효과
㉠ ①, ②, ③㉡ 사고원인 분석의 일반화
㉢ 노력, 시간의 절감
㉣ 안전점검표 작성

31 인간공학적 부품배치의 원칙에 해당하지 않는 것은?

① 신뢰성의 원칙
② 사용순서의 원칙
③ 중요성의 원칙
④ 사용빈도의 원칙

해설 ① 기능배치의 원칙

32 시스템안전 프로그램계획(SSPP)에서 "완성해야 할 시스템안전업무"에 속하지 않는 것은?

① 정성해석
② 운용해석
③ 경제성분석
④ 프로그램심사의 참가

해설 시스템안전 프로그램계획(SSPP)에서 완성해야 할 시스템 안전업무
㉠ 정성해석   ㉡ 운용해석
㉢ 프로그램심사의 참가

33 선형 조정장치를 16cm 옮겼을 때, 선형 표시장치가 4cm 움직였다면, $\frac{C}{R}$비는 얼마인가?

① 0.2
② 2.5
③ 4.0
④ 5.3

해설 $\frac{C}{R} = \frac{\text{통제기기의 변위량}}{\text{표시계기 지침의 변위량}} = \frac{16cm}{4cm} = 4$

34 자연습구온도가 20℃이고, 흑구온도가 30℃일 때, 실내의 습구흑구온도지수(WBGT ; WetBulb Globe Temperature)는 얼마인가?

① 20℃ ② 23℃
③ 25℃ ④ 30℃

> 해설
> ㉠ 옥외에서 일사가 있는 경우
>   WBGT = (0.7 습구온도) + (0.2×흑구온도)
>   + (0.1×건구온도)
> ㉡ 실내에서 일사가 없는 경우
>   WBGT = (07×습구온도) + (0.3×흑구온도)
>   23℃ = (0.7×20℃) + (0.3×30℃)

35 소음을 방지하기 위한 대책으로 틀린 것은?

① 소음원 통제 ② 차폐장치 사용
③ 소음원 격리 ④ 연속소음 노출

> 해설
> ④ 음향처리제 사용

36 산업안전 분야에서의 인간공학을 위한 제반 언급사항으로 관계가 먼 것은?

① 안전관리자와의 의사소통 원활화
② 인간과오방지를 위한 구체적 대책
③ 인간행동 특성자료의 정량화 및 축적
④ 인간-기계체계의 설계 개선을 위한 기금의 축적

> 해설
> **인간공학을 위한 제반 언급사항**
> ㉠ 안전관리자와의 의사소통 원활화
> ㉡ 인간과오방지를 위한 구체적 대책
> ㉢ 인간행동 특성자료의 정량화 및 축적

37 시스템안전을 위한 업무 수행 요건이 아닌 것은?

① 안전활동의 계획 및 관리
② 다른 시스템 프로그램과 분리 및 배제
③ 시스템안전에 필요한 사람의 동일성 식별
④ 시스템안전에 대한 프로그램 해석 및 평가

> 해설
> ③ 다른 시스템 프로그램 영역과의 조정

38 컷셋(cut sets)과 최소 패스셋(minimal path sets)을 정의한 것으로 맞는 것은?

① 컷셋은 시스템 고장을 유발시키는 필요 최소한의 고장들의 집합이며, 최소 패스셋은 시스템의 신뢰성을 표시한다.
② 컷셋은 시스템 고장을 유발시키는 기본고장들의 집합이며, 최소 패스셋은 시스템의 불신뢰도를 표시한다.
③ 컷셋은 그 속에 포함되어 있는 모든 기본사상이 일어났을 때 톱 사상을 일으키는 기본사상의 집합이며, 최소 패스셋은 시스템의 신뢰성을 표시한다.
④ 컷셋은 그 속에 포함되어 있는 모든 기본사상이 일어났을 때 톱 사상을 일으키는 기본사상의 집합이며, 최소 패스셋은 시스템의 성공을 유발하는 기본사상의 집합이다.

> 해설
> ㉠ **컷셋** : 그 속에 포함되어 있는 모든 기본사상이 일어났을 때 톱 사상을 일으키는 기본사상의 집합이다.
> ㉡ **최소 패스셋** : 시스템의 신뢰성을 표시한다.

39 인체 측정치의 응용원칙과 거리가 먼 것은?

① 극단치를 고려한 설계
② 조절 범위를 고려한 설계
③ 평균치를 기준으로 한 설계
④ 기능적 치수를 이용한 설계

> 해설
> **인체 측정치의 응용원칙**
> ㉠ 극단치를 고려한 설계
> ㉡ 조절 범위를 고려한 설계
> ㉢ 평균치를 기준으로 한 설계

40 10시간 설비 가동 시 설비고장으로 1시간 정지하였다면 설비고장 강도율은 얼마인가?

① 0.1% ② 9%
③ 10% ④ 11%

> 해설
> $$설비고장 \ 강도율 = \frac{고장정지시간}{부하시간} \times 100$$
> $$= \frac{1}{10} \times 100 = 10\%$$

제3과목 기계위험방지기술

41 500rpm으로 회전하는 연삭기의 숫돌지름이 200mm일 때 원주속도(m/min)는?

① 628　　　　　② 62.8
③ 314　　　　　④ 31.4

해설

$$V = \frac{\pi DN}{1,000}$$

여기서, V : 원주속도(m/min)

D : 연삭숫돌의 지름(mm)

N : 회전수(rpm)

$$\therefore V = \frac{\pi \times 200 \times 500}{1,000} = 314 \text{m/min}$$

42 기계의 운동 형태에 따른 위험점의 분류에서 고정부분과 회전하는 동작부분이 함께 만드는 위험점으로 교반기의 날개와 하우스 등에서 발생하는 위험점을 무엇이라 하는가?

① 끼임점　　　　② 절단점
③ 물림점　　　　④ 회전말림점

해설 끼임점의 설명이다.

43 컨베이어 작업시작 전 점검해야 할 사항으로 거리가 먼 것은?

① 원동기 및 풀리 기능의 이상 유무
② 이탈 등의 방지장치 기능의 이상 유무
③ 비상정지장치의 이상 유무
④ 자동전격방지장치의 이상 유무

해설 ④ 원동기, 회전축, 기어 및 풀리 등의 덮개 또는 울 등의 이상 유무

44 아세틸렌 용접장치에서 아세틸렌 발생기실 설치위치 기준으로 옳은 것은?

① 건물 지하층에 설치하고 화기 사용설비로부터 3미터 초과 장소에 설치
② 건물 지하층에 설치하고 화기 사용설비로부터 1.5미터 초과 장소에 설치
③ 건물 최상층에 설치하고 화기 사용설비로부터 3미터 초과 장소에 설치
④ 건물 최상층에 설치하고 화기 사용설비로부터 1.5미터 초과 장소에 설치

해설 아세틸렌 용접장치에서 아세틸렌 발생기실 설치위치 기준 : 건물 최상층에 설치하고 화기 사용시설로부터 3m 초과 장소에 설치

45 기계설비 방호에서 가드의 설치조건으로 옳지 않은 것은?

① 충분한 강도를 유지할 것
② 구조가 단순하고 위험점 방호가 확실할 것
③ 개구부(틈새)의 간격은 임의로 조정이 가능할 것
④ 작업, 점검, 주유 시 장애가 없을 것

해설 ③ 개구부 등 간격(틈새)이 적정할 것

46 완전 회전식클러치 기구가 있는 양수조작식 방호장치에서 확동클러치의 봉합 개소가 4개, 분당 행정수가 200spm일 때, 방호장치의 최소안전거리는 몇 mm 이상이어야 하는가?

① 80　　　　　② 120
③ 240　　　　　④ 360

해설

$$D_m = 1.6 \, T_m$$
$$= 1.6 \left(\frac{1}{\text{클러치 맞물림 개소수}} + \frac{1}{2} \right) \times \frac{60,000}{\text{SPM}}$$
$$= 1.6 \times \left(\frac{1}{4} + \frac{1}{2} \right) \times \frac{60,000}{200}$$
$$= 360$$

47 탁상용 연삭기에서 숫돌을 안전하게 설치하기 위한 방법으로 옳지 않은 것은?

① 숫돌바퀴 구멍은 축 지름보다 0.1mm 정도 작은 것을 선정하여 설치한다.
② 설치 전에는 육안 및 목재 해머로 숫돌의 흠, 균열을 점검한 후 설치한다.
③ 축의 턱에 내측 플랜지, 압지 또는 고무판, 숫돌 순으로 끼운 후 외측에 압지 또는 고무판, 플랜지, 너트 순으로 조인다.
④ 가공물 받침대는 숫돌의 중심에 맞추어 연삭기에 견고히 고정한다.

해설 ① 숫돌바퀴 구멍은 축 지름보다 0.05~0.15mm 정도 큰 것을 사용한다.

정답 | 41. ③　42. ①　43. ④　44. ③　45. ③　46. ④　47. ①

48 목재가공용 둥근톱의 두께가 3mm일 때, 분할날의 두께는 몇 mm 이상이어야 하는가?

① 3.3mm 이상 ② 3.6mm 이상
③ 4.5mm 이상 ④ 4.8mm 이상

> **[해설]** 분할날의 두께는 둥근톱 두께의 1.1배 이상으로 하여야 한다.
> ∴ 3×1.1 = 3.3mm 이상

49 산업안전보건법령에 따라 타워크레인의 운전작업을 중지해야 되는 순간풍속의 기준은?

① 초당 10m를 초과하는 경우
② 초당 15m를 초과하는 경우
③ 초당 30m를 초과하는 경우
④ 초당 35m를 초과하는 경우

> **[해설]** 순간풍속이 초당 15m를 초과하는 경우 타워크레인의 운전작업을 중지해야 된다.

50 다음 중 근로자에게 위험을 미칠 우려가 있을 때 덮개 또는 울을 설치해야 하는 위치와 가장 거리가 먼 것은?

① 연삭기 또는 평삭기의 테이블, 형삭기 램 등의 행정 끝
② 선반으로부터 돌출하여 회전하고 있는 가공물 부근
③ 과열에 따른 파열이 예상되는 보일러의 버너 연소실
④ 띠톱기계의 위험한 톱날(절단부분 제외) 부위

> **[해설]** 근로자가 위험을 미칠 우려가 있을 때 덮개 또는 울을 설치해야 하는 위치
> ㉠ ①, ②, ④
> ㉡ 종이·철·비닐 및 와이어로프 등의 감김통 등
> ㉢ 분쇄기 등의 개구부로부터 가동부분에 접촉함으로써 위해를 입을 우려가 있는 경우

51 산업안전보건법령상 차량계 하역 운반기계를 이용한 화물 적재 시의 준수해야 할 사항으로 틀린 것은?

① 최대적재량의 10% 이상 초과하지 않도록 적재한다.
② 운전자의 시야를 가리지 않도록 적재한다.
③ 붕괴, 낙하 방지를 위해 화물에 로프를 거는 등 필요조치를 한다.
④ 편하중이 생기지 않도록 적재한다.

> **[해설]** 차량계 하역 운반기계를 이용한 화물 적재 시의 준수해야 할 사항
> ㉠ 운전자의 시야를 가리지 않도록 적재한다.
> ㉡ 붕괴, 낙하 방지를 위해 화물에 로프를 거는 등 필요조치를 한다.
> ㉢ 편하중이 생기지 않도록 적재한다.

52 롤러기의 급정지장치 중 복부 조작식과 무릎 조작식의 조작부 위치기준은? (단, 밑면과의 상대거리를 나타낸다.)

	〈복부 조작식〉	〈무릎 조작식〉
①	0.5~0.7m	0.2~0.4m
②	0.8~1.1m	0.4~0.6m
③	0.8~1.1m	0.6~0.8m
④	1.1~1.4m	0.8~1.0m

> **[해설]** 롤러기의 급정지장치
> ㉠ 손 조작식 : 밑면에서 1.8m 이내
> ㉡ 복부 조작식 : 밑면에서 0.8m 이상 1.1m 이내
> ㉢ 무릎 조작식 : 밑면에서 0.4m 이상 0.6m 이내

53 양수조작식 방호장치에서 2개의 누름버튼 간의 거리는 300mm 이상으로 정하고 있는데 이 거리의 기준은?

① 2개의 누름버튼 간의 중심거리
② 2개의 누름버튼 간의 외측거리
③ 2개의 누름버튼 간의 내측거리
④ 2개의 누름버튼의 평균이동거리

> **[해설]** 프레스 및 전단기의 양수조작식 방호장치 누름버튼의 상호간 최소내측거리는 300mm 이상으로 하여야 한다.

54 다음 중 프레스에 사용되는 광전자식 방호장치의 일반구조에 관한 설명으로 틀린 것은?

① 방호장치의 감지기능은 규정한 검출영역 전체에 걸쳐 유효하여야 한다.

② 슬라이드 하강 중 정전 또는 방호장치의 이상 시에는 1회 동작 후 정지할 수 있는 구조이어야 한다.
③ 정상동작 표시램프는 녹색, 위험표시램프는 붉은색으로 하며, 쉽게 근로자가 볼 수 있는 곳에 설치해야 한다.
④ 방호장치의 정상작동 중에 감지가 이루어지거나 공급전원이 중단되는 경우 적어도 두 개 이상의 독립된 출력신호 개폐장치가 꺼진 상태로 돼야 한다.

해설 ② 슬라이드 하강 중 정전 또는 방호장치의 이상 시에는 바로 정지할 수 있는 구조이어야 한다.

55 보일러수에 불순물이 많이 포함되어 있을 경우, 보일러수의 비등과 함께 수면부위에 거품을 형성하여 수위가 불안정하게 되는 현상은?
① 프라이밍(priming)
② 포밍(foaming)
③ 캐리오버(carry over)
④ 워터해머(water hammer)

해설 ① 프라이밍 : 비수작용, 보일러수가 비등하여 수면으로부터 증기가 비산하고 거실에 충만하여 수위가 불안정하게 되는 현상
③ 캐리오버 : 보일러수 중에 용해 고형분이나 수분이 발생하여 증기의 순도를 저하시킴으로써 관내 응축수가 생겨 수격작용의 발생 원인이 되고, 터빈이나 증기과열기의 고장 발생 원인이 되는 것이다.
④ 워터해머 : 배관 내의 응축수가 송기 시 배관 내부를 이격하여 소음을 발생시키는 현상

56 다음 중 연삭기의 사용상 안전대책으로 적절하지 않은 것은?
① 방호장치로 덮개를 설치한다.
② 숫돌 교체 후 1분 정도 시운전을 실시한다.
③ 숫돌의 최고사용회전속도를 초과하여 사용하지 않는다.
④ 숫돌 측면을 사용하는 것을 목적으로 하는 연삭숫돌을 제외하고는 측면 연삭을 하지 않도록 한다.

해설 연삭숫돌의 이상 유무를 확인하기 위한 시운전 시간은 작업시작 전 1분 이상, 연삭숫돌 교체 후 3분 이상이다.

57 다음 중 드릴작업 시 가장 안전한 행동에 해당하는 것은?
① 장갑을 끼고 옷 소매가 긴 작업복을 입고 작업한다.
② 작업 중에 브러시로 칩을 털어 낸다.
③ 가공할 구멍 지름이 클 경우 작은 구멍을 먼저 뚫고 그 위에 큰 구멍을 뚫는다.
④ 드릴을 먼저 회전시킨 상태에서 공작물을 고정한다.

해설 ① 장갑을 착용하지 않고 옷소매가 길거나 찢어진 옷을 입지 않는다.
② 작업중단 후 칩은 와이어브러시로 제거한다.
④ 바이스 등을 사용하여 작업 중 공작물의 유도를 방지한다.

58 다음 중 산업안전보건법령에 따라 비파괴검사를 실시해야 하는 고속회전체의 기준은?
① 회전축 중량 1톤 초과, 원주속도 120m/s 이상
② 회전축 중량 1톤 초과, 원주속도 100m/s 이상
③ 회전축 중량 0.7톤 초과, 원주속도 120m/s 이상
④ 회전축 중량 0.7톤 초과, 원주속도 100m/s 이상

해설 비파괴검사를 실시해야 하는 고속회전체의 기준 : 회전축 중량 1톤 초과, 원주속도 120m/s 이상

59 지게차의 안전장치에 해당하지 않는 것은?
① 후사경   ② 헤드가드
③ 백레스트   ④ 권과방지장치

해설 **지게차의 안전장치**
㉠ 후사경   ㉡ 헤드가드
㉢ 백레스트

정답 | 55. ② 56. ② 57. ③ 58. ① 59. ④

60 다음 중 접근반응형 방호장치에 해당되는 것은?

① 양수조작식 방호장치

② 손쳐내기식 방호장치

③ 덮개식 방호장치

④ 광전자식 방호장치

> **해설** 프레스 방호장치의 분류
> ㉠ 수인식 · 손쳐내기식 : 접근거부형 방호장치
> ㉡ 광전자식 : 접근반응형 방호장치
> ㉢ 양수조작식 : 위치제한형 방호장치

제4과목 전기 및 화학설비 위험방지기술

61 저압 옥내직류 전기설비를 전로보호장치의 확실한 동작의 확보와 이상전압 및 대지전압의 억제를 위하여 접지를 하여야 하나 직류 2선식으로 시설할 때, 접지를 생략할 수 있는 경우로 옳은 것은?

① 접지검출기를 설치하고 특정구역 내의 산업용 기계기구에만 공급하는 경우

② 사용전압이 110V 이상인 경우

③ 최대전류 30mA 이하의 직류화재경보회로

④ 교류계통으로부터 공급을 받는 정류기에서 인출되는 직류계통

> **해설** 직류 2선식으로 시설할 때 접지를 생략할 수 있는 경우 :
> 사용전압이 110V 이상인 경우

62 감전에 의한 전격위험을 결정하는 주된 인자와 거리가 먼 것은?

① 통전저항 ② 통전전류의 크기

③ 통전경로 ④ 통전시간

> **해설** ① 전원의 종류

63 폭발위험장소를 분류할 때 가스폭발 위험 장소의 종류에 해당하지 않는 것은?

① 0종 장소 ② 1종 장소

③ 2종 장소 ④ 3종 장소

> **해설** 가스폭발 위험장소의 분류
> ㉠ 0종 장소 ㉡ 1종 장소
> ㉢ 2종 장소

64 다음 중 정전기 재해의 방지대책으로 가장 적절한 것은?

① 절연도가 높은 플라스틱을 사용한다.

② 대전하기 쉬운 금속은 접지를 실시한다.

③ 작업장 내의 온도를 낮게 해서 방전을 촉진시킨다.

④ (+), (−) 전하의 이동을 방해하기 위하여 주위의 습도를 낮춘다.

> **해설** 정전기의 방지대책으로는 접지, 가습, 도전성 재료의 사용, 보호구의 착용, 제전기의 사용 등이 있다.

65 전로의 과전류로 인한 재해를 방지하기 위한 방법으로 과전류 차단장치를 설치할 때에 대한 설명으로 틀린 것은?

① 과전류 차단장치로는 차단기 · 퓨즈 또는 보호계전기 등이 있다.

② 차단기 · 퓨즈는 계통에서 발생하는 최대 과전류에 대하여 충분하게 차단할 수 있는 성능을 가져야 한다.

③ 과전류 차단장치는 반드시 접지선에 병렬로 연결하여 과전류 발생 시 전로를 자동으로 차단하도록 설치하여야 한다.

④ 과전류 차단장치가 전기계통상에서 상호협조 · 보완되어 과전류를 효과적으로 차단하도록 하여야 한다.

> **해설** ③ 과전류 차단장치는 반드시 접지선에 직렬로 연결하여 과전류 발생 시 전로를 자동적으로 차단하도록 설치하여야 한다.

66 인체의 저항이 500Ω이고, 440V 회로에 누전차단기(ELB)를 설치할 경우 다음 중 가장 적당한 누전차단기는?

① 30mA 이하, 0.1초 이하에 작동

② 30mA 이하, 0.03초 이하에 작동

정답 | 60. ④ 61. ② 62. ① 63. ④ 64. ② 65. ③ 66. ②

③ 15mA 이하, 0.1초 이하에 작동

④ 15mA 이하, 0.03초 이하에 작동

해설 감전방지용 누전차단기의 정격감도전류는 30mA 이하, 작동시간은 0.03초 이내이다.

$$I = \frac{V}{R} = \frac{440\,V}{500\,\Omega} = 880\,mAs,$$

0.03초일 때

전류(I) = 880mAs×0.03s = 2.64mA

즉, 30mA보다 작게 된다.

67 다음 중 통전경로별 위험도가 가장 높은 경로는?

① 왼손-등
② 오른손-가슴
③ 왼손-가슴
④ 오른손-양발

해설 통전경로별 위험도
① 왼손-등 : 0.7
② 오른손-가슴 : 1.3
③ 왼손-가슴 : 1.5
④ 오른손-양발 : 0.8

68 정전기 발생 종류가 아닌 것은?

① 박리
② 마찰
③ 분출
④ 방전

해설 정전기 발생 종류
㉠ ①, ②, ③
㉡ 유동
㉢ 충돌

69 다음 중 방폭구조의 종류와 기호를 올바르게 나타낸 것은?

① 안전증 방폭구조 : e
② 몰드 방폭구조 : n
③ 충전 방폭구조 : p
④ 압력 방폭구조 : o

해설
② 몰드 방폭구조 : m
③ 충전 방폭구조 : q
④ 압력 방폭구조 : p

70 전기설비에서 일반적인 제2종 접지공사는 접지 저항 값을 몇 Ω 이하로 하여야 하는가?

① 10
② 100
③ $\dfrac{150}{1선\ 지락전류}$
④ $\dfrac{400}{1선\ 지락전류}$

해설

접지공사의 종류

접지공사	접지저항
제1종	10Ω 이하
제2종	$\dfrac{150}{1선\ 지락전류}$ Ω 이하
제3종	100Ω 이하
특별 제3종	10Ω 이하

71 다음 중 분진폭발의 가능성이 가장 낮은 물질은?

① 소맥분
② 마그네슘
③ 질석가루
④ 석탄

해설 **분진폭발의 가능성이 낮은 물질** : 질석가루, 시멘트가루, 석회분, 염소산칼륨가루, 모래 등

72 산업안전보건기준에 관한 규칙상 몇 ℃ 이상인 상태에서 운전되는 설비는 특수화학설비에 해당하는가? (단, 규칙에서 정한 위험물질의 기준량 이상을 제조하거나 취급하는 설비인 경우이다.)

① 150℃
② 250℃
③ 350℃
④ 450℃

해설 **특수화학설비** : 350℃ 이상인 상태에서 운전되는 설비

73 점화원 없이 발화를 일으키는 최저온도를 무엇이라 하는가?

① 착화점
② 연소점
③ 용융점
④ 기화점

해설 **착화점** : 점화원 없이 발화를 일으키는 최저온도

74 배관용 부품에 있어 사용되는 용도가 다른 것은?

① 엘보(elbow)
② 티(T)
③ 크로스(cross)
④ 밸브(valve)

해설
㉠ 배관의 방향을 바꿀 경우 : 엘보
㉡ 관을 도중에서 분기할 경우 : 티(T), 크로스(cross)
㉢ 밸브(valve) : 유체를 통하든가, 멈추든가, 제어하든가 하기 위하여 유로를 폐쇄할 수 있는 가동기구를 가진 기기의 총칭

정답 67. ③ 68. ④ 69. ① 70. ③ 71. ③ 72. ③ 73. ① 74. ④

75 인화성 가스, 불활성 가스 및 산소를 사용하여 금속의 용접·용단 또는 가열작업을 하는 경우, 가스 등의 누출 또는 방출로 인한 폭발·화재 또는 화상을 예방하기 위하여 준수해야 할 사항으로 옳지 않은 것은?

① 가스 등의 호스와 취관(吹管)은 손상·마모 등에 의하여 가스 등이 누출할 우려가 없는 것을 사용할 것

② 비상상황을 제외하고는 가스 등의 공급구의 밸브나 콕을 절대 잠그지 말 것

③ 용접작업을 하는 경우에는 취관으로부터 산소의 과잉방출로 인한 화상을 예방하기 위하여 근로자가 조절밸브를 서서히 조작하도록 주지시킬 것

④ 가스 등의 취관 및 호스의 상호 접촉부분은 호스밴드, 호스클립 등 조임기구를 사용하여 가스 등이 누출되지 않도록 할 것

> 해설
> ② 작업을 중단하거나 마치고 작업장소를 떠날 경우에는 가스 등의 공급구의 밸브나 콕을 잠글 것

76 에틸에테르(폭발하한값 1.9vol%)와 에틸알코올(폭발하한값 4.3vol%)이 4 : 1로 혼합된 증기의 폭발하한계(vol%)는 약 얼마인가? (단, 혼합증기는 에틸에테르가 80%, 에틸알코올이 20%로 구성되고, 르 샤틀리에 법칙을 이용한다.)

① 2.14vol% ② 3.14vol%
③ 4.14vol% ④ 5.14vol%

> 해설
> $$\frac{100}{L} = \frac{V_1}{L_1} + \frac{V_2}{L_2} + \frac{V_3}{L_3}$$
> $$L = \frac{80+20}{\dfrac{80}{1.9} + \dfrac{20}{4.3}} = 2.14\text{vol}\%$$

77 다음 중 산업안전보건기준에 관한 규칙에서 규정하는 급성 독성 물질에 해당되지 않는 것은?

① 쥐에 대한 경구투입실험에 의하여 실험동물의 50%를 사망시킬 수 있는 물질의 양이 kg당 300mg-(체중) 이하인 화학물질

② 쥐에 대한 경피흡수실험에 의하여 실험동물의 50%를 사망시킬 수 있는 물질의 양이 kg당 1,000mg-(체중) 이하인 화학물질

③ 토끼에 대한 경피흡수실험에 의하여 실험동물의 50%를 사망시킬 수 있는 물질의 양이 kg당 1,000mg-(체중) 이하인 화학물질

④ 쥐에 대한 4시간 동안의 흡입실험에 의하여 실험동물의 50%를 사망시킬 수 있는 가스의 농도가 3,000ppm 이상인 화학물질

> 해설
> ④ 쥐에 대한 4시간 동안의 흡입실험에 의하여 실험동물의 50%를 사망시킬 수 있는 가스의 농도가 2,500ppm 이하인 화학물질

78 연소의 3요소 중 1가지에 해당하는 요소가 아닌 것은?

① 메탄 ② 공기
③ 정전기방전 ④ 이산화탄소

> 해설
> 연소의 3요소
> ① 가연물(메탄) ② 산소공급원(공기)
> ③ 점화원(정전기방전)

79 다음 물질이 물과 반응하였을 때 가스가 발생한다. 위험도 값이 가장 큰 가스를 발생하는 물질은?

① 칼륨 ② 수소화나트륨
③ 탄화칼슘 ④ 트리에틸알루미늄

> 해설
> ① $2K + 2H_2O \rightarrow 2KOH + H_2$
> ② $NaH + H_2O \rightarrow NaOH + H_2$
> ③ $CaC_2 + 2H_2O \rightarrow Ca(OH)_2 + C_2H_2$
> ④ $(C_2H_5)_3Al + 3H_2O \rightarrow Al(OH)_3 + 3C_2H_6$
> **위험도**
> ㉠ H_2 : $\dfrac{75-4}{4} = 17.75$
> ㉡ C_2H_2 : $\dfrac{81-2.5}{2.5} = 31.4$
> ㉢ C_2H_6 : $\dfrac{36-2.7}{2.7} = 12.33$

정답 | 75. ② 76. ① 77. ④ 78. ④ 79. ③

80 다음 중 화재의 분류에서 전기화재에 해당하는 것은?

① A급 화재 ② B급 화재
③ C급 화재 ④ D급 화재

해설 화재의 분류

화재별 급수	가연 물질의 종류
A급 화재	목재, 종이, 섬유류 등 일반가연물
B급 화재	유류(가연성, 인화성 액체 포함)
C급 화재	전기
D급 화재	금속

제5과목 │ 건설안전기술

81 잠함 또는 우물통의 내부에서 근로자가 굴착작업을 하는 경우의 준수사항으로 옳지 않은 것은?

① 산소결핍 우려가 있는 경우에는 산소의 농도를 측정하는 사람을 지명하여 측정하도록 할 것
② 근로자가 안전하게 오르내리기 위한 설비를 설치할 것
③ 굴착깊이가 20m를 초과하는 경우에는 해당 작업장소와 외부와의 연락을 위한 통신설비 등을 설치할 것
④ 잠함 또는 우물통의 급격한 침하에 의한 위험을 방지하기 위하여 바닥으로부터 천장 또는 보까지의 높이는 2m 이내로 할 것

해설 ④ 잠함 또는 우물통의 급격한 침하에 의한 위험을 방지하기 위하여 바닥으로부터 천장 또는 보까지의 높이는 1.8m 이상으로 할 것

82 굴착작업 시 근로자의 위험을 방지하기 위하여 해당 작업, 작업장에 대한 사전조사를 실시하여야 하는데 이 사전조사 항목에 포함되지 않는 것은?

① 지반의 지하수위 상태
② 형상 · 지질 및 지층의 상태
③ 굴착기의 이상 유무

④ 매설물 등의 유무 또는 상태

해설 ③ 균열, 함수, 용수 및 동결의 유무 또는 상태

83 흙의 연경도(consistency)에서 반고체상태와 소성상태의 한계를 무엇이라 하는가?

① 액성한계 ② 소성한계
③ 수축한계 ④ 반수축한계

해설 소성한계의 설명이다.

84 화물을 적재하는 경우 준수하여야 할 사항으로 옳지 않은 것은?

① 침하 우려가 없는 튼튼한 기반 위에 적재할 것
② 화물의 압력정도와 관계없이 건물의 벽이나 칸막이 등을 이용하여 화물을 기대어 적재할 것
③ 하중이 한쪽으로 치우치지 않도록 쌓을 것
④ 불안정할 정도로 높이 쌓아 올리지 말 것

해설 ② 건물의 칸막이나 벽 등이 화물의 압력에 견딜만큼의 강도를 지니지 아니한 때에는 칸막이나 벽에 기대어 적재하지 아니하도록 할 것

85 발파공사 암질 변화구간 및 이상암질 출현시 적용하는 암질 판별방법과 거리가 먼 것은?

① R.Q.D ② RMR 분류
③ 탄성파속도 ④ 하중계(load cell)

해설 **발파공사 암질 판별방법**
㉠ ①, ②, ③
㉡ 일축압축강도(kg/cm²)
㉢ 진동치속도(1m/sec kine)

86 달비계(곤돌라의 달비계는 제외)의 최대적재하중을 정하는 경우 달기와이어로프 및 달기강선의 안전계수 기준으로 옳은 것은?

① 5 이상 ② 7 이상
③ 8 이상 ④ 10 이상

해설 달비계 와이어로프 및 강선의 안전계수 : 10 이상

87 철골작업을 중지하여야 하는 풍속과 강우량 기준으로 옳은 것은?

① 풍속 : 10m/sec 이상, 강우량 : 1mm/h 이상
② 풍속 : 5m/sec 이상, 강우량 : 1mm/h 이상
③ 풍속 : 10m/sec 이상, 강우량 : 2mm/h 이상
④ 풍속 : 5m/sec 이상, 강우량 : 2mm/h 이상

해설 철골작업을 중지하여야 하는 풍속과 강우량 : 풍속 10m/sec 이상, 강우량 1mm/h 이상

88 근로자의 추락 등의 위험을 방지하기 위하여 안전난간을 설치하는 경우 안전난간은 구조적으로 가장 취약한 지점에서 가장 취약한 방향으로 작용하는 얼마 이상의 하중에 견딜 수 있는 튼튼한 구조이어야 하는가?

① 50kg   ② 100kg
③ 150kg   ④ 200kg

해설 **안전난간** : 구조적으로 가장 취약한 지점에서 가장 취약한 방향으로 작용하는 100kg 이상의 하중에 견딜 수 있는 튼튼한 구조이어야 한다.

89 지반 종류에 따른 굴착면의 기울기 기준으로 옳지 않은 것은?

① 보통 흙의 습지－1 : 1～1 : 1.5
② 연암－1 : 0.7
③ 풍화암－1 : 1
④ 보통 흙의 건지－1 : 0.5～1 : 1

해설 ② 연암－1 : 0.5

90 재료비가 30억원, 직접노무비가 50억원인 건설공사의 예정가격상 안전관리비로 옳은 것은? (단, 일반건설공사(갑)에 해당되며 계상기준은 1.97%임.)

① 56,400,000원   ② 94,000,000원
③ 150,400,000원   ④ 157,600,000원

해설 대상액 = 30억 + 50억 + 80억
∴ 안전관리비 = 80억×0.0197 = 157,600,000원

91 사질토지반에서 보일링(boiling) 현상에 의한 위험성이 예상될 경우의 대책으로 옳지 않은 것은?

① 흙막이 말뚝의 밑둥 넣기를 깊게 한다.
② 굴착 저면보다 깊은 지반을 불투수로 개량한다.
③ 굴착 및 투수층에 만든 피트(pit)를 제거한다.
④ 흙막이벽 주위에서 배수시설을 통해 수두차를 적게 한다.

해설 **보일링 현상에 의한 위험성이 예상될 경우 대책**
㉠ 흙막이 말뚝의 밑둥 넣기를 깊게 한다.
㉡ 굴착 저면보다 깊은 지반을 불투수로 개량한다.

92 유해·위험방지계획서 제출 시 첨부서류의 항목이 아닌 것은?

① 보호장비 폐기계획
② 공사개요서
③ 산업안전보건관리비 사용계획
④ 전체공정표

해설 **유해·위험방지계획서 제출 시 첨부서류의 항목**
㉠ ②, ③, ④
㉡ 공사현장의 주변현황 및 주변과의 관계를 나타내는 도면(매설물 현황 포함)
㉢ 건설물, 사용 기계설비 등의 배치를 나타내는 도면
㉣ 안전관리조직표
㉤ 재해발생 위험 시 연락 및 대피방법

93 다음 ( ) 안에 알맞은 수치는?

슬레이트, 선라이트(sunlight) 등 강도가 약한 재료로 덮은 지붕 위에서 작업을 할 때에 발이 빠지는 등 근로자가 위험해질 우려가 있는 경우 폭 ( ) 이상의 발판을 설치하거나 안전방망을 치는 등 위험을 방지하기 위하여 필요한 조치를 하여야 한다.

① 30cm   ② 40cm
③ 50cm   ④ 60cm

해설 **슬레이트, 선라이트 등** : 폭 30cm 이상의 발판을 설치하거나 안전방망 등 위험을 방지하기 위하여 필요한 조치를 한다.

정답 | 87. ① 88. ② 89. ② 90. ④ 91. ③ 92. ① 93. ①

94 다음 중 셔블계 굴착기계에 속하지 않는 것은?

① 파워셔블(power shovel)

② 클램셸(clamshell)

③ 스크레이퍼(scraper)

④ 드래그라인(dragline)

> **해설** ③ 스크레이퍼 : 토공기계

95 다음은 비계발판용 목재재료의 강도상의 결점에 대한 조사기준이다. ( ) 안에 들어갈 내용으로 옳은 것은?

> 발판의 폭과 동일한 길이 내에 있는 결점치수의 총합이 발판폭의 ( )을 초과하지 않을 것

① 1/2

② 1/3

③ 1/4

④ 1/6

> **해설** **비계발판용 목재재료의 강도상의 결점** : 발판의 폭과 동일한 길이 내에 있는 결점치수의 총합이 발판 폭의 1/4을 초과하지 않을 것

96 다음은 산업안전보건법령에 따른 작업장에서의 투하설비 등에 관한 사항이다. 빈칸에 들어갈 내용으로 옳은 것은?

> 사업주는 높이가 ( ) 이상인 장소로부터 물체를 투하하는 경우 적당한 투하설비를 설치하거나 감시인을 배치하는 등 위험을 방지하기 위하여 필요한 조치를 하여야 한다.

① 2m

② 3m

③ 5m

④ 10m

> **해설** **작업장에서의 투하설비 등** : 사업주는 높이가 3m 이상인 장소로부터 물체를 투하하는 경우 적당한 투하설비를 설치하거나 감시인을 배치하는 등 위험을 방지하기 위한 조치를 한다.

97 토사 붕괴의 내적 요인이 아닌 것은?

① 사면, 법면의 경사 증가

② 절토 사면의 토질구성 이상

③ 성토 사면의 토질구성 이상

④ 토석의 강도 저하

> **해설** ① 외적 요인

98 철골용접 작업자의 전격방지를 위한 주의사항으로 옳지 않은 것은?

① 보호구와 복장을 구비하고, 기름기가 묻었거나 젖은 것은 착용하지 않을 것

② 작업 중지의 경우에는 스위치를 떼어 놓을 것

③ 개로 전압이 높은 교류 용접기를 사용할 것

④ 좁은 장소에서의 작업에서는 신체를 노출시키지 않을 것

> **해설** ③의 내용은 철골용접 작업자의 전격방지를 위한 주의사항과는 거리가 멀다.

99 층고가 높은 슬래브 거푸집 하부에 적용하는 무지주 공법이 아닌 것은?

① 보우빔(bow beam)

② 철근일체형 데크플레이트(deck plate)

③ 페코빔(pecco beam)

④ 솔저시스템(soldier system)

> **해설** **무지주 공법** : 층고가 높은 슬래브 거푸집 하부에 적용하는 것
> ㉠ 보우빔
> ㉡ 철근일체형 데크플레이트
> ㉢ 페코빔

100 도심지에서 주변에 주요시설물이 있을 때 침하와 변위를 적게 할 수 있는 가장 적당한 흙막이 공법은?

① 동결 공법

② 샌드드레인 공법

③ 지하연속벽 공법

④ 뉴매틱케이슨 공법

> **해설** 지하연속벽 공법의 설명이다.

제1과목 | 산업안전관리론

01 안전교육 방법 중 TWI의 교육과정이 아닌 것은?

① 작업지도 훈련　　② 인간관계 훈련
③ 정책수립 훈련　　④ 작업방법 훈련

> **해설**
> **TWI의 교육과정**
> ㉠ 작업지도 훈련　　㉡ 인간관계 훈련
> ㉢ 작업안전기법 훈련　㉣ 작업방법 훈련

02 근로자가 작업대 위에서 전기공사 작업 중 감전에 의하여 지면으로 떨어져 다리에 골절상해를 입은 경우의 기인물과 가해물로 옳은 것은?

① 기인물-작업대,　가해물-지면
② 기인물-전기,　　가해물-지면
③ 기인물-지면,　　가해물-전기
④ 기인물-작업대,　가해물-전기

> **해설**
> ㉠ **기인물** : 재해를 가져오게 한 근원이 된 기계, 장치, 기타 물체 또는 환경(**예** 전기)
> ㉡ **가해물** : 직접 사람에게 접촉되어 피해를 가한 물체(**예** 지면)

03 산업재해에 있어 인명이나 물적 등 일체의 피해가 없는 사고를 무엇이라고 하는가?

① Near Accident
② Good Accident
③ True Accident
④ Original Accident

> **해설**
> Near Accident(무상해 무사고)의 정의이다.

04 내전압용 절연장갑의 성능기준상 최대사용전압에 따른 절연장갑의 구분 중 00등급의 색상으로 옳은 것은?

① 노란색　　　　② 흰색
③ 녹색　　　　　④ 갈색

> **해설**
> 내전압용 절연장갑의 성능기준상 최대사용전압에 따른 절연장갑의 구분 중 00등급의 색상 : 갈색

05 점검시기에 의한 안전점검의 분류에 해당하지 않는 것은?

① 성능점검　　　② 정기점검
③ 임시점검　　　④ 특별점검

> **해설**
> ① 수시(일상) 점검

06 재해율 중 재직 근로자 1,000명당 1년간 발생하는 재해자 수를 나타내는 것은 어느 것인가?

① 연천인율　　　② 도수율
③ 강도율　　　　④ 종합재해지수

> **해설**
> **연천인율** : 재직 근로자 1,000명당 1년간 발생하는 재해자 수

07 파블로브(Pavlov)의 조건반사설에 의한 학습이론의 원리에 해당되지 않는 것은?

① 일관성의 원리　② 시간의 원리
③ 강도의 원리　　④ 준비성의 원리

> **해설**
> ④ 계속성의 원리

08 착오의 요인 중 인지과정의 착오에 해당하지 않는 것은?

① 정서불안정
② 감각차단현상
③ 정보부족
④ 생리·심리적 능력의 한계

> **해설**
> ③ 정보량 저장능력의 한계

정답 | 01. ③　02. ②　03. ①　04. ④　05. ①　06. ①　07. ④　08. ③

09 산업안전보건법령상 안전관리자가 수행하여야 할 업무가 아닌 것은? (단, 그 밖에 안전에 관한 사항으로서 고용노동부장관이 정하는 사항은 제외한다.)

① 위험성평가에 관한 보좌 및 조언·지도

② 물질안전보건자료의 게시 또는 비치에 관한 보좌 및 조언·지도

③ 사업장 순회점검·지도 및 조치의 건의

④ 산업재해에 관한 통계의 유지·관리·분석을 위한 보좌 및 조언·지도

> **해설** 안전관리자가 수행하여야 할 업무
> ㉠ ①, ③, ④
> ㉡ 산업안전보건위원회 또는 안전·보건에 관한 노사협의체에서 심의·의결한 업무와 해당 사업장의 안전보건관리규정 및 취업규칙에서 정한 업무
> ㉢ 안전인증대상 기계·기구 등과 자율안전확인대상 기계·기구 등 구입 시 적격품의 선정에 관한 보좌 및 조언·지도
> ㉣ 해당 사업장 안전교육계획의 수립 및 안전교육 실시에 관한 보좌 및 조언·지도
> ㉤ 산업재해 발생의 원인조사·분석 및 재발방지를 위한 기술적 보좌 및 조언·지도
> ㉥ 법 또는 법에 따른 명령으로 정한 안전에 관한 사항의 이행에 관한 보좌 및 조언·지도
> ㉦ 업무수행 내용의 기록·유지
> ㉧ 그 밖에 안전에 관한 사항으로서 고용노동부장관이 정하는 사항

10 모랄 서베이(Morale Survey)의 효용이 아닌 것은?

① 조직 또는 구성원의 성과를 비교·분석한다.

② 종업원의 정화(Catharsis)작용을 촉진시킨다.

③ 경영관리를 개선하는 자료를 얻는다.

④ 근로자의 심리 또는 욕구를 파악하여 불만을 해소하고, 노동의욕을 높인다.

> **해설** 모랄 서베이 효용
> ㉠ 종업원의 정화작용을 촉진시킨다.
> ㉡ 경영관리를 개선하는 자료를 얻는다.
> ㉢ 근로자의 심리 또는 욕구를 파악하여 불만을 해소하고, 노동의욕을 높인다.

11 부주의 현상 중 의식의 우회에 대한 예방대책으로 옳은 것은?

① 안전교육　　② 표준작업제도 도입

③ 상담　　　　④ 적성배치

> **해설** 부주의 현상 중 의식의 우회에 대한 예방대책 : 상담

12 산업안전보건법령상 안전·보건표지의 색채, 색도기준 및 용도 중 다음 ( ) 안에 알맞은 것은?

색 채	색도기준	용 도	사용례
( )	5Y 8.5/12	경고	화학물질 취급장소에서의 유해·위험경고, 이외의 위험경고, 주의표지 또는 기계방호물

① 파란색　　　② 노란색

③ 빨간색　　　④ 검은색

> **해설**
>
> | 색 채 | 색도기준 | 용 도 | 사용례 |
> | --- | --- | --- | --- |
> | 노란색 | 5Y 8.5/12 | 경고 | 화학물질 취급장소에서의 유해·위험경고, 이외의 위험경고, 주의표지 또는 기계방호물 |

13 산업안전보건법령상 특별안전·보건교육대상 작업별 교육내용 중 밀폐공간에서의 작업별 교육내용이 아닌 것은? (단, 그 밖에 안전·보건관리에 필요한 사항은 제외한다.)

① 산소농도 측정 및 작업환경에 관한 사항

② 유해물질의 인체에 미치는 영향

③ 보호구 착용 및 사용방법에 관한 사항

④ 사고 시의 응급처치 및 비상시 구출에 관한 사항

> **해설** 밀폐된 공간에서의 작업에 대한 특별안전·보건교육 대상 작업 및 교육내용
> ㉠ 산소농도 측정 및 작업환경에 관한 사항
> ㉡ 사고 시의 응급처치 및 비상시 구출에 관한 사항
> ㉢ 보호구 착용 및 사용방법에 관한 사항
> ㉣ 밀폐공간 작업의 안전작업방법에 관한 사항
> ㉤ 그 밖의 안전·보건관리에 필요한 사항

14 다음 보호구 안전인증 고시에 따른 안전화의 정의 중 ( ) 안에 알맞은 것은 어느 것인가?

> 경작업용 안전화란 (㉠)mm의 낙하높이에서 시험했을 때 충격과 (㉡±0.1)kN의 압축하중에서 시험했을 때 압박에 대하여 보호해 줄 수 있는 선심을 부착하여, 착용자를 보호하기 위한 안전화를 말한다.

① ㉠ 500, ㉡ 10.0   ② ㉠ 250, ㉡ 10.0
③ ㉠ 500, ㉡ 4.4   ④ ㉠ 250, ㉡ 4.4

해설 **경작업용 안전화** : 250mm의 낙하높이에서 시험했을 때 충격과 (4.4±0.1)kN의 압축하중에서 시험했을 때 압박에 대하여 보호해 줄 수 있는 선심을 부착하여, 착용자를 보호하기 위한 안전화를 말한다.

15 산업안전보건법령상 근로자 안전·보건교육 중 채용 시의 교육 및 작업내용 변경 시의 교육사항으로 옳은 것은?
① 물질안전보건자료에 관한 사항
② 건강증진 및 질병 예방에 관한 사항
③ 유해·위험 작업환경관리에 관한 사항
④ 표준안전작업방법 및 지도 요령에 관한 사항

해설 **채용 시의 교육 및 작업내용 변경 시 교육내용**
㉠ 기계·기구의 위험성과 작업의 순서 및 동선에 관한 사항
㉡ 작업개시 전 점검에 관한 사항
㉢ 정리정돈 및 청소에 관한 사항
㉣ 사고발생 시 긴급조치에 관한 사항
㉤ 산업보건 및 직업병 예방에 관한 사항
㉥ 물질안전보건자료에 관한 사항
㉦ 산업안전보건법 및 일반관리에 관한 사항

16 지난 한 해 동안 산업재해로 인하여 직접손실 비용이 3조 1,600억원이 발생한 경우의 총 재해코스트는? (단, 하인리히의 재해 손실비 평가 방식을 적용한다.)
① 6조 3,200억원   ② 9조 4,800억원
③ 12조 6,400억원   ④ 15조 8,000억원

해설 **하인리히 방식**
총 손실비용 = 직접비(1) + 간접비(4)
= 3조 1,600억원 + 3조 1,600억원×4
= 15조 8,000억원

17 다음 중 안전모의 시험성능기준 항목이 아닌 것은?
① 내관통성   ② 충격흡수성
③ 내구성   ④ 난연성

해설 **안전모의 시험성능기준 항목**
㉠ ①, ②, ④   ㉡ 내전압성
㉢ 턱끈풀림   ㉣ 내수성

18 인간관계의 매커니즘 중 다른 사람으로부터의 판단이나 행동을 무비판적으로 논리적, 사실적 근거 없이 받아들이는 것은?
① 모방(imitation)
② 투사(projection)
③ 동일화(identification)
④ 암시(suggestion)

해설 ① **모방** : 남의 행동이나 판단을 표본으로 삼아 그와 비슷하거나 같게 판단을 취하려는 현상
② **투사(투출)** : 자기 속의 억압된 것을 다른 사람의 것으로 생각하는 것
③ **동일화** : 다른 사람의 행동양식이나 태도를 자기에게 투입시키거나 그와는 반대로 다른 사람 가운데서 행동양식이나 태도와 비슷한 것을 발견하는 것

19 안전교육 훈련의 기법 중 하버드 학파의 5단계 교수법을 순서대로 나열한 것으로 옳은 것은?
① 총괄 → 연합 → 준비 → 교시 → 응용
② 준비 → 교시 → 연합 → 총괄 → 응용
③ 교시 → 준비 → 연합 → 응용 → 총괄
④ 응용 → 연합 → 교시 → 준비 → 총괄

해설 **하버드 학파의 5단계 교수법**
준비 → 교시 → 연합 → 총괄 → 응용

20 매슬로우(Maslow)의 욕구단계 이론 중 제5단계 욕구로 옳은 것은?

① 안전에 대한 욕구
② 자아실현의 욕구
③ 사회적(애정적) 욕구
④ 존경과 긍지에 대한 욕구

해설 매슬로우의 욕구 5단계
㉠ 제1단계 : 생리적 욕구 ㉡ 제2단계 : 안전욕구
㉢ 제3단계 : 사회적 욕구 ㉣ 제4단계 : 존경욕구
㉤ 제5단계 : 자아실현의 욕구

제2과목 │ 인간공학 및 시스템안전공학

21 소음성 난청 유소견자로 판정하는 구분을나타내는 것은?

① A
② C
③ D₁
④ D₂

해설 소음성 난청 유소견자로 판정하는 구분 : D_1

22 휴먼 에러의 배후요소 중 작업방법, 작업순서, 작업정보, 작업환경과 가장 관련이 깊은 것은?

① Man
② Machine
③ Media
④ Management

해설 휴먼 에러의 배후요소(4M)
㉠ **Man** : 본인 이외의 사람
㉡ **Machine** : 장치나 기기 등의 물적요인
㉢ **Media** : 작업방법, 작업순서, 작업정보, 작업환경
㉣ **Management** : 법규준수, 단속, 점검관리, 지휘감독, 교육훈련

23 시스템의 정의에 포함되는 조건 중 틀린것은?

① 제약된 조건 없이 수행
② 요소의 집합에 의해 구성
③ 시스템 상호간에 관계를 유지
④ 어떤 목적을 위하여 작용하는 집합체

해설 ① 정해진 조건 아래서

---

24 단위면적당 표면을 떠나는 빛의 양을 설명한 것으로 맞는 것은?

① 휘도
② 조도
③ 광도
④ 반사율

해설 휘도의 설명이다.

25 그림과 같은 시스템에서 전체 시스템의 신뢰도는 얼마인가? (단, 네모 안의 숫자는 각 부품의 신뢰도이다.)

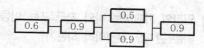

① 0.4104
② 0.4617
③ 0.6314
④ 0.6804

해설 R(신뢰도) $= 0.6 \times 0.9 \times \{1 - (1 - 0.5)(1 - 0.9)\} \times 0.9$
$= 0.4617$

26 결함수 분석법에서 일정 조합 안에 포함되어 있는 기본사상들이 모두 발생하지 않으면 틀림 없이 정상사상(top event)이 발생되지 않는 조합을 무엇이라고 하는가?

① 컷셋(cut set)
② 패스셋(path set)
③ 결함수셋(fault tree set)
④ 불대수(boolean algebra)

해설 패스셋의 설명이다.

27 반경 10cm의 조종구(ball control)를 30° 움직였을 때, 표시장치가 2cm 이동하였다면 통제표시비 $\left(\dfrac{C}{R}\text{비}\right)$는 약 얼마인가?

① 1.3
② 2.6
③ 5.2
④ 7.8

해설
$$\frac{C}{R}\text{비} = \frac{\frac{a}{360} \times 2\pi L}{\text{표시계의 이동거리}}$$
여기서, a : 조정구가 움직인 각도, L : 반경
$$= \frac{\frac{30}{360} \times 2\pi L \times 10\text{cm}}{2\text{cm}} = 2.6$$

정답 │ 20. ② 21. ③ 22. ③ 23. ① 24. ① 25. ② 26. ② 27. ②

28 건습지수로서 습구온도와 건구온도의 가중 평균치를 나타내는 Oxford 지수의 공식으로 맞는 것은?

① WD = 0.65WB + 0.35DB
② WD = 0.75WB + 0.25DB
③ WD = 0.85WB + 0.15DB
④ WD = 0.95WB + 0.05DB

해설 Oxford 지수(WD) = 0.85WB + 0.15DB

29 인간의 기대하는 바와 자극 또는 반응들이 일치하는 관계를 무엇이라 하는가?

① 관련성 ② 반응성
③ 양립성 ④ 자극성

해설 양립성의 설명이다.

30 FTA에서 어떤 고장이나 실수를 일으키지 않으면 정상사상(top event)은 일어나지 않는다고 하는 것으로 시스템의 신뢰성을 표시하는 것은?

① cut set
② minimal cut set
③ free event
④ minimal path set

해설 minimal path set의 설명이다.

31 다음 중 Chapanis의 위험수준에 의한 위험발생률 분석에 대한 설명으로 맞는 것은 어느 것인가?

① 자주 발생하는(frequent) > 10^{-3}/day
② 가끔 발생하는(occasional) > 10^{-5}/day
③ 거의 발생하지 않는(remote) > 10^{-6}/day
④ 극히 발생하지 않는(impossible) > 10^{-8}/day

해설 Chapanis의 위험수준에 의한 위험발생률 분석
극히 발생하지 않는(impossible) > 10^{-8}/day

32 체계분석 및 설계에 있어서 인간공학적 노력의 효능을 산정하는 척도의 기준에 포함되지 않는 것은?

① 성능의 향상
② 훈련비용의 절감
③ 인력이용률의 저하
④ 생산 및 보전의 경제성 향상

해설 체계 및 설계에 있어서 인간공학적 노력의 효능을 산정하는 척도의 기준
㉠ ①, ②, ④
㉡ 인력이용률의 향상
㉢ 사고 및 오용으로 부터의 손실감소
㉣ 사용자의 수용도 향상

33 정보를 전송하기 위해 청각적 표시장치를 사용해야 효과적인 경우는?

① 전언이 복잡할 경우
② 전언이 후에 재참조될 경우
③ 전언이 공간적인 위치를 다룰 경우
④ 전언이 즉각적인 행동을 요구할 경우

해설 시각적 표시장치를 사용해야 효과적인 경우 : ①, ②, ③

34 작업기억(working memory)에서 일어나는 정보 코드화에 속하지 않는 것은?

① 의미 코드화 ② 음성 코드화
③ 시각 코드화 ④ 다차원 코드화

해설 작업기억에서 일어나는 정보 코드화
① 의미 코드화　② 음성 코드화
③ 시각 코드화

35 인체에서 뼈의 주요 기능으로 볼 수 없는 것은?

① 대사작용 ② 신체의 지지
③ 조혈작용 ④ 장기의 보호

해설 뼈의 주요 기능
① 신체의지지　② 조혈작용　③ 장기의 보호

36 인간의 눈에서 빛이 가장 먼저 접촉하는 부분은?

① 각막 ② 망막
③ 초자체 ④ 수정체

해설 눈에서 빛이 가장 먼저 접촉하는 부분 : 각막

정답 ┃ 28. ③　29. ③　30. ④　31. ④　32. ③　33. ④　34. ④　35. ①　36. ①

37 인간공학적인 의자설계를 위한 일반적 원칙으로 적절하지 않은 것은 다음 중 어느 것인가?

① 척추의 허리부분은 요부 전만을 유지한다.
② 허리 강화를 위하여 쿠션은 설치하지 않는다.
③ 좌판의 앞 모서리부분은 5cm 정도 낮아야 한다.
④ 좌판과 등받이 사이의 각도는 90~105°를 유지하도록 한다.

해설 ② 허리 강화를 위하여 쿠션을 설치한다.

38 윤활관리 시스템에서 준수해야 하는 4가지 원칙이 아닌 것은?

① 적정량 준수
② 다양한 윤활제의 혼합
③ 올바른 윤활법의 선택
④ 윤활기간의 올바른 준수

해설 ② 적당한 윤활제의 혼합

39 FT도에 사용되는 기호 중 "전이기호"를 나타내는 기호는?

①
②
③
④

해설 ① 기본사상 ② 결함사상
③ 통상사상 ④ 전이기호

40 설비의 위험을 예방하기 위한 안전성평가단계 중 가장 마지막에 해당하는 것은?

① 재평가
② 정성적 평가
③ 안전대책
④ 정량적 평가

해설 설비의 위험을 예방하기 위한 안전성평가 단계
㉠ 제1단계 : 관계자료의 정비검토
㉡ 제2단계 : 정성적 평가
㉢ 제3단계 : 정량적 평가
㉣ 제4단계 : 안전대책
㉤ 제5단계 : 재해정보로부터의 재평가
㉥ 제6단계 : F.T.A 방법에 의한 재평가

제3과목 **기계위험방지기술**

---

41 산업안전보건법령에서 규정하는 양중기에 속하지 않는 것은?

① 호이스트
② 이동식 크레인
③ 곤돌라
④ 체인블록

해설 양중기의 종류
㉠ ①, ②, ③
㉡ 크레인
㉢ 리프트(이삿짐 운반용 리프트의 경우 적재하중이 0.1톤 이상인 것)
㉣ 승강기(최대하중이 0.25톤 이상인 것)

42 산업용 로봇에 사용되는 안전매트에 요구되는 일반구조 및 표시에 관한 설명으로 옳지 않은 것은?

① 단선경보장치가 부착되어 있어야 한다.
② 감응시간을 조절하는 장치는 부착되어 있지 않아야 한다.
③ 자율안전확인의 표시 외에 작동하중, 감응시간, 복귀신호의 자동 또는 수동 여부, 대소인 공용여부를 추가로 표시해야 한다.
④ 감응도 조절장치가 있는 경우 봉인되어 있지 않아야 한다.

해설 ④ 감응도 조절장치가 있는 경우 봉인되어 있어야 한다.

43 다음 중 기계 고장률의 기본모형이 아닌 것은?

① 초기고장
② 우발고장
③ 영구고장
④ 마모고장

해설 기계 고장률의 기본모형
㉠ 초기고장 ㉡ 우발고장
㉢ 마모고장

44 금형 작업의 안전과 관련하여 금형 부품의 조립 시 주의사항으로 틀린 것은?

① 맞춤 핀을 조립할 때에는 헐거운 끼워맞춤으로 한다.

② 파일럿 핀, 직경이 작은 펀치, 핀 게이지 등의 삽입부품은 빠질 위험이 있으므로 플랜지를 설치하는 등 이탈방지 대책을 세워둔다.

③ 쿠션 핀을 사용할 경우에는 상승시 누름판의 이탈방지를 위하여 단붙임한 나사로 견고히 조여야 한다.

④ 가이드 포스트, 샹크는 확실하게 고정한다.

해설 ① 맞춤 핀을 조립할 때에는 억지 끼워맞춤으로 한다.

45 선반 작업 시 주의사항으로 틀린 것은?

① 회전 중에 가공품을 직접 만지지 않는다.

② 공작물의 설치가 끝나면, 척에서 렌치류는 곧바로 제거한다.

③ 칩(chip)이 비산할 때는 보안경을 쓰고 방호판을 설치하여 사용한다.

④ 돌리개는 적정 크기의 것을 선택하고, 심압대 스핀들은 가능한 길게 나오도록 한다.

해설 ④ 돌리개는 적정 크기의 것을 선택하고, 심압대 스핀들은 가능하면 짧게 나오도록 한다.

46 연삭숫돌의 덮개 재료 선정 시 최고속도에 따라 허용되는 덮개 두께가 달라지는데 동일한 최고 속도에서 가장 얇은 판을 쓸 수 있는 덮개의 재료로 다음 중 가장 적절한 것은?

① 회주철   ② 압연강판
③ 가단주철   ④ 탄소강 주강품

해설 압연강판의 설명이다.

47 프레스의 양수조작식 방호장치에서 누름버튼의 상호간 내측거리는 몇 mm 이상이어야 하는가?

① 200   ② 300
③ 400   ④ 500

해설 프레스 및 전단기의 양수조작식 방호장치 누름버튼 상호간 최소내측거리는 300mm 이상으로 하여야 한다.

48 와이어로프의 절단하중이 11,160N이고, 한 줄로 물건을 매달고자 할 때 안전계수를 6으로 하면 몇 N 이하의 물건을 매달 수 있는가?

① 1,860   ② 3,720
③ 5,580   ④ 66,960

해설

$$안전계수 = \frac{절단하중}{안전하중}, \quad 안전하중 = \frac{절단하중}{안전계수}$$

$$\frac{11,160N}{6} = 1,860N$$

49 지게차의 헤드가드가 갖추어야 할 조건에 대한 설명으로 틀린 것은?

① 강도는 지게차 최대하중의 2배 값(4톤을 넘는 값에 대해서는 4톤으로 한다)의 등분포 정하중에 견딜 수 있을 것

② 상부틀의 각 개구의 폭 또는 길이가 26cm 미만일 것

③ 운전자가 앉아서 조작하는 방식의 지게차의 경우에는 운전자 좌석의 윗면에서 헤드가드의 상부틀의 아랫면까지의 높이가 1m 이상일 것

④ 운전자가 서서 조작하는 방식의 지게차는 운전석의 바닥면에서 헤드가드 상부틀의 하면까지의 높이가 2m 이상일 것

해설 ② 상부틀의 각 개구부의 폭 또는 길이가 16cm 미만일 것

50 작업자의 신체움직임을 감지하여 프레스의 작동을 급정지시키는 광전자식 안전장치를 부착한 프레스가 있다. 안전거리가 32cm라면 급정지에 소요되는 시간은 최대 몇 초 이내이어야 하는가? (단, 급정지에 소요되는 시간은 손이 광선을 차단한 순간부터 급정지기구가 작동하여 하강하는 슬라이드가 정지할 때까지의 시간을 의미한다.)

정답 ┃ 44. ① 45. ④ 46. ② 47. ② 48. ① 49. ② 50. ②

① 0.1초   ② 0.2초

③ 0.5초   ④ 1초

[해설]
설치거리(mm) = $1.6 \times (T_{l} + T_{s})$

여기서, $(T_{l} + T_{s})$: 최대정지시간(ms)

$320mm = 1.6 \times x$

∴ $x = 200ms = 0.2s$

51 위험한 작업점과 작업자 사이의 위험을 차단시키는 격리형 방호장치가 아닌 것은?

① 접촉반응형 방호장치

② 완전차단형 방호장치

③ 덮개형 방호장치

④ 안전방책

[해설]
격리형 방호장치 종류
① 완전차단형 방호장치   ② 덮개형 방호장치
③ 안전방책

52 동력 프레스의 분류하는데 있어서 그 종류에 속하지 않는 것은?

① 크랭크 프레스   ② 토글 프레스

③ 마찰 프레스   ④ 터릿 프레스

[해설]
동력 프레스의 종류
① 크랭크 프레스   ② 토글 프레스
③ 마찰 프레스

53 선반에서 절삭가공 중 발생하는 연속적인 칩을 자동적으로 끊어 주는 역할을 하는 것은?

① 칩브레이커   ② 방진구

③ 보안경   ④ 커버

[해설]
칩브레이커의 설명이다.

54 구멍이 있거나 노치(notch) 등이 있는 재료에 외력이 작용할 때 가장 현저하게 나타나는 현상은?

① 가공경화   ② 피로

③ 응력집중   ④ 크리프(creep)

[해설]
구멍이 있거나 노치 등이 있는 재료에 외력이 작용할 때 응력집중 현상이 나타난다.

55 근로자의 추락 등에 의한 위험을 방지하기 위하여 안전난간을 설치하는 경우, 이에 관한 구조 및 설치요건으로 틀린 것은?

① 상부난간대, 중간난간대, 발끝막이판 및 난간기둥으로 구성할 것

② 발끝막이판은 바닥면 등으로부터 5cm 이상의 높이를 유지할 것

③ 난간대는 지름 2.7cm 이상의 금속제 파이프나 그 이상의 강도를 가진 재료일 것

④ 안전난간은 구조적으로 가장 취약한 지점에서 가장 취약한 방향으로 작용하는 100kg 이상의 하중에 견딜 수 있을 것

[해설]
② 발끝막이판은 바닥면 등으로부터 10cm 이상의 높이를 유지할 것

56 제철공장에서는 주괴(ingot)를 운반하는 데 주로 컨베이어를 사용하고 있다. 이 컨베이어에 대한 방호조치의 설명으로 옳지 않은 것은?

① 근로자의 신체의 일부가 말려드는 등 근로자에게 위험을 미칠 우려가 있을 때 및 비상시에는 즉시 컨베이어의 운전을 정지시킬 수 있는 장치를 설치하여야 한다.

② 화물의 낙하로 인하여 근로자에게 위험을 미칠 우려가 있는 때에는 컨베이어에 덮개 또는 울을 설치하는 등 낙하방지를 위한 조치를 하여야 한다.

③ 수평상태로만 사용하는 컨베이어의 경우 정전, 전압 강하 등에 의한 화물 또는 운반구의 이탈 및 역주행을 방지하는 장치를 갖추어야 한다.

④ 운전 중인 컨베이어 위로 근로자를 넘어가도록 하는 때에는 근로자의 위험을 방지하기 위하여 건널다리를 설치하는 등 필요한 조치를 하여야 한다.

[해설]
③ 컨베이어, 이송용 롤러 등을 사용하는 경우에는 정전·전압 강하 등에 따른 화물 또는 운반구의 이탈 및 역주행을 방지하는 장치를 갖추어야 한다.

57 휴대용 연삭기 덮개의 노출각도 기준은?

① 60° 이내　　　　② 90° 이내
③ 150° 이내　　　④ 180° 이내

> **해설**
> 휴대용 연삭기 덮개의 노출각도 : 180° 이내

58 목재가공용 둥근톱에서 둥근톱의 두께가 4mm일 때 분할날의 두께는 몇 mm 이상이어야 하는가?

① 4.0　　　　　　② 4.2
③ 4.4　　　　　　④ 4.8

> **해설**
> 분할날의 두께는 둥근톱 두께의 1.1배 이상으로 하여야 한다.
> ∴ 4mm × 1.1 = 4.4mm 이상

59 롤러기에서 손조작식 급정지장치의 조작부 설치위치로 옳은 것은? (단, 위치는 급정지장치의 조작부의 중심점을 기준으로 한다.)

① 밑면으로부터 0.4m 이상 0.6m 이내
② 밑면으로부터 0.8m 이상 1.1m 이내
③ 밑면으로부터 0.8m 이내
④ 밑면으로부터 1.8m 이내

> **해설**
> 급정지장치의 설치위치
> ㉠ 손조작식 : 밑면에서 1.8m 이내
> ㉡ 복부조작식 : 밑면에서 0.8m 이상 1.1m 이내
> ㉢ 무릎조작식 : 밑면에서 0.4m 이상 0.6m 이내

60 보일러 수에 유지류, 고형물 등의 부유물로 인한 거품이 발생하여 수위를 판단하지 못하는 현상은?

① 프라이밍(priming)
② 캐리오버(carry over)
③ 포밍(foaming)
④ 워터해머(water hammer)

> **해설**
> 포밍의 설명이다.

제4과목 | 전기 및 화학설비 위험방지기술

61 폭발위험장소의 분류 중 1종 장소에 해당하는 것은?

① 폭발성 가스 분위기가 연속적, 장기간 또는 빈번하게 존재하는 장소
② 폭발성 가스 분위기가 정상작동 중 조성되지 않거나 조성된다 하더라도 짧은 기간에만 존재할 수 있는 장소
③ 폭발성 가스 분위기가 정상작동 중 주기적 또는 빈번하게 생성되는 장소
④ 폭발성 가스 분위기가 장기간 또는 거의 조성되지 않는 장소

> **해설**
> 1종 장소의 설명이다.

62 인체저항을 5,000Ω으로 가정하면 심실세동을 일으키는 전류에서의 전기에너지는? (단, 심실세동전류는 $\dfrac{165}{\sqrt{T}}$(mA)이며, 통전시간 T는 1초이고 전원은 교류정현파이다.)

① 33J　　　　　② 130J
③ 136J　　　　④ 142J

> **해설**
> $$W = I^2 RT$$
> $$= \left(\frac{165}{\sqrt{T}} \times 10^{-3}\right)^2 \times 5,000\,\Omega \times 1s$$
> $$= 136J$$

63 전선 간에 가해지는 전압이 어떤 값 이상으로 되면 전선 주위의 전기장이 강하게 되어 전선 표면의 공기가 국부적으로 절연이 파괴되어 빛과 소리를 내는 것은?

① 표피작용　　　　② 페란티 효과
③ 코로나 현상　　　④ 근접 현상

> **해설**
> 코로나 현상의 설명이다.

64 누전에 의한 감전의 위험을 방지하기 위하여 반드시 접지를 하여야만 하는 부분에 해당되지 않는 것은?

① 절연대 위 등과 같이 감전위험이 없는 장
소에서 사용하는 전기기계·기구의 금속체
② 전기기계·기구의 금속제 외함, 금속제
외피 및 철대
③ 전기를 사용하지 아니하는 설비 중 전동
식 양중기의 프레임과 궤도에 해당하는
금속제
④ 코드와 플러그를 접속하여 사용하는 휴
대형 전동기계·기구의 노출된 비충전
금속제

해설 ① 코드와 플러그를 접속하여 사용하는 사용전압이
대지전압 150V를 넘는 노출된 비충전 금속제

65 정전기 발생에 영향을 주는 요인이 아닌 것은?
① 물체의 특성   ② 물체의 표면상태
③ 접촉면적 및 압력   ④ 응집속도

해설 **정전기 발생에 영향을 주는 요인**
㉠ ①, ②, ③   ㉡ 박리속도
㉢ 물체의 분리력

66 전기기계·기구에 대하여 누전에 의한 감전위험
을 방지하기 위하여 누전차단기를 전기기계·기
구에 접속할 때 준수하여야 할 사항으로 옳은
것은?
① 누전차단기는 정격감도전류가 60mA 이하
이고 작동시간은 0.1초 이내일 것
② 누전차단기는 정격감도전류가 50mA 이하
이고 작동시간은 0.08초 이내일 것
③ 누전차단기는 정격감도전류가 40mA 이하
이고 작동시간은 0.06초 이내일 것
④ 누전차단기는 정격감도전류가 30mA 이하
이고 작동시간은 0.03초 이내일 것

해설 **누전차단기를 전기기계·기구에 접속할 때 준수사항** :
누전차단기는 정격감도전류가 30mA 이하이고 작동시
간은 0.03초 이내일 것

67 방폭구조의 종류 중 방진 방폭구조를 나타내는
표시로 옳은 것은?

① DDP   ② tD
③ XDP   ④ DP

해설

방진 방폭구조의 종류	기 호
방진 방폭구조	tD
특수 방진 방폭구조	SDR
보통 방진 방폭구조	DP
분진 특수 방폭구조	XDP

68 고압 또는 특고압의 기계 기구·모선 등을 옥외
에 시설하는 발전소·변전소·개폐소 또는 이에
준하는 곳에는 구내에 취급자 이외의 자가 들어
가지 못하도록 하기 위한 시설의 기준에 대한
설명으로 틀린 것은?
① 울타리·담 등의 높이는 1.5m 이상으로
시설하여야 한다.
② 출입구에는 출입금지의 표시를 하여야 한다.
③ 출입구에는 자물쇠장치 기타 적당한 장치
를 하여야 한다.
④ 지표면과 울타리·담 등의 하단사이의 간
격은 15cm 이하로 하여야 한다.

해설 ① 울타리·담 등의 높이는 2m 이상으로 시설하여야
한다.

69 전기기계·기구의 조작부분을 점검하거나 보수
하는 경우에는 근로자가 안전하게 작업할 수 있
도록 전기기계·기구로부터 최소 몇 cm 이상의
작업공간 폭을 확보하여야 하는가? (단, 작업공
간을 확보하는 것이 곤란하여 절연용 보호구를
착용하도록 한 경우 제외)
① 60cm   ② 70cm
③ 80cm   ④ 90cm

해설 전기기계·기구의 조작부분을 점검하거나 보수하는
경우 전기기계·기구로 부터 최소 70cm 이상의 작업
공간 폭을 확보한다.

70 다음 중 물리적 공정에 해당되는 것은?
① 유화중합   ② 축합중합
③ 산화   ④ 증류

해설 **물리적 공정** : 증류

71 과전류차단기로 시설하는 퓨즈 중 고압전로에 사용하는 비포장 퓨즈에 대한 설명으로 옳은 것은?

① 정적전류의 1.25배의 전류에 견디고 또한 2배의 전류로 2분 안에 용단되는 것이어야 한다.

② 정적전류의 1.25배의 전류에 견디고 또한 2배의 전류로 4분 안에 용단되는 것이어야 한다.

③ 정적전류의 2배의 전류에 견디고 또한 2배의 전류로 2분 안에 용단되는 것이어야 한다.

④ 정적전류의 2배의 전류에 견디고 또한 2배의 전류로 4분 안에 용단되는 것이어야 한다.

> **해설** 과전류차단기로 시설하는 고압전로에 사용하는 비포장 퓨즈 : 정적전류의 1.25배의 전류에 견디고 또한 2배의 전류로 2분 안에 용단되는 것이어야 한다.

72 산화성 액체 중 질산의 성질에 관한 설명으로 옳지 않은 것은?

① 피부 및 의복을 부식하는 성질이 있다.

② 쉽게 연소하는 가연성 물질이므로 화기에 극도로 주의한다.

③ 위험물 유출 시 건조사를 뿌리거나 중화제로 중화한다.

④ 물과 반응하면 발열반응을 일으키므로 물과의 접촉을 피한다.

> **해설** ② 불연성이지만 다른 물질의 연소를 돕는 조연성 물질이다.

73 다음 중 유류화재의 종류에 해당하는 것은?

① A급 ② B급

③ C급 ④ D급

> **해설** 화재의 구분
>
> | 화재의 종류 | 가연물질의 종류 |
> | --- | --- |
> | A급 | 일반화재 |
> | B급 | 유류화재 |
> | C급 | 전기화재 |
> | D급 | 금속화재 |

74 최소착화에너지가 0.25mJ, 극간 정전용량이 10pF인 부탄가스 버너를 점화시키기 위해서 최소 얼마 이상의 전압을 인가하여야 하는가?

① 0.52×10^2V ② 0.74×10^3V

③ 7.07×10^3V ④ 5.03×10^5V

> **해설**
> $$E = \frac{1}{2} CV^2$$
> 여기서, E : 최소착화에너지(mJ)
> C : 정전용량(F)
> V : 최소대전전위(V)
> $$\therefore V = \sqrt{\frac{2E}{C}} = \sqrt{\frac{2 \times 0.25 \times 10^{-3}}{10 \times 10^{-12}}}$$
> $$= 7.07 \times 10^3 \, V$$

75 다음 중 가연성 가스의 폭발범위에 관한 설명으로 틀린 것은?

① 상한과 하한이 있다.

② 압력과 무관하다.

③ 공기와 혼합된 가연성 가스의 체적농도로 표시된다.

④ 가연성 가스의 종류에 따라 다른 값을 갖는다.

> **해설** 온도, 압력, 농도, 불활성 가스 등에 영향을 받는다.

76 산업안전보건법령상 관리대상 유해물질의 운반 및 저장 방법으로 적절하지 않은 것은?

① 저장장소에는 관계 근로자가 아닌 사람의 출입을 금지하는 표시를 한다.

② 저장장소에서 관리대상 유해물질의 증기가 실외로 배출되지 않도록 적절한 조치를 한다.

③ 관리대상 유해물질을 저장할 때 일정한 장소를 지정하여 저장하여야 한다.

④ 물질이 새거나 발산될 우려가 없는 뚜껑 또는 마개가 있는 튼튼한 용기를 사용한다.

> **해설** ② 저장장소에서 관리대상 유해물질의 증기가 실외로 배출되도록 적절한 조치를 한다.

77 어떤 물질 내에서 반응 전파속도가 음속보다 빠르게 진행되고 이로 인해 발생된 충격파가 반응을 일으키고 유지하는 발열반응을 무엇이라 하는가?

① 점화(ignition) 　② 폭연(deflagration)
③ 폭발(explosion) 　④ 폭굉(detonation)

> **해설**
> 폭굉의 설명이다.

78 산업안전보건법령상의 위험물을 저장·취급하는 화학설비 및 그 부속설비를 설치하는 경우 폭발이나 화재에 따른 피해를 줄이기 위하여 단위공정시설 및 설비로부터 다른 단위공정시설 및 설비 사이의 안전거리는 얼마로 하여야 하는가?

① 설비의 안쪽 면으로부터 10m 이상
② 설비의 바깥 면으로부터 10m 이상
③ 설비의 안쪽 면으로부터 5m 이상
④ 설비의 바깥 면으로부터 5m 이상

> **해설**
> 화학설비 및 그 부속설비를 설치하는 경우 폭발이나 화재에 따른 피해를 줄이기 위하여 단위공정시설 및 설비로부터 다른 단위공정시설 및 설비 사이의 안전거리 : 설비의 바깥 면으로부터 10m 이상

79 다음 중 산업안전보건법령상 위험물의 종류에서 인화성 가스에 해당하지 않는 것은?

① 수소 　② 질산에스테르
③ 아세틸렌 　④ 메탄

> **해설**
> ② 폭발성 물질 및 유기과산화물

80 산소용기의 압력계가 100kgf/cm²일 때 약 몇 psia인가? (단, 대기압은 표준대기압이다.)

① 1,465 　② 1,455
③ 1,438 　④ 1,423

> **해설**
> 절대압력 = 대기압 + 게이지압력
> $$= 14.696\text{psi} + 100\text{kgf/cm}^2 \times \frac{14.696\text{psi}}{1.033227\text{kgf/cm}^2}$$
> $$= 1,438\text{psia}$$
> 여기서, $1.033227\text{kgf/cm}^2 = 14.696\text{psi}$

제5과목 건설안전기술

81 다음 중 유해·위험방지계획서 제출 대상 공사에 해당하는 것은?

① 지상높이가 25m인 건축물 건설공사
② 최대지간길이가 45m인 교량건설공사
③ 깊이가 8m인 굴착공사
④ 제방높이가 50m인 다목적댐 건설공사

> **해설**
> 유해·위험방지계획서 제출 대상공사 : 제방높이가 50m인 다목적댐 건설공사

82 차량계 하역운반기계 등을 사용하는 작업을 할 때, 그 기계가 넘어지거나 굴러떨어짐으로써 근로자에게 위험을 미칠 우려가 있는 경우에 이를 방지하기 위한 조치사항과 거리가 먼 것은?

① 유도자 배치
② 지반의 부동침하방지
③ 상단부분의 안정을 위하여 버팀줄 설치
④ 갓길 붕괴방지

> **해설**
> 차량계 하역운반기계 등 기계가 넘어지는 등 조치사항
> ㉠ 유도자 배치 　㉡ 지반의 부동침하방지
> ㉢ 갓길 붕괴방지

83 콘크리트 구조물에 적용하는 해체작업 공법의 종류가 아닌 것은?

① 연삭 공법 　② 발파 공법
③ 오픈컷 공법 　④ 유압 공법

> **해설**
> 콘크리트 구조물에 적용하는 해체작업 공법의 종류
> ㉠ 연삭 공법 　㉡ 발파 공법
> ㉢ 유압 공법

84 드럼에 다수의 돌기를 붙여 놓은 기계로 점토층의 내부를 다지는 데 적합한 것은 어느 것인가?

① 탠덤 롤러 　② 타이어 롤러
③ 진동 롤러 　④ 탬핑 롤러

> **해설**
> 탬핑 롤러의 설명이다.

85 달비계에 사용이 불가한 와이어로프의 기준으로 옳지 않은 것은?

① 이음매가 없는 것
② 지름의 감소가 공칭지름의 7%를 초과하는 것
③ 심하게 변형되거나 부식된 것
④ 와이어로프의 한 꼬임에서 끊어진 소선(素線)의 수가 10% 이상인 것

> **해설** ① 이음매가 있는 것

86 다음은 산업안전보건기준에 관한 규칙 중 가설통로의 구조에 관한 사항이다. (   ) 안에 들어갈 내용으로 옳은 것은?

> 수직갱에 가설된 통로의 길이가 15m 이상인 경우에는 10m 이내마다 (   )을/를 설치할 것

① 손잡이
② 계단참
③ 클램프
④ 버팀대

> **해설** **가설통로구조** : 수직갱에 가설된 통로의 길이가 15m 이상인 경우에는 10m 이내마다 계단참을 설치한다.

87 다음 중 구조물의 해체작업을 위한 기계·기구가 아닌 것은?

① 쇄석기
② 데릭
③ 압쇄기
④ 철제해머

> **해설** ② 동력을 이용하여 짐을 달아올리는 기계장치

88 근로자의 추락위험이 있는 장소에서 발생하는 추락재해의 원인으로 볼 수 없는 것은?

① 안전대를 부착하지 않았다.
② 덮개를 설치하지 않았다.
③ 투하설비를 설치하지 않았다.
④ 안전난간을 설치하지 않았다.

> **해설** **추락재해의 원인**
> ㉠ 안전대를 부착하지 않았다.
> ㉡ 덮개를 설치하지 않았다.
> ㉢ 안전난간을 설치하지 않았다.

89 다음 중 발파작업에 종사하는 근로자가 준수하여야 할 사항으로 옳지 않은 것은 어느 것인가?

① 장전구는 마찰·충격·정전기 등에 의한 폭발의 위험이 없는 안전한 것을 사용할 것
② 발파공의 충진재료는 점토·모래 등 발화성 또는 인화성의 위험이 없는 재료를 사용할 것
③ 얼어붙은 다이너마이트는 화기에 접근시키거나 그 밖의 고열물에 직접 접촉시켜 단시간 안에 융해시킬 수 있도록 할 것
④ 전기뇌관에 의한 발파의 경우 점화하기 전에 화약류를 장전한 장소로부터 30m 이상 떨어진 안전한 장소에서 전선에 대하여 저항측정 및 도통시험을 할 것

> **해설** ③ 얼어붙은 다이너마이트를 화기에 접근시키거나 그 밖의 고열물에 직접 접촉시키는 등 위험한 방법으로 융해되지 않도록 할 것

90 다음은 산업안전보건법령에 따른 근로자의 추락위험 방지를 위한 추락방호망의 설치기준이다. (   ) 안에 들어갈 내용으로 옳은 것은?

> 추락방호망은 수평으로 설치하고, 망의 처짐은 짧은 변 길이의 (   ) 이상이 되도록 할 것

① 10%
② 12%
③ 15%
④ 18%

> **해설** **추락방호망의 설치기준** : 추락방호망은 수평으로 설치하고 망의 처짐은 짧은 변 길이의 12% 이상이 되도록 할 것

91 산업안전보건법령에 따른 중량물을 취급하는 작업을 하는 경우의 작업계획서 내용에 포함되지 않는 사항은?

① 추락위험을 예방할 수 있는 안전대책
② 낙하위험을 예방할 수 있는 안전대책
③ 전도위험을 예방할 수 있는 안전대책
④ 위험물 누출위험을 예방할 수 있는 안전대책

해설 중량물을 취급하는 작업을 하는 경우 작업계획서 내용
㉠ ①, ②, ③
㉡ 협착위험을 예방할 수 있는 안전대책
㉢ 붕괴위험을 예방할 수 있는 안전대책

92 콘크리트 타설작업 시 거푸집에 작용하는 연직 하중이 아닌 것은?
① 콘크리트의 측압
② 거푸집의 중량
③ 굳지 않은 콘크리트의 중량
④ 작업원의 작업하중

해설 콘크리트 타설작업 시 거푸집에 작용하는 연직하중
㉠ 거푸집의 중량
㉡ 굳지 않은 콘크리트의 중량
㉢ 작업원의 작업하중

93 산업안전보건관리비 계상을 위한 대상액이 56억 원인 교량공사의 산업안전보건관리비는 얼마인 가? (단, 일반건설공사(갑)에 해당)
① 104,160천원　② 110,320천원
③ 144,800천원　④ 150,400천원

해설 공사종류 및 규모별 안전관리비 계상기준표

공사 종류	대상액 5억원 미만	5억원 이상 50억원 미만		50억 이상
		비율(X)	기초액(C)	
일반건설공사 (갑)	2.93%	1.86%	5,349,000원	1.97%
일반건설공사 (을)	3.09%	1.99%	5,499,000원	2.10%
중건설공사	3.43%	2.35%	5,400,000원	2.44%
철도·궤도 신설공사	2.45%	1.57%	4,411,000원	1.66%
특수 및 그 밖에 건설공사	1.85%	1.20%	3,250,000원	1.27%

94 추락재해 방지용 방망의 신품에 대한 인장강도 는 얼마인가? (단, 그물코의 크기가 10cm이며, 매듭 없는 방망)
① 220kg　② 240kg
③ 260kg　④ 280kg

해설 추락재해 방지용 방망의 신품에 의한 인장강도
㉠ 그물코의 크기 10cm, 매듭 없는 방망 : 240kg
㉡ 그물코의 크기 10cm, 매듭 있는 방망 : 200kg

95 기상상태의 악화로 비계에서의 작업을 중지시킨 후 그 비계에서 작업을 다시 시작하기 전에 점 검해야 할 사항에 해당하지 않는 것은?
① 기둥의 침하·변형·변위 또는 흔들림 상태
② 손잡이의 탈락여부
③ 격벽의 설치여부
④ 발판재료의 손상 여부 및 부착 또는 걸림 상태

해설 기상상태의 악화로 비계에서의 작업을 중지시킨 후 작업을 다시 시작하기 전에 점검해야 할 사항
㉠ ①, ②, ④
㉡ 해당 비계의 연결부 또는 접속부의 풀림상태
㉢ 연결재료 및 연결철물의 손상 또는 부식상태
㉣ 로프의 부착상태 및 매단장치의 흔들림 상태

96 강풍 시 타워크레인의 설치·수리·점검 또는 해체작업을 중지하여야 하는 순간풍속 기준으로 옳은 것은?
① 순간풍속이 초당 10m를 초과하는 경우
② 순간풍속이 초당 15m를 초과하는 경우
③ 순간풍속이 초당 20m를 초과하는 경우
④ 순간풍속이 초당 30m를 초과하는 경우

해설 강풍 시 타워크레인의 설치·수리·점검 또는 해체 작업을 중지하는 경우 : 순간풍속이 초당 10m를 초 과하는 경우

97 사다리식 통로 등을 설치하는 경우 발판과 벽과 의 사이는 최소 얼마 이상의 간격을 유지하여야 하는가?
① 5cm　② 10cm
③ 15cm　④ 20cm

해설 사다리식 통로 : 발판과 벽과의 사이는 15cm 이상의 간격을 유지할 것

98 개착식 굴착공사에서 버팀보 공법을 적용하여 굴착할 때 지반붕괴를 방지하기 위하여 사용하는 계측장치로 거리가 먼 것은?

① 지하수위계   ② 경사계
③ 변형률계   ④ 록볼트응력계

> **해설** 개착식 굴착공사에서 버팀보 공법을 적용하여 굴착할 때 지반붕괴를 방지하기 위하여 사용하는 계측장치
> ㉠ 지하수위계   ㉡ 경사계
> ㉢ 변형률계

99 거푸집동바리 등을 조립하는 경우의 준수사항으로 옳지 않은 것은?

① 동바리로 사용하는 파이프 서포트는 최소 3개 이상이어서 사용하도록 할 것
② 동바리의 상하 고정 및 미끄러짐 방지조치를 하고, 하중의 지지상태를 유지할 것
③ 동바리의 이음은 맞댄이음이나 장부이음으로 하고 같은 품질의 재료를 사용할 것
④ 강재와 강재의 접속부 및 교차부는 볼트·클램프 등 전용철물을 사용하여 단단히 연결할 것

> **해설** ① 동바리로 사용하는 파이프 서포트는 최소 3개 이상이어서 사용하지 않도록 할 것

100 거푸집 공사에 관한 설명으로 옳지 않은 것은?

① 거푸집 조립 시 거푸집이 이동하지 않도록 비계 또는 기타 공작물과 직접 연결한다.
② 거푸집 치수를 정확하게 하여 시멘트 모르타르가 새지 않도록 한다.
③ 거푸집 해체가 쉽게 가능하도록 박리제 사용 등의 조치를 한다.
④ 측압에 대한 안전성을 고려한다.

> **해설** ① 거푸집 조립 시 거푸집이 이동하지 않도록 견고한 구조의 긴결재, 버팀대 또는 지지대를 설치하는 등 필요한 조치를 한다.

제1과목 | 산업안전관리론

01 사고예방대책의 기본원리 5단계 중 사실의 발견 단계에 해당하는 것은?

① 작업환경 측정
② 안전성 진단, 평가
③ 점검, 검사 및 조사 실시
④ 안전관리계획 수립

해설 (1) **제2단계(사실의 발견)**
㉠ 자료수집
㉡ 위험확인
㉢ 점검·검사 및 조사 실시
㉣ 사고 및 활동기록의 검토
㉤ 작업분석
㉥ 각종 안전회의 및 토의회
㉦ 종업원의 건의 및 여론조사
(2) **제4단계(시정방법의 선정)** : 안전관리규정 제정

02 재해예방의 4원칙에 해당하지 않는 것은?

① 손실연계의 원칙
② 대책선정의 원칙
③ 예방가능의 원칙
④ 원인계기의 원칙

해설 ① 손실우연의 법칙

03 산업스트레스의 요인 중 직무 특성과 관련된 요인으로 볼 수 없는 것은?

① 조직구조
② 작업속도
③ 근무시간
④ 업무의 반복성

해설 산업스트레스 요인 중 직무 특성과 관련된 요인
㉠ 작업속도
㉡ 근무시간
㉢ 업무의 반복성

04 산업심리의 5대 요소에 해당되지 않는 것은?

① 동기
② 지능
③ 감정
④ 습관

해설 산업심리의 5대 요소 : 기질(temper), 동기, 감정, 습성, 습관

05 사업장의 도수율이 10.83이고, 강도율이 7.92일 경우의 종합재해지수(FSI)는?

① 4.63
② 6.42
③ 9.26
④ 12.84

해설 종합재해지수(FSI) $= \sqrt{\text{도수율} \times \text{강도율}}$
$9.26 = \sqrt{10.83 \times 7.92}$

06 리더십(leadership)의 특성으로 볼 수 없는 것은?

① 민주주의적 지휘 형태
② 부하와의 넓은 사회적 간격
③ 밑으로부터의 동의에 의한 권한 부여
④ 개인적 영향에 의한 부하와의 관계 유지

해설 ② 부하와의 좁은 사회적 간격

07 매슬로우(A.H. Maslow) 욕구단계 이론의 각 단계별 내용으로 틀린 것은?

① 1단계 : 자아실현의 욕구
② 2단계 : 안전에 대한 욕구
③ 3단계 : 사회적(애정적) 욕구
④ 4단계 : 존경과 긍지에 대한 욕구

해설 **매슬로우 욕구단계 이론**
㉠ 제1단계 : 생리적 욕구
㉡ 제2단계 : 안전에 대한 욕구
㉢ 제3단계 : 사회적(애정적) 욕구
㉣ 제4단계 : 존경욕구
㉤ 제5단계 : 자아실현의 욕구

정답 | 01. ③ 02. ① 03. ① 04. ② 05. ③ 06. ② 07. ①

08 산업안전보건법령에 따른 근로자 안전·보건교육 중 채용 시의 교육내용이 아닌 것은? (단, 산업안전보건법 및 일반관리에 관한 사항은 제외한다.)

① 사고발생 시 긴급조치에 관한 사항
② 유해·위험 작업환경관리에 관한 사항
③ 산업보건 및 직업병 예방에 관한 사항
④ 기계·기구의 위험성과 작업의 순서 및 동선에 관한 사항

해설 **채용 시의 교육 및 작업내용 변경 시 교육내용**
ㄱ 기계·기구의 위험성과 작업의 순서 및 동선에 관한 사항
ㄴ 작업개시 전 점검에 관한 사항
ㄷ 정리정돈 및 청소에 관한 사항
ㄹ 사고발생 시 긴급조치에 관한 사항
ㅁ 산업보건 및 직업병 예방에 관한 사항
ㅂ 물질안전보건자료에 관한 사항
ㅅ 산업안전보건법 및 일반관리에 관한 사항

09 산업안전보건법령에 따른 안전·보건표지에 사용하는 색채기준 중 비상구 및 피난소, 사람 또는 차량의 통행표지의 안내용도로 사용하는 색채는?

① 빨간색　　② 녹색
③ 노란색　　④ 파란색

해설 **안전·보건표지의 색채 및 용도 사용례**

색 채	용 도	사용례
빨간색	금지	정지신호, 소화설비 및 그 장소, 유해행위의 금지
	경고	화학물질 취급장소에서의 유해·위험 경고
노란색	경고	화학물질 취급장소에서의 유해·위험 경고, 이 외의 위험 경고, 주의표지 또는 기계방호물
파란색	지시	특정 행위의 지시 및 사실의 고지
녹색	안내	비상구 및 피난소, 사람 또는 차량의 통행표지

10 피로에 의한 정신적 증상과 가장 관련이 깊은 것은?

① 주의력이 감소 또는 경감된다.
② 작업의 효과나 작업량이 감퇴 및 저하된다.
③ 작업에 대한 몸의 자세가 흐트러지고 지치게 된다.

④ 작업에 대하여 무감각·무표정·경련 등이 일어난다.

해설 피로의 신체적 증상 : ②, ③, ④

11 일반적으로 교육이란 "인간행동의 계획적 변화"로 정의할 수 있다. 여기서 인간의 행동이 의미하는 것은?

① 신념과 태도
② 외현적 행동만 포함
③ 내현적 행동만 포함
④ 내현적, 외현적 행동 모두 포함

해설 인간의 행동 $B = f(P \cdot E)$
여기서, B : Behavior(인간의 행동)
　　　　　－내현적, 외현적 행동 모두 포함
　　　f : function(함수관계)
　　　P : Person(소질)－연령, 경험, 심신상태, 성격, 지능 등에 의하여 결정
　　　E : Environment(환경)－인간관계 요인을 나타내는 변수

12 Off JT의 설명으로 틀린 것은?

① 다수의 근로자에게 조직적 훈련이 가능하다.
② 훈련에만 전념하게 된다.
③ 효과가 곧 업무에 나타나며 훈련의 좋고 나쁨에 따라 개선이 쉽다.
④ 교육훈련목표에 대해 집단적 노력이 흐트러질 수 있다.

해설 ③ O.J.T의 특성

13 산업안전보건법령에 따른 안전검사대상 유해·위험기계 등의 검사주기 기준 중 다음 (　) 안에 알맞은 것은?

크레인(이동식 크레인은 제외), 리프트(이삿짐 운반용 리프트는 제외) 및 곤돌라는 사업장에 설치가 끝난 날부터 3년 이내에 최초 안전검사를 실시하되, 그 이후부터 (㉠)년마다(건설현장에서 사용하는 것은 최초로 설치한 날부터 (㉡)개월마다)

정답 | 08. ② 09. ② 10. ① 11. ④ 12. ③ 13. ④

① ㉠ 1, ㉡ 4   ② ㉠ 1, ㉡ 6
③ ㉠ 2, ㉡ 4   ④ ㉠ 2, ㉡ 6

해설 유해 · 위험기계 등의 검사주기 기준

구 분	검사주기
크레인, 리프트 및 곤돌라	사업장에 설치가 끝난 날부터 3년 이내에 최초안전검사를 실시하되, 그 이후부터 매 2년(건설현장에서 사용하는 것은 최초로 설치한 날부터 매 6개월)
그 밖의 유해 · 위험 기계 등	사업장에 설치가 끝난 날부터 3년 이내에 최초안전검사를 실시하되, 그 이후부터 매 2년(공정안전보고서를 제출하여 확인을 받은 압력용기는 4년)

14 보호구 안전인증 고시에 따른 방독마스크 중 할로겐용 정화통 외부측면의 표시색으로 옳은 것은?

① 갈색   ② 회색
③ 녹색   ④ 노란색

해설 방독마스크 종류와 정화통 외부측면 표시색

종 류	정화통 외부측면 표시색
유기화합물용	갈색
할로겐용	회색
황화수소용	회색
시안화수소용	회색
아황산용	노란색
암모니아용	녹색

15 직접 사람에게 접촉되어 위해를 가한 물체를 무엇이라 하는가?

① 낙하물   ② 비래물
③ 기인물   ④ 가해물

해설
①, ②(낙하물 · 비래물) : 구조물, 기계 등에 고정되어 있던 물체가 중력, 원심력, 관성력 등에 의하여 고정부에서 이탈하거나 또는 설비 등으로부터 물질이 분출되어 사람을 가해하는 물체
③ 기인물 : 재해를 가져오게 한 근원이 된 기계, 장치, 기타 물체 또는 환경

16 산업재해보상보험법에 따른 산업재해로 인한 보상비가 아닌 것은?

① 교통비   ② 장의비
③ 휴업급여   ④ 유족급여

해설 산업재해로 인한 보상비

㉠ ②, ③, ④   ㉡ 장해급여
㉢ 요양급여   ㉣ 유족 특별급여
㉤ 장해 특별급여   ㉥ 직업 재활급여

17 기업 내 교육방법 중 작업의 개선방법 및 사람을 다루는 방법, 작업을 가르치는 방법 등을 주된 교육내용으로 하는 것은?

① CCS(Civil Communication Section)
② MTP(Management Training Program)
③ TWI(Training Within Industry)
④ ATT(American Telephone & Telegram Co.)

해설
① CCS : 일부 회사의 톱 매니지먼트에만 행하여진 것으로 정책의 수립, 조직, 통제, 운영 등의 교육을 한다.
② MTP : TWI보다 약간 높은 관리자 계층을 목표로 하며 TWI와는 달리 관리문제에 보다 더 치중한다.
④ ATT : 대상 계층이 한정되어 있지 않고 또 한번 훈련을 받은 관리자는 그 부하인 감독자에 대해 지도원이 될 수 있다.

18 산업안전보건법령에 따른 최소 상시 근로자 50명 이상 규모에 산업안전보건위원회를 설치 · 운영하여야 할 사업의 종류가 아닌 것은?

① 토사석 광업
② 1차 금속 제조업
③ 자동차 및 트레일러 제조업
④ 정보서비스업

해설 상시 근로자 50명 이상 규모에 산업안전보건위원회를 설치 · 운영하여야 할 사업의 종류

㉠ ①, ②, ③
㉡ 목재 및 나무제품 제조업 : 가구 제외
㉢ 화학물질 및 화학제품 제조업 : 의약품 제외(세제, 화장품 및 광택제 제조업과 화학섬유 제조업을 제외한다.)
㉣ 비금속 광물제품 제조업
㉤ 금속가공제품 제조업 : 기계 및 기구 제외
㉥ 기타 기계 및 장비 제조업(사무용 기계 및 장비 제조업을 제외한다.)
㉦ 기타 운송장비 제조업(전투용 차량 제조업을 제외한다.)

19 다음 중 교육의 3요소에 해당되지 않는 것은?

① 교육의 주체   ② 교육의 기간
③ 교육의 매개체   ④ 교육의 객체

해설 **교육의 3요소**
㉠ 교육의 주체   ㉡ 교육의 매개체
㉢ 교육의 객체

20 위험예지훈련의 방법으로 적절하지 않은 것은?

① 반복 훈련한다.
② 사전에 준비한다.
③ 자신의 작업으로 실시한다.
④ 단위 인원수를 많게 한다.

해설 ④ 단위 인원수를 작게 한다.

제2과목   **인간공학 및 시스템안전공학**

21 체계설계 과정 중 기본설계 단계의 주요활동으로 볼 수 없는 것은?

① 작업설계   ② 체계의 정의
③ 기능의 할당   ④ 인간성능 요건명세

해설 **체계설계 과정 중 기본설계 단계의 주요활동**
㉠ 작업설계   ㉡ 기능의 할당
㉢ 인간성능 요건명세

22 정보입력에 사용되는 표시장치 중 청각장치보다 시각장치를 사용하는 것이 더 유리한 경우는?

① 정보의 내용이 긴 경우
② 수신자가 직무상 자주 이동하는 경우
③ 정보의 내용이 즉각적인 행동을 요구하는 경우
④ 정보를 나중에 다시 확인하지 않아도 되는 경우

해설 (1) **청각장치보다 시각장치를 사용하는 것이 더 유리한 경우** : 정보의 내용이 긴 경우
(2) 시각적 표시장치보다 청각적 표시장치를 사용하는 것이 더 효과적인 경우

㉠ 수신자가 직무상 자주 이동하는 경우
㉡ 정보의 내용이 즉각적인 행동을 요구하는 경우
㉢ 정보를 나중에 다시 확인하지 않아도 되는 경우

23 FTA 도표에서 사용하는 논리기호 중 기본사상을 나타내는 기호는?

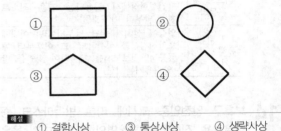

해설 ① 결함사상   ③ 통상사상   ④ 생략사상

24 조도가 250럭스인 책상 위에 짙은 색 종이 A와 B가 있다. 종이 A의 반사율은 20%이고, 종이 B의 반사율은 15%이다. 종이 A에는 반사율 80%의 색으로, 종이 B에는 반사율 60%의 색으로 같은 글자를 각각 썼을 때의 설명으로 맞는 것은? (단, 두 글자의 크기, 색, 재질 등은 동일하다.)

① 두 종이에 쓴 글자는 동일한 수준으로 보인다.
② 어느 종이에 쓰인 글자가 더 잘 보이는지 알 수 없다.
③ A종이에 쓰인 글자가 B종이에 쓰인 글자보다 눈에 더 잘 보인다.
④ B종이에 쓰인 글자가 A종이에 쓰인 글자보다 눈에 더 잘 보인다.

해설 ㉠ A의 대비 $= \dfrac{80-20}{80} \times 100 = 75\%$
㉡ B의 대비 $= \dfrac{60-15}{60} \times 100 = 75\%$
즉, 두 종이에 쓴 글자는 동일한 수준으로 보인다.

25 검사공정의 작업자가 제품의 완성도에 대한 검사를 하고 있다. 어느 날 10,000개의 제품에 대한 검사를 실시하여 200개의 부적합품을 발견하였으나, 이 로트에는 실제로 500개의 부적합품이 있었다. 이때 인간 과오확률(Human Error Probability)은 얼마인가?

① 0.02　　　　② 0.03

③ 0.04　　　　④ 0.05

해설
$500 - 200 = 300$
$$\therefore \frac{300}{10,000} = 0.03$$

26 제품의 설계단계에서 고유 신뢰성을 증대시키기 위하여 일반적으로 많이 사용되는 방법이 아닌 것은?

① 병렬 및 대기 리던던시의 활용
② 부품과 조립품의 단순화 및 표준화
③ 제조부문과 납품업자에 대한 부품규격의 명세제시
④ 부품의 전기적, 기계적, 열적 및 기타 작동조건의 경감

해설
제품의 설계단계에서 고유 신뢰성을 증대시키기 위하여 일반적으로 많이 사용되는 방법
㉠ 병렬 및 대기 리던던시의 활용
㉡ 부품과 조립품의 단순화 및 표준화
㉢ 부품의 전기적, 기계적, 열적 및 기타 작동조건의 경감

27 작업장의 실효온도에 영향을 주는 인자 중 가장 관계가 먼 것은?

① 온도　　　　② 체온
③ 습도　　　　④ 공기유동

해설
작업장의 실효온도에 영향을 주는 인자
㉠ 온도　　　　㉡ 습도
㉢ 공기유동

28 인간-기계시스템에 관련된 정의로 틀린 것은?

① 시스템이란 전체목표를 달성하기 위한 유기적인 결합체이다.
② 인간-기계시스템이란 인간과 물리적 요소가 주어진 입력에 대해 원하는 출력을 내도록 결합되어 상호작용하는 집합체이다.
③ 수동시스템은 입력된 정보를 근거로 자신의 신체적 에너지를 사용하여 수공구나 보조기구에 힘을 가하여 작업을 제어하는 시스템이다.

④ 자동화 시스템은 기계에 의해 동력과 몇몇 다른 기능들이 제공되며, 인간이 원하는 반응을 얻기 위해 기계의 제어장치를 사용하여 제어기능을 수행하는 시스템이다.

해설
④ 자동화 시스템은 기계 자체가 감지, 정보처리 및 의사결정, 행동을 포함한 모든 임무를 수행한다.

29 통제표시비를 설계할 때 고려해야 할 5가지 요소에 해당하지 않는 것은?

① 공차　　　　② 조작시간
③ 일치성　　　　④ 목측거리

해설
통제표시비를 설계할 때 고려해야 할 5가지 요소
㉠ ①, ②, ④　　　　㉡ 계기의 크기
㉢ 방향성

30 결함수분석(FTA) 결과 다음과 같은 패스셋을 구하였다. X_4가 중복사상인 경우, 최소 패스셋(minimal path sets)으로 맞는 것은?

$\{X_2, \ X_3, \ X_4\}$
$\{X_1, \ X_3, \ X_4\}$
$\{X_3, \ X_4\}$

① $\{X_3, \ X_4\}$
② $\{X_1, \ X_3, \ X_4\}$
③ $\{X_2, \ X_3, \ X_4\}$
④ $\{X_2, \ X_3, \ X_4\}$와 $\{X_3, \ X_4\}$

해설
$\{X_3, \ X_4\}$은 $\{X_2, \ X_3, \ X_4\}$, $\{X_1, \ X_3, \ X_4\}$의 부분집합으로 최소 패스셋은 $\{X_3, \ X_4\}$가 된다.

31 통신에서 잡음 중의 일부를 제거하기 위해 필터(filter)를 사용하였다면, 어느 것의 성능을 향상시키는 것인가?

① 신호의 양립성　② 신호의 산란성
③ 신호의 표준성　④ 신호의 검출성

해설
통신에서 잡음 중의 일부를 제거하기 위해 필터(filter)를 사용하였다면 신호의 검출성의 성능을 향상시킨 것이다.

32 다음 중 인간 실수의 주원인에 해당하는 것은 어느 것인가?

① 기술수준 　　② 경험수준
③ 훈련수준 　　④ 인간 고유의 변화성

> 해설　인간 실수의 주원인 : 인간 고유의 변화성

33 청각적 자극제시와 이에 대한 음성응답과업에서 갖는 양립성에 해당하는 것은?

① 개념적 양립성 　　② 운동 양립성
③ 공간적 양립성 　　④ 양식 양립성

> 해설　양식 양립성 : 직무에 알맞은 자극과 응답 양식의 존재에 대한 양립성
> 예　청각적 자극제시와 이에 대한 음성응답과업에서 갖는 양립성

34 작업공간에서 부품배치의 원칙에 따라 레이아웃을 개선하려 할 때, 부품배치의 원칙에 해당하지 않는 것은?

① 편리성의 원칙 　　② 사용빈도의 원칙
③ 사용순서의 원칙 　　④ 기능별 배치의 원칙

> 해설　① 중요성의 원칙

35 시스템에 영향을 미치는 모든 요소의 고장을 형태별로 분석하여 그 영향을 검토하는 분석기법은?

① FTA 　　② CHECK LIST
③ FMEA 　　④ DECISION TREE

> 해설　FMEA의 설명이다.

36 시력 손상에 가장 크게 영향을 미치는 전신 진동의 주파수는?

① 5Hz 미만 　　② 5~10Hz
③ 10~25Hz 　　④ 25Hz 초과

> 해설　전신 진동의 주파수 : 10~25Hz

37 화학설비의 안전성을 평가하는 방법 5단계 중 제3단계에 해당하는 것은?

① 안전대책 　　② 정량적 평가
③ 관계자료 검토 　　④ 정성적 평가

> 해설　화학설비의 안전성을 평가하는 방법 5단계
> ① 제1단계 : 관계자료의 작성준비
> ② 제2단계 : 정성적 평가
> ③ 제3단계 : 정량적 평가
> ④ 제4단계 : 안전대책
> ④ 제5단계 : 재해정보로부터의 재평가

38 사후보전에 필요한 평균수리시간을 나타내는 것은?

① MDT 　　② MTTF
③ MTBF 　　④ MTTR

> 해설　MTTR(Mean Time To Repair) : 평균수리시간

39 러닝벨트 위를 일정한 속도로 걷는 사람의 배기가스를 5분간 수집한 표본을 가스성분 분석기로 조사한 결과, 산소 16%, 이산화탄소 4%로 나타났다. 배기가스 전량을 가스미터에 통과시킨 결과, 배기량이 90리터였다면 분당 산소 소비량과 에너지가(에너지 소비량)는 약 얼마인가?

① 0.95리터/분, 4.75kcal/분
② 0.96리터/분, 4.80kcal/분
③ 0.97리터/분, 4.85kcal/분
④ 0.98리터/분, 4.90kcal/분

> 해설　산소 소비량
> = 흡기량 속의 산소량 – 배기량 속의 산소량
> $$= \left(흡기량 \times \frac{21}{100}(\%)\right) - \left(배기량 \times \frac{O_2}{100}(\%)\right)$$
> $$= \left(18.22 \times \frac{21}{100}\right) - \left(18 \times \frac{16}{100}\right) = 0.95\text{L/분}$$
> 여기서,
> ㉠ 흡기량×79% = 배기량×N_2(%)
> N_2(%) = 100 - CO_2(%) - O_2(%)
> $$흡기량 = 배기량 \times \frac{100 - CO_2(\%) - O_{2(\%)}}{79}$$
> $$= 18 \times \frac{(100-16-4)}{79} = 18.22\text{L /분}$$

© 분당 배기량 $= \dfrac{90}{5} = 18\text{L /분}$

© 에너지가 $=$ 산소 소비량×평균 에너지 소비량

$= 0.95 \times 5$

$= 4.75\text{kcal/분}$

여기서, 평균 에너지 소비량은 5kcal/분이다.

40 톱사상 T를 일으키는 컷셋에 해당하는 것은?

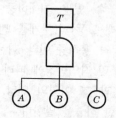

① $\{A\}$ ② $\{A,\ B\}$

③ $\{A,\ B,\ C\}$ ④ $\{B,\ C\}$

> **해설** $\{A,\ B,\ C\}$가 공존할 때만이 톱사상(T)가 발생한다.

제3과목 **기계위험방지기술**

41 다음 중 욕조 형태를 갖는 일반적인 기계 고장 곡선에서의 기본적인 3가지 고장 유형에 해당하지 않는 것은?

① 피로고장   ② 우발고장

③ 초기고장   ④ 마모고장

> **해설** 일반적인 기계 고장곡선은 우발고장, 초기고장, 마모고장의 3가지 유형이 있다.

42 [보기]는 기계설비의 안전화 중 기능의 안전화와 구조의 안전화를 위해 고려해야 할 사항을 열거한 것이다. [보기] 중 기능의 안전화를 위해 고려해야 할 사항에 속하는 것은?

> [보기]
> ㉠ 재료의 결함   ㉡ 가공상의 잘못
> ㉢ 정전 시의 오동작   ㉣ 설계의 잘못

① ㉠   ② ㉡

③ ㉢   ④ ㉣

> **해설** 기능의 안전화를 위해 고려해야 할 사항 : 정전 시의 오동작

43 탁상용 연삭기에서 일반적으로 플랜지의 지름은 숫돌 지름의 얼마 이상이 적정한가?

① 1/2   ② 1/3

③ 1/5   ④ 1/10

> **해설** 탁상용 연삭기에서 플랜지의 직경은 숫돌 직경의 1/3 이상이 적정하다.

44 공작기계인 밀링작업의 안전사항이 아닌 것은?

① 사용 전에는 기계·기구를 점검하고 시운전을 한다.

② 칩을 제거할 때는 칩브레이커로 제거한다.

③ 회전하는 커터에 손을 대지 않는다.

④ 커터의 제거·설치 시에는 반드시 스위치를 차단하고 한다.

> **해설** ② 칩 제거는 칩브러시로 한다.

45 산업안전보건법령에 따른 안전난간의 구조 및 설치요건에 대한 설명으로 옳은 것은 어느 것인가?

① 상부 난간대, 중간 난간대, 발끝막이판 및 난간기둥으로 구성하여야 한다.

② 발끝막이판은 바닥면 등으로부터 5cm 이하의 높이를 유지하여야 한다.

③ 난간대는 지름 1.5cm 이상의 금속제 파이프를 사용하여야 한다.

④ 안전난간은 가장 취약한 지점에서 가장 취약한 방향으로 작용하는 70킬로그램 이상의 하중에 견딜 수 있어야 한다.

> **해설**
> ② 발끝막이판은 바닥면 등으로부터 10cm 이상의 높이를 유지하여야 한다.
> ③ 난간대는 지름 2.7cm 이상의 금속제 파이프를 사용하여야 한다.
> ④ 안전난간은 가장 취약한 지점에서 가장 취약한 방향으로 작용하는 100kg 이상의 하중에 견딜 수 있어야 한다.

46 보일러의 안전한 가동을 위하여 압력방출장치를 2개 설치한 경우에 작동방법으로 옳은 것은?

① 최고사용압력 이하에서 2개가 동시 작동
② 최고사용압력 이하에서 1개가 작동되고 다른 것은 최고사용압력 1.05배 이하에서 작동
③ 최고사용압력 이하에서 1개가 작동되고 다른 것은 최고사용압력 1.1배 이하에서 작동
④ 최고사용압력의 1.1배 이하에서 2개가 동시 작동

> **해설** 보일러의 압력방출장치를 2개 설치한 경우 작동방법 : 최고사용압력 이하에서 1개가 작동되고 다른 것은 최고사용압력 1.05배 이하에서 작동

47 크레인에서 훅걸이용 와이어로프 등이 훅으로부터 벗겨지는 것을 방지하기 위해 사용하는 방호장치는?

① 덮개
② 권과방지장치
③ 비상정지장치
④ 해지장치

> **해설** 해지장치의 설명이다.

48 프레스 및 전단기에서 양수조작식 방호장치 누름버튼의 상호간 최소내측거리로 옳은 것은?

① 100mm
② 150mm
③ 250mm
④ 300mm

> **해설** 프레스 및 전단기의 양수조작식 방호장치 누름버튼의 상호간 최소내측거리는 300mm 이상으로 하여야 한다.

49 다음 중 드릴링 작업에 있어서 공작물을 고정하는 방법으로 가장 적절하지 않은 것은?

① 작은 공작물은 바이스로 고정한다.
② 작고 길쭉한 공작물은 플라이어로 고정한다.
③ 대량 생산과 정밀도를 요구할 때는 지그로 고정한다.
④ 공작물이 크고 복잡할 때는 볼트와 고정구로 고정한다.

> **해설** ② 작고, 길이가 긴 물건은 바이스로 고정하고 뚫는다.

50 이동식 크레인과 관련된 용어의 설명 중 옳지 않은 것은?

① "정격하중"이라 함은 이동식 크레인의 지브나 붐의 경사각 및 길이에 따라 부하할 수 있는 최대하중에서 인양기구(훅, 그래브 등)의 무게를 뺀 하중을 말한다.
② "정격 총하중"이라 함은 최대하중(붐 길이 및 작업반경에 따라 결정)과 부가하중(훅과 그 이외의 인양 도구들의 무게)을 합한 하중을 말한다.
③ "작업반경"이라 함은 이동식 크레인의 선회 중심선으로부터 훅의 중심선까지의 수평거리를 말하며, 최대작업반경은 이동식 크레인으로 작업이 가능한 최대치를 말한다.
④ "파단하중"이라 함은 줄걸이 용구 1개를 가지고 안전율을 고려하여 수직으로 매달 수 있는 최대무게를 말한다.

> **해설** ④ '파단하중'이라 함은 줄걸이 용구 2개를 가지고 안전율을 고려하여 수직으로 매달 수 있는 최대무게를 말한다.

51 프레스 금형의 설치 및 조정 시 슬라이드 불시 하강을 방지하기 위하여 설치해야 하는 것은?

① 인터록
② 클러치
③ 게이트 가드
④ 안전블록

> **해설** 안전블록의 설명이다.

52 프레스 방호장치 중 가드식 방호장치의 구조 및 선정조건에 대한 설명으로 옳지 않은 것은?

① 미동(Inching) 행정에서는 작업자 안전을 위해 가드를 개방할 수 없는 구조로 한다.
② 1행정, 1정치기구를 갖춘 프레스에 사용한다.

③ 가드 폭이 400mm 이하일 때는 가드 측면을 방호하는 가드를 부착하여 사용한다.

④ 가드 높이는 프레스에 부착되는 금형 높이 이상(최소 180mm)으로 한다.

> 해설 ① 미동(Inching) 행정에서는 작업자 안전을 위해 가드를 개방할 수 있는 구조로 한다.

53 다음은 지게차의 헤드가드에 관한 기준이다. ( ) 안에 들어갈 내용으로 옳은 것은?

> 지게차 사용 시 화물 낙하 위험의 방호조치 사항으로 헤드가드를 갖추어야 한다. 그 강도는 지게차 최대하중의 ( ) 값의 등분포정하중(等分布靜荷重)에 견딜 수 있어야 한다. 단, 그 값이 4톤을 넘는 것에 대하여서는 4톤으로 한다.

① 2배　　② 3배
③ 4배　　④ 5배

> 해설 지게차 헤드가드의 강도는 최대하중의 2배 값(그 값이 4ton을 넘는 것은 4ton으로 한다.)의 등분포 정하중에 견딜 수 있어야 한다.

54 다음 중 보일러의 폭발사고 예방을 위한 장치로 가장 거리가 먼 것은?

① 압력제한 스위치　　② 압력방출장치
③ 고저수위 고정장치　　④ 화염검출기

> 해설 ③ 고저수위 조절장치

55 산업안전보건법령상 회전중인 연삭숫돌 지름이 최소 얼마 이상인 경우로서 근로자에게 위험을 미칠 우려가 있는 경우 해당 부위에 덮개를 설치하여야 하는가?

① 3cm 이상　　② 5cm 이상
③ 10cm 이상　　④ 20cm 이상

> 해설 회전중인 연삭숫돌의 지름이 5cm 이상인 경우에는 덮개를 설치해야 한다.

56 프레스 작업 시 금형의 파손을 방지하기 위한 조치내용 중 틀린 것은?

① 금형 맞춤핀은 억지 끼워맞춤으로 한다.
② 쿠션 핀을 사용할 경우에는 상승 시 누름판의 이탈방지를 위하여 단붙임한 나사로 견고히 조여야 한다.
③ 금형에 사용하는 스프링은 인장형을 사용한다.
④ 스프링 등의 파손에 의해 부품이 비산 될 우려가 있는 부분에는 덮개를 설치한다.

> 해설 ③ 금형에 사용하는 스프링은 압축형을 사용한다.

57 산업용 로봇에 지워지지 않는 방법으로 반드시 표시해야 하는 항목이 있는데 다음 중 이에 속하지 않는 것은?

① 제조자의 이름과 주소, 모델번호 및 제조 일련번호, 제조연월
② 매니퓰레이터의 회전반경
③ 중량
④ 이동 및 설치를 위한 인양 지점

> 해설 산업용 로봇에 지워지지 않는 방법으로 반드시 표시해야 하는 항목
> ㉠ 제조자의 이름과 주소, 모델번호 및 제조일련번호, 제조연월
> ㉡ 중량
> ㉢ 이동 및 설치를 위한 인양 지점

58 급정지기구가 있는 1행정 프레스의 광전자식 방호장치에서 광선에 신체의 일부가 감지된 후로부터 급정지 기구의 작동 시까지의 시간이 40ms이고, 급정지기구의 작동 직후로부터 프레스기가 정지될 때까지의 시간이 20ms라면 안전거리는 몇 mm 이상이어야 하는가?

① 60　　② 76
③ 80　　④ 96

> 해설 광축의 거리(mm) $= 1.6(T_l + T_s)$
> ∴ $1.6(40+20) = 96mm$

59 롤러의 위험점 전방에 개구 간격 16.5mm의 가드를 설치하고자 한다면, 개구부에서 위험점까지의 거리는 몇 mm 이상이어야 하는가? (단, 위험점이 전동체는 아니다.)

① 70   ② 80
③ 90   ④ 100

해설
$$Y = 6 + 0.15X$$
$$X = \frac{Y-6}{0.15}$$
$$\therefore \frac{16.5-6}{0.15} = 70mm$$

60 산업안전보건법령에 따라 컨베이어의 작업 시작 전 점검사항 중 틀린 것은?

① 원동기 및 풀리 기능의 이상 유무
② 이탈 등의 방지장치 기능의 이상 유무
③ 과부하방지장치 기능의 이상 유무
④ 원동기, 회전축, 기어 및 풀리 등의 덮개 또는 울 등의 이상 유무

해설 ③ 비상정지장치 기능의 이상 유무

제4과목 전기 및 화학설비 위험방지기술

61 작업장에서 꽂음 접속기를 설치 또는 사용하는 때에 작업자의 감전 위험을 방지하기 위하여 필요한 준수사항으로 틀린 것은?

① 서로 다른 전압의 꽂음 접속기는 상호접속되는 구조의 것을 사용할 것
② 습윤한 장소에 사용되는 꽂음 접속기는 방수형 등 해당 장소에 적합한 것을 사용할 것
③ 꽂음 접속기를 접속시킬 경우 땀 등으로 젖은 손으로 취급하지 않도록 할 것
④ 꽂음 접속기에 잠금장치가 있는 때에는 접속 후 잠그고 사용할 것

해설 ① 서로 다른 전압의 꽂음 접속기는 서로 접속되지 아니한 구조의 것을 사용할 것

62 전기기계·기구에 누전에 의한 감전위험을 방지하기 위하여 설치한 누전차단기에 의한 감전방지의 사항으로 틀린 것은 어느 것인가?

① 정격감도전류가 30mA 이하이고 작동시간은 3초 이내일 것
② 분기회로 또는 전기기계·기구마다 누전차단기를 접속할 것
③ 파손이나 감전사고를 방지할 수 있는 장소에 접속할 것
④ 지락보호전용 기능만 있는 누전차단기는 과전류를 차단하는 퓨즈나 차단기 등과 조합하여 접속할 것

해설 ① 정격감소전류가 30mA 이하이고 작동시간은 0.03초 이내일 것

63 페인트를 스프레이로 뿌려 도장작업을 하는 작업 중 발생할 수 있는 정전기 대전으로만 이루어진 것은?

① 유동대전, 충돌대전
② 유동대전, 마찰대전
③ 분출대전, 충돌대전
④ 분출대전, 유동대전

해설 페인트를 스프레이로 뿌려 도장작업을 하는 작업 중 발생할 수 있는 정전기 대전으로는 분출대전, 충돌대전

64 정전기에 의한 재해방지대책으로 틀린것은?

① 대전방지제 등을 사용한다.
② 공기 중의 습기를 제거한다.
③ 금속 등의 도체를 접지시킨다.
④ 배관 내 액체가 흐를 경우 유속을 제한한다.

해설 ② 공기 중의 상대습도를 70% 이상으로 한다.

65 폭발 위험장소 중 1종 장소에 해당하는 것은?

① 폭발성 가스 분위기가 연속적, 장기간 또는 빈번하게 존재하는 장소
② 폭발성 가스 분위기가 정상작동 중 주기적 또는 빈번하게 생성되는 장소

③ 폭발성 가스 분위기가 정상작동 중 조성되지 않거나 조성된다 하더라도 짧은 기간에만 존재할 수 있는 장소
④ 전기설비를 제조, 설치 및 사용함에 있어 특별한 주의를 요하는 정도의 폭발성 가스 분위기가 조성될 우려가 없는 장소

> **해설** 폭발 위험장소
> ㉠ 0종 장소 : 폭발성 가스 분위기가 연속적 장기간 또는 빈번하게 존재하는 장소
> ㉡ 1종 장소 : 폭발성 가스 분위기가 정상작동 중 주기적 또는 빈번하게 생성되는 장소
> ㉢ 2종 장소 : 이상상태 하에서 위험분위기가 단시간 동안 존재할 수 있는 장소

66 누설전류로 인해 화재가 발생될 수 있는 누전화재의 3요소에 해당하지 않는 것은?

① 누전점
② 인입점
③ 접지점
④ 출화점

> **해설** 누전화재의 3요소
> ㉠ 누전점   ㉡ 접지점
> ㉢ 출화점

67 전기사용장소의 사용전압이 440V인 저압전로의 전선 상호간 및 전로와 대지 사이의 절연저항은 얼마 이상이어야 하는가?

① 0.1MΩ
② 0.2MΩ
③ 0.3MΩ
④ 0.4MΩ

> **해설** 저압전로의 전선 상호간 및 전로와 대지 사이의 절연저항값은 다음과 같다.
> ㉠ 150V 이하 : 0.1MΩ 이상
> ㉡ 150V 초과 300V 이하 : 0.2MΩ 이상
> ㉢ 300V 초과 400V 이하 : 0.3MΩ 이상
> ㉣ 400V 초과 : 0.4MΩ 이상

68 다음 중 전압의 분류가 잘못된 것은?

① 600V 이하의 교류전압 – 저압
② 750V 이하의 직류전압 – 저압
③ 600V 초과 7kV 이하의 교류전압 – 고압
④ 10kV를 초과하는 직류전압 – 초고압

> **해설** 전기의 전압의 분류
>
> | 전압의 분류 | 직류(DC) | 교류(AC) |
> |---|---|---|
> | 저압 | 750V 이하 | 600V 이하 |
> | 고압 | 750V 초과 7,000V 이하 | 600V 초과 7,000V 이하 |
> | 특별고압 | 7,000V 초과 | 7,000V 초과 |

69 방폭구조 중 전폐구조를 하고 있으며, 외부의 폭발성 가스가 내부로 침입하여 내부에서 폭발하더라도 용기는 그 압력에 견디고, 내부의 폭발로 인하여 외부의 폭발성 가스에 착화될 우려가 없도록 만들어진 구조는?

① 안전증방폭구조
② 본질안전방폭구조
③ 유입방폭구조
④ 내압방폭구조

> **해설**
> ① 전기기구의 권선, 에어캡, 접점부, 단자부 등과 같이 정상적인 운전 중에 불꽃, 아크 또는 과열이 생겨서는 안 될 부분에 대하여 이를 방지하거나 온도상승을 제한하기 위하여 전기기기의 안전도를 증가시킨 구조
> ② 정상 및 사고 시에 발생하는 전기불꽃, 아크, 고온에 의하여 폭발성 가스 또는 증기에 점화되지 않는 것이 점화시험에 의하여 확인된 구조
> ③ 전기불꽃, 아크 또는 고온이 발생하는 부분을 기름 속에 넣고, 기름면 위에 존재하는 폭발성 가스 또는 증기에 인화되지 않도록 한 구조

70 피뢰기의 제한전압이 800kV이고, 충격절연강도가 1,000kV라면, 보호여유도는?

① 12%
② 25%
③ 39%
④ 43%

> **해설** 보호여유도
> $$= \frac{충격절연강도 - 제한전압}{제한전압} \times 100$$
> $$= \frac{1,000 - 800}{800} \times 100 = 25\%$$

71 최소점화에너지(MIE)와 온도, 압력 관계를 옳게 설명한 것은?

① 압력, 온도에 모두 비례한다.
② 압력, 온도에 모두 반비례한다.
③ 압력에 비례하고, 온도에 반비례한다.
④ 압력에 반비례하고, 온도에 비례한다.

> **해설** 최소점화에너지(MIE)는 압력, 온도에 모두 반비례한다.

정답 | 66. ② 67. ④ 68. ④ 69. ④ 70. ② 71. ②

72 폭발범위가 1.8~8.5vol%인 가스의 위험도를 구하면 얼마인가?

① 0.8 ② 3.7
③ 5.7 ④ 6.7

해설
$$H = \frac{U-L}{L}$$
$$\frac{8.8-1.8}{1.8} = 3.7$$

73 공정별로 폭발을 분류할 때 물리적 폭발이 아닌 것은?

① 분해폭발 ② 탱크의 감압폭발
③ 수증기 폭발 ④ 고압용기의 폭발

해설 ① 화학적 폭발

74 사업주가 금속의 용접·용단 또는 가열에 사용되는 가스 등의 용기를 취급하는 경우에 준수하여야 하는 사항으로 틀린 것은?

① 용기의 온도를 섭씨 40도 이하로 유지할 것
② 전도의 위험이 없도록 할 것
③ 밸브의 개폐는 빠르게 할 것
④ 용해아세틸렌의 용기는 세워 둘 것

해설 ③ 밸브의 개폐는 서서히 할 것

75 산업안전보건기준에 관한 규칙상 (   ) 안의 내용으로 알맞은 것은?

사업주는 급성 독성물질이 지속적으로 외부에 유출될 수 있는 화학설비 및 그 부속설비에 파열판과 안전밸브를 직렬로 설치하고 그 사이에는 (   )를 설치하여야 한다.

① 온도지시계 또는 과열방지장치
② 압력지시계 또는 자동경보장치
③ 유량지시계 또는 유속지시계
④ 액위지시계 또는 과압방지장치

해설 파열판 및 안전밸브의 직렬설치 시 그 사이에는 압력지시계 또는 자동경보장치를 설치하여야 한다.

76 관로의 크기를 변경하고자 할 때 사용하는 관부속품은?

① 밸브(valve) ② 엘보(elbow)
③ 부싱(bushing) ④ 플랜지(flange)

해설
① **밸브** : 유체의 양이나 압력을 제어하는 장치
② **엘보** : 배관의 방향을 바꿀 경우(90°, 45°)
④ **플랜지** : 배관 중간이나 밸브, 펌프, 열교환기 등의 접속을 위해 사용되는 이음쇠로서 분해, 조립이 필요한 경우에 사용한다.

77 다음 물질 중 가연성 가스가 아닌 것은?

① 수소 ② 메탄
③ 프로판 ④ 염소

해설 ④ **염소** : 독성가스

78 산업안전보건기준에 관한 규칙에서 정한 위험물질의 종류에서 인화성 액체에 해당하지 않는 것은?

① 적린 ② 에틸에테르
③ 산화프로필렌 ④ 아세톤

해설 ① **적린** : 물반응성 물질 및 인화성 고체

79 산업안전보건법령상 공정안전보고서의 내용 중 공정안전자료에 포함되지 않는 것은?

① 유해·위험설비의 목록 및 사양
② 폭발위험장소 구분도 및 전기단선도
③ 안전운전지침서
④ 각종 건물·설비의 배치도

해설
공정안전자료의 세부내용
㉠ ①, ②, ④
㉡ 취급·저장하고 있는 유해·위험물의 종류와 수량
㉢ 유해·위험물질에 대한 물질안전보건자료
㉣ 유해·위험설비의 운전방법을 알 수 있는 공정도면
㉤ 위험설비의 안전설계·제작 및 설치관련 지침서

80 황린의 저장 및 취급방법으로 옳은 것은?

정답 | 72. ② 73. ① 74. ③ 75. ② 76. ③ 77. ④ 78. ① 79. ③ 80. ②

① 강산화제를 첨가하여 중화된 상태로 저장한다.

② 물속에 저장한다.

③ 자연발화하므로 건조한 상태로 저장한다.

④ 강알칼리 용액 속에 저장한다.

해설

물질의 종류	보호액
황린, CS_2	물속
K, Na, 적린	등유(석유)

제5과목 | **건설안전기술**

81 콘크리트 타설 시 거푸집의 측압에 영향을 미치는 인자들에 대한 설명으로 옳지 않은 것은?

① 슬럼프가 클수록 측압은 크다.

② 거푸집의 강성이 클수록 측압은 크다.

③ 철근량이 많을수록 측압은 작다.

④ 타설속도가 느릴수록 측압은 크다.

해설

콘크리트 타설 시 거푸집의 측압에 영향을 미치는 인자 (측압이 큰 경우)

㉠ 거푸집의 부재단면이 클수록

㉡ 거푸집의 수밀성이 클수록

㉢ 거푸집의 강성이 클수록

㉣ 철근의 양이 적을수록

㉤ 거푸집 표면이 평활할수록

㉥ 시공연도(workability)가 좋을수록

㉦ 외기온도가 낮을수록

㉧ 타설(부어넣기) 속도가 빠를수록

㉨ 슬럼프가 클수록

㉩ 다짐이 좋을수록

㉪ 콘크리트 비중이 클수록

㉫ 조강시멘트 등 응결시간이 빠른 것을 사용할수록

㉬ 습도가 낮을수록

82 굴착면의 기울기 기준으로 옳지 않은 것은?

① 풍화암－1 : 1

② 연암－1 : 1

③ 경암－1 : 0.2

④ 건지－1 : 0.5~1 : 1

해설

굴착면의 기울기 기준

구 분	지반의 종류	기울기
보통 흙	습지	1 : 1~1 : 1.5
	건지	1 : 0.5~1 : 1
암반	풍화암	1 : 1
	연암	1 : 1
	경암	1 : 0.5

83 차량계 하역운반기계의 운전자가 운전위치를 이탈하는 경우의 조치사항으로 부적절한 것은?

① 포크 및 버킷을 가장 높은 위치에 두어 근로자 통행을 방해하지 않도록 하였다.

② 원동기를 정지시키고 브레이크를 걸었다.

③ 시동키를 운전대에서 분리시켰다.

④ 경사지에서 갑작스런 주행이 되지 않도록 바퀴에 블록 등을 놓았다.

해설

① 포크, 버킷 디퍼 등의 장치를 가장 낮은 위치 또는 지면에 내려둘 것

84 작업으로 인하여 물체가 떨어지거나 날아올 위험이 있는 경우에 조치 및 준수하여야 할 사항으로 옳지 않은 것은?

① 낙하물방지망, 수직보호망 또는 방호선반 등을 설치한다.

② 낙하물방지망의 내민 길이는 벽면으로부터 2m 이상으로 한다.

③ 낙하물방지망의 수평면과의 각도는 20° 이상 30° 이하를 유지한다.

④ 낙하물방지망은 높이 15m 이내마다 설치한다.

해설

④ 낙하물방지망은 높이 10m 이내마다 설치한다.

85 추락에 의한 위험방지를 위해 해당 장소에서 조치해야 할 사항과 거리가 먼 것은?

① 추락방호망 설치 ② 안전난간 설치

③ 덮개 설치 ④ 투하설비 설치

해설

④ 울타리

---

86 건설업 산업안전보건관리비 항목으로 사용가능한 내역은?

① 경비원, 청소원 및 폐자재처리원의 인건비

② 외부인 출입금지, 공사장 경계표시를 위한 가설울타리 설치 및 해체비용

③ 원활한 공사수행을 위하여 사업장 주변 교통정리를 하는 신호자의 인건비

④ 해열제, 소화제 등 구급약품 및 구급용구 등의 구입비용

해설 **건설업 산업안전보건관리비 항목** : 해열제, 소화제 등 구급약품 및 구급용구 등의 구입비용

87 산업안전보건법령에 따라 안전관리자와 보건관리자의 직무를 분류할 때 안전관리자의 직무에 해당되지 않는 것은?

① 산업재해에 관한 통계의 유지·관리·분석을 위한 보좌 및 조언·지도

② 산업재해 발생의 원인조사·분석 및 재발방지를 위한 기술적 보좌 및 조언·지도

③ 해당 사업장 안전교육계획의 수립 및 안전교육 실시에 관한 보좌 및 조언·지도

④ 작업장 내에서 사용되는 전체환기장치 및 국소배기장치 등에 관한 설비의 점검과 작업방법의 공학적 개선에 관한 보좌 및 조언·지도

해설 **안전관리자의 직무**

㉠ ①, ②, ③

㉡ 산업안전보건위원회 또는 안전·보건에 관한 노사협의체에서 심의·의결한 업무와 해당 사업장의 안전보건관리규정 및 취업규칙에서 정한 업무

㉢ 안전인증대상 기계·기구 등과 자율안전확인대상 기계·기구 등 구입 시 적격품의 선정에 관한 보좌 및 조언·지도

㉣ 위험평가에 관한 보좌 및 조언·지도

㉤ 사업장 순회점검·지도 및 조치의 건의

㉥ 법 또는 법에 따른 명령으로 정한 안전에 관항 사항의 이행에 관한 보좌 및 조언·지도

㉦ 업무수행 내용의 기록·유지

㉧ 그 밖에 안전에 관한 사항으로서 고용노동부장관이 정하는 사항

88 산업안전보건법령에서는 터널건설작업을 하는 경우에 해당 터널 내부의 화기나 아크를 사용하는 장소에는 필히 무엇을 설치하도록 규정하고 있는가?

① 소화설비   ② 대피설비

③ 충전설비   ④ 차단설비

해설 터널건설작업을 하는 경우에는 해당 터널 내부의 화기나 아크를 사용하는 장소 또는 배전판, 변압기, 차단기 등을 설치하는 장소에 소화설비를 설치하여야 한다.

89 항타기 또는 항발기의 권상용 와이어로프의 안전계수 기준으로 옳은 것은?

① 3 이상   ② 5 이상

③ 8 이상   ④ 10 이상

해설 **항타기 또는 항발기의 권상용 와이어로프의 안전계수** : 5 이상

90 높이 2m를 초과하는 말비계를 조립하여 사용하는 경우 작업발판의 최소폭 기준으로 옳은 것은?

① 20cm 이상   ② 30cm 이상

③ 40cm 이상   ④ 50cm 이상

해설 말비계의 높이가 2m를 초과하는 경우에는 작업발판의 폭을 40cm 이상으로 하여야 한다.

91 산업안전보건법령에 따른 가설통로의 구조에 관한 설치기준으로 옳지 않은 것은?

① 경사가 25°를 초과하는 경우에는 미끄러지지 아니하는 구조로 할 것

② 경사는 30° 이하로 할 것

③ 수직갱에 가설된 통로의 길이가 15m 이상인 경우에는 10m 이내마다 계단참을 설치할 것

④ 건설공사에 사용하는 높이 8m 이상인 비계다리에는 7m 이내마다 계단참을 설치할 것

해설 ① 경사가 15°를 초과하는 경우에는 미끄러지지 아니하는 구조로 한다.

해설 ② 발파공의 충진재료는 점토·모래 등 발화성 또는 인화성이 없는 재료를 사용할 것

92 비탈면붕괴를 방지하기 위한 방법으로 옳지 않은 것은?

① 비탈면 상부의 토사제거
② 지하 배수공 시공
③ 비탈면 하부의 성토
④ 비탈면 내부 수압의 증가 유도

해설 비탈면붕괴를 방지하기 위한 방법
㉠ 비탈면 상부의 토사제거 ㉡ 지하 배수공 시공
㉢ 비탈면 하부의 성토

93 철공작업 시 위험방지를 위하여 철골작업을 중지하여야 하는 기준으로 옳은 것은?

① 강설량이 시간당 1mm 이상인 경우
② 강우량이 시간당 1mm 이상인 경우
③ 풍속이 초당 20m 이상인 경우
④ 풍속이 시간당 200m 이상인 경우

해설 철골작업 시 철골작업을 중지하여야 하는 기준
㉠ 풍속 : 10m/sec 이상 ㉡ 강우량 : 1mm/h 이상
㉢ 강설량 : 1cm/h 이상

94 발파작업에 종사하는 근로자가 준수해야 할 사항으로 옳지 않은 것은?

① 얼어붙은 다이너마이트는 화기에 접근시키거나 그 밖의 고열물에 직접 접촉시키는 등 위험한 방법으로 융해되지 않도록 할 것
② 발파공의 충진재료는 점토·모래 등의 사용을 금할 것
③ 장전구(裝塡具)는 마찰·충격·정전기 등에 의한 폭발의 위험이 없는 안전한 것을 사용할 것
④ 전기뇌관에 의한 발파의 경우 점화하기 전에 화약류를 장전한 장소로부터 30m 이상 떨어진 안전한 장소에서 전선에 대하여 저항측정 및 도통(導通)시험을 할 것

95 유해·위험방지계획서 작성 대상공사의 기준으로 옳지 않은 것은?

① 지상높이 31m 이상인 건축물 공사
② 저수용량 1천만 톤 이상의 용수 전용댐
③ 최대지간길이 50m 이상인 교량건설 등 공사
④ 깊이 10m 이상인 굴착공사

해설 유해·위험방지계획서 작성 대상공사
㉠ ①, ③, ④
㉡ 연면적 5,000m² 이상의 냉동·냉장창고 시설의 설비공사 및 단열공사
㉢ 터널건설 등의 공사
㉣ 다목적 댐, 발전용 댐 및 저수용량 2,000만 이상의 용수 전용댐, 지방상수도 전용댐 건설 등의 공사

96 앞쪽에 한 개의 조향륜 롤러와 뒤축에 두 개의 롤러가 배치된 것으로(2축 3륜), 하층 노반다지기, 아스팔트 포장에 주로 쓰이는 장비의 이름은?

① 머캐덤 롤러   ② 탬핑 롤러
③ 페이 로더   ④ 래머

해설 ① 머캐덤 롤러의 설명이다.

97 절토공사 중 발생하는 비탈면 붕괴의 원인과 거리가 먼 것은?

① 함수비 고정으로 인한 균일한 흙의 단위중량
② 건조로 인하여 점성토의 점착력 상실
③ 점성토의 수축이나 팽창으로 균열 발생
④ 공사 진행으로 비탈면의 높이와 기울기 증가

해설 절토공사 중 발생하는 비탈면 붕괴의 원인
㉠ 건조로 인하여 점성토의 점착력 상실
㉡ 점성토의 수축이나 팽창으로 균열 발생
㉢ 공사 진행으로 비탈면의 높이와 기울기 증가

98 거푸집 동바리에 작용하는 횡하중이 아닌 것은?

① 콘크리트 측압 ② 풍하중
③ 자중 ④ 지진하중

> **해설** 거푸집 동바리에 작용하는 횡하중
> ㉠ 콘크리트 측압 ㉡ 풍하중
> ㉢ 지진하중

99 달비계의 최대적재하중을 정하는 경우 달기 와이어로프의 최대하중이 50kg일 때 안전계수에 의한 와이어로프의 절단하중은 얼마인가?

① 1,000kg ② 700kg
③ 500kg ④ 300kg

> **해설** 절단하중 = 안전계수×최대하중
> 500kg = 10×50kg
> 여기서, 와이어로프 및 강선의 안전계수는 10 이상이다.

100 안전난간의 구조 및 설치요건과 관련하여 발끝막이판은 바닥면으로부터 얼마 이상의 높이를 유지하여야 하는가?

① 10cm 이상 ② 15cm 이상
③ 20cm 이상 ④ 30cm 이상

> **해설** 안전난간의 발끝막이판은 바닥면 등으로부터 10cm 이상의 높이를 유지한다.

제1과목 | 산업안전관리론

01 하인리히의 재해구성 비율에 따라 경상사고가 87건 발생하였다면 무상해사고는 몇 건이 발생하였겠는가?

① 300건　　　② 600건
③ 900건　　　④ 1,200건

> **해설**
> 하인리히 재해구성 비율 1 : 29 : 300의 법칙
> ㉠ 1건 : 사망 또는 중상
> ㉡ 29건 : 경상해
> ㉢ 300건 : 무상해
> 즉, 29 : 87 = 300 : x
> ∴ x = 900건

02 OJT(On the Job Training)의 특징이 아닌 것은?

① 훈련에 필요한 업무의 계속성이 끊어지지 않는다.
② 교육효과가 업무에 신속히 반영된다.
③ 다수의 근로자들을 대상으로 동시에 조직적 훈련이 가능하다.
④ 개개인에게 적절한 지도훈련이 가능하다.

> **해설**
> ③은 Off JT의 장점이다.

03 재해사례연구에 관한 설명으로 틀린 것은?

① 재해사례연구는 주관적이며 정확성이 있어야 한다.
② 문제점과 재해요인의 분석은 과학적이고, 신뢰성이 있어야 한다.
③ 재해사례를 과제로 하여 그 사고와 배경을 체계적으로 파악한다.
④ 재해요인을 규명하여 분석하고 그에 대한 대책을 세운다.

> **해설**
> ① 재해사례연구는 객관적이며 정확성이 있어야 한다.

04 산업안전보건법상 안전 · 보건표지에서 기본모형의 색상이 빨강이 아닌 것은?

① 산화성 물질 경고　　② 화기금지
③ 탑승금지　　　　　　④ 고온 경고

> **해설**
> ④ 기본모형의 색상 : 노란색

05 모랄 서베이(Morale Survey)의 효용이 아닌 것은?

① 조직 또는 구성원의 성과를 비교 · 분석한다.
② 종업원의 정화(catharsis)작용을 촉진시킨다.
③ 경영관리를 개선하는 데에 대한 자료를 얻는다.
④ 근로자의 심리 또는 욕구를 파악하여 불만을 해소하고, 노동의욕을 높인다.

> **해설**
> **모랄 서베이 효용**
> ㉠ 종업원의 정화작용 촉진
> ㉡ 경영관리를 개선하는 자료
> ㉢ 근로자의 심리 또는 욕구를 파악 불만해소 및 노동의욕을 높인다.

06 주의(Attention)의 특징 중 여러 종류의 자극을 자각할 때, 소수의 특정한 것에 한하여 주의가 집중되는 것은?

① 선택성　　　② 방향성
③ 변동성　　　④ 검출성

> **해설**
> ① 선택성의 설명이다.

07 인간의 적응기제(適應機制)에 포함되지 않는 것은?

① 갈등(conflict)
② 억압(repression)
③ 공격(aggression)
④ 합리화(rationalization)

> **해설**
> **인간의 적응기제** : 억압, 공격, 합리화 등

08 산업안전보건법상 직업병 유소견자가 발생하거나 다수 발생할 우려가 있는 경우에 실시하는 건강진단은?

① 특별 건강진단　　② 일반 건강진단
③ 임시 건강진단　　④ 채용 시 건강진단

해설 임시 건강진단의 설명이다.

09 위험예지훈련 중 TBM(Tool Box Meeting)에 관한 설명으로 틀린 것은?

① 작업 장소에서 원형의 형태를 만들어 실시한다.
② 통상 작업시작 전·후 10분 정도 시간으로 미팅한다.
③ 토의는 다수인(30인)이 함께 수행한다.
④ 근로자 모두가 말하고 스스로 생각하고 "이렇게 하자"라고 합의한 내용이 되어야 한다.

해설 ③ 토의는 10명 이하의 소수가 적합하다.

10 제조업자는 제조물의 결함으로 인하여 생명·신체 또는 재산에 손해를 입은 자에게 그 손해를 배상하여야 하는데 이를 무엇이라 하는가? (단, 당해 제조물에 대해서만 발생한 손해는 제외한다.)

① 입증 책임　　② 담보 책임
③ 연대 책임　　④ 제조물 책임

해설 제조물 책임의 설명이다.

11 하버드 학파의 5단계 교수법에 해당되지 않는 것은?

① 교시(presentation)
② 연합(association)
③ 추론(reasoning)
④ 총괄(generalization)

해설 하버드 학파의 5단계 교수법
　㉠ 제1단계 : 준비　　㉡ 제2단계 : 교시
　㉢ 제3단계 : 연합　　㉣ 제4단계 : 총괄
　㉤ 제5단계 : 응용

12 객관적인 위험을 자기 나름대로 판정해서 의지결정을 하고 행동에 옮기는 인간의 심리특성은?

① 세이프 테이킹(safe taking)
② 액션 테이킹(action taking)
③ 리스크 테이킹(risk taking)
④ 휴먼 테이킹(human taking)

해설 리스크 테이킹의 설명이다.

13 재해예방의 4원칙에 해당하지 않는 것은?

① 예방가능의 원칙　　② 손실우연의 원칙
③ 원인계기의 원칙　　④ 선취해결의 원칙

해설 ④ 대책선정의 원칙

14 방독마스크의 정화통 색상으로 틀린 것은?

① 유기화합물용 - 갈색
② 할로겐용 - 회색
③ 황화수소용 - 회색
④ 암모니아용 - 노란색

해설 ④ 암모니아용 - 녹색

15 다음 중 스트레스(Stress)에 관한 설명으로 가장 적절한 것은?

① 스트레스는 나쁜 일에서만 발생한다.
② 스트레스는 부정적인 측면만 가지고 있다.
③ 스트레스는 직무몰입과 생산성 감소의 직접적인 원인이 된다.
④ 스트레스 상황에 직면하는 기회가 많을수록 스트레스 발생 가능성은 낮아진다.

해설 스트레스 : 직무몰입과 생산성 감소의 직접적인 원인이 된다.

16 누전차단장치 등과 같은 안전장치를 정해진 순서에 따라 작동시키고 동작상황의 양부를 확인하는 점검은?

① 외관점검　　② 작동점검
③ 기술점검　　④ 종합점검

해설 ② 작동점검의 설명이다.

17 재해발생 형태별 분류 중 물건에 주체가 되어 사람이 상해를 입는 경우에 해당되는 것은?

① 추락 　　　　② 전도
③ 충돌 　　　　④ 낙하 · 비래

④ 낙하 · 비래의 설명이다.

18 산업안전보건법령상 특별안전 · 보건교육의 대상 작업에 해당하지 않는 것은?

① 석면해체 · 제거작업
② 밀폐된 장소에서 하는 용접작업
③ 화학설비 취급품의 검수 · 확인 작업
④ 2m 이상의 콘크리트 인공구조물의 해체 작업

해설 ③ 화학설비 중 반응기, 교반기 · 추출기의 사용 및 세척작업 또는 화학설비의 탱크 내 작업

19 안전을 위한 동기부여로 틀린 것은?

① 기능을 숙달시킨다.
② 경쟁과 협동을 유도한다.
③ 상벌제도를 합리적으로 시행한다.
④ 안전목표를 명확히 설정하여 주지시킨다.

해설 **안전을 위한 동기부여**
㉠ ②, ③, ④
㉡ 안전의 근본이념을 인식시킨다.
㉢ 결과를 알려준다.
㉣ 동기유발의 최적수준을 유지한다.

20 안전교육의 3단계에서 생활지도, 작업동작지도 등을 통한 안전의 습관화를 위한 교육은?

① 지식교육 　　② 기능교육
③ 태도교육 　　④ 인성교육

해설 ③ 태도교육의 설명이다.

제2과목 인간공학 및 시스템안전공학

21 인간-기계 시스템에 대한 평가에서 평가척도나 기준(criteria)으로서 관심의 대상이 되는 변수는?

① 독립변수 　　② 종속변수
③ 확률변수 　　④ 통제변수

해설 인간-기계 시스템에서 평가척도나 기준으로서 관심이 되는 변수 : 종속변수

22 화학설비의 안전성 평가과정에서 제3단계인 정량적 평가항목에 해당되는 것은?

① 목록 　　　　② 공정계통도
③ 화학설비용량 　④ 건조물의 도면

해설 화학설비의 안전성 평가과정에서 제3단계인 정량적 평가항목
㉠ 취급물질 　　㉡ 화학설비용량
㉢ 온도 　　　　㉣ 압력
㉤ 조작

23 다음 FTA 그림에서 a, b, c의 부품고장률이 각각 0.01일 때, 최소 컷셋(minimal cut sets)과 신뢰도로 옳은 것은?

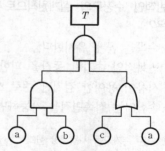

① {a, b}, $R(t) = 99.99\%$
② {a, b, c}, $R(t) = 98.99\%$
③ {a, c}, $R(t) = 96.99\%$
　 {a, b}
④ {a, c}, $R(t) = 97.99\%$
　 {a, b, c}

해설 최소 컷셋은 {a, c}로부터 가져온다.
∴ $R(t) = 0.01 - 100\% = 99.99\%$

24 FT도에 사용되는 기호 중 입력신호가 생긴 후, 일정시간이 지속된 후에 출력이 생기는 것을 나타내는 것은?

① OR 게이트　　② 위험지속 기호
③ 억제 게이트　　④ 배타적 OR 게이트

해설　위험지속 기호의 설명이다.

25 자동차나 항공기의 앞유리 혹은 차양판 등에 정보를 중첩 투사하는 표시장치는?

① CRT　　②　LCD
③ HUD　　④　LED

해설　HUD : 정보를 중첩 투사하는 표시장치
예　자동차나 항공기의 앞유리, 차양판 등

26 암호체계 사용상의 일반적인 지침에 해당하지 않는 것은?

① 암호의 검출성　　② 부호의 양립성
③ 암호의 표준화　　④ 암호의 단일 차원화

해설　암호체계 사용상의 일반적인 지침
㉠ 암호의 검출성　　㉡ 부호의 양립성
㉢ 암호의 표준화

27 일반적인 수공구의 설계원칙으로 볼 수 없는 것은?

① 손목을 곧게 유지한다.
② 반복적인 손가락 동작을 피한다.
③ 사용이 용이한 검지만 주로 사용한다.
④ 손잡이는 접촉면적을 가능하면 크게 한다.

해설　③ 모든 손가락을 사용해야 한다.

28 광원으로부터의 직사 휘광을 줄이기 위한 방법으로 적절하지 않은 것은?

① 휘광원 주위를 어둡게 한다.
② 가리개, 갓, 차양 등을 사용한다.
③ 광원을 시선에서 멀리 위치시킨다.
④ 광원의 수는 늘리고 휘도는 줄인다.

해설　① 휘광원 주위를 밝게 하여 광속발산(휘도)비를 줄인다.

29 신뢰성과 보전성을 효과적으로 개선하기 위해 작성하는 보전기록 자료로서 가장 거리가 먼 것은?

① 자재관리표　　② MTBF 분석표
③ 설비이력카드　　④ 고장원인대책표

해설　보전기록 자료
㉠ MTBF 분석표　　㉡ 설비이력카드
㉢ 고장원인대책표

30 통제표시비(control/display ratio)를 설계할 때 고려하는 요소에 관한 설명으로 틀린 것은?

① 통제표시비가 낮다는 것은 민감한 장치라는 것을 의미한다.
② 목시거리(目示距離)가 길면 길수록 조절의 정확도는 떨어진다.
③ 짧은 주행 시간 내에 공차의 인정범위를 초과하지 않는 계기를 마련한다.
④ 계기의 조절 시간이 짧게 소요되도록 계기의 크기(size)는 항상 작게 설계한다.

해설　④ 계기의 크기(size)가 너무 적으면 오차가 많아지므로 상대적으로 생각해야 한다.

31 다음 중 연마작업장의 가장 소극적인 소음대책은?

① 음향 처리제를 사용할 것
② 방음보호용구를 착용할 것
③ 덮개를 씌우거나 창문을 닫을 것
④ 소음원으로부터 적절하게 배치할 것

해설　연마작업장의 가장 소극적인 소음대책 : 방음보호용구 착용

32 다음의 설명에서 ( ) 안의 내용을 맞게 나열한 것은?

40phon은 (㉠)sone을 나타내며, 이는 (㉡)dB 의 (㉢)Hz 순음의 크기를 나타낸다.

① ㉠ 1, ㉡ 40, ㉢ 1,000
② ㉠ 1, ㉡ 32, ㉢ 1,000

정답 | 24. ②　25. ③　26. ④　27. ③　28. ①　29. ①　30. ④　31. ②　32. ①

③ ㉠ 2, ㉡ 40, ㉢ 2,000

④ ㉠ 2, ㉡ 32, ㉢ 2,000

> **해설**
> sone : 1,000Hz, 40dB 음압수준을 가진 순음의 크기
> (40phon)

33 위험조정을 위해 필요한 기술은 조직형태에 따라 다양하며 4가지로 분류하였을 때 이에 속하지 않는 것은?

① 전가(transfer)　　② 보류(retention)

③ 계속(continuation)④ 감축(reduction)

> **해설**
> ③ 회피(avoidance)

34 체내에서 유기물을 합성하거나 분해하는 데는 반드시 에너지의 전환이 뒤따른다. 이것을 무엇이라 하는가?

① 에너지변환　　　② 에너지합성

③ 에너지대사　　　④ 에너지소비

> **해설**
> ③ 에너지대사의 설명이다.

35 전통적인 인간-기계(Man-Machine) 체계의 대표적 유형과 거리가 먼 것은?

① 수동체계　　　　② 기계화체계

③ 자동체계　　　　④ 인공지능체계

> **해설**
> 인간-기계 체계의 대표적 유형
> ㉠ 수동체계　　　　㉡ 기계화체계
> ㉢ 자동체계

36 다음 그림 중 형상 암호화된 조종장치에서 단회전용 조종장치로 가장 적절한 것은?

① 　　②

③ 　　④

> **해설**
> ① 부류 B(분별회전)
> ②, ③ 부류 A(복수회전)
> ④ 부류 C(이산멈춤 위치용)

37 작업장에서 구성요소를 배치하는 인간공학적 원칙과 가장 거리가 먼 것은?

① 중요도의 원칙　　② 선입선출의 원칙

③ 기능성의 원칙　　④ 사용빈도의 원칙

> **해설**
> ② 사용순서의 원칙

38 동전던지기에서 앞면이 나올 확률 (P)앞 = 0.6 이고, 뒷면이 나올 확률 $P(뒤)$ = 0.4일때, 앞면과 뒷면이 나올 사건의 정보량을 각각 맞게 나타낸 것은?

① 앞면 : 0.10bit, 뒷면 : 1.00bit

② 앞면 : 0.74bit, 뒷면 : 1.32bit

③ 앞면 : 1.32bit, 뒷면 : 0.74bit

④ 앞면 : 2.00bit, 뒷면 : 1.00bit

> **해설**
> ㉠ 앞면 $= \dfrac{\log\left(\dfrac{1}{0.6}\right)}{\log 2} = 0.74\text{bit}$
>
> ㉡ 뒷면 $= \dfrac{\log\left(\dfrac{1}{0.4}\right)}{\log 2} = 1.32\text{bit}$

39 어떤 결함수의 쌍대결함수를 구하고, 컷셋을 찾아내어 결함(사고)을 예방할 수 있는 최소의 조합을 의미하는 것은?

① 최대 컷셋　　　　② 최소 컷셋

③ 최대 패스셋　　　④ 최소 패스셋

> **해설**
> 최소 패스셋의 설명이다.

40 인간-기계 시스템에서의 신뢰도 유지 방안으로 가장 거리가 먼 것은?

① lock system

② fail-safe system

③ fool-proof system

④ risk assessment system

> **해설**
> 인간-기계 시스템에서의 신뢰도 유지 방안
> ㉠ lock system
> ㉡ fail-safe system
> ㉢ fool-proof system

정답 | 33. ③　34. ③　35. ④　36. ①　37. ②　38. ②　39. ④　40. ④

제3과목 기계위험방지기술

41 금형 조정작업 시 슬라이드가 갑자기 작동하는 것으로부터 근로자를 보호하기 위하여 가장 필요한 안전장치는?

① 안전블록 　　② 클러치
③ 안전 1행정 스위치 　④ 광전자식 방호장치

> **해설** ① 안전블록의 설명이다.

42 프레스기에 사용하는 양수조작식 방호장치의 일반구조에 관한 설명 중 틀린 것은?

① 1행정 1정지 기구에 사용할 수 있어야 한다.
② 누름버튼을 양 손으로 동시에 조작하지 않으면 작동시킬 수 없는 구조이어야 한다.
③ 양쪽버튼의 작동시간 차이는 최대 0.5초 이내일 때 프레스가 동작되도록 해야 한다.
④ 방호장치는 사용전원전압의 ±50%의 변동에 대하여 정상적으로 작동되어야 한다.

> **해설** ④ 방호장치는 사용전원전압의 ±20%의 변동에 대하여 정상적으로 작동되어야 한다.

43 프레스 작업 중 작업자의 신체일부가 위험한 작업점으로 들어가면 자동적으로 정지되는 기능이 있는데, 이러한 안전대책을 무엇이라고 하는가?

① 풀 프루프(fool proof)
② 페일 세이프(fail safe)
③ 인터록(inter lock)
④ 리밋 스위치(limit switch)

> **해설** ① 풀 프루프(fool proof)의 설명이다.

44 다음 중 취급운반 시 준수해야 할 원칙으로 틀린 것은?

① 연속운반으로 할 것
② 직선운반으로 할 것
③ 운반작업을 집중화시킬 것
④ 생산을 최소로 하도록 운반할 것

> **해설** ④ 생산을 최고로 하도록 운반한다.

45 피복 아크 용접작업 시 생기는 결함에 대한 설명 중 틀린 것은?

① 스패터(spatter) : 용융된 금속의 작은 입자가 튀어나와 모재에 묻어있는 것
② 언더컷(under cut) : 전류가 과대하고 용접속도가 너무 빠르며, 아크를 짧게 유지하기 어려운 경우 모재 및 용접부의 일부가 녹아서 발생하는 홈 또는 오목하게 생긴 부분
③ 크레이터(crater) : 용착금속 속에 남아있는 가스로 인하여 생긴 구멍
④ 오버랩(overlap) : 용접봉의 운행이 불량하거나 용접봉의 용융온도가 모재보다 낮을 때 과잉 용착금속이 남아있는 부분

> **해설** ③ 크레이터 : 아크를 끊을 때 비드 끝부분이 오목하게 들어가는 것

46 다음 중 선반(lathe)의 방호장치에 해당하는 것은?

① 슬라이드(slide)
② 심압대(tail stock)
③ 주축대(head stock)
④ 척 가드(chuck guard)

> **해설** **선반의 방호장치**
> ㉠ 칩 브레이커 　　㉡ 브레이크
> ㉢ 실드 　　　　　㉣ 덮개 또는 울
> ㉤ 고정브리지 　　㉥ 척 가드

47 안전계수 5인 로프의 절단하중이 4,000N이라면 이 로프는 몇 N 이하의 하중을 매달아야 하는가?

① 500 　　② 800
③ 1,000 　④ 1,600

정답 ┃ 41. ① 　42. ④ 　43. ① 　44. ④ 　45. ③ 　46. ④ 　47. ②

해설

$$안전율 = \frac{인장강도}{허용응력}$$

$$5 = \frac{4,000}{x} \rightarrow \therefore x = 800N$$

48 산업안전보건법령에 따라 아세틸렌 발생기실에 설치해야 할 배기통은 얼마 이상의 단면적을 가져야 하는가?

① 바닥면적의 1/16
② 바닥면적의 1/20
③ 바닥면적의 1/24
④ 바닥면적의 1/30

해설 아세틸렌 발생기실에 설치해야 할 배기통 : 바닥면적의 1/16 이상의 단면적을 가져야 한다.

49 롤러기에서 앞면 롤러의 지름이 200mm, 회전속도가 30rpm인 롤러의 무부하 동작에서의 급정지거리로 옳은 것은?

① 66mm 이내
② 84mm 이내
③ 209mm 이내
④ 248mm 이내

해설

$$V = \pi \frac{DN}{100}$$

$$\therefore \frac{3.14 \times 200 \times 30}{1,000} = 18.84 m/min$$

앞면 롤러의 표면속도가 30m/min 미만은 급정지거리 앞면 롤러 원주의 1/30이다.

$$L = \pi D \times \frac{1}{3} = 3.14 \times 200 \times \frac{1}{3} = 209mm$$

50 정(chisel) 작업의 일반적인 안전수칙으로 틀린 것은?

① 따내기 및 칩이 튀는 가공에서는 보안경을 착용하여야 한다.
② 절단작업 시 절단된 끝이 튀는 것을 조심하여야 한다.
③ 작업을 시작할 때는 가급적 정을 세게 타격하고 점차 힘을 줄여간다.
④ 담금질 된 철강 재료는 정 가공을 하지 않는 것이 좋다.

해설 ③ 작업을 시작할 때는 가급적 정을 가볍게 타격하고, 점차 힘을 가한다.

51 다음과 같은 작업조건일 경우 와이어로프의 안전율은?

작업대에서 사용된 와이어로프 1줄의 파단하중이 100kN, 인양하중이 40kN, 로프의 줄수가 2줄

① 2
② 2.5
③ 4
④ 5

해설

$$안전율 = \frac{파단하중}{인양하중} = \frac{2 \times 100kN}{40kN} = 5$$

52 컨베이어 역전방지장치의 형식 중 전기식 장치에 해당하는 것은?

① 라쳇 브레이크
② 밴드 브레이크
③ 롤러 브레이크
④ 슬러스트 브레이크

해설 컨베이어 역전방지장치의 형식
(1) 기계식 장치
㉠ 라쳇 브레이크　㉡ 밴드 브레이크
㉢ 롤러 브레이크
(2) 전기식 장치
㉠ 슬러스트 브레이크　㉡ 전기 브레이크

53 공장설비의 배치 계획에서 고려할 사항이 아닌 것은?

① 작업의 흐름에 따라 기계 배치
② 기계설비의 주변 공간 최소화
③ 공장 내 안전통로 설정
④ 기계설비의 보수점검 용이성을 고려한 배치

해설 ② 기계설비의 주변 공간 최대화

54 다음 중 선반작업에 대한 안전수칙으로 틀린 것은?

① 척 핸들은 항상 척에 끼워 둔다.
② 베드 위에 공구를 올려놓지 않아야 한다.
③ 바이트를 교환할 때는 기계를 정지시키고 한다.
④ 일감의 길이가 외경과 비교하여 매우 길 때는 방진구를 사용한다.

해설 ① 공작물의 설치가 끝나면 척 렌치류는 곧 떼어 놓는다.

55 다음 중 기계설비에 의해 형성되는 위험점이 아닌 것은?

① 회전말림점   ② 접선분리점

③ 협착점   ④ 끼임점

> **[해설]** 기계설비에 의해 형성되는 위험점
> ㉠ ①, ③, ④   ㉡ 물림점
> ㉢ 접선물림점   ㉣ 절단점

56 가스 용접에서 역화의 원인으로 볼 수 없는 것은?

① 토치 성능이 부실한 경우

② 취관이 작업 소재에 너무 가까이 있는 경우

③ 산소 공급량이 부족한 경우

④ 토치 팁에 이물질이 묻은 경우

> **[해설]** ③ 산소 공급량이 과다한 경우

57 위험기계에 조작자의 신체부위가 의도적으로 위험점 밖에 있도록 하는 방호장치는?

① 덮개형 방호장치

② 차단형 방호장치

③ 위치제한형 방호장치

④ 접근반응형 방호장치

> **[해설]** ③ 위치제한형 방호장치 설명이다.

58 양중기에 사용 가능한 와이어로프에 해당하는 것은?

① 와이어로프의 한 꼬임에서 끊어진 소선의 수가 10% 초과한 것

② 심하게 변형 또는 부식된 것

③ 지름의 감소가 공칭지름의 7% 이내인 것

④ 이음매가 있는 것

> **[해설]** 양중기용 와이어로프의 사용금지 기준
> ㉠ 지름의 감소가 공칭지름의 7%를 초과하는 것
> ㉡ 와이어로프의 한 꼬임에서 끊어진 소선의 수가 10% 이상인 것
> ㉢ 이음매가 있는 것
> ㉣ 꼬인 것
> ㉤ 심하게 변형되거나 부식된 것
> ㉥ 열과 전기충격에 의해 손상된 것

59 프레스의 방호장치 중 확동식 클러치가 적용된 프레스에 한해서만 적용 가능한 방호장치로만 나열된 것은? (단, 방호장치는 한 가지 종류만 사용한다고 가정한다.)

① 광전자식, 수인식

② 양수조작식, 손쳐내기식

③ 광전자식, 양수조작식

④ 손쳐내기식, 수인식

> **[해설]** 확동식 클러치가 적용된 프레스에 한해서만 적용 가능한 방호장치 : 손쳐내기식, 수인식

60 산업안전보건법령에 따라 압력용기에 설치하는 안전밸브의 설치 및 작동에 관한 설명으로 틀린 것은?

① 다단형 압축기에는 각 단별로 안전밸브 등을 설치하여야 한다.

② 안전밸브는 이를 통하여 보호하려는 설비의 최저사용압력 이하에서 작동되도록 설정하여야 한다.

③ 화학공정 유체와 안전밸브의 디스크 또는 시트가 직접 접촉될 수 있도록 설치된 경우에는 매년 1회 이상 국가교정기관에서 교정을 받은 압력계를 이용하여 검사한 후 납으로 봉인하여 사용한다.

④ 공정안전보고서 이행상태 평가결과가 우수한 사업장의 안전밸브의 경우 검사주기는 4년마다 1회 이상이다.

> **[해설]** ② 안전밸브는 이를 통하여 보호하려는 설비의 최고사용압력 이하에서 작동되도록 설정하여야 한다.

제4과목   전기 및 화학설비 위험방지기술

61 다음 정의에 해당하는 방폭구조는?

> 전기기기의 과도한 온도 상승, 아크 또는 불꽃 발생의 위험을 방지하기 위하여 추가적인 안전조치를 통한 안전도를 증가시킨 방폭구조를 말한다.

① 내압방폭구조 ② 유입방폭구조
③ 안전증방폭구조 ④ 본질안전방폭구조

해설 ③ 안전증방폭구조의 설명이다.

62 근로자가 활선작업용 기구를 사용하여 작업할 경우 근로자의 신체 등과 충전전로 사이의 사용 전압별 접근한계거리가 틀린 것은?

① 15kV 초과 37kV 이하 : 80cm
② 37kV 초과 88kV 이하 : 110cm
③ 121kV 초과 145kV 이하 : 150cm
④ 242kV 초과 362kV 이하 : 380cm

해설 충전전로의 선간전압에 따른 충전전로에 대한 접근한계거리

충전전로의 선간전압(kV)	충전전로에 대한 접근한계거리(cm)
0.3 이하	접촉금지
0.3 초과 0.75 이하	30
0.75 초과 2 이하	45
2 초과 15 이하	60
15 초과 37 이하	90
37 초과 88 이하	110
88 초과 121 이하	130
121 초과 145 이하	150
145 초과 169 이하	170
169 초과 242 이하	230
242 초과 362 이하	380
362 초과 550 이하	550
550 초과 800 이하	790

63 정전기 제거방법으로 가장 거리가 먼 것은?

① 설비 주위를 가습한다.
② 설비의 금속 부분을 접지한다.
③ 설비의 주변에 적외선을 조사한다.
④ 정전기 발생 방지 도장을 실시한다.

해설 ③ 도전성 재료의 사용

64 활선작업 시 사용하는 안전장구가 아닌 것은?

① 절연용 보호구 ② 절연용 방호구
③ 활선작업용 기구 ④ 절연저항 측정기구

해설 활선작업 시 사용하는 안전장구 : 절연용 보호구, 절연용 방호구, 활선작업용 기구 등

65 정상운전 중의 전기설비가 점화원으로 작용하지 않는 것은?

① 변압기 권선
② 개폐기 접점
③ 직류 전동기의 정류자
④ 권선형 전동기의 슬립링

해설 정상운전 중의 전기설비가 점화원으로 작용하는 것
㉠ 개폐기 접점 ㉡ 직류 전동기의 정류자
㉢ 권선형 전동기의 슬립링

66 인체가 전격을 당했을 경우 통전시간이 1초라면 심실세동을 일으키는 전류값(mA)은? (단, 심실세동 전류값은 Dalziel의 관계식을 이용한다.)

① 100 ② 165
③ 180 ④ 215

해설
$$I = \frac{165}{\sqrt{T}} = \frac{165}{\sqrt{1}} = 165mA$$
여기서, I : 심실세동 전류(mA)
T : 통전시간(sec)

67 건설현장에서 사용하는 임시배선의 안전대책으로 거리가 먼 것은?

① 모든 전기기기의 외함은 접지시켜야 한다.
② 임시배선은 다심케이블을 사용하지 않아도 된다.
③ 배선은 반드시 분전반 또는 배전반에서 인출해야 한다.
④ 지상 등에서 금속관으로 방호할 때는 그 금속관을 접지해야 한다.

해설 ② 임시배선은 다심케이블을 사용한다.

68 알루미늄 금속분말에 대한 설명으로 틀린 것은?

① 분진폭발의 위험성이 있다.
② 연소 시 열을 발생한다.
③ 분진폭발을 방지하기 위해 물속에 저장한다.
④ 염산과 반응하여 수소가스를 발생한다.

해설 ③ 직사광선을 피하고, 냉암소에 저장한다.

정답 | 62. ① 63. ③ 64. ④ 65. ① 66. ② 67. ② 68. ③

69 제1종 또는 제2종 접지공사에 사용하는 접지선에 사람이 접촉할 우려가 있는 경우 접지공사 방법으로 틀린 것은?

① 접지극은 지하 75cm 이상 깊이에 묻을 것
② 접지선을 시설한 지지물에는 피뢰침용 지선을 시설하지 않을 것
③ 접지선은 캡타이어 케이블, 절연전선 또는 통신용 케이블 이외의 케이블을 사용할 것
④ 지하 60cm부터 지표 위 1.5m까지의 부분은 접지선은 합성수지관 또는 몰드로 덮을 것

> **[해설]** ④ 지하 75cm로부터 지표 위 2m까지의 접지선은 합성수지관 또는 몰드로 덮을 것

70 전기화재의 원인을 직접원인과 간접원인으로 구분할 때, 직접원인과 거리가 먼 것은?

① 애자의 오손   ② 과전류
③ 누전   ④ 절연열화

> **[해설]** **전기화재의 원인**
> (1) **직접원인**
> ㉠ 과전류   ㉡ 누전
> ㉢ 절연열화
> (2) **간접원인**
> ㉠ 애자의 오손

71 정전기의 발생에 영향을 주는 요인과 가장거리가 먼 것은?

① 박리속도   ② 물체의 표면상태
③ 접촉면적 및 압력   ④ 외부공기의 풍속

> **[해설]** **정전기 발생에 영향을 주는 요인**
> ㉠ ①, ②, ③   ㉡ 물체의 특성
> ㉢ 물체의 분리력

72 다음 중 벤젠(C_6H_6)이 공기 중에서 연소될 때의 이론혼합비(화학양론조성)는?

① 0.72vol%   ② 1.22vol%
③ 2.72vol%   ④ 3.22vol%

> **[해설]** ① 벤젠(C_6H_6)의 연소식
> $$C_6H_6 + 7.5O_2 \rightarrow 6CO_2\ 3H_2O$$
> 산소양론계수
> $$C_6H_6 + 7.5O_2 = \frac{7.5}{1} = 7.5$$
> ∴산소(O_2)의 양론계수 = 7.5
> ② 화학양론농도(C_{st}) = $\dfrac{100}{1+4.773O_2}$
> $$= \frac{100}{1+4.773 \times 7.5}$$
> $$= 2.717$$
> $$= 2.72vol\%$$

73 다음 중 가연성 가스가 아닌 것은?

① 이산화탄소   ② 수소
③ 메탄   ④ 아세틸렌

> **[해설]** ① 불연성 가스

74 다음은 산업안전보건법령상 파열판 및 안전밸브의 직렬 설치에 관한 내용이다. (   )에 알맞은 용어는?

> 사업주는 급성 독성물질이 지속적으로 외부에 유출될 수 있는 화학설비 및 그 부속설비에 파열판과 안전밸브를 직렬로 설치하고 그 사이에는 압력지시계 또는 (   )을(를) 설치하여야 한다.

① 자동경보장치   ② 차단장치
③ 플레어헤드   ④ 콕

> **[해설]** 화학설비 및 그 부속설비에 파열판과 안전밸브를 직렬로 설치하고 그 사이에는 압력지시계 또는 자동경보장치를 설치하여야 한다.

75 산업안전보건법령상 용해아세틸렌의 가스집합 용접장치의 배관 및 부속기구에는 구리나 구리 함유량이 몇 퍼센트 이상인 합금을 사용할 수 없는가?

① 40   ② 50
③ 60   ④ 70

> **[해설]** **구리의 사용제한** : 용해아세틸렌의 가스집합 용접장치의 배관 및 그 부속기구는 구리나 구리 함유량이 70% 이상인 합금을 사용해서는 아니된다.

76 다음 중 분진폭발의 발생 위험성을 낮추는 방법으로 적절하지 않은 것은?

① 주변의 점화원을 제거한다.
② 분진이 날리지 않도록 한다.
③ 분진과 그 주변의 온도를 낮춘다.
④ 분진 입자의 표면적을 크게 한다.

> **해설** ④ 분진 입자의 표면적을 작게 한다.

77 유해·위험물질 취급 시 보호구로서 구비조건이 아닌 것은?

① 방호성능이 충분할 것
② 재료의 품질이 양호할 것
③ 작업에 방해가 되지 않을 것
④ 외관이 화려할 것

> **해설** ④ 외관이나 디자인이 양호할 것

78 공기 중에 3ppm의 디메틸아민(demethylamine, TLV-TWA : 10ppm)과 20ppm의 시클로헥산올(cyclohexanol, TLV-TWA : 50ppm)이 있고, 10ppm의 산화프로필렌(propyleneoxide, TLV-TWA : 20ppm)이 존재한다면 혼합 TLV-TWA는 몇 ppm인가?

① 12.5
② 22.5
③ 27.5
④ 32.5

> **해설**
> $$R(노출기준) = \frac{C_1}{T_1} + \frac{C_2}{T_2} + \cdots + \frac{C_n}{T_n}$$
> $$허용농도 = \frac{농도1 + 농도2 + 농도3}{R}$$
> $$R = \frac{3}{10} + \frac{20}{50} + \frac{10}{20} = 1.2$$
> $$\therefore 허용농도 = \frac{3 + 20 + 10}{1.2} = 27.5ppm$$

79 건조설비의 사용에 있어 500~800℃ 범위의 온도에 가열된 스테인리스강에서 주로 일어나며, 탄화크롬이 형성되었을 때 결정 경계면의 크롬 함유량이 감소하여 발생되는 부식형태는?

① 전면부식
② 층상부식
③ 입계부식
④ 격간부식

> **해설** 입계부식의 설명이다.

80 위험물안전관리법령상 칼륨에 의한 화재에 적응성이 있는 것은?

① 건조사(마른모래)
② 포소화기
③ 이산화탄소소화기
④ 할로겐화합물소화기

> **해설** 칼륨 화재에 적응성 : 건조사(마른모래)

제5과목 | **건설안전기술**

81 흙막이 가시설의 버팀대(Strut)의 변형을 측정하는 계측기에 해당하는 것은?

① Water level meter
② Strain gauge
③ Piezometer
④ Load cell

> **해설** 흙막이 가시설의 버팀대의 변형을 측정하는 계측기 : Strain gauge

82 사다리식 통로 등을 설치하는 경우 준수해야 할 기준으로 옳지 않은 것은?

① 접이식 사다리 기둥은 사용 시 접혀지거나 펼쳐지지 않도록 철물 등을 사용하여 견고하게 조치할 것
② 발판과 벽과의 사이는 25cm 이상의 간격을 유지할 것
③ 폭은 30cm 이상으로 할 것
④ 사다리식 통로의 길이가 10m 이상인 경우에는 5m 이내마다 계단참을 설치할 것

> **해설** ② 발판과 벽과의 사이는 15cm 이상의 간격을 유지할 것

83 추락방지망의 달기로프를 지지점에 부착할 때 지지점의 간격이 1.5m인 경우 지지점의 강도는 최소 얼마 이상이어야 하는가?

① 200kg
② 300kg
③ 400kg
④ 500kg

> **해설** 방망의 지지점 강도(연속적인 구조물이 방망의 지지점인 경우)
> $F = 200B = 200 \times 1.5 = 300kg$
> 여기서, F : 외력(kg), B : 지지점 간격(m)

정답 | 76. ④ 77. ④ 78. ③ 79. ③ 80. ① 81. ② 82. ② 83. ②

84 가설통로를 설치하는 경우 준수해야 할 기준으로 옳지 않은 것은?

① 경사는 45° 이하로 할 것
② 경사가 15°를 초과하는 경우에는 미끄러지지 아니하는 구조로 할 것
③ 추락할 위험이 있는 장소에는 안전난간을 설치할 것
④ 수직갱에 가설된 통로의 길이가 15m 이상인 경우에는 10m 이내마다 계단참을 설치할 것

> **해설** ① 경사는 30° 이하로 할 것

85 유해위험방지계획서를 제출해야 하는 공사의 기준으로 옳지 않은 것은?

① 최대 지간길이 30m 이상인 교량건설 등 공사
② 깊이 10m 이상인 굴착공사
③ 터널 건설 등의 공사
④ 다목적댐, 발전용댐 및 저수용량 2천 만 톤 이상의 용수 전용댐, 지방상수도 전용댐 건설 등의 공사

> **해설** ① 최대 지간길이 50m 이상인 교량건설 등 공사

86 굴착이 곤란한 경우 발파가 어려운 암석의 파쇄 굴착 또는 암석제거에 적합한 장비는?

① 리퍼　　　　② 스크레이퍼
③ 롤러　　　　④ 드래그라인

> **해설** ① 리퍼의 설명이다.

87 중량물의 취급작업 시 근로자의 위험을 방지하기 위하여 사전에 작성하여야 하는 작업계획서 내용에 해당되지 않는 것은?

① 추락위험을 예방할 수 있는 안전대책
② 낙하위험을 예방할 수 있는 안전대책
③ 전도위험을 예방할 수 있는 안전대책
④ 침수위험을 예방할 수 있는 안전대책

> **해설** **중량물 취급 시 작업계획서 내용**
> ㉠ ①, ②, ③
> ㉡ 협착위험을 예방할 수 있는 안전대책
> ㉢ 붕괴위험을 예방할 수 있는 안전대책

88 콘크리트 타설용 거푸집에 작용하는 외력 중 연직방향 하중이 아닌 것은?

① 고정하중　　② 충격하중
③ 작업하중　　④ 풍하중

> **해설** **콘크리트 타설용 거푸집에 작용하는 외력 중 연직방향 하중**
> ㉠ 고정하중　　　㉡ 충격하중
> ㉢ 작업하중

89 화물을 적재하는 경우에 준수하여야 하는 사항으로 옳지 않은 것은?

① 침하 우려가 없는 튼튼한 기반 위에 적재할 것
② 건물의 칸막이나 벽 등이 화물의 압력에 견딜 만큼의 강도를 지니지 아니한 경우에는 칸막이나 벽에 기대어 적재하지 않도록 할 것
③ 불안정할 정도로 높이 쌓아 올리지 말 것
④ 편하중이 발생하도록 쌓아 적재효율을 높일 것

> **해설** ④ 하중이 한쪽으로 치우치지 않도록 쌓을 것

90 핸드 브레이커 취급 시 안전에 관한 유의사항으로 옳지 않은 것은?

① 기본적으로 현장 정리가 잘 되어 있어야 한다.
② 작업자세는 항상 하향 45° 방향으로 유지하여야 한다.
③ 작업 전 기계에 대한 점검을 철저히 한다.
④ 호스의 교차 및 꼬임 여부를 점검하여야 한다.

> **해설** ② 끝의 부러짐을 방지하기 위하여 작업자세는 하향 수직방향으로 유지하도록 하여야 한다.

91 유한사면에서 사면기울기가 비교적 완만한 점성토에서 주로 발생되는 사면파괴의 형태는?

① 저부파괴
② 사면선단파괴
③ 사면내파괴
④ 국부전단파괴

해설 ① 저부파괴의 설명이다.

92 산업안전보건관리비 중 안전시설비 등의 항목에서 사용 가능한 내역은?

① 외부인 출입금지, 공사장 경계표시를 위한 가설울타리
② 비계·통로·계단에 추가 설치하는 추락 방지용 안전난간
③ 절토부 및 성토부 등의 토사유실 방지를 위한 설비
④ 공사 목적물의 품질 확보 또는 건설장비 자체의 운행 감시, 공사 진척상황 확인, 방범 등의 목적을 가진 CCTV 등 감시용 장비

해설 ② 비계, 작업발판, 가설계단, 통로, 사다리 등

93 지반조사의 방법 중 지반을 강관으로 천공하고 토사를 채취 후 여러 가지 시험을 시행하여 지반의 토질 분포, 흙의 층상과 구성 등을 알 수 있는 것은?

① 보링
② 표준관입시험
③ 베인테스트
④ 평판재하시험

해설 ① 보링의 설명이다.

94 추락방지용 방망을 구성하는 그물코의 모양과 크기로 옳은 것은?

① 원형 또는 사각으로서 그 크기는 10cm 이하이어야 한다.
② 원형 또는 사각으로서 그 크기는 20cm 이하이어야 한다.
③ 사각 또는 마름모로서 그 크기는 10cm 이하이어야 한다.
④ 사각 또는 마름모로서 그 크기는 20cm 이하이어야 한다.

해설 ② 그물코의 모양과 크기 : 사각 또는 마름모로서 그 크기는 10cm 이하

95 말비계를 조립하여 사용하는 경우의 준수 사항으로 옳지 않은 것은?

① 지주부재의 하단에는 미끄럼 방지장치를 할 것
② 지주부재와 수평면과의 기울기는 85° 이하로 할 것
③ 말비계의 높이가 2m를 초과할 경우에는 작업발판의 폭을 40cm 이상으로 할 것
④ 지주부재와 지주부재 사이를 고정시키는 보조부재를 설치할 것

해설 ② 지주부재와 수평면과의 기울기는 75° 이하로 할 것

96 철골작업을 중지하여야 하는 제한 기준에 해당되지 않는 것은?

① 풍속이 초당 10m 이상인 경우
② 강우량이 시간당 1mm 이상인 경우
③ 강설량이 시간당 1cm 이상인 경우
④ 소음이 65dB 이상인 경우

해설 **철골작업을 중지하여야 하는 제한 기준**
㉠ 풍속이 초당 10m 이상인 경우
㉡ 강우량이 시간당 1mm 이상인 경우
㉢ 강설량이 시간당 1cm 이상인 경우

97 강관틀비계의 높이가 20m를 초과하는 경우 주틀 간의 간격은 최대 얼마 이하로 사용해야 하는가?

① 1.0m
② 1.5m
③ 1.8m
④ 2.0m

해설 **높이가 20m를 초과하거나 중량물의 적재를 수반하는 작업을 할 경우** : 주틀간의 간격은 최대 1.8m 이하이다.

98 철골공사에서 용접작업을 실시함에 있어 전격예방을 위한 안전조치 중 옳지 않은 것은?

① 전격방지를 위해 자동 전격방지기를 설치한다.

② 우천, 강설 시에는 야외작업을 중단한다.

③ 개로 전압이 낮은 교류 용접기는 사용하지 않는다.

④ 절연 홀더(Holder)를 사용한다.

해설 ③ 개로 전압이 높은 교류 용접기를 사용할 것

99 타워크레인의 운전작업을 중지하여야 하는 순간 풍속 기준으로 옳은 것은?

① 초당 10m 초과   ② 초당 12m 초과

③ 초당 15m 초과   ④ 초당 20m 초과

해설 순간풍속이 초당 15m를 초과하는 경우에는 타워크레인의 운전작업을 중지해야 한다.

100 흙막이 지보공을 설치하였을 때 정기적으로 점검하고 이상을 발견하면 즉시 보수하여야 하는 사항으로 거리가 먼 것은?

① 부재의 손상 변형, 부식, 변위 및 탈락의 유무와 상태

② 부재의 접속부, 부착부 및 교차부의 상태

③ 침하의 정도

④ 발판의 지지상태

해설 ④ 버팀대의 긴압의 정도

제1과목 산업안전관리론

01 다음 중 무재해운동의 기본이념 3원칙에 포함되지 않는 것은?

① 무의 원칙
② 선취의 원칙
③ 참가의 원칙
④ 라인화의 원칙

> **해설**
> 무재해운동의 기본이념 3원칙
> ㉠ 무의 원칙 ㉡ 선취의 원칙
> ㉢ 참가의 원칙

02 산업안전보건법령상 상시근로자수의 산출내역에 따라, 연간 국내공사 실적액이 50억원이고 건설업 평균임금이 250만원이며, 노무비율은 0.06인 사업장의 상시근로자수는?

① 10인
② 30인
③ 33인
④ 75인

> **해설**
> 상시근로자수
> $$= \frac{\text{전년도 국내공사 실적한계액} \times \text{노무비율}}{\text{건설업 월 평균임금} \times 12\text{개월}}$$
> $$= \frac{5,000,000,000 \times 0.06}{2,500,000 \times 12\text{개월}} = 10\text{인}$$

03 산업안전보건법령상 산업재해 조사표에 기록되어야 할 내용으로 옳지 않은 것은?

① 사업장 정보
② 재해정보
③ 재해발생 개요 및 원인
④ 안전교육 계획

> **해설**
> ④ 재발방지 계획

04 하인리히의 재해발생 원인 도미노 이론에서 사고의 직접원인으로 옳은 것은?

① 통제의 부족
② 관리구조의 부적절
③ 불안전한 행동과 상태
④ 유전과 환경적 영향

> **해설**
> 하인리히 도미노 이론에서 사고의 직접원인 : 불안전한 행동과 상태

05 매슬로우(Maslow)의 욕구단계 이론 중 제2단계의 욕구에 해당하는 것은?

① 사회적 욕구
② 안전에 대한 욕구
③ 자아실현의 욕구
④ 존경과 긍지에 대한 욕구

> **해설**
> 매슬로우의 욕구단계 이론
> ㉠ 제1단계 : 생리적 욕구
> ㉡ 제2단계 : 안전에 대한 욕구
> ㉢ 제3단계 : 사회적 욕구
> ㉣ 제4단계 : 존경욕구
> ㉤ 제5단계 : 자아실현의 욕구

06 산업안전보건법령상 안전모의 종류(기호) 중 사용 구분에서 "물체의 낙하 또는 비래 및 추락에 의한 위험을 방지 또는 경감하고, 머리부위 감전에 의한 위험을 방지하기 위한 것"으로 옳은 것은?

① A
② AB
③ AE
④ ABE

> **해설**
> 안전모의 종류 및 용도
>
> | 종류 기호 | 사용 구분 |
> | --- | --- |
> | AB | 물체낙하, 날아옴, 추락에 의한 위험을 방지, 경감시키는 것 |
> | AE | 물체낙하, 날아옴에 의한 위험을 방지, 경감하고 머리 부위의 감전에 대한 위험을 방지할 수 있는 것 |
> | ABE | 물체낙하 또는 날아옴 및 추락에 의한 위험을 방지하기 위한 것 및 감전방지용 |

07 다음 중 산업심리의 5대 요소에 해당하지 않는 것은?

① 적성   ② 감정
③ 기질   ④ 동기

해설 **산업심리의 5대 요소**
㉠ 습성   ㉡ 습관
㉢ 감정   ㉣ 기질
㉤ 동기

08 주의의 수준에서 중간 수준에 포함되지 않는 것은?

① 다른 곳에 주의를 기울이고 있을 때
② 가시시야 내 부분
③ 수면 중
④ 일상과 같은 조건일 경우

해설 ③ 수면 중 : 0(zero) 수준

09 다음 중 안전태도 교육의 원칙으로 적절하지 않은 것은?

① 청취위주의 대화를 한다.
② 이해하고 납득한다.
③ 항상 모범을 보인다.
④ 지적과 처벌 위주로 한다.

해설 **안전태도 교육의 원칙**
㉠ 청취위주의 대화를 한다.
㉡ 이해하고 납득한다.
㉢ 항상 모범을 보인다.
㉣ 권장(평가)한다.
㉤ 장려한다.
㉥ 처벌한다.

10 레빈(Lewin)은 인간행동과 인간의 조건 및 환경조건의 관계를 다음과 같이 표시하였다. 이 때 'f'의 의미는?

$$B = f(P \cdot E)$$

① 행동   ② 조명
③ 지능   ④ 함수

해설 레빈
인간의 행동 $B = f(P \cdot E)$
여기서, f : 함수, P : 인간의 조건
        E : 환경조건

11 적응기제(Adjustment Mechanism)의 유형에서 "동일화(identification)"의 사례에 해당하는 것은?

① 운동시합에 진 선수가 컨디션이 좋지 않았다고 한다.
② 결혼에 실패한 사람이 고아들에게 정열을 쏟고 있다.
③ 아버지의 성공을 자신의 성공인 것처럼 자랑하며 거만한 태도를 보인다.
④ 동생이 태어난 후 초등학교에 입학한 큰 아이가 손가락을 빨기 시작했다.

해설 **적응기제 유형에서 동일화** : 아버지의 성공을 자신의 성공인 것처럼 자랑하며 거만한 태도를 보인다.

12 특성에 따른 안전교육의 3단계에 포함되지 않는 것은?

① 태도교육   ② 지식교육
③ 직무교육   ④ 기능교육

해설 **특성에 따른 안전교육의 3단계**
㉠ 제1단계 : 지식교육   ㉡ 제2단계 : 기능교육
㉢ 제3단계 : 태도교육

13 산업안전보건법령상 다음 그림에 해당하는 안전·보건표지의 종류로 옳은 것은?

① 부식성 물질 경고
② 산화성 물질 경고
③ 인화성 물질 경고
④ 폭발성 물질 경고

해설 ①   ②   ④

정답 | 07. ① 08. ③ 09. ④ 10. ④ 11. ③ 12. ③ 13. ③

14 다음 중 작업표준의 구비조건으로 옳지 않은 것은?

① 작업의 실정에 적합할 것
② 생산성과 품질의 특성에 적합할 것
③ 표현은 추상적으로 나타낼 것
④ 다른 규정 등에 위배되지 않을 것

> **해설** 작업표준의 구비조건
> ㉠ ①, ②, ④
> ㉡ 표현은 구체적으로 나타낼 것
> ㉢ 이상 시 조치기준에 대해 정해둘 것
> ㉣ 좋은 작업의 표준일 것

15 다음 중 위험예지훈련 4라운드의 순서가 올바르게 나열된 것은?

① 현상파악 → 본질추구 → 대책수립 → 목표설정
② 현상파악 → 대책수립 → 본질추구 → 목표설정
③ 현상파악 → 본질추구 → 목표설정 → 대책수립
④ 현상파악 → 목표설정 → 본질추구 → 대책수립

> **해설** 위험예지훈련 4라운드의 순서 : 현상파악 → 본질추구 → 대책수립 → 목표설정

16 산업안전보건법령상 특별안전·보건교육 대상 작업별 교육내용 중 밀폐공간에서의 작업시 교육내용에 포함되지 않은 것은? (단, 그 밖에 안전·보건관리에 필요한 사항은 제외한다.)

① 산소농도 측정 및 작업환경에 관한사항
② 유해물질이 인체에 미치는 영향
③ 보호구 착용 및 사용방법에 관한 사항
④ 사고 시의 응급처치 및 비상 시 구출에 관한 사항

> **해설** 밀폐된 공간에서의 작업에 대한 특별안전·보건교육 대상 작업 및 교육내용
> ㉠ 산소농도 측정 및 작업환경에 관한 사항
> ㉡ 사고 시의 응급처치 및 비상시 구출에 관한 사항
> ㉢ 보호구 착용 및 사용방법에 관한 사항
> ㉣ 밀폐공간 작업의 안전작업 방법에 관한 사항
> ㉤ 그 밖의 안전·보건관리에 필요한 사항

17 안전지식 교육 실시 4단계에서 지식을 실제의 상황에 맞추어 문제를 해결해 보고 그 수법을 이해시키는 단계로 옳은 것은?

① 도입   ② 제시
③ 적용   ④ 확인

> **해설** 안전지식 교육 실시 4단계
> ㉠ 제1단계 : 도입
> ㉡ 제2단계 : 제시
> ㉢ 제3단계 : 적용－지식을 실제의 상황에 맞추어 문제를 해결해 보고 그 수법을 이해시키는 단계
> ㉣ 제4단계 : 확인

18 산업안전보건법령상 안전검사 대상 유해·위험기계의 종류에 포함되지 않는 것은?

① 전단기   ② 리프트
③ 곤돌라   ④ 교류아크용접기

> **해설** 안전검사 대상 유해·위험기계의 종류
> ㉠ ①, ②, ③   ㉡ 프레스
> ㉢ 크레인   ㉣ 압력용기
> ㉤ 국소배기장치   ㉥ 원심기
> ㉦ 화학설비 및 그 부속설비
> ㉧ 건조설비 및 그 부속설비
> ㉨ 롤러기   ㉩ 사출성형기
> ㉪ 고소작업대   ㉫ 컨베이어
> ㉬ 산업용 로봇

19 다음 중 산업재해 통계에 관한 설명으로 적절하지 않은 것은?

① 산업재해 통계는 구체적으로 표시되어야 한다.
② 산업재해 통계는 안전활동을 추진하기 위한 기초자료이다.
③ 산업재해 통계만을 기반으로 해당 사업장의 안전수준을 추측한다.
④ 산업재해 통계의 목적은 기업에서 발생한 산업재해에 대하여 효과적인 대책을 강구하기 위함이다.

> **해설** ③ 산업재해 통계를 기반으로 안전조건이나 상태를 추측해서는 안 된다.

정답 | 14. ③ 15. ① 16. ② 17. ③ 18. ④ 19. ③

20 French와 Raven이 제시한, 리더가 가지고 있는 세력의 유형이 아닌 것은?

① 전문세력(expert power)
② 보상세력(reward power)
③ 위임세력(entrust power)
④ 합법세력(legitimate power)

> **해설** 리더가 가지고 있는 세력의 유형
> ㉠ 전문세력   ㉡ 보상세력
> ㉢ 합법세력

제2과목 인간공학 및 시스템안전공학

21 체계설계 과정의 주요 단계 중 가장 먼저 실시되어야 하는 것은?

① 기본설계
② 계면설계
③ 체계의 정의
④ 목표 및 성능 명세 결정

> **해설** 체계설계 과정의 주요 단계
> ㉠ 제1단계 : 목표 및 성능 명세 결정
> ㉡ 제2단계 : 체계의 정의
> ㉢ 제3단계 : 기본설계
> ㉣ 제4단계 : 계면설계
> ㉤ 제5단계 : 촉진물 설계
> ㉥ 제6단계 : 시험 및 평가

22 고장형태 및 영향분석(FMEA ; Failure Mode and Effect Analysis)에서 치명도 해석을 포함시킨 분석 방법으로 옳은 것은?

① CA
② ETA
③ FMETA
④ FMECA

> **해설** FMECA의 설명이다.

23 그림과 같은 시스템의 신뢰도로 옳은 것은? (단, 그림의 숫자는 각 부품의 신뢰도이다.)

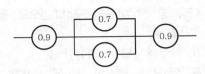

① 0.6261
② 0.7371
③ 0.8481
④ 0.9591

> **해설**
> $$R(t) = 0.9 \times 1 - (1-0.7)(1-0.7) \times 0.9$$
> $$= 0.7371$$

24 인간의 시각특성을 설명한 것으로 옳은 것은?

① 적응은 수정체의 두께가 얇아져 근거리의 물체를 볼 수 있게 되는 것이다.
② 시야는 수정체의 두께 조절로 이루어진다.
③ 망막은 카메라의 렌즈에 해당된다.
④ 암조응에 걸리는 시간은 명조응보다 길다.

> **해설**
> ① 적응은 수정체의 두께가 두꺼워지면 근거리의 물체를 볼 수 있게 되는 것이다.
> ② 시야는 망막의 두께 조절로 이루어진다.
> ③ 망막은 카메라의 필름에 해당된다.

25 다음 중 생리적 스트레스를 전기적으로 측정하는 방법으로 옳지 않은 것은?

① 뇌전도(EEG)
② 근전도(EMG)
③ 전기피부반응(GSR)
④ 안구반응(EOG)

> **해설** 생리적 스트레스를 전기적으로 측정하는 방법
> ㉠ 뇌전도   ㉡ 근전도
> ㉢ 전기피부반응

26 레버를 10° 움직이면 표시장치는 1cm 이동하는 조종장치가 있다. 레버의 길이가 20cm라고 하면 이 조종장치의 통제표시비(C/D비)는 약 얼마인가?

① 1.27
② 2.38
③ 3.49
④ 4.51

> **해설**
>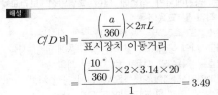
> $$C/D비 = \frac{\left(\dfrac{a}{360}\right) \times 2\pi L}{표시장치\ 이동거리}$$
> $$= \frac{\left(\dfrac{10°}{360}\right) \times 2 \times 3.14 \times 20}{1} = 3.49$$

정답 | 20. ③   21. ④   22. ④   23. ②   24. ④   25. ④   26. ③

27 서서 하는 작업의 작업대 높이에 대한 설명으로 옳지 않은 것은?

① 정밀작업의 경우 팔꿈치 높이보다 약간 높게 한다.
② 경작업의 경우 팔꿈치 높이보다 약간 낮게 한다.
③ 중작업의 경우 경작업의 작업대 높이보다 약간 낮게 한다.
④ 작업대의 높이는 기준을 지켜야 하므로 높낮이가 조절되어서는 안 된다.

> **해설** ④ 작업대의 높이는 기준을 지켜야 하므로 높낮이가 조절되어야 한다.

28 작업장 내부의 추천반사율이 가장 낮아야 하는 곳은?

① 벽   ② 천장
③ 바닥   ④ 가구

> **해설** ① 벽 : 40~60%   ② 천장 : 80~90%
> ③ 바닥 : 20~40%   ④ 가구 : 25~45%

29 인간의 정보처리 기능 중 그 용량이 7개 내외로 작아, 순간적 망각 등 인적오류의 원인이 되는 것은?

① 지각   ② 작업기억
③ 주의력   ④ 감각보관

> **해설** 작업기억의 설명이다.

30 인간오류의 분류 중 원인에 의한 분류의 하나로, 작업자 자신으로부터 발생하는 에러로 옳은 것은?

① Command error   ② Secondary error
③ Primary error   ④ Third error

> **해설** Primary error의 설명이다.

31 일반적으로 인체에 가해지는 온·습도 및 기류 등의 외적변수를 종합적으로 평가하는 데에는 "불쾌지수"라는 지표가 이용된다. 불쾌지수의 계

산식이 다음과 같은 경우, 건구온도와 습구온도의 단위로 옳은 것은?

> 불쾌지수 = 0.72×(건구온도+습구온도)+40.6

① 실효온도   ② 화씨온도
③ 절대온도   ④ 섭씨온도

> **해설** **불쾌지수**
> = 섭씨(건구온도 + 습구온도)×0.72 + 40.6

32 FT도에 사용되는 논리기호 중 AND 게이트에 해당하는 것은?

①   ②

③   ④

> **해설** ① 결함사상   ② OR 게이트
> ④ 통상사상

33 위팔은 자연스럽게 수직으로 늘어뜨린 채, 아래팔만을 편하게 뻗어 작업할 수 있는 범위는?

① 정상작업역   ② 최대작업역
③ 최소작업역   ④ 작업포락면

> **해설** 정상작업역의 설명이다.

34 음의 강약을 나타내는 기본 단위는?

① dB   ② pont
③ hertz   ④ diopter

> **해설** 음의 강약을 나타내는 기본 단위 : dB

35 신뢰성과 보전성 개선을 목적으로 하는 효과적인 보전기록 자료에 해당하지 않는 것은?

① 설비이력카드   ② 자재관리표
③ MTBF 분석표   ④ 고장원인대책표

> **해설** **보전기록 자료**
> ㉠ 설비이력카드   ㉡ MTBF 분석표
> ㉢ 고장원인대책표

36 예비위험분석(PHA)에 대한 설명으로 옳은 것은?

① 관련된 과거 안전점검결과의 조사에 적절하다.

② 안전관련 법규 조항의 준수를 위한 조사 방법이다.

③ 시스템 고유의 위험성을 파악하고 예상되는 재해의 위험수준을 결정한다.

④ 초기 단계에서 시스템 내의 위험요소가 어떠한 위험상태에 있는가를 정성적으로 평가하는 것이다.

> **해설** PHA : 초기 단계에서 시스템 내의 위험요소가 어떠한 위험상태에 있는가를 정성적으로 평가하는 것

37 다음의 FT도에서 몇 개의 미니멀 패스셋(minimal path sets)이 존재하는가?

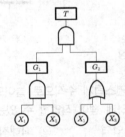

① 1개 ② 2개
③ 3개 ④ 4개

> **해설**
>
>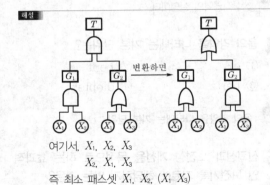
>
> 여기서, X_1, X_2, X_3
> X_2, X_1, X_3
> 즉 최소 패스셋 X_1, X_2, $(X_1 \ X_3)$

38 정보를 전송하기 위해 청각적 표시장치를 이용하는 것이 바람직한 경우로 적합한 것은?

① 전언이 복잡한 경우

② 전언이 이후에 재참조 되는 경우

③ 전언이 공간적인 사건을 다루는 경우

④ 전언이 즉각적인 행동을 요구하는 경우

> **해설** 청각적 표시장치를 이용하는 것이 바람직한 경우 : 전언이 즉각적인 행동을 요구하는 경우

39 FTA에서 모든 기본사상이 일어났을 때 톱(top) 사상을 일으키는 기본사상의 집합을 무엇이라 하는가?

① 컷셋(cut set)

② 최소 컷셋(minimal cut set)

③ 패스셋(path set)

④ 최소 패스셋(minimal path set)

> **해설** 컷셋(cut set)의 설명이다.

40 조종장치를 통한 인간의 통제 아래 기계가 동력원을 제공하는 시스템의 형태로 옳은 것은?

① 기계화 시스템 ② 수동 시스템
③ 자동화 시스템 ④ 컴퓨터 시스템

> **해설** 기계화 시스템의 설명이다.

제3과목 **기계위험방지기술**

41 선반에서 냉각재 등에 의한 생물학적 위험을 방지하기 위한 방법으로 틀린 것은?

① 냉각재가 기계에 잔류되지 않고 중력에 의해 수집탱크로 배유되도록 해야 한다.

② 냉각재 저장탱크에는 외부 이물질의 유입을 방지하기 위한 덮개를 설치해야 한다.

③ 특별한 경우를 제외하고는 정상 운전시 전체 냉각재가 계통 내에서 순환되고 냉각재 탱크에 체류하지 않아야 한다.

④ 배출용 배관의 지름은 대형 이물질이 들어가지 않도록 작아야 하고, 지면과 수평이 되도록 제작해야 한다.

해설 **선반에서 냉각재 등에 의한 생물학적 위험을 방지하기 위한 방법**

㉠ ①, ②, ③ 정상 운전 시 전체 냉각재가 계통 내에서 순환되고 냉각재 탱크에 체류하지 않을 것. 다만 설계상 냉각재의 일부를 탱크 내에서 보유하도록 설계된 경우는 제외한다.

㉡ 배출용 배관의 직경은 슬러지의 체류를 최소화 할 수 있는 정도의 충분한 크기이고 적정한 기울기를 보유할 것

㉢ 필터장치가 구비되어 있을 것

㉣ 전체 시스템을 비우지 않은 상태에서 코너 부위 등에 누적된 침전물을 제거할 수 있는 구조일 것

㉤ 오일 또는 그리스 등 외부에서 유입된 물질에 의해 냉각재가 오염되는 것을 방지할 수 있도록 조치하고, 필요한 분리장치를 설치할 수 있는 구조일 것

42 양수 조작식 방호장치에서 양쪽 누름버튼 간의 내측 거리는 몇 mm 이상이어야 하는가?

① 100　　　　② 200
③ 300　　　　④ 400

해설 **양수 조작식 방호장치** : 양쪽 누름버튼 간의 내측 거리는 300mm 이상이어야 한다.

43 산업용 로봇의 작동범위에서 그 로봇에 관하여 교시 등의 작업을 하는 경우 작업시작 전 점검사항에 해당하지 않는 것은? (단, 로봇의 동력원을 차단하고 행하는 것을 제외한다.)

① 회전부의 덮개 또는 울 부착여부
② 제동장치 및 비상정지장치의 기능
③ 외부전선의 피복 또는 외장의 손상유무
④ 매니퓰레이터(manipulator) 작동의 이상유무

해설 **로봇의 작동범위 등의 작업을 하는 경우 작업시작 전 점검사항**

㉠ 제동장치 및 비상정지장치의 기능
㉡ 외부전선의 피복 또는 외장의 손상유무
㉢ 매니퓰레이터 작동의 이상유무

44 기계장치의 안전설계를 위해 적용하는 안전율 계산식은?

① 안전하중 ÷ 설계하중
② 최대사용하중 ÷ 극한강도
③ 극한강도 ÷ 최대설계응력
④ 극한강도 ÷ 파단하중

해설

$$안전율 = \frac{극한강도}{최대설계응력}$$

45 "가"와 "나"에 들어갈 내용으로 옳은 것은?

> 순간풍속이 (가)를 초과하는 경우에는 타워크레인의 설치, 수리, 점검 또는 해체 작업을 중지하여야 하며, 순간풍속이 (나)를 초과하는 경우에는 타워크레인의 운전작업을 중지하여야 한다.

① 가 : 10m/s, 나 : 15m/s
② 가 : 10m/s, 나 : 25m/s
③ 가 : 20m/s, 나 : 35m/s
④ 가 : 20m/s, 나 : 45m/s

해설 **타워크레인**

㉠ **순간풍속 10m/s 초과** : 설치, 수리, 점검 또는 해체 작업을 중지한다.
㉡ **순간풍속 15m/s 초과** : 운전작업을 중지한다.

46 지게차 헤드가드의 안전기준에 관한 설명으로 틀린 것은?

① 상부틀의 각 개구의 폭 또는 길이가 20cm 이상일 것
② 강도는 지게차의 최대하중의 2배 값(4톤을 넘는 값에 대해서는 4톤으로 한다)의 등분포 정하중에 견딜 수 있을 것
③ 운전자가 서서 조작하는 방식의 지게차의 경우에는 운전석의 바닥면에서 헤드가드의 상부틀 하면까지의 높이가 2m 이상일 것
④ 운전자가 앉아서 조작하는 방식의 지게차의 경우에는 운전자의 좌석 윗면에서 헤드가드의 상부틀 아랫면까지의 높이가 1m 이상일 것

해설 ① 상부틀의 각 개구의 폭 또는 길이가 16cm 미만일 것

47 드릴작업 시 올바른 작업 안전수칙이 아닌 것은?

① 구멍을 뚫을 때 관통된 것을 확인하기 위해 손으로 만져서는 안 된다.

② 드릴을 끼운 후에 척 렌치(chuck wrench)를 부착한 상태에서 드릴작업을 한다.

③ 작업모를 착용하고 옷소매가 긴 작업복은 입지 않는다.

④ 보호안경을 쓰거나 안전덮개를 설치한다.

> 해설 ② 드릴은 척 렌치를 부착한 상태에서 드릴작업을 하지 않는다.

48 프레스 가공품의 이송방법으로 2차 가공용 송급 배출장치가 아닌 것은?

① 다이얼 피더(dial feeder)

② 롤 피더(roll feeder)

③ 푸셔 피더(pusher feeder)

④ 트랜스퍼 피더(transfer feeder)

> 해설 (1) 2차 가공용 송급 배출장치 또는 ①, ③, ④ 이외에 다음과 같다.
> ㉠ 호퍼 피더
> ㉡ 슈트
> (2) 롤 피더는 그리퍼 피더와 더불어 1차 가공용 송급 배출장치에 해당된다.

49 다음 중 연삭기를 이용한 작업의 안전대책으로 가장 옳은 것은?

① 연삭숫돌의 최고원주속도 이상으로 사용하여야 한다.

② 운전 중 연삭숫돌의 균열 확인을 위해 수시로 충격을 가해 본다.

③ 정밀한 작업을 위해서는 연삭기의 덮개를 벗기고 숫돌의 정면에 서서 작업한다.

④ 작업시작 전에는 1분 이상 시운전을 하고 숫돌의 교체 시에는 3분 이상 시운전을 한다.

> 해설 ① 연삭숫돌의 최고사용 회전속도를 초과하여 사용하여서는 안 된다.
> ② 연삭숫돌을 끼우기 전에 가벼운 해머로 가볍게 두들겨 균열이 있는가를 조사한다.

③ 숫돌차의 정면에 서지 말고 측면으로 비켜서서 작업한다.

50 압력용기에서 안전밸브를 2개 설치한 경우 그 설치방법으로 옳은 것은? (단, 해당하는 압력용기가 외부 화재에 대한 대비가 필요한 경우로 한정한다.)

① 1개는 최고사용압력 이하에서 작동하고 다른 1개는 최고사용압력의 1.1배 이하에서 작동하도록 한다.

② 1개는 최고사용압력 이하에서 작동하고 다른 1개는 최고사용압력의 1.2배 이하에서 작동하도록 한다.

③ 1개는 최고사용압력의 1.05배 이하에서 작동하고 다른 1개는 최고사용압력의 1.1배 이하에서 작동하도록 한다.

④ 1개는 최고사용압력의 1.05배 이하에서 작동하고 다른 1개는 최고사용압력의 1.2배 이하에서 작동하도록 한다.

> 해설 **압력용기에서 안전밸브를 2개 설치한 경우 그 설치방법 :** 1개는 최고사용압력 이하에서 작동하고 다른 1개는 최고사용압력의 1.1배 이하에서 작동하도록 한다.

51 범용 수동 선반의 방호조치에 대한 설명으로 틀린 것은?

① 대형 선반의 후면 칩 가드는 새들의 전체 길이를 방호할 수 있어야 한다.

② 척 가드의 폭은 공작물의 가공작업에 방해되지 않는 범위에서 척 전체 길이를 방호해야 한다.

③ 수동조작을 위한 제어장치는 정확한 제어를 위해 조작 스위치를 돌출형으로 제작해야 한다.

④ 스핀들 부위를 통한 기어박스에 접촉될 위험이 있는 경우에는 해당 부위에 잠금장치가 구비된 가드를 설치하고 스핀들 회전과 연동회로를 구성해야 한다.

> 해설 ③ 수동조작을 위한 제어장치는 정확한 제어를 위해 조작 스위치를 밀폐형으로 제작해야 한다.

52 프레스에 금형 조정작업 시 슬라이드가 갑자기 작동함으로써 근로자에게 발생할 우려가 있는 위험을 방지하기 위하여 사용하는 것은?

① 안전블록
② 비상정지장치
③ 감응식 안전장치
④ 양수조작식 안전장치

> **해설** 안전블록의 설명이다.

53 크레인 작업 시 300kg의 질량을 10m/s²의 가속도로 감아올릴 때 로프에 걸리는 총 하중은 약 몇 N인가? (단, 중력가속도는 9.81m/s²로 한다.)

① 2,943
② 3,000
③ 5,943
④ 8,886

> **해설**
> W(총하중) $= W_1$(정하중) $+ W_2$(동하중)
>
> $W_2 = \dfrac{W_1}{g} \times \alpha$
>
> 여기서, g : 중력가속도, α : 가속도
>
> $W = 300 + \dfrac{300}{9.81} \times 10 = 605.81 \text{kg}$
>
> $\therefore 605.81 \times 9.81 = 5{,}943\text{N}$

54 사고 체인의 5요소에 해당하지 않는 것은?

① 함정(trap)
② 충격(impact)
③ 접촉(contact)
④ 결함(flaw)

> **해설** 사고 체인의 5요소
> ㉠ ①, ②, ③
> ㉡ 얽힘, 말림(entanglement)
> ㉢ 튀어나옴(ejection)

55 프레스 작업 시 왕복운동하는 부분과 고정부분 사이에서 형성되는 위험점은?

① 물림점
② 협착점
③ 절단점
④ 회전말림점

> **해설** 협착점의 설명이다.

56 기계설비의 안전화를 크게 외관의 안전화, 기능의 안전화, 구조적 안전화로 구분할 때, 기능의 안전화에 해당되는 것은?

① 안전율의 확보
② 위험부위 덮개 설치
③ 기계 외관에 안전 색채 사용
④ 전압 강하 시 기계의 자동정지

> **해설**
> ① : 구조적 안전화
> ②, ③ : 외관의 안전화

57 근로자에게 위험을 미칠 우려가 있는 원동기, 축이음, 풀리 등에 설치하여야 하는 것은?

① 덮개
② 압력계
③ 통풍장치
④ 과압방지기

> **해설** 원동기, 축이음, 풀리 등에 설치하여야 하는 것 : 덮개

58 컨베이어(conveyor)의 역전방지장치 형식이 아닌 것은?

① 램식
② 라쳇식
③ 롤러식
④ 전기브레이크식

> **해설** 컨베이어 역전방지장치 형식
> ㉠ 롤러식　　㉡ 전기브레이크식
> ㉢ 라쳇식

59 프레스의 작업시작 전 점검사항으로 거리가 먼 것은?

① 클러치 및 브레이크의 기능
② 금형 및 고정볼트 상태
③ 전단기(剪斷機)의 칼날 및 테이블의 상태
④ 언로드 밸브의 기능

> **해설** 프레스 작업시작 전 점검사항
> ㉠ ①, ②, ③
> ㉡ 크랭크축·플라이휠·슬라이드·연결봉 및 연결나사의 풀림여부
> ㉢ 1행정 1정지 기구·급정지장치 및 비상정지 장치의 기능
> ㉣ 슬라이드 또는 칼날에 의한 위험방지 기구의 기능
> ㉤ 방호장치의 기능

60 롤러기의 급정지를 위한 방호장치를 설치하고자 한다. 앞면 롤러의 지름이 30cm이고, 회전수가 30rpm일 때 요구되는 급정지 거리의 기준은?

① 급정지 거리가 앞면 롤러 원주의 1/3 이상 일 것
② 급정지 거리가 앞면 롤러 원주의 1/3 이내 일 것
③ 급정지 거리가 앞면 롤러 원주의 1/2.5 이상 일 것
④ 급정지 거리가 앞면 롤러 원주의 1/2.5 이내 일 것

해설

$$V = \frac{\pi DN}{1,000} \text{(m/min)}$$

여기서, V : 표면속도(m/min)
　　　　D : 롤러원통직경(mm)
　　　　N : 회전수(rpm)

$$V = \frac{3.14 \times 300 \times 30}{1,000} = 28.26 \text{m/min}$$

급정지 장치의 성능

앞면 롤러의 표면속도(m/min)	급정지 거리
30 미만	앞면 롤러 원주의 1/3 이내
30 이상	앞면 롤러 원주의 1/2.5 이내

∴ 표면속도가 30 미만이므로 앞면 롤러 원주의 1/3 이내

제4과목 전기 및 화학설비 위험방지기술

61 혼촉방지판이 부착된 변압기를 설치하고 혼촉방지판을 접지시켰다. 이러한 변압기를 사용하는 주요 이유는?

① 2차측의 전류를 감소시킬 수 있기 때문에
② 누전전류를 감소시킬 수 있기 때문에
③ 2차측에 비접지방식을 채택하면 감전시 위험을 감소시킬 수 있기 때문에
④ 전력의 손실을 감소시킬 수 있기 때문에

해설 혼촉방지판이 부착된 변압기를 설치하고 혼촉방지판을 접지시켰다. 변압기를 사용하는 주요 이유 :
2차측에 비접지방식을 채택하면 감전 시 위험을 감소시킬 수 있기 때문에

62 인체가 현저히 젖어있는 상태 또는 금속성의 전기·기계 장치나 구조물에 인체의 일부가 상시 접촉되어 있는 상태에서의 허용 접촉전압으로 옳은 것은?

① 2.5V 이하
② 25V 이하
③ 50V 이하
④ 75V 이하

해설

종 별	접촉상태	허용접촉전압(V)
제1종	• 인체의 대부분이 수중에 있는 상태	2.5 이하
제2종	• 금속성의 전기·기계 장치나 구조물에 인체의 일부가 상시 접촉되어 있는 상태 • 인체가 현저히 젖어 있는 상태	25 이하
제3종	• 통상의 인체상태에 있어서 접촉전압이 가해지면 위험성이 높은 상태	50 이하
제4종	• 접촉전압이 가해질 우려가 없는 상태 • 통상의 인체상태에 있어서 접촉접압이 가해지더라도 위험성이 낮은 상태	제한없음

63 아크용접작업 시 감전재해 방지에 쓰이지않는 것은?

① 보호면
② 절연장갑
③ 절연용접봉 홀더
④ 자동전격 방지장치

해설 아크용접작업 시 감전재해 방지에 쓰이는 것
㉠ 절연장갑
㉡ 절연용접봉 홀더
㉢ 자동전격 방지장치

64 산업안전보건법상 전기기계·기구의 누전에 의한 감전 위험을 방지하기 위하여 접지를 하여야 하는 사항으로 틀린 것은?

① 전기기계·기구의 금속제 내부 충전부
② 전기기계·기구의 금속제 외함
③ 전기기계·기구의 금속제 외피
④ 전기기계·기구의 금속제 철대

전기기계·기구의 누전에 의한 감전 위험을 방지하기 위하여 접지를 하여야 하는 사항 : 전기기계·기구의 금속제 외함, 금속제 외피 및 철대

65 변압기 전로의 1선 지락전류가 6A일 때 제2종 접지공사의 접지저항값은? (단, 자동 전로차단 장치는 설치되지 않았다.)

① 10Ω ② 15Ω
③ 20Ω ④ 25Ω

해설 제2종 접지공사의 접지저항값

$$= \frac{150}{1선\ 지각전류}$$

$$\therefore \frac{150}{6} = 25Ω$$

66 전폐형 방폭구조가 아닌 것은?

① 압력방폭구조 ② 내압방폭구조
③ 유입방폭구조 ④ 안전증방폭구조

해설 전폐형 방폭구조
㉠ 압력방폭구조 ㉡ 내압방폭구조
㉢ 유입방폭구조

67 방폭구조의 명칭과 표기기호가 잘못 연결된 것은?

① 안전증방폭구조 : e
② 유입(油入)방폭구조 : o
③ 내압(耐壓)방폭구조 : p
④ 본질안전방폭구조 : ia 또는 ib

해설 ③ 내압방폭구조 : d

68 파이프 등에 유체가 흐를 때 발생하는 유동대전에 가장 큰 영향을 미치는 요인은?

① 유체의 이동거리 ② 유체의 점도
③ 유체의 속도 ④ 유체의 양

해설 유동대전은 유체의 속도가 가장 큰 영향을 미친다.

69 충전전로의 선간전압이 121kV 초과 145kV 이하의 활선작업 시 충전전로에 대한 접근한계거리(cm)는?

① 130 ② 150
③ 170 ④ 230

해설 충전전로의 선간전압에 따른 충전전로에 대한 접근한계거리

충전전로의 선간전압(kV)	충전전로에 대한 접근한계거리(cm)
0.3 이하	접촉금지
0.3 초과 0.75 이하	30
0.75 초과 2 이하	45
2 초과 15 이하	60
15 초과 37 이하	90
37 초과 88 이하	110
88 초과 121 이하	130
121 초과 145 이하	150
145 초과 169 이하	170
169 초과 242 이하	230
242 초과 362 이하	380
362 초과 550 이하	550
550 초과 800 이하	790

70 정전기 발생의 원인에 해당되지 않는 것은?

① 마찰 ② 냉장
③ 박리 ④ 충돌

해설 정전기 발생원인
㉠ ①, ③, ④ ㉡ 유동
㉢ 분출 ㉣ 파괴

71 다음 중 분진폭발에 대한 설명으로 틀린 것은?

① 일반적으로 입자의 크기가 클수록 위험이 더 크다.
② 산소의 농도는 분진폭발 위험에 영향을 주는 요인이다.
③ 주위 공기의 난류확산은 위험을 증가시킨다.
④ 가스폭발에 비하여 불완전연소를 일으키기 쉽다.

해설 ① 일반적으로 입자의 크기가 작을수록 위험이 더 크다.

72 다음 중 폭굉(detonation) 현상에 있어서 폭굉파의 진행 전면에 형성되는 것은?

① 증발열 ② 충격파
③ 역화 ④ 화염의 대류

해설 폭굉현상은 폭굉파의 진행 전면에 충격파가 형성된다.

73 위험물안전관리법령상 제4류 위험물(인화성 액체)이 갖는 일반 성질로 가장 거리가 먼 것은?

① 증기는 대부분 공기보다 무겁다.
② 대부분 물보다 가볍고 물에 잘 녹는다.
③ 대부분 유기화합물이다.
④ 발생 증기는 연소하기 쉽다.

해설 ② 대부분 물보다 가볍고 물에 녹기 어렵다.

74 아세틸렌(C_2H_2)의 공기 중 완전연소 조성농도(C_{st})는 약 얼마인가?

① 6.7vol% ② 7.0vol%
③ 7.4vol% ④ 7.7vol%

해설 완전연소 조성농도(C_{st})

$$= \frac{100}{1+4.773\left(n+\dfrac{m-f-2\lambda}{4}\right)} (\text{vol}\%)$$

$$= \frac{100}{1+4.773\left(2+\dfrac{2}{4}\right)} = 7.7\text{vol}\%$$

여기서, n : 탄소 m : 수소
f : 할로겐 원소 λ : 산소의 원자수

75 산업안전보건기준에 관한 규칙에 따라 폭발성 물질을 저장·취급하는 화학설비 및 그 부속설비를 설치할 때 단위공정시설 및 설비로부터 다른 단위공정시설 및 설비 사이의 안전거리는 설비 바깥면으로부터 몇 m 이상 두어야 하는가? (단, 원칙적인 경우에 한한다.)

① 3   ② 5
③ 10   ④ 20

해설 화학설비 및 그 부속설비를 설치할 때, 단위공정시설 및 설비로부터 다른 단위공정시설 및 설비 사이의 안전거리 : 설비 바깥면으로부터 10m 이상 둔다.

76 다음 중 가연성 가스가 아닌 것으로만 나열된 것은?

① 일산화탄소, 프로판
② 이산화탄소, 프로판
③ 일산화탄소, 산소

④ 산소, 이산화탄소

해설 ④ 산소 : 조연(지연)성 가스, 이산화탄소 : 불연성 가스

77 나트륨은 물과 반응할 때 위험성이 매우 크다. 그 이유로 적합한 것은?

① 물과 반응하여 지연성 가스 및 산소를 발생시키기 때문이다.
② 물과 반응하여 맹독성 가스를 발생시키기 때문이다.
③ 물과 발열반응을 일으키면서 가연성 가스를 발생시키기 때문이다.
④ 물과 반응하여 격렬한 흡열반응을 일으키기 때문이다.

해설 $2Na + 2H_2O \rightarrow 2NaOH + H_2 \uparrow + 88.2\text{kcal}$

78 다음은 산업안전보건기준에 관한 규칙에서 정한 부식방지와 관련한 내용이다. ( )에 해당하지 않은 것은?

사업주는 화학설비 또는 그 배관(화학설비 또는 그 배관의 밸브나 콕은 제외한다) 중 위험물 또는 인화점이 섭씨 60도 이상인 물질이 접촉하는 부분에 대해서는 위험물질 등에 의하여 그 부분이 부식되어 폭발·화재 또는 누출되는 것을 방지하기 위하여 위험물질 등의 ( )·( )·( ) 등에 따라 부식이 잘 되지 않는 재료를 사용하거나 도장(塗裝) 등의 조치를 하여야 한다.

① 종류   ② 온도
③ 농도   ④ 색상

해설 부식방지 : 사업주는 위험물질의 종류·온도·농도 등에 따라 부식이 잘 되지 않는 재료를 사용하거나 도장 등의 조치를 하여야 한다.

79 메탄올의 연소반응이 다음과 같을 때 최소산소농도(MOC)는 약 얼마인가? (단, 메탄올의 연소하한값(L)은 6.7vol%이다.)

$$CH_3OH + 1.5O_2 \rightarrow CO_2 + 2H_2O$$

① 1.5vol% ② 6.7vol%

③ 10vol% ④ 15vol%

> **해설** ㉠ 메탄올의 연소반응식
> $CH_3OH + 1.5O_2 \rightarrow CO_2 + 2H_2O$
> 최소산소농도(MOC)
> = 산소양론계수×연소하한계
> = 1.5×6.7
> = 10vol%
> ㉡ 산소양론계수
> $CH_3OH + 1.5O_2 = \dfrac{1.5}{1} = 1.5$

80 산업안전보건기준에 관한 규칙에서 부식성 염기류에 해당하는 것은?

① 농도 30%인 과염소산

② 농도 30%인 아세틸렌

③ 농도 40%인 디아조화합물

④ 농도 40%인 수산화나트륨

> **해설** **부식성 염기류** : 농도가 40% 이상인 수산화나트륨, 수산화칼륨, 그 밖에 이와 같은 정도 이상의 부식성을 가지는 염기류

제5과목 **건설안전기술**

81 근로자가 추락하거나 넘어질 위험이 있는 장소에서 추락방호망의 설치 기준으로 옳지 않은 것은?

① 망의 처짐은 짧은 변 길이의 10% 이상이 되도록 할 것

② 추락방호망은 수평으로 설치할 것

③ 건축물 등의 바깥쪽으로 설치하는 경우 추락방호망의 내민 길이는 벽면으로부터 3m 이상 되도록 할 것

④ 추락방호망의 설치위치는 가능하면 작업면으로부터 가까운 지점에 설치하여야 하며, 작업면으로부터 망의 설치지점까지 수직거리는 10m를 초과하지 아니할 것

> **해설** ① 망의 처짐은 짧은 변 길이의 12% 이상이 되도록 한다.

82 산업안전보건관리비에 관한 설명으로 옳지 않은 것은?

① 발주자는 수급인이 안전관리비를 다른 목적으로 사용한 금액에 대해서는 계약금액에서 감액 조정할 수 있다.

② 발주자는 수급인이 안전관리비를 사용하지 아니한 금액에 대하여는 반환을 요구할 수 있다.

③ 자기공사자는 원가계산에 의한 예정가격 작성 시 안전관리비를 계상한다.

④ 발주자는 설계변경 등으로 대상액의 변동이 있는 경우 공사 완료 후 정산하여야 한다.

> **해설** ④ 발주자는 설계변동 등으로 대상액의 변동이 있는 경우 지체 없이 안전관리비를 조정·계상하여야 한다.

83 다음 중 유해·위험방지계획서 작성 및 제출대상에 해당되는 공사는?

① 지상높이가 20m인 건축물의 해체공사

② 깊이 9.5m인 굴착공사

③ 최대 지간거리가 50m인 교량건설공사

④ 저수용량 1천만톤인 용수 전용댐

> **해설** **유해·위험방지계획서 작성 및 제출대상(건설업의 경우)**
> ㉠ 지상높이가 31m 이상인 건축물 또는 인공구조물, 연면적 3만m² 이상인 건축물 또는 연면적 5천m² 이상의 문화 및 집회시설, 판매시설, 운수시설, 종교시설, 의료시설 중 종합병원, 숙박시설 중 관광숙박시설, 지하도상가 또는 냉동·냉장 창고시설의 건설·개조 또는 해체
> ㉡ 연면적 5천m² 이상의 냉동·냉장 창고시설의 설비공사 및 단열공사
> ㉢ 최대 지간길이가 50m 이상인 교량건설 등 공사
> ㉣ 터널 건설 등의 공사
> ㉤ 다목적 댐, 발전용댐 및 저수용량 2천만톤 이상의 용수 전용댐, 지방상수로 전용댐 건설 등의 공사
> ㉥ 깊이 10m 이상인 굴착공사

84 굴착면 붕괴의 원인과 가장 거리가 먼 것은?

① 사면경사의 증가
② 성토높이의 감소
③ 공사에 의한 진동하중의 증가
④ 굴착높이의 증가

> **해설** 굴착면 붕괴의 원인
> ㉠ 사면경사의 증가
> ㉡ 공사에 의한 진동하중의 증가
> ㉢ 굴착높이의 증가

85 철근콘크리트 슬래브에 발생하는 응력에 관한 설명으로 옳지 않은 것은?

① 전단력은 일반적으로 단부보다 중앙부에서 크게 작용한다.
② 중앙부 하부에는 인장응력이 발생한다.
③ 단부 하부에는 압축응력이 발생한다.
④ 휨응력은 일반적으로 슬래브의 중앙부에서 크게 작용한다.

> **해설** ① 전단력은 일반적으로 단부보다 중앙부에서 작게 작용한다.

86 연약지반을 굴착할 때, 흙막이벽 뒤쪽 흙의 중량이 바닥의 지지력보다 커지면, 굴착저면에서 흙이 부풀어 오르는 현상은?

① 슬라이딩(sliding)　② 보일링(boiling)
③ 파이핑(piping)　　④ 히빙(heaving)

> **해설** 히빙(heaving)의 설명이다.

87 철근콘크리트 공사 시 활용되는 거푸집의 필요 조건이 아닌 것은?

① 콘크리트의 하중에 대해 뒤틀림이 없는 강도를 갖출 것
② 콘크리트 내 수분 등에 대한 물빠짐이 원활한 구조를 갖출 것
③ 최소한의 재료로 여러 번 사용할 수 있는 전용성을 가질 것
④ 거푸집은 조립·해체·운반이 용이하도록 할 것

> **해설** ② 수분이나 모르타르 등의 누출을 방지할 수 있는 수밀성이 있을 것

88 말비계를 조립하여 사용하는 경우에 준수해야 하는 사항으로 옳지 않은 것은?

① 지주부재의 하단에는 미끄럼 방지장치를 한다.
② 근로자는 양측 끝부분에 올라서서 작업하도록 한다.
③ 지주부재와 수평면의 기울기를 75° 이하로 한다.
④ 말비계의 높이가 2m를 초과하는 경우에는 작업발판의 폭을 40cm 이상으로한다.

> **해설** ② 근로자는 양측 끝부분에 올라서서 작업하지 아니하도록 한다.

89 슬레이트, 선라이트 등 강도가 약한 재료로 덮은 지붕 위에서 작업을 할 때 발이 빠지는 등 근로자의 위험을 방지하기 위하여 필요한 발판의 폭 기준은?

① 10cm 이상　　② 20cm 이상
③ 25cm 이상　　④ 30cm 이상

> **해설** 슬레이트, 선라이트 등 지붕 위 작업 시 발판의 폭 : 30cm 이상

90 추락방지용 방망 그물코의 모양 및 크기의 기준으로 옳은 것은?

① 원형 또는 사각으로서 그 크기는 5cm 이하이어야 한다.
② 원형 또는 사각으로서 그 크기는 10cm 이하이어야 한다.
③ 사각 또는 마름모로서 그 크기는 5cm 이하이어야 한다.
④ 사각 또는 마름모로서 그 크기는 10cm 이하이어야 한다.

> **해설** 추락방지용 방망 그물코의 모양 및 크기 : 사각 또는 마름모로서 그 크기는 10cm 이하이어야 한다.

정답 ┃ 84. ② 85. ① 86. ④ 87. ② 88. ② 89. ④ 90. ④

91 콘크리트를 타설할 때 안전상 유의하여야 할 사항으로 옳지 않은 것은?

① 콘크리트를 치는 도중에는 거푸집, 지보공 등의 이상유무를 확인한다.

② 진동기 사용 시 지나친 진동은 거푸집 붕괴의 원인이 될 수 있으므로 적절히 사용해야 한다.

③ 최상부의 슬래브는 되도록 이어붓기를 하고 여러 번에 나누어 콘크리트를 타설한다.

④ 타워에 연결되어 있는 슈트의 접속이 확실한지 확인한다.

해설 ③ 최상부의 슬래브는 이어붓기를 되도록 피하고 일시에 전체를 타설하도록 하여야 한다.

92 무한궤도식 장비와 타이어식(차륜식) 장비의 차이점에 관한 설명으로 옳은 것은?

① 무한궤도식은 기동성이 좋다.

② 타이어식은 승차감과 주행성이 좋다.

③ 무한궤도식은 경사지반에서의 작업에 부적당하다.

④ 타이어식은 땅을 다지는 데 효과적이다.

해설 ㉠ 타이어식(차륜식)은 기동성이 좋다.
㉡ 타이어식(차륜식)은 경사지반에서의 작업에 부적당하다.
㉢ 무한궤도식은 땅을 다지는 데 효과적이다.

93 사다리식 통로 등을 설치하는 경우 발판과 벽과의 사이는 최소 얼마 이상의 간격을 유지하여야 하는가?

① 10cm 이상
② 15cm 이상
③ 20cm 이상
④ 25cm 이상

해설 사다리식 통로 등 : 발판과 벽과의 사이는 최소 15cm 이상의 간격을 유지한다.

94 정기안전점검 결과 건설공사의 물리적·기능적 결함 등이 발견되어 보수·보강 등의 조치를 하기 위하여 필요한 경우에 실시하는 것은?

① 자체안전점검
② 정밀안전점검
③ 상시안전점검
④ 품질관리점검

해설 정밀안전점검의 설명이다.

95 차량계 하역운반기계에 화물을 적재할 때의 준수사항과 거리가 먼 것은?

① 하중이 한쪽으로 치우치지 않도록 적재할 것

② 구내운반차 또는 화물자동차의 경우 화물의 붕괴 또는 낙하에 의한 위험을 방지하기 위하여 화물에 로프를 거는 등 필요한 조치를 할 것

③ 운전자의 시야를 가리지 않도록 화물을 적재할 것

④ 제동장치 및 조정장치 기능의 이상 유무를 점검할 것

해설 ④ 화물을 적재하는 때에는 최대적재량을 초과하지 아니할 것

96 시스템 비계를 사용하여 비계를 구성하는 경우에 준수하여야 할 사항으로 옳지 않은 것은?

① 수직재와 수직재의 연결철물은 이탈되지 않도록 견고한 구조로 할 것

② 수직재·수평재·가새재를 견고하게 연결하는 구조가 되도록 할 것

③ 수직재와 받침철물의 연결부 겹침길이는 받침철물 전체 길이의 4분의 1 이상이 되도록 할 것

④ 수평재는 수직재와 직각으로 설치하여야 하며, 체결 후 흔들림이 없도록 견고하게 설치할 것

해설 시스템 비계 준수사항
㉠ ①, ②, ④
㉡ 수직재와 받침철물의 연결부 겹침길이는 받침철물 전체 길이의 3분의 1 이상이 되도록 할 것
㉢ 벽 연결재의 설치간격은 제조사가 정한 기준에 따라 설치할 것

정답 ┃ 91. ③ 92. ② 93. ② 94. ② 95. ④ 96. ③

97 공사현장에서 낙하물 방지망 또는 방호선반을 설치할 때 설치높이 및 벽면으로부터 내민 길이 기준으로 옳은 것은?

① 설치높이 : 10m 이내마다 내민길이 2m 이상

② 설치높이 : 15m 이내마다 내민길이 2m 이상

③ 설치높이 : 10m 이내마다 내민길이 3m 이상

④ 설치높이 : 15m 이내마다 내민길이 3m 이상

> **해설** 낙하물 방지망 또는 방호선반 설치 시 설치높이 및 벽면으로부터 내민길이 기준 : 설치높이 10m 이내마다 내민길이 2m 이상

98 가설구조물이 갖추어야 할 구비요건과 가장 거리가 먼 것은?

① 영구성　　　　② 경제성

③ 작업성　　　　④ 안전성

> **해설** 가설구조물이 갖추어야 할 구비요건
> ㉠ 경제성　　　㉡ 작업성
> ㉢ 안전성

99 가설통로를 설치하는 경우 준수하여야 할 기준으로 옳지 않은 것은?

① 견고한 구조로 할 것

② 경사는 30° 이하로 할 것

③ 경사가 30°를 초과하는 경우에는 미끄러지지 아니하는 구조로 할 것

④ 수직갱에 가설된 통로의 길이가 15m 이상인 경우에는 10m 이내마다 계단참을 설치할 것

> **해설** ③ 경사가 15°를 초과하는 경우에는 미끄러지지 아니하는 구조로 할 것

100 산업안전보건기준에 관한 규칙에 따른 토사굴착 시 굴착면의 기울기 기준으로 옳지 않은 것은?

① 보통흙인 습지－1 : 1 ～ 1 : 1.5

② 풍화암－1 : 1

③ 연암－1 : 1

④ 보통흙인 건지－1 : 1.2 ～ 1 : 5

> **해설** ④ 보통흙인 건지－1 : 0.5 ～ 1 : 1

제1과목 산업안전관리론

01 산업안전보건법령상 안전·보건표지의 종류에 있어 "안전모 착용"은 어떤 표지에 해당하는가?

① 경고표지
② 지시표지
③ 안내표지
④ 관계자 외 출입금지

> **해설** 안전모 착용 : 지시표지

02 산업안전보건법상 특별안전·보건교육 대상 작업이 아닌 것은?

① 건설용 리프트·곤돌라를 이용한 작업
② 전압이 50볼트(V)인 정전 및 활선 작업
③ 화학설비 중 반응기, 교반기, 추출기의 사용 및 세척 작업
④ 액화석유가스·수소가스 등 인화성 가스 또는 폭발성 물질 중 가스의 발생장치 취급작업

> **해설** 전압이 75볼트(V) 이상인 정전 및 활선 작업

03 사고의 간접원인이 아닌 것은?

① 물적 원인
② 정신적 원인
③ 관리적 원인
④ 신체적 원인

> **해설** ① 직접원인

04 다음 재해손실 비용 중 직접손실비에 해당하는 것은?

① 진료비
② 입원 중의 잡비
③ 당일 손실 시간손비
④ 구원, 연락으로 인한 부동 임금

> **해설** ②, ③, ④ : 간접손실비

05 기업조직의 원리 중 지시 일원화의 원리에 대한 설명으로 가장 적절한 것은?

① 지시에 따라 최선을 다해서 주어진 임무나 기능을 수행하는 것
② 책임을 완수하는 데 필요한 수단을 상사로부터 위임받은 것
③ 언제나 직속 상사에게서만 지시를 받고 특정 부하 직원들에게만 지시하는 것
④ 가능한 조직의 각 구성원이 한 가지 특수 직무만을 담당하도록 하는 것

> **해설** 지시 일원화의 원리 : 언제나 직속 상사에게서만 지시를 받고 특정 부하 직원들에게만 지시하는 것

06 안전모에 관한 내용으로 옳은 것은?

① 안전모의 종류는 안전모의 형태로 구분한다.
② 안전모의 종류는 안전모의 색상으로 구분한다.
③ A형 안전모 : 물체의 낙하, 비래에 의한 위험을 방지, 경감시키는 것으로 내전압성이다.
④ AE형 안전모 : 물체의 낙하, 비래에 의한 위험을 방지 또는 경감하고 머리 부위의 감전에 의한 위험을 방지하기 위한 것으로 내전압성이다.

> **해설** ① 안전모의 종류는 안전모의 사용 구분, 모체의 재질 및 내전압성에 의하여 구분한다.

종류 기호	사용 구분	내전압성
AB	물체낙하, 비래, 추락에 의한 위험을 방지, 경감시키는 것	–
AE	물체의 낙하, 비래에 의한 위험을 방지 또는 경감하고 머리부위 감전에 의한 위험을 방지하기 위한 것	내전압성
ABE	물체의 낙하, 비래, 추락에 의한 위험을 방지 또는 경감하고, 머리부위 감전에 의한 위험을 방지하기 위한 것	내전압성

정답 | 01. ② 02. ② 03. ① 04. ① 05. ③ 06. ④

07 어느 공장의 연평균근로자가 180명이고, 1년간 사상자가 6명이 발생했다면 연천인율은 약 얼마인가? (단, 근로자는 하루 8시간씩 연간 300일을 근무한다.)

① 12.79 　　② 13.89
③ 33.33 　　④ 43.69

$$연천인율 = \frac{사상자\ 수}{연평균\ 근로자\ 수} \times 1,000$$
$$= \frac{6}{180} \times 1,000 = 33.33$$

08 교육의 기본 3요소에 해당하지 않는 것은?

① 교육의 형태　　② 교육의 주체
③ 교육의 객체　　④ 교육의 매개체

해설 **교육의 기본 3요소**
㉠ 교육의 주체　　㉡ 교육의 객체
㉢ 교육의 매개체

09 안전교육 방법 중 TWI(Training Within Industry)의 교육과정이 아닌 것은?

① 작업지도 훈련　　② 인간관계 훈련
③ 정책수립 훈련　　④ 작업방법 훈련

해설 ③ 작업안전 훈련

10 안전심리의 5대 요소 중 능동적인 감각에 의한 자극에서 일어난 사고의 결과로서, 사람의 마음을 움직이는 원동력이 되는 것은?

① 기질(temper)　　② 동기(motive)
③ 감정(emotion)　　④ 습관(custom)

해설 동기의 설명이다.

11 지적확인이란 사람의 눈이나 귀 등 오감의 감각 기관을 총동원해서 작업의 정확성과 안전을 확인하는 것이다. 지적확인과 정확도가 올바르게 짝지어진 것은?

① 지적확인한 경우-0.3%
② 확인만 하는 경우-1.25%
③ 지적만 하는 경우-1.0%
④ 아무 것도 하지 않은 경우-1.8%

해설

지적확인	정확도(%)
지적확인한 경우	–
확인만 하는 경우	1.25
지적만 하는 경우	–
아무 것도 하지 않은 경우	–

12 토의(회의)방식 중 참가자가 다수인 경우에 전원을 토의에 참가시키기 위하여 소집단으로 구분하고, 각각 자유토의를 행하여 의견을 종합하는 방식은?

① 포럼(forum)
② 심포지엄(symposium)
③ 버즈 세션(buzz session)
④ 패널 디스커션(panel discussion)

해설 버즈 세션의 설명이다.

13 레빈(Lewin)의 법칙에서 환경조건(E)에 포함되는 것은?

$$B = f(P \cdot B)$$

① 지능　　② 소질
③ 적성　　④ 인간관계

해설 **레빈의 행동 법칙**
$B = f(P \cdot B)$
여기서, B : 행동,
P : 지능
E : 환경조건(인간관계)
f : 함수

14 매슬로우(Maslow)의 욕구위계이론 5단계를 올바르게 나열한 것은?

① 생리적 욕구 → 안전의 욕구 → 사회적욕구 → 존경의 욕구 → 자아실현의 욕구
② 생리적 욕구 → 안전의 욕구 → 사회적욕구 → 자아실현의 욕구 → 존경의 욕구
③ 안전의 욕구 → 생리적 욕구 → 사회적욕구 → 자아실현의 욕구 → 존경의 욕구

④ 안전의 욕구 → 생리적 욕구 → 사회적욕구 → 존경의 욕구 → 자아실현의 욕구

> 해설
> **매슬로우의 욕구위계이론 5단계**
> 생리적 욕구 → 안전의 욕구 → 사회적 욕구 → 존경의 욕구 → 자아실현의 욕구

15 기기의 적정한 배치, 변형, 균열, 손상, 부식 등의 유무를 육안, 촉수 등으로 조사 후 그 설비별로 정해진 점검기준에 따라 양부를 확인하는 점검은?

① 외관점검   ② 작동점검
③ 기능점검   ④ 종합점검

> 해설
> 외관점검의 설명이다.

16 재해누발자의 유형 중 작업이 어렵고, 기계설비에 결함이 있기 때문에 재해를 일으키는 유형은?

① 상황성 누발자   ② 습관성 누발자
③ 소질성 누발자   ④ 미숙성 누발자

> 해설
> 상황성 누발자의 설명이다.

17 무재해운동의 3원칙에 해당되지 않은 것은?

① 참가의 원칙   ② 무의 원칙
③ 예방의 원칙   ④ 선취의 원칙

> 해설
> **무재해운동의 3원칙**
> ㉠ 참가의 원칙   ㉡ 무의 원칙
> ㉢ 선취의 원칙

18 적응기제(Adjustment Mechanism) 중 방어적 기제(Defence Mechanism)에 해당하는 것은?

① 고립(isolation)
② 퇴행(regression)
③ 억압(suppression)
④ 합리화(rationalization)

> 해설
> **방어적 기제** : 합리화

19 안전관리 조직의 형태 중 참모식(Staff) 조직에 대한 설명으로 틀린 것은?

① 이 조직은 분업의 원칙을 고도로 이용한 것이며, 책임 및 권한이 직능적으로 분담되어 있다.
② 생산 및 안전에 관한 명령이 각각 별개의 계통에서 나오는 결함이 있어, 응급처치 및 통제수속이 복잡하다.
③ 참모(Staff)의 특성상 업무관장은 계획안의 작성, 조사, 점검결과에 따른 조언, 보고에 머무는 것이다.
④ 참모(Staff)는 각 생산라인의 안전업무를 직접 관장하고 통제한다.

> 해설
> ④ 참모는 안전과 생산을 별개로 취급한다.

20 재해의 근원이 되는 기계장치나 기타의 물(物) 또는 환경을 뜻하는 것은?

① 상해   ② 가해물
③ 기인물   ④ 사고의 형태

> 해설
> 기인물의 설명이다.

제2과목 | **인간공학 및 시스템안전공학**

21 인간의 과오를 정량적으로 평가하기 위한 기법으로, 인간과오의 분류 시스템과 확률을 계산하는 안전성 평가기법은?

① THERP   ② FTA
③ ETA   ④ HAZOP

> 해설
> THERP의 설명이다.

22 어떤 기기의 고장률이 시간당 0.002로 일정하다고 한다. 이 기기를 100시간 사용했을 때 고장이 발생할 확률은?

① 0.1813   ② 0.2214
③ 0.6253   ④ 0.8187

> 해설
> $R(t) = e^{\lambda t} = e^{-0.002 \times 100} = 0.1813$

---

23 정적자세 유지 시, 진전(tremor)을 감소시킬 수 있는 방법으로 틀린 것은?

① 시각적인 참조가 있도록 한다.
② 손이 심장높이에 있도록 유지한다.
③ 작업대상물에 기계적 마찰이 있도록 한다.
④ 손을 떨지 않으려고 힘을 주어 노력한다.

> **해설** ㉠ **진전이 감소하는 경우** : 손이 심장높이에 있을 때
> ㉡ **진전이 많이 일어나는 경우** : 수직운동

24 시스템의 수명곡선에서 고장의 발생형태가 일정하게 나타나는 기간은?

① 초기고장기간
② 우발고장기간
③ 마모고장기간
④ 피로고장기간

> **해설** 우발고장기간의 설명이다.

25 작업장에서 발생하는 소음에 대한 대책으로 가장 먼저 고려하여야 할 적극적인 방법은?

① 소음원의 통제
② 소음원의 격리
③ 귀마개 등 보호구의 착용
④ 덮개 등 방호장치의 설치

> **해설** 소음에 대한 대책으로 가장 먼저 고려하여야 할 적극적인 방법 : 소음원의 통제

26 반복적 노출에 따라 민감성이 가장 쉽게 떨어지는 표시장치는?

① 시각 표시장치
② 청각 표시장치
③ 촉각 표시장치
④ 후각 표시장치

> **해설** 후각 표시장치의 설명이다.

27 Fussell의 알고리즘으로 최소 컷셋을 구하는 방법에 대한 설명으로 틀린 것은?

① OR 게이트는 항상 컷셋의 수를 증가시킨다.
② AND 게이트는 항상 컷셋의 크기를 증가시킨다.

③ 중복 및 반복되는 사건이 많은 경우에 적용하기 적합하고 매우 간편하다.
④ 톱(top) 사상을 일으키기 위해 필요한 최소한의 컷셋이 최소 컷셋이다.

> **해설** 정상사상으로부터 차례로 상당의 사상을 하단의 사상에 바꾸면서, AND 게이트의 곳에서는 옆에 나란히 하고 OR 게이트의 곳에서는 세로로 나란히 서서 써가는 것이고 이렇게 해서 모든 기본사상에 도달하면 이 것들의 각 행이 최소 컷셋이다.

28 FMEA 기법의 장점에 해당하는 것은?

① 서식이 간단하다.
② 논리적으로 완벽하다.
③ 해석의 초점이 인간에 맞추어져 있다.
④ 동시에 복수의 요소가 고장나는 경우의 해석이 용이하다.

> **해설** FMEA 기법의 장점 : 서식이 간단하다.

29 60fL의 광도를 요하는 시각 표시장치의 반사율이 75%일 때, 소요조명은 몇 fc인가?

① 75
② 80
③ 85
④ 90

> **해설**
> $$반사율 = \frac{광속발산도}{조명} \times 100$$
> $$75 = \frac{60}{조명} \times 100$$
> $$\therefore 조명 = 80$$

30 FT에서 사용되는 사상기호에 대한 설명으로 맞는 것은?

① 위험지속 기호 : 정해진 횟수 이상 입력이 될 때 출력이 발생한다.
② 억제 게이트 : 조건부 사건이 일어나는 상황하에서 입력이 발생할 때 출력이 발생한다.
③ 우선적 AND 게이트 : 사건이 발생할 때 정해진 순서대로 복수의 출력이 발생한다.
④ 배타적 OR 게이트 : 동시에 2개 이상의 입력이 존재하는 경우에 출력이 발생한다.

정답 | 23. ④ 24. ② 25. ① 26. ④ 27. ③ 28. ① 29. ② 30. ②

결함수의 기호
- ㉠ **위험지속 기호** : FT에서 입력현상이 발생하여 어떤 일정시간이 지속된 후 출력이 발생하는 것을 나타내는 게이트나 기호
- ㉡ **조합 AND 게이트** : 3개 이상의 입력현상 중에 언젠가 2개가 일어나면 출력이 생긴다.
- ㉢ **억제 게이트** : 논리적으로는 수정 기호의 일종으로 억제 모디화이어라고도 불리지만 실질적으로는 수정 기호를 병용하여 게이트의 역할을 한다. 입력현상이 일어나 조건을 만족하면 출력현상이 생기고 만약 조건이 만족되지 않으면 출력이 생길 수 없다. 이때 조건은 수정 기호 내에 쓴다.

31 온도가 적정온도에서 낮은 온도로 내려갈 때의 인체반응으로 옳지 않은 것은?

① 발한을 시작
② 직장온도가 상승
③ 피부온도가 하강
④ 혈액은 많은 양이 몸의 중심부를 순환

① 몸이 떨리고 소름이 돋는다.

32 인간공학의 연구방법에서 인간-기계 시스템을 평가하는 척도의 요건으로 적합하지 않은 것은?

① 적절성, 타당성
② 무오염성
③ 주관성
④ 신뢰성

③ 민감도

33 NIOSH의 연구에 기초하여, 목과 어깨 부위의 근골격계 질환 발생과 인과관계가 가장 적은 위험요인은?

① 진동
② 반복작업
③ 과도한 힘
④ 작업자세

① 휴식부족

34 인간-기계 시스템에서의 기본적인 기능에 해당하지 않는 것은?

① 행동기능
② 정보의 설계
③ 정보의 수용
④ 정보의 저장

인간-기계 시스템에서의 기본적인 기능
- ㉠ 행동기능
- ㉡ 정보의 수용
- ㉢ 정보의 저장

35 시력과 대비감도에 영향을 미치는 인자에 해당하지 않는 것은?

① 노출시간
② 연령
③ 주파수
④ 휘도 수준

시력과 대비감도에 영향을 미치는 인자
- ㉠ 노출시간
- ㉡ 연령
- ㉢ 휘도 수준

36 조종장치를 3cm 움직였을 때 표시장치의 지침이 5cm 움직였다면, C/R비는 얼마인가?

① 0.25
② 0.6
③ 1.6
④ 1.7

$$통제표시(C/R)비 = \frac{통제기기\ 변위량}{표시기기\ 지침변위량}$$
$$= \frac{3}{5} = 0.6$$

37 필요한 작업 또는 절차의 잘못된 수행으로 발생하는 과오는?

① 시간적 과오(time error)
② 생략적 과오(omission error)
③ 순서적 과오(sequential error)
④ 수행적 과오(commision error)

수행적 과오의 설명이다.

38 일반적인 FTA 기법의 순서로 맞는 것은?

| ㉠ FT의 작성 | ㉡ 시스템의 정의 |
| ㉢ 정량적 평가 | ㉣ 정성적 평가 |

① ㉠ → ㉡ → ㉢ → ㉣
② ㉠ → ㉡ → ㉣ → ㉢
③ ㉡ → ㉠ → ㉢ → ㉣
④ ㉡ → ㉠ → ㉣ → ㉢

FTA 기법의 순서 : 시스템의 정의 → FT의 작성 → 정성적 평가 → 정량적 평가

정답 | 31. ① 32. ③ 33. ① 34. ② 35. ③ 36. ② 37. ④ 38. ④

39 인체측정치를 이용한 설계에 관한 설명으로 옳은 것은?

① 평균치를 기준으로 한 설계를 제일 먼저 고려한다.

② 의자의 깊이와 너비는 모두 작은 사람을 기준으로 설계한다.

③ 자세와 동작에 따라 고려해야 할 인체측정치수가 달라진다.

④ 큰 사람을 기준으로 한 설계는 인체측정치의 5%tile을 사용한다.

> 해설
> ① 설계의 원리 적용 순서는 조절식 → 극단치 → 평균치로 한다.
> ② 의자의 깊이와 너비는 체격이 다른 여러 사람에게 맞게 조절이 가능하도록 설계한다.
> ④ 큰 사람은 95%tile, 작은 사람은 5%tile 값을 이용한다.

40 제어장치와 표시장치에 있어 물리적 형태나 배열을 유사하게 설계하는 것은 어떤 양립성 (compatibility)의 원칙에 해당하는가?

① 시각적 양립성(visual compatibility)

② 양식 양립성(modality compatibility)

③ 공간적 양립성(spatial compatibility)

④ 개념적 양립성(conceptual compatibility)

> 해설
> 공간적 양립성의 설명이다.

제3과목 | 기계위험방지기술

41 프레스기의 방호장치의 종류가 아닌 것은?

① 가드식   ② 초음파식

③ 광전자식   ④ 양수조작식

> 해설
> 프레스기의 방호장치의 종류
> ㉠ ①, ③, ④   ㉡ 손쳐내기식
> ㉢ 수인식

42 다음 중 프레스의 안전작업을 위하여 활용하는 수공구로 가장 거리가 먼 것은?

① 브러시   ② 진공 컵

③ 마그넷 공구   ④ 플라이어(집게)

> 해설
> 프레스 수공구
> ㉠ 진공 컵   ㉡ 마그넷 공구
> ㉢ 플라이어(집게)

43 연삭기에서 숫돌의 바깥지름이 180mm라면, 평행 플랜지의 바깥지름은 몇 mm 이상이어야 하는가?

① 30   ② 36

③ 45   ④ 60

> 해설
> 플랜지의 바깥지름은 숫돌 바깥지름의 1/3 이상이어야 한다.
> $$\therefore 180 \times \frac{1}{3} = 60mm$$

44 산업안전보건법령에 따라 컨베이어에 부착해야 할 방호장치로 적합하지 않은 것은?

① 비상정지장치

② 과부하방지장치

③ 역주행 방지장치

④ 덮개 또는 낙하방지용 울

> 해설
> 컨베이어 방호장치
> ㉠ 비상정지장치
> ㉡ 역주행 방지장치
> ㉢ 덮개 또는 낙하방지용 울

45 보일러의 방호장치로 적절하지 않은 것은?

① 압력방출장치   ② 과부하방지장치

③ 압력제한 스위치   ④ 고저수위 조절장치

> 해설
> 보일러의 방호장치
> ㉠ ①, ③, ④
> ㉡ 도피밸브, 가용전, 방폭문, 화염검출기 등

46 프레스의 손쳐내기식 방호장치에서 방호판의 기준에 대한 설명이다. (   )에 들어갈 내용으로 맞는 것은?

방호판의 폭은 금형 폭의 (㉠) 이상이어야 하고, 행정길이가 (㉡)mm 이상인 프레스 기계에서는 방호판의 폭을 (㉢)mm로 해야 한다.

① ㉠ 1/2 ㉡ 300 ㉢ 200
② ㉠ 1/2 ㉡ 300 ㉢ 300
③ ㉠ 1/3 ㉡ 300 ㉢ 200
④ ㉠ 1/3 ㉡ 300 ㉢ 300

해설 **프레스 손쳐내기식 방호장치에서 방호판의 기준** : 방호판의 폭은 금형 폭의 1/2 이상이어야 하고, 행정 길이가 300mm 이상인 프레스 기계에서는 방호판의 폭을 300mm로 해야 한다.

47 선반작업에서 가공물의 길이가 외경에 비하여 과도하게 길 때, 절삭저항에 의한 떨림을 방지하기 위한 장치는?

① 센터　　　　　② 심봉
③ 방진구　　　　④ 돌리개

해설 방진구의 설명이다.

48 산업안전보건법령에 따라 목재가공용 기계에 설치하여야 하는 방호장치에 대한 내용으로 틀린 것은?

① 목재가공용 둥근톱 기계에는 분할날 등 반발예방장치를 설치하여야 한다.
② 목재가공용 둥근톱 기계에는 톱날접촉예방장치를 설치하여야 한다.
③ 모떼기 기계에는 가공 중 목재의 회전을 방지하는 회전방지장치를 설치하여야 한다.
④ 작업대상물이 수동으로 공급되는 동력식 수동대패 기계에 날접촉예방장치를 설치하여야 한다.

해설 ③ 모떼기 기계에는 날접촉예방장치를 설치하여야 한다.

49 다음 중 산소-아세틸렌 가스용접 시 역화의 원인과 가장 거리가 먼 것은 어느 것인가?

① 토치의 과열
② 토치 팁의 이물질

③ 산소 공급의 부족
④ 압력조정기의 고장

해설 ③ 산소 공급의 과다

50 그림과 같은 지게차가 안정적으로 작업할 수 있는 상태의 조건으로 적합한 것은?

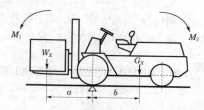

여기서, M_1 : 화물의 모멘트
M_2 : 차의 모멘트

① $M_1 < M_2$　　　② $M_1 > M_2$
③ $M_1 \geq M_2$　　　④ $M_1 > 2M_2$

해설 **지게차가 안정적으로 작업할 수 있는 상태의 조건** :
$M_1 < M_2$

51 그림과 같이 2줄의 와이어로프로 중량물을 달아 올릴 때, 로프에 가장 힘이 적게 걸리는 각도(θ)는?

① 30°　　　　　② 60°
③ 90°　　　　　④ 120°

해설 2줄의 와이어로프로 중량물을 달아 올릴 때 로프에 힘은 각도가 작을수록 적게 걸린다.

52 기계설비의 안전조건에서 구조적 안전화에 해당하지 않는 것은?

① 가공결함　　　② 재료결함
③ 설계상의 결함　④ 방호장치의 작동결함

해설 **기계설비의 구조적 안전화**
㉠ 가공결함　　　　　㉡ 재료결함
㉢ 설계상의 결함

53 2개의 회전체가 회전운동을 할 때에 물림점이 발생할 수 있는 조건은?

① 두 개의 회전체 모두 시계방향으로 회전
② 두 개의 회전체 모두 시계 반대방향으로 회전
③ 하나는 시계방향으로 회전하고 다른 하나는 정지
④ 하나는 시계방향으로 회전하고 다른 하나는 시계 반대방향으로 회전

> **해설** 2개의 회전체가 회전운동 시 물림점이 발생할 수 있는 조건 : 하나는 시계방향으로 회전하고 다른 하나는 시계 반대방향으로 회전

54 양수조작식 방호장치에서 누름버튼 상호간의 내측거리는 몇 mm 이상이어야 하는가?

① 250
② 300
③ 350
④ 400

> **해설** 양수조작식 방호장치 누름버튼 상호간의 내측거리 : 300m 이상

55 기계의 왕복운동을 하는 동작 부분과 움직임이 없는 고정 부분 사이에 형성되는 위험점으로 프레스 등에서 주로 나타나는 것은?

① 물림점
② 협착점
③ 절단점
④ 회전말림점

> **해설** 협착점의 설명이다.

56 연삭기의 방호장치에 해당하는 것은?

① 주수장치
② 덮개장치
③ 제동장치
④ 소화장치

> **해설** 연삭기의 방호장치 : 덮개장치

57 산업안전보건법령에 따라 달기 체인을 달비계에 사용해서는 안 되는 경우가 아닌 것은?

① 균열이 있거나 심하게 변형된 것
② 달기 체인의 한 꼬임에서 끊어진 소선의 수가 10% 이상인 것

③ 달기 체인의 길이가 달기 체인이 제조된 때의 길이의 5%를 초과한 것
④ 링의 단면지름이 달기 체인이 제조된 때의 해당 링의 지름의 10%를 초과하여 감소한 것

> **해설** 달기 체인을 달비계에 사용해서는 안 되는 경우 :
> ①, ③, ④

58 연삭기의 원주속도 V(m/s)를 구하는 식은? (단, D는 숫돌의 지름(m), n은 회전수(rpm)이다.)

① $V = \dfrac{\pi D n}{16}$
② $V = \dfrac{\pi D n}{32}$
③ $V = \dfrac{\pi D n}{60}$
④ $V = \dfrac{\pi D n}{1,000}$

> **해설** 연삭기의 원주속도(V) $= \dfrac{\pi D n}{60}$

59 산업용 로봇의 동작형태별 분류에 해당하지 않는 것은?

① 관절 로봇
② 극좌표 로봇
③ 수치제어 로봇
④ 원통좌표 로봇

> **해설** ③ 직각좌표 로봇

60 기계설비 외형의 안전화 방법이 아닌 것은?

① 덮개
② 안전색채 조절
③ 가드(guard)의 설치
④ 페일 세이프(fail safe)

> **해설** 기계설비 외형의 안전화 방법
> ㉠ 덮개
> ㉡ 안전색채 조절
> ㉢ 가드(guard)의 설치

제4과목 전기 및 화학설비 위험방지기술

61 액체가 관내를 이동할 때에 정전기가 발생하는 현상은?

정답 | 53. ④ 54. ② 55. ② 56. ② 57. ② 58. ③ 59. ③ 60. ④ 61. ④

① 마찰대전   ② 박리대전

③ 분출대전   ④ 유동대전

> **해설** 유동대전의 설명이다.

62 전기기계·기구의 누전에 의한 감전의 위험을 방지하기 위하여 코드 및 플러그를 접속하여 사용하는 전기기계·기구 중 노출된 비충전 금속체에 접지를 실시하여야 하는 것이 아닌 것은?

① 사용전압이 대지전압 110V인 기구

② 냉장고·세탁기·컴퓨터 및 주변기기 등과 같은 고정형 전기기계·기구

③ 고정형·이동형 또는 휴대형 전동기계·기구

④ 휴대형 손전등

> **해설** ① 사용전압이 대지전압 150V를 넘는 것

63 도체의 정전용량 $C = 20\mu F$, 대전전위(방전시 전압) V = 3kV일 때 정전에너지(J)는?

① 45   ② 90

③ 180   ④ 360

> **해설**
> $$E = \frac{1}{2}CV^2$$
> $$\therefore \frac{1}{2} \times 20 \times 3^2 = 90J$$

64 사람이 접촉될 우려가 있는 장소에서 제1종접지공사의 접지선을 시설할 때 접지극의 최소 매설 깊이는?

① 지하 30cm 이상   ② 지하 50cm 이상

③ 지하 75cm 이상   ④ 지하 90cm 이상

> **해설** 제1종 접지공사에서 사용하는 접지선을 사람이 접촉할 우려가 있는 곳에 시설하는 경우에는 접지극은 지하 75cm 이상 매설하여야 한다.

65 산업안전보건기준에 관한 규칙에 따라 꽂음접속기를 설치 또는 사용하는 경우 준수하여야 할 사항으로 틀린 것은?

① 서로 다른 전압의 꽂음접속기는 서로 접속되지 아니한 구조의 것을 사용할 것

② 습윤한 장소에 사용되는 꽂음접속기는 방수형 등 그 장소에 적합한 것을 사용할 것

③ 근로자가 해당 꽂음접속기를 접속시킬 경우에는 땀 등으로 젖은 손으로 취급하지 않도록 할 것

④ 꽂음접속기에 잠금장치가 있을 때에는 접속 후 개방하여 사용할 것

> **해설** ④ 꽂음접속기에 잠금장치가 있는 때에는 접속 후 잠그고 사용할 것

66 인체가 현저히 젖어 있거나 인체의 일부가 금속성의 전기기구 또는 구조물에 상시 접촉되어 있는 상태의 허용접촉전압(V)은?

① 2.5V 이하   ② 25V 이하

③ 50V 이하   ④ 제한없음

> **해설** 접촉전압
>
> | 종 별 | 접촉상태 | 허용접촉전압(V) |
> |---|---|---|
> | 제1종 | • 인체의 대부분이 수중에 있는 상태 | 2.5 이하 |
> | 제2종 | • 금속성의 전기·기계 장치나 구조물에 인체의 일부가 상시 접촉되어 있는 상태
• 인체가 현저히 젖어 있는 상태 | 25 이하 |
> | 제3종 | • 통상의 인체상태에 있어서 접촉전압이 가해지면 위험성이 높은 상태 | 50 이하 |
> | 제4종 | • 접촉전압이 가해질 우려가 없는 상태
• 통상의 인체상태에 있어서 접촉전압이 가해지더라도 위험성이 낮은 상태 | 제한없음 |

67 과전류차단기로 시설하는 퓨즈 중 고압전로에 사용하는 포장 퓨즈는 정격전류의 몇 배를 견딜 수 있어야 하는가?

① 1.1배   ② 1.3배

③ 1.6배   ④ 2.0배

> **해설**
> ㉠ **포장 퓨즈** : 정격전류의 1.3배의 전류에 견딜 수 있어야 한다.
> ㉡ **비포장 퓨즈** : 정격전류의 1.25배의 전류에 견딜 수 있어야 한다.

68 방폭전기설비에서 1종 위험장소에 해당하는 것은?

① 이상상태에서 위험분위기를 발생할 염려가 있는 장소

② 보통장소에서 위험분위기를 발생할 염려가 있는 장소

③ 위험분위기가 보통의 상태에서 계속해서 발생하는 장소

④ 위험분위기가 장기간 또는 거의 조성되지 않는 장소

해설
(1) 문제의 내용은 1종 장소에 관한 것이다.
(2) 그 밖의 위험장소에 관한 사항
　㉠ 0종 장소 : 위험분위기가 지속적으로 또는 장기간 존재하는 장소
　㉡ 2종 장소 : 이상상태 하에서 위험분위기가 단시간 동안 존재할 수 있는 장소

69 접지공사의 종류별로 접지선의 굵기 기준이 바르게 연결된 것은?

① 제1종 접지공사–공칭단면적 $1.6mm^2$ 이상의 연동선

② 제2종 접지공사–공칭단면적 $2.6mm^2$ 이상의 연동선

③ 제3종 접지공사–공칭단면적 $2mm^2$ 이상의 연동선

④ 특별 제3종 접지공사–공칭단면적 $2.5mm^2$ 이상의 연동선

해설
① 제1종 접지공사–공칭단면적 $6mm^2$ 이상의 연동선
② 제2종 접지공사–공칭단면적 $16mm^2$ 이상의 연동선
③ 제3종 접지공사–공칭단면적 $2.5mm^2$ 이상의 연동선

70 신선한 공기 또는 불연성 가스 등의 보호기체를 용기의 내부에 압입함으로써 내부의 압력을 유지하여 폭발성 가스가 침입하지 않도록 하는 방폭구조는?

① 내압방폭구조　　② 압력방폭구조

③ 안전증방폭구조　④ 특수 방진방폭구조

해설 압력방폭구조의 설명이다.

71 연소의 3요소에 해당되지 않는 것은?

① 가연물　　　　② 점화원

③ 연쇄반응　　　④ 산소공급원

해설 연소의 3요소
㉠ 가연물　　　　　　㉡ 점화원
㉢ 산소공급원

72 산업안전보건법령에서 정한 위험물을 기준량으로 제조하거나 취급하는 설비 중 특수화학설비에 해당하지 않는 것은?

① 발열반응이 일어나는 반응장치

② 증류·정류·증발·추출 등 분리를 하는 장치

③ 가열로 또는 가열기

④ 고로 등 점화기를 직접 사용하는 열교환기류

해설 특수화학설비
㉠ ①, ②, ③
㉡ 가열시켜 주는 물질의 온도가 가열되는 위험물질의 분해온도 또는 발화점보다 높은 상태에서 운전되는 설비
㉢ 반응폭주 등 이상 화학반응에 의하여 위험물질이 발생할 우려가 있는 설비
㉣ 온도가 350℃ 이상이거나 게이지압력이 980kPa 이상인 상태에서 운전되는 설비

73 프로판(C_3H_8)의 완전연소 조성농도는 약 몇 vol%인가?

① 4.02　　　　② 4.19

③ 5.05　　　　④ 5.19

해설
$$C_{st} = \frac{100}{1+4.773O_2} = \frac{100}{1+4.773 \times 5}$$
$$= 4.02vol\%$$

74 물과의 반응 또는 열에 의해 분해되어 산소를 발생하는 것은?

① 적린　　　　　② 과산화나트륨

③ 유황　　　　　④ 이황화탄소

㉠ $2Na_2O_2 + 2H_2O \rightarrow 4NaOH + O_2\uparrow$
㉡ $2Na_2O_2 \rightarrow 2Na_2O + O_2\uparrow$

75 위험물안전관리법령상 제3류 위험물이 아닌것은?

① 황화린 ② 금속나트륨
③ 황린 ④ 금속칼륨

해설 ① 제2류 위험물

76 환풍기가 고장난 장소에서 인화성 액체를 취급할 때, 부주의로 마개를 막지 않았다. 여기서 작업자가 담배를 피우기 위해 불을 켜는 순간 인화성 액체에서 불꽃이 일어나는 사고가 발생하였다. 이와 같은 사고의 발생 가능성이 가장 높은 물질은? (단, 작업현장의 온도는 20℃이다.)

① 글리세린 ② 중유
③ 디에틸에테르 ④ 경유

해설

위험물	인화점(℃)
글리세린	160
중유	60 ~ 150
디에틸에테르	−45
경유	50 ~ 70

∴ 작업현장의 온도 20℃보다 인화점이 낮은 위험물이 유증기가 발생하여 인화의 위험이 있다.

77 유해물질의 농도를 c, 노출시간을 t라 할 때 유해물지수(k)와의 관계인 Haber의 법칙을 바르게 나타낸 것은?

① $k = c + t$ ② $k = \dfrac{c}{t}$
③ $k = c \times t$ ④ $k = c - t$

해설 **Haber의 법칙**
$k = c \times t$
여기서, k : 유해물지수, c : 유해물질의 농도
t : 노출시간

78 20℃인 1기압의 공기를 압축비 3으로 단열압축하였을 때, 온도는 약 몇 ℃가 되겠는가? (단, 공기의 비열비는 1.40이다.)

① 84 ② 128
③ 182 ④ 1,091

해설 단열압축 시 공기의 온도(T_2)
$T_1 = 273 + 20(℃)$, $P_1 = 1$, $P_2 = 3$, $\gamma = 1.4$
$$T_1 \times \left(\frac{P_2}{P_1}\right)^{\frac{\gamma-1}{\gamma}} = 293 \times 3^{\frac{1.4-1}{1.4}} = 401.41$$
∴ 공기의 온도 = $401.41 - 273 = 128℃$

79 절연성 액체를 운반하는 관에서 정전기로 인해 일어나는 화재 및 폭발을 예방하기 위한 방법으로 가장 거리가 먼 것은?

① 유속을 줄인다.
② 관을 접지시킨다.
③ 도전성이 큰 재료의 관을 사용한다.
④ 관의 안지름을 작게 한다.

해설 ④ 관의 안지름을 크게 한다.

80 분진폭발에 대한 안전대책으로 적절하지 않은 것은?

① 분진의 퇴적을 방지한다.
② 점화원을 제거한다.
③ 입자의 크기를 최소화한다.
④ 불활성 분위기를 조성한다.

해설 ③ 입자의 크기는 최대화한다.

제5과목 **건설안전기술**

81 거푸집 동바리 조립도에 명시해야 할 사항과 거리가 먼 것은?

① 작업환경 조건 ② 부재의 재질
③ 단면규격 ④ 설치간격

해설 거푸집 동바리 조립도에 명시해야 할 사항
㉠ 동바리 ㉡ 멍에
㉢ 부재의 재질 ㉣ 단면규격
㉤ 설치간격 ㉥ 이음방법

82 토석이 붕괴되는 원인을 외적요인과 내적요인으로 나눌 때 외적요인으로 볼 수 없는 것은?

① 사면, 법면의 경사 및 기울기의 증가
② 지진발생, 차량 또는 구조물의 중량
③ 공사에 의한 진동 및 반복하중의 증가
④ 절토사면의 토질, 암질

해설 토석 붕괴의 원인

외적 요인	㉠ 사면, 법면의 경사 및 기울기의 증가 ㉡ 절토 및 성토 높이의 증가 ㉢ 지진발생, 차량 또는 구조물의 중량 ㉣ 지표수 및 지하수의 침투에 의한 토사중량의 증가 ㉤ 토사 및 암석의 혼합층 두께 ㉥ 공사에 의한 진동 및 반복하중의 증가
내적 요인	㉠ 절토사면의 토질, 암질 ㉡ 성토사면의 토질구성 및 분포 ㉢ 토석의 강도 저하

83 건설용 양중기에 관한 설명으로 옳은 것은?

① 삼각데릭은 인접시설에 장해가 없는 상태에서 360° 회전이 가능하다.
② 이동식 크레인(crane)에는 트럭 크레인, 크롤러 크레인 등이 있다.
③ 휠 크레인에는 무한궤도식과 타이어식이 있으며 장거리 이동에 적당하다.
④ 크롤러 크레인은 휠 크레인보다 기동성이 뛰어나다.

해설 ① 삼각데릭은 인접시설에 장해가 없는 상태에서 270° 회전이 가능하다.
③ 휠 크레인은 원동기가 하나이며, 주행 및 크레인 작업이 가능하다.
④ 크롤러 크레인은 차내에 크레인 부분을 장착한 것이다.

84 다음은 공사진척에 따른 안전관리비의 사용기준이다. 빈칸에 들어갈 내용으로 옳은 것은?

공정률	50% 이상 70% 미만	70% 이상 90% 미만	90% 이상
사용기준		70% 이상	90% 이상

① 30% 이상　　② 40% 이상
③ 50% 이상　　④ 60% 이상

해설 공사진척에 따른 안전관리비의 사용기준

공정률	50% 이상 70% 미만	70% 이상 90% 미만	90% 이상
사용기준	50% 이상	70% 이상	90% 이상

85 굴착공사 시 안전한 작업을 위한 사질지반(점토질을 포함하지 않은 것)의 굴착면 기울기와 높이 기준으로 옳은 것은?

① 1 : 1.5 이상, 5m 미만
② 1 : 0.5 이상, 5m 미만
③ 1 : 1.5 이상, 2m 미만
④ 1 : 0.5 이상, 2m 미만

해설 사질지반(점토질을 포함하지 않은 것)의 굴착면 기울기와 높이 – 1 : 1.5 이상 5m 미만

86 철골공사 시 도괴의 위험이 있어 강풍에 대한 안전여부를 확인해야 할 필요성이 가장 높은 경우는?

① 연면적당 철골량이 일반 건물보다 많은 경우
② 기둥에 H형강을 사용하는 경우
③ 이음부가 공장용접인 경우
④ 단면구조가 현저한 차이가 있으며 높이가 20m 이상인 건물

해설 철골공사 시 강풍에 대한 안전여부를 확인해야 할 필요성이 가장 높은 경우 : 단면구조가 현저한 차이가 있으며 높이가 20m 이상인 건물

87 강관을 사용하여 비계를 구성하는 경우 준수해야 할 기준으로 옳지 않은 것은?

① 비계기둥의 간격은 띠장방향에서는 1.5m 이상 1.8m 이하, 장선(長線) 방향에서는 1.5m 이하로 할 것
② 띠장 간격은 1.5m 이하로 설치하되, 첫 번째 띠장은 지상으로부터 2.5m 이하의 위치에 설치할 것
③ 비계기둥의 제일 윗부분으로부터 31m 되는 지점 밑부분의 비계기둥은 2개의 강관으로 묶어 세울 것

정답 | 82. ④　83. ②　84. ③　85. ①　86. ④　87. ②

④ 비계기둥 간의 적재하중은 400kg을 초과하지 않도록 할 것

> **해설** ② 띠장 간격은 1.5m 이하로 설치하되, 첫 번째 띠장은 지상으로부터 2m 이하의 위치에 설치할 것

88 양중기의 와이어로프 등 달기구의 안전계수 기준으로 옳은 것은? (단, 화물의 하중을 직접 지지하는 달기와이어로프 또는 달기체인의 경우)

① 3 이상   ② 4 이상
③ 5 이상   ④ 6 이상

> **해설**
> **양중기의 와이어로프 등 달기구의 안전계수 기준**
> ㉠ 근로자가 탑승하는 운반구를 지지하는 달기와이어로프 또는 달기체인 : 10 이상
> ㉡ 화물의 하중을 직접 지지하는 달기와이어로프 또는 달기체인 : 5 이상
> ㉢ 축, 섀클, 클램프, 리프팅 빔 : 3 이상
> ㉣ 그 밖의 경우 : 4 이상

89 옥내작업장에는 비상시에 근로자에게 신속하게 알리기 위한 경보용 설비 또는 기구를 설치하여야 한다. 그 설치대상 기준으로 옳은 것은?

① 연면적이 400m² 이상이거나 상시 40명 이상의 근로자가 작업하는 옥내작업장
② 연면적이 400m² 이상이거나 상시 50명 이상의 근로자가 작업하는 옥내작업장
③ 연면적이 500m² 이상이거나 상시 40명 이상의 근로자가 작업하는 옥내작업장
④ 연면적이 500m² 이상이거나 상시 50명 이상의 근로자가 작업하는 옥내작업장

> **해설**
> **옥내작업장 경보용 설비 또는 기구 설치대상 기준** : 연면적이 400m² 이상이거나 상시 50명 이상의 근로자가 작업하는 옥내작업장

90 비탈면 붕괴방지를 위한 붕괴방지 공법과 가장 거리가 먼 것은?

① 배토 공법   ② 압성토 공법
③ 공작물의 설치   ④ 언더피닝 공법

> **해설**
> **비탈면 붕괴방지 공법**
> ㉠ 배토 공법   ㉡ 압성토 공법
> ㉢ 공작물의 설치

91 거푸집 동바리 등을 조립하거나 해체하는 작업을 하는 경우에 준수해야 할 사항으로 옳지 않은 것은?

① 해당 작업을 하는 구역에는 관계 근로자가 아닌 사람의 출입을 금지할 것
② 비, 눈, 그 밖의 기상상태의 불안정으로 날씨가 몹시 나쁜 경우에는 그 작업을 중지할 것
③ 재료, 기구 또는 공구 등을 올리거나 내리는 경우에는 근로자 간 서로 직접전달하도록 하고 달줄·달포대 등의 사용을 금할 것
④ 낙하·충격에 의한 돌발적 재해를 방지하기 위하여 버팀목을 설치하고 거푸집 동바리 등을 인양장비에 매단 후에 작업을 하도록 하는 등 필요한 조치를 할 것

> **해설**
> ① 해당 작업을 하는 구역에는 근로자가 아닌 사람의 출입을 금지할 것
> ② 비, 눈 그 밖의 기상상태의 불안정으로 날씨가 몹시 나쁜 경우에는 그 작업을 중지할 것
> ④ 낙하, 충격에 의한 돌발적 재해를 방지하기 위하여 버팀목을 설치하고 거푸집 동바리 등을 인양장비에 매단 후에 작업을 하도록 하는 등 필요한 조치를 할 것

92 터널 등의 건설작업을 하는 경우에 낙반 등에 의하여 근로자가 위험해질 우려가 있는 경우, 그 위험을 방지하기 위하여 취해야 할 조치와 거리가 먼 것은?

① 터널지보공 설치   ② 록볼트 설치
③ 부석의 제거   ④ 산소의 측정

> **해설**
> **터널 등 건설작업 시 낙반 등에 의한 위험방지**
> ㉠ 터널지보공 설치   ㉡ 록볼트 설치
> ㉢ 부석의 제거

93 철골공사 중 트랩을 이용해 승강할 때 안전과 관련된 항목이 아닌 것은?

① 수평구명줄   ② 수직구명줄
③ 쐐줄   ④ 추락방지대

> **해설** 철골공사 중 트랩을 이용해 승강할 때 수평구명줄은 안전과 관련된 항목에 해당되지 않는다.

정답 | 88. ③ 89. ② 90. ④ 91. ③ 92. ④ 93. ①

94 철근의 가스 절단작업 시 안전상 유의해야 할 사항으로 옳지 않은 것은?

① 작업장에는 소화기를 비치하도록 한다.
② 호스, 전선 등은 다른 작업장을 거치는 곡선상의 배선이어야 한다.
③ 전선의 경우 피복이 손상되어 있는지 를 확인하여야 한다.
④ 호스는 작업 중에 겹치거나 밟히지 않도록 한다.

해설 ② 호스, 전선 등은 다른 작업장을 거치는 직선상의 배선이어야 한다.

95 거푸집 및 동바리 설계 시 적용하는 연직방향하중에 해당되지 않는 것은?

① 콘크리트의 측압   ② 철근콘크리트의 자중
③ 작업하중   ④ 충격하중

해설 거푸집 및 동바리 설계 시 적용하는 연직방향하중
ㄱ 철근콘크리트의 자중(고정하중)
ㄴ 작업하중
ㄷ 충격하중

96 철골작업 시의 위험방지와 관련하여 철골작업을 중지하여야 하는 강설량의 기준은?

① 시간당 1mm 이상인 경우
② 시간당 3mm 이상인 경우
③ 시간당 1cm 이상인 경우
④ 시간당 3cm 이상인 경우

해설 위험방지를 위해 철골작업을 중지하여야 하는 기준
ㄱ 강설량이 시간당 1cm 이상인 경우
ㄴ 강우량이 시간당 1mm 이상인 경우
ㄷ 풍속이 초당 10m 이상인 경우

97 굴착공사의 경우 유해 · 위험방지계획서 제출대상의 기준으로 옳은 것은?

① 깊이 5m 이상인 굴착공사
② 깊이 8m 이상인 굴착공사
③ 깊이 10m 이상인 굴착공사
④ 깊이 15m 이상인 굴착공사

해설 굴착공사의 경우 유해 · 위험방지계획서 제출대상 : 깊이 10m 이상인 굴착공사

98 비계의 높이가 2m 이상인 작업장소에 설치되는 작업발판의 구조에 관한 기준으로 옳지 않은 것은?

① 작업발판의 폭은 40cm 이상으로 할 것
② 발판재료 간의 틈은 5cm 이하로 할 것
③ 작업발판 재료는 뒤집히거나 떨어지지 않도록 둘 이상의 지지물에 연결하거나 고정시킬 것
④ 작업발판을 작업에 따라 이동시킬 경우에는 위험방지에 필요한 조치를 할 것

해설 ② 발판재료 간의 틈을 3cm 이하로 할 것

99 고소작업대를 사용하는 경우 준수해야 할 사항으로 옳지 않은 것은?

① 안전한 작업을 위하여 적정수준의 조도를 유지할 것
② 전로(電路)에 근접하여 작업을 하는 경우에는 작업감시자를 배치하는 등 감전사고를 방지하기 위하여 필요한 조치를 할 것
③ 작업대의 붐대를 상승시킨 상태에서 탑승자는 작업대를 벗어나지 말 것
④ 전환스위치는 다른 물체를 이용하여 고정할 것

해설 ④ 전환스위치는 다른 물체를 이용하여 고정하지 말 것

100 계단의 개방된 측면에 근로자의 추락위험을 방지하기 위하여 안전난간을 설치하고자 할 때 그 설치기준으로 옳지 않은 것은?

① 안전난간은 상부 난간대, 중간 난간대, 발끝막이판 및 난간기둥으로 구성할 것
② 발끝막이판은 바닥면 등으로부터 10cm 이상의 높이를 유지할 것
③ 난간기둥은 상부 난간대와 중간 난간대를 견고하게 떠받칠 수 있도록 적정한 간격을 유지할 것
④ 난간대는 지름 3.8cm 이상의 금속제 파이프나 그 이상의 강도가 있는 재료일 것

해설 ④ 난간대는 지름 2.7cm 이상의 금속제 파이프나 그 이상의 강도가 있는 재료일 것

〈산업안전산업기사 6월 14일 시행〉

제1과목 | 산업안전관리론

01 상시 근로자수가 75명인 사업장에서 1일 8시간씩 연간 320일을 작업하는 동안에 4건의 재해가 발생하였다면 이 사업장의 도수율은 약 얼마인가?

① 17.68   ② 19.67
③ 20.83   ④ 22.83

[해설]

$$도수율 = \frac{재해발생건수}{연근로시간수} \times 10^6$$
$$= \frac{4}{8 \times 320 \times 75} \times 10^6$$
$$= 20.83$$

02 보호구 안전인증 고시에 따른 안전화의 정의 중 ( ) 안에 알맞은 것은?

경작업용 안전화란 (㉠)mm의 낙하높이에서 시험했을 때의 충격과 (㉡ ± 0.1)kN의 압축하중에서 시험했을 때의 압박에 대하여 보호해 줄 수 있는 선심을 부착하여 착용자를 보호하기 위한 안전화를 말한다.

① ㉠ 500, ㉡ 10.0   ② ㉠ 250, ㉡ 10.0
③ ㉠ 500, ㉡ 4.4   ④ ㉠ 250, ㉡ 4.4

[해설]

경작업용 안전화 : 250mm의 낙하높이에서 시험했을 때의 충격과 4.4±0.1kN의 압축하중에서 시험했을 때의 압박에 대하여 보호해 줄 수 있는 선심을 부착하여 착용자를 보호하기 위한 안전화이다.

03 산업안전보건법령상 안전보건표지의 종류와 형태 중 그림과 같은 경고표지는? (단, 바탕은 무색, 기본모형은 빨간색, 그림은 검은색이다.)

① 부식성 물질 경고   ② 폭발성 물질 경고
③ 산화성 물질 경고   ④ 인화성 물질 경고

[해설] 보기의 그림은 인화성 물질 경고표지이다.

04 다음 중 일반적으로 사업장에서 안전관리 조직을 구성할 때 고려할 사항과 가장 거리가 먼 것은?

① 조직 구성원의 책임과 권한을 명확하게 한다.
② 회사의 특성과 규모에 부합되게 조직되어야 한다.
③ 생산조직과는 동떨어진 독특한 조직이 되도록 하여 효율성을 높인다.
④ 조직의 기능이 충분히 발휘될 수 있는 제도적 체계가 갖추어져야 한다.

[해설] ③ 생산조직과 밀착된 조직이 되도록 한다.

05 주의의 특성으로 볼 수 없는 것은?

① 변동성   ② 선택성
③ 방향성   ④ 통합성

[해설] **주의의 특성** : 변동성, 선택성, 방향성

06 테크니컬 스킬즈(technical skills)에 관한 설명으로 옳은 것은?

① 모럴(morale)을 앙양시키는 능력
② 인간을 사물에게 적응시키는 능력
③ 사물을 인간에게 유리하게 처리하는 능력
④ 인간과 인간의 의사소통을 원활히 처리하는 능력

[해설] **테크니컬 스킬즈** : 사물을 인간에게 유리하게 처리하는 능력

07 산업재해 예방의 4원칙 중 "재해발생에는 반드시 원인이 있다."는 원칙은?

① 대책선정의 원칙 ② 원인계기의 원칙
③ 손실우연의 원칙 ④ 예방가능의 원칙

> **해설** 원인계기의 원칙에 대한 설명이다.

08 심리검사의 특징 중 "검사의 관리를 위한 조건과 절차의 일관성과 통일성"을 의미하는 것은?

① 규준   ② 표준화
③ 객관성   ④ 신뢰성

> **해설** 표준화의 설명이다.

09 조직이 리더에게 부여하는 권한으로 볼 수 없는 것은?

① 보상적 권한 ② 강압적 권한
③ 합법적 권한 ④ 위임된 권한

> **해설** 리더 자신이 자신에게 부여하는 권한
> ㉠ 위임된 권한
> ㉡ 전문성의 권한

10 기억의 과정 중 과거의 학습경험을 통해서 학습된 행동이 현재와 미래에 지속되는 것을 무엇이라 하는가?

① 기명(memorizing) ② 파지(retention)
③ 재생(recall)   ④ 재인(recognition)

> **해설** 파지의 설명이다.

11 하인리히 재해발생 5단계 중 3단계에 해당하는 것은?

① 불안전한 행동 또는 불안전한 상태
② 사회적 환경 및 유전적 요소
③ 관리의 부재
④ 사고

> **해설** 하인리히 재해발생 5단계
> ㉠ 제1단계 : 사회적 환경과 유전적 요소
> ㉡ 제2단계 : 개인적 결함
> ㉢ 제3단계 : 불안전한 행동과 불안전한 상태
> ㉣ 제4단계 : 사고
> ㉤ 제5단계 : 상해

12 산업안전보건법령상 특별교육대상 작업별 교육작업 기준으로 틀린 것은?

① 전압이 75V 이상인 정전 및 활선 작업
② 굴착면의 높이가 2m 이상이 되는 암석의 굴착작업
③ 동력에 의하여 작동되는 프레스기계를 3대 이상 보유한 사업장에서 해당 기계로 하는 작업
④ 1톤 미만의 크레인 또는 호이스트를 5대 이상 보유한 사업장에서 해당 기계로 하는 작업

> **해설** ③ 동력에 의하여 작동되는 프레스기계를 5대 이상 보유한 사업장에서 해당 기계로 하는 작업

13 기계 · 기구 또는 설비의 신설, 변경 또는 고장 수리 등 부정기적인 점검을 말하며, 기술적 책임자가 시행하는 점검은?

① 정기점검 ② 수시점검
③ 특별점검 ④ 임시점검

> **해설** 특별점검의 설명이다.

14 재해의 원인 분석법 중 사고의 유형, 기인물 등 분류항목을 큰 순서대로 도표화하여 문제나 목표의 이해가 편리한 것은 어느 것인가?

① 관리도(control chart)
② 파레토도(pareto diagram)
③ 클로즈 분석(close analysis)
④ 특성요인도(cause−reason diagram)

> **해설** 파레토도에 대한 설명이다.

15 다음 중 매슬로우(Maslow)가 제창한 인간의 욕구 5단계 이론을 단계별로 옳게 나열한 것은?

① 생리적 욕구 → 안전 욕구 → 사회적 욕구
→ 존경의 욕구 → 자아실현의 욕구

② 안전 욕구 → 생리적 욕구 → 사회적 욕구
→ 존경의 욕구 → 자아실현의 욕구

③ 사회적 욕구 → 생리적 욕구 → 안전 욕구
→ 존경의 욕구 → 자아실현의 욕구

④ 사회적 욕구 → 안전 욕구 → 생리적 욕구
→ 존경의 욕구 → 자아실현의 욕구

해설 매슬로우의 인간의 욕구 5단계
생리적 욕구 → 안전 욕구 → 사회적 욕구 → 존경의
욕구 → 자아실현의 욕구

16 교육의 3요소 중 교육의 주체에 해당하는 것은?

① 강사　　　② 교재
③ 수강자　　④ 교육방법

해설 교육의 3요소
㉠ 교육의 주체 : 강사
㉡ 교육의 객체 : 수강자
㉢ 교육의 매개체 : 교재

17 O.J.T(On the Job Training) 교육의 장점과 가장 거리가 먼 것은?

① 훈련에만 전념할 수 있다.
② 직장의 실정에 맞게 실제적 훈련이 가능하다.
③ 개개인의 업무능력에 적합하고 자세한 교육이 가능하다.
④ 교육을 통하여 상사와 부하 간의 의사소통과 신뢰감이 깊게 된다.

해설 ①은 off.J.T의 장점에 대한 내용이다.

18 위험예지훈련 기초 4라운드(4R)에서 라운드별 내용이 바르게 연결된 것은?

① 1라운드 : 현상파악
② 2라운드 : 대책수립
③ 3라운드 : 목표설정
④ 4라운드 : 본질추구

해설 ② 2라운드 : 본질추구
③ 3라운드 : 대책수립
④ 4라운드 : 목표설정

19 산업안전보건법령상 근로자 안전·보건 교육 중 채용 시의 교육 및 작업 내용 변경 시의 교육사항으로 옳은 것은?

① 물질안전보건자료에 관한 사항
② 건강증진 및 질병예방에 관한 사항
③ 유해·위험 작업환경관리에 관한 사항
④ 표준안전작업방법 및 지도요령에 관한 사항

해설 채용 시의 교육 및 작업내용 변경 시 교육내용
㉠ 기계·기구의 위험성과 작업의 순서 및 동선에 관한 사항
㉡ 작업개시 전 점검에 관한 사항
㉢ 정리정돈 및 청소에 관한 사항
㉣ 사고발생 시 긴급조치에 관한 사항
㉤ 산업보건 및 직업병 예방에 관한 사항
㉥ 물질안전보건자료에 관한 사항
㉦ 산업안전보건법 및 일반관리에 관한 사항

20 산업재해의 발생유형으로 볼 수 없는 것은?

① 지그재그형　② 집중형
③ 연쇄형　　　④ 복합형

해설 산업재해 발생유형
㉠ 집중형　　㉡ 연쇄형
㉢ 복합형

제2과목 인간공학 및 시스템안전공학

21 모든 시스템 안전 프로그램 중 최초 단계의 분석으로 시스템 내의 위험요소가 어떤 상태에 있는지를 정성적으로 평가하는 방법은?

① CA　　　② FHA
③ PHA　　④ FMEA

해설 PHA의 설명이다.

22 시스템의 성능저하가 인원의 부상이나 시스템 전체에 중대한 손해를 입히지 않고 제어가 가능한 상태의 위험강도는?

① 범주 Ⅰ : 파국적 ② 범주 Ⅱ : 위기적
③ 범주 Ⅲ : 한계적 ④ 범주 Ⅳ : 무시

해설 범주 Ⅲ : 한계적의 설명이다.

23 결함수 분석법에서 일정 조합 안에 포함되는 기본사상들이 동시에 발생할 때 반드시 목표사상을 발생시키는 조합을 무엇이라 하는가?

① Cut set ② Decision tree
③ Path set ④ 불대수

해설 Cut set의 설명이다.

24 통제표시비(C/D비)를 설계할 때의 고려할 사항으로 가장 거리가 먼 것은?

① 공차 ② 운동성
③ 조작시간 ④ 계기의 크기

해설 통제표시비를 설계할 때의 고려할 사항
㉠ ①, ③, ④ ㉡ 목시거리
㉢ 방향성 ㉣ 통제표시비

25 건구온도 38℃, 습구온도 32℃일 때의 Oxford 지수는 몇 ℃인가?

① 30.2 ② 32.9
③ 35.3 ④ 37.1

해설 Oxford 지수(WD)
= 0.85WB(습구온도) + 0.15DB(건구온도)
= 0.85×32+0.15×38
= 32.9℃

26 건강한 남성이 8시간 동안 특정작업을 실시하고 분당 산소소비량이 1.1L/분으로 나타났다면, 8시간 총 작업시간에 포함될 휴식시간은 약 몇 분인가? (단, Murrell의 방법을 적용하며, 휴식 중 에너지소비율은 1.5kcal/min이다.)

① 30분 ② 54분
③ 60분 ④ 75분

해설 ㉠ 작업의 평균 에너지소비량
= 5kcal/L×1.1L/min = 5.5kcal/min
㉡ 휴식시간$(R) = \dfrac{480(E-5)}{E-1.5} = \dfrac{480(5.5-5)}{5.5-1.5}$
= 60분

27 점광원(point source)에서 표면에 비추는 조도(lux)의 크기를 나타내는 식으로 옳은 것은? (단, D는 광원으로부터의 거리를 말한다.)

① $\dfrac{광도[fc]}{D^2[m^2]}$ ② $\dfrac{광도[lm]}{D[m]}$
③ $\dfrac{광도[cd]}{D^2[m^2]}$ ④ $\dfrac{광도[fL]}{D[m]}$

해설 조도(lux) 크기 = $\dfrac{광도[cd]}{D^2[m^2]}$
(단, D : 광원으로부터의 거리)

28 인간공학적 수공구의 설계에 관한 설명으로 옳은 것은?

① 수공구 사용 시 무게 균형이 유지되도록 설계한다.
② 손잡이 크기를 수공구 크기에 맞추어 설계한다.
③ 힘을 요하는 수공구의 손잡이는 직경을 60mm 이상으로 한다.
④ 정밀작업용 수공구의 손잡이는 직경을 5mm 이하로 한다.

해설 ② 손잡이는 손바닥의 접촉면이 크도록 설계한다(손잡이의 길이는 10cm 이상).
③ 힘을 요하는 수공구의 손잡이는 직경을 50~60mm로 한다.
④ 정밀작업용 수공구의 손잡이는 직경을 5~12mm로 한다.

29 인간 –기계 시스템에서 기계와 비교한 인간의 장점으로 볼 수 없는 것은? (단, 인공지능과 관련된 사항은 제외한다.)

① 완전히 새로운 해결책을 찾아낸다.
② 여러 개의 프로그램된 활동을 동시에 수행한다.
③ 다양한 경험을 토대로 하여 의사결정을 한다.
④ 상황에 따라 변화하는 복잡한 자극 형태를 식별한다.

해설 ②는 기계의 장점에 대한 내용이다.

30 인터페이스 설계 시 고려해야 하는 인간과 기계와의 조화성에 해당되지 않는 것은 어느 것인가?
① 지적 조화성 ② 신체적 조화성
③ 감성적 조화성 ④ 심미적 조화성

해설 인터페이스 설계 시 고려해야 하는 인간과 기계와의 조화성
㉠ 지적 조화성 ㉡ 신체적 조화성
㉢ 감성적 조화성

31 반복되는 사건이 많이 있는 경우, FTA의 최소 컷셋과 관련이 없는 것은?
① Fussel Algorithm
② Boolean Algorithm
③ Monte Carlo Algorithm
④ Limnios & Ziani Algorithm

해설 ③ Mocus Algorithm

32 다음 중 설비보전관리에서 설비이력카드, MTBF 분석표, 고장원인대책표와 관련이 깊은 관리는?
① 보전기록관리 ② 보전자재관리
③ 보전작업관리 ④ 예방보전관리

해설 보전기록관리의 설명이다.

33 공간배치의 원칙에 해당되지 않는 것은?
① 중요성의 원칙 ② 다양성의 원칙
③ 사용빈도의 원칙 ④ 기능별 배치의 원칙

해설 공간배치의 원칙
㉠ ①, ③, ④
㉡ 사용순서의 원칙

34 화학공장(석유화학사업장 등)에서 가동문제를 파악하는 데 널리 사용되며, 위험요소를 예측하고 새로운 공정에 대한 가동문제를 예측하는 데 사용되는 위험성평가방법은?
① SHA ② EVP
③ CCFA ④ HAZOP

해설 HAZOP의 설명이다.

35 다음은 1/100초 동안 발생한 3개의 음파를 나타낸 것이다. 음의 세기가 가장 큰 것과 가장 높은 음은 무엇인가?

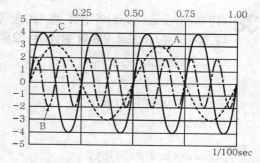

① 가장 큰 음의 세기 : A, 가장 높은 음 : B
② 가장 큰 음의 세기 : C, 가장 높은 음 : B
③ 가장 큰 음의 세기 : C, 가장 높은 음 : A
④ 가장 큰 음의 세기 : B, 가장 높은 음 : C

해설 **음파(Sound Wave)** : 다른 물질의 진동이나 소리에 의한 공기를 총칭하는 말로서, 음파에 있어 진폭이 크면 클수록 강한 음으로 들리게 되며 진동수가 많으면 많을수록 높은 음으로 들리게 된다.
㉠ 음의 세기란 평면 진행파에 있어서 음파의 진행방향으로 수직인 단위면적을 단위시간에 통과하는 에너지이다.
㉡ 음의 높이가 가장 높은 음은 파형의 주기가 가장 짧다(진동수가 크다).

36 글자의 설계요소 중 검은 바탕에 쓰여진 흰 글자가 번져 보이는 현상과 가장 관련 있는 것은?
① 획폭비 ② 글자체
③ 종이 크기 ④ 글자 두께

해설 ㉠ **획폭비** : 문자나 숫자의 높이에 대한 획 굵기의 비율
㉡ **광삼현상(Irradiation)** : 검은색 바탕의 흰색 글씨가 번져 보이는 현상

정답 | 30. ④ 31. ③ 32. ① 33. ② 34. ④ 35. ② 36. ①

37 FTA에 사용되는 기호 중 다음 기호에 해당하는 것은?

① 생략사상
② 부정사상
③ 결함사상
④ 기본사상

해설
① 생략사상 : ◇   ② 부정사상 : ─

③ 결함사상 : ▯

38 휴먼에러(human error)의 분류 중 필요한 임무나 절차의 순서착오로 인하여 발생하는 오류는?

① Ommission error
② Sequential error
③ Commission error
④ Extraneous error

해설
Sequential error의 설명이다.

39 작업자가 100개의 부품을 육안검사하여 20개의 불량품을 발견하였다. 실제 불량품이 40개라면 인간에러(human error) 확률은 약 얼마인가?

① 0.2   ② 0.3
③ 0.4   ④ 0.5

해설
$40 - 20 = 20$

$\therefore \dfrac{20}{100} = 0.2$

40 가청 주파수 내에서 사람의 귀가 가장 민감하게 반응하는 주파수 대역은?

① 20~20,000Hz
② 50~15,000Hz
③ 100~10,000Hz
④ 500~3,000Hz

해설
사람의 귀가 가장 민감하게 반응하는 주파수 대역 : 500~3,000Hz

제3과목 기계위험방지기술

41 작업장 내 운반을 주목적으로 하는 구내운반차가 준수해야 할 사항으로 옳지 않은 것은?

① 주행을 제동하거나 정지상태를 유지하기 위하여 유효한 제동장치를 갖출 것
② 경음기를 갖출 것
③ 핸들의 중심에서 차체 바깥 측까지의 거리가 65cm 이내일 것
④ 운전자석이나 차 실내에 있는 것은 좌우에 한 개씩 방향지시기를 갖출 것

해설
③ 핸들의 중심에서 차체 바깥 측까지의 거리가 65cm 이상일 것

42 다음 중 연삭기를 이용한 작업을 할 경우 연삭숫돌을 교체한 후에는 얼마 동안 시험운전을 하여야 하는가?

① 1분 이상   ② 3분 이상
③ 10분 이상   ④ 15분 이상

해설
연삭숫돌 교체 후 시험운전 시간 : 3분 이상

43 프레스기가 작동 후 작업점까지의 도달시간이 0.2초 걸렸다면, 양수기동식 방호장치의 설치거리는 최소 얼마인가?

① 3.2cm   ② 32cm
③ 6.4cm   ④ 64cm

해설
방호장치의 안전거리(cm)
= 160×급정지기구가 작동하여 슬라이드가 정지할 때까지의 시간(프레스 작동 후 작업점까지 도달시간)
= 160×0.2 = 32mm×10
= 320mm = 32cm

44 대패기계용 덮개의 시험방법에서 날접촉 예방장치인 덮개와 송급 테이블 면과의 간격기준은 몇 mm 이하여야 하는가?

① 3   ② 5
③ 8   ④ 12

해설 대패기계용 덮개에서 날접촉 예방장치인 덮개와 송급 테이블 면과의 간격기준 : 8mm 이하

45 프레스 등의 금형을 부착·해체 또는 조정작업 중 슬라이드가 갑자기 작동하여 근로자에게 발생할 수 있는 위험을 방지하기 위하여 설치하는 것은?

① 방호울   ② 안전블록
③ 시건장치   ④ 게이트가드

해설 안전블록의 설명이다.

46 산업안전보건법령상 프레스를 사용하여 작업을 할 때 작업시작 전 점검항목에 해당하지 않는 것은?

① 전선 및 접속부 상태
② 클러치 및 브레이크의 기능
③ 프레스의 금형 및 고정볼트 상태
④ 1행정 1정지기구·급정지장치 및 비상정지장치의 기능

해설 프레스 작업 시 작업시작 전 점검항목
㉠ ②, ③, ④
㉡ 크랭크축, 플라이휠, 슬라이브, 연결봉 및 연결나사의 돌림여부
㉢ 슬라이드 또는 칼날에 의한 위험방지기구의 기능
㉣ 방호장치의 기능
㉤ 절단기의 칼날 및 테이블의 상태

47 선반작업의 안전사항으로 틀린 것은?

① 베드 위에 공구를 올려놓지 않아야 한다.
② 바이트를 교환할 때는 기계를 정지시키고 한다.
③ 바이트는 끝을 길게 장치한다.
④ 반드시 보안경을 착용한다.

해설 ③ 바이트는 끝을 짧게 장치한다.

48 연삭기 숫돌의 파괴 원인으로 볼 수 없는 것은?

① 숫돌의 회전속도가 너무 빠를 때
② 숫돌 자체에 균열이 있을 때
③ 숫돌의 정면을 사용할 때
④ 숫돌에 과대한 충격을 주게 되는 때

해설 ③ 숫돌의 측면을 사용할 때

49 기계설비의 방호를 위험장소에 대한 방호와 위험원에 대한 방호로 분류할 때, 다음 중 위험원에 대한 방호장치에 해당하는 것은 어느 것인가?

① 격리형 방호장치
② 포집형 방호장치
③ 접근거부형 방호장치
④ 위치제한형 방호장치

해설

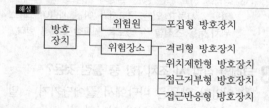

50 산업안전보건법령상 양중기에 사용하지 않아야 하는 달기체인의 기준으로 틀린 것은 어느 것인가?

① 심하게 변형된 것
② 균열이 있는 것
③ 달기체인의 길이가 달기체인이 제조된 때의 길이의 3%를 초과한 것
④ 링의 단면지름이 달기체인이 제조된 때의 해당 링의 지름의 10%를 초과하여 감소한 것

해설 ③ 길이의 증가가 제조된 때의 길이의 5%를 초과한 것

51 롤러기에 사용되는 급정지장치의 종류가 아닌 것은?

① 손 조작식   ② 발 조작식
③ 무릎 조작식   ④ 복부 조작식

해설 롤러기 급정지장치
㉠ 손 조작식   ㉡ 무릎 조작식
㉢ 복부 조작식

정답 ┃ 45. ②   46. ①   47. ③   48. ③   49. ②   50. ③   51. ②

52 산업용 로봇작업 시 안전조치 방법으로 틀린 것은?

① 작업 중 매니퓰레이터의 속도의 지침에 따라 작업한다.

② 로봇의 조작방법 및 순서의 지침에 따라 작업한다.

③ 작업을 하고 있는 동안 해당 작업 근로자 이외에도 로봇의 기동스위치를 조작할 수 있도록 한다.

④ 2명 이상의 근로자에게 작업을 시킬 때는 신호방법의 지침을 정하고 그 지침에 따라 작업한다.

> **해설** ③ 작업을 하고 있는 동안 로봇의 기동스위치 등에 작업을 종사하고 있는 근로자가 아닌 사람이 그 스위치 등을 조작할 수 없도록 필요한 조치를 한다.

53 크레인 작업 시 조치사항 중 틀린 것은?

① 인양할 하물은 바닥에서 끌어당기거나 밀어내는 작업을 하지 아니할 것

② 유류드럼이나 가스통 등의 위험물 용기는 보관함에 담아 안전하게 매달아 운반할 것

③ 고정된 물체는 직접 분리, 제거하는 작업을 할 것

④ 근로자의 출입을 통제하여 하물이 작업자의 머리 위로 통과하지 않게 할 것

> **해설** ③ 고정된 물체는 직접 분리, 제거하는 작업을 하지 않을 것

54 드릴작업의 안전조치 사항으로 틀린 것은 어느 것인가?

① 칩은 와이어브러시로 제거한다.

② 드릴작업에서는 보안경을 쓰거나 안전덮개를 설치한다.

③ 칩에 의한 자상을 방지하기 위해 면장갑을 착용한다.

④ 바이스 등을 사용하여 작업 중 공작물의 유동을 방지한다.

> **해설** ③ 장갑의 착용을 금한다.

55 개구부에서 회전하는 롤러의 위험점까지 최단거리가 60mm일 때 개구부 간격은?

① 10mm   ② 12mm

③ 13mm   ④ 15mm

> **해설** $y = 6 + 0.15 \times x$
> $= 6 + 0.15 \times 60 = 15mm$

56 연삭숫돌과 작업받침대, 교반기의 날개, 하우스 등 기계의 회전운동하는 부분과 고정부분 사이에 위험이 형성되는 위험점은?

① 물림점   ② 끼임점

③ 절단점   ④ 접선물림점

> **해설** 끼임점의 설명이다.

57 보일러의 연도(굴뚝)에서 버려지는 여열을 이용하여 보일러에 공급되는 급수를 예열하는 부속장치는?

① 과열기   ② 절탄기

③ 공기예열기   ④ 연소장치

> **해설** 절탄기의 설명이다.

58 컨베이어의 안전장치가 아닌 것은?

① 이탈 및 역주행방지장치

② 비상정지장치

③ 덮개 또는 울

④ 비상난간

> **해설** 컨베이어의 안전장치
> ⊙ ①, ②, ③   ⓒ 건널다리

59 밀링머신의 작업 시 안전수칙에 대한 설명으로 틀린 것은?

① 커터의 교환 시에는 테이블 위에 목재를 받쳐 놓는다.

② 강력 절삭 시에는 일감을 바이스에 깊게 물린다.

③ 작업 중 면장갑은 착용하지 않는다.

④ 커터는 가능한 컬럼(column)으로부터 멀리 설치한다.

> **해설**
> ④ 커터는 가능한 컬럼으로부터 가깝게 설치한다.

60 선반의 크기를 표시하는 것으로 틀린 것은?

① 양쪽 센터 사이의 최대거리
② 왕복대 위의 스윙
③ 베드 위의 스윙
④ 주축에 물릴 수 있는 공작물의 최대 지름

> **해설**
> 선반의 크기를 표시하는 것
> ㉠ 양쪽 센터 사이의 최대거리
> ㉡ 왕복대 위의 스윙
> ㉢ 베드 위의 스윙

제4과목 전기 및 화학설비 위험방지기술

61 최대안전틈새(MESG)의 특성을 적용한 방폭구조는?

① 내압방폭구조 ② 유입방폭구조
③ 안전증방폭구조 ④ 압력방폭구조

> **해설**
> 내압방폭구조의 설명이다.

62 어떤 도체에 20초 동안에 100C의 전하량이 이동하면 이때 흐르는 전류(A)는?

① 200 ② 50
③ 10 ④ 5

> **해설**
> $I = \dfrac{Q}{t} = \dfrac{100}{20} = 5A$

63 선간전압이 6.6kV인 충전전로 인근에서 유자격자가 작업하는 경우, 충전전로에 대한 최소 접근한계거리(cm)는? (단, 충전부에 절연조치가 되어 있지 않고, 작업자는 절연장갑을 착용하지 않았다.)

① 20 ② 30
③ 50 ④ 60

> **해설**
> 충전전로의 선간전압에 따른 충전전로에 대한 접근한계거리
>
> | 충전전로의
선간전압(kV) | 충전전로에 대한
접근한계거리(cm) |
> | --- | --- |
> | 0.3 이하 | 접촉금지 |
> | 0.3 초과 0.75 이하 | 30 |
> | 0.75 초과 2 이하 | 45 |
> | 2 초과 15 이하 | 60 |
> | 15 초과 37 이하 | 90 |
> | 37 초과 88 이하 | 110 |
> | 88 초과 121 이하 | 130 |
> | 121 초과 145 이하 | 150 |
> | 145 초과 169 이하 | 170 |
> | 169 초과 242 이하 | 230 |
> | 242 초과 362 이하 | 380 |
> | 362 초과 550 이하 | 550 |
> | 550 초과 800 이하 | 790 |

64 내전압용 절연장갑의 등급에 따른 최대사용전압이 올바르게 연결된 것은?

① 00등급 : 직류 750V
② 00등급 : 직류 650V
③ 0등급 : 직류 1,000V
④ 0등급 : 직류 800V

> **해설**
> 내전압용 절연장갑의 00등급은 직류 750V, 교류 500V가 옳다.

65 피뢰기가 반드시 가져야 할 성능 중 틀린 것은?

① 방전개시 전압이 높을 것
② 뇌전류 방전능력이 클 것
③ 속류차단을 확실하게 할 수 있을 것
④ 반복동작이 가능할 것

> **해설**
> ① 방전개시 전압이 낮을 것

66 절연체에 발생한 정전기는 일정 장소에 축적되었다가 점차 소멸되는데 처음 값의 몇 %로 감소되는 시간을 그 물체의 "시정수" 또는 "완화시간"이라고 하는가?

① 25.8 ② 36.8
③ 45.8 ④ 67.8

> **해설**
> 그 물체의 시정수(완화시간) : 정전기는 일정 장소에 축적되었다가 점차 소멸되는데 처음 값의 36.8%로 감소되는 시간

정답 | 60. ④ 61. ① 62. ④ 63. ④ 64. ① 65. ① 66. ②

67 가스 또는 분진 폭발위험장소에는 변전실·배전반실·제어실 등을 설치하여서는 아니된다. 다만, 실내기압이 항상 양압을 유지하도록 하고, 별도의 조치를 한 경우에는 그러하지 않는데 이때 요구되는 조치사항으로 틀린 것은?

① 양압을 유지하기 위한 환기설비의 고장 등으로 양압이 유지되지 아니한 때 경보를 할 수 있는 조치를 한 경우

② 환기설비가 정지된 후 재가동하는 경우 변전실 등에 가스 등이 있는지를 확인할 수 있는 가스검지기 등의 장비를 비치한 경우

③ 환기설비에 의하여 변전실 등에 공급되는 공기는 가스폭발위험장소 또는 분진폭발위험장소가 아닌 곳으로부터 공급되도록 하는 조치를 한 경우

④ 실내 기압이 항상 양압 10Pa 이상이 되도록 장치를 한 경우

해설 ④ 실내 기압이 항상 양압 25Pa 이상이 되도록 장치를 한 경우

68 누전차단기의 선정 및 설치에 대한 설명으로 틀린 것은?

① 차단기를 설치한 전로에 과부하보호장치를 설치하는 경우는 서로 협조가 잘 이루어지도록 한다.

② 정격부동작전류와 정격감도전류와의 차는 가능한 큰 차단기로 선정한다.

③ 감전방지 목적으로 시설하는 누전차단기는 고감도고속형을 선정한다.

④ 전로의 대지정전용량이 크면 차단기가 오동작하는 경우가 있으므로 각 분기회로마다 차단기를 설치한다.

해설 ② 정격부동작전류가 정격감도전류의 50% 이상이어야 하고, 이들의 차는 가장 큰 것이 좋다.

69 정전기 발생량과 관련된 내용으로 옳지 않은 것은?

① 분리속도가 빠를수록 정전기 발생량이 많아진다.

② 두 물질 간의 대전서열이 가까울수록 정전기 발생량이 많아진다.

③ 접촉면적이 넓을수록, 접촉압력이 증가할수록 정전기 발생량이 많아진다.

④ 물질의 표면이 수분이나 기름 등에 오염되어 있으면 정전기 발생량이 많아진다.

해설 두 물질이 대전서열 내에서 가까운 위치에 있으면 대전량이 적고, 먼 위치에 있을수록 대전량이 많다.

70 전기설비 등에는 누전에 의한 감전의 위험을 방지하기 위하여 전기기계·기구에 접지를 실시하도록 하고 있다. 전기기계·기구의 접지에 대한 설명 중 틀린 것은?

① 특별고압의 전기를 취급하는 변전소·개폐소, 그 밖에 이와 유사한 장소에서는 지락(地絡)사고가 발생할 경우 접지극의 전위상승에 의한 감전위험을 감소시키기 위한 조치를 하여야 한다.

② 코드 및 플러그를 접속하여 사용하는 전압이 대지전압 110V를 넘는 전기기계·기구가 노출된 비충전 금속체에는 접지를 반드시 실시하여야 한다.

③ 접지설비에 대하여는 상시 적정상태 유지 여부를 점검하고 이상을 발견한 때에는 즉시 보수하거나 재설치하여야 한다.

④ 전기기계·기구의 금속제 외함·금속제 외피 및 철대에는 접지를 실시하여야 한다.

해설 ② 코드 및 플러그를 접속하여 사용하는 전압이 대지전압 150V를 넘는 전기기계·기구가 노출된 비충전 금속체에는 접지를 반드시 실시하여야 한다.

71 다음 가스 중 공기 중에서 폭발범위가 넓은 순서로 옳은 것은?

① 아세틸렌 > 프로판 > 수소 > 일산화탄소

② 수소 > 아세틸렌 > 프로판 > 일산화탄소

③ 아세틸렌 > 수소 > 일산화탄소 > 프로판

④ 수소 > 프로판 > 일산화탄소 > 아세틸렌

정답 | 67. ④ 68. ② 69. ② 70. ② 71. ③

해설 폭발범위
㉠ 아세틸렌(C_2H_2) : 2.5~81%
㉡ 수소(H_2) : 4~75%
㉢ 일산화탄소(CO) : 12.5~74%
㉣ 프로판(C_3H_8) : 2.1~9.5%

72 산업안전보건법상 물질안전보건자료 작성시 포함되어야 하는 항목이 아닌 것은? (단, 참고사항은 제외한다.)

① 화학제품과 회사에 관한 정보
② 제조일자 및 유효기간
③ 운송에 필요한 정보
④ 환경에 미치는 영향

해설 물질안전보건자료 작성 시 포함되어야 하는 항목
㉠ 화학제품과 회사에 관한 정보
㉡ 유해성, 위험성
㉢ 구성성분의 명칭 및 함유량
㉣ 응급조치 요령
㉤ 폭발·화재 시 대처방법
㉥ 누출사고 시 대처방법
㉦ 취급 및 저장 방법
㉧ 노출방지 및 개인보호구
㉨ 물리·화학적 특성 ㉭ 안정성 및 반응성
㉩ 독성에 관한 정보 ㉮ 환경에 미치는 영향
㉪ 폐기 시 주의사항 ㉯ 운송에 필요한 정보
㉫ 법적 규제 현황 ㉰ 그 밖의 참고사항

73 다음 중 물반응성 물질에 해당하는 것은 어느 것인가?

① 니트로화합물 ② 칼륨
③ 염소산나트륨 ④ 부탄

해설 ① 니트로화합물 : 폭발성 물질 및 유기과산화물
③ 염소산나트륨 : 산화성 액체 및 산화성 고체
④ 부탄 : 인화성 가스

74 위험물을 건조하는 경우 내용적이 몇 m³ 이상인 건조설비일 때 위험물 건조설비 중 건조실을 설치하는 건축물의 구조를 독립된 단층으로 해야 하는가? (단, 건축물은 내화구조가 아니며, 건조실을 건축물의 최상층에 설치한 경우가 아니다.)

① 0.1 ② 1
③ 10 ④ 100

해설 위험물을 건조하는 경우 : 내용적이 1m³ 이상인 건조설비일 때 위험물 건조설비 중 건조실을 설치하는 건축물의 구조를 독립된 단층으로 해야 한다.

75 다음 중 반응기의 운전을 중지할 때 필요한 주의사항으로 가장 적절하지 않은 것은?

① 급격한 유량변화를 피한다.
② 가연성 물질이 새거나 흘러나올 때의 대책을 사전에 세운다.
③ 급격한 압력변화 또는 온도변화를 피한다.
④ 80~90℃의 염산으로 세정을 하면서 수소가스로 잔류가스를 제거한 후 잔류물을 처리한다.

해설 ④ 불활성 가스에 의해 잔류가스를 제거하고 물, 온수 등으로 잔류물을 제거한다.

76 어떤 물질 내에서 반응전파속도가 음속보다 빠르게 진행되며 이로 인해 발생된 충격파가 반응을 일으키고 유지하는 발열반응을 무엇이라 하는가?

① 점화(ignition) ② 폭연(deflagration)
③ 폭발(explosion) ④ 폭굉(detonation)

해설 폭굉의 설명이다.

77 A가스의 폭발하한계가 4.1vol%, 폭발상한계가 62vol%일 때 이 가스의 위험도는 약 얼마인가?

① 8.94 ② 12.75
③ 14.12 ④ 16.12

해설
$$H = \frac{U-L}{L} = \frac{62-4.1}{4.1}$$
$$= 14.12$$

78 분진폭발의 가능성이 가장 낮은 물질은?

① 소맥분 ② 마그네슘분
③ 질석가루 ④ 석탄가루

해설 분진폭발을 하지 않는 물질 : 질석가루, 시멘트가루, 석회분, 염소산칼륨가루, 모래 등

79 사업장에서 유해·위험물질의 일반적인 보관방법으로 적합하지 않은 것은?

① 질소와 격리하여 저장
② 서늘한 장소에 저장
③ 부식성이 없는 용기에 저장
④ 차광막이 있는 곳에 저장

> 해설 **유해·위험물질의 일반적인 보관방법**
> ㉠ 서늘한 장소에 저장
> ㉡ 부식성이 없는 용기에 저장
> ㉢ 차광막이 있는 곳에 저장

80 산업안전보건기준에 관한 규칙에서 규정하는 급성 독성물질의 기준으로 틀린 것은?

① 쥐에 대한 경구투입실험에 의하여 실험동물의 50%를 사망시킬 수 있는 물질의 양이 kg당 300mg-(체중) 이하인 화학물질
② 쥐에 대한 경피흡수실험에 의하여 실험동물의 50%를 사망시킬 수 있는 물질의 양이 kg당 1,000mg-(체중) 이하인 화학물질
③ 토끼에 대한 경피흡수실험에 의하여 실험동물의 50%를 사망시킬 수 있는 물질의 양이 kg당 1,000mg-(체중) 이하인 화학물질
④ 쥐에 대한 4시간 동안의 흡입실험에 의하여 실험동물의 50%를 사망시킬 수 있는 가스의 농도가 3,000ppm 이상인 화학물질

> 해설 ④ 쥐에 대한 4시간 동안의 흡입실험에 의하여 실험동물의 50%를 사망시킬 수 있는 가스의 농도가 2,500ppm 이상인 화학물질

제5과목 **건설안전기술**

81 건설현장에서 계단을 설치하는 경우 계단의 높이가 최소 몇 미터 이상일 때 계단의 개방된 측면에 안전난간을 설치하여야 하는가?

① 0.8m ② 1.0m
③ 1.2m ④ 1.5m

> 해설 **건설현장 계단** : 계단의 높이가 최소 1m 이상일 때 계단의 개방된 측면에 안전난간을 설치한다.

82 산업안전보건관리비 중 안전시설비의 항목에서 사용할 수 있는 항목에 해당하는 것은?

① 외부인 출입금지, 공사장 경계표시를 위한 가설울타리
② 작업발판
③ 절토부 및 성토부 등의 토사유실 방지를 위한 설비
④ 사다리 전도방지장치

> 해설 **안전시설비의 항목에서 사용할 수 있는 항목** : 사다리 전도방지장치

83 포화도 80%, 함수비 28%, 흙 입자의 비중 2.7일 때, 공극비를 구하면?

① 0.940 ② 0.945
③ 0.950 ④ 0.955

> 해설 공극비 $=\dfrac{함수비 \times 비중}{포화도}=\dfrac{28 \times 2.7}{80}=0.945$

84 다음 터널공법 중 전단면 기계굴착에 의한 공법에 속하는 것은?

① ASSM(American Steel Supported Method)
② NATM(New Austrian Tunneling Method)
③ TBM(Tunnel Boring Machine)
④ 개착식 공법

> 해설 **전단면 기계굴착에 의한 공법** : TBM

85 크레인의 운전실을 통하는 통로의 끝과 건설물 등의 벽체와의 간격은 최대 얼마 이하로 하여야 하는가?

① 0.3m ② 0.4m
③ 0.5m ④ 0.6m

해설 크레인의 운전실을 통하는 통로의 끝과 건설물 벽체와의 간격 : 최대 0.3m 이하

86 부두 등의 하역작업장에서 부두 또는 안벽의 선을 따라 설치하는 통로의 최소폭 기준은?

① 30cm 이상　　② 50cm 이상
③ 70cm 이상　　④ 90cm 이상

해설 부두 등의 하역작업장 : 부두 또는 안벽의 선을 따라 통로의 최소폭은 90cm 이상이다.

87 옹벽 축조를 위한 굴착작업에 관한 설명으로 옳지 않은 것은?

① 수평방향으로 연속적으로 시공한다.
② 하나의 구간을 굴착하면 방치하지 말고 기초 및 본체 구조물 축조를 마무리 한다.
③ 절취경사면에 전석, 낙석의 우려가 있고 혹은 장기간 방치할 경우에는 숏크리트, 록볼트, 캔버스 및 모르타르 등으로 방호한다.
④ 작업위치의 좌우에 만일의 경우에 대비한 대피통로를 확보하여 둔다.

해설 ① 수평방향의 연속시공을 금하며, 블록으로 나누어 단위시공 단면적을 최소화하여 분단시공을 한다.

88 가설통로 설치 시 경사가 몇 도를 초과하면 미끄러지지 않는 구조로 설치하여야 하는가?

① 15°　　② 20°
③ 25°　　④ 30°

해설 가설통로 : 경사가 15° 초과하면 미끄러지지 않는 구조로 설치한다.

89 이동식 비계작업 시 주의사항으로 옳지 않은 것은?

① 비계의 최상부에서 작업을 하는 경우에는 안전난간을 설치한다.
② 이동 시 작업지휘자가 이동식 비계에 탑승하여 이동하며 안전여부를 확인하여야 한다.

③ 비계를 이동시키고자 할 때는 바닥의 구멍이나 머리 위의 장애물을 사전에 점검한다.
④ 작업발판은 항상 수평을 유지하고 작업발판 위에서 안전난간을 딛고 작업을 하거나 받침대 또는 사다리를 사용하여 작업하지 않도록 한다.

해설 ② 승강용 사다리를 견고하게 설치한다.

90 가설구조물의 특징이 아닌 것은?

① 연결재가 적은 구조로 되기 쉽다.
② 부재결합이 불완전 할 수 있다.
③ 영구적인 구조설계의 개념이 확실하게 적용된다.
④ 단면에 결함이 있기 쉽다.

해설 ③ 임시적인 구조설계의 개념이 확실하게 적용된다.

91 물체가 떨어지거나 날아올 위험 또는 근로자가 추락할 위험이 있는 작업 시 착용하여야 할 보호구는?

① 보안경　　② 안전모
③ 방열복　　④ 방한복

해설 안전모의 설명이다.

92 건설현장에서 사용하는 공구 중 토공용이 아닌 것은?

① 착암기　　② 포장파괴기
③ 연마기　　④ 점토굴착기

해설 ③ 연마기 : 금속, 목재, 석재 등을 매끄럽게 갈아내는 기계

93 운반작업 중 요통을 일으키는 인자와 가장 거리가 먼 것은?

① 물건의 중량　　② 작업자세
③ 작업시간　　④ 물건의 표면마감 종류

해설 운반작업 중 요통을 일으키는 인자
　㉠ ①, ②, ③　　　　㉡ 불규칙한 생활습관

정답 | 86. ④　87. ①　88. ①　89. ②　90. ③　91. ②　92. ③　93. ④

94 콘크리트용 거푸집의 재료에 해당되지 않는 것은?

① 철재   ② 목재

③ 석면   ④ 경금속

> **해설** **콘크리트용 거푸집 재료** : 철재, 목재, 경금속, 플라스틱, 글라스파이버, FRP 등

95 공사 종류 및 규모별 안전관리비 계상기준표에서 공사 종류의 명칭에 해당되지 않는 것은?

① 철도 · 궤도 신설공사

② 일반건설공사(병)

③ 중건설공사

④ 특수 및 기타 건설공사

> **해설** **공사 종류**
> ㉠ 일반건설공사(갑)   ㉡ 일반건설공사(을)
> ㉢ 중건설공사   ㉣ 철도 · 궤도 신설공사
> ㉤ 특수 및 기타 건설공사

96 콘크리트 타설작업을 하는 경우에 준수해야 할 사항으로 옳지 않은 것은?

① 콘크리트를 타설하는 경우에는 편심을 유발하여 한쪽 부분부터 밀실하게 타설되도록 유도할 것

② 당일의 작업을 시작하기 전에 해당 작업에 관한 거푸집동바리 등의 변형 · 변위 및 지반의 침하 유무 등을 점검하고 이상이 있으면 보수할 것

③ 작업 중에는 거푸집동바리 등의 변형 · 변위 및 침하 유무 등을 감시할 수 있는 감시자를 배치하여 이상이 있으면 작업을 중지하고 근로자를 대피시킬 것

④ 설계도서상의 콘크리트 양생기간을 준수하여 거푸집동바리 등을 해체할 것

> **해설** ① 콘크리트를 타설하는 경우에는 편심이 발생하지 않도록 골고루 분산하여 타설할 것

97 다음 그림은 풍화암에서 토사 붕괴를 예방하기 위한 기울기를 나타낸 것이다. x의 값은?

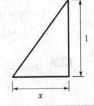

① 1.0   ② 0.8

③ 0.5   ④ 0.3

> **해설** **굴착면의 기울기 기준**
>
> | 구 분 | 지반의 종류 | 기울기 |
> |---|---|---|
> | 보통 흙 | 습지 | 1 : 1~1 : 1.5 |
> | | 건지 | 1 : 0.5~1 : 1 |
> | 암반 | 풍화암 | 1 : 1 |
> | | 연암 | 1 : 1 |
> | | 경암 | 1 : 0.5 |

98 지반의 사면파괴 유형 중 유한사면의 종류가 아닌 것은?

① 사면내파괴   ② 사면선단파괴

③ 사면저부파괴   ④ 직립사면파괴

> **해설** **유한사면의 종류**
> ㉠ ①, ②, ③
> ㉡ 국부전단파괴

99 철근콘크리트 공사에서 거푸집동바리의 해체시기를 결정하는 요인으로 가장 거리가 먼 것은?

① 시방서상의 거푸집 존치기간의 경과

② 콘크리트 강도시험결과

③ 동절기일 경우 적산온도

④ 후속공정의 착수시기

> **해설** **철근콘크리트 공사 시 거푸집동바리의 해체시기 결정 요인**
> ㉠ 시방서상의 거푸집 존치기간의 경과
> ㉡ 콘크리트 강도시험결과
> ㉢ 동절기일 경우 적산온도

100 건설현장에서의 PC(Precast Concrete) 조립 시 안전대책으로 옳지 않은 것은?

① 달아 올린 부재의 아래에서 정확한 상황을 파악하고 전달하여 작업한다.

② 운전자는 부재를 달아 올린 채 운전대를 이탈해서는 안 된다.

③ 신호는 사전 정해진 방법에 의해서만 실시한다.

④ 크레인 사용 시 PC판의 중량을 고려하여 아우트리거를 사용한다.

> **해설** ① 달아 올린 부재의 위에서 정확한 상황을 파악하고 전달하여 작업한다.

정답 | 94. ③ 95. ② 96. ① 97. ① 98. ④ 99. ④ 100. ①

제1과목   산업안전관리론

01 재해 원인을 통상적으로 직접 원인과 간접원인으로 나눌 때 직접 원인에 해당되는 것은?

① 기술적 원인
② 물적 원인
③ 교육적 원인
④ 관리적 원인

> **해설**
> **재해의 원인**
> (1) **직접 원인**
>   ① 불안전한 행동(인적 원인)
>   ② 불안전한 상태(물적 원인)
> (2) **간접 원인**
>   ① 기술적 원인   ② 교육적 원인
>   ③ 관리적 원인

02 산업안전보건법령상 안전보건표지의 종류 중 인화성 물질에 관한 표지에 해당하는 것은?

① 금지표시
② 경고표시
③ 지시표시
④ 안내표시

> **해설**
> 인화성 물질 : 경고표시

03 안전관리조직의 형태 중 라인스태프형에 대한 설명으로 틀린 것은?

① 대규모 사업장(1,000명 이상)에 효율적이다.
② 안전과 생산업무가 분리될 우려가 없기 때문에 균형을 유지할 수 있다.
③ 모든 안전관리업무를 생산라인을 통하여 직선적으로 이루어지도록 편성된 조직이다.
④ 안전업무를 전문적으로 담당하는 스태프 및 생산라인의 각 계층에도 겸임 또는 전임의 안전담당자를 둔다.

> **해설**
> ③ : line형

04 상황성 누발자의 재해유발 원인과 거리가 먼 것은?

① 작업의 어려움
② 기계설비의 결함
③ 심신의 근심
④ 주의력의 산만

> **해설**
> ④ 환경상 주의력의 집중이 혼란되기 때문

05 인간관계의 메커니즘 중 다른 사람의 행동양식이나 태도를 투입시키거나, 다른 사람 가운데서 자기와 비슷한 것을 발견하는 것을 무엇이라고 하는가?

① 투사(Projection)
② 모방(Imitation)
③ 암시(Suggestion)
④ 동일화(Identification)

> **해설**
> 동일화의 설명이다.

06 안전교육 계획 수립 시 고려하여야 할 사항과 관계가 가장 먼 것은?

① 필요한 정보를 수집한다.
② 현장의 의견을 충분히 반영한다.
③ 법 규정에 의한 교육에 한정한다.
④ 안전교육 시행 체계와의 관련을 고려한다.

> **해설**
> ③ 교육담당자를 지정한다.

07 무재해 운동의 이념 가운데 직장의 위험요 인을 행동하기 전에 예지하여 발견, 파악, 해결하는 것을 의미하는 것은?

① 무의 원칙
② 선취의 원칙
③ 참가의 원칙
④ 인간존중의 원칙

> **해설**
> 선취의 원칙에 대한 설명이다.

정답 | 01. ② 02. ② 03. ③ 04. ④ 05. ④ 06. ③ 07. ②

08 산업안전보건법령상 근로자 안전 · 보건교육대상과 교육시간으로 옳은 것은?

① 정기교육인 경우 : 사무직 종사근로자 – 매 분기 3시간 이상

② 정기교육인 경우 : 관리감독자 지위에 있는 사람 – 연간 10시간 이상

③ 채용 시 교육인 경우 : 일용근로자 – 4시간 이상

④ 작업내용 변경 시 교육인 경우 : 일용근로자를 제외한 근로자 – 1시간 이상

해설 사업 내 안전 · 보건교육

교육과정	교육대상		교육시간
정기교육	사무직 종사 근로자		매 분기 3시간 이상
	사무직 종사 근로자 외의 근로자	판매업무에 직접 종사하는 근로자	매 분기 3시간 이상
		판매업무에 직접 종사하는 근로자 외의 근로자	매 분기 6시간 이상
	관리감독자의 지위에 있는 사람		연간 16시간 이상
채용시의 교육	일용 근로자		1시간 이상
	일용 근로자를 제외한 근로자		8시간 이상
작업내용 변경 시의 교육	일용 근로자		1시간 이상
	일용 근로자를 제외한 근로자		2시간 이상
특별교육	[별표 8]의 2 제1호 라목 각 호의 어느 하나에 해당하는 작업에 종사하는 일용 근로자		2시간 이상
	[별표 8]의 2 제1호 라목 각 호의 어느 하나에 해당하는 작업에 종사하는 일용 근로자를 제외한 근로자		㉠16시간 이상(최초 작업에 종사하기 전 4시간 이상 실시하고 12시간은 3개월 이내에서 분할하여 실시 가능) ㉡단기간 작업 또는 간헐적 작업인 경우에는 2시간 이상
건설업, 기초안전· 보건교육	건설 일용 근로자		4시간

09 알더퍼의 ERG(Existence Relation Growth) 이론에서 생리적 욕구, 물리적 측면의 안전욕구 등 저차원적 욕구에 해당하는 것은?

① 관계욕구   ② 성장욕구
③ 존재욕구   ④ 사회적 욕구

해설 존재욕구의 설명이다.

10 O.J.T(On the Job Training)의 특징 중 틀린 것은?

① 훈련과 업무의 계속성이 끊어지지 않는다.

② 직장의 실정에 맞게 실제적 훈련이 가능하다.

③ 훈련의 효과가 곧 업무에 나타나며, 훈련의 개선이 용이하다.

④ 다수의 근로자들에게 조직적 훈련이 가능하다.

해설 ④ : Off. J.T의 특징이다.

11 인지과정 착오의 요인이 아닌 것은?

① 정서 불안정
② 감각차단 현상
③ 작업자의 기능 미숙
④ 생리 · 심리적 능력의 한계

해설 ③ 작업자의 기능 미숙 : 조치과정 착오

12 태풍, 지진 등의 천재지변이 발생한 경우나 이상상태 발생 시 기능상 이상 유무에 대한 안전점검의 종류는?

① 일상점검   ② 정기점검
③ 수시점검   ④ 특별점검

해설 특별점검의 설명이다.

13 기능(기술)교육의 진행방법 중 하버드 학파의 5단계 교수법의 순서로 옳은 것은 어느 것인가?

① 준비 → 연합 → 교시 → 응용 → 총괄
② 준비 → 교시 → 연합 → 총괄 → 응용
③ 준비 → 총괄 → 연합 → 응용 → 교시
④ 준비 → 응용 → 총괄 → 교시 → 연합

정답 ┃ 08. ① 09. ③ 10. ④ 11. ③ 12. ④ 13. ②

하버드 학파의 5단계 교수법
준비 → 교시 → 연합 → 총괄 → 응용

14 산업안전보건법령상 안전모의 시험성능기준 항목이 아닌 것은?

① 난연성　　　　② 인장성
③ 내관통성　　　④ 충격흡수성

안전모의 시험성능기준
㉠ ①, ③, ④　　　㉡ 내전압성
㉢ 턱끈풀림　　　　㉣ 내수성

15 리더십(leadership)의 특성에 대한 설명으로 옳은 것은?

① 지휘형태는 민주적이다.
② 권한부여는 위에서 위임된다.
③ 구성원과의 관계는 지배적 구조이다.
④ 권한근거는 법적 또는 공식적으로 부여된다.

② 권한부여는 밑에서 위임된다.
③ 구성원과의 관계는 개인적 구조이다.
④ 권한근거는 개인능력으로 부여된다.

16 재해예방의 4원칙에 해당하는 내용이 아닌 것은?

① 예방가능의 원칙　　② 원인계기의 원칙
③ 손실우연의 원칙　　④ 사고조사의 원칙

④ 대책선정의 원칙

17 연간 근로자수가 300명인 A공장에서 지난 1년간 1명의 재해자(신체장애등급 : 1급)가 발생하였다면 이 공장의 강도율은? (단, 근로자 1인당 1일 8시간씩 연간 300일을 근무하였다.)

① 4.27　　　　② 6.42
③ 10.05　　　④ 10.42

$$강도율 = \frac{근로손실일수}{연근로시간수} \times 1,000$$
$$= \frac{7,500}{300 \times 2,400} \times 1,000$$
$$= 10.42$$

18 재해의 원인과 결과를 연계하여 상호관계를 파악하기 위해 도표화하는 분석방법은?

① 관리도　　　　② 파레토도
③ 특성요인도　　④ 크로스분류도

특성요인도의 설명이다.

19 위험예지훈련 4라운드 기법의 진행방법에 있어 문제점 발견 및 중요 문제를 결정하는 단계는?

① 대책수립 단계　　② 현상파악 단계
③ 본질추구 단계　　④ 행동목표설정 단계

본질추구 단계의 설명이다.

20 학습 성취에 직접적인 영향을 미치는 요인과 가장 거리가 먼 것은?

① 적성　　　　② 준비도
③ 개인차　　　④ 동기유발

학습 성취에 직접적인 영향을 미치는 요인
㉠ 준비도　　　㉡ 개인차
㉢ 동기유발

제2과목 인간공학 및 시스템안전공학

21 반복되는 사건이 많이 있는 경우에 FTA의 최소 컷셋을 구하는 알고리즘이 아닌 것은 어느 것인가?

① Fussel Algorithm
② Boolean Algorithm
③ Monte Carlo Algorithm
④ Limnios & Ziani Algorithm

FTA의 최소 컷셋을 구하는 알고리즘의 종류
㉠ Fussel Algorithm
㉡ Boolean Algorithm
㉢ Limnios & Ziani Algorithm
㉣ MOCUS Algorithm

정답 ┃ 14. ② 15. ① 16. ④ 17. ④ 18. ③ 19. ③ 20. ① 21. ③

22 조종장치의 촉각적 암호화를 위하여 고려하는 특성으로 볼 수 없는 것은?

① 형상   ② 무게

③ 크기   ④ 표면 촉감

> **해설** 조종장치의 촉각적 암호화를 위하여 고려하는 특성
> ㉠ 형상   ㉡ 크기   ㉢ 표면 촉감

23 환경요소의 조합에 의해서 부과되는 스트레스나 노출로 인해서 개인에 유발되는 긴장(strain)을 나타내는 환경요소 복합지수가 아닌 것은?

① 카타온도(kata temperature)

② Oxford 지수(wet-dry index)

③ 실효온도(effective temperature)

④ 열 스트레스 지수(heat stress index)

> **해설** ① 실내에서 사용하는 습구측구온도

24 인간-기계 시스템을 설계하기 위해 고려해야 할 사항과 거리가 먼 것은?

① 시스템 설계 시 동작경제의 원칙이 만족되도록 고려한다.

② 인간과 기계가 모두 복수인 경우, 종합적인 효과보다 기계를 우선적으로 고려한다.

③ 대상이 되는 시스템이 위치할 환경조건이 인간에 대한 한계치를 만족하는가의 여부를 조사한다.

④ 인간이 수행해야 할 조작이 연속적인가 불연속적인가를 알아보기 위해 특성조사를 실시한다.

> **해설** ② 인간과 기계가 모두 복수인 경우, 기계보다 종합적인 효과를 우선적으로 고려한다.

25 작업기억(working memory)과 관련된 설명으로 옳지 않은 것은?

① 오랜 기간 정보를 기억하는 것이다.

② 작업기억 내의 정보는 시간이 흐름에 따라 쇠퇴할 수 있다.

③ 작업기억의 정보는 일반적으로 시각, 음성, 의미 코드의 3가지로 코드화된다.

④ 리허설(rehearsal)은 정보를 작업기억내에 유지하는 유일한 방법이다.

> **해설** ① 단기적 정보를 기억하는 것이다.

26 다음 중 육체적 활동에 대한 생리학적 측정방법과 가장 거리가 먼 것은?

① EMG   ② EEG

③ 심박수   ④ 에너지소비량

> **해설** 육체적 활동에 대한 생리학적 측정방법
> ㉠ EMG   ㉡ 심박수
> ㉢ 에너지소비량

27 MIL-STD-882E에서 분류한 심각도(severity) 카테고리 범주에 해당하지 않는 것은?

① 재앙수준(catastrophic)

② 임계수준(critical)

③ 경계수준(precautionary)

④ 무시가능수준(negligible)

> **해설** MIL-STD-882E에서 분류한 심각도 카테고리 범주
> ㉠ 재앙수준   ㉡ 임계수준
> ㉢ 무시가능수준

28 FTA에 의한 재해사례 연구의 순서를 올바르게 나열한 것은?

> A. 목표사상 선정
> B. FT도 작성
> C. 사상마다 재해원인 규명
> D. 개선계획 작성

① A → B → C → D

② A → C → B → D

③ B → C → A → D

④ B → A → C → D

> **해설** FTA에 의한 재해사례 연구순서
> 목표사상 선정 → 사상마다 재해원인 규명 → FT도 작성 → 개선계획 작성

29 주물공장 A작업자의 작업지속시간과 휴식시간을 열압박지수(HSI)를 활용하여 계산하니 각각 45분, 15분이었다. A작업자의 1일 작업량(TW)은 얼마인가? (단, 휴식시간은 포함하지 않으며, 1일 근무시간은 8시간이다.)

① 4.5시간   ② 5시간
③ 5.5시간   ④ 6시간

해설 하루 8시간 작업하므로 1시간 작업 시 45분 작업수행한 값에 8시간을 곱한다.
∴ 45분×8 = 360분 = 6시간

30 다수의 표시장치(디스플레이)를 수평으로 배열할 경우 해당 제어장치를 각각의 표시장치 아래에 배치하면 좋아지는 양립성의 종류는?

① 공간 양립성   ② 운동 양립성
③ 개념 양립성   ④ 양식 양립성

해설 공간 양립성의 설명이다.

31 다음 형상 암호화 조종장치 중 이산멈춤 위치용 조종장치는?

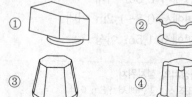

해설 ① 부류 C(이산멈춤 위치용)
②, ③ 부류 A(복수회전)
④ 부류 B(분별회전)

32 작업자의 작업공간과 관련된 내용으로 옳지 않은 것은?

① 서서 작업하는 작업공간에서 발바닥을 높이면 뻗침길이가 늘어난다.
② 서서 작업하는 작업공간에서 신체의 균형에 제한을 받으면 뻗침길이가 늘어난다.
③ 앉아서 작업하는 작업공간은 동적 팔 뻗침에 의해 포락면(reach envelope)의 한

계가 결정된다.
④ 앉아서 작업하는 작업공간에서 기능적 팔 뻗침에 영향을 주는 제약이 적을수록 뻗침길이가 늘어난다.

해설 ② 서서 작업하는 작업공간에서 신체의 균형에 제한을 받으면 뻗침길이가 줄어든다.

33 활동의 내용마다 "우·양·가·불가"로 평가하고 이 평가내용을 합하여 다시 종합적으로 정규화하여 평가하는 안전성 평가기법은?

① 평점 척도법   ② 쌍대 비교법
③ 계층적 기법   ④ 일관성 검정법

해설 평점 척도법의 설명이다.

34 시스템 수명주기 단계 중 이전 단계들에서 발생되었던 사고 또는 사건으로부터 축적된 자료에 대해 실증을 통한 문제를 규명하고 이를 최소화하기 위한 조치를 마련하는 단계는?

① 구상단계   ② 정의단계
③ 생산단계   ④ 운전단계

해설 운전단계의 설명이다.

35 사용자의 잘못된 조작 또는 실수로 인해 기계의 고장이 발생하지 않도록 설계하는 방법은?

① FMEA   ② HAZOP
③ Fail safe   ④ Fool proof

해설 Fool proof의 설명이다.

36 한국산업표준상 결함나무분석(FTA) 시 다음과 같이 사용되는 사상기호가 나타내는 사상은?

① 공사상
② 기본사상
③ 통상사상
④ 심층분석사상

해설 공사상의 설명이다.

37 표시값의 변화방향이나 변화속도를 나타내어 전반적인 추이의 변화를 관측할 필요가 있는 경우에 가장 적합한 표시장치 유형은?

① 계수형(digital)
② 묘사형(descriptive)
③ 동목형(moving scale)
④ 동침형(moving pointer)

> **해설** 동침형의 설명이다.

38 산업안전보건법령상 정밀작업 시 갖추어져야 할 작업면의 조도 기준은? (단, 갱내 작업장과 감광재료를 취급하는 작업장은 제외한다.)

① 75럭스 이상   ② 150럭스 이상
③ 300럭스 이상   ④ 750럭스 이상

> **해설** **산업안전보건법령상 조도 기준**
>
> | 작업 종류 | 조도 기준(lux 이상) |
> | --- | --- |
> | 초정밀작업 | 750 |
> | 정밀작업 | 300 |
> | 일반작업 | 150 |
> | 그 밖의 작업 | 75 |

39 신뢰도가 0.4인 부품 5개가 병렬결합 모델로 구성된 제품이 있을 때 이 제품의 신뢰도는?

① 0.90   ② 0.91
③ 0.92   ④ 0.93

> **해설** $R_P = 1-(1-0.4)(1-0.4)(1-0.4)(1-0.4)(1-0.4)$
> $= 0.92$

40 조작자 한 사람의 신뢰도가 0.9일 때 요원을 중복하여 2인 1조가 되어 작업을 진행하는 공정이 있다. 작업기간 중 항상 요원 지원을 한다면 이 조의 인간 신뢰도는?

① 0.93   ② 0.94
③ 0.96   ④ 0.99

> **해설** $R_P = 1-(1-0.9)(1-0.9) = 0.99$

제3과목 **기계위험방지기술**

41 기계설비의 안전조건 중 구조의 안전화에 대한 설명으로 가장 거리가 먼 것은?

① 기계재료의 선정 시 재료 자체에 결함이 없는지 철저히 확인한다.
② 사용 중 재료의 강도가 열화될 것을 감안하여 설계 시 안전율을 고려한다.
③ 기계작동 시 기계의 오동작을 방지하기 위하여 오동작 방지 회로를 적용한다.
④ 가공경화와 같은 가공결함이 생길 우려가 있는 경우는 열처리 등으로 결함을 방지한다.

> **해설** ③ 기계의 안전화이다.

42 산업안전보건법령상 롤러기의 무릎조작식 급정지장치의 설치위치 기준은? (단, 위치는 급정지장치 조작부의 중심점을 기준으로 한다.)

① 밑면에서 0.7~0.8m 이내
② 밑면에서 0.6m 이내
③ 밑면에서 0.8~1.2m 이내
④ 밑면에서 1.5m 이상

> **해설** **급정지장치의 설치위치**
> ㉠ 손조작식 : 밑면에서 1.8m 이내
> ㉡ 복부조작식 : 밑면에서 0.8m 이상 1.1m 이내
> ㉢ 무릎조작식 : 밑면에서 0.4m 이상 0.6m 이내

43 밀링작업 시 안전수칙에 해당되지 않는 것은?

① 칩이나 부스러기는 반드시 브러시를 사용하여 제거한다.
② 가공 중에는 가공면을 손으로 점검하지 않는다.
③ 기계를 가동 중에는 변속시키지 않는다.
④ 바이트는 가급적 짧게 고정시킨다.

> **해설** ④ 강력 절삭을 할 때는 일감을 바이트로부터 깊게 물린다.

정답 | 37. ④   38. ③   39. ③   40. ④   41. ③   42. ②   43. ④

44 크레인 작업 시 로프에 1톤의 중량을 걸어 20m/s²의 가속도로 감아올릴 때, 로프에 걸리는 총 하중(kgf)은 약 얼마인가? (단, 중력가속도는 10m/s²이다.)

① 1,000
② 2,000
③ 3,000
④ 3,500

해설

W(총 하중) = W_1(정하중) + W_2(동하중)

$W_2 = \dfrac{W_1}{g} \times \alpha$

여기서, g : 중력가속도, α : 가속도

∴ $W = 1{,}000 + \dfrac{1{,}000}{10} \times 20 = 3{,}000\text{kgf}$

45 산업안전보건법령상 프레스를 사용하여 작업을 할 때 작업시작 전 점검항목에 해당하지 않는 것은?

① 전선 및 접속부의 상태
② 클러치 및 브레이크의 기능
③ 프레스의 금형 및 고정볼트의 상태
④ 1행정 1정지기구 · 급정지장치 및 비상정지장치의 기능

해설

프레스 작업시작 전 점검항목
㉠ ②, ③, ④
㉡ 크랭크축 · 플라이휠 · 슬라이드 · 연결봉 및 연결나사의 풀림 여부
㉢ 슬라이드 또는 칼날에 의한 위험방지기구의 기능
㉣ 방호장치의 기능
㉤ 전단기의 칼날 및 테이블의 상태

46 프레스의 분류 중 동력 프레스에 해당하지 않는 것은?

① 크랭크 프레스
② 토글 프레스
③ 마찰 프레스
④ 아버 프레스

해설

프레스의 종류
㉠ **인력 프레스**
㉡ **동력 프레스** : 크랭크 프레스, 핀클러치 프레스, 키클러치 프레스, 마찰 프레스, 토글 프레스, 스크루 프레스, 특수 프레스
㉢ **액압 프레스** : 수압 프레스, 유압 프레스

47 컨베이어의 종류가 아닌 것은?

① 체인 컨베이어
② 스크루 컨베이어
③ 슬라이딩 컨베이어
④ 유체 컨베이어

해설

컨베이어의 종류
㉠ ①, ②, ④
㉡ 롤러 컨베이어
㉢ 벨트 컨베이어

48 산업안전보건법령상 양중기에서 절단하중이 100톤인 와이어로프를 사용하여 화물을 직접적으로 지지하는 경우, 화물의 최대허용하중(톤)은?

① 20
② 30
③ 40
④ 50

해설

양중기 안전율(계수) : 화물의 하중을 직접 지지하는 달기와이어로프 또는 달기체인의 경우 → 5 이상

∴ 화물의 최대허용하중(톤) = $\dfrac{100\text{톤}}{5}$ = 20(톤)

49 가드(guard)의 종류가 아닌 것은?

① 고정식
② 조정식
③ 자동식
④ 반자동식

해설

가드의 종류
㉠ 고정식
㉡ 조정식
㉢ 자동식

50 산업안전보건법령상 연삭숫돌의 시운전에 관한 설명으로 옳은 것은?

① 연삭숫돌의 교체 시에는 바로 사용할 수 있다.
② 연삭숫돌의 교체 시 1분 이상 시운전을 하여야 한다.
③ 연삭숫돌의 교체 시 2분 이상 시운전을 하여야 한다.
④ 연삭숫돌의 교체 시 3분 이상 시운전을 하여야 한다.

해설

연삭숫돌을 사용하는 경우 작업시작 전 1분 이상, 연삭숫돌을 교체한 후에는 3분 이상 시운전을 통해 이상 유무를 확인한다.

51 산업안전보건법령상 리프트의 종류로 틀린 것은?

① 건설작업용 리프트
② 자동차정비용 리프트
③ 이삿짐운반용 리프트
④ 간이 리프트

해설 산업안전보건법령상 리프트의 종류
㉠ 건설작업용 리프트   ㉡ 자동차정비용 리프트
㉢ 이삿짐운반용 리프트

52 보일러수 속에 불순물 농도가 높아지면서 수면에 거품이 형성되어 수위가 불안정하게 되는 현상은?

① 포밍   ② 서징
③ 수격현상   ④ 공동현상

해설 포밍의 설명이다.

53 산업안전보건법령상 연삭숫돌의 상부를 사용하는 것을 목적으로 하는 탁상용 연삭기 덮개의 노출각도는?

① 60° 이내   ② 65° 이내
③ 80° 이내   ④ 125° 이내

해설 탁상용 연삭기의 덮개
㉠ 덮개의 최대노출각도 : 90° 이내(원주의 1/4 이내)
㉡ 숫돌 주축에서 수평면 위로 이루는 원주각도 : 65° 이내
㉢ 숫돌의 상부 사용을 목적으로 할 경우 : 60° 이내

54 산업안전보건법령상 위험기계·기구별 방호조치로 가장 적절하지 않은 것은?

① 산업용 로봇 – 안전매트
② 보일러 – 급정지장치
③ 목재가공용 둥근톱기계 – 반발예방장치
④ 산업용 로봇 – 광전자식 방호장치

해설 ② 보일러 – 압력제한스위치, 압력방출장치, 고저 수위조절장치

55 산업안전보건법령상 기계·기구의 방호조치에 대한 사업주·근로자 준수사항으로 가장 적절하지 않은 것은?

① 방호조치의 기능상실에 대한 신고가 있을 시 사업주는 수리, 보수 및 작업중지 등 적절한 조치를 할 것
② 방호조치 해체 사유가 소멸된 경우 근로자는 즉시 원상회복 시킬 것
③ 방호조치의 기능상실을 발견 시 사업주에게 신고할 것
④ 방호조치 해체 시 해당 근로자가 판단하여 해체할 것

해설 ④ 방호조치 해체 시 사업주의 허가를 받아 해체한다.

56 다음 중 선박작업 시 준수하여야 하는 안전사항으로 틀린 것은?

① 작업 중 면장갑 착용을 금한다.
② 작업 시 공구는 항상 정리해둔다.
③ 운전 중에 백기어를 사용한다.
④ 주유 및 청소를 할 때에는 반드시 기계를 정지시키고 한다.

해설 ③ 운전 중 백기어를 사용하지 않는다.

57 산업안전보건법령상 지게차 방호장치에 해당하는 것은?

① 포크   ② 헤드가드
③ 호이스트   ④ 힌지드 버킷

해설 지게차 방호장치 : 헤드가드, 백레스트, 전조등, 후미등, 안전벨트

58 프레스의 방호장치에 해당되지 않는 것은?

① 가드식 방호장치
② 수인식 방호장치
③ 롤피드식 방호장치
④ 손쳐내기식 방호장치

해설 프레스 방호장치
㉠ ①, ②, ④
㉡ 양수조작식 방호장치
㉢ 광전자식(감응식) 방호장치

59 산소-아세틸렌가스 용접에서 산소용기의 취급 시 주의사항으로 틀린 것은?

① 산소용기의 운반 시 밸브를 닫고 캡을 씌워서 이동할 것
② 기름이 묻은 손이나 장갑을 끼고 취급하지 말 것
③ 원활한 산소 공급을 위하여 산소용기는 눕혀서 사용할 것
④ 통풍이 잘되고 직사광선이 없는 곳에 보관할 것

> **해설** ③ 원활한 산소 공급을 위하여 산소용기는 세워서 사용할 것

60 금형의 안전화에 대한 설명 중 틀린 것은?

① 금형의 틈새는 8mm 이상 충분하게 확보한다.
② 금형 사이에 신체 일부가 들어가지 않도록 한다.
③ 충격이 반복되어 부가되는 부분에는 완충장치를 설치한다.
④ 금형 설치용 홈은 설치된 프레스의 홈에 적합한 형상의 것으로 한다.

> **해설** ① 금형의 틈새는 8mm 이하로 하여 손가락이 들어가지 않도록 한다.

제4과목 전기 및 화학설비 위험방지기술

61 제전기의 설치장소로 가장 적절한 것은?

① 대전물체의 뒷면에 접지물체가 있는 경우
② 정전기의 발생원으로부터 5~20cm 정도 떨어진 장소
③ 오물과 이물질이 자주 발생하고 묻기 쉬운 장소
④ 온도가 150℃, 상대습도가 80% 이상인 장소

> **해설** 제전기 설치장소 : 정전기의 발생원으로부터 5~20cm 정도 떨어진 장소

62 옥내배선에서 누전으로 인한 화재방지의 대책이 아닌 것은?

① 배선불량 시 재시공할 것
② 배선에 단로기를 설치할 것
③ 정기적으로 절연저항을 측정할 것
④ 정기적으로 배선시공 상태를 확인할 것

> **해설** 옥내배선에서 누전으로 인한 화재방지 대책
> ㉠ 배선불량 시 재시공할 것
> ㉡ 정기적으로 절연저항을 측정할 것
> ㉢ 정기적으로 배선시공 상태를 확인할 것

63 전기설비에서 제1종 접지공사는 접지저항을 몇 Ω 이하로 해야 하는가?

① 5 ② 10
③ 50 ④ 100

> **해설**
> | 접지공사 | 접지저항 |
> | --- | --- |
> | 제1종 | 10Ω 이하 |
> | 제2종 | $\frac{150}{1선 지락전류}$ Ω 이하 |
> | 제3종 | 100Ω 이하 |
> | 특별 제3종 | 10Ω 이하 |

64 인체의 대부분이 수중에 있는 상태에서의 허용 접촉전압으로 옳은 것은?

① 2.5V 이하 ② 25V 이하
③ 50V 이하 ④ 100V 이하

> **해설** 허용접촉전압
> ㉠ 제1종(2.5V 이하) : 인체의 대부분이 수중에 있는 상태
> ㉡ 제2종(25V 이하) : 인체가 현저하게 젖어있는 상태
> ㉢ 제3종(50V 이하) : 통상의 인체상태에 있어서 접촉전압이 가해지면 위험성이 높은 상태
> ㉣ 제4종(제한 없음) : 통상의 인체상태에 있어서 접촉전압이 가해지더라도 위험성이 낮은 상태

65 폭발성 가스가 전기기기 내부로 침입하지 못하도록 전기기기의 내부에 불활성 가스를 압입하는 방식의 방폭구조는?

① 내압방폭구조　　　② 압력방폭구조
③ 본질안전방폭구조　④ 유입방폭구조

해설 압력방폭구조의 설명이다.

66 방폭구조 전기기계·기구의 선정기준에 있어 가스폭발 위험장소의 제1종 장소에 사용할 수 없는 방폭구조는?

① 내압방폭구조　　　② 안전증방폭구조
③ 본질안전방폭구조　④ 비점화방폭구조

해설 방폭구조 전기기계·기구의 선정기준

폭발위험 장소의 분류		방폭구조 전기기계·기구의 선정기준	
가 스 폭 발 위 험 장 소	0종 장소	본질안전방폭구조(ia)	그 밖에 관련공 인인증기관이 0 종 장소에서 사 용이 가능한 방 폭구조로 인증 한 방폭구조
	1종 장소	내압방폭구조(d) 압력방폭구조(p) 충전방폭구조(q) 유입방폭구조(o) 안전증방폭구조(e) 본질안전방폭구조(ia, ib) 몰드방폭구조(m)	그 밖에 관련 공인인증기관 이 1종 장소에 서 사용이 가 능한 방폭구조 로 인증한 방 폭구조
	2종 장소	0종 장소 및 1종 장소에 사용 가능한 방폭구조 비점화방폭구조(n)	그 밖에 2종 장소에서 사용 하도록 특별히 고안된 비방폭 형 구조

67 전기적 불꽃 또는 아크에 의한 화상의 우려가 높은 고압 이상의 충전전로작업에 근로자를 종사시키는 경우에는 어떠한 성능을 가진 작업복을 착용시켜야 하는가?

① 방충처리 또는 방수성능을 갖춘 작업복
② 방염처리 또는 난연성능을 갖춘 작업복
③ 방청처리 또는 난연성능을 갖춘 작업복
④ 방수처리 또는 방청성능을 갖춘 작업복

해설 전기불꽃 등 화상의 우려가 높은 고압 이상의 충전전로작업에 근로자를 종사시키는 경우 작업복 : 방염처리 또는 난연성능을 갖춘 작업복

68 감전을 방지하기 위해 관계근로자에게 반드시 주지시켜야 하는 정전작업 사항으로 가장 거리가 먼 것은?

① 전원설비 효율에 관한 사항
② 단락접지 실시에 관한 사항
③ 전원 재투입 순서에 관한 사항
④ 작업 책임자의 임명, 정전범위 및 절연용 보호구 작업 등 필요한 사항

해설 감전 방지를 위해 관계근로자에게 주지시키는 정전작업 사항
㉠ 단락접지 실시에 관한 사항
㉡ 전원 재투입 순서에 관한 사항
㉢ 작업 책임자의 임명, 정전범위 및 절연용 보호구 작업 등 필요한 사항

69 대전된 물체가 방전을 일으킬 때의 에너지 E(J)를 구하는 식으로 옳은 것은? (단, 도체의 정전용량을 C(F), 대전전위를 V(V), 대전전하량을 Q(C)라 한다.)

① $E = \sqrt{2CQ}$　　　② $E = \dfrac{1}{2}CV$

③ $E = \dfrac{Q_2}{2C}$　　　④ $E = \sqrt{\dfrac{2V}{C}}$

해설 대전된 물체가 방전 시 에너지 E(J) 식

$$E = \frac{Q_2}{2C}$$

여기서, C(F) : 도체의 정전용량
　　　　V(V) : 대전전위
　　　　Q(C) : 대전전하량

70 저압전선로 중 절연부분의 전선과 대지 간 및 전선의 심선 상호 간의 절연저항은 사용전압에 대한 누설전류가 최대공급전류의 얼마를 넘지 않도록 규정하고 있는가?

① 1/1,000　　　② 1/1,500
③ 1/2,000　　　④ 1/2,500

해설 저압전선로 중 절연부분의 전선과 대지 간 및 전선의 심선 상호 간의 절연저항 : 사용전압에 대한 누설 전류가 최대공급전류의 1/2,000을 넘지 않도록 규정한다.

정답 ┃ 65. ②　66. ④　67. ②　68. ①　69. ③　70. ③

71 다음 중 염소산칼륨에 관한 설명으로 옳은 것은?

① 탄소, 유기물과 접촉 시에도 분해폭발위험은 거의 없다.
② 열에 강한 성질이 있어서 500℃의 고온에서도 안정적이다.
③ 찬물이나 에탄올에도 매우 잘 녹는다.
④ 산화성 고체물질이다.

해설
① 탄소, 유기물과 접촉 시에는 분해폭발 위험이 있다.
② 열에 약한 성질이 있어서 500℃의 고온에서는 분해한다.
③ 찬물이나 에탄올에는 녹기 어렵다.

72 메탄 20vol%, 에탄 25vol%, 프로판 55vol%의 조성을 가진 혼합가스의 폭발하한계 값(vol%)은 약 얼마인가? (단, 메탄, 에탄 및 프로판가스의 폭발하한값은 각각 5vol%, 3vol%, 2vol%이다.)

① 2.51
② 3.12
③ 4.26
④ 5.22

해설

$$\frac{100}{L} = \frac{V_1}{L_1} + \frac{V_2}{L_2} + \frac{V_3}{L_3}$$

$$\frac{100}{L} = \frac{20}{5} + \frac{25}{3} + \frac{55}{2}$$

$$L = \frac{100}{39.83}$$

$$\therefore L = 2.51$$

73 위험물안전관리법령상 제3류 위험물의 금수성 물질이 아닌 것은?

① 과염소산염
② 금속나트륨
③ 탄화칼슘
④ 탄화알루미늄

해설
① 과염소산염 : 제1류 위험물

74 물과 접촉할 경우 화재나 폭발의 위험성이 더욱 증가하는 것은?

① 칼륨
② 트리니트로톨루엔
③ 황린
④ 니트로셀룰로오스

해설
$2K + 2H_2O \rightarrow 2KOH + H_2$

75 다음 중 화재의 종류가 옳게 연결된 것은?

① A급 화재 - 유류화재
② B급 화재 - 유류화재
③ C급 화재 - 일반화재
④ D급 화재 - 일반화재

해설
① A급 화재 - 일반화재
③ C급 화재 - 전기화재
④ D급 화재 - 금속화재

76 폭발하한농도(vol%)가 가장 높은 것은?

① 일산화탄소
② 아세틸렌
③ 디에틸에테르
④ 아세톤

해설

물질 종류	폭발범위(%)
일산화탄소	12.5~74
아세틸렌	2.5~81
디에틸에테르	1.9~48
아세톤	3~13

77 이산화탄소 소화기에 관한 설명으로 옳지 않은 것은?

① 전기화재에 사용할 수 있다.
② 주된 소화작용은 질식작용이다.
③ 소화약제 자체 압력으로 방출이 가능하다.
④ 전기전도성이 높아 사용 시 감전에 유의해야 한다.

해설
④ 전기절연성이 우수하여 전기화재에 적합하다.

78 다음 중 증류탑의 원리로 거리가 먼 것은?

① 끓는점(휘발성) 차이를 이용하여 목적성분을 분리한다.
② 열이동은 도모하지만 물질이동은 관계하지 않는다.
③ 기-액 두 상의 접촉이 충분히 일어날 수 있는 접촉면적이 필요하다.
④ 여러 개의 단을 사용하는 다단탑이 사용될 수 있다.

해설
② 물질이동은 도모하지만 열이동은 관계하지 않는다.

정답 | 71. ④ 72. ① 73. ① 74. ① 75. ② 76. ① 77. ④ 78. ②

79 낮은 압력에서 물질의 끓는점이 내려가는 현상을 이용하여 시행하는 분리법으로 온도를 높여서 가열할 경우 원료가 분해될 우려가 있는 물질을 증류할 때 사용하는 방법을 무엇이라 하는가?

① 진공증류　　　② 추출증류
③ 공비증류　　　④ 수증기증류

> **해설** 진공증류의 설명이다.

80 다음 중 불연성 가스에 해당하는 것은?

① 프로판　　　　② 탄산가스
③ 아세틸렌　　　④ 암모니아

> **해설** ① 가연성 가스　　③ 용해 가스
> ④ 독성 가스

제5과목　건설안전기술

81 블레이드의 길이가 길고 낮으며 블레이드의 좌우를 전후 25~30° 각도로 회전시킬 수 있어 흙을 측면으로 보낼 수 있는 도저는?

① 레이크도저　　② 스트레이트도저
③ 앵글도저　　　④ 틸트도저

> **해설** 앵글도저의 설명이다.

82 건물 외부에 낙하물 방지망을 설치할 경우 벽면으로부터 돌출되는 거리의 기준은?

① 1m 이상　　　② 1.5m 이상
③ 1.8m 이상　　④ 2m 이상

> **해설** 건물 외부 낙화물 방지망 벽면으로부터 돌출거리 : 2m 이상

83 부두·안벽 등 하역작업을 하는 장소에서 부두 또는 안벽의 선을 따라 통로를 설치하는 경우 그 폭을 최소 얼마 이상으로 하여야 하는가?

① 60cm　　　　② 90cm
③ 120cm　　　④ 150cm

> **해설** 부두·안벽 등 하역작업을 하는 장소에서 부두 또는 안벽의 선을 따라 통로를 설치하는 경우 그 폭 : 최소 90cm 이상

84 히빙(heaving)현상이 가장 쉽게 발생하는 토질지반은?

① 연약한 점토지반　　② 연약한 사질토지반
③ 견고한 점토지반　　④ 견고한 사질토지반

> **해설** 히빙현상 조건 : 연약한 점토지반

85 다음과 같은 조건에서 추락 시 로프의 지지점에서 최하단까지의 거리 h를 구하면얼마인가?

- 로프 길이 : 150cm
- 로프 신율 : 30%
- 근로자 신장 : 170cm

① 2.8m　　　　② 3.0m
③ 3.2m　　　　④ 3.4m

> **해설** H = 로프 길이 + 로프의 늘어난 길이×신장/2
> $$= 1.5m + 1.5m × 0.3 + \frac{1.7m}{2}$$
> $$= 2.8m$$

86 신축공사현장에서 강관으로 외부 비계를 설치할 때 비계기둥의 최고높이가 45m라면 관련 법령에 따라 비계기둥을 2개의 강관으로 보강하여야 하는 높이는 지상으로부터 얼마까지인가?

① 14m　　　　② 20m
③ 25m　　　　④ 31m

> **해설** 비계기둥의 제일 윗부분으로부터 31m 지점 밑부분의 기둥은 2개의 강관으로 묶어 세워야 하므로 45-31 =14m

87 동바리로 사용하는 파이프 서포트에 관한 설치 기준으로 옳지 않은 것은?

① 파이프 서포트를 3개 이상 이어서 사용하지 않도록 할 것

② 파이프 서포트를 이어서 사용하는 경우에는 4개 이상의 볼트 또는 전용철물을 사용하여 이을 것

③ 높이가 3.5m를 초과하는 경우에는 높이 2m 이내마다 수평연결재를 2개 방향으로 만들고 수평연결재의 변위를 방지할 것

④ 파이프 서포트 사이에 교차가새를 설치하여 수평력에 대하여 보강 조치할 것

해설 동바리로 사용하는 파이프 서포트 설치기준 : ①, ②, ③

88 다음은 비계를 조립하여 사용하는 경우 작업발판 설치에 관한 기준이다. ( )에 들어갈 내용으로 옳은 것은?

사업주는 비계(달비계, 달대비계 및 말비계는 제외한다)의 높이가 ( ) 이상인 작업장소에 다음 각 호의 기준에 맞는 작업발판을 설치하여야 한다.
1. 발판 재료는 작업할 때의 하중을 견딜 수 있도록 견고한 것으로 할 것
2. 작업 발판의 폭은 40센티미터 이상으로 하고, 발판 재료 간의 틈은 3센티미터 이하로 할 것

① 1m ② 2m ③ 3m ④ 4m

해설 사업주는 비계(달비계, 달대비계 및 말비계 제외)의 높이가 2m 이상인 작업장소에는 작업발판을 설치한다.

89 건설공사 유해위험방지계획서 제출 시 공통적으로 제출하여야 할 첨부서류가 아닌 것은?

① 공사개요서
② 전체 공정표
③ 산업안전보건관리비 사용계획서
④ 가설도로계획서

해설 유해위험방지계획서 제출 시 공통적으로 제출하여야 할 첨부서류
㉠ ①, ②, ③
㉡ 공사현장의 주변 현황 및 주변과의 관계를 나타내는 도면(매설물 현황 포함)

㉢ 건설물, 사용기계설비 등의 배치를 나타내는 도면
㉣ 안전관리조직표
㉤ 재해발생 위험 시 연락 및 대피방법

90 리프트(lift)의 방호장치에 해당하지 않는 것은?

① 권과방지장치 ② 비상정지장치
③ 과부하방지장치 ④ 자동경보장치

해설 리프트 방호장치
㉠ 권과방지장치 ㉡ 비상정지장치
㉢ 과부하방지장치

91 흙막이 지보공을 설치하였을 때 붕괴 등의 위험 방지를 위하여 정기적으로 점검하고, 이상 발견 시 즉시 보수하여야 하는 사항이 아닌 것은?

① 침하의 정도
② 버팀대의 긴압의 정도
③ 지형·지질 및 지층 상태
④ 부재의 손상·변형·변위 및 탈락의 유무와 상태

해설 ③ 부재의 접속부·부착부 및 교차부의 상태

92 암질 변화구간 및 이상 암질 출현 시 판별방법과 가장 거리가 먼 것은?

① R.Q.D ② R.M.R
③ 지표침하량 ④ 탄성파 속도

해설 ③ 일축압축강도

93 강관을 사용하여 비계를 구성하는 경우의 준수사항으로 옳지 않은 것은?

① 비계기둥의 간격은 띠장 방향에서는 1.85m 이하로 할 것
② 비계기둥의 간격은 장선(長線) 방향에서는 1.0m 이하로 할 것
③ 띠장 간격은 2.0m 이하로 할 것
④ 비계기둥 간의 적재하중은 400kg을 초과하지 않도록 할 것

해설 ② 비계기둥의 간격은 띠장 방향에서는 1.5~1.8m, 장선 방향에서는 1.5m 이하로 할 것

94 산업안전보건법령에 따른 크레인을 사용하여 작업을 하는 때 작업시작 전 점검사항에 해당되지 않는 것은?

① 권과방지장치·브레이크·클러치 및 운전장치의 기능
② 주행로의 상측 및 트롤리(trolley)가 횡행하는 레일의 상태
③ 원동기 및 풀리(pulley) 기능의 이상 유무
④ 와이어로프가 통하고 있는 곳의 상태

> **해설**
> 크레인 작업시작 전 점검사항 : ①, ②, ④

95 철근콘크리트 현장타설공법과 비교한 PC(precast concrete)공법의 장점으로 볼 수 없는 것은?

① 기후의 영향을 받지 않아 동절기 시공이 가능하고, 공기를 단축할 수 있다.
② 현장작업이 감소되고, 생산성이 향상 되어 인력절감이 가능하다.
③ 공사비가 매우 저렴하다.
④ 공장 제작이므로 콘크리트 양생 시 최적조건에 의한 양질의 제품생산이 가능하다.

> **해설**
> ③ 공사비가 비싸다.

96 다음은 산업안전보건법령에 따른 승강설비의 설치에 관한 내용이다. (   )에 들어갈 내용으로 옳은 것은?

> 사업주는 높이 또는 깊이가 (   )를 초과하는 장소에서 작업하는 경우 해당 작업에 종사하는 근로자가 안전하게 승강하기 위한 건설작업용 리프트 등의 설비를 설치하여야 한다. 다만, 승강설비를 설치하는 것이 작업의 성질상 곤란한 경우에는 그러하지 아니하다.

① 2m   ② 3m
③ 4m   ④ 5m

> **해설**
> 사업주는 높이 또는 길이가 2m를 초과하는 장소에서 작업하는 경우 해당 작업에 종사하는 근로자가 안전하게 승강하기 위한 건설작업용 리프트 등의 설비를 설치한다.

97 콘크리트를 타설할 때 거푸집에 작용하는 콘크리트 측압에 영향을 미치는 요인과 가장 거리가 먼 것은?

① 콘크리트 타설속도
② 콘크리트 타설높이
③ 콘크리트 강도
④ 기온

> **해설**
> 콘크리트 타설 시 거푸집의 측압에 영향을 미치는 인자(측압이 큰 경우)
> ㉠ 거푸집 부재단면이 클수록
> ㉡ 거푸집 수밀성이 클수록
> ㉢ 거푸집의 강성이 클수록
> ㉣ 철근의 양이 적을수록
> ㉤ 거푸집 표면이 평활할수록
> ㉥ 시공연도(workability)가 좋을수록
> ㉦ 외기온도가 낮을수록
> ㉧ 타설(부어넣기) 속도가 빠를수록
> ㉨ 슬럼프가 클수록
> ㉩ 다짐이 좋을수록
> ㉪ 콘크리트 비중이 클수록
> ㉫ 조강시멘트 등 응결시간이 빠른 것을 사용 할수록
> ㉬ 습도가 낮을수록

98 작업발판 및 통로의 끝이나 개구부로서 근로자가 추락할 위험이 있는 장소에서의 방호조치로 옳지 않은 것은?

① 안전난간 설치
② 와이어로프 설치
③ 울타리 설치
④ 수직형 추락방망 설치

> **해설**
> 작업발판 등 근로자가 추락할 위험이 있는 장소에서 방호조치
> ㉠ 안전난간 설치   ㉡ 울타리 설치
> ㉢ 수직형 추락방망 설치

99 안전관리비의 사용 항목에 해당하지 않는 것은?

① 안전시설비
② 개인보호구 구입비
③ 접대비
④ 사업장의 안전·보건진단비

해설 **산업안전보건관리비 사용 항목**

㉠ 안전관리자 등의 인건비 및 각종 업무수당 등
㉡ 안전시설비
㉢ 개인보호구 및 안전장구 구입비 등
㉣ 안전진단비
㉤ 안전보건교육비 및 행사비 등
㉥ 근로자 건강관리비
㉦ 건설재해예방 기술지도비
㉧ 본사 사용비

100 항타기 및 항발기를 조립하는 경우 점검하여야 할 사항이 아닌 것은?

① 과부하장치 및 제동장치의 이상 유무
② 권상장치의 브레이크 및 쐐기장치 기능의 이상 유무
③ 본체 연결부의 풀림 또는 손상의 유무
④ 권상기의 설치상태의 이상 유무

해설 항타기 및 항발기를 조립하는 경우 점검사항

㉠ ②, ③, ④
㉡ 권상용 와이어로프, 드럼 및 도르래의 부착 상태의 이상 유무
㉢ 버팀의 방법 및 고정상태의 이상 유무

제1과목 산업안전관리론

01 다음 중 위험예지훈련 기초 4라운드(4R)에서 라운드별 내용이 옳게 연결된 것은?

① 1라운드 : 현상파악   ② 2라운드 : 대책수립
③ 3라운드 : 목표설정   ④ 4라운드 : 본질추구

해설
② 2라운드 : 본질추구   ③ 3라운드 : 대책수립
④ 4라운드 : 목표달성

02 산업재해예방의 4원칙 중 "재해발생은 반드시 원인이 있다."라는 원칙은 무엇에 해당하는가?

① 대책선정의 원칙   ② 원인연계의 원칙
③ 손실우연의 원칙   ④ 예방가능의 원칙

해설
산업재해예방의 4원칙
㉠ 원인연계의 원칙 : 재해발생은 반드시 원인이 있다.
㉡ 손실우연의 원칙
㉢ 예방가능의 원칙
㉣ 대책선정의 원칙

03 산업안전보건법상 사업주는 산업재해로 사망자가 발생한 경우 해당 산업재해가 발생한 날부터 얼마 이내에 산업재해조사표를 작성하여 관할 지방고용노동청장에게 제출하여야 하는가?

① 1일   ② 7일
③ 15일   ④ 1개월

해설
산업재해로 사망자가 발생한 경우 : 산업재해가 발생한 날부터 1개월 이내에 산업재해조사표를 작성하여 관할 지방고용노동청장에게 제출한다.

04 리더십에 있어서 권한의 역할 중 조직이 지도자에게 부여한 권한이 아닌 것은?

① 보상적 권한   ② 강압적 권한
③ 합법적 권한   ④ 전문성의 권한

해설
(1) 조직이 리더에게 부여하는 권한
  ㉠ 강압적 권한
  ㉡ 보상적 권한
  ㉢ 합법적 권한
(2) 리더자신이 자신에게 부여하는 권한
  ㉠ 위임된 권한
  ㉡ 전문성의 권한

05 재해의 원인분석법 중 사고의 유형, 기인물 등 분류항목을 큰 순서대로 도표화하여 문제나 목표의 이해가 편리한 것은?

① 파레토도(pareto diagram)
② 특성 요인도(cause-reason diagram)
③ 클로즈 분석(close analysis)
④ 관리도(control chart)

해설
통계적 원인분석
㉠ **파레토도** : 사고의 유형, 기인물 등 분류항목을 큰 순서대로 도표화한다.
㉡ **특성 요인도** : 특성과 요인관계를 도표로 하여 어골상으로 세분화한다.
㉢ **클로즈 분석** : 2개 이상의 문제관계를 분석하는 데 사용하는 것으로 Data를 집계하고 표로 표시하여 요인별 결과내역을 교차한 클로즈 그림을 작성하여 분석한다.
㉣ **관리도** : 재해발생건수 등의 추이를 파악하여 목표관리를 행하는 데 필요한 월별 재해 발생수를 Graph화하여 관리선을 설정 관리하는 방법이다.

06 안전교육의 단계 중 표준작업방법의 습관화를 위한 교육은?

① 태도교육   ② 지식교육
③ 기능교육   ④ 기술교육

해설
태도교육
㉠ 표준작업방법대로 작업을 행하도록 한다.
㉡ 안전수칙 및 규칙을 실행하도록 한다.
㉢ 의욕을 갖게 한다.

07 다음 중 안전보건관리책임자에 대한 설명과 거리가 먼 것은?

① 해당 사업장에서 사업을 실질적으로 총괄 관리하는 자이다.
② 해당 사업장의 안전교육계획을 수립 및 실시한다.
③ 선임사유가 발생한 때에는 지체 없이 선임하고 지정하여야 한다.
④ 안전관리자와 보건관리자를 지휘, 감독하는 책임을 가진다.

> 해설 ② 안전관리자의 직무

08 허즈버그(Herzberg)의 동기 · 위생 이론 중에서 위생요인에 해당하지 않는 것은?

① 보수   ② 책임감
③ 작업조건   ④ 관리감독

> 해설 허즈버그의 동기 · 위생 요인
> ㉠ 동기 · 유발 요인 : 책임감
> ㉡ 위생요인 : 보수, 작업조건, 관리감독

09 다음 중 잠재적인 손실이나 손상을 가져올 수 있는 상태나 조건을 무엇이라 하는가?

① 위험   ② 사고
③ 상해   ④ 재해

> 해설 위험 : 잠재적인 손실이나 손상을 가져올 수 있는 상태나 조건

10 다음 중 산업안전심리의 5요소와 가장 거리가 먼 것은?

① 동기   ② 기질
③ 감정   ④ 기능

> 해설 산업심리의 5요소
> ㉠ 동기 ㉡ 기질 ㉢ 감정 ㉣ 습성 ㉤ 습관

11 다음의 사고발생 기초원인 중 심리적 요인에 해당하는 것은?

① 작업 중 졸려서 주의력이 떨어졌다.
② 조명이 어두워 정신집중이 안 되었다.
③ 작업공간이 협소하여 압박감을 느꼈다.
④ 적성에 안 맞는 작업이어서 재미가 없었다.

> 해설
> ① 간접 원인 중 신체적 원인
> ② 직접 원인 중 물적 원인
> ③ 직접 원인 중 물적 원인

12 안전교육계획 수립 시 고려하여야 할 사항과 관계가 가장 먼 것은?

① 필요한 정보를 수집한다.
② 현장의 의견을 충분히 반영한다.
③ 안전교육 시행체계와의 관련을 고려한다.
④ 법 규정에 의한 교육에 한정한다.

> 해설 안전교육계획 수립 시 고려사항
> ㉠ 필요한 정보를 수집한다.
> ㉡ 현장의 의견을 충분히 반영한다.
> ㉢ 안전교육 시행체계와의 관련을 고려한다.

13 재해는 크게 4가지 방법으로 분류하고 있는데 다음 중 분류방법에 해당되지 않는 것은?

① 통계적 분류
② 상해 종류에 의한 분류
③ 관리적 분류
④ 재해형태별 분류

> 해설 ③ 상해 정도별 분류(I.L.O)

14 작업지시 기법에 있어 작업 포인트에 대한 지시 및 확인사항이 아닌 것은?

① Weather   ② When
③ Where   ④ What

> 해설
>
> | 포인트 | 지시 및 확인 사항 |
> |--------|------------------|
> | 작업 | ㉠ 작업목적 : 왜(Why)
㉡ 작업내용 : 시간(언제 : When)
　　　　　장소(어디서 : Where)
　　　　　작업(무엇을 : What) |

15 산업안전보건법상 사업 내 안전 · 보건교육 중 채용 시의 교육내용에 해당하지 않는 것은? (단, 산업안전보건법 및 일반관리에 관한 사항은 제외한다.)

① 사고 발생 시 긴급조치에 관한 사항
② 유해 · 위험 작업환경관리에 관한 사항
③ 산업보건 및 직업병 예방에 관한 사항
④ 기계 · 기구의 위험성과 작업의 순서 및 동선에 관한 사항

> **해설** 채용 시의 교육내용
> ㉠ ①, ③, ④
> ㉡ 작업개시 전 점검에 관한 사항
> ㉢ 정리정돈 및 청소에 관한 사항
> ㉣ 산업보건 및 직업병 예방에 관한 사항
> ㉤ 물질안전보건 자료에 관한 사항
> ㉥ 산업안전보건법 및 일반관리에 관한 사항

16 다음 중 무재해운동 추진의 3요소가 아닌 것은?

① 최고경영자의 경영자세
② 재해상황 분석 및 해결
③ 직장 소집단의 자주활동 활성화
④ 관리감독자에 의한 안전보건의 추진

> **해설** 무재해운동 추진의 3요소 : ①, ③, ④

17 관료주의에 대한 설명으로 틀린 것은?

① 의사결정에는 작업자의 참여가 필수적이다.
② 인간을 조직 내의 한 구성원으로만 취급한다.
③ 개인의 성장이나 자아실현의 기회가 주어지지 않는다.
④ 사회적 여건이나 기술의 변화에 신속하게 대응하기 어렵다.

> **해설** ①의 경우, 의사결정에는 작업자의 참여가 없다.

18 연평균 근로자 150명이 근무하는 어느 사업장에 1년간 5명의 사상자가 발생했다. 이 사업장의 연천인율은 약 얼마인가?

① 22.20
② 33.33
③ 40.00
④ 45.22

> **해설**
> $$연천인율 = \frac{근로\ 재해건수}{평균\ 근로자수} \times 1,000$$
> $$= \frac{5}{150} \times 1,000$$
> $$= 33.33$$

19 다음 중 안전태도교육의 기본과정에 있어 마지막 단계로 가장 적절한 것은?

① 권장한다.
② 모범을 보인다.
③ 이해시킨다.
④ 청취한다.

> **해설** 안전태도교육의 기본과정
> ㉠ 제1단계 : 청취한다.
> ㉡ 제2단계 : 이해시킨다.
> ㉢ 제3단계 : 모범을 보인다.
> ㉣ 제4단계 : 권장(평가)한다.

20 군화의 법칙(群化의 法則)을 그림으로 나타낸 것으로 다음 중 폐합의 요인에 해당되는 것은?

> **해설**
> ① **동류의 요인** : 일반적으로 6개의 동그라미가 정리되어 있지 않고, 흰 동그라미와 검은 동그라미가 각각 정리된 것처럼 보인다. 이것은 비슷한 물건끼리가 하나의 군으로서 인지되기 쉽기 때문이다.
> ② **근접의 요인** : 일반적으로 전체가 한군데 모여져 있지 않고 가까이 있는 두 개의 동그라미가 각각 1조로 한군데 모여 있는 것처럼 보인다. 이것은 가까이 있는 물건끼리를 하나의 군으로 정리한다고 하는 지각이 있기 때문이다.
> ③ **연속의 요인** : 변형된 2개의 것이 조합된 것이 똑같은 장소 · 성질이 다른 2개의 부분으로 나누어질 때, 어느 쪽의 부분이 물건이 되는가에 관해서 생각한다.
> ④ **폐합의 요인** : 일반적으로 3개의 원형이 각각 있다고 할 때, 바깥쪽의 큰 것이 작은 2개의 것을 폐합하는 것처럼 보인다. 이것은 근접, 동류의 요인보다도 폐합 요인의 경향이 강한 것을 나타내고 있다.

제2과목   인간공학 및 시스템안전공학

21 다음 중 시스템 안전분석방법에 대한 설명으로 틀린 것은?

① 해석의 수리적 방법에 따라 정성적, 정량적 방법이 있다.

② 해석의 논리적 방법에 따라 귀납적, 연역적 방법이 있다.

③ FTA는 연역적, 정량적 분석이 가능한 방법이다.

④ PHA는 운용사고해석이라고 말할 수 있다.

해설
PHA(Preliminary Hazard Analysis)는 예비위험분석이라고 말할 수 있다. 즉 명칭이 의미하는 바와 같이 시스템 안전위험분석(SSHA)을 수행하기 위한 예비적인 또는 최초의 작업이다. 그것은 구상단계나 설계 및 발주 단계의 극히 초기에 실시한다.

22 다음 중 위험관리의 내용으로 틀린 것은?

① 위험의 파악

② 위험의 처리

③ 사고의 발생확률 예측

④ 작업 분석

해설
위험관리의 내용
㉠ 위험의 파악
㉡ 위험의 처리
㉢ 사고의 발생확률 예측

23 정보 전달용 표시장치에서 청각적 표현이 좋은 경우가 아닌 것은?

① 메시지가 단순하다.

② 메시지가 복잡하다.

③ 메시지가 그때의 사건을 다룬다.

④ 시각장치가 지나치게 많다.

해설
청각적 표현이 좋은 경우
㉠ 메시지가 단순하다.
㉡ 메시지가 그때의 사건을 다룬다.
㉢ 시각장치가 지나치게 많다.

24 다음 중 이동전화의 설계에서 사용성 개선을 위해 사용자의 인지적 특성이 가장 많이 고려되어야 하는 사용자 인터페이스 요소는?

① 버튼의 크기   ② 전화기의 색깔

③ 버튼의 간격   ④ 한글 입력방식

해설
이동전화 설계 시 사용자 인터페이스 요소 :
한글 입력방식

25 다음 중 불 대수(boolean algebra)의 관계식으로 옳은 것은?

① $A(A \cdot B) = B$

② $A + B = A \cdot B$

③ $A + A \cdot B = A \cdot B$

④ $(A+B)(A+C) = A + B \cdot C$

해설
불 대수의 관계식
$(A+B)(A+C) = A + B \cdot C$
① $A(A \cdot B) = (AA)B = A \cdot B$
② $A + B = B + A$
③ $A + AB = A \cup (A \cap B)$
$= (A \cup A) \cap (A \cup B)$
$= A \cap (A \cup B) = A$

26 다음 중 일반적인 지침의 설계요령과 가장 거리가 먼 것은?

① 뾰족한 지침의 선각은 약 30° 정도를 사용한다.

② 지침의 끝은 눈금과 맞닿되 겹치지 않게 한다.

③ 원형 눈금의 경우 지침의 색은 선단에서 눈의 중심까지 칠한다.

④ 시차를 없애기 위해 지침을 눈금 면에 밀착시킨다.

해설
①의 경우, 뾰족한 지침의 선각은 약 15° 정도를 사용한다.

27 완력검사에서 당기는 힘을 측정할 때 가장 큰 힘을 낼 수 있는 팔꿈치의 각도는?

① 90°   ② 120°

③ 150°   ④ 180°

해설
큰 힘을 낼 수 있는 팔꿈치 각도 : 150°

28 다음 중 작업장에서 광원으로부터 직사휘광을 처리하는 방법으로 옳은 것은?

① 광원의 휘도를 늘린다.
② 광원을 시선에서 가까이 위치시킨다.
③ 휘광원 주위를 밝게 하여 광도비를 늘린다.
④ 가리개, 차양을 설치한다.

> **해설** **광원으로부터 직사휘광을 처리하는 방법**
> ㉠ 광원의 휘도를 줄이고, 광원의 수를 늘린다.
> ㉡ 광원을 시선에서 멀리 위치시킨다.
> ㉢ 휘광원 주위를 밝게 하여 광속 발산비를 줄인다.
> ㉣ 가리개, 갓, 혹은 차양(visor)을 사용한다.

29 다음 중 정성적(아날로그) 표시장치를 사용하기에 가장 적절하지 않은 것은?

① 전력계와 같이 신속하고 정확한 값을 알고자 할 때
② 비행기 고도의 변화율을 알고자 할 때
③ 자동차 시속을 일정한 수준으로 유지하고자 할 때
④ 색이나 형상을 암호화하여 설계할 때

> **해설** **정량적 표시장치(계수형, digital)** : 전력계나 택시요금계기와 같이 기계, 전자적으로 숫자가 표시되는 형

30 반사형 없이 모든 방향으로 빛을 발하는 점광원에서 2m 떨어진 곳의 조도가 150lux라면 3m 떨어진 곳의 조도는 약 얼마인가?

① 37.5lux
② 66.67lux
③ 337.5lux
④ 600lux

> **해설**
> $$조도 = \frac{광도}{(거리)^2}$$
> 2m 떨어진 지점의 광도를 구하면
> $150 = \dfrac{x}{(2)^2} = \dfrac{x}{4}$ 이므로 $x = 150 \times 4 = 600$이다.
> 다시 3m 떨어진 지점의 조도(lux)를 구하면
> $x = \dfrac{600}{(3)^2}$ ∴ $x = 66.67lux$

31 다음 중 진동이 인간성능에 끼치는 일반적인 영향이 아닌 것은?

① 진동은 진폭에 반비례하여 시력이 손상된다.
② 진동은 진폭에 비례하여 추적능력이 손상된다.
③ 정확한 근육조절을 요하는 작업은 진동에 의해 저하된다.
④ 주로 중앙신경처리에 관한 임무는 진동의 영향을 덜 받는다.

> **해설** ①의 경우, 진동은 진폭에 비례하여 시력이 손상된다.

32 다음 중 절대적으로 식별가능한 청각차원의 수준의 수가 가장 적은 것은?

① 강도
② 진동수
③ 지속시간
④ 음의 방향

> **해설** **절대적으로 식별가능한 청각차원의 수준의 수가 가장 적은 것** : 음의 방향

33 다음 중 보전효과 측정을 위해 사용하는 설비고장 강도율의 식으로 옳은 것은?

① 설비고장정지시간/설비가동시간
② 설비고장건수/설비가동시간
③ 총 수리시간/설비가동시간
④ 부하시간/설비가동시간

> **해설**
> $$설비고장 \ 강도율 = \frac{설비고장정지시간}{설비가동시간}$$

34 FT도에서 사용되는 기호 중 입력현상의 반대현상이 출력되는 게이트는?

① AND 게이트
② 부정 게이트
③ OR 게이트
④ 억제 게이트

> **해설** 부정 게이트의 설명이다.

35 다음 중 조작자와 제어버튼 사이의 거리, 조작에 필요한 힘 등을 정할 때 가장 일반적으로 적용되는 인체측정자료 응용원칙은?

① 평균치 설계원칙
② 최대치 설계원칙
③ 최소치 설계원칙
④ 조절식 설계원칙

> **해설** 최소치 설계원칙의 설명이다.

36 인터페이스(계면)를 설계할 때 감성적인 부문을 고려하지 않으면 나타나는 결과는?

① 육체적 압박　　② 정신적 압박
③ 진부감(陳腐感)　④ 편리감

해설　진부감의 설명이다.

37 다음 중 안전성 평가에서 위험관리의 사명으로 가장 적절한 것은?

① 잠재위험의 인식
② 손해에 대한 자금융통
③ 안전과 건강관리
④ 안전공학

해설　위험관리의 사명 : 손해에 대한 자금융통

38 작업원 2인이 중복하여 작업하는 공정에서 작업자의 신뢰도는 0.85로 동일하며, 작업 중 50%는 작업자 1인이 수행하고 나머지 50%는 중복작업한다면 이 공정의 인간 신뢰도는 약 얼마인가?

① 0.6694　　② 0.7255
③ 0.9138　　④ 0.9888

해설
$$R_S = 1 - (1 - 0.85)(1 - 0.85 \times 0.5)$$
$$= 0.9138$$

39 다음 중 사업장에서 인간공학 적용분야와 가장 거리가 먼 것은?

① 작업환경 개선
② 장비 및 공구의 설계
③ 재해 및 질병 예방
④ 신뢰성 설계

해설
사업장에서 인간공학 적용분야
㉠ 작업환경 개선
㉡ 장비 및 공구의 설계
㉢ 재해 및 질병 예방

40 다음 중 한 장소에 앉아서 수행하는 작업활동에서 작업에 사용하는 공간을 무엇이라 하는가?

① 작업공간 포락면
② 정상작업 포락면
③ 작업공간 파악한계
④ 정상작업 파악한계

해설　작업공간 포락면의 설명이다.

---

41 재료에 구멍이 있거나 노치(notch) 등이 있는 재료에 외력이 작용할 때 가장 현저히 나타나는 현상은?

① 가공경화　　② 피로
③ 응력집중　　④ 크리프(creep)

해설
재료에 구멍이 있거나 노치(notch) 등이 있는 재료에 외력이 작용할 때 현저히 나타나는 현상은 응력집중이다.

42 다음 중 드릴 작업 시 가장 안전한 행동에 해당하는 것은?

① 장갑을 끼고 작업한다.
② 작업 중에 브러시로 칩을 털어 낸다.
③ 작은 구멍을 뚫고 큰 구멍을 뚫는다.
④ 드릴을 먼저 회전시키고 공작물을 고정한다.

해설
① 장갑을 끼고 → 장갑을 벗고
② 작업 중에 → 작업이 끝난 후에
④ 드릴을 먼저 회전시키고 → 드릴을 정지시키고

43 프레스의 금형을 부착, 해체 또는 조정 작업 시 슬라이드의 불시 하강으로 인해 발생되는 사고를 방지하기 위한 방호장치는?

① 접촉예방장치　② 안전블록
③ 전환스위치　　④ 과부하방지장치

해설　문제의 내용은 안전블록에 관한 것이다.

정답 ┃ 36. ③　37. ②　38. ③　39. ④　40. ①　41. ③　42. ③　43. ②

44 다음 중 산업안전보건법상 컨베이어 작업시작 전 점검사항이 아닌 것은?

① 원동기 및 풀리기능의 이상 유무
② 이탈 등의 방지장치기능의 이상 유무
③ 비상정지장치의 이상 유무
④ 건널다리의 이상 유무

해설 컨베이어 작업시작 전 점검사항으로는 ①, ②, ③ 이외에 다음과 같다.
원동기, 회전축, 기어 및 풀리 등의 덮개 또는 울 등의 이상 유무

45 다음 중 컨베이어(conveyor)의 주요 구성품이 아닌 것은?

① 롤러(roller) ② 벨트(belt)
③ 지브(jib) ④ 체인(chain)

해설 ③의 지브(jib)는 크레인의 구성품에 해당되는 것이다.

46 동력을 사용하여 중량물을 매달아 상하 및 좌우(수평 또는 선회를 말한다)로 운반하는 것을 목적으로 하는 기계는?

① 크레인 ② 리프트
③ 곤돌라 ④ 승강기

해설 문제의 내용은 크레인에 관한 것이다.

47 다음 중 목재가공용 기계별 방호장치가 틀린 것은?

① 목재가공용 둥근톱기계–반발예방장치
② 동력식 수동대패기계–날접촉예방장치
③ 목재가공용 띠톱기계–날접촉예방장치
④ 모떼기기계–반발예방장치

해설 ④의 경우, 모떼기기계의 방호장치로는 날접촉예방장치를 설치해야 한다.

48 드릴머신에서 얇은 철판이나 동판에 구멍을 뚫을 때 올바른 작업방법은?

① 테이블에 고정한다.
② 클램프로 고정한다.

③ 드릴 바이스에 고정한다.
④ 각목을 밑에 깔고 기구로 고정한다.

해설 드릴머신에서 얇은 철판이나 동판에 구멍을 뚫을 때는 각목을 밑에 깔고 기구로 고정을 하는 것이 올바른 작업방법이다.

49 다음 중 프레스 정지 시의 안전수칙이 아닌 것은?

① 정전되면 즉시 스위치를 끈다.
② 안전블록을 바로 고여준다.
③ 클러치를 연결시킨 상태에서 기계를 정지시키지 않는다.
④ 플라이휠의 회전을 멈추기 위해 손으로 누르지 않는다.

해설 ②의 경우, 프레스의 정비·수리 시의 안전수칙에 해당된다.

50 선반작업에서 가공물의 길이가 외경에 비하여 과도하게 길 때, 절삭저항에 의한 떨림을 방지하기 위한 장치는?

① 센터 ② 방진구
③ 돌리개 ④ 심봉

해설 문제의 내용은 방진구에 관한 것이다.

51 크레인의 훅, 버킷 등 달기구 윗면이 드럼상부 도르래 등 권상장치의 아랫면과 접촉할 우려가 있을 때 직동식 권과방지장치의 조정간격은?

① 0.01m 이상 ② 0.02m 이상
③ 0.03m 이상 ④ 0.05m 이상

해설 권상장치의 아랫면과 접촉할 우려가 있을 때 직동식 권과방지장치의 조정간격은 0.05m 이상이다.

52 목재가공용 둥근톱의 두께가 3mm일 때, 분할날의 두께는?

① 3.3mm 이상 ② 3.6mm 이상
③ 4.5mm 이상 ④ 4.8mm 이상

해설 분할날의 두께는 둥근톱 두께의 1.1배 이상으로 하여야 한다.
∴ 3 × 1.1 = 3.3mm 이상

정답 **|** 44. ④ 45. ③ 46. ① 47. ④ 48. ④ 49. ② 50. ② 51. ④ 52. ①

53 탁상용 연삭기에서 일반적으로 플랜지의 직경은 숫돌직경의 얼마 이상이 적정한가?

① 1/2
② 1/3
③ 1/5
④ 1/10

해설 탁상용 연삭기에서 플랜지의 직경은 숫돌직경의 1/3 이상이 적정하다.

54 프레스의 일반적인 방호장치가 아닌 것은?

① 광전자식 방호장치
② 포집형 방호장치
③ 게이트 가드식 방호장치
④ 양수조작식 방호장치

해설 프레스의 일반적인 방호장치로는 ①, ③, ④ 이외에 다음과 같다.
㉠ 수인식 방호장치
㉡ 손쳐내기식 방호장치

55 프레스 가공품의 이송방법으로 2차 가공용 송급 배출장치가 아닌 것은?

① 푸셔 피더(pusher feeder)
② 다이얼 피더(dial feeder)
③ 롤 피더(roll feeder)
④ 트랜스퍼 피더(transfer feeder)

해설 (1) 2차 가공용 송급배출장치로는 ①, ②, ④ 이외에 다음과 같다.
㉠ 호퍼 피더　　　　㉡ 슈트
(2) 롤 피더는 그리퍼 피더와 더불어 1차 가공용 송급 배출장치에 해당된다.

56 드럼의 직경이 D, 로프의 직경이 d인 윈치에서 D/d가 클수록 로프의 수명은 어떻게 되는가?

① 짧아진다.
② 길어진다.
③ 변화가 없다.
④ 사용할 수 없다.

해설 윈치에서 D/d가 클수록 로프의 수명은 길어진다.

57 다음 중 무부하 상태 기준으로 구내 최고속도가 20km/h인 지게차의 주행 시 좌우안정도 기준은?

① 4% 이내
② 20% 이내
③ 37% 이내
④ 40% 이내

해설
$$주행 시의 좌우 안정도(\%) = 15 + 1.1\,V$$
$$= 15 + 1.1 \times 20$$
$$= 37\% \text{ 이내}$$

58 안전계수가 6인 와이어로프의 파단하중이 300kgf 인 경우, 매달기 안전하중은 얼마인가?

① 50kgf 이하
② 60kgf 이하
③ 100kgf 이하
④ 150kgf 이하

해설
$$안전계수 = \frac{파단하중}{안전하중}$$
$$6 = \frac{300}{안전하중}$$
$$\therefore 안전하중 = \frac{300}{6} = 50\text{kgf 이하}$$

59 밀링가공 시 안전한 작업방법이 아닌 것은?

① 면장갑은 사용하지 않는다.
② 칩 제거는 회전 중 청소용 솔로 한다.
③ 커터 설치 시에는 반드시 기계를 정지시킨다.
④ 일감은 테이블 또는 바이스에 안전하게 고정한다.

해설 ②의 경우, 칩 제거는 회전이 멈춘 후 청소용 솔로 한다.

60 위험기계·기구별 방호조치가 틀린 것은?

① 산업용 로봇 - 안전매트
② 보일러 - 급정지장치
③ 목재가공용 둥근톱기계 - 반발예방장치
④ 활선작업에 필요한 절연용 기구 - 절연용 방호구

해설 ②의 경우, 보일러는 압력방출장치가 옳다.

제4과목 전기 및 화학설비 위험방지기술

61 다음 중 폭발범위에 영향을 주는 인자가 아닌 것은?

① 성상　　　　　② 압력
③ 공기 조성　　　④ 온도

> 해설　**폭발범위에 영향을 주는 인자**
> ㉠ 온도　　　　　　㉡ 압력
> ㉢ 공기 조성　　　㉣ 농도

62 다음 중 산업안전보건법상 충전전로를 취급하는 경우의 조치사항으로 틀린 것은?

① 고압 및 특별고압의 전로에서 전기작업을 하는 근로자에게 활선작업용 기구 및 장치를 사용하도록 할 것
② 충전전로를 취급하는 근로자에게 그 작업에 적합한 절연용 보호구를 착용시킬 것
③ 충전전로를 정전시키는 경우에는 전기작업 전원을 차단한 후 각 단로기 등을 폐로시킬 것
④ 근로자가 절연용 방호구의 설치·해체 작업을 하는 경우에는 절연용 보호구를 착용하거나 활선작업용 기구 및 장치를 사용하도록 할 것

> 해설　③의 내용은 충전전로를 취급하는 경우의 조치사항과는 거리가 멀다.

63 다음 중 최소발화에너지에 관한 설명으로 틀린 것은?

① 압력이 증가할수록 낮아진다.
② 온도가 높아질수록 낮아진다.
③ 공기보다 산소 중에서 더 낮아진다.
④ 혼합기체의 흐름이 있으면 유속의 증가에 따라 낮아진다.

> 해설　**최소발화에너지의 특징**
> ㉠ ①, ②, ③
> ㉡ 질소 농도의 증가는 최소착화에너지를 증가시킨다.
> ㉢ 일반적으로 분진의 최소착화에너지는 가연성 가스보다 크다.

64 다음 중 스파크 방전으로 인한 가연성 가스, 증기 등에 폭발을 일으킬 수 있는 조건이 아닌 것은?

① 가연성 물질이 공기와 혼합비를 형성, 가연범위 내에 있다.
② 방전에너지가 가연물질의 최소착화에너지 이상이다.
③ 방전에 충분한 전위차가 있다.
④ 대전물체는 신뢰성과 안전성이 있다.

> 해설　④의 내용은 가연성 가스, 증기 등에 폭발을 일으킬 수 있는 조건과 거리가 멀다.

65 다음 중 화재 및 폭발 방지를 위하여 질소가스를 주입하는 불활성화 공정에서 적정 최소산소농도(MOC)는?

① 5%　　　　　② 10%
③ 21%　　　　④ 25%

> 해설　화재 및 폭발 방지를 위하여 질소가스를 주입하는 불활성화 공정에서 적정 최소산소농도(MOC)는 10%이고, 분진의 경우에는 대략 8% 정도이다.

66 금속도체 상호 간 혹은 대지에 대하여 전기적으로 절연되어 있는 2개 이상의 금속도체를 전기적으로 접속하여 서로 같은 전위를 형성하여 정전기 사고를 예방하는 기법을 무엇이라 하는가?

① 본딩　　　　　② 1종 접지
③ 대전분리　　　④ 특별 접지

> 해설　문제의 내용은 본딩에 관한 것이다.

67 전기누전 화재경보기의 설치장소 중 제1종 장소의 경우 연면적으로 옳은 것은?

① 200mm² 이상　　② 300mm² 이상
③ 500mm² 이상　　④ 1,000mm² 이상

> 해설　전기누전 화재경보기의 설치장소 중 제1종 장소의 연면적은 1,000mm² 이상이다.

68 다음 중 발화성 물질에 해당하는 것은?

① 프로판   ② 황린
③ 염소산 및 그 염류   ④ 질산에스테르류

해설
① 가연성 가스   ② 발화성 물질
③ 산화성 고체   ④ 자기반응성 물질

69 다음 중 산화에틸렌의 분해폭발반응에서 생성되는 가스가 아닌 것은? (단, 연소는 일어나지 않는다.)

① 메탄(CH_4)   ② 일산화탄소(CO)
③ 에틸렌(C_2H_4)   ④ 이산화탄소(CO_2)

해설
에틸렌의 분해폭발반응

㉠ $C_2H_4 + \frac{1}{2}O_2 \rightarrow C_2H_4O$

㉡ $C_2H_4O \rightarrow CH_4 + CO$

70 누전에 의한 감전위험을 방지하기 위하여 감전방지용 누전차단기의 접속에 관한 사항으로 틀린 것은?

① 분기회로마다 누전차단기를 설치한다.
② 작동시간은 0.03초 이내이어야 한다.
③ 전기기계·기구에 설치되어 있는 누전차단기는 정격감도전류가 30mA 이하이어야 한다.
④ 누전차단기는 배전반 또는 분전반 내에 접속하지 않고 별도로 설치한다.

해설
④의 경우, 누전차단기는 배전반 또는 분전반 내에 접속하거나 꽂음 접속기형 누전차단기를 콘센트에 접속한다는 내용이 옳다.

71 다음 중 물속에 저장이 가능한 물질은?

① 칼륨   ② 황린
③ 인화칼슘   ④ 탄화알루미늄

해설
㉠ 물속에 저장 가능한 물질 : 황린(백린), CS_2
㉡ 석유 속에 저장 가능한 물질 : K, Na, 적린

72 산업안전보건법상 전기기계·기구의 누전에 의한 감전위험을 방지하기 위하여 접지를 하여야 하는 사항으로 틀린 것은?

① 전기기계·기구의 금속제 내부 충전부
② 전기기계·기구의 금속제 외함
③ 전기기계·기구의 금속제 외피
④ 전기기계·기구의 금속제 철대

해설
②, ③, ④ 이외에 접지를 하여야 하는 사항은 다음과 같다.
㉠ 수중 펌프를 금속제 물탱크 등의 내부에 설치하여 사용하는 경우에는 그 탱크
㉡ 사용전압이 대지전압 150V를 넘는 전기기계·기구의 노출된 비충전 금속체 등

73 다음 중 가연성 가스의 폭발범위에 관한 설명으로 틀린 것은?

① 상한과 하한이 있다.
② 압력과 무관하다.
③ 공기와 혼합된 가연성 가스의 체적농도로 표시된다.
④ 가연성 가스의 종류에 따라 다른 값을 갖는다.

해설
대단히 낮은 압력(50mmHg 절대)을 제외하고는 압력은 연소하한값(LFL)에 거의 영향을 주지 않으며, 그리고 이 압력 이하에서는 화염이 전파되지 않는다. 연소상한값(UFL)은 압력이 증가될 때 현저히 증가되어 연소범위가 넓어진다.

74 다음 중 주요 소화작용이 다른 소화약제는?

① 사염화탄소   ② 할론
③ 이산화탄소   ④ 중탄산나트륨

해설
① 사염화탄소 : 질식효과
② 할론 : 질식효과
③ 이산화탄소 : 질식 및 냉각 효과
④ 중탄산나트륨 : 질식효과

75 다음 중 섬락의 위험을 방지하기 위한 이격거리는 대지전압, 뇌서지, 개폐서지 외에 어느 것을 고려하여 결정하여야 하는가?

① 정상전압   ② 다상전압
③ 단상전압   ④ 이상전압

해설
섬락의 위험을 방지하기 위한 이격거리는 대지전압, 뇌서지, 개폐서지 외에 이상전압을 고려하여 결정한다.

정답 | 69. ④   70. ④   71. ②   72. ①   73. ②   74. ③   75. ④

76 다음 중 현장에 안전밸브를 설치하는 경우의 주의사항으로 틀린 것은?

① 검사하기 쉬운 위치에 밸브축을 수평으로 설치한다.
② 분출 시의 반발력을 충분히 고려하여 설치한다.
③ 용기에서 안전밸브 입구까지의 압력차가 안전밸브 설정압력의 3%를 초과하지 않도록 한다.
④ 방출관이 긴 경우는 배압에 주의하여야 한다.

해설 ①의 경우, 검사하기 쉬운 위치에 밸브축을 수직으로 설치한다.

77 에틸에테르(폭발하한값 1.9vol%)와 에틸알코올(폭발하한값 4.3vol%)이 4 : 1로 혼합된 증기의 폭발하한계(vol%)는 약 얼마인가? (단, 혼합증기는 에틸에테르가 80%, 에틸알코올이 20%로 구성되고, 르 샤틀리에(Le Chatelier) 법칙을 이용한다.)

① 2.14vol%
② 3.14vol%
③ 4.14vol%
④ 5.14vol%

해설
$$\frac{100}{L} = \frac{V_1}{L_1} + \frac{V_2}{L_2}$$
$$\frac{100}{L} = \frac{80}{1.9} + \frac{20}{4.3}$$
$$\therefore L = 2.14 \text{vol}\%$$

78 다음 중 폭발등급 1~2등급, 발화도 G_1~G_4까지의 폭발성 가스가 존재하는 1종 위험장소에 사용될 수 있는 방폭전기설비의 기호로 옳은 것은?

① d2G₄
② m1G₁
③ e2G₄
④ e1G₁

해설 문제의 내용은 d2G₄에 관한 것이다.

79 내압(耐壓)방폭구조에서 방폭전기기기의 폭발등급에 따른 최대안전틈새의 범위(mm) 기준으로 옳은 것은?

① ⅡA−0.65 이상
② ⅡA−0.5 초과 0.9 미만
③ ⅡC−0.25 미만
④ ⅡC−0.5 이하

해설 내압방폭구조에서 방폭전기기기의 폭발등급에 따른 최대안전틈새의 범위
㉠ ⅡA−0.9mm 이상
㉡ ⅡB−0.5mm 초과 0.9mm 미만
㉢ ⅡC−0.5mm 이하

80 다음 중 교류 아크용접기에 의한 용접작업에 있어 용접이 중지된 때 감전방지를 위해 설치해야 하는 방호장치는?

① 누전차단기
② 단로기
③ 리미트스위치
④ 자동전격방지장치

해설 문제의 내용은 자동전격방지장치에 관한 것이다.

제5과목 건설안전기술

81 지반개량 공법 중 고결안정 공법에 해당하지 않는 것은?

① 생석회 말뚝 공법
② 동결 공법
③ 동다짐 공법
④ 소결 공법

해설 지반개량 공법 중 고결안정 공법으로는 생석회말뚝 공법, 동결 공법, 소결 공법이 있다.

82 콘크리트 타설 후 물이나 미세한 불순물이 분리 상승하여 콘크리트 표면에 떠오르는 현상을 가리키는 용어와 이때 표면에 발생하는 미세한 물질을 가리키는 용어를 옳게 나열한 것은?

① 블리딩−레이턴스
② 브링−샌드드레인
③ 히빙−슬라임
④ 블로홀−슬래그

해설 문제의 내용은 블리딩−레이턴스에 관한 것이다.

83 주행크레인 및 선회크레인과 건설물 사이에 통로를 설치하는 경우, 그 폭은 최소 얼마 이상으로 하여야 하는가? (단, 건설물의 기둥에 접촉하지 않는 부분인 경우)

① 0.3m
② 0.4m
③ 0.5m
④ 0.6m

해설 주행크레인 및 선회크레인과 건설물 사이에 통로를 설치하는 경우, 그 폭은 최소 0.6m 이상으로 하여야 한다.

84 크레인의 종류에 해당하지 않는 것은?

① 자주식 트럭크레인
② 크롤러크레인
③ 타워크레인
④ 가이데릭

해설 크레인의 종류로는 ①, ②, ③ 이외에 휠크레인, 트럭크레인, 천장크레인, 지브크레인 등이 있다.

85 작업으로 인하여 물체가 떨어지거나 날아올 위험이 있을 때 위험방지조치 및 설치 준수사항으로 옳지 않은 것은?

① 수직보호망 또는 방호선반 설치
② 낙하물 방지망의 내민 길이는 벽면으로부터 2m 이상 유지
③ 낙하물 방지망의 수평면과의 각도는 20° 내지 30° 유지
④ 낙하물 방지망의 설치높이는 10m 이상마다 설치

해설 ④의 경우, 낙하물 방지망의 설치높이는 10m 이내마다 설치하는 것이 옳다.

86 철골작업을 실시할 때 작업을 중지하여야 하는 악천후의 기준에 해당하지 않는 것은?

① 풍속이 10m/s 이상인 경우
② 지진이 진도 3 이상인 경우
③ 강우량이 1mm/h 이상의 경우
④ 강설량이 1cm/h 이상의 경우

해설 ②의 내용은 철골작업을 실시할 때 작업을 중지하여야 하는 악천후의 기준에 해당되지 않는다.

87 사다리식 통로의 구조에 대한 설명으로 옳지 않은 것은?

① 견고한 구조로 할 것
② 폭은 20cm 이상의 간격을 유지할 것
③ 심한 손상·부식 등이 없는 재료를 사용할 것
④ 발판과 벽과의 사이는 15cm 이상을 유지할 것

해설 ②의 경우, 폭은 30cm 이상의 간격을 유지하는 것이 옳다.

88 사업주가 높이 1m 이상인 계단의 개방된 측면에 안전난간을 설치하고자 할 때 그 설치기준으로 옳지 않은 것은?

① 난간의 높이는 90~120cm가 되도록 할 것
② 난간은 계단참을 포함하여 각 층의 계단 전체에 걸쳐서 설치할 것
③ 금속제 파이프로 된 난간은 2.7cm 이상의 지름을 갖는 것일 것
④ 난간은 임의의 점에 있어서 임의의 방향으로 움직이는 80kg 이하의 하중에 견딜 수 있는 튼튼한 구조일 것

해설 ④의 경우, 난간은 임의의 점에 있어서 임의의 방향으로 움직이는 100kg 이상의 하중에 견딜 수 있는 튼튼한 구조일 것이 옳다.

89 가설통로의 설치기준으로 옳지 않은 것은?

① 경사는 30° 이하로 할 것
② 경사가 15°를 초과하는 경우에는 미끄러지지 아니하는 구조로 할 것
③ 높이 8m 이상인 비계다리에는 8m 이내마다 계단참을 설치할 것
④ 수직갱에 가설된 통로의 길이가 15m 이상인 경우에는 10m 이내마다 계단참을 설치할 것

해설 ③의 경우, 높이 8m 이상인 비계다리에는 7m 이내마다 계단참을 설치할 것이 옳다.

90 공사용 가설도로의 일반적으로 허용되는 최고경사도는 얼마인가?

① 5% ② 10%
③ 20% ④ 30%

해설 공사용 가설도로의 일반적으로 허용되는 최고경사도는 10%이다.

91 콘크리트 거푸집 해체작업 시의 안전 유의사항으로 옳지 않은 것은?

① 해당 작업을 하는 구역에는 관계 근로자가 아닌 사람의 출입을 금지해야 한다.
② 비, 눈, 그 밖의 기상상태의 불안정으로 날씨가 몹시 나쁜 경우에는 그 작업을 중지해야 한다.
③ 안전모, 안전대, 산소마스크 등을 착용하여야 한다.
④ 재료, 기구 또는 공구 등을 올리거나 내리는 경우에는 근로자로 하여금 달줄·달포대 등을 사용하도록 한다.

해설 ③의 경우, 산소마스크 등의 착용은 거푸집 해체작업 시의 안전 유의사항으로는 거리가 멀다.

92 콘크리트 측압에 관한 설명 중 옳지 않은 것은?

① 슬럼프가 클수록 측압은 커진다.
② 벽 두께가 두꺼울수록 측압은 커진다.
③ 부어넣는 속도가 빠를수록 측압은 커진다.
④ 대기온도가 높을수록 측압은 커진다.

해설 ④의 경우, 대기온도가 낮을수록 측압은 커진다가 옳다.

93 산업안전보건관리비 중 안전관리자 등의 인건비 및 각종 업무수당 등의 항목에서 사용할 수 없는 내역은?

① 교통통제를 위한 신호수 인건비
② 안전관리자 퇴직급여 충당금
③ 건설용 리프트의 운전자
④ 고소작업대 작업 시 하부 통제를 위한 신호자

해설 ①의 교통통제를 위한 신호수의 인건비는 업무수당 등의 항목에 사용할 수 없는 내역에 해당된다.

94 2가지의 거푸집 중 먼저 해체해야 하는 것으로 옳은 것은?

① 기온이 높을 때 타설한 거푸집과 낮을 때 타설한 거푸집 – 높을 때 타설한 거푸집
② 조강시멘트를 사용하여 타설한 거푸집과 보통시멘트를 사용하여 타설한 거푸집 – 보통시멘트를 사용하여 타설한 거푸집
③ 보와 기둥 – 보
④ 스팬이 큰 빔과 작은 빔 – 큰 빔

해설 ② 보통시멘트를 사용하여 타설한 거푸집 → 조강시멘트를 사용하여 타설한 거푸집
③ 보 → 기둥
④ 큰 빔 → 작은 빔

95 건설현장의 중장비작업 시 일반적인 안전수칙으로 옳지 않은 것은?

① 승차석 외의 위치에 근로자를 탑승시키지 아니 한다.
② 중기 및 장비는 항상 사용 전에 점검한다.
③ 중장비의 사용법을 확실히 모를 때는 관리감독자가 현장에서 시운전을 해본다.
④ 경우에 따라 취급자가 없을 경우에는 사용이 불가능하다.

해설 ③의 경우 관리감독자가 현장에서 시운전을 해본다는 것은 안전수칙에 어긋난다. 반드시 중장비 면허소지자 등 담당자가 시운전을 해야 한다.

96 양끝이 힌지(hinge)인 기둥에 수직하중을 가하면 기둥이 수평방향으로 휘게 되는 현상은?

① 피로한계 ② 파괴한계
③ 좌굴 ④ 부재의 안전도

해설 문제의 내용은 좌굴에 관한 것이다.

97 건설공사 중 작업으로 인하여 물체가 떨어지거나 날아올 위험이 있을 때 조치할 사항으로 옳지 않은 것은?

① 안전난간 설치
② 보호구 착용
③ 출입금지구역 설정
④ 낙하물방지망 설치

> **해설** 물체가 떨어지거나 날아올 위험이 있을 때 조치할 사항으로는 ②, ③, ④ 세 가지가 있다.

98 흙을 크게 분류하면 사질토와 점성토로 나눌 수 있는데 그 차이점으로 옳지 않은 것은 어느 것인가?

① 흙의 내부마찰각은 사질토가 점성토보다 크다.
② 지지력은 사질토가 점성토보다 크다.
③ 점착력은 사질토가 점성토보다 작다.
④ 장기침하량은 사질토가 점성토보다 크다.

> **해설** ④의 경우, 장기침하량은 사질토가 점성토보다 작다가 옳다.

99 가설통로의 설치기준으로 옳지 않은 것은?

① 경사가 20°를 초과하는 때에는 미끄러지지 않는 구조로 하여야 한다.
② 경사는 30° 이하로 하여야 한다.
③ 수직갱에 가설된 통로의 길이가 15m 이상인 때에는 10m 이내마다 계단참을 설치한다.
④ 높이 8m 이상인 비계다리에는 7m 이내마다 계단참을 설치한다.

> **해설** ①의 경우 경사가 15°를 초과할 때에는 미끄러지지 않는 구조로 하여야 한다는 내용이 옳다.

100 거푸집의 조립순서로 옳은 것은?

① 기둥 → 보받이 내력벽 → 큰 보 → 작은 보 → 바닥 → 내벽 → 외벽
② 기둥 → 보받이 내력벽 → 큰 보 → 작은 보 → 바닥 → 외벽 → 내벽
③ 기둥 → 보받이 내력벽 → 작은 보 → 큰 보 → 바닥 → 내벽 → 외벽
④ 기둥 → 보받이 내력벽 → 내벽 → 외벽 → 큰 보 → 작은 보 → 바닥

> **해설** 거푸집의 조립순서로 옳은 것은 ①이다.

〈산업안전산업기사 3월 2일 시행〉

제1과목 산업안전관리론

01 다음 중 산업안전보건법령상 안전검사 대상 유해·위험 기계가 아닌 것은?

① 선반　　② 리프트
③ 압력용기　　④ 곤돌라

해설 안전검사 대상 유해·위험 기계·설비
㉠ 프레스
㉡ 전단기
㉢ 크레인(이동식 크레인과 정격하중 2톤 미만인 호이스트는 제외)
㉣ 리프트
㉤ 압력용기
㉥ 곤돌라
㉦ 국소배기장치(이동식은 제외)
㉧ 원심기(산업용에 한정)
㉨ 화학설비 및 그 부속설비
㉩ 건조설비 및 그 부속설비
㉪ 롤러기(밀폐형 구조는 제외)
㉫ 사출성형기(형 체결력 294kN 미만은 제외)

02 하인리히의 재해손실비용 평가방식에서 총 재해손실비용을 직접비와 간접비로 구분하였을 때 그 비율로 옳은 것은? (단, 순서는 직접비 : 간접비이다.)

① 1 : 4　　② 4 : 1
③ 3 : 2　　④ 2 : 3

해설 하인리히 총 재해손실비용 직접비(1) + 간접비(4)

03 다음 중 보호구 의무안전인증 기준에 있어 방독마스크에 관한 용어의 설명으로 틀린 것은?

① "파과"란 대응하는 가스에 대하여 정화통 내부의 흡착제가 포화상태가 되어 흡착능력을 상실한 상태를 말한다.

② "파과곡선"이란 파과시간과 유해물질의 종류에 대한 관계를 나타낸 곡선을 말한다.
③ "겸용 방독마스크"란 방독마스크(복합용 포함)의 성능에 방진마스크의 성능이 포함된 방독마스크를 말한다.
④ "전면형 방독마스크"란 유해물질 등으로부터 안면부 전체(입, 코, 눈)를 덮을 수 있는 구조의 방독마스크를 말한다.

해설 방독마스크에 관한 용어
㉠ **파과** : 대응하는 가스에 대하여 정화통 내부의 흡착제가 포화상태가 되어 흡착능력을 상실한 상태
㉡ **파과시간** : 어느 일정 농도의 유해물질 등을 포함한 공기가 일정 유량으로 정화통에 통과하기 시작한 때부터 파과가 보일 때까지의 시간
㉢ **파과곡선** : 파과시간과 유해물질 등에 대한 농도와의 관계를 나타낸 곡선
㉣ **전면형 방독마스크** : 유해물질 등으로부터 안면부 전체(입, 코, 눈)를 덮을 수 있는 구조의 방독마스크
㉤ **반면형 방독마스크** : 유해물질 등으로부터 안면부의 입과 코를 덮을 수 있는 구조의 방독마스크
㉥ **복합용 방독마스크** : 2종류 이상의 유해물질 등에 대한 제독능력이 있는 방독마스크
㉦ **겸용 방독마스크** : 방독마스크(복합용 포함)의 성능에 방진마스크의 성능이 포함된 방독마스크

04 인간의 착각현상 중 버스나 전동차의 움직임으로 인하여 자신이 승차하고 있는 정지된 자가용이 움직이는 것 같은 느낌을 받거나 구름 사이의 달 관찰 시 구름이 움직일 때 구름은 정지되어 있고, 달이 움직이는 것처럼 느껴지는 현상을 무엇이라 하는가?

① 자동운동　　② 유도운동
③ 가현운동　　④ 플리커현상

해설 ① **자동운동** : 암실 내에서 정지된 소광점을 응시하고 있으면 그 광점이 움직이는 것처럼 보이는 현상

② **유도운동** : 실제로는 움직이지 않는 것이 어느 기준의 이동에 유도되어 움직이는 것처럼 느껴지는 현상

③ **가현운동** : 객관적으로 정지하고 있는 대상물이 급속히 나타나든가 소멸하는 것으로 인하여 일어나는 운동으로 대상물이 운동하는 것처럼 인식되는 현상

④ **플리커(Flicker)현상** : 불안정한 전압이나 카메라 구동속도의 변화로 인해 발생하는 화면이 깜빡거리는 현상

05 다음 중 "학습지도의 원리"에서 학습자가 지니고 있는 각자의 요구와 능력 등에 알맞은 학습활동의 기회를 마련해 주어야 한다는 원리는?

① 자기활동의 원리
② 개별화의 원리
③ 사회화의 원리
④ 통합의 원리

해설

① **자기활동(자발성)의 원리** : 자기활동, 자기구성, 자기발전, 자기생산이라는 개념을 내포하고 있으며 자기란 학습의 모든 가능성이 의존하고 있는 최후의 중심관계라고 보는 원리이다.

② **개별화의 원리** : 개인차를 고려한 학습지도 전개로서 학습의 효과를 극대화할 수 있다는 원리이다.

③ **사회화의 원리** : 지식, 기능과 같은 분야는 일반적으로 개별화의 원리를 적용하는 것이 바람직하고, 태도, 가치, 사회성의 문제 등은 사회화의 원리를 적용해야 한다.

④ **통합의 원리** : 교육은 학습내용의 구성이나 학습경험의 전개에서 통합적으로 다루어야 할 것이 요구된다. 여기에서 통합의 의미는 인격의 통합과 학습내용으로서 교과의 통합으로 파악해야 한다.

06 다음 중 테크니컬 스킬즈(Technical Skills)에 관한 설명으로 옳은 것은?

① 모랄(Morale)을 앙양시키는 능력
② 인간을 사물에게 적응시키는 능력
③ 사물을 인간에게 유리하게 처리하는 능력
④ 인간과 인간의 의사소통을 원활히 처리하는 능력

해설

테크니컬 스킬즈 : 사물을 인간에게 유리하게 처리하는 능력

07 다음 중 산업안전보건법령상 안전·보건표지에 있어 경고표지의 종류에 해당하지 않는 것은?

① 방사성 물질 경고
② 급성 독성물질 경고
③ 차량통행 경고
④ 레이저광선 경고

해설

③ 차량통행 금지 : 금지표지

08 다음 중 연간 총 근로시간 합계 100만 시간당 재해발생건수를 나타내는 재해율은?

① 연천인율
② 도수율
③ 강도율
④ 종합재해지수

해설

㉠ 도수율 $= \dfrac{재해건수}{연근로시간수} \times 1,000,000$

∴ 100만 시간

㉡ 강도율 $= \dfrac{총 근로손실일수}{연근로시간수} \times 1,000$

∴ 1,000시간

09 다음 중 피로의 직접적인 원인과 가장 거리가 먼 것은?

① 작업환경
② 작업속도
③ 작업태도
④ 작업적성

해설

피로의 직접적인 원인

㉠ 작업환경   ㉡ 작업속도   ㉢ 작업태도

10 다음 중 STOP 기법의 설명으로 옳은 것은?

① 교육훈련의 평가방법으로 활용된다.
② 일용직 근로자의 안전교육 추진방법이다.
③ 경영층의 대표적인 위험예지훈련방법이다.
④ 관리감독자의 안전관찰훈련으로 현장에서 주로 실시한다.

해설

STOP(Safety Training Observation Program)
기법 : 각계각층의 감독자들이 숙련된 안전관찰을 행할 수 있도록 훈련을 실시함으로써 사고의 발생을 미연에 방지하고자 함에 있다.

11 다음 중 인간의 욕구를 5단계로 구분한 이론을 발표한 사람은?

① 허즈버그(Herzberg)

② 하인리히(Heinrich)

③ 매슬로우(Maslow)

④ 맥그리거(McGregor)

해설 **인간의 욕구와 동기부여**

(1) **허즈버그(Herzberg)**
- ㉠ **위생요인** : 금전, 안전, 작업조건 등의 환경적 요인
- ㉡ **동기부여요인** : 생산을 증대시키는 요인으로서 보람있는 일을 할 때 작업자가 경험하는 달성감, 안정성장 및 발전, 기타 작업자에게 만족감을 주는 요인

(2) **매슬로우(Maslow)**
- ㉠ **제1단계** : 생리적 욕구
- ㉡ **제2단계** : 안전의 욕구
- ㉢ **제3단계** : 사회적 욕구
- ㉣ **제4단계** : 인정 받으려는 욕구
- ㉤ **제5단계** : 자아실현의 욕구

(3) **맥그리거(McGregor)**
- ㉠ **X이론** : 인간의 생리적인 욕구라든가 안전 및 안정의 욕구 등과 같이 저차적인 물질적 욕구를 만족시키는 면에서 행동을 구한다.
- ㉡ **Y이론** : 회사의 목표와 종업원의 목표 간의 중계자로서 역할을 말한다.

12 버드(Bird)의 재해발생비율에서 물적 손해만의 사고가 120건 발생하면 상해도 손해도 없는 사고는 몇 건 정도 발생하겠는가?

① 600건

② 1,200건

③ 1,800건

④ 2,400건

해설

중상 또는 폐질	1		$1 \times 4 = 4$
경 상	10		$10 \times 4 = 40$
무상해 사고	30	$\dfrac{120}{30} = 4$	$30 \times 4 = 120$
무상해 무사고 고장	600		$600 \times 4 = 2,400$

13 안전교육의 방법 중 프로그램 학습법(Programmed Self-instruction Method)에 관한 설명으로 틀린 것은?

① 개발비가 적게 들어 쉽게 적용할 수 있다.

② 수업의 모든 단계에서 적용이 가능하다.

③ 한 번 개발된 프로그램자료는 개조하기 어렵다.

④ 수강자들이 학습 가능한 시간대의 폭이 넓다.

해설 **프로그램 학습법(Programmed Self-instruction Method)**

적용의 경우	㉠ 수업의 모든 단계
	㉡ 학교수업, 방송수업, 직업훈련의 경우
	㉢ 학생들의 개인차가 최대한으로 조절되어야 할 경우
	㉣ 학생들이 자기에게 허용된 어느 시간에나 학습이 가능할 경우
	㉤ 보충학습의 경우
제약 조건	㉠ 한 번 개발한 프로그램자료를 개조하기가 어려움
	㉡ 개발비가 높음
	㉢ 학생들의 사회성이 결여되기 쉬움

14 모랄 서베이(Morale Survey)의 주요방법 중 태도 조사법에 해당하는 것은?

① 사례연구법

② 관찰법

③ 실험연구법

④ 문답법

해설 **모랄 서베이(사기조사)방법**

- ㉠ **통계에 의한 방법** : 사고재해율, 결근, 지각, 조퇴, 이직 등
- ㉡ **사례연구법** : Case Study로서 현상파악
- ㉢ **관찰법** : 종업원의 근무실태 관찰
- ㉣ **실험연구법** : 실험그룹과 통제그룹으로 나누어 정황, 자극을 주어 태도 변화여부 조사
- ㉤ **태도조사법** : 문답법, 면접법, 투사법, 집단토의법 등

15 다음 중 무재해운동의 기본이념 3원칙과 거리가 먼 것은?

① 무의 원칙

② 자주활동의 원칙

③ 참가의 원칙

④ 선취해결의 원칙

해설 **무재해운동의 기본이념 3원칙**

- ㉠ 무의 원칙
- ㉡ 참가의 원칙
- ㉢ 선취해결의 원칙

16 인간의 안전교육형태에서 행위나 난이도가 점차적으로 높아지는 순서를 옳게 표시한 것은?

① 지식 → 태도변형 → 개인행위 → 집단행위
② 태도변형 → 지식 → 집단행위 → 개인행위
③ 개인행위 → 태도변형 → 집단행위 →지식
④ 개인행위 → 집단행위 → 지식 → 태도변형

③ 근로자 정기안전 · 보건교육
④ 작업내용 변경 시의 교육

해설 인간의 안전교육형태에서 행위나 난이도가 점차적으로 높아지는 순서
지식→ 태도변형 → 개인행위 → 집단행위

해설 산업안전보건법령상 사업 내 안전 · 보건교육의 교육과정
㉠ 근로자 정기안전 · 보건교육
㉡ 채용 시의 교육
㉢ 작업내용 변경 시의 교육
㉣ 특별안전 · 보건교육
㉤ 건설업 기초안전 · 보건교육

17 다음 중 상해의 종류에 대한 설명으로 옳은 것은?

① 찰과상 : 창, 칼 등에 베인 상해
② 창상 : 스치거나 문질러서 피부가 벗겨진 상해
③ 자상 : 칼날 등 날카로운 물건에 찔린 상해
④ 좌상 : 국부의 혈액순환 이상으로 몸이 퉁퉁 부어오르는 상해

20 다음 중 산업안전보건법령상 안전보건 총괄책임자 지정대상사업이 아닌 것은? (단, 근로자수 또는 공사금액은 충족한 것으로 본다.)

① 서적, 잡지 및 기타 인쇄물 출판업
② 선박 및 보트 건조업
③ 토사석 광업
④ 서비스업

해설 ① 찰과상 : 스치거나 문질러서 벗겨진 상해
② 창상 : 칼에 베이거나 살이 찢겨 벌어진 상처
④ 좌상 : 외부 상처 없이 내부 조직이나 장기가 손상을 받은 상태

해설 산업안전보건법령상 안전보건 총괄책임자 지정대상 사업
㉠ 1차 금속 제조업
㉡ 선반 및 보트 건조업
㉢ 토사석 광업
㉣ 제조업(㉠, ㉡은 제외한다.)
㉤ 서적, 잡지 및 기타 인쇄물 출판업
㉥ 음악 및 기타 오디오물 출판업
㉦ 금속 및 비금속 원료 재생업

18 다음 중 안전교육의 단계에 있어 안전한 마음가짐을 몸에 익히는 심리적인 교육방법을 무엇이라 하는가?

① 지식교육   ② 실습교육
③ 태도교육   ④ 기능교육

해설 안전교육의 단계
㉠ 제1단계(지식교육) : 작업에 관련된 취약점과 거기에 대응되는 작업방법을 알도록 하는 교육
㉡ 제2단계(기능교육) : 안전작업방법을 시범을 보이고 실습시켜, 할 수 있도록 하는 교육
㉢ 제3단계(태도교육) : 안전한 마음가짐을 몸에 익히는 심리적인 교육

제2과목 인간공학 및 시스템안전공학

21 FT도에 사용되는 기호 중 통상사상을 나타낸 것은?

①   ②
③   ④

19 산업안전보건법령상 사업 내 안전 · 보건교육의 교육과정에 해당하지 않는 것은?

① 검사원 정기점검교육
② 특별 안전 · 보건교육

해설 ① 생략사상   ② 기본사상
③ 전이기호   ④ 통상사상

22 다음 중 한 자극차원에서의 절대식별수에 있어 순음의 경우 평균식별수는 어느 정도 되는가?

① 1 ② 5

③ 9 ④ 13

> 해설 한 자극차원에서의 절대식별수에 있어 순음의 경우 평균식별수는 5이다.

23 다음 중 소음의 크기에 대한 설명으로 틀린 것은?

① 저주파음은 고주파음만큼 크게 들리지 않는다.

② 사람의 귀는 모든 주파수의 음에 동일하게 반응한다.

③ 크기가 같아지려면 저주파음은 고주파음보다 강해야 한다.

④ 일반적으로 낮은 주파수(100Hz 이하)에 덜 민감하고, 높은 주파수에 더 민감하다.

> 해설 ②의 경우 사람의 귀는 모든 주파수의 음에 다르게 반응한다는 내용이 옳다.

24 다음 중 시력 및 조명에 관한 설명으로 옳은 것은?

① 표적물체가 움직이거나 관측자가 움직이면 시력의 역치는 증가한다.

② 필터를 부착한 VDT 화면에 표시된 글자의 밝기는 줄어들지만 대비는 증가한다.

③ 대비는 표적물체 표면에 도달하는 조도와 경과하는 광도와의 차이를 나타낸다.

④ 관측자의 시야 내에 있는 주시영역과 그 주변영역의 조도의 비를 조도비라고 한다.

> 해설 ① 표적물체가 움직이거나 관측자가 움직이면 시력의 역치는 감소한다.
> ③ 대비는 표적의 광속발산도와 배경의 광속발산도의 차를 나타내는 척도이다.
> ④ 조도비는 조명으로 인해 생기는 밝은 곳과 어두운 곳의 비이다.

25 다음 중 통제기기의 변위를 20mm 움직였을 때 표시기기의 지침이 25mm 움직였다면 이 기기의 C/R비는 얼마인가?

① 0.3 ② 0.4

③ 0.8 ④ 0.9

> 해설 통제표시(C/R)비 $= \dfrac{\text{통제기기 변위량}}{\text{표시기기 지침 변위량}}$
> $= \dfrac{20}{25} = 0.8$

26 다음 중 제조나 생산과정에서의 품질관리 미비로 생기는 고장으로, 점검작업이나 시운전으로 예방할 수 있는 고장은?

① 초기고장 ② 마모고장

③ 우발고장 ④ 평상고장

> 해설 **설비의 신뢰도**
> ㉠ **초기고장** : 제조나 생산과정에서의 품질관리 미비로 생기는 고장으로, 점검작업이나 시운전으로 예방할 수 있다.
> ㉡ **마모고장** : 장치의 일부가 수명을 다해서 생기는 고장으로, 적당한 보수에 의해 이같은 부품을 미리 바꾸어 끼워서 방지할 수 있는 고장이다.
> ㉢ **우발고장** : 예측할 수 없을 때 생기는 고장이다.

27 인간계측자료를 응용하여 제품을 설계하고자 할 때 다음 중 제품과 적용기준으로 가장 적절하지 않은 것은?

① 출입문 – 최대집단치 설계기준

② 안내데스크 – 평균치 설계기준

③ 선반높이 – 최대집단치 설계기준

④ 공구 – 평균치 설계기준

> 해설 ③의 선반높이는 최소집단치 설계기준이다.

28 다음 중 인간-기계 시스템의 설계단계를 6단계로 구분할 때 제3단계인 기본설계 단계에 속하지 않는 것은?

① 직무분석 ② 기능의 할당

③ 인터페이스 설계 ④ 인간성능요건 명세

> 해설 **기본설계단계**
> ㉠ 직무분석 ㉡ 기능의 할당
> ㉢ 인간성능요건 명세

29 다음은 위험분석기법 중 어떠한 기법에 사용되는 양식인가?

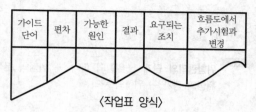

가이드 단어	편차	가능한 원인	결과	요구되는 조치	흐름도에서 추가시험과 변경

〈작업표 양식〉

① ETA   ② THERP
③ FMEA   ④ HAZOP

> **해설**
> ① ETA(Event Tree Analysis) : 사상의 안전도를 사용하여 시스템의 안전도를 나타내는 시스템 모델의 하나로서 귀납적이기는 하나, 정량적인 분석수법이다. 종래의 지나치게 쉬웠던 재해확대요인의 분석 등에 적합하다.
> ② THERP(Technique for Human Error Rate Prediction, 인간의 과오율 예측법) : 시스템이 있어서 인간의 과오를 정량적으로 평가하기 위하여 개발된 기법이다.
> ③ FMEA(Failure Mode and Effects Analysis, 고장형태와 영향분석) : 서브시스템 위험분석이나 시스템 위험분석을 위하여 일반적으로 사용되는 전형적인 정성적, 귀납적 분석기법으로 시스템에 영향을 미치는 모든 요소의 고장을 형태별로 분석하여 그 영향을 검토하는 기법이다.
> ④ HAZOP(Hazard and Operability, 위험과 운전분석기법) : 화학공장에서의 위험성과 운전성을 정해진 규칙과 설계도면에 의해 체계적으로 분석 평가하는 방법이다. 인명과 재산상의 손실을 수반하는 시행착오를 방지하기 위하여 인위적으로 만들어진 합성 경험을 통하여 공정 전반에 걸쳐 설비의 오동작이나 운전조작의 실수 가능성을 최소화하도록 합성경험에 해당하는 운전상의 이탈을 제시함에 있어서 사소한 원인이나 비현실적인 원인이라 해도 이것으로 인해 초래될 수 있는 결과를 체계적으로 누락 없이 검토하고 나아가서 그것에 대한 수립까지 가능한 위험성 평가기법이다.

30 작업종료 후에도 체내에 쌓인 젖산을 제거하기 위하여 추가로 요구되는 산소량을 무엇이라 하는가?

① ATP   ② 에너지대사율
③ 산소 빚   ④ 산소 최대섭취능

> **해설**
> **산소 빚** : 작업종료 후에도 체내에 쌓인 젖산을 제거하기 위하여 추가로 요구되는 산소량

31 부품배치의 원칙 중 부품의 일반적인 위치를 결정하기 위한 기준으로 가장 적합한 것은?

① 중요성의 원칙, 사용빈도의 원칙
② 기능별 배치의 원칙, 사용순서의 원칙
③ 중요성의 원칙, 사용순서의 원칙
④ 사용빈도의 원칙, 사용순서의 원칙

> **해설** 부품의 일반적인 위치를 결정하기 위한 기준
> ㉠ 중요성의 원칙   ㉡ 사용빈도의 원칙

32 FT도에 의한 컷셋(Cut Set)이 다음과 같이 구해졌을 때 최소 컷셋(Minimal Cut Set)으로 옳은 것은?

- (X_1, X_3)
- (X_1, X_2, X_3)
- (X_1, X_3, X_4)

① (X_1, X_3)
② (X_1, X_2, X_3)
③ (X_1, X_3, X_4)
④ (X_1, X_2, X_3, X_4)

> **해설**
> ㉠ 조건을 식으로 만들면
> $T = (X_1+X_3) \cdot (X_1+X_2+X_3) \cdot (X_1+X_3+X_4)$
> ㉡ FT도를 보면 (X_1, X_3)를 대입했을 때 T가 발생되었다.
>
>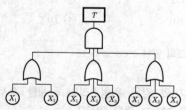
>
> ㉢ 미니멀 컷셋은 컷셋 중에 공통이 되는 (X_1, X_3)가 된다.
>
>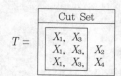
>
> $T = $ | X_1, X_3 | |
> | $X_1, X_3,$ | X_2 |
> | $X_1, X_3,$ | X_4 |

33 인지 및 인식의 오류를 예방하기 위해 목표와 관련하여 작동을 계획해야 하는데 특수하고 친숙하지 않은 상황에서 발생하며, 부적절한 분석이나 의사결정을 잘못하여 발생하는 오류는?

① 기능에 기초한 행동(Skill-based Behavior)
② 규칙에 기초한 행동(Rule-based Behavior)
③ 지식에 기초한 행동(Knowledge-based Behavior)
④ 사고에 기초한 행동(Accident-based Behavior)

> **해설**
> **지식에 기초한 행동** : 특수하고 친숙하지 않은 상황에서 발생하며, 부적절한 분석이나 의사결정을 잘못하여 발생하는 오류

34 다음 중 FTA의 기대효과로 볼 수 없는 것은?

① 사고원인 규명의 간편화
② 사고원인 분석의 정량화
③ 시스템의 결함 진단
④ 사고결과의 분석

> **해설**
> **FTA의 기대효과**
> ㉠ 사고원인 규명의 간편화
> ㉡ 사고원인 분석의 일반화
> ㉢ 사고원인 분석의 정량화
> ㉣ 노력, 시간의 절감
> ㉤ 시스템의 결함 진단
> ㉥ 안전점검표 작성

35 다음 중 광도(Lminous Intensity)의 단위에 해당하는 것은?

① cd
② fc
③ nit
④ lux

> **해설**
> **광도의 단위** : cd(candela)

36 [보기]와 같은 위험관리의 단계를 순서대로 나열한 것으로 옳은 것은?

> [보기]
> ⓐ 위험의 분석
> ⓑ 위험의 파악
> ⓒ 위험의 처리
> ⓓ 위험의 평가

① ⓐ → ⓑ → ⓓ → ⓒ
② ⓑ → ⓒ → ⓐ → ⓓ
③ ⓐ → ⓒ → ⓑ → ⓓ
④ ⓑ → ⓐ → ⓓ → ⓒ

> **해설**
> **위험관리의 단계** : 위험의 파악 → 위험의 분석 → 위험의 평가 → 위험의 처리

37 건구온도 38℃, 습구온도 32℃일 때의 Oxford 지수는 몇 ℃인가?

① 30.2
② 32.9
③ 35.0
④ 37.1

> **해설**
> $WD = 0.85 \times W$(습구온도) $+ 0.15 \times D$(건구온도)
> $= (0.85 \times 32) + (0.15 \times 38)$
> $= 32.9℃$

38 시스템의 수명주기를 구상, 정의, 개발, 생산, 운전의 5단계로 구분할 때 시스템 안전성 위험 분석(SSHA)은 다음 중 어느 단계에서 수행되는 것이 가장 적합한가?

① 구상(Concept)단계
② 운전(Deployment)단계
③ 생산(Production)단계
④ 정의(Definition)단계

> **해설**
> SSHA는 PHA를 계속하고 발전시킨 것으로서 시스템 또는 요소가 보다 한정적인 것이 됨에 따라서, 안전성 분석도 또한 보다 한정적인 것이 된다. 그러므로 정의 단계에서 수행하는 것이 가장 적합하다.

39 다음 중 인간공학의 직접적인 목적과 가장 거리가 먼 것은?

① 기계조작의 능률성
② 인간의 능력개발
③ 사고의 미연 및 방지
④ 작업환경의 쾌적성

> **해설**
> **인간공학의 직접적인 목적**
> ㉠ 기계조작의 능률성　　㉡ 사고의 미연 및 방지
> ㉢ 작업환경의 쾌적성

정답 | 33. ③ 34. ④ 35. ① 36. ④ 37. ② 38. ④ 39. ②

40 통신에서 잡음 중 일부를 제거하기 위해 필터 (Filter)를 사용하였다면 이는 다음 중 어느 것의 성능을 향상시키는 것인가?

① 신호의 검출성　　② 신호의 양립성
③ 신호의 산란성　　④ 신호의 표준성

> **해설**　통신에서 잡음 중의 일부를 제거하기 위해 필터를 사용하였다면 신호의 검출성의 성능을 향상시키는 것이다.

제3과목　기계위험방지기술

41 다음 중 연삭기의 사용상 안전대책으로 적절하지 않은 것은?

① 방호장치로 덮개를 설치한다.
② 숫돌 교체 후 1분 정도 시운전을 실시한다.
③ 숫돌의 최고사용회전속도를 초과하여 사용하지 않는다.
④ 축 회전속도(rpm)는 영구히 지워지지 않도록 표시한다.

> **해설**　② 숫돌 교체 후 3분 정도 시운전을 실시한다.

42 다음 중 기계의 회전운동하는 부분과 고정부 사이에 위험이 형성되는 위험점으로 예를 들어 연삭숫돌과 작업받침대, 교반기의 날개와 하우스 등에서 발생되는 위험점은?

① 물림점(Nip Point)
② 끼임점(Shear Point)
③ 절단점(Uting Point)
④ 접선물림점(Tangential Point)

> **해설**　문제의 내용은 끼임점에 관한 것이다.

43 롤러작업에서 울(Guard)의 적절한 위치까지의 거리가 40mm일 때 울의 개구부와의 설치간격은 얼마 정도로 하여야 하는가? (단, 국제노동기구의 규정을 따른다.)

① 12mm　　　　② 15mm
③ 18mm　　　　④ 20mm

> **해설**
> $$Y = 6 + 0.15 \times X$$
> $$= 6 + 0.15 \times 40$$
> $$= 12mm$$
>
> | 동력기계 | 롤러기 | |
> |---|---|---|
> | | 전동체가 아닌 경우 | 전동체인 경우 |
> | $Y = 6 + 0.1 \cdot X$ | $Y = 6 + 0.15 \cdot X$ | $Y = 6 + 0.1 \cdot X$ |

44 다음 중 산업용 로봇을 운전하는 경우 산업안전보건법에 따라 설치하여야 하는 방호장치에 해당되는 것은?

① 출입문 도어록　　② 안전매트 및 방책
③ 광전자식 방호장치　④ 과부하방지장치

> **해설**　산업용 로봇을 운전하는 경우, 산업안전보건법상 방호장치는 안전매트 및 방책이다.

45 다음 중 밀링작업 시 안전조치사항으로 틀린 것은?

① 절삭속도는 재료에 따라 정한다.
② 절삭 중 칩 제거는 칩 브레이커로 한다.
③ 커터를 끼울 때는 아버를 깨끗이 닦는다.
④ 일감을 고정하거나 풀어낼 때는 기계를 정지시킨다.

> **해설**　②의 경우 칩 제거는 브러시로 한다는 내용이 옳다.

46 다음 중 프레스 및 전단기의 양수조작식 방호장치 누름버튼의 상호간 최소내측거리로 옳은 것은?

① 100mm　　　② 150mm
③ 300mm　　　④ 500mm

> **해설**　프레스 및 전단기의 양수조작식 방호장치 누름버튼의 상호간 최소내측거리는 300mm 이상으로 하여야 한다.

47 크레인 작업 시 와이어로프 등이 혹으로부터 벗겨지는 것을 방지하기 위한 장치를 무엇이라 하는가?

① 권과방지장치　　② 과부하방지장치
③ 해지장치　　　　④ 브레이크장치

> **해설**　문제의 내용은 해지장치에 관한 것이다.

---

48 와이어로프의 절단하중이 1,116kgf이고, 한 줄로 물건을 매달고자 할 때 안전계수를 6으로 하면 몇 kgf 이하의 물건을 매달 수 있는가?

① 126　　　　　② 372
③ 588　　　　　④ 6,696

해설
$$안전계수 = \frac{절단하중}{안전하중}, \ 6 = \frac{1,116}{x}$$
$$\therefore x = \frac{1,116}{6} = 186kgf$$
따라서 186kgf 이하인 126kgf가 정답이다.

49 다음 중 드릴 작업의 안전대책과 거리가 먼 것은?

① 칩은 와이어브러시로 제거한다.
② 구멍 끝 작업에서는 절삭압력을 주어서는 안 된다.
③ 칩에 의한 자상을 방지하기 위해 면장갑을 착용한다.
④ 바이스 등을 사용하여 작업 중 공작물의 유도를 방지한다.

해설
③의 경우 면장갑을 착용하지 않는다는 내용이 옳다.

50 다음 중 프레스기에 사용하는 광전자식 방호장치의 단점으로 틀린 것은?

① 연속운전작업에는 사용할 수 없다.
② 확동클러치방식에는 사용할 수 없다.
③ 설치가 어렵고, 기계적 고장에 의한 2차 낙하에는 효과가 없다.
④ 작업 중 진동에 의해 투·수광기가 어긋나 작동이 되지 않을 수 있다.

해설
①의 경우 연속운전작업에 사용할 수 있다는 내용이 옳다.

51 일반연삭작업 등에 사용하는 것을 목적으로 하는 탁상용 연삭기의 덮개 각도에 있어 숫돌이 노출되는 전체 범위의 각도기준으로 옳은 것은?

① 65° 이상　　　② 75° 이상
③ 125° 이내　　　④ 150° 이내

해설
탁상용 연삭기의 덮개 각도에 있어 숫돌이 노출되는 전체 범위의 각도기준은 125° 이내이다.

52 다음 중 프레스기에 사용되는 손쳐내기식 방호장치에 대한 설명으로 틀린 것은?

① 분당 행정수가 120번 이상인 경우에 적합하다.
② 방호판의 폭은 금형폭의 1/2 이상이어야 한다.
③ 행정길이가 300m 이상의 프레스기계에는 방호판 폭을 300mm로 해야한다.
④ 손쳐내기봉의 행정(Stroke)길이를 금형의 높이에 따라 조정할 수 있고, 진동폭은 금형폭 이상이어야 한다.

해설
①의 경우 손쳐내기식 방호장치는 행정수가 빠른 경우에는 적합하지 않다는 내용이 옳다.

53 지게차로 20km/h의 속력으로 주행할 때 좌우 안정도는 몇 % 이내이어야 하는가? (단, 무부하상태를 기준으로 한다.)

① 37　　　　　② 39
③ 40　　　　　④ 42

해설
지게차의 주행 시의 좌우 안정도(%)
= 15 + 1.1 × V
∴ 15 + 1.1 × 20 = 37% 이내

54 다음 중 목재가공용 둥근톱기계에서 분할날의 설치에 관한 사항으로 옳지 않은 것은?

① 분할날 조임볼트는 이완방지조치가 되어 있어야 한다.
② 분할날과 톱날 원주면과 거리는 12mm 이내로 조정, 유지할 수 있어야 한다.
③ 둥근톱의 두께가 1.20mm라면 분할날의 두께는 1.32mm 이상이어야 한다.
④ 분할날은 표준 테이블면(승강반에 있어서도 테이블을 최하로 내릴 때의 면)상의 톱 뒷날의 1/3 이상을 덮도록 하여야 한다.

③ 가드식 방호장치 : 격리형 방호장치

④ 양수조작식 방호장치 : 위치제한형 방호장치

해설 ④의 경우 분할날은 표준 테이블면상의 톱 뒷날의 2/3 이상을 덮도록 하여야 한다는 내용이 옳다.

55 다음 중 기계구조 부분의 안전화에 대한 결함에 해당되지 않는 것은?

① 재료의 결함

② 기계설계의 결함

③ 가공상의 결함

④ 작업환경상의 결함

해설 기계구조 부분의 안전화에 대한 결함으로는 ①, ②, ③의 세 가지가 있다.

56 기계설비의 이상 시에 기계를 급정지시키거나 안전장치가 작동되도록 하는 소극적인 대책과 전기회로를 개선하여 오동작을 방지하거나 별도의 완전한 회로에 의해 정상 기능을 찾을 수 있도록 하는 안전화를 무엇이라 하는가?

① 구조적 안전화

② 보전의 안전화

③ 외관적 안전화

④ 기능적 안전화

해설 문제의 내용은 기능적 안전화에 관한 것이다.

57 다음 중 보일러수 속이 유지류, 용해 고형물 등에 의해 거품이 생겨 수위가 불안정하게 되는 현상을 무엇이라 하는가?

① 스케일(Scale)

② 보일러링(Boilering)

③ 프린팅(Printing)

④ 포밍(Foaming)

해설 문제의 내용은 포밍(Foaming)현상에 관한 것이다.

58 다음 중 접근반응형 방호장치에 해당되는 것은?

① 손쳐내기식 방호장치

② 광전자식 방호장치

③ 가드식 방호장치

④ 양수조작식 방호장치

해설 ① 손쳐내기식, 수인식 방호장치 : 접근거부형 방호장치

② 광전자식 방호장치 : 접근반응형 방호장치

59 다음 중 셰이퍼(Shaper)에 관한 설명으로 틀린 것은?

① 바이트는 가능한 짧게 물린다.

② 셰이퍼의 크기는 램의 행정으로 표시한다.

③ 작업 중 바이트가 운동하는 방향에 서지 않는다.

④ 각도 가공을 위해 헤드를 회전시킬 때는 최대행정으로 가동시킨다.

해설 ①, ②, ③ 이외에 셰이퍼에 관한 사항은 다음과 같다.

㉠ 행정의 길이 및 공작물, 바이트의 재질에 따라 절삭속도를 정할 것

㉡ 시동하기 전에 행정조정용 핸들을 빼놓을 것

㉢ 램은 필요 이상 긴 행정으로 하지 말고, 일감에 맞는 행정용으로 조정할 것

60 다음 중 컨베이어에 대한 안전조치사항으로 틀린 것은?

① 컨베이어에서 화물의 낙하로 인하여 근로자에게 위험을 미칠 우려가 있을때에는 덮개 또는 울을 설치하여야 한다.

② 정전이나 전압강하 등에 의한 화물 또는 운반구의 이탈 및 역주행을 방지할 수 있어야 한다.

③ 컨베이어에는 벨트 부위에 근로자가 접근할 때의 위험을 방지하기 위하여 권과방지장치 및 과부하방지장치를 설치하여야 한다.

④ 컨베이어에 근로자의 신체 일부가 말려들 위험이 있을 때는 운전을 즉시 정지시킬 수 있어야 한다.

해설 ③의 경우 크레인에 대한 안전조치사항에 해당 된다.

제4과목 전기 및 화학설비 위험방지기술

61 전기화재의 주요 원인이 되는 전기의 발열현상에서 가장 큰 열원에 해당하는 것은?

① 줄(Joule) 열
② 고주파 가열
③ 자기유도에 의한 열
④ 전기화학 반응열

해설 전기화재의 주요 원인이 되는 전기의 발열현상에서 가장 큰 열원에 해당하는 것은 줄(Joule) 열이다.

62 산업안전보건법령에 꽂음접속기를 설치 또는 사용하는 경우 준수하여야 할 사항으로 틀린 것은?

① 서로 다른 전압의 꽂음접속기는 서로 접속되지 아니한 구조의 것을 사용할 것
② 습윤한 장소에 사용되는 꽂음접속기는 방수형 등 그 장소에 적합한 것을 사용할 것
③ 근로자가 해당 꽂음접속기를 접속시킬 경우에는 땀 등으로 젖은 손으로 취급하지 않도록 할 것
④ 꽂음접속기에 잠금장치가 있는 때에는 접속 후 개방하여 사용할 것

해설 ④ 꽂음접속기에 잠금장치가 있는 때에는 접속 후 잠그고 사용할 것

63 다음 중 감지전류에 미치는 주파수의 영향에 대한 설명으로 옳은 것은?

① 주파수의 감전은 아무 상관관계가 없다.
② 주파수를 증가시키면 감지전류는 증가한다.
③ 주파수가 높을수록 전력의 영향은 증가한다.
④ 주파수가 낮을수록 고온증으로 사망하는 경우가 많다.

해설 감지전류에 주파수를 증가시키면 감지전류는 증가한다.

64 다음 중 정전기의 발생에 영향을 주는 요인과 가장 거리가 먼 것은?

① 물질의 표면상태   ② 물질의 분리속도
③ 물질의 표면온도   ④ 물질의 접촉면적

해설 ①, ②, ④ 이외에 정전기의 발생에 영향을 주는 요인은 다음과 같다.
㉠ 물질의 분리력   ㉡ 물질의 특성

65 다음 중 분진폭발 위험장소의 구분에 해당하지 않는 것은?

① 20종   ② 21종
③ 22종   ④ 23종

해설 **분진폭발 위험장소의 구분** : 20종, 21종, 22종

66 변압기 전로의 1선 지락전류가 6A일 때 제2종 접지공사의 접지저항값은 얼마인가?

① 10Ω   ② 15Ω
③ 20Ω   ④ 25Ω

해설 제2종 접지공사의 접지저항값

$$= \frac{150}{1선 지락전류}$$

$$\therefore \frac{150}{6} = 25\Omega$$

67 다음 중 인체의 접촉상태에 따른 최대허용접촉전압의 연결이 올바른 것은?

① 인체의 대부분이 수중에 있는 상태 : 10V 이하
② 인체가 현저하게 젖어있는 상태 : 25V 이하
③ 통상의 인체상태에 있어서 접촉전압이 가해지더라도 위험성이 낮은 상태 : 30V 이하
④ 금속성의 전기기계장치나 구조물에 인체의 일부가 상시 접촉되어 있는 상태 : 50V 이하

해설 **인체의 접촉상태에 따른 최대허용접촉전압**
㉠ 인체의 대부분이 수중에 있는 상태 : 2.5V 이하
㉡ 통상의 인체상태에 있어서 접촉전압이 가해지더라도 위험성이 낮은 상태 : 제한 없음
㉢ 통상의 인체상태에 있어서 접촉전압이 가해지면 위험성이 높은 상태 : 50V 이하

정답 | 61. ①   62. ④   63. ②   64. ③   65. ④   66. ④   67. ②

ⓔ 금속성의 전기기계장치나 구조물에 인체의 일부가 상시 접촉되어있는 상태 : 25V 이하

68 산업안전보건법에 따라 누전에 의한 감전 위험을 방지하기 위하여 해당 전로의 정격에 적합하고 감도가 양호하며 확실하게 작동하는 감전방지용 누전차단기를 설치할 때 누전차단기는 정격감도전류가 30mA 이하이고 작동시간은 얼마 이내이어야 하는가?

① 0.03초　　　　② 0.1초
③ 0.3초　　　　④ 0.5초

해설　누전차단기는 정격감도전류가 30mA 이하이고, 작동시간은 0.03초 이내이어야 한다.

69 방폭구조의 종류 중 전기기기의 과도한 온도상승, 아크 또는 불꽃발생의 위험을 방지하기 위하여 추가적인 안전조치를 통한 안전도를 증가시킨 방폭구조를 무엇이라 하는가?

① 안전증방폭구조　　② 본질안전방폭구조
③ 충전방폭구조　　　④ 비점화방폭구조

해설　문제의 내용은 안전증방폭구조에 관한 것이다.

70 다음 중 의료용 전자기기(Medical Electronic Instrument)에서 인체의 마이크로 쇼크(Micro Shock) 방지를 목적으로 시설하는 접지로 가장 적절한 것은?

① 기기접지　　　　② 계통접지
③ 등전위접지　　　④ 정전접지

해설　문제의 내용은 등전위접지에 관한 것이다.

71 어떤 혼합가스의 성분가스 용량이 메탄은 75%, 에탄은 13%, 프로판은 8%, 부탄은 4%인 경우 이 혼합가스의 공기 중 폭발하한계(vol%)는 얼마인가? (단, 폭발하한값이 메탄은 5.0%, 에탄은 3.0%, 프로판은 2.1%, 부탄은 1.8%이다.)

① 3.94　　　　　② 4.28
③ 6.63　　　　　④ 12.24

해설　하한계값 : $\dfrac{100}{L} = \dfrac{V_1}{L_1} + \dfrac{V_2}{L_2} + \dfrac{V_3}{L_3} + \dfrac{V_4}{L_4}$

$$\therefore L = \dfrac{100}{\dfrac{75}{5} + \dfrac{13}{3} + \dfrac{8}{2.1} + \dfrac{4}{1.9}}$$

$= 3.942 = 3.94 \text{vlo}\%$

72 산업안전보건법령상 공정안전보고서에 포함되어야 하는 주요 4가지 사항에 해당하지 않는 것은? (단, 고용노동부장관이 필요하다고 인정하여 고시하는 사항은 제외한다.)

① 공정안전자료　　② 안전운전비용
③ 비상조치계획　　④ 공정위험성 평가서

해설　공정안전보고서에 포함되는 주요 4가지 사항
ⓐ 공정안전자료　　　　ⓑ 공정위험성 평가서
ⓒ 안전운전계획　　　　ⓓ 비상조치계획

73 고압가스 용기에 사용되며 화재 등으로 용기의 온도가 상승하였을 때 금속의 일부분을 녹여 가스의 배출구를 만들어 압력을 분출시켜 용기의 폭발을 방지하는 안전장치는?

① 가용합금 안전밸브　② 파열판
③ 폭압방산공　　　　④ 폭발억제장치

해설
② **파열판** : 고압용기 등에 설치하는 안전장치를 용기에 이상압력이 발생될 경우 용기의 내압보다 적은 압력에서 막판(Disk)이 파열되어 내부압력이 급격히 방출되도록 하는 장치
③ **폭압방산공** : 내부에서 폭발을 일으킬 염려가 있는 건물, 설비, 장치 등과 이런 것에 부속된 덕트류 등의 일부에 설계강도가 가장 낮은 부분을 설치하여 내부에서 일어난 폭발압력을 그곳으로 방출함으로써 장치 등의 전체적인 파괴를 방지하기 위하여 설치한 압력방출장치의 일종
④ **폭발억제장치** : 밀폐된 설비, 탱크에서 폭발이 발생되는 경우 폭발성 혼합기 전체로 전파되어 급격한 온도상승과 압력이 발생된다. 이 경우 압력상승현상을 신속히 감지할 수 있도록 하여 전자기기를 이용 소화제를 자동적으로 착화된 수면에 분사하여 폭발확대를 제거하는 장치

74 다음 중 유해·위험 물질이 유출되는 사고가 발생했을 때의 대처요령으로 적절하지 않은 것은?

① 중화 또는 희석을 시킨다.
② 안전한 장소일 경우 소각시킨다.
③ 유출 부분을 억제 또는 폐쇄시킨다.
④ 유출된 지역의 인원을 대피시킨다.

해설 유해·위험 물질이 유출되는 사고가 발생했을 때 대처요령

㉠ 중화 또는 희석을 시킨다.
㉡ 유출 부분을 억제 또는 폐쇄시킨다.
㉢ 유출된 지역의 인원을 대피시킨다.

75 다음 중 벤젠(C_6H_6)이 공기 중에서 연소될 때의 이론혼합비(화학양론조성)는?

① 0.72vol%
② 1.22vol%
③ 2.72vol%
④ 3.22vol%

해설
㉠ 산소농도(O_2)

$$= \left(a + \frac{b-c-2d}{4}\right) = \left(6 + \frac{6}{4}\right) = 7.5$$

(단, C_aH_b, $a=6$, $b=6$, $c=0$, $d=0$)

㉡ 화학양론농도(C_{st})

$$= \frac{100}{1 + 4.773O_2} = \frac{100}{1 + 4.773 \times 7.5}$$

$$= 2.717 = 2.72vol\%$$

76 다음 중 분말소화약제에 대한 설명으로 틀린 것은?

① 소화약제의 종별로는 제1종~제4종까지 있다.
② 적응화재에 따라 크게 BC 분말과 ABC 분말로 나누어진다.
③ 제3종 분말의 주성분은 제1인산암모늄으로 B급과 C급 화재에만 사용이 가능하다.
④ 제4종 분말소화약제는 제2종 분말을 개량한 것으로 분말소화약제 중 소화력이 가장 우수하다.

해설 ③의 경우 제3종 분말의 주성분은 제1인산암모늄으로 A, B, C급 화재에 사용한다는 내용이 옳다.

77 다음 중 화학장치에서 반응기의 유해·위험 요인(Hazard)으로 화학반응이 있을 때 특히 유의해야 할 사항은?

① 낙하, 절단
② 감전, 협착
③ 비래, 붕괴
④ 반응폭주, 과압

해설
㉠ **반응폭주** : 메탄올 합성원료용 가스압축기 배기 파이프의 이음새로부터 미량의 공기가 흡수되고, 원료로 사용된 질소 중 미량의 산소가 수소와 반응해 승온되어 반응폭주가 시작되며, 강관이 연화되고 부분적으로 팽출되며 가스가 분출되어 착화한다.
㉡ **과압** : 압력을 가하는 것이다. 일정 체적의 물체에 압력을 가하면 체적이 줄어들게 되고 이때 발생하는 응력과 변형은 서로 비례한다.

78 다음 중 최소발화에너지에 관한 설명으로 틀린 것은?

① 압력이 상승하면 작아진다.
② 온도가 상승하면 작아진다.
③ 산소농도가 높아지면 작아진다.
④ 유체의 유속이 높아지면 작아진다.

해설 **최소발화에너지(Minimum Igniton Energy)** : 가연성 가스나 액체의 증기 또는 폭발성 분진이 공기 중에 있을 때 이것을 발화시키는 데 필요한 에너지이며 단위는 밀리줄(mJ)을 사용한다. 최소발화에너지가 낮은 물질인 아세틸렌, 수소, 이황화탄소 등에서 약간의 전기스파크에도 폭발하기 쉽기 때문에 주의한다. 유체의 유속이 높아지면 최소발화에너지는 커진다.

79 다음 중 자기반응성 물질에 관한 설명으로 틀린 것은?

① 가열·마찰·충격에 의해 폭발하기 쉽다.
② 연소속도가 대단히 빨라서 폭발적으로 반응한다.
③ 소화에는 이산화탄소, 할로겐화합물 소화약제를 사용한다.
④ 가연성 물질이면서 그 자체 산소를 함유하므로 자기연소를 일으킨다.

해설 ③의 경우 소화에는 다량의 물을 사용한다는 내용이 옳다.

80 다음 중 충분히 높은 온도에서 혼합물(연료와 공기)이 점화원 없이 발화 또는 폭발을 일으키는 최저온도를 무엇이라 하는가?

① 착화점　　　　　② 연소점
③ 용융점　　　　　④ 인화점

해설　② **연소점(Fire Point)** : 상온에서 액체상태로 존재하는 액체 가연물의 연소상태를 5초 이상 유지시키기 위한 온도로서 일반적으로 인화점보다 약 10℃ 정도 높은 온도이다.
　③ **용융점(Melting Point)** : 녹는점을 말하며 금속에 열을 가하면 그 금속이 녹아서 액체로 될 때의 온도로서, 용융점이 가장 높은 것은 텅스텐(3,400℃)이며, 가장 낮은 것은 수은(−38.8℃)이다.
　④ **인화점(Flash Point)** : 인화온도라 하며, 가연물을 가열하면서 한쪽에서 점화원을 부여하여 발화온도보다 낮은 온도에서 연소가 일어나는 것을 인화라고 하며, 인화가 일어나는 최저의 온도가 인화점이다.

제5과목　　건설안전기술

---

81 건설현장에서 근로자가 안전하게 통행할 수 있도록 통로에 설치하는 조명의 조도기준은?

① 65lux　　　　　② 75lux
③ 85lux　　　　　④ 95lux

해설　건설현장에서 근로자가 안전하게 통행할 수 있도록 통로에 설치하는 조명의 조도기준은 75lux이다.

82 작업으로 인하여 물체가 떨어지거나 날아올 위험이 있는 경우에 조치 및 준수하여 야 할 내용으로 옳지 않은 것은?

① 낙하물방지망, 수직보호망 또는 방호선반 등을 설치한다.
② 낙하물방지망의 내민 길이는 벽면으로부터 2m 이상으로 한다.
③ 낙하물방지망의 수평면과 각도는 20° 이상 30° 이하를 유지한다.
④ 낙하물방지망은 높이 15m 이내마다 설치한다.

해설　④의 경우 낙하물방지망은 높이 10m 이내마다 설치한다는 내용이 옳다.

83 옹벽의 활동에 대한 저항력은 옹벽에 작용하는 수평력보다 최소 몇 배 이상 되어야 안전한가?

① 0.5　　　　　② 1.0
③ 1.5　　　　　④ 2.0

해설　옹벽의 활동에 대한 저항력은 옹벽에 작용하는 수평력보다 최소 1.5배 이상 되어야 안전하다.

84 비탈면 붕괴방지를 위한 붕괴방지 공법과 가장 거리가 먼 것은?

① 배토 공법　　　　　② 압성토 공법
③ 공작물의 설치　　　④ 웰포인트 공법

해설　(1) ④의 웰포인트 공법은 연약점토질 지반개량 공법에 해당된다.
　(2) ①, ②, ③ 이외에 비탈면 붕괴방지 공법은 다음과 같다.
　　㉠ 그라우팅 공법(약액주입 공법)
　　㉡ 다짐말뚝 공법
　　㉢ 다짐모래말뚝 공법
　　㉣ 폭파다짐 공법
　　㉤ 전기충격 공법
　　㉥ 웰포인트 공법

85 콘크리트를 타설할 때 안전상 유의하여야 할 사항으로 옳지 않은 것은?

① 콘크리트를 치는 도중에는 거푸집, 지보공 등의 이상 유무를 확인한다.
② 진동기 사용 시 지나친 진동은 거푸집 도괴의 원인이 될 수 있으므로 적절히 사용해야 한다.
③ 최상부의 슬래브는 되도록 이어붓기를 하고 여러 번에 나누어 콘크리트를 타설한다.
④ 타워에 연결되어 있는 슈트의 접속은 확실한지 확인한다.

해설　③의 경우 최상부의 슬래브는 되도록 이어붓기를 피하고 여러 번에 나누어 콘크리트를 타설한다는 내용이 옳다.

정답 ┃ 80. ①　81. ②　82. ④　83. ③　84. ④　85. ③

86 현장에서 말비계를 조립하여 사용할 때에는 다음 [보기]의 사항을 준수하여야 한다. (   ) 안에 적합한 것은?

> 말비계의 높이가 2m를 초과할 경우에는 작업 발판의 폭을 (   )cm 이상으로 할 것

① 10　　　　　② 20
③ 30　　　　　④ 40

해설 말비계의 높이가 2m를 초과할 경우에는 작업발판의 폭을 40cm 이상으로 하여야 한다.

87 철근콘크리트 공사 시 거푸집의 필요조건이 아닌 것은?

① 콘크리트의 하중에 대해 뒤틀림이 없는 강도를 갖출 것
② 콘크리트 내 수분 등에 대한 물빠짐이 원활한 구조를 갖출 것
③ 최소한의 재료로 여러 번 사용할 수 있는 전용성을 가질 것
④ 거푸집은 조립·해체·운반이 용이하도록 할 것

해설 ②의 경우 콘크리트 내 수분 등에 대한 누출을 방지할 수 있는 수밀성이 있을 것이 옳은 내용이다.

88 건설업 산업안전보건관리비의 사용항목이 아닌 것은?

① 안전관리계획서 작성비용
② 안전관리자의 인건비
③ 안전시설비
④ 안전진단비

해설 건설업 산업안전보건관리비 사용항목으로는 ②, ③, ④ 이외에 다음과 같은 것들이 있다.
　㉠ 개인보호구 및 안전장구 구입비
　㉡ 안전보건교육비 및 행사비
　㉢ 근로자의 건강관리비
　㉣ 건설재해예방기술 지도비
　㉤ 본사 사용비

89 트렌치 굴착 시 흙막이지보공을 설치하지 않는 경우 굴착깊이는 몇 m 이하로 해야 하는가?

① 1.5　　　　　② 2
③ 3.5　　　　　④ 4

해설 트렌치 굴착 시 흙막이지보공을 설치하지 않는 경우 굴착깊이는 1.5m 이하로 해야 한다.

90 근로자의 추락 등의 위험을 방지하기 위하여 설치하는 안전난간의 구조 및 설치기준으로 옳지 않은 것은?

① 상부 난간대는 바닥면, 발판 또는 경사로의 표면으로부터 90cm 이상 지점에 설치할 것
② 발끝막이판은 바닥면 등으로부터 10cm 이상의 높이를 유지할 것
③ 안전난간은 구조적으로 가장 취약한 지점에서 가장 취약한 방향으로 작용하는 80kg 이상의 하중에 견딜 수 있는 튼튼한 구조일 것
④ 난간대는 지름 2.7cm 이상의 금속제 파이프나 그 이상의 강도가 있는 재료일 것

해설 ③의 경우 안전난간은 구조적으로 가장 취약한 지점에서 가장 취약한 방향으로 작용하는 100kg 이상의 하중에 견딜 수 있는 튼튼한 구조일 것이 옳은 내용이다.

91 차량계 하역운반기계 등을 이송하기 위하여 자주 또는 견인에 의하여 화물자동차에 싣거나 내리는 작업을 할 때에 준수하여야 할 사항으로 옳지 않은 것은?

① 발판을 사용하는 경우에는 충분한 길이, 폭 및 강도를 가진 것을 사용할 것
② 지정운전자의 성명, 연락처 등을 보기 쉬운 곳에 표시하고 지정운전자 외에는 운전하지 않도록 할 것
③ 가설대 등을 사용하는 경우에는 충분한 폭 및 강도와 적당한 경사를 확보할 것
④ 싣거나 내리는 작업을 할 때는 편의를 위해 경사지고 견고한 지대에서 할 것

해설 ④의 경우 싣거나 내리는 작업을 할 때는 평탄하고 견고한 지대에서 할 것이 옳은 내용이다.

92 산업안전보건기준에 관한 규칙에 따른 계단 및 계단참을 설치하는 경우 매 m²당 최소 얼마 이상의 하중에 견딜 수 있는 강도를 가진 구조로 설치하여야 하는가?

① 500kg   ② 600kg
③ 700kg   ④ 800kg

해설 산업안전보건기준에 관한 규칙에 따른 계단 및 계단참을 설치하는 경우 매 m²당 500kg 이상의 하중에 견딜 수 있는 강도를 가진 구조로 설치하여야 한다.

93 사다리식 통로를 설치할 때 사다리의 상단은 걸쳐놓은 지점으로부터 얼마 이상 올라가도록 하여야 하는가?

① 45cm 이상   ② 60cm 이상
③ 75cm 이상   ④ 90cm 이상

해설 사다리식 통로를 설치할 때 사다리의 상단은 걸쳐놓은 지점으로부터 60cm 이상 올라가도록 하여야 한다.

94 작업조건에 알맞은 보호구의 연결이 옳지 않은 것은?

① 안전대 : 높이 또는 깊이 2m 이상의 추락할 위험이 있는 장소에서의 작업
② 보안면 : 물체가 흩날릴 위험이 있는 작업
③ 안전화 : 물체의 낙하·충격, 물체에의 끼임, 감전 또는 정전기의 대전(帶電)에 의한 위험이 있는 작업
④ 방열복 : 고열에 의한 화상 등의 위험이 있는 작업

해설 ②의 경우 물체가 흩날릴 위험이 있는 작업에 알맞은 보호구는 보안경이다.

95 콘크리트 타설작업 시 거푸집에 작용하는 연직 하중이 아닌 것은?

① 콘크리트의 측압
② 거푸집의 중량
③ 굳지 않은 콘크리트의 중량
④ 작업원의 작업하중

해설 ㉠ ① 콘크리트의 측압은 거푸집에 작용하는 수평하중이다.
ㄴ 콘크리트 측압 이외에 수평하중으로는 풍하중, 지진하중이 있다.

96 점성토 지반의 개량 공법으로 적합하지 않은 것은?

① 바이브로 플로테이션 공법
② 프리로딩 공법
③ 치환 공법
④ 페이퍼드레인 공법

해설 (1) 바이브로 플로테이션 공법은 사질토 지반의 개량 공법에 적합하다.
(2) 바이브로 플로테이션 공법 이외에 사질토 지반의 개량 공법은 다음과 같다.
㉠ 그라우팅 공법(약액주입 공법)
㉡ 다짐말뚝 공법
㉢ 다짐모래말뚝 공법
㉣ 폭파다짐 공법
㉤ 전기충격 공법
㉥ 웰포인트 공법

97 철골작업에서 작업을 중지해야 하는 규정에 해당되지 않는 경우는?

① 풍속이 초당 10m 이상인 경우
② 강우량이 시간당 1mm 이상인 경우
③ 강설량이 시간당 1cm 이상인 경우
④ 겨울철 기온이 영하 4℃ 이상인 경우

해설 철골작업에서 작업을 중지해야 하는 규정에 해당되는 경우는 ①, ②, ③의 세 가지가 있다.

98 셔블계 굴착기에 부착하며, 유압을 이용하여 콘크리트의 파괴, 빌딩해체, 도로파괴 등에 쓰이는 것은?

① 파일드라이버   ② 디젤해머
③ 브레이커   ④ 오거

해설 문제의 내용은 브레이커에 관한 것이다.

정답 92. ① 93. ② 94. ② 95. ① 96. ① 97. ④ 98. ③

99 모래질 지반에서 포화된 가는 모래에 충격을 가하면 모래가 약간 수축하여 정(+)의 공극수압이 발생하며, 이로 인하여 유효응력이 감소하여 전단강도가 떨어져 순간침하가 발생하는 현상은?

① 동상현상   ② 연화현상
③ 리칭현상   ④ 액상화현상

해설 문제의 내용은 액상화현상에 관한 것이다.

100 유해·위험 방지계획서 제출 시 첨부서류의 항목이 아닌 것은?

① 공사개요
② 안전보건관리계획
③ 작업환경 조성계획
④ 보호장비 폐기계획

해설 유해·위험 방지계획서 제출 시 첨부서류의 항목으로는 ①, ②, ③ 이외에 작업공사 종류별 유해·위험 방지계획이 있다.

제1과목 | 산업안전관리론

01 다음 중 사람이 인력(중력)에 의하여 건축물, 구조물, 가설물, 수목, 사다리 등의 높은 장소에서 떨어지는 재해의 발생형태를 무엇이라 하는가?

① 추락
② 비래
③ 낙하
④ 전도

> **해설**
> ② **비래**, ③ **낙하** : 물건이 주체가 되어 사람이 맞은 경우
> ④ **전도** : 사람이 평면상으로 넘어졌을 경우(과속, 미끄러짐 포함)

02 다음 중 사고예방대책의 기본원리 5단계에 있어 3단계에 해당하는 것은?

① 분석
② 안전조직
③ 사실의 발견
④ 시정방법의 선정

> **해설**
> **사고예방대책의 기본원리 5단계**
> ㉠ 제1단계 : 안전조직
> ㉡ 제2단계 : 사실의 발견
> ㉢ 제3단계 : 분석
> ㉣ 제4단계 : 시정방법의 선정
> ㉤ 제5단계 : 시정책의 적용

03 다음 중 무재해운동의 3요소에 해당되지 않는 것은?

① 이념
② 기법
③ 실천
④ 경쟁

> **해설**
> **무재해운동의 3요소**
> ㉠ 이념   ㉡ 기법   ㉢ 실천

04 교육훈련의 효과는 5관을 최대한 활용하여야 하는데 다음 중 효과가 가장 큰 것은?

① 청각
② 시각
③ 촉각
④ 후각

> **해설**
> **교육훈련의 효과** : 시각(50%) > 청각(20%) > 촉각(15%) > 미각(30%) > 후각(2%)

05 다음 중 산업안전보건법령상 특별안전·보건교육 대상의 작업에 해당하지 않는 것은?

① 방사선 업무에 관계되는 작업
② 전압이 50V인 정전 및 활선작업
③ 굴착면의 높이가 3m 되는 암석의 굴착작업
④ 게이지압력을 2kgf/cm^2 이상으로 사용하는 압력용기 설치 및 취급작업

> **해설**
> ② 전압이 75V 이상인 정전 및 활선 작업

06 다음 중 인지과정 착오의 요인과 가장 거리가 먼 것은?

① 정서 불안정
② 감각차단 현상
③ 작업자의 기능 미숙
④ 생리·심리적 능력의 한계

> **해설**
> **인지과정 착오의 요인**
> ㉠ 정서 불안정
> ㉡ 감각차단 현상
> ㉢ 생리·심리적 능력의 한계

07 근로자의 작업수행 중 나타나는 불안전한 행동의 종류로 볼 수 없는 것은?

① 인간과오로 인한 불안전한 행동
② 태도 불량으로 인한 불안전한 행동
③ 시스템 과오로 인한 불안전한 행동
④ 지식 부족으로 인한 불안전한 행동

> **해설**
> **근로자의 작업수행 중 불안전한 행동의 종류**
> ㉠ 인간과오로 인한 불안전한 행동
> ㉡ 태도 불량으로 인한 불안전한 행동
> ㉢ 지식 부족으로 인한 불안전한 행동

정답 | 01. ①   02. ①   03. ④   04. ②   05. ②   06. ③   07. ③

08 다음 중 맥그리거(McGregor)의 X·Y 이론에서 Y이론의 관리처방에 해당하는 것은?

① 분권화와 권한의 위임
② 경제적 보상체제의 강화
③ 권위주의적 리더십의 확립
④ 면밀한 감독과 엄격한 통제

해설 맥그리거의 X·Y 이론

X이론	Y이론
인간 불신감(성악설)	상호 신뢰감(성선설)
저차(물질적)의 욕구(경제적 보상체제의 강화	고차(정신적)의 욕구 만족에 의한 동기부여
〈규제관리〉 •경제적 보상체제의 강화 •권위주의적 리더십의 확립 •면밀한 감독과 엄격한 통제	〈자기통제에 의한 관리〉 분권화와 권한의 위임
저개발국형	선진국형

09 다음 중 산업안전보건법령상 사업 내 안전·보건교육에 있어 교육대상과 교육시간이 잘못 연결된 것은?

① 사무직 종사 근로자의 정기교육 : 매 분기 3시간 이상
② 일용근로자의 작업내용 변경 시의 교육 : 1시간 이상
③ 건설 일용근로자의 건설업 기초 안전·보건교육 : 2시간 이상
④ 관리감독자의 지위에 있는 사람의 정기교육 : 연간 16시간 이상

해설 ③ 건설 일용직 근로자의 건설업 기초 안전·보건교육 : 4시간

10 산업안전보건법에 따라 안전·보건표지에 사용된 색채의 색도 기준이 "7.5R 4/14"일 때 이 색채의 명도값으로 옳은 것은?

① 7.5 ② 4
③ 14 ④ 4.14

해설 색도 기준 7.5R 4/14
㉠ 색상 7.5R ㉡ 명도 4 ㉢ 채도 14

11 위험예지훈련 4R(라운드)의 진행방법에서 3R(라운드)에 해당하는 것은?

① 목표설정 ② 본질추구
③ 현상파악 ④ 대책수립

해설 위험예지훈련 4R(라운드)의 진행방법
㉠ 1R : 현상파악 ㉡ 2R : 본질추구
㉢ 3R : 대책수립 ㉣ 4R : 목표설정

12 레빈(Lewin)의 법칙 $B=f(P \cdot E)$에서 인간행동(B)은 개체(P)와 환경조건(E)과의 상호 함수관계를 갖는다. 다음 중 환경조건(E)이 나타낸 것은?

① 지능 ② 소질
③ 적성 ④ 인간관계

해설
$B=f(P \cdot E)$
여기서, B : Behavior(인간의 행동)
P : Person(개체)
E : Environment(환경조건, 인간관계)
f : function(함수관계)

13 도수율이 12.57, 강도율이 17.45인 사업장에서 한 근로자가 평생 근무한다면 며칠의 근로손실이 발생하겠는가? (단, 1인 근로자의 평생근로시간은 10^5시간이다.)

① 1,257일 ② 126일
③ 1,745일 ④ 175일

해설
$$강도율 = \frac{근로손실일수}{연근로시간수} \times 1,000$$
$$\therefore 근로손실일수 = \frac{강도율 \times 연근로시간수}{1,000}$$
$$= \frac{17.45 \times 10^5}{1,000} = 1,745일$$

14 안전점검 대상과 가장 거리가 먼 것은?

① 인원배치 ② 방호장치
③ 작업환경 ④ 작업방법

해설 안전점검의 대상
㉠ 방호장치 ㉡ 작업환경 ㉢ 작업방법

15 다음 중 학습정도(Level Of Learning)의 4단계에 포함되지 않는 것은?

① 지각한다. ② 적용한다.
③ 인지한다. ④ 정리한다.

> **해설** 학습정도의 4단계
> ㉠ 제1단계 : 인지한다. ㉡ 제2단계 : 지각한다.
> ㉢ 제3단계 : 이해한다. ㉣ 제4단계 : 적용한다.

16 다음 중 사업장 내 안전·보건교육을 통하여 근로자가 함양 및 체득될 수 있는 사항과 가장 거리가 먼 것은?

① 잠재위험 발견 능력
② 비상사태 대응 능력
③ 재해손실비용 분석 능력
④ 직면한 문제의 사고발생 가능성 예지능력

> **해설** 사업장 내 안전·보건교육을 통하여 근로자가 함양 및 체득될 수 있는 사항
> ㉠ 잠재위험 발견 능력
> ㉡ 비상사태 대응 능력
> ㉢ 직면한 문제의 사고발생 가능성 예지 능력

17 다음 중 재해 통계적 원인분석 시 특성과 요인 관계를 도표로 하여 어골상(魚骨象)으로 세분화한 것은?

① 파레토도 ② 특성요인도
③ 크로스도 ④ 관리도

> **해설** 통계적 원인분석
> ① 파레토(Pareto)도 : 사고의 유형, 기인물 등 분류항목을 큰 순서대로 도표화한다. 문제목표의 이해에 편리하다.
> ② 특성요인도 : 특성과 요인관계를 도표로 하여 어골상으로 세분화한 것이다.
> ③ 크로스(Cross)도 : 2개 이상의 문제 관계를 분석하는 데 사용하는 것으로, 데이터(Data)를 집계하고 표로 표시하여 요인별 결과 내역을 교차한 크로스 그림을 작성하여 분석한다.
> ④ 관리도 : 재해발생 건수 등의 추이를 파악하여 목표관리를 행하는 데 필요한 월별 재해발생수를 그래프(Graph)화 하여 관리선을 설정·관리하는 방법이다.

18 강의의 성과는 강의계획 및 준비 정도에 따라 일반적으로 결정되는 데 다음 중 강의 계획의 4단계를 올바르게 나열한 것은?

> ⓐ 교수방법의 선정
> ⓑ 학습자료의 수집 및 체계화
> ⓒ 학습목적과 학습성과의 선정
> ⓓ 강의안 작성

① ⓒ → ⓑ → ⓐ → ⓓ
② ⓑ → ⓒ → ⓐ → ⓓ
③ ⓑ → ⓐ → ⓒ → ⓓ
④ ⓑ → ⓒ → ⓓ → ⓐ

> **해설** 강의계획의 4단계
> ㉠ 제1단계 : 학습목적과 학습성과의 선정
> ㉡ 제2단계 : 학습자료의 수집 및 체계화
> ㉢ 제3단계 : 교수방법의 선정
> ㉣ 제4단계 : 강의안 작성

19 다음 [그림]에 나타낸 리더와 부하와의 관계에서 이에 해당되는 리더의 유형은?

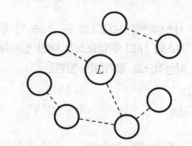

① 민주형 ② 자유방임형
③ 권위형 ④ 권력형

> **해설** 리더의 유형
> ㉠ **민주형** : 집단의 토론, 회의 등에 의해서 정책을 결정하는 유형
> ㉡ **자유방임형** : 지도자가 집단 구성원에게 완전히 자유를 주며, 집단에 대하여 전혀 리더십을 발휘하지 않고 명목상의 리더 자리만을 지키는 유형
> ㉢ **권위형** : 지도자가 집단의 모든 권한 행사를 단독적으로 처리하는 유형

20 다음은 안전화의 정의에 관한 설명이다. ㉠과 ㉡에 해당하는 값으로 옳은 것은?

> 중작업용 안전화란 (㉠)mm의 낙하높이에서 시험했을 때 충격과 (㉡)kN의 압축하중에서 시험했을 때 압박에 대하여 보호해 줄 수 있는 선심을 부착하여 착용자를 보호하기 위한 안전화를 말한다.

① ㉠ 250, ㉡ 4.5
② ㉠ 500, ㉡ 5.0
③ ㉠ 750, ㉡ 7.5
④ ㉠ 1,000, ㉡ 15.0

> [해설] **중작업용 안전화** : 1,000mm의 낙하높이에서 시험했을 때 충격과 15.0kN의 압축하중에서 시험했을 때 압박에 대하여 보호해 줄 수 있는 선심을 부착하여 착용자를 보호하기 위한 안전화이다.

제2과목 인간공학 및 시스템안전공학

21 모든 시스템안전 프로그램 중 최초 단계의분석으로 시스템 내의 위험요소가 어떤 상태에 있는지를 정성적으로 평가하는 방법은?

① CA
② PHA
③ FHA
④ FMEA

> [해설]
> ① CA(Criticality Analysis) : 높은 위험도를 가진 요소 또는 그 고장의 형태에 따른 분석 방법
> ② PHA(Preliminary Hazards Analysis) : 모든 시스템안전 프로그램 중 최초 단계의 분석으로 시스템 내의 위험요소가 어떤 상태에 있는지를 정성적으로 평가하는 방법
> ③ FHA(Fault Hazards Analysis) : 전체 시스템을 구성하고 있는 시스템의 한 구성 요소의 분석에 사용되는 분석방법
> ④ FMEA(Failure Modes and Effects Analysis) : 고장형태와 영향분석이라고도 하며, 이 분석기법은 각 요소의 고장유형과 그 고장이 미치는 영향을 분석하는 방법으로 귀납적이면서 정성적으로 분석하는 방법

22 다음 중 건구온도가 30℃, 습구온도가 27℃일 때 사람들이 느끼는 불쾌감의 정도를 설명한 것으로 가장 적절한 것은?

① 대부분의 사람이 불쾌감을 느낀다.
② 거의 모든 사람이 불쾌감을 느끼지 못한다.
③ 일부분의 사람이 불쾌감을 느끼기 시작한다.
④ 일부분의 사람이 쾌적함을 느끼기 시작한다.

> [해설] **불쾌지수와 불쾌감의 정도**
> 불쾌지수 = 섭씨(건구온도 + 습구온도)×0.72 + 40.6
> = (30 + 27)×0.82 + 40.6 = 81.64
> ㉠ 불쾌지수 70 이하 : 모든 사람이 불쾌를 느끼지 않음
> ㉡ 불쾌지수 70 이상 75 이하 : 10명 중 2~3명이 불쾌 감지
> ㉢ 불쾌지수 76 이상 80 이하 : 10명 중 5명 이상이 불쾌 감지
> ㉣ 불쾌지수 80 이상 : 모든 사람이 불쾌를 느낌

23 다음과 같은 FT도에서 Minimal Cut Set으로 옳은 것은?

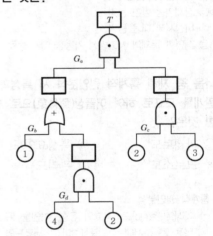

① (2, 3)
② (1, 2, 3)
③ (1, 2, 3)
(2, 3, 4)
④ (1, 2, 3)
(1, 3, 4)

> [해설] $G_a \to G_b G_c \to ㉠ G_c \to ㉠, ㉡, ㉢$
> $G_d G_c \to ㉡, ㉢, ㉣$

24 인간–기계 시스템에서 자동화 정도에 따라 분류할 때 감시제어(Supervisory Control) 시스템에서 인간의 주요기능과 가장 거리가 먼 것은?

① 간섭(Intervene) ② 계획(Plan)
③ 교시(Teach) ④ 추적(Pursuit)

> **해설** 감시제어 시스템에서 인간의 주요 기능
> ㉠ 간섭 ㉡ 계획 ㉢ 교시

25 다음 중 수명주기(Life Cycle) 6단계에서 "운전단계"와 가장 거리가 먼 것은?
① 사고조사 참여
② 기술변경의 개발
③ 고객에 의한 최종 성능검사
④ 최종 생산물의 수용여부 결정

> **해설** 운전단계
> ㉠ 사고조사 참여
> ㉡ 기술변경의 개발
> ㉢ 고객에 의한 최종 성능검사

26 공정 분석에 있어 활용하는 공정도(Process Chart)의 도시기호 중 가공 또는 작업을 나타내는 기호는?

①   ②

③   ④

> **해설** ① 가공 또는 작업 ② 운반
> ③ 정체 ④ 검사

27 결함수 분석법에서 일정 조합 안에 포함되어 있는 기본사상들이 모두 발생하지 않으면 틀림 없이 정상사상(Top Event)이 발생되지 않는 조합을 무엇이라고 하는가?
① 컷셋(Cut Set)
② 패스셋(Path Set)
③ 불 대수(Boolean Algebra)
④ 결함수 셋(Fault Tree Set)

> **해설** 결함수 분석법
> ㉠ **컷셋(Cut Set)** : FT도 중에서 특정한 집합 중의 기본사상들이 동시에 발생하는 조합

㉡ **패스셋(Path Set)** : 일정 조합 안에 포함되어 있는 기본사상들이 모두 발생하지 않으면 틀림 없이 정상사상이 발생하지 않는 조합
㉢ **불 대수(Boolean Algebra)** : "A 또는 B이다."라고 말한 인간의 표현을 기호(AND, OR, NOT 등의 논리연산자)를 사용하여 대수적으로 취급하도록 한 것

28 안전성 평가의 기본원칙을 6단계로 나누었을 때 다음 중 가장 먼저 수행해야 되는 것은?
① 정성적 평가
② 작업조건 측정
③ 정량적 평가
④ 관계자료의 정비검토

> **해설** 안전성 평가의 기본원칙 6단계
> ㉠ 제1단계 : 관계자료의 정비검토
> ㉡ 제2단계 : 정성적 평가
> ㉢ 제3단계 : 정량적 평가
> ㉣ 제4단계 : 안전대책
> ㉤ 제5단계 : 재해정보에 의한 재평가
> ㉥ 제6단계 : FTA에 의한 재평가

29 제어장치에서 조종장치의 위치를 1cm 움직였을 때 표시장치의 지침이 4cm 움직였다면 이 기기의 C/R비는 약 얼마인가?
① 0.25 ② 0.6
③ 1.5 ④ 1.7

> **해설** 통제비(통제표시비)
> $$\frac{C}{R}비 = \frac{통제기기의\ 변위량}{표시계기\ 지침의\ 변위량}$$
> $$= \frac{1cm}{4cm} = 0.25$$

30 다음의 감각기관 중 반응속도가 가장 빠른 것은?
① 시각 ② 촉각
③ 후각 ④ 미각

> **해설** 감각기관과 반응속도 : 청각(0.17초) > 촉각(0.18초) > 시각(0.20초) > 미각(0.29초) > 후각(0.70초)

31 한겨울에 햇볕을 쬐면 기온은 차지만 따스함을 느끼는 것은 다음 중 어떤 열교환 방법에 의한 것인가?

① 대류　　　　② 복사
③ 전도　　　　④ 증발

> **해설**
> ① **대류(Convection)** : 유체가 부력에 의한 상하운동으로 열을 전달하는 것으로 아랫부분이 가열되면 대류에 의해 유체 전체가 가열된다.
> ② **복사(Radiation)** : 원자 내부의 전자는 열을 받거나 빼앗길 때 원래의 에너지 준위에서 벗어나 다른 에너지 준위로 전이한다. 이때 전자기파를 방출 또는 흡수하는 데 이러한 전자기파에 의해 열이 매질을 통하지 않고 고온의 물체에서 저온의 물체로 직접 전달되는 현상이다.
> > **예** 한겨울에 햇볕을 쬐면 기온은 차지만 따스함을 느끼는 것
> ③ **전도(Conduction)** : 고체와 고체 사이 또는 고체와 액체 사이에서 열의 이동
> ④ **증발(Vaporization)** : 액체의 표면에서 일어나는 기화현상

32 다음 중 인체치수 측정자료의 활용을 위한 적용원리로 볼 수 없는 것은?

① 평균치의 활용
② 조절범위의 설정
③ 임의 선택자료의 활용
④ 최대치수와 최소치수의 설정

> **해설** **인체치수 측정자료 활용을 위한 적용원리**
> ㉠ 평균치의 활용
> ㉡ 조절범위의 설정
> ㉢ 최대치수와 최소치수의 설정

33 FT도에 사용되는 기호 중 다음 그림에 해당하는 것은?

① 생략사상　　　② 부정사상
③ 결함사상　　　④ 기본사상

> **해설** **기본사상** : 더이상 해석을 할 필요가 없는 기본적인 기계의 결함 또는 작업자의 오동작을 나타낸 것

34 다음 중 공장설비의 고장원인 분석방법으로 적당하지 않은 것은?

① 고장원인 분석은 언제, 누가, 어떻게 행하는가를 그때의 상황에 따라 결정한다.
② $P-Q$ 분석도에 의한 고장대책으로 빈도가 높은 고장에 대하여 근본적인 대책을 수립한다.
③ 동일 기종이 다수 설치되었을 때는 공통된 고장 개소, 원인 등을 규명하여 개선하고 자료를 작성한다.
④ 발생한 고장에 대하여 그 개소, 원인, 수리상의 문제점, 생산에 미치는 영향 등을 조사하고 재발방지계획을 수립한다.

> **해설** ② $P-Q$ 분석도에 의한 고장대책으로 빈도가 높은 고장에 대하여 근본적인 대책을 수립하지 않는다.

35 작업형태나 작업조건 중에서 다른 문제가 생겨 필요사항을 실행할 수 없는 경우나 어떤 결함으로부터 파생하여 발생하는 오류를 무엇이라 하는가?

① Commission Error
② Command Error
③ Extraneous Error
④ Secondart Error

> **해설**
> ① **Commission Error** : 불확실한 수행
> ② **Command Error** : 작업자가 움직이려 해도 움직일 수 없으므로 발생하는 과오
> ③ **Extraneous Error** : 불필요한 업무절차 수행

36 다음 중 시각에 관한 설명으로 옳은 것은?

① Vernier Acuity – 눈이 식별할 수 있는 표적의 최소 모양
② Minimum Separable Acuity – 배경과 구별하여 탐지할 수 있는 최소의 점
③ Stereoscopic Acuity – 거리가 있는 한 물체의 상이 두 눈의 망막에 맺힐 때 그 상의 차이를 구별하는 능력

④ Minimum Perceptible Acuity - 하나
의 수직선이 중간에서 끊겨 아랫부분이
옆으로 옮겨진 경우에 미세한 치우침을
구별하는 능력

해설 ① Vernier Acuity : 배열시력이라 하며, 둘 혹은 그
이상의 물체들을 평면에 배열하여 놓고 그것이 일
렬로 서있는지 판별하는 능력
② Minimum Separable Acuity : 최소분리역시력이라
하며, 떨어져 있는 두 점 또는 선을 두 개로 인식
할 수 있는 능력
④ Minimum Perceptible Acuity : 최소지각시력이라
하며, 배경으로부터 한 점을 분간하는 능력

37 다음 중 역치(Threshold Value)의 설명으로 가
장 적절한 것은?

① 표시장치의 설계와 역치는 아무런 관계가
없다.
② 에너지의 양이 증가할수록 차이역치는 감
소한다.
③ 역치는 감각에 필요한 최소량의 에너지를
말한다.
④ 표시장치를 설계할 때는 신호의 강도를
역치 이해로 설계하여야 한다.

해설 역치(Threshold Value) : 감각에 필요한 최소량의 에
너지

38 다음 중 주어진 작업에 대하여 필요한 소요조명
(f_c)을 구하는 식으로 옳은 것은?

① 소요조명(f_c) = $\dfrac{\text{소요휘도}(f_L)}{\text{반사율}(\%)}$

② 소요조명(f_c) = $\dfrac{\text{반사율}(\%)}{\text{소요휘도}(f_L)}$

③ 소요조명(f_c) = $\dfrac{\text{소요휘도}(f_L)}{(\text{거리})^2}$

④ 소요조명(f_c) = $\dfrac{(\text{거리})^2}{\text{소요휘도}(f_L)}$

해설 소요조명(f_c) = $\dfrac{\text{소요휘도}(f_L)}{\text{반사율}(\%)}$

39 다음 중 청각적 표시장치에서 300m 이상의 장
거리용 경보기에 사용하는 진동수로 가장 적절
한 것은?

① 800Hz 전후   ② 2,200Hz 전후
③ 3,500Hz 전후   ④ 4,000Hz 전후

해설 장거리(300m 이상)용은 1,000Hz 이하의 진동수를 사
용한다.

40 다음 중 인간-기계 시스템을 설계하기 위해 고
려해야 할 사항으로 가장 적합하지 않은 것은?

① 동작경제의 원칙이 만족되도록 고려하여
야 한다.
② 대상이 되는 시스템이 위치할 환경조건
이 인간에 대한 한계치를 만족하는가의
여부를 조사한다.
③ 인간과 기계가 모두 복수인 경우 종합적인
효과보다 기계를 우선적으로 고려한다.
④ 인간이 수행해야 할 조작이 연속적인가
불연속적인가를 알아보기 위해 특성조사
를 실시한다.

해설 ③ 인간과 기계가 모두 복수인 경우 기계보다 종합적
인 효과를 우선적으로 고려한다.

제3과목   기계위험방지기술

41 다음 중 산소-아세틸렌 가스용접 시 역화의 원
인과 가장 거리가 먼 것은?

① 토치의 과열
② 팁의 이물질 부착
③ 산소공급의 부족
④ 압력조정기의 고장

해설 ①, ②, ④ 이외에 산소-아세틸렌 가스용접 시 역화
의 원인은 다음과 같다.
㉠ 산소공급의 과다   ㉡ 토치의 성능 부족

정답 | 37. ③ 38. ① 39. ① 40. ③ 41. ③

42 어떤 부재의 사용하중은 200kgf이고, 이의 파괴하중은 400kgf이다. 정격하중을 100kgf로 가정하고 설계한다면 안전율은 얼마인가?

① 0.25　　　　② 0.5
③ 2　　　　　④ 4

해설

$$안전율 = \frac{파괴하중}{정격하중}$$

$$\therefore \frac{400}{100} = 4$$

43 다음 중 지름이 60cm이고, 20rpm으로 회전하는 롤러에 적합한 급정지장치의 성능으로 옳은 것은?

① 앞면 롤러 원주의 1/1.5 거리에서 급정지
② 앞면 롤러 원주의 1/2 거리에서 급정지
③ 앞면 롤러 원주의 1/2.5 거리에서 급정지
④ 앞면 롤러 원주의 1/3 거리에서 급정지

해설

표면속도 $V = \dfrac{\pi DN}{1,000}$

$$\therefore \frac{3.14 \times 600 \times 20}{1,000} = 37.68 m/min$$

따라서 앞면 롤러의 표면속도가 30m/min 이상이므로 앞면 롤러 원주의 1/2.5 거리에서 급정지한다.

44 선반작업 시 주의사항으로 틀린 것은?

① 회전 중에 가공품을 직접 만지지 않는다.
② 공작물의 설치가 끝나면 척에서 렌치류는 곧바로 제거한다.
③ 칩(Chip)이 비산할 때는 보안경을 쓰고, 방호판을 설치하여 사용한다.
④ 돌리개는 적정 크기의 것을 선택하고, 심압대 스핀들은 가능하면 길게 나오도록 한다.

해설

④ 돌리개는 적정 크기의 것을 선택하고, 심압대 스핀들은 가능하면 짧게 나오도록 한다.

45 다음 중 프레스 금형을 부착, 해체 또는 조정작업을 할 때에 사용하여야 하는 장치는?

① 안전블록
② 안전방책
③ 수인식 방호장치
④ 손쳐내기식 방호장치

해설

프레스 금형을 부착, 해체 또는 조정작업을 할 때 사용하여야 하는 장치는 안전블록이다.

46 다음 중 연삭숫돌의 이상 유무를 확인하기 위한 시운전 시간으로 가장 적절한 것은?

① 작업시간 전 3분 이상, 연삭숫돌 교체 후 1분 이상
② 작업시작 전 30초 이상, 연삭숫돌 교체 후 1분 이상
③ 작업시작 전 1분 이상, 연삭숫돌 교체 후 3분 이상
④ 작업시작 전 1분 이상, 연삭숫돌 교체 후 1분 이상

해설

연삭숫돌의 이상 유무를 확인하기 위한 시운전 시간은 작업시작 전 1분 이상, 연삭숫돌 교체 후 3분 이상이다.

47 다음 중 선반작업에서 가늘고 긴 공작물의 처짐이나 휨을 방지하는 부속장치는?

① 방진구　　　　② 심봉
③ 돌리개　　　　④ 면판

해설

선반작업에서 가늘고 긴 공작물의 처짐이나 휨을 방지하는 부속장치는 방진구이다.

48 산업안전보건법에서 정한 양중기의 종류에 해당하지 않는 것은?

① 리프트　　　　② 호이스트
③ 곤돌라　　　　④ 컨베이어

해설

①, ②, ③ 이외에 산업안전보건법에서 정한 양중기는 다음과 같다.
㉠ 크레인
㉡ 이동식 크레인
㉢ 적재하중이 0.1ton 이상인 이삿짐 운반용 리프트
㉣ 최대하중이 0.25ton 이상인 승강기

49 다음 중 위험구역에서 가드까지의 거리가 200mm인 롤러기에 가드를 설치하는 데 허용가능한 가드의 개구부 간격으로 옳은 것은?

① 최대 20mm   ② 최대 30mm

③ 최대 36mm   ④ 최대 40mm

> **[해설]**
> $Y = 6 + 0.15X$
> $\therefore 6 + (0.15 \times 200) = 36mm$

50 기계의 기능적인 면에서 안전을 확보하기 위한 반자동 및 자동제어장치의 경우에는 적극적으로 안전화 대책을 강구하여야 한다. 이때 2차적 적극적 대책에 속하는 것은?

① 물을 설치한다.

② 급정지장치를 누른다.

③ 회로를 개선하여 오동작을 방지한다.

④ 연동장치된 방호장치가 작동되게 한다.

> **[해설]**
> 2차적 적극적 대책에 속하는 것은 ③ 이외에 다음과 같다.
> ㉠ 페일 세이프(fail safe)
> ㉡ 별도의 완전한 회로에 의해 정상기능 회복

51 보일러수 속에 유지(油脂)류, 용해 고형물, 부유물 등의 농도가 높아지면 드럼 수면에 안정한 거품이 발생하고, 또한 거품이 증가하여 드럼의 기실(氣室)에 전체로 확대되는 현상을 무엇이라 하는가?

① 포밍(Forming)

② 프라이밍(Priming)

③ 수격현상(Water Hammer)

④ 공동화현상(Cavitation)

> **[해설]**
> ① 포밍 : 거품작용
> ② 프라이밍 : 비수작용. 보일러수가 비등하여 수면으로부터 증기가 비산하고 기실에 충만하여 수위가 불안정하게 되는 현상
> ③ 수격현상 : 배관 내의 응축수가 송기 시 배관 내부를 이격하여 소음을 발생시키는 현상
> ④ 공동화현상 : 액체가 고속으로 회전할 때 압력이 낮아지는 부분에 기포가 형성되는 현상

52 산업안전보건법령에 따라 양중기용 와이어로프의 사용금지 기준으로 옳은 것은?

① 지름의 감소가 공칭지름의 3%를 초과하는 것

② 지름의 감소가 공칭지름의 5%를 초과하는 것

③ 와이어로프의 한 꼬임에서 끊어진 소선(素線)의 수가 7% 이상인 것

④ 와이어로프의 한 꼬임에서 끊어진 소선(素線)의 수가 10% 이상인 것

> **[해설]**
> 양중기용 와이어로프의 사용금지 기준
> ㉠ 지름의 감소가 공칭지름의 7%를 초과하는 것
> ㉡ 와이어로프의 한 꼬임에서 끊어진 소선의 수가 10% 이상인 것
> ㉢ 이음매가 있는 것
> ㉣ 꼬인 것
> ㉤ 심하게 변형되거나 부식된 것
> ㉥ 열과 전기충격에 의해 손상된 것

53 다음 중 드릴작업 시 안전수칙으로 적절하지 않은 것은?

① 장갑의 착용을 금한다.

② 드릴은 사용 전에 검사한다.

③ 작업자는 보안경을 착용한다.

④ 드릴의 이송은 최대한 신속하게 한다.

> **[해설]**
> ④는 드릴작업 시 안전수칙과는 거리가 멀다.

54 다음 중 산업안전보건법령상 컨베이어에 부착해야 하는 안전장치와 가장 거리가 먼 것은?

① 해지장치   ② 비상정지장치

③ 덮개 또는 울   ④ 역주행방지장치

> **[해설]**
> ②, ③, ④ 이외에 컨베이어에 부착해야 하는 안전장치로는 이탈방지장치가 있다.

55 다음 중 재료에 있어서의 결함에 해당하지 않는 것은?

① 미세 균열   ② 용접 불량

③ 불순물 내재   ④ 내부 구멍

> **[해설]**
> ②의 용접 불량은 작업방법에 있어서의 결함에 해당한다.

56 다음은 목재가공용 둥근톱에서 분할날에 관한 설명이다. ( ) 안의 내용을 올바르게 나타낸 것은?

> • 분할날의 두께는 둥근톱 두께의 (㉠) 이상 일 것
> • 견고히 고정할 수 있으며 분할날과 톱날 원 주면과의 거리는 (㉡) 이내로 조정·유지 할 수 있어야 한다.

① ㉠ 1.5배, ㉡ 10mm
② ㉠ 1.1배, ㉡ 12mm
③ ㉠ 1.1배, ㉡ 15mm
④ ㉠ 2배, ㉡ 20mm

해설 (1) 분할날의 두께는 둥근톱 두께의 1.1배 이상일 것
(2) 견고히 고정할 수 있으며 분할날과 톱날 원주면과 의 거리는 12mm 이내로 조정·유지할 수 있어야 한다.

57 다음은 지게차의 헤드가드에 관한 기준이다. ( ) 안에 들어갈 내용으로 옳은 것은?

> 지게차 사용 시 화물 낙하위험의 방호조치 사항으로 헤드가드를 갖추어야 한다. 그 강도는 지게차 최대하중의 ( ) 값의 등분포 정하중(等分布靜荷重)에 견딜 수 있어야 한다. 단, 그 값이 4ton을 넘는 것에 대하여서는 4ton으로 한다.

① 1.5배 ② 2배
③ 3배 ④ 5배

해설 지게차 헤드가드의 강도는 최대하중의 2배 값(그 값 이 4ton을 넘는 것은 4ton으로 한다)의 등분포 정하중 에 견딜 수 있어야 한다.

58 다음 중 프레스 작업에 있어 시계(視界)가 차단 되지는 않으나 확동식 클러치 프레스에는 사용 상의 제한이 발생하는 방호장치는?

① 게이트가드 ② 광전식 방호장치
③ 양수조작장치 ④ 프릭션 다이얼피드

해설 광전식 방호장치의 장·단점

장점	㉠ 연속 운전작업에 사용할 수 있다. ㉡ 시계를 차단하지 않아서 작업에 지장을 주지 않는다.
단점	㉠ 설치가 어렵다. ㉡ 작업 중의 진동에 의해 위치변동이 생길 우려가 있다. ㉢ 핀클러치 방식에는 사용할 수 없다. ㉣ 기계적 고장에 의한 2차 낙하에는 효과가 없다.

59 다음 중 셰이퍼의 방호장치와 가장 거리가 먼 것은?

① 방책 ② 칸막이
③ 칩받이 ④ 시건장치

해설 셰이퍼의 방호장치 : 방책, 칩받이, 칸막이

60 다음 중 기계설비에 있어서 방호의 기본원리와 가장 거리가 먼 것은?

① 위험제거 ② 덮어씌움
③ 위험의 검출 ④ 위험에 적응

해설 ①, ②, ④ 이외에 기계설비에 있어서 방호의 기본원 리는 다음과 같다.
㉠ 위험의 차단 ㉡ 위험의 보강

제4과목 전기 및 화학설비 위험방지기술

61 정전용량 10μF인 물체에 전압을 1,000V로 충전하였을 때 물체가 가지는 정전에너지는 몇 Joule인가?

① 0.5 ② 5
③ 14 ④ 50

해설 $E=\frac{1}{2}CV2$

$\therefore \frac{1}{2}\times 10\times 10^{-6}\times 1,000^2 = 5\text{Joule}$

62 다음 중 일반적으로 인체에 1초 동안 전류가 흘렸을 때 정상적인 심장의 기능을 상실할 수 있는 전류의 크기는 어느 정도인가?

① 50mA　　　② 75mA

③ 125mA　　④ 165mA

> **해설**
> $$I = \frac{165}{\sqrt{T}}$$
>
> $$\therefore \frac{165}{\sqrt{1}} = 165\text{mA}\,(심실세동\ 전류)$$

63 접지저항계로 3개의 접지봉의 접지저항을 측정한 값이 각각 R_1, R_2, R_3일 경우 접지저항 G_1으로 옳은 것은?

① $\frac{1}{2}(R_1 + R_2 + R_3) - R_1$

② $\frac{1}{2}(R_1 + R_2 + R_3) - R_2$

③ $\frac{1}{2}(R_1 + R_2 + R_3) - R_3$

④ $\frac{1}{2}(R_2 + R_3) - R_1$

> **해설**
> 접지저항 : $G_1 = \frac{1}{2}(R_1 + R_2 + R_3) - R_2$

64 다음 중 전기설비의 방폭구조를 나타내는 기호로 틀린 것은?

① 내압방폭구조 : d

② 압력방폭구조 : p

③ 안전증방폭구조 : e

④ 본질안전방폭구조 : s

> **해설**
> ④ 본질안전방폭구조의 기호 : ia, ib

65 다음 중 전기화재의 원인에 관한 설명으로 가장 거리가 먼 것은?

① 단락된 순간의 전류는 정격전류보다 크다.

② 전류에 의해 발생되는 열은 전류의 제곱에 비례하고, 저항에 비례한다.

③ 누전, 접촉불량 등에 의한 전기화재는 배선용 차단기나 누전차단기로 예방이 가능하다.

④ 전기화재의 발화형태별 원인 중 가장 큰 비율을 차지하는 것은 전기배선의 단락이다.

> **해설**
> ③은 전기화재의 원인에 관한 설명과는 거리가 멀다.

66 다음 중 계전기의 종류에 해당하지 않는 것은?

① 전류제어식　　② 전압인가식

③ 자기방전식　　④ 방사선식

> **해설**
> **계전기의 종류** : 전압인가식(코로나방전식), 자기방전식, 방사선식(이온식)

67 교류 아크용접기의 자동전격방지기는 대상으로 하는 용접기의 주회로를 제어하는 장치를 가지고 있어 용접봉의 조작에 따라 용접할 때에만 용접기의 주회로를 형성하고, 그 외에는 용접기 출력측의 무부하전압을 얼마 이하로 저하시키도록 동작하는 장치를 말하는가?

① 15V　　　② 25V

③ 30V　　　④ 50V

> **해설**
> 교류 아크용접기의 자동전격방지기는 용접기 출력측의 무부하전압을 25V 이하로 저하시키도록 동작하는 장치이다.

68 산업안전보건법상 다음 내용에 해당하는 폭발위험장소는?

> 20종 장소 외의 장소로서, 폭발농도를 형성할 정도로 충분한 양의 분진운 형태 가연성 분진이 정상작동 중에 존재할 수 있는 장소

① 0종 장소　　② 1종 장소

③ 21종 장소　　④ 22종 장소

> **해설**
> 문제의 내용은 21종 장소에 관한 것이다.

69 산업안전보건법령에 따라 충전전로 인근에서 차량, 기계장치 등의 작업이 있는 경우에는 차량 등을 충전전로의 충전부로부터 얼마 이상 이격시켜 유지하여야 하는가?

① 1m　　　② 2m

③ 3m　　　④ 5m

> **해설**
> 차량 등을 충전전로의 충전부로부터 3m 이상 이격시켜 유지하여야 안전하다.

70 다음 중 절연용 고무장갑과 가죽장갑의 안전한 사용방법으로 가장 적합한 것은?

① 활선작업에서는 가죽장갑만 사용한다.
② 활선작업에서는 고무장갑만 사용한다.
③ 먼저 가죽장갑을 끼고 그 위에 고무장갑을 낀다.
④ 먼저 고무장갑을 끼고 그 위에 가죽장갑을 낀다.

> **해설** 절연용 장갑의 착용 시 먼저 고무장갑을 끼고 그 위에 가죽장갑을 낀다.

71 다음 중 분해폭발하는 가스의 폭발장치를 위하여 첨가하는 불활성 가스로 가장 적합한 것은?

① 산소   ② 질소
③ 수소   ④ 프로판

> **해설** ① 산소 : 지연성(조연성) 가스
> ② 질소 : 불활성 가스
> ③ 수소 : 가연성 가스
> ④ 프로판 : 가연성 가스

72 휘발유를 저장하던 이동저장탱크에 등유나 경유를 이동저장탱크의 밑부분으로부터 주입할 때에 액표면의 높이가 주입관 선단의 높이를 넘을 때까지 주입속도는 몇 m/s 이하로 하여야 하는가?

① 0.5   ② 1.0
③ 1.5   ④ 2.0

> **해설** 등유나 경유를 이동저장탱크의 밑부분으로부터 주입 시 액표면의 높이가 주입관 선단의 높이를 넘을 때 주입속도는 1.0m/s 이하로 한다.

73 산업안전보건법령에 따라 인화성 액체를 저장·취급하는 대기압 탱크에 가압이나 진공발생 시 압력을 일정하게 유지하기 위하여 설치하여야 하는 장치는?

① 통기밸브   ② 체크밸브
③ 스팀트랩   ④ 프레임어레스터

> **해설** ② 체크밸브(Check Valve) : 유체를 한쪽 방향으로만 흐르게 하고, 반대 방향으로는 흐르지 못하도록 하는 밸브

③ 스팀트랩(Steam Trap) : 드럼이나 관 속의 증기가 일부 응결하여 물이 되었을 때 자동적으로 물만을 외부로 배출하는 장치
④ 프레임어레스터(Flame Arrester) : 인화방지망이라 하며, 인화성 Gas 또는 Vapor가 흐르는 배관시스템에 설치

74 다음 중 LPG에 대한 설명으로 적절하지 않은 것은?

① 강한 독성이 있다.
② 질식의 우려가 있다.
③ 누설 시 인화, 폭발성이 있다.
④ 가스의 비중은 공기보다 크다.

> **해설** ① 무색 투명하며, 냄새가 거의 나지 않는다.

75 다음 중 폭굉유도거리에 대한 설명으로 틀린 것은?

① 압력이 높을수록 짧다.
② 점화원의 에너지가 강할수록 짧다.
③ 정상연소속도가 큰 혼합가스일수록 짧다.
④ 관 속에 방해물이 없거나 관의 지름이 클수록 짧다.

> **해설** ④ 관 속에 방해물이 있거나 관 지름이 가늘수록 짧다.

76 다음 중 공정안전보고서의 심사결과 구분에 해당하지 않는 것은?

① 적정   ② 부적정
③ 보류   ④ 조건부 적정

> **해설** 공정안전보고서의 심사결과 구분
> ㉠ 적정   ㉡ 조건부 적정   ㉢ 부적정

77 메탄(CH_4) 100mol이 산소 중에서 완전연소하였다면 이때 소비된 산소량 몇 mol인가?

① 50   ② 100
③ 150   ④ 200

> **해설** $CH_4 + 2O_2 \rightarrow CO_2 + 2H_2O$
> $1 : 2 = 100 : x$
> $\therefore x = 200$

78 공기 중 산화성이 높아 반드시 석유, 경유 등의 보호액에 저장해야 하는 것은?

① Ca   ② P_4
③ K   ④ S

해설

물 질	보호액
K, Na, 적인	석유(등유), 경유
황린, CS_2	물속

79 25℃, 1기압에서 공기 중 벤젠(C_6H_6)의 허용농도가 10ppm일 때 이를 mg/m³의 단위로 환산하면 약 얼마인가? (단, C, H의 원자량은 각각 12, 1이다.)

① 28.7   ② 31.9
③ 34.8   ④ 45.9

해설

$$mg/m^3 = \frac{ppm \times 분자량(g)}{24.45(25℃ \cdot 1기압)}$$
$$= \frac{10 \times (6 \times 12 + 6 \times 1)}{24.45}$$
$$= 31.9 mg/m^3$$

80 다음 중 칼륨에 의한 화재발생 시 소화를 위해 가장 효과적인 것은?

① 건조사 사용
② 포 소화기 사용
③ 이산화탄소 사용
④ 할로겐화합물소화기 사용

해설

칼륨화재 시 적정한 소화제 : 건조사(마른 모래)

제5과목   건설안전기술

81 안전난간은 구조적으로 가장 취약한 지점에서 가장 취약한 방향으로 작용하는 최소 얼마 이상의 하중에 견딜 수 있는 구조이어야 하는가?

① 100kg   ② 150kg
③ 200kg   ④ 250kg

해설

안전난간은 구조적으로 가장 취약한 지점에서 가장 취약한 방향으로 작용하는 최소 100kg 이상의 하중에 견딜 수 있는 구조이어야 한다.

82 다음 중 유해·위험 방지계획서 제출 시 첨부해야 하는 서류와 가장 거리가 먼 것은?

① 건축물 각층의 평면도
② 기계·설비의 배치도면
③ 원재료 및 제품의 취급, 제조 등 작업방법의 개요
④ 비상조치계획서

해설

①, ②, ③ 이외에 유해·위험 방지계획서 제출시 첨부해야 하는 서류로는 전체공정표가 있다.

83 산업안전보건관리비 중 안전관리자 등의 인건비 및 각종 업무수당 등의 항목에서 사용할 수 없는 내역은?

① 교통통제를 위한 교통정리 신호수의 인건비
② 공사장 내에서 양중기·건설기계 등의 움직임으로 인한 위험으로부터 주변 작업자를 보호하기 위한 유도자의 인건비
③ 건설용 리프트의 운전자 인건비
④ 고소작업대 작업 시 낙하물 위험예방을 위한 하부 통제 등 공사현장의 특성에 따라 근로자 보호만을 목적으로 배치된 유도자의 인건비

해설

①의 교통통제를 위한 교통정리 신호수의 인건비는 제외한다.

84 건설장비 크레인의 헤지(Hedge)장치란?

① 중량 초과 시 부저(Buzzer)가 울리는 장치이다.
② 와이어로프의 훅이탈방지장치이다.
③ 일정거리 이상을 권상하지 못하도록 제한시키는 장치이다.
④ 크레인 자체에 이상이 있을 때 운전자에게 알려주는 신호장치이다.

해설

크레인의 헤지장치란 와이어로프의 훅이탈방지 장치이다.

정답 ┃ 78. ③   79. ②   80. ①   81. ①   82. ④   83. ①   84. ②

85 동바리로 사용하는 파이프 서포트에 대한 준수 사항과 가장 거리가 먼 것은?

① 파이프 서포트를 3개 이상 이어서 사용하지 않도록 할 것

② 파이프 서포트를 이어서 사용하는 경우에는 4개 이상의 볼트 또는 전용철물을 사용하여 이을 것

③ 높이가 3.5m를 초과하는 경우에는 높이 2m 이내마다 수평연결재를 2개 방향으로 만들 것

④ 파이프 서포트 사이에 교차가새를 설치하여 보강조치할 것

해설 동바리로 사용하는 파이프 서포트에 대한 준수사항으로는 ①, ②, ③의 세 가지가 있다.

86 추락방지를 위한 안전방망 설치기준으로 옳지 않은 것은?

① 작업면으로부터 망의 설치지점까지의 수직거리는 10m를 초과하지 않도록 한다.

② 안전방망은 수평으로 설치한다.

③ 망의 처짐은 짧은 변 길이의 10% 이하가 되도록 한다.

④ 건축물 등의 바깥쪽으로 설치하는 경우 망의 내민 길이는 벽면으로부터 3m 이상이 되도록 한다.

해설 ③ 망의 처짐은 짧은 변 길이의 12% 이상이 되도록 한다.

87 산업안전보건기준에 관한 규칙에 따른 토사 굴착 시 굴착면의 기울기 기준으로 옳지 않은 것은?

① 보통흙인 습지 - 1 : 1~1 : 1.5

② 풍화암 - 1 : 1

③ 연암- 1 : 1

④ 보통흙인 건지 - 1 : 1.2~1 : 5

해설 ④ 보통흙인 건지의 기울기 기준 - 1 : 0.5~1

88 거푸집에 가해지는 콘크리트 측압에 관한 설명 중 옳지 않은 것은?

① 슬럼프가 클수록 크다.

② 거푸집의 수평단면이 클수록 크다.

③ 타설속도가 빠를수록 크다.

④ 거푸집의 강성이 클수록 작다.

해설 ④ 거푸집의 강성이 클수록 크다.

89 콘크리트 슬럼프 시험방법에 대한 설명 중 옳지 않은 것은?

① 슬럼프 시험 기구는 강제평판, 슬럼프 테스트 콘, 다짐막대, 측정기기로 이루어진다.

② 콘크리트 타설 시 작업의 용이성을 판단하는 방법이다.

③ 슬럼프 콘에 비빈 콘크리트를 같은 양의 3층으로 나누어 25회씩 다지면서 채운다.

④ 슬럼프는 슬럼프 콘을 들어올려 강제 평판으로부터 콘크리트가 무너져 내려앉은 높이까지의 거리를 mm로 표시한 것이다.

해설 ④ 슬럼프는 슬럼프 콘(시험통)을 들어올려 강제평판으로부터 콘크리트가 무너져 내려앉은 높이까지의 거리를 cm로 표시한 것이다.

90 낙화물 방지망 또는 방호선반을 설치하는 경우에 준수하여야 할 사항이다. 다음 (   )안에 알맞은 내용은?

> 높이 (㉠)m 이내마다 설치하고, 내민 길이는 벽면으로부터 (㉡)m 이상으로 할 것

① ㉠ 5, ㉡ 1   ② ㉠ 5, ㉡ 2

③ ㉠ 10, ㉡ 1   ④ ㉠ 10, ㉡ 2

해설 낙하물 방지망 또는 방호선반을 설치하는 경우 높이 10m 이내마다 설치하고, 내민 길이는 벽면으로부터 2m 이상으로 할 것

91 지반에서 발생하는 히빙현상의 직접적인 대책과 가장 거리가 먼 것은?

① 굴착 주변의 상재하중을 제거한다.
② 토류벽의 배면토압을 경감시킨다.
③ 굴착 저면에 토사 등 인공중력을 가중시킨다.
④ 수밀성 있는 흙막이 공법을 채택한다.

해설 ①, ②, ③ 이외에 히빙현상의 직접적인 대책은 다음과 같다.
㉠ 시트파일 등의 근입심도를 검토한다.
㉡ 버팀대, 브래킷, 흙막이를 점검한다.
㉢ 1.3m 이하 굴착 시에는 버팀대를 설치한다.
㉣ 굴착 주변을 웰포인트 공법과 병행한다.
㉤ 굴착 방식을 개선(아일랜드컷 공법 등)한다.

92 추락재해 방지용 방망의 신품에 대한 인장강도는 얼마인가? (단, 그물코의 크기가 10cm 이며, 매듭 없는 방망이다.)

① 220kg
② 240kg
③ 260kg
④ 280kg

해설 추락재해 방지용 방망의 신품에 대한 인장강도
㉠ 그물코의 크기 10cm, 매듭 없는 방망 : 240kg
㉡ 그물코의 크기 10cm, 매듭 있는 방망 : 200kg
㉢ 그물코의 크기 5cm, 매듭 있는 방망 : 110kg

93 철골작업을 중지해야 할 강설량 기준으로 옳은 것은?

① 강설량이 시간당 1mm 이상인 경우
② 강설량이 시간당 5mm 이상인 경우
③ 강설량이 시간당 1cm 이상인 경우
④ 강설량이 시간당 5cm 이상인 경우

해설 철골작업을 중지해야 할 강설량 기준은 시간당 1cm 이상인 경우이다.

94 아스팔트 포장도로 노반의 패쇄 또는 토사 중에 있는 암석제거에 가장 적당한 장비는?

① 스크레이퍼(Scraper)
② 롤러(Roller)
③ 리퍼(Ripper)
④ 드래그라인(Dragline)

해설
① **스크레이퍼** : 굴착, 싣기, 운반, 하역 등 일련의 작업을 하나의 기계로 연속적으로 행할 수 있는 장비
② **롤러** : 2개 이상의 매끈한 드럼 롤러를 바퀴로 하는 다짐을 위한 장비
④ **드래그라인** : 작업범위가 광범위하고, 수중굴착 및 연약한 지반의 굴착에 적합한 장비

95 높이 2m를 초과하는 말비계를 조립하여 사용하는 경우 작업발판의 최소폭 기준으로 옳은 것은?

① 20cm 이상
② 30cm 이상
③ 40cm 이상
④ 50cm 이상

해설 높이 2m를 초과하는 말비계를 조립하여 사용하는 경우 작업발판의 최소폭 기준은 40cm 이상으로 한다.

96 현장에서 가설통로의 설치 시 준수사항으로 옳지 않은 것은?

① 건설공사에 사용하는 높이 8m 이상인 비계다리에는 10m 이내마다 계단참을 설치할 것
② 수직갱에 가설된 통로의 깊이가 15cm 이상인 때에는 10m 이내마다 계단참을 설치할 것
③ 경사가 15°를 초과하는 때에는 미끄러지지 아니하는 구조로 할 것
④ 경사는 30° 이하로 할 것

해설 ① 건설공사에 사용하는 높이 8m 이상인 비계다리에는 7m 이내마다 계단참을 설치할 것

97 부두, 안벽 등 하역작업을 하는 장소에 대하여 부두 또는 안벽의 선을 따라 통로를 설치할 때 통로의 최소폭은?

① 70cm
② 80cm
③ 90cm
④ 100cm

해설 부두 또는 안벽의 선을 따라 통로를 설치할 때 통로의 최소폭은 90cm로 한다.

98 철골보 인양작업 시의 준수사항으로 옳지 않은 것은?

① 선회와 인양작업은 가능한 동시에 이루어 지도록 한다.

② 인양용 와이어로프의 각도는 양변 60° 정도가 되도록 한다.

③ 유도 로프로 방향을 잡으며 이동시킨다.

④ 철골보의 와이어로프 체결지점은 부재의 1/3 지점을 기준으로 한다.

> 해설 ① 선회와 인양작업은 가능한 동시에 이루어지지 않게 한다.

99 양중기의 분류에서 고정식 크레인에 해당되지 않는 것은?

① 천장 크레인 ② 지브 크레인

③ 타워 크레인 ④ 트럭 트레인

> 해설 ④의 트럭 크레인은 이동식 크레인에 해당된다.

100 일반적인 안전수칙에 따른 수공구와 관련된 행동으로 옳지 않은 것은?

① 직업에 맞는 공구의 선택과 올바른 취급을 하여야 한다.

② 결함이 없는 완전한 공구를 사용하여야 한다.

③ 작업 중인 공구는 작업이 편리한 반경 내의 작업대나 기계 위에 올려놓고 사용하여야 한다.

④ 공구는 사용 후 안전한 장소에 보관하여야 한다.

> 해설 ①, ②, ④ 이외에 안전수칙에 따른 수공구와 관련된 행동으로 공구의 올바른 취급과 사용이 있다.

〈산업안전산업기사 8월 8일 시행〉

제1과목　산업안전관리론

01 하인리히의 재해손실비용 평가방식에서 총 재해손실비용을 직접비와 간접비로 구분하였을 때 그 비율로 옳은 것은? (단, 순서는 직접비 : 간접비이다.)

① 1 : 4　　　② 4 : 1
③ 3 : 2　　　④ 2 : 3

해설 하인리히의 총 재해손실비용 = 직접비(1) + 간접비(4)

02 인간의 착각현상 중 버스나 전동차의 움직임으로 인하여 자신이 승차하고 있는 정지된 자가용이 움직이는 것 같은 느낌을 받거나 구름 사이의 달 관찰 시 구름이 움직일 때 구름은 정지되어 있고, 달이 움직이는 것처럼 느껴지는 현상을 무엇이라 하는가?

① 자동운동　　　② 유도운동
③ 가현운동　　　④ 플리커현상

해설
① **자동운동** : 암실 내에서 정지된 소광점을 응시하고 있으면 그 광점이 움직이는 것처럼 보이는 현상
② **유도운동** : 실제로는 움직이지 않는 것이 어느 기준의 이동에 유도되어 움직이는 것처럼 느껴지는 현상
③ **가현운동** : 객관적으로 정지하고 있는 대상물이 급속히 나타나든가 소멸하는 것으로 인하여 일어나는 운동으로 대상물이 운동하는 것처럼 인식되는 현상
④ **플리커(Flicker)현상** : 불안정한 전압이나 카메라 구동속도의 변화로 인해 발생하는 화면이 깜빡거리는 현상

03 다음 중 테크니컬 스킬즈(technical skills)에 관한 설명으로 옳은 것은?

① 모럴(morale)을 앙양시키는 능력
② 인간을 사물에게 적응시키는 능력
③ 사물을 인간에게 유리하게 처리하는 능력
④ 인간과 인간의 의사소통을 원활히 처리하는 능력

해설 Mayo의 인간관계 관리방식 이론
㉠ 테크니컬 스킬즈 : 사물을 인간에게 유리하게 처리하는 능력
㉡ 소셜 스킬즈 : 사람과 사람 사이의 커뮤니케이션을 양호하게 하고 사람들의 요구를 충족시키면서 감정을 제고시키는 능력

04 다음 중 연간 총 근로시간 합계 100만 시간당 재해발생건수를 나타내는 재해율은?

① 연천인율　　　② 도수율
③ 강도율　　　④ 종합재해지수

해설
㉠ 도수율 $= \dfrac{\text{재해건수}}{\text{연근로시간수}} \times 1,000,000$
∴ 100만시간
㉡ 강도율 $= \dfrac{\text{총 근로손실일수}}{\text{연근로시간수}} \times 1,000$
∴ 1,000시간

05 다음 안전교육의 방법 중에서 프로그램학습법(Programmed Self-instruction Method)에 관한 설명으로 틀린 것은?

① 개발비가 적게 들어 쉽게 적용할 수 있다.
② 수업의 모든 단계에서 적용이 가능하다.
③ 한 번 개발된 프로그램자료는 개조하기 어렵다.
④ 수강자들이 학습 가능한 시간대의 폭이 넓다.

해설

프로그램학습법(Programmed Self-instruction Method)	
적용의 경우	㉠ 수업의 모든 단계 ㉡ 학교수업, 방송수업, 직업훈련의 경우 ㉢ 학생들의 개인차가 최대한으로 조절되어야 할 경우 ㉣ 학생이 자기에게 허용된 어느 시간에나 학습이 가능할 경우 ㉤ 보충학습의 경우
제약 조건	㉠ 한 번 개발한 프로그램자료를 개조하기가 어려움 ㉡ 개발비가 높음 ㉢ 학생들의 사회성이 결여되기 쉬움

06 다음 중 인간의 욕구를 5단계로 구분한 이론을 발표한 사람은?

① 허즈버그(Herzberg)

② 하인리히(Heinrich)

③ 매슬로우(Maslow)

④ 맥그리거(McGregor)

해설 인간의 욕구와 동기부여

(1) 허즈버그(Herzberg)
- ㉠ 위생요인 : 금전, 안전, 작업조건 등의 환경적 요인
- ㉡ 동기부여요인 : 생산을 증대시키는 요인으로서 보람있는 일을 할 때 작업자가 경험하는 달성감, 안정성장 및 발전, 기타 작업자에게 만족감을 주는 요인

(2) 매슬로우(Maslow)
- ㉠ 제1단계 : 생리적 욕구
- ㉡ 제2단계 : 안전의 욕구
- ㉢ 제3단계 : 사회적 욕구
- ㉣ 제4단계 : 인정 받으려는 욕구
- ㉤ 제5단계 : 자아실현의 욕구

(3) 맥그리거(McGregor)
- ㉠ X이론 : 인간의 생리적인 욕구라든가 안전 및 안정의 욕구 등과 같이 저차적인 물질적 욕구를 만족시키는 면에서 행동을 구한다.
- ㉡ Y이론 : 회사의 목표와 종업원의 목표간의 중계자로서 역할을 말한다.

07 모랄 서베이(Morale Survey)의 주요 방법 중 태도 조사법에 해당하는 것은?

① 사례연구법

② 관찰법

③ 실험연구법

④ 문답법

해설 모랄 서베이(사기조사)방법

- ㉠ **통계에 의한 방법** : 사고재해율, 결근, 지각, 조퇴, 이직 등
- ㉡ **사례연구법** : Case Study로서 현상파악
- ㉢ **관찰법** : 종업원의 근무실태 관찰
- ㉣ **실험연구법** : 실험그룹과 통제그룹으로 나누어 정황, 자극을 주어 태도 변화여부 조사
- ㉤ **태도조사법** : 문답법, 면접법, 투사법, 집단토의법 등

08 인간의 안전교육 형태에서 행위의 난이도가 점차적으로 높아지는 순서를 올바르게 표현한 것은?

① 지식 → 태도변형 → 개인행위 → 집단행위

② 태도변형 → 지식 → 집단행위 → 개인행위

③ 개인행위 → 태도변형 → 집단행위 → 지식

④ 개인행위 → 집단행위 → 지식 → 태도변형

해설 인간의 안전교육 형태에서 행위의 난이도가 점차적으로 높아지는 순서

지식 → 태도변형 → 개인행위 → 집단행위이다.

09 다음 중 안전교육의 단계에 있어 안전한 마음가짐을 몸에 익히는 심리적인 교육방법을 무엇이라 하는가?

① 지식교육

② 실습교육

③ 태도교육

④ 기능교육

해설 안전교육의 단계

- ㉠ **제1단계(지식교육)** : 작업에 관련된 취약점과 거기에 대응되는 작업방법을 알도록 하는 교육
- ㉡ **제2단계(기능교육)** : 안전작업방법 시범을 보이고 실습시켜, 할 수 있도록 하는 교육
- ㉢ **제3단계(태도교육)** : 안전한 마음가짐을 몸에 익히는 심리적인 교육

10 다음 중 산업안전보건법령상 안전보건총괄책임자 지정대상사업이 아닌 것은? (단, 근로자 수 또는 공사금액은 충족한 것으로 본다.)

① 서적, 잡지 및 기타 인쇄물 출판업

② 선박 및 보트 건조업

③ 토사석 광업

④ 서비스업

해설 산업안전보건법령상 안전보건총괄책임자 지정대상사업

- ㉠ 1차 금속 제조업
- ㉡ 선박 및 보트 건조업
- ㉢ 토사석 광업
- ㉣ 제조업(㉠, ㉡은 제외한다.)
- ㉤ 서적, 잡지 및 기타 인쇄물 출판업
- ㉥ 음악 및 기타 오디오물 출판업
- ㉦ 금속 및 비금속 원료 재생업

11 다음 중 사람이 인력(중력)에 의하여 건축물, 구조물, 가설물, 수목, 사다리 등의 높은 장소에서 떨어지는 재해의 발생 형태를 무엇이라 하는가?

① 추락
② 비래
③ 낙하
④ 전도

> **해설**
> ② 비래, ③ 낙하 : 물건이 주체가 되어 사람이 맞은 경우
> ④ 전도 : 사람이 평면상으로 넘어졌을 경우(과속, 미끄러짐 포함)

12 다음 중 무재해운동의 3요소에 해당되지 않는 것은?

① 이념
② 기법
③ 실천
④ 경쟁

> **해설** 무재해운동의 3요소
> ㉠ 이념 ㉡ 기법 ㉢ 실천

13 다음 중 산업안전보건법령상 특별 안전 · 보건교육 대상의 작업에 해당하지 않는 것은?

① 방사선 업무에 관계되는 작업
② 전압이 50V인 정전 및 활선 작업
③ 굴착면의 높이가 3m되는 암석의 굴착 작업
④ 게이지압력을 2kgf/cm² 이상으로 사용하는 압력용기 설치 및 취급작업

> **해설**
> ② 전압이 75V 이상인 정전 및 활선 작업

14 다음 중 인지과정 착오의 요인과 가장 거리가 먼 것은?

① 정서 불안정
② 감각차단 현상
③ 작업자의 기능 미숙
④ 생리 · 심리적 능력 의 한계

> **해설** 인지과정 착오의 요인
> ㉠ 정서 불안정
> ㉡ 감각차단 현상

㉢ 생리 · 심리적 능력의 한계
㉣ 정보량 저장능력의 한계

15 다음 중 산업안전보건법령상 사업 내 안전 · 보건교육에 있어 교육대상과 교육시간이 잘못 연결된 것은?

① 사무직 종사 근로자의 정기교육 : 매분기 3시간 이상
② 일용근로자의 작업내용 변경 시의 교육 : 1시간 이상
③ 건설 일용근로자의 건설업 기초안전 · 보건교육 : 2시간 이상
④ 관리감독자의 지위에 있는 사람의 정기교육 : 연간 16시간 이상

> **해설**
> ③ 건설 일용근로자의 건설업 기초안전 · 보건교육 : 4시간

16 위험예지훈련 4R(라운드)의 진행방법에서 3R(라운드)에 해당하는 것은?

① 목표설정
② 본질추구
③ 현상파악
④ 대책수립

> **해설** 위험예지훈련 4R(라운드)의 진행방법
> ㉠ 1R : 현상파악 ㉡ 2R : 본질추구
> ㉢ 3R : 대책수립 ㉣ 4R : 목표설정

17 도수율이 12.57, 강도율이 17.45인 사업장에서 1명의 근로자가 평생 근무한다면 며칠의 근로손실이 발생하겠는가? (단, 1인 근로자의 평생 근로시간은 10^5시간이다.)

① 1,257일
② 126일
③ 1,745일
④ 175일

> **해설**
> $$강도율 = \frac{근로손실일수}{연근로시간수} \times 1,000$$
> $$\therefore 근로손실일수 = \frac{강도율 \times 연근로시간수}{1,000}$$
> $$= \frac{17.45 \times 10^5}{1,000} = 1,745일$$

정답 | 11. ① 12. ④ 13. ② 14. ③ 15. ③ 16. ④ 17. ③

18 다음 중 학습정도(level of learning)의 4단계에 포함되지 않는 것은?

① 지각한다.　　　　② 적용한다.
③ 인지한다.　　　　④ 정리한다.

해설　**학습정도의 4단계**
　㉠ 제1단계 : 인지한다.　　㉡ 제2단계 : 지각한다.
　㉢ 제3단계 : 이해한다.　　㉣ 제4단계 : 적용한다.

19 다음 중 재해 통계적 원인분석 시 특성과 요인 관계를 도표로 하여 어골상(漁骨象)으로 세분화 한 것은?

① 파레토도　　　　② 특성요인도
③ 크로스도　　　　④ 관리도

해설　**통계적 원인분석**
　㉠ **파레토(pareto)도** : 사고의 유형, 기인물 등 분류항 목을 큰 순서대로 도표화한다. 문제목표의 이해에 편리하다.
　㉡ **특성 요인도** : 특성과 요인관계를 도표로 하여 어 골상으로 세분화한다.
　㉢ **크로스(cross)도** : 2개 이상의 문제관계를 분석하 는 데 사용하는 것으로 데이터(Data)를 집계하고 표로 표시하여 요인별 결과내역을 교차한 크로스 그림을 작성하여 분석한다.
　㉣ **관리도** : 재해발생건수 등의 추이를 파악하여 목표 관리를 행하는 데 필요한 월별 재해 발생수를 그 래프(Graph)화하여 관리선을 설정·관리하는 방법 이다.

20 다음은 안전화의 정의에 관한 설명이다. ㉠과 ㉡에 해당하는 값으로 옳은 것은?

> 중작업용 안전화란 (㉠)mm의 낙하높이에서 시험했을 때 충격과 (㉡)kN의 압축하중에서 시험했을 때 압박에 대하여 보호해 줄 수 있 는 선심을 부착하여 착용자를 보호하기 위한 안전화를 말한다.

① ㉠ 250, ㉡ 4.5　　② ㉠ 500, ㉡ 5.0
③ ㉠ 750, ㉡ 7.5　　④ ㉠ 1,000, ㉡15.0

해설　**중작업용 안전화** : 1,000mm의 낙하높이에서 시험했 을 때 충격과 15.0kN의 압축하중에서 시험했을 때 압 박에 대하여 보호해 줄 수 있는 선심을 부착하여 착 용자를 보호하기 위한 안전화이다.

21 다음 중 한 자극차원에서의 절대 식별수에 있어 순음의 경우 평균 식별수는 어느 정도 되는가?

① 1　　　　　　　② 5
③ 9　　　　　　　④ 13

해설　한 자극차원에서의 절대 식별 수에 있어 순음의 경우 평균 식별 수는 5이다.

22 다음 중 시력 및 조명에 관한 설명으로 옳은 것은?

① 표적 물체가 움직이거나 관측자가 움직이 면 시력의 역치는 증가한다.
② 필터를 부착한 VDT 화면에 표시된 글자 의 밝기는 줄어들지만 대비는 증가한다.
③ 대비는 표적 물체 표면에 도달하는 조도 와 결과하는 광도와의 차이를 나타낸다.
④ 관측자의 시야 내에 있는 주시 영역과 그 주변 영역의 조도의 비를 조도비라 한다.

해설　① 표적 물체가 움직이거나 관측자가 움직이면 시력 의 역치는 감소한다.
③ 대비는 표적의 광속발산도와 배경의 광속발산도의 차를 나타내는 척도이다.
④ 조도비는 조명으로 인해 생기는 밝은 곳과 어두운 곳의 비이다.

23 다음 중 제조나 생산과정에서의 품질 관리 미비 로 생기는 고장으로, 점검작업이나 시운전으로 예방할 수 있는 고장은?

① 초기고장　　　　② 마모고장
③ 우발고장　　　　④ 평상고장

해설　**설비의 신뢰도**
　㉠ **초기고장** : 제조나 생산과정에서의 품질 관리 미 비로 생기는 고장으로, 점검 작업이나 시운전으로 예방할 수 있다.
　㉡ **마모고장** : 장치의 일부가 수명을 다해서 생기는 고장으로, 적당한 보수에 의해 이같은 부품을 미 리 바꾸어 끼워서 방지할 수 있는 고장이다.
　㉢ **우발고장** : 예측할 수 없을 때 생기는 고장이다.

24 다음 중 인간-기계 시스템의 설계단계를 6단계로 구분할 때 제3단계인 기본설계 단계에 속하지 않는 것은?

① 직무 분석
② 기능의 할당
③ 인터페이스 설계
④ 인간성능요건 명세

> **해설** 기본설계단계
> ㉠ 직무분석　　　　　 ㉡ 기능의 할당
> ㉢ 인간성능요건 명세　 ㉣ 작업 설계

25 FT도에 의한 컷셋(cut set)이 다음과 같이 구해졌을 때 최소 컷셋(minimal cut set)으로 맞는 것은?

> • (X_1, X_3)　　　　　• (X_1, X_2, X_3)
> • (X_1, X_3, X_4)

① (X_1, X_3)
② (X_1, X_2, X_3)
③ (X_1, X_3, X_4)
④ (X_1, X_2, X_3, X_4)

> **해설** ㉠ 조건을 식으로 만들면
> $$T = (X_1 + X_3) \cdot (X_1 + X_2 + X_3) \cdot (X_1 + X_3 + X_4)$$
> ㉡ FT도를 보면 (X_1, X_3)를 대입했을 때 T가 발생되었다.
>
>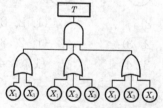
>
> ㉢ 미니멀 컷셋은 컷셋 중에 공통이 되는 (X_1, X_3)가 된다.
>
>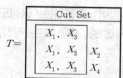

26 작업 종료 후에도 체내에 쌓인 젖산을 제거하기 위하여 추가로 요구되는 산소량을 무엇이라 하는가?

① ATP
② 에너지 대사율
③ 산소 빚
④ 산소 최대섭최능

> **해설** **산소 빚** : 작업 종료 후에도 체내에 쌓인 젖산을 제거하기 위하여 추가로 요구되는 산소량

27 다음 중 FTA의 기대효과로 볼 수 없는 것은?

① 사고원인 규명의 간편화
② 사고원인 분석의 정량화
③ 시스템의 결함 진단
④ 사고결과의 분석

> **해설** FTA의 기대효과
> ㉠ 사고원인 규명의 간편화
> ㉡ 사고원인 분석의 일반화
> ㉢ 사고원인 분석의 정량화
> ㉣ 노력, 시간의 절감
> ㉤ 시스템의 결함 진단
> ㉥ 안전점검표 작성

28 [보기]와 같은 위험 관리의 단계를 순서대로 나열한 것으로 옳은 것은?

> ⓐ 위험의 분석　　　 ⓑ 위험의 파악
> ⓒ 위험의 처리　　　 ⓓ 위험의 평가

① ⓐ → ⓑ → ⓓ → ⓒ
② ⓐ → ⓒ → ⓐ → ⓓ
③ ⓐ → ⓒ → ⓑ → ⓓ
④ ⓑ → ⓐ → ⓓ → ⓒ

> **해설** 위험관리의 단계
> 위험의 파악 → 위험의 분석 → 위험의 평가 → 위험의 처리

29 통신에서 잡음 중 일부를 제거하기 위해 필터(Filter)를 사용하였다면 다음 중 어느 것의 성능을 향상시키는 것인가?

① 신호의 검출성
② 신호의 양립성
③ 신호의 산란성
④ 신호의 표준성

> **해설** 통신에서 잡음 중의 일부를 제거하기 위해 필터를 사용하였다면 신호의 검출성의 성능을 향상시키는 것이다.

정답 ┃ 24. ③　25. ①　26. ③　27. ④　28. ④　29. ①

30 시스템의 수명 주기를 구상, 정의, 개발, 생산, 운전의 5단계로 구분할 때 시스템 안전성 위험 분석(SSHA)은 다음 중 어느 단계에서 수행되는 것이 가장 적합한가?

① 구상(Concept)단계
② 운전(Deployment)단계
③ 생산(Production)단계
④ 정의(Definition)단계

해설 SSHA는 PHA를 계속하고 발전시킨 것으로서 시스템 또는 요소가 보다 한정적인 것이 됨에 따라서, 안전성 분석도 또한 보다 한정적인 것이 된다. 그러므로 정의 단계에서 수행하는 것이 가장 적합하다.

31 모든 시스템 안전프로그램 중 최초 단계의 분석으로 시스템 내의 위험요소가 어떤 상태에 있는 지를 정성적으로 평가하는 방법은?

① CA
② PHA
③ FHA
④ FMEA

해설
① CA(Criticality Analysis) : 높은 위험도를 가진 요소 또는 그 고장의 형태에 따른 분석 방법
② PHA(Preliminary Hazards Analysis) : 모든 시스템안전 프로그램 중 최초 단계의 분석으로 시스템 내의 위험요소가 어떤 상태에 있는 지를 정성적으로 평가하는 방법
③ FHA(Fault Hazards Analysis) : 전체 시스템을 구성하고 있는 시스템의 한 구성요소의 분석에 사용되는 분석방법
④ FMEA(Failure Modes Effects Analysis) : 고장형태와 영향분석이라고도 하며, 이 분석기법은 각 요소의 고장유형과 그 고장이 미치는 영향을 분석하는 방법으로 귀납적이면서 정성적으로 분석하는 기법이다.

32 다음 중 수명주기(Life Cycle) 6단계에서 "운전단계"와 가장 거리가 먼 것은?

① 사고 조사 참여
② 기술 변경의 개발
③ 고객에 의한 최종 성능 검사
④ 최종 생산물의 수용 여부 결정

해설 수명주기 6단계
㉠ 1단계 : 구상
㉡ 2단계 : 정의
㉢ 3단계 : 개발
　　예 최종 생산물의 수용여부 결정
㉣ 4단계 : 생산
㉤ 5단계 : 운전
　　예 사고조사 참여, 기술변경의 개발, 고객에 의한 최종 성능검사
㉥ 6단계 : 폐기

33 다음과 같은 FT도에서 Minimal Cut set으로 옳은 것은?

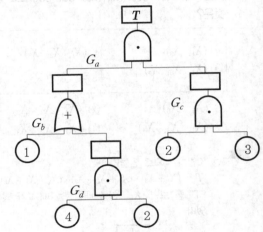

① (2, 3)
② (1, 2, 3)
③ (1, 2, 3)
(2, 3, 4)
④ (1, 2, 3)
(1, 3, 4)

해설 $G_a {\rightarrow} G_b G_c {\rightarrow} ① \; G_c {\rightarrow} ①, ②, ③$
　　　$G_d G_c {\rightarrow} ②, ③, ④$

34 공정 분석에 있어 활용하는 공정도(process chart)의 도시기호 중 가공 또는 작업을 나타내는 기호는?

①
②
③
④

해설 ① 가공 또는 작업 　② 운반
③ 정체 　④ 검사

35 제어장치에서 조종장치의 위치를 1㎝ 움직였을 때 표시장치의 지침이 4㎝ 움직였다면 이 기기의 C/R비는 약 얼마인가?

① 0.25 　② 0.6
③ 1.5 　④ 1.7

해설 통제비(통제표시비)

$$\frac{C}{R}비 = \frac{통제기기의 변위량}{표시계기지침의 변위량} = \frac{1㎝}{4㎝} = 0.25$$

36 사람의 감각기관 중 반응속도가 가장 빠른 것은?

① 시각 　② 촉각
③ 후각 　④ 미각

해설 감각기관의 반응속도
청각(0.17초) > 촉각(0.18초) > 시각(0.20초) > 미각(0.29초) > 통각(0.7초)

37 FTA에 사용되는 기호 중 다음 기호에 해당하는 것은?

① 생략사상
② 부정사상
③ 결함사상
④ 기본사상

해설 기본사상 : 더 이상 해석을 할 필요가 없는 기본적인 기계의 결함 또는 작업자의 오동작을 나타낸 것

38 작업형태나 작업조건 중에서 다른 문제가 생겨 필요사항을 실행할 수 없는 경우나 어떤 결함으로부터 파생하여 발생하는 오류를 무엇이라 하는가?

① Commission Error
② Command Error
③ Extraneous Error
④ Secondart Error

해설 ① Commission Error : 불확실한 수행

② Command Error : 작업자가 움직이려 해도 움직일 수 없으므로 발생하는 과오
③ Extraneous Error : 불필요한 업무절차 수행

39 다음 중 역치(Threshold Value)의 설명으로 가장 적절한 것은?

① 표시장치의 설계와 역치는 아무런 관계가 없다.
② 에너지의 양이 증가할수록 차이 역치는 감소한다.
③ 역치는 감각에 필요한 최소량의 에너지를 말한다.
④ 표시장치를 설계할 때는 신호의 강도를 역치 이해로 설계하여야 한다.

해설 ① 표시장치의 설계와 역치는 밀접한 관계가 있다.
② 에너지의 양이 증가할수록 차이역치는 증가한다.
④ 표시장치를 설계할 때는 신호의 강도를 역치 이상으로 설계하여야 한다.

40 다음 중 청각적 표시장치에서 300m 이상의 장거리용 경보기에 사용하는 진동수로 가장 적절한 것은?

① 800Hz 전후 　② 2,200Hz 전후
③ 3,500Hz 전후 　④ 4,000Hz 전후

해설 장거리(300m 이상)용은 1,000Hz 이하의 진동수를 사용한다.

제3과목 **기계위험방지기술**

41 다음 중 연삭기의 사용상 안전대책으로 적절하지 않은 것은?

① 방호장치로 덮개를 설치한다.
② 숫돌 교체 후 1분 정도 시운전을 실시한다.
③ 숫돌의 최고사용회전속도를 초과하여 사용하지 않는다.
④ 축 회전속도(rpm)는 영구히 지워지지 않도록 표시한다.

해설 ② 숫돌 교체 후 3분 정도 시운전을 실시한다.

정답 35. ① 36. ② 37. ④ 38. ④ 39. ③ 40. ① 41. ②

42 롤러작업에서 울(guard)의 적절한 위치까지의 거리가 40mm일 때 울의 개구부와의 설치간격은 얼마 정도로 하여야 하는가? (단, 국제노동기구의 규정을 따른다.)

① 12mm   ② 15mm
③ 18mm   ④ 20mm

> **해설**
> $$Y = 6 + 0.15 \times X$$
> $$= 6 + 0.15 \times 40$$
> $$= 12mm$$

동력기계	롤러기	
	전동체가 아닌 경우	전동체인 경우
$Y = 6 + 0.1 \cdot X$	$Y = 6 + 0.15 \cdot X$	$Y = 6 + 0.1 \cdot X$

43 다음 중 밀링작업 시 안전조치사항으로 틀린 것은?

① 절삭속도는 재료에 따라 정한다.
② 절삭 중 칩 제거는 칩 브레이커로 한다.
③ 커터를 끼울 때는 아버를 깨끗이 닦는다.
④ 일감을 고정하거나 풀어낼 때는 기계를 정지시킨다.

> **해설** ②의 경우, 칩 제거는 브러시로 한다는 내용이 옳다.

44 와이어로프의 절단하중이 1,116kgf이고, 한 줄로 물건을 매달고자 할 때 안전계수를 6으로 하면 몇 kgf 이하의 물건을 매달 수 있는가?

① 126   ② 372
③ 588   ④ 6,696

> **해설**
> $$안전계수 = \frac{절단하중}{안전하중}, \quad 6 = \frac{1,116}{x}$$
> $$\therefore x = \frac{1,116}{6} = 186kgf$$
> 따라서 186kgf 이하인 126kgf가 정답이다.

45 드릴작업의 안전대책과 거리가 먼 것은?

① 칩은 와이어브러시로 제거한다.
② 구멍 끝 작업에서는 절삭압력을 주어서는 안 된다.

③ 칩에 의한 자상을 방지하기 위해 면장갑을 착용한다.
④ 바이스 등을 사용하여 작업 중 공작물의 유동을 방지한다.

> **해설** ③의 경우, 면장갑을 착용하지 않는다는 내용이 옳다.

46 일반 연삭작업 등에 사용하는 것을 목적으로 하는 탁상용 연삭기의 덮개 각도에 있어 숫돌이 노출되는 전체 범위의 각도 기준으로 옳은 것은?

① 65° 이상   ② 75° 이상
③ 125° 이내   ④ 150° 이내

> **해설** 탁상용 연삭기의 덮개 각도에 있어 숫돌이 노출되는 전체 범위의 각도 기준은 125° 이내이다.

47 지게차로 20㎞/h의 속도로 주행할 때, 좌우 안정도는 몇 % 이내이어야 하는가? (단, 무부하상태를 기준으로 한다.)

① 37   ② 39
③ 40   ④ 43

> **해설** 지게차의 주행 시의 좌우 안정도(%)
> $$= 15 + 1.1V$$
> $$\therefore 1.5 \times 1.1 \times 20 = 37\% \text{ 이내}$$

48 다음 중 기계 구조 부분의 안전화에 대한 결함에 해당되지 않는 것은?

① 재료의 결함
② 기계 설계의 결함
③ 가공 상의 결함
④ 작업 환경 상의 결함

> **해설** 기계 구조 부분의 안전화에 대한 결함으로는 ①, ②, ③의 세 가지가 있다.

49 다음 중 보일러수 속이 유지류, 용해 고형물 등에 의해 거품이 생겨 수위가 불안정하게 되는 현상을 무엇이라 하는가?

① 스케일(scale)   ② 보일링(boiling)
③ 프린팅(printing)   ④ 포밍(foaming)

문제의 내용은 포밍(foaming)현상에 관한 것이다.

50 다음 중 셰이퍼(Shaper)에 관한 설명으로 틀린 것은?

① 바이트는 가능한 짧게 물린다.

② 셰이퍼의 크기는 램의 행정으로 표시한다.

③ 작업 중 바이트가 운동하는 방향에 서지 않는다.

④ 각도 가공을 위해 헤드를 회전시킬 때는 최대행정으로 가동시킨다.

해설 ①, ②, ③ 이외에 셰이퍼에 관한 사항은 다음과 같다.
㉠ 행정의 길이 및 공작물, 바이트의 재질에 따라 절삭속도를 정할 것
㉡ 시동하기 전에 행정조정용 핸들을 빼놓을 것
㉢ 램은 필요 이상 긴 행정으로 하지 말고, 일감에 맞는 행정용으로 조정할 것

51 다음 중 산소-아세틸렌 가스용접 시 역화의 원인과 가장 거리가 먼 것은 어느 것인가?

① 토치의 과열
② 팁의 이물질 부착
③ 산소 공급의 부족
④ 압력조정기의 고장

해설 ①, ②, ④ 이외에 산소-아세틸렌 가스용접 시 역화의 원인은 다음과 같다.
㉠ 산소공급의 과다
㉡ 토치의 성능 부족

52 다음 중 지름이 60cm이고, 20rpm으로 회전하는 롤러에 적합한 급정지장치의 성능으로 옳은 것은?

① 앞면 롤러 원주의 1/1.5 거리에서 급정지
② 앞면 롤러 원주의 1/2 거리에서 급정지
③ 앞면 롤러 원주의 1/2.5 거리에서 급정지
④ 앞면 롤러 원주의 1/3 거리에서 급정지

해설 표면속도 $V = \dfrac{\pi DN}{1,000}$

$\therefore \dfrac{3.14 \times 600 \times 20}{1,000} = 37.68 \text{m/min}$

따라서 앞면 롤러의 표면속도가 30m/min 이상이므로 앞면 롤러 원주의 1/2.5 거리에서 급정지한다.

53 다음 중 프레스 금형을 부착, 해체 또는 조정작업을 할 때에 사용하여야 하는 장치는?

① 안전블록
② 안전방책
③ 수인식 방호장치
④ 손쳐내기식 방호장치

해설 프레스 금형을 부착, 해체 또는 조정작업을 할 때에 사용하여야 하는 장치는 안전블록이다.

54 다음 중 선반작업에서 가늘고 긴 공작물의 처짐이나 휨을 방지하는 부속장치는?

① 방진구
② 심봉
③ 돌리개
④ 면판

해설 선반작업에서 가늘고 긴 공작물의 처짐이나 휨을 방지하는 부속장치는 방진구이다.

55 다음 중 위험구역에서 가드까지의 거리가 200mm인 롤러기에 가드를 설치하는 데 허용가능한 가드의 개구부 간격으로 옳은 것은?

① 최대 20mm
② 최대 30mm
③ 최대 36mm
④ 최대 40mm

해설 $Y = 6 + 0.15X$

$\therefore 6 + (0.15 \times 200) = 36 \text{mm}$

56 다음은 지게차의 헤드가드에 관한 기준이다. ( ) 안에 들어갈 내용으로 옳은 것은?

지게차 사용 시 화물 낙하 위험의 방호조치 사항으로 헤드가드를 갖추어야 한다. 그 강도는 지게차 최대하중의 ( ) 값의 등분포정하중(等分布靜荷重)에 견딜 수 있어야 한다. 단, 그 값이 4톤을 넘는 것에 대하여서는 4톤으로 한다.

① 1.5배
② 2배
③ 3배
④ 5배

해설 지게차 헤드가드의 강도는 최대하중의 2배 값(그 값이 4ton을 넘는 것은 4ton으로 한다.)의 등분포 정하중에 견딜 수 있어야 한다.

57 보일러수 속에 유지(油脂)류, 용해 고형물, 부유물 등의 농도가 높아지면 드럼 수면에 안정한 거품이 발생하고, 또한 거품이 증가하여 드럼의 기실(氣室)에 전체로 확대되는 현상을 무엇이라 하는가?

① 포밍(Foaming)
② 프라이밍(Priming)
③ 수격현상(Water Hammer)
④ 공동화현상(Cavitation)

> **해설**
> ① **포밍** : 거품작용
> ② **프라이밍** : 비수작용, 보일러수가 비등하여 수면으로부터 증기가 비산하고 기실에 충만하여 수위가 불안정하게 되는 현상
> ③ **수격현상** : 배관 내의 응축수가 송기 시 배관내부를 이격하여 소음을 발생시키는 현상
> ④ **공동화현상** : 액체가 고속으로 회전할 때 압력이 낮아지는 부분에 기포가 형성되는 현상

58 다음 중 드릴작업 시 안전수칙으로 적절하지 않은 것은?

① 장갑의 착용을 금한다.
② 드릴은 사용 전에 검사한다.
③ 작업자는 보안경을 착용한다.
④ 드릴의 이송은 최대한 신속하게 한다.

> **해설**
> ④ 드릴의 이송은 최대한 안전하게 한다.

59 다음 중 재료에 있어서의 결함에 해당하지 않는 것은?

① 미세균열
② 용접 불량
③ 불순물 내재
④ 내부 구멍

> **해설**
> ②의 용접 불량은 작업방법에 있어서의 결함에 해당한다.

60 셰이퍼의 방호장치와 가장 거리가 먼 것은?

① 방책
② 칸막이
③ 칩받이
④ 시건장치

> **해설**
> **셰이퍼의 방호장치** : 방책, 칩받이, 칸막이

제4과목 | 전기 및 화학설비 위험방지기술

61 전기화재의 주요 원인이 되는 전기의 발열현상에서 가장 큰 열원에 해당하는 것은?

① 줄(Joule) 열
② 고주파 가열
③ 자기유도에 의한 열
④ 전기화학 반응열

> **해설**
> 전기화재의 주요 원인이 되는 전기의 발열현상에서 가장 큰 열원에 해당하는 것은 줄(Joule)열이다.

62 다음 중 감지전류에 미치는 주파수의 영향에 대한 설명으로 옳은 것은?

① 주파수의 감전은 아무 상관관계가 없다.
② 주파수를 증가시키면 감지전류는 증가한다.
③ 주파수가 높을수록 전력의 영향은 증가한다.
④ 주파수가 낮을수록 고온증으로 사망하는 경우가 많다.

> **해설**
> 감지전류에 주파수를 증가시키면 감지전류는 증가한다.

63 다음 중 분진폭발의 위험장소의 구분에 해당하지 않는 것은?

① 20종
② 21종
③ 22종
④ 23종

> **해설**
> **분진폭발 위험장소의 구분**
> ① **20종** : 호퍼 · 분진저장소 · 집진장치 · 필터 등의 내부
> ② **21종** : 집진장치 · 백필터 · 배기구 등의 주위, 이송벨트 샘플링 지역 등
> ③ **22종** : 21종 장소에서 예방조치가 취해진 지역, 환기설비 등과 같은 안전장치 배출구 주위 등

64 다음 중 인체의 접촉상태에 따른 최대허용접촉전압의 연결이 올바른 것은?

① 인체의 대부분이 수중에 있는 상태 : 10V 이하
② 인체가 현저하게 젖어있는 상태 : 25V 이하

③ 통상의 인체상태에 있어서 접촉전압이 가해지더라도 위험성이 낮은 상태 : 30V 이하

④ 금속성의 전기기계장치나 구조물에 인체의 일부가 상시 접촉되어있는 상태 : 50V 이하

해설 인체의 접촉상태에 따른 최대허용접촉전압
㉠ 인체의 대부분이 수중에 있는 상태 : 2.5V 이하
㉡ 통상의 인체상태에 있어서 접촉전압이 가해지더도 위험성이 낮은 상태 : 제한 없음
㉢ 통상의 인체상태에 있어서 접촉전압이 가해지면 위험성이 높은 상태 : 50V 이하
㉣ 금속성의 전기기계장치나 구조물에 인체의 일부가 상시 접촉되어 있는 상태 : 25V 이하

65 방폭구조의 종류 중 전기기기의 과도한 온도상승, 아크 또는 불꽃발생의 위험을 방지하기 위하여 추가적인 안전조치를 통한 안전도를 증가시킨 방폭구조를 무엇이라 하는가?

① 안전증방폭구조
② 본질안전방폭구조
③ 충전방폭구조
④ 비점화방폭구조

해설 문제의 내용은 안전증방폭구조에 관한 것이다.

66 어떤 혼합가스의 성분가스 용량이 메탄은 75%, 에탄은 13%, 프로판은 8%, 부탄은 4%인 경이이 혼합갓의 공기 중 폭발하한계(vol%)는 얼마인가? (단. 폭발하한값이 메탄은 5.0%, 에탄은 3.0%, 프로판은 2.1%, 부탄은 1.8%이다.)

① 3.94
② 4.28
③ 6.63
④ 12.24

해설 하한계값

$$\frac{100}{L} = \frac{V_1}{L_1} + \frac{V_2}{L_2} + \frac{V_3}{L_3} + \frac{V_4}{L_4}$$

$$\therefore L = \frac{100}{\frac{75}{5} + \frac{13}{3} + \frac{8}{2.1} + \frac{4}{1.8}}$$

$$= 3.942 = 3.94\text{vol\%}$$

67 다음 중 유해·위험물질이 유출되는 사고가 발생했을 때의 대처요령으로 가장 적절하지 않은 것은?

① 중화 또는 희석을 시킨다.
② 유해·위험물질을 즉시 모두 소각시킨다.
③ 유출부분을 억제 또는 폐쇄시킨다.
④ 유출된 지역의 인원을 대피시킨다.

해설 유해·위험물질이 유출되는 사고가 발생했을 때 대처요령
㉠ 중화 또는 희석을 시킨다.
㉡ 유출부분을 억제 또는 폐쇄시킨다.
㉢ 유출된 지역의 인원을 대피시킨다.

68 고압가스 용기에 사용되며 화재 등으로 용기의 온도가 상승하였을 때 금속의 일부분을 녹여 가스의 배출구를 만들어 압력을 분출시켜 용기의 폭발을 방지하는 안전장치는?

① 가용합금 안전밸브
② 파열판
③ 폭압방산공
④ 폭발억제장치

해설
② **파열판** : 고압용기 등에 설치하는 안전장치를 용기에 이상압력이 발생될 경우 용기의 내압보다 적은 압력에서 막판(Disk)이 파열되어 내부압력이 급격히 방출되도록 하는 장치
③ **폭압방산공** : 내부에서 폭발을 일으킬 염려가 있는 건물, 설비, 장치 등과 이런 것에 부속된 덕트류 등의 일부에 설계강도가 가장 낮은 부분을 설치하여 내부에서 일어난 폭발압력을 그곳으로 방출함으로써 장치 등의 전체적인 파괴를 방지하기 위하여 설치한 압력방출장치의 일종
④ **폭발억제장치** : 밀폐된 설비, 탱크에서 폭발이 발생되는 경우 폭발성 혼합기 전체로 전파되어 급격한 온도상승과 압력이 발생된다. 이 경우 압력상승현상을 신속히 감지할 수 있도록 하여 전자기기를 이용 소화제를 자동적으로 착화된 수면에 분사하여 폭발 확대를 제거하는 장치

69 정전용량 10μF인 물체에 전압을 1,000V로 충전하였을 때 물체가 가지는 정전에너지는 몇 Joule인가?

① 0.5
② 5
③ 14
④ 50

해설
$$E = \frac{1}{2}CV^2 \quad \therefore \frac{1}{2} \times 10 \times 10^{-6} \times 1,000^2 = 5\text{Joule}$$

정답 65. ① 66. ① 67. ② 68. ① 69. ②

70 다음 중 화학장치에서 반응기의 유해·위험 요인(hazard)으로 화학반응이 있을 때 특히 유의해야 할 사항은?

① 낙하, 절단　　② 감전, 협착
③ 비래, 붕괴　　④ 반응폭주, 과압

> 해설　㉠ **반응폭주** : 메탄올 합성원료용 가스압축기 배기파이프의 이음새로부터 미량의 공기가 흡수되고 원료로 사용된 질소 중 미량의 산소가 수소와 반응해 승온되어 반응폭주가 시작되며, 강관이 연화되고 부분적으로 팽출되며 가스가 분출되어 착화한다.
> ㉡ **과압** : 압력을 가하는 것이다. 일정 체적의 물체에 압력을 가하면 체적이 줄어들게 되고 이때 발생하는 응력과 변형은 서로 비례한다.

71 다음 중 자기반응성 물질에 관한 설명으로 틀린 것은?

① 가열·마찰·충격에 의해 폭발하기 쉽다.
② 연소속도가 대단히 빨라서 폭발적으로 반응한다.
③ 소화에는 이산화탄소, 할로겐화합물 소화약제를 사용한다.
④ 가연성 물질이면서 그 자체 산소를 함유하므로 자기연소를 일으킨다.

> 해설　③의 경우 소화에는 다량의 물을 사용한다는 내용이 옳다.

72 접지저항계로 3개의 접지봉의 접지저항을 측정한 값이 각각 R_1, R_2, R_3일 경우 접지저항 G_1으로 옳은 것은?

① $\frac{1}{2}(R_1+R_2+R_3)-R_1$
② $\frac{1}{2}(R_1+R_2+R_3)-R_2$
③ $\frac{1}{2}(R_1+R_2+R_3)-R_3$
④ $\frac{1}{2}(R_2+R_3)-R_1$

> 해설　접지저항 $G_1=\frac{1}{2}(R_1+R_2+R_3)-R_2$

73 계전기의 종류에 해당하지 않는 것은?

① 전류제어식　　② 전압인가식
③ 자기방전식　　④ 방사선식

> 해설　**계전기의 종류** : 전압인가식(코로나방전식), 자기방전식, 방사선식(이온식)

74 교류아크용접기의 자동전격방지기는 대상으로 하는 용접기의 주회로를 제어하는 장치를 가지고 있어 용접봉의 조작에 따라 용접할 때에만 용접기의 주회로를 형성하고, 그 외에는 용접기 출력측의 무부하전압을 얼마 이하로 저하시키도록 동작하는 장치를 말하는가?

① 15V　　② 25V
③ 30V　　④ 50V

> 해설　교류아크용접기의 자동전격방지기는 용접기 출력측의 무부하전압을 25V 이하로 저하시키도록 동작하는 장치이다.

75 다음 중 절연용 고무장갑과 가죽장갑의 안전한 사용 방법으로 가장 적합한 것은?

① 활선작업에서는 가죽장갑만 사용한다.
② 활선작업에서는 고무장갑만 사용한다.
③ 먼저 가죽장갑을 끼고 그 위에 고무장갑을 낀다.
④ 먼저 고무장갑을 끼고 그 위에 가죽장갑을 낀다.

> 해설　절연용 장갑의 착용 시 먼저 고무장갑을 끼고 그 위에 가죽장갑을 낀다.

76 다음 중 분해 폭발하는 가스의 폭발장치를 위하여 첨가하는 불활성 가스로 가장 적합한 것은?

① 산소　　② 질소
③ 수소　　④ 프로판

> 해설　① 산소 : 조연(지연)성 가스　② 질소 : 불활성 가스
> ③ 수소 : 가연성 가스　④ 프로판 : 가연성 가스

77 산업안전보건법령에 따라 인화성 액체를 저장·취급하는 대기압 탱크에 가압이나 진공발생 시 압력을 일정하게 유지하기 위하여 설치하여야 하는 장치는?

① 통기밸브
② 체크밸브
③ 스팀트랩
④ 프레임어레스터

해설 ② **체크밸브**(check valve) : 유체를 한쪽 방향으로만 흐르게 하고 반대 방향으로 흐르지 못하도록 하는 밸브
③ **스팀트랩**(steam trap) : 드럼이나 관 속의 증기가 일부 응결하여 물이 되었을 때 자동적으로 물만을 외부로 배출하는 장치
④ **프레임어레스터**(flame arrester) : 인화방지망이라 하며, 인화성 Gas 또는 Vapor가 흐르는 배관시스템에 설치

78 다음 중 폭굉유도거리에 대한 설명으로 틀린 것은?

① 압력이 높을수록 짧다.
② 점화원의 에너지가 강할수록 짧다.
③ 정상연소속도가 큰 혼합가스일수록 짧다.
④ 관 속에 방해물이 없거나 관의 지름이 클수록 짧다.

해설 ④ 관 속에 방해물이 있거나 관 지름이 가늘수록 짧다.

79 메탄(CH_4) 100mol이 산소 중에서 완전연소 하였다면 이때 소비된 산소량은 몇 mol인가?

① 50
② 100
③ 150
④ 200

해설 $CH_4 + 2O_2 \rightarrow CO_2 + 2H_2O$
$1 : 2 = 100 : x$
$\therefore x = 200$

80 25℃, 1기압에서 공기 중 벤젠(C_6H_6)의 허용농도가 10ppm일 때 이를 mg/m^3의 단위로 환산하면 약 얼마인가? (단, C, H의 원자량은 각각 12, 1이다.)

① 28.7
② 31.9
③ 34.8
④ 45.9

해설
$$mg/m^3 = \frac{ppm \times 분자량(g)}{24.45(25℃ \cdot 1기압)}$$
$$= \frac{10 \times (6 \times 12 + 6 \times 1)}{24.45}$$
$$= 31.9 mg/m^3$$

제5과목 **건설안전기술**

81 건설현장에서 근로자가 안전하게 통행할 수 있도록 통로에 설치하는 조명의 조도기준은?

① 65lux
② 75lux
③ 85lux
④ 95lux

해설 건설현장에서 근로자가 안전하게 통행할 수 있도록 통로에 설치하는 조명의 조도기준은 75lux이다.

82 옹벽의 활동에 대한 저항력은 옹벽에 작용하는 수평력보다 최소 몇 배 이상 되어야 안전한가?

① 0.5
② 1.0
③ 1.5
④ 2.0

해설 옹벽의 활동에 대한 저항력은 옹벽에 작용하는 수평력보다 최소 1.5배 이상 되어야 안전하다.

83 콘크리트를 타설할 때 안전상 유의하여야 할 사항으로 옳지 않은 것은?

① 콘크리트를 치는 도중에는 거푸집, 지보공 등의 이상유무를 확인한다.
② 진동기 사용 시 지나친 진동은 거푸집도괴의 원인이 될 수 있으므로 적절히 사용해야 한다.
③ 최상부의 슬래브는 되도록 이어붓기를 하고 여러 번에 나누어 콘크리트를 타설한다.
④ 타워에 연결되어 있는 슈트의 접속이 확실한지 확인한다.

해설 ③의 경우, 최상부의 슬래브는 되도록 이어붓기를 피하고 여러 번에 나누어 콘크리트를 타설한다는 내용이 옳다.

정답 ┃ 77. ① 78. ④ 79. ④ 80. ② 81. ② 82. ③ 83. ③

84 철근콘크리트 공사 시 거푸집의 필요조건이 아닌 것은?

① 콘크리트의 하중에 대해 뒤틀림이 없는 강도를 갖출 것
② 콘크리트 내 수분 등에 대한 물빠짐이 원활한 구조를 갖출 것
③ 최소한의 재료로 여러 번 사용할 수 있는 전용성을 가질 것
④ 거푸집은 조립·해체·운반이 용이하도록 할 것

> **해설** ②의 경우, 콘크리트 내 수분 등에 대한 누출을 방지할 수 있는 수밀성이 있을 것이 옳은 내용이다.

85 트렌치 굴착 시 흙막이지보공을 설치하지 않는 경우 굴착깊이는 몇 m 이하로 해야 하는가?

① 1.5   ② 2
③ 3.5   ④ 4

> **해설** 트렌치 굴착 시 흙막이지보공을 설치하지 않는 경우 굴착깊이는 1.5m 이하로 해야 한다.

86 산업안전보건기준에 관한 규칙에 따른 계단 및 계단참을 설치하는 경우 매 m²당 최소 얼마 이상의 하중에 견딜 수 있는 강도를 가진 구조로 설치하여야 하는가?

① 500kg   ② 600kg
③ 700kg   ④ 800kg

> **해설** 산업안전보건기준에 관한 규칙에 따른 계단 및 계단참을 설치하는 경우 매 m²당 500kg 이상의 하중에 견딜 수 있는 강도를 가진 구조로 설치하여야 한다.

87 차량계 하역운반기계 등을 이송하기 위하여 자주(自走) 또는 견인에 의하여 화물자동차에 싣거나 내리는 작업을 할 때 준수하여야 할 사항으로 옳지 않은 것은?

① 발판을 사용하는 경우에는 충분한 길이, 폭 및 강도를 가진 것을 사용할 것
② 지정운전자의 성명, 연락처 등을 보기 쉬운 곳에 표시하고 지정운전자 외에는 운전하지 않도록 할 것
③ 가설대 등을 사용하는 경우에는 충분한 폭 및 강도와 적당한 경사를 확보할 것
④ 싣거나 내리는 작업을 할 때는 편의를 위해 경사지고 견고한 지대에서 할 것

> **해설** ④의 경우, 싣거나 내리는 작업을 할 때는 평탄하고 견고한 지대에서 할 것이 옳은 내용이다.

88 콘크리트 타설작업 시 거푸집에 작용하는 연직하중이 아닌 것은?

① 콘크리트의 측압
② 거푸집의 중량
③ 굳지 않은 콘크리트의 중량
④ 작업원의 작업하중

> **해설** ㉠ 콘크리트의 측압은 거푸집에 작용하는 수평하중이다.
> ㉡ 콘크리트 측압 이외에 수평하중으로 풍하중, 지진하중이 있다.

89 철골작업에서 작업을 중지해야 하는 규정에 해당되지 않는 경우는?

① 풍속이 초당 10m 이상인 경우
② 강우량이 시간당 1mm 이상인 경우
③ 강설량이 시간당 1cm 이상인 경우
④ 겨울철 기온이 영상 4℃ 이상인 경우

> **해설** 철골작업에서 작업을 중지해야 하는 규정에 해당되는 경우는 ①, ②, ③ 세 가지가 있다.

90 모래질 지반에서 포화된 가는 모래에 충격을 가하면 모래가 약간 수축하여 정(+)의 공극수 압이 발생하며, 이로 인하여 유효응력이 감소하여 전단강도가 떨어져 순간침하가 발생하는 현상은?

① 동상현상   ② 연화현상
③ 리칭현상 ④ 액상화현상

> **해설** 문제의 내용은 액상화현상에 관한 것이다.

91 안전난간은 구조적으로 가장 취약한 지점에서 가장 취약한 방향으로 작용하는 최소 얼마 이상의 하중에 견딜 수 있는 튼튼한 구조이어야 하는가?

① 100kg ② 150kg
③ 200kg ④ 250kg

해설 안전난간은 구조적으로 가장 취약한 지점에서 가장 취약한 방향으로 작용하는 최소 100kg 이상의 하중에 견딜 수 있는 구조이어야 한다.

92 산업안전보건관리비 중 안전관리자 등의 인건비 및 각종 업무수당 등의 항목에서 사용할 수 없는 내역은?

① 교통통제를 위한 교통정리 신호수의 인건비
② 공사장 내에서 양중기·건설기계 등의 움직임으로 인한 위험으로부터 주변 작업자를 보호하기 위한 유도자의 인건비
③ 건설용 리프트의 운전자 인건비
④ 고소작업대 작업 시 낙하물 위험예방을 위한 하부 통제 등 공사현장의 특성에 따라 근로자 보호만을 목적으로 배치된 유도자의 인건비

해설 ①의 교통통제를 위한 교통정리 신호수의 인건비는 제외한다.

93 동바리로 사용하는 파이프 서포트에 관한 설치 기준으로 옳지 않은 것은?

① 파이프 서포트를 3개 이상 이어서 사용하지 않도록 할 것
② 파이프 서포트를 이어서 사용하는 경우에는 4개 이상의 볼트 또는 전용철물을 사용하여 이을 것
③ 높이가 3.5m를 초과하는 경우에는 높이 2m 이내마다 수평연결재를 2개 방향으로 만들 것
④ 파이프 서포트 사이에 교차가새를 설치하여 수평력에 대하여 보강 조치할 것

해설 ④ 강관틀과 강관틀 사이에 교차가새를 설치하여 보강조치할 것

94 산업안전보건기준에 관한 규칙에 따른 토사굴착 시 굴착면의 기울기 기준으로 옳지 않은 것은?

① 보통흙인 습지-1:1 ～ 1:1.5
② 풍화암-1:1
③ 연암-1:1
④ 보통흙인 건지-1:1.2 ～ 1:5

해설 ④ 보통흙인 건지-1:0.5 ～ 1

95 콘크리트 슬럼프 시험방법에 대한 설명 중 옳지 않은 것은?

① 슬럼프 시험 기구는 강제평판, 슬럼프 테스트 콘, 다짐막대, 측정기기로 이루어진다.
② 콘크리트 타설 시 작업의 용이성을 판단하는 방법이다.
③ 슬럼프 콘에 비빈 콘크리트를 같은 양의 3층으로 나누어 25회씩 다지면서 채운다.
④ 슬럼프는 슬럼프 콘을 들어올려 강제 평판으로부터 콘크리트가 무너져 내려앉은 높이까지의 거리를 mm로 표시한 것이다.

해설 ④ 슬럼프는 슬럼프 콘(시험통)을 들어올려 강제 평판으로부터 콘크리트가 무너져 내려앉은 높이가지의 거리를 cm로 표시한 것이다.

96 지반에서 발생하는 히빙현상의 직접적인 대책과 가장 거리가 먼 것은?

① 굴착 주변의 상재하중을 제거한다.
② 토류벽의 배면토압을 경감시킨다.
③ 굴착 저면에 토사 등 인공중력을 가중시킨다.
④ 수밀성 있는 흙막이공법을 채택한다.

해설 ①, ②, ③ 이외에 히빙현상의 직접적인 대책은 다음과 같다.
㉠ 시트파일 등의 근입심도를 검토한다.
㉡ 버팀대, 브래킷, 흙막이를 점검한다.
㉢ 1.3m 이하 굴착 시에는 버팀대를 설치한다.
㉣ 굴착 주변을 웰포인트 공법과 병행한다.
㉤ 굴착방식을 개선(아일랜드컷 공법 등)한다.

정답 | 91. ① 92. ① 93. ④ 94. ④ 95. ④ 96. ④

231

97 철골작업을 중지해야 할 강설량 기준으로 옳은 것은?

① 강설량이 시간당 1mm 이상인 경우
② 강설량이 시간당 5mm 이상인 경우
③ 강설량이 시간당 1cm 이상인 경우
④ 강설량이 시간당 5cm 이상인 경우

해설 철골작업을 중지해야 할 강설량 기준은 시간당 1cm 이상인 경우이다.

98 높이 2m를 초과하는 말비계를 조립하여 사용하는 경우 작업발판의 최소폭 기준으로 옳은 것은?

① 20cm 이상   ② 30cm 이상
③ 40cm 이상   ④ 50cm 이상

해설 높이 2m를 초과하는 말비계를 조립하여 사용하는 경우 작업발판의 최소폭 기준은 40cm 이상으로 한다.

99 부두, 안벽 등 하역작업을 하는 장소에 대하여 부두 또는 안벽의 선을 따라 통로를 설치할 때 통로의 최소폭은?

① 70cm   ② 80cm
③ 90cm   ④ 100cm

해설 부두 또는 안벽의 선을 따라 통로를 설치할 때 통로의 최소폭 90cm로 한다.

100 양중기의 분류에서 고정식 크레인에 해당되지 않는 것은?

① 천장크레인   ② 지브크레인
③ 타워크레인   ④ 트럭트레인

해설 ④의 트럭크레인은 이동식 크레인에 해당된다.

제1과목 | 산업안전관리론

01 버드(Bird)는 사고가 5개의 연쇄반응에 의하여 발생되는 것으로 보았다. 다음 중 재해발생의 첫 단계에 해당하는 것은?

① 개인적 결함
② 사회적 환경
③ 전문적 관리의 부족
④ 불안전한 행동 및 불안전한 상태

해설 버드(Bird)의 연쇄반응
㉠ 제1단계 : 제어의 부족(관리)
㉡ 제2단계 : 기본원인(기원)
㉢ 제3단계 : 직접원인(징후)
㉣ 제4단계 : 사고(접촉)
㉤ 제5단계 : 상해(손해, 손실)

02 무재해운동의 추진에 있어 무재해운동을 개시한 날로부터 며칠 이내에 무재해운동 개시 신청서를 관련 기관에 제출하여야 하는가?

① 4일
② 7일
③ 14일
④ 30일

해설 무재해운동의 추진 : 무재해운동을 개시한 날로부터 14일 이내에 무재해운동 개시 신청서를 관련기관에 제출한다.

03 다음 중 부주의 현상을 그림으로 표시한 것으로 의식의 우회를 나타낸 것은?

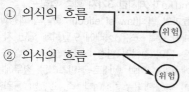

① 의식의 흐름 ──────── 위험
② 의식의 흐름 ──────── 위험
③ 의식의 흐름 ──────▼──(위험)───
④ 의식의 흐름 ──────▼─(위험)─┐

해설 의식의 우회 : 의식의 흐름이 샛길로 빗나갈 경우의 것으로서, 일을 하고 있을 때 우연히 걱정, 고뇌, 욕구 불만 등에 의해 다른 것에 집중하는 것이 이것에 해당한다.

04 산업안전보건법령에 따라 건설현장에서 사용하는 크레인, 리프트 및 곤돌라는 최초로 설치한 날부터 얼마마다 안전검사를 실시하여야 하는가?

① 6개월
② 1년
③ 2년
④ 3년

해설 안전점검
㉠ 크레인, 리프트 및 곤돌라 : 사업장에 설치가 끝난 날로부터 3년 이내에 최초안전검사를 실시하되, 그 이후로부터 2년(건설현장에서 사용하는 것은 최초로 설치한 날부터 6개월)
㉡ 그 밖의 유해·위험 기계 등 : 사업장에서 설치가 끝난 날로부터 3년 이내에 최초안전검사를 실시하되, 그 이후부터 2년(공정안전보고서를 제출하여 확인을 받은 압력 용기는 4년)

05 재해손실비 중 직접 손실비에 해당하지 않는 것은?

① 요양급여
② 휴업급여
③ 간병급여
④ 생산손실급여

해설 재해손실비
㉠ 직접 손실비 : 사고의 피해자에게 지급되는 산재 보상비
  예 요양급여, 휴업급여, 간병급여 등
㉡ 간접 손실비 : 생산손실급여 등

정답 | 01. ③ 02. ③ 03. ④ 04. ① 05. ④

06 산업안전보건법령상 안전·보건표지의 종류에 있어 "안전모 착용"은 어떤 표지에 해당하는가?

① 경고표지　　② 지시표지
③ 안내표지　　④ 관계자 외 출입금지

> **해설**　**지시표지** : 안전모 착용

07 어떤 사업장의 종합재해지수가 16.95이고, 도수율이 20.83이라면 강도율은 약 얼마인가?

① 20.45　　② 15.92
③ 13.79　　④ 10.54

> **해설**
> 종합재해지수 $= \sqrt{도수율 \times 강도율}$
> $\therefore$ 강도율 $= \dfrac{(종합재해지수)^2}{도수율} = \dfrac{16.95^2}{20.83} = 13.79$

08 인간관계 메커니즘 중에서 다른 사람으로부터의 판단이나 행동을 무비판적으로 논리적, 사실적 근거 없이 받아들이는 것을 무엇이라 하는가?

① 모방(imitation)
② 암시(suggestion)
③ 투사(projection)
④ 동일화(identification)

> **해설**
> ① **모방(imitation)** : 남의 행동이나 판단을 표본으로 하여 그것과 같거나 또는 그것에 가까운 행동 또는 판단을 취하려는 것
> ③ **투사(projection)** : 투출이라고 하며, 자기 속의 억압된 것을 다른 사람의 것으로 생각하는 것
> ④ **동일화(identification)** : 다른 사람의 행동양식이나 태도를 자기에게 투입시키거나 그와는 반대로 다른 사람 가운데서 자기의 행동양식이나 태도와 비슷한 것을 발견하는 것

09 다음 중 산업안전보건법령에서 정한 안전보건관리규정의 세부 내용으로 가장 적절하지 않은 것은?

① 산업안전보건위원회의 설치·운영에 관한 사항
② 사업주 및 근로자의 재해예방 책임 및 의무 등에 관한 사항
③ 근로자의 건강진단, 작업환경측정의 실시 및 조치절차 등에 관한 사항
④ 산업재해 및 중대산업사고의 발생 시 손실비용 산정 및 보상에 관한 사항

> **해설**　**산업안전보건법령에서 정한 안전보건관리규정의 세부 내용**
> ㉠ 산업안전보건위원회의 설치·운영에 관한 사항
> ㉡ 사업주 및 근로자의 재해예방 책임 및 의무 등에 관한 사항
> ㉢ 근로자 건강진단, 작업환경측정의 실시 및 조치절차 등에 관한 사항

10 다음 중 교육훈련의 학습을 극대화시키고, 개인의 능력개발을 극대화시켜 주는 평가방법이 아닌 것은?

① 관찰법　　② 배제법
③ 자료분석법　　④ 상호평가법

> **해설**　**교육훈련의 학습을 극대화시키고, 개인의 능력개발을 극대화시켜 주는 평가방법**
> ㉠ 관찰법
> ㉡ 자료분석법
> ㉢ 상호평가법

11 다음 중 안전심리의 5대 요소에 해당하는 것은?

① 기질(temper)　　② 지능(intelligence)
③ 감각(sense)　　④ 환경(environment)

> **해설**　**안전심리의 5대 요소** : 기질(temper), 동기, 감정, 습성, 습관

12 다음 중 시행착오설에 의한 학습 법칙에 해당하지 않는 것은?

① 효과의 법칙　　② 준비성의 법칙
③ 연습의 법칙　　④ 일관성의 법칙

> **해설**　**Thorndike가 제시한 3가지 학습 법칙**
> ① **효과의 법칙(law of effect)** : 학습의 과정과 그 결과가 만족스러운 상태에 도달하게 되면 자극과 반응 간의 결합이 한층 더 강화되어 학습이 견고하게 되며, 이와 반대로 불만스러운 경우에는 결합이 약해진다는 법칙이다. 즉, 조건이 동일한 경우 만족의 결과를 주는 반응은 고정되고, 그렇지 못한 반응은 폐기된다.

② **준비성의 법칙(law of readiness)** : 학습하는 태도나 준비와 관련되는 것으로, 새로운 사실과 지식을 습득하기 위해서는 준비가 잘 되어 있을수록 결합이 용이하게 된다는 것을 의미한다.

③ **연습(실행)의 법칙(law of exercise)** : 자극과 반응의 결합이 빈번히 되풀이 되는 경우 그 결합이 강화된다. 즉, 연습하면 결합이 강화되고, 연습하지 않으면 결합이 약화된다는 것이다.

13 다음 중 재해조사 시의 유의사항으로 가장 적절하지 않은 것은?

① 사실을 수집한다.

② 사람, 기계설비, 양면의 재해요인을 모두 도출한다.

③ 객관적인 입장에서 공정하게 조사하며, 조사는 2인 이상이 한다.

④ 목격자의 증언과 추측의 말을 모두 반영하여 분석하고 결과를 도출한다.

> **해설** **재해조사 시의 유의사항**
> ㉠ 사실을 수집한다. 이유는 뒤에 확인한다.
> ㉡ 목격자 등이 증언하는 사실 이외의 추측의 말은 참고로만 한다.
> ㉢ 조사는 신속하게 행하고 긴급 조치하여, 2차 재해의 방지를 도모한다.
> ㉣ 사람, 기계설비, 양면의 재해요인을 모두 도출한다.
> ㉤ 객관적인 입장에서 공정하게 조사하며, 조사는 2인 이상이 한다.
> ㉥ 책임 추궁보다 재발방지를 우선하는 기본태도를 갖는다.
> ㉦ 피해자에 대한 구급조치를 우선한다.
> ㉧ 2차 재해의 예방과 위험성에 대한 보호구를 착용한다.

14 산업안전보건법령상 특별안전 · 보건교육에 있어 대상 작업별 교육 내용 중 밀폐공간에서의 작업에 대한 교육 내용과 거리가 먼 것은? (단, 기타 안전 · 보건관리에 필요한 사항은 제외한다.)

① 산소농도 측정 및 작업환경에 관한사항

② 유해물질의 인체에 미치는 영향

③ 보호구 착용 및 사용방법에 관한 사항

④ 사고 시의 응급처치 및 비상시 구출에 관한 사항

> **해설** 밀폐된 공간에서의 작업에 대한 특별안전교육 대상 작업 및 교육 내용
> ㉠ 산소농도 측정 및 작업환경에 관한 사항
> ㉡ 사고 시의 응급처치 및 비상시 구출에 관한 사항
> ㉢ 보호구 착용 및 사용방법에 관한 사항
> ㉣ 밀폐공간 작업의 안전작업방법에 관한 사항
> ㉤ 그 밖의 안전 · 보건관리에 필요한 사항

15 다음 중 무재해운동 추진기법에 있어 지적확인의 특성을 가장 적절하게 설명한 것은?

① 오관의 감각기관을 총동원하여 작업의 정확성과 안전을 확인한다.

② 참여자 전원의 스킨십을 통하여 연대감, 일체감을 조성할 수 있고 느낌을 교류한다.

③ 비평을 금지하고, 자유로운 토론을 통하여 독창적인 아이디어를 끌어낼 수 있다.

④ 작업 전 5분간의 미팅을 통하여 시나리오상의 역할을 연기하여 체험하는 것을 목적으로 한다.

> **해설** **지적확인** : 오관의 감각기관을 총동원하여 작업의 정확성과 안전을 확인한다.

16 다음 중 안전대의 각 부품(용어)에 관한 설명으로 틀린 것은?

① "안전그네"란 신체지지의 목적으로 전신에 착용하는 띠모양의 것으로, 상체 등 신체 일부분만 지지하는 것은 제외한다.

② "버클"이란 벨트 또는 안전그네와 신축조절기를 연결하기 위한 사각형의 금속고리를 말한다.

③ "U자 걸이"란 안전대의 죔줄을 구조물 등에 U자 모양으로 돌린 뒤 혹 또는 카라비너를 D링에, 신축조절기를 각링 등에 연결하는 걸이 방법을 말한다.

④ "1개 걸이"란 죔줄의 한쪽 끝을 D링에 고정시키고, 혹 또는 카라비너를 구조물 또는 구명줄에 고정시키는 걸이 방법을 말한다.

> **해설** ② 버클이란 벨트를 착용하기 위해 그 끝에 부착한 금속장치이다.

17 다음 중 학습의 목적 3요소에 해당하지 않는 것은?

① 주제　　　　　　② 대상
③ 목표　　　　　　④ 학습 정도

> 해설　**학습의 목적 3요소** : 주제, 목표, 학습 정도

18 다음 중 매슬로우의 욕구 5단계 이론에서 최종 단계에 해당하는 것은?

① 존경의 욕구　　　② 성장의 욕구
③ 자아실현의 욕구　④ 생리적 욕구

> 해설　**매슬로우의 욕구 5단계**
> ㉠ 제1단계 : 생리적 욕구
> ㉡ 제2단계 : 안전 욕구
> ㉢ 제3단계 : 사회적 욕구
> ㉣ 제4단계 : 존경 욕구
> ㉤ 제5단계 : 자아실현의 욕구

19 헤드십에 관한 내용으로 볼 수 없는 것은?

① 부하와의 사회적 간격이 좁다.
② 지휘의 형태는 권위주의적이다.
③ 권한의 부여는 조직으로부터 위임받는다.
④ 권한에 대한 근거는 법적 또는 규정에 의한다.

> 해설　**헤드십과 리더십의 차이**
>
> | 개인의 상황 변수 | 헤드십 | 리더십 |
> |---|---|---|
> | 권한행사 | 임명된 헤드 | 선출된 리더 |
> | 권한부여 | 위에서 위임 | 밑으로부터 동의 |
> | 권한근거 | 법적 또는 공식적 | 개인능력 |
> | 권한귀속 | 공식화된 규정에 의함 | 집단목표에 기여한 공로인정 |
> | 상관과 부하와의 관계 | 지배적 | 개인적인 영향 |
> | 책임귀속 | 상사 | 상사와 부하 |
> | 부하와의 사회적 간격 | 넓음 | 좁음 |
> | 지휘형태 | 권위주의적 | 민주주의적 |

20 다음 중 안전교육의 3단계에서 생활지도, 작업 동작지도 등을 통한 안전의 습관화를 위한 교육을 무엇이라 하는가?

① 지식교육　　　　② 기능교육
③ 태도교육　　　　④ 인성교육

> 해설　**안전교육의 3단계**
> ㉠ **제1단계(지식교육)** : 강의, 시청각 교육 등을 통한 지식의 전달과 이해
> ㉡ **제2단계(기능교육)** : 시범, 견학, 현장실습교육 등을 통한 경험의 체득과 이해
> ㉢ **제3단계(태도교육)** : 생활지도, 작업동작지도 등을 통한 안전의 습관화를 위한 교육

제2과목　**인간공학 및 시스템안전공학**

21 다음 중 음(흡)의 크기를 나타내는 단위로만 나열된 것은?

① dB, nit　　　　② phon, lb
③ dB, psi　　　　④ phon, dB

> 해설　**음의 크기의 단위** : phon, dB

22 다음 중 결함수 분석법(FTA)에 관한 설명으로 틀린 것은?

① 최초 Watson이 군용으로 고안하였다.
② 미니멀 패스(minimal path sets)를 구하기 위해서는 미니멀 컷(minimal cut sets)의 상대성을 이용한다.
③ 정상사상의 발생확률을 구한 다음 FT를 작성한다.
④ AND 게이트의 확률 계산은 각 입력사상의 곱으로 한다.

> 해설　③ FT를 작성한 후 정상사상의 발생확률을 구한다.

23 다음 통제용 조정장치의 형태 중 그 성격이 다른 것은?

① 노브(knob)
② 푸시버튼(push button)
③ 토글스위치(toggle switch)
④ 로터리 선택스위치(rotary select switch)

> 해설　**통제기기의 특성**
> ㉠ 연속적인 조절이 필요한 형태 : 노브(knob), 크랭크(crank), 핸들(handle), 레버(lever), 페달(pedal) 등

ⓒ 불연속 조절의 형태 : 푸시버튼(push button), 토글 스위치(toggle switch), 로터리 선택스위치(rotary select switch)

24 공간 배치의 원칙에 해당되지 않는 것은?

① 중요성의 원칙

② 다양성의 원칙

③ 기능별 배치의 원칙

④ 사용빈도의 원칙

> [해설] ② 사용순서의 원칙

25 다음 중 위험 및 운전성 분석(HAZOP) 수행에 가장 좋은 시점은 어느 단계인가?

① 구상단계　　　② 생산단계

③ 설치단계　　　④ 개발단계

> [해설] 위험 및 운전성 분석(HAZOP) 수행에 가장 좋은 시점 : 개발단계

26 1cd의 점광원에서 1m 떨어진 곳에서의 조도가 3lux이었다. 동일한 조건에서 5m 떨어진 곳에서의 조도는 약 몇 lux인가?

① 0.12　　　② 0.22

③ 0.36　　　④ 0.56

> [해설] 조도는 (거리)²에 반비례한다. 5m 떨어진 곳에서의 조도를 x(lux)라고 하면,
> $$3\text{lux} : \frac{1}{(1\text{m})^2} = x(\text{lux}) : \frac{1}{(5\text{m})^2}$$
> $$\therefore x = 0.12\text{lux}$$

27 다음 중 신체와 환경간의 열교환과정을 가장 올바르게 나타낸 식은? (단, W는 일, M은 대사, S는 열축적, R은 복사, C는 대류, E는 증발, Clo는 의복의 단열률이다.)

① $W = (M+S) \pm R \pm C - E$

② $S = (M-W) \pm R \pm C - E$

③ $W = \text{Clo} \times (M-S) \pm R \pm C - E$

④ $S = \text{Clo} \times (M-W) \pm R \pm C - E$

> [해설] **신체와 환경 간의 열교환 과정**
> $$S = (M-W) \pm R \pm C - E$$
> 여기서, W : 일, M : 대사, S : 열축적,
> R : 복사, C : 대류, E : 증발
> Clo : 의복의 단열률

28 다음 중 위험을 통제하는 데 있어 취해야 할 첫 단계 조사는?

① 작업원을 선발하여 훈련한다.

② 덮개나 격리 등으로 위험을 방호한다.

③ 설계 및 공정계획 시 위험을 제거하도록 한다.

④ 점검과 필요한 안전보호구를 사용하도록 한다.

> [해설] **위험을 통제하는 순서**
> ⊙ 제1단계 : 설계 및 공정계획 시에 위험물을 제거하도록 한다.
> ⓛ 제2단계 : 피해의 최소화 및 억제
> ⓒ 제3단계 : 작업원을 선발하여 훈련한다.
> ② 제4단계 : 덮개나 격리 등으로 위험을 방호한다.
> ⑩ 제5단계 : 점검과 필요한 안전보호구를 사용하도록 한다.

29 FT도에서 사용되는 다음 기호의 의미로 옳은 것은?

① 결함사상　　　② 기본사상

③ 통상사상　　　④ 제외사상

> [해설] ② **기본사상** : '원' 기호로 표시하며, 더 이상 해석을 할 필요가 없는 기본적인 기계의 결함 또는 작업자의 오동작을 나타낸다.

30 System 요소간의 link 중 인간 커뮤니케이션 link에 해당하지 않는 것은?

① 방향성 link　　　② 통신계 link

③ 시각 link　　　④ 컨트롤 link

> [해설] **인간 커뮤니케이션 link**
> ⊙ 방향성 link　　　ⓛ 통신계 link
> ⓒ 시각 link

31 다음 중 일반적인 수공구의 설계원칙으로 볼 수 없는 것은?

① 손목을 곧게 유지한다.
② 반복적인 손가락 동작을 피한다.
③ 사용이 용이한 검지만을 주로 사용한다.
④ 손잡이는 접촉면적을 가능하면 크게 한다.

> **해설** ③ 사용이 용이한 손가락 전체를 사용한다.

32 인간오류의 분류에 있어 원인에 의한 분류 중 작업자가 기능을 움직이려고 해도 필요한 물건, 정보, 에너지 등의 공급이 없는 것처럼 작업자가 움직이려고 해도 움직일 수 없어서 발생하는 오류는?

① Primary error   ② Secondary error
③ Command error   ④ Omission error

> **해설**
> ① **Primary error** : 작업자 자신으로부터의 오류
> ② **Secondary error** : 작업형태나 작업조건 중에서 다른 문제가 생겨 그 때문에 필요한 사항을 실행할 수 없는 오류
> ④ **Omission error** : 필요한 task 또는 절차를 수행하지 않는 데에 기인한 오류

33 다음 중 신호의 강도, 진동수에 의한 신호의 상대 식별 등 물리적 자극의 변화여부를 감지할 수 있는 최소의 자극 범위를 의미하는 것은?

① Chunking
② Stimulus Range
③ SDT(Signal Detection Theory)
④ JND(Just Noticeable Difference)

> **해설**
> **JND(Just Noticeable Difference)** : 신호의 강도, 진동수에 의한 신호의 상대 식별 등 물리적 자극의 변화여부를 감지할 수 있는 최소의 자극범위

34 조도가 400럭스인 위치에 놓인 흰색 종이 위에 짙은 회색의 글자가 쓰여 있다. 종이의 반사율은 80%이고, 글자의 반사율은 40%라고 할 때 종이와 글자의 대비는 얼마인가?

① -100%   ② -50%
③ 50%   ④ 100%

> **해설**
> $$대비 = \frac{L_b - L_t}{L_b} \times 100$$
> $$= \frac{배경의\ 반사율(\%) - 표적의\ 반사율(\%)}{배경의\ 반사율(\%)} \times 100$$
> $$= \frac{80 - 40}{80} \times 100 = 50\%$$

35 다음 중 인간-기계 시스템에서 기계에 비교한 인간의 장점과 가장 거리가 먼 것은?

① 완전히 새로운 해결책을 찾아낸다.
② 여러 개의 프로그램된 활동을 동시에 수행한다.
③ 다양한 경험을 토대로 하여 의사결정을 한다.
④ 상황에 따라 변화하는 복잡한 자극형태를 식별한다.

> **해설**
> **인간과 비교한 기계의 장점** : 여러 개의 프로그램된 활동을 동시에 수행할 수 있다.

36 성인이 하루에 섭위하는 음식물의 열량 중 일부는 생명을 유지하기 위한 신체기능에 소비되고, 나머지는 일을 한다거나 여가를 즐기는 데 사용될 수 있다. 이 중 생명을 유지하기 위한 최소한의 대사량을 무엇이라 하는가?

① BMR   ② RMR
③ GSR   ④ EMG

> **해설**
> ① **기초대사율(BMR ; Basal Metabolic Rate)** : 생명유지를 하는 데 필요한 최소한의 에너지 대사량
> ② **에너지대사율(RMR ; Relative Metabolic Rate)** : 작업강도의 단위로서 산소호흡량으로 측정한다.
> ③ **피부전기반응(GSR ; Galvanic Skin Reflex)** : 작업부하의 정신적 부담도가 피로와 함께 증대하는 양상을 수장 내측 전기저항의 변화에서 측정하는 것으로, 피부전기저항 또는 전신전류현상이라 한다.
> ④ **근전도(EMG ; Electromyogram)** : 근육활동의 전위차를 기록한 것으로, 심장근의 근전도를 특히 심전도라 한다.

37 Chapanis의 위험분석에서 발생이 불가능한(Impossible) 경우의 위험발생률은?

① 10^{-2}/day ② 10^{-4}/day

③ 10^{-6}/day ④ 10^{-8}/day

> **해설**
> Chapanis의 위험분석에서 발생이 불가능한 경우의 위험발생률 : 10^{-8}/day

38 세발자전거에서 각 바퀴의 신뢰도가 0.9일 때 이 자전거의 신뢰도는 얼마인가?

① 0.729 ② 0.810

③ 0.891 ④ 0.999

> **해설**
> 자전거의 신뢰도 = 0.9×0.9×0.9 = 0.729

39 다음 중 형상 암호화된 조종장치에서 "이산멈춤 위치용" 조종장치로 가장 적절한 것은?

①   ②

③   ④

> **해설**
> ① : 이산멈춤 위치용 조종장치(멈춤용 장치)

40 다음 중 보전용 자재에 관한 설명으로 가장 적절하지 않은 것은?

① 소비속도가 느려 순환사용이 불가능하므로 폐기시켜야 한다.

② 휴지손실이 적은 자재는 원자재나 부품의 형태로 재고를 유지한다.

③ 열화상태를 경향검사로 예측이 가능한 품목은 적시발주법을 적용한다.

④ 보전의 기술수준, 관리수준이 재고량을 좌우한다.

> **해설**
> ① 소비속도가 느려 순환사용이 가능하므로 유지시켜야 한다.

제3과목 | **기계위험방지기술**

41 선반에서 절삭가공 중 발생하는 연속적인 칩을 자동적으로 끊어 주는 역할을 하는 것은?

① 커버 ② 방진구

③ 보안경 ④ 칩 브레이커

> **해설**
> 선반에서 절삭가공 중 발생하는 연속적인 칩을 자동적으로 끊어 주는 역할을 하는 것은 칩 브레이커이다.

42 다음 중 연삭기를 이용한 작업을 할 경우 연삭숫돌을 교체한 후에는 얼마 동안 시험운전을 하여야 하는가?

① 1분 이상 ② 3분 이상

③ 10분 이상 ④ 15분 이상

> **해설**
> 연삭숫돌을 교체한 후에는 3분 이상, 작업시작 전에는 1분 이상 시운전을 해야 한다.

43 다음 중 와이어로프 구성기호 "6×19"의 표기에서 "6"의 의미에 해당하는 것은?

① 소선 수 ② 소선의 직경(mm)

③ 스트랜드의 수 ④ 로프의 인장강도

> **해설**
> 와이어로프 구성기호 "6×19"의 표기에서의 의미는 다음과 같다.
> ㉠ 6 : 스트랜드(자승)의 수
> ㉡ 19 : 와이어(소선)의 수

44 다음 중 톱의 후면날 가까이에 설치되어 목재의 켜진 틈 사이에 끼어서 쐐기작용을 하여 목재가 압박을 가하지 않도록 하는 장치를 무엇이라고 하는가?

① 분할날

② 반발방지장치

③ 날접촉예방장치

④ 가동식 접촉예방장치

> **해설**
> 톱의 후면날 가까이에 설치되어 목재의 켜진 틈사이에 끼어서 쐐기작용을 하여 목재가 압박을 가하지 않도록 하는 것은 반발방지장치이다.

45 다음 중 산업안전보건법령상 안전난간의 구조 및 설치요건에서 상부 난간대의 높이는 바닥면으로부터 얼마 지점에 설치하여야 하는가?

① 30cm 이상   ② 60cm 이상
③ 90cm 이상   ④ 120cm 이상

> **해설** 안전난간의 구조 및 설치요건에서 상부 난간대의 높이는 바닥면으로부터 90cm 이상의 지점에 설치하여야 한다.

46 기계의 안전조건 중 외형의 안전화로 가장 적합한 것은?

① 기계의 회전부에 덮개를 설치하였다.
② 강도의 열화를 고려해 안전율을 최대로 설계하였다.
③ 정전 시 오동작을 방지하기 위하여 자동제어장치를 설치하였다.
④ 사용압력 변동 시의 오동작방지를 위하여 자동제어장치를 설치하였다.

> **해설** ②는 구조의 안전화, ③과 ④는 기능의 안전화
> **기계의 안전조건 중 외형의 안전화**
> ㉠ 방호장치(덮개 등) 설치
> ㉡ 별실 또는 구획된 장소에 격리 설치
> ㉢ 안전색채 조절

47 드릴로 구멍을 뚫는 작업 중 공작물이 드릴과 함께 회전할 우려가 가장 큰 경우는?

① 처음 구멍을 뚫을 때
② 중간쯤 뚫렸을 때
③ 거의 구멍이 뚫렸을 때
④ 구멍이 완전히 뚫렸을 때

> **해설** 공작물이 드릴과 함께 회전할 우려가 가장 큰 경우는 거의 구멍이 뚫렸을 때이다.

48 원심기의 방호장치로 가장 적합한 것은?

① 덮개   ② 반발방지장치
③ 릴리프밸브   ④ 수인식 가드

> **해설** 원심기의 방호장치로 가장 적합한 것은 덮개이다.

49 다음 중 기계설비 안전화의 기본 개념으로서 적절하지 않은 것은?

① fail-safe의 기능을 갖추도록 한다.
② fool proof의 기능을 갖추도록 한다.
③ 안전상 필요한 장치는 단일구조로 한다.
④ 안전기능은 기계장치에 내장되도록 한다.

> **해설** 기계설비 안전화의 기본 개념은 ①, ②, ④가 맞고, 이 외에도 다음과 같은 것이 있다.
> ㉠ 가능한 조작상 위험이 없도록 한다.
> ㉡ 인터록의 기능을 가져야 한다.

50 다음 중 산업안전보건법령에 따른 압력용기에 설치하는 안전밸브의 설치 및 작동에 관한 설명으로 틀린 것은?

① 다단형 압축기에는 각단 또는 각 공기압축기별로 안전밸브 등을 설치하여야 한다.
② 안전밸브는 이를 통하여 보호하려는 설비의 최저사용압력 이하에서 작동되도록 설정하여야 한다.
③ 화학공정 유체와 안전밸브의 디스크 또는 시트가 직접 접촉될 수 있도록 설치된 경우에는 매년 1회 이상 국가교정기관에서 검사한 후 납으로 봉인하여 사용한다.
④ 공정안전보고서 이행상태 평가결과가 우수한 사업장의 안전밸브의 경우 검사주기는 4년마다 1회 이상이다.

> **해설** ② 안전밸브는 이를 통하여 보호하려는 설비의 최고사용압력 이하에서 작동되도록 설정하여야 한다.

51 다음 중 산업안전보건법령상 이동식 크레인을 사용하여 작업할 때의 작업시작 전 점검사항으로 틀린 것은?

① 브레이크·클러치 및 조정장치 기능
② 권과방지장치나 그 밖의 경보장치의 기능
③ 와이어로프가 통하고 있는 곳 및 작업장소의 지반상태
④ 원동기·회전축·기어 및 풀리 등의 덮개 또는 울 등의 이상 유무

해설 ④는 컨베이어 등을 사용하여 작업을 할 때의 작업시작 전 점검사항에 해당된다.

52 클러치 프레스에 부착된 양수조작식 방호장치에 있어서 클러치 맞물림 개소수가 4군데, 매분 행정수가 300SPM일 때 양수조작식 조작부의 최소안전거리는? (단, 인간의 손의 기준속도는 1.6m/s로 한다.)

① 240mm ② 260mm
③ 340mm ④ 360mm

해설
$$D_m = 1.6\,T_m$$
$$T_m = \left(\frac{1}{\text{클러치 맞물림 개소수}} + \frac{1}{2}\right) \times \frac{60,000}{\text{매분 행정수}}$$
$$\therefore 1.6 \times \left(\frac{1}{4} + \frac{1}{2}\right) \times \frac{60,000}{300} = 240mm$$

53 프레스의 광전자식 방호장치에서 손이 광선을 차단한 직후부터 급정지장치가 작동을 개시한 시간이 0.03초이고, 급정지장치가 작동을 시작하여 슬라이드가 정지한 때까지의 시간이 0.2초라면 광축의 설치위치는 위험점에서 얼마 이상 유지해야 하는가?

① 153mm ② 279mm
③ 368mm ④ 451mm

해설
설치거리(mm) = 1.6 × $(T_l + T_s)$
여기서, $(T_l + T_s)$: 최대정지시간(ms)
∴ 1.6×(0.03 + 0.2) = 0.368×1,000
= 368mm

54 다음 중 벨트 컨베이어의 특징에 해당되지 않는 것은?

① 무인화 작업이 가능하다.
② 연속적으로 물건을 운반할 수 있다.
③ 운반과 동시에 하역작업이 가능하다.
④ 경사각이 클수록 물건을 쉽게 운반할 수 있다.

해설 벨트 컨베이어의 특징은 ①, ②, ③ 이외에도 다음과 같은 것이 있다.

㉠ 대용량의 운반수단으로 이용된다.
㉡ 경사각도가 30° 이하인 경우에 사용된다.
㉢ 컨베이어 중 가장 널리 쓰인다.

55 다음 중 슬로터(slotter)의 방호장치로 적합하지 않은 것은?

① 칩받이 ② 방책
③ 칸막이 ④ 인발블록

해설 슬로터(slotter)의 방호장치로는 칩받이, 방책, 칸막이가 있다.

56 원래 길이가 150mm인 슬링체인을 점검한 결과 길이에 변형이 발생하였다. 다음 중 폐기대상에 해당되는 측정값(길이)으로 옳은 것은?

① 151.5mm 초과 ② 153.5mm 초과
③ 155.5mm 초과 ④ 157.5mm 초과

해설 슬링체인(달기체인)의 길이가 슬링체인이 제조된 때 길이의 5%를 초과하는 것은 폐기대상이 된다. 따라서 150×1.05 = 157.5mm이다.

57 다음 중 보일러의 부식 원인과 가장 거리가 먼 것은?

① 증기발생이 과다할 때
② 급수처리를 하지 않은 물을 사용할 때
③ 급수에 해로운 불순물이 혼입되었을 때
④ 불순물을 사용하여 수관이 부식되었을 때

해설 보일러의 부식 원인은 ②, ③, ④이다.

58 산업안전보건법령상 가스집합장치로부터 얼마 이내의 장소에서는 흡연, 화기의 사용 또는 불꽃을 발생할 우려가 있는 행위를 금지하여야 하는가?

① 5m ② 7m
③ 10m ④ 25m

해설 가스집합장치로부터 5m 이내의 장소에서는 흡연, 화기의 사용 또는 불꽃을 발생할 우려가 있는 행위를 금지하여야 한다.

정답 ┃ 52. ① 53. ③ 54. ④ 55. ④ 56. ④ 57. ① 58. ①

59 다음 중 선반의 안전장치로 볼 수 없는 것은?

① 울

② 급정지 브레이크

③ 안전블록

④ 칩 비산방지 투명판

> **해설** 선반의 안전장치로는 ①, ②, ④ 이외에 덮개, 척 커버, 고정브리지가 있다.

60 다음 중 지게차 헤드가드에 관한 설명으로 틀린 것은?

① 상부틀의 각 개구의 폭 또는 길이가 16cm 미만일 것

② 강도는 지게차 최대하중의 등분포 정하중에 견딜 것

③ 운전자가 서서 조작하는 방식의 지게차의 경우에는 운전석의 바닥면에서 헤드가드의 상부틀 하면까지의 높이가 2m 이상일 것

④ 운전자가 앉아서 조작하는 방식의 지게차의 경우에는 운전자의 좌석 윗면에서 헤드가드의 상부틀 아랫면까지의 높이가 1m 이상일 것

> **해설** ② 강도는 지게차 최대하중의 2배 값의 등분포 정하중에 견딜 것

제4과목 **전기 및 화학설비 위험방지기술**

---

61 다음 중 인체 접촉상태에 따른 허용접촉전압과 해당 종별의 연결이 틀린 것은?

① 2.5V 이하－제1종 ② 25V 이하－제2종

③ 50V 이하－제3종 ④ 100V 이하－제4종

> **해설** ④ 제한 없음 － 제4종

62 다음 중 내압방폭구조인 전기기기의 성능시험에 관한 설명으로 틀린 것은?

① 성능시험은 모든 내용물을 용기에 장착한 상태로 시험한다.

② 성능시험은 충격시험을 실시한 시료 중 하나를 사용해서 실시한다.

③ 부품의 일부가 용기에 포함되지 않은 상태에서 사용할 수 있도록 설계된 경우 최적의 조건에서 시험을 실시해야 한다.

④ 제조자가 제시한 자세한 부품 배열방법이 있고, 빈 용기가 최악의 폭발압력을 발생시키는 조건인 경우에는 빈용기 상태로 시험할 수 있다.

> **해설** ③ 부품의 일부가 용기에 포함되지 않은 상태에서 사용할 수 있도록 설계된 경우 가장 가혹한 조건에서 시험을 실시해야 한다.
> 또한 ①, ②, ④ 이외에 전기기기의 성능시험으로는 부품이 용기 내에서 이동하여 사용할 수 있는 경우 부품의 배열은 최악의 조립조건에서 시험해야 한다.

63 다음 중 사업장의 정전기 발생에 대한 재해방지 대책으로 적합하지 못한 것은?

① 습도를 높인다.

② 실내온도를 높인다.

③ 도체부분에 접지를 실시한다.

④ 적절한 도전성 재료를 사용한다.

> **해설** ①, ③, ④ 이외에 정전기 발생에 대한 재해방지 대책은 다음과 같다.
> ㉠ 대전방지제를 사용한다.
> ㉡ 보호구를 착용한다.
> ㉢ 제전기를 사용한다.
> ㉣ 배관 내 액체의 유속을 제한하고, 정치시간을 확보한다.

64 다음 중 교류 아크용접기에서 자동전격방지장치의 기능으로 틀린 것은?

① 감전위험 방지

② 전력손실 감소

③ 정전기위험 방지

④ 무부하 시 안전전압 이하로 저하

> **해설** ①, ②, ④ 이외에 자동전격방지장치의 기능으로는 역률 향상이 있다.

65 옥내배선 중 누전으로 인한 화재방지를 위해 별도로 실시할 필요가 없는 것은?

① 배선불량 시 재시공할 것
② 배선로상에 단로기를 설치할 것
③ 정기적으로 절연저항을 측정할 것
④ 정기적으로 배선시공 상태를 확인할 것

해설 정기적으로 절연저항을 측정하는 것은 옥내배선 중 누전으로 인한 화재방지를 위해 별도로 실시할 필요가 없다.

66 다음 중 전기기기의 절연의 종류와 최고허용온도가 잘못 연결된 것은?

① Y : 90℃   ② A : 105℃
③ B : 130℃   ④ F : 180℃

해설 ④ F : 155℃

67 Dalziel의 심실세동 전류와 통전시간과의 관계식에 의하면 인체 전격 시의 통전시간이 4초였다고 했을 때 심실세동 전류의 크기는 약 몇 mA인가?

① 42   ② 83
③ 165   ④ 185

해설
$$I = \frac{165}{\sqrt{T}} = \frac{165}{\sqrt{4}}$$
$$= 82.5 ≒ 83\text{mA}$$
여기서, I : 심실세동 전류(mA)
T : 통전시간(sec)

68 다음 중 전기화재의 직접적인 원인이 아닌 것은?

① 절연 열화
② 애자의 기계적 강도 저하
③ 과전류에 의한 단락
④ 접촉불량에 의한 과열

해설 ①, ③, ④ 이외에 전기화재의 직접적인 원인으로는 누전, 절연불량, 스파크, 정전기가 있다.

69 다음 중 방폭전기기기의 선정 시 고려하여야 할 사항과 가장 거리가 먼 것은?

① 압력방폭구조의 경우 최고표면온도
② 내압방폭구조의 경우 최대안전틈새
③ 안전증방폭구조의 경우 최대안전틈새
④ 본질안전방폭구조의 경우 최소점화 전류

해설 ③ 안전증방폭구조의 경우 최고표면온도

70 페인트를 스프레이로 뿌려 도장작업을 하는 작업 중 발생할 수 있는 정전기 대전으로만 이루어진 것은?

① 분출대전, 충돌대전
② 충돌대전, 마찰대전
③ 유동대전, 충돌대전
④ 분출대전, 유동대전

해설 페인트를 스프레이로 뿌려 도장작업을 하는 작업 중 발생할 수 있는 정전기 대전으로는 분출대전, 충돌대전이 있다.

71 다음 중 전기화재 시 부적합한 소화기는?

① 분말 소화기   ② CO_2 소화기
③ 할론 소화기   ④ 산알칼리 소화기

해설 **전기화재** : C급 화재
① A · B · C급   ② B · C급
③ A · B · C급   ④ A급

72 전기설비로 인한 화재폭발의 위험분위기를 생성하지 않도록 하기 위해 필요한 대책으로 가장 거리가 먼 것은?

① 폭발성 가스의 사용 방지
② 폭발성 분진의 생성 방지
③ 폭발성 가스의 체류 방지
④ 폭발성 가스 누설 및 방출 방지

해설 **전기설비로 인한 화재폭발의 위험분위기를 생성하지 않도록 하기 위해 필요한 대책**
㉠ 폭발성 분진의 생성 방지
㉡ 폭발성 가스의 체류 방지
㉢ 폭발성 가스 누설 및 방출 방지

73 다음 중 위험물에 대한 일반적 개념으로 옳지 않은 것은?

① 반응속도가 급격히 진행된다.
② 화학적 구조 및 결합력이 불안정하다.
③ 대부분 화학적 구조가 복잡한 고분자 물질이다.
④ 그 자체가 위험하다든가 또는 환경조건에 따라 쉽게 위험성을 나타내는 물질을 말한다.

해설 ③ 반응 시 수반되는 발열량이 크다.

74 아세틸렌(C_2H_2)의 공기 중의 완전연소 조성농도(C_{st})는 약 얼마인가?

① 6.7vol%
② 7.0vol%
③ 7.4vol%
④ 7.7vol%

해설 완전연소 조성농도(C_{st})

$$= \frac{100}{1+4.773\left(n+\dfrac{m-f-2\lambda}{4}\right)} (vol\%)$$

$$= \frac{100}{1+4.773\left(2+\dfrac{2}{4}\right)} = 7.7vol\%$$

여기서, n : 탄소, m : 수소
f : 할로겐 원소, λ : 산소의 원자수

75 가스용기 파열사고의 주요 원인으로 가장 거리가 먼 것은?

① 용기밸브의 이탈
② 용기의 내압력 부족
③ 용기 내압의 이상 상승
④ 용기 내 폭발성 혼합가스 발화

해설 가스용기 파열사고 시의 주요 원인
㉠ 용기의 내압력 부족
㉡ 용기 내압의 이상 상승
㉢ 용기 내 폭발성 혼합가스 발화

76 물질안전보건자료(MSDS)의 작성항목이 아닌 것은?

① 물리화학적 특성
② 유해물질의 제조법

③ 환경에 미치는 영향
④ 누출사고 시 대처방법

해설 물질안전보건자료(MSDS)의 작성항목
㉠ 물리화학적 특성
㉡ 환경에 미치는 영향
㉢ 누출사고 시 대처방법

77 반응기를 조작방법에 따라 분류할 때 반응기의 한쪽에서는 원료를 계속적으로 유입하는 동시에 다른 쪽에서는 반응생성물질을 유출 시키는 형식의 반응기를 무엇이라 하는가?

① 관형 반응기
② 연속식 반응기
③ 회분식 반응기
④ 교반조형 반응기

해설 ① 관형 반응기 : 반응기의 일단에 원료를 연속적으로 송입한 후 관 내에서 반응을 진행시키고, 다른 끝에서 연속적으로 유출하는 형식의 반응기이다.
③ 회분식 반응기 : 한 번 원료를 넣으면 목적을 달성할 때까지 반응을 계속하는 방식이다.
④ 교반조형 반응기 : 반응기 내에서는 완전혼합이 이루어지므로 반응기 내의 반응물 농도 및 생성물의 농도는 일정하다. 따라서 반응기에 공급한 반응물의 일부를 그대로 유출하는 결점도 있다.

78 윤활유를 닦은 기름걸레를 햇빛이 잘 드는 작업장의 구석에 모아두었을 때 가장 발생 가능성이 높은 재해는?

① 분진폭발
② 자연발화에 의한 화재
③ 정전기 불꽃에 의한 화재
④ 기계의 마찰열에 의한 화재

해설 자연발화에 의한 화재 : 윤활유를 닦은 기름걸레를 햇빛이 잘 드는 작업장의 구석에 모아두었을 때

79 다음 중 "공기 중의 발화온도"가 가장 높은 물질은?

① CH_4
② C_2H_2
③ C_2H_6
④ H_2S

해설 ① 550℃
② 335℃
③ 530℃
④ 260℃

80 공정안전보고서에 포함되어야 할 세부 내용 중 공정안전자료에 해당하는 것은?

① 결함수 분석(FTA)
② 도급업체 안전관리계획
③ 각종 건물·설비의 배치도
④ 비상조치계획에 따른 교육계획

> **해설** 공정안전보고서의 세부 내용 중 공정안전자료
> ㉠ 취급·저장하고 있거나 취급·저장하려는 유해·위험물질의 종류 및 수량
> ㉡ 유해·위험물질에 대한 물질안전보건자료
> ㉢ 유해·위험설비의 목록 및 사양
> ㉣ 유해·위험설비의 운전방법을 알 수 있는 공정도면
> ㉤ 각종 건물, 설비의 배치도
> ㉥ 폭발위험장소 구분도 및 전기단선도
> ㉦ 위험설비의 안전설계, 제작 및 설치관련 지침서

제5과목   건설안전기술

81 리프트(lift)의 안전장치에 해당하지 않는 것은?

① 권과방지장치   ② 비상정지장치
③ 과부하방지장치   ④ 조속기

> **해설** 조속기는 승강기의 안전장치에 해당한다.

82 벽체 콘크리트 타설 시 거푸집이 터져서 콘크리트가 쏟아진 사고가 발생하였다. 다음 중 이 사고의 주요 원인으로 추정할 수 있는 것은?

① 콘크리트를 부어넣는 속도가 빨랐다.
② 거푸집에 박리제를 다량 도포하였다.
③ 대기온도가 매우 높았다.
④ 시멘트 사용량이 많았다.

> **해설** 콘크리트를 부어넣는 속도가 빠르면 거푸집이 터져서 콘크리트가 쏟아지는 사고가 발생한다.

83 산업안전보건기준에 관한 규칙에 따른 굴착면의 기울기 기준으로 옳지 않은 것은?

① 경암 = 1 : 0.5
② 연암 = 1 : 1
③ 풍화암 = 1 : 1
④ 보통흙(건지) = 1 : 1.5~1 : 1.8

> **해설** ④ 보통흙(건지) = 1 : 0.5~1 : 1

84 비계발판의 크기를 결정하는 기준은?

① 비계의 제조회사
② 재료의 부식 및 손상 정도
③ 지점의 간격 및 작업 시 하중
④ 비계의 높이

> **해설** 지점의 간격 및 작업 시 하중은 비계발판의 크기를 결정하는 기준이 된다.

85 작업발판 및 통로의 끝이나 개구부로서 근로자가 추락할 위험이 있는 장소에 설치하는 것과 거리가 먼 것은?

① 교차가새   ② 안전난간
③ 울타리   ④ 수직형 추락방망

> **해설** ②, ③, ④ 이외에 작업발판 및 통로의 끝이나 개구부로서 근로자가 추락할 위험이 있는 장소에 설치하는 것으로는 덮개가 있다.

86 콘크리트를 타설할 때 거푸집에 작용하는 콘크리트 측압에 영향을 미치는 요인과 가장 거리가 먼 것은?

① 콘크리트의 타설속도
② 콘크리트의 타설높이
③ 콘크리트의 강도
④ 콘크리트의 단위용적질량

> **해설** ①, ②, ④ 이외에 거푸집에 작용하는 콘크리트 측압에 영향을 미치는 요인으로는 벽 길이가 있다.

87 토사붕괴 재해의 발생원인으로 보기 어려운 것은?

① 부석의 점검을 소홀히 했다.
② 지질조사를 충분히 하지 않았다.
③ 굴착면 상하에서 동시작업을 했다.
④ 안식각으로 굴착했다.

> **해설** 안식각으로 굴착했다는 것은 토사붕괴 재해의 방지대책에 해당한다.

정답 | 80. ③ 81. ④ 82. ① 83. ④ 84. ③ 85. ① 86. ③ 87. ④

88 추락에 의한 위험방지를 위해 조치해야 할 사항과 거리가 먼 것은?

① 추락방지망 설치   ② 안전난간 설치
③ 안전모 착용   ④ 투하설비 설치

> **해설** 투하설비 설치는 낙하에 의한 위험방지를 위해 조치해야 할 사항이다.

89 가설계단 및 계단참의 하중에 대한 지지력은 최소 얼마 이상이어야 하는가?

① 300kg/m²   ② 400kg/m²
③ 500kg/m²   ④ 600kg/m²

> **해설** 가설계단 및 계단참의 하중에 대한 지지력은 최소 500kg/m² 이상이어야 한다.

90 강관비계 중 단관비계의 조립간격(벽체와의 연결간격)으로 옳은 것은?

① 수직방향 : 6m, 수평방향 : 8m
② 수직방향 : 5m, 수평방향 : 5m
③ 수직방향 : 4m, 수평방향 : 6m
④ 수직방향 : 8m, 수평방향 : 6m

> **해설** **강관비계의 조립방법**
>
> | 강관비계의 종류 | 조립간격 | |
> |---|---|---|
> | | 수직방향 | 수평방향 |
> | 단관비계 | 5m | 5m |
> | 틀비계(5m 미만의 것은 제외) | 6m | 8m |

91 철골구조에서 강풍에 대한 내력이 설계에 고려되었는지 검토를 실시하지 않아도 되는 건물은?

① 높이 30m인 건물
② 연면적당 철골량이 45kg인 건물
③ 단면구조가 일정한 구조물
④ 이음부가 현장용접인 건물

> **해설** 철골구조에서 강풍에 대한 내력이 설계에 고려되었는지 검토를 실시해야 하는 건물
> ㉠ 높이 20m 이상인 구조물
> ㉡ 구조물의 폭과 높이의 비가 1 : 4 이상인 구조물

㉢ 건물, 호텔 등에서 단면구조가 현저한 차이가 있는 것
㉣ 연면적당 철골량이 50kg/m² 이하인 구조물
㉤ 기둥이 타이플레이트형인 구조물
㉥ 이음부가 현장용접인 경우

92 콘크리트의 재료분리 현상 없이 거푸집 내부에 쉽게 타설할 수 있는 정도를 나타내는 것은?

① Workability   ② Bleeding
③ Consistency   ④ Finishability

> **해설** 콘크리트의 재료분리현상 없이 거푸집 내부에 쉽게 타설할 수 있는 정도는 Workability(시공연도)이다.

93 굴착공사에서 굴착깊이가 5m, 굴착저면의 폭이 5m인 경우 양단면 굴착을 할 때 굴착부 상단면의 폭은? (단, 굴착면의 기울기는 1 : 1로 한다.)

① 10m   ② 15m
③ 20m   ④ 25m

> **해설** 보통 흙의 굴착공사는 다음의 그림과 같이 행한다.
>
>
>
> 따라서, 상부단면의 폭은 15m이다.

94 화물을 적재하는 경우에 준수하여야 하는 사항으로 옳지 않은 것은?

① 침하 우려가 없는 튼튼한 기반 위에 적재할 것
② 건물의 칸막이나 벽 등이 화물의 압력에 견딜 만큼의 강도를 지니지 아니한 경우에는 칸막이나 벽에 기대어 적재하지 않도록 할 것
③ 불안정할 정도로 높이 쌓아 올리지 말 것
④ 편하중이 발생하도록 쌓을 것

> **해설** ④ 편하중이 발생하지 않도록 쌓는다.

95 거푸집의 일반적인 조립순서를 옳게 나열한 것은?

① 기둥 → 보받이 내력벽 → 큰 보 → 작은 보 → 바닥판 → 내벽 → 외벽

② 외벽 → 보받이 내력벽 → 큰 보 → 작은 보 → 바닥판 → 내벽 → 기둥

③ 기둥 → 보받이 내력벽 → 작은 보 → 큰 보 → 바닥판 → 내벽 → 외벽

④ 기둥 → 보받이 내력벽 → 바닥판 → 큰 보 → 작은 보 → 내벽 → 외벽

> **해설** 거푸집의 일반적인 조립순서
> 기둥 → 보받이 내력벽 → 큰 보 → 작은 보 → 바닥판 → 내벽 → 외벽

96 건설기계에 관한 설명으로 옳은 것은?

① 백호는 장비가 위치한 지면보다 높은 곳의 땅을 파는 데에 적합하다.

② 바이브레이션 롤러는 노반 및 소일시멘트 등의 다지기에 사용된다.

③ 파워셔블은 지면에 구멍을 뚫어 낙하해머 또는 디젤해머에 의해 강관말뚝, 널말뚝 등을 박는 데 이용된다.

④ 가이데릭은 지면을 일정한 두께로 깎는 데에 이용된다.

> **해설** ① **백호** : 일명 포크레인이라 하며, 흙 등을 굴착 또는 굴착한 흙을 트럭 등에 적재하는 장비
> ② **바이브레이션 롤러** : 노반 및 소일시멘트 등의 다지기에 사용되는 건설기계
> ③ **파워셔블** : 기계보다 높은 곳의 굴착에 적합하며, 굴착능률이 좋음
> ④ **가이데릭** : 철골 세우기용으로 사용되는 기계

97 일반적으로 사면이 가장 위험한 경우는 어느 때인가?

① 사면이 완전건조 상태일 때

② 사면의 수위가 서서히 상승할 때

③ 사면이 완전포화 상태일 때

④ 사면의 수위가 급격히 하강할 때

> **해설** 사면의 수위가 급격히 하강할 때 일반적으로 사면이 가장 위험한 경우가 된다.

98 산업안전보건기준에 관한 규칙에 따른 작업장 근로자의 안전한 통행을 위하여 통로에 설치하여야 하는 조명시설의 조도기준(lux)은?

① 30lux 이상

② 75lux 이상

③ 150lux 이상

④ 300lux 이상

> **해설** 근로자의 안전한 통행을 위하여 통로에 설치하여야 하는 조명시설의 조도기준은 75lux 이상이다.

99 정기안전점검 결과 건설공사의 물리적·기능적 결함 등이 발견되어 보수·보강 등의 조치를 하기 위하여 필요한 경우에 실시하는 것은?

① 자체안전점검

② 정밀안전점검

③ 상시안전점검

④ 품질관리점검

> **해설** 정기안전점검 결과 건설공사의 물리적·기능적 결함 등이 발견되어 보수·보강 등의 조치를 하기 위하여 필요한 경우에 실시하는 것은 정밀안전점검이다.

100 건설작업용 리프트에 대하여 바람에 의한 붕괴를 방지하는 조치를 한다고 할 때 그 기준이 되는 최소 풍속은?

① 순간 풍속 30m/sec 초과

② 순간 풍속 35m/sec 초과

③ 순간 풍속 40m/sec 초과

④ 순간 풍속 45m/sec 초과

> **해설** 순간 풍속 35m/sec 초과 시 건설작업용 리프트에 대하여 바람에 의한 붕괴를 방지하는 조치를 해야 한다.

제1과목 산업안전관리론

01 다음 중 주의(Attiention)의 특징이 아닌 것은?

① 선택성
② 양립성
③ 방향성
④ 변동성

해설 주의의 특징
㉠ 변동성
㉡ 선택성
㉢ 방향성

02 레빈(Lewin)은 인간행동과 인간의 조건 및 환경조건의 관계를 다음과 같이 표시하였다. 이 때 'f'를 설명한 것으로 옳은 것은?

$$B = f(P \cdot E)$$

① 행동
② 조명
③ 지능
④ 함수

해설 레빈(Lewin)
$B = f(P \cdot E)$
여기서, B : 인간의 행동 f : 함수
P : 인간의 조건 E : 환경조건

03 어떤 사업장에서 510명 근로자가 1주일에 40시간, 연간 50주를 작업하는 중에 21건의 재해가 발생하였다. 이 근로기간 중에 근로자의 4%가 결근하였다면 도수율은 약 얼마인가?

① 0.15
② 21.45
③ 22.80
④ 41.18

해설
$$도수율 = \frac{재해발생건수}{연근로시간수} \times 10^6$$
$$= \frac{21}{0.96 \times (510 \times 40 \times 50)} \times 10^6$$
$$= 21.45$$

04 안전교육 3단계 중 2단계인 기능교육의 효과를 높이기 위해 가장 바람직한 교육방법은?

① 토의식
② 강의식
③ 문답식
④ 시범식

해설 안전교육 3단계
㉠ 제1단계 : 지식교육(작업에 관련된 취약점과 거기에 대응되는 작업방법을 알도록 한다.)
㉡ 제2단계 : 기능교육(표준작업방법대로 시범을 보이고 실습시킨다.)
㉢ 제3단계 : 태도교육(토의식 교육이 효과적이다.)

05 다음 중 상황성 누발자 재해유발원인과 거리가 먼 것은?

① 작업이 어렵기 때문
② 주의력이 산만하기 때문
③ 기계설비에 결함이 있기 때문
④ 심신에 근심이 있기 때문

해설 ②의 경우 환경상 주의력의 집중이 혼란되기 때문이다.

06 산업안전보건법상 사업 내 안전·보건교육 중 근로자 정기안전·보건교육 내용과 거리가 먼 것은? (단, 산업안전보건법 및 일반관리에 관한 사항은 제외한다.)

① 산업안전 및 사고 예방에 관한 사항
② 산업보건 및 직업병 예방에 관한 사항
③ 유해·위험 작업환경관리에 관한 사항
④ 작업공정의 유해·위험과 재해예방 대책에 관한 사항

해설 근로자 정기안전·보건교육
㉠ ①, ②, ③
㉡ 건강증진 및 질병 예방에 관한 사항
㉢ 산업안전보건법 및 일반관리에 관한 사항

정답 | 01. ② 02. ④ 03. ② 04. ④ 05. ② 06. ④

07 다음 중 산업안전보건법상 안전·보건표지에서 기본모형의 색상이 빨강이 아닌 것은?

① 산화성 물질 경고 ② 화기금지

③ 탑승금지 ④ 고온 경고

해설 **고온 경고** : 바탕은 노란색, 기본모형, 관련 부호 및 그림은 검은색

08 다음 중 안전교육의 목적과 가장 거리가 먼 것은?

① 설비의 안전화

② 제도의 정착화

③ 환경의 안전화

④ 행동의 안전화

해설 **안전교육의 목적**
㉠ 설비의 안전화   ㉡ 환경의 안전화
㉢ 행동의 안전화

09 다음 중 안전대의 죔줄(로프)의 구비조건이 아닌 것은?

① 내마모성이 낮을 것

② 내열성이 높을 것

③ 완충성이 높을 것

④ 습기나 약품류에 잘 손상되지 않을 것

해설 **안전대 로프의 구비조건**
㉠ ②, ③, ④
㉡ 내마모성이 높을 것
㉢ 충격, 인장강도에 강할 것
㉣ 부드럽고, 되도록 매끄럽지 않을 것

10 다음 중 인간의식의 레벨(Level)에 관한 설명으로 틀린 것은?

① 24시간의 생리적 리듬의 계곡에서 Tension Level은 낮에는 높고 밤에는 낮다.

② 24시간의 생리적 리듬의 계곡에서 Tension Level은 낮에는 낮고 밤에는 높다.

③ 피로 시의 Tension Level은 저하정도가 크지 않다.

④ 졸았을 때는 의식상실의 시기로 Tension Level은 0이다.

해설 의식수준이란 긴장의 정도를 뜻하는 것이다. 긴장의 정도에 따라 인간의 뇌파에 변화가 일어나는데 이 변화의 정도에 따라 의식수준이 변동된다.

11 산업안전보건법상 안전관리자의 직무에 해당하는 것은?

① 해당 작업과 관련된 기계·기구 또는 설비의 안전·보건 점검 및 이상 유무의 확인

② 소속된 근로자의 작업복·보호구 및 방호장치의 점검과 그 착용·사용에 관한 교육·지도

③ 사업장 순회점검·지도 및 조치의 건의

④ 해당 작업의 작업장 정리·정돈 및 통로 확보에 대한 확인·감독

해설 **산업안전보건법상 안전관리자의 직무**
㉠ 산업안전보건위원회 또는 안전보건에 관한 협의체에서 심의·의결한 직무와 해당 사업장의 안전보건 관리규정 및 취업규칙에서 정한 직무
㉡ 안전인증 대상 기계·기구 등과 자율안전확인 대상 기계·기구 등의 적격품 선정
㉢ 해당 사업장 안전교육계획의 수립 및 실시
㉣ 사업장 순회점검·지도 및 조치의 건의
㉤ 산업재해발생의 원인조사 및 재발방지를 위한 기술적 지도·조언
㉥ 산업재해에 관한 통계의 유지·관리를 위한 지도·조언(안전분야에 한한다.)
㉦ 법 또는 법에 따른 명령이나 안전보건 관리 규정 및 취업규칙 중 안전에 관한 사항을 위반한 근로자에 대한 조치의 건의
㉧ 그 밖에 안전에 관한 사항으로서 고용노동부장관이 정하는 사항

12 다음 중 교육의 3요소에 해당되지 않는 것은?

① 교육의 주체 ② 교육의 객체

③ 교육결과의 평가 ④ 교육의 매개체

해설 **교육의 3요소**
㉠ 교육의 주체
㉡ 교육의 객체
㉢ 교육의 매개체

13 산업안전보건법상 아세틸렌 용접장치 또는 가스집합용접장치를 사용하여 행하는 금속의 용접·용단 또는 가열작업자에게 특별안전·보건교육을 시키고자 할 때의 교육 내용이 아닌 것은?

① 용접흄·분진 및 유해광선 등의 유해성에 관한 사항
② 작업방법·작업순서 및 응급처치에 관한 사항
③ 안전밸브의 취급 및 주의에 관한 사항
④ 안전기 및 보호구 취급에 관한 사항

해설 아세틸렌 용접장치 또는 가스집합용접장치를 사용하는 금속의 용접·용단 또는 가열작업 특별안전·보건교육 내용
㉠ ①, ②, ④
㉡ 가스용접기, 압력조정기, 호스 및 취관두 등의 기기점검에 관한 사항
㉢ 그 밖에 안전·보건관리에 필요한 사항

14 다음 중 안전점검의 직접적 목적과 관계가 먼 것은?

① 결함이나 불안전 조건의 제거
② 합리적인 생산관리
③ 기계설비의 본래 성능 유지
④ 인간생활의 복지향상

해설 안전점검의 직접적 목적 : ①, ②, ③

15 안전모의 일반구조에 있어 안전모를 머리모형에 장착하였을 때 모체 내면의 최고점과 머리모형 최고점과의 수직거리의 기준으로 옳은 것은?

① 20mm 이상 40mm 이하
② 20mm 이상 50mm 미만
③ 25mm 이상 40mm 이하
④ 25mm 이상 55mm 미만

해설 안전모의 모체 내면의 최고점과 머리모형 최고점과의 수직거리 : 25mm 이상 55mm 미만

16 강의계획에서 주제를 학습시킬 범위와 내용의 정도를 무엇이라 하는가?

① 학습목적
② 학습목표

③ 학습정도
④ 학습성과

해설 ① 학습목적 : 구성요소 중 학습정도는 학습의 범위와 내용의 폭을 말한다.
② 학습목표 : 학습을 통해 달성하려는 지표
④ 학습성과 : 학습을 통해 성취해야 하는 궁극적인 목표

17 다음 중 기계적 위험에서 위험의 종류와 사고의 형태를 올바르게 연결한 것은?

① 접촉점 위험 – 충돌
② 물리적 위험 – 협착
③ 작업방법적 위험 – 전도
④ 구조적 위험 – 이상온도 노출

해설 ㉠ 충돌 : 사람이 정지물에 부딪힌 경우
㉡ 협착 : 물건에 끼워진 상태, 말려든 상태
㉢ 전도 : 사람이 평면상으로 넘어졌을 때를 말함
㉣ 이상온도 노출 : 고온이나 저온에 접촉한 경우

18 다음 중 사고예방대책의 기본원리를 단계적으로 나열한 것은?

① 조직 → 사실의 발견 → 평가분석 → 시정책의 적용 → 시정책의 선정
② 조직 → 사실의 발견 → 평가분석 → 시정책의 선정 → 시정책의 적용
③ 사실의 발견 → 조직 → 평가분석 → 시정책의 적용 → 시정책의 선정
④ 사실의 발견 → 조직 → 평가분석 → 시정책의 선정 → 시정책의 적용

해설 사고예방대책의 기본원리
㉠ 제1단계 : 조직
㉡ 제2단계 : 사실의 발견
㉢ 제3단계 : 평가분석
㉣ 제4단계 : 시정책의 선정
㉤ 제5단계 : 시정책의 적용

19 산업안전보건법상 안전·보건표지의 종류 중 "방독마스크 착용"은 무슨 표지에 해당하는가?

① 경고표지
② 지시표지
③ 금지표지
④ 안내표지

해설 방독마스크 착용 : 지시표지

정답 ┃ 13. ③ 14. ④ 15. ④ 16. ③ 17. ③ 18. ② 19. ②

20 맥그리거(Mcgregor)의 X이론과 Y이론 중 Y이론에 해당되는 것은?

① 인간은 서로 믿을 수 없다.
② 인간은 태어나서부터 악하다.
③ 인간은 정신적 욕구를 우선시 한다.
④ 인간은 통제에 의한 관리를 받고자 한다.

> 해설 **맥그리거**
> ㉠ X이론(인간을 부정적 측면으로 봄) : ①, ②, ④
> ㉡ Y이론(인간을 긍정적 측면으로 봄) : ③

제2과목 **인간공학 및 시스템안전공학**

21 다음 중 작업대에 관한 설명으로 틀린 것은?

① 경조립작업은 팔꿈치 높이보다 0~10cm 정도 낮게 한다.
② 중조립작업은 팔꿈치 높이보다 10~20cm 정도 낮게 한다.
③ 정밀작업은 팔꿈치 높이보다 0~10cm 정도 높게 한다.
④ 정밀한 작업이나 장기간 수행하여야 하는 작업은 입식 작업대가 바람직하다.

> 해설 ④의 경우, 정밀한 작업이나 장기간 수행하여야 하는 작업은 의자식 작업대가 바람직하다.

22 다음 중 인간-기계 시스템에서 인간과 기계가 병렬로 연결된 작업의 신뢰도는? (단, 인간은 0.8, 기계는 0.98의 신뢰도를 갖고 있다.)

① 0.996 ② 0.986
③ 0.976 ④ 0.966

> 해설
> $R_S = 1 - (1 - 0.8)(1 - 0.8)$
> $= 0.996$

23 다음 중 반복되는 사건이 많이 있는 경우에 FTA의 최소 컷셋을 구하는 알고리즘이 아닌 것은?

① Boolean Algorithm
② Monte Carlo Algorithm
③ MOCUS Algorithm
④ Limnios & Ziani Algorithm

> 해설
> (1) 최소 컷셋(Minimal Cut Set) : FTA에서 어느 기본사항의 조합이 정상사상의 발생에 큰 영향을 주고 있는지를 아는 것은 정상사상의 발생에 기여도가 높은 기본사상들의 조합을 찾아내는 방법을 사용한다. 이를 위한 방법이다.
> (2) FTA의 최소 컷셋을 구하는 알고리즘
> ㉠ Boolean Algorithm
> ㉡ Mocus Algorithm
> ㉢ Limnios & Ziani Algorithm

24 다음 중 운용상의 시스템안전에서 검토 및 분석해야 할 사항으로 틀린 것은?

① 훈련
② 사고조사에의 참여
③ ECR(Error Cause Removal) 제안제도
④ 고객에 의한 최종성능검사

> 해설 **운용상의 시스템안전에서 검토 및 분석사항**
> ㉠ 훈련
> ㉡ 사고조사에의 참여
> ㉢ 고객에 의한 최종성능검사

25 다음 중 인간의 실수(human errors)를 감소시킬 수 있는 방법으로 가장 적절하지 않은 것은?

① 직무수행에 필요한 능력과 기량을 가진 사람을 선정함으로써 인간의 실수를 감소시킨다.
② 적절한 교육과 훈련을 통하여 인간의 실수를 감소시킨다.
③ 인간의 과오를 감소시킬 수 있도록 제품이나 시스템을 설계한다.
④ 실수를 발생한 사람에게 주의나 경고를 주어 재발생하지 않도록 한다.

> 해설 ④ 표지, 착오에 대한 연구와 지식을 보급한다

26 다음 중 기준의 유형 가운데 체계기준(system criteria)에 해당되지 않는 것은?

① 운용비   ② 신뢰도
③ 사고빈도   ④ 사용상의 용이성

해설 **체계기준**
㉠ 운용비   ㉡ 신뢰도
㉢ 사용상의 용이성

27 다음은 FT도의 논리기호 중 어떤 기호인가?

① 결함사상   ② 최후사상
③ 기본사상   ④ 통상사상

해설 **결함사상** : 개별적인 결함사상

28 다음은 1/100초 동안 발생한 3개의 음파를 나타낸 것이다. 음의 세기가 가장 큰 것과 가장 높은 음은 무엇인가?

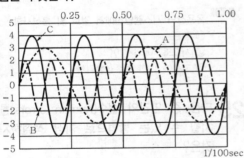

① A, B   ② C, B
③ C, A   ④ B, C

해설 **음파(Sound Wave)** : 다른 물질의 진동이나 소리에 의한 공기를 총칭하는 말로서, 음파에 있어 진폭이 크면 클수록 강한 음으로 들리게 되며 진동수가 많으면 많을수록 높은 음으로 들리게 된다.
㉠ 음의 세기란 평면 진행파에 있어서 음파의 진행방향으로 수직인 단위면적을 단위시간에 통과하는 에너지이다.
㉡ 음의 높이가 가장 높은 음은 파형의 주기가 가장 짧다(진동수가 크다).

29 다음 중 연속조절 조종장치가 아닌 것은?

① 토글(Toggle) 스위치
② 노브(Knob)
③ 페달(Pedal)
④ 핸들(Handle)

해설 **불연속조절의 형태** : 한 번 작동하면 작업이 중지 또는 끝날 때까지 계속하여 조작이 필요 없는 통제장치
예 토글 스위치, 수동 푸시버튼, 발 푸시버튼

30 다음 [보기]가 설명하는 것은?

미국의 GE사가 처음으로 사용한 보전으로, 설계에서 폐기에 이르기까지 기계설비의 전과정에서 소요되는 설비의 열화손실과 보전비용을 최소화하여 생산성을 향상시키는 보전방법

① 생산보전   ② 계량보전
③ 사후보전   ④ 예방보전

해설
② **계량보전** : 쌀을 패트병으로 보전할 경우에 활약하는 깔대기
③ **사후보전(Corrective Maintenance)** : 컴퓨터를 사용할 때 고장이 발생할 경우에 행해지는 장애장치 분리 및 재구성, 원래 상태로 복구하는 절차
④ **예방보전(Preventive Conservation)** : 손상된 유물의 종합적인 관리 및 연구, 치료는 물론 오랫동안 유물의 건강상태를 유지하기 위한 것

31 다음 중 FTA에 의한 재해사례 연구의 순서를 올바르게 나열한 것은?

A. 목표사상 선정
B. FT도 작성
C. 사상마다 재해원인 규명
D. 개선계획 작성

① A → B → C → D
② A → C → B → D
③ B → C → A → D
④ B → A → C → D

해설 **FTA에 의한 재해사례 연구순서**
목표사상 선정 → 사상마다 재해원인 규명 → FT도 작성 → 개선계획 작성

32 스웨인(Swain)의 인적오류(혹은 휴먼에러) 분류 방법에 의할 때, 자동차 운전 중 습관적으로 손을 창문 밖으로 내어 놓았다가 다쳤다면 다음 중 이때 운전자가 행한 에러의 종류로 옳은 것은?

① 실수(slip)
② 작위오류(commission error)
③ 불필요한 수행오류(extraneous error)
④ 누락오류(omission error)

> 해설 ① **실수** : 의도는 올바른 것이지만 행동이 의도한 것과는 다르게 나타나는 오류
> ② **작위오류** : 필요한 작업 또는 절차의 잘못된 수행으로 발생하는 과오
> ④ **누락오류** : 필요한 작업 또는 절차를 수행하지 않는 데 기인한 과오

33 다음 중 바닥의 추천 반사율로 가장 적당한 것은?

① 0~20%
② 20~40%
③ 40~60%
④ 60~80%

> 해설 ㉠ 바닥 : 20~40% ㉡ 천장 : 80~90%
> ㉢ 벽 : 40~60% ㉣ 가구 : 25~45%

34 다음 중 보험으로 위험조정을 하는 방법을 무엇이라 하는가?

① 전가
② 보류
③ 위험감축
④ 위험회피

> 해설 **위험통제를 위한 4가지 방법**
> ㉠ **위험전가** : 보험으로 위험조정을 하는 방법
> ㉡ **위험보류** : 위험에 따른 장래의 손실을 스스로 부담하는 방법 예 충당금
> ㉢ **위험감축** : 손실발생 횟수 및 규모를 축소하는 방법
> ㉣ **위험회피** : 가장 일반적인 위험조정기술

35 다음 중 지침이 고정되어 있고 눈금이 움직이는 형태의 정량적 표시장치는?

① 정목동침형 표시장치
② 정침동목형 표시장치
③ 계수형 표시장치
④ 점멸형 표시장치

> 해설 정침동목형 표시장치의 설명이다.

36 다음 중 작업장의 조명수준에 대한 설명으로 가장 적절한 것은?

① 작업환경의 추천 광도비는 5 : 1 정도이다.
② 천장은 80~90% 정도의 반사율을 가지도록 한다.
③ 작업영역에 따라 휘도의 차이를 크게한다.
④ 실내표면의 반사율은 천장에서 바닥의 순으로 증가시킨다.

> 해설 ① 작업환경의 추천 광도비는 3 : 1 정도이다.
> ③ 작업영역에 따라 휘도의 차이를 작게 한다.
> ④ 실내표면의 반사율은 바닥에서 천장의 순으로 증가시킨다.

37 다음 [그림]의 결함수에서 최소 컷셋(Minimal Cut Sets)과 신뢰도를 올바르게 나타낸 것은 어느 것인가? (단, 각각의 부품 고장률은 0.01이다.)

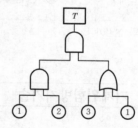

① (1, 3)
   (1, 2), $R(t) = 96.99\%$

② (1, 3)
   (1, 2, 3), $R(t) = 97.99\%$

③ (1, 2, 3), $R(t) = 98.99\%$

④ (1, 2), $R(t) = 99.99\%$

> 해설 최소컷셋은 (1, 2)로부터 가져온다.
> ∴ $R(t) = 0.01 - 100\% = 99.99\%$

38 다음 중 조종장치의 종류에 있어 연속적인 조절에 가장 적합한 형태는?

① 토글스위치(Toggle Switch)
② 푸시버튼(Push Button)
③ 로터리스위치(Rotary Switch)
④ 레버(Lever)

> 해설 레버의 설명이다.

39 다음과 같은 시스템의 신뢰도는 약 얼마인가?

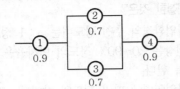

① 0.5152　　　　② 0.6267

③ 0.7371　　　　④ 0.8483

해설
$$R_S = 0.9 \times \{1 - (1-0.7))(1-0.7)\} \times 0.9$$
$$= 0.7371 = 73.71\%$$

40 심장의 박동주기 동안 심근의 전기적 신호를 피부에 부착한 전극들로부터 측정하는 것으로 심장이 수축과 확장을 할 때 일어나는 전기적 변동을 기록한 것은?

① 뇌전도계　　　　② 심전도계

③ 근전도계　　　　④ 안전도계

해설
심전도계의 설명이다.

제3과목 **기계위험방지기술**

41 전단기 개구부의 가드 간격이 12mm일 때 가드와 전단지점 간의 거리는?

① 30mm 이상　　　　② 40mm 이상

③ 50mm 이상　　　　④ 60mm 이상

해설
$Y = 6+0.15X$, Y : 개구부의 가드 간격
$12 = 6+0.15X$, X : 가드와 전단지점 간 거리
$0.15X = 12.6$

$\therefore X = \dfrac{6}{0.15} = 40mm$

42 산업안전보건법상 양중기에서 하중을 직접 지지하는 와이어로프 또는 달기 체인의 안전계수로 옳은 것은?

① 1 이상　　　　② 3 이상

③ 5 이상　　　　④ 7 이상

해설
양중기에서 하중을 직접 지지하는 와이어로프 또는 달기 체인의 안전계수는 5 이상이다.

43 다음 중 기계의 위험예방을 위한 설명으로 틀린 것은?

① 동력차단장치는 진동에 의해 갑자기 움직일 우려가 없을 것

② 작업도구는 제조 당시의 목적 외로 사용하지 말 것

③ 축이 회전하는 기계를 취급 시에는 안전을 위해 면장갑을 착용할 것

④ 방호장치 결함을 발견 시에는 정비 후 사용할 것

해설
③의 경우, 축이 회전하는 기계를 취급 시에는 안전을 위해 면장갑 착용을 하지 않을 것이 옳다.

44 아세틸렌 용접장치의 안전기 사용 시 준수사항으로 틀린 것은?

① 수봉식 안전기는 1일 1회 이상 점검하고 항상 지정된 수위를 유지한다.

② 수봉부의 물이 얼었을 때는 더운 물로 용해한다.

③ 중압용 안전기의 파열판은 상황에 따라 적어도 연 1회 이상 정기적으로 교환한다.

④ 수봉식 안전기는 지면에 대하여 수평으로 설치한다.

해설
④의 경우, 수봉식 안전기는 지면에 대하여 수직으로 설치한다는 내용이 옳다.

45 기계설비의 회전운동으로 인한 위험을 유발하는 것이 아닌 것은?

① 벨트　　　　② 풀리

③ 가드　　　　④ 플라이휠

해설
회전운동으로 위험을 유발하는 것 : 기어, 축, 벨트, 체인, 스핀들, 풀리, 플라이휠

46 산업용 로봇의 동작형태별 분류에서 틀린 것은?

① 원통좌표 로봇   ② 수평좌표 로봇

③ 극좌표 로봇   ④ 관절 로봇

> **해설** 산업용 로봇의 동작형태별 분류로는 ①, ③, ④ 이외에 직각좌표 로봇이 있다.

47 숫돌축의 회전수 3,000rpm인 연삭기에 외측 지름 200mm의 연삭숫돌을 장착하여 운전하면 연삭숫돌의 원주속도는 약 얼마인가?

① 188.4m/min   ② 1,884m/min

③ 314m/min   ④ 3,140m/min

> **해설**
> $$V = \frac{\pi DN}{1,000}$$
> $$= \frac{3.14 \times 200 \times 3,000}{1,000}$$
> $$= 1,884 \text{m/min}$$

48 산업안전보건법상 회전 중인 연삭숫돌 직경이 최소 얼마 이상인 경우로서 근로자에게 위험을 미칠 우려가 있는 경우 해당 부위에 덮개를 설치하여야 하는가?

① 3cm 이상   ② 5cm 이상

③ 10cm 이상   ④ 20cm 이상

> **해설** 연삭숫돌 직경이 최소 5cm 이상일 경우 해당 부위에 덮개를 설치하여야 한다.

49 페일 세이프(Fail Safe) 기능의 3단계 중 페일 액티브(Fail Active)에 관한 내용으로 옳은 것은?

① 부품고장 시 기계는 경보를 울리나 짧은 시간 내 운전은 가능하다.

② 부품고장 시 기계는 정지방향으로 이동한다.

③ 부품고장 시 추후 보수까지는 안전기능을 유지한다.

④ 부품고장 시 병렬계통방식이 작동되어 안전기능이 유지된다.

> **해설**
> ①의 내용은 페일 액티브(Fail Active)
> ②의 내용은 페일 패시브(Fail Passive)
> ③의 내용은 페일 오퍼레이셔널(Fail Operational)

50 보일러의 역화(Back Fire)발생원인이 아닌 것은?

① 압입통풍이 너무 강할 경우

② 댐퍼를 너무 조여 흡입통풍이 부족할 경우

③ 연료밸브를 급히 열었을 경우

④ 연료에 수분이 함유된 경우

> **해설** 보일러의 역화(Back fire)발생원인
> ㉠ ①, ②, ③
> ㉡ 점화할 때 착화가 늦어졌을 경우
> ㉢ 연도 내에 미연가스가 다량 있는 경우
> ㉣ 연소 중 갑자기 소화된 후 노내의 여열로 점화했을 경우

51 아세틸렌용접 시 역화를 방지하기 위하여 설치하는 것은?

① 압력기   ② 청정기

③ 안전기   ④ 발생기

> **해설** 아세틸렌용접 시 역화를 방지하기 위하여 설치할 것은 안전기이다.

52 다음 중 기계설비에 의해 형성되는 위험점이 아닌 것은?

① 회전 말림점   ② 접선 분리점

③ 협착점   ④ 끼임점

> **해설** 기계설비에 의해 형성되는 위험점으로는 ①, ③, ④ 이외에 다음과 같다.
> ㉠ 물림점   ㉡ 접선 물림점
> ㉢ 절단점

53 산업안전보건법상 산업용 로봇의 교시작업 시작 전 점검하여야 할 부위가 아닌 것은?

① 제동장치   ② 매니퓰레이터

③ 지그   ④ 전선의 피복상태

> **해설** 산업용 로봇의 교시작업 시작 전 점검사항으로는 ①, ②, ④ 이외에 다음과 같다.
> ㉠ 외장의 손상 유무
> ㉡ 비상정지장치의 기능

정답 | 46. ② 47. ② 48. ② 49. ① 50. ④ 51. ③ 52. ② 53. ③

54 2줄의 와이어로프로 중량물을 달아올릴 때, 로프에 가장 힘이 적게 걸리는 각도는?

① 30°　　　　② 60°

③ 90°　　　　④ 120°

해설　2줄의 와이어로프로 중량물을 달아올릴 때 로프에 힘은 각도가 작을수록 적게 걸린다.

55 위험기계에 조작자의 신체부위가 의도적으로 위험점 밖에 있도록 하는 방호장치는?

① 덮개형 방호장치

② 차단형 방호장치

③ 위치제한형 방호장치

④ 접근반응형 방호장치

해설　문제의 내용은 위치제한형 방호장치에 관한 것으로 이에 해당하는 것은 프레스기의 양수조작식 방호장치이다.

56 기계설비의 안전조건 중 구조부분의 안전화에서 검토되어야 할 내용이 아닌 것은?

① 가공의 결함　　② 재료의 결함

③ 설계의 결함　　④ 정비의 결함

해설　기계설비의 안전조건 중 구조부분의 안전화에서 검토되어야 할 사항은 ①, ②, ③ 세 가지이다.

57 근로자에게 위험을 미칠 우려가 있는 원동기, 축이음, 풀리 등에 설치하여야 하는 것은?

① 통풍장치　　　② 덮개

③ 과압방지기　　④ 압력계

해설　근로자에게 위험을 미칠 우려가 있는 원동기, 축이음, 풀리 등에 설치하여야 하는 것은 덮개이다.

58 동력 프레스기의 No-hand in Die 방식의 방호대책이 아닌 것은?

① 방호 울이 부착된 프레스

② 가드식 방호장치 도입

③ 전용 프레스의 도입

④ 안전금형을 부착한 프레스

해설　동력 프레스기의 No-hand in Die 방식의 방호대책으로는 ①, ③, ④ 이외에 자동 프레스의 도입이 있다.

59 다음 (　) 안에 들어갈 내용으로 옳은 것은?

> 광전자식 프레스 방호장치에서 위험한계까지의 거리가 짧은 200mm 이하의 프레스에는 연속 차광폭이 작은 (　)의 방호장치를 선택한다.

① 30mm 초과　　② 30mm 이하

③ 50mm 초과　　④ 50mm 이하

해설　(　) 안에 들어갈 내용으로 옳은 것은 30mm 이하이다.

60 가공물 또는 공구를 회전시켜 나사나 기어 등을 소성가공하는 방법은?

① 압연　　　　② 압출

③ 인발　　　　④ 전조

해설　문제의 내용은 전조에 관한 것이다.

제4과목　전기 및 화학설비 위험방지기술

61 다음 중 전류밀도, 통전전류, 접촉면적과 피부저항과의 관계를 설명한 것으로 옳은 것은?

① 같은 크기의 전류가 흘러도 접촉면적이 커지면 피부저항은 작게 된다.

② 같은 크기의 전류가 흘러도 접촉면적이 커지면 전류밀도는 커진다.

③ 전류밀도와 접촉면적은 비례한다.

④ 전류밀도와 전류는 반비례한다.

해설　② 전류밀도는 커진다 → 전류밀도는 작아진다.
③ 비례한다. → 반비례한다.
④ 반비례한다. → 비례한다.

62 착화에너지가 0.1mJ이고 가스를 사용하는 사업장 전기설비의 정전용량이 0.6nF일 때 방전 시 착화가능한 최소대전전위는 약 몇 V인가?

① 289
② 385
③ 577
④ 1,154

해설

$$E = \frac{1}{2}CV^2, \quad V^2 = \frac{2E}{C}, \quad V = \sqrt{\frac{2E}{C}}$$

$$\therefore \frac{\sqrt{2 \times 0.1 \times 10^{-3}}}{0.6 \times 10^{-9}} = 577V$$

63 산업안전보건법상 인화성 액체를 수시로 사용하는 밀폐된 공간에서 해당 가스 등으로 폭발위험 분위기가 조성되지 않도록 하기 위해서는 해당 물질의 공기 중 농도는 인화하한계값의 얼마를 넘지 않도록 하여야 하는가?

① 10%
② 15%
③ 20%
④ 25%

해설

인화성 액체를 수시로 사용하는 밀폐된 공간 : 해당 가스 등으로 폭발위험 분위기가 조성되지 않도록 하기 위해서는 해당 물질의 공기 중 농도가 인화 하한 계값의 25%를 넘지 않도록 한다.

64 다음 중 분진폭발의 영향인자에 대한 설명으로 틀린 것은?

① 분진의 입경이 작을수록 폭발하기가 쉽다.
② 일반적으로 부유분진이 퇴적분진에 비해 발화온도가 낮다.
③ 연소열이 큰 분진일수록 저농도에서 폭발하고 폭발위력도 크다.
④ 분진의 비표면적이 클수록 폭발성이 높아진다.

해설

②의 경우 일반적으로 부유분진이 퇴적분진에 비해 발화온도가 높다.

65 다음 중 방폭구조의 종류와 기호가 잘못 연결된 것은?

① 유입방폭구조 - o
② 압력방폭구조 - p
③ 내압방폭구조 - d
④ 본질안전방폭구조 - e

해설

④의 본질안전방폭구조의 기호는 ia, ib이다

66 산업안전보건법상 공정안전보고서의 내용 중 공정안전자료에 포함되지 않는 것은?

① 유해·위험설비의 목록 및 사양
② 폭발위험 장소 구분도 및 전기단선도
③ 안전운전지침
④ 각종 건물·설비의 배치도

해설

공정안전자료 포함사항

㉠ ①, ②, ④
㉡ 취급·저장하고 있거나 취급·저장하려는 유해·위험물질의 종류 및 수량
㉢ 유해·위험물질에 대한 물질안전보건자료
㉣ 유해·위험설비의 운전방법을 알 수 있는 공정도면
㉤ 위험설비의 안전설계·제작 및 설치 관련 지침서

67 산업안전보건법상 충전선로의 선간전압과 접근한계거리가 틀린 것은?

① 2kV 초과 15kV 이하 → 60cm
② 15kV 초과 37kV 이하 → 80cm
③ 37kV 초과 88kV 이하 → 110cm
④ 88kV 초과 121kV 이하 → 130cm

해설

②의 경우, 접근한계거리는 90cm가 옳다.

68 다음 중 전기화재의 직접적인 발생요인과 가장 거리가 먼 것은?

① 누전, 열의 축적
② 피뢰기의 손상
③ 지락 및 접속불량으로 인한 과열
④ 과전류 및 절연의 손상

해설

피뢰기의 손상은 전기화재의 직접적 발생요인과 거리가 멀다.

69 다음 중 발화도 G_1의 발화점의 범위로 옳은 것은?

① 450℃ 초과

② 300℃ 초과 450℃ 이하

③ 200℃ 초과 300℃ 이하

④ 135℃ 초과 200℃ 이하

> **해설** 발화도는 가연성 기체의 발화온도에 따라서 5개 group로 분류한다. 그 위험도에 따라서 폭발등급과 함께 방폭전기 기기용의 분류로도 쓰인다.
>
> | 분 류 | 발화온도 범위(℃) |
> |---|---|
> | G_1 | 450℃ 이상 |
> | G_2 | 300~450℃ |
> | G_3 | 200~300℃ |
> | G_4 | 135~200℃ |
> | G_5 | 100~135℃ |

70 다음 중 화재발생 시 주수소화방법을 적용할 수 있는 물질은?

① 과산화칼륨   ② 황산

③ 질산   ④ 과산화수소

> **해설**
> ① 건조사
> ② 주수를 금하고 건조사 또는 회로 덮어 질식 시킨다.
> ③ 뜨거워진 질산 용액에는 비산의 우려가 있으므로 직접 주수하지 않고 다량 누출 시는 소석회, 소다회로 중화시킨 후 다량의 물로 희석한다.
> ④ 농도와 관계 없이 소량 누출 시는 다량의 물로 희석하고 다량 누출 시는 토사 등으로 막아 차단시키고 다량의 물로 씻는다.

71 다음 중 내전압용 절연장갑의 등급에 따른 최대 사용전압이 올바르게 연결된 것은?

① 00등급 : 직류 750V

② 0등급 : 직류 1,000V

③ 00등급 : 교류 650V

④ 0등급 : 교류 1,500V

> **해설**
> (1) 내전압용 절연장갑의 00등급은 직류 750V, 교류 500V가 옳다.
> (2) 0등급 : 직류 1,500V, 교류 1,000V
>   1등급 : 직류 11,250V, 교류 7,500V
>   2등급 : 직류 25,500V, 교류 17,000V
>   3등급 : 직류 39,750V, 교류 26,500V

72 다음 중 정전기로 인한 화재발생원인에 대한 설명으로 틀린 것은?

① 금속물체를 접지했을 때

② 가연성 가스가 폭발범위 내에 있을 때

③ 방전하기 쉬운 전위차가 있을 때

④ 정전기의 방전에너지가 가연성 물질의 최소착화에너지보다 클 때

> **해설** ①의 경우 정전기발생 방지대책에 해당된다

73 정전기의 방지대책방법으로 틀린 것은?

① 상대습도를 70% 이상으로 높인다.

② 공기를 이온화한다.

③ 접지를 실시한다.

④ 환기시설을 설치한다.

> **해설** 정전기의 방지대책방법
> ㉠ ①, ②, ③
> ㉡ 도전성 재료의 사용
> ㉢ 대전방지제 사용
> ㉣ 제전기의 사용
> ㉤ 보호구의 착용
> ㉥ 배관 내 액체의 유속제한

74 다음 중 아세틸렌 취급 · 관리 시의 주의사항으로 틀린 것은?

① 폭발할 수 있으므로 필요 이상 고압으로 충전하지 않는다.

② 폭발성 물질을 생성할 수 있으므로 구리나 일정 함량 이상의 구리합금과 접촉하지 않도록 한다.

③ 용기는 밀폐된 장소에 보관하고, 누출 시에는 누출원에 직접 주수하도록 한다.

④ 용기는 폭발할 수 있으므로 전도 · 낙하되지 않도록 한다.

> **해설** 용기는 통풍이 잘 되는 장소에 보관하고 누출 시에는 대기와 치환시킨다.

75 다음 중 산업안전보건법상 급성 독성물질이 지속적으로 외부에 유출될 수 있는 화학설비에 파열판과 안전밸브를 직렬로 설치하고 그 사이에 설치하여야 하는 것은?

① 자동경보장치　　② 차단장치
③ 플레어헤드　　　④ 콕

> **해설** 자동경보장치의 설명이다.

76 어떤 도체에 20초 동안 100C의 전하량이 이동하면 이때 흐르는 전류(A)는?

① 200　　　　　② 50
③ 10　　　　　　④ 5

> **해설**
> $I = \dfrac{Q}{t} = \dfrac{100}{20} = 5\text{A}$

77 다음 중 유해·위험 물질 취급·운반 시 조치사항이 아닌 것은?

① 지정수량 이상 위험물질을 차량으로 운반할 때 가로 0.1m, 세로 0.3m 이상 크기로 표지하여야 한다.
② 위험물질의 취급은 위험물질 취급담당자가 한다.
③ 위험물질을 반출할 때에는 기후상태를 고려한다.
④ 성상에 따라 분류하여 적재, 포장한다.

> **해설** 지정수량 이상 위험물질을 차량으로 운반할 때 가로 0.6m, 세로 0.3m 이상 크기로 표지하여야 한다.

78 다음 중 전선이 연소될 때의 단계별 순서로 가장 적절한 것은?

① 착화단계 → 순시용단 단계 → 발화단계 → 인화단계
② 인화단계 → 착화단계 → 발화단계 → 순시용단 단계
③ 순시용단 단계 → 착화단계 → 인화단계 → 발화단계
④ 발화단계 → 순시용단 단계 → 착화단계 → 인화단계

> **해설** 전선이 연소될 때의 단계별 순서로 가장 적절한 것은 ②이다.

79 열교환기의 가열열원으로 사용되는 것은?

① 암모니아　　　② 염화칼슘
③ 프레온　　　　④ 다우덤섬

> **해설** **열교환기의 가열열원** : 다우덤섬

80 다음 중 개방형 스프링식 안전밸브의 장점이 아닌 것은?

① 구조가 비교적 간단하다.
② 밸브시트와 밸브스템 사이에서 누설을 확인하기 쉽다.
③ 증기용에 어큐뮬레이션을 3% 이내로 할 수 있다.
④ 스프링, 밸브봉 등이 외기의 영향을 받지 않는다.

> **해설** ④ 스프링, 밸브봉 등이 외기의 영향을 받는다.

제5과목	건설안전기술

81 해체용 기계·기구의 취급에 대한 설명으로 틀린 것은?

① 해머는 적절한 직경과 종류의 와이어로프로 매달아 사용해야 한다.
② 압쇄기는 셔블(Shovel)에 부착 설치하여 사용한다.
③ 차체에 무리를 초래하는 중량의 압쇄기 부착을 금지한다.
④ 해머 사용 시 충분한 견인력을 갖춘 도저에 부착하여 사용한다.

> **해설** ④의 경우, 해머 사용 시 충분한 견인력을 갖춘 도저에 부착하여 사용하지 않는다는 내용이 옳다.

82 콘크리트 타설작업 시 준수사항으로 옳지 않은 것은?

① 바닥 위에 흘린 콘크리트는 완전히 청소한다.

② 가능한 높은 곳으로부터 자연낙하시켜 콘크리트를 타설한다.

③ 지나친 진동기 사용은 재료분리를 일으킬 수 있으므로 금해야 한다.

④ 최상부의 슬래브는 이어붓기를 되도록 피하고 일시에 전체를 타설하도록 한다.

해설 ②의 경우 가능한 높은 곳으로부터 자연낙하시켜 콘크리트를 타설하지 않는다는 내용이 옳다.

83 화물취급작업 중 화물 적재 시 준수해야 하는 사항에 속하지 않는 것은?

① 침하의 우려가 없는 튼튼한 기반 위에 적재할 것

② 중량의 화물은 건물의 칸막이나 벽에 기대어 적재할 것

③ 불안정할 정도로 높이 쌓아올리지 말 것

④ 편하중이 생기지 아니하도록 적재할 것

해설 ②의 경우 중량의 화물은 건물의 칸막이나 벽에 기대어 적재하지 않을 것이 옳다.

84 철골공사 중 트랩을 이용해 승강할 때 안전과 관련된 항목이 아닌 것은?

① 수평 구명줄   ② 수직 구명줄

③ 안전벨트   ④ 추락 방지대

해설 철골공사 중 트랩을 이용해 승강할 때 수평 구명줄은 안전과 관련된 항목에 해당되지 않는다.

85 타워크레인을 벽체에 지지하는 경우 서면 심사 서류 등이 없거나 명확하지 아니할 때 설치를 위해서는 특정기술자의 확인을 필요로 하는데, 그 기술자에 해당하지 않는 것은?

① 건설안전기술사

② 기계안전기술사

③ 건축시공기술사

④ 건설안전분야 산업안전지도사

해설 타워크레인을 벽체에 지지하는 경우, 특정기술자에 건축시공기술사는 해당되지 않는다.

86 다음 중 슬레이트 지붕 위에서 작업을 할 때 산업안전보건법에서 정한 작업발판의 최소폭은?

① 20cm 이상   ② 30cm 이상

③ 40cm 이상   ④ 50cm 이상

해설 슬레이트 지붕 위에서 작업을 할 때 작업발판의 최소폭은 30cm 이상이다.

87 구조물 해체작업용 기계 · 기구와 직접적으로 관계가 없는 것은?

① 대형 브레이커   ② 압쇄기

③ 핸드 브레이커   ④ 착암기

해설 구조물 해체작업용 기계 · 기구로는 ①, ②, ③ 이외에 다음과 같은 것이 있다.
철재해머, 화약류, 팽창제, 절단톱, 잭, 쐐기타입기, 화염방사기

88 양중기의 와이어로프 등 달기구의 안전계수 기준으로 옳지 않은 것은?

① 크레인의 고리걸이 용구인 와이어로프는 5 이상

② 화물의 하중을 직접 지지하는 달기체인은 4 이상

③ 훅, 섀클, 클램프, 리프팅 빔은 3 이상

④ 근로자가 탑승하는 운반구를 지지하는 달기 체인은 10 이상

해설 ②의 경우, 화물의 하중을 직접 지지하는 달기체인은 5 이상이 옳다.

89 추락에 의한 위험방지 조치사항으로 거리가 먼 것은?

① 투하설비 설치

② 작업발판 설치

③ 추락방지망 설치

④ 근로자에게 안전대 착용

[해설] ①의 투하설비 설치는 낙하에 의한 위험방지 조치사항에 해당된다.

90 연약한 점토층을 굴착하는 경우 흙막이지보공을 견고히 조립하였음에도 불구하고, 흙막이 바깥에 있는 흙이 안으로 밀려들어 불룩하게 융기되는 형상은?

① 보일링(Boiling) ② 히빙(Heaving)
③ 드레인(Drain) ④ 펌핑(Pumping)

[해설] 문제의 내용은 히빙(Heaving)현상에 관한 것이다.

91 유해·위험 방지계획서를 작성하여 제출하여야 할 규모의 사업에 대한 기준으로 옳지 않은 것은?

① 연면적 30,000m² 이상인 건축물 공사
② 최대경간길이가 50m 이상인 교량건설 등 공사
③ 다목적 댐·발전용 댐 건설공사
④ 깊이 10m 이상인 굴착공사

[해설] ②의 경우 최대지간길이가 50m 이상인 교량건설 등 공사가 옳은 내용이다.

92 건설공사에서 발코니 단부, 엘리베이터 입구, 재료 반입구 등과 같이 벽면 혹은 바닥에 추락의 위험이 우려되는 장소를 가리키는 용어는?

① 비계 ② 개구부
③ 가설구조물 ④ 연결통로

[해설] 문제의 내용은 개구부에 관한 것이다.

93 토석이 붕괴되는 원인에는 외적인 요인과 내적인 요인이 있으므로 굴착작업 전, 중, 후에 유념하여 토석이 붕괴되지 않도록 조치를 취해야 한다. 다음 중 외적인 요인이 아닌 것은?

① 사면, 법면의 경사 및 기울기의 증가
② 지진, 차량, 구조물의 중량

③ 공사에 의한 진동 및 반복하중의 증가
④ 절토사면의 토질, 암질

[해설] 토석이 붕괴되는 외적인 요인
㉠ ①, ②, ③
㉡ 절토 및 성토 높이의 증가
㉢ 토석 및 암석의 혼합층 두께
㉣ 지표수 및 지하수의 침투에 의한 토사중량의 증가

94 철골공사작업 중 작업을 중지해야 하는 기후조건의 기준으로 옳은 것은?

① 풍속 : 10m/sec 이상, 강우량 : 1mm/h 이상
② 풍속 : 5m/sec 이상, 강우량 : 1mm/h 이상
③ 풍속 : 5m/sec 이상, 강우량 : 2mm/h 이상
④ 풍속 : 10m/sec 이상, 강우량 : 0.5mm/h 이상

[해설] 철골공사의 작업을 중지해야 하는 기후조건으로는 ① 이외에 강설량 1cm/h 이상이 있다.

95 연질의 점토지반 굴착 시 흙막이 바깥에 있는 흙의 중량과 지표 위의 적재하중 등에 의해 저면흙이 붕괴되고 흙막이 바깥에 있는 흙이 안으로 밀려 불룩하게 되는 현상은?

① 히빙 ② 보일링
③ 파이핑 ④ 베인

[해설] 문제의 내용은 히빙에 관한 것이다.

96 중량물을 들어올리는 자세에 대한 설명 중 가장 적절한 것은?

① 다리를 곧게 펴고 허리를 굽혀 들어올린다.
② 되도록 자세를 낮추고 허리를 곧게 편 상태에서 들어올린다.
③ 무릎을 굽힌 자세에서 허리를 뒤로 젖히고 들어올린다.
④ 다리를 벌린 상태에서 허리를 숙여서 서서히 들어올린다.

[해설] 중량물을 들어올릴 때는 되도록 자세를 낮추고 허리를 곧게 편 상태에서 들어올려야 한다.

97 프리캐스트 부재의 현장 야적에 대한 설명으로 옳지 않은 것은?

① 오물로 인한 부재의 변질을 방지한다.
② 벽 부재는 변형을 방지하기 위해 수평으로 포개 쌓아놓는다.
③ 부재의 제조번호, 기호 등을 식별하기 쉽게 야적한다.
④ 받침대를 설치하여 휨, 균열 등이 생기지 않게 한다.

> **해설** ②의 경우 벽 부재는 변형을 방지하기 위해 수평으로 포개 쌓아놓지 않아야 한다는 내용이 옳다.

98 콘크리트의 유동성과 묽기를 시험하는 방법은?

① 다짐시험   ② 슬럼프시험
③ 압축강도시험   ④ 평판시험

> **해설** 콘크리트의 유동성과 묽기를 시험하는 방법은 슬럼프시험이다.

99 현장에서 양중작업 중 와이어로프의 사용금지기준이 아닌 것은?

① 이음매가 없는 것
② 와이어로프의 한 꼬임에서 끊어진 소선의 수가 10% 이상인 것
③ 지름의 감소가 공칭지름의 7%를 초과하는 것
④ 심하게 변형 또는 부식된 것

> **해설** ①의 경우 이음매가 있는 것이 옳은 내용이다.

100 지게차 헤드가드에 대한 설명 중 옳지 않은 것은?

① 상부틀의 각 개구의 폭 또는 길이가 16cm 미만일 것
② 앉아서 조작하는 경우 운전자의 좌석 윗면에서 헤드가드 상부틀 아랫면까지의 높이는 1m 이상일 것
③ 서서 조작하는 경우 운전석의 바닥면에서 헤드가드 상부틀 하면까지의 높이는 2m 이상일 것
④ 강도는 지게차 최대하중의 1배 값의 등분포 정하중에 견딜 수 있을 것

> **해설** ④의 경우 강도는 지게차 최대하중의 2배 값의 등분포 정하중에 견딜 수 있을 것이 옳다.

제1과목 산업안전관리론

01 다음 중 생체리듬(Biorhythm)의 종류에 속하지 않는 것은?

① 육체적 리듬
② 지성적 리듬
③ 감성적 리듬
④ 정서적 리듬

해설 생체리듬(biorhythm)의 종류
㉠ 육체적 리듬 : 23일 주기
㉡ 지성적 리듬 : 33일 주기
㉢ 감성적 리듬 : 28일 주기

02 산업안전보건법령상 안전·보건관리규정에 포함되어 있지 않은 내용은? (단, 기타 안전·보건관리에 관한 사항은 제외한다.)

① 작업자 선발에 관한 사항
② 안전·보건교육에 관한 사항
③ 사고조사 및 대책수립에 관한 사항
④ 작업장 보건관리에 관한 사항

해설 산업안전보건법령상 안전·보건관리규정
㉠ 안전·보건관리조직과 그 직무에 관한 사항
㉡ 안전·보건교육에 관한 사항
㉢ 작업장 안전관리에 관한 사항
㉣ 작업장 보건관리에 관한 사항
㉤ 사고조사 및 대책수립에 관한 사항
㉥ 그 밖의 안전·보건에 관한 사항

03 다음 중 리더십(leadership) 과정에 있어 구성요소와의 함수관계를 의미하는 "$L=f(l, f_1, s)$"의 용어를 잘못 나타낸 것은?

① f : 함수(function)
② l : 청취(listening)
③ f_1 : 멤버(follower)
④ s : 상황요인(situational variables)

해설 리더십이란 일정한 상황에서 목표달성을 위하여 개인이나 집단(추정자)의 행위에 영향력을 행사하는 과정 또는 능력을 의미한다.
$L = f(l, f_1, s)$
여기서, L : 리더십
f : 함수(functiona)
l : 리더(leader)
f_1 : 추종자(멤버, follower)
s : 상황요인(situational variables)

04 안전한 방법에 대한 지식을 가지고 있으며 또 그것을 해낼 수 있는 능력을 가지고 있는 사람이 불안전한행위를 범해서 재해를 일으키는 경우가 있는데 다음 중 이에 해당되지 않는 경우는?

① 무의식으로 하는 경우
② 사태의 파악에 잘못이 있을 경우
③ 좋지 않다는 것을 의식하면서 행위를 할 경우
④ 작업량이 능력에 비하여 과다한 경우

해설 안전한 방법 등의 능력을 가지고 있는 사람이 불안전한행위를 범해서 재해를 일으키는 경우
㉠ 무의식으로 하는 경우
㉡ 사태의 파악에 잘못이 있을 경우
㉢ 좋지 않다는 것을 의식하면서 행위를 할 경우

05 재해예방의 4원칙 중 '대책선정의 원칙'에 대한 설명으로 옳은 것은?

① 재해의 발생은 반드시 그 원인이 존재한다.
② 손실은 우연히 일어나므로 반드시 예방이 가능하다.
③ 재해는 원칙적으로 원인만 제거되면 예방이 가능하다.
④ 재해예방을 위한 가능한 안전대책은 반드시 존재한다.

해설 **대책선정의 원칙** : 재해예방을 위한 가능한 안전대책은 반드시 존재한다.

06 다음 중 인간의 적응기제(適應機制)에 포함되지 않는 것은?

① 갈등(conflict)
② 억압(repression)
③ 공격(aggression)
④ 합리화(rationalization)

[해설]
㉠ 억압(repression)
㉡ 반동형성(reaction formation)
㉢ 공격(agression)
㉣ 고립(isolation)
㉤ 도피(withdrawal)
㉥ 퇴행(regression)
㉦ 합리화(rationalization)
㉧ 투사(projection)
㉨ 동일화(identification)
㉩ 백일몽(day-dreaming)
㉪ 보상(compensation)
㉫ 승화(sublimation)

07 인간의 행동특성 중 주의(attention)의 일정집중 현상에 대한 대책으로 가장 적절한 것은?

① 적성배치
② 카운슬링
③ 위험예지훈련
④ 작업환경의 개선

[해설] 일정집중현상에 대한 대책 : 위험예지훈련

08 매슬로우(Maslow A.H.)의 욕구 5단계 중 자신의 잠재력을 발휘하여 자기가 하고 싶은 일을 실현하는 욕구는 어느 단계인가?

① 생리적 욕구
② 안전의 욕구
③ 존경의 욕구
④ 자아실현의 욕구

[해설] 매슬로우(Maslow)의 욕구 5단계
㉠ 제1단계 : 생리적 욕구
㉡ 제2단계 : 안전과 안정의 욕구
㉢ 제3단계 : 사회적인 욕구
㉣ 제4단계 : 인정 받으려는 욕구
㉤ 제5단계 : 자아실현의 욕구(자신의 잠재력을 발휘하여 자기가 하고 싶은 일을 실현하는 욕구)

09 재해손실비용 중 직접비에 해당되는 것은?

① 인적 손실
② 생산손실
③ 산재보상비
④ 특수손실

[해설] 재해손실비용
㉠ 직접비 : 사고의 피해자에게 지급되는 산재보상비
㉡ 간접비 : 인적 손실, 생산손실, 특수손실 등

10 다음 중 산업안전보건법령상 관리감독자 정기안전·보건교육의 내용에 포함되지 않는 것은? (단, 기타 산업안전보건법 및 일반관리에 관한 사항은 제외한다.)

① 인원 활용 및 생산성 향상에 관한 사항
② 작업공정의 유해·위험과 재해예방대책에 관한 사항
③ 표준안전작업방법 및 지도요령에 관한 사항
④ 유해·위험 작업환경관리에 관한 사항

[해설] 관리감독자 정기안전·보건교육의 내용
㉠ 산업안전 및 사고예방에 관한 사항
㉡ 산업보건 및 직업병 에방에 관한 사항
㉢ 유해·위험 작업환경 관리에 관한 사항
㉣ 산압안전보건법령 및 산업재해보상보험 제도에 관한 사항
㉤ 직무스트레스 예방 및 관리에 관한 사항
㉥ 직장내 괴롭힘, 고객의 폭언 등으로 인한 건강장해 예방 및 관리에 관한 사항
㉦ 작업공정의 유해·위험과 재해 예방대책에 관한 사항
㉧ 표준안전 작업방법 및 지도 요령에 관한 사항
㉨ 관리감독자의 역할과 임무에 관한 사항
㉩ 안전보건 교육능력 배양에 관한 사항
• 현장 근로자와의 의사소통 능력향상·강의 능력 향상
• 기타 안전보건 교육 능력 배양 등에 관한 사항

11 다음 중 교육훈련평가의 4단계를 올바르게 나열한 것은?

① 학습 → 반응 → 행동 → 결과
② 학습 → 행동 → 반응 → 결과
③ 행동 → 반응 → 학습 → 결과
④ 반응 → 학습 → 행동 → 결과

[해설] 교육훈련평가의 4단계
㉠ 제1단계 : 반응   ㉡ 제2단계 : 학습
㉢ 제3단계 : 행동   ㉣ 제4단계 : 결과

12 의무안전인증 대상 보호구 중 차광보안경의 사용구분에 따른 종류가 아닌 것은?

① 보정용　　② 용접용
③ 복합용　　④ 적외선용

> **해설** **의무안전인증(차광보안용)**
> ㉠ 자외선용　　㉡ 적외선용
> ㉢ 복합용(자외선 및 적외선)
> ㉣ 용접용(자외선, 적외선 및 강렬한 가시광선)

13 다음 중 산업안전보건법에 따라 안전·보건진단을 받아 안전보건개선계획을 수립·제출하도록 명할 수 있는 사업장에 해당하지 않는 것은?

① 직업병에 걸린 사람이 연간 1명 발생한 사업장
② 산업재해발생률이 같은 업종 평균 산업재해발생률의 3배인 사업장
③ 작업환경 불량, 화재, 폭발 또는 누출사고 등으로 사회적 물의를 일으킨 사업장
④ 산업재해율이 같은 업종의 규모별 평균 산업재해율보다 높은 사업장 중 사업주가 안전·보건 조치의무를 이행하지 아니하여 중대재해가 발생한 사업장

> **해설** **안전·보건진단을 받아 개선계획을 수립·제출해야하는 사업장**
> ㉠ 산업재해율이 동종 업종의 평균 재해율보다 높은 사업장 중 중대재해가 발생한 사업장
> ㉡ 재해율이 동종 업종의 평균 재해율의 2배 이상인 사업장
> ㉢ 직업병에 걸린 자가 연간 2명 이상 발생한 사업장
> ㉣ 작업환경 불량, 화재, 폭발 또는 누출사고로 사회적 물의를 야기한 사업장
> ㉤ ㉠ 내지 ㉣의 규정에 준하는 사업장으로 노동부장관이 따로 정하는 사업장

14 다음 중 인간이 자기의 실패나 약점을 그럴듯한 이유를 들어 남의 비난을 받지 않도록 하며 또한 자위하는 방어기제를 무엇이라 하는가?

① 보상　　② 투사
③ 합리화　　④ 전이

> **해설** ① **보상**(compensation) : 욕구가 저지되면 그것을 대신한 목표로서 만족을 얻고자 한다.

② **투사**(projection) : 자신조차 승인할 수 없는 욕구나 특성을 타인이나 사물로 전환시켜 자신의 바람직하지 않은 욕구로부터 자신을 지키고 또한 투사한 대상에 대해서 공격을 가함으로써 한층 더 확고하게 안정을 얻으려고 한다.
③ **합리화**(rationalization) : 인간이 자기의 실패나 약점을 그럴듯한 이유를 들어 남의 비난을 받지 않도록 하며 또한 자위하는 방어기제이다.
④ **전이**(transference) : 어떤 내용이나 다른 내용에 영향을 주는 현상이다.

15 사업장 무재해운동 추진 및 운영에 있어 무재해 목표설정의 기준이 되는 무재해시간은 무재해운동을 개시하거나 재개시한날부터 실근무자수와 실근로시간을 곱하여 산정하는데 다음 중 실근로시간의 산정이 곤란한 사무직 근로자 등의 경우에는 1일 몇 시간 근무한 것으로 보는가?

① 6시간　　② 8시간
③ 9시간　　④ 10시간

> **해설** 실근로시간의 산정이 곤란한 사무직 근로자 등의 경우에는 1일 8시간 근무한 것으로 본다.

16 상시 근로자수가 75명인 사업장에서 1일 8시간씩 연간 320일을 작업하는 동안에 4건의 재해가 발생하였다면 이 사업장의 도수율은 약 얼마인가?

① 17.68　　② 19.67
③ 20.83　　④ 22.8

> **해설**
> $$도수율 = \frac{재해건수}{연근로시간수} \times 1,000,000$$
> $$= \frac{4}{75 \times 8 \times 320} \times 1,000,000$$
> $$= 20,833$$
> $$\fallingdotseq 20.83$$

17 기억의 과정 중 과거의 학습경험을 통해서 학습된 행동이 현재와 미래에 지속되는 것을 무엇이라 하는가?

① 기명(memorizing)　② 파지(retention)
③ 재생(recall)　④ 재인(recognition)

> **해설** **기억의 4단계**
> ① **기명**(memorizing) : 새로운 사상(event)이 중추신경계에 기록되는 것

② **파지**(retention) : 일단 획득된 해동이나 학습의 내용은 시간의 경과에 따라 변화하여 어떤 것은 잊어버리게 되고 또 어떤 것은 언제까지나 잊어버리지 않는 것 즉 과거의 학습경험이 어떠한 형태로 현재와 미래의 행동에 영향을 주는 작용을 하며 이와 같이 학습된 행동이 지속되는 것

③ **재생**(recall) : 간직된 기록이 다시 의식 속으로 떠오르는 것

④ **재인**(recognition) : 재생을 실현할 수 있는 상태

18 다음 중 산업안전보건법령상 용어의 정의가 잘못 설명된 것은?

① "사업주"란 근로자를 사용하여 사업을 하는 자를 말한다.

② "근로자대표"란 근로자의 관반수로 조직된 노동종합이 없는 경우에는 사업주가 지정하는 자를 말한다.

③ "산업재해"란 근로자가 업무에 관계되는 시설물·설비·원재료·가스·증기·분진 등에 의하거나 작업 또는 그 밖의 업무로 인하여 사망 또는 부상하거나 질병에 걸리는 것을 말한다.

④ "안전·보건진단"이란 산업재해를 예방하기 위하여 잠재적 위험성을 발견하고 그 개선대책을 수립할 목적으로 고용노동부장관이 지정하는 자가 하는 조사·평가를 말한다.

> **해설** **산업안전보건법 – 제2조(정의)**
> "근로자대표"란 근로자의 과반수로 조직된 노동조합이 있는 경우에는 그 노동조합을, 근로자의 과반수로 조직된 노동조합이 없는 경우에는 근로자의 관반수를 대표하는 자를 말한다.

19 다음 설명에 해당하는 위험예지활동은?

> 작업을 오조작 없이 안전하게 하기 위하여 작업공정의 요소에서 자신의 행동을 하고 대상을 가리킨 후 큰 소리로 확인하는 것

① 지적확인   ② Tool Box Meeting

③ 터치 앤 콜   ④ 삼각위험예지훈련

> **해설** 작업자가 낮은 의식수준으로 작업하는 경우에라도, 지적확인을 실시하면 신뢰성이 높은 Phase Ⅲ까지 의식수준을 끌어올릴 수 있다.

20 매슬로우(Maslow)의 욕구단계 이론 중 인간에게 영향을 줄 수 있는 불안, 공포, 재해 등 각종 위험으로부터 해방되고자 하는 욕구에 해당되는 것은?

① 사회적 욕구   ② 존경의 욕구

③ 안전의 욕구   ④ 자아실현의 욕구

> **해설** **매슬로우(Maslow)의 인간 욕구 5단계**
> ㉠ **제1단계** : 생리적인 욕구
> ㉡ **제2단계** : 안전과 안정의 욕구(인간에게 영향을 줄 수 있는 불안, 공포, 재해 등 각종 위험으로부터 해방되고자 하는 욕구)
> ㉢ **제3단계** : 사회적인 욕구
> ㉣ **제4단계** : 인정을 받으려는 욕구
> ㉤ **제5단계** : 자아실현 욕구

제2과목   인간공학 및 시스템안전공학

21 그림에 있는 조종구(Ball Control)와 같이 상당한 회전 운동을 하는 조종장치가 선형 표시장치를 움직일 때는 L을 반경(지레의 길이), a를 조종장치가 움직인 각도라 할 때 조종 표시장치의 이동비율(Control Display Ratio)을 나타낸 것은?

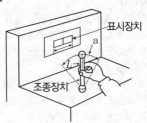

① $\dfrac{(a/360) \times 2\pi L}{\text{표시장치 이동거리}}$

② $\dfrac{\text{표시장치 이동거리}}{(a/360) \times 4\pi L}$

③ $\dfrac{(a/360) \times 4\pi L}{\text{표시장치 이동거리}}$

④ $\dfrac{\text{표시장치 이동거리}}{(a/360) \times 2\pi L}$

> **해설** C/D비 $= \dfrac{(a/360) \times 2\pi L}{\text{표시장치 이동거리}}$
> 회전손잡이(Knob)의 경우 C/D비는 손잡이 1회전에 상당하는 표시장치 이동거리의 역수이다.

22 다음 중 예방보전을 수행함으로써 기대되는 이점이 아닌 것은?

① 정지 시간의 감소로 유휴 손실 감소
② 신뢰도 향상으로 인한 제조 원가의 감소
③ 납기 엄수에 따른 신용 및 판매 기회 증대
④ 돌발 고장 및 보전비의 감소

> **해설** 예방 보전의 이점
> ㉠ 정지 시간의 감소로 유휴 손실 감소
> ㉡ 신뢰도 향상으로 인한 제조 원가의 감소
> ㉢ 납기 엄수에 따른 신용 및 판매 기회 증대

23 러닝벨트(Treadmill) 위를 일정한 속도로 걷는 사람의 배기 가스를 5분간 수집한 표본을 가스 성분 분석기로 조사한 결과, 산소 16%, 이산화탄소 4%로 나타났다. 배기가스 전부를 가스미터에 통과시킨 결과 배기량이 90ℓ이었다면 분당 산소 소비량과 에너지가(價)는 약 얼마인가?

	산소 소비량	에너지가(價)
①	0.95ℓ/분	4.75kcal/분
②	0.97ℓ/분	4.80kcal/분
③	0.95ℓ/분	4.85kcal/분
④	0.97ℓ/분	4.90kcal/분

> **해설** **산소소비량**
> = 흡기량속의 산소량 − 배기량속의 산소량
> $= \left(흡기량 \times \frac{21}{100}\%\right) - \left(배기량 \times \frac{O_2}{100}\%\right)$
> $= \left(18.22 \times \frac{21}{100}\right) - \left(18 \times \frac{16}{100}\right) = 0.95ℓ/분$
>
> 여기서,
> ㉠ 흡기량×79% = 배기량×N$_2$(%)
> N$_2$(%) = 100 − CO$_2$(%) − O$_2$(%)
> 흡기량 = 배기량 × $\frac{100 - CO_2(\%) - O_2(\%)}{79}$
> $= 18 \times \frac{(100 - 16 - 4)}{79} = 18.22ℓ/분$
>
> ㉡ **분당 배기량** $= \frac{90}{5} = 18ℓ/분$
>
> ㉢ **에너지가** = 산소소비량 × 평균에너지소비량
> $= 0.95 \times 5 = 4.75kcal/분$
> 여기서, **평균에너지소비량**은 5kcal/분이다.

24 다음 중 활동의 내용마다 "우·양·가·불가"로 평가하고 이 평가 내용을 합하여 다시 종합적으로 정규화하여 평가하는 안전성 평가 기법은?

① 계측적 기법
② 일관성 검정법
③ 쌍대 비교법
④ 평점 척도법

> **해설** 문제의 내용은 평점 척도법에 관한 설명이다.

25 어뢰를 신속하게 탐지하는 경보 시스템은 영구적이며, 경계나 부주의로 광점을 탐지하지 못하는 조작자 실수율은 0.001t/시간이고, 균질(Homo-geneous)하다. 또한, 조작자는 15분마다 스위치를 작동해야 하는데 인간 실수 확률(HEP)이 0.01인 경우에 2시간에서 3시간 사이 인간-기계 시스템의 신뢰도는 약 얼마인가?

① 94.96%
② 95.96%
③ 96.96%
④ 97.96%

> **해설** 인간 신뢰도$(R) = (1 - HEP) = (1 - P)$

26 다음 중 인간 에러(Human error)를 예방하기 위한 기법과 가장 거리가 먼 것은?

① 작업상황의 개선
② 위급사건기법의 적용
③ 작업자의 변경
④ 시스템의 영향 감소

> **해설** **인간 에러를 예방하기 위한 기법**
> ㉠ 작업상황의 개선 ㉡ 작업자의 변경
> ㉢ 시스템의 영향 감소

27 다음 중 위험처리방법에 관한 설명으로 적절하지 않은 것은?

① 위험처리대책 수립 시 비용문제는 제외된다.
② 재정적으로 처리하는 방법에는 보유와 전가방법이 있다.
③ 위험의 제어방법에는 회피, 손실제어, 위험분리, 책임전가 등이 있다.
④ 위험처리방법에는 위험을 제어하는 방법과 재정적으로 처리하는 방법이 있다.

> **해설** ①의 경우, 위험처리대책 수립 시 비용문제는 포함된다는 내용이 옳다.

28 다음 [보기]의 ㉠과 ㉡에 해당하는 내용은?

> ㉠ 그 속에 포함되어 있는 모든 기본사상이 일어났을 때에 정상사상을 일으키는 기본사상의 집합
>
> ㉡ 그속에 포함되는 기본사상이 일어나지 않았을 때에 처음으로 정상사상이 일어나지 않는 기본사상의 집합

① ㉠ Path set, ㉡ Cut set
② ㉠ Cut set, ㉡ Path set
③ ㉠ AND, ㉡ OR
④ ㉠ OR, ㉡ AND

해설
㉠ Cut set : 그속에 포함되어 있는 모든 기본사상이 일어났을 때에 정상사상을 일으키는 기본사상의 집합
㉡ Path set : 그속에 포함되는 기본사상이 일어나지 않았을 때에 처음으로 정상사상이 일어나지 않는 기본사상의 집합

29 다음 중 음성 통신 시스템의 구성 요소가 아닌 것은?

① Noise
② Blackboard
③ Message
④ Speaker

해설
음성통신 시스템의 구성요소
㉠ Noise ㉡ Message ㉢Speaker

30 인간공학에 있어 시스템 설계과정의 주요 단계를 다음과 같이 6단계로 구분하였을 때 다음 중 올바른 순서로 나열한 것은?

> ⓐ 기본설계
> ⓑ 계면(Interface) 설계
> ⓒ 시험 및 평가
> ⓓ 목표 및 성능 명세 결정
> ⓔ 촉진물 설계
> ⓕ 체계의 정의

① ⓐ→ⓑ→ⓕ→ⓓ→ⓔ→ⓒ
② ⓑ→ⓐ→ⓕ→ⓓ→ⓔ→ⓒ
③ ⓓ→ⓕ→ⓐ→ⓑ→ⓔ→ⓒ
④ ⓕ→ⓐ→ⓑ→ⓓ→ⓔ→ⓒ

해설
시스템 설계 과정의 6단계
㉠ 제1단계 : 시스템의 목표와 성능 명세 결정
㉡ 제2단계 : 시스템(체계)의 정의
㉢ 제3단계 : 기본설계(기능의 할당, 인간 선능 조건, 직무 분석, 작업 설계)
㉣ 제4단계 : 인터페이스(계면) 설계
㉤ 제5단계 : 촉진물(보조물) 설계
㉥ 제6단계 : 시험 및 평가

31 다음 중 열압박 지수(HSI ; Heat Stress Index)에서 고려하고 있지 않은 항목은 어느 것인가?

① 공기속도
② 습도
③ 압력
④ 온도

해설
열압박 지수에서 고려하는 항목
㉠ 공기속도 ㉡ 습도 ㉢ 온도

32 다음 중 조종-반응 비율(C/R비)에 따른 이용 시간과 조정시간의 관계로 옳은 것은?

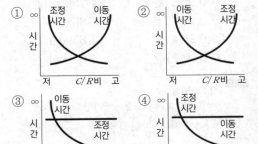

해설
C/R비가 감소함에 따라 이동 시간은 급격히 감소하다가 안정되며, 조정시간은 이와 반대의 형태를 갖는다.

33 다음 중 정량적 표시장치의 눈금 수열로 가장 인식하기 쉬운 것은?

① 1, 2, 3, …
② 2, 4, 6, …
③ 3, 6, 9, …
④ 4, 8, 12, …

해설
정량적 표시장치의 눈금 수열로 가장 인식하기 쉬운 것
1, 2, 3, …

34 빨강, 노랑, 파랑, 화살표 등 모두 4종류의 신호등이 있다. 신호등은 한 번에 하나의 등만 켜지도록 되어있고 1시간 동안 측정한 결과 4가지의 신호등이 모두 15분씩 켜져 있었다. 이 신호등의 총 정보량(bit)은 얼마인가?

① 1
② 2
③ 3
④ 4

해설

㉠ A(빨강) 확률 $= \dfrac{15분}{60분} = 0.25$

B(노랑) 확률 $= \dfrac{15분}{60분} = 0.25$

C(파랑) 확률 $= \dfrac{15분}{60분} = 0.25$

D(화살표) 확률 $= \dfrac{15분}{60분} = 0.25$

㉡ $A = \dfrac{\log\left(\dfrac{1}{0.25}\right)}{\log 2} = 2$ $\quad B = \dfrac{\log\left(\dfrac{1}{0.25}\right)}{\log 2} = 2$

$C = \dfrac{\log\left(\dfrac{1}{0.25}\right)}{\log 2} = 2$ $\quad D = \dfrac{\log\left(\dfrac{1}{0.25}\right)}{\log 2} = 2$

㉢ 정보량 $= (0.25 \times A) + (0.25 \times B)$
$+ (0.25 \times C) + (0.25 \times D)$
$= (0.25 \times 2) + (0.25 \times 2)$
$+ (0.25 \times 2) + (0.25 \times 2)$
$= 2\text{bit}$

35 인간-기계 시스템의 구성 요소에서 다음 중 일반적으로 신뢰도가 가장 낮은 요소는? (단, 관련 요건은 동일하다는 가정이다.)

① 수공구
② 작업자
③ 조종장치
④ 표시장치

해설

인간-기계 시스템의 구성 요소 중 신뢰도가 가장 낮은 요소는 작업자이다. 즉 신뢰도는 기계쪽으로 갈수록 높아지고 인간쪽으로 올수록 낮아진다.

36 FT도에 사용되는 다음의 기호가 의미하는 내용으로 옳은 것은?

① 생략사상으로서 간소화
② 생략사상으로서 인간의 실수
③ 생략사상으로서 조직자의 간과
④ 생략사상으로서 시스템의 고장

해설

생략사상	
명칭	기호
생략사상	◇
생략사상 (인간의 실수)	◇
생략사상 (조직자의 간과)	◈

37 다음 중 FTA를 이용하여 사고원인의 분석 등 시스템의 위험을 분석할 경우 기대효과와 관계없는 것은?

① 사고원인 분석의 정량화 가능
② 사고원인 규명의 귀납적 해석 가능
③ 안전점검을 위한 체크리스트 작성 가능
④ 복잡하고 대형화된 시스템의 신뢰성 분석 및 안전성 분석 가능

해설

②의 경우, 사고원인 규명의 간편화가 옳은 내용이다.

38 다음 중 인체계측에 있어 구조적 인체치수에 관한 설명으로 옳은 것은?

① 움직이는 신체의 자세로부터 측정한다.
② 실제의 작업 중 움직임을 계측, 자료를 취합하여 통계적으로 분석한다.
③ 정해진 동작에 있어 자세, 관절 등의 관계를 3차원 디지타이저(digitizer), 모아레(moire)법 등의 복합적인 장비를 활용하여 측정한다.
④ 고정된 자세에서 마틴(martin)식 인체측정기로 측정한다.

해설

① 표준자세에서 움직이지 않는 피측정자를 인체측정기 등으로 측정한 것이다.
② 어떤 부위 특성의 측정치는 수화기(earphone), 색안경 등을 설계할 때와 같이 특수용도에 사용되는 것도 있다.
③ 수치들은 연령이 다른 여러 피측정자들에 대한 것이고, 특히 신장과 체중은 연령에 따라 상당한 차이가 있다는 것을 유념해야 한다.

39 다음 중 사고나 위험, 오류 등의 정보를 근로자의 직접면접, 조사 등을 사용하여 수집하고, 인간-기계 시스템 요소들의 관계규명 및 중대작업 필요조건 확인을 통한 시스템 개선을 수행하는 기법은?

① 직무위급도 분석
② 인간실수율 예측기법
③ 위급사건기법
④ 인간실수 자료은행

> **해설** 위급사건기법의 설명이다.

40 각각 10,000 시간의 수명을 가진 A, B 두 요소가 병렬계를 이루고 있을 때 이 시스템의 수명은 얼마인가? (단, 요소 A, B의 수명은 지수분포를 따른다.)

① 5,000 시간
② 10,000 시간
③ 15,000 시간
④ 20,000 시간

> **해설**
> 병렬체계의 수명 $= (1 + \dfrac{1}{2} + \cdots + \dfrac{1}{n}) \times$ 시간
> $= (1 + \dfrac{1}{2}) \times 10,000 = 15,000$ 시간

제3과목 기계위험방지기술

41 정(chisel) 작업의 일반적인 안전수칙에서 틀린 것은?

① 따내기 및 칩이 튀는 가공에서는 보안경을 착용하여야 한다.
② 절단작업 시 절단된 끝이 튀는 것을 조심하여야 한다.
③ 작업을 시작할 때는 가급적 정을 세게 타격하고 점차 힘을 줄여간다.
④ 절단이 끝날 무렵에는 정을 세게 타격해서는 안 된다.

> **해설** ③의 경우, 정작업을 시작할 때는 가급적 정을 약하게 타격하고 점차 힘을 늘려간다는 내용이 옳다.

42 프레스 광전자식 방호장치의 광선에 신체의 일부가 감지된 후로부터 급정지기구 작동 시까지의 시간이 30ms이고, 급정지기구의 작동 직후로부터 프레스기가 정지될 때까지의 시간이 20ms이라면 광축의 최소설치거리는?

① 75mm
② 80mm
③ 100mm
④ 150mm

> **해설** 광축의 설치거리(mm) $= 1.6(T_l + T_s)$
> $\therefore \ 1.6(30 + 20) = 80$mm

43 선반작업의 안전수칙으로 적합하지 않은 것은 어느 것인가?

① 작업 중 장갑을 착용하여서는 안 된다.
② 공작물의 측정은 기계를 정지시킨 후 실시한다.
③ 사용 중인 공구는 선반의 베드 위에 올려 놓는다.
④ 가공물의 길이가 지름의 12배 이상이면 방진구를 사용한다.

> **해설** ③의 경우, 사용 중인 공구는 선반의 베드 위에 올려놓지 않는다는 내용이 옳다.

44 다음 중 아세틸렌 용접장치에서 역화의 발생원인과 가장 관계가 먼 것은?

① 압력조정기기 고장으로 작동이 불량일 때
② 수봉식 안전기가 지면에 대해 수직으로 설치될 때
③ 토치의 성능이 좋지 않을 때
④ 팁이 과열되었을 때

> **해설** **아세틸렌 용접장치에서 역화의 발생원인**
> ㉠ ①, ③, ④
> ㉡ 산소공급이 과다할 때
> ㉢ 팁에 이물질이 묻었을 때

45 일반 연삭작업 등에 사용하는 것을 목적으로 하는 탁상용 연삭기 덮개의 노출각도로 옳은 것은?

---

① 30° 이내   ② 45° 이내

③ 125° 이내   ④ 150° 이내

해설

연삭기 덮개의 노출각도

㉠ 탁상용 연삭기 : 125° 이내

㉡ 평면, 절단연삭기 : 150° 이내

㉢ 원통, 만능 휴대용, 원통연삭기 : 180° 이내

46 기계설비의 안전조건 중 외관의 안전화에 해당하는 조치는?

① 고장 발생을 최소화하기 위해 정기점검을 실시하였다.

② 전압강하, 정전 시의 오동작을 방지하기 위하여 자동제어 장치를 설치하였다.

③ 기계의 예리한 돌출부 등에 안전덮개를 설치하였다.

② 강도를 감안하고 안전율을 최대로 고려하여 설비를 설계하였다.

해설

① 보전작업의 안전화   ② 기능의 안전화

③ 외관의 안전화   ④ 구조의 안전화

47 다음 중 드릴링 머신(Drilling Machine)에서 구멍을 뚫는 작업 시 가장 위험한 시점은?

① 드릴작업의 끝

② 드릴작업의 처음

③ 드릴이 공작물을 관통한 후

④ 드릴이 공작물을 관통하기 전

해설

드릴링 머신에서 구멍을 뚫는 작업 시 가장 위험한 시점은 드릴이 공작물을 관통하기 전이다.

48 프레스의 양수조작식 방호장치에서 양쪽 버튼의 작동시간 차이는 최대 얼마 이내일 때 프레스가 동작되도록 해야 하는가?

① 0.1초   ② 0.5초

③ 1.0초   ④ 1.5초

해설

양수조작식 방호장치에서 양쪽 버튼의 작동 시간 차이는 최대 0.5초 이내일 때 프레스가 동작되도록 해야 한다.

49 개구부에서 회전하는 롤러의 위험점까지 최단거리가 60mm일 때 개구부 간격은?

① 10mm   ② 12mm

③ 13mm   ④ 15mm

해설

$Y = 6 + 0.15 \times X$

$= 6 + 0.15 \times 60 = 15mm$

50 기계설비 방호 가드의 설치조건으로 틀린 것은?

① 충분한 강도를 유지할 것

② 구조가 단순하고 위험점 방호가 확실할 것

③ 개구부(틈새)의 간격은 임의로 조정이 가능할 것

④ 작업, 점검, 주유 시 장애가 없을 것

해설

③의 경우, 개구부(틈새)의 간격은 임의로 조정이 불가능할 것이 옳은 내용이다.

51 다음 설명 중 ( )의 내용으로 옳은 것은?

> 간이 리프트란 동력을 사용하여 가이드레일을 따라 움직이는 운반구를 매달아 소형 화물운반을 주목적으로 하며 승강기와 유사한 구조로서 운반구의 바닥면적이 (㉠) 이하이거나 천장높이가 (㉡) 이하인 것 또는 동력을 사용하여 가이드레일을 따라 움직이는 지지대로 자동차 등을 일정한 높이로 올리거나 내리는 구조의 자동차정비용 리프트를 말한다.

① ㉠ 0.5m², ㉡ 1.0m

② ㉠ 1.0m², ㉡ 1.2m

③ ㉠ 1.5m², ㉡ 1.5m

④ ㉠ 2.0m², ㉡ 2.5m

해설

간이리프트 : 승강기와 유사한 구조로서 운반구의 바닥면적이 1.0m² 이하이거나 천장높이가 1.2m 이하인 것

52 다음 중 일반적으로 기계절삭에 의하여 발생하는 칩이 가장 가늘고 예리한 것은?

① 밀링   ② 셰이퍼

③ 드릴   ④ 플레이너

해설

일반적으로 기계절삭에 의하여 발생하는 칩이 가장 가늘고 예리한 것은 ①의 밀링이다.

정답 | 46. ③ 47. ④ 48. ② 49. ④ 50. ③ 51. ② 52. ①

53 다음 중 인력운반작업 시의 안전수칙으로 적절하지 않은 것은?

① 물건을 들어올릴 때는 팔과 무릎을 사용하고 허리를 구부린다.
② 운반대상물의 특성에 따라 필요한 보호구를 확인, 착용한다.
③ 화물에 가능한 한 접근하여 화물의 무게중심을 몸에 가까이 밀착시킨다.
④ 무거운 물건은 공동작업으로 하고 보조기구를 이용한다.

해설 ①의 경우 물건을 들어올릴 때는 팔과 무릎을 사용하고 허리를 곧게 편다는 내용이 옳다.

54 크레인작업 시 2톤 크기의 화물을 걸어 25m/s² 가속도로 감아올릴 때 로프에 걸리는 총 하중은 약 몇 kN인가?

① 16.9 ② 50.0
③ 69.6 ④ 94.8

해설 $W = W_1 + W_2$

$\therefore 2,000 + \frac{2,000}{9.8} \times 25 = 7,102kg$

장력[kN] = 총 하중 × 중력가속도
= 7,102 × 9.8
= 69,599 ≒ 69.6kN

55 다음 중 양중기에서 사용하는 와이어로프에 관한 설명으로 틀린 것은?

① 달기 체인의 길이 증가는 제조 당시의 7%까지 허용된다.
② 와이어로프의 지름 감소가 공칭지름의 7% 초과 시 사용할 수 없다.
③ 훅, 섀클 등의 철구로서 변형된 것은 크레인의 고리걸이 용구로 사용하여서는 아니 된다.
④ 양중기에서 사용되는 와이어로프는 화물하중을 직접 지지하는 경우 안전계수를 5 이상으로 해야 한다.

해설 ①의 경우 달기 체인의 길이 증가는 제조 당시의 5%까지 허용된다는 내용이 옳다.

56 롤러기 방호장치의 무부하 동작시험 시 앞면 롤러의 지름이 150mm이고, 회전수가 30rpm인 롤러기의 급정지거리는 몇 mm 이내이어야 하는가?

① 157 ② 188
③ 207 ④ 237

해설 $V = \frac{\pi DN}{1,000}$

$= \frac{3.14 \times 150 \times 30}{1,000} = 14.13m/min$

따라서 앞면 롤러의 표면속도가 30m/min 미만이므로 급정지거리는 앞면 롤러 원주의 1/3이 된다.

$\therefore 3.14 \times 150 \times \frac{1}{3} = 157mm$ 이내

57 산업안전보건법령에 따라 보일러에서 압력방출장치를 압력방출장치가 2개 이상 설치될 경우 최고사용압력 이하에서 1개가 작동되고, 다른 압력방출장치는 최고압력의 얼마 이하에서 작동되도록 부착하여야 하는가?

① 1.03배 ② 1.05배
③ 1.3배 ④ 1.5배

해설 보일러에서 압력방출장치가 2개 이상 설치될 경우 최고사용압력 이하에서 1개가 작동하고, 다른 압력방출장치는 최고사용압력의 1.05배 이하에서 작동하도록 부착하여야 한다.

58 다음 중 컨베이어(conveyor)의 역전방지장치 형식이 아닌 것은?

① 라쳇식 ② 전기브레이크식
③ 램식 ④ 롤러식

해설 **컨베이어dml 역전방지장치 형식**
라쳇식, 전기브레이크식, 롤러식

59 급정지기구가 있는 1행정 프레스의 광전자식 방호장치에서 광선에 신체의 일부가 감지된 후로부터 급정지 기구의 작동 시까지의 시간이 40ms이고, 급정지기구의 작동 직후로부터 프레스기가 정지될 때까지의 시간이 20ms라면 안전거리는 몇 mm 이상이어야 하는가?

① 60   ② 76
③ 80   ④ 96

해설 광축의 거리(mm) = $1.6(T_l + T_s)$
∴ $1.6(40+20) = 96mm$

60 다음 중 작업장에 대한 안전 조치 사항으로 틀린 것은?

① 상시 통행을 하는 통로에는 75lux 이상의 채광 또는 조명 시설을 해야 한다.
② 산업안전보건법으로 규정된 위험 물질을 취급하는 작업장에 설치하여야 하는 비상구는 너비 0.75m 이상, 높이 1.5m 이상이어야 한다.
③ 높이가 3m를 초과하는 계단에는 높이 3m 이내마다 너비 90㎝ 이상의 계단참을 설치하여야 한다.
④ 상시 50명 이상의 근로자가 작업하는 옥내 작업장에는 비상시 근로자에게 신속하게 알리기 위한 경보용 설비를 설치하여야 한다.

해설 ③의 경우 높이가 3m를 초과하는 계단에는 높이 3m 이내마다 너비 1.2m 이상의 계단참을 설치하여야 한다는 내용이 옳다.

제4과목 전기 및 화학설비 위험방지기술

61 다음 중 방폭전기설비가 설치되는 표준환경조건에 해당되지 않는 것은?

① 주변온도 : $-20 \sim 40℃$
② 표고 : 1,000m 이하
③ 상대습도 : 20~60%
④ 전기설비에 특별한 고려를 필요로 하는 정도의 공해, 부식성 가스, 진동 등이 존재하지 않는 장소

해설 ③의 경우, 상대습도는 45~85%가 옳은 내용이다.

62 다음 중 분말소화제의 조성과 관계가 없는 것은?

① 중탄산나트륨   ② T.M.B
③ 탄산마그네슘   ④ 인산칼슘

해설 **분말소화제의 조성**
㉠ 중탄산나트륨($NaHCO_3$) ㉡ 탄산마그네슘($MgCO_3$)
㉢ 인산칼슘($CaPO_3$)

63 다음 중 이상적인 피뢰기가 가져야 할 성능이 아닌 것은?

① 제한전압이 높을 것
② 방전개시전압이 낮을 것
③ 뇌전류 방전능력이 높을 것
④ 속류차단을 빠르게 할 것

해설 (1) ①의 경우, 제한전압이 낮을 것이 옳은 내용이다.
(2) **피뢰기가 가져야 할 성능**
㉠ ②, ③, ④
㉡ 충격방전개시전압이 낮을 것
㉢ 반복동작이 가능할 것
㉣ 점검, 보수가 간단할 것

64 다음 중 습윤한 장소의 배선공사에 있어 유의하여야 할 사항으로 틀린 것은?

① 애자사용 배선에 사용하는 애자는 400V 미만인 경우 핀 애자 이상의 크기를 사용한다.
② 이동전선을 사용하는 경우 단면적 $0.75mm^2$ 이상의 코드 또는 캡타이어 케이블공사를 한다.
③ 배관공사인 경우 습기나 물기가 침입하지 않도록 처치한다.
④ 전선의 접속 개소는 가능한 작게 하고 전선접속부분에는 절연처리를 한다.

해설 **습윤한 장소의 배선공사에 있어 유의하여야 할 사항**
㉠ ②, ③, ④
㉡ 전선의 접속 시 기계적 강도를 20% 이상 감소시키지 않아야 한다.
㉢ 충전될 우려가 있는 금속체 등은 확실하게 접지한다.

65 다음 중 중합폭발의 유해위험요인(Hazard)이 있는 것은?

① 아세틸렌
② 시안화수소
③ 산화에틸렌
④ 염소산칼륨

> **해설** 시안화수소(HCN)는 순수한 액체이므로 안전하지만, 소량의 수분이나 알칼리성 물질을 함유하면 중합이 촉진되고, 중합열(발열반응)에 의해 폭발하는 경우가 있다.

66 다음 중 전기기계·기구의 접지에 관한 설명으로 틀린 것은?

① 접지저항이 크면 클수록 좋다.
② 접지봉이나 접지극은 도전율이 좋아야 한다.
③ 접지판은 동판이나 아연판 등을 사용한다.
④ 접지극 대신 가스관을 사용해서는 안 된다.

> **해설** ①의 경우, 접지저항이 작으면 작을수록 좋다는 내용이 옳다.

67 다음 중 인화성 액체를 소화할 때 내알코올 포를 사용해야 하는 물질은?

① 특수인화물
② 소포성의 수용성 액체
③ 인화점이 영하 이하의 인화성 물질
④ 발생하는 증기가 공기보다 무거운 인화성 액체

> **해설** 내알코올 포(특수 포) : 소포성의 수용성 액체

68 산업안전보건법령에 따라 사업주는 공정안전보고서의 심사결과를 송부받은 경우 몇 년간 보존하여야 하는가?

① 2년
② 3년
③ 5년
④ 10년

> **해설** 사업주는 공정안전보고서의 심사결과를 송부받은 경우 5년간 보존한다.

69 다음 중 황린에 대한 설명으로 옳은 것은?

① 주수에 의한 냉각소화는 황화수소를 발생시키므로 사용을 금한다.
② 황린은 자연발화하므로 물속에 보관한다.
③ 황린은 황과 인의 화합물이다.
④ 독성 및 부식성이 없다.

> **해설** **황린** : 자연발화성이 있어 물속에 저장하며, 온도상승 시 물의 산성화가 빨라져서 용기를 부식시키므로 직사광선을 막는 차광덮개를 하여 저장한다.

70 다음 중 화재발생 시 발생되는 연소생성물 중독성이 높은 것부터 낮은 순으로 올바르게 나열한 것은?

① 염화수소 〉 포스겐 〉 CO 〉 CO_2
② CO 〉 포스겐 〉 염화수소 〉 CO_2
③ CO_2 〉 CO 〉 포스겐 〉 염화수소
④ 포스겐 〉 염화수소 〉 CO 〉 CO_2

> **해설** **독성 가스의 허용농도(ppm)**
> ㉠ 포스겐($COCl_2$) : 0.1ppm
> ㉡ 염화수소(HCl) : 5ppm
> ㉢ 일산화탄소(CO) : 50ppm
> ㉣ 이산화탄소(CO_2) : 5,000ppm

71 다음 중 글로코로나(glow corona)에 대한 설명으로 틀린 것은?

① 전압이 220V 정도에 도달하면 코로나가 발생하는 전극의 끝단에 자색의 광정이 나타난다.
② 회로에 예민한 전류계가 삽입되어 있으면, 수 μA 정도의 전류가 흐르는 것을 감지할 수 있다.
③ 전압을 상승시키면 전류도 점차로 증가하여 스파크방전에 의해 전극 간이 교락된다.
④ Glow Corona는 습도에 의하여 큰 영향을 받는다.

> **해설** ④ Glow Corona는 습도에 의하여 영향을 받지 않는다.

72 다음 중 감전에 영향을 미치는 요인으로 통전경로별 위험도가 가장 높은 것은?

① 왼손 – 등
② 오른손 – 가슴
③ 왼손 – 가슴
④ 오른손 – 등

해설 통전경로별 위험도
① 왼손 - 등 : 0.7　　② 오른손 - 가슴 : 1.3
③ 왼손 - 가슴 : 1.5　　④ 오른손 - 등 : 0.3

73 다음 중 전기기기의 불꽃 또는 열로 인해 폭발성 위험분위기에 점화되지 않도록 콤파운드를 충전해서 보호하는 방폭구조는?

① 몰드방폭구조　　② 비점화방폭구조
③ 안전등방폭구조　　④ 본질안전방폭구조

해설 문제의 내용은 몰드방폭구조에 관한 것이다.

74 다음 중 220V 회로에서 인체저항이 550Ω인 경우 안전범위에 들어갈 수 있는 누전차단기의 정격으로 가장 적절한 것은?

① 30mA, 0.03초　　② 30mA, 0.1초
③ 50mA, 0.2초　　④ 50mA, 0.3초

해설 220V 회로에서 인체저항이 550Ω인 경우 안전범위에 들어갈 수 있는 누전차단기의 정격으로 가장 적절한 것은, 30mA, 0.03초이다.

75 다음 중 누전화재라는 것을 입증하기 위한 요건이 아닌 것은?

① 누전점　　② 발화점
③ 접지점　　④ 접속점

해설 누전화재를 입증하기 위한 요건
㉠ 누전점　　㉡ 발화점
㉢ 접지점

76 산화성 물질을 가연물과 혼합할 경우 혼합위험성 물질이 되는데 다음 중 그 이유로 가장 적당한 것은?

① 산화성 물질에 조해성이 생기기 때문이다.
② 산화성 물질이 가연성 물질과 혼합되어 있으면 주수소화가 어렵기 때문이다.
③ 산화성 물질이 가연성 물질과 혼합되어 있으면 산화·환원반응이 더욱 잘 일어나기 때문이다.

④ 산화성 물질과 가연물이 혼합되어 있으면 가열·마찰·충격 등의 점화에너지원에 의해 더욱 쉽게 분해하기 때문이다.

해설 산화성 물질을 가연물과 혼합할 경우 혼합위험성 물질이 되는 이유는 산화성 물질이 가연성 물질과 혼합되어 있으면 산화·환원반응이 더욱 잘 일어나기 때문이다.

77 다음 중 F, Cl, Br 등 산화력이 큰 할로겐원소의 반응을 이용하여 소화(消火)시키는 방식을 무엇이라 하는가?

① 희석식 소화
② 냉각에 의한 소화
③ 연료제거에 의한 소화
④ 연소억제에 의한 소화

해설 연소억제에 의한 소화(부촉매 효과) : F, Cl, Br, I의 연쇄반응 억제를 이용한다.

78 다음 중 반응기의 운전을 중지할 때 필요한 주의사항으로 가장 적절하지 않은 것은?

① 급격한 유량변화, 압력변화, 온도변화를 피한다.
② 가연성 물질이 새거나 흘러나올 때의 대책을 사전에 세운다.
③ 개방을 하는 경우, 우선 최고 윗부분, 최고 아랫부분의 뚜껑을 열고 자연통풍 냉각을 한다.
④ 잔류물을 제거한 후에는 먼저 물, 온수 등으로 세정한 후 불활성 가스에 의해 잔류가스를 제거한다.

해설 ④의 경우 불활성 가스에 의해 잔류가스를 제거하고 물, 온수 등으로 잔류물을 제거한다는 내용이 옳다.

79 다음 중 화학공정에서 반응을 시키기 위한 조작조건에 해당되지 않는 것은?

① 반응높이　　② 반응농도
③ 반응온도　　④ 반응압력

해설 화학공정에서 반응을 시키기 위한 조작조건
㉠ 반응온도　　㉡ 반응농도
㉢ 반응압력　　㉣ 표면적 및 촉매

80 산업안전보건법령상 공정안전보고서에 포함되어야 하는 사항 중 공정안전자료의 세부 내용에 해당하는 것은?

① 주민홍보계획
② 안전운전지침서
③ 위험과 운전분석(HAZOP)
④ 각종 건물 · 설비의 배치도

해설 **공정안전보고서의 공정안전자료 세부 내용**
　㉠ 취급 · 저장하고 있거나 취급 · 저장하려는 유해 · 위험물질의 종류와 수량
　㉡ 유해 · 위험물질에 대한 물질안전보건자료
　㉢ 유해 · 위험설비의 목록 및 사양
　㉣ 유해 · 위험설비의 운전방법을 알 수 있는 공정도면
　㉤ 각종 건물 · 설비의 배치도
　㉥ 폭발위험장소의 구분도 및 전기단선도
　㉦ 위험설비의 안전설계 · 제작 및 설치관련 지침서

제5과목　건설안전기술

81 철골공사에서 부재의 건립용 기계로 거리가 먼 것은?

① 타워크레인
② 가이데릭
③ 삼각데릭
④ 항타기

해설 **철골공사에서 부재의 건립용 기계**
　㉠ ①, ②, ③
　㉢ 트럭크레인
　㉤ 휠크레인
　㉡ 소형 지브크레인
　㉣ 크롤러크레인
　㉥ 진폴데릭

82 불특정지역을 계속적으로 운반할 경우 사용해야 하는 운반기계는?

① 컨베이어
② 크레인
③ 화물차
④ 기차

해설 불특정지역을 계속적으로 운반할 경우 사용해야 하는 운반기계는 덤프트럭 등의 화물차이다.

83 이동식 비계의 조립에 대한 유의사항으로 옳지 않은 것은?

① 제동장치를 설치
② 승강용 사다리를 견고하게 부착
③ 비계의 최대높이는 밑변 최대폭의 4배 이하
④ 최상층 및 5층 이내마다 수평재를 설치

해설 **이동식 비계의 조립에 대한 유의사항**
　㉠ ①, ②, ④
　㉡ 비계의 최상부에서 작업하는 경우 안전난간을 설치한다.
　㉢ 작업발판 최대적재하중은 250kg을 초과하지 않아야 한다.

84 콘크리트 강도에 가장 큰 영향을 주는 것은?

① 골재의 입도
② 시멘트 양
③ 배합방법
④ 물 · 시멘트비

해설 콘크리트 강도에 가장 큰 영향을 주는 것은 물 · 시멘트비이다.

85 산업안전보건법령상 양중장비에 대한 다음 설명 중 옳지 않은 것은?

① 승용 승강기란 사람의 수직수송을 주목적으로 한다.
② 화물용 승강기는 화물의 수송을 주목적으로 하며 사람의 탑승은 원칙적으로 금지된다.
③ 리프트는 동력을 이용하여 화물을 운반하는 기계설비로서 사람의 탑승은 금지된다.
④ 크레인은 중량물을 상하 및 좌우 운반하는 기계로서 사람의 운반은 금지된다.

해설 ③의 경우, 건설작업용 리프트는 화물과 사람의 탑승이 가능하다.

86 와이어로프 안전계수 중 화물의 하중을 직접 지지하는 경우에 안전계수 기준으로 옳은 것은?

① 3 이상
② 4 이상
③ 5 이상
④ 6 이상

해설 **와이어로프의 안전계수 기준**
　㉠ 근로자가 탑승하는 운반구를 지지하는 경우 : 10 이상

ⓒ 화물의 하중을 직접 지지하는 경우 : 5 이상

ⓒ 훅, 새클, 클램프, 리프팅 빔의 경우 : 3 이상

ⓔ 그 밖의 경우 : 4 이상

87 강변 옆에서 아파트공사를 하기 위해 흙막이를 설치하고 지하공사 중에 바닥에서 물이 솟아오르면서 모래 등이 부풀어올라 흙막이가 무너졌다. 어떤 현상에 의해 사고가 발생하였는가?

① 보일링(Boiling) 파괴

② 히빙(Heaving) 파괴

③ 파이핑(Piping) 파괴

④ 지하수 침하 파괴

해설 문제의 내용은 보일링 파괴에 관한 것으로 지하수위가 높은 사질토 지반에서 많이 발생한다.

88 건설업 산업안전보건관리비로 사용할 수 없는 것은?

① 개인보호구 및 안전장구 구입비용

② 추락방지용 안전시설 등 안전시설비용

③ 경비원, 교통정리원, 자재정리원의 인건비

④ 전담안전관리자의 인건비 및 업무수당

해설 ③의 경비원, 교통정리원, 자재정리원의 인건비는 건설업 산업안전보건관리비로 사용할 수 없는 항목이다.

89 추락재해를 방지하기 위한 안전대책 내용 중 옳지 않은 것은?

① 높이가 2m를 초과하는 장소에는 승강설비를 설치한다.

② 사다리식 통로의 폭은 30cm 이상으로 한다.

③ 사다리식 통로의 기울기는 85° 이상으로 한다.

④ 슬레이트 지붕에서 발이 빠지는 등 추락 위험이 있을 경우 폭 30cm 이상의 발판을 설치한다.

해설 ③의 경우, 사다리식 통로의 기울기는 75° 이하로 한다는 내용이 옳다.

90 다음 중 통로의 설치기준으로 옳지 않은 것은?

① 근로자가 안전하게 통행할 수 있도록 통로의 조명은 50lux 이상으로 할 것

② 통로면으로부터 높이 2m 이내에 장애물이 없도록 할 것

③ 추락의 위험이 있는 곳에는 안전난간을 설치할 것

④ 건설공사에 사용하는 높이 8m 이상인 비계다리는 7m 이내마다 계단참을 설치할 것

해설 ①의 경우, 근로자가 안전하게 통행할 수 있도록 통로의 조명은 75lux 이상으로 할 것이 옳다.

91 포화도 80%, 함수비 28%, 흙 입자의 비중 2.7일 때, 공극비를 구하면?

① 0.940

② 0.945

③ 0.950

④ 0.955

해설
$$공극비 = \frac{함수비 \times 비중}{포화도} = \frac{28 \times 2.7}{80} = 0.945$$

92 거푸집에 작용하는 하중 중에서 연직하중이 아닌 것은?

① 거푸집의 자중

② 작업원의 작업하중

③ 가설설비의 충격하중

④ 콘크리트의 측압

해설
(1) ④의 콘크리트 측압은 수평하중에 해당하는 것이다.
(2) ①, ②, ③ 이외에 연직(수직)하중에 해당하는 것은 적재하중이다.

93 철골용접 작업자의 전격방지를 위한 주의사항으로 옳지 않은 것은?

① 보호구와 복장을 구비하고, 기름기가 묻었거나 젖은 것은 착용하지 않을 것

② 작업 중지의 경우에는 스위치를 떼어 놓을 것

③ 개로 전압이 높은 교류 용접기를 사용할 것

④ 좁은 장소에서의 작업에서는 신체를 노출시키지 않을 것

해설 ③의 내용은 철골용접 작업자의 전격방지를 위한 주의사항과는 거리가 멀다.

정답 ┃ 87. ① 88. ③ 89. ③ 90. ① 91. ② 92. ④ 93. ③

94 다음 중 콘크리트 타설 시 안전수칙으로 옳지 않은 것은?

① 콘크리트 콜드 조인트 발생을 억제하기 위하여 한 곳부터 집중 타설한다.
② 타설순서 및 타설속도를 준수한다.
③ 콘크리트 타설 도중에는 동바리, 거푸집 등의 이상 유무를 확인하고 감시인을 배치한다.
④ 진동기의 지나친 사용은 재료분리를 일으킬 수 있으므로 적절히 사용하여야 한다.

해설 ①의 경우 콘크리트는 먼 곳으로부터 가까운 곳으로, 낮은 곳에서 높은 곳으로 타설해야 한다는 내용이 옳다.

95 건물외벽의 도장작업을 위하여 섬유로프 등의 재료로 상부지점에서 작업용 발판을 매다는 형식의 비계는?

① 달비계　　② 단관비계
③ 브래킷비계　　④ 이동식 비계

해설 문제의 내용은 달비계에 관한 것이다.

96 강관틀비계를 조립하여 사용하는 경우 벽이음의 수직방향 조립간격은?

① 2m 이내마다　　② 5m 이내마다
③ 6m 이내마다　　④ 8m 이내마다

해설 강관틀비계의 경우 벽이음의 수직방향 조립간격은 6m 이내마다, 수평방향 조립각격은 8m 이내마다로 한다.

97 유해·위험방지계획서 제출대상공사에 해당하는 것은?

① 지상높이가 21m인 건축물 해체공사
② 최대지간거리가 50m인 교량 건설공사
③ 연면적 5,000m²인 동물원 건설공사
④ 깊이가 9m인 굴착공사

해설 유해·위험방지계획서 제출대상공사의 옳은 내용은 다음과 같다.
① 21m → 31m 이상
③ 동물원 건설공사 → 동물원을 제외한 건설공사
④ 9m → 10m 이상

98 물체의 낙하·충격, 물체에의 끼임, 감전 또는 정전기의 대전에 의한 위험이 있는 작업 시 공통으로 근로자가 착용하여야 하는 보호구로 적합한 것은?

① 방열복　　② 안전대
③ 안전화　　④ 보안경

해설 문제의 내용에 적합한 보호구는 안전화이다

99 화물자동차에서 짐을 싣는 작업 또는 내리는 작업을 할 때 바닥과 짐 윗면과의 높이가 최소 몇 m 이상이면 승강설비를 설치해야 하는가?

① 1　　② 1.5
③ 2　　④ 3

해설 바닥과 짐 윗면과의 높이가 최소 2m 이상이면 승강설비를 설치하여야 한다.

100 철골보 인양작업 시 준수사항으로 옳지 않은 것은?

① 인양용 와이어로프의 체결지점은 수평부재의 1/4지점을 기준으로 한다.
② 인양용 와이어로프의 매달기 각도는 양변 60°를 기준으로 한다.
③ 흔들리거나 선회하지 않도록 유도로프로 유도한다.
④ 후크는 용접의 경우 용접규격을 반드시 확인한다.

해설 ①의 경우, 인양용 와이어로프의 체결지점은 수평부재의 1/3지점을 기준으로 한다는 내용이 옳다.

제1과목 산업안전관리론

01 다음 중 "Near Accident"에 관한 내용으로 가장 적절한 것은?

① 사고가 일어난 인접지역
② 사망사고가 발생한 중대재해
③ 사고가 일어난 지점에 계속 사고가 발생하는 지역
④ 사고가 일어나더라도 손실을 전혀 수반하지 않는 재해

해설 Near Accident : 사고가 일어나더라도 손실을 전혀 수반하지 않는 재해

02 다음 중 일반적인 안전관리 조직의 기본 유형으로 볼 수 없는 것은?

① Line system
② Staff system
③ Safety system
④ Line-Staff system

해설 안전관리 조직의 기본 유형
㉠ Line-system
㉡ Staff-system
㉢ Line-Staff system

03 재해예방의 4원칙 중 대책선정의 원칙에서 관리적 대책에 해당되지 않는 것은?

① 안전교육 및 훈련
② 동기부여와 사기 향상
③ 각족 규정 및 수칙의 준수
④ 경영자 및 관리자의 솔선수범

해설 대책선정의 원칙
㉠ **기술적 대책** : 안전설계, 작업행정의 개선, 안전기준의 설정, 환경설비의 개선, 점검보존의 확립 등
㉡ **교육적 대책** : 안전교육 및 훈련
㉢ **관리적 대책** : 적합한 기준 설정, 전 종업원의 기준 이해, 동기부여와 사기 향상, 각종 규정 및 수칙의 준수, 경영자 및 관리자의 솔선수범

04 1일 8시간씩 연간 300일을 근무하는 사업장의 연천인율이 7이었다면 도수율은 약 얼마인가?

① 2.41
② 2.92
③ 3.42
④ 4.53

해설 재해 빈도를 연천인율로 표시했을 때 이것을 도수율로 간단히 환산하면

$$도수율 = \frac{연천인율}{2.4} = \frac{7}{2.4} = 2.92$$

05 다음 중 산업재해 통계의 활용 용도로 가장 적절하지 않은 것은?

① 제도의 개선 및 시정
② 재해의 경향 파악
③ 관리자 수준 향상
④ 동종 업종과의 비교

해설 산업재해 통계의 활용 용도
㉠ 제도의 개선 및 시정   ㉡ 재해의 경향 파악
㉢ 동종 업종과의 비교

06 작업장에서 매일 작업자가 작업 전, 중, 후에 시설과 작업동작 등에 대하여 실시하는 안전 점검의 종류를 무엇이라 하는가?

① 정기점검
② 일상점검
③ 임시점검
④ 특별점검

해설
① **정기점검** : 일정 기간마다 정기적으로 점검하는 것
② **일상점검** : 작업장에서 매일 작업자가 작업 전, 중, 후에 시설과 작업 동작 등에 대하여 실시하는 안전점검
③ **임시점검** : 정기점검 실시 후 다음 점검기일 이전에 임시로 실시하는 점검
④ **특별점검** : 기계·기구 또는 설비를 신설하거나 변경 또는 고장, 수리 등을 할 경우에 행하는 부정기 특별점검

정답 | 01. ④ 02. ③ 03. ① 04. ② 05. ③ 06. ②

07 무재해 운동의 추진에 있어 무재해 운동을 개시한 날로부터 며칠 이내에 무재해 운동 개시 신청서를 관련 기관에 제출하여야 하는가?

① 4일　　　　② 7일
③ 14일　　　　④ 30일

> 해설
> **무재해 운동의 추진** : 무재해 운동을 개시한 날로부터 14일 이내에 무재해 운동 개시 신청서를 관련 기관에 제출한다.

08 다음 설명에 해당하는 위험예지활동은?

> 작업을 오조작 없이 안전하게 하기 위하여 작업공정의 요소에서 자신의 행동을 하고 대상을 가리킨 후 큰 소리로 확인하는 것

① 지적확인　　　　② Tool Box Meeting
③ 터치 앤 콜　　　　④ 삼각위험예지훈련

> 해설
> 작업자가 낮은 의식수준으로 작업하는 경우에라도, 지적확인을 실시하면 신뢰성이 높은 Phase Ⅲ까지 의식수준을 끌어올릴 수 있다.

09 안전모의 일반구조에 있어 안전모를 머리모형에 장착하였을 때 모체 내면의 최고점과 머리모형 최고점과의 수직거리의 기준으로 옳은 것은?

① 20mm 이상 40mm 이하
② 20mm 이상 50mm 미만
③ 25mm 이상 40mm 이하
④ 25mm 이상 55mm 미만

> 해설
> **안전모의 모체 내면의 최고점과 머리모형 최고점과의 수직거리** : 25mm 이상 55mm 미만

10 다음 중 산업안전보건법령상 안전·보건표지에 있어 금지표지의 종류가 아닌 것은?

① 금연　　　　② 접촉금지
③ 보행금지　　　　④ 차량통행금지

> 해설
> **금지표지의 종류**
> ㉠ 출입금지　　　　㉡ 보행금지
> ㉢ 차량통행금지　　㉣ 사용금지
> ㉤ 탑승금지　　　　㉥ 금연
> ㉦ 화기금지　　　　㉧ 물체이동금지

11 다음 중 안전심리의 5대 요소에 해당하는 것은?

① 기질(temper)
② 지능(intelligence)
③ 감각(sense)
④ 환경 (environment)

> 해설
> **안전심리의 5대 요소**
> 기질(temper). 동기. 감정. 습성. 습관

12 다음 중 인간의 적응기제(適應機制)에 포함되지 않는 것은?

① 갈등(Conflict)
② 억압(Repression)
③ 공격(Aggression)
④ 합리화(Rationalization)

> 해설
> **인간의 적응기제**
> ㉠ 억압(Repression)
> ㉡ 반동형성(Reaction Formation)
> ㉢ 공격(Aggression)　　㉣ 고립(Isolation)
> ㉤ 도피(Withdrawal)　　㉥ 퇴행(Regression)
> ㉦ 합리화(Rationalization)　㉧ 투사(Projection)
> ㉨ 동일화(Identification)　㉩ 백일몽(Day-dreaming)
> ㉪ 보상(Compensation)　㉫ 승화(Sublimation)

13 인간의 행동은 사람의 개성과 환경에 영향을 받는데, 다음 중 환경적 요인이 아닌 것은?

① 책임　　　　② 작업조건
③ 감독　　　　④ 직무의 안정

> 해설
> **환경적 요인**
> ㉠ 작업조건　　　　㉡ 감독
> ㉢ 직무의 안정

14 다음 중 주의(Attention)의 특징이 아닌 것은?

① 선택성　　　　② 양립성
③ 방향성　　　　④ 변동성

> 해설
> **주의의 특징**
> ㉠ 변동성　　　㉡ 선택성　　　㉢ 방향성

15 다음 중 교육 형태의 분류에 있어 가장 적절하지 않은 것은?

① 교육의도에 따라 형식적 교육, 비형식적 교육
② 교육의도에 따라 일반교육, 교양교육, 특수교육
③ 교육의도에 따라 가정교육, 학교교육, 사회교육
④ 교육의도에 따라 실업교육, 직업교육, 고등교육

해설 ③ 교육방법에 따라 강의형 교육 개인교수형 교육, 실험형 교육, 토론형 교육, 자율학습형 교육

16 다음 중 강의계획 수립 시 학습목적 3요소가 아닌 것은?

① 목표   ② 주제
③ 학습정도   ④ 교재내용

해설 강의계획 수립 시 학습목적 3요소
㉠ 목표   ㉡ 주제   ㉢ 학습정도

17 다음 중 학습전이의 조건과 가장 거리가 먼 것은?

① 학습자의 태도요인
② 학습자의 지능요인
③ 학습자료의 유사성 요인
④ 선행학습과 후행학습의 공간적 요인

해설 학습전이의 조건
㉠ 학습자의 태도요인   ㉡ 학습자의 지능요인
㉢ 학습자료의 유사성 요인   ㉣ 학습 정도의 요인
㉤ 시간적 간격의 요인

18 다음 안전교육의 형태 중 OJT(On the Job of Training) 교육과 관련이 가장 먼 것은?

① 다수의 근로자에게 조직적 훈련이 가능하다.
② 직장의 실정에 맞게 실제적인 훈련이 가능하다.
③ 훈련에 필요한 업무의 지속성이 유지된다.
④ 직장의 직속상사에 의한 교육이 가능하다.

해설 ①은 Off JT의 장점이다.

19 다음 안전교육의 방법 중 TWI(Training Within Industry for supervisor)의 교육내용에 해당하지 않는 것은?

① 작업지도기법(JIT)
② 작업개선기법(JMT)
③ 작업환경 개선기법(JET)
④ 인간관계 관리기법(JRT)

해설 TWI의 교육내용
㉠ 작업지도기법(JIT)   ㉡ 작업개선기법(JMT)
㉢ 작업안전기법(JST)   ㉣ 인간관계 관리기법(JRT)

20 다음 중 산업안전보건법상 용어의 정의가 잘못 설명된 것은?

① "사업주"란 근로자를 사용하여 사업을 하는 자를 말한다.
② "근로자대표"란 근로자의 과반수로 조직된 노동조합이 없는 경우에는 사업주가 지정하는 자를 말한다.
③ "산업재해"란 근로자가 업무에 관계되는 건설물·설비·원재료·가스·증기·분진등에 의하거나 작업 또는 그 밖의 업무로 인하여 사망 또는 부상하거나 질병에 걸리는 것을 말한다.
④ "안전·보건진단"이란 산업재해를 예방하기 위하여 잠재적 위험성을 발견하고 그 개선대책을 수립할 목적으로 고용노동부장관이 지정하는 자가 하는 조사·평가를 말한다.

해설 산업안전보건법-제2조(정의)
"근로자대표"란 근로자의 과반수로 조직된 노동조합이 있는 경우에는 그 노동조합을, 근로자의 과반수로 조직된 노동조합이 없는 경우에는 근로자의 과반수를 대표하는 자를 말한다.

정답 | 15. ③   16. ④   17. ④   18. ①   19. ③   20. ②

제2과목 인간공학 및 시스템안전공학

21 다음 중 인간공학을 나타내는 용어로 적절하지 않은 것은?

① Human factors
② Ergonomics
③ Human engineering
④ Customize engineering

<u>해설</u> ④ Human factors engineering

22 인간-기계 시스템 설계의 주요 단계 중 기본 설계 단계에서 인간의 성능 특성(Human Performance Requirements)과 거리가 먼 것은?

① 속도
② 정확성
③ 보조물 설계
④ 사용자 만족

<u>해설</u> 기본 설계 단계에서 인간의 성능 특성
㉠ 속도 ㉡ 정확성
㉢ 사용자 만족

23 다음 중 통제기기의 변위를 20mm 움직였을 때 표시기기의 지침이 25mm 움직였다면 이 기기의 C/R비는 얼마인가?

① 0.3
② 0.4
③ 0.8
④ 0.9

<u>해설</u> 통제표시(C/R)비
$$= \frac{통제기기 변위량}{표시기기 지침 변위량} = \frac{20}{25} = 0.8$$

24 다음 중 형상 암호화된 조종장치에서 "이산 멈춤 위치용" 조종장치로 가장 적절한 것은?

①
②
③
④

<u>해설</u> ① 이산 멈춤 위치용 조종장치(멈춤용 장치)

25 다음 중 청각적 표시장치에서 300m 이상의 장거리용 경보기에 사용하는 진동수로 가장 적절한 것은?

① 800Hz 전후
② 2,200Hz 전후
③ 3,500Hz 전후
④ 4,000Hz 전후

<u>해설</u> 장거리(300m 이상)용은 1,000Hz 이하의 진동수를 사용한다.

26 어뢰를 신속하게 탐지하는 경보 시스템은 영구적이며, 경계나 부주의로 광점을 탐지하지 못하는 조작자 실수율은 0.001t/시간이고, 균질(Homogeneous)하다. 또한, 조작자는 15분마다 스위치를 작동해야 하는데 인간 실수 확률(HEP)이 0.01인 경우에 2시간에서 3시간 사이 인간-기계 시스템의 신뢰도는 약 얼마인가?

① 94.96%
② 95.96%
③ 96.96%
④ 97.96%

<u>해설</u> 인간 신뢰도$(R) = (1 - HEP) = (1 - P)$

27 다음 중 몸의 중심선으로부터 밖으로 이동하는 신체 부위의 동작을 무엇이라 하는가?

① 외전
② 외선
③ 내전
④ 내선

<u>해설</u> ① 외전 : 몸의 중심선으로부터 밖으로 이동하는 신체 부위의 동작
② 외선 : 몸의 중심선으로부터의 회전
③ 내전 : 몸의 중심선으로부터의 이동
④ 내선 : 몸의 중심선으로의 회전

28 다음 중 근력에 영향을 주는 요인 중 가장 관계가 적은 것은?

① 식성
② 동기
③ 성별
④ 훈련

<u>해설</u> 근력에 영향을 주는 요인
㉠ 동기 ㉡ 성별 ㉢ 훈련

29 다음 중 인체치수 측정 자료의 활용을 위한 적용 원리로 볼 수 없는 것은?

① 평균치의 활용
② 조절 범위의 설정

정답 | 21. ④ 22. ③ 23. ③ 24. ① 25. ① 26. ② 27. ① 28. ① 29. ③

③ 임의 선택 자료의 활용
④ 최대치수와 최소치수의 설정

해설 **인체치수 측정 자료 활용을 위한 적용 원리**
ㄱ 평균치의 활용
ㄴ 조절 범위의 설정
ㄷ 최대치수와 최소치수의 설정

30 강한 음영 때문에 근로자의 눈 피로도가 큰 조명 방법은?
① 간접 조명　② 반간접 조명
③ 직접 조명　④ 전반 조명

해설 직접 조명의 설명이다.

31 다음 중 카메라의 필름에 해당하는 우리 눈의 부위는?
① 망막　② 수정체
③ 동공　④ 각막

해설 ①의 망막은 카메라의 필름에 해당하는 눈의 부위이다.

32 다음 중 Weber의 법칙에 관한 설명으로 틀린 것은?
① Weber비는 분별의 질을 나타낸다.
② Weber비가 작을수록 분별력은 낮아진다.
③ 변화감지역(JND)이 작을수록 그 자극 차원의 변화를 쉽게 검출할 수 있다.
④ 변화감지역(JND)은 사람이 50%를 검출할 수 있는 자극 차원의 최소 변화이다.

해설 Weber비가 클수록 분별력은 낮아진다.

33 다음 중 건구온도가 30℃, 습구온도가 27℃일 때 사람들이 느끼는 불쾌감의 정도를 설명한 것으로 가장 적절한 것은?
① 대부분의 사람이 불쾌감을 느낀다.
② 거의 모든 사람이 불쾌감을 느끼지 못한다.
③ 일부분의 사람이 불쾌감을 느끼기 시작한다.
④ 일부분의 사람이 쾌적함을 느끼기 시작한다.

해설 **불쾌지수와 불쾌감의 정도**
불쾌지수(섭씨온도)
$=0.72×($건구온도$+$습구온도$)+40.6$
$=0.72×(30+27)+40.6=81.64$
ㄱ **불쾌지수 70 이하** : 모든 사람이 불쾌를 느끼지 않음

ㄴ **불쾌지수 70 이상 75이하** : 10명 중 2~3명이 불쾌 감지
ㄷ **불쾌지수 76 이상 80 이하** : 10명 중 5명 이상이 불쾌 감지
ㄹ **불쾌지수 80 이상** : 모든 사람이 불쾌를 느낌

34 다음 중 복잡한 시스템을 설계, 가동하기 전의 구상 단계에서 시스템의 근본적인 위험성을 평가하는 가장 기초적인 위험도 분석 기법은?
① 예비위험분석(PHA)
② 결함수분석법(FTA)
③ 고장형태와 영향분석(FMEA)
④ 운용안전성분석(OSA)

해설 예비위험분석(PHA)의 설명이다.

35 다음 중 고장형태와 영향분석(FMEA)에 관한 설명으로 틀린 것은?
① 각 요소가 영향의 해석이 가능하기 때문에 동시에 2가지 이상의 요소가 고장나는 경우에 적합하다.
② 해석영역이 물체에 한정되기 때문에 인적 원인해석이 곤란하다.
③ 양식이 간단하여 특별한 훈련없이 해석이 가능하다.
④ 시스템 해석의 기법은 정성적, 귀납적 분석법 등에 사용된다.

해설 각 요소가 영향의 해석이 어렵기 때문에 동시에 2가지 이상의 요소가 고장나는 경우에 곤란하다.

36 다음 중 결함수 분석법(FTA)에 관한 설명으로 틀린 것은?
① 최초 Watson이 군용으로 고안하였다.
② 미니멀 패스(Minimal path sets)를 구하기 위해서는 미니멀 컷(Minimal cut sets)의 상대성을 이용한다.
③ 정상 사상의 발생 확률을 구한 다음 FT를 작성한다.
④ AND 게이트의 확률 계산은 각 입력 사상의 곱으로 한다.

해설 ③ FT를 작성한 후 정상사상의 발생 확률을 구한다.

정답 | 30. ③　31. ①　32. ②　33. ①　34. ①　35. ①　36. ③

37 FT의 기호 중 더 이상 분석할 수 없거나 또는 분석할 필요가 없는 생략 사상을 나타내는 기호는?

① （원）
② （집 모양 오각형）
③ （마름모）
④ （삼각형）

해설 ① 기본사상 ② 통상사상 ③ 생략사상 ④ 전이기호

38 다음 중 Fussell의 알고리즘을 이용하여 최소 컷셋을 구하는 방법에 대한 설명으로 적절하지 않은 것은?

① OR 게이트는 항상 컷셋의 수를 증가시킨다.
② AND 게이트는 항상 컷셋의 크기를 증가시킨다.
③ 중복되는 사건이 많은 경우 매우 간편하고 적용하기 적합하다.
④ 불 대수(Boolean Algebra) 이론을 적용하여 시스템 고장을 유발시키는 모든 기본사상들의 조합을 구한다.

해설 정상사상으로부터 차례로 상당의 사상을 하단의 사상에 바꾸면서, AND 게이트의 곳에서는 옆에 나란히 하고 OR 게이트의 곳에서는 세로로 나란히 서서 써 가는 것이고, 이렇게 해서 모든 기본사상에 도달하면 이것들의 각 행이 최소 컷셋이다.

39 다음 중 시스템 안전 평가 기법에 관한 설명으로 틀린 것은?

① 가능성을 정량적으로 다룰 수 있다.
② 시각적 표현에 의해 정보 전달이 용이하다.
③ 원인, 결과 및 모든 사상들의 관계가 명확해진다.
④ 연역적 추리를 통해 결함 사상을 빠짐없이 도출하나, 귀납적 추리로는 불가능하다.

해설 ④ 연역적 추리를 통해 결함 사상을 빠짐없이 도출하고 귀납적 추리로 가능하다.

40 산업안전보건법에 따라 유해·위험 방지 계획서의 제출 대상 사업은 해당 사업으로서 전기 계약 용량이 얼마 이상인 사업을 말하는가?

① 150kW
② 200kW
③ 300kW
④ 500kW

해설 유해·위험방지 계획서의 제출대상 사업
전기 계약용량이 300kW 이상인 사업

제3과목 | 기계위험방지기술

41 왕복 운동을 하는 동작 운동과 움직임이 없는 고정 부분 사이에 형성되는 위험점을 무엇이라고 하는가?

① 끼임점(shear point)
② 절단점(cutting point)
③ 물림점(nip point)
④ 협착점(squeeze point)

해설 (1) 문제의 내용은 협착점에 관한 것이다.
(2) **협착점이 형성되는 예**
　ㄱ 전단기 누름판 및 칼날 부위
　ㄴ 선반 및 평삭기 베드 끝 부위
　ㄷ 프레스 금형 조립 부위
　ㄹ 프레스 브레이크 금형 조립 부위

42 기계의 안전을 확보하기 위해서는 안전율을 고려하여야 하는데, 다음 중 이에 관한 설명으로 틀린 것은?

① 기초강도와 허용응력과의 비를 안전율이라 한다.
② 안전율 계산에 사용되는 여유율은 연성 재료에 비하여 취성 재료를 크게 잡는다.
③ 안전율은 크면 클수록 안전하므로 안전율이 높은 기계는 우수한 기계라 할 수 있다.
④ 재료의 균질성, 응력 계산의 정확성, 응력의 분포 등 각종 인자를 고려한 경험적 안전율도 사용된다.

정답 | 37. ③　38. ③　39. ④　40. ③　41. ④　42. ③

③ 안전율이 높은 기계가 반드시 우수한 기계라고 할 수는 없다.

43 다음 중 기계설계 시 사용되는 안전계수를 나타내는 식으로 틀린 것은?

① $\dfrac{허용응력}{기초강도}$ ② $\dfrac{극한강도}{최대설계응력}$

③ $\dfrac{파단하중}{안전하중}$ ④ $\dfrac{파괴하중}{최대사용하중}$

(1) 안전계수를 나타내는 식으로 ①은 거리가 멀다.
(2) 안전계수(안전율)는 재료 자체의 필연성 중에 잠재되어 있는 우연성을 감안하여 계산한 산정식이다.

44 다음 중 선반작업의 안전수칙을 설명한 것으로 옳지 않은 것은?

① 운전 중에는 백 기어(back gear)를 사용하지 않는다.
② 센터작업 시 심압센터에 절삭유를 자주준다.
③ 일감의 치수 측정, 주유 및 청소 시에는 기계를 정지시켜야 한다.
④ 가공 중 발생하는 절삭칩에 의한 상해를 방지하기 위하여 면장갑을 착용한다.

④ 가공 중 발생하는 절삭칩에 의한 상해를 방지하기 위하여 면장갑을 착용하지 않는다.

45 다음 중 밀링머신작업의 안전수칙으로 적절하지 않은 것은?

① 강력절삭을 할 때는 일감을 바이스로부터 길게 물린다.
② 일감을 측정할 때에는 반드시 정지시킨 다음에 한다.
③ 상하 이송장치의 핸들을 사용후 반드시 빼두어야 한다.
④ 커터는 될 수 있는 한 칼럼에 가깝게 설치한다.

① 밀링머신작업 시 강력절삭을 할 때는 일감을 바이스로부터 짧게 물린다.

46 다음 중 드릴작업 시 안전수칙으로 적절하지 않은 것은?

① 재료의 회전정지 지그를 갖춘다.
② 드릴링 잭에 렌치를 끼우고 작업한다.
③ 옷소매가 긴 작업복은 착용하지 않는다.
④ 스위치 등을 이용한 자동급유장치를 구성한다.

② 드릴링 잭에 렌치를 끼우고 작업하지 않는다.

47 산업안전보건법상 회전 중인 연삭숫돌 직경이 최소 얼마 이상인 경우로서 근로자에게 위험을 미칠 우려가 있는 경우 해당 부위에 덮개를 설치하여야 하는가?

① 3cm 이상 ② 5cm 이상
③ 10cm 이상 ④ 20cm 이상

연삭숫돌 직경이 최소 5cm 이상일 경우 해당 부위에 덮개를 설치하여야 한다.

48 동력 프레스기중 Hand in die 방식의 프레스기에서 사용하는 방호대책에 해당하는 것은?

① 가드식 방호장치
② 전용 프레스의 도입
③ 자동 프레스의 도입
④ 안전울을 부착한 프레스

②, ③, ④ 이외의 동력 프레스기 중 Hand in die 방식의 프레기에서 사용하는 방호대책은 다음과 같다.
㉠ 손쳐내기식 방호장치
㉡ 수인식 방호장치
㉢ 양수조작식 방호장치
㉣ 감응식(광전자식) 방호장치

49 다음 중 프레스작업에 있어 시계(視界)가 차단되지는 않으나 확동식 클러치 프레스에는 사용상의 제한이 발생하는 방호장치는?

① 게이트 가드 ② 광전식 방호장치
③ 양수조작장치 ④ 프릭션 다이얼피드

광전식 방호장치의 장·단점

장점	㉠ 연속 운전작업에 사용할 수 있다. ㉡ 시계를 차단하지 않아서 작업에 지장을 주지 않는다.

단점	㉠ 설치가 어렵다. ㉡ 작업 중의 진동에 의해 위치변동이 생길 우려가 있다. ㉢ 핀클러치 방식에는 사용할 수 없다. ㉣ 기계적 고장에 의한 2차 낙하에는 효과가 없다.

50 다음 중 금형의 설치 및 조정 시 안전수칙으로 가장 적절하지 않은 것은?

① 금형을 부착하기 전에 상사점을 확인하고 설치한다.
② 금형의 체결시에는 적합한 공구를 사용한다.
③ 금형의 체결시에는 안전블록을 설치하고 실시한다.
④ 금형의 설치 및 조정은 전원을 끄고 실시한다.

해설 ①의 내용은 금형의 설치 및 조정시 안전수칙과는 거리가 멀다.

51 다음 중 위험기계의 구동에너지를 작업자가 차단할 수 있는 장치에 해당하는 것은?

① 급정지장치   ② 감속장치
③ 위험방지장치   ④ 방호설비

해설 문제의 내용은 급정지장치에 관한 것이다. 급정지장치는 롤러기의 방호장치에 해당된다.

52 다음 중 원심기의 안전에 관한 설명으로 적절하지 않은 것은?

① 원심기에는 덮개를 설치하여야 한다.
② 원심기로부터 내용물을 꺼내거나 원심기의 정비, 청소, 검사, 수리작업을 하는 때에는 운전을 정지해야 한다.
③ 원심기의 최고사용회전수를 초과하여 사용하여서는 아니 된다.
④ 원심기에 과압으로 인한 폭발을 방지하기 위하여 압력방출장치를 설치하여야 한다.

해설 ④의 내용은 보일러의 안전에 관한 사항이다.

53 산업안전보건법령상 가스집합장치로부터 얼마 이내의 장소에서는 흡연, 화기의 사용 또는 불꽃을 발생할 우려가 있는 행위를 금지하여야 하는가?

① 5m   ② 7m
③ 10m   ④ 25m

해설 가스집합장치로부터 5m 이내의 장소에서는 흡연, 화기의 사용 또는 불꽃을 발생할 우려가 있는 행위를 금지하여야 한다.

54 산업안전보건법령상 공기압축기를 가동할 때 작업 시작 전 점검사항에 해당하지 않는 것은?

① 윤활유의 상태
② 회전부의 덮개 또는 울
③ 과부하방지장치의 작동 유무
④ 공기저장 압력용기의 외관상태

해설 ①, ②, ④ 이외에 공기압축기를 가동할 때 작업 시작 전 점검사항은 다음과 같다.
㉠ 드레인밸브의 조작 및 배수
㉡ 압력방출장치의 기능
㉢ 언로드밸브의 기능
㉣ 그 밖 연결부위의 이상 유무

55 지게차의 중량이 8kN, 화물중량이 2kN, 앞바퀴에서 화물이 무게중심까지의 최단거리가 0.5m이면 지게차가 안정되기 위한 앞바퀴에서 지게차의 무게중심까지의 거리는 최소 몇 m 이상이어야 하는가?

① 0.450   ② 0.325
③ 0.225   ④ 0.125

해설
$W \cdot a < G \cdot b$
$2 \times 0.5 < 8 \times b$
$\dfrac{2 \times 0.5}{8} < b$ 이므로
$\therefore b = 0.125\text{m}$ 이상

56 다음 중 컨베이어(Conveyor)의 주요 구성품이 아닌 것은?

① 롤러(Roller)   ② 벨트(Belt)
③ 지브(Jib)   ④ 체인(Chain)

해설 ③의 지브(Jib)는 크레인의 구성품에 해당되는 것이다.

57 다음 중 승강기를 구성하고 있는 장치가 아닌 것은?

① 선회장치   ② 권상장치
③ 가이드레일   ④ 완충기

> 해설
> ①의 선회장치는 크레인을 구성하고 있는 장치에 해당된다.

58 드럼의 직경이 D, 로프의 직경이 d인 윈치에서 D/d가 클수록 로프의 수명은 어떻게 되는가?

① 짧아진다.   ② 길어진다.
③ 변화가 없다.   ④ 사용할 수 없다.

> 해설
> 윈치에서 D/d가 클수록 로프의 수명은 길어진다.

59 다음 중 방사선투과검사에 가장 적합한 활용 분야는?

① 변형률 측정
② 완제품의 표면결함검사
③ 재료 및 기기의 계측검사
④ 재료 및 용접부의 내부결함검사

> 해설
> 방사선투과검사는 재료 및 용접부의 내부결함검사에 가장 적합하다.

60 발음원이 이동할 때 그 진행방향 쪽에서는 원래 발음원의 음보다 고음으로, 진행방향 반대쪽에서는 저음으로 되는 현상을 무엇이라고 하는가?

① 도플러(Doppler)효과
② 마스킹(Masking)효과
③ 호이겐스(Huygens)효과
④ 임피던스(Impedance)효과

> 해설
> 문제의 내용은 도플러효과에 관한 것이다.

제4과목 전기 및 화학설비 위험방지기술

61 다음 중 감전에 영향을 미치는 요인으로 통전 경로별 위험도가 가장 높은 것은?

① 왼손 - 등   ② 오른손 - 가슴
③ 왼손 - 가슴   ④ 오른손 - 등

> 해설
> 통전경로별 위험도
> ① 왼손 - 등 : 0.7   ② 오른손 - 가슴 : 1.3
> ③ 왼손 - 가슴 : 1.5   ④ 오른손 - 등 : 0.3

62 산업안전보건법상 전기기계·기구의 누전에 의한 감전위험을 방지하기 위하여 접지를 하여야 하는 사항으로 틀린 것은?

① 전기기계·기구의 금속제 내부 충전부
② 전기기계·기구의 금속제 외함
③ 전기기계·기구의 금속제 외피
④ 전기기계·기구의 금속제 철대

> 해설
> ②, ③, ④ 이외에 접지를 하여야 하는 사항은 다음과 같다.
> ㉠ 수중점프를 금속제 물탱크 등의 내부에 설치하여 사용하는 그 탱크
> ㉡ 사용전압이 대지전압 150V를 넘는 전기기계·기구의 노출된 비충전 금속체 등

63 다음 중 전동기용 퓨즈의 사용 목적으로 알맞은 것은?

① 과전압차단
② 지락과전류차단
③ 누설전류차단
④ 회로에 흐르는 과전류차단

> 해설
> 회로에 흐르는 과전류차단을 위하여 전동기용 퓨즈를 사용한다.

64 활선작업 및 활선 근접작업 시 반드시 작업지휘자를 정하여야 한다. 작업지휘자의 임무 중 가장 중요한 것은?

① 설계의 계획에 의한 시공을 관리·감독하기 위해서
② 활선에 접근 시 즉시 경고를 하기 위해서
③ 필요한 전기 기자재를 보급하기 위해서
④ 작업을 신속히 처리하기 위해서

> 해설
> 활선작업 및 활선 근접작업 시 작업지휘자의 임무 중 가장 중요한 것은 활선에 접근 시 즉시 경고를 하기 위한 것이다.

정답 | 57. ① 58. ② 59. ④ 60. ① 61. ③ 62. ① 63. ④ 64. ②

65 전기화재 발화원으로 관계가 먼 것은?
① 단열압축
② 광선 및 방사선
③ 낙뢰(벼락)
④ 기계적 정지에너지

해설 전기화재의 발화원으로는 ①, ②, ③ 이외에 전기불꽃, 정전기, 마찰열, 화학반응열, 고열물 등이 있다.

66 다음 중 전기기기의 절연의 종류와 최고허용온도가 잘못 연결된 것은?
① Y : 90℃
② A : 105℃
③ B : 130℃
④ F : 180℃

해설 ④ F : 155℃

67 다음 중 정전기에 대한 설명으로 가장 알맞은 것은?
① 전하의 공간적 이동이 크고, 그것에 의한 자계의 효과가 전계의 효과에 비해 매우 큰 전기
② 전하의 공간적 이동이 적고, 그것에 의한 자계의 효과가 전계에 비해 무시할 정도의 적은 전기
③ 전하의 공간적 이동이 적고, 그것에 의한 전계의 효과와 자계의 효과가 서로 비슷한 전기
④ 전하의 공간적 이동이 크고, 그것에 의한 자계의 효과와 전계의 효과를 서로 비교할 수 없는 전기

해설 정전기에 대한 설명으로 가장 알맞게 표현한 것은 ② 이다.

68 다음 중 스파크 방전으로 인한 가연성 가스, 증기 등에 폭발을 일으킬 수 있는 조건이 아닌 것은?
① 가연성 물질이 공기와 혼합비를 형성, 가연범위 내에 있다.
② 방전에너지가 가연물질의 최소착화에너지 이상이다.
③ 방전에 충분한 전위차가 있다.
④ 대전물체는 신뢰성과 안전성이 있다.

해설 ④의 내용은 가연성 가스, 증기 등에 폭발을 일으킬 수 있는 조건과 거리가 멀다.

69 다음 중 산업안전보건법령상 방폭전기설비의 위험장소 분류에 있어 보통 상태에서 위험분위기를 발생할 염려가 있는 장소로서 폭발성 가스가 보통 상태에서 집적되어 위험농도로 염려가 있는 장소를 몇 종 장소라 하는가?
① 0종 장소
② 1종 장소
③ 2종 장소
④ 3종 장소

해설 (1) 문제의 내용은 1종 장소에 관한 것이다.
(2) 그 밖의 위험장소에 관한 사항
㉠ 0종 장소 : 위험분위기가 지속적으로 또는 장기간 존재하는 장소
㉡ 2종 장소 : 이상상태 하에서 위험분위기가 단시간 동안 존재할 수 있는 장소

70 다음 중 전기기기의 불꽃 또는 열로 인해 폭발성 위험분위기에 점화되지 않도록 콤파운드를 충전해서 보호하는 방폭구조는?
① 몰드방폭구조
② 비점화방폭구조
③ 안전등방폭구조
④ 본질안전방폭구조

해설 문제의 내용은 몰드방폭구조에 관한 것이다.

71 뜨거운 금속에 물이 닿으면 튀는 현상과 같이 핵비등(nucleate boiling) 상태에서 막비등(film boiling)으로 이행하는 온도를 무엇이라 하는가?
① Burn-out point
② Leidenfrost point
③ Entrainment point
④ Sub-cooling boiling point

해설 Leidenfrost point : 비등전열에 있어 핵비등에서 막비등으로 이행할 때 열유속이 극대값을 나타내는 점

정답 | 65. ④ 66. ④ 67. ② 68. ④ 69. ② 70. ① 71. ②

72 산업안전보건법상 부식성 물질 중 부식성 산류에 해당하는 물질과 기준농도가 올바르게 연결된 것은?

① 염산 : 15% 이상
② 황산 : 10% 이상
③ 질산 : 10% 이상
④ 아세트산 : 60% 이상

해설 **부식성 물질** : 금속 등을 쉽게 부식시키고 인체에 접촉하면 심한 화상을 입히는 물질이다.
(1) **부식성 산류**
  ㉠ 농도가 20% 이상인 염산, 황산, 질산 등
  ㉡ 농도가 60% 이상인 인산, 아세트산, 불산 등
(2) **부식성 염기류**
  농도가 40% 이상인 수산화나트륨, 수산화칼륨 등

73 공기 중 암모니아가 20ppm(노출기준 25ppm), 톨루엔이 20ppm(노출기준 50ppm)이 완전혼합되어 존재하고 있다. 혼합물질의 노출기준을 보정하는 데 활용하는 노출지수는 약 얼마인가? (단, 두 물질 간에 유해성이 인체의 서로 다른 부위에 작용한다는 증거는 없다.)

① 1.0
② 1.2
③ 1.5
④ 1.6

해설 $노출지수 = \dfrac{20}{25} + \dfrac{20}{50} = 1.2$

74 다음 중 충분히 높은 온도에서 혼합물(연료와 공기)이 점화원없이 발화 또는 폭발을 일으키는 최저온도를 무엇이라 하는가?

① 착화점
② 연소점
③ 용융점
④ 인화점

해설 ② **연소점**(Fire Point) : 상온에서 액체상태로 존재하는 액체 가연물의 연소상태를 5초 이상 유지시키기 위한 온도로서 일반적으로 인화점보다 약 10℃ 정도 높은 온도이다.
③ **용융점** (Melting Point) : 녹는점을 말하며 금속에 열을 가하면 그 금속이 녹아서 액체로 될 때의 온도로서, 용융점이 가장 높은 것은 텅스텐(3,400℃)이며, 가장 낮은 것은 수은(- 38.8℃)이다.

④ **인화점**(Flash Point) : 인화온도라 하며, 가연물을 가열하면서 한쪽에서 점화원을 부여하여 발화온도보다 낮은 온도에서 연소가 일어나는 것을 인화라고 하며, 인화가 일어나는 최저의 온도가 인화점이다.

75 공정별로 폭발을 분류할 때 물리적 폭발이 아닌 것은?

① 분해 폭발
② 탱크의 감압 폭발
③ 수증기 폭발
④ 고압용기의 폭발

해설 **공정별 폭발의 분류**
(1) **물리적 폭발**
  ㉠ 탱크의 감압 폭발　㉡ 수증기 폭발
  ㉢ 고압용기의 폭발
(2) **화학적 폭발**
  ㉠ 분해 폭발　㉡ 화합 폭발
  ㉢ 중합 폭발　㉣ 산화 폭발

76 8% NaOH 수용액과 5% NaOH 수용액을 반응기에 혼합하여 6% 100kg의 NaOH 수용액을 만들려면 각각 몇 kg의 NaOH 수용액이 필요한가?

① 5% NaOH 수용액 : 50.5kg,
  8% NaOH 수용액 : 49.5kg
② 5% NaOH 수용액 : 56.8kg,
  8% NaOH 수용액 : 43.2kg
③ 5% NaOH 수용액 : 66.7kg,
  8% NaOH 수용액 : 33.3kg
④ 5% NaOH 수용액 : 73.4kg,
  8% NaOH 수용액 : 26.6kg

해설 ㉠ $0.08a + 0.05b = 0.06 \times 100$.......... ⓐ
㉡ $a + b = 100 \rightarrow a = 100 - b$.......... ⓑ
㉢ ⓑ식을 ⓐ식에 대입
  • b값 : $0.08(100 - b) + 0.05b = 6$
    $8 - 0.08b + 0.05b = 6$
    $0.03b = 2$
    $\therefore b = 66.7kg$
  • a값 : $a + b = 100$
    $a = 100 - b$
    $\therefore a = 100 - 66.7 = 33.3kg$

정답 Ⅰ 72. ④ 73. ② 74. ① 75. ① 76. ③

77 건조설비의 구조는 구조 부분, 가열장치, 부속설비로 구성되는데, 다음 중 "구조 부분"에 속하는 것은?

① 보온관
② 열원장치
③ 소화장치
④ 전기설비

> **해설** **건조설비**
> ㉠ **구조 부분(본체)** : 주로 몸체(철골부, 보온관, Shell부 등) 및 내부구조를 말하며, 이들의 내부에 있는 구동장치도 포함한다.
> ㉡ **가열장치** : 열원장치, 순환용 송풍기 등 열을 발생하고, 이것을 이동하는 부분을 총괄한 것이다.
> ㉢ **부속설비** : 본체에 부속되어 있는 설비 전반을 말한다. 환기장치, 온도조절장치, 온도측정장치, 안전장치, 소화장치, 집진장치 등이 포함된다.

78 다음 중 안전밸브 전·후단에 자물쇠형 차단밸브 설치를 할 수 없는 것은?

① 안전밸브와 파열판을 직렬로 설치한 경우
② 화학설비 및 그 부속설비에 안전밸브 등이 복수방식으로 설치되어 있는 경우
③ 열팽창에 의하여 상승된 압력을 낮추기 위한 목적으로 안전밸브가 설치된 경우
④ 인접한 화학설비 및 그 부속설비에 안전밸브 등이 각각 설치되어 있고, 해당 화학설비 및 그 부속설비의 연결배관에 차단밸브가 없는 경우

> **해설** 안전밸브 전·후단에 자물쇠형 차단밸브를 설치할 수 있는 것
> ㉠ ②, ③, ④
> ㉡ 안전밸브와 파열판을 병렬로 설치한 경우

79 다음 중 화재발생 시 주수소화 방법을 적용할 수 있는 물질은?

① 과산화칼륨
② 황산
③ 질산
④ 과산화수소

> **해설** ① 건조사
> ② 주수를 금하고 건조사 또는 회로 덮어 질식시킨다.
> ③ 뜨거워진 질산용액에는 비산의 우려가 있으므로 직접 주수하지 않고 다량 누출 시는 소석회, 소다회로 중화시킨 후 다량의 물로 희석한다.

④ 농도와 관계없이 소량 누출 시는 다량의 물로 희석하고 다량 누출 시는 토사 등으로 막아 차단시키고 다량의 물로 씻는다.

80 다음 중 공정안전보고서에 관한 설명으로 틀린 것은?

① 사업주가 공정안전보고서를 작성한 후에는 별도의 심의과정이 없다.
② 공정안전보고서를 제출한 사업주는 정하는 바에 따라 고용노동부장관의 확인을 받아야 한다.
③ 고용노동부장관은 공정안전보고서의 이행상태를 평가하고, 그 결과에 따라 공정안전보고서를 다시 제출하도록 명할 수 있다.
④ 고용노동부장관은 공정안전보고서를 심사한 후 필요하다고 인정하는 경우에는 그 공정안전보고서의 변경을 명할 수 있다.

> **해설** ① 사업주가 공정안전보고서를 작성할 때에는 산업안전보건위원회의 심의를 거쳐야 한다. 다만, 산업안전보건위원회가 설치되어 있지 아니한 사업장의 경우에는 근로자 대표의 의견을 들어야 한다.

제5과목 | **건설안전기술**

81 지반조사의 간격 및 깊이에 대한 내용으로 옳지 않은 것은?

① 조사간격은 지층상태, 구조물 규모에 따라 정한다.
② 지층이 복잡한 경우에는 기 조사한 간격 사이에 보완조사를 실시한다.
③ 절토, 개착, 터널구간은 기반암의 심도 5~6m까지 확인한다.
④ 조사깊이는 액상화 문제가 있는 경우에는 모래층 하단에 있는 단단한 지지층까지 조사한다.

> **해설** ③ 절토, 개착, 터널구간은 기반암의 심도 2m까지 확인한다.

82 흙막이 가시설 공사 중 발생할 수 있는 보일링 (boiling) 현상에 관한 설명으로 옳지 않은 것은?

① 이 현상이 발생하면 흙막이 벽의 지지력 이 상실된다.

② 지하수위가 높은 지반을 굴착할 때 주로 발생한다.

③ 흙막이 벽의 근입장 깊이가 부족할 경우 발생한다.

④ 연약한 점토지반에서 굴착면의 융기로 발 생한다.

> 해설 ④는 히빙(heaving) 현상에 관한 내용이다.

83 물로 포화된 점토에 다지기를 하면 압축하중으 로 지반이 침하하는데 이로 인하여 간극수압이 높아져 물이 배출되면서 흙의 간극이 감소하는 현상을 무엇이라고 하는가?

① 액상화   ② 압밀

③ 예민비   ④ 동상현상

> 해설
> ① **액상화(Liquefaction) 현상** : 포화된 느슨한 모래가 진동이나 지진 등의 충격을 받으면 입자들이 재배 열되어 약간 수축하며 큰 과잉 간극수압을 유발하 게 되고, 그 결과로 유효응력과 전단강조가 크게 감소하여 모래가 유체처럼 거동하게 되는 현상
> ② **압밀** : 물로 포화된 점토에 다지기를 하면 압축하중 으로 지반이 침하하는데 이로 인하여 간극수압이 높 아져 물이 배출되면서 흙의 간극이 감소하는 현상
> ③ **예민비** : 흙의 이김에 있어 약해지는 성질
> ④ **동상현상(Frost heave)** : 지반 중의 공극수가 얼 어 지반을 부풀어오르게 하는 현상

84 건설업 중 교량건설공사의 경우 유해위험방지계 획서를 제출하여야 하는 기준으로 옳은 것은?

① 최대지간길이가 40m 이상인 교량건설 공사

② 최대지간길이가 50m 이상인 교량건설 공사

③ 최대지간길이가 60m 이상인 교량건설 공사

④ 최대지간길이가 70m 이상인 교량건설 공사

> 해설 최대지간길이가 50m 이상인 교량건설공사가 유해위 험 방지계획서 제출대상 건설공사이다.

85 장비 자체보다 높은 장소의 땅을 굴착하는 데 적합한 장비는?

① 파워셔블(Power Shovel)

② 불도저(Bulldozer)

③ 드래그 라인(Drag Line)

④ 클램셸(Clamshell)

> 해설
> ㉠ **주행기면보다 하방의 굴착에 적합한 것** : 백호, 클램셸, 드래그 라인, 불도저 등
> ㉡ **중기가 위치한 지면보다 높은 장소(장비 자체보다 높은 장소)의 땅을 굴착하는 데 적합한 것** : 파워 셔블

86 다음 중 양중기에 해당하지 않는 것은?

① 크레인(호이스트 포함)

② 리프트

③ 곤돌라

④ 최대하중이 0.2ton인 인화공용 승강기

> 해설
> ㉠ ①, ②, ③   ㉡ 이동식 크레인
> ㉢ 승강기

87 건설장비 크레인의 헤지(Hedge)장치란?

① 중량 초과 시 부저(Buzzer)가 울리는 장 치이다.

② 와이어로프의 훅이탈방지장치이다.

③ 일정거리 이상을 권상하지 못하도록 제한 시키는 장치이다.

④ 크레인 자체에 이상이 있을 때 운전자에 게 알려주는 신호장치이다.

> 해설 크레인의 헤지장치란 와이어로프의 훅이탈방지장치이다.

88 셔블계 굴착기에 부착하며, 유압을 이용하여 콘크리 트의 파괴, 빌딩해체, 도로파괴 등에 쓰이는 것은?

① 파일드라이버   ② 디젤해머

③ 브레이커   ④ 오우거

> 해설 문제의 내용은 브레이커에 관한 것이다.

89 작업조건에 알맞은 보호구의 연결이 옳지 않은 것은?

① 안전대 : 높이 또는 깊이 2m 이상의 추락할 위험이 있는 장소에서의 작업

② 보안면 : 물체가 흩날릴 위험이 있는 작업

③ 안전화 : 물체의 낙하·충격, 물체에의 끼임, 감전 또는 정전기의 대전(帶電)에 의한 위험이 있는 작업

④ 방열복 : 고열에 의한 화상 등의 위험이 있는 작업

_{해설} ②의 경우 물체가 흩날릴 위험이 있는 작업에 알맞은 보호구는 보안경이다.

90 작업발판 및 통로의 끝이나 개구부로서 근로자가 추락할 위험이 있는 장소에 설치하는 것과 거리가 먼 것은?

① 교차가새   ② 안전난간

③ 울타리   ④ 수직형 추락방망

_{해설} ②, ③, ④ 이외에 작업발판 및 통로의 끝이나 개구부로서 근로자가 추락할 위험이 있는 장소에 설치하는 것으로는 덮개가 있다.

91 산업안전보건기준에 관한 규칙에 따른 토사붕괴를 예방하기 위한 굴착면의 기울기 기준으로 틀린 것은?

① 습지 1:1 ~ 1:1.5   ② 건지 1:0.5 ~ 1:1

③ 풍화암 1:0.5   ④ 경암 1:0.5

_{해설} **굴착면의 기울기 기준**

구 분	지반의 종류	구 배
보통흙	습지	1 : 1~1 : 1.5
	건지	1 : 0.5~1 : 1
암반	풍화암	1 : 1
	연암	1 : 1
	경암	1 : 0.5

92 투하설비 설치와 관련된 다음 표의 ( )에 적합한 것은?

> 사업주는 높이가 ( )m 이상인 장소로부터 물체를 투하하는 때에는 적당한 투하설비를 설치하거나 감시인을 배치하는 등 위험방지를 위하여 필요한 조치를 하여야 한다.

① 1   ② 2

③ 3   ④ 4

_{해설} 사업주는 높이가 3m 이상인 장소로부터 물체를 투하하는 때에는 적당한 투하설비를 설치하거나 감시인을 배치하여야 한다.

93 비계의 높이가 2m 이상인 작업장소에 작업발판을 설치할 경우 준수하여야 할 기준으로 옳지 않은 것은?

① 발판의 폭은 30cm 이상으로 할 것

② 발판재료 간의 틈은 3cm 이하로 할 것

③ 추락의 위험이 있는 장소에는 안전난간을 설치할 것

④ 발판재료는 뒤집히거나 떨어지지 아니하도록 2 이상의 지지물에 연결하거나 고정시킬 것

_{해설} ① 발판의 폭은 40cm 이상으로 할 것

94 달비계 설치 시 와이어로프를 사용할 때 사용가능한 와이어로프의 조건은?

① 지름의 감소가 공칭지름의 8%인 것

② 이음매가 없는 것

③ 심하게 변형되거나 부식된 것

④ 와이어로프의 한 꼬임에서 끊어진 소선의 수가 10%인 것

_{해설} **달비계 설치 시 와이어로프의 사용금지 조건**

㉠ 이음매가 있는 것
㉡ 와이어로프의 한 꼬임에서 끊어진 소선의 수가 10% 이상(비자전로프의 경우에는 끊어진 소선의 수가 와이어로프 호칭지름의 6배 길이 이내에서 4개 이상이거나 호칭지름 30배 길이 이내에서 8개 이상)인 것
㉢ 지름의 감소가 공칭지름의 7%를 초과하는 것
㉣ 꼬인 것
㉤ 심하게 변형되거나 부식된 것
㉥ 열과 전기충격에 의해 손상된 것

95 추락방지망의 달기로프를 지지점에 부착할 때 지지점의 간격이 1.5m인 경우 지지점의 강도는 최소 얼마 이상이어야 하는가? (단, 연속적인 구조물이 방망 지지점인 경우임)

① 200kg 　　　　② 300kg
④ 400kg 　　　　④ 500kg

해설 방망의 지지점 강도(연속적인 구조물이 방망지지점인 경우)

$$F = 200B = 200 \times 1.5 = 300kg$$

여기서, F : 외력(kg), B : 지지점 간격(m)

96 시스템 동바리를 조립하는 경우 수직재와 받침 철물 연결부의 겹침길이 기준으로 옳은 것은?

① 받침철물 전체 길이 1/2 이상
② 받침철물 전체 길이 1/3 이상
③ 받침철물 전체 길이 1/4 이상
④ 받침철물 전체 길이 1/5 이상

해설 시스템 동바리를 조립하는 경우 수직재와 받침철물 연결부의 겹침길이는 받침철물 전체 길의 1/3 이상 이어야 한다.

97 콘크리트 강도에 가장 큰 영향을 주는 것은?

① 골재의 입도 　　② 시멘트 양
③ 배합방법 　　　　④ 물·시멘트 비

해설 콘크리트 강도에 가장 큰 영향을 주는 것은 물·시멘트 비이다.

98 철근을 인력으로 운반할 때 주의사항으로 틀린 것은?

① 긴 철근을 2인 1조가 되어 어깨메기로 하여 운반한다.
② 긴 철근을 부득이 1인이 운반할 때는 철근의 한쪽을 어깨에 메고, 다른 한쪽 끝을 땅에 끌면서 운반한다.
③ 1인이 1회에 운반할 수 있는 적당한 무게한도는 운반자의 몸무게 정도이다.
④ 운반 시에는 항상 양끝을 묶어 운반한다.

해설 철근을 인력으로 운반할 때의 주의사항

㉠ 긴 철근은 2인 1조가 되어 어깨메기로 하여 운반한다.
㉡ 긴 철근을 부득이 1인이 운반할 때는 철근의 한쪽을 어깨에 메고, 다른 한쪽 끝을 땅에 끌면서 운반한다.
㉢ 1인이 1회에 운반할 수 있는 적당한 무게는 25kg 정도가 적절하며 무리한 운반을 금한다.
㉣ 운반 시에는 항상 양끝을 묶어 운반한다.
㉤ 내려놓을 때는 던지지 말고 천천히 내려놓는다.
㉥ 공동작업 시 신호에 따라 작업한다.

99 철골구조의 앵커볼트 매립과 관련된 사항 중 옳지 않은 것은?

① 기둥 중심은 기준선 및 인접기둥의 중심에서 3mm 이상 벗어나지 않을 것
② 앵커볼트는 매립 후에 수정하지 않도록 설치할 것
③ 베이스플레이트의 하단은 기준 높이 및 인접기둥의 높이에서 3mm 이상 벗어나지 않을 것
④ 앵커볼트는 기둥 중심에서 2mm 이상 벗어나지 않을 것

해설 ① 기둥 중심은 기준선 및 인접기둥의 중심에서 5mm 이상 벗어나지 않을 것

100 차량계 하역운반기계에 화물을 적재하는 때의 준수사항으로 옳지 않은 것은?

① 하중이 한쪽으로 치우치지 않도록 적재할 것
② 구내운반차 또는 화물자동차의 경우 화물의 붕괴 또는 낙하에 의한 위험을 방지하기 위하여 화물에 로프를 거는 등 필요한 조치를 할 것
③ 운전자의 시야를 가리지 않도록 화물을 적재할 것
④ 차륜의 이상 유무를 점검할 것

해설 ④의 차륜의 이상 유무 점검은 차량계 하역운반기계의 작업시작 전 점검사항에 해당된다.

제1과목 산업안전관리론

01 재해는 크게 4가지 방법으로 분류하고 있는데 다음 중 분류 방법에 해당되지 않는 것은?

① 통계적 분류
② 상해 종류에 의한 분류
③ 관리적 분류
④ 재해 형태별 분류

해설 ③ 상해 정도별 분류(I.L.O)

02 다음 중 안전관리 조직의 목적과 가장 거리가 먼 것은?

① 조직적인 사고예방 활동
② 위험제거 기술의 수준 향상
③ 재해손실의 산정 및 작업 통제
④ 조직 간 종적·횡적 신속한 정보처리와 유대강화

해설 **안전관리 조직의 목적**
㉠ 조직의 사고예방 활동
㉡ 위험제거 기술의 수준 향상
㉢ 조직 간 종적·횡적 신속한 정보처리와 유대강화

03 다음 중 산소결핍이 예상되는 맨홀 내에서 작업을 실시할 때 사고방지 대책으로 적절하지 않은 것은?

① 작업 시작 전 및 작업 중 충분한 환기 실시
② 작업 장소의 입장 및 퇴장 시 인원점검
③ 방독마스크의 보급과 철저한 착용
④ 작업장과 외부와의 상시 연락을 위한 설비 설치

해설 **산소결핍이 예상되는 맨홀 내에서 작업을 실시할 때의 사고방지 대책**
㉠ 작업 시작 전 및 작업 중 충분한 환기 실시
㉡ 작업 장소의 입장 및 퇴장 시 인원점검
㉢ 작업장과 외부와의 상시 연락을 위한 설비 설치

04 1일 근무시간이 9시간이고, 지난 한 해 동안의 근무일이 300일인 A 사업장의 재해건수는 24건, 의사진단에 의한 총 휴업일수는 3,650일이었다. 해당 사업장의 도수율과 강도율은 얼마인가? (단, 사업장의 평균 근로자수는 450명이다.)

① 도수율 : 0.02, 강도율 : 2.55
② 도수율 : 0.19, 강도율 : 0.25
③ 도수율 : 19.75, 강도율 : 2.47
④ 도수율 : 20.43, 강도율 : 2.55

해설
㉠ 도수율 $= \dfrac{\text{재해건수}}{\text{연근로시간수}} \times 1{,}000{,}000$

$= \dfrac{24}{450 \times 9 \times 300} \times 1{,}000{,}000$

$= 19.753 = 19.75$

㉡ 강도율 $= \dfrac{\text{총 근로손실일수}}{\text{연근로시간수}} \times 1{,}000$

$= \dfrac{3{,}650 \times \dfrac{300}{365}}{450 \times 9 \times 300} \times 1{,}000$

$= 2.469 = 2.47$

05 다음 중 재해를 분석하는 방법에 있어 재해건수가 비교적 적은 사업장의 적용에 적합하고, 특수재해나 중대재해의 분석에 사용하는 방법은?

① 개별 분석
② 통계 분석
③ 사전 분석
④ 크로스(Cross) 분석

해설 **안전사고의 원인분석 방법**
① **개별적 원인분석** : 재해건수가 비교적 적은 사업장의 적용에 적합하고, 특수재해 나 중대재해의 분석에 사용하는 방법
② **통계적 원인분석** : 각 요인의 상호 관계와 분포 상태 등을 거시적으로 분석하는 방법

정답 | 01. ③ 02. ③ 03. ③ 04. ③ 05. ①

06 일상점검 중 작업 전에 수행되는 내용과 가장 거리가 먼 것은?

① 주변의 정리·정돈
② 생산품질의 이상 유무
③ 주변의 청소상태
④ 설비의 방호장치 점검

> 해설
> **일상점검 중 작업 전에 수행되는 내용**
> ㉠ 주변의 정리·정돈   ㉡ 주변의 청소상태
> ㉢ 설비의 방호장치 점검

07 다음 중 무재해 운동을 추진하기 위한 조직의 3기둥으로 볼 수 없는 것은?

① 최고 경영층의 엄격한 안전방침 및 자세
② 직장 자주활동의 활성화
③ 전 종업원의 안전 요원화
④ 라인화의 철저

> 해설
> 무재해 운동을 추진하기 위한 조직의 3기둥
> ㉠ 최고 경영층의 엄격한 안전방침 및 자세
> ㉡ 직장 자주활동의 활성화
> ㉢ 라인화의 철저

08 다음 중 위험예지훈련에 있어 Touch and call에 관한 설명으로 가장 적절한 것은?

① 현장에서 팀 전원이 각자의 왼손을 잡아 원을 만들어 팀 행동목표를 지적·확인하는 것을 말한다.
② 현장에서 그 때 그 장소의 상황에서 적응하여 실시하는 위험예지활동으로 즉시 적응법이라고도 한다.
③ 작업자가 위험작업에 임하여 무재해를 지향하겠다는 뜻을 큰소리로 호칭하면서 안전의식수준을 제고하는 기법이다.
④ 한 사람 한 사람의 위험에 대한 감수성 향상을 도모하기 위한 삼각 및 원포인트 위험예지훈련을 통합한 활용기법이다.

> 해설
> **Touch and call** : 현장에서 팀 전원이 각자의 왼손을 잡아 원을 만들어 팀 행동목표를 지적·확인하는 것

09 다음 중 의무안전인증 대상 안전모의 성능기준 항목이 아닌 것은?

① 내열성   ② 턱끈풀림
③ 내관통성   ④ 충격흡수성

> 해설
> **의무안전인증 대상 안전모의 성능기준 항목**
> 내관통성, 충격흡수성, 내전압성, 내수성, 난연성, 턱끈풀림

10 다음에 해당하는 산업안전보건법상 안전·보건 표지의 명칭은?

① 화물적재금지
② 사용금지
③ 물체이동금지
④ 화물출입금지

> 해설
> **금지표지** : 물체이동금지

11 사고요인이 되는 정신적 요소 중 개성적 결함 요인에 해당하지 않는 것은?

① 방심 및 공상
② 도전적인 마음
③ 과도한 집착력
④ 다혈질 및 인내심 부족

> 해설
> **정신적 요소 중 개성적 결함요인**
> ㉠ 도전적인 마음
> ㉡ 과도한 집착력
> ㉢ 다혈질 및 인내심 부족

12 다음 중 인간이 자기의 실패나 약점을 그럴듯한 이유를 들어 남의 비난을 받지 않도록 하며 또한 자위하는 방어기제를 무엇이라 하는가?

① 보상   ② 투사
③ 합리화   ④ 전이

> 해설
> ① **보상(Compensation)** : 욕구가 저지되면 그것을 대신한 목표로서 만족을 얻고자 한다.
> ② **투사(Projection)** : 자신조차 승인할 수 없는 욕구나 특성을 타인이나 사물로 전환시켜 자신의 바람직하지 않은 욕구로부터 자신을 지키고 또한 투사한 대상에 대해서 공격을 가함으로써 한층 더 확고하게 안정을 얻으려고 한다.

③ **합리화(Rationalization)** : 인간이 자기의 실패나 약점을 그럴듯한 이유를 들어 남의 비난을 받지 않도록 하며 또한 자위하는 방어기제이다.

④ **전이(Transference)** : 어떤 내용이 다른 내용에 영향을 주는 현상이다.

13 다음 중 매슬로우의 욕구 5단계 이론에서 최종단계에 해당하는 것은?

① 존경의 욕구　　② 성장의 욕구
③ 자아실현의 욕구　④ 생리적 욕구

> **해설**　매슬로우의 욕구 5단계
> ㉠ **제1단계** : 생리적 욕구
> ㉡ **제2단계** : 안전욕구
> ㉢ **제3단계** : 사회적 욕구
> ㉣ **제4단계** : 존경욕구
> ㉤ **제5단계** : 자아실현의 욕구

14 인간의 행동특성 중 주의(Attention)의 일정집중현상에 대한 대책으로 가장 적절한 것은?

① 적성배치　　　② 카운슬링
③ 위험예지훈련　④ 작업환경의 개선

> **해설**　일정집중현상에 대한 대책 : 위험예지훈련

15 다음 중 교육의 3요소에 해당되지 않는 것은?

① 교육의 주체
② 교육의 객체
③ 교육결과의 평가
④ 교육의 매개체

> **해설**　교육의 3요소
> ㉠ 교육의 주체　　㉡ 교육의 객체
> ㉢ 교육의 매개체

16 강의계획에서 주제를 학습시킬 범위와 내용의 정도를 무엇이라 하는가?

① 학습목적　　　② 학습목표
③ 학습정도　　　④ 학습성과

> **해설**　학습정도의 설명이다.

17 경험한 내용이나 학습된 행동을 다시 생각하여 작업에 적용하지 아니하고 방치함으로써 경험의 내용이나 인상이 약해지거나 소멸되는 현상을 무엇이라 하는가?

① 착각　　　　　② 훼손
③ 망각　　　　　④ 단절

> **해설**
> ① **착각** : 어떤 상의 물리적인 구조와 인지한 구조가 객관적으로 볼 때 반드시 일치하지 않는 것이 현저한 경우
> ② **훼손** : 헐거나 깨뜨려 못쓰게 만듦
> ③ **단절** : 흐름이 연속되지 아니함

18 다음 중 교육훈련의 학습을 극대화시키고, 개인의 능력개발을 극대화시켜 주는 평가방법이 아닌 것은?

① 관찰법　　　　② 배제법
③ 자료분석법　　④ 상호평가법

> **해설**　교육훈련의 학습을 극대화시키고, 개인의 능력개발을 극대화시켜 주는 평가방법
> ㉠ 관찰법　　　　㉡ 자료분석법
> ㉢ 상호평가법

19 다음 기업 내 정형교육 중 TWI(Training Within Industry)의 교육내용에 있어 직장 내 부하직원에 대하여 가르치는 기술과 관련이 가장 깊은 기법은?

① JIT(Job Instruction Training)
② JMT(Job Method Training)
③ JRT(Job Relation Training)
④ JST(Job Safety Training)

> **해설**　기업 내 정형교육
> ㉠ **JIT(Job Instruction Training)** : 작업지도훈련(직장 내 부하직원에 대하여 가르치는 기술과 관련이 가장 깊은 기법)
> ㉡ **JMT(Job Method Training)** : 작업방법훈련
> ㉢ **JRT(Job Relation Training)** : 인간관계훈련
> ㉣ **JST(Job Safety Training)** : 작업안전훈련

20 산업안전보건법령상 잠함(潛函) 또는 잠수작업 등 높은 기압에서 하는 작업에 종사하는 근로자의 근로제한시간으로 옳은 것은?

① 1일 6시간, 1주 34시간 초과 금지
② 1일 6시간, 1주 36시간 초과 금지
③ 1일 8시간, 1주 40시간 초과 금지
④ 1일 8시간, 1주 44시간 초과 금지

> **해설** 잠함 또는 잠수작업 등 높은 기압에서 하는 작업에 종사하는 근로자의 근로제한시간
> 1일 6시간, 1주 34시간 초과 금지

제2과목 **인간공학 및 시스템안전공학**

21 Chapanis의 위험분석에서 발생이 불가능한 (Impossible) 경우의 위험 발생률은?

① 10^{-2}/day
② 10^{-4}/day
③ 10^{-6}/day
④ 10^{-8}/day

> **해설** Chapanis의 위험분석에서 발생이 불가능한 경우의 위험발생률 : 10^{-8}/day

22 다음 중 인간-기계 시스템의 설계 원칙으로 틀린 것은?

① 양립성이 적으면 적을수록 정보 처리에서 재코드화 과정은 적어진다.
② 사용빈도, 사용순서, 기능에 따라 배치가 이루어져야 한다.
③ 인간의 기계적 성능에 부합되도록 설계해야 한다.
④ 인체 특성에 적합해야 한다.

> **해설** ①의 경우, 양립성이 적으면 적을수록 정보 처리에서 재코드화 과정은 많아진다는 내용이 옳다.

23 제어장치에서 조종장치의 위치를 1cm 움직였을 때 표시장치의 지침이 4cm 움직였다면 이 기기의 C/R비는 약 얼마인가?

① 0.25
② 0.6
③ 1.5
④ 1.7

> **해설** 통제비(통제표시비)
> $$\left(\frac{C}{R}\right)비 = \frac{통제기기의 변위량}{표시계기 지침의 변위량} = \frac{1cm}{4cm} = 0.25$$

24 다음 중 아날로그 표시장치를 선택하는 일반적인 요구사항으로 틀린 것은?

① 일반적으로 동침형보다 동목형을 선호한다.
② 일반적으로 동침과 동목은 혼용하여 사용하지 않는다.
③ 움직이는 요소에 대한 수동조절을 설계할 때는 바늘(Pointer)을 조정하는 것이 눈금을 조정하는 것보다 좋다.
④ 중요한 미세한 움직임이나 변화에 대한 정보를 표시할 때는 동침형을 사용한다.

> **해설** ① 일반적으로 동목형보다 동침형을 선호한다.

25 다음 중 정보를 전송하기 위해 청각적 표시장치보다 시각적 표시장치를 사용하는 것이 더 효과적인 경우는?

① 정보의 내용이 간단한 경우
② 정보가 후에 재참조되는 경우
③ 정보가 즉각적인 행동을 요구하는 경우
④ 정보의 내용이 시간적인 사건을 다루는 경우

> **해설**
> (1) **정보를 전송하기 위해 청각적 표시장치보다 시각적 표시장치를 사용하는 것이 더 효과적인 경우** : 정보가 후에 재참조되는 경우
> (2) **시각적 표시장치보다 청각적 표시장치를 사용하는 것이 더 효과적인 경우**
> ㉠ 정보의 내용이 간단한 경우
> ㉡ 정보가 즉각적인 행동을 요구하는 경우
> ㉢ 정보의 내용이 시간적인 사건을 다루는 경우

26 다음 중 인간-기계 시스템에서 인간과 기계가 병렬로 연결된 작업의 신뢰도는? (단, 인간은 0.8, 기계는 0.96의 신뢰도를 갖고 있다.)

① 0.996
② 0.986
③ 0.976
④ 0.966

> **해설** $R_S = 1 - (1-0.8)(1-0.98)$
> $= 0.996$

---

27 다음 중 신체 동작의 유형에 관한 설명으로 틀린 것은?

① 내선(medial rotation) : 몸의 중심선으로의 회전

② 외전(abduction) : 몸의 중심선으로부터의 이동

③ 굴곡(flexion) : 신체 부위간의 각도의 감소

④ 신전(extension) : 신체 부위간의 각도의 증가

해설 ② 외전(abduction) : 몸의 중심선으로부터 밖으로 이동하는 신체부위의 동작

28 불안전한 행동을 유발하는 요인 중 인간의 생리적 요인이 아닌 것은?

① 근력　② 반응시간
③ 감지능력　④ 주의력

해설 인간의 생리적 요인
㉠ 근력　㉡ 반응시간　㉢ 감지능력

29 다음 중 은행 창구나 슈퍼마켓의 계산대에 적용하기에 가장 적합한 인체 측정 자료의 응용 원칙은?

① 평균치 설계　② 최대 집단치 설계
③ 극단치 설계　④ 최소 집단치 설계

해설 평균치 설계 : 은행 창구나 슈퍼마켓의 계산대에 적용하기에 가장 적합한 인체 측정 자료의 응용 원칙

30 영상표시단말기(VDT)를 취급하는 작업장에서 화면의 바탕 색상이 검정색 계통일 경우 추천되는 조명 수준으로 가장 적절한 것은?

① 100~200lux　② 200~500lux
③ 750~800lux　④ 850~950lux

해설 영상표시단말기(VDT)를 취급하는 작업장에서 화면의 바탕 색상이 검정색 계통일 경우 추천되는 조명 수준은 정밀 작업에 속하므로 300~500lux이다.

31 란돌트(Landolt) 고리에 있는 1.5mm의 틈을 5m의 거리에서 겨우 구분할 수 있는 사람의 최소 분간 시력은 약 얼마인가?

① 0.1　② 0.3
③ 0.7　④ 1.0

해설 란돌트(Landolt) 고리에 있는 1.5mm의 틈을 5m의 거리에서 겨우 구분할 수 있는 사람의 최소 분간 시력은 1.0이다.

32 다음 중 변화감지역(JND ; Just Noticeable Difference)이 가장 작은 음은?

① 낮은 주파수와 작은 강도를 가진 음
② 낮은 주파수와 큰 강도를 가진 음
③ 높은 주파수와 작은 강도를 가진 음
④ 높은 주파수와 큰 강도를 가진 음

해설 변화감지역(Just Noticeable Difference)
㉠ 자극의 상대 식별에 있어 50%보다 더 높은 확률로 판단할 수 있는 자극 차이다. 예를 들면, 양손에 30g 무게와 31g 무게를 올려 놓고 어느 쪽이 무겁다는 것은 변화량이 적어 식별할 수 없으나 30g 무게와 35g 무게는 차이를 식별할 수 있다.
㉡ 변화감지역이 가장 작은 음 : 낮은 주파수와 큰 강도를 가진 음

33 다음 중 실효온도(effective temperature)에 대한 설명으로 틀린 것은?

① 체온계로 입안의 온도를 측정하여 기준으로 한다.
② 실제로 감각되는 온도로서 실감온도라 한다.
③ 온도, 습도 및 공기 유동이 인체에 미치는 열 효과를 나타낸 것이다.
④ 상대습도 100% 일 때의 건구온도에서 느끼는 것과 동일한 온감이다.

해설 실효온도 : 감각온도라 하며 온도, 습도 및 공기 유동이 인체에 미치는 열효과를 하나의 수치로 통합한 경험적 감각 지수로 상대습도 100%일 때의 온도에서 느끼는 것과 동일한 온감이다.

34 다음 설명 중 ㉮와 ㉯에 해당하는 내용이 올바르게 연결된 것은?

"예비위험분석(PHA)의 식별된 4가지 사고 카테고리 중 작업자의 부상 및 시스템의 중대한 손해를 초래하거나 작업자의 생존 및 시스템의 유지를 위하여 즉시 수정 조치를 필요로 하는 상태를 (㉮), 작업자의 부상 및 시스템의 중대한 손해를 초래하지 않고, 대처 또는 제어할 수 있는 상태를 (㉯)(이)라 한다."

① ㉮ 파국적,   ㉯ 중대
② ㉮ 중대,   ㉯ 파국적
③ ㉮ 한계적,   ㉯ 중대
④ ㉮ 중대,   ㉯ 한계적

해설 예비위험분석(PHA)의 식별된 4가지 사고 카테고리
㉠ 파국적 : 부상 및 시스템의 중대한 손해를 초래
㉡ 무시 가능 : 작업자의 생존 및 시스템의 유지를 위하여
㉢ 중대 : 즉시 수정 조치를 필요로 하는 상태
㉣ 한계적 : 작업자의 부상 및 시스템의 중대한 손해를 초래하지 않고 대처 또는 제어할 수 있는 상태

35 다음 중 시스템이나 기기의 개발 설계 단계에서 FMEA의 표준적인 실시 절차에 해당되지 않는 것은?
① 비용 효과 절충 분석
② 시스템 구성의 기본적 파악
③ 상위 체계의 고장 영향 분석
④ 신뢰도 블록 다이어그램 작성

해설 FMEA의 표준적인 실시 절차
㉠ 시스템 구성의 기본적 파악
㉡ 상위 체계의 고장 영향 분석
㉢ 신뢰도 블록 다이어그램 작성

36 다음 중 톱다운(Top-down) 접근 방법으로 일반적 원리로부터 논리 절차를 밟아서 각각의 사실이나 명제를 이끌어내는 연역적 평가 기법은?
① FTA   ② ETA
③ FMEA   ④ HAZOP

해설 ② ETA : 사상의 안전도를 사용한 시스템의 안전도를 나타내는 시스템 모델의 하나로서 귀납적이기는 하나 정량적인 분석 기법이며 종래의 지나치기 쉬웠던 재해의 확대 요인 분석 등에 적합하다.

③ FMEA : 고장 형태와 영향분석이라고도 하며, 각 요소의 고장 유형과 그 고장이 미치는 영향을 분석하는 방법으로 귀납적이면서 정성적으로 분석하는 기법이다.
④ HAZOP : 위험 및 운전성 검토라 하며 각각의 장비에 대해 잠재된 위험이나 기능 저하, 운전 잘못 등과 전체로서의 시설에 결과적으로 미칠 수 있는 영향 등을 평가하기 위해서 공정이나 설계도 등에 비판적인 검토를 하는 방법이다.

37 FTA에서 사용하는 다음 사상 기호에 대한 설명으로 옳은 것은?

① 시스템 분석에서 좀 더 발전시켜야 하는 사상
② 시스템의 정상적인 가동 상태에서 일어날 것이 기대되는 사상
③ 불충분한 자료로 결론을 내릴 수 없어 더 이상 전개할 수 없는 사상
④ 주어진 시스템의 기본 사상으로 고장 원인이 분석되었기 때문에 더 이상 분석할 필요가 없는 사상

해설 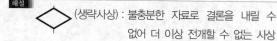 (생략사상) : 불충분한 자료로 결론을 내릴 수 없어 더 이상 전개할 수 없는 사상

38 다음 중 FTA에서 사용되는 Minimal Cut set에 관한 설명으로 틀린 것은?
① 사고에 대한 시스템의 약점을 표현한다.
② 정상사상(Top event)을 일으키는 최소한의 집합이다.
③ 시스템에 고장이 발생하지 않도록 하는 모든 사상의 집합이다.
④ 일반적으로 Fussell Algorithm을 이용한다.

해설 ③ Minimal Cut set은 어떤 고장이나 실수를 일으키는 재해가 일어날까를 나타내는 것으로 결국 시스템의 위험성을 표시하는 것이다.

정답 | 35. ① 36. ① 37. ③ 38. ③

39 다음 중 안전성 평가의 기본 원칙 6단계에 해당하지 않는 것은?

① 정성적 평가
② 관계자료의 정비검토
③ 안전대책
④ 작업조건의 평가

> 해설
> **안전성 평가의 기본 원칙 6단계**
> ① 제1단계 : 관계자료의 작성 준비
> ② 제2단계 : 정성적 평가
> ③ 제3단계 : 정량적 평가
> ④ 제4단계 : 안전대책
> ⑤ 제5단계 : 재해정보로부터의 재평가
> ⑥ 제6단계 : FTA에 의한 재평가

40 다음 중 산업안전보건법령에 따라 기계 · 기구 및 설비의 설치 · 이전 등으로 인해 유해 · 위험 방지 계획서를 제출하여야 하는 대상에 해당하지 않는 것은?

① 공기압축기
② 건조설비
③ 화학설비
④ 가스집합용접장치

> 해설
> **유해 · 위험방지 계획서를 제출하여야 하는 대상**
> ㉠ 금속 및 기타 광물의 용해로
> ㉡ 화학설비
> ㉢ 건조설비
> ㉣ 가스집합용접장치
> ㉤ 허가대상 · 관리대상 유해물질 및 분진작업 관련설비

제3과목 **기계위험방지기술**

41 다음 중 왕복 운동을 하는 운동부와 고정부 사이에서 형성되는 위험점인 협착점(Squeeze Point)이 형성되는 기계로 가장 거리가 먼 것은?

① 프레스
② 연삭기
③ 조형기
④ 성형기

> 해설
> ② 연삭기는 끼임점(Sheer Point)이 형성되는 기계이다.

42 허용응력이 100kgf/mm² 단면적이 2mm²인 강판의 극한 하중이 400kgf이라면 안전율은 얼마인가?

① 2
② 4
③ 5
④ 50

> 해설
> 안전율 $= \dfrac{극한하중}{허용하중}$
> 허용하중$(P) = 허용응력(\sigma) \times 단면적(A)$
> $= 100 \times 2 = 200 kgf$
> $\therefore \dfrac{400 kgf}{200 kgf} = 2$

43 안전율을 구하는 방법으로 옳은 것은?

① 안전율 $= \dfrac{허용응력}{기초강도}$
② 안전율 $= \dfrac{허용응력}{인장강도}$
③ 안전율 $= \dfrac{인장강도}{허용응력}$
④ 안전율 $= \dfrac{안전하중}{파단하중}$

> 해설
> **안전율을 구하는 방법**
> 안전율 $= \dfrac{인장강도}{허용응력} = \dfrac{극한강도}{최대한계능력}$

44 선반작업의 안전수칙으로 적합하지 않은 것은 어느 것인가?

① 작업 중 장갑을 착용하여서는 안 된다.
② 공작물의 측정은 기계를 정지시킨 후 실시한다.
③ 사용 중인 공구는 선반의 베드 위에 올려 놓는다.
④ 가공물의 길이가 지름의 12배 이상이면 방진구를 사용한다.

> 해설
> ③의 경우, 사용 중인 공구는 선반의 베드 위에 올려 놓지 않는다는 내용이 옳다.

45 다음 중 밀링작업의 안전사항으로 적절하지 않은 것은?

① 측정 시에는 반드시 기계를 정지시킨다.
② 절삭 중의 칩 제거는 칩 브레이커로 한다.
③ 일감을 풀어내거나 고정할 때에는 기계를 정지시킨다.
④ 상하 이송장치의 핸들을 사용 후 반드시 빼 두어야한다.

> 해설
> ② 절삭 후의 칩 제거는 칩 브러시로 한다.

---

46 다음 중 드릴작업의 안전사항이 아닌 것은?

① 옷소매가 길거나 찢어진 옷은 입지 않는다.
② 회전하는 드릴에 걸레 등을 가까이하지 않는다.
③ 작고 길이가 긴 물건은 플라이어로 잡고 뚫는다.
④ 스핀들에서 드릴을 뽑아낼 때에는 드릴 아래에 손을 내밀지 않는다.

> **해설** ③ 작고 길이가 긴 물건은 바이스로 고정하고 뚫는다.

47 연삭숫돌의 기공 부분이 너무 작거나 연질의 금속을 연마할 때에 숫돌표면의 공극이 연삭칩에 막혀서 연삭이 잘 행하여지지 않는 현상을 무엇이라 하는가?

① 자생현상
② 드레싱현상
③ 그레이징현상
④ 눈 메꿈현상

> **해설** 눈 메꿈현상(Loading, 로딩)의 발생원인은 연삭길이가 깊고, 원주속도가 너무 느리며, 조직이 너무 치밀하고, 숫돌입자가 너무 미세할 때이다.

48 프레스 가공품의 이송방법으로 2차 가공용 송급배출장치가 아닌 것은?

① 푸셔피더(Pusher Feeder)
② 다이얼 피더(Dial Feeder)
③ 롤 피더(Roll Feeder)
④ 트랜스퍼 피더(Transfer Feeder)

> **해설**
> (1) 2차 가공용 송급배출장치로는 ①, ②, ④ 이외에 다음과 같다.
> ㉠ 호퍼 피더 ㉡ 슈트
> (2) 롤 피더는 그리퍼 피더와 더불어 1차 가공용 송·급 배출장치에 해당된다.

49 다음중 프레스기에 사용하는 광전자식 방호장치의 단점으로 틀린 것은?

① 연속운전작업에는 사용할 수 없다.
② 확동클러치 방식에는 사용할 수 없다.
③ 설치가 어렵고, 기계적 고장에 의한 2차 낙하에는 효과가 없다.
④ 작업 중 진도에 의해 투·수광기가 어긋나 작동이 되지 않을 수 있다.

> **해설** ①의 경우 연속운전작업에 사용할 수 있다는 내용이 옳다.

50 금형의 안전화에 관한 설명으로 옳지 않은 것은?

① 금형을 설치하는 프레스의 T홈 안길이는 설치 볼트 직경의 2배 이상으로 한다.
② 맞춤핀을 사용할 때에는 헐거움 끼워맞춤으로하고, 이를 하형에 사용할 때에는 낙하방지의 대책을 세워둔다.
③ 금형의 사이에 신체 일부가 들어가지 않도록 이동 스트리퍼와 다이의 간격은 8mm 이하로 한다.
④ 대형 금형에서 싱크가 헐거워짐이 예상될 경우 싱크만으로 상형을 슬라이드에 설치하는 것을 피하고 볼트를 사용하여 조인다.

> **해설** ②의 경우, 맞춤핀을 사용할 때는 끼워맞춤을 정확하게 확실히 하고 낙하방지의 대책을 세워둔다는 내용이 옳다.

51 산업안전보건법령상 롤러기 조작부의 설치위치에 따른 급정지장치의 종류가 아닌 것은?

① 손조작식
② 복부조작식
③ 무릎조작식
④ 발조작식

> **해설** 롤러기 조작부의 설치위치에 따른 급정지장치의 종류로는 손조작식, 복부조작식, 무릎조작식이 있다.

52 아세틸렌 용접장치를 사용하여 금속의 용접·용단 또는 가열 작업을 하는 경우 게이지압력으로 얼마를 초과하는 압력의 아세틸렌을 발생시켜 사용해서는 안 되는가?

① 85kPa
② 107kPa
③ 127kPa
④ 150kPa

> **해설** 아세틸렌 용접장치를 사용하여 금속의 용접·용단 또는 가열 작업을 하는 경우 게이지압력으로 127kPa을 초과하는 압력의 아세틸렌을 발생시켜 사용해서는 아니 된다.

정답 | 46. ③ 47. ④ 48. ③ 49. ① 50. ② 51. ④ 52. ③

53 다음 중 산업안전보건법령상 보일러에 설치하여야 하는 방호장치에 해당하지 않는 것은?

① 절탄장치 ② 압력제한스위치
③ 압력방출장치 ④ 고저수위조절장치

해설 ㉠ 산업안전보건법령상 보일러에 설치하여야 하는 방호장치로는 ②, ③, ④가 있다.
㉡ ①의 절탄장치는 보일러에 공급되는 급수를 예열하여 증발량을 증가시키고, 연료소비량은 감소시키기 위한 것으로 보일러의 부속장치에 해당된다.

54 공기압축기에서 공기탱크 내의 압력이 최고사용압력에 도달하면 압송을 정지하고, 소정의 압력까지 강하하면 다시 압송작업을 하는 밸브는?

① 감압밸브 ② 언로드밸브
③ 릴리프밸브 ④ 시퀀스밸브

해설 문제의 내용은 언로드밸브에 관한 것이다.

55 다음 중 지게차의 안정도에 관한 설명으로 틀린 것은?

① 지게차의 등판 능력을 표시한다.
② 좌우 안정도와 전후 안정도가 다르다.
③ 주행과 하역작업의 안정도가 다르다.
④ 작업 또는 주행 시 안정도 이하로 유지해야 한다.

해설 지게차의 안정도와 지게차의 등판능력은 아무런 관련이 없다.

56 다음 설명 중 ( )의 내용으로 옳은 것은?

> 간이 리프트란 동력을 사용하여 가이드레일을 따라 움직이는 운반구를 매달아 소형 화물운반을 주목적으로 하며 승강기와 유사한 구조로서 운반구의 바닥면적이 (㉠) 이하이거나 천장높이가 (㉡) 이하인 것 또는 동력을 사용하여 가이드레일을 따라 움직이는 지지대로 자동차 등을 일정한 높이로 올리거나 내리는 구조의 자동차정비용 리프트를 말한다.

① ㉠ 0.5m², ㉡ 1.0m
② ㉠ 1.0m², ㉡ 1.2m
③ ㉠ 1.5m², ㉡ 1.5m
④ ㉠ 2.0m², ㉡ 2.5m

해설 간이리프트 : 승강기와 유사한 구조로서 운반구의 바닥면적이 1.0m² 이하이거나 천장높이가 1.2m 이하인 것

57 산업안전보건법에서 정한 양중기의 종류에 해당하지 않는 것은?

① 리프트 ② 호이스트
③ 곤돌라 ④ 컨베이어

해설 ①, ②, ③ 이외에 산업안전보건법에서 정한 양중기는 다음과 같다.
㉠ 크레인
㉡ 이동식 크레인
㉢ 적재하중이 0.1ton 이상인 이삿짐 운반용 리프트
㉣ 최대하중이 0.25ton 이상인 승강기

58 다음 중 와이어로프 구성 기호 "6×19"의 표기에서 "6"의 의미에 해당하는 것은?

① 소선 수 ② 소선의 직경(mm)
③ 스트랜드 수 ④ 로프의 인장강도

해설 와이어로프 구성 기호 "6×19"의 표기에서의 의미는 다음과 같다.
㉠ 6 : 스트랜드(자선)의 수
㉡ 19 : 와이어(소선)의 수

59 검사물 표면의 균열이나 피트 등의 결함을 비교적 간단하고 신속하게 검출할 수 있고, 특히 비자성 금속재료의 검사에 자주 이용되는 비파괴검사법은?

① 침투탐상검사 ② 초음파탐상시험
③ 자기탐상검사 ④ 방사선투과검사

해설 문제의 내용은 침투탐상검사에 관한 것으로 내부 결함은 검출되지 않는 단점이 있다.

60 회전축이나 베어링 등이 마모 등으로 변형되거나 회전의 불균형에 의하여 발생하는 진동을 무엇이라고 하는가?

① 단속진동 ② 정상진동
③ 충격진동 ④ 우연진동

해설 회전축이나 베어링 등이 마모 등으로 변형되거나 회전의 불균형에 의하여 발생하는 진동은 정상진동이다.

정답 ┃ 53. ① 54. ② 55. ① 56. ② 57. ④ 58. ③ 59. ① 60. ②

제4과목 | 전기 및 화학설비 위험방지기술

61 인체 피부의 전기저항에 영향을 주는 주요인자와 거리가 먼 것은?

① 접지경로
② 접촉면적
③ 접촉부위
④ 인가전압

> **해설**
> 인체 피부의 전기저항에 영향을 주는 주요인자로는 ②, ③, ④ 이외에 다음과 같다.
> ① 전원의 종류
> ② 인가시간
> ③ 접촉부위
> ④ 접촉부의 습기
> ⑤ 접촉압력
> ⑥ 피부의 건습차

62 감전 등의 재해를 예방하기 위하여 고압기계·기구 주위에 관계자 외 출입을 금하도록 울타리를 설치할 때 울타리의 높이와 울타리로부터 충전부분까지의 거리의 합이 최소 몇 m 이상은 되어야 하는가?

① 5m 이상
② 6m 이상
③ 7m 이상
④ 9m 이상

> **해설**
> 감전 등의 재해를 방지하기 위하여 울타리의 높이와 울타리로부터 충전부분까지의 거리의 합이 최소 5m 이상은 되어야 한다.

63 개폐조작의 순서에 있어서 [그림]의 기구번호의 경우 차단 순서와 투입 순서가 안전수칙에 적합한 것은?

인입 ───/ ─[○ ○]─ /─── 부하
　　　 ㉠ DS　　 ㉡ VCB　 ㉢ DS

① 차단 ㉠→㉡→㉢, 투입 ㉠→㉡→㉢
② 차단 ㉡→㉢→㉠, 투입 ㉡→㉠→㉢
③ 차단 ㉢→㉡→㉠, 투입 ㉢→㉡→㉠
④ 차단 ㉡→㉢→㉠, 투입 ㉢→㉠→㉡

> **해설**
> 개폐조작의 순서에 있어서 차단 순서와 투입 순서가 안전수칙에 적합한 것은 ④이다.

64 다음 중 고압활선작업에 필요한 보호구에 해당하지 않는 것은?

① 절연대
② 절연장갑
③ AE형 안전모
④ 절연장화

> **해설**
> ①의 절연대는 보호구가 아니라 기구에 해당되는 것이다.

65 다음 중 전기화재의 원인에 관한 설명으로 가장 거리가 먼 것은?

① 단락된 순간의 전류는 정격전류보다 크다.
② 전류에 의해 발생되는 열은 전류의 제곱에 비례하고, 저항에 비례한다.
③ 누전, 접촉불량 등에 의한 전기화재는 배선용차단기나 누전차단기로 예방이 가능하다.
④ 전기화재의 발화 형태별 원인 중 가장 큰 비율을 차지하는 것은 전기배선의 단락이다.

> **해설**
> ③은 전기화재의 원인에 관한 설명과는 거리가 멀다.

66 다음 중 전선이 연소될 때의 단계별 순서로 가장 적절한 것은?

① 착화단계 → 순시용단단계 → 발화단계 → 인화단계
② 인화단계 → 착화단계 → 발화단계 → 순시용단단계
③ 순시용단단계 → 착화단계 → 인화단계 → 발화단계
④ 발화단계 → 순시용단단계 → 착화단계 → 인화단계

> **해설**
> 전선이 연소될 때의 단계별 순서로 적절한 것은 ②이다.

67 정전기 발생량과 관련된 내용으로 옳지 않은 것은?

① 분리속도가 빠를수록 정전기량이 많아진다.
② 두 물질 간의 대전서열이 가까울수록 정전기의 발생량이 많다.
③ 접촉면적이 넓을수록, 접촉압력이 증가할수록 정전기 발생량이 많아진다.
④ 물질의 표면이 수분이나 기름 등에 오염되어 있으면 정전기 발생량이 많아진다.

> **해설**
> ② 두 물질이 대전서열 내에서 가까운 위치에 있으면 대전량이 적고, 먼 위치에 있을수록 대전량이 많다.

68 30kV에서 불꽃방전이 일어났다면 어떤 상태이었겠는가?

① 전극 간격이 1cm 떨어진 침대침 전극
② 전극 간격이 1cm 떨어진 평형판 전극
③ 전극 간격이 1mm 떨어진 평형판 전극
④ 전극 간격이 1mm 떨어진 침대침 전극

해설 30kV에서 불꽃방전이 일어났다면 전극 간격이 1cm 떨어진 평행판 전극 상태이다.

69 가연성 가스가 저장된 탱크의 릴리프밸브가 가끔 작동하여 가연성 가스나 증기가 방출되는 부근의 위험장소 분류는?

① 0종
② 1종
③ 2종
④ 준위험장소

해설 문제의 내용은 1종 위험장소에 관한 것이다.

70 방폭구조와 기호의 연결이 옳지 않은 것은?

① 압력방폭구조 : p
② 내압방폭구조 : d
③ 안전증방폭구조 : s
④ 본질안전방폭구조 : ia 또는 ib

해설 ③ 안전증방폭구조의 기호는 'e'이다.

71 대기압에서 물의 엔탈피가 1kcal/kg이었던 것이 가압하여 1.45kcal/kg을 나타내었다면 flash율은 얼마인가? (단, 물의 기화열은 540kcal/g이라고 가정한다.)

① 0.00083
② 0.0083
③ 0.0015
④ 0.015

해설
$$\text{flash율} = \frac{1.45 - 1}{540} = 0.00083$$

72 산업안전보건법에서 규정하고 있는 위험물 중 부식성 염기류로 분류되기 위하여 농도가 40% 이상이어야 하는 물질은?

① 염산
② 아세트산
③ 불산
④ 수산화칼륨

해설
(1) **부식성 염기류** : 농도가 40% 이상인 수산화나트륨, 수산화칼슘, 기타 이와 같은 정도 이상의 부식성을 가지는 염기류
(2) **부식성 산류**
　㉠ 농도가 20% 이상인 염산, 황산, 질산, 기타 이와 같은 정도 이상의 부식성을 가지는 물질
　㉡ 농도가 60% 이상인 인산, 아세트산, 플루오르산, 기타 이와 같은 정도 이상의 부식성을 가지는 물질

73 25℃, 1기압에서 공기 중 벤젠(C_6H_6)의 허용농도가 10ppm일 때 이를 mg/m³의 단위로 환산하면 약 얼마인가? (단, C, H의 원자량은 각각 12, 1이다.)

① 28.7
② 31.9
③ 34.8
④ 45.9

해설 C_6H_6 분자량 : 78
$$\frac{10mL}{m^3} \times \frac{78mg}{22.4N \cdot mL} \times \frac{(273)N \cdot mL}{(273+25)mL} = 31.9mg/m^3$$

74 다음 중 가연성 가스의 폭발범위에 관한 설명으로 틀린 것은?

① 상한과 하한이 있다.
② 압력과 무관하다.
③ 공기와 혼합된 가연성 가스의 체적농도로 표시된다.
④ 가연성 가스의 종류에 따라 다른 값을 갖는다.

해설 대단히 낮은 압력(<50mmHg 절대)을 제외하고는 압력은 연소하한(LFL)에 거의 영향을 주지 않는다. 이 압력 이하에서는 화염이 전파되지 않는다. 연소상한값(UFL)은 압력이 증가될 때 현저히 증가되어 연소범위가 넓어진다.

75 증기운 폭발에 대한 설명으로 옳은 것은?

① 폭발효율은 BLEVE보다 크다.
② 증기운의 크기가 증가하면 점화확률이 높아진다.

③ 증기운 폭발의 방지대책으로 가장 좋은 방법은 점화방지용 안전장치의 설치이다.

④ 증기와 공기의 난류 혼합, 방출점으로부터 먼 지점에서 증기운의 점화는 폭발의 충격을 감소시킨다.

> **해설**
> ① 폭발효율은 BLEVE보다 작다.
> ③ 누설할 경우 초기단계에서 시스템이 자동으로 중지할 수 있도록 자동차단밸브를 설치한다.
> ④ 증기와 공기의 난류 혼합, 방출점으로부터 먼 지점에서 증기운의 점화는 폭발의 충격을 증가시킨다.

76 취급물질에 따라 여러가지 증류방법이 있는데, 다음 중 특수 증류방법이 아닌 것은?

① 감압증류 ② 추출증류
③ 공비증류 ④ 기·액증류

> **해설**
> **특수 증류방법**
> ㉠ 감압증류   ㉡ 추출증류
> ㉢ 공비증류

77 산업안전보건법령상 위험물 또는 위험물이 발생하는 물질을 가열·건조하는 경우 내용적이 얼마인 건조설비는 건조실을 설치하는 건축물의 구조를 독립된 단층 건물로 하여야 하는가?

① 0.3m³ 이하
② 0.3~0.5m³
③ 0.5~0.75m³
④ 1m³ 이상

> **해설**
> 위험물 또는 위험물이 발생하는 물질을 가열·건조하는 경우 내용적이 1m³ 이상인 건조설비는 건조실을 설치하는 건축물의 구조를 독립된 단층 건물로 한다.

78 개방형 스프링식 안전밸브의 장점이 아닌 것은?

① 구조가 비교적 간단하다.
② 밸브시트와 밸브스템 사이에서 누설을 확인하기 쉽다.
③ 증기용에 어큐뮬레이션을 3% 이내로 할 수 있다.
④ 스프링, 밸브봉 등이 외기의 영향을 받지 않는다.

> **해설**
> 스프링, 밸브봉 등이 외기의 영향을 받는다.

79 다음 중 칼륨에 의한 화재발생 시 소화를 위해 가장 효과적인 것은?

① 건조사 사용
② 포 소화기 사용
③ 이산화탄소 사용
④ 할로겐화합물 소화기 사용

> **해설**
> **칼륨 화재 시 적정한 소화제**
> 건조사(마른 모래)

80 다음 중 공정안전보고서 심사기준에 있어 공정배관계장도(P&ID)에 반드시 표시되어야 할 사항이 아닌 것은?

① 물질 및 열수지
② 안전밸브의 크기 및 설정압력
③ 동력기계와 장치의 주요명세
④ 장치의 계측제어 시스템과의 상호관계

> **해설**
> **공정배관계장도에 반드시 표시되어야 할 사항**
> ㉠ 안전밸브의 크기 및 설정압력
> ㉡ 동력기계와 장치의 주요명세
> ㉢ 장치의 계측제어 시스템과의 상호관계

제5과목 건설안전기술

81 지반조사보고서 내용에 해당되지 않는 항목은?

① 지반공학적 조건
② 표준관입시험치, 콘관입저항치 결과분석
③ 시공예정인 흙막이공법
④ 건설할 구조물 등에 대한 지반특성

> **해설**
> 시공예정인 흙막이공법은 지반조사보고서 내용에 해당되지 않는다.

82 흙막이 붕괴원인 중 보일링(bolling)현상이 발생하는 원인에 관한 설명으로 옳지 않은 것은?

① 지반을 굴착 시 굴착부와 지하수위 차가 있을 때 주로 발생한다.
② 연약 사질토 지반의 경우 주로 발생한다.
③ 굴착 저면에서 액상화현상에 기인하여 발생한다.
④ 연약 점토질 지반에서 배면토의 중량이 굴착부 바닥의 지지력 이상이 되었을 때 주로 발생한다.

해설 ④는 히빙(heaving)현상이 발생하는 원인이다.

83 연암지반을 인력으로 굴착할 때, 그리고 연직 높이가 2m일 때, 수평길이는 최소 얼마 이상이 필요한가?

① 2.0m 이상
② 1.5m 이상
③ 1.0m 이상
④ 0.5m 이상

해설 인력굴착 시 수평길이는 다음과 같이 구한다.

$$수평길이 = \frac{연직높이}{2} = \frac{2}{2} = 1m$$

84 유해·위험방지계획서를 작성하여 제출하여야 할 규모의 사업에 대한 기준으로 옳지 않은 것은?

① 연면적 30,000m² 이상인 건축물 공사
② 최대경간길이가 50m 이상인 교량건설 등 공사
③ 다목적 댐·발전용 댐 건설공사
④ 깊이 10m 이상인 굴착공사

해설 ②의 경우 최대지간길이가 50m 이상인 교량건설 등 공사가 옳은 내용이다.

85 굴착기계 중 주행기면보다 하방의 굴착에 적합하지 않은 것은?

① 백호
② 클램셀
③ 파워셔블
④ 드래그 라인

해설 ㉠ 주행기면보다 하방의 굴착에 적합한 것 : 백호, 클램셀, 드래그 라인, 불도저 등

㉡ 중기가 위치한 지면보다 높은 장소의 장비 자체보다 높은 장소의 땅을 굴착하는 데 적합한 것 : 파워셔블

86 크레인의 종류에 해당하지 않는 것은?

① 자주식 트럭크레인
② 크롤러크레인
③ 타워크레인
④ 가이데릭

해설 크레인의 종류로는 ①, ②, ③ 이외에 휠크레인, 트럭크레인, 천장크레인, 지브크레인 등이 있다.

87 다음 건설기계 중 360° 회전작업이 불가능한 것은?

① 타워크레인
② 타이어크레인
③ 가이데릭
④ 삼각데릭

해설 ④의 삼각데릭의 작업회전 반경은 약 270° 정도이다.

88 해체용 기계·기구의 취급에 대한 설명으로 틀린 것은?

① 해머는 적절한 직경과 종류의 와이어로프로 매달아 사용해야 한다.
② 압쇄기는 셔블(Shovel)에 부착설치하여 사용한다.
③ 차체에 무리를 초래하는 중량의 압쇄기 부착을 금지한다.
④ 해머 사용 시 충분한 견인력을 갖춘 도저에 부착하여 사용한다.

해설 ④의 경우, 해머 사용 시 충분한 견인력을 갖춘 도저에 부착하여 사용하지 않는다는 내용이 옳다.

89 안정방망 설치 시 작업면으로부터 망의 설치지점까지의 수직거리 기준은?

① 5m를 초과하지 아니할 것
② 10m를 초과하지 아니할 것
③ 15m를 초과하지 아니할 것
④ 17m를 초과하지 아니할 것

해설 안정방망 설치 시 작업면으로부터 망의 설치지점까지의 수직거리는 10m를 초과하지 아니하여야 한다.

정답 | 82. ④ 83. ③ 84. ② 85. ③ 86. ④ 87. ④ 88. ④ 89. ②

90 근로자의 추락 등의 위험을 방지하기 위하여 설치하는 안전난간의 구조 및 설치기준으로 옳지 않은 것은?

① 상부 난간대는 바닥면, 발판 또는 경사로의 표면으로부터 90cm 이상 지점에 설치 할 것
② 발끝막이판은 바닥면 등으로부터 10cm 이상의 높이를 유지할 것
③ 안전난간은 구조적으로 가장 취약한 지점에서 가장 취약한 방향으로 작용하는 80kg 이상의 하중에 견딜 수 있는 튼튼한 구조일 것
④ 난간대는 지름 2.7cm 이상의 금속제 파이프나 그 이상의 강도가 있는 재료일 것

해설 ③의 경우 안전난간은 구조적으로 가장 취약한 지점에서 가장 취약한 방향으로 작용하는 100kg 이상의 하중에 견딜 수 있는 튼튼한 구조일 것이 옳은 내용이다.

91 토사붕괴 재해의 발생원인으로 보기 어려운 것은?

① 부석의 점검을 소홀히 했다.
② 지질조사를 충분히 하지 않았다.
③ 굴착면 상하에서 동시작업을 했다.
④ 안식각으로 굴착했다.

해설 안식각으로 굴착했다는 것은 토사붕괴 재해의 방지대책에 해당한다.

92 옹벽 안전조건의 검토사항이 아닌 것은?

① 활동(sliding)에 대한 안전검토
② 전도(overturing)에 대한 안전검토
③ 보일링(boiling)에 대한 안전검토
④ 지반지지력(settlement)에 대한 안전검토

해설 **옹벽 안전조건의 검토사항**
㉠ 활동에 대한 안전검토
㉡ 전도에 대한 안전검토
㉢ 지반지지력에 대한 안전검토

93 다음은 통나무 비계를 조립하는 경우의 준수사항에 대한 내용이다. ( ) 안에 알맞은 내용을 고르면?

통나무 비계는 지상높이 (㉮) 이하 또는 (㉯) 이하인 건축물·공작물 등의 건조·해체 및 조립 등의 작업에만 사용할 수 있다.

① ㉮ 4층, ㉯ 12m ② ㉮ 4층, ㉯ 15m
③ ㉮ 6층, ㉯ 12m ④ ㉮ 6층, ㉯ 15m

해설 통나무 비계는 지상높이 4층 이하 또는 12m 이하인 건축물·공작물 등의 건조·해체 및 조립 등의 작업에만 사용할 수 있다.

94 다음은 달비계 또는 높이 5m 이상의 비계를 조립·해체하거나 변경하는 작업에 대한 준수사항이다. ( ) 안에 들어갈 숫자는?

비계재료의 연결·해체 작업을 하는 경우에는 폭 ( )cm 이상의 발판을 설치하고 근로자로 하여금 안전대를 사용하도록 하는 등 추락을 방지하기 위한 조치를 할 것

① 15   ② 20
③ 25   ④ 30

해설 **발판의 폭**
㉠ 비계재료의 연결·해체 작업 시 설치하는 발판의 폭 : 20cm 이상
㉡ 슬레이트 지붕 위에 설치하는 발판의 폭 : 30cm 이상
㉢ 비계의 높이가 2m 이상인 작업장소에 설치하는 작업발판의 폭 : 40cm 이상

95 철근콘크리트 공사 시 거푸집의 필요조건이 아닌 것은?

① 콘크리트의 하중에 대해 뒤틀림이 없는 강도를 갖출 것
② 콘크리트 내 수분 등에 대한 물빠짐이 원활한 구조를 갖출 것
③ 최소한의 재료로 여러 번 사용할 수 있는 전용성을 가질 것
④ 거푸집은 조립·해체·운반이 용이하도록 할 것

해설 ②의 경우 콘크리트 내 수분 등에 대한 누출을 방지할 수 있는 수밀성이 있을 것이 옳은 내용이다.

정답 | 90. ③ 91. ④ 92. ③ 93. ① 94. ② 95. ②

307

96 동바리로 사용하는 파이프 서포트에 대한 준수 사항과 거리가 먼 것은?

① 파이프 서포트를 3개 이상 이어서 사용 하지 않도록 할 것
② 파이프 서포트를 이어서 사용하는 경우에 는 4개 이상의 볼트 또는 전용 철물을 사용하여 이를 것
③ 높이가 3.5m를 초과하는 경우에는 높이 2m 이내마다 수평연결재를 2개 방향으 로 만들 것
④ 파이프 서포트 사이에 교차가재를 설치하 여 보강조치할 것

> **해설** 동바리로 사용하는 파이프 서포트에 대한 준수사항으 로는 ①, ②, ③의 세 가지가 있다.

97 콘크리트 강도에 영향을 주는 요소로 거리가 먼 것은?

① 거푸집 모양
② 양생 온도와 습도
③ 타설 및 다지기
④ 콘크리트 재령 및 배합

> **해설** **콘크리트 강도에 영향을 주는 요소**
> ㉠ 양생 온도와 습도   ㉡ 타설 및 다지기
> ㉢ 콘크리트 재령 및 배합

98 철골공사 시 안전을 위한 사전검토 또는 계획수 립을 할 때 가장 거리가 먼 내용은?

① 추락방지망의 설치
② 사용기계의 용량 및 사용대수
③ 기상조건의 검토
④ 지하매설물의 조사

> **해설** **철골공사 시 안전을 위한 사전검토 또는 계획수립 사 항**
> ㉠ 추락방지망의 설치
> ㉡ 사용기계의 용량 및 사용대수
> ㉢ 기상조건의 검토

99 철골보 인양작업 시의 준수사항으로 옳지 않은 것은?

① 선회와 인양작업은 가능한 동시에 이루어 지도록 한다.
② 인양용 와이어로프의 각도는 양변 60° 정 도가 되도록 한다.
③ 유도로프로 방향을 잡으며 이동시킨다.
④ 철골보의 와이어로프 체결지점은 부재의 1/3 지점을 기준으로 한다.

> **해설** ① 선회와 인양작업은 가능한 동시에 이루어지지 않 게 한다.

100 차량계 하역운반기계에서 화물을 싣거나 내리는 작업에서 작업지휘자가 준수해야 할 사항과 가 장 거리가 먼 것은?

① 작업 순서 및 그 순서마다의 작업방법을 정하고 작업을 지휘하는 일
② 기구 및 공구를 점검하고 불량품을 제거 하는 일
③ 해당 작업을 행하는 장소에 관계 근로자 외의 자의 출입을 금지하는 일
④ 총 화물량을 산출하는 일

> **해설** **차량계 하역운반기계에서 화물을 싣거나 내리는 작업 에서 작업지휘자가 준수해야 할 사항**
> ㉠ 작업 순서 및 그 순서마다의 작업방법을 정하고 작업을 지휘한다.
> ㉡ 기구와 공구를 점검하고 불량품을 제거한다.
> ㉢ 해당 작업을 행하는 장소에 관계 근로자가 아닌 사람이 출입하는 것을 금지하는 일
> ㉣ 로프 풀기작업 또는 덮개 벗기기 작업은 적재함의 화물이 떨어질 위험 없음을 확인한 후 하도록 한다.

제1과목 산업안전관리론

01 다음 중 칼날이나 뾰족한 물체 등 날카로운 물건에 찔린 상해를 무엇이라 하는가?

① 자상
② 창상
③ 절상
④ 찰과상

해설
① **자상** : 칼날이나 뾰족한 물체 등 날카로운 물건에 찔린 상해
② **창상** : 창, 칼 등에 베인 상해
③ **절상** : 신체 부위가 절단된 상해
④ **찰과상** : 스치거나 문질러서 벗겨진 상해

02 다음 중 산업안전보건법령에서 정한 안전보건관리규정의 세부 내용으로 가장 적절하지 않은 것은?

① 산업안전보건위원회의 설치 · 운영에 관한 사항
② 사업주 및 근로자의 재해예방 책임 및 의무 등에 관한 사항
③ 근로자의 건강진단, 작업환경측정의 실시 및 조치절차 등에 관한 사항
④ 산업재해 및 중대산업사고의 발생 시 손실비용 산정 및 보상에 관한 사항

해설
산업안전보건법령에서 정한 안전보건관리규정의 세부 내용
㉠ 산업안전보건위원회의 설치 · 운영에 관한 사항
㉡ 사업주 및 근로자의 재해예방 책임 및 의무 등에 관한 사항
㉢ 근로자 건강진단, 작업환경측정의 실시 및 조치절차 등에 관한 사항

03 연평균 1,000명의 근로자를 채용하고있는 사업장에서 연간 24명의 재해자가 발생하였다면 이 사업장의 연천 인 율은 얼마인가?

① 10
② 12
③ 24
④ 48

해설
$$연천인율 = \frac{사상자수}{연평균\ 근로자수} \times 1,000$$
$$= \frac{24}{1,000} \times 1,000 = 24$$

04 다음 중 재해통계에 있어 강도율이 2.0인 경우에 대한 설명으로 옳은 것은?

① 한건의 재해로 인해 전체 작업 비용의 2.0%에 해당하는 손실이 발생하였다.
② 근로자 1,000명당 2.0건의 재해가 발생하였다.
③ 근로시간 1,000시간당 2.0건의 재해가 발생하였다.
④ 근로시간 1,000 시간당 2.0일의 근로손실이 발생하였다.

해설
강도율 2.0인 경우 근로시간 1,000시간당 2.0일의 근로손실이 발생하였다.

05 재해의 원인분석법 중 사고의 유형, 기인물 등 분류 항목을 큰 순서대로 도표화하여 문제 나 목표의 이해가 편리한 것은?

① 파레토도(Pareto Diagram)
② 특성 요인도(Cause-reason Diagram)
③ 클로즈 분석(Close Analysis)
④ 관리도 (Control Chart)

해설
통계적 원인 분석
㉠ **파레토도** : 사고의 유형. 기인물 등 분류 항목을 큰 순서대로 도표화한다.
㉡ **특성 요인도** : 특성과 요인 관계를 도표로 하여 어골상으로 세분화한다.
㉢ **클로즈 분석** : 2 개 이상의 문제관계를 분석하는 데 사용하는 것으로 Data를 집계하고 표로 표시하여 요인별 결과 내역을 교차한 클로즈 그림을 작성하여 분석한다.
㉣ **관리도** : 재해발생건수 등의 추이를 파악하여 목표관리를 행하는 데 필요한 월별 재해 발생 수를 Graph화 하여 관리선을 설정 관리하는 방법이다.

06 안전점검 대상과 가장 거리가 먼 것은?

① 인원배치　　② 방호장치

③ 작업환경　　④ 작업방법

> **해설** 안전점검의 대상
> ㉠ 방호장치　　㉡ 작업환경
> ㉢ 작업방법

07 다음 중 무재해 운동의 기본이념 3원칙에 해당되지 않는 것은?

① 모든 재해에는 손실이 발생하므로 사업주는 근로자의 안전을 보장하여야 한다는 것을 전제로 한다.

② 위험을 발견, 제거하기 위하여 전원이 참가, 협력하여 각자의 위치에서 의욕적으로 문제해결을 실천하는 것을 뜻한다.

③ 직장 내의 모든 잠재위험 요인을 적극적으로 사전에 발견, 파악, 해결함으로써 뿌리에서부터 산업재해를 제거하는 것을 말한다.

④ 무재해, 무질병의 직장을 실현하기 위하여 직장의 위험요인을 행동하기 전에 예지하여 발견, 파악, 해결함으로써 재해발생을 예방하거나 방지하는 것을 말한다.

> **해설** 무재해 운동의 기본이념 3원칙
> ㉠ 무의 원칙 : 무재해 무질병의 직장을 실현하기 위하여 직장의 위험요인을 행동하기 전에 예지하여 발견, 파악, 해결함으로써 재해발생을 예방하거나 방지하는 것을 말한다.
> ㉡ 참가의 원칙 : 위험을 발견, 제거하기 위하여 전원이 참가, 협력하여 각자의 위치에서 의욕적으로 문제해결을 실천하는 것을 뜻한다.
> ㉢ 선취의 원칙 : 직장 내의 모든 잠재위험 요인을 적극적으로 사전에 발견, 파악, 해결함으로써 뿌리에서부터 산업재해를 제거하는 것을 말한다.

08 다음 중 근로자가 물체의 낙하 또는 비래 및 추락에 의한 위험을 방지 또는 경감하고, 머리부위 감전에 의한 위험을 방지하고자 할 때 사용하여야 하는 안전모의 종류로 가장 적합한 것은?

① A형　　② AB형

③ ABE형　　④ AE형

> **해설** 안전모의 종류 및 용도
>
> | 종류 기호 | 사용 구분 |
> |---|---|
> | AB | 물체낙하, 비래 및 추락에 의한 위험을 방지,경감 |
> | AE | 물체낙하, 비래에 의한 위험을 방지 또는 경감 및 감전 방지용 |
> | ABE | 물체낙하, 비래 및 추락에 의한 위험을 방지 또는 경감 및 감전 방지용 |

09 의무안전인증 대상 보호구 중 차광보안경의 사용구분에 따른 종류가 아닌 것은?

① 보정용　　② 용접용

③ 복합용　　④ 적외선용

> **해설** 의무안전인증(차광보안경)
> ㉠ 자외선용
> ㉡ 적외선용
> ㉢ 복합용(자외선 및 적외선)
> ㉣ 용접용(자외선, 적외선 및 강렬한 가시광선)

10 다음 중 산업안전보건법령상 안전·보건표지에 있어 경고표지의 종류에 해당하지 않는 것은?

① 방사성 물질 경고

② 급성독성 물질 경고

③ 차량통행 경고

④ 레이저광선 경고

> **해설** ③ 차량통행 금지 : 금지표지

11 적응기제(適應機制, Adjustment Mechanism)의 종류 중 도피적 기제(행동)에 속하지 않는 것은?

① 고립　　② 퇴행

③ 억압　　④ 합리화

> **해설** 적응기제의 종류
> ㉠ 공격적 기제(행동) : 치환, 책임전가, 자살 등
> ㉡ 도피적 기제(행동) : 환상, 동일화, 퇴행, 억압, 반동형성, 고립 등
> ㉢ 절충적 기제(행동) : 승화, 보상, 합리화, 투사 등

12 다음 중 사회행동의 기본형태에 해당되지 않는 것은?

① 모방   ② 대립
③ 도피   ④ 협력

> **해설** 사회행동의 기본형태
> ㉠ 협력   ㉡ 대립   ㉢ 도피

13 동기부여 이론 중 데이비스(K. Davis)의 이론은 동기유발을 식으로 표현하였다. 옳은 것은?

① 지식(Knowledge) × 기능(Skill)
② 능력(Ability) × 태도(Attitude)
③ 상황(Situation) 태도(Attitude)
④ 능력(Ability) × 동기 유발(Motivation)

> **해설** 데이비스의 이론
> ㉠ 경영의 성과 = 인간의 성과 + 물질의 성과
> ㉡ 능력(Ability) = 지식(Knowledge) + 기능(Skill)
> ㉢ 동기유발(Motivation) = 상황(Situation) + 태도(Attitude)
> ㉣ 인간의 성과(Human Performance) = 능력 + 동기유발

14 다음 중 인간의식의 레벨(Level)에 관한 설명으로 틀린 것은?

① 24시간의 생리적 리듬의 계곡에서 Tension Level은 낮에는 높고 밤에는 낮다.
② 24시간의 생리적 리듬의 계곡에서 Tension Level은 낮에는 낮고 밤에는 높다.
③ 피로시의 Tension Level은 저하정도가 크지 않다.
④ 졸았을 때는 의식상실의 시기로 Tension Level은 0이다.

> **해설** **의식수준**이란 긴장의 정도를 뜻하는 것이다. 긴장의 정도에 따라 인간의 뇌파에 변화가 일어나는데 이 변화의 정도에 따라 의식수준이 변동된다.

15 다음 중 안전교육의 원칙과 가장 거리가 먼 것은?

① 피교육자 입장에서 교육한다.
② 동기부여를 위주로 한 교육을 실시한다.
③ 오감을 통한 기능적인 이해를 돕도록 한다.
④ 어려운 것부터 쉬운 것을 중심으로 실시하여 이해를 돕는다.

> **해설** ④ 쉬운 것부터 어려운 것을 중심으로 실시하여 이해를 돕는다.

16 교육 심리학의 기본 이론 중 학습지도의 원리에 속하지 않는 것은?

① 직관의 원리   ② 개별화의 원리
③ 사회화의 원리   ④ 계속성의 원리

> **해설** 학습지도의 원리
> ㉠ ①, ②, ③   ㉡ 자발성의 원리
> ㉢ 통합의 원리

17 안전교육방법 중 OJT(On the Job Training) 특징과 거리가 먼 것은?

① 상호 신뢰 및 이해도가 높아진다.
② 개개인의 적절한 지도훈련이 가능하다.
③ 사업장의 실정에 맞게 실제적 훈련이 가능하다.
④ 관련 분야의 외부 전문가를 강사로 초빙하는 것이 가능하다.

> **해설** ④ 관련 분야의 외부 전문가를 강사로 초빙하는 것이 가능한 것은 Off JT의 특성이다.

18 다음 중 교육훈련평가의 4단계를 올바르게 나열한 것은?

① 학습 → 반응 → 행동 → 결과
② 학습 → 행동 → 반응 → 결과
③ 행동 → 반응 → 학습 → 결과
④ 반응 → 학습 → 행동 → 결과

> **해설** 교육훈련평가의 4단계
> ㉠ 제1단계 : 반응   ㉡ 제2단계 : 학습
> ㉢ 제3단계 : 행동   ㉣ 제4단계 : 결과

19 다음 중 강의법에 대한 설명으로 틀린 것은?

① 많은 내용을 체계적으로 전달할 수 있다.
② 다수를 대상으로 동시에 교육할 수 있다.
③ 전체적인 전망을 제시하는 데 유리하다.
④ 수강자 개개인의 학습진도를 조절할 수 있다.

> **해설** ④ 수강자 개개인의 학습진도를 조절할 수 없다.

20 다음 중 산업안전보건법령상 안전검사 대상 유해·위험기계의 종류가 아닌 것은?

① 곤돌라　　　　② 압력용기
③ 리프트　　　　④ 아크용접기

> 해설 안전검사 대상 유해·위험기계의 종류
> ㉠ ①②③, ㉡ 프레스, ㉢ 크레인, ㉣ 압력용기, ㉤ 국소배기장치, ㉥ 원심기, ㉦ 화학설비 및 그 부속설비, ㉧ 건조설비 및 그 부속설비, ㉨ 롤러기, ㉩ 사출성형기, ㉪ 고소작업대, ㉫ 컨베이어, ㉬ 산업용 로봇

제2과목 | 인간공학 및 시스템안전공학

21 다음 중 사업장에서 인간공학 적용분야와 가장 거리가 먼 것은?

① 작업환경 개선
② 장비 및 공구의 설계
③ 재해 및 질병 예방
④ 신뢰성 설계

> 해설 사업장에서 인간공학 적용분야
> ㉠ 작업환경 개선　　　㉡ 장비 및 공구의 설계
> ㉢ 재해 및 질병 예방

22 다음 중 자동화 시스템에서 인간의 기능으로 적절하지 않은 것은?

① 설비 보전
② 작업 계획 수립
③ 조정장치로 기계를 통제
④ 모니터로 작업 상황 감시

> 해설 조정장치로 기계를 통제하는 것은 기계의 기능이다.

23 그림에 있는 조종구(Ball Control)와 같이 상당한 회전 운동을 하는 조종장치가 선형 표시장치를 움직일 때는 L을 반경(지레의 길이), a를 조종장치가 움직인 각도라 할 때 조종 표시장치의 이동비율(Control Display Ratio)을 나타낸 것은?

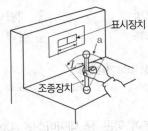

① $\dfrac{(a/360) \times 2\pi L}{\text{표시장치 이동거리}}$

② $\dfrac{\text{표시장치 이동거리}}{(a/360) \times 4\pi L}$

③ $\dfrac{(a/360) \times 4\pi L}{\text{표시장치 이동거리}}$

④ $\dfrac{\text{표시장치 이동거리}}{(a/360) \times 2\pi L}$

> 해설 C/D비$= \dfrac{(a/360) \times 2\pi L}{\text{표시장치 이동거리}}$
> 회전손잡이(Knob)의 경우 C/D비는 손잡이 1회전에 상당하는 표시장치 이동거리의 역수이다.

24 다음 중 일반적인 지침의 설계요령과 가장 거리가 먼 것은?

① 뾰족한 지침의 선각은 약 30° 정도를 사용한다.
② 지침의 끝은 눈금과 맞닿되 겹치지 않게 한다.
③ 원형 눈금의 경우 지침의 색은 선단에서 눈의 중심까지 칠한다.
④ 시차를 없애기 위해 지침을 눈금 면에 일치시킨다.

> 해설 ①의 경우 뾰족한 지침의 선각은 약 15° 정도를 사용한다.

25 다음 중 청각적 표시장치보다 시각적 표시장치를 이용하는 경우가 더 유리한 경우는?

① 메시지가 간단한 경우
② 메시지가 추후에 재참조되는 경우
③ 직무상 수신자가 자주 움직이는 경우
④ 메시지가 즉각적인 행동을 요구하지 않는 경우

해설 청각적 표시장치보다 시각적 표시장치를 이용하는 경우가 더 유리한 경우는 메시지가 즉각적인 행동을 요구하지 않는 경우이다.

26 작업원 2인이 중복하여 작업하는 공정에서 작업자의 신뢰도는 0.85로 동일하며, 작업 중 50%는 작업자 1인이 수행하고 나머지 50%는 중복 작업하였다면 이 공정의 인간 신뢰도는 얼마인가?

① 0.6694　　　　② 0.7255
③ 0.9138　　　　④ 0.9888

해설 $R_S = 1 - (1 - 0.85)(1 - 0.85 \times 0.5) = 0.9138$

27 다음 중 간헐적으로 페달을 조작할 때 다리에 걸리는 부하를 평가하기에 가장 적당한 측정 변수는?

① 근전도　　　　② 산소 소비량
③ 심장 박동수　　④ 에너지 소비량

해설 근전도 : 간헐적으로 페달을 조작할 때 다리에 걸리는 부하를 평가하기에 가장 적당한 측정 변수

28 작업 종료 후에도 체내에 쌓인 젖산을 제거하기 위하여 추가로 요구되는 산소량을 무엇이라 하는가?

① ATP　　　　　② 에너지 대사율
③ 산소 빚　　　　④ 산소 최대섭최능

해설 산소 빚 : 작업 종료 후에도 체내에 쌓인 젖산을 제거하기 위하여 추가로 요구되는 산소량

29 인간 계측 자료를 응용하여 제품을 설계하고자 할 때, 다음 중 제품과 적용 기준으로 가장 적절하지 않은 것은?

① 출입문 - 최대 집단치 설계 기준
② 안내 데스크 - 평균치 설계 기준
③ 선반 높이 - 최대 집단치 설계 기준
④ 공구 - 평균치 설계 기준

해설 선반 높이는 최소 집단치 설계 기준이다.

30 다음 중 조도의 단위에 해당하는 것은?

① fL　　　　　② diopter
③ lumen/m²　　④ lumen

해설 조도의 단위 : lumen/m²

31 다음 중 인간의 눈이 일반적으로 완전암조응에 걸리는 데 소요되는 시간은?

① 5~10분　　　② 10~20분
③ 30~40분　　　④ 50~60분

해설 인간의 눈이 일반적으로 완전암조응에 걸리는 데 소요되는 시간 : 30~40 분

32 다음 중 신호의 강도, 진동수에 의한 신호의 상대 식별 등 물리적 자극의 변화 여부를 감지할 수 있는 최소의 자극 범위를 의미하는 것은?

① Chunking
② Stimulus Range
③ SDT(Signal Detection Theory)
④ JND(Just Noticeable Difference)

해설 JND(Just Noticeable Difference) : 신호의 감도, 진동수에 의한 신호의 상대 식별 등 물리적 자극의 변화여부를 감지할 수 있는 최소의 자극 범위

33 다음 중 공기의 온열조건 4요소에 포함되지 않는 것은?

① 대류　　　　② 전도
③ 반사　　　　④ 복사

해설 공기의 온열조건 4요소 : 대류, 전도, 복사, 온도

34 다음 중 예비위험분석(PHA)에서 위험의 정도를 분류하는 4가지 범주에 해당하지 않는 것은?

① Catastrophic　　② Critical
③ Control　　　　④ Marginal

해설 예비위험분석(Preliminary Hazard Analysis, PHA)에서 위험의 정도를 분류하는 4가지 범주
㉠ 파국적(Catastrophic)　　㉡ 중대(Critical)
㉢ 한계적(Marginal)　　　　㉣ 무시 가능(Negligible)

35 다음 중 FMEA(Failure Mode and Effect Analysis)가 가장 유효한 경우는?

① 일정 고장률을 달성하고자 하는 경우
② 고장 발생을 최소로 하고자 하는 경우
③ 마멸 고장만 발생하도록 하고 싶은 경우
④ 시험시간을 단축하고자 하는 경우

해설　고장형태와 영향분석(FMEA ; Failure Mode and Effect Analysis)은 고장 발생을 최소로 하고자 하는 경우에 가장 유효하다.

36 다음 중 FT의 작성 방법에 관한 설명으로 틀린 것은?

① 정성·정량적으로 해석·평가하기 전에는 FT를 간소화해야 한다.
② 정상(Top) 사상과 기본 사상과의 관계는 논리 게이트를 이용해 도해한다.
③ FT를 작성하려면 먼저 분석 대상 시스템을 완전히 이해해야 한다.
④ FT 작성을 쉽게 하기 위해서는 정상(Top) 사상을 최대한 광범위하게 정의한다.

해설　④ FT 작성을 쉽게 하기 위해서는 정상(Top) 사상을 선정해야 한다.

37 FT도에 사용되는 다음의 기호가 의미하는 내용으로 옳은 것은?

① 생략사상으로서 간소화
② 생략사상으로서 인간의 실수
③ 생략사상으로서 조직자의 간과
④ 생략사상으로서 시스템의 고장

해설　**생략사상**

명칭	기호
생략사상	◇
생략사상 (인간의 실수)	◇ (점선)

생략사상 (조직자의 간과)	

38 다음 중 결함수 분석법(FTA)에서의 미니멀 컷셋과 미니멀 패스셋에 관한 설명으로 옳은 것은?

① 미니멀 컷셋은 정상사상(Top event)을 일으키기 위한 최소한의 컷셋이다.
② 미니멀 컷셋은 시스템의 신뢰성을 표시하는 것이다.
③ 미니멀 패스셋은 시스템의 위험성을 표시하는 것이다.
④ 미니멀 패스셋은 시스템의 고장을 발생시키는 최소의 패스셋이다.

해설　**최소 컷셋(Minimal Cut set)과 최소 패스셋(Minimal Path sets)** : 정상 사상과 깊은 관계를 갖고 있기 때문에 정상 사상의 확률 계산과 FT의 특성 해석 등에 이용한다.

39 다음은 화학 설비의 안전성 평가 단계를 간략히 나열한 것이다. 다음 중 평가 단계 순서를 올바르게 나타낸 것은?

　㉮ 관계자료의 작성 준비
　㉯ 정량적 평가
　㉰ 정성적 평가
　㉱ 안전대책

① ㉮ → ㉰ → ㉯ → ㉱
② ㉮ → ㉯ → ㉱ → ㉰
③ ㉮ → ㉰ → ㉱ → ㉯
④ ㉮ → ㉯ → ㉰ → ㉱

해설　**화학설비의 안전성 평가단계**
　㉠ 제1단계 : 관계자료의 작성준비
　㉡ 제2단계 : 정성적 평가
　㉢ 제3단계 : 정량적 평가
　㉣ 제4단계 : 안전 대책

정답 ┃ 35. ② 36. ④ 37. ② 38. ① 39. ①

40 다음 중 제조업의 유해 · 위험방지 계획서 제출 대상 사업장에서 제출하여야 하는 유해 · 위험방지 계획서의 첨부 서류와 가장 거리가 먼 것은?

① 공사 개요서
② 건축물 각 층의 평면도
③ 기계 · 설비의 배치 도면
④ 원재료 및 제품의 취급, 제조 등 작업 방법의 개요

해설 유해 · 위험방지 계획서의 첨부서류
㉠ 건축물 각 층의 평면도
㉡ 기계 · 설비의 개요를 나타내는 서류
㉢ 기계 · 설비의 배치도면
㉣ 원재료 및 제품의 취급, 제조 등의 작업방법의 개요
㉤ 그밖의 고용노동부 장관이 정하는 도면 및 서류

제3과목 **기계위험방지기술**

---

41 기계의 운동 형태에 따른 위험점의 분류에서 고정 부분과 회전하는 동작 부분이 함께 만드는 위험점으로 교반기의 날개와 하우스 등에서 발생하는 위험점을 무엇이라 하는가?

① 끼임점
② 절단점
③ 물림점
④ 회전말림점

해설 교반기의 날개와 하우스 등에서 발생하는 위험점을 끼임점이라고 한다.

---

42 인장 강도가 25kg/mm²인 강판의 안전율이 4라면 이 강판의 허용 응력(kg/mm²)은 얼마인가?

① 4.25
② 6.25
③ 8.25
④ 10.25

해설
$$\text{안전율} = \frac{\text{인장강도}}{\text{허용응력}}$$
$$\text{허용응력} = \frac{\text{인장강도}}{\text{안전율}}$$
$$\therefore \frac{25}{4} = 6.25\text{kg/mm}^2$$

---

43 다음 중 기계 설비 안전화의 기본 개념으로서 적절하지 않은 것은?

① Fail Safe의 기능을 갖추도록 한다.
② Fool Proof의 기능을 갖추도록 한다.
③ 안전 상 필요한 장치는 단일 구조로 한다.
④ 안전 기능은 기계 장치에 내장되도록 한다.

해설 기계 설비 안전화의 기본 개념은 ①, ②, ④이고, 이외에도 다음과 같은 것들이 있다.
㉠ 가능한 조작 상 위험이 없도록 한다.
㉡ 인터록의 기능을 가져야 한다.

---

44 선반작업에서 가공물의 길이가 외경에 비하여 과도하게 길 때, 절삭저항에 의한 떨림을 방지하기 위한 장치는?

① 센터
② 방진구
③ 돌리개
④ 심봉

해설 문제의 내용은 방진구에 관한 것이다.

---

45 밀링가공 시 안전한 작업방법이 아닌 것은?

① 면장갑은 사용하지 않는다.
② 칩 제거는 회전 중 청소용 솔로 한다.
③ 커터 설치 시에는 반드시 기계를 정지시킨다.
④ 일감은 테이블 또는 바이스에 안전하게 고정한다.

해설 ②의 경우 칩 제거는 회전이 멈춘 후 청소용 솔로 한다.

---

46 다음 중 드릴링작업에 있어서 공작물을 고정하는 방법으로 가장 적절하지 않은 것은?

① 작은 공작물은 바이스로 고정한다.
② 작고 길쭉한 공작물은 플라이어로 고정한다.
③ 대량생산과 정밀도를 요구할 때는 지그로 고정한다.
④ 공작물이 크고 복잡할 때는 볼트와 고정구로 고정한다.

해설 드릴링작업 시 작고 길쭉한 공작물은 바이스로 고정하는 것이 옳다.

정답 ┃ 40. ① 41. ① 42. ② 43. ③ 44. ② 45. ② 46. ②

47 산업안전보건법령에 따라 목재가공용 기계에 설치하여야 하는 방호장치의 내용으로 틀린 것은?

① 목재가공용 둥근톱기계에는 분할날 등 반 발예방장치를 설치하여야 한다.

② 목재가공용 둥근톱기계에는 톱날접촉예방 장치를 설치하여야 한다.

③ 모떼기기계에는 가공 중 목재의 회전을 방 지하는 회전방지장치를 설치하여야 한다.

④ 작업대상물이 수동으로 공급되는 동력식 수동 대패기계에 날접촉예방장치를 설치 하여야 한다.

> **해설** ③ 모떼기기계에는 날접촉예방장치를 설치하여야 한다.

48 다음중 프레스 또는 전단기 방호장치의 종류와 분류 기호가 올바르게 연결된 것은?

① 광전자식 : D-1 ② 양수조작식 : A-1

③ 가드식 : C ④ 손쳐내기식 : B

> **해설** 방호장치의 종류와 분류 기호
> ㉠ 광전자식 : A-1, A-2
> ㉡ 양수조작식 : B-1, B-2
> ㉢ 손쳐내기식 : D
> ㉣ 수인식 : E

49 다음 ( ) 안에 들어갈 내용으로 옳은 것은?

> 광전자식 프레스 방호장치에서 위험한계까지의 거리가 짧은 200mm 이하의 프레스에는 연속 차광폭이 작은 ( )의 방호장치를 선택한다.

① 30mm 초과 ② 30mm 이하

③ 50mm 초과 ④ 50mm 이하

> **해설** ( ) 안에 들어갈 내용으로 옳은 것은 30mm 이하이다.

50 다음 중 프레스 등의 금형을 부착·해체 또는 조정하는 작업을 할 때 급작스런 슬라이드의 작 동에 대비한 방호장치로 가장 적절한 것은?

① 접촉예방장치 ② 권과방지장치

③ 과부하방지장치 ④ 안전블록

> **해설** 프레스의 급작스런 슬라이드 작동에 대비한 방호장치 는 안전블록이다.

51 롤러기 조작부의 설치위치에 따른 급정지장치의 종류에서 손조작식 급정지장치의 설치위치로 옳은 것은?

① 밑면에서 0.5m 이내

② 밑면에서 0.6m 이상 1.0m 이내

③ 밑면에서 1.8m 이내

④ 밑면에서 1.0m 이상 2.0m 이내

> **해설** 급정지장치의 설치위치
> ㉠ 손조작식 : 밑면에서 1.8m 이내
> ㉡ 복부조작식 : 밑면에서 0.8m 이상 1.1m 이내
> ㉢ 무릎조작식 : 밑면에서 0.4m 이상 0.6m 이내

52 다음 중 산업안전보건법상 아세틸렌가스 용접장 치에 관한 기준으로 틀린 것은?

① 전용의 발생기실을 옥외에 설치한 경우에 는 그 개구부를 다른 건축물로부터 1.5m 이상 떨어지도록 하여야 한다.

② 아세틸렌 용접장치를 사용하여 금속의 용 접·용단 또는 가열 작업을 하는 경우에 는 게이지압력이 127kPa을 초과하는 압 력의 아세틸렌을 발생시켜 사용해서는 아니 된다.

③ 전용의 발생기실을 설치하는 경우 벽은 불연성 재료로 하고 철근콘크리트 또는 그 밖에 이와 동등하거나 그 이상의 강 도를 가진 구조로 할 것

④ 전용의 발생기실은 건물의 최상층에 위치 하여야 하며, 화기를 사용하는 설비로부 터 1m를 초과하는 장소에 설치하여야 한다.

> **해설** ④의 경우 화기를 사용하는 설비로 3m를 초과하는 장소에 설치하여야 한다는 내용이 옳다.

53 다음 중 산업안전보건법령상 보일러에 설치하는 압력방출장치에 대하여 검사 후 봉인에 사용되 는 재료로 가장 적합한 것은?

① 납　　　　② 주석
③ 구리　　　④ 알루미늄

산업안전보건법령상 보일러에 설치하는 압력방출장치에 대하여 검사 후 봉인에 사용도는 재료로 가장 적합한 것은 납이다.

54 산업용 로봇의 동작형태별 분류에서 틀린 것은?
① 원통좌표 로봇　　② 수평좌표 로봇
③ 극좌표 로봇　　　④ 관절 로봇

산업용 로봇의 동작형태별 분류로는 ①, ③, ④ 이외에 직각좌표 로봇이 있다.

55 다음 중 수평거리 20m, 높이가 5m인 경우 지게차의 안정도는 얼마인가?
① 10%　　　② 20%
③ 25%　　　④ 40%

지게차의 안정도(%) $= \frac{h}{l} \times 100$

여기서, l : 수평거리, h : 높이

$\therefore \frac{5}{20} \times 100 = 25\%$

56 산업안전보건법령에 따른 다음 설명에 해당하는 기계설비는?

> 동력을 사용하여 가이드레일을 따라 상하로 움직이는 운반구를 매달아 화물을 운반할 수 있는 설비 또는 이와 유사한 구조 및 성능을 가진 것으로 건설현장이 아닌 장소에서 사용하는 것

① 크레인
② 일반작업용 리프트
③ 곤돌라
④ 이삿집 운반용 리프트

동력을 사용하여 가이드레일을 따라 상하로 움직이는 운반구를 매달아 화물을 운반할 수 있는 설비 또는 이와 유사한 구조 및 성능을 가진 것으로 건설현장이 아닌 장소에서 사용하는 것은 일반작업용 리프트이다.

57 2줄의 와이어로프로 중량물을 달아올릴 때, 로프에 가장 힘이 적게 걸리는 각도는?
① 30°　　　② 60°
③ 90°　　　④ 120°

2줄의 와어이로프로 중량물을 달아올릴 때 로프의 힘은 각도가 작을수록 적게 걸린다.

58 와이어로프의 꼬임은 일반적으로 특수 로프를 제외하고는 보통 꼬임(ordinary lay)과 랭 꼬임(lang's lay)으로 분류할 수 있다. 다음 중 보통 꼬임에 관한 설명으로 틀린 것은?
① 킹크가 잘 생기지 않는다.
② 내마모성, 유연성, 저항성이 우수하다.
③ 로프의 변형이나 하중을 걸었을 때 저항성이 크다.
④ 스트랜드의 꼬임방향과 로프의 꼬임방향이 반대이다.

(1) ②의 경우 랭 꼬임의 특성에 해당된다.
(2) ①, ③, ④ 이외에 보통 꼬임의 특성으로는 다음과 같은 것들이 있다.
㉠ 소선의 외부길이가 짧아서 마모되기 쉽다.
㉡ 취급이 용이하며 선박, 육상작업 등에 많이 쓰이고 있다.

59 강자성체의 결함을 찾을 때 사용하는 비파괴시험으로 표면 또는 표층(표면에서 수 mm 이내)에 결함이 있을 경우 누설자속을 이용하여 육안으로 결함을 검출하는 시험법은?
① 와류탐상시험(ET)
② 자분탐상시험(MT)
③ 초음파탐상시험(UT)
④ 방사선투과시험(RT)

자분탐상시험(MT) : 강자성체의 결함을 찾을 때 사용하는 비파괴시험으로 표면 또는 표층(표면에서 수 mm 이내)에 결함이 있을 경우 누설자속을 이용하여 육안으로 결함을 검출하는 시험법

60 다음 중 진동방지용 재료로 사용되는 공기스프링의 특징으로 틀린 것은?

① 공기량에 따라 스프링상수의 조절이 가능하다.
② 측면에 대한 강성이 강하다.
③ 공기의 압축성에 의해 감쇠특성이 크므로 미소진동의 흡수도 가능하다.
④ 공기탱크 및 압축기 등의 설치로 구조가 복잡하고, 제작비가 비싸다.

해설 공기스프링의 특징으로는 ①, ③, ④가 옳다.

제4과목 전기 및 화학설비 위험방지기술

61 전압과 인체저항과의 관계를 잘못 설명한 것은?

① 정(+)의 저항온도계수를 나타낸다.
② 내부조직의 저항은 전압에 관계없이 일정하다.
③ 1,000V 부근에서 피부의 전기저항은 거의 사라진다.
④ 남자보다 여자가 일반적으로 전기저항이 작다.

해설 ① 부(−)의 저항온도계수를 나타낸다.

62 작업자의 직접 접촉에 의한 감전방지대책이 아닌 것은?

① 충전부가 노출되지 않도록 폐쇄형 외함구조로 할 것
② 충전부에 절연방호망을 설치할 것
③ 충전부는 내구성이 있는 절연물로 완전히 덮어 감쌀 것
④ 관계자 외에도 쉽게 출입이 가능한 장소에 충전부를 설치할 것

해설 **작업자의 직접 접촉에 의한 감전방지대책**
㉠ ①, ②, ③
㉡ 설치장소의 제한(별도의 울타리 설치 등)
㉢ 전도성 물체 및 작업장 주위의 바닥을 절연물로 도포
㉣ 작업자는 절연화 등 보호구 착용

63 교류 3상 전압 380V, 부하 50kVA인 경우 배선에서의 누전전류의 한계는 약 몇 mA인가? (단, 전기설비기술기준에서의 누설전류 허용값을 적용한다.)

① 10mA   ② 38mA
③ 54mA   ④ 76mA

해설
$$P = \sqrt{3} \, VI\cos\theta$$
여기서, P : 전력(부하), V : 전압, I : 전류, $\cos\theta = 1$
$$I = \frac{P}{\sqrt{3} \, V\cos\theta} = \frac{50 \times 1,000}{\sqrt{3} \times 380} = 76A$$

누전전류의 한계치는 허용전류의 $\frac{1}{2,000}$ 이내이다.

$$\therefore \; 76 \times \frac{1}{2,000} = 0.038A = 38mA$$

64 다음 중 절연용 고무장갑과 가죽장갑의 안전한 사용 방법으로 가장 적합한 것은?

① 활선작업에서는 가죽장갑만 사용한다.
② 활선작업에서는 고무장갑만 사용한다.
③ 먼저 가죽장갑을 끼고 그 위에 고무장갑을 낀다.
④ 먼저 고무장갑을 끼고 그 위에 가죽장갑을 낀다.

해설 절연용 장갑의 착용 시 먼저 고무장갑을 끼고 그 위에 가죽장갑을 낀다.

65 전기화재의 경로별 원인으로 거리가 먼 것은?

① 단락   ② 누전
③ 저전압   ④ 접촉부의 과열

해설 ①, ②, ④ 이외에 전기화재의 경로별 원인은 다음과 같다.
㉠ 과전류   ㉡ 절연불량
㉢ 스파크   ㉣ 정전기

66 어떤 도체에 20초 동안 100C의 전하량이 이동하면 이때 흐르는 전류(A)는?

① 200   ② 50
③ 10   ④ 5

해설
$$I = \frac{Q}{t} = \frac{100}{20} = 5A$$

67 정전기의 발생에 영향을 주는 요인이 아닌 것은?

① 물체의 표면상태

② 외부공기의 풍속

③ 접촉면적 및 압력

④ 박리속도

> 해설 정전기의 발생에 영향을 주는 요인은 ①, ③, ④ 이외에 다음과 같다.
> ㉠ 물체의 특성   ㉡ 물체의 분리력

68 다음 중 불꽃(spark) 방전의 발생 시 공기 중에 생성되는 물질은?

① O_2 ② O_3

③ H_2 ④ C

> 해설 불꽃(spark) 방전의 발생 시 공기 중에 생성되는 물질 오존(O_3)

69 전기설비로 인한 화재폭발의 위험분위기를 생성하지 않도록 하기 위해 필요한 대책으로 가장 거리가 먼 것은?

① 폭발성 가스의 사용 방지

② 폭발성 분진의 생성방지

③ 폭발성 가스의 체류방지

④ 폭발성 가스누설 및 방출 방지

> 해설 전기설비로 인한 화재폭발의 위험분위기를 생성하지 않도록 하기 위해 필요한 대책
> ㉠ 폭발성 분진의 생성방지
> ㉡ 폭발성 가스의 체류방지
> ㉢ 폭발성 가스누설 및 방출 방지

70 방폭전기기기 발화도의 온도등급과 최고표면온도에 의한 폭발성 가스의 분류표기를 가장 올바르게 나타낸 것은?

① T1 : 450℃ 이하

② T2 : 350℃ 이하

③ T4 : 125℃ 이하

④ T6 : 100℃ 이하

> 해설 방폭전기기기 발화온도의 온도등급과 최고표면온도에 의한 폭발성 가스의 분류표기

㉠ T1 : 450℃ 이하   ㉡ T2 : 300℃ 이하
㉢ T3 : 200℃ 이하   ㉣ T4 : 135℃ 이하
㉤ T5 : 100℃ 이하   ㉥ T6 : 85℃ 이하

71 화학반응에 의해 발생하는 열이 아닌 것은?

① 연소열   ② 압축열

③ 반응열   ④ 분해열

> 해설 화학반응에 의해 발생하는 열
> ㉠ 반응열   ㉡ 생성열   ㉢ 분해열
> ㉣ 연소열   ㉤ 융해열   ㉥ 중화열

72 다음 중 중합폭발의 유해위험요인(Hazard)이 있는 것은?

① 아세틸렌   ② 시안화수소

③ 산화에틸렌   ④ 염소산칼륨

> 해설 시안화수소(HCN)는 순수한 액체이므로 안전하지만, 소량의 수분이나 알칼리성 물질을 함유하면 중합이 촉진되고, 중합열(발열반응)에 의해 폭발하는 경우가 있다.

73 SO_2 20ppm은 약 몇 g/m^3인가? (단, SO_2의 분자량은 64이고, 온도는 21℃, 압력은 1기압으로 한다.)

① 0.571   ② 0.531

③ 0.0571   ④ 0.0531

> 해설 ppm과 g/m^3 간의 농도변환
> $$농도(g/m^3) = \frac{ppm \times 그램분자량}{22.4 \times \frac{273 + t(℃)}{273}} \times 10^{-3}$$
> $$= \frac{20 \times 64}{22.4 \times \frac{273 + 21}{273}} \times 10^{-3}$$
> $$= 0.0531$$

74 메탄(CH_4) 100mol이 산소 중에서 완전연소하였다면 이때 소비된 산소량은 몇 mol인가?

① 50   ② 100

③ 150   ④ 200

> 해설
> $CH_4 + 2CO_2 \rightarrow CO_2 + 2H_2O$
> $1 : 2 = 100 : x$
> $\therefore x = 200$

정답 | 67. ②   68. ②   69. ①   70. ①   71. ②   72. ②   73. ④   74. ④

75 다음 중 가스나 증기가 용기 내에서 폭발할 때 최대폭발압력(P_m)에 영향을 주는 요인에 관한 설명으로 틀린 것은?

① P_m은 화학양론비에서 최대가 된다.

② P_m은 용기의 형태 및 부피에 큰 영향을 받지 않는다.

③ P_m은 다른 조건이 일정할 때 초기온도가 높을수록 증가한다.

④ P_m은 다른 조건이 일정할 때 초기압력이 상승할수록 증가한다.

해설 초기온도가 상승할수록 최대폭발압력(Maximum Explosion Pressure)은 감소한다.

76 증류탑의 일상점검 항목으로 볼 수 없는 것은?

① 도장의 상태
② 트레이(tray)의 부식상태
③ 보온재, 보냉재의 파손여부
④ 접속부, 맨홀부 및 용접부에서의 외부 누출 유무

해설 증류탑의 일상점검 항목
㉠ 보온재, 보냉재의 파손 여부
㉡ 도장의 상태
㉢ 접속부, 맨홀부 및 용접부에서의 외부 누출 유무
㉣ 기초볼트의 헐거움 여부
㉤ 증기배관에 열팽창에 의한 무리한 힘이 가해지고 있는지의 여부와 부식 등에 의해 두께가 얇아지고 있는지의 여부

77 압축기의 종류를 구조에 의해 용적형과 회전형으로 분류할 때 다음 중 회전형으로만 올바르게 나열한 것은?

① 원심식 압축기, 축류식 압축기
② 축류식 압축기, 왕복식 압축기
③ 원심식 압축기, 왕복식 압축기
④ 왕복식 압축기, 단계식 압축기

해설 압축기 및 송풍기 종류

종류	중요한 것
용적형	회전식 송풍기, 회전식 압축기
	왕복식 압축기
회전형	원심식 송풍기, 원심식 압축기
	축류 송풍기, 축류 압축기

78 산업안전보건법령에 따라 대상설비에 설치된 안전밸브 또는 파열판에 대해서는 일정 검사주기마다 적정하게 작동하는지를 검사하여야 하는데 다음 중 설치 구분에 따른 검사주기가 올바르게 연결된 것은?

① 화학공정 유체와 안전밸브의 디스크 또는 시트가 직접 접촉될 수 있도록 설치된 경우 : 매년 1회 이상

② 화학공정 유체와 안전밸브의 디스크 또는 시트가 직접 접촉될 수 있도록 설치된 경우 : 2년마다 1회 이상

③ 안전밸브 전단에 파열판이 설치된 경우 : 3년마다 1회 이상

④ 안전밸브 전단에 파열판이 설치된 경우 : 5년마다 1회 이상

해설 안전밸브 등의 검사주기
㉠ 화학공정 유체와 안전밸브의 디스크 또는 시트가 직접 접촉될 수 있도록 설치된 경우 : 매년 1회 이상
㉡ 안전밸브 전단에 파열판이 설치된 경우 : 2년마다 1회 이상

79 다량의 황산이 가연물과 혼합되어 화재가 발생하였을 경우의 소화작업으로 적절하지 못한 방법은?

① 회(灰)로 덮어 질식소화를 한다.
② 건조분말로 질식소화를 한다.
③ 마른 모래로 덮어 질식소화를 한다.
④ 물을 뿌려 냉각소화 및 질식소화를 한다.

해설 황산이 가연물과 혼합되어 화재발생 시 소화작업
㉠ 회로 덮어 질식소화를 한다.
㉡ 건조분말로 질식소화를 한다.
㉢ 마른 모래로 덮어 질식소화를 한다.

80 산업안전보건법에 따라 사업주는 공정안전보고서의 심사결과를 송부받은 경우 몇 년간 보존하여야 하는가?

① 1년   ② 2년
③ 3년   ④ 5년

해설 사업주는 공정안전보고서의 심사결과를 송부받은 경우 5년간 보존한다.

제5과목 | 건설안전기술

81 지반개량공법 중 고결안정공법에 해당하지 않는 것은?

① 생석회 말뚝공법 ② 동결공법
③ 동다짐공법 ④ 소결공법

해설 지반개량공법 중 고결안정공법으로는 생석회 말뚝공법, 동결공법, 소결공법이 있다.

82 사질지반에 흙막이를 하고 터파기를 실시하면 지반수위와 터파기 저면과의 수위차에 의해 보일링현상이 발생할 수 있다. 이때 이 현상을 방지하는 방법이 아닌 것은?

① 흙막이 벽의 저면타입깊이를 크게 한다.
② 차수성이 높은 흙막이 벽을 사용한다.
③ 웰포인트로 지하수면을 낮춘다.
④ 주동토압을 크게 한다.

해설 ①, ②, ③ 이외에 보일링현상을 방지하는 방법은 다음 과 같다.
㉠ 토류벽 선단에 코어 및 필터층을 설치한다.
㉡ 흙막이 근입도를 높여 동수구배를 저하시킨다.
㉢ 굴착토를 즉시 원상 매립한다.

83 굴착공사에서 굴착깊이가 5m, 굴착저면의 폭이 5m인 경우 양단면 굴착을 할 때 굴착부 상 단면의 폭은? (단, 굴착면의 기울기는 1:1로 한다.)

① 10m ② 15m
③ 20m ④ 25m

해설 보통 흙의 굴착공사는 다음의 그림과 같이 행한다.

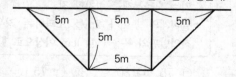

따라서, 상부단면의 폭은 15m이다.

84 유해·위험방지계획서를 제출해야 될 건설공사 대상 사업장 기준으로 옳지 않은 것은?

① 최대지간길이가 40m 이상인 교량건설 등의 공사
② 지상높이가 31m 이상인 건축물
③ 터널건설 등의 공사
④ 깊이 10m 이상인 굴착공사 해설

해설 ①의 경우, 최대지간길이가 50m 이상인 교량건설 등의 공사가 옳다.

85 백호(back hoe)의 운행방법에 대한 설명으로 옳지 않은 것은?

① 경사로나 연약지반에서는 무한궤도식보다는 타이어식이 안전하다.
② 작업계획서를 작성하고 계획에 따라 작업을 실시하여야 한다.
③ 작업장소의 지형 및 지반상태 등에 적합한 제한속도를 정하고 운전자로 하여금 이를 준수하도록 하여야 한다.
④ 작업 중 승차석 외의 위치에 근로자를 탑승시켜서는 안 된다.

해설 ① 경사로나 연약지반에서는 타이어식보다는 무한궤도 식이 안전하다.

86 옥외에 설치되어 있는 주행크레인에 이탈을 방지하기 위한 조치를 취해야 하는 것은 순간 풍속이 매 초당 몇 미터를 초과할 경우인가?

① 30m ② 35m
③ 40m ④ 45m

해설 옥외에 설치되어 있는 주행크레인에 이탈을 방지하기 위한 조치를 취해야 하는 것은 순간 풍속이 30m/sec 를 초과할 때이다.

87 건설작업용 타워크레인의 안전장치가 아닌 것은?

① 권과방지장치 ② 과부하방지장치
③ 브레이크장치 ④ 호이스트 스위치

해설 ①, ②, ③ 이외에 타워크레인의 안전장치로는 비상정지장치가 있다.

정답 ┃ 81. ③ 82. ④ 83. ② 84. ① 85. ① 86. ① 87. ④

88 철골공사에서 부재의 건립용 기계로 거리가 먼 것은?

① 타워크레인   ② 가이데릭

③ 삼각데릭   ④ 항타기

> **해설** 철골공사에서 부재의 건립용 기계
>
> ㉠ ①, ②, ③   ㉡ 소형 지브크레인
> ㉢ 트럭크레인   ㉣ 크롤러크레인
> ㉤ 휠크레인   ㉥ 진폴데릭

89 추락방지를 위한 안전방망 설치기준으로 옳지 않은 것은?

① 작업면으로부터 망의 설치지점까지의 수직거리는 10m를 초과하지 않도록 한다.

② 안전방망은 수평으로 설치한다.

③ 망의 처짐은 짧은 변 길이의 10% 이하가 되도록 한다.

④ 건축물 등의 바깥쪽으로 설치하는 경우 망의 내민 길이는 벽면으로부터 3m 이상이 되도록 한다.

> **해설** ③의 망의 처짐은 짧은 변 길이의 12% 이상이 되도록 한다.

90 추락재해를 방지하기 위한 안전대책 내용 중 옳지 않은 것은?

① 높이가 2m를 초과하는 장소에는 승강설비를 설치한다.

② 사다리식 통로의 폭은 30cm 이상으로 한다.

③ 사다리식 통로의 기울기는 85° 이상으로 한다.

④ 슬레이트 지붕에서 발이 빠지는 등 추락 위험이 있을 경우 폭 30cm 이상의 발판을 설치한다.

> **해설** ③의 경우 사다리식 통로의 기울기는 75° 이하로 한다는 내용이 옳다.

91 토석붕괴의 원인 중 외적 원인에 해당되지 않는 것은?

① 토석의 강도 저하

② 작업진동 및 반복하중의 증가

③ 사면 법면의 경사 및 기울기의 증가

④ 절토 및 성토 높이의 증가

> **해설**
> (1) ①은 토석붕괴의 원인 중 내적 원인에 해당된다.
> (2) 토석붕괴의 내적 원인으로는 토석의 강도 저하 이외에 다음과 같은 것들이 있다.
>   ㉠ 절토사면의 토질, 암석
>   ㉡ 성토사면의 토질 구성 및 분포

92 옹벽의 활동에 대한 저항력은 옹벽에 적용하는 수평력보다 최소 몇 배 이상 되어야 안전한가?

① 0.5   ② 1.0

③ 1.5   ④ 2.0

> **해설** 옹벽의 활동에 대한 저항력은 옹벽에 적용하는 수평력보다 최소 1.5배 이상 되어야 안전하다.

93 강관비계 중 단관비계의 조립간격(벽체와의 연결간격)으로 옳은 것은?

① 수직방향 : 6m, 수평방향 : 8m

② 수직방향 : 5m, 수평방향 : 5m

③ 수직방향 : 4m, 수평방향 : 6m

④ 수직방향 : 8m, 수평방향 : 6m

> **해설** 강관비계의 조립방법
>
> | 강관비계의 조율 | 조립간격 | |
> |---|---|---|
> | | 수직방향 | 수평방향 |
> | 단관비계 | 5m | 5m |
> | 틀비계(높이가 5m 미만의 것을 제외) | 6m | 8m |

94 다음은 말비계 조립 시 준수사항이다. ( ) 안에 알맞은 수는?

> • 지주부재와 수평면의 기울기를 (㉠)° 이하로 하고 지주부재와 지주재 사이를 고정시키는 보조부재를 설치할 것
> • 말비계의 높이가 2m를 초과하는 경우에는 작업발판의 폭을 (㉡)cm 이상으로 할 것

① ㉠ 75, ㉡ 30   ② ㉠ 75, ㉡ 40

③ ㉠ 85, ㉡ 30   ④ ㉠ 85, ㉡ 40

> **해설**
> (1) 말비계 조립 시 지주부재와 수평면의 기울기를 75° 이하로 하고 지주부재와 지주부재 사이를 고정시키는 보조부재를 설치하여야 한다.
> (2) 말비계의 높이가 2m를 초과하는 경우에는 작업발판의 폭을 40cm 이상으로 하여야 한다.

95 로드(Rod)·유압책(Jack) 등을 이용하여 거푸집을 연속적으로 이동시키면서 콘크리트를 타설할 때 사용되는 것으로 Silo 공사 등에 적합한 거푸집은?

① 메탈 폼
② 슬라이딩 폼
③ 워플 폼
④ 페코빔

> **해설**
> 슬라이딩 폼의 설명이다.

96 벽체 콘크리트 타설 시 거푸집이 터져서 콘크리트가 쏟아진 사고가 발생하였다. 다음 중 이 사고의 주요 원인으로 추정할 수 있는 것은?

① 콘크리트를 부어넣는 속도가 빨랐다.
② 거푸집에 박리제를 다량 도포하였다.
③ 대기온도가 매우 높았다.
④ 시멘트 사용량이 많았다.

> **해설**
> 콘크리트를 부어넣는 속도가 빠르면 거푸집이 터져서 콘크리트가 쏟아지는 속도가 발생한다.

97 경화된 콘크리트의 각종 강도를 비교한 것 중 옳은 것은?

① 전단강도 > 인장강도 > 압축강도
② 압축강도 > 인장강도 > 전단강도
③ 인장강도 > 압축강도 > 전단강도
④ 압축강도 > 전단강도 > 인장강도

> **해설**
> **경화된 콘크리트의 강도 순서**
> 압축강도 > 전단강도 > 인장강도

98 철골공사 시 사전안전성 확보를 위해 공작도에 반영하여야 할 사항이 아닌 것은?

① 주변 고압전주
② 외부비계받이

③ 기둥승강용 트랩
④ 방망 설치용 부재

> **해설**
> **철골공사 시 공작도에 반영해야 할 사항**
> ㉠ ②, ③, ④ ㉴ 구명줄 설치용 고리
> ㉡ 와이어 걸이용 고리 ㉵ 난간 설치용 부재
> ㉢ 비계연결용 부재 ㉶ 방소선반 설치용 부재
> ㉣ 양풍기 설치용 보강재

99 철골용접 작업자의 전격방지를 위한 주의사항으로 옳지 않은 것은?

① 보호구와 복장을 구비하고, 기름기가 묻었거나 젖은 것은 착용하지 않을 것
② 작업중지의 경우에는 스위치를 떼어놓을 것
③ 개로 전압이 높은 교류용접기를 사용할 것
④ 좁은 장소에서의 작업 시에는 신체를 노출시키지 않을 것

> **해설**
> ③의 내용은 철골용접 작업자의 전격방지를 위한 주의사항과는 거리가 멀다.

100 산업안전보건법상 차량계 하역운반기계 등에 단위화물의 무게가 100kg 이상인 화물을 싣는 작업 또는 내리는 작업을 하는 경우에 해당 작업지휘자가 준수하여야 할 사항과 가장 거리가 먼 것은?

① 작업 순서 및 그 순서마다의 작업방법을 정하고 작업을 지휘할 것
② 기구와 공구를 점검하고 불량품을 제거할 것
③ 대피방법을 미리 교육할 것
④ 로프 풀기작업 또는 덮개 벗기기작업은 적재함의 화물이 떨어질 위험이 없음을 확인한 후에 하도록 할 것

> **해설**
> 산업안전보건법상 단위화물의 무게가 100kg 이상인 화물을 싣는 작업 또는 내리는 작업을 하는 경우 해당 작업지휘자가 준수할 사항으로는 ①, ②, ④ 세 가지가 있다.

산업안전 산업기사 필기

발 행 일	2024년 1월 5일 개정판 1쇄 인쇄 2024년 1월 10일 개정판 1쇄 발행
저 자	김재호
발 행 처	크라운출판사 http://www.crownbook.com
발 행 인	李尙原
신고번호	제 300-2007-143호
주 소	서울시 종로구 율곡로13길 21
공 급 처	(02) 765-4787, 1566-5937
전 화	(02) 745-0311~3
팩 스	(02) 743-2688, 02) 741-3231
홈페이지	www.crownbook.co.kr
I S B N	978-89-406-4760-8 / 13530

특별판매정가 38,000원